Anton Bühler

Der Waldbau nach wissenschaftlicher Forschung und praktischer Erfahrung

Zweiter Band

Verlag
der
Wissenschaften

Anton Bühler

Der Waldbau nach wissenschaftlicher Forschung und praktischer Erfahrung

Zweiter Band

ISBN/EAN: 9783957004369

Auflage: 1

Erscheinungsjahr: 2015

Erscheinungsort: Norderstedt, Deutschland
Hergestellt in Europa, USA, Kanada, Australien, Japan
Verlag der Wissenschaften in Hansebooks GmbH, Norderstedt

Cover: Foto ©Rainer Sturm / pixelio.de

Der Waldbau

nach

wissenschaftlicher Forschung
und praktischer Erfahrung

Ein Hand- und Lehrbuch

von

Dr. Anton Bühler,
Professor an der Universität Tübingen
und
Vorstand der Württembergischen Forstlichen Versuchsanstalt.

II. Band.

Zweite, unveränderte Auflage.

Verlagsbuchhandlung von Eugen Ulmer, Stuttgart, Olgastraße 83.
Verlag für Landwirtschaft und Naturwissenschaften.

1927.

Vorwort zum 2. Band.

Nach mehr als drei Jahren folgt nunmehr der 2. Band des „Bühlerschen Waldbaus“ dem ersten.

Dem Verfasser selbst war es leider nicht mehr beschieden, die Herausgabe dieses abschließenden Bandes seines Lebenwerkes noch selbst zu besorgen. Er starb am 1. Januar 1920, am Tage vor Vollendung seines 72. Lebensjahres. Zum Glück hinterließ er ein im wesentlichen druckfertiges Manuskript. Noch in den letzten Monaten des Jahres 1919 hatte er begonnen, es einer wiederholten Durcharbeitung, die namentlich Kürzungen ergeben sollte, zu unterziehen, leider konnte er diese Arbeit nicht mehr vollenden.

Die Durchsicht des hinterlassenen Manuskripts, sowie die mit der Drucklegung Hand in Hand gehenden Arbeiten besorgten die dem Verfasser nahestehenden Herren Hofkammer- und Forstrat O. Mang und Forstmeister H. Probst in Sigmaringen. Sachliche Anderungen wurden hierbei nicht vorgenommen. Zusätze sind lediglich in den Anmerkungen S. 362, 591 und 598 erfolgt und als solche dort kenntlich gemacht. Der ursprünglich vorgesehene Abschnitt 7 des III. Teils „Die Ergebnisse der praktischen Wirtschaft“ — in der Hauptsache statistisches Material über die Einnahmen und Ausgaben des praktischen Betriebes — wurde als nicht ganz druckreif betrachtet und mußte deshalb entfallen; dies konnte um so eher geschehen, als diese Zahlen durch die Preisumwälzung der letzten Jahre an aktueller Bedeutung verloren haben.

Die Herausgabe des vorliegenden 2. Bandes war der inzwischen ausserordentlich gesteigerten Kosten wegen nur möglich nach Zeichnung einer größeren Garantiesumme, an deren Aufbringung sich staatliche wie kommunale Behörden und wissenschaftliche Institute, ferner zahlreiche Waldbesitzer und Waldbesitzerverbände beteiligt haben, wofür auch an dieser Stelle allen Beteiligten geziemender Dank abgestattet sei.

Der Verlag.

Stuttgart, Februar 1922.

Vorwort zur 2. Auflage.

Als der vorliegende 2. Band vergriffen war und sich ständig weitere Nachfrage nach ihm zeigte, erhob sich die Frage, ob eine Neubearbeitung des Werkes möglich sei, ohne daß seine Eigenart wesentlich geändert würde. Diese Frage ist angesichts der Entwicklung der Forstwissenschaft seit dem Tode des Verfassers (1920) von kompetenter Seite verneint worden. Unter diesen Umständen schien es rätlicher, dem Buche die Fassung zu erhalten, dem es seinen großen Erfolg verdankt, und so haben wir uns zu einem unveränderten Neudruck des 2. Bandes entschlossen, nachdem ein solcher (ohne äußere Kenntlichmachung) vom 1. Band schon 1924 vorgenommen worden war.

Stuttgart, April 1927.

Der Verlag.

III. Teil. Die Praxis des Waldbaus.

Allgemeines.

IV. Teil. Zur Geschichte der Wissenschaft und Praxis des Waldbaus.

Übersicht
über die in **Band I** und **II** enthaltenen
Abbildungen.

Band I.

Band II.

Übersicht

über die Band I und II beigegebenen

Tabellen.

III. Teil.

Die Praxis des Waldbaus.

Allgemeines.

§ 192. Die praktischen Aufgaben und ihre Lösung.

1. Die verschiedenen Zwecke der Waldwirtschaft sind in § 2 zusammengestellt. Am Schlusse (Z. 15) ist bemerkt, daß sich aus diesen Zwecken unter der Einwirkung der natürlichen und wirtschaftlichen Verhältnisse verschiedene Wirtschaftsarten oder Wirtschaftsverfahren im Walde ergeben.

Die natürlichen und wirtschaftlichen Verhältnisse sind in § 20—168 bezw. 169—191 ausführlich erörtert worden. Die praktischen Schlußfolgerungen, die an einzelne Abschnitte geknüpft wurden, haben schon auf die Bedeutung der einzelnen Faktoren für die Wirtschaft hingewiesen und gewissermaßen die Brücke zu diesem praktischen Teil hergestellt.

Es gilt nun, die in den verschiedenen Waldgebieten üblichen Wirtschaftsarten selbst kennen zu lernen und sowohl vom wissenschaftlichen als vom praktischen Standpunkt aus zu würdigen.

2. Die nähere Kenntnis der Wirtschaftsverfahren erlangen wir durch die eigene Beobachtung im Walde, durch besonders angestellte Versuche und durch die kritische Vergleichung der in der Literatur niedergelegten fremden Beobachtungen, von denen in § 16 bereits die Rede war. Die Eigentümlichkeit der Quellen für diesen praktischen Teil erfordert aber noch weitere Ausführungen (§ 193).

3. Die praktische Tätigkeit im Walde besteht in einzelnen technischen Handlungen. Hier muß natürlich verjüngt, dort gesät oder gepflanzt, hier das alte Holz geschlagen, dort der junge Bestand durchforstet werden. Diese technischen Handlungen bilden aber eine wirtschaftliche Einheit, weil die einzelne Handlung stets von der Rücksicht auf den ganzen Besitz oder den ganzen Verwaltungsbezirk beeinflußt ist und in den ganzen Betrieb eingeordnet wird und eingeordnet werden muß. Nicht der einzelne Bestand, sondern die Gesamtheit aller Bestände, das Ganze, gibt sehr oft den Ausschlag für das Vorgehen im einzelnen Falle. Eine technisch notwendige Durchforstung

muß zurückgestellt werden, weil der Schnee in anderen Beständen oder im benachbarten Walde große Mengen des gleichen Materials zusammengebrochen hat; sie muß in stärkerem Grade ausgeführt werden, wenn es an Altholz fehlt. Alte und überalte Bestände müssen langsam abgetrieben werden, weil sie das jährlich abzugebende Berechtigungsholz liefern müssen usw. Solche Verschiebungen werden fast jedes Jahr durch die Lage der Holzschläge, durch die Markt- und Absatzverhältnisse, durch die Preise der einzelnen Holzarten und Sortimente, durch die Höhe der Arbeitslöhne und Transportkosten, selbst durch Witterungsverhältnisse (strenger oder milder Winter, gefrorener oder offener Boden etc.) hervorgerufen. In der Berücksichtigung aller Umstände zeigt sich die Sorgfalt und Gewandtheit des Wirtschafters.

Je kleiner der Besitz ist, um so einschneidender wirken die einzelnen Maßnahmen. Im großen Staatswald, innerhalb dessen eine Ausgleichung der verschiedenen Einflüsse stattfindet oder leicht herbeigeführt werden kann, spielen diese Gesichtspunkte nicht dieselbe Rolle, wie im kleinen Gemeinde- oder Privatwalde. Das Streben, jeden Bestand ganz für sich zu behandeln, findet also an der Rücksicht auf das Ganze seine Schranken.

Auch von den wirtschaftlichen Faktoren, nicht nur von technischen Gesichtspunkten ist das waldbauliche Handeln abhängig[1]).

4. In der Literatur herrschen die Stimmen der Staatsforstwirte, d. h. der Verwalter des Großbesitzes, vor. Es ist daher nicht überflüssig, darauf hinzuweisen, daß im allgemeinen der Privatbesitz und der Kleinbesitz im Walde vorherrschend sind (§ 11). Die Entscheidung im einzelnen Fall wird also überwiegend vom Eigentümer des Waldes selbst getroffen. Den Kleinbauer wie den Großgrundbesitzer leitet dabei die Rücksicht auf die ganze Vermögenslage. Ebenso beachtet die Gemeinde die Steuerkraft der Bürger und die Anforderungen an die Gemeindekasse.

Beim Staatsbesitz werden die Ausgaben aus der großen Staatskasse in einer Summe für die gesamte Waldfläche und Hunderte von Revieren verwilligt. Beim Kleinbesitz werden Einnahmen und Ausgaben innerhalb derselben Wirtschaft einander gegenübergestellt, was zu einer genaueren Erwägung und Abgleichung der Beträge führen muß.

Im Privatbesitz macht sich bei Festsetzung der Einnahmen wie der Ausgaben der Eigennutz geltend. Im Staatsbesitz tritt er zurück, ist aber dort oft genug in der Form des Fiskalismus zu bemerken[2])

---

[1]) Diesen Standpunkt muß ich festhalten trotz der gegenteiligen Auffassung, welche bei Besprechung des I. Bandes geäußert wurde. Es wird unten öfters Gelegenheit geben, dies im einzelnen naber darzulegen.

[2]) Inwieweit die neuesten politischen Ereignisse umgestaltend auf die Besitzverhältnisse einwirken werden, läßt sich noch nicht übersehen.

§ 193. Die Quellen der Darstellung und die Methode ihrer Verarbeitung.

1. Die Darstellung der praktischen Wirtschaft muß sich in erster Linie auf die Erfahrung stützen.

Die Erfahrung des einzelnen Waldbesitzers, Wirtschafters oder Forschers, von der in der Regel ausgegangen wird, ist der Zeit und dem Raume nach beschränkt. Es muß also die Erfahrung weiterer praktischer Beobachter und Wirtschafter zu verwerten gesucht werden.

Die Erfahrungen werden überwiegend mündlich und im engeren Kreise mitgeteilt; nur ein kleiner Bruchteil geht in die Literatur über. Gerade die tüchtigsten Wirtschafter sind literarischer Betätigung vielfach ganz abgeneigt. Was in Büchern, Zeitschriften, Vereinsberichten niedergelegt ist, umfaßt also nur einen geringen Teil des großen Schatzes von Erfahrung, der unseren Praktikern eigen ist. So kommt es, daß unser Wissen vielfache Lücken, namentlich auch in geographischer Hinsicht aufweist; von großen Gebieten stehen uns öfters nur spärliche Mitteilungen zu Gebot.

2. Eine Hauptquelle der Erfahrung könnten die Wirtschaftsakten sein, wenn überall das Ergebnis der tatsächlichen Wirtschaft, der tatsächliche Erfolg der waldbaulichen Tätigkeit selbst, dem Plan über die Wirtschaft gegenübergestellt und verarbeitet würde. Viel Zeit und Geld wird auf die Anfertigung der Wirtschaftspläne verwendet, die von 2—3 Beteiligten gelesen werden und nach wenigen Jahren der Vergessenheit anheimfallen. Reiches und wertvolles Material würde für Wissenschaft und Praxis gewonnen, wenn die Wirtschaftserfahrungen mit der gleichen Sorgfalt wie die Pläne zusammengestellt würden.

3. Für einzelne Länder (Bayern, Württemberg, Baden, Sachsen, Hessen etc.) ist dies, namentlich in früheren Jahren, geschehen. Die sogenannten Wirtschaftsregeln sind nämlich nichts anderes als die von sämtlichen Wirtschaftern eines abgegrenzten Gebietes gemachten Erfahrungen, aus denen die „Regeln" für die künftige Wirtschaft abgeleitet wurden[1]). Vielfach hat man nur die „Regeln" oder gar den Wortlaut der Regeln ins Auge gefaßt und ihre Entstehung nicht genauer beachtet. So kam es, daß der Wert dieser, auf vielseitiger und langjähriger Erfahrung beruhenden Wirtschaftsregeln viel zu gering geschätzt wird.

4. Stimmen aus der praktischen Wirtschaft tönen auch in den Versammlungen an unser Ohr, die seit 1837 fast alljährlich stattfinden.

Über die Wirtschaft in der Umgebung des Versammlungsortes und die dort gemachten Erfahrungen enthält gewöhnlich ein sogenannter

[1]) Der Vorschlag, regelmäßige Zusammenkünfte und Beratungen des Forstpersonals zu veranstalten und die Ergebnisse in einem Protokoll niederzulegen, wurde schon 1768 gemacht. Forst-Mag. 11, 1.

„Führer" für die Waldbegänge längere oder kürzere Mitteilungen. Leider werden diese „Führer" nur selten den Berichten über die Versammlungen beigeschlossen. So geht ein höchst wertvolles Material, das schon im Hinblick auf die zu erwartende Kritik in sorgfältig erwogener Weise zusammengestellt ist, für die wissenschaftliche Verarbeitung fast ganz verloren. Die „Berichte" über die Exkursionen stehen hinter den „Führern" an Bedeutung weit zurück; die meisten sind ohnehin flüchtig und oberflächlich gehalten.

Dagegen sind die Berichte über die Verhandlungen als eine der wichtigsten Quellen unserer Erfahrungswissenschaft zu bezeichnen. Sie haben den großen Vorzug, daß neben der Auffassung der Berichterstatter die Ansichten und Erfahrungen weiterer Fachkreise zum Ausdruck kommen. Bei den meisten Verhandlungsgegenständen werden abweichende, nicht selten geradezu entgegengesetzte Meinungen vertreten.

Die Vereine sind in Deutschland, Österreich-Ungarn und der Schweiz teilweise schon vor 80 Jahren gegründet, in neuerer Zeit auch in andern Ländern ins Leben gerufen worden. Wir sind also über ein sehr großes geographisches Gebiet und über einen etwa 80jährigen Zeitraum hin bezüglich der waldbaulichen Zustände und Strömungen unterrichtet. Die Berichte sind freilich von sehr ungleicher Ausführlichkeit und Genauigkeit (von manchen Versammlungen fehlen sie ganz). Der wissenschaftliche und praktische Wert der Vorträge und Besprechungen ist ebenfalls sehr verschieden.

Die deutschen, österreichisch-ungarischen und schweizerischen Vereine — von den kleinen örtlichen Vereinen fehlen regelmäßige Berichte — haben (rund) 1050 Versammlungen abgehalten. Auf den meisten Versammlungen kommen 2—3, auch mehr waldbauliche Gegenstände zur Sprache. Wenn zum einzelnen Thema durchschnittlich auch nur 4 Redner das Wort ergriffen, so sind die Erfahrungen von etwa 8—10000 Praktikern in diesen Berichten niedergelegt und unten berücksichtigt.

5. Die Ergebnisse von Erfahrung und wissenschaftlicher Forschung sind sodann in den Zeitschriften enthalten. Die forstlichen Zeitschriften reichen bis 1763 zurück; in anderen Zeitschriften finden sich waldbauliche Aufsätze schon 1731. Die in den Zeitschriften erscheinenden Abhandlungen stellen in der Regel die Auffassung eines einzelnen dar; allerdings lassen auch abweichende Stimmen sich manchmal vernehmen.

Die Zahl der waldbaulichen Abhandlungen im engeren Sinn, die seit 160 Jahren in den Zeitschriften erschienen sind, beträgt rund 8800 (eine strenge Scheidung des Waldbaus von Einrichtung, Forstschutz etc. ist nicht möglich).

6. Besondere Untersuchungen und Versuche sind schon vor 100 Jahren da und dort von einzelnen Praktikern im Walde angestellt worden. Die Versuchsstellen sind aber nach dem Weggang oder Tod

des betreffenden Forstmanns bald in Vergessenheit und Verfall geraten. Selbst die von den oberen Behörden angeordneten Versuche sind nur ausnahmsweise längere Zeit (so in Baden, Sachsen) fortgeführt worden. Diese Wahrnehmung hat zur Errichtung der staatlichen Versuchsanstalten geführt[1]). Die ersten wurden 1871 und 1872 in Deutschland gegründet. Seitdem haben sie sich über fast ganz Europa, Japan und die Vereinigten Staaten von Nordamerika ausgedehnt.

Im Laufe von fast 50 Jahren haben die Versuchsanstalten mancherlei Erhebungen waldbaulicher Art ausgeführt und bei anderen, nicht rein waldbaulichen Versuchen zahlreiche Messungen vorgenommen, deren Verwertung auch im waldbaulichen Sinne unten stattfinden soll. Die volle Ausnützung dieses gewaltigen Materials wird eine Arbeit von Jahrzehnten sein.

Die Veröffentlichungen der forstlichen Versuchsanstalten über ihre Untersuchungen und Versuche sind zum großen Teil in den Zeitschriften enthalten. Daneben lassen einzelne Versuchsanstalten noch besondere periodische Mitteilungen erscheinen. Selbständige Bücher und kleinere Schriften spielen eine geringere Rolle.

7. Die selbständigen Werke über Waldbau sind überwiegend von akademischen Lehrern des Waldbaus verfaßt. Nur Burckhardt, der übrigens auch 5 Jahre Lehrer war, behandelt den Gegenstand nicht etwa im Sinne des Lehrbuchs, sondern „hält sich mehr an das tatsächliche, vornämlich an das, was wirkliche Ausführungen im Walde an die Hand geben". Er „spekuliert nicht auf neue Kulturmethoden, wohl aber auf das, was sich im Walde bewährt hat und in der Praxis beachtet zu werden verdient"[2]).

In Lehrbüchern werden die — wirklich oder vermeintlich — feststehenden Sätze über die einzelnen Gegenstände zusammengefaßt, meistens aber die gerade für die praktische Ausführung wichtigen Einzelheiten mehr oder weniger vernachlässigt. Eine Vergleichung des Waldbaus von dem in der Praxis tätig gewesenen Ney etwa mit dem Waldbau von Weise läßt den Unterschied deutlich erkennen.

Der mehr oder weniger scharf ausgeprägte Standpunkt des Lehrers, die Auffassung des einzelnen Forschers, insbesondere auch der Ort der Wirksamkeit des Verfassers kommen im Lehrbuch zur Geltung. Es genügt in dieser Hinsicht auf die Norddeutschen Pfeil, Burckhardt, Borggreve, Weise, die Mitteldeutschen Cotta, auch Hartig und Heyer, die Süddeutschen Gwinner, Dengler, Stumpf, Gayer, Ney, Mayr, G. Wagener, die Österreicher Zötl, Feistmantel und Grabner, die Franzosen Parade und Boppe hinzuweisen.

[1]) Vgl. Baur, Die forstlichen Versuchsstationen. 1868.

[2]) Vorwort zu „Säen und Pflanzen". Von der 4. Auflage an nennt er „Säen und Pflanzen" ein Handbuch der Holzerziehung. — Mayr's Waldbau ist als Lehr- und Handbuch bezeichnet.

8. In der nachstehenden Übersicht sind die wichtigsten Gegenstände des ganzen Waldbaus in einzelnen Gruppen herausgehoben. Sie läßt erkennen, welche Bedeutung den einzelnen Kapiteln in Praxis und Wissenschaft beigelegt wurde und wird. Einen weiteren Einblick vermitteln die Literaturnachweise, die unten jedem Abschnitt vorangestellt sind.

Die Zahl der Abhandlungen — weniger bedeutende sind nicht aufgenommen — beträgt:

Gegenstand	In Zeitschriften	In Vereinsschriften	Zusammen	Gegenstand	In Zeitschriften	In Vereinsschriften	Zusammen
1. Waldbau im allgemeinen	387	283	670	27. Plenterwald	96	37	133
2. Laubhölzer überhaupt .	162	99	261	28. Reinigung	16	6	22
3. Eiche	154	158	312	29. Ausastung	61	30	91
4. Buche	181	126	307	30. Durchforstung	196	87	283
5. Nadelhölzer überhaupt .	58	22	80	31. Lichtung	61	19	80
6. Fichte	174	131	305	32. Abtriebshieb	47	17	64
7. Tanne	71	55	126	33. Einteilung und Bestandesausscheidung . . .	211	70	281
8. Föhre	283	158	391	34. Verschönerung des Waldes	29	28	57
9. Lärche	82	52	134	35. Weide	73	61	134
10. Ausländische Holzarten	258	101	359	36. Streu	112	75	187
11. Gemischte Bestände . .	86	64	150	37. Waldfeld, Hackwald etc.	62	46	108
12. Natürliche Verjüngung .	136	54	190	38. Ödland, Blößen . . .	152	123	275
13. Richtung und Breite der Hiebe	7	9	16	39. Flugsand	23	6	29
14. Kahlschlag	41	56	97	40. Versuche verschiedener Art	84	27	111
15. Stockrodung	28	20	48	41. Ertragstafeln, Zuwachs	58	19	77
16. Künstliche Verjüngung .	106	81	187	42. Physik, Chemie, Meteorologie	81	31	112
17. Saat	112	32	144	43. Winde	94	44	138
18. Provenienz des Samens	42	12	54	44. Schnee	45	30	75
19. Pflanzung	117	48	165	45. Frost	31	14	45
20. Pflanzschulen	60	29	89	46. Rauch	37	17	54
21. Düngung	65	24	89	47. Wasser	44	42	86
22. Verfahren von Biermans, Buttlar etc. . . .	29	31	60	48. Boden	100	47	147
23. Unterbau	15	21	36	49. Pflanzenphysiologie etc.	94	12	106
24. Niederwald	88	33	121				
25. Mittelwald	74	50	124				
26. Hochwald	29	22	51				

9. Es beruht ja allerdings die Wahl des einen oder anderen Gegenstandes zur Besprechung in einer Versammlung oder in einer Zeitschrift auf zufälliger, äußerer oder innerer Veranlassung. Bedeutender Wind-, Schnee- oder Frostschaden, ein Dürrejahr rufen Erörterungen über ihre Einwirkung auf den Wald und über die Waldwirtschaft, die den Schaden gesteigert hat oder haben soll, hervor. Eine Reihe von Mißernten führt zur Besprechung des Waldfeldbaus, der Weide- und Streunutzung.

Neue Methoden der Saat oder Pflanzung (Biermans, Buttlar, v. Manteuffel) geben den Anstoß zu zahlreichen Äußerungen zustimmender oder ablehnender Art.

Neben solchen Tagesfragen kommen aber noch eine sehr große Zahl von Gegenständen zur Sprache, die sich in der Wirtschaft als bedeutungsvoll ergeben haben. Auffallend ist dabei, daß einzelne Fragen jahrelang die weitesten Kreise beschäftigen, dann von der Tagesordnung verschwinden. Sie sind aber nicht gelöst worden, wie man meinen sollte, sondern sie haben nur an Interesse verloren oder anderen Fragen weichen müssen. So erscheinen sie plötzlich wieder nach Jahrzehnten, um demselben Schicksal zu verfallen. Die Literaturübersicht zu den einzelnen Abschnitten enthält zahlreiche Beispiele hiefür.

10. In den Vereinsverhandlungen, weniger in den Zeitschriften, läßt sich sodann deutlich der Einfluß der geographischen Lage auf die Besprechung verschiedener Gegenstände erkennen. Die Anzucht ausländischer Holzarten kommt von der Nordsee bis zum adriatischen Meer und von der französischen bis zur russischen Grenze zur Sprache. Andererseits spielt die Fichte eine Hauptrolle in den Verhandlungen von Sachsen, Schlesien, Ost- und Westpreußen, sowie vom Harze; die Tanne in denjenigen von Baden und Schlesien, die Föhre in solchen vom nördlichen und östlichen Preußen und von Schlesien. Ebenfalls in Schlesien wurde oft der Kahlschlag und die künstliche Verjüngung besprochen. Der Mittelwald wird in Baden, der Plenterwald in der Schweiz, der Lichtungsbetrieb in Österreich vielfach erörtert. In den Büchern, die eine Vollständigkeit des behandelten Stoffes anstreben, treten diese zeitlichen und räumlichen Unterschiede nicht so deutlich hervor.

11. Aus der umfangreichen Literatur ersehen wir zweierlei: einmal wie die Ziele der Wirtschaft, sodann wie die Wege oder Verfahren zur Erreichung dieser Ziele verschieden waren und sind. Der einzelne Waldbesitzer oder Wirtschafter liest Bücher und Zeitschriften, besucht Versammlungen, um anderweitige Wirtschaftsziele und anderwärts angewendete und erprobte Verfahren kennen zu lernen. Auf Grund dieser neugewonnenen Kenntnisse wird er überlegen, ob und inwieweit er seine Wirtschaft ändern oder verbessern könne. So hat nach der Forstversammlung in Nürnberg vom Jahre 1853 in Deutschland die Föhrenstarkholzzucht eine bedeutende Erweiterung erfahren, nachdem ihre Ergebnisse im Hauptsmoorwald bei Bamberg vor Augen geführt worden waren. Das Wirtschaftsziel (Starkholzzucht) und das Verfahren (des Überhalts) wurden in andere Gegenden übernommen.

Die Aufgabe wissenschaftlicher Forschung und Darstellung ist es nun, einerseits die Voraussetzungen, andererseits die Wirkungen eines Verfahrens klarzulegen. Ein Verfahren, das am einen Orte ganz zweckmäßig sein mag, kann an einem anderen Orte zu Mißerfolgen führen (Buttlarsches Pflanzverfahren auf Lehm oder Ton angewendet, Anbau fremder Holzarten, Waldfeldbau auf magerem Boden).

Die Voraussetzungen eines bestimmten Verfahrens sind teils durch wirtschaftliche, teils durch natürliche Verhältnisse gegeben. Der Seebachsche Lichtungshieb ist an manchen Orten und auch noch in neuerer Zeit (freilich zum Teil nur dem Namen nach) zum Zwecke der Starkholzzucht eingeführt worden, obgleich weder die wirtschaftlichen, noch die natürlichen Voraussetzungen seiner Entstehung vorhanden waren. In Uslar am Solling machten Mangel an Altholz und die Ansprüche der Berechtigten einen Vorgriff in jüngere Buchenbestände und eine Steigerung des Ertrages an Brennholz nötig. Dies mußte auf Buntsandsteinboden III. und IV. Klasse geschehen, auf dem die im gelichteten Bestande angekommene natürliche Verjüngung beim Wiedereintritt des Schlusses zum Absterben kam. Auf besserem Boden ist dies aber nicht der Fall. Wageners Kronenfreihieb hängt mit der Überführung des Mittelwalds in Hochwald und dem Ausfall im Ertrag, die badische Fehmelwirtschaft mit der Ausfuhr starker Weißtannensortimente auf dem Rhein und den günstigen Wachstumsverhältnissen, die französische Art der Durchforstung mit dem Bedarf an Eichenstarkholz und den in Frankreich üblichen gemischten Laubholzbeständen zusammen. Wo schon im 20., nicht erst im 60. Jahre die regelmäßigen Durchforstungen beginnen, fehlen die gabeligen, stark entwickelten Stämme, die den Anlaß zu Borggreves Plenterdurchforstung gaben.

12. Jeder Waldbesitzer wird und muß bestrebt sein, die für bestimmte und gegebene Verhältnisse richtigste, insbesondere auch die für die vorhandenen, oft unvollkommenen Bestände zweckmäßigste Wirtschaft einzuführen.

Dabei sind die technischen und wirtschaftlichen Faktoren klar auseinanderzuhalten; letztere werden überhaupt viel zu wenig beachtet. Ohne die wirtschaftlichen Verhältnisse ist, wie die obigen, leicht vermehrbaren Beispiele zeigen, das technische Verfahren nicht zu verstehen.

Ein großer Teil der literarischen Streitigkeiten kommt nur davon her, daß die „Verhältnisse“, von denen die Parteien stillschweigend ausgehen, nicht hinreichend genau mitgeteilt sind. Der Streit dreht sich vielfach um das „Verfahren“, während die vorhandenen Verhältnisse, nicht das Verfahren den Ausschlag geben. Das Verfahren ist nur Mittel zum Zweck. Wird dieser durch ein anderes Verfahren ebenso vollkommen erreicht, so sind beide Verfahren gleichwertig. Die Bevorzugung des einen oder anderen hängt dann von unwesentlichen, oft nur lokalen Gesichtspunkten oder selbst von Liebhaberei ab. In letzterer Beziehung braucht nur an die Bevorzugung der einen oder anderen

Holzart, der starken oder schwachen Durchforstung, der reinen oder gemischten Bestände, des Mittel- oder Hochwaldes seitens verschiedener Inspektoren erinnert zu werden.

Die meisten Waldbaubücher — bezeichnenderweise machen der Waldbau des Praktikers Ney, auch das Werk von Burckhardt hierin eine Ausnahme — beschränken sich auf die Darstellung der Technik des Waldbaus. Dadurch entsteht besonders für den Anfänger vielfach eine ganz falsche Auffassung und der bekannte Gegensatz zwischen Theorie und Praxis. (Anwendung desselben Verfahrens im großen Staatswalde und im Gemeinde- oder kleinen Privatwalde etc.)

13. Aus den eben entwickelten Grundsätzen ergeben sich von selbst die Anforderungen, die an die Darstellung der verschiedenen Wirtschaftsarten und Wirtschaftsverfahren zu stellen sind. Sie muß nicht nur ein bestimmtes Verfahren vor Augen führen, sondern auch die wirtschaftlichen und natürlichen Verhältnisse angeben, aus denen das Verfahren sich herausgebildet hat. Ohne diese ist ein sicheres Urteil über eine Wirtschaftsart oder ein einzelnes Verfahren nicht möglich. Burckhardt wirkte und schrieb in dem regenarmen Hannover, Dengler im regenreichen badischen Schwarzwald. Pfeil hat die Wirtschaft im — heute noch — dünn bevölkerten Ostpreußen im Auge, von der die Wirtschaft bei einer Dichtigkeit von 200—300 Einwohnern auf 1 qkm (in Sachsen, Rheinland etc.) wesentlich verschieden sein wird.

14. Das Urteil über ein Verfahren ist sehr erschwert, weil die Wirkungen einer Maßregel selten nach kurzer Zeit eintreten, sondern meistens erst nach 10—20, ja 30—50, selbst 60—80 Jahren deutlich sichtbar werden. Über den Erfolg eines Verfahrens kann daher selten derjenige urteilen, der es eingeleitet hat. Es sind vielmehr andere, die seine Grundgedanken und Absichten gar nicht genau kennen.

15. Bei der Beurteilung sowohl der Wirksamkeit im Walde, als namentlich von waldbaulichen Schriften, von Abhandlungen in Zeitschriften und Berichterstattungen in Versammlungen ist endlich ein wesentlicher Umstand nicht außer acht zu lassen: die wissenschaftliche oder praktische Persönlichkeit. Die allgemeine und die fachliche Bildung, eine bestimmte Schule, die praktische Laufbahn eines Wirtschafters oder Autors sind von entscheidendem Einfluß auf die ganze Denk- und Handlungsweise. Selbst das Temperament des Wirtschafters läßt sich im Walde erkennen: bedächtige und ängstliche Naturen durchforsten „vorsichtig", weichen nicht von der allgemeinen Regel ab; energische scheuen sich nicht, „scharf einzugreifen" und ihre eigenen Wege zu gehen. Dazu kommen noch bestimmte Eigenschaften des Charakters, wie gute Beobachtungsgabe, Ausdauer, Genauigkeit, Zuverlässigkeit, Gründlichkeit, Unparteilichkeit und Klarheit der Dar-

stellung, welche den Wert oder Unwert eines Buches ausmachen. Bei den meisten Schriftstellern sind wir über diese Punkte allerdings wenig oder gar nicht unterrichtet [1]).

1. Abschnitt. Die Benützung des Bodens.

§ 194. Die Verwendung des Bodens zur Holzerziehung.

1. Der Erziehung von Holz ist in der Regel der größte Teil des Waldbesitzes gewidmet. Freilich darf dies nicht so verstanden werden, als ob tatsächlich die ganze Fläche der Holzzucht diene. Ein Gang durch die Wälder zeigt uns ein anderes, nicht immer erfreuliches Bild. Man betrachtet es allgemein als einen Mangel der Bodenkultur, wenn nicht die ganze Acker-, Wiesen- oder Weidefläche („jeder Fleck Erde") angebaut ist, sondern leere, unproduktive Stellen sich zwischen den kultivierten Teilen finden. Jeder sorgsame Landwirt ist ängstlich bemüht, die ganze Fläche seines Besitzes „auszunützen". Ganz anders im Walde. Zwar nicht allgemein, aber doch sehr weit verbreitet ist hier eine gewisse Bodenverschwendung.

2. Die Abteilungslinien, die allerdings vielfach als Wege dienen, nehmen in größeren Wäldern 1,5—2 % der Fläche ein. In einem Bezirke von 1000 ha beträgt daher die unproduktive Fläche 15—20 ha und der jährliche Ausfall bei einem Rohertrag von 100 ℳ [2]) pro Hektar im ganzen 1500—2000 ℳ. So manche Abteilungslinie (Wirtschaftsstreifen, Grenzstreifen zwischen benachbarten Beständen, Unterabteilungsgrenzen, Gestelle etc.), selbst mancher Weg muß als zu breit oder gar als überflüssig bezeichnet werden. Die Vorteile, die man den Abteilungslinien etc. zuschreibt (Schutz gegen Wind etc.) werden in vielen Fällen gar nicht erreicht.

3. Weit größer ist die Bodenverschwendung infolge der unvollkommenen Bestockung der Bestände. Wird der Vollkommenheitsgrad einer Abteilung zu 0,8 angegeben, so bedeutet dies, daß nicht weniger als 20 % der Fläche unproduktiv sind. Durch Schneebruch entstehen Lücken in 30—40 jährigen Beständen; bleiben sie unbestockt, so kann der unproduktive Zeitraum 40—60 Jahre umfassen.

4. Kahlschlagflächen, abgerutschte Bodenstellen, steile Hänge, felsige und steinige Bodenlagen, Steinbrüche, Sandgruben, nasse und sumpfige Stellen sind manchmal Jahre und Jahrzehnte lang unbestockt und unproduktiv.

5. Schlecht ausgeführte oder sonstwie mißlungene Saaten, lückig gewordene junge Pflanzungen, die versäumten Nachbesserungen na-

[1]) Für die landw. Tätigkeit hat Aereboe diesen Gesichtspunkt in helles Licht gestellt.

[2]) Die in diesem Werke gemachten Angaben über Markbeträge entsprechen dem Geldwert der Vorkriegszeit, bedeuten also Goldmark.

türlich und künstlich entstandener Verjüngungen, die Froststellen, die vom Wild beschädigten Plätze schließen ebenfalls Flächen ein, die jahrelang unproduktiv sind.

6. Die vielen kahlen Stellen im Walde von nur einigen Quadratmetern Fläche bleiben oft ganz unbeachtet. Würde ihre gesamte Ausdehnung in einem Bezirke bekannt sein, so würden sich oft Flächen von mehreren Hektaren ergeben.

7. Die Fehlstellen können nicht immer durch ein technisches Verfahren beseitigt werden. In manchen Fällen können auch zu hohe Kosten zur Herstellung der vollen Bestockung nötig sein. Aber im allgemeinen ist die Warnung vor sorgloser Bodenverschwendung gewiß nicht unbegründet. Bei großem Besitze oder extensiver Wirtschaft mögen kleine unproduktive Stellen relativ allerdings von geringerem Einflusse sein. Für die Gesamtheit bedeuten sie jedoch immer einen Ausfall im Ertrag. Je kleiner dagegen der Besitz und je ertragreicher die Wirtschaft ist, um so schwerer fallen unproduktive Stellen ins Gewicht.

8. Die produktive Fläche, wie sie nach Abzug der Wege, Wasserflächen, Felshalden etc. in der Statistik erscheint, ist in Wirklichkeit nicht vorhanden. Die Zahlen, die auf Grund der produktiven Fläche berechnet werden (Ertrag an Holz oder Geld pro Hektar etc.), sind daher vielfach zu niedrig. Dies ist namentlich bei Vergleichung verschiedener Gegenden zu beachten.

§ 195. Die Bestimmung des Bodens zu landwirtschaftlicher Benützung.

1. In der forstlichen Statistik wird die produktive Waldfläche in 2 Klassen geteilt: in den zur Holzzucht und den zur landwirtschaftlichen Benützung bestimmten Boden. Letzterer findet sich fast in allen Staatsrevieren; er umfaßt meistens 10—15 ha, steigt aber in vielen Bezirken auf 100—200, selbst 300—500 ha.

2. Die landwirtschaftliche Benützung geschieht in verschiedenen Formen. Nach dem Abtrieb des Holzbestandes wird der Boden mehrere Jahre mit Frucht angebaut und dann wieder mit Holzpflanzen bestockt: Waldfeld, Hackwald, Hauberg, Reutberg. Oder es findet eine Verbindung der Holzzucht mit der Weide- und Grasnutzung statt: bestockte Weide, Wytweiden der Schweiz, Egarden, Mähder etc. in anderen Gegenden, Weidewälder. Ferner werden die durch den Wald hin zerstreuten Äcker, Wiesen und Weiden in volkswirtschaftlichem Interesse als solche weitergeführt. Die den Eisenbahnlinien oder elektrischen Leitungen entlang abgeholzten Sicherheitsstreifen werden vielfach landwirtschaftlich bebaut. Dem Forstpersonal und da und dort dem Waldarbeiterstande wird ein Stück Land zur Benützung zugeteilt, um die Ernährung sicherzustellen und ein ständiges Arbeiterpersonal dem Walde zu erhalten.

3. Am meisten verbreitet sind die landwirtschaftlichen Kulturen in den eigentlichen Waldgebieten, in denen die vorhandene Feldfläche zur Ernährung der Bevölkerung nicht ausreicht: so im badischen Schwarzwald, im badischen und hessischen Odenwald, im Siegenerland, in der Eifel, in den Vorbergen der Alpen etc. Der ganze Betrieb ist in diesen Gegenden der landwirtschaftlichen Nutzung angepaßt, so daß man von einer Hauberg-, Reutberg-, Hackwaldwirtschaft spricht. Diese Betriebsarten werden unten besonders besprochen werden.

Die Verbindung von Holzzucht und Grasnutzung findet sich im kleinen überall, im großen besonders in den höheren Lagen der Mittelgebirge und in allen Hochgebirgen (Region des „aufgelösten Waldes").

Manche der ehemaligen Äcker und Wiesen sind in neuerer Zeit, vielfach zur Arrondierung des Waldbesitzes, aufgeforstet worden. Waldnamen, die mit -wies, -feld, -weide zusammengesetzt sind, erinnern an die frühere Kulturart.

Äcker und Wiesen und vielfach selbst die Weiden werfen einen höheren Ertrag ab als der Wald. Die landwirtschaftliche Benützung einer Fläche kann also auch privatwirtschaftlich von Vorteil sein. Auf die Dauer ist sie aber nur bei guter Düngung möglich, die bei der Entlegenheit von den Wohnplätzen oft schwer zu beschaffen ist. Die Möglichkeit, künstlichen Dünger zu verwenden, hat hierin einige Erleichterung gebracht. Gleichwohl fallen vielfach die „ausgebauten" Flächen wieder der Waldkultur zu.

§ 196. Ausscheidung von Waldboden zu hygienischen und ästhetischen Zwecken.

1. In der Nähe größerer Städte und in dicht bevölkerten Industriegegenden, bei Bade- und Luftkurorten (§ 2, 13) wird zur Förderung der Gesundheit der Bevölkerung ein Teil des Waldes dem allgemeinen Zutritt geöffnet. Ebene Stellen werden zu Spielplätzen und Waldschulen, zur Erbauung von Erholungs- und Genesungsheimen etc. abgetreten. An Aussichtsstellen wird der Wald abgetrieben oder als Niederwald bewirtschaftet. Alte malerische Bäume und Baumgruppen, historisch bedeutsame Waldstellen werden geschützt und erhalten. Der gesamte Wald oder wenigstens bestimmte Waldteile einzelner Städte werden vielfach nur in hygienischem und ästhetischem Interesse bewirtschaftet.

2. Diesen Zwecken dient in der Hauptsache nur der nahe bei der Stadt gelegene Teil des Waldes. Sodann werden ebene und fruchtbare Stellen bevorzugt, weil auf solchen die Bäume und Bestände eine größere Höhe erreichen und die ganze Vegetation kräftiger und mannigfaltiger ist. So kommt es, daß vielfach die fruchtbarsten Stellen und die wegen der günstigen Lage zum Markt einträglichsten Bestände der finanziellen

Ausnützung entzogen werden. Die Gesundheit des Volkes ist aber ein so hohes Gut, daß dieser Verlust nicht in Betracht kommen kann.

3. Die Erfüllung dieser gemeinnützigen Aufgabe liegt hauptsächlich den Stadt-, aber manchmal auch den Landgemeinden ob. In solchen Waldungen hat sich eine besondere Art der Wirtschaft, die „Parkwirtschaft" ausgebildet. Je nach den Verhältnissen können auch die übrigen Waldbesitzer (der Staat, die Privaten) sich dieser sozialen Pflicht nicht entziehen. Sie werden einen Teil ihres Waldes dem öffentlichen Interesse widmen oder an die Gemeinden abtreten müssen [1]).

197. **Sonstige Benützung des Waldbodens.**

1. Je nach der geologischen Formation werden einzelne kleine Flächen zur Gewinnung von Steinen, von Kies, Sand, Lehm, Ton benützt. Nicht selten ist der Wald mit Servituten dieser Bezüge belastet (u. a. der Hauptsmoorwald bei Bamberg, in dem die Gärtner humosen Sand seit Jahrhunderten sich holen dürfen).

2. Althergebrachte Wasserrechte von Mühlen etc. zwingen den Waldbesitzer zur Erhaltung von Weihern, Teichen, Seen. Die Aufspeicherung von Wasser spielt in der heutigen Industrie, teilweise auch in der heutigen Landwirtschaft, eine immer größere Rolle. Manche Waldfläche muß zur Anlage von Stauseen, von Kanälen und Wasserleitungen abgetreten werden. In der Umgebung dieser Wasserflächen ist der Anbau von Erlen, Eschen etc. geboten.

3. Der Großhandel macht die Anlage von Lagerplätzen im Innern des Waldes, in der Nähe der Bahnhöfe, der wichtigsten Abfuhrstraßen, sowie an Flüssen und Kanälen notwendig.

4. Die produktive Waldfläche erleidet durch diese Ansprüche wiederum eine Verringerung, deren Umfang freilich meist nicht genau bekannt ist.

Erwägt man, daß die älteren Nadelholzbestände in der Regel nur einen Vollkommenheitsgrad von 0,7—0,8, selten von 0,9 haben, daß ferner die in § 194 bis 197 angeführten Benützungsarten weitere Flächen dem Holzwuchs entziehen, so kommt man zu dem Schlusse, daß von der als produktiv aufgeführten Waldfläche ungefähr 10—15, an manchen Orten vielleicht 20 % für die Holzerzeugung nicht in Rechnung gestellt werden können.

---

[1]) Eine sehr umfangreiche Fläche hat z. B. der „Zweckverband Berlin" vom preußischen Staate erworben. — Der Staat wird in solchen Fällen zu weitgehendem Entgegenkommen sich verstehen müssen; dies legt schon die historische Entstehung des Staatswaldes nahe. Inwieweit das nach dem Kriege 1914—18 hervortretende Streben, die Produktion nach dem Gesamtwohle zu regeln, Einfluß gewinnen wird, bleibt abzuwarten.

2. Abschnitt. Die Pflege des Bodens.

§ 198. Das Zurückhalten des Wassers im Walde.

Zeitschriften: Allg. F.J.Z.: Anderlind 1900, 343; Anderlind 1914, 41. Forstl. Bl.: Borggreve 1890, 331. Forstw. Centralbl.: Ebermayer 1879, 77. Thar. J.: Vater 1902, 213; 03, 241 Zeitschr. f. F.- u. J.wesen: Ramann 1895, 334; Ramann 1906, 13; Kautz 09, 41; Centralbl. f. ges. F.: Sigmond 1912, 56; Österr. Viertj.schr.: Böhm 1862, 403; 64, 42; 72, 265; 75, 147; Purlzyue 75, 479. — Vereine: Deutschl. 1876. Els. 1898. Harz 1895. Hessen Prov. 1883. Pfalz 1882. Sachsen 1913. Schles. 1903; 11. Süddeutschl. 1845. Württ. 1886; 1908. Mähren 1876. Nied.-Österr. 1906. Schweiz 1865; 69; 75.

1. Der Wasserwirtschaft[1]) im Walde wird in der Regel nicht die gebührende Aufmerksamkeit geschenkt. Meistens begnügt man sich mit dem Ziehen von Entwässerungsgräben.

Einer sorgfältigen Wasserausnutzung begegnet man selbst in niederschlagsarmen Gegenden nur sehr selten. Sie soll deshalb besonders betont und der Entwässerung vorangestellt werden.

Die Regelung des Wasservorrats im Waldboden wurde bereits in § 95 als eine der Hauptaufgaben der praktischen Wirtschaft bezeichnet. Einige Andeutungen über zweckdienliche Maßregeln sind bereits oben § 56—60 gemacht worden.

2. Durch lichtere Stellung des Bestandes (stärkere Durchforstung, Lichtungshiebe, Mittel- und Plenterwald) wird dem Boden ein größerer Teil der Niederschläge zugeführt als bei Erhaltung des dichteren Schlusses. Dies ist besonders wichtig, wenn die Niederschläge überhaupt gering sind und wenn die schwächeren Niederschläge vorherrschen (§ 56, 8). Bei natürlicher Verjüngung ist unter solchen Verhältnissen eine Lichtung schon im ersten Jahre und die baldige Räumung angezeigt.

3. Von den zum Boden gelangenden Niederschlägen verdunstet ein Teil oberflächlich (von Gras, Moos, das benetzt wurde), ein anderer Teil sickert in den Boden ein und gelangt hier zur Verdunstung (§ 60). Diese Verdunstung kann durch Beschattung bis auf die Hälfte herabgesetzt werden (§ 59). Besonders wichtig ist die Beschattung nachmittags, weil zu dieser Tageszeit die Verdunstung am höchsten ist. Der Schluß des Kronendachs, sowie die Erhaltung von beschattendem Unterholz

[1]) Die volks- und landw. Bedeutung der Wasserbenutzung kann hier nicht näher erörtert werden; vergl. Buchenberger: Agrarwesen und Agrarpolitik 1892, 1, 270 ff.; v. d. Goltz in Elsters Wörterbuch der Volkswirtschaft, 21, 458 ff. Anschütz hat im Handwörterbuch der Staatswiss. 32, 1003; 3, 993; 8, 514 die bestehenden Wassergesetze und die Gesetze über Wassergenossenschaften zusammengestellt. Bei Bildung der letzteren können auch Waldbesitzer beteiligt sein (vgl. Meitzen, Der Boden des preuß. Staates, 7, 361 ff.). Hergebrachte Servituten oder eingegangene Verträge können die freie Verfügung über das Wasser im Walde mehr oder weniger einschränken.

auf den Süd- und Westseiten der Bestände trägt zur Bewahrung der Bodenfeuchtigkeit wesentlich bei (§ 72, 73).

4. Da der Humus und der humose Boden das Wasser länger festhalten, ist die Bewahrung einer Humusdecke ein Hauptmittel zur Erhaltung der Feuchtigkeit (§ 88, 5).

5. Ein Teil des Regen- und Schneewassers fließt sogleich oberflächlich ab. In 2—4 Tagen sind selbst sehr große Niederschlagsmengen durch die oberen Bodenschichten durchgesickert; sie gelangen also in kurzer Zeit ebenfalls in die offenen Gerinne. Dieser rasche Abfluß kann je nach den Boden- und Gefällsverhältnissen zu Abschwemmung der Erdkrume, auch zu Rutschungen, manchmal zu Verschlammung und Überschwemmungen führen.

Es liegt daher vielfach im Interesse des Waldbesitzers und der Gesamtheit, den Wasserabfluß zu verlangsamen oder ganz zu verhindern.

6. Dadurch wird der weitere Vorteil erreicht, daß der Bedarf an Wasser im Walde selbst, namentlich in der trockenen Jahreszeit, gedeckt werden kann. An Trinkwasser fehlt es in sehr vielen Waldgebieten; Quellen sollten daher immer gefaßt sein. Tränkestellen für Zug- und Weidevieh, sowie für Vögel und Wild sollten überall im Walde eingerichtet werden. Bei Pflanzschulen sollten Sammelbecken für Wasser zum Begießen in trockenen Perioden, bei Holzlagerplätzen und Kohlenmeilern solche für den Fall eines Brandes ausgegraben sein. Sie können vielfach auch als Schlammfänge von Nutzen werden. Auch für die Bewässerung von Wiesen, für die Versorgung der Wohnplätze mit Trinkwasser, der Mühlen, Sägmühlen und industriellen Anlagen mit Betriebswasser, für Fisch- und Krebszucht, für die Wasserjagd kann sich die Ansammlung und Aufspeicherung von Wasser in Weihern, Teichen, hochgelegenen Mooren empfehlen. Für Mühlen etc. bildet die dauernde, regelmäßige und sichere Wasserzufuhr die Voraussetzung des Betriebes. Die Verschönerung des Waldes kann durch einen sparsamen Wasserhaushalt fast kostenlos erreicht werden. Wenn undurchlassende Bodenschichten in nicht zu großer Tiefe anstehen, läßt sich diese Ansammlung und Zurückhaltung von Wasser ohne erhebliche Kosten durchführen, zumal wenn eine Laub- oder Moosdecke das Abfließen des Regenwassers überall hintanhält. Schwieriger ist die Zurückhaltung im durchlassenden Boden zu erreichen, weil hier erst eine undurchlassende Schichte durch Aufbringen von Ton und Schlamm etc. hergestellt werden muß.

Durch die Anlage und Erhaltung von Weihern, Teichen, Seen etc. wird zwar ein Teil des Bodens der Holzzucht entzogen; aber durch den Ertrag von Streu, Schilf und durch Fischzucht kann der Ausfall ausgeglichen werden.

7. Durch Grabenziehungen (von sogenannten Horizontalgräben) ist die Zurückhaltung des Wassers an Hängen in neuerer Zeit da und dort versucht worden (vergl. § 200, 1). Der Gedanke selbst entstammt älterer Zeit.

So hat Guiot 1771 besondere Vorkehrungen gegen das rasche Abfließen des Wassers und die Überschwemmungsgefahr einer- und zur Steigerung der Produktion andererseits getroffen. Er ließ in der Nähe von Paris Rinnen und Furchen am Berge machen. 1845 wird in der Versammlung süddeutscher Forstwirte mitgeteilt, daß in den Vogesen an den Hängen Gräben von 1 m Länge und 0,5—0,75 m Tiefe gezogen seien. Ausgedehnte Anwendung fand dieses System in der Pfalz. Der Zweck war, wie Haag 1882 ausführte, durch die „grabenweise Bodenkultur" das Wasser zurückzuhalten und nutzbar zu machen. Gegen Überflutungen wurden auf 1 ha 1000 m horizontale Gräben von 4—6 m Länge, 0,9 m oberer, 0,6 m unterer Breite und 0,4 m Tiefe gezogen. Für Belebung der Vegetation wurden sie 1,5—2 m lang und 25—30 cm breit gemacht.

Die Wirkung solcher Horizontalgräben ist allerdings nicht genau festgestellt worden. Daß sie zum Teil einfallen, mit Erde, Steinen, Holz, Laub angefüllt werden, ist richtig. Dadurch wird ihre Wirkung abgeschwächt, aber nicht aufgehoben. Daß eine Verlangsamung des Wasserabflusses und dadurch eine Verringerung der Überschwemmungsgefahr durch solche Grabenziehungen eintritt, ist nicht zu bezweifeln, aber bei den zahlreichen zusammenwirkenden Faktoren im einzelnen Falle schwer zu beweisen. Da die Arbeiten der Fällung und Abfuhr durch solche Gräben sehr erschwert werden, läßt man sie vielfach absichtlich in Verfall geraten.

Wichtiger ist das Zurückhalten des Wassers zur Erhöhung der Bodenfruchtbarkeit (vergl. § 200).

8. In vielen Waldgegenden drängt sich die Wahrnehmung auf, daß in Einsenkungen, Vertiefungen, Mulden das Wachstum der Bäume nach Höhe und Stärke das der näheren Umgebung übertrifft. Die Untersuchung ergibt öfters, daß die Bodenverhältnisse dieselben sind, daß dagegen in der Vertiefung der Boden einen höheren Wassergehalt aufweist. Das bessere Wachstum ist (von etwaigen Nebeneinflüssen, wie Zusammenschwemmen des Bodens oder Zusammenwehen des Laubes abgesehen) eine Folge des höheren Wassergehalts des Bodens. Das Wasser ist also derjenige Faktor des Wachstums, der sich vielfach im Minimum befindet und Wachstum und Ertrag entscheidend beeinflußt. (§ 51—57, 90—95). Eine Vermehrung des Wasservorrats im Boden steigert das Wachstum des Bestandes (§ 57, 3).

9. In Gegenden mit reichen Niederschlägen ist die Wasserfrage von geringerer Bedeutung. Dagegen ist sie in niederschlagsarmen (4—600 mm) Gebieten, zumal wenn die Regenmenge in den heißesten Monaten klein ist, von um so größerer Wichtigkeit. Hier muß insbesondere die Zurückhaltung der Winterniederschläge, die Erhöhung der Winterfeuchtigkeit im Boden durch Horizontalgräben ins Auge gefaßt werden. In Schluchten und Vertiefungen wird der Schnee zusammengeweht; in diesen kann durch Querbauten der Abfluß verzögert und das Einsickern des Schmelzwassers in den Boden begünstigt werden. Schneeverwehungen, die an südlich oder westlich exponierten und daher trockenen Stellen häufig sind, müssen durch Gestrüpp und Buschholz, auch lebende Zäune oder Steinwälle verhindert werden.

§ 199. Die Entwässerung.

Zeitschriften: Allg. F.J.Z.: Emeis 1901, 46. Aus d. Walde (Burckhardt): Kraft 1875, 5. 112; Rettstadt 76, 7. 219; Burckhardt 77, 8. 66. Krit. Bl.: Classen 1860, 42, 2; 172. Monatschr. f. F.wesen: Braun 1866, 347. Oekon. Neuigktn.: Teichmann 1841, 61, 50, 80. Thar. J.: 1851, 204; Rettstadt 59, 155. Zeitschr. f. F.- u. J.wesen: Braun 1872, 29. Berner Samınlg.: Stapfer 1760, 469. Schweiz. Zeitschr.: 1869, 28; 73, 69. — Vereine: Baden 1862. Deutschl. Land- u. Fw. 1839, 42, 43, 45, 57, 65, 69. Harz 1849, 55, 61, 67. Hils-Soll. 1880. Mark Brand. 1883. Meckl. 1875, 87. Pfalz 1881. Sachsen 1871, 88; 1905. Schles. 1844, 56, 57, 66, 68, 76, 1903, 11. Süddeutschl. 1849. Thür. 1856. Galiz. 1853. Ober-Österr. 1859, 64. Schweiz 1908.

1. Geschichtliches. Die Nachrichten über die Ausführung von Entwässerungen sind sehr spärlich. Die Speyersche Forstordnung von 1774 schreibt für die im Rheintal gelegenen Waldungen vor, daß neue Abzugsgräben gezogen und die größtenteils eingefallenen neu ausgehoben werden sollen. Bei Kassel hat 1791 Kling Gräben zur Entsumpfung angelegt, ebenso hat um 1800 Sponeck im Schwarzwald die ausgedehnten nassen Stellen („Missen“) entwässert. Cotta, Hartig, Hundeshagen, auch Pfeil (1829) gehen in ihren Schriften auf die Entwässerung nicht näher ein. Erst nach 1830 gewinnt die Frage der Entwässerung größere Bedeutung, namentlich als die Trockenlegung von Teichen erheblichen Umfang annahm. Seit 1851 und bis in die neueste Zeit herein hat die Entwässerung in Sachsen mancherlei Bedenken wachgerufen. Auch in Schlesien, Brandenburg, am Harz, in der Pfalz und im Elsaß, in Galizien, Mähren, Ober- und Niederösterreich hat die Entwässerung, insbesondere soweit sie mit Flußkorrektionen zusammenhängt, zu wiederholten Erörterungen Anlaß gegeben. In den Gebirgsländern haben die Überschwemmungen und Wildbachverbauungen eine besondere Tätigkeit wachgerufen.

2. Aus der Statistik der Ausgaben für Entwässerung des Waldbodens geht hervor, daß diese Art der Bodenverbesserung geographisch sehr verschiedene Bedeutung hat. In jedem Lande treten Gebiete mit relativ hohen und relativ niederen Ausgaben für Entwässerung hervor. In Preußen überragen Königsberg und Gumbinnen weit alle anderen Regierungsbezirke, von denen nur Oppeln, Lüneburg, Trier, Aachen mit bedeutenderem Aufwand erscheinen. In Bayern verursachen die Wälder von Unterfranken und der Pfalz weit geringere Kosten als der übrige Teil des Landes. Hohe Kosten für Entwässerungen erfordern die

meist im Erzgebirge liegenden Staatswaldungen Sachsens. In Württemberg zeichnet sich Oberschwaben, sowie das Keupergebiet im Nordosten des Landes durch hohe, die schwäbische Alb und das Unterland, teilweise auch der Schwarzwald durch niedrige Ausgaben aus. In Baden bedürfen das obere Rheintal und die Vorberge des Schwarzwaldes ausgedehnter Entwässerungsanlagen, während im unteren Rheintal, namentlich aber im Bauland und Odenwald, die Entwässerung nur auf ganz geringer Fläche nötig ist. Überhaupt niedrig sind die Ausgaben für Grabenziehungen in Elsaß-Lothringen.

Eine Vergleichung der Regenkarte zeigt, daß die Entwässerungen im allgemeinen gering sind, wo die jährliche Niederschlagsmenge unter 700 mm beträgt. Aber selbst bei sehr hohen Niederschlägen (2000 mm) können sie unbedeutend sein: so z. B. im badischen Schwarzwald, wenn Sandboden oder die Steilheit des Geländes den Abfluß des Wassers begünstigen; nur auf den eben gelegenen Hochflächen tritt dort Versumpfung und Vermoorung ein.

3. Es sind also die geologischen und orographischen Bodenverhältnisse, das Auftreten von durchlassenden oder von undurchlassenden Schichten, welche neben den Niederschlagsverhältnissen wirksam sind. Undurchlassende Schichten können auch bei geringen Niederschlägen, zumal bei ebener Lage, den Abfluß des Wassers hindern und zur Bildung von nassen Stellen führen.

4. Ferner weist die Statistik für größere Gebiete, wie für einzelne Bezirke einen sehr großen Wechsel der Ausgaben von Jahr zu Jahr nach. Dieser kann teilweise durch persönliche Anschauungen hervorgerufen sein, wird aber hauptsächlich mit den wechselnden Bodenverhältnissen in den jährlichen Schlagflächen zusammenhängen.

5. Die Statistik deutet aber noch auf einen anderen Einfluß hin. Von Bayern und Sachsen reichen statistische Nachweise auf 90—100 Jahre zurück. Im Anfang des 19. Jahrhunderts waren die Ausgaben erheblich niedriger, als etwa von 1860 ab. Als die Holzpreise stiegen, verwendete man größere Geldmittel auf die Entwässerung des Waldes. Seit dieser Periode nahm auch die Ausdehnung des Nadelholzanbaues immer größeren Umfang an. Nasse Flächen, die mit Erlen oder Eschen bestockt waren, wurden trocken gelegt, um den Anbau der Fichte zu ermöglichen. Die Erweiterung des Wegnetzes trug ebenfalls zur Entwässerung bei, da die Seitengräben an den Wegen die Ableitung des Wassers aus nassen Stellen erleichterten. Die Frage der Entwässerung ist also nicht so einfacher Natur, als es auf den ersten Blick scheinen könnte.

6. Wirtschaftlich stellt sie eine Ausgabe dar; diese ist auf den geringsten Betrag einzuschränken. Sie muß sodann durch den höheren Ertrag der entwässerten Fläche verzinst und amortisiert werden. Je kleiner die zu entwässernde Fläche ist, um so höher ist verhältnismäßig der Aufwand für die Trockenlegung. Die Bepflanzung der nassen Stelle mit Erlen etc. ist oft vorteilhafter als die Entwässerung und der Anbau der Fichte, da diese oft nur geringes Wachstum auf solchen Stellen zeigt.

Die Anlage und Unterhaltung eines Grabennetzes erfordert Ausgaben, die 0,2 *M* pro Hektar der Gesamtfläche betragen können. In einzelnen Bezirken steigt der jährliche Aufwand auf 600—1000 *M*.

7. Fassen wir nun die Wirkungen der Entwässerung näher ins Auge. Durch die Entwässerung wird der Wasserspiegel gesenkt. Infolge dessen findet die Luft Zutritt zum Boden, auch wird die Temperatur erhöht. Im entwässerten Boden dringen die Wurzeln tiefer ein, wodurch die einzelnen Bäume und ganze Bestände eine größere Standfestigkeit erlangen. Die schädliche Wirkung des Spätfrostes und des Barfrostes wird vermindert, vielleicht auch ganz beseitigt.

8. Durch Grabenziehungen wird andererseits die produktive Fläche vermindert, und — was oft übersehen wird — die Zugänglichkeit erschwert. Auch findet eine Wegführung der ausgelaugten Nährstoffe statt. Bei starkem Gefäll kann Vertiefung der Grabensohle und Unterspülen der Grabenwand eintreten, was Anlaß zu Erdrutschungen geben kann.

9. Die Entwässerung und die damit verbundene Senkung des Grundwasserspiegels wirkt aber nicht nur auf die entwässerte Fläche selbst, sondern auch auf die nächste Umgebung ein. Auch in dieser wird der Grundwasserspiegel sinken, was namentlich im welligen Gelände zu einer schädlichen Vertrocknung der kleinen Rücken führen kann. Im großen hat die Senkung des Wasserspiegels am Rhein, der Oder etc., der durch die Flußkorrektionen eintrat, zum Absterben einzelner Bäume und kleinerer Bestände geführt.

Durch Untersuchungen an verschiedenen Orten ist (§ 94) nachgewiesen worden, daß der Grundwasserspiegel im Walde ohnehin tief steht, daß das Grundwasser an manchen Stellen 2—3 m und noch tiefer unter der Oberfläche liegt. Damit hängt die in manchen Gegenden eingetretene Vertrocknung und Verhärtung des Waldbodens zusammen.

An vielen Orten muß also die Sorge eher dahin gerichtet sein, das Wasser im Walde zurückzuhalten (§ 198) oder anders zu verteilen, als es von Natur aus der Fall ist. Der Steigerung des Wachstums auf der entwässerten Fläche kann eine Schädigung desselben auf einer angrenzenden, vielleicht viel größeren Fläche gegenüberstehen.

Im allgemeinen sollten die Entwässerungen im Walde auf das geringste Maß und auf Stellen mit stockender Nässe eingeschränkt werden. Es ist besser, wenn zu wenig, als wenn zu viel entwässert wird.

Die Vegetation der Waldbäume trocknet den Boden an sich in weitgehendem Maße aus, wie die vielen Gräben in jüngeren und älteren Beständen zeigen, die jahraus jahrein trocken liegen. Die ununterbrochene Bestockung (Plenterwald, natürliche Verjüngung, Anbau vor

Abtrieb des alten Bestandes, Ausschlagholz, Erhaltung des Laubholzes) macht die Entwässerung vielfach überflüssig. Außerdem haben wir eine Anzahl von Holzarten zur Verfügung, welche auch in nassen Böden gedeihen und gut wachsende Bestände bilden können.

Das vielfach noch herrschende Streben, innerhalb einer Abteilung eine gleichmäßige Bestockung zu erzielen, hat die Entwässerung und das Verdrängen der auf nasser Fläche gedeihenden Holzarten allzusehr begünstigt.

10. Bei der technischen Ausführung der Entwässerung ist zwischen den kleinen, oft nur wenige Ar haltenden Flächen und den ausgedehnten Entwässerungsgebieten (nasse Wiesen, Moore, Sumpfgegenden, Rutschflächen) zu unterscheiden. Im letzteren Falle müssen Nivellements ausgeführt und genaue Pläne der Entwässerungsanlagen entworfen werden. Da hiebei verschiedene Besitzer beteiligt sein können, da ferner Genossenschaften und der Staat Beiträge zu den Kosten bewilligen und in der Regel die landwirtschaftliche Fläche überwiegt, werden solche Unternehmen dem Kulturtechniker übertragen. Die im Walde vorkommenden Aufgaben können in der Regel mit einfachen Mitteln gelöst werden; selbst von Nivellierung des Geländes kann in den weitaus meisten Fällen Umgang genommen werden [1]).

11. Vor Ausführung einer Entwässerung ist zunächst zu untersuchen, ob fremdes, vom Nachbargrundstück herrührendes Wasser abgeleitet werden soll, oder ob der Wasserüberschuß von den Niederschlägen herrührt, die auf das eigene Besitztum fallen.

Das Wasser selbst tritt als Tagwasser, Grundwasser oder Stauwasser auf. Tagwasser rührt von den oberflächlich abfließenden Niederschlägen her. Grundwasser tritt auf tieferen, undurchlassenden Schichten am Hange zu Tage. Stauwasser dringt von den Flüssen und Bächen seitlich ein, wenn der Abfluß gehemmt ist.

Tagwasser, das von oben kommt, wird durch einen Randgraben abgefangen und in einem senkrecht in ersteren einmündenden Ableitungsgraben weiter geführt. Um Grundwasser abzuleiten, wird ein Kopfgraben an der Austrittstelle gezogen und durch einen ungefähr senkrecht von diesem abzweigenden Abzugsgraben das Wasser abgeleitet.

---

[1]) Die Waldbaubücher enthalten mehr oder weniger ausführliche Anweisungen zur Entwässerung. Die Technik der Entwässerung und Wasserwirtschaft überhaupt handelt Gerhardt ab in Voglers „Grundlehren der Kulturtechnik 1909", I. Band, 2. Teil, S. 313—791. Vgl. ferner Burckhardt, Säen und Pflanzen 6, 546—556. Ney, Die Gesetze der Wasserbewegung im Gebirge, 1911, insbesondere S. 253 ff. Gerlach, Wasserwirtschaft und Wasserrecht, 1906. Kaiser, Über wirtschaftliche Einteilung der Forsten, 1902, und seine verschiedenen Abhandlungen in der Zeitschrift für Forstw. Kautz, Schutzwald, 1912, S. 43 ff. Reuß, Über Entwässerung in Gebirgswaldungen, 1874. Kraft, Forstl. Wasserbaukunde, 1863.

Um Stauwasser zu entfernen, können Senkbrunnen ausgegraben werden; in der Regel wird aber ein zum Hauptgerinne paralleler Graben nötig werden, der an einer tieferen Stelle in ersteres wieder einmündet.

Diese Grabenziehungen werden im großen wie im kleinen angewendet. Einige Einzelheiten müssen noch hervorgehoben werden.

12. Wie tief soll die Senkung des Grundwasserspiegels in den meisten Fällen der Waldentwässerung sein? Vielfach wird der Graben bis auf die undurchlassende Schichte ausgehoben. Es ist aber nicht nötig, sogar verfehlt, alles Wasser abzuzapfen. Eine Senkung von 30, höchstens 50 cm genügt vollständig. Im Versuchsgarten Großholz ist das Wachstum bei einer Senkung von 30 cm ganz auffällig gesteigert worden; bei der Senkung um 60 cm bleiben die 12 jährigen Pflanzen schon erheblich in der Entwicklung zurück. Um Stauungen zu vermeiden, ist die Offenhaltung der Abzugsgräben stets nötig. Senkstoffe und Unkraut müssen von Zeit zu Zeit ausgeräumt werden.

13. Der Abfluß des Wassers muß nach der tiefsten Stelle hin erfolgen. Dies geschieht durch den Hauptgraben oder den Graben I. Ordnung. Wird durch den Hauptgraben die Entwässerung der ganzen Fläche nicht möglich, so müssen Zug- oder Seitengräben (Gr. II. Ordnung) und Beet-, Damm-, Schlitz- oder Sauggräben (Gräben III. Ordnung) gezogen werden. Diese münden ungefähr im rechten Winkel in den Hauptgraben ein. Der Abstand dieser Seitengräben unter sich ist vom Boden abhängig; je mehr das Wasser vom Boden festgehalten wird, um so näher müssen die Seitengräben aneinander gerückt sein. Im schweren Tonboden beträgt die Entfernung der Seitengräben 8—10, auch 15 m; im Lehmboden 15—20, im Sandboden 20—30 m. Es empfiehlt sich, bei der ersten Ausführung die weiteren Abstände zu wählen und je nach Bedarf weitere Seiten- und Beetgräben einzufügen.

14. Die untere Breite der Gräben beträgt 20 cm, die obere 30—40 cm, je nach der Wassermenge, die abgeführt werden soll.

15. Das Gefäll muß, soweit das Gelände es zuläßt, gering gewählt werden; etwa ½ % ist in der Regel genügend. Bei starkem Gefäll (1—3 oder gar 4—5 %) werden die Grabensohlen und Grabenwandungen zu leicht angegriffen, was ein Nachrutschen der Seitenwände zur Folge hat; es kann daher eine schiefe Richtung des Hauptgrabens nötig werden. Ein womöglich gleichmäßiges Gefäll und gerade Richtung der Gräben sind anzustreben.

16. Die Böschungen müssen um so flacher sein, je leichter und beweglicher der Boden ist. Im Sande ist das Verhältnis 1 zu 1½ bis 1 zu 3, im Lehm und Ton 1 zu 1 oder 1 zu 1½, d. h. bei 1 m Grabentiefe tritt die obere Wand der Böschung 1, 1½, 2, 3 m zurück. Gegen das Abschwemmen der Sohle und der Seitenwände schützt eine dichte

Grasnarbe, von der überdies einiger Ertrag gewonnen werden kann. Um die Grabensohle vor Vertiefung und die Böschung vor Unterspülen zu sichern, wird bei stärkerem Gefälle die Stoßkraft des Wassers durch kleine Querbauten (Schwellen oder leichte Rechen und Flechtwerke von Holz) gebrochen. Durch diese Holzrechen werden überdies Äste und Zweige, Laub, Nadeln vor den Durchlässen zurückgehalten und so das Verstopfen derselben verhindert.

17. Die ausgehobene Grabenerde wird in erster Linie zur Ausfüllung nahe gelegener Vertiefungen verwendet oder sonstwie zur Anlage von Dämmen, Rabatten auf dem anstoßenden Gelände verteilt. Wo dies nicht angeht, ist sie am Grabenrande in Kegeln, nicht in fortlaufenden Dämmen aufzuschütten, damit dem Wasser der Durchtritt zum Graben ermöglicht ist.

18. Statt offener Gräben können Sickerdohlen angelegt werden. Der geöffnete Graben wird hierbei mit Steinen oder Reisig ausgefüllt; letzteres kann lose oder zusammengebunden eingelegt werden. Kommt das Reisig in das Grundwasser zu liegen, so hat es eine Dauer von 30 bis 40 Jahren. Sickerdohlen eignen sich nur für Entfernen des Grundwassers. Das Einlegen von Drainröhren, wie es in der Landwirtschaft üblich ist, verursacht höhere Kosten, die im Walde nur in besonderen Fällen (bei Saatschulen, Quellen, an Weganlagen) und auf kurze Strecken sich rechtfertigen lassen. Durch Einwachsen der Wurzeln in die Drainröhren entstehen leicht Störungen.

19. Das Trockenlegen von Seen, Teichen, Weihern, Mooren erfordert Vorsicht. Außer durch Senkung des Wasserspiegels für die nächste Umgebung kann auch dadurch Schaden erwachsen, daß der Seegrund nicht zur Bepflanzung geeignet ist. Schon manche entwässerte Fläche mußte wieder in einen Teich zurückverwandelt werden: die Einnahme aus Schilf, Streu, Fischen überstieg den geringen Holzertrag.

20. Niedrig gelegene und daher nasse Stellen, Einsenkungen, Löcher im Boden können oftmals durch „Verlanden" aufgefüllt und fruchtbar gemacht werden. Das vorbeifließende Fluß- oder Bachwasser wird in die Vertiefung abgeleitet, wo sich die suspendierten Lehm- und Tonteile absetzen.

21. Die Entwässerung muß der Saat oder Pflanzung 1—2 Jahre vorausgehen, damit der Boden zusammensinken („sich setzen") kann und durch Luftzutritt Umänderungen im Boden herbeigeführt werden können.

22. Die Kosten der Grabenziehung sind von den ortsüblichen Taglöhnen, der Weite und Tiefe der Gräben, hauptsächlich aber von der Bodenbeschaffenheit abhängig. In schwerem Boden muß etwa der doppelte Lohn gegenüber leichtem bezahlt werden. Da vielfach nur

kleine Flächen entwässert werden und nur kleine absolute Kosten entstehen, wird dem Kostenpunkte meist geringe Bedeutung beigelegt. Nach Burckhardts Grabentabelle sind bei den oben angegebenen Abmessungen auf 1 ha 1000—1500 laufende Meter Gräben erforderlich. Die Kosten der Entwässerung von 1 ha können sich auf 50—80 *M* und darüber belaufen.

23. Die Ausführung der Arbeit erfolgt im Taglohn oder im Akkordlohn. Nur wenn langjährige Erfahrung über die Bodenverhältnisse und die leichte oder schwierige Arbeit des Aushebens zu Gebot stehen, wird man die Entlohnung nach dem laufenden Meter oder nach dem Kubikmeter ausgehobener Erdmasse ansetzen können. Bei unsicherem Verdienst wird sich der Arbeiter auf den Akkordlohn nicht einlassen.

§ 200. Die Bewässerung.

Zeitschriften: Allg. F.J.Z.: Vonhausen 1875, 260; Anderlind: 1903, 447; 04, 257. Forstl. Bl.: Brock 1887, 16. Monatschr. f. F.wesen: v. Mühlen 1868, 340; 69, 241; Seeger 1870, 63. Thar. J.: Scherel 1863, 214. Centralbl. f. ges. F.: Cieslar u. Böhmerle 1905, 145. — Vereine: Deutschl. Land- u. Fw. 1839. Sachsen 1893. Süddeutschl. 1849.

1. Geschichtliches. Die Bewässerung der Waldungen hat schon vor zweihundert Jahren die Forstwirte beschäftigt. Hohberg rät 1716, bei dürrer Sommerszeit die Pflanzen in der ersten Jugendzeit zu bewässern. 1772 wird die Bewässerung allzu trockenen Bodens, 1789 die des sandigen Bodens von Trunk empfohlen. 1839 wurde auf der Versammlung der Land- und Forstwirte in Potsdam die Frage, ob bereits Bewässerungsanstalten vorhanden seien, verneint. Eugen Chevandier, der in den Vogesen als praktischer Forstmann tätig war, reichte am 15. Juli 1844 der Pariser Akademie einen Bericht über seine Waldbewässerungsversuche ein.[1]) Er berechnete, daß durch die Bewässerung der Zuwachs auf das 2—4fache erhöht worden sei. Das Wasser sucht er durch Horizontalgräben von 1 m Breite und Tiefe oben am Hang zurückzuhalten; diese Gräben waren so angelegt, daß der Hang in horizontale Gürtel von 9—12 m Breite geteilt wurde. Sie bezweckten die gleichmäßige Verteilung des Regenwassers, das Festhalten der fruchtbaren Krume, die Verminderung der Überschwemmungen. Unfruchtbaren Abhängen sollte auf diese Weise die Fruchtbarkeit wieder gegeben, ihr Ertrag sollte gesteigert und die Möglichkeit gewährt werden, an ihnen die vorzüglichsten Holzarten zu kultivieren.

Die Untersuchungen Chevandiers gaben wohl den Anstoß, daß auf den Versammlungen der süddeutschen Forstwirte zu Ellwangen 1849, Kreuznach 1850, Dillenburg 1852 die Bewässerung zur Besprechung kam.

Erst 14 Jahre später wurde der Gegenstand wieder aufgegriffen und von Braun, v. Mühlen, Seeger, Dietlen, Vonhausen, v. Dücker, Rebmann, Müller, Anderlind besprochen. Auch Burckhardt, Gayer und Ney weisen auf die Vorteile der Bewässerung hin. Gayer meint, daß die Horizontalgräben nicht teurer zu stehen kommen, als die „wasservergeudenden eigentlichen Entwässerungsgräben".

Besondere Versuche über den Einfluß der Bewässerung hat die österreichische Versuchsanstalt angestellt.

---

[1]) Ein Auszug, Allg. F.J.Z. 1847, 310.

2. Die oft sehr großen Verluste an Pflanzen in Dürrejahren und die sehr schmalen Jahrringe der trockenen Sommer weisen sehr deutlich auf den Wert der Bewässerung hin. Gleichwohl wird Wasser sehr selten auf trockene Stellen im Walde geleitet. Parkwaldungen, Wildgärten und Weidenanlagen machen manchmal eine Wässerungseinrichtung nötig. Die Kosten für Bewässerung werden nur in mehreren Staats- und Gemeindewaldbezirken von Elsaß-Lothringen besonders ausgeschieden; in den statistischen Nachweisungen anderer Länder werden solche nicht erwähnt.

Im Walde sind kostspielige Anlagen zur Bewässerung gar nicht nötig, da es sich nicht um eine gleichmäßige Verteilung des Wassers handelt und der Abfluß durch die vorherrschende Hanglage erleichtert ist. Die Zuleitung des sonst unbenutzt in den Bach gelangenden Wassers auf trockene, steinige Hänge und vorspringende Köpfe würde die Vegetation an solchen Stellen schon erheblich steigern können, da das Wasser im Walde nicht nur anfeuchtet, sondern durch den Gehalt an humosen Stoffen auch eine düngende Wirkung hat. Im Bericht über die Ergebnisse der österreichischen Bewässerungsversuche bemerkt Cieslar: „Soviel läßt sich vorläufig sagen, daß die Fichte bei entsprechender künstlicher Bewässerung auch in trockenen und sehr trockenen Lagen zu gutem Wuchs angeregt werden kann“ Zur Verteilung des Wassers genügen einfache Gräben, die das Wasser aus natürlichen Rinnen oder den Weggräben seitwärts leiten.

3. Bei der Pflanzenzucht im großen kann die Überstauung der hiezu benützten Fläche so erhebliche Vorteile bringen, daß die aufgewendeten Kosten für die Anlage reichlich ersetzt werden.

Weit vorzuziehen ist die in einigen großen Pflanzenzüchtereien eingerichtete Beregnung in Form eines Sprühregens. In Wasserleitungsröhren sind etwa in einem Abstand von 1 m kleine Öffnungen mit Ausflußröhren angebracht, durch die das Wasser bei genügendem Druck 5—8 m in die Höhe getrieben wird. Es fällt als feiner Regen auf die Beete, ohne daß der Boden festgeschlagen wird. Der Erfolg ist ganz überraschend.

4. Für Futterwiesen, Streuwiesen, Waldweiden, Straßenböschungen, alte Wege, verlassene Steinbrüche und Kiesgruben, überhaupt Ödland, für ausgebaute Pflanzschulen ist die Bewässerung mit düngendem Wasser um so wichtiger als anderweitige Düngung wegen der großen Entfernung von den Wohnorten in der Regel unterbleibt. Aus Teichen, Weihern, Quellen, Bächen, Abzugsgräben und namentlich aus den Seitengräben an Waldwegen kann das Wasser oft mit ganz geringen Kosten zugeleitet werden.

Wo diese Möglichkeit besteht, sollte es im intensiv bewirtschafteten Walde „trockene, unfruchtbare“ Hänge nicht geben.

§ 201. Physikalische und chemische Verbesserungen des Bodenzustandes.

1. Ungünstige physikalische Bodeneigenschaften erschweren das Wurzelwachstum. Es handelt sich daher darum, den Eintritt schädlicher Bodenverfassung zu verhindern oder bereits eingetretene Bodenverschlechterung zu beseitigen. Ersteres geschieht durch eine entsprechende Bestandesbehandlung, in der Regel in Erhaltung des Bestandesschlusses und der Humusdecke, letzteres durch besondere Bodenbearbeitung. Der Zutritt der Luft zum Boden muß erleichtert, das Wasser im Boden in hinreichender Menge erhalten und dadurch die Tätigkeit der Kleinlebewesen möglich gemacht werden; in manchen Fällen kann auch eine Steigerung der Bodenwärme nötig sein.

Der Mangel an Nährstoffen im Boden kann zum Teil durch die Bearbeitung und die dadurch gesteigerte Verwitterung gehoben werden. Öfters wird ein Zusatz von Nährstoffen durch Düngung (§ 202) angezeigt sein.

Inwieweit Krankheiten der Wurzeln und des Stammes (krebsartige Krankheiten, Rotfäule, Schütte, Krummwüchsigkeit, Gabelung etc.) mit dem Boden zusammenhängen, ist noch nicht genügend klargestellt.

Physikalische und chemische Wirkungen können nicht immer getrennt werden. Bodenlockerung befördert auch die Lösung der Nährstoffe. Auswaschung von einzelnen Nährstoffen und andererseits Einbringen gewisser Düngemittel verändern den physikalischen Bodenzustand.

2. Die am meisten verbreitete Bodenverschlechterung entsteht durch die Verhärtung. Verhärteter Boden hat durch den Regen die Krümelstruktur verloren und die Einzelkornstruktur angenommen. Das Umhacken, Pflügen und Eggen des verhärteten Bodens begünstigt den Zutritt der Luft, das Einsickern des Regenwassers, ebenso die Ansammlung von Laub und Nadeln in den kleinen Vertiefungen. Durch die Lockerung der oberen Bodenschichte wird sodann der kapillare Aufstieg des Wassers bis zur Oberfläche unterbrochen, daher die Verdunstung herabgesetzt. Endlich findet eine Vermischung des auflagernden Humus (Rohhumus, Trockentorf) mit dem Mineralboden, sowie der ausgelaugten oberen Schichten mit tiefer liegenden statt.

Ein besonderer Versuch im Versuchsgarten bei Tübingen von 1909 sollte die Wirkung des verhärteten Bodens auf die Keimung der Samen und die Entwicklung der jungen Pflanzen von Fichte, Tanne, Föhre, Lärche, Schwarzföhre, Buche, Eiche, Ahorn, Erle, Birke veranschaulichen. Auf dem festgestampften Ton — es wurde eine Obenaufsaat gemacht und der Same schwach bedeckt — keimten weniger Körner, sodann blieben die Pflanzen im Höhenwachstum und der Astentwicklung sehr erheblich (bis zu 40 % in der Höhe) zurück. Noch nach 10 Jahren treten die Unterschiede deutlich hervor.

Eine Wiederholung dieses Versuchs auf Lehm- und Sandboden im Jahre 1916 führte zu einem ähnlichen Ergebnis.

Die Lockerung des Bodens erfolgt gewöhnlich vor der Saat oder vor der Pflanzung. Die gründlichste Lockerung wird bei der Loch- und Hügelpflanzung erreicht; bei der Klemmpflanzung oder der Pflanzung in Bohrlöchern wird der Bodenzustand wenig verändert.

Durch den Eintrieb von Schweinen wird die Lockerung kostenlos erreicht.

Pflüge und Eggen, Hacken und Spaten sind Geräte, die überall verbreitet sind und nicht besonders hergestellt werden müssen, auch anderweitig benützt werden können. Sie sind infolge langjähriger Erfahrung den Bodenverhältnissen angepaßt. Als eigens zu dem genannten Zwecke konstruierte, in der Hauptsache für leichte Böden passende Werkzeuge seien genannt: der Wühlspaten von Spitzenberg, der Dampfpflug (Anschaffungskosten 850 *M*, Kosten der Bearbeitung von 1 ha 30—60 *M*), die dänische Rollegge (Kosten des Aufwühlens von 1 ha 50 *M*), der Wühlgrubber von Geist.

Das Brennen des Bodens, wie es beim Überlandbrennen, Motten in den Reutbergen des Schwarzwaldes und Odenwaldes, in der Eifel üblich ist, bezweckt das Aufschließen der Mineralbestandteile; zugleich tritt die Lockerung und Krümelbildung ein.

Verhärtete Stellen kleinerer oder größerer Ausdehnung finden sich auch in alten und namentlich in überalten Beständen. Zur Zeit eines Samenjahrs sollten sie aufgehackt oder durch Schweineeintrieb gelockert werden.

3. Die Erhaltung der Bodenfeuchtigkeit wird ebenfalls durch das Lockern der obersten Bodenschichte erreicht.

Durch baldigen Schluß der Saaten und Pflanzungen und die dadurch herbeigeführte Beschattung des Bodens wird die Verdunstung herabgesetzt. Außerdem wirkt die sich bildende Laub- und Nadeldecke vermindernd auf die Verdunstung ein.

Das Bedecken des Bodens mit Föhrenästen, Schwarzdorn und anderem Strauchwerk oder Kartoffelkraut setzt die Verdunstung des Wassers aus dem Boden herab[1]). Außerdem findet eine Anreicherung des Bodens an Nährstoffen statt. Vielfach wird vor Kultivierung einer kahlen Fläche das Gestrüpp vollständig entfernt. In trockenen Lagen wird es zweckmäßiger zwischen die Pflanzreihen eingelegt, damit die Einwirkung des Windes, der Sonne vermindert und dadurch die Verdunstung herabgesetzt wird.

---

[1]) Albert hat dies durch besondere Untersuchungen nachgewiesen. Mitt. der D. Landw. Ges. 1912.

4. Die Entstehung eines **Grasrasens** wird durch dichteren Bestandesschluß und Belassung des Unterholzes verhindert. Bereits vorhandener Graswuchs kann durch Wiedereintritt des Schlusses zum Absterben gebracht werden; wo dies nicht mehr erreicht wird, muß eine beschattende Holzart unterbaut werden. Dasselbe gilt vom Heide-, Heidelbeer-, Brombeerüberzug. Falls diese Mittel nicht ausreichen, muß der Überzug durch Pflügen, Abschälen entfernt werden.

In manchen Fällen (an Steilhalden, Rutschflächen, Wegböschungen, Grabenwänden, Flußufern) kann eine Grasnarbe angezogen werden müssen, um den Boden zu binden. Im eigentlichen Weidewald ist die Erhaltung des Grasrasens Zweck der Wirtschaft; die Holzerzeugung tritt an Bedeutung hinter der Weide zurück. Eine besondere Waldbehandlungsart, der Plenterbetrieb, trägt diesem Gesichtspunkt Rechnung.

5. Ein **Vermischen verschiedener Bodenarten** (Aufbringen von Sand oder Ton auf Moor oder von Moorboden, Ton, Mergel auf Sand) kommt im großen selten außerhalb der Moorgebiete vor. Dagegen könnte im kleinen viel mehr davon Gebrauch gemacht werden als es der Fall ist. Die kleinen, unfruchtbaren Stellen werden oft wegen Eingehens der Pflanzen mehrmals angepflanzt; ein Aufbringen nahe gelegenen, besseren Bodens hätte das Gedeihen der Kultur schon bei der ersten Ausführung gesichert. Das von Wegböschungen, Grabenziehungen, aus Steinbrüchen anfallende Material wird in der Regel da abgelagert, wo es mit den geringsten Kosten geschehen kann; die Verbesserung geringer Bodenstellen würde manchmal höhere Transportkosten rechtfertigen.

6. Ein Hauptmittel zur Verbesserung des Bodens bildet die **Bepflanzung** mit solchen Holzarten, die nicht wegen des Ertrags, sondern in erster Linie zur Verbesserung des Bodens angebaut oder, wenn ihnen eine andere Holzart später folgt oder folgen soll, „vorangebaut" werden. Die Beschattung der Pflanzen, die Laub- und Nadeldecke machen den Boden humos, dadurch feuchter, lockerer und nährstoffreicher. Besonders geeignet sind von den Nadelhölzern Föhre, Schwarzföhre, Bergföhre, von den Laubhölzern Weißerle, Birke, Akazie.

7. Der **Wind** trocknet den Boden aus, verweht die auf dem Boden liegende Laub- und Nadelstreu und führt zur Verhärtung des Bodens. Belassung der Äste an den Randbäumen, sowie der breitkronigen Randbäume selbst als „Windmantel", Erhaltung des meistens schon von Natur aus vorhandenen Randgebüsches, Erziehung von schützendem Unterholz durch Unterbau sind die Mittel, durch die der Boden wieder verbessert oder wenigstens vor weiterer Verschlechterung bewahrt werden kann.

Über Rohhumus s. § 89; über Ortstein § 109, 5.

Einige Maßregeln (Düngung, Bindung des Flugsands, Zubereitung des Ödlands) erfordern wegen ihrer hohen praktischen Bedeutung eine eingehende Besprechung.

§ 202. Die Düngung.

Wolffs praktische Düngerlehre von H. C. Müller, 16, 1917. Stutzer, Düngerlehre, 18, 1912. Mayer, Agrikulturchemie II, 2, Düngerlehre 6, 1905. Kleberger, Grundzüge der Pflanzenernährungslehre und Düngerlehre, I. 1914. II. 1, 1915. P. Wagner, Anwendung künstlicher Düngemittel, 6, 1917. v. Rümker, K., Grundfragen der Düngung, 5, 1914. Ehrenberg, P., Die Bodenkolloide 1915, S. 426—497, 2, 1918, S. 532—636. M. Hoffmann, Düngerfibel, 15, 1917 mit Angabe der Literatur S. 11, im Anhang S. 165—175 das Verzeichnis der 203 Schriften und Abhandlungen, Berichte etc. der Deutschen Landwirtschaftgesellschaft über Düngung. M. Hoffmann, Latrine, Müll und Wasen, 4. 1913 Henze, Die Entwicklung der Forstdüngungsfrage, 1904. Giersberg, Künstliche Düngung im forstlichen Betriebe, 3, 1905. Helbig, Über Düngung im forstlichen Betriebe, 1906. Beller, Kunstdüngung im forstlichen Betriebe, 1907. v. Hugo, Über Forstdüngungsversuche in Mecklenburg, 1911.

Zeitschriften: Allg. F.J.Z.: Beling 1858, 293; E. Heyer 64, 219; Vonhausen 72, 228; Koch 1902, 11; Ramm 02, 50; Hofmann 05, 297; Flander 13, 267; Hofmann 14, 228. Forstl. Bl.: Borggreve 1884, 238. Forstw. Centralbl.: Jentsch 1901, 225; Helbig 02, 120; Giersberg 02, 317; Giersberg 05, 31; Schalk 06, 569; Werkmann 09, 615; Helbig 10, 200; Werkmann 10, 493; Helbig 11, 40; Siefert u. Helbig 15, 83. Krit. Bl.: 1845, 55. Monatschr. f. F.wesen: C. Fischbach 1854, 296; Wetzel 77, 328. Naturw. Zeitschr.: Kellermann 1905, 169; Hiltner 05, 176; Wein 06, 112; Wein 06, 130; Rebel 06, 279; Wein 06, 443; Weitz 07, 222; Schwappach 07, 293; v. Tubeuf 08, 75; v. Tubeuf 08, 395; Rackmann 10, 513; Busse 11, 552; Baumann 13, 33. Neue Forstl.Bl.: Helbing 1901, 49. Ökon. Neuigktn.: Zierl 1831, 145. Thar. J.: v. Schröder 1893, 129; Schmitz-Dumont 94, 205; Vater 1904, 81; Henze 04, 149; Vater 05, 116; Vater 09, 93; Vater 09, 177; Vater 09, 213; Vater 09, 261; Vater 09, 253; Vater 10, 111; Vater 11, 217. Wedekinds J.: Chevandier 1851/52, 361. Zeitschr. f. F.- u. J.wesen: Danckelmann 1870, 323; Schütze 72, 37; Schütze 79, 51; Schwappach 91, 410; Lehnpfuhl 93, 708; Lent 1901, 699; Albert 05, 139; Hornberger 08, 230; Hornberger 08, 309; Ehrenberg 11, 174; Schwappach 15, 249; Möller u. Albert 16, 463. Centralbl. f. ges. F.: Heß 1875, 38; Heß 76, 644; Heß 76, 645; Heß 78, 174; Hampel 79, 309; Heß 79, 485; Heß 79, 589; 80, 279; 80, 529; Fekete 82, 129; Heß 84, 409; 97, 193; 99, 143; 1901, 188; Graf zu Leiningen 13, 11; v. Rusnov 15, 173; Nawratil 16, 178. Österr. Viertj.schr.: Peschke 1873, 337. Schweiz. Zeitschr.: Schwab 1896, 81; Engler 1902, 147. Schweiz. V. A.: Engler u. Glutz 1903. — Vereine: Deutschl. 1901, 02, 04. Deutschl. Land- u. Fw. 1860, 61. Harz 1897. Hessen Prov. 1902. Hils-Soll. 1904. Mark. Brand. 1911. Meckl. 1908, 11. Pfalz 1902. Sachsen 1892, 99, 1904. Schles. 1852, 55, 75, 1903. Süddeutschl. 1846. Thür. 1900. Württ. 1900. Krain 1876. Mähren 1888.

1. Im allgemeinen ist Düngung im Walde nicht nötig (§ 83)[1]. Besondere Verhältnisse haben aber seit langer Zeit zur Anwendung von Düngemitteln geführt: die Saat- und Pflanzschulen, sodann außer-

---

[1]) Die wenig fruchtbaren Sandböden Norddeutschlands werden nach Albert hinsichtlich ihres Mineralgehalts vielfach unterschätzt.

gewöhnlich schlechte Bodenstellen im Walde, endlich die Aufforstung von Ödländereien.

Der Entzug an Mineralstoffen durch die jungen Pflanzen ist in den Saatschulen so bedeutend, daß schon nach einer einmaligen Ernte das Wachstum sinkt, wenn die Beete nicht gedüngt werden. Es ist nicht zu vergessen, daß die Pflanzen samt den Wurzeln ausgehoben werden, während diese dem Acker regelmäßig verbleiben.

Unaufgeschlossener, sehr nährstoffarmer oder auch physikalisch ungünstiger Boden kann oft erst angebaut werden, wenn den Pflänzlingen durch Beigabe guten Bodens entsprechende Wachstumsbedingungen geboten werden. Man pflegt daher bei der Saat den ungünstigen Boden mit gutem Erdreich zu überstreuen, bei der Pflanzung um die Wurzeln der einzelnen Pflanze besseren Boden einzuschütten, „Füllerde“ beizugeben. Auf Stellen, die inmitten der gut wachsenden Umgebung kümmerliches Gedeihen der Pflanzen zeigten, hat man durch Übererden oder Aufbringen von Kompost, Kunstdünger etc., das Wachstum zu beleben gesucht.

Seitdem in manchen Gegenden, insbesondere in Norddeutschland, Belgien, Holland etc. die Kultivierung von öden Flächen und Heideländereien sehr große Ausdehnung angenommen und bei der Urbarisierung dieser Flächen zu landwirtschaftlicher Bebauung der Mineraldünger sich als sehr wachstumsfördernd erwiesen hat, ist auch im Walde die künstliche Düngung in größerem Umfange angewendet worden. Selbst ältere Bestände sind in verschiedenen Gegenden gedüngt worden (bei Eberswalde, Berlin, Baden-Baden, Olten, Lenzburg u. a. O.).

2. Der Kameralist Justi[1]) riet schon 1755, den Holzanbau zu befördern, alle Blößen und leeren Flecke zu besäen, vorher den Boden umzuackern und zu düngen. Von forstlicher Seite[2]) wurde 1760 vorgeschlagen, wenn das Holz rar sei, den Holzwuchs durch Pflanzen und Säen oder durch Düngen zu heben. 1774 wird Düngung im Walde von Brocken empfohlen.

3. Die Literatur über die Düngung ist sehr ausgedehnt. Sie berücksichtigt vorherrschend die landwirtschaftlichen Bedürfnisse; neuerdings wird aber die Düngung des Waldbodens ebenfalls besprochen. Wegen der allgemeinen Fragen ist die landwirtschaftliche Literatur nicht zu entbehren. Sodann liegt ihr ein sehr reiches Material zugrunde.

4. Solange nur kleinere Flächen zu düngen sind, stehen im Walde Düngemittel in genügender Menge zur Verfügung. Es sind nur Gewinnungs- und Transportkosten, und diese meistens nur in geringen Beträgen, erforderlich. Boden kann von Waldwegen und aus Abzugsgräben, aus Mergel- und Lehmgruben, aus Schutthalden, in Steinbrüchen und Kiesgruben, von Anschwemmungsstellen in Bächen und Flüssen, Moorerde aus Mooren und Torfgründen, vermodertes Laub

[1]) Staatswirtschaft 209.

[2]) Ökon. Wörterbuch. Art. Holz.

aus Gräben und Vertiefungen, die obere humose Bodenschicht allenthalben im Walde entnommen werden. Aus den Waldgräben und Teichen, von den Wegen kann humoser Schlick und Schlamm, Staub und Abraum gewonnen werden. Sollte das Material nicht alsbald verwendet werden können, so läßt es sich als Kompost jahrelang konservieren.

Zugekauft wird öfters Stalldünger oder nach dem vom Landwirte gegebenen Beispiel Handelsdünger, mineralischer Dünger, Kunstdünger.

5. Die Düngung im Walde weicht in mehrfacher Richtung von der landwirtschaftlichen ab. In den Saat- und Pflanzschulen soll sie, wie es auf dem Acker der Fall ist, die entzogenen Nährstoffe ersetzen. Während aber dem Landwirt Menge und Art der ausgeführten Nährstoffe auf Grund sehr zahlreicher Analysen ziemlich genau bekannt sind, stehen uns Analysen von Waldböden und Waldpflanzen nur in geringer Anzahl zu Gebot, und wir müssen Schwankungen der analytischen Ergebnisse innerhalb sehr weiter Grenzen in Rechnung nehmen. Von einer rationellen Düngung im landwirtschaftlichen Sinne sind wir im Walde noch sehr weit entfernt. Sodann sind wir in der Zeit für die Düngung im Walde beschränkt. Die Beete in den Pflanzschulen können selten im Herbst freigemacht werden. Die Düngung muß in der Regel im Frühjahr auf dem eben von Pflanzen entleerten Beete stattfinden; langsam wirkende Düngerarten können daher nicht immer angewendet werden. Bei Saaten sollte im ersten Jahre die Düngung wirken, bei verschulten Pflanzen sollte sich die Wirkung auf 2, 3, auch 4 Jahre erstrecken. Die Arbeiterverhältnisse zwingen oft zu später Bestellung der Saat- und Pflanzschulen (im Mai, selbst Juni), was auf die Aufnahme einzelner Dungstoffe (§ 82, 11) je nach der Witterung ungünstig einwirken kann. Unkräuter können im Walde von den Düngungsstellen nicht immer ganz ferngehalten werden, so daß durch diese der Vorteil der Düngung vielfach beeinträchtigt wird. Auch der Wassergehalt und die Temperatur des Waldbodens sind großen Schwankungen unterworfen. Eine Bearbeitung des Bodens ist nur in Saatschulen üblich, im Walde selbst findet sie selten und dann nur in roher Weise statt.

Die Wirkung des Düngers wird in der Landwirtschaft fast ausschließlich durch das Gewicht der geernteten Pflanzen festgestellt. Dies ist im Walde nur ausnahmsweise möglich; hier muß sie nach weniger genauen Anhaltspunkten (Farbe, Höhe, Stärke, Verästelung, Gesamteindruck der Pflanzen) beurteilt werden. Aus diesen Gründen ist auch die wirtschaftliche Bedeutung der Düngung im Walde nur unsicher nachzuweisen. Ob das Wachstum dem Kostenaufwand entsprechend gefördert wurde, wie groß der Überschuß der erzeugten Masse infolge der Düngung in Saatschulen ist, wird, außer von Vater in Tharandt, kaum einmal auch nur annähernd genau festgestellt worden sein. Zuwachsberechnungen in älteren Beständen sind so wenig genau, daß die

Fehlergrenze vielleicht größer ist als die Zuwachssteigerung infolge der Düngung.

Seit mehr als 50 Jahren werden von zahlreichen landw. Anstalten Untersuchungen und Versuche im Düngerwesen angestellt. Wenn gleichwohl noch Unsicherheit in vielen Fragen herrscht, wird man von den erst seit etwa 15 Jahren eingeleiteten Düngungsversuchen im Walde noch nicht sichere Ergebnisse erwarten können.

6. Für die Ausführung der Düngung geben die Untersuchungen von Schütze, Dulk, Councler, v. Schröder, Schmitz-Dumont, Ramann, Vater, Albert u. a. wichtige Fingerzeige. Nach diesen Untersuchungen haben die jungen Pflanzen, insbesondere die Nadelhölzer, einen großen Bedarf an Stickstoff und Kalk, einen geringeren an Kali und Phosphorsäure. Der Bedarf der jungen Pflanzen steigt sehr rasch; bei 2 jährigen Pflanzen ist er schon 3—7 mal so groß, als bei 1 jährigen.

Ödland und Heideboden sind gewöhnlich arm an Nährstoffen. Bei Flugsand und humusarmen Böden bildet nach Albert der Mangel an Stickstoff die Hauptschwierigkeit der Aufforstung. Vater betont ebenfalls, daß meistens der Stickstoff im Mindestmaß vorhanden sei. Die von mir ausgeführten Düngungsversuche, die sich auf 23 Bezirke und verschiedene Bodenarten erstrecken, ergaben ebenfalls, daß die Stickstoffdüngung allein manchmal den gleichen Erfolg, wie die Volldüngung hatte, sowie daß die mit Stickstoff gedüngten Beete nach kurzer Zeit ein Ergrünen der gelben Nadeln zeigten, endlich daß die mit Stickstoff vermischten Düngerarten von Kali und Phosphorsäure bessere Resultate zeigten als die Mischung von Kali und Phosphorsäuredünger allein. Zu ähnlichen Ergebnissen gelangte Matthes bei seinen Versuchen.

Es darf daher der Schluß gezogen werden, daß bei der Düngung im Walde hauptsächlich eine Zufuhr von Stickstoff (und Kalk) erfolgen muß.

Nach diesen allgemeinen Erörterungen wollen wir die einzelnen Düngemittel näher ins Auge fassen. In Betracht kommen:

1. Kompost; 2. Holzasche; 3. Rasenasche; 4. Steinkohlenasche; 5. Gründüngungspflanzen; 6. Stallmist, Jauche, menschliche Auswurfstoffe, Müll, Rieselwasser; 7. Handelsdünger oder Kunstdünger.

7. Dem Kompost oder Mengedünger wurde und wird für die Düngung im Walde der Vorzug gegeben, weil er die Zwecke der Düngung: Ersatz der entzogenen Nährstoffe, Anreicherung mit nützlichen Kleinlebewesen und Verbesserung des physikalischen Bodenzustandes in hinreichender Weise erfüllt. Diese Art der Düngung wird im Walde, schon der geringen Kosten wegen, wohl stets die herrschende bleiben.

Die Zubereitung des Kompostes geschieht etwa in folgender Weise: Humose Walderde, Blätter und Nadeln, frisch abgemähtes Gras, Unkraut das vor dem Samentragen ausgejätet wird, Grabenerde, Asche von Waldfeuern werden gesammelt und untereinander gemischt. Aus gewöhnlicher, in unmittelbarer Nähe gewonnener Erde wird eine starke Unterlage aufgeschüttet, auf welcher die obigen Beigaben, schichtenweise mit Boden vermischt, aufgebracht werden. Diese so entstandenen, etwa 1 m hohen, 3—4 m langen und ca. 2 m breiten Haufen werden zweimal im Jahre umgegraben, um die Mischung der verschiedenen Schichten herbeizuführen und eine genügende Durchlüftung zu sichern. Für stetes Feuchtbleiben des Kompostes wird gesorgt durch Aufschütten an schattigen Orten oder Zuleitung von Wasser, auch Aufgießen von Jauche. Nach 2, meistens aber nach 3 Jahren ist die Verrottung und Verwesung vollständig vor sich gegangen; der Boden ist mürbe oder „gar" geworden.

Um den Nährstoffgehalt des Kompostes zu steigern wird ihm Mergel, Kalk sowie mineralischer Kali-, Phosphorsäure- und Stickstoffdünger, auch Stallmist zugesetzt.

Damit jedes Jahr genügender Vorrat an Kompost in garem Zustande vorhanden ist, muß eine entsprechende Anzahl von Komposthaufen in den verschiedenen Verwesungsstadien angelegt sein. Soll Füllerde bei Saaten und Pflanzungen verwendet werden, so wird in der Nähe der künftigen Kulturplätze einige Jahre vorher mit der Anlage von Komposthaufen begonnen.

Die chemische Zusammensetzung dieser Komposterde ist je nach den Gemengteilen eine sehr verschiedene; im allgemeinen ist der Kompost als kalkhaltig und stickstoffreich anzusprechen[1]).

Neuere Untersuchungen verschiedener Kompostarten ergaben nämlich: Wasser 4,00—43,50 %; Stickstoff 0,13—0,64 %; Phosphorsäure 0,14—0,25 %; Kali 0,17—0,30 %; Kalk 0,26—7,40 %.

Wenn der Kompost den nötigen Reifegrad erreicht hat und vor Winter oder im Frühjahr mit der obersten Bodenschichte vermengt wird, so ist er ein sehr schnell wirkender Dünger, weshalb er hauptsächlich auch für Wiesen und Gärten angewendet wird. Diese Eigenschaft empfiehlt ihn auch für die Verwendung im Walde, da sowohl in Saat- und Pflanzschulen, als bei Kulturen im Freien eine rasche, d. h. schon im ersten Jahre eintretende Wirkung angestrebt wird. Er unterscheidet sich in dieser Beziehung vorteilhaft von dem unten zu besprechenden Kunstdünger, der im 2., 3. oder gar 4. Jahre erst zur Wirkung gelangt. Kunstdünger (z. B. Thomasschlacke, Kainit) wird aber vielfach dem Kompostdünger beigemischt; es ist wahrscheinlich,

---

[1]) Hoffmann, Dünger-Fibel. 15, 42.

daß der Kunstdünger in dieser Mischung rascher aufgeschlossen und im Boden früher wirksam wird, als wenn er dem Boden unmittelbar beigemischt wird.

Die Düngung mit Kompost muß aus den angeführten Gründen als die für den Waldboden geeignetste Düngerform bezeichnet werden. Allerdings ist die Zubereitung der für große oder gar sehr große Flächen nötigen Mengen schwer durchzuführen; auch steht Kompost bei plötzlichen Bedarfsfällen nicht immer zur Verfügung, da er mehrere Jahre für das Garwerden erfordert.

Auf 1 a werden 1,5—2 cbm Kompost aufgetragen und alsbald untergegraben, um den Verlust von Stickstoff zu vermeiden. Die Kosten belaufen sich für 1 a auf etwa 2—4 *M*. 400 dz Kompost auf 1 ha können nach Hoffmann 200 dz Stallmist ersetzen.

8. Ziemlich allgemein üblich ist die Düngung mit Holzasche. Diese hat je nach der Holzart eine verschiedene Zusammensetzung (s. Tabelle 43, S. 279, Bd. I), der Gehalt an Kali beträgt bis 20 %, an Phosphorsäure bis 10 %, an Kalk bis 30 %.

Ebermayer hat den durchschnittlichen Gehalt der Rohasche an Pflanzennährstoffen berechnet[1]); er schwankt nach Holzart und Standort. Es enthält (als Rohasche mit 5 % Wasser)

	Kali	Natron	Kalk	Magnesia	Phosphorsäure	Kieselsäure
Laubholzasche %	10,5	2,5	40,0	7,3	6,5	18,0
Nadelholzasche %:	6,0	2,0	45,0	6,5	4,5	18,0

Die Holzasche wird in Vermengung mit Boden verwendet, da sie in reinem Zustande den Pflanzenwurzeln schadet.

Die Laubholzasche ist wegen des größeren Gehalts an Kali und Phosphorsäure wertvoller als Nadelholzasche. Durch Auslaugen verliert die Asche den größten Teil des Kaligehalts; sie muß also in frischem Zustande eingebracht werden. Wegen des hohen Kaligehalts begünstigt sie den Graswuchs.

Wünschenswert wären Analysen verschiedener Sträucher (Schwarzdorn, Weißdorn, Salweide, Liguster), die manchmal in großer Menge bei Reinigungshieben anfallen. Wo das Reisig unverwertbar ist und aus den natürlichen Verjüngungen und von Kulturplätzen weggeschafft werden muß, können größere Aschenmengen mit geringen Kosten gewonnen und dem Kompost beigemengt werden.

9. Rasenasche ist der Rückstand, der beim Verbrennen von Rasenstücken, also von Gräsern, Heidekraut etc. sich ansammelt und mit den erdigen Bestandteilen des Rasens oder auch mit der Asche von verbrannten Holzteilen sich vermischt. Die Rasenstücke werden manchmal einzeln verbrannt („Überlandbrennen“ bei aufgelegten

[1]) Physiol. Chemie der Pflanzen, 722.

Reisigästen). Zweckmäßiger ist es, sie in bienenkorbähnlichen Haufen von etwa 1 m Höhe und 1 m Durchmesser aufzuschichten, weil dann beim Verbrennen die organischen Bestandteile und auch die entstehenden Gase (Ammoniak) teilweise erhalten bleiben[1]). Das Verbrennen soll nur langsam vor sich gehen; die Rasenstücke sollen nur ganz allmählich verglimmen. Durch Auflegen von Erde kann der Luftzutritt leicht reguliert werden.

Die Wirkung des Brennens besteht darin, daß die von den Bodenkolloiden festgehaltenen Mineralstoffe in den löslichen Zustand übergeführt und schädliche Bestandteile (Eisenoxydul) in unschädliche (Eisenoxyd) umgewandelt werden. Bei öfterer Wiederholung des Brennens kann aber der Boden völlig erschöpft werden. Der Boden wird ferner physikalisch verbessert und leichter bearbeitbar (Schiffeln in der Eifel)[2]).

Der hohen Arbeitskosten wegen — Grundner berechnet sie auf 1040—5200 ℳ pro Hektar — wird Rasenasche nur noch selten bereitet, zumal jetzt die billigen Mineraldünger sie ersetzen.

10. Steinkohlenasche, die in der Nähe großer Städte oder bei Industrieorten in reichlicher Menge zu erhalten ist, und Torfasche haben einen geringen Gehalt an Kali (0,5—1,5 %) und Phosphorsäure (0,1—2,5 %), dagegen einen sehr hohen Kalkgehalt (15—20 %), der bei dem hohen Bedarf der Holzpflanzen an Kalk da und dort von Bedeutung sein kann.

11. Die Gründüngung[3]) ist ein Verfahren, bei welchem lebende, saftige Pflanzen dem Boden beigemischt werden, um ihn chemisch und physikalisch zu verbessern. Dies geschieht in einfacher Weise bei Saaten und Pflanzungen, wenn diese auf dem umgepflügten Rasen ausgeführt werden, oder wenn bei Loch- oder Hügelpflanzungen der Rasen auf die Pflanzfläche so aufgelegt wird, daß der grasige Teil unten hin zu liegen kommt. Hiebei geht das Gras des Rasens mehr oder weniger schnell in Verwesung über, wodurch eine Anreicherung des Bodens an humoser Substanz stattfindet.

Neuerdings unterscheidet man eigentliche Gründüngungspflanzen, welche die doppelte Eigenschaft haben, einmal eine große Masse organischer Substanz zu produzieren, sodann den in der Bodenluft enthaltenen Stickstoff durch die in den Wurzelknöllchen lebenden Bakterien zu verwerten. Es sind hauptsächlich Lupinen, Serradella, Wicken, Erbsen, Ackerbohnen, Kleearten, die hiebei in Betracht kommen. Die Auswahl unter diesen Sorten richtet sich hauptsächlich nach dem Boden. Auf leichtem Sandboden wird die gelbe Lupine (*Lupinus luteus*)

---

[1]) Wollny, Zersetzung der org. Stoffe, 363.

[2]) Vgl. Ehrenberg, 355—365.

[3]) Wollny, a. a. O. 437. Engler und Glutz, Schweiz. V.A. 1903, 7, 341. (mit Literaturnachweis).

fast ausschließlich angebaut neben Serradella (*Ornithopus sativus*), Platterbse (*Lathyrus Clymenum*), zottiger Wicke (*Vicia villosa*), Gelbklee (*Medicago lupulina*), schwedischem Klee (*Trifolium hybridum*). Für mittlere Bodenarten (Mischung von Sand und Lehm) eignen sich blaue und weiße Lupine (*L. angustifolius* und *albus*), Erbse (*Pisum sativum*), Wicke (*Vicia sativa*); für schweren, tonigen Boden neben Wicke die Ackerbohne (*Faba vulgaris*) und einige Kleearten (gelber, schwedischer)[1].

12. Angewendet wird die Gründüngung in Saat- und Pflanzschulen sowie auf Boden, insbesondere armem Sandboden, der aufgeforstet werden soll. Die Wirkung des Gründüngers besteht:

a) in der Anreicherung des Bodens mit humoser Substanz (also nicht nur mit Stickstoff), b) in der Lockerung des Bodens, c) in der Förderung der Bodengare, d) in der Aufschließung des Untergrundes und Ausnützung des Wassers der tieferen Bodenschichten.

Durch die Humuszufuhr und die Vermehrung der Kohlensäure und Salpetersäure werden die mineralischen Bodenbestandteile leichter löslich gemacht; es wird also die Fruchtbarkeit des Bodens direkt und indirekt erhöht. Nach der Verwesung der Pflanzen sind die zurückbleibenden Mineralbestandteile ebenfalls in leichter löslichem Zustande vorhanden.

Die Bedeutung der Gründüngung auch für Saat- und Pflanzschulen geht aus der Bemerkung Hoffmanns[2]) hervor, daß bei richtig gewählter Pflanzenart der durch die Gründüngung erzielte Gewinn ein außerordentlicher sein und „dem Effekt starker Stallmistdüngung gleichkommen" könne. Beim Unterpflügen unreifer Lupinenstauden können bis 200 kg Stickstoff — ohne den Stickstoff der Wurzeln, der $^1/_8$—$^1/_{10}$, d. h. 25 bis 20 kg beträgt — dem Boden zugeführt werden. Wie groß die Anreicherung an organischer Masse und hiemit an Humus und lösender Kohlensäure ist, erhellt aus der weiteren Berechnung, daß an Grünsubstanz bis zu 500 dz pro Hektar geerntet werden können, die einer Trockensubstanz von 90 dz gleichkommen, was etwa 400 dz gelagertem Stallmist entspricht.

13. Das Wachstum der Gründüngungspflanzen ist in hohem Grade von der Witterung (Wärme und Feuchtigkeit) abhängig; in trockenen Jahren ist die Produktion organischer Substanz gering[3]).

---

[1]) Vergleichende Versuche mit Lupinen, Wicken, Serradella, Ackererbsen, Saubohnen und Zwergbohnen haben Engler und Glutz angestellt.

[2]) Dünger-Fibel, 15, 45.

[3]) Über das Wurzelwachstum vgl. Engler-Glutz 355. Auf trockenem und mineralisch armem Boden ist das Wurzelsystem besser entwickelt. Die beste Bewurzelung hat die Saubohne, die sich daher besonders gut für rohen, verhärteten Boden eignet.

Eine Voraussetzung für das Gedeihen der stickstoffsammelnden Pflanzen — etwa mit Ausnahme der gelben Lupine[1]) — ist sodann ein genügender Kalkgehalt des Bodens (300—400 kg pro Hektar). Zu kräftigem Wachstum der Gründüngungspflanzen trägt eine Düngung mit Thomasmehl und Kainit (600—800 kg) bei. Wo es an Kalk fehlt, muß dem Anbau eine Kalkdüngung vorangehen.

Je größer die dem Boden einverleibte organische Masse ist, um so mehr wird vor deren Verwesung der kapillare Aufstieg des Wassers erschwert. Die oberste Bodenschicht unterliegt dann weitgehender Austrocknung, wodurch der Erfolg von Saaten und Pflanzungen in Frage gestellt werden kann.

14. Das Unterbringen der Gründüngermasse geschieht in verschiedener Weise. Nach dem heutigen Stande unseres Wissens ist das Unterbringen im Herbste im allgemeinen vorzuziehen, da bis zum Frühjahr schon fast vollständige Verwesung eingetreten ist. Ehrenberg (S. 439) empfiehlt aber wegen der Gefahr des Auswaschens der Nährstoffe das Unterbringen im Frühjahr. Da und dort läßt man den Gründünger auf dem Stocke erfrieren und verrotten; es wird bei dieser Art der Behandlung auf eine raschere Verwesung und vielleicht geringere Auswaschung von Stickstoff gerechnet.

Je schwerer der Boden ist, um so flacher (ca. 5 cm) müssen die Gründüngungspflanzen untergebracht werden.

Der Gründüngerstickstoff wirkt sehr langsam und seine Ausnützung beträgt nur etwa 30—40 %, wohl weil durch Versickern, Verflüchtigung etc. Verluste entstehen[2]).

15. Das Saatquantum pro Hektar beträgt bei gelber Lupine 200 kg, bei blauer 250, bei Serradella 40—50, Schwedenklee 10—16, Hopfenklee 20—30.

Der Same der meisten Gründüngungspflanzen darf nur schwach bedeckt werden (2—5 cm).

16. Der Mitteilung Hoffmanns[3]) sind die Analysen der Gründüngungspflanzen entnommen.

Es sind enthalten in 1000 kg frischer Gründüngungspflanzen ohne Wurzeln im großen Durchschnitt:

	Stickstoff	Phosphorsäure	Kali	Kalk	Organ. Subst.
1. Lupinen als Hauptfrucht	4,5	1,0	3,5	2,2	180
2. Serradella als Untersaat	4—5	1,5	3,5	3,5	170

[1]) Vgl. hiezu Engler-Glutz 367 „Bei häufigen Niederschlägen entstehen nur schwache Kalklösungen, die nicht schädlich wirken.“

[2]) Dünger-Fibel, 15, 49.

[3]) Dünger-Fibel, 15, 43.

	Stickstoff	Phosphorsäure	Kali	Kalk	Organ. Subst.
3. Erbsen-, Lupinen-, Bohnen- oder Wickengemenge als Stoppelsaat	4,0	1,0	4,0	1,8	150
4. Gelbe Lupinen in der Blüte als Stoppelsaat . . .	2,5	0,5	2,5	1,2	150

17. Von besonderer Bedeutung ist die Gründüngung mit Lupinen bei Aufforstung armen Sandbodens geworden. Dieser erhält vor der Bepflanzung mit Föhren eine Düngung mit Thomasmehl und Kainit. Aber diese Düngung bleibt in Nordost- und Nordwestdeutschland, Belgien und Holland vielfach — nicht immer — ohne Wirkung, wenn nicht ein Vorbau mit Lupinen stattfindet. Dieser erfolgt einige Zeit nach der Düngung. Die Aufforstung geschieht entweder unmittelbar nach dem Lupinenanbau oder es findet nach diesem ein einmaliger Anbau von Kartoffeln oder Getreide statt und die Aufforstung folgt erst im dritten Jahre nach.

18. Auf Grund von Versuchen empfehlen Engler und Glutz[1]), um auf erschöpftem Boden den Ertrag der Gründüngung zu erhöhen, 3,00—8,00 kg Thomasmehl, 1,50—4,00 kg Kainit pro Ar möglichst lange vor der Saat einzustreuen.

Wo die Gründüngungspflanzen nicht gedeihen wollen, wird neuerdings Nitragin, ein Bakterienpräparat, mit gutem Erfolge angewendet.

19. Man sät 2,0—2,5 kg Lupinen auf 1 a; bei den hohen Samenpreisen ist die Menge klein zu wählen. Für Saatgut, Bestellung und Säen der Gründüngungspflanzen sind 200—400 ℳ — nach Grundner 260—370 ℳ — Kosten auf 1 ha zu rechnen. Die Kosten der Düngung belaufen sich dagegen nach Henzes Zusammenstellung auf 60—130 ℳ, durchschnittlich etwa 100 ℳ.

20. Düngung mit Stallmist, Jauche oder menschlichen Auswurfstoffen ist in der Nähe großer Städte vielfach üblich. In den ausgedehnten Pflanzschulen von Halstenbeck werden diese Düngerarten in großen Mengen verwendet. Kümmernde Saaten werden auch anderwärts mit Jauche gedüngt; durch den hohen Stickstoffgehalt derselben wird eine rasche Wirkung erzielt.

Stallmist ist ein Volldünger, d. h. er enthält alle Pflanzennährstoffe; außerdem verbessert er den Boden physikalisch und bringt die Bakterien in die obersten Bodenschichten. Da der Stallmist in Pflanzschulen nicht gelagert, sondern alsbald untergebracht wird, sind die Verluste an Stickstoff wohl unbedeutend. Für die Anwendung in Pflanzschulen ist zu beachten, daß vom Stickstoff nur etwa 25—30 %

[1]) A. a. O. 387.

ausgenützt werden [1]). Vielfach wird Schafmist (als Pferch) angewendet; der hohe Gehalt desselben an allen Nährstoffen erklärt seine oft ausgezeichnete Wirkung.

Hoffmann [2]) teilt das Ergebnis von Analysen der genannten Düngerarten mit.

Es sind enthalten in 1000 kg im großen Durchschnitt:

	Stickstoff kg	Phosphorsäure kg	Kali kg	Kalk kg	Organ. Substanz kg
a) Gewöhnl. Stallmist (frisch)	4,5	2,0	6,0	4,5	210
b) Abgelagerter, fest und feucht bewahrter Stallmist . . .	5,4	2,5	7,0	5,0	170
c) Tiefstallmist	7,0	4,0	8,0	7,0	200
d) Frischer Schafmist	8,5	2,5	6,7	3,0	300
e) „ Pferdemist	5,8	2,5	5,3	3,0	250
f) „ Rindermist . . .	4,5	2,5	5,5	4,5	200
g) „ Schweinemist . .	4,5	1,9	5,5	0,1	250
h) „ Schweinekot . . .	6,0	4,0	3,0	4,0	180
i) „ Rinderkot	3,0	2,0	1,0	1,0	180
k) „ Schweineharn .	5,0	0,5	10,0	0,2	25
l) „ Rinderharn. . . .	10—15	1,0	15,0	0,2	30
m) „ Schafharn	15—17,0	1,0	18,0	3,5	80
n) „ Pferdeharn . . .	12—15,0	0,5	15,0	1,5	70
o) Gewöhnliche Mistjauche . .	1,5—2,5	0,1	5,5	0,3	80
p) Frischer Tauben- u. Hühnermist	10—12	10—15	8—10	10—15	300
q) Frischer Enten- und Gänsemist	8,0	5,0	6,0	6,0	200

Es sind ferner enthalten in 1000 kg im großen Durchschnitt:

	Stickstoff kg	Phosphorsäure kg	Kali kg	Kalk kg	Organ. Substanz kg
1. Gewöhnlicher Abtrittsdünger aus Gruben	3,6	1,6	1,5	1,0	50
2. Abtrittsdünger aus Torfstühlen	7,0	3,8	4,0	5,0	145
3. Abtrittsdünger aus Tonnen ohne Wasserspülung . . .	6,5	2,7	2,9	1,8	55
4. Spüllatrine	0,5	0,2	0,25	1,0	50
5. Menschlicher Kot	10,0	10,9	2,5	6,2	200
6. Menschlicher Harn (frisch)	6,0	1,7	2,0	0,1	30

Auf 1 a sollten in der Regel 400 kg Stallmist verwendet werden. Die Preise und Transportkosten des Stallmists sind sehr verschieden; die Kosten pro Ar werden 3—4 *M* betragen.

21. Die Düngungsversuche mit Müll, die Schwappach bei Berlin anstellte, zeigten eine langsame Wirkung. In der Nähe großer Städte ist diese Düngerart um geringe Kosten zu beziehen.

[1]) Dünger-Fibel, 15, 32.

[2]) Dünger-Fibel, 15, 27. 37.

Die Anwendung von Berliner Rieselwasser dagegen hat (unmittelbar neben den landwirtschaftlichen Rieselflächen) zum Absterben älterer Waldbäume (Föhren, Fichten) geführt; nur Pappeln scheinen widerstandsfähig zu sein.

22. Handelsdünger oder Kunstdünger[1]) (im Gegensatz zum Wirtschaftsdünger) findet auch im Walde immer ausgedehntere Anwendung, teils allein, teils in Vermischung mit Kompost oder Stalldünger. Schon aus der Einteilung der Kunstdünger in Stickstoffdünger, Phosphorsäuredünger, Kalidünger und Kalkdünger läßt sich ersehen, daß je nur ein oder zwei Nährstoffe vorherrschend wirksam werden. Der Kunstdünger ist also ein einseitiger Dünger. Der Nährstoffgehalt der in der Regel im Walde verwendeten Kunstdünger ist aus den Angaben Hoffmanns[2]) in der nachstehenden Übersicht zusammengestellt.

Es enthält	Stickstoff %	Phosphorsäure %	Kali %	Kalk %
Chilesalpeter	15,5	—	—	—
Norgesalpeter	12—13	—	—	25—30
Ammoniak	20,5	—	—	—
Kalkstickstoff	17—20	—	—	55—60
Peruguano (roh)	7	14	1—2	—
Konzentrierter Rinderdünger .	3	2,7	—	—
Pudrette	7	2,5	2,5	—
Knochenmehl (rohes)	3—5	18—24	—	—
Superphosphat	—	16—20	—	—
Thomasmehl	—	13—20	—	40—50
Kainit, Carnalit	—	—	12—15	—
Kalisalz, 40%iges	—	—	20—42	—
Kalimagnesia (schwefels.) . .	—	—	25,9	—
Gemahlener Kalkstein	—	—	—	80—90
Gebrannter Kalk (Ätzkalk) ohne Kohlensäure	—	—	—	85—90
Dolomitischer Kalk	Magnesia	35 %	Kalk	50—60 %
Gips	Schwefelsäure	45 %	Kalk	35 %
Mergelerde (Ton-, Sand-, Lehmmergel) verschiedene Mengen an Kalk.				

Die Zusammensetzung der Thomasschlacke ist sehr ungleich. Phosphorsäure 11,39 bis 22,97, im Mittel 17,25; Kalk 28,00 bis 58,91, im Mittel 48,29; Magnesia 1,14 bis 8,10, im Mittel 4,89. (Düngerfibel 15, 81.)

23. Neben dem Nährstoffgehalt kommt bei der Auswahl der Düngerarten die rasche oder langsame Wirkung in Betracht.

[1]) Mayer, Agrikulturchemie 6, II. 2, 117.

[2]) Dünger-Fibel, 15, 56.

Am raschesten wirkt Salpeterdüngung (Chilesalpeter) unter den Stickstoffdüngern; gelbe Saatpflanzen sind nach 3—4 Wochen grün geworden. Ammoniakstickstoff wirkt etwas langsamer, da Ammoniak sich in Salpeter umwandeln muß. Dieser Prozeß geht je nach den Wärme- und Feuchtigkeitsverhältnissen rascher oder langsamer vor sich. Guano wirkt noch etwas langsamer, aber um so sicherer und nachhaltiger.

Rasch wirkt Superphosphat, etwas weniger rasch wirken Thomasmehl, die Kalisalze und meistens auch die Kalkdüngersorten.

24. Für die Aufbewahrung der Kunstdünger gibt Hoffmann[1]) einige Ratschläge. Stark wasseranziehende Kunstdünger (Chilesalpeter, Kalkstickstoff, Kalisalze) sollen gesackt oder ungesackt stets nur in trockenen Schuppen gelagert werden. Die Säcke werden von Superphosphat zerfressen, weshalb es auszuschütten ist.

25. Sollen mehrere Düngerarten gleichzeitig verwendet werden, so ist große Vorsicht geboten. Mancher Mißerfolg der künstlichen Düngung ist auf die fehlerhafte Mischung der Düngersorten zurückzuführen.

Nach Hoffmann[2]) sollen nicht gemischt und nicht zu gleicher Zeit ausgestreut werden: ammoniakhaltige und kalkhaltige Dungstoffe; also Stallmist, Guano, Jauche, schwefelsaures Ammoniak, Ammoniak-Superphosphat darf **nicht** mit Thomasmehl, Kalk, Kalkstickstoff, Kalksalpeter, Mergel und Asche zusammengebracht werden.

Zu vermeiden ist sodann: gleichzeitige Anwendung

a) von Knochenmehl, Superphosphat mit Kalkdüngemitteln (Superphosphat nicht mit Kalkstickstoff oder Kalksalpeter), b) von nassem Superphosphat mit Chilesalpeter, c) von Stallmist mit Salpeter, allgemein mit Kunstdünger.

Die übrigen Handelsdünger sind bei beabsichtigtem gleichzeitigem Streuen nur in feingemahlenem Zustande, eventuell unter schwachem Anfeuchten, immer erst kurze Zeit vor dem Ausstreuen zu mischen.

26. Bei erforderlichem Lagern, was bei der Verwendung im Walde ziemlich regelmäßig vorkommt, soll man „dem Gemisch, um Verhärtungen zu vermeiden 2—3 % Torfmull oder ähnliche Stoffe (Sägespäne, trockener Sand usw.) zusetzen. Ein derartiger Zusatz empfiehlt sich zuweilen auch, um kleinere Mengen Kunstdünger gleichmäßiger verteilen zu können. Der Ankauf von fertigen Mischdüngern, wie z. B. Kalisalpetersuperphosphat oder dergleichen, ist tunlichst zu vermeiden, da die Mischkosten meist viel zu teuer bezahlt werden".

27. „Beim Ausstreuen mit der Hand über Kreuz ist darauf zu achten, daß die Düngemittel möglichst feinmehlig sind — Kalisalze, Salpeter sind daher eventuell vor dem Streuen zu mahlen —; je feiner das Düngemittel, um so gleichmäßiger die Verteilung, um so sicherer die Wirkung. Allgemein gesagt, dürfen die Kunstdünger nicht zu tief und nicht zu spät eingebracht werden; je löslicher und harmloser das betreffende Salz und je flachwurzelnder das zu düngende Ge-

[1]) Dünger-Fibel, 15, 106.

[2]) Dünger-Fibel, 15, 112 und in der Flugschrift: Zwanzig Gebote der Kalkdüngung. 16. Auflage.

wächs ist, um so eher kann das Salz als Kopfdünger bezw. um so näher vor der Saat kann es in der obersten Schicht Platz finden durch Eggen, Einkrümmern bezw. durch seichtes Unterpflügen."

28. Endlich soll nach Hoffmann im allgemeinen „der Kunstdünger immer möglichst zeitig vor der Saat, niemals gleichzeitig mit der Saat gestreut werden, da solche sonst in ihrer Keimkraft Schaden leiden könnte. Kopfdüngungen von Salpeter oder auch im Notfalle von Kalisalzen, Ammoniaksuperphosphaten oder Ätzkalk sollten niemals auf betaute oder beregnete Pflänzchen gestreut werden, weil solche sonst durch die ätzenden Bestandteile in Mitleidenschaft gezogen würden".

Diesen, für landwirtschaftliche Pflanzen geltenden Ratschlägen mögen einige Zusätze für die Düngung im Walde beigefügt werden. Bei Koniferensamen ist nach angestellten Versuchen bei nicht zu hoher Düngergabe eine Gefahr für die Keimlinge nicht vorhanden. Die meisten Kunstdüngerarten können den Pflanzen als Kopfdünger nachträglich gegeben werden. Umhacken der Baumscheibe und leichtes Einhacken des Düngers genügen. Schaden an den Blättern und Nadeln wird verhindert, wenn etwa aufliegender Dünger mit einem Besen abgestreift wird.

29. Hoffmann weist nachdrücklich darauf hin, „daß viele Kunstdünger beim Ausstreuen leicht Entzündungen der Atmungsorgane, der Augenbindehaut, sowie offener Körperwunden hervorrufen können. Man soll daher an windstillen Tagen streuen und Augen, Mund und Nase durch Gesichtsmasken, Schutzbrillen und feuchte Tücher schützen. Auch sollen sich die Streuer vor dem Einnehmen ihrer Mahlzeiten stets die Hände sauber reinigen. In diesen Punkten müsse immer zur Vorsicht gemahnt werden". Im Walde handelt es sich meist um kleinere Flächen, was die Gefahr etwas vermindert. Bei den oben erwähnten Düngungsversuchen ist eine schädliche Einwirkung nicht eingetreten.

30. Die Anwendung der einzelnen Kunstdüngerarten muß sich in erster Linie nach den Bodenverhältnissen richten.

Für leichtere Böden (Sandböden, lehmige Sandböden, saure Moorböden) eignen sich Thomasmehl und Kainit; für schwere Böden kann die Düngung mit Kalk und Kalkstickstoff sich empfehlen, weil diese auch physikalisch günstig wirkt. Chilesalpeter kann auf allen Bodenarten verwendet werden; es ist jedoch nicht zu vergessen, daß der Stickstoff leicht ausgewaschen wird. Auf schwerem Boden führt Chilesalpeter leicht Verkrustung herbei, die durch öfteres Hacken beseitigt werden muß.

31. Auf die zahlreichen Fragen theoretischer Natur, die in der Düngerlehre noch ungelöst sind, kann nicht näher eingegangen werden. In den „Mitteilungen der Deutschen Landwirtschaftsgesellschaft" von 1914 (Stück 10 und ff.) ist von Hoffmann über „Neue Bahnen und Ziele des Düngerwesens" ein reger Gedankenaustausch herbeigeführt worden, an dem sich langjährige Forscher auf dem agrikulturchemischen Gebiete beteiligten. Das vorläufige Ergebnis

dieser Diskussion ist, daß noch sehr viele Unklarheiten im Düngerwesen bestehen, obgleich seit mehr als 50 Jahren zahlreiche Versuchsstationen tätig sind.

Eine übersichtliche und vollständige Darstellung über die allgemeinen Fragen hat Helbig gegeben; kürzer behandeln den Gegenstand Henze und Ramm, sowie Heß.[1])

32. Einen großen Aufschwung nahm die Düngung mit Kunstdünger im Walde durch die Deutsche Landwirtschaftsgesellschaft, die im Jahre 1905 einen besonderen Ausschuß für Forstdüngung eingesetzt hat. Seit dieser Zeit hat sie zahlreiche Düngungsversuche durch ganz Deutschland finanziell unterstützt, über deren Resultate schon mehrfach (von Schwappach, Lent, Helbig, Siefert, Albert, Bertog, Kuhnert etc.) in den Mitteilungen der Gesellschaft Bericht erstattet wurde. Im Jahre 1914 ist ein neuer Düngungsplan vom Sonderausschuß für Forstdüngung aufgestellt worden, nachdem auf Grund der Erfahrungen der im Jahre 1905 entworfene Plan verbessert werden konnte. Die „Grundsätze für die Einrichtung exakter, vergleichender waldbaulicher Versuche", wie sie von Tacke 1905 formuliert wurden, konnten vollständig beibehalten werden.

Auch die forstlichen Versuchsanstalten haben Düngungsversuche[2]) eingeleitet, von deren Ergebnissen auf der 6. internationalen Versammlung in Brüssel 1910 einige Mitteilungen erfolgten (von Crahay, Durieux, Roth, Vater). Die ausgedehntesten Düngungen für Freikulturen sind wohl in Belgien und Holland ausgeführt worden.[3])

33. Wie schwierig es ist, bei Düngungen im Walde zu einem sicheren Resultate zu kommen, zeigen erst angestellte Versuche. Einen großen Teil der von der Deutschen Landw.-Gesellschaft ausgeführten Versuche habe ich besichtigt, auch habe ich seit 15 Jahren zahlreiche Düngungsversuche in Staatswaldungen und mit Unterstützung der Deutschen Landw.-Gesellschaft in Gemeindewaldungen ausgeführt. Nur einige, für die Praxis beachtenswerte Punkte mögen herausgegriffen werden.

In Pflanzschulen wie bei Freikulturen konnte in den meisten Fällen im ersten und zweiten, selbst dritten Jahre eine Wirkung der Düngung mit Kunstdünger nicht bemerkt werden. Dagegen trat eine solche auf Sandboden schon nach 3—4 Wochen ein; die Phosphorsäure hatte bei Fichten teilweise eine Rötung des neuen Jahrestriebes herbeigeführt.

In Saatschulen erzielt man mit der Volldüngung (Stickstoff, Kali und Phosphorsäure) allein oder der Volldüngung und Kalk die besten Resultate. Oftmals ist eine spezifische Wirkung der einzelnen Düngerarten nicht zu erkennen; in anderen Fällen erweist sich die Stickstoff-

---

[1]) Heyers Waldbau, 5, 490.

[2]) Die ersten vergleichenden Düngungsversuche stellten 1873 Wolff und Baur in einer Pflanzschule bei Hohenheim an. Der ehemalige Ackerboden war aber zu nährstoffreich, so daß ein Ergebnis der Düngung nicht festgestellt werden konnte.

[3]) Jentsch berichtet über solche. Forstw. Centralbl. 1901, 225. In Deutschland finden sich 25—28jährige ausgedehnte, von Forstmeister Schröder auf geringstem Sandboden angelegte Föhrenkulturen in den Gräflich Landsbergischen Forsten zu Velen und Gemen (Westfalen). Der Vorsprung der gedüngten Flächen ist nach 25 Jahren noch deutlich zu erkennen.

düngung als die am meisten wirksame. Kalk allein angewendet hat im Sandboden eine schädliche Wirkung gezeigt; die Pflanzen sind gelb geworden. Ein Versuch hatte ferner gezeigt, daß die dreifache Menge der gewöhnlichen Düngung Fichten zum Absterben brachte[1]), während an anderem Orte die 6—8 fache Menge ohne Schaden ertragen wurde. Daß kümmernde, selbst absterbende Pflanzen durch Anwendung von Kunstdünger gerettet werden können, ist durch mehrere Fälle erwiesen. Die Wirkung der Düngung tritt bei der Fichte später ein als bei der Föhre. Dies sieht man am deutlichsten, wenn beide Holzarten untereinander auf der Düngungsfläche stehen.

Die Wirkung der Düngung ist nicht immer leicht festzustellen. Aus dem Gesamteindruck, den die Pflanzen machen, geht sie oft unzweifelhaft hervor. Soll aber die Wirkung auf den Höhentrieb, den Durchmesser, die Beastung zahlenmäßig ausgedrückt werden, so sind die Durchschnittswerte oft nur ganz unbedeutend voneinander verschieden; bei der Ungleichheit der Pflanzen ist die Auswahl der Probepflanzen sehr schwierig. Endlich soll nicht verschwiegen werden, daß in einigen Fällen das Wachstum auf der ungedüngten Fläche demjenigen auf der gedüngten nicht nachstand; teilweise mag der Graswuchs auf das Ergebnis einwirken.

Diese Angaben sollen dartun, wie weit wir noch von einer sicheren Methode der Düngung im Walde entfernt sind.

Die Feststellung des Düngerbedürfnisses durch Analyse des Waldbodens ist wegen des Bodenwechsels und des Unkrauts mit besonderen Schwierigkeiten verbunden.

34. Das bei obigen Versuchen verwendete Quantum betrug pro Ar: Stickstoff 1,50 kg, Kali 2,00, Phosphorsäure 2,00, Kalk 30,00 kg. Das Verhältnis von N K P ist 1,0 1,3 1.3. Diese Mischung entspricht dem für Sandboden berechneten Verhältnis. Obstbäume entziehen dem Boden 100 kg Stickstoff, 50 kg Phosphorsäure, 150 kg Kali pro Hektar; das Verhältnis ist also 1,0 (: 0,5 1,5); fast genau das Verhältnis, in dem die Stoffe im Stallmist vorhanden sind. Ob jenes Mischungsverhältnis den im Walde entzogenen Nährstoffmengen entspricht, ist zweifelhaft. Vergleicht man das Ergebnis der Analysen (§ 83, 13), so ergibt sich, daß die Phosphorsäure bald höhere, bald gleiche, bald und zwar vorherrschend niedrigere Prozente aufweist als das Kali. Die Analysen, die von Schröder[2]) mitteilt, zeigen für 1—3 jährige Fichten die gleichen Schwankungen. Hoffmann gibt für jede Getreideart etc. den mittleren Entzug an, der aber nur als „Anhaltspunkt für die zu bemessenden Düngergaben angesehen werden kann“ „Allgemein gültige Düngerrezepte lassen sich bei den ständig wechselnden Boden- und Witterungsbedin-

[1]) Vergl. Engler-Glutz a. a. O. 7, 329.

[2]) Thar. J. 43, 133 (1893).

gungen selbstverständlich nicht aufstellen. In allen solchen Fragen hilft nur eigene Beobachtung, eigenes Nachdenken, eigenes Rechnen". [1])

Der neue Plan für die Forstdüngungsversuche gibt die Mengen in folgendem Rahmen an: Thomasschlacke pro Ar 2,00—8,00 kg; Kainit 1,00—4,00; 40 %iges Kalisalz 0,3—1,0; schwefelsaures Ammoniak und Chilesalpeter 1,0—2,00, Kalk 10,00 gebrannt; kohlensaurer Kalk 20,00. Bei Lupinenanbau (2,5 kg Lupine oder 0,5 kg Serradella) Kainit allein 4,00—20,00 kg pro Ar oder mit 4,00 kg Thomasschlacke.

Die oben genannten Mengen (N 1,50, K 2,00, P 2,00) haben fast überall eine Wirkung gezeigt, wenn sie auch nur gering war. Auf Sand wird dieses Quantum hinreichend sein; auf Lehm- und Tonboden ist es als Minimum zu bezeichnen.

35. Die Kosten der Düngung mit Kunstdünger sind verschieden nach dem Preise der Düngemittel und den Arbeitskosten. Für die allgemeine Beurteilung möge folgende Berechnung einen Anhaltspunkt geben.

Kosten pro Ar:

	Bedarf in kg	Preis pro kg ℳ	Kosten des Düngers ℳ
Chilesalpeter	1,50	0,27	0,42
40 % iges Kalisalz	2,00	0,09	0,18
Superphosphat	2,00	0,08	0,16

Kosten des Düngers bei Volldüngung . . . 0,76 ℳ pro Ar
Hiezu Arbeitskosten . . . . 0,94 ℳ „ „
Gesamtkosten pro Ar . . . . 1,70 ℳ oder 170 ℳ pro Hektar.

36. Eine wirtschaftliche Erwägung über die Anwendung der Düngung im Walde mag diese Ausführungen beschließen.

Die Kosten der einzelnen Düngungsarten sind verschieden; die höchsten Beträge erreichen 3—400 ℳ pro Hektar. Lassen sich so hohe Ausgaben rechtfertigen?

Einige praktische Fälle mögen zeigen, daß die Frage bejaht werden kann für Pflanzschulen, geringe Bodenstellen und Ödland.

Die Pflanzschulen werden vielfach allzulange Zeit auf der gleichen Fläche belassen. Die geringe Entwicklung und die gelbe Farbe der Pflanzen weisen auf eine unzureichend gewordene Nährstoffmenge hin. Schließlich muß die Fläche, weil sie erschöpft, „ausgebaut" ist, verlassen werden. An vielen Orten sind die ehemaligen Pflanzschulen noch nach Jahrzehnten am schlechten Wuchs der Pflanzen zu erkennen. Bei kleinem Besitz oder im gebirgigen Gelände sind aber passende Lagen

[1]) Dünger-Fibel 15, 126.

für Pflanzschulen oft schwer zu finden; man ist auf langdauernde Benützung derselben Stelle angewiesen. Durch genügende Düngung kann sie, wie die großen Baumschulen zeigen, in ungeschwächter Bodenkraft erhalten werden. Die Kosten der Neuanlage sind oft so bedeutend, daß der Zukauf von Dünger billiger zu stehen kommt. Sodann kann durch Düngung das Wachstum so gefördert werden, daß die Pflanzen ein, selbst zwei Jahre früher verwendbar werden. Wie sich solche gedüngte Pflanzen gegenüber dem Schaden durch Frost oder Wild verhalten, ist eine offene Frage.

Einzelne Stellen im Walde, auf denen wegen geringen Bodens oder häufigen Frostes das Wachstum zurückbleibt, werden oft Jahre und Jahrzehnte lang mit Ersatzpflanzen nachgebessert; nicht selten muß die Kultur auf solchen geringwüchsigen Stellen vollständig erneuert werden. An manchen Orten wachsen im Laufe der Jahre solche geringe Stellen immer mehr an und bilden eine förmliche Last für den Wirtschafter. Die Kosten der Nachbesserung sind oft höher als diejenigen einer Düngung.

Bei Aufforstung von Ödland mißraten Saaten und Pflanzungen oft vollständig; auch in solchen Fällen können die Kosten für die wiederholte Pflanzung höher als die Düngungskosten sein.

37. Äcker, Wiesen, Weiden, die innerhalb des Waldes liegen, stehen manchmal in Selbstbewirtschaftung oder sie werden verpachtet. Im letzteren Fall hat der Wirtschafter darüber zu wachen, daß die Grundstücke in gut gedüngtem Zustand bleiben. Hoffmann gibt in der Düngerfibel (15, 125) Fingerzeige für die Düngung der wichtigsten Kulturpflanzen.

Für Wiesen und Weiden mögen einige Angaben hier folgen.[1]) Es sind Trockenwiesen und Bewässerungswiesen zu unterscheiden. Auf Trockenwiesen muß vor allem die Wasser- und Kalkfrage näher untersucht werden. Das Grundwasser sollte nicht tiefer als 40—80 cm stehen. Kommen auf der Wiese Moos, Binsen, Riedgräser, Schachtelhalm vor, so ist die Wiese zu sauer. Am besten werden auf 1 ha 5—10 dz gelöschter Stückkalk (Ätzkalk) eingeeggt; Moosflecke sind mit Ätzkalk gut zu bestreuen. Sonst genügt zur Kalkung die Gabe von 10—12 dz kohlensauren Kalks (Kalkmergel); manchmal ist der Kalkgehalt des Komposts oder der Thomasschlacke zur Deckung des Kalkbedarfs genügend. Diese Gabe an Kalk reicht 4—6 Jahre aus. Auf Hochmoorwiesen, die neu angelegt werden, können 25 dz Stückkalk und 50 dz Kalkmergel aufgebracht werden. An Kali- und Phosphorsäure-Dünger werden auf 1 ha gegeben: 4—8 dz Kainit oder 1—2 dz 40 %iges Kalisalz,

[1]) Über Halmfrüchte (Stickstoffzehrer) und Hackfrüchte (Kalizehrer) s. Düngerfibel 15, 127—134, und 20 Gebote der Kalkdüngung, 8, 17; vgl. ferner unten Waldfeldbau § 348.

sowie 2—4 dz Thomasschlacke, auf schweren Böden auch Superphosphat. Beide Düngerarten werden vor dem Ausstreuen (im November bis Febr.) innig miteinander gemischt. Stickstoff wird am besten in Form von Kompost oder gegorener Jauche, wo diese fehlen, von 1—2 dz Chilesalpeter gegeben; diese Zufuhr reicht etwa 4 Jahre aus.

Im Walde hat man es oft mit sehr heruntergekommenen Wiesen zu tun; auf solchen ist öftere Stickstoffdüngung nötig.

Bei Bewässerungswiesen reicht der Gehalt des Rieselwassers in der Regel aus, zumal wenn es reichlich Schlamm und Humus aus dem Walde mit sich führt.

Saure Wiesen werden am besten zu Streuwiesen bestimmt; sie bedürfen in der Regel keiner Düngung.

Weiden werden mit 3—4 dz Kainit und 1—2 dz Thomasschlacke auf 1 ha im befriedigenden Ertrag erhalten. Stickstoff wird als Kompost oder Jauche beigegeben.

Für die zahlreichen im Walde vorkommenden kleineren Grasplätze werden dieselben Düngergaben angewendet. Der Ertrag derselben könnte dadurch erheblich gesteigert werden. In der Regel werden solche kleine Flächen freilich sich selbst überlassen.

§ 203. Bindung des Flugsandes.

Die reiche Literatur, hauptsächlich in geologischer, botanischer, pflanzengeographischer und technischer Richtung bei Gerhardt, Handbuch des deutschen Dünenbaus, 1900, 629—644; die ältere, namentlich ungarische bei Wessely, Der europäische Flugsand, 1873; Grieb, Das europäische Ödland, 1898, und Roth S. 256. Beide Nachweise sind im folgenden durch die waldbauliche Literatur ergänzt. An älteren Werken wären noch zu nennen: Hartig, Th., Bildung und Befestigung der Dünen, 1831, v. Pannewitz, Anbau der Sandschollen im Binnenlande, 1832.

Zeitschriften: Allg. F.J.Z.: 1883, 344; Klipstein 38, 1; 38, 337. Aus d. Walde (Burckhardt): Burckhardt 1877, 167. Forst-Mag.: 1768, XI. 227. Forstw. Centralbl.: Roth 1916, 377. Münd. Forstl. H.: Lehnpfuhl 1892, 53. Phys.-Ök. Bibl.: Viborg 1789, 154. Thar. J.: Meschwitz 1882, 138. Zeitschr. f. F.- u. J.wesen: Schütze 1874, 183; v. Knüpffer 1903, 459. Zeitschr. f. Bayern: Hubert 1826, 131; Deßberger 31, 20. Centralbl. f. ges. F.: 1875, 42; 82, 7; Böhm 82, 249. Österr. Viertj.schr.: Kerner 1865, 3; Mattusch 70, 37; v. Bärenthal 72, 46. 73, 493; Fischer 85, 242; Ajtay 1912, 45. — Vereine: Deutschl. Land- u. Fw. 1841, 47. Nordwestd. 1893. Galiz. 1850. Tirol 1866. Ungarn 1862.

1. Der Meeresküste entlang wird loser Sand abgelagert, der sehr fein zerrieben ist und leicht vom Winde fortgetragen wird. Er häuft sich am Meere hin in langen Zügen an; es entstehen Sandrücken oder Dünen (Küstendünen, Stranddünen). Von diesen wird der Sand durch den Wind aufgewirbelt und ins Innere des Landes getragen; es entstehen die Binnendünen. Die nicht von einer Vegetation bedeckten Dünen bleiben also nicht an ihrem Entstehungsort liegen, sondern sie wandern

in der Richtung des herrschenden Windes (Wanderdünen). Auf diese Weise werden die weiter landeinwärts liegenden Ländereien durch die Sandablagerungen überschüttet und unproduktiv. Selbst ganze Dörfer werden vom Sand zugedeckt. Es liegt daher im Interesse der Landeskultur, diesen Schädigungen vorzubeugen, was nur durch die Bindung, Beruhigung bezw. Bepflanzung der Dünen geschehen kann[1]).

Auch im Innern des europäischen Kontinents finden sich an vielen zerstreuten Stellen kleine und größere flugsandartige Ablagerungen; an Fluß- und Seeufern wird ebenfalls Flugsand angeschwemmt. In Preußen betrug 1894 die Fläche der Sandschollen noch 32 808 ha, nachdem seit 1881 schon 11 390 ha aufgeforstet worden waren[2]). Sie sind über alle Regierungsbezirke des Ostens und Nordens verbreitet; unbedeutend sind sie nur in der Rheinprovinz; ganz fehlen sie bei Kassel, Wiesbaden, Hildesheim und Erfurt.

Flugsandflächen treffen wir auch in der ungarischen Tiefebene (Banat), in Galizien, in Rußland und in den Balkanländern[3]).

Größere Flächen von Flugsand wurden nach Burckhardt im Hannoverschen Kreise Meppen, sowie in Oldenburg vor 100 Jahren mit Föhren aufgeforstet. Sie waren früher bewaldet und sind durch unvorsichtiges Abholzen und Weidebetrieb kahl geworden.

2. Die besonderen Eigenschaften des Flugsands erschweren die Aufforstung in hohem Grade.

a) Nach den Untersuchungen Schützes ist Flugsand (von Sylt) sehr nährstoffarm; es fehlt ihm die Feinerde fast ganz. Der Flugsand besteht weit überwiegend aus Quarzkörnern, denen Feldspatteile, auch Karbonate, außerdem Muschelschalen beigemischt sind (2—5, an einzelnen Stellen auch 10 und mehr Prozent[4]). Manchmal sind organische Reste von Holz etc. eingelagert; zwischen den einzelnen Sandlagen finden sich auch kleine Ablagerungen von Ton und Lehm.

b) Der Flugsand ist sehr trocken; im Sommer dörrt die oberste Schichte bis zu 30 cm vollständig aus. In größerer Tiefe — 4 bis 7 m am Meere — sammelt sich Wasser an, es enstehen feuchte Stellen mit 2 % Wassergehalt. Das Grundwasser steht in der

---

[1]) Eine geologische Schilderung der Dünen bei Wahnschaffe, Die Oberflächengestaltung des norddeutschen Flachlandes, 3, 364. Noch eingehender ist die geologische Seite behandelt von Gerhardt, S. 1—164.

[2]) Hagen-Donner, 3, 2, 40.

[3]) Wessely, J., Der europäische Flugsand, 1873. Grieb, R., Das europäische Ödland, 1898. Adamovic, L., Vegetationsverhältnisse der Balkanländer 1909, 318.

[4]) Gerhardt, 37, 38.

Regel tief. Das Wasser rührt vom Regen und Schnee her, ist also Süßwasser [1]).

c) Die Temperaturunterschiede des Bodens sind im Norden sehr groß. Nach Gerhardt erwärmte sich bei einer Lufttemperatur von 34° der Südabhang einer Sanddüne auf 81° C; an einem andern Tage zeigte der Südhang 56, der Nordhang 30° Bodenwärme. Die Abkühlung erfolgt rasch, so daß oft Taubildung eintritt. Die Wintertemperatur im Osten Deutschlands sinkt vielfach auf — 20° C.

d) Durch die Einwirkung des Windes wird die Verdunstung der Pflanzen sehr gesteigert. Der Höhenwuchs bleibt gering; die Äste und Gipfel werden abgefegt.

e) Dazu kommt die Einwirkung der angewehten Sandkörner auf Nadeln, Knospen und Rinde der Pflanzen.

Die bei der Aufforstung verwendeten Pflanzen müssen also folgenden Anforderungen entsprechen:

1. Sie müssen geringen Nährstoffbedarf, 2. geringen Wasserbedarf haben; die Wurzeln müssen, wie bei der wilden Dünenflora, tief gehen, damit sie die feuchteren Schichten erreichen; 3. die Pflanzen müssen große Temperaturunterschiede, auch starken Winterfrost, ertragen; 4. gegen die Einwirkung des Windes und die Beschädigung durch angewehte Sandkörner wenig empfindlich sein; 5. den Boden durch dichte Bekronung gegen den Wind schützen und 6. durch den Abfall von Laub und Nadeln ihn physikalisch und chemisch verbessern.

3. Mit der Bepflanzung und Beruhigung der Sandländereien hat man sich in Flandern und Holland schon anfangs des 18. Jahrhunderts, in Deutschland etwa von 1750 ab eingehender beschäftigt. 1765 [2]) wird die Föhre als der geeignete Baum hiezu empfohlen und auf gelungene Bewaldung des „allerelendesten Sandes" in Brandenburg, Mecklenburg, Sachsen, Holland, Dänemark hingewiesen. Wenn ein Torfmoor in der Nähe gelegen sei, soll der Sand mit Torf vermischt, sonst in Vierecke geteilt und diese mit einem Zaun von Reisigästen umgeben werden. Letzteres wird 1768 [3]) wegen der düngenden Wirkung der Äste abermals vorgeschlagen und auch von J. Beckmann [4]) als zweckmäßig hervorgehoben. In Böhmen [5]) wurde 1787 Sandhafer zur Beruhigung der Sandfelder verwendet. Titius dagegen erblickte 1768 in der Bepflanzung mit Nadelholz oder Akazien das einzig wirksame Mittel zur Befestigung der Dünen. [6]) v. Burgsdorf befaßt

---

[1]) Die Niederschlagsmenge beträgt im Norden am Meere hin meistens 600—700 mm, bei Stettin und Danzig erreicht sie nur 500 und darunter; Jahrestemperatur 7—9°, Julitemperatur 17—19°. In der südl. ungarischen Tiefebene fallen dagegen nur 4—500 mm; Jahrestemperatur 10—12°, Julitemperatur 22—24° C.

[2]) Forst-Mag. 7, 44.

[3]) A. a. O. 11, 228.

[4]) Grundsätze der deutschen Landw. 4, 56.

[5]) Forst-Archiv 1, 275.

[6]) Gerhardt, 286.

sich 1788[1]) eingehend mit dem Sandbau und der Urbarmachung der fliegenden Sandschollen. Die Bindung durch Zäune und Reisig soll die Scholle zum Anbau der Föhre, auch der Birke geeignet machen. Die ausgebreitetste Erfahrung auf dem ganzen Gebiete verrät die 1789 in Dänemark erschienene Schrift von Viborg. Er beschreibt die Sandgewächse, Sandhafer, Sandweide, Sanddorn und die Hemmung des Flugsandes in Jütland, sodann die Bedeckung mit Rasen, die Anpflanzung von Föhre, Birke, Tanne, Zitterpappel, Eiche, Ginster, Wacholder. Die Schrift, die aus dem Dänischen von Petersen übersetzt wurde, wird im Forstarchiv auch für Deutschland zur Beachtung empfohlen. 1796 wurde von Sören Biörn zunächst die Anpflanzung von Fichten bei Danzig vorgeschlagen; 1807 wurden aber auch Föhren, Schwarz- und Weißerlen, Weiden gepflanzt. Krause fügte die Birke hinzu.

Eine Preisschrift der märkischen ökonomischen Gesellschaft von 1826 lenkte die Aufmerksamkeit wieder auf die Urbarmachung der Sandschollen und gab wohl den Anstoß zu weiterer Kulturtätigkeit. Diese begann in Bayern (1833) mit der Kultivierung von Sandschollen in der Maingegend (Alzenau) bei Aschaffenburg. 1847 wird auf der Versammlung in Kiel der Anbau der Föhre und Erle empfohlen, da die Fichte nach 30—40 Jahren absterbe. Müller in Königsberg führte 1873 Pflanzung von *Pinus montana* (wohl meistens *uncinata*) nach dänischem Vorgange[2]) ein. 1895 wurde sie in ausgedehntem Maße verwendet.[3])

Die Bindung des Flugsandes in Ungarn hat Roth eingehend dargestellt. Gegenüber den älteren Schriften von Kerner und Wessely hat seine Schilderung den Vorzug, daß die Erfahrungen von 50 Jahren verwertet werden konnten. Die Hauptholzart bildet die Akazie[4]), die 1-, auch 2jährig gepflanzt wird. Der ungarische Flugsand ist nährstoffreicher als der norddeutsche. Neuerdings findet die Föhre, deren Anbau man früher für aussichtslos hielt, ebenfalls Verwendung; außerdem Stieleiche, Ulme, Esche, Silberpappel, Pyramidenpappel, kanadische Pappel, kaspische Weide. Die Pflanzen werden in Pflanzschulen aus Samen, bei den Pappeln und Weiden aus Stecklingen erzogen. Das Land wird mit Wacholderästen gedeckt, innerhalb dieser die Pflanzung (1,5 m) ausgeführt. Eine Grassaat bindet den Boden, bis der geschlossene Akazienbestand den Schutz übernimmt. Die Aufforstungsversuche in Ungarn reichen auf 150 Jahre zurück.

An der französischen Westküste, in den Landes[5]), geschieht die Befestigung der Dünen durch Saat oder Pflanzung von Dünenhafer (*Calamagrostis arenaria*) und Seekiefern (*Pinus maritima*). Der Bestockung geht die Schaffung einer Küstendüne voraus, die den Wald vor Versandung schützt.

4. Das Vorgehen beim Dünenanbau habe ich auf der kurischen Nehrung bei Memel näher kennen gelernt. Von Memel bis Cranz, in einer Längenausdehnung von 100 km und einer Breite von 2—3 km, sind Aufforstungen vorhanden, die z. T. vor 70—80 Jahren in Angriff

---

[1]) Forsthandbuch 402—420. „Es ist zu einer Hauptwissenschaft des preußischen Forstbedienten zu rechnen, sicher über den Anbau der Sandschollen urteilen und die Geschäfte mit gutem Erfolg treiben zu können.“

[2]) Gerhardt, 456. Aus Bayern wurde nach Dänemark statt Fichtensamen Bergföhrensamen gesandt; die Bergföhren gediehen aber gut und wurden nun weiter eingeführt.

[3]) Weitere geschichtliche Nachrichten bei Gerhardt, 283 ff.

[4]) Vgl. Vadas, Monographie der Robinie. 1914. S. 177—185.

[5]) Englers Reiseskizzen von 1901 in Schweiz. Z. f. Fw. 1902, 129 ff.

genommen wurden. Ähnlich sind die Verhältnisse am frischen Haff. Das Verfahren ist folgendes:

Durch eine Vordüne oder Schutzdüne, in der Höhe von 7—10 m und der unteren Breite von 30—40 m, wird das Anschwemmen des Sandes in das weiter zurückliegende Land zu verhindern gesucht. Ein geringes Flechtwerk bewirkt das Niederfallen des Sandes. Dieser wird nun auf der Luvseite mit Sandgras (*Ammophila arenaria, A. baltica*), auf der Leeseite mit Strandhafer (*Hordeum arenarium*) bepflanzt; diese Arten ertragen den Salzgehalt des Bodens und das aus der Luft niederfallende Salz [1]). Vielfach mischt sich der Sanddorn (*Hippophaë rhamnoides*) bei, oder es siedeln sich verschiedene kriechende Weidenarten an. Alle diese Pflanzen sind xerophytisch ausgestattet (Behaarung, Wachsausscheidung, kleine Blätter). Sandgras und Strandhafer haben die wichtige Eigenschaft, daß sie stets weiter in die Höhe wachsen, auch wenn sie unten vom Sand zugedeckt sind. Sie treiben oben neue Wurzeln und können Längen von 5—7 m erlangen.

Das Verwehen des Sandes wird durch Auflegen und Befestigen von Reisig, meist Föhrenreisig, seltener durch Heidekraut oder Plaggen, eingeschränkt. Das Reisig wird in 4 m Abstand reihenweise übers Kreuz gelegt; die innere Fläche eines so entstandenen Vierecks wird mit den kleinen Ästen belegt. Jede kleine, vom Wind angegriffene Stelle muß alsbald wieder bedeckt und beruhigt werden, weil sonst in kurzer Zeit die Angriffsstelle sich erweitert und Verwehungen im großen folgen können.

Hinter dieser Schutzdüne, die aber nicht selten von der Sturmflut wieder weggespült wird, beginnt erst die Aufforstung. Verwendet werden hiebei die oben erwähnten Holzarten: Föhre (*P. silvestris*), Bergföhre (*P. montana*), Fichte, Schwarzerle und Birke. *P. rigida, banksiana,* auch *austriaca* versagen, *maritima* erfriert an der Nordsee. Die Bergföhre findet immer mehr Anwendung. Sie erträgt den Temperaturwechsel und die Trockenheit [2]) und ist namentlich gegen den Wind weit weniger empfindlich als die Föhre (*silv.*). Bei Memel tritt der Unterschied deutlich hervor, wenn beide Arten nebeneinander stehen. Die Föhre hat dünne Kronen, kurze Nadeln und dürre Äste. Dort wird sie nur an geschützteren Stellen verwendet. In feuchteren Vertiefungen gedeihen Erlen, Birken, Eichen, auch Fichten. Die Bergföhre behält zunächst die liegende Form bei, richtet sich aber später auf; die Bestände können regelmäßig durchforstet werden. Durch die liegenden Äste und die dichte Benadelung — die Nadeln bleiben nicht nur 2, sondern 4 und mehr Jahre lebend — wird in kurzer Zeit nach der

[1]) Gräbner, Pflanzenwelt Deutschlands, 316.

[2]) In der Schweiz wächst sie auf trockenem, losem Kalkschutt am heißen Südhang. Schröter a. O., 88. Ähnlich Zederbauer: Einige Versuche mit der Bergföhre, 1911, S. 16.

Anpflanzung der Boden bedeckt und der Sand gegen Angriffe des Windes geschützt.

Die Aufforstung durch Freisaaten ist ausgeschlossen, da die Pflanzen im Juni und Juli größtenteils vertrocknen; es muß Pflanzung angewendet werden. Die Pflanzen müssen in ständigen Kämpen erzogen und können 2-, auch 3—5jährig verwendet werden. Der Boden muß ca. 40 cm tief locker sein oder künstlich gelockert werden. Die Pflanzen müssen gut bewurzelt sein und durch Beigabe von Humus oder Lehm zu kräftigem Wachstum angeregt werden. Bei Memel werden sie mit Baggerschlamm angeschlämmt,[1]) dann im Sand gewälzt; es entsteht ein Panzer, der vor Vertrocknen schützt. Der Verband muß sehr eng gewählt werden (1 m). Das Nachbessern muß bald und sorgfältig erfolgen. Die Bergföhre bildet eine dichte, die Feuchtigkeit erhaltende und Humus bildende Nadeldecke. An einzelnen Stellen wird Moos gepflanzt, das sich rasch ausbreitet. Die Kosten der Aufforstung steigen bis zu 1200 und 1600 *M* pro Hektar.[2]) Der Aufforstung der Binnendünen geht die Andeckung mit Reisig ebenfalls voraus. Föhre und Birke zeigen gutes Wachstum auf diesen, dem Winde in geringerem Maße ausgesetzten Dünen.

5. Ein anderes Verfahren, das in Hannover und Oldenburg üblich war, hat Burckhardt auf Grund der langjährigen Erfahrungen von Clauditz und Ohrt beschrieben. Es wird dort nicht Deckung des Sandes mit Reisig, sondern mit Grasplaggen, vielfach auch Heideplaggen, seltener Moosplaggen, in netzförmiger Anordnung vorgezogen; die Plaggen bilden den Rahmen offener Quadrate, in welchen die Pflanzung erfolgt. Hiezu werden 3—4 jährige Föhren mit Ballen verwendet; man erhält diese aus Freisaaten, die auf feuchteren Stellen in der Nähe der Verbrauchsplätze ausgeführt werden. Die Pflanzen werden möglichst tief, bis an den ersten Quirl, in den Boden gesetzt. Die Pflanzweite beträgt 1,0 1,0 oder 0,8 0,5 m. In Oldenburg wurde die Fläche nicht netzförmig, sondern ganz mit Plaggen gedeckt und die Pflanzung mit einjährigen Föhren zwischen den Rasen ausgeführt, weil die Herbeischaffung von Ballenpflanzen zu teuer geworden wäre.

6. Wesentliche Unterschiede im Kulturverfahren auf den Dünen der Nord- und Ostsee bestehen nicht, weder nach Gegenden, noch nach der Zeit. Die Föhre ist die am meisten verwendete Holzart; neuerdings kommt die Bergföhre hinzu; an wenigen Stellen ist auch die Fichte angebaut worden. Unter den Laubhölzern ist die Schwarzerle auf nassen Stellen am meisten vertreten; die Birke wird auch auf trockenen Stellen verwendet. Pappeln und Weiden treten sehr zurück. Es sind — mit Ausnahme der Bergföhre — dieselben Holzarten, die 1760 empfohlen wurden.

---

[1]) Das Anschlämmen ist auch in Ungarn üblich.

[2]) Gerhardt, 316, 493.

Die 100 jährigen Föhrenbestände zeigen, daß die Aufforstung im großen ganzen mit dieser Holzart gelingt. Ausländische Holzarten haben versagt; auch die hohe Trockenheit ertragende Schwarzföhre gedeiht nicht überall[1]).

Die Ausführung der Kulturarbeiten ist durch die in Ziffer 2 geschilderten besonderen Verhältnisse gegeben. Die Nährstoffarmut des Flugsands empfiehlt bei der Pflanzung die Beigabe von humosem Dünger und dessen Vermischung mit dem Sande, oder auch nur die Anschlämmung der Pflanzen mit Lehm und endlich die Verwendung von Ballenpflanzen aus lehmhaltigem Boden. Lehm und Humus steigern zugleich die wasserhaltende Kraft des Sandbodens, die bei der Durchlässigkeit des Sandes von größter Bedeutung ist. Humus führt zur Krümelbildung. Die Winterniederschläge sind sehr gering am Meere hin (nur 30—40 mm im Monat); der Wassergehalt, auch der tieferen Schichten, kann daher nur niedrig sein. In den Monaten März, April, teilweise auch Mai, fallen ebenfalls nur 30—40 mm Regen. Die Pflanzungen müssen also frühzeitig (Ende März, April) ausgeführt werden, um den Pflanzen die Ausnützung der Feuchtigkeit zu ermöglichen. Um den Boden und die Pflanzen vor der Einwirkung des Windes zu schützen, werden sie dicht (1 m) gepflanzt, zu Gruppen vereinigt oder schon als Büschel angepflanzt. Da die rasche Deckung des Bodens eine Bedingung des Gelingens der Pflanzung ist, dürfen nur verschulte, kräftige, mit langen Wurzeln versehene Pflanzen verwendet werden. Die Pflanzung muß in den lockeren Boden erfolgen, muß daher alsbald nach der Beruhigung des Sandes ausgeführt werden. Der Sandboden verhärtet sich nach kurzer Zeit durch den Regen und Wind, so daß der Niederschlag nicht mehr eindringen kann. Die Pflanzen können schon zweijährig verwendet werden; sie werden dann weniger vom Winde angegriffen und genießen den Schutz der Föhrenäste oder der Sandgräser, auch der Rasen. Die Äste und Rasen werden etwa 4 m von einander entfernt gelegt; die so entstehenden Quadrate (Netze) werden an besonders gefährdeten Stellen diagonal nochmals belegt. Wichtig ist die Bemerkung von Bock[2]), daß das erste Jahr über das Gedeihen der Pflanzen entscheidet, daß im 2. oder 3. Jahre nach der Pflanzung nur ganz wenige Pflanzen eingehen. Von den auf 1 ha aufzuwendenden Kosten entfällt etwa die Hälfte auf die Bestrauchung.

---

[1]) v. Reichenau hat gelegentlich der Danziger Forstversammlung (1906) mitgeteilt, daß auf der Frischen Nehrung innerhalb der alten Föhrenbestände auch noch Buchen vorkommen und daß auf den Brüchern Erlen, Birken, Aspen, Vogelbeeren, Weiden wachsen und sogar uralte Linden und Eichen sich finden. Douglasfichte und japanische Lärche wurden mit gutem Erfolge auf den frischeren Bodenstellen neben Fichten angepflanzt. Auf den Dünen der Halbinsel Hela verjüngt sich die Föhre auf natürlichem Wege.

[2]) Vergl. seine ausführlich mitgeteilten Erfahrungen und Beobachtungen in Gerhardt, 424—515.

7. Das in Ungarn übliche Verfahren unterscheidet sich wesentlich von demjenigen in Norddeutschland.

Bei dem raschen Wechsel des Bodens geht nach Vadas der Anpflanzung eine genaue Untersuchung des Bodens voraus; auf den besseren Stellen stellt sich Graswuchs, selbst eine dichte Rasendecke ein. Die Arten, die den Rasen bilden, werden als Kennzeichen benützt, ob die Akazie gut, schwach oder gar nicht gedeiht (Theodovovits bei Vadas S. 178). Auf feuchte Stellen darf die Akazie nicht gepflanzt werden; für solche werden Esche, Erle, Ulme, Stieleiche, Weide, auch Silberpappel gewählt. Auf die allerschlechtesten Stellen kommen Schwarzföhre, Föhre, *P. Banksiana*, Silberpappel, Kaspische Weide. Wo der Boden etwas besser und feuchter ist, gedeihen Akazie, Kanad. Pappel, Pyramidenpappel, Schwarzpappel, Birke, Kaspische Weide, Götterbaum. Auf den besten Böden ist die Eiche, Ulme, Spitzahorn, Schwarznuß, Esche, Blumenesche am Platze. Zur Sicherung des Erfolges ist es unbedingt nötig, den Boden umzubrechen und mit Feldfrüchten anzubauen (Vadas 181). Die landwirtschaftliche Nutzung erfolgt 3 Jahre lang; im 2. Jahr wird aufgeforstet, im 3. Jahr erfolgt die Nutzung zwischen den Reihen. Wo Bedeckung des Landes nötig ist, werden Wacholderäste verwendet. Die Akazie kann dann 40 cm tief gepflanzt werden. Nach der Pflanzung (6000 auf 1 ha) wird eine Grassaat vorgenommen (von Schwingel, *Festuca vaginata*)[1]).

An der französischen Westküste wird *Pinus maritima* gesät mit einigen Gräsern zum Schutz der jungen Saaten. 60 000 ha sind auf diese Weise bestockt worden[2]).

8. Nach einer Mitteilung von Deckert erreichen in Nordwestdeutschland die Föhren auf Flugsand mit 75 Jahren eine Höhe von 16 m und haben auf dem Hektar einen Derbholzgehalt von 130 Fm. Die Höhe entspricht der III.—IV., die Masse der V. Bonität (letzteres wohl wegen der lichten Bestockung); die Masse kann wohl 200—250 Fm erreichen[3]).

In Ungarn geben bei 30 jährigem Abtriebsalter Pappeln einen Ertrag von 15—20 Fm, Akazien von 60 bis zu 90 Fm.

204. Verbesserung von Blößen, von Ödland, Heideland und Moorboden.

Zeitschriften: Allg. F.J.Z.: Reutter 1829, 497; 48, 124; Müller 53, 121; Duckstein 79, 117; Haag 79, 377; Emeis 81, 109; Emeis 83, 115; Köhler 84, 157; Moosmayer 85, 1; Stolze 85, 374; Emeis 86, 257; Matthes 1902, 18; Emeis 08, 1;

[1]) Eine gute theoretische Begründung der Flugsandaufforstung bei Kerner (1865).

[2]) Boppe et Jolyet, Les Forêts. 1901, 471—482; die französiche Literatur ist hier angeführt.

[3]) Über die Verjüngung von Flugsandflächen machte Deckert ausführliche Mitteilungen 1893.

Tancré 08, 159; Emeis 09, 402. Aus d. Walde (Burckhardt): Burckhardt 1872, 41; Grebe 75, 94; Enkhausen 77, 160; Enkhausen 79, 89; Brünings 79, 106; Gerdes 79, 159. Forstl. Bl.: Ratzeburg 1861, 56; Beck 64, 1; v. Pannewitz 66, 77; Jäger 66, 91; Koch 68, 1; Grunert 73, 33; Gerdes 80, 33; v. Varendorff 80, 79; Daube 81, 2; Fangel 81, 73; v. d. Kettenburg 81, 313; Quaet-Faslem 82, 41; Ernst 82, 129; v. d. Kettenburg 82, 256; Quaet-Faslem 83, 22; Hilsenberg 84, 65; Ernst 90, 300; Peters 91, 65. Forstw. Centralbl.: 1882, 58; Pjetschka 89, 553, Knauth 90, 16, Böhme 92, 541; Koehl 94, 452; Fürst 98, 57; Wittig 1903, 352; Schreiber 06, 127; Fürst 09, 415; Tiemann 14, 370. Interess. Gegstde.: Hartig 1880, 53. Journal f. F.J.wesen: 1792, III. 82. Krit. Bl.: Hubert 1825, 34; Märker 26, 59; Krause 51, 29; v. Jonquières 53, 47; 58, 110; G. Mayr 64, 211; Willkomm 65, 170; Rettstadt 69, 92. Monatschr. f. F.wesen: v. d. Hoop 1858, 180; Erhardt 66, 48, Pausch 66, 57; Münd. Forstl. H.: Metzger 1898, 95. Naturw. Zeitschr.: Graf zu Leiningen 1907, 1. Thar. J.: Brasig 1857, 103; v. Berg 57, 117; Lommatzsch 81, 222; Schaal 95, 115; Jentsch 1913, 137. Zeitschr. f. F. u. J.wesen: Schütze 1874, 190; Biedermann 76, 80; 81, 211; Keßler 83, 426; Duckstein 83, 664; v. Dücker 85, 600; Ramann 86, 14; Kraft 91, 709; v. d. Borne 92, 393; Hahn 93, 249; Schiweck 94, 327; Ramann 95, 17; Ernst 95, 187; Grebe 95, 683; Quaet-Faslem 96, 32; v. d. Borne 96, 699; Schlickmann 97, 366; Tacke 1900, 38; v. Spiegel 1900, 266; Franz 04, 345; Greve 06, 581; Kautz 06, 668: 09, 254; Emeis 09, 746; 12, 63; 13, 134, 135; Busse 14, 119: Krause 15, 29; Ramann u. Niklas 16, 3. Centralbl. f. ges. Forstw.: Breitenlohner 1875, 239; Breitenlohner 77, 11; Schollmayer 77, 378; 77, 536; 78, 150; Marc 80, 9; 81, 129; 81, 171; 81, 431; Fischbach 83, 65; v. Guttenberg 83, 372; Alers 84, 77; Malbohan 85, 358; Abel 85, 556; Kramer 90, 9; Buberl 95, 351; 1900, 88; Bernfuß 05, 325; Engler 07, 93; v. Lorenz 08, 273; Graf z. Leiningen 11, 268; Rubbia 13, 99; 14, 148. Österr. Viertj.schr.: Fuchs 1852, 93; Wessely 52, 281; 54, 477; Fiedler 58, 107: Megascher 59, 238; Koller 66, 15; v. Löwenfeld 66, 182; 66, 367; v. Mayersbach 66, 618; 66, 662; 67, 60; Minichsdorfer 67, 117; 67, 508; 67, 620; 68, 45; Breymann 68, 46; 69, 535; Förster 82, 397; Buberl 95, 234. Vereinschr. f. F.kunde: 1850, 78: Kosmanos 52, 62; Purkyne 66, 9; 70, 88; 71, 124; 75, 59; Caslan 84, 39. Berner Sammlg.: 1763, 70. Schweiz. Zeitschr.: 1850, 25; Marchand 50, 45; 66, 113; 68, 201; 69, 60; 72, 96; 75, 38; Coaz 75, 55; Coaz 78, 2; Marti 82, 129; Wanger 91, 11; 92, 3; Fankhauser 96, 54; Puenzieux 97, 5; Stierlin-Hauser 97, 253; Enderlin 98, 185; Engler 1902, 129; Tschaggeny 03, 12; Coaz 03, 205; Düggelin 03, 265; 05, 169; Liechti 06, 141; 08, 37; Burri 09, 1; de Luze 11, 205. — Vereine: Baden 1847, 65, 67, 73. Deutschl. 1887, 1903, 06. Deutschl. Land- u. Fw. 1841, 42, 46, 49, 52, 57, 62, 72. Els. 1882. Harz 1883. Hessen Großh. 1882, 1910. Hils-Soll. 1857, 60, 75, 88, 1900. Mark Brand. 1873, 84/85, 1909. Meckl. 1904. Nordwestd. 1885, 90, 91, 95, 96, 99, 1910. Pfalz 1880. Pommern 1879, 96, 1902. Preußen (Ost- u. Westpr.) 1877, 94, 95, 96, 1901, 09. Sachsen 1853, 1905. Schles. 1843, 44, 68, 76, 77, 80, 81, 84, 94, 96, 1907, 09. Süddeutschld. 1845, 56, 61. Thür. 1888, 92, 1901. Westf. 1885. Württ. 1884, 1903. Kärnten 1875, 80. Krain 1878, 80, 83, 85, 87, 89, 90, 93, 94, 96, 1902, 03. Mähren 1851, 53, 61, 69, 78, 1904, 05. Nied.-Österr. 1883, 84, 97. Reichsf. 1865, 80, 90, 95. Steierm. 1885, 91, 94, 96. Tirol 1853, 67, 86, 88, 89. Ungarn 1854, 55, 57, 58, 63. Schweiz 1861, 63, 64, 67, 68, 71, 74, 80.

1. Unter der Bezeichnung Ödland werden im allgemeinen die vegetationslosen und kahlen oder nur mit Gras, Heide und Gestrüpp bewachsenen und daher meist auch ertraglosen Flächen zusammengefaßt. Sie sind von ganz verschiedener physikalischer und chemischer Beschaffenheit.

Es sind zu unterscheiden a) die bloßliegenden, ausgelaugten und verhärteten Ländereien, b) der Flugsand, c) die Heidestrecken, d) das Sumpf-, e) Bruch- und f) Moorland, endlich g) die Schutthalden.

Das Auftreten dieser verschiedenen Arten von Ödland hängt, soweit es sich um ausgedehntere Flächen handelt, mit geographischen und geologischen Verhältnissen zusammen.

Der Nord- und Ostsee entlang (Meeresklima mit milden, feuchten Wintern) breitet sich durch Belgien, Holland, Deutschland, Jütland, Dänemark, Rußland der Heideboden, der Bruch- und Moorgrund, teilweise der Flugsand auf sehr großen Flächen aus. Im Innern Deutschlands folgen die vielfach heute noch öden Hänge im Muschelkalkgebiet Thüringens, das Keuperland südlich und östlich von Nürnberg, die Hänge im Jura, Buntsand und Granit von Bayern, Württemberg und Baden. Dem Hochgebirge Deutschlands, Österreichs, der Schweiz, Frankreichs, Italiens, der Balkanhalbinsel gehören die ausgedehnten, 1000 bis 2000 m hohen Schutthalden an. Besonders zu erwähnen ist der Karst bei Triest. Bei der Verbesserung und dem Anbau dieser ausgedehnten Flächen sind neben der geologischen und orographischen Beschaffenheit die klimatischen Verhältnisse, insbesondere Wind und Regen, in verschiedenen Gegenden mit zu berücksichtigen.

Im kleinen kommen Heideland, Torf und Moorgrund, felsige und kahle Hänge, Schutthalden, karstartige Stellen, auch Flugsand überall vor. Liegen solche innerhalb des bestockten Waldgebietes, so werden sie „Blößen“ im engeren Sinn genannt. Von der kahlen Fläche unterscheiden sie sich durch die längere Dauer des Bloßliegens. Ihre Behandlung unterscheidet sich nicht wesentlich von derjenigen der großen Ödlandsgebiete; immerhin ist zu beachten, daß, wie Hoppe nachgewiesen hat (§ 164, 8) die klimatischen Verhältnisse auf großen Kahlflächen sich anders gestalten als auf kleinen.

Bei der Kultivierung und der vorausgehenden Zubereitung des Bodens spielen bald die physikalischen Verhältnisse, wie bei den Schutthalden, bald die chemischen, wie beim Heide- und Moorboden, bald physikalische und chemische Zustände, wie beim bloß gelegenen Boden eine entscheidende Rolle.

2. An Schutthalden liegt die verwitterte Feinerde zwischen und unter den Steinen aller Größen; an einzelnen Stellen kann sie auch angehäuft oder zusammengeschwemmt sein. Bevor sich eine natürliche Böschung gebildet hat, ist die Schutthalde in fortwährender Bewegung und Veränderung. Erst wenn der Boden etwas ruhig liegt, kann mit dessen Zubereitung begonnen werden.

Durch horizontale und diagonale Flechtzäune kann die Festigkeit des Bodens erhöht und ein Teil des Gerölls zurückgehalten werden. Außerdem können Steine abgelesen und zur Aufführung von Steinwällen verwendet werden. Nasse Stellen müssen wegen der Gefahr des Abrutschens des Bodens entwässert werden. Weitere physikalische Verbesserungen des Bodens sind wegen der lockeren Lage selten nötig. Die Nährstoffe sind bei den zahlreichen, in Verwitterung begriffenen, mehr oder weniger zerriebenen Steinen in hinreichender Menge vorhanden. Auf manchen Schutthalden, also auf sog. Rohböden, stellt sich ganz von selbst durch Anflug eine Baumvegetation ein.

Wo Lawinen drohen, muß unter Benützung der vorhandenen Vertiefungen durch Pfähle und kleine Mauern, durch Belassen allen Grases und Gestrüppes die Befestigung des Bodens und die Zurückhaltung der Schneemassen erreicht werden.

Muhrgänge, d. h. wässerige, mehr oder weniger zerriebene, schlammige, in Bewegung befindliche Erdmassen müssen zu entwässern gesucht werden, damit sie sich beruhigen. Eingetriebene Pfähle oder aufgelegte Rasenstücke können die Festigkeit des Bodens sichern.

Vor der Bepflanzung werden in manchen Gegenden durch korbähnliche Flechtwerke die Standorte für die einzelnen Pflanzen befestigt. Die Bepflanzung muß so bald als möglich vorgenommen werden, da sie die Austrocknung des Bodens herbeiführt.

3. Anders verhalten sich die in der Ebene, wie im Hügel- und Gebirgslande vorkommenden kahlen Flächen, die Jahre und Jahrzehnte hindurch offen liegen und dem Einfluß der Witterung ausgesetzt sind. Sie werden gewöhnlich zur Weide, vorherrschend zur Schafweide benützt. Solche Flächen sind weitgehenden Veränderungen in chemischer und physikalischer Hinsicht unterworfen. Die Nährstoffe der oberen Bodenschichte sind vom Regenwasser teilweise ausgewaschen und in die Tiefe geführt worden. Durch die Prallwirkung des Regens, auch den Tritt des Weideviehs, ist die Krümelstruktur des Bodens zerstört; der Boden ist festgeschlagen und je nach dem Tongehalt mehr oder weniger verhärtet. Durch Pflügen oder Hacken wird er gelockert und dem Zutritt der Luft und des Wassers geöffnet. Die tieferen, durch das Auswaschen der oberen Lagen angereicherten Schichten kommen dadurch wieder teilweise an die Oberfläche. Der verwesende Rasen erzeugt eine, wenn auch geringe Humuslage.

4. Heiden sind (nach Ramann) Formationen feuchterer Gebiete der gemäßigten Zonen mit nährstoffarmen, sauer reagierenden Böden. Sie sind bald kahl, bald mit Heidekraut, Moosen und Gräsern, bald mit Sträuchern, Halbsträuchern, auch zwerghaften Bäumen bewachsen. Vielfach findet sich Ortstein in den Heideböden. Der Boden ist nicht gleichmäßig zusammengesetzt. Sandschichten wechseln mit Ton- und Lehmlagern.

Das Wachstum auf den Heideböden ist sehr verschieden; die meisten Bestände gehören aber doch der IV. und V. Ertragsklasse an.

Die Erforschung der Heideböden ist neuerdings energisch in Angriff genommen worden. Schütze, Ramann, Weber, Tacke, Albert, Gräbner, Möller Borggreve, Erdmann, Quaet-Faslem, Bentheim u. a. haben seit Jahrzehnten die chemischen, physikalischen, biologischen Eigenschaften untersucht. Noch manches Dunkel, vielleicht auch manches Mißverständnis bleibt aufzuhellen, wie insbesondere die Schriften Gräbners und andererseits Möllers und Erdmanns gezeigt haben.

Ein Hauptnachteil der Heideböden besteht in der mangelhaften Durchlüftung. Diese wird durch Umbrechen des Bodens, meistens durch tiefes Pflügen, an manchen Stellen durch Entwässerung verbessert. Die Nährstoffarmut der Heideböden wird namentlich in Holland und den angrenzenden deutschen Heidegebieten durch Düngen (§ 202, 17) gehoben. Vorhandener Ortstein wird durchbrochen und an die Oberfläche befördert, wo er in der Regel schon nach 1 Jahr zerfällt und nun mit der obersten Bodenschichte vermischt werden kann. Der etwa vorhandene Überzug der Calluna- oder Tetralixheide wird abgemäht, auch stehend angezündet, abgebrannt oder mit dem Rasen abgeschält und in Vermischung mit diesem verbrannt.

5. Der Sumpf-, Bruch- und Moorgrund der Hoch-, Flach- und Übergangsmoore ist naß und muß zunächst entwässert werden. Dadurch wird insbesondere eine Vermehrung der Bakterienflora erzielt (Sorauer). In Bezug auf die Nährstoffe verhalten sich Hoch- und Flachmoore (Wiesenmoore) verschieden. Letztere sind nährstoffreich; die Hochmoore dagegen sind nährstoffarm; insbesondere fehlt Kali. Ein Aufbringen von Lehm, Ton, Sand, Kalk trägt zur Erhöhung der Fruchtbarkeit bei. Das Brennen des Moors führt zu einer vorübergehenden üppigen Vegetation von Holzpflanzen. Diese kümmern aber bald und sterben ab. Die Brandkultur von Brünings im Augustendorfer Moor bei Bremen hat zu einem vollständigen Mißerfolg geführt. Für forstliche Benützung ist die Düngung der eigentlichen Moore zu teuer, weil der Erfolg gering ist. Die großen Temperaturschwankungen, insbesondere das häufige Auftreten von Frösten im Heide- und Moorgebiet sind der Kultivierung der Moore sehr hinderlich.

6. Durch den Anbau bestimmter Holzarten wird der Boden vielfach zu verbessern gesucht. Die Beschattung des Bodens durch die Pflanzen und die Entstehung einer Laub- und Nadeldecke führt zur physikalischen und chemischen Verbesserung, so daß nach einiger Zeit, meistens nach 20—40 Jahren, die anspruchsvolleren Holzarten ihr Gedeihen finden. Von dieser Methode wird Gebrauch gemacht auf den öden Kalkhängen, namentlich auf dem Karst. Letzterer ist bei seiner Zerklüftung sehr trocken und verwittert schwer. Die Pflanzen leiden unter der Einwirkung der dortigen heftigen Winde (Bora). Eine dichte Bestockung

(in der Regel mit Schwarzföhren) vermindert diese nachteiligen Einflüsse.

Die anzubauenden Holzarten müssen sorgfältig ausgewählt werden, auch wenn sie nur zur Bodenverbesserung dienen, also nur kurze Zeit ausdauern sollen. Im allgemeinen sollten nur diejenigen angebaut werden, die sich von selbst auf den betreffenden Flächen oder unter ähnlichen Verhältnissen einfinden. Der erste Erfolg darf nicht entscheidend sein. Die Weymouthsföhre ist längere Zeit auf Moorboden bevorzugt worden; nach etwa 20 Jahren sind Mißerfolge (Absterben, Schneebruch) hervorgetreten. Die insbesondere auch von H. Mayr, Schwappach u. a. zum Anbau empfohlenen weiteren ausländischen Holzarten (*P. pungens*, *P. sitchensis* etc.) haben die längere Probe noch nicht bestanden. Schwarzföhre (*austriaca*), Bergföhre (*montana*), auch die gewöhnliche Föhre (*silvestris*), Weißerle (*incana*) haben in den meisten Lagen, Seekiefer (*marit.*) im französischen Westen, Arve (*P. cembra*) und Lärche mit Fichte in Hochlagen die sichersten Erfolge gezeigt.

In den meisten Lagen empfiehlt sich die Heranziehung eines Windmantels.

7. Eine besondere Art von Ödland ruft die „Bodenvergiftung“ durch Rauchgase und Flugasche hervor. Sie ist durch die Untersuchungen von Sorauer[1]), v. Schröder, H. Wislicenus, Reuß, Gerlach, Wieler, Ramann, Graf zu Leiningen, Haselhoff, Lindau, wenn auch nicht allgemein, so doch in einzelnen Fällen nachgewiesen. Geringe Bonitäten, für die Pflanzengattung ungeeigneter Boden, vor allem aber ungenügender, übermäßiger oder abnorm wechselnder Wassergehalt des Bodens schaffen eine Prädisposition für Raucherkrankung, darunter am meisten der Wassermangel (H. Wislicenus). Wieler fand schweflige Säure noch in 30 cm Tiefe, sie war also noch nicht in Schwefelsäure übergegangen. Alle von Wieler untersuchten Bodenproben aus Rauchschadengebieten zeigten große Mengen von Humussäure. Es fehlte diesen Böden also an Kalk, um die Humussäure zu binden. Daher ist in solchen Gebieten die Aufmerksamkeit auf eine periodisch sich wiederholende Kalkdüngung zu lenken (Sorauer 715, 716).

8. Das Gelingen des Anbaus von Ödland ist wesentlich von äußeren Einflüssen abhängig. Im Moorgrunde tritt vielfach der Frost in vernichtendem Umfange auf. Sind die Pflanzen etwas herangewachsen, so unterliegen sie leicht dem Schneedruck und dem Winde. Im Heideland wird die Föhre, selbst im 10—12-, ja 18—20 jährigen Alter noch von der Schütte befallen. Am trockenen, südlichen Kalkhange gehen die Pflanzen in einem Dürrejahr zugrunde. An den Schutthalden

[1]) Sorauer, Pflanzenkrankheiten, 3, 1, 711 ff.

im Hochgebirge werden die Pflanzen durch gleitenden Schnee entwurzelt, von nachstürzendem Gerölle verletzt, umgedrückt und begraben.

Es ist daher ratsam, größere kahle Flächen nicht gleich in der ganzen Ausdehnung in Angriff zu nehmen, sondern zuerst die günstigen (feuchten, tiefgründigen, geschützten) Stellen zu bepflanzen, um so Schatten und Windschutz zu schaffen und erst später die ungünstigen nun schon etwas verbesserten Plätze nachzuholen.

§ 205. Die Pflege des Bodens im praktischen Betriebe.

1. Die Maßregeln, die zur Verbesserung des Bodens ergriffen werden können, erfordern einen vermehrten Aufwand an Arbeit. Der Mehraufwand an Kapital (Ankauf von Wasserleitungsröhren, Pfählen, Dünger, Werkzeugen etc.) pflegt unbedeutend zu sein. Kein Waldbesitzer wird die Arbeit vornehmen lassen, wenn er nicht durch den höheren Aufwand eine Steigerung des Roh- und Reinertrages erwarten kann. Die aufgewendeten Kosten sollten durch den erhöhten Ertrag volle Deckung finden.

Eine genaue Berechnung wird allerdings selten für den einzelnen Fall angestellt. Es sind vielmehr die Einnahmen aus dem ganzen Walde überhaupt, die zur Bodenverbesserung geneigt machen.

Je höher diese sind, um so leichter wird sich der Besitzer zu den höheren Ausgaben entschließen. Tatsächlich ergibt sich aus der Statistik, daß die Ausgaben für die Kultivierung von Ödland höhere Beträge erreichen, seitdem die Holzpreise bedeutend gestiegen sind. Ebenso zeigt die Erfahrung, daß in Gegenden mit fruchtbarem Boden und gutem Absatz Ausgaben für die Verbesserung des Bodens gemacht werden, während in abgelegenen Waldgebieten, wo die Preise niedrig sind und ein Teil des Holzes verfault, niemand an Ausgaben für die Erhöhung der Produktionskraft des Bodens denkt.

In vielen Fällen müssen aber die Ausgaben für die Pflege des Bodens unter einem anderen Gesichtswinkel betrachtet werden. Sie sind den landwirtschaftlichen Kosten für Urbarisierung gleichzusetzen, wenn ohne besonderen Aufwand die Erziehung von Holz überhaupt unmöglich oder wenigstens sehr unsicher ist (Flugsand, Karstgebiet, nasse Stellen, Überschwemmungsgebiete etc.).

Die Verbesserung des Bodens bedeutet geradezu eine Kostenersparnis, wenn dadurch die wiederholte Ausführung von Saaten und Pflanzungen vermieden werden kann.

Die Pflege des Bodens ist um so wichtiger, je trockener dieser an sich und je niederschlagsärmer eine Gegend ist. Den kleinen Flächen, die durch Nässe leiden, stehen viel größere gegenüber, die infolge von Wassermangel nur geringe Erträge liefern. Jene werden entwässert, auch wenn sie nur geringe Ausdehnung haben, während man die Kosten für die vorteilhaftere Bewässerung scheut.

2. Die Einwirkung der allgemeinen wirtschaftlichen Verhältnisse läßt sich namentlich bei der Behandlung des Ödlands erkennen. Der Ödlandsboden bedarf je nach seiner verschiedenen Beschaffenheit besonderer Sorgfalt, um ihn zum forstlichen Anbau tauglich zu machen. Der Erfolg ist vielfach wenig befriedigend und schreckt von größeren Unternehmungen ab. Eine geschichtliche Betrachtung wird uns auch in diesem Punkte größere Sicherheit des Urteils geben.

Die Aufforstungen von Ödland sind schon vor 200 Jahren in Angriff genommen worden. In seinen „Ökonomischen Vorschlägen, das Holz zu vermehren“ empfiehlt 1744 Kretzschmer (Halle) die ledigen Plätze, die sich in allen deutschen Landen finden, mit schnell wachsenden Holzarten anzubauen. Auch der Kameralist Justi rät 1755 (ähnlich Moser 1757), alle Blößen und leeren Flecke mit Holz anzubauen; aber man scheue die Kosten. Kuhn (bei Ansbach) gab 1761 eine „Gründlich erprobte Anweisung zur Holzkultur, wie verösigte und öde Plätze anzubauen etc.“ heraus. Das Polizei-Magazin erwähnt 1767 die vielen wüsten Gegenden und Feldmarken, wüste Dörfer und Hofstellen, die durch Krieg verwüstet wurden und unbebaut blieben. In Speyer und Trier wurden 1770 und 1786 Anordnungen zur Bepflanzung der Blößen erlassen. Moser berichtet 1799, daß er im Harz 17 % der Fläche öde gesehen habe. Die Oranien-Nassauischen Oberförster wurden 1802 angewiesen, die wüsten Plätze zuerst zu kultivieren. Daß der Anbau von Blößen eifrig aufgenommen worden sei, berichtet v. Wildungen im Taschenbuch von 1802. Eine „Anleitung zur wohlfeilen Kultur der Waldblößen“ erschien 1826 von Hartig; er nahm in seine Schrift nur auf, was „sich bewährt“ habe.

Die Aufforstung von Flugsandflächen und Ödungen nahm mit Zunahme der Bevölkerung nach 1830 und nach 1870 größere Ausdehnung an; sie dauerte bis in die neuere Zeit fort. Nach dem Kriege 1914—18 hat sie abermals eindringliche Befürwortung gefunden. Besonders zu erwähnen wären die Bestrebungen in Schleswig-Holstein, in Hannover und Nordwestdeutschland, im hohen Venn bei Aachen, in Thüringen, in allen den deutschen, österreichischen und schweizerischen Alpengegenden, in Ungarn und im Karst von Kroatien und Bosnien, in den Landes bei Bordeaux und in den französischen Alpen.

Es sind also ausgedehnte Waldbestände vorhanden, die auf ehemaligem Ödland erwachsen sind. Erfahrungen auf dem Gebiete der Ödlandsaufforstung könnten also gesammelt werden, wenn die betreffenden Flächen festgelegt wären und über den Erfolg des Anbaus und die Entwicklung solcher Bestände zuverlässige Nachrichten vorliegen würden.

3. In älteren Wirtschaftsplänen begegnen wir der ausführlichen Schilderung des Bodenzustandes eines jeden Bestandes; in neueren

wird von praktischer Seite diesem Umstande nur wenig Aufmerksamkeit gewidmet.

Die genaue Buchführung über den Zustand des Bodens, wie sie auf den Versuchsflächen eingeführt ist (§ 120, 3), gibt zuverlässigen Aufschluß über alle Veränderungen des Bodenzustandes. Solche treten vielfach, namentlich in der Bodenflora, schon in dem kurzen Zeitraum von 5 Jahren ein. Eine vollständige Verwertung dieses reichen Materials muß der Zukunft vorbehalten bleiben. Durch den Forstwirt allein wird dies nicht möglich sein. Nur die gemeinsame Arbeit von Agrikulturchemikern, Land- und Forstwirten ist im Stande, uns über dieses noch vielfach dunkle Gebiet wissenschaftlich sichere und praktisch anwendbare Aufschlüsse zu geben. Anfänge hievon sind in der älteren, namentlich aber neuesten Literatur zu bemerken.

König hat in der „Waldpflege" 1849 die Pflege des Bodens ausführlicher behandelt; in den späteren Auflagen hat Grebe sich ihm angeschlossen. Dann war es insbesondere Gayer, der in seinem „Waldbau" 1881 auf die Wichtigkeit des Bodenzustandes hinwies, auch Ney und Mayr haben die Pflege des Bodens sehr nachdrücklich hervorgehoben. Von naturwissenschaftlichen Gesichtspunkten aus wird die Bodenpflege von Ramann (an verschiedenen Stellen seiner „Bodenkunde"), Ehrenberg (Bodenkolloide 355—519) und insbesondere auch Sorauer besprochen. In seinem „Handbuch der Pflanzenkrankheiten" 3, 1909 widmet Sorauer den durch ungünstige physikalische und chemische Bodenbeschaffenheit entstehenden Krankheiten die Seiten 69—406. Die in verschiedenen Ländern errichteten Anstalten für Pflanzenschutz dehnen ihre Untersuchungen auch auf den Boden aus und haben schon wertvolle Ergebnisse ihrer Tätigkeit bekanntgegeben.

3. Abschnitt. Die Holzarten im praktischen Wirtschaftsbetriebe.

§ 206. Die Aufgaben des praktischen Betriebes.

1. Alljährlich muß bei Reinigungs-, Durchforstungs- und Verjüngungshieben die Frage erwogen werden: sollen alle vorhandenen Holzarten im Bestande erhalten oder soll nur ein Teil derselben begünstigt, ein anderer vermindert oder ganz entfernt werden?

Fast alle Jahre müssen sodann abgetriebene Waldflächen (Kahlschläge) wieder in Bestockung gebracht werden. Soll die bisherige Holzart wiederum angebaut oder soll sie ganz oder teilweise durch eine oder mehrere andere ersetzt werden?

Welche Holzarten endlich sollen auf bisherigem Acker-, Wies-, Reb-, Weideland, welche auf nassen, versumpften, moorigen Gründen, auf Ödland und Heideland, auf Rutschflächen, Schuttmassen, an Fels- und Geröllhalden, in Lawinenzügen angebaut werden?

In weiten Gebieten der Ebene und des Hügellandes können diese Fragen leicht zu entscheiden sein. Je mannigfaltiger dagegen die natürlichen Verhältnisse des Standorts sind, was in den Gebirgsrevieren die Regel ist, um so vielseitiger und schwieriger ist die Aufgabe, vor welche der Waldbesitzer sich gestellt sieht.

Welche Erwägungen sind nun für das Vorgehen in jedem einzelnen Falle maßgebend?

2. In manchen Fällen handelt es sich nur darum, eine Holzart zu wählen, deren Wachstum und Gedeihen gesichert ist: Schutzwaldungen, Anbau von Ödland und Lawinenzügen. Dies hängt vom örtlichen Klima, den Bodenverhältnissen und von den besonderen Eigenschaften der einzelnen Holzarten ab. Es sind also die natürlichen Wachstumsbedingungen, von denen die Entscheidung hergeleitet wird. Die Erwägungen sind naturwissenschaftlich-technischer Natur; man pflegt sie als „waldbauliche" oder „rein waldbauliche" zu bezeichnen.

In anderen Fällen dagegen hängt der Anbau einer Holzart von ökonomisch-finanziellen Rücksichten ab. Es soll diejenige Holzart gewählt werden, welche den höchsten Ertrag abzuwerfen verspricht.

Die beiden Gesichtspunkte können hier je für sich untersucht werden; im praktischen Betriebe kommen stets beide zur Geltung; bald hat der eine, bald der andere das größere Gewicht bei der Entscheidung.

Da das auf Naturgesetzen beruhende Wachstum auch den ökonomischen Ertrag einer Holzart beeinflußt, so werden zunächst

a) die naturwissenschaftlich-technischen oder „waldbaulichen", dann

b) die ökonomisch-finanziellen Bedingungen besprochen werden.

3. Im praktischen Betriebe kann man fast immer an die bereits bestehenden Verhältnisse, d. h. die von Natur vorhandenen oder auch die künstlich angezogenen Holzarten anknüpfen und sich dadurch vor groben Mißgriffen schützen. Wenn Bäume oder selbst Sträucher fehlen, bietet neben der Lage (Meereshöhe, Exposition, Neigung) und dem Zustande des Bodens insbesondere die Bodenflora Anhaltspunkte (§ 85, 6—8).

Die natürliche Verbreitung der Holzarten, über die zunächst ein Überblick gegeben werden soll, ist von geographischen Ursachen bedingt (§ 207). Im Laufe der Geschichte haben sich aber Wandlungen in der Ausdehnung der einzelnen Holzarten, teils aus natürlichen, teils aus wirtschaftlichen Gründen, letzteres also durch die Einwirkung des Menschen, vollzogen. Die vorübergehenden oder dauernden Einflüsse und ihre Wirkungen nachzuweisen, ist eine weitere Aufgabe der Forschung (§ 208). Aus ihren Ergebnissen lassen sich ebenfalls Schlüsse für den praktischen Betrieb ziehen.

§ 207.

Geographisches.

1. In § 22 sind die Holzarten, die in den Wäldern Mitteleuropas und der angrenzenden Landstriche vorkommen, übersichtlich aufgezählt. Ihre Bedeutung für die praktische Wirtschaft ist verschieden (§ 23, 24). Von den Laubhölzern sind die baumförmigen für die praktische Wirtschaft die wichtigsten; die in einzelnen Fällen ebenso wichtigen Sträucher können an dieser Stelle zunächst unberücksichtigt bleiben.

Von den baumförmigen Holzarten kommen 36 Laub- und 12 Nadelhölzer, zusammen 49 Holzarten in Betracht. [1]) Die meisten dieser Holzarten werden von den deutschen Waldbauschriftstellern seit 1800 aufgeführt.

Auch die Schriftsteller aus Österreich-Ungarn, der Schweiz und Italien, Frankreich und Rußland zählen in der Regel diese Holzarten auf. In den südlichen Ländern werden noch einige besondere Arten hinzugefügt, wie Celtis, mehrere Eichen und Pinusarten, Hopfenbuche etc. Die österreichische Schwarzföhre wird von sämtlichen Schriftstellern Österreichs und Ungarns, von den Deutschen erst seit 1854 erwähnt. Akazie, Nußbaum und Platane werden nur von einzelnen Autoren unter den Waldbäumen genannt. Daß der Nußbaum in der Schweiz wild wachse, betont Zschokke schon 1804. In den „Forstl. Verhältnissen der Schweiz" (S. 83) wird 1914 ein reiner, natürlich entstandener Nußbaumbestand im Gemeindewald von Frümsen (Rheintal) erwähnt. Die zahme Kastanie und die Roßkastanie erscheinen in der Schweiz und in Österreich, auch bei einigen deutschen Schriftstellern als Waldbaum.

Im Balkangebiet (nach Adamovic) und auf der iberischen Halbinsel (nach Willkomm), in Belgien, Holland, Dänemark, teilweise in England, sodann (nach Drude) im südlichen Schweden und Norwegen und einem Teil des europäischen Rußlands tritt ein großer, wenn nicht der größte Teil der bezeichneten 49 Holzarten ebenfalls teils in reinen, teils in gemischten Beständen auf.

Die Wälder in Mitteleuropa, sowie in den angrenzenden Ländern und, wenn die besonderen Arten der südlichen und nördlichen Länder außer Betracht gelassen werden, die Wälder in fast ganz Europa sind aus denselben Holzarten zusammengesetzt. Ein Unterschied zwischen den einzelnen Ländern ist aber vorhanden. Er besteht einmal darin, daß der Anteil der einzelnen Holzarten an der ganzen Bestockung sehr verschieden ist. Die Föhre nimmt in Nordostdeutschland bis 90 %, in Süddeutschland 10 % der Waldfläche ein; noch geringer ist ihre Ausdehnung in Österreich-Ungarn und der Schweiz. Im Norden und Osten drückt sie der ganzen Wirtschaft ihren Stempel auf, im Süden ist sie nur Lückenbüßerin, die meist auf die trockenen Hänge beschränkt wird. Laubholz bedeckt im Westen und Südwesten Deutschlands bis zu 90 % der Waldfläche. Nadelholz herrscht in den oberen Gebirgslagen.

Besonders hervorzuheben ist sodann die Art des Auftretens mancher Holzarten innerhalb ihres ganzen Verbreitungsbezirkes. Auf inselförmigen Stellen kann eine Holzart vorhanden sein oder auch fehlen. Durch die Untersuchungen über die Verbreitung der Holzarten ist diese Tatsache für verschiedene Länder

[1]) Es sind folgende Nummern in § 22: Von den Nadelhölzern Nr. 1—12. Von den Laubhölzern: 13—19, 22, 23, 26, 27, 37, 38, 41, 45—52, 54—56, 61, 63, 70—73, 75—79.

nachgewiesen. Am deutlichsten läßt sich dies bei der Weißtanne beobachten. Eine Erklärung für diese Erscheinung (vgl. den Ausspruch Drudes in § 25, 9) kann nur durch Einzeluntersuchungen gefunden werden. Waldbaulich sind solche deshalb sehr notwendig, um Mißgriffe in der künstlichen Verbreitung einer Holzart zu verhüten.

2. Der waldbauliche Unterschied der mitteleuropäischen (und in gewissem Grade der europäischen) Wälder besteht also im großen ganzen nicht in der botanischen Zusammensetzung. Wenn Unterschiede in der Waldwirtschaft verschiedener Gebiete auftreten, so müssen diese einerseits auf die Unterschiede des Klimas und des Bodens, andererseits auf den verschiedenen Bedarf an Waldprodukten, die verschiedene Benützung und die verschiedene Bewirtschaftung zurückgeführt werden. Im schwach bevölkerten Hochgebirge der licht bestockte Fichtenwald mit Weidenutzung im Plenterbetrieb, in der dichtbevölkerten Niederung der geschlossene Fichtenbestand mit den zahlreichen Sortimenten der Durchforstung und des Abtriebs im Hochwaldbetrieb.

Daß die botanische Zusammensetzung unserer Wälder auch im Laufe der Jahrhunderte sich nicht verändert hat, wird die geschichtliche Untersuchung zeigen (§ 208).[1])

§ 208. Geschichtliches.

1. Das Vorkommen der Baumarten in der vorhistorischen Zeit (Tertiärzeit, Eiszeiten) ist von Hoops[2]) und Hausrath[3]) eingehend untersucht worden. Da es mehr pflanzengeographisches, als waldbauliches Interesse bietet, soll hier nicht näher auf dasselbe eingegangen werden.

2. Funde in keltischen Gräbern geben Aufschluß über einige Holzarten der ältesten Zeit; es sind meist Laubholzarten. Ob in Orts- und Flurnamen sich keltische Baumnamen erhalten haben, bedarf noch weiterer Forschung.

Mehr Ausbeute gewähren die aus der keltischen Zeit stammenden Pfahlbauten, die in Süddeutschland und der Schweiz, auch in Oberitalien genauer untersucht worden sind. In Wangen am Bodensee fanden sich: Ahorn, Apfelbaum, Birke, Birnbaum, Buche, Eiche, Erle, Esche, Hasel, Sahlweide, Ulme und Tanne. In Schussenried (Oberschwaben) wurden gefunden außer diesen noch: Bergahorn und Weide; in Münchenbuchsee (Bern) noch: Aspe, Fichte, Föhre; in Robenhausen am Bodensee noch: Eibe. Auch Hainbuche, Linde, Vogelbeere werden aus anderen Gegenden angeführt. In Oberitalien treten Kastanie und Ulme auf, was ganz der dortigen Baumflora entspricht.

Es sind 17 Laubholz- und 4 Nadelholzarten vertreten; unter letzteren fehlen Arve und Lärche, die den hohen Gebirgslagen angehören. Im allgemeinen sind es diejenigen Holzarten, die auch heute in den Wäldern der betreffenden Gegenden vorkommen.

3. Die Ortsnamen entstanden zu einem großen Teil in frühester Zeit, aus der uns schriftliche Urkunden fehlen. Förstemann hat die Ortsnamen bis 1200 gesammelt und zusammengestellt.[4]) Es sind 16 Laubhölzer und 5 Nadelhölzer (Eibe, Fichte, Föhre, Lärche, Tanne) vertreten. Früher hat Graff[5]) eine ähnliche

---

[1]) Die umfangreichen Belege für die geographischen und historischen Ausführungen können des Raumes wegen nicht mitgeteilt werden.

[2]) Waldbäume und Kulturpflanzen im germanischen Altertum. 1905.

[3]) Pflanzengeographische Wandlungen der deutschen Landschaft. 1911, vgl. Gradmann.

[4]) Altdeutsches Namenbuch. II. Band, 3, 1913, 16.

[5]) Althochdeutscher Sprachschatz. 1834—46.

Zusammenstellung gemacht; bei ihm fehlt die Lärche. In den althochdeutschen Glossen zum *corpus juris civilis* (bis 1260) begegnen wir 15 Laubholz- und 5 Nadelholzarten.[1])

4. Reiseberichte von Plinius (23—79 n. Chr.) geben uns Kunde von der Bewaldung Deutschlands in römischer Zeit; er nennt 17 Laub- und 6 Nadelhölzer (darunter Arve, Eibe, Lärche).[2])

5. In den Jahren 500—800 entstanden die ältesten Volksrechte der verschiedenen deutschen Stämme. Die Schweineweide und damit die „masttragenden Bäume" werden in ihnen besonders hervorgehoben; manchmal werden die Eichen, im bajuwarischen Rechtsbuch auch die Buchen, im longobardischen Kastanie und Zerreiche genannt. Bei den Burgundern werden *abies* und *pinus*, bei den Wisigoten auch *picea* erwähnt. Bienen in Waldbäumen werden fast durchweg aufgeführt; diese können Laub- und Nadelbäume gewesen sein.

6. Die ältesten Urkunden reichen bis 510 zurück. In dieser ältesten Urkunde wird ein Eichwald neben einem Weidicht genannt. Eichen, Buchen, Obstbäume werden fast ausschließlich bis gegen das Jahr 800 aufgeführt; selten wird der Erle gedacht. Nach 800 bis etwa 1700 erscheinen fast alle Laubhölzer in den Urkunden Deutschlands. Von den Nadelhölzern fehlt die Lärche. Die Tanne wird in Mittel- und Süddeutschland, die Föhre in Brandenburg, Pommern, Preußen genannt. In der Schweiz werden Fichte, Föhre, Lärche, Tanne erwähnt.

Die Urkunden sind deshalb besonders wertvoll, weil sie die Bestockung ganz bestimmter Örtlichkeiten angeben. In Weißenau in der Nähe des Bodensees erscheinen 1210 Eiche, Buche, Tanne, Erle, Aspe, Hasel. 1258 werden in Chorin (bei Berlin) Föhre, Eiche, Buche, Erle genannt. Im Wienerwald werden, wohl nach einem „Waldbuch", 1511 Buche, Eiche, Hainbuche, Aspe, Maßholder, Tanne aufgeführt. Der Sihlwald bei Zürich bestand im 13. und 14. Jahrhundert vorwiegend aus Nadelholz; seit 1631 gewinnt das Laubholz die Oberhand und wird seit 1780 weitaus vorherrschend.

7. Im 13.—16. Jahrhundert wurden die Nutzungsrechte in den Wäldern, wie sie herkömmlich waren, aufgezeichnet. Diese Rechte sind in den sogenannten Weistümern uns erhalten für Südwest-, West- und Nordwestdeutschland, für Niederösterreich, Steiermark, Kärnten, Salzburg, Tirol, sowie für einen großen Teil der Schweiz.

Buche und Eiche werden in allen Gegenden aufgeführt. Nicht regelmäßig treten auf: Apfel- und Birnbaum, Aspe, Birke, Erle, Hasel, Hainbuche, Kirschbaum, Weide. In Westfalen wird die Stechpalme, an der unteren Mosel die Kastanie erwähnt. „Tannen" werden genannt im württembergischen und badischen Schwarzwald, im Oberelsaß und in der Schweiz. Vielfach erscheinen die Nadelwälder unter der Bezeichnung: „Hoch- und Schwarzwald" im Gegensatz zu dem aus Laubwald bestehenden „Schlagholz" (Niederwald).

In den österreichischen Weistümern werden genannt: Ahorn, Apfel- und Birnbaum, Aspe, Birke, Buche, Eiche, Erle, Esche, Hasel, Ulme, Weide; von den Nadelhölzern: Arve, Fichte, Föhre, Lärche, Tanne. Diese letzteren übertreffen im Gebirge der Häufigkeit des Auftretens nach (meist unter der Bezeichnung Hoch- und Schwarzwald) das Laubholz an Ausdehnung. In der Schweiz werden neben den meisten Laubhölzern „Tannen" aufgeführt. Dort werden bis heute Weiß- und Rottannen im Volksmund unterschieden; es sind also wohl auch Fichten unter den „Tannen" begriffen; selten wird die Föhre, nie die Lärche und Arve genannt.

---

[1]) Björkmann in der Zeitschrift f. deutsche Wortforschung, 2, 202.

[2]) Ausgabe von Wittstein. 1881.

8. Im Sachsenspiegel (1215 und 1235) und im Schwabenspiegel (1274—75) ist nur von „beerenden Bäumen", d. h. fruchttragenden Bäumen die Rede; im Deutschenspiegel (1260) werden die Bäume gar nicht erwähnt.

9. Die Forstordnungen, sachlich vielfach die Fortsetzung der Weistümer, erstrecken sich von 1495—1791. Die ältesten sind die Landesordnung und Forstordnung unter Herzog Eberhard von Württemberg (1495) und von Maximilian I. (Berg- und Waldordnung um 1500). Von besonderer Bedeutung sind die Forstordnungen von Salzburg, da sie zu den ältesten gehören und in 9 Ordnungen die Bestockung von 1524—1755 nachweisen. Die Liste der Holzarten ist bald mehr, bald weniger reichhaltig. Von den Laubhölzern führen 10—13 Arten auf die Ordnungen von: Württemberg 1540, Ober- und Niederbayern 1568, Hohenlohe 1579, Eisenach 1645, Kurmainz 1744, Speier 1755, Österreich ob und unter der Enns 1766, Wied-Runkel 1773, Pommern 1777, Schleswig-Holstein 1781.

Das Nadelholz erscheint vielfach unter der Bezeichnung: Tannholz oder Hoch- und Schwarzwald; manchmal muß aus der Nutzung (Harz) auf die Holzart geschlossen werden. Fichte, Föhre, Tanne werden in einem Teil der Forstordnungen, die Lärche in Österreich, sowie Schlesien (1777) und Schleswig-Holstein (1781) genannt.

Die Forstordnungen blieben bis etwa 1790, einige auch noch bis etwa 1820 in Geltung. Die alten Bestände, die wir heute nutzen, sind also z. T. noch während der Gültigkeit der Forstordnungen entstanden.

10. Die Erwähnung der einzelnen Holzarten in den Volksrechten, Urkunden, Weistümern und Forstordnungen geschieht vom Standpunkt der praktischen Wirtschaft aus. Die Holzarten, welche für diese von Bedeutung waren, sind besonders angeführt; die übrigen sind nicht weiter beachtet worden.

Schon in den ältesten Volksrechten erscheinen die fruchttragenden Bäume, also Eiche, Buche, Apfel- und Birnbäume, seltener Kirschbaum, Elsbeere, als „gebannte" Holzarten, deren Hieb bei strenger, sogar sehr strenger Strafe verboten war. Ebenso war das Schütteln und Sammeln der Früchte verboten oder nur gegen eine Gebühr gestattet.

Diesen Bestimmungen gegenüber bildet eine Verordnung im Fürstenbergischen Forstamt Gengenbach (Baden) eine Ausnahme; hier werden 1275 neben Eichen, Buchen, Apfel- und Birnbaum auch die Tannen unter den „gebannten" Holzarten aufgeführt.

Dem gesetzlichen Schutze, durch welchen die Befriedigung der damaligen Bedürfnisse des Volkes an Schweineweide gesichert, auch die Ernährung des Wildes begünstigt werden sollte, wird teilweise die Erhaltung des Laubwaldes bis in die neueste Zeit herein zugeschrieben werden dürfen.

Neben diesen Nachrichten aus der praktischen Wirtschaft haben wir noch eine wichtige, mehr wissenschaftliche Schilderung der früheren Waldbestockung zu vergleichen. Es sind dies die Schriften der Geographen, Botaniker, Land- und Hauswirte der älteren Zeit.

11. Die Schriften von Isidorus von Sevilla 560—636, Rhabanus Maurus 788—856, der Äbtissin Hildegard 1136, Albertus Magnus 1240, Vincentius Bellovacensis 1264, Petrus de Crescentiis 1305, Konrad von Megenberg 1349 sind die wichtigsten waldbaulich-botanischen Werke der ältesten Zeit bis 1350. Die römischen Schriftsteller über Landwirtschaft waren Isidorus und Rhabanus Maurus bekannt; viele Bemerkungen sind ihnen entnommen. Rhabanus Maurus zählt 13 Laub- + 5 Nadelhölzer = 18, Hildegard 16 + 3 = 19, Albertus 16 + 6 = 22, de Crescentiis 14 + 4 = 18,

Megenberg 14 + 5 = 19 Holzarten auf. Darunter sind die oft genannten wichtigsten Laubholzarten enthalten. Fichte, Föhre, Tanne werden von allen Autoren, Lärche wird von Isidorus, dagegen nicht von Rhabanus Maurus genannt. Albertus spricht von der Tanne und ihren Arten, worunter die Lärche begriffen sein könnte; die späteren Autoren führen sie für sich auf. Die Arve hat nur Albertus gekannt, der zum Studium nach Pavia über die Alpen zog und sie dort an „hoch gelegenen" Orten häufig traf.

12. Teils botanisch-wissenschaftlichen, teils landwirtschaftlich-praktischen Charakter tragen die Schriften des 16. und 17. Jahrhunderts. Die meisten Laub- und Nadelhölzer sind in ihnen besprochen. Bemerkenswert ist, daß Clusius 1583 die Schwarzföhre in Österreich erwähnt, ebenso daß 1570 Heresbach, der bei Jülich am Niederrhein wirtschaftete, die Lärche anführt; ob er sie angebaut hat, ist nicht mit Sicherheit aus seinem Buche zu ersehen. In der Flora von Thalo werden für den Harz 14 Laub- und 4 Nadelhölzer (Eibe, Fichte, Föhre, Tanne) aufgeführt. 23 Laub- und 8 Nadelhölzer — alle ohne die Schwarzföhre — zählt Mathiolus 1565 in seinem Kommentar zu Dioskorides auf.

Ziemlich vollständige Listen sind in den Kräuterbüchern (seit 1542) enthalten. Colerus, der bedeutendste der „Hausväter", berichtet über 12 Laub- und 4 Nadelholzarten (Eibe, Fichte, Föhre, Tanne).

13. Die Reihe der eigentlichen forstlichen Schriftsteller des 18. Jahrhunderts eröffnen die Weimaraner Göchhausen und Täntzer; letzterer beschreibt 17 Laub- und 5 Nadelhölzer (ohne Lärche). Diese erwähnt dagegen 1716 der Österreicher Hohberg Döbel, ein Sachse, kennt 19 Laub- und 6 Nadelhölzer. Außer Brocke 1752, Beckmann 1755 ist insbesondere Moser zu nennen, der 1757 in Wernigerode am Harz 18 Laub- und 6 Nadelhölzer kennen lernte. Däzel nennt 1788 in der Pfalz 21 Laub- und 8 Nadelhölzer, Burgsdorf 1788 in Brandenburg 22 Laub- und 6 Nadelhölzer. In den ersten Schriften von Hartig sind nur die praktisch wichtigsten Holzarten besprochen; dagegen führt 1808 das Lehrbuch für Förster 23 Laub- und 7 Nadelhölzer auf; ähnlich Reum 1837, C. Heyer 1854, Burckhardt 1855, Roßmäßler 1862, Gayer 1880, Borggreve 1883, Ney 1885, Weise 1888, Mayr 1909. Unbedeutende Abweichungen in der Liste der Laubhölzer finden sich bei den Österreichern Zötl 1831, Feistmantel 1835, Grabner 1840, Wessely 1853; sie erwähnen aber alle die Arve, Bergföhre, Lärche und Schwarzföhre, meist auch die Eibe. 25 Laub- und 9 Nadelhölzer besprechen 1889 Hempel und Wilhelm. Bedö nennt 1878 für Ungarn 18 Laub- und 9 Nadelholzarten. Die schweizerischen Schriftsteller Zschokke 1804, 06; Kasthofer 1828, Landolt 1866, Christ 1882, Schröter 1909 zählen 22 Laub- und 8 Nadelholzarten auf. Im „Gemälde der Schweiz" werden 1830—40 für die einzelnen Kantone meist dieselben Holzarten aufgeführt. 18 Laubholz- und 5 Nadelholzarten finden sich in den französischen Schriften von Lorentz und Parade 1837, Broillard 1881, de la Grye 1899, Boppe und Jolyet 1901; dabei sind die südlichen Bäume außer acht gelassen.

Perona nennt für Italien, wenn die südlichen Arten unbeachtet bleiben, 20 Laubholz- und 6 Nadelholzarten (Arve, Bergföhre, Fichte, Föhre, Lärche, Tanne).

14. Die geschichtliche Untersuchung ergibt, daß die Holzarten, welche zur Römerzeit in Deutschland, Österreich und der Schweiz die Wälder bildeten, sich durch das ganze Mittelalter und die Neuzeit hindurch in unsern Wäldern erhalten haben.

Sie zeigt ferner, daß die in den ältesten Volksrechten bevorzugten fruchttragenden Bäume (Buche, Eiche, Obstbäume) auch in den Weistümern, Urkunden und den Forstordnungen bis zum Ende des 18. Jahrhunderts einen besonderen Schutz genossen haben.

In den Staatswaldungen, in weit geringerem Grade in den Gemeinde- und Privatwaldungen ist allerdings seit etwa 50—60 Jahren der altherkömmliche Laubwald (der Mittelwald) zurückgedrängt worden. Auch in den Niederungen hat der Nadelwald an Fläche zugenommen.

In den Mittel- und Hochgebirgen dagegen ist der Nadelwald herrschend geblieben und wird aus klimatischen Gründen herrschend bleiben. Die wirtschaftlichen Verhältnisse (dünne Bevölkerung, Viehzucht) in diesen Gebirgen sind mit geringen Ausnahmen (Erzgebirge) unverändert geblieben. Die Weidewirtschaft und die dem Bedarf an Weide entsprechende Plenterwirtschaft (Weide-Plenterwald) haben sich dort seit den ältesten Zeiten erhalten.

15. Die Wälder, vielleicht darf mit einiger Einschränkung hinzugefügt werden, auch die einzelnen Waldteile waren, wie aus ungemein zahlreichen einzelnen Nachweisen hervorgeht, aus mehreren Holzarten gebildet. Die heute vereinzelt im Walde vorkommenden Holzarten (Ahorn, Esche, Ulme) sind, bis ca. 1800, vielleicht auch 1820, ohne Zweifel in derselben Weise den früheren Wäldern beigemischt gewesen. Die Hauptmasse bildeten die aus Buchen und Eichen, im Norden die aus Föhren und Eichen gemischten Wälder und Bestände; von den Schriftstellern aus dem Anfang des 19. Jahrhunderts wird dies ausdrücklich bezeugt.

Aber auch reine Bestände kommen schon in den ältesten Zeiten in den Urkunden vor: so 510 *quercetum*, Eichwald, *salictum*, Weidicht, 567 *roboretum*. Der lateinischen Endung — *etum* entspricht das deutsche Suffix — aha, ahe, ahi. Förstemann[1]) hat die auf -aha endigenden Namen zusammengestellt; es finden sich folgende Holzarten vertreten: Eihahi (Eiche), Affaltrahe (Apfelbaum), Ascahi (Esche), Birkehe, Buochehun, Buocheseichehe, Forahahi (Föhre), Lintahi, Ratinhaselach, Studach, Dornach.

Es gab also vor 1200 Bestände aus Eiche, Apfelbaum, Esche, Birke, Buche, Föhre, Linde, Hasel, die wir als reine Bestände bezeichnen dürfen.

16. Über die Bewirtschaftung der Wälder in früheren Zeiten wird unten gehandelt werden. Da die Holzarten im wesentlichen dieselben waren wie heutzutage, so muß die Art früherer Waldbehandlung und der Einfluß der verschiedenen Faktoren auf die Waldbehandlung unser höchstes Interesse erregen.

17. Die geographische Untersuchung (§ 207) hat ergeben, daß heutzutage die Wälder Mitteleuropas von denselben oder ungefähr denselben Holzarten zusammengesetzt sind, daß aber der Anteil der einzelnen Holzarten an der gesamten Bestockung verschieden ist, daß bald das Laub-, bald das Nadelholz überwiegt.

Die historische Untersuchung zeigt, daß seit rund 2000 Jahren die Wälder (nicht die einzelnen Waldteile) von denselben Holzarten zusammengesetzt waren wie heutzutage, daß aber die verschiedenen Holzarten für die Bevölkerung und die gesamte Volkswirtschaft in den verschiedenen Zeitaltern von verschiedener Bedeutung waren.

Welche Rücksichten sind es nun, die sowohl die geographischen Unterschiede der heutigen Zeit hervorrufen, als die historischen Wandlungen der Wirtschaft auch in früheren Zeitaltern verursacht haben?

---

[1]) A. a. O. II., 1, 42.

Waldbauliche Rücksichten bei der Anzucht der verschiedenen Holzarten.

§ 209. Allgemeines.

1. Aus § 206, 2 ergeben sich die Gesichtspunkte, welche hier zu erörtern sind. Ihre Tragweite zeigt uns jeder Gang durch größere Waldflächen. Der bunte Wechsel der Waldbilder, die selbst auf den obersten Bonitäten an uns vorüberziehen, ist hauptsächlich durch die waldbaulich-technischen Verhältnisse hervorgerufen. Flachgründige, steinige, durchlassende und trockene oder undurchlassende, nasse und sumpfige Stellen, Lehm-, Ton-, Sandlagen, Nord- und Südhänge, schwach geneigte und steile Hänge, Frostgegenden, windgefährdete Orte ziehen das Auge des sorgfältigen Wirtschafters auf sich. Eintretende Schädigungen (§ 137) durch Frost, Schnee, Wind, Insekten etc. geben ihm immer wieder Veranlassung, die Richtigkeit seiner Waldbehandlung zu prüfen. In der Beachtung auch der kleinsten Fläche zeigt sich die Feinheit der Wirtschaft: jede Stelle im Walde soll bestockt und mit der für die betreffende Stelle passendsten Holzart bestanden sein. Suchen wir nun die maßgebenden Faktoren für die zahllosen einzelnen Fälle herauszustellen.

2. Gegeben ist der Standort: das Klima, der Boden, die Lage; mit wenigen Ausnahmen ist er als unveränderlich zu betrachten.

Praktisch gestaltet sich die Frage in jedem einzelnen Falle so: kann eine Bestockung auf dem gegebenen Standort überhaupt und bejahendenfalls mit welcher Holzart am sichersten, raschesten und billigsten erreicht werden?

Am deutlichsten tritt dieser Gesichtspunkt hervor, wenn mit dem Anbau einer Holzart überhaupt einmal eine Bestockung kahler, seit längerer Zeit ödliegender und den verschiedensten Anbauversuchen trotzender Flächen erreicht, oder wenn ein Sicherheitszweck erzielt, durch eine Holzart das Abschwemmen oder Abrutschen des Bodens, der Steinschlag, das Abbrechen von Lawinen verhindert werden soll.

Auch bei der Verschönerung der Gegend oder eines Waldteils muß die Entwickelung des Baumes nach Stamm, Krone und Belaubung den Ausschlag geben (§ 215).

Erst wenn die waldbaulich-technische Frage entschieden ist, kann unter den geeigneten Holzarten eine Auswahl nach dem Ertragsvermögen, nach der Material- und Geldproduktion, dem Ertrag an Weide oder Streu getroffen werden. Freilich wird praktisch vielfach der umgekehrte Weg eingeschlagen: die „rentabelste“ Holzart wird von vorneherein zur Anzucht bestimm Auf nassen Flächen wird oft nicht die Erle belassen oder angezogen, sondern der Anbau der Fichte und zu diesem Zwecke die Entwässerung vorgeschrieben. Die vielfachen Mißerfolge bei dieser Art des Vorgehens werden gewöhnlich äußeren Umständen zugeschrieben (Frostjahren, Dürreperioden etc.).

Übrigens muß auch bei den waldbaulich-technischen Erwägungen manchmal die ökonomisch-finanzielle Bedeutung einer Holzart in Betracht gezogen werden.

3. Die Holzarten, welche nach dem heutigen Stande von Wissenschaft und Erfahrung in den wichtigsten technischen Fällen als die geeignetsten sich erwiesen haben, sind in § 211 zusammengestellt.

Die Angaben sollen nicht etwa nur für größere Flächen, sondern insbesondere auch für die kleineren Stellen wegleitend sein.

Der lokale Wechsel des Standorts (nach Bodenart, Feuchtigkeit, Tiefgründigkeit, Steinbeimengung, Frostgefahr), der in manchen geologischen Formationen besonders häufig ist, wird vielfach zu wenig beachtet. Die vielen „Fehlstellen", die sich in Kulturen finden, sind oft Jahrzehnte lang ein Beweis zu geringer Sorgfalt bei Auswahl der Holzarten.

Die Beobachtung der Bodenflora oder das Gedeihen einer Holzart auf dem gleichen oder einem ähnlichen Standort schützen in der Regel vor groben Fehlgriffen, weil in der Flora neben den bekannten Standortsfaktoren weitere, manchmal noch ganz unbekannte Einflüsse zur Wirkung gelangen.

Auch der zeitliche Wechsel des Standorts (Auftreten von Graswuchs, Heide, Heidelbeere, Rohhumus; Entwässerung; Verwehen von Laub, Streunutzung; Kahlschlag, Verlichtung älterer Bestände oder Wiedereintritt des Schlusses) kann beim Anbau einzelner Holzarten berücksichtigt werden müssen.

4. Die besonderen Gefahren, welche dem Holzwuchs überhaupt oder auch nur einzelnen Holzarten drohen (§ 137), können beim Anbau der verschiedenen Holzarten entscheidend sein: z. B. Frühjahrsfrost für Buche und Tanne, Winterfrost für ausländische Holzarten; Schnee für Fichte und Föhre; Wind, Sturm und Dürre für Fichte; Insekten und Pilze, Wild und Weidevieh für das Nadelholz. Feuersgefahr, schädliche Rauchgase, bereits vorhandener oder in Aussicht zu nehmender Graswuchs, ebenso ein Überzug von Heide oder Heidelbeere beschränken die Auswahl auf wenige Holzarten. Die Gefahr regelmäßiger Überschwemmung von kürzerer oder längerer Dauer macht den Anbau von Nadelhölzern nicht rätlich.

5. Die wissenschaftlichen Grundlagen für diesen Abschnitt sind im I. Bande enthalten. Es gilt jetzt nur, sie für den vorliegenden Zweck zusammenzufassen. Sie sollen aber durch die praktische Erfahrung vervollständigt werden. Die Erfahrung kann neue Tatsachen zu den Ergebnissen der wissenschaftlichen Forschung hinzufügen und neue Gesichtspunkte für die Beurteilung der Tatsachen eröffnen. Neben den

Büchern sollen die in der periodischen Literatur auftretenden Stimmen der Praxis besondere Beachtung finden. Über die Literatur mögen einige allgemeine Bemerkungen angeschlossen werden.

§ 210. Die periodische Literatur über die einzelnen Holzarten.

1. Die periodische Literatur ist in waldbaulichen Fragen überhaupt und insbesondere bei Behandlung der einzelnen Holzarten von außerordentlich hohem Werte, weil sie von bestimmten lokalen Verhältnissen ausgeht und nicht, wie die Lehrbücher in der Regel es tun, nur ganz allgemeine Angaben macht. Sodann erstreckt sie sich über weite geographische Gebiete und über lange Zeiträume, übertrifft also an Reichhaltigkeit des Materials die Buchliteratur.

Wird das in Büchern und Zeitschriften niedergelegte Material an Tatsachen vollständig gesammelt, wie es für die Bearbeitung des vorliegenden Buches geschehen ist (§ 355), so kann jede einzelne Frage auf Grund des gesamten heute vorliegenden Tatsachenbestandes und nach dem heutigen Stande unserer wissenschaftlichen Erkenntnis untersucht und, soweit es heute möglich ist, zur Lösung gebracht werden.

Die Scheidung der verschiedenen waldbaulichen Gegenstände läßt sich allerdings nicht streng durchführen und Wiederholungen sind nicht zu vermeiden. Eine Abhandlung über die Durchforstung der Fichte kann je nach der vorherrschenden Fassung unter Fichte oder unter Durchforstung eingereiht, wird allerdings am besten unter beiden Stichworten aufgeführt werden.

Man wird an dieser Literaturzusammenstellung vielleicht vermissen, daß der Inhalt der einzelnen Abhandlungen nicht näher angegeben ist. Allein dies ist des Raumes wegen hier untunlich. Der genaue Nachweis muß der hoffentlich bald ins Leben tretenden forstlichen Bibliographie überlassen werden.

Eine geographische Scheidung des Stoffes wäre sehr erwünscht und zweckdienlich. Aber sie ist nicht durchführbar, weil vielfach nähere Ortsangaben fehlen, auch sehr oft der Name des Verfassers nicht genannt ist. Immerhin lassen sich einige Anhaltspunkte namhaft machen.

Die Verhandlungen der Landes- und Provinzialvereine befassen sich in der Regel mit abgegrenzten Gebieten. Auch die großen Vereine (Deutscher Forstverein, Österr. Reichsforstverein) wählen die Themata in der Regel unter Berücksichtigung des Versammlungsorts aus.

Die Zeitschriften haben ebenfalls einen zum Teil geographisch abgegrenzten Kreis von Mitarbeitern: so treten im Tharandter Jahrbuch die Verhältnisse von Sachsen, in der Zeitschrift für Forst- und Jagdwesen diejenigen von Preußen, in der Monatschrift für Forstwesen (später Forstwissenschaftliches Centralblatt) diejenigen von Süddeutschland besonders hervor.

Die Namen der Verfasser der Abhandlungen wurden, soweit solche angegeben sind, in die Zusammenstellung aufgenommen, was auch für das allgemeine Urteil nicht unwillkommen sein wird.

Die unten folgenden Übersichten erstrecken sich bis etwa 1750 zurück. Für eine ganze Reihe von Fragen ist die Kenntnis der Zustände früherer Zeiten unerläßlich.

Es mögen nur einige besonders genannt werden: Lärchenkrankheit, Tannenkrebs, Starkholzzucht, Überhaltbetrieb, reine und gemischte Bestände, natürliche Verjüngung, Durchforstung usw. In der Hauptsache schließt der Literaturnachweis mit dem Jahre 1918 ab; während der Kriegsjahre war die Literatur teilweise nur lückenhaft zu beschaffen.

Die österreichischen und schweizerischen (und französischen) Zeitschriften weisen schon durch den Titel auf die geographischen Gebiete hin, die in ihnen Berücksichtigung finden. In Österreich und der Schweiz sind übrigens durch die Hochgebirgslage und die südlich gelegenen Landesteile die forstlichen Verhältnisse viel mannigfaltiger als in Deutschland und die Unterschiede weit größer als zwischen Nord- und Süddeutschland.

2. Welche Tatsachen oder Gesichtspunkte sind es nun, die den Gegenstand der Abhandlungen in den Zeitschriften und der Verhandlungen der Vereine bilden?

Es sind zweierlei Themata zu unterscheiden: solche, die allen Holzarten gemeinsam sind und immer wiederkehren, und solche, die einzelnen Holzarten eigentümlich sind. Zu den ersteren gehören: Standort, Wachstum im reinen oder gemischten Bestande, Reinigungshiebe, Durchforstungen, Abtriebe, natürliche und künstliche Verjüngung; zu den letzteren: die jeder Holzart eigentümlichen Ansprüche an Klima und Boden, die Wachstumsverhältnisse, die besonderen Gefahren, die Art der Erziehung etc.

Die Unterschiede zwischen den einzelnen Holzarten treten deutlich in der folgenden Zusammenstellung hervor, welche die am häufigsten besprochenen Themata für die wichtigsten Holzarten enthält.

Buche: Ansprüche an den Boden. Anzucht in der norddeutschen Tiefebene auf Sand. Beizumischende Holzarten. Mast. Schweineweide. Kotyledonen-Krankheit. Unterbauen mit Buchen. Nutzholz-, insbesondere Starkholzzucht. Lichtungszuwachs. Seebachscher Betrieb. Überhälter.

Eiche: Stiel- oder Traubeneiche. Klimatische und Bodenansprüche. Im Hochwald, Mittelwald, Niederwald, Schälwald. Einmischung in andere Holzarten. Starkholzzucht. Überhalt. Wasserreiser. Gipfeldürre. Aufasten. Freihauen. Unterbauen. Mast. Schweineweide. Verjüngungsart. Größe der Horste. Saat und Pflanzung. Heisterpflanzen.

Erle: Streu. Im Niederwald. Schnelles Wachstum. Zu Aufforstungen im Bruch. Rabattensaaten. Umtriebszeit. Absterben. Stickstoffsammeln.

Esche: Weide unter ihr, Futterlaub, Streulaub. Im Bruchboden. Schattenertragen.

Fichte: Anbau außerhalb des natürlichen Verbreitungsgebietes. Methoden des Anbaus. Büschelpflanzung. Kahlschlag. Natürl. Verjüngung. Reine Bestände. Dichte oder lichte Stellung. Verwendung zum Unterbauen. Rotfäule. Insekten. Wind. Schnee.

Föhre: Pflanzung. Natürliche Verjüngung. Lichtungszuwachs. Starkholzzucht. Überhälter. Kernholz. Mischungen. Unterbau. Wachstum auf Kalk; auf ehemaligem Ackerland. Rohhumus. Ortstein. Provenienz des Samens. Insekten. Schütte. Schwamm. Wipfeldürre. Absterben aller Altersklassen.

Lärche: Einführung in Deutschland. Klimatische Ansprüche. Sudetenlärche. Magnesiabedarf. Krummwüchsigkeit. Flechten. Krebs. Motte. Absterben.

Tanne: Anbau außerhalb des natürlichen Verbreitungsgebietes. Verschwinden durch Kahlschlag. Starkholzzucht. Femelwirtschaft. Benützung der Vorwüchse. Absterben. Krebs. Frost.

3. Eine Entscheidung der einzelnen Fragen wird freilich höchst selten herbeigeführt. Gleichwohl ist der Wert auch nur der Besprechung durch die Wirtschafter sehr hoch zu veranschlagen. Sie zeigt, ob in irgend einer Frage alle Punkte genügend klar und sichergestellt sind, ob die gerade in der praktischen Wirtschaft entscheidenden Umstände genügend beachtet, ob sie nach ihren geographischen Unterschieden hinreichend genau erkannt sind, ob die Forschung als abgeschlossen gelten kann, oder ob und in welcher Richtung sie fortzuführen ist.

Das Studium der Literatur ist aber noch nach zwei andern Richtungen von Interesse. Durch die geographisch scharf abgegrenzten Vereinsverhandlungen, weniger durch die Abhandlungen in den Zeitschriften ergibt sich, daß eine Holzart in der einen Gegend öfters, in der andern selten oder gar nicht Gegenstand der Besprechung ist. Es sind hauptsächlich die Grenzgebiete der einzelnen Holzarten und der Anbau derselben an den Grenzen, welche zur öfteren Erörterung Anlaß geben.

Auch zeitlich treten Unterschiede hervor. Bald nimmt diese, bald jene Holzart das Interesse besonders in Anspruch. Sodann fesseln Naturereignisse (Wind, Schnee, Insekten etc.) oft mehrere Jahre hindurch die Aufmerksamkeit. In anderen Perioden gibt die Art der Pflanzung (Einzel- oder Büschelpflanzung, Pflanzung nach Biermans, Manteuffel, v. Dückert), in wieder anderen das Auftreten von Rohhumus Anlaß zu jahrelangen Besprechungen. Dann treten diese Gegenstände in den Hintergrund, geraten sogar ganz in Vergessenheit, um nach 20 oder 30 Jahren von neuem aufzutauchen (dänische Durchforstung, Kultivierung von Ödland, gemischte Bestände etc.). Schon Pfeil sprach sich über die „Moden" im Forstwesen sehr abfällig aus.

4. Die einzelnen Holzarten werden in den forstbotanischen Werken von Schröter, von Hempel und Wilhelm und dem immer noch wertvollen Buche von Willkomm, sowie in dem Buche von Heß über das Verhalten der Holzarten mehr vom botanischen, in den Waldbaubüchern von Gayer, Mayr, Ney, Weise, insbesondere aber von Burckhardt und Pfeil mehr vom waldbaulichen Standpunkte aus behandelt. Die periodische Literatur wird dabei nur selten — am meisten noch von Heß im Heyerschen Waldbau — herangezogen. Wer sich eingehender mit einer Holzart beschäftigen will, findet daher nur wenige Literaturnachweise. Diese Lücke soll durch das vorliegende Buch ausgefüllt werden.

Eine umfassende und erschöpfende monographische Bearbeitung der einzelnen Holzarten ist ein dringendes Bedürfnis. Auf den von den eben genannten Verfassern der Waldbauwerke herrührenden Grundlagen sollte weitergebaut werden.

Für die Benützung der unten folgenden Literatur-Übersichten soll ausdrücklich bemerkt werden, daß unwichtige oder nichts Neues bietende Abhandlungen schon des Raumes wegen nicht aufgenommen wurden. Der subjektiven Auffassung ist damit allerdings einiger Spielraum gelassen.

Laubhölzer. Allgemeines.

Zeitschriften: Allg. F.J.Z.: 1830, 245; 38, 415; Brumhard 43, 129; Pfifferling 45, 216; 55, 161; Gerdes 83, 3; Rebmann 96, 360; Hoffmann 1904, 283. Aus d. Walde (Burckhardt): 1874. Beitr. z. Fw.: 1825, II, 78. Forstarchiv: 1789, 6, 161; 89, 6, 366. Forst- u. J.Archiv: 1817, II, 3. Forstl. Bl.: v. Wittgenstein 1868, 92. Forstw. Centralbl.: Gayer u. Mayr 1897, 21; Hausrath 1905, 69; Heck 13, 65. Journal f. d. F.wesen: Cotta 1791, II, 1. Krit. Bl.: v. Berg 1845, 7; Lengerke 46, 32; 51, 262; Segelka 65, 150. Monatschr. f. F.wesen: 1859, 419; Dorrer 73, 436; Probst 74, 262. Ökon. Neuigktn.: 1821, 169; 38, 55. Thar. J.: 1853, 166; Kunze 1907, 24. Wedekinds J.: 1847; Brumhard 51/52, 272. Zeitschr. f. F.- u. J.wesen: Brock 1879, 175; Ramann 1881, 20; Meyer 86, 82; Frey 1916, 493. Centralbl. f. ges. F.: 1879, 262; Pollak 96, 295. Österr. Viertj.schr.: 1867, 193. Vereinsschrift f. F.kunde: 1893, 186. Schweiz. Zeitschr.: Landolt 1876, 49. — Vereine: Baden 1840, 43, 1906. Deutschl. Land- u. Fw. 1844, 47, 61, 62, 72. Harz 1874. Hessen Prov. 1893. Hessen Großh. 1908. Hils-Soll. 1892. Mark Brand. 1874. Meckl. 1889. Pfalz 1897. Preußen (Ost- u. Westpr.) 1894. Sachsen 1891, 92, 1903. Schles. 1841, 61, 77. Thür. 1858. Wiesb. 1887. Württ. 1884, 89, 1905, 06. Mähren 1864, 1903.

Ahorn.

Zeitschriften: Hannov. Mag.: 1770, 8, 305. Krit. Bl.: 1857, 94. Centralbl. f. ges. F.: v. Thümen 1880, 435. — Vereine: Schles. 1850, 79.

Aspe.

Zeitschriften: Allg. F.J.Z.: Walther 1888, 300; Guse 1912, 376. Forst- u. J.Archiv: 1820, V, 3, 1. Forstw. Centralbl.: Hofmann 1902, 360; Hofmann 05, 427. Journal f. d. F.wesen: Käpler 1790, 42; 91, 54. Krit. Bl.: 1857, 129. Ökon. Neuigktn.: 1834, 47. Zeitschr. f. F.- u. J.wesen: Guse 1891, 60. Vereinsschrift f. F.kunde: Kuczna 1883, 113. Schweiz. Zeitschr.: Riniker 1874, 8. — Vereine: Baden 1867. Schles. 1884.

Birke.

Zeitschriften: Allg. F.J.Z.: Strelin 1827, 327; 39, (N. F.) 92; 39, (N. F.) 208. Forstarchiv: 1798, 23. Forstl. Bl.: Gerding 1885, 359. Forst-Mag.: 1763, I, 7. Forstw. Centralbl.: Fischbach 1892, 69; Schier 92, 604. Journal f. d. F.wesen: 1796, IV, 17. Krit. Bl.: 1857, 100; 57, 194; 58, 193. Naturw. Zeitschr.: Lindroth 1904, 393. Phys.-ök. Bibl.: Laurop 1797, 410. Thar. J.: 1850, 121. Zeitschr. f. F. u. J.wesen: Schwappach 1903, 479. Vereinsschrift f. F.kunde: Zenker 1884, 44. Schweiz. Zeitschr.: 1853, 145; 55, 77; 59, 88. — Vereine: Mark Brand. 1882, 95. Meckl. 1893. Preußen (Ost- u. Westpr.) 1902. Sachsen 1869. Schles. 1841, 42, 43, 83, 96. Süddeutschld. 1846. Mähren 1854.

Buche.

Zeitschriften: Allg. F.J.Z.: 1825, 14; 25, 20; v. Uslar 26, 282; Schultze 29, 586; Schultze 36, 533; Schultze 40, 49; Brumhard 41, 153; Brumhard 43, 293; v. Berg 44, 46; Pfifferling 44, 326; Hoffmann 45, 43; Grabner 45, 162; Schwabe 46, 446; 54, 441; Ihrig 60, 341; Seidensticker 63, 247; 65, 136; Lauprecht 72, 253; Kohli 73, 1. Suppl. 1; Heiß 79, 311; Wagener 82, 397; Nördlinger, Th. 86, 109; Heyer, E. 88, 348; Wimmenauer 89, 77; Seubert 90, 93; Homburg 91, 307; Wimmenauer 93, 300; Emeis 93, 329; Hahn 94, 138; Emeis 94, 321; Weber 96, 73; Knauth 97, 377; Lorey 97, 391; Metzger 98, 346; Speidel 99, 293; Hauch 1900, 225; Blum 1900, 261; Tiemann 09, 368; Usener 10, 46; Mathes 10, 149; Wimmenauer 11, 196; Hamm 12, 119. Aus d. Walde (Burckhardt): Burckhardt 1875, 6, 192; Burckhardt 76, 7, 255. Beitr. z. Fw.: 1825, I, 3, 143; 33, III, 1, 1. Forstarchiv: 1768, 11, 265; 90, 9, 281; 92, 15, 200; 1800, 24, 1; Scutter 1800, 24, 56. Forst- u. J.Archiv: 1816, I, 3. Forstl. Bl.: Krohn 1864, 8, 94; Müller 66, 11, 1; Jäger 66, 11, 15; Schaal 72, 1, 330; Beling 74, 3, 148; Genth 75, 4, 294; Schmidt 81, 18, 201; v. Vültejus 84, 21, 178; König 86, 23, 33; Gerding 86, 23, 217; Schuhmacher 87, 24, 33; Kienitz 87, 24, 129; Storp 87, 24, 170; Schuhmacher 88, 25, 98; Schuhmacher 89, 26, 7; Councler 89, 26, 307; Schuhmacher 90, 27, 77; Martin 90, 27, 241. Forst-Mag.: 1763, II, 2. Forstw. Centralbl.: Hartig 1879, 161; Sigel 79, 290; Ebermayer 82, 160; Fischbach, C. 87, 137; Fürst 97, 241; Neblich 97, 395; Graser 99, 121; 99, 270; Metzger 99, 295; Graser 99, 360; 99, 364; Hopfengärtner 1900, 65; Zircher 1900, 253; v. Fürst 06, 1; Wimmer 13, 424. Hannov. Mag.: Du Roi 1768, 6, 1186. Journal f. d. Forstwesen: 1791, I, 2, 62; 92, III, 1, 76. Krit. Bl.: 1832, 229; Schultze 33, 53; Pfeil 35, 31; Scheele 38, 99; 38, 172; Berg 39, 232; 41, 181; 42, 204; Berg 42, 91; v. Seebach 45, 141; v. Seebach 46, 74; v. Seebach 46, 180; Smalian 46, 87; 47, 105; 47, 111; 49, 87; v. Holleben 50, 48; 51, 281; 55, 75; 55, 143; 55, 134; Grebe 56, 13; 57, 75; Burckhardt 57, 52; 58, 61; v. Seebach 60, 197; Geitel 62, 124; Lauprecht 66, 139; Lauprecht 68, 48; v. Bernuth 68, 241; Lauprecht 68, 205. Monatschr. f. F.wesen: Homburg 1857, 137; v. Seebach 58, 428; 59, 277; Willig 60, 364; Burckhardt 62, 41; Volmar 63, 168; v. Seebach 67, 213; Rundspaden 67, 370; Volmar 69, 296; 71, 1; Beling 78, 353; Sigel 78, 444. Münd. Forstl. H.: Hornberger 1892, 133; Frömbling 92, 153; Weise 93, 1; Fischbach, C. 97, 42; Sellheim 98, 9; Trebeljahr 98, 73; Hornberger 98, 94. Naturw.

Zeitschr.: Graf zu Leiningen 1905, 207; Müller u. Weis 07, 52; v. Tubeuf 16, 350. Neue Forstl. Bl.: Winkler 1902, 9; Philipp 02, 1; Rothe 02, 169. Ökon. Neuigkten.: Schultze 1844, 68. Thar. J.: Cotta 1842, 106; Thiersch 48, 78; 51, 183; Stöckhardt 63, 336; Fuldner 81, 79; Hartwig 82, 67; Päßler 93, 63; Grundner 1901, 142; Kunze 10, 97; Graser 16, 1. Wedekinds J.: 1841, 22, 121; 41, 23, 123; Pagenstecher 52/53, III, 53. Zeitschr. f. F.- u. J.wesen: Eichhoff 1869, 215; Schwarz 79, 55; Gené 73, 1; Lauprecht 75, 246; Burckhardt 79, 265; Urich 80, 652; Danckelmann 81, 209; Weise 81, 529; Grebe 87, 80; Frömbling 87, 276; Altum 88, 33; Grebe 89, 3; Priester 91, 374; Hahn 92, 435; Kraft 92, 628; Emeis 93, 108; Wulff 93, 427; Hahn 93, 612; Wulff 94, 114; Wulff 99, 189; Herrmann 1902, 596; Schwappach 04, 562; Boden 06, 103; Metzger 08, 7; Michaelis 11, 267; Sellheim 11, 321; Schwadt 15, 343; Büsgen 16, 289. Zeitschr. f. Bayern: Schwabe 1845, VI, 1, N. F. 16. Centralbl. f. ges. F.: 1876, 368; Fekete 77, 49; Breitenlohner 78, 69; 78, 201; Breitenlohner 79, 2; Wagener 80, 53; Guse 80, 245; Baudisch 81, 66; 90, 102; Friedrich 93, 2; Hadek 96, 165; Micklitz 1910, 243; Blattny 11, 209. Österr. Viertj.schr.: 1854, 33; 60, 303; 62, 353; Pitasch 64, 218; 84, 111; 85, 110. Vereinsschrift f. F.kunde: Starkenbach 1879, 44; Rakonitz 81, 124; 98, 120. Berner Sammlg.: 1760, 1, 682. Schweiz. Zeitschr.: Landolt 1861, 205; Fankhauser 94, 288; Schwegler 1911, 237. — Vereine: Baden 1844, 45, 47, 55, 68, 94, 98. Deutschl. 1872, 79, 80, 88, 97, 1900. Deutschl. Land u. Fw. 1839, 40, 41, 43, 44, 45, 46, 47, 51, 52, 53, 59, 60, 68. Els. 1889. Harz 1843, 44, 45, 51, 52, 53, 61, 65, 83, 89, 91, 1910, 13. Hessen Prov. 1875, 78, 81, 91, 1911. Hessen Großh. 1876, 77, 87, 1903. Hils-Soll. 1854, 55, 57, 61, 62, 75, 82, 92, 98. Mark Brand. 1874, 88. Meckl. 1877, 84, 85, 91, 1913. Nordwestd. 1884. Pfalz 1876, 80, 1908. Pommern 1884, 91, 99, 1912. Preußen (Ost- u. Westpr.) 1882, 88. Sachsen 1884, 91, 1904. Schles. 1844, 51, 55, 94. Süddeutschl. 1841, 43, 45, 52, 56, 69. Thür. 1874, 79, 83, 1905. Württ. 1878, 84, 85, 98, 1903. Galiz. 1889. Krain 1877. Mähren 1842, 50, 51, 52, 61, 67, 68, 73, 98. Nieder-Österr. 1885, 95. Ober-Österr. 1857, 63, 69, 73, 85. Reichsf. 1861, 64, 76, 1901. Schweiz 1881, 83.

Hainbuche.

Zeitschriften: Journal f. F.J.wesen: 1806. Krit. Bl.: 1857, 102; 58, 169.

Eiche.

Zeitschriften: Allg. F.J.Z.: Kunkel 1830, 441; Schultze 35, 91; v. Berg 48, 88; Raßmann 49, 128; 60, 349; Jäger 71, Suppl. 62; 74, 402; v. Bodungen 83, 145; Wilbrandt 85, 145; Walther 94, 237; Heyer, E. 94, 351; Carl 95, 1; Fischbach, H. 96, 145; Reiß 96, 309; Trautwein 97, 77; Schöttle, K. 97, 329; Wimmenauer 98, 181; Staubesand 99, 41; Wimmenauer 99, 299; Staubesand 1901, 230; Grundner 01, 369; Trautwein 03, 5; Usener 10, 4; Tiemann 12, 231; Wimmenauer 13, 261. Aus d. Walde (Burckhardt): Geyer 1865, 1, 81; Ahrens 72, 3, 178; Davids 72, 3, 179; 73, 4; Burckhardt 79, 9, 31. Beitr. z. Fw.: 1833, III, 1, 134. Forstarchiv. 1787, 1, 271; 88, 2, 338; 1801, 27, 135; 03, 29, 235; 04, 28, 60. Forstl. Bl.: Reuter 1861, 2, 1.; Wiese 61, 1, 125; Kohli 62, 4, 1; Koch 64, 8, 91; Brehmer 67, 13, 46; Koch 72, 1, 24; Feye 75, 4, 33; Heyer 79, 16, 147; Ranhut. Witte 84, 21, 234; Frömbling 86, 23, 281; König 87, 24, 22; Martin 90, 27, 1; Borggreve 91, 28, 165. Forst-Mag.: 1763, III, 4, 105; 68, XI, 1, 16. Forstw. Centralbl.: Hartig 1879, 19; Baur 80, 605; Lampe 80, 609; Schuberg 91, 205; Endres, G. 1901, 297; Herrmann 15, 51; 16, 51. Journal f. d. Forstwesen: 1792, II, 2, 63; 93, III, 3, 141. Krit. Bl.: Tilemann 1838, 12, 83; 47, 24, 89; 53, 33, 115; 53, 33, 248; 55, 36, 186; 56, 37, 235; 57, 38, 58; 57, 39, 251; Leo 66, 48, 256. Leipz. gel. Z.: 1765, 679. Monatschr. f. F.wesen: Riegel 1851, 146; Hebenstreit 58, 466; Geyer 74, 1; Heiß 76, 8; Beling 77, 49. Münd. Forstl. H.: Sellheim 1895, 17; Weise 95, 73. Naturw.

Zeitschr.: Neger 1908, 539; v. Tubeuf 08, 541; v. Tubeuf 08, 599; Kirchner 09, 213; Roth 09, 426; 10, 551; Killer 13, 110; Neger 15, 1; Roth 15, 260; Neger 15, 270. Neue Forstl. Bl.: Philipp 1901, 185; Hähnle 02, 161. Ökon. Nachr. Leipzig: 1753, 5, 58; 61, 13, 43; 61, 14, 809. Thar. J.: Berg 1848, 113; Roch 63, 188; v. Unger 68, 105; Kunze 1905, 67; Vater 05, 76. Wedekinds J.: Vogelmann 1836, XII, 80. Zeitschr. f. F.- u. J.wesen: Balthasar 1869, 84; Koch 69, 226; v. d. Reck 75, 1; Wiederholt 78, 60; Staubesand 79, 112; Kienitz 82, 120; Schwappach 87, 2; Geppert 87, 153; Heyder 89, 449; Biedermann 90, 672; Boden 92, 110; Märtens 92, 271; Keiper 93, 593; Kraft 94, 389; Mortzfeldt 96, 2; Arndt 99, 641; Boden 1900, 757; Frömbling 01, 412; Frey 05, 153; Staubesand 07, 567; Baumgarten 14, 174; Krause 14, 259; Baltz 14, 323; Lamberg 14, 444; Hey 14, 595; v. Seelen 15, 601. Centralbl. f. ges. F.: Danhelovsky 1875, 235; 75, 260; Ludwig 82, 104; Schäfer 84, 5; Heß 85, 53; Hauch 1913, 149. Österr. Viertj.schr.: 1853, 103; 64, 173; 69, 29; Cermann 72, 455; 81, 273; Danhelovsky 81, 395. Vereinschrift f. F.kunde: Fiscali 1872, 103; 76, 91; 94, 192; Schmid 95, 39; Hoffmann 1900, 3; Ruzicka 1905/06, 256. Schweiz. Zeitschr.: 1853, 71; Rüedi 1902, 38; Landolt, H. 10, 257. — Vereine: Baden 1847, 56, 67, 79, 1905. Deutschl. 1895, 1908. Deutschl. Land- u. Fw. 1840, 42, 45, 46, 53, 59. Els. 1886, 92, 1908. Harz 1852, 53, 69, 72, 89, 99. Hessen Prov. 1876, 89. Hessen Großh. 1878, 80, 1906. Hils-Soll. 1853, 55, 56, 57, 60, 64, 82, 84, 88, 90, 1900, 06. Mark Brand. 1883, 94, 99. Meckl. 1877, 98. Pfalz 1872, 74, 78, 81, 93, 1911. Pommern 1874, 78, 88, 89, 96, 99, 1911, 13. Preußen (Ost- u. Westpr.) 1876, 85, 86, 87, 1908. Sachsen 1850, 51, 61, 69, 85. Schles. 1841, 43, 49, 50, 51, 63, 64, 71, 75, 76, 80, 87, 93, 1901, 10. Süddeutschl. 1841, 45, 47, 58. Thür. 1907. Waldeck 1889. Westf. 1886, 1913. Wiesb. 1892. Württ. 1892, 1911. Buk. 1885. Galiz. 1853, 89. Kroat. 1880. Mähren 1851, 52, 53, 60, 74, 98, 99. Nieder-Österr. 1910. Ober-Österr. 1859. Reichsf. 1853, 95, 1911. Ungarn 1852, 53, 54, 55, 66. Schweiz 1846, 47, 61, 68.

Esche.

Zeitschriften: Allg. F.J.Z.. 1828, 380; Mayer 56, 245; Heyer 88, 413. Aus d. Walde (Burckhardt): Ohnesorge 1872, 86. Hannov. Mag.: 1768, 6, 310. Krit. Bl.: 1857, 87. Neue Forstl. Bl.: Bühler 1902, 73. Zeitschr. f. F.- u. J.wesen: Will 1883, 244. Österr. Viertj.schr. 1873, 512. — Vereine: Hessen Großh. 1901. Hils-Soll. 1877. Pommern 1906. Preußen (Ost- u. Westpr.) 1879. Schles. 1882, 95. Galiz. 1853. Tirol 1861.

Schwarzerle.

Zeitschriften: Allg. F.J.Z.: 1831, 560; 37, 166. Forst-Mag.: 1768, XI, 3. Hannov. Mag.: 1766, 4, 1458. Krit. Bl.: v. Berg 1835, 78; 57, 114. Monatschr. f. F.wesen: 1853, 102; 69, 251; Muhl 70, 141. Naturw. Zeitschr.: Appel 1904, 313; Robbe u. Hiltner 04, 366; Paul 06, 377; Böhmerle 1910, 361. Thar. J.: Wallmann 1852, 190; Nobbe, Hänlein u. Councler 80, 1. Zeitschr. f. F.- u. J.wesen: Zacher 1895, 497; Laspeyres 99, 696. — Vereine: Deutschl. Land- u. Fw. 1852. Mark Brand. 1887, 93, 1906, 07. Meckl. 1875, 1908. Pommern 1895. Preußen (Ost-. u. Westpr.) 1889, 93. Schles. 1841, 43, 54, 59, 73. Mähren 1858, 76. Tirol 1859.

Weißerle.

Zeitschriften: Allg. F.J.Z.: Borgmann 1895, 217. Krit. Bl.: 1857, 125. Naturw. Zeitschr.: v. Tubeuf 1908, 68; Neger 12, 345. Ökon. Neuigktn.: Schmalz 1836, 52; 38, 56; Betzhold 40, 59. Centralbl. f. ges. F.: Hempel 1884, 188. Schweiz. Zeitschr.: Fankhauser 1902, 74. — Vereine: Deutschl. Land- u. Fw. 1860. 61. Schles. 1842, 50, 53, 55, 57.

Alpenerle.

Vereine: Tirol 1861.

Linde.

Zeitschriften: Forstw. Centralbl.: Keiper 1916, 223. Naturw. Zeitschr.: Neger 1910, 305. Ökon. Neuigktn.: 1823, 26. Österr. Viertj.schr.: Karger 1853, 269. Schweiz. Zeitschr. 1853, 94. — Vereine: Schles. 1853, 97.

Pappel.

Zeitschriften: Allg. F.J.Z.: Thaler 1906, 117. Forst- u. J.Archiv: 1817, 2. Ökon. Neuigktn.: 1832, 287; 32, 521. Schweiz. Zeitschr.: Fankhauser 1904, 103. — Vereine: Mark Brand. 1910. Preußen (Ost- u. Westpr.) 1902.

Prunus.

Zeitschriften: Österr. Viert.jschr.: 1875, 65; 81, 461.

Sorbus.

Zeitschriften: Forstl. Bl.: Frömbling 89, 303. Forst-Mag.: 1766, 8, 221. Zeitschr. f. F.- u. J.wesen: Schwappach 1891, 299. Schweiz. Zeitschr.: Fankhauser 1910, 1. — Vereine: Schles. 1843, 51. Mähren 1857, 59.

Ulmen.

Zeitschriften: Forstl. Bl.: Kienitz 1883, 105. Forst-Mag.: 1765, 125; 68, 77. Forstw. Centralbl.: Eck 1915, 345. Krit. Bl.: 1832, 115; Ratzeburg 44, 207; 57, 99. Naturw. Zeitschr.: v. Tubeuf 1915, 481. Zeitschr. f. F.- u. J.wesen: Kienitz 1882, 37. Centralbl. f. ges. F.: Holl 1897, 423. — Vereine: Deutschl. Land- u. Fw. 1853, 54.

Weiden.

Zeitschriften: Allg. F.J.Z.: 1828, 355; 56, 286; 58 (Suppl.), 154; R. Hartig 89, 48. Aus d. Walde (Burckhardt): Burckhardt 1874. Forstl. Bl.: Fonck 1884, 174; Pfeil 36, 174. Leipz. gel. Z.: v. Zobe 1786, 2009. Münd. Forstl. H.: Deckert 1896, 15. Naturw. Zeitschr.: v. Tubeuf 1909, 204; Toepffer 13, 225. Neue Forstl. Bl.: Grams 1901, 44; 02, 42; Grams 02, 99; Grams 02, 378. Thar. J.: Zschimmer 87, 132; Zschimmer 88, 23. Wedekinds J.: 1829, V, 1. Zeitschr. f. F. u. J.wesen: Danckelmann 1869, 78; Hartig 72, 254; Danckelmann 75, 86; Danckelmann 79, 174; Danckelmann 81, 97; Krahe 82, 225; Runnebaum 85, 339; v. Alten 85, 585; Krahe 85, 669; Coancler 86, 143; Heinemann 87, 22; Aumann 94, 712. Centralbl. f. ges. Fw.: Krahe 1877, 644; 78, 92; 79, 45; 79, 158; 79, 221; 79, 472; v. Schouppé 80, 511; 81, 227; 82, 92; Jablanczy 82, 364; 84, 111; Cieslar 84, 482; 86, 350; 88, 526; 96, 469. Österr. Viertj.schr.: 1872, 27; v. Schouppé 79, 619. Vereinsschrift f. F.kunde: 1872, 78; 72, 95. Schweiz. Zeitschr.: Mühlberg 1879, 97. — Vereine: Deutschl. Land- u. Fw. 1860, 61. Hessen Großh. 1885. Mark Brand. 1875. Meckl. 1886. Pfalz 1881. Sachsen 1887. Schles. 1843, 53, 57, 59, 61, 68, 81. Westf. 1884. Mähren 1889. Steierm. 1885, 87. Schweiz 1878.

Sahlweide.

Zeitschriften: Allg. F.J.Z.: v. Loßberg 1827, 17. Monatschr. f. F.wesen: v. Wangenheim 1863. Centralbl. f. ges. F.: C. Fischbach 1892, 382. Schweiz. Zeitschr.: C. Fischbach 1896, 281.

Fichte.

Zeitschriften: Allg. F.J.Z.: Friedemann 1825, 100; v. Berg 26, 48; v. Berg 26, 234; 29, 461; v. Röder 1830, 41; v. Berg 33, 157; G. R. 38, 209; v. Berg 40, 330; Hartig Th. 40, 331; Thiersch 41, 235; Thiersch 41, 324; 41, 325; v. Uslar 47, 286; 68, 369; Fischbach u. Borggreve 70, 417; Grimm 77, 336; Wagener 77, 2.

Suppl. 41; 81, 46; Lorey 83, 1. Suppl. 30; Moosmayer 88, 77; Schmidt 95, 184; 99, 46; Usener 1910, 122; Matthes 11, 1; Reiß 12, 181; Flander 12, 367. Aus d. Walde (Burckhardt): 1874, 5. Beitr. z. Fw.: 1827, II, 2, 113. Forstl. Bl.: Wiese 1872, 1, 63; Beling 72, 1, 161; Sorauer 75, 4, 26; Ilse 77, 14, 246; Müller 82, 19, 259; Milani 90, 27, 169; 91, 28, 193. Forst-Mag.: 1763, 3, 5, 185. Forstl. Mitt.: 1836, I, 53; 43, IX, 48. Forstw. Centralb.: Grasmann 1886, 560; Stötzer 87, 404; Heger 87, 458; 88, 197; Wagener 90, 55; Weber 95, 1; Weber 95, 541; Weber 96, 173; Behringer 1903, 345; Reiß 03, 502; Braeutigam 04, 63; v. Uiblagger 04, 463; Schöpf 04, 491; Sieber 09, 631; Koch 10, 433; Heck 12, 600; Tiemann 13, 361; Frömbling 15, 299; Schüpfer 15, 537; Nachtigall 16, 61. Gött. gel. Anz.: v. Lengefeld 1763. Hannov. Mag. 1765, 3, 1170. Krit. Bl.: 1829, 176; 32, 122; 41, 192; 48, 231; 53, 230; Rau 60, 253; Nördlinger 60, 263; 65, 272. Monatschr. f. F.wesen: 1858, 161; v. Berg 60, 129; 61, 164; v. Sturmfeder 63, 219; (Gerwig?) 67, 241. Münd. Forstl. H.: Michaelis 1898, 14, 88; Doerr 1900, 16, 143. Naturw. Zeitschr.: v. Tubeuf 1903, 1; v. Tubeuf 03, 279; v. Tubeuf 03, 417; Fabricius 05, 138; v. Tubeuf 05, 476; Gehret 06, 166; Spachtholz 06, 167; v. Tubeuf 06, 449; Ortegel 08, 154,; Neger 09, 489; v. Tubeuf 10, 351; Eulefeld 10, 527; Neger 11, 214; Strohmeyer 13, 143; v. Tubeuf 13, 396. Neue Forstl. Bl.: Philipp 1901, 113. Ökon. Neuigktn.: 1835, 383; Jechl 39, 949; Reichl 40, 585; Betzhold 42, 47; Schultze 42, 287. Thar. J.: Pernitzsch 1847, 1; v. Unger 63, 110; Kraft 80, 134; Schulze 87, 92; Kunze 89, 81; Nobbe 93, 39; Kunze 95, 45; Kunze 97, 25; Kunze 1902, 1; Kunze 03, 136; Kunze 05, 151; Kunze 07, 1; Deicke 12, 309. Wedekinds J.: 1841, 22, 157. Zeitschr. f. F.- u. J.wesen: Gase 1880, 334; Councler 82, 361; Aumann 93, 125; Arndt 94, 405; Schwappach 1905, 11; Martin 05, 419; Guth 05, 592; Soboleff 09, 477; v. Sivers 14, 126. Centralbl. f. ges. F.: Nobbe 1875, 533; 80, 281; Kozesnik 90, 360; Kozesnik 91, 157; Fürst 91, 245: 92, 181; Cieslar 98, 355; Hoppe 1900, 49; Cieslar, Janka 02, 337; Schiffel 03, 189; Schiffel 05, 505; C 09, 137; Schiffel 10, 291; Müller 14, 11. Österr. Viertj.schr.: Kerner 1865, 209; Hartig 92, 301. Vereinsschrift f. F.kunde: Zenker 1884, 40; Loos 95, 7. Schweiz. Zeitschr.: 1855, 156; Liechti 73, 67; v. Greyerz 73, 199; Fischer 94, 263; Puenzieux 99, 124; Fankhauser 1905, 307: Schellenberg 07, 89. — Vereine: Baden 1853, 1902. Deutschl. 1889, 90, 98. Deutschl. Land- u. Fw. 1841, 44, 51, 59, 65. Harz 1846, 47, 49, 51, 53, 64, 69, 71, 74, 82, 87, 1909, 11. Hils-Soll. 1853, 56, 58, 60, 61, 90, 98. Mark Brand. 1873, 1905, 11. Meckl. 1885, 92. Nordwestd. 1897. Pommern 1869, 76, 97. Preußen (Ost- u. Westpr.) 1876, 77, 88, 89, 92, 95, 99, 1900, 09, 10. Sachsen 1850, 51, 55, 57, 58, 77, 79, 91, 92, 99, 1908, 09, 10, 11, 12, 13. Schles. 1841, 42, 44, 46, 47, 51, 52, 53, 54, 56, 57, 58, 74, 75, 91, 95, 1910. Süddeutschl. 1840, 41, 56, 61, 65, 69. Thür. 1855, 60, 64, 67, 85. Württ. 1876, 86, 96, 1905. Mähren 1841, 58, 64, 73, 1902. Nieder-Österr. 1895, 1901, 11. Ober-Österr. 1878, 92. Reichsf. 1881. Tirol 1857, 66. Ungarn 1864. Schweiz 1863, 88.

Föhre.

Zeitschriften: Allg. F.J.Z.: 1825, Nr. 19; Ziment 25, Nr. 41; Sintzel 27, 139; v. Brixen 30, 447; Sintzel 31, 154; v. Greyerz 33, 581; Kaul 35, 101; v. Greyerz 38, 33; v. Greyerz 39, 229; Mannert 39, 461; Sintzel 40, 13; Grünewald 41, 8; B. 43, 444; Bechtel 46, 328; v. W. 50, 401; 51, 241; 52, 47; Müller 57, 331; 58, I, 3. Suppl. 146; v. Manteuffel 63, 161: Braun 64/65, V, 2. Suppl 45; Ihrig 70, 338; Willkomm 72, VIII, 3. Suppl. 218; 74, 217; Muhl 75, 369; Kienitz 78, 41; 78, 45; v. Binzer 79, 158; Wagener 79, 189; Weise 79, 355; Hosaeus 80, 84; Wilbrand 84, 1; Reiß 85, 217; Muhl 86, 221; Schwappach 86, 329; Hartig 88, 1; Heyer 88, 414; Philipp 94, 69; Schuberg 94, 210; Hamm 96, 84; Walther 96, 171; Endres 96, 233; Erdmann 1900, 11; Reiß 1900, 382; Schering 04, 259; Heimann 06,

370; Schenk v. Schmittburg 07, 339; v. Sivers 09, 195; Usener 10, 85; Wimmenauer 10, 321; Schenk v. Schmittburg, 11, 58. Aus d. Walde (Burckhardt): 1865, 60; Frömbling 69, 99; Wißmann 69, 148; Burckhardt 75, 146. Forstarchiv: 1779, 4, 245; 88, 4, 258; 88, 4, 308; 91, 12, 280. Forst- u. J.Archiv: 1816, I, 4; 17, III, 1. Forstl. Bl.: Krohn 1861, 46; Grunert 61, 76; Trammitz 62, 1; Ratzeburg 64, 131; Grunert 65, 1; Grunert 65, 65; Krohn 66, 20; Ratzeburg 66, 104; Ahlemann 67, 55; Wiese 68, 119; Guse 72, 41; Becker 73, 234; Middeldorpf 73, 329; Grunert 74, 267; Kienitz 80, 271; Müller 82, 330; E. Heyer 83, 257; Märker 85, 73; Urff 85, 146; v. Cornberg 85, 220; Uth 85, 225; Hoffmann 85, 321; 85, 357; v. Barendorff 86, 56; Runnebaum 86, 115; Uth 86, 253; König 85, 353; Storp 87, 65; Michaelis 87, 161; Michaelis 87, 353; Michaelis 87, 354; Walther 88, 101; Hoffmann 88, 255; Schlieckmann 89, 129; Hoffmann 89, 161; Storp 89, 321; Koch 90, 74; v. Varendorff 90, 97; Hoffmann 90, 129; König 90, 289; Gerding 91, 162. Forst-Mag.: 1763, 1, 98. Forstw. Centralbl.: Lang 1879, 388; Böhme 86, 73; Giggl-berger 86, 317; Mantel 86, 375; Kautzsch 93, 653; Weinkauf 96, 504; Reiß 98, 5; Osterheld 98, 399; Schüpfer 1901, 401; v. Tubeuf 01, 471; v. Varendorff 01, 525; Weiß 01, 623; 02, 63; Gassert 03, 252; Mayr 03, 547; Rörig 03, 556; Schott 04, 123; Scheuing 05, 369; Schalk 05, 561; Frey 07, 649; Rothe 08, 35; Schreiner 08, 315; Frey 09, 609; Martin 10, 363; Vogl 11, 621; Frömbling 12, 255; Hausrath 13, 352; Schüllermann 14, 146; Stamminger 14, 443; Voß 15, 27. Hannov. Mag.: 1771, 9, 289. Krit. Bl.: Pfeil 1826, 81; 32, 106; Pfeil 33, 71; Goldmann 35, 82; 36, 115; Goldmann 36, 135; Pfeil 37, 99; 40, 46; Pfeil 41, 111; 41, 177; Pfeil 45, 109; Pfeil 46, 141; 47, 228; 49, 247; 50, 149; 51, 232; 51, 235; 52, 216; (Burckhardt) 54, 170; 54, 187; 55, 140; 56, 55; Prager 60, 177; Pflaum 63, 167; Nördlinger 63, 185; Pausch 64, 124; v. Berg 68, 173; Rettstadt 70, 174; v. Bernuth 70, 179. Monatschr. f. F.wesen: Pflaum 1857, 404; Eisen 59, 194; C. Fischbach 66, 201; 68, 259; Heiß 70, 144; Fischbach H. 71, 201; v. Mühlen 72, 322. Münd. Forstl. H.: Weise 1894, 1; Weise 96, 1; Weise 96, 22. Naturw. Zeitschr.: v. Tubeuf 1903, 413; Schotte 06, 22; Münch u. v. Tubeuf 10, 39; v. Tubeuf 10, 529; v. Tubeuf 13, 369. Neue Forstl. Bl.: Becker 1902, 249. Ökon. Neuigktn.: 1832, 44. Thar. J.: 1850, 111; Blase 53, 78; Kunze 76, 243; Zschimmer 80, 35; Kunze 82, 1; Meschwitz 82, 131; Meschwitz 84, 158; Jäger 87, 1; Kunze 93, 1; Kunze 98, 1; v. Berger 1902, 157; Kunze 04, 11; Kunze 09, 1; Kunze 09, 133; Neger 14, 131. Wedekinds J.: Meier 1853/54, 384. Zeitschr. f. Baden: Gebhardt 1838, I, 1, 71. Zeitschr. f. F.- u. J.wesen: Hartig 1872, 240; Hartig 72, 263; Brecher 75, 48; Eberts 75, 266; Mühlhausen 75, 485; Schütze 76, 371; Fritsche 78, 31; Stahl 78, 551; Brecher 78, 552; Schütze 79, 63; Riedel 79, 114; Weise 79, 225; Danckelmann 79, 329; Dieckhoff 79, 513; Danckelmann 81, 1; Gerdes 81, 270; Kienitz 81, 549; v. Dücker 83, 65; Weidemann 83, 158; Bekuhrs 83, 214; v. Bernuth 83, 215; Müller 83, 263; Altum 84, 21; v. Dücker 84, 45; Brettmann 84, 233; Danckelmann 84, 265; Peterson 84, 446, Hoffmann 85, 44; Runnebaum 85, 156; Weise 85, 272; Grebe 85, 387; Hollweg 85, 405; Schlieckmann 85, 537; Borenius 86, 581; v. Alten 87, 10; Schwappach 87, 265; Walther 88, 284; Schwappach 88, 490; Scott-Preston 88, 513; Meyer 89, 93; Fischbach, C. 89, 449; Calezki 90, 238; Runnebaum 91, 606; Runnebaum 92, 43; Schwappach 92, 71; Schwarz 92, 88; Schwappach 92, 625; Düesberg 93, 601; Schwappach 93, 644; Borggreve 94, 101; Hollweg 94, 577; Schönwald 94, 666; Hoffmann 95, 82; Hoffmann 95, 87; Hoffmann 96, 112; Borggreve 96, 229; Hoffmann 96, 378; Borggreve 96, 670; Frömbling 97, 363; Gernheim 99, 210; Möller 99, 537; Eberts 1900, 50; Kienitz 1900, 364; Frömbling 1900, 462; Weber 1900, 639; Stumpff 1900, 675; Kottmeier 1900, 758; Hollweg 01, 323; Jürgens 01, 366; Möller 02, 197; Schultz 02, 296; Schöpffer 02, 409; Möller 03, 257; Möller 04, 677; Möller 04, 745; Haack 05, 296; Dittmar 05, 343; v. Basewitz 05, 436;

Tacke u. Weber 05, 708; Kienitz 06, 114; Frömbling 06, 169; Haack 06, 441; Stubenrauch 06, 802; Albert 07, 283; Weinkauff 07, 441; Stubenrauch 07, 527; Möller 08, 273; Hilveti 08, 461; Fricke 08, 470; Splettstößer 08, 689; Geist 09, 333; Haack 09, 353: Krause 10, 3; Kienitz 10, 215; Dengler 10, 474; Möller 10, 629; Kienitz 11, 4; Haack 11, 329; Wiebecke 11, 523; Haack 12, 193; Wiebecke 13, 2: Schwappach 13, 211; Busse 13, 300; Schwappach 13, 370; Geist 13, 589; Haack 14, 3; Möller 14, 193; Pelissier 14, 239; v. Sivers 14, 244; Fricke 14, 325; Haack 14, 399; v. Kitzing 14, 442; Schwappach 14, 563; Schultz 15, 8; Stubenrauch 15, 215; Haack 16. 255. Zeitschr. f. Bayern: v. Spangenberg 1831, IV, N. F. 28; v. S. 35, VI, N. F. 13; 39, X, N. F. 15; 42, III, Neuere F. 63. Centralbl. f. ges. F.: Hartig 1875, 74; Alers 78, 132; Nördlinger 78, 389; Baudisch 79, 373; Baudisch 81, 362; 81, 519; Alers 82, 159; 82, 219; 82, 371; Hoppe 1901, 241; Schiffel 07, 102; Kurdian 08, 229; Zederbauer 08, 394; v. Sivers 14, 154; Tolsky 14, 152. Österr. Viertj.schr.: 1862, 332; Koresnik 71, 193. Vereinsschrift f. F.kunde: 1854, 54; Zimmer 56, 1; Moll 67, 69; 75, 41; 82, 79; 94, 114; Hamann 99, 3; Hamann 1900, 130; Hamann 01, 4. Schweiz. Zeitschr.: S.(chwyter) 1899, 81; Hefti 1917, 321. — Vereine: Baden 1852, 65, 68, 76. Deutschl. 1892. Deutschl. Land- u. Fw. 1839, 41, 49, 51, 52, 53, 61, 68, 69, 92, 1900, 11, 12. Els. 1894. Hessen Prov. 1883, 91, 92, 1903, 06. Hessen Großh. 1892, 93. Mark Brand. 1873, 76, 80, 82, 86, 88, 89, 90, 91, 92, 93, 94, 97, 99, 1901, 02, 03, 04. 05, 07, 08, 09, 12, 13, 14. Meckl. 1876, 83, 84, 85, 90, 1900. Nordwestd. 1885, 97, 1903, 08. Oberpfalz 1880. Pfalz 1870, 73, 74, 76, 81, 99. Pommern 1869, 77, 81, 82, 83, 85, 90, 91, 94, 96, 97, 98, 1900, 03, 05, 06, 12. Preußen (Ost- u. Westpr.) 1875, 81, 82, 84, 86, 87, 89, 1900, 02, 04, 07, 10, 13. Sachsen 1851, 60, 61, 95, 96, 1903, 11. Schles. 1842, 47, 49, 50, 52, 53, 54, 55, 56, 57, 58, 59, 62, 63, 73, 75, 78, 79, 80, 82, 83, 84, 86, 89, 93, 94, 95, 96, 99, 1900, 02, 05, 06, 08. Thür. 1856, 81, 1905. Galiz. 1853. Mähren 1850, 56, 61, 69, 97. Nied.-Österr. 1904.

Lärche.

Zeitschriften: Allg. F.J.Z.: 1828, 64; Desberger 28, 200; Borchmeyer 29, 167; 31, 467; 34, 551; 38, 294; Wigand 41, 237; 42, 281; Rietmann 43, 132; 56, 321; Ebermayer 64, 449; 65, 121; Weber 73, 367; Hamm 81, 37; Beling 86, 293; Bieran 92, 116. Aus d. Walde (Burckhardt): Burckhardt 1874, 5, 135 Beitr. z. Fw.: 1827, II, 2, 113. Forstarchiv: 1779, 4, 269; 91, 10, 211; 95, 16, 149; 97, 23, 197; v. Drais 1801, 25, 13; 04, 28, 70. Forstl. Blätter: Wiese 1864, 8, 104; Bose 65, 10, 68; Müller 72, 1, 25; Middeldorpf 74, 3, Suppl. 1; Borggreve 75, 4, 195; Borggreve 89, 26, 231. Forst-Mag.: 1763, 1; 64, 166. Forstl. Centralbl.: Bühler 1886, 1; Böhme 91, 506; Weinkauff 99, 82; Dotzel 1905, 356; Frömbling 06, 251; Walther 06, 469; Walther 06, 497. Hannov. Mag.: 1767, 5, 1522; Zanthier 76, 14, 525. Krit. Bl.: Pfeil 1830, 5, 1, 109; 32, 6, 2, 139; 51, 29, 2, 106; 58, 40, 1, 180. Monatschr. f. F.wesen: Dengler 1857, 419; 67, 298; Jäger 68, 14; Leo 68, 201; Volmar 68, 416. Naturw. Zeitschr.: Fabricius 1908, 23. Ökon. Neuigktn.: 1823, 2, 193; 39. 1, 57, 352; Klöckner 43, 1, 65, 225; Schultze 44, 1, 67, 230; 44. 2, 68, 885. Thar. J.: 1850, 116; v. Berg 54, 120; v. Unger 61, 55. Wedekinds J.: 1829, VI, 115; Thiersch 43, XXVII, 119. Zeitschr. f. Baden: 1842, II, 2, 86. Zeitschr. f. F.- u. J.wesen: Hartig 1870, 356; Bernhardt 74, 219; Weise 87, 5; Frömbling 89, 222; Schwappach 93, 360: Schwappach 1901, 36; Boden 01, 225; Mayr 01, 556; Frömbling 02, 279; Schwappach 15, 342; Schönwald 18, 257; Eberts 18, 416; Müller 18, 418. Zeitschr. f. Bayern: v. Greyerz 1838, IX, 2, N. F. 1; Reiz 42, II, 1, N. F. 87. Centralbl. f. ges. F.: Henschel 1875, 183; Heyrowsky 76, 345; 82, 445; Nördlinger 85, 116; Kozesnik 96, 361; Cieslar 1904, 1; Baudisch 04, 139; Baudisch 04, 451; Schiffel 05, 97; Cieslar 14, 171. Öst. Viertelj.schrift: 1870, 1. Vereinsschrift

f. F.kunde: Fridl 1849, 17; Eger 51, 37; 78, 25; 83/84, 29; 99, 191. Schweiz. Zeitschr.: 1853, 115; Landolf 61, 113; Puenzieux 1900, 37; Fankhauser 1919, 188. — Vereine: Baden 1843, 1901. Deutschl. Land- u. Fw. 1840, 43, 44, 46, 52, 53. Harz 1845, 51, 53, 74. Hils-Soll. 1867. Mark Brand. 1903. Meckl. 1893. Pommern 1874, 82, 1907. Preußen (Ost- u. Westpr.) 1882, 83. Sachsen 1855, 71. Schles. 1854, 55, 58, 68, 72, 78, 87, 1900. Thür. 1874, 1901. Galiz. 1853. Kärnten 1871. Mähren 1851, 52, 53, 54, 61. 62, 73, 95, 1900, 02, 04. Ober-Österr. 1859, 77. Ungarn 1856. Schweiz 1845, 47, 51, 52, 58.

Tanne.

Zeitschriften: Allg. F.J.Z.: Desberger 1830, 534; 38, N. F. 362; D. 40, 109; Feistmantel 41, 122; Vanhausen 70, 93; Stötzer 82, 256; Rausch 83, 77; Stötzer 83, 220; Trebsdorf 83, 261; Pahl 87, 236; Kautzsch 92, 145; Lorey 94, 345; Schuberg 95, 177; Lorey 96, 213; Lorey 97, 123; Mencke 97, 287; Weinkauff 97, 321; Kautzsch 98, 220; Usener 1907, 305. Aus d. Walde (Burckhardt) Burckhardt 1865, 1, 90; Lang 72, 3, 168; 73, 4. Beitr. z. Fw.: 1827, 2, 2. Forstl. Bl.: Storp 1887, 24, 260. Forstw. Centralbl.: Fischbach, C. 1879, 10; Kadner 79, 378; 81, 373; 85, 155; Wappes 96, 194; Schuberg 97, 10; Heck 1903, 455; Abele 09, 187; Helbig 10, 271; Bargmann 11, 308; Bargmann 13, 625; Guse 14, 249; Schilcher 14, 329; Eberhard 14, 501. Krit. Bl.: 1842, 17, 155; 45, 20, 200; 51, 30, 261; Northeim 52, 31, 251. Monatschr. f. F.wesen: Riegel 1851, 21; Grömbach 53, 256; Fischbach, C. 54, 247; Dietlen 54, 320; Wasmer 61, 168; Schöttle 63, 394; Hepp 77, 442. Münd. Forstl. H.: Weise 1892, 1; Weise 97, 1. Naturw. Zeitschr.: Stoll 1909, 279; Bubak 10, 318; Windisch-Grätz 12, 200. Ökon. Neuigktn.: 1823, 2, 184. Thar. J.: 1875, 1; Beck 1900, 178; Kunze 1901, 84; Neger 08, 201. Zeitschr. f. F. u. J.wesen: Winter 1882, 253; Arndt 87, 233; v. Tubeuf 90, 282; Koch 91, 263. Zeitschr. f. Bayern: 1828, II. N. F. 32. Centralbl. f. ges. F.: Baudisch 1885, 168; Nördlinger 87, 197; Hartig 88, 357; Baudisch 89, 157; 91, 327; Baudisch 97, 101. Österr. Viertj.schr.: Kahlich 1865, 58; 66, 326. Vereinsschrift f. F.kunde: 1886, 143, 59. Schweiz. Zeitschr.: 1851, 7; 51, 22; Rietmann 52, 55; Bühler 89, 56. — Vereine: Baden 1844, 56, 59, 62, 64, 73, 82, 1910. Deutschl. 1880. Deutschl. Land- u. Fw. 1840, 41, 42, 44, 52, 53, 56, 57. Els. 1876, 80, 99. Harz 1862. Hils-Soll. 1865, 69. Pfalz 1874, 95, 1911. Sachsen 1852, 55, 60, 68, 1906. Schles. 1844, 46, 47, 53, 55, 60, 77, 1901. Süddeutschl. 1841, 56, 57. Thür. 1854, 94, 1903. Württ. 1877, 85, 94, 1914. Krain 1881. Mähren 1867, 68, 69, 82, 94, 1904. Nieder-Österr. 1905. Ober-Österr. 1861. Ungarn 1865.

Berberis.

Zeitschriften: Ökon. Neuigktn.: 1824, 73.

Hasel.

Zeitschriften: Forstl. Bl.: v. Bernuth 1868, 128. Monatschr. f. F.wesen: 1856, 311; Roth 68, 271. Centralbl. f. ges. F.: 1882, 320. Österr. Viertj.schr.: 1867, 61.

Liguster.

Vereine: Nied.-Österr. 1895.

Rhamnus.

Zeitschriften: Centralbl. f. ges. F.: 1887, 187. Schweiz. Zeitschr.: Pillichody 1906, 173.

Stechpalme.

Zeitschriften: Forst.Mag.: 1763, I, 19. Österr. Viertj.schr.: 1882, 61.

Weißdorn.

Zeitschriften: Allg. F.J.Z.: Winkelbaur 1888. Centralbl. f. ges. F.: Götz 1876, 511.

Die Monographien über die einzelnen Holzarten s. Literaturverzeichnis § 355.

§ 211. Die wichtigsten praktischen Fälle.

1. Der unten folgenden Übersicht mögen einige allgemeine Bemerkungen vorausgeschickt werden.

In günstigem Klima (8—12° Jahrestemperatur; über 1000 mm Niederschlag) gedeihen alle Holzarten. Beim Sinken der Temperatur (infolge nördlicher Breite oder hoher Lage über dem Meer) bleiben die Holzarten zonen- oder regionsweise zurück; im hohen Norden finden sich nur noch die Birke und an der oberen Baumgrenze nur noch Nadelhölzer vor. Übrig bleiben diejenigen Holzarten, welche den geringsten Anspruch an die Wärme machen.

Ebenso finden sich bei günstigem Klima auf gutem, d. h. warmem, humosem, nährstoffreichem, lockerem, tiefgründigem, frischem Boden alle oder fast alle Holzarten ein. Mit Abnahme der fruchtbaren Eigenschaften, z. B. des Nährstoffgehalts oder des Wasservorrats, scheiden die anspruchsvolleren Holzarten nacheinander aus; übrig bleiben diejenigen, die den geringsten Bedarf an Mineralstoffen oder an Wasser haben.

Innerhalb des gleichen oder annähernd gleichen Klimas sind die Bonitäten durch den Boden, auch die Lage bedingt.

Die mittleren Bonitäten (II., III., IV.) sind überwiegend vertreten. Von ihnen heben sich deutlich die sehr günstigen (I.) und die sehr ungünstigen (V.) Bonitäten ab.

Die praktische Aufgabe besteht nun darin, unter Berücksichtigung der geographischen Lage diejenige Holzart auszuwählen, welche auf einem bestimmten Boden oder Standort überhaupt noch gedeiht (die Föhre im dürren Sand, die Erle im sumpfigen Boden etc.) und sodann diejenige unter den geeigneten Holzarten, welche das beste Wachstum und den höchsten Ertrag verspricht.

2. Zahlreich sind die Örtlichkeiten, auf denen gewisse Holzarten überhaupt nicht wachsen oder nach kurzem Gedeihen wieder absterben. Nicht selten wird der Anbau wiederholt, um mit dem gleichen Mißerfolg zu endigen. Die Beachtung der Winke der Natur würde hievor bewahren. Es wird nur wenige Lagen geben, in denen nicht einige Bäume oder Sträucher sich vorfinden und einen wertvollen Fingerzeig für den künstlichen Anbau geben.

Wegen der unvollkommenen Bestockung und des geringen Ertrages will man sich oft mit dem Geschenk der Natur nicht zufrieden geben, sondern sucht auf künstlichem Wege eine oder mehrere andere Holzarten einzuführen. Ihr Anbau gelingt zuweilen; öfter kann das Mißlingen beobachtet werden. Viel Arbeit und Geld wird für Kulturversuche aller Art nutzlos aufgewendet. Aus diesem Grunde sind in der unten folgenden Übersicht zuerst diejenigen Holzarten aufgeführt, die auf den betreffenden Örtlichkeiten von Natur sich einstellen und dadurch die Sicherheit des Gedeihens gewährleisten.

Alle im Walde vorkommenden Verschiedenheiten kennen zu lernen und aufzuführen, ist ein Ding der Unmöglichkeit; die nicht erwähnten Fälle werden sich aber unschwer unter einen oder unter mehrere der besprochenen einreihen lassen.

Die Gruppierung der praktischen Fälle ist so eingerichtet, daß zunächst die vorherrschend vom Klima beeinflußten aufgeführt werden. Dann folgen die Hauptbodenarten unter der Annahme günstiger klimatischer Verhältnisse, endlich die ungünstigen Fälle, die meistens mit den Bodenverhältnissen zusammenhängen. Daß bei dem Zusammenwirken der verschiedenen Wachstumsfaktoren eine strenge Scheidung nicht durchführbar ist, braucht kaum bemerkt zu werden. Den Schluß bilden die unter den verschiedensten Verhältnissen im praktischen Betriebe vorkommenden Fälle.

1. Günstiges Klima und guter Boden: alle Holzarten. Bei gleich gutem Boden, aber ungünstigerem Klima (hohe Lage) hängt die Zahl der Holzarten und ihr Wachstum vom Klima, bei gleichem Klima und schlechter werdendem Boden vom Boden ab.
2. An Hängen im Mittel- und Hochgebirge bilden sich mit sinkender Temperatur Regionen, in denen die Holzarten von Natur regelmäßig aufeinander folgen: Kastanie, Eiche, Tanne, Buche, Fichte, Lärche, Arve. In mittleren und niederen Lagen: die meisten Holzarten, auch solche aus den oberen Regionen (Fichte, Lärche).
3. Hohe Lage über dem Meer: An der Baumgrenze im Hochgebirge Fichte, Lärche, Arve, Bergföhre, Wacholder; Alpenerle, Vogelbeerbaum, Aspe. Auch in den obersten Lagen der Mittelgebirge kommen meistens nur Fichte, Föhre, Legföhre, Birke (*B. pubescens, humilis, nana*) und Vogelbeere vor.
4. Windlagen, Bergkämme, Pässe, Hochebenen, Luvseite der Gebirgszüge: Fichte im Einzelstande, Bergföhre, Arve, Lärche; Bergahorn, Eiche, Linde, Ulme, Esche, Buche; schmale Streifen am Meere hin, Dünen: Föhre, Bergföhre, Wacholder; Eiche, Buche.
5. Frostlagen: Föhre, Bergföhre; Birke, Aspe, Sahlweide, Hainbuche, Weißerle, Pulverholz.

6. Lehmboden: alle Holzarten.
7. Tonboden: Eiche, Aspe, Esche, Weißerle, Birke; Föhre, Fichte, Tanne.
8. Sandboden, feucht: fast alle Holzarten.
   Sandboden, trocken: Föhre, Schwarzföhre; Birke, Schwarzpappel, Aspe, Weißerle, Akazie.
9. Flugsand, Dünensand: Föhre, Bergföhre, Birke, Korbweide; im Süden: Schwarzpappel, Akazie; an feuchten Stellen: Erle.
10. Trockener Kalkboden: Buche, Weißerle, Mehlbeere, Esche, Linde, Ulme, Bergahorn; Föhre, Schwarzföhre, Lärche; Wacholder (Sträucher).
11. Torf- oder Moorboden: Birke, Aspe, Schwarzerle, Weißerle, Weidenarten, Pulverholz; Sumpfföhre, Föhre, Fichte.
12. Mineralisch armer Boden: Föhre, Schwarzföhre, Bergföhre; Birke, Weißerle.
13. Roher, unaufgeschlossener Boden: Weißerle, Akazie, Weiden; Schwarzföhre, Föhre.
14. Physikalisch und biologisch ungünstiger, humusloser Boden: Föhre, Schwarzföhre, Bergföhre; Weißerle, Birke, Akazie.
15. Rutschflächen, Böschungen, Geröllhalden; Weißerle, Weide, Akazie, Bergahorn, Esche, Ulme, Linde, Fichte, Alpenerle.
16. Ödland, ausgebaute Steinbrüche, Kiesgruben: Föhre, Schwarzföhre; Weißerle.
17. Heideland. An der Nord- und Ostsee: Eiche, Buche, Birke, Schwarz- und Weißerle, Hainbuche; Fichte; Föhre nicht rein, sondern in Mischung mit Laubholz oder nach dem Laubholz; noch nicht außer Zweifel stehen Lärche, Tanne, Weymouthsföhre und andere ausländische Holzarten. An der französischen Westküste: *P. maritima.*
18. Auf Böden mit fließendem Wasser: alle Laubhölzer; Fichte.
19. Lagen mit stockender Nässe: Schwarzerle, Weißerle, Birke, Aspe, Pappel, Hasel, Weide; Esche, Stieleiche, Linde, Traubenkirsche, Pulverholz; Sumpfföhre, sogar Fichte.
20. Bruchwald (ständig naß; teilweise moorig oder anmoorig): Schwarz- und Weißerle; Birke, Esche, Ulme, Aspe, Traubenkirsche, Pulverholz, Sahlweide.
21. Aueboden (zeitweilig überschwemmt): teils Hoch-, teils Mittelwald; teils reiner Niederwald; teils Niederwald als Unterholz: Vorherrschend weiche Laubhölzer. Weide, Weißpappel, Schwarzpappel, kanadische Pappel, Schwarz- und Weißerle, Traubenkirsche; Birke; Stieleiche, Esche, Ulme, Hainbuche, Ahorn Linde; Akazie.

Als Bodenschutzholz: Liguster, Hartriegel, Weißdorn, Schwarzdorn, Hasel, Hollunder. Auf trockenen Stellen: Buche, Föhre, Fichte.

22. Befestigung von Flußufern: Weide, Erle, Esche, Traubenkirsche, Pappel, Akazie.
23. Zu Hecken: Fichte; Hainbuche, Buche, Weißdorn, Schwarzdorn, Traubenkirsche, Spindelbaum, Hartriegel, Feldahorn, Maulbeerbaum weißer, Akazie.
24. Vogelschutzgehölze: Weißdorn, Hainbuche, Buche, Rose, Stachelbeere, Geißblatt, Liguster, Vogelbeere, Eiche; Wacholder, Fichte.
25. Rauchschadengebiet: Nur Laubhölzer.
26. Unterbauen lichter oder gelichteter Bestände: Buche, Hainbuche, Linde, Tanne, Fichte.

§ 212. Die Provenienz des Samens.

Zeitschriften: Allg. F.J.Z.: Mayr 1900, 81; v. Sivers 1900, 308; Köhler 03, 41; Eulefeld 07, 408. Forstl. Bl.: Borggreve 1889, 33; Frömbling 89, 265. Forstw. Centralbl.: Mayr 1911, 1; v. Sivers 1911, 148; 13, 322; 13, 601; Eßlinger 14, 315. Monatschr. f. F.wesen: 1856, 308; Gwinner 57, 69; 58, 39; Braun 66, 361; Braun 73, 60. Naturw. Zeitschr.: 1910, 362; 10, 549; Weinkauf 12, 298; Busse 12, 561. Thar. J.: Nobbe 1899, 205; Neger 1909, 222. Zeitschr. f. F.- u. J.wesen: Booth 1881, 331; Fenner 1904, 39; Keller 08, 135; Dengler 08, 137; Sobolew 08, 669; Schwappach 10, 455; Möller 10, 694; Schwappach 11, 514; Orlowsky 12, 20; Schwappach 12, 376; v. Klitzing 14, 442; Voß 16, 210. Zeitschr. f. Bayern: Huber 1824, 2; 42, 1. Centralbl. f. ges. F.: 1887, 86; Cieslar 87, 149; Cieslar 89, 337; Cieslar 90, 448; Reuß 90, 453; 93, 494; Cieslar 95, 7; Cieslar 99, 49; Rittmeyer 1904, 337; Cieslar 07, 149. Österr. Viertj.schr.: 1868, 503. Vereinsschrift f. F.kunde: Cieslar, Heyrowsky 1899, 172. Schweiz. Zeitschr. Steiner 1885, 113; Fankhauser 99, 361. — Vereine: Deutschl. 1906. Deutschl. Land- u. Fw. 1841, 42. Schles. 1867, 1909, 11. Nied.-Österr. 1913.

1. Fast in jedem Samenjahre lassen einzelne Waldbesitzer Samen sammeln, sei es zum eigenen Gebrauch, sei es zum Verkauf an Samenhandlungen oder andere Waldbesitzer. Da und dort werden die Waldungen im ganzen an Samenhandlungen verpachtet. Welche Bestände sollen nun zum Sammeln geöffnet werden? Soll der Same auch aus Beständen der geringen Bonitäten, von flachgründigen, trockenen Südlagen gesammelt, oder nur aus den besten Beständen („Elitebeständen") abgegeben werden? Je geringer der Samenertrag in einem Jahre ausfällt, um so größer ist die Gefahr, daß er ohne Rücksicht auf die Qualität der Mutterbäume (auf deren Geradheit, Beastung, Höhe, Frohwüchsigkeit) gewonnen wird. Soll ferner eine Gemeinde, deren Waldungen von 200 bis 2000 m Meereshöhe reichen, den in verschiedenen Regionen ersammelten Samen getrennt halten, oder dürfen die Samen aller Höhengürtel vermischt werden? Aus welcher Gegend soll der Same bezogen

werden, wenn der Bedarf durch auswärtige Lieferung gedeckt werden muß? Sind die klimatischen Verhältnisse, die Bodenbeschaffenheit (ob Sand-, Kalk-, Tonboden), die Meereshöhe, die geographische Länge und Breite hiebei zu berücksichtigen.? Gibt es rasch und langsam wachsende Rassen derselben Holzart, die z. B. bei Neuaufforstungen besonders zu beachten sind?

Wo die künstliche Verjüngung herrschend ist, wird mit der Wahl des Samens über die ganze Zukunft des Waldes entschieden.

Auch bei der natürlichen Verjüngung spielt die Qualität der Mutterbäume eine Rolle. Die schlechtgeformten oder geringwüchsigen Bäume wird man möglichst früh aus dem Bestande entfernen, um ihre Ansamung zu verhüten. Auf geringen Bonitäten kann die natürliche Verjüngung zurückgedrängt und statt des hier erwachsenen Samens der Same von besseren Beständen ausgesät werden.

Die Fälle, in denen die Herkunft des Samens von ausschlaggebender Bedeutung ist, sind also nicht so selten, als es scheinen könnte. In der Literatur ist dem Gegenstande allerdings zeitweise geringe Aufmerksamkeit geschenkt worden. Auch sind in der Besprechung die **Qualität der Mutterbäume** und die **geographische Lage** des den Samen liefernden Bestandes nicht immer scharf auseinander gehalten worden. Mit der Leichtigkeit und Verbilligung des Verkehrs ist die geographische Lage von größerer Wichtigkeit geworden und hat den Anstoß zu genauerer Erörterung des Problems, sowie zu besonderen Untersuchungen und Versuchen gegeben.

Für die Beurteilung mancher Einzelfragen ist eine geschichtliche Untersuchung notwendig. Durch diese wird insbesondere die Herkunft der heutigen alten Bestände genauer beleuchtet werden. Der geschichtliche Teil wird sich zunächst anschließen. Dann sollen die Ergebnisse angestellter Versuche mitgeteilt, endlich die praktischen Schlußfolgerungen gezogen werden.

2. Unsere „einheimischen" Waldbäume haben in der Regel ein ausgedehntes Verbreitungsgebiet. Für zahlreiche Arten reicht es vom mittelländischen Meer bis zur Nord- und Ostsee und bis nach Schweden und Norwegen, und von Frankreich bis nach Rußland hinein. Die Samenjahre treten selten im ganzen Gebiete ein, sondern sind in der Regel auf einzelne, bald größere, bald kleinere Gegenden beschränkt. Schon im Mittelalter wurde der Same aus dem einen Teile des ganzen Gebietes in andere ausgeführt. Zu den ersten Nadelholzsaaten (Fichten, Tannen, Föhren) im Frankfurter Stadtwald wurde um 1420 der Same aus Nürnberg bezogen, wo bereits ein förmlicher Samenhandel bestand (Schwappach, Forstgeschichte 187). Lärchensamen wurde um 1500 aus Tirol bis nach Norddeutschland versandt und dort ausgesät (Heresbach). Nach der Entdeckung Amerikas wurden von dort Samen nach Europa verbracht, aus denen Pflanzen in europäischen Wäldern erzogen wurden. Es konnten daher keine Bedenken entstehen, wenn Waldsamen aus einem Lande Europas in ein anderes zur Aussaat verschickt wurden. Die ausgedehnten Aufforstungen nach 1750 machten die Beschaffung großer Samenmengen nötig. Wenn die einheimischen Wälder das nötige Quantum

nicht lieferten, bezogen die Waldbesitzer oder die Samenhandlungen ihren Bedarf aus den benachbarten Ländern. Hohberg berichtet, daß 1712 „Tannensame“ aus Norwegen nach Holland geliefert worden sei. Für die Grafschaft Lingen wurde 1748 angeordnet, daß der Föhrensame aus dem Braunschweig-Lüneburgischen, aus Frankfurt oder Brabant bezogen werden solle. Die Braunschweig-Lüneburgische Kammer weist ca. 1755 dem Amt Oldenstädt Tannensamen aus dem Harze zu (Dengler 49, 59). 1788 wird der Handel mit Föhrensamen durch die Einwohner von Griesheim bei Darmstadt gerühmt. Aufkäufer brachten den Samen nach Holland und in andere Länder [1]). Burgsdorf verschickte von 1786 an aus Tegel bei Berlin jährlich seine Samenkistchen mit 100 Sorten einheimischer und fremder Samen in die verschiedensten Länder. Der Same wurde aus allen Gegenden Deutschlands, auch aus anderen europäischen Ländern (Paris, Stockholm, Petersburg, Riga, Warschau) bezogen. Burgsdorf führt 1790 (Forsthandbuch 2, XXVII) 53 Orte mit „Kollekteurs“ an. Für das im Jahre 1794 in Nassau errichtete Samenmagazin wurden die Samen der einheimischen Holzarten durch die Bevölkerung im Frondienst unter Aufsicht der Forstbeamten gesammelt. Der Nadelholzsame mußte teilweise von auswärts bezogen werden; 1794 wurde erstmals Föhrensame von den einheimischen Bäumen gesammelt. [2]) Von Hofgärtner Reichert in Weimar erschien 1799 ein Preisverzeichnis von 22 in- und 6 ausländischen Samen. Er fügt bei, daß er für die Güte der Samen bürgen könne, da er sie mit Sorgfalt teils selbst baue, teils durch zuverlässige Leute bauen lasse und nicht, wie gewöhnliche Samenhändler, aufs Geratewohl zusammenkaufe.[3]) Im Hannoverschen Harze wurden schon vor dem Jahre 1800 Saaten zur Bestockung der ausgedehnten Schlagflächen ausgeführt. Der Nadelholzsame kam nach Laurop [4]) größtenteils aus dem Thüringerwalde.

3. Großen Aufschwung nahm der Samenhandel, als in den 1830er Jahren Saat und Pflanzung immer größere Ausdehnung gewannen. In Schönbronn im Schwarzwald gründete 1830 Geigle eine Klenganstalt, die 1856 erweitert wurde, um der Nachfrage zu genügen. Das Samenmagazin von Altensteig im württ. Schwarzwald lieferte 1833 Samen von Fichten, Föhren, Tannen für die meisten Forstbezirke von Württemberg. [5]) Ausgedehnter Samenhandel wurde in Groß-tabarz in Thüringen unterhalten. 1842 wurde in der Pfalz eine Regie-Klenganstalt errichtet, die den Föhrensamen für die Aufforstung der Vorberge des Spessarts und der vom Käfer vernichteten Bestände von Ebersberg lieferte. 1845 wurde aus der hessischen Provinz Starkenburg der Föhrensame nach Frankreich, Belgien, Holland, Westfalen und ins Rheinland geliefert. Für das Sammeln in den Staats- und Gemeindewaldungen wurden Vorschriften erlasssen; der Same durfte nur in Beständen von mehr als 40 Jahren und nicht vor dem 15. November gesammelt werden (ähnlich in Nürnberg 1426: nicht vor Weihnachten). In Darmstadt bestand ein Samenmagazin für die Staatswaldungen; der Same wurde in gepachteten Wäldern gesammelt oder von Unterhändlern aufgekauft. [6]) Im Fichtelgebirge wurde 1842 Same aus dem Harz ausgesät. [7]) Für Lärchensamen wurde 1858 eine Klenganstalt in Chur (Graubünden) errichtet. [8]) Schwarzföhrensamen wurde 1868

[1]) F.-Archiv 4, 308.

[2]) Neujahrsgeschenk für Forst- und Jagdliebhaber 1795, 76.

[3]) F.-Archiv 23, 261.

[4]) Briefe eines in Deutschland reisenden Forstmannes. 1802. S. 60.

[5]) Gwinner, Schwarzwald, S. 36.

[6]) Wedekinds Jahrb. 30, 117.

[7]) Wedekinds Jahrb. 25, 73.

[8]) Monatschr. f. F.- u. J.wesen 1858, 39.

aus Österreich nach Deutschland, Frankreich, Holland, England und Amerika versandt.[1])

4. Die Beschaffenheit der den Samen liefernden Bäume ist um 1760 genauer beachtet worden. Duhamel gibt den Rat, den Samen nur von den schönsten Bäumen sammeln zu lassen. Die Berner Anleitung von 1768 empfiehlt ebenfalls, nur den besten Samen von den schönsten Zapfen zu verwenden. In einer Preuß. Verordnung von 1779 über das Einsammeln von Samen wird darauf hingewiesen, daß der beste Kiefernsamen oben in den stärksten, höchsten und gesunden Bäumen sitze.[2]) Koderle[3]) bespricht fast 100 Jahre später die Bedeutung des Samens im forstlichen Haushalte und rät, den Samen nur von schönen, kräftigen Stämmen mit gut entwickelten Kronen und Wurzeln zu sammeln.

5. Gegen die Verwendung des in entfernteren Gegenden und unter anderen natürlichen Verhältnissen erwachsenen Samens erhoben sich vor bald 100 Jahren einzelne Stimmen.

Huber in Reichenhall erwähnt[4]) 1824 die Veränderung des Wachstums der Gebirgsfichte, wenn sie in andere Gegenden verpflanzt werde. Eine Oberforstdirektion im mittleren Deutschland — wohl diejenige von Nassau oder Hessen — verfügt 1829, daß künftig kein Lärchensame mehr vom Ausland bezogen, sondern daß er im Lande selbst gewonnen werden solle, weil der inländische Same ein besseres Gedeihen der Pflanzen verspreche. Hundeshagen[5]) knüpft daran die Vermutung, daß das frühe Samentragen der Lärchen und das baldige Nachlassen des Wachstums von der Anwendung des im niederen Deutschland gereiften Samens herrühren könnte. Es sollte nach seiner Ansicht überhaupt Regel werden, Samen nur aus dem schweren, frischen und guten Boden, sowie aus schattigem und kühlerem Standorte anzuwenden. Versuche hierüber sollten in den mit den Lehranstalten verbundenen Forstgärten angestellt werden.

Oswald Heer berichtet (etwa 1840), daß die im Hochgebirge vorhandenen jungen Föhrenbestände ein verkrüppeltes Aussehen haben. Er führt dies auf den vom Tiefland bezogenen Samen zurück.

6. Die ungünstigen Erfahrungen mit fremdem Saatgut müssen 1841 und 1842 immer deutlicher geworden sein. Für die Stuttgarter Versammlung deutscher Land- und Forstwirte wurde 1842 als Thema aufgestellt:[6]) „Erfahrungen über den Einfluß der Verwendung des Samens aus anderen Klimaten und Standorten bei gleicher Samengüte". Die Anregung hiezu gaben die Mitteilungen, welche v. Pannewitz (Breslau) und andere auf der Versammlung in Doberan 1841, zum Teil auf Grund von Beobachtungen in Schlesien, machten. W. Cotta

[1]) Österr. Viertelj. 1868.
[2]) F.-Archiv 4, 245.
[3]) Österr. V.-Schrift 19, 328.
[4]) Zeitschrift f. F.- u. Jw. mit Rücksicht auf Bayern. II., 2. Heft.
[5]) Hundeshagen, Beitr. z. ges. Forstw. II., 3, S. 151.
[6]) Wedekinds Neue Jahrb. 25, 73.

beantragte, daß stets der Nachweis geliefert werden sollte, in welcher Gegend und in welchen Beständen der Same gesammelt worden sei. 1842 teilte von Greyerz mit, daß im Fichtelgebirge der Fichtensame vom Harz besser gekeimt habe als der einheimische. Schuster meinte, daß der aus der Ferne bezogene Same überhaupt vorzuziehen sei. Zötl brachte Lärchensamen aus dem Hochgebirge und aus der Niederung mit, der zu Versuchen in Darmstadt und Hohenheim verwendet werden sollte. v. Wedekind bemerkte, daß hessischer Lärchensame besser sei als solcher aus Tirol. v. Racknitz hat Eicheln aus dem Rheintal, vom Odenwald und von Sinsheim bezogen und den Rheintaler Samen als den besten gefunden. v. Wedekind schlug vor, daß die von Zötl gewünschten Versuche auch auf Eiche und Buche ausgedehnt werden sollten. Ob wirklich Versuche angestellt worden sind, läßt sich aus der Literatur nicht ersehen.

7. Am Harz wurde 1859 neben dem am Harz selbst gewonnenen Nadelholzsamen solcher von den Samenhandlungen in Blankenburg, Großtabarz (insbesondere von Tanne), Miltenberg, Nagold, bezogen.[1]) Von den Ausläufern des Fichtelgebirges wird 1868 berichtet,[2]) daß alle Saaten von auswärts bezogenem Föhrensamen seit 10 Jahren durch die Schütte zugrunde gegangen seien, der natürliche Anflug von einheimischen Föhren dagegen sich erhalten hätte.

8. In einer Abhandlung über die Rigaischen Stadtforsten führt Willkomm 1872 an[3]), daß einige Zeit lang Föhrensamen von Hamburg, Berlin etc. nach Riga bezogen worden sei. Dieser hätte aber merklich schwächere und dürftigere, kümmernde Pflanzen ergeben, da er in milderem Klima erwachsen sei. Dies wäre allerdings durch Versuche näher festzustellen, fügt Willkomm hinzu. Es sei aber ein Beweis, daß die Samen ihre Eigenschaften vererbten Von größter Wichtigkeit sei daher, Herkunft und Abstammung des Samens zu wissen. v. Sivers berichtet[4]), daß die aus Darmstädter Samen in Livland erzogenen Föhren krumm werden. Diese Beobachtung hat Schwappach 1912 bestätigt[5]). Orlowsky führt 1912 an[6]), daß holländische Föhren in Riga zu völlig krummen Bäumen erwachsen, während die aus livländischem Samen in Holland erzogenen gerade werden.

Ähnliche Beobachtungen wurden in Schweden gemacht; sie reichen nach Wiebeck[7]) bereits in die 1840er und 1850er Jahre zurück. Der Zusammenhang mit der Herkunft des Samens wurde erst anfangs der 1870er Jahre erkannt. Der Same war aus Süddeutschland bezogen.

---

[1]) Vereinsbericht 39.
[2]) Monatsschrift f. F.- u. Jw. 68, 91.
[3]) Allg. F.J.Z. Suppl. VIII, 218.
[4]) Allg. F.J.Z. 1900, 308.
[5]) Zeitschrift f. Forst- u. Jw. 1912, 376.
[6]) Daselbst 1912, 20.
[7]) Mitt. der forstl. Versuchsanst. Schwedens 1912, 9. Heft 75 und XIII.

Aus diesem erwuchsen krumme, breitastige Bäume, von denen ein großer Teil, sogar noch im Alter von 40 Jahren, abgestorben war. Wird umgekehrt schwedischer Same in südlicheren Ländern verwendet, so treten die gleichen ungünstigen Erscheinungen ein. 1884 berichtet Graf Wilamowitz im Märkischen Forstverein[1]), daß Pflanzen aus schwedischem Samen, gleichgültig aus welcher Provinz er stammte, teilweise zugrunde gegangen seien. Gunnar Schotte berichtet 1914 über Versuche in Schweden selbst[2]); der Same war aus Nordland bezogen und 450—650 km südlich vom Erzeugungsort ausgesät worden. Die 11jährigen Pflanzen waren niedriger, schwächer, schmächtiger, mit kürzeren und weniger Zweigen als die Pflanzen aus südschwedischem Samen. In den Tiroler Alpen sind die Pflanzen aus schwedischem Samen alle eingegangen[3]). Daß nordische Samen bei Wien langsamwachsende Pflanzen ergeben, hat Cieslar wiederholt festgestellt[4]). Pflanzen aus nordischem Saatgut waren in Eberswalde, wie Dengler[5]) nachwies, im Alter von 21 Jahren in Höhe, Durchmesser und Volumen gegenüber einheimischen zurückgeblieben. Dasselbe konnte im Tübinger Versuchsgarten an russischen Fichten und Föhren beobachtet werden.

Föhren aus westungarischem Samen erliegen nach Herrmann[6]) in Westpreußen dem Schüttepilz.

Im Mecklenburgischen Verein (Bericht S. 652) wirft 1887 v. Blücher die Frage auf, ob im Flachland Gebirgssamen statt solchem aus Finnland, Schweden verwendet werden solle, und ob es richtig sei, Samen vom Harz oder aus Hessen nach Thüringen zu beziehen.

9. Die vorstehend aufgeführten Tatsachen aus der praktischen Wirtschaft zeigen, daß in der ganzen Frage der Herkunft des Samens große Vorsicht geboten ist. Dies gilt insbesondere in Bezug auf die alten Bestände. Die Annahme, daß die heutigen alten Bestände aus „einheimischem" Samen hervorgegangen seien, ist nicht immer zutreffend. Der Föhrensame aus dem württembergischen Schwarzwalde wird seit vielen Jahrzehnten in alle Gegenden von Deutschland (bis nach Ostpreußen), nach Böhmen und Österreich, sowie nach der Schweiz verschickt[7]). Aus den Versandbüchern der Samenhandlungen und der staatlichen Samenmagazine, ebenso aus den Kostenrechnungen der

---

[1]) Bericht S. 78.

[2]) Mitt. der Schwed. Versuchsanstalt 11, 61 und IX.

[3]) Cbl. f. g. Fw. 1904, 337.

[4]) Daselbst 1887, 149; 95, 7.

[5]) Zeitschr. f. F.- u. Jw. 1908, 137, 206.

[6]) Naturw. Z. f. F. u. L. 1910, 105.

[7]) Der Föhrensame des badischen und württ. Schwarzwaldes stammt vorherrschend von den warmen Süd- und Westlagen. Bei der hohen Niederschlagsmenge sind diese aber im allgemeinen nicht als trockene Lagen anzusprechen.

Reviere über ausgeführte Saaten ließen sich für manche Gegenden wertvolle Aufschlüsse über die Entstehung der Bestände gewinnen.

Ein Teil der älteren, in Deutschland erwachsenen Lärchenbestände ist aus dem direkt aus Tirol bezogenen Samen entstanden. Ein anderer Teil ist aus Lärchensamen, der in Deutschland erwuchs, hervorgegangen; die Samenbäume selbst sind aber aus Tiroler Samen erzogen worden. Beim Föhrensamen wiederholen sich dieselben Vorgänge. Wir ernten heute in Deutschland Föhrensamen von Beständen, die aus französischem Samen erzogen sind. Haack rät daher, daß diese Auslandsföhren schonungslos ausgerottet werden sollen, bevor sie wieder Samen tragen. Umgekehrt ist nicht unwahrscheinlich, daß ein Teil des aus Belgien oder Frankreich bezogenen Föhrensamens von Bäumen stammt, die aus deutschem Samen hervorgingen.

In manchem Walde sind die Samen aus verschiedenen Gegenden neben und untereinander ausgesät worden. Reichte das etwa aus Darmstadt bezogene Quantum nicht aus, so wurde der Rest vielleicht aus dem Schwarzwald gedeckt. Eine solche Vermischung kann aber schon von der Samenhandlung selbst vorgenommen worden sein, wenn ihr eigener Vorrat zur Befriedigung der Kunden nicht ausreichte. Die Einmischung französischen oder russischen Samens in den deutschen Samen ist eine bekannte Tatsache, die durch die Bestände im Walde vielfache Bestätigung findet. Auch die Samen verschiedener deutscher Gegenden können von den Samenhandlungen gemischt sein. Aus dem Sitz der Samenhandlung kann deshalb nicht immer auf die Herkunft des Samens mit Sicherheit geschlossen werden.

Jedenfalls ist ein Teil der älteren, heute 80—100jährigen, in höherem Maße noch der 60—80 jährigen Bestände nicht aus einheimischem, sondern aus fremdem Samen hervorgegangen. Mit Recht verlangt daher Engler, daß die Föhrenrassen jedes Landes genau untersucht werden sollen. Dieser Gedanke drängt sich geradezu auf bei Wanderungen im württembergischen Schwarzwalde. Die dortige aufrechte, gerade, mit schwachen, hängenden Ästen versehene, sowie mit einem bis zur Spitze deutlich ausgeprägten Schafte erwachsende „einheimische" Rasse hebt sich scharf von solchen Föhren ab, die aus fremdem Samen hervorgingen [1]).

10. Die Beobachtungen beziehen sich fast ausschließlich auf die Föhre. Von den übrigen Holzarten ist ein weniger reiches Material vorhanden; immerhin kann es zur Vergleichung verschiedener Holzarten benützt werden.

Aus den Erhebungen ergibt sich, daß die Föhre bei Versetzung in andere klimatische Zonen, sei es aus wärmeren in kältere oder umgekehrt, a) teilweise oder ganz abstirbt, b) ungünstige Stammformen annimmt,

---

[1]) Vgl. hiezu Kienitz, Die Formen der Kiefer. Z. f. F.- u. Jw. 1911, 4.

krumm und astig oder legföhrenartig und krüppelhaft wird, c) bald mehr, bald weniger vom Schüttepilz leidet.

Diese Wahrnehmungen an Föhren führten dazu, daß in den schwedischen Staatswaldungen die Verwendung ausländischen Samens schon 1882 verboten und 1888 die Einfuhr mit einem Zoll belegt wurde[1]).

Erst etwa um 1900 wurde man auch in Deutschland auf diese Verhältnisse aufmerksam. Es waren damals nach Quaet-Faslem, Kienitz, Haack, Schwappach u. a. in Norddeutschland schon ausgedehntere Flächen mit völlig verkrüppelten Föhren vorhanden[2]). Die Klagen darüber mehrten sich. Daher setzte 1910 der deutsche Forstverein einen besonderen Ausschuß ein, der die Lieferung nur einheimischen Saatguts überwacht.

In die gleiche Zeit fällt die Wiedererrichtung staatlicher Samendarren in Preußen[3]), sowie die Einführung von Staatsklengen in Hessen und Bayern. Auch in der Schweiz ist eine eidgenössische Klenganstalt geplant.

11. Die oben unter 10. a—c erwähnten Erscheinungen treten aber nicht nur an Pflanzen aus fremden Samen, sondern auch an Föhren auf, die aus einheimischem Samen entstanden sind. So sind u. a. in den Abbildungen der schwedischen Versuchsanstalt krumme und astige Formen von Föhren enthalten, wie sie auch in Deutschland zu sehen sind. Wenn man daher diese Mißbildungen in Schweden dem Umstande zuschreibt, daß der etwa bei Darmstadt erwachsene Same unter ganz anderen klimatischen Bedingungen ausgesät worden sei, und daß deshalb die Föhre eine krumme Stammform angenommen habe, so ist dies nicht ganz zutreffend. Aus Darmstädter Samen gehen auch in Süddeutschland krumme Föhren hervor[4]). Sodann werden einheimische Föhren ebenfalls von der Schütte befallen und sterben manchmal in größerer Zahl ab. Endlich können auch noch andere Faktoren auf das Gedeihen der Föhre eingewirkt haben (der Boden, die Behandlung des Samens auf der Darre, die Zeit der Aussaat, Höhe und Dauer der Schneedecke). Es handelt sich also um die Frage, ob jene ungünstigen Erscheinungen unter sonst gleichen Verhältnissen an den aus fremdem Samen hervorgegangenen Föhren in höherem Grade auftreten, als es bei Pflanzen aus einheimischen Samen der Fall ist.

---

[1]) Weibeck a. a. O. S. XIII.

[2]) Versammlg. d. D. Forstvereins in Danzig 1906, in Trier 1913.

[3]) Vgl. Haack, Beschaffung des Kiefernsamens. Mitt. des D. Forstvereins 1909, 137.

[4]) Vgl. Nördlinger, Forstbotanik 1, 251. „Schottische und russische Föhren behalten (außerhalb ihrer Heimat erzogen) ihre gerade Stammform bei." Ausführlich hierüber Engler s. unten, Z. 18. In Schweden sind neuere Versuche über die Rassen von Föhre und Fichte etc. im Gange. Mitteilungen der schwed. V.-A. 1918, 15, XIII.

Diese Gleichheit der äußeren Verhältnisse kann bei besonderen Versuchen hergestellt werden. Die Samen aus verschiedenen Gegenden werden auf gleichem Boden, in gleicher Lage nebeneinander ausgesät und die erwachsenden Pflanzen einer vergleichenden Beobachtung unterworfen. Wir werden im folgenden sehen, daß solche Versuche bereits seit längerer Zeit angestellt worden sind.

12. Die ältesten rühren von Louis Vilmorin in Les Barres (Dep. Loire) her. Er hat in den 1820er und 1830 er Jahren französischen, schottischen, deutschen und russischen Föhrensamen ausgesät. Über die Ergebnisse hat er 1862 und 1878 Bericht erstattet [1]). Die Föhre aus Riga zeichnete sich durch einen schönen, geraden Schaft aus, der auch in der zweiten Generation sich erhielt. Die Untersuchungen Vilmorins scheinen außerhalb Frankreichs wenig bekannt geworden zu sein.

13. Kienitz [2]) führte 1879 Keimversuche aus mit Waldbaumsamen aus klimatisch verschiedenen Gegenden. Er fand unter anderem, daß Same aus kälteren Gegenden bei geringerer Wärme keimte, als solcher aus tieferen Lagen. Durch diese Mitteilung wurde neuerdings die Aufmerksamkeit auf die Herkunft des Samens gelenkt [3]).

14. Cieslar war der erste, welcher ausgedehntere Versuche mit Fichtensamen aus höheren und tieferen Lagen der österreichischen Alpen, aus Schweden und Finnland, ferner mit Samen mitteleuropäischer und nordischer Föhren, endlich mit Samen von alpinen und mährisch-schlesischen Lärchen im Versuchsgarten von Mariabrunn bei Wien anstellte [4]).

15. H. Mayr führte Beobachtungen im Versuchsgarten von Grafrath bei München aus, die er durch Reisen in Rußland ergänzte [5]).

16. Eine gründliche Studie über die Provenienz des Föhrensamens hat P. Schott veröffentlicht [6]); sie hat offensichtlich auf weitere Kreise anregend gewirkt.

17. Die Untersuchungen von Schott, Dengler, Kurdiani, Oppermann, Crahay, Zederbauer, Hickel, d'Alverny, Guinier, Kienitz, Schwappach, Huffel beziehen sich vorherrschend oder ausschließlich auf die Föhre (*P. silvestris*) [7]).

---

[1]) Memoires d'Agriculture, 1862, 332. Administration des Forêts. Catalogue raisonné des collections exposées. 1878, 76. Catalogue des végétaux ligneux indigènes et exotiques existant sur le domaine forestier des Barres-Vilmorins. 1878, 50. Engler, Schweiz. V.-A. 8, 22. Schott a. a. O..

[2]) Bot. Untersuchungen von N. J. C. Müller 2, 1, S. 1.

[3]) Vgl. Gayer, Waldbau, 1880, 373.

[4]) Seine Berichte in Cbl. f. g. Fw. 1887, 149; 95, 7; 99, 49; 1907, 1.

[5]) Fw. Cbl. 1903, 547. F. u. J.Z. 1900, 81. Sodann Waldbau (1909) S. 118 bis 142, 287.

[6]) Fw. Cbl. 1904, 123 ff.

[7]) Das Literaturverzeichnis s. bei Engler, Mitt. d. Schweiz. V.A. 8, 90; 10, 195. Vgl. ferner: 1914: Schwappach, Die Bedeutung und Sicherung der Herkunft des Kiefernsamens 1914. Bericht über die 14. Versammlg. d. D. Forstvereins in Trier 1914, 170—201.

Auf weitere Holzarten hat Engler seine umfassenden Versuche in der Schweiz ausgedehnt.

Er lieferte dadurch ein Tatsachenmaterial für Fichte, Föhre, Tanne, Lärche, Bergahorn, wie es von keinem anderen Lande zu Gebot steht. Die Gebirgsnatur der Schweiz hat die Untersuchungen wesentlich begünstigt; sie reichen vom Tieflande (500 m) bis zur Höhe von 1800 m im Engadin[1]).

Engler hat die Samen in verschiedenen Meereshöhen ausgesät, insbesondere Samen aus dem Tieflande in das Hochgebirge und umgekehrt Hochgebirgssamen in das Tiefland verbracht. So gelang es ihm, die Höhenzonen abzugrenzen, innerhalb deren ein bestimmter Same verwendet werden kann. Der Same von Fichte, Tanne, Lärche, Bergahorn entstammte verschiedenen Höhenlagen der Schweiz, die ganz genau bestimmt und dauernd bezeichnet wurden. Für die Föhre wurde neben den Samen aus 24 schweizerischen Standorten solche aus anderen Gegenden verwendet, nämlich aus Südfrankreich, Südwestdeutschland, Belgien, Ostpreußen und Livland, Ural, Skandinavien, Schottland. Das Sammeln wurde, so weit immer möglich, durch die Versuchsanstalten der betreffenden Länder ausgeführt oder überwacht.

Die an die Untersuchungen geknüpften allgemeinen Erörterungen über Rasse, Varietät, klimatische Formen etc. betrachtet Engler noch nicht als abgeschlossen, da erst 7 jährige Erfahrungen vorliegen.

Von seinen Schlußfolgerungen, die mit denjenigen Cieslars zum großen Teil übereinstimmen, sollen die wichtigsten hier angeführt werden. Die Einzelheiten müssen in den Berichten Englers selbst nachgesehen werden.

a) Für Fichtenkulturen in tieferen Lagen ist Samen von tief gelegenen Ernteorten zu verwenden. Für Aufforstungen in Hochgebirgslagen müssen wir die Pflanzen aus Hochlandssamen erziehen; dieser kann aber in Tieflagen ausgesät werden. Tieflandsamen dagegen muß in mittelhohen Lagen ausgesät werden, denn die in der Tiefe aus solchem erwachsenen Pflanzen sind zu hoch aufgeschossen, zu schwach und zu wenig beastet, als daß sie im Hochgebirge verwendet werden könnten.

b) Da die Qualität des Fichtensamens von 500—1300 m gleich bleibt, so kann Fichtensamen aus 1000—1300 m hoch gelegenen Ernteorten noch ganz gut für tiefe und mittelhohe Lagen, also in allen Meereshöhen bis zu ungefähr 1500 m, verwendet werden. Zur Aufforstung

[1]) Bericht erstattete Engler in Mitt. d. Schweiz. V.A. (1905) 8, 81—236 über Fichte, Tanne, Lärche, Bergahorn; und 10, 191—386 (1913) über die Föhre. Vgl. ferner seine Abhandlung in Fw. Cbl. 1908. 295; und in der Naturw. Ztschr. f. Forst- u. Landw. 1913, 441.

in der höheren Fichtenregion aber bedarf man unbedingt ein in 1500 bis 1800 m Meereshöhe geerntetes Saatgut.

c) Es ist gleichgültig, aus welchen Höhen wir bis zu 1300 m den Tannensamen beziehen.

d) Der Lärchensame sollte für Tieflagen in tiefergelegenen, natürlichen Verbreitungsgebieten der Lärche von geradschaftigen, schönen Bäumen geerntet werden; für höhere Lagen sollte er bei 1700 m Meereshöhe gesammelt werden.

e) Ahornsame ist im Flachlande und in den tieferen Gebirgslagen bis zu etwa 1300 m aus diesen Gebieten zu verwenden; für Hochlagen eignet sich nur in höheren Lagen geerntetes Saatgut.

f) Als allgemeine Regel ergibt sich, daß der Same in dem Gebiete zu sammeln ist, in welchem er verwendet werden soll. Wenn dies nicht angeht, soll der Same von Standorten bezogen werden, deren klimatische Verhältnisse denjenigen des Anbauortes möglichst nahe kommen.

18. Engler hat noch weitere, praktisch sehr wichtige Versuche über den Einfluß der Samenherkunft auf die Stamm- und Baumform angestellt. Er entnahm den Samen von dominierenden und von beherrschten, schlecht geformten Bäumen; die betreffenden Bäume sind an Ort und Stelle kenntlich gemacht und numeriert.

Die Untersuchungen der Fichte führen Engler zu folgendem Schlusse:

„Ob wir den Samen von den größten, schönsten oder von beherrschten und weniger gut geformten Bäumen eines Bestandes sammeln, ist ganz gleichgültig, vorausgesetzt, daß die Holzart auf dem betreffenden Standort im allgemeinen ein gutes Gedeihen findet".

„Bezüglich der vielbesprochenen Krummwüchsigkeit der Lärche ist das Ergebnis des Versuchs nicht ganz sicher: „Jedenfalls steht fest, daß Wuchsformen der Lärche, die durch die Eigenschaften des Bodens bedingt sind, erblich sein können[1])".

Über die Föhre sagt Engler: „Die Nachkommen krummschäftiger, sperriger, krüppeliger Mutterbäume sind zum größten Teil von sehr schlechter Form. In allen diesen Fällen stocken die Mutterbäume auf schlechtem, trockenem Boden. Ist die schlechte Wuchsform der Mutter-

[1]) Hiezu möchte ich einen Beitrag aus dem Tübinger Versuchsgarten liefern. Seit 18 Jahren, und wenn ich weiter zurückgreife, seit 46 Jahren, gingen aus dem von hessischen Samenhandlungen gelieferten Samen Pflanzen hervor, welche teils gerade, teils unten etwas gekrümmt waren. Aus dem 1903 bezogenen Lärchensamen dagegen erwuchsen nur krumme, teilweise förmlich gewundene Pflanzen. Ein Teil der jetzt 17jährigen Lärchen breitet sich legföhrenartig auf dem Boden aus. Für die Erblichkeit der Wuchsform (in diesem Fall war vielleicht die Lage, nicht der Boden entscheidend) scheint auch diese Beobachtung zu sprechen.

bäume durch Witterungseinflüsse oder durch Beschädigungen von Menschen und Tieren verursacht, so findet eine Übertragung der ungünstigen Eigenschaften auf die Nachkommen nicht statt[1]).

Damit ist zum ersten Mal der sichere Nachweis erbracht, daß schlechte Wuchsformen der Föhre direkt auf die Nachkommen übergehen können. Engler stellt daher die Forderung auf: Bestände mit schlechter Wuchsform der Föhre sind unbedingt vom Samenbezug auszuschließen, weil die Gefahr der Vererbung besteht.

Für jeden Standort eignet sich der Same der heimischen, spontanen Föhre am besten.

Die große Tragweite dieser Forderung für die Gewinnung des Föhrensamens leuchtet von selbst ein.

19. Über die Widerstandskraft verschiedener Föhrenrassen gegen den Schüttepilz (*Lophodermium Pinastri*) hat Mayr[2]) bei München zuerst besondere Versuche angestellt. Auch Engler hat auf seinen Versuchsflächen hierüber Beobachtungen gemacht.

Mayr reiht die Rassen in 3 Gruppen ein:

1. Sehr widerstandsfähig sind (bei München) die nordischen Rassen aus Schweden, Norwegen, Finnland.
2. Geringe Widerstandskraft haben die Rassen aus Schottland, Holland, Belgien, Deutschland, Kurland, Livland und aus dem mittleren Rußland.
3. Dem Schüttepilz erliegen die Rassen aus Ungarn, Tirol und dem südlichen Frankreich.

Mit diesen Ergebnissen Mayrs stimmen die Beobachtungen Englers so ziemlich überein. Nach den Beobachtungen in der Schweiz würden in die Klasse 1 noch die Rassen aus Ostpreußen und Südfrankreich; in Klasse 2 die aus Süddeutschland und der Nordschweiz; in Klasse 3 die aus den höheren Lagen der Alpen im Tiefland angebauten Föhren einzureihen sein.

20. In Mariabrunn bei Wien hat Zederbauer durch Versuche festgestellt, daß der Schütte die Nachkommen der dominierenden Bäume nicht unterlagen, während diejenigen von unterdrückten stark befallen waren.

21. Die Versuche mit verschiedenen Föhrenrassen bei Tübingen dauern nun 17 Jahre; während dieser Zeit trat die Schütte besonders heftig auf in den Jahren 1905, 06, 08, 11, 12, 13.

Die einzelnen Rassen zeigten ähnlich wie in München und Zürich eine ganz verschiedene Widerstandskraft:

---

[1]) Vgl. die Mitteilung v. Klitzings.

[2]) Fw. Cbl. 1911, 1.

1. nur schwach angegriffen wurden die Rassen aus Norddeutschland, Hessen, Pfalz, Odenwald, Taunus, Spessart, Schwarzwald; Belgien;
2. in mittlerem Grade litten die Rassen aus Rußland, Holland;
3. stark befallen wurden die Rassen aus Frankreich, Tirol, Ungarn; Finnland, Nordschweden.

Die Widerstandskraft der einzelnen Rassen scheint demnach nach Gegenden und Jahrgängen (Witterung) verschieden zu sein.

22. Auch in einigen weiteren Punkten weichen die Wachstumsverhältnisse in Württemberg von denen anderer Gegenden ab.

Hessische, russische und französische Föhren, die 1904 im Versuchsgarten und an 38 verschiedenen Orten Württembergs bis zur Meereshöhe von 900 m angepflanzt wurden, zeigen ein ziemlich übereinstimmendes Verhalten. Das geringste Wachstum haben ohne Ausnahme die französischen, das beste die hessischen Föhren; die russischen nähern sich den hessischen. Den stärksten Abgang erlitten durchweg die französischen, von denen 50—80 % dürr geworden sind. Die russischen Föhren fallen durch die Geradschaftigkeit auf, während die hessischen meistens krumm sind. Die französischen sind vielfach nicht nur krumm, sondern förmlich verkrüppelt.

Die Geradheit wurde an den nun 16jährigen, im Versuchsgarten (bester Lehmboden; Niederschlag 600 mm) 1jährig neben einander gepflanzten Föhrenstämmen genauer untersucht. In der folgenden Übersicht sind sie in Klassen eingereiht, die sich natürlich nicht scharf abgrenzen lassen.

	Herkunft des Samens	Von allen Stämmen waren %			
		gerade	wenig krumm	krumm	stark gewunden
Pflanzung 1jährig 1902.	Belgien	9	65	23	3
	Holland	12	64	23	1
	Frankreich	3	36	42	19
	Hessen	—	67	26	7
	Norddeutschland	31	50	16	3
	Pfalz	10	51	31	8
Pflanzung 1jährig 1904	Hessen	3	38	37	22
	Frankreich	—	35	40	25
	Rußland	22	66	12	—
Saat 1904.	Hessen	—	9	73	18
	Frankreich	—	23	58	19
	Rußland	1	30	59	10

Auch bei ganz engem Stande (20 auf 20, später erweitert 40 auf 20) der aus demselben Samen hervorgegangenen Föhren sind die krummen Stämme sehr zahlreich, bleiben selten unter 30% zurück, erreichen 60—70 und sogar 80—90 %. Die ungünstigen Formen der hessischen und französischen Föhren treten deutlich heraus. Bei weiterem Stande (1 m) ist die krumme Form in weit stärkerem Grade vorhanden.

23. 1911 wurden Samen aus mehreren Tiroler Klengen nach Tübingen bezogen. Schon bei den einjährigen Sämlingen war ein großer Abgang zu bemerken; dieser steigerte sich im 2. und 3. Jahr so sehr, daß in den Verschulbeeten 90—100 % dürr geworden sind.

24. Im Jahre 1911 tauschte ich mit Oberförster d'Alverny (damals in Boën in Südfrankreich) Zapfen und Pflanzen aus. Die Zapfen aus Frankreich waren bei 700 und 1100 m gesammelt worden; sie wurden im Versuchsgarten bei Tübingen ausgeklengt; der Same wurde 1911 ausgesät. Die Keimung erfolgte sehr reichlich, aber schon im ersten Jahr (im Sommer 1911!) wurden 10 %, im zweiten und dritten Jahr eine weitere Anzahl dürr. Die Pflanzen sind kümmerlich entwickelt und zum Teil verkrüppelt, teilweise legföhrenartig am Boden ausgebreitet[1]). Besser entwickelt sind die aus einer natürlichen Verjüngung 1 jährig übersandten, am besten die aus einer Saatschule stammenden 1 jährigen Pflanzen. Die Nadeln der französischen Föhren sind kurz, fast durchweg blau und stechend. Die französischen Bäume, von denen der Same gewonnen wurde, sind nach der übersandten photographischen Abbildung gerade, schwachkronig, astrein (etwa wie die Schwarzwaldföhren).

Die französischen Föhren heben sich von den deutschen durch die bläuliche Farbe der Nadeln ab. Umgekehrt schreibt d'Alverny, daß die übersandten deutschen Föhren von der Ferne schon durch ihre grüne Farbe auffallen.

Solch ungünstige Erscheinungen wie in Tübingen sind bei den Versuchen in Zürich nicht aufgetreten; es ist zu vermuten, daß die klimatischen Verhältnisse von Zürich für den französischen Samen günstiger sind, als es bei Tübingen der Fall ist. Der Boden ist bei Zürich und Tübingen sehr guter Lehmboden.

25. Mehrfach ist oben hervorgehoben worden, daß der Same da gesammelt werden solle, wo er zur Verwendung komme. Da aber in der einzelnen Gegend nicht regelmäßig Same erwächst, ist man zum Bezug aus anderen Gegenden gezwungen. Die Abgrenzung solcher „Gebiete mit gleichen klimatischen Verhältnissen" ist aber nicht leicht durchzuführen, da die meteorologischen Tabellen nicht vollständig ausreichen. Ein Anbauversuch bei Tübingen soll in dieser Hinsicht einigen Aufschluß geben. Es wurde Samen ausgesät aus verschiedenen Gegenden Deutschlands; ferner aus Belgien, Holland, Schweden, Norwegen, Finnland, Rußland, Niederösterreich, Tirol, Ungarn. Die Pflanzen sind nun 6 jährig. Gleiches oder ungefähr gleiches Wachstum nach Höhe,

[1]) Lange Zeit hielt man in Deutschland die französischen Föhren für „Latschen" (*P. montana*).

Beastung und Gewicht ergibt sich für die Pflanzen aus dem Schwarzwald, Odenwald, Spessart, Taunus, aus der Pfalz und Norddeutschland, auch für diejenigen aus Hessen und Belgien. Hinter diesen bleiben die Pflanzen aus den übrigen Ländern erheblich zurück.

Es kann also Same aus ganz Deutschland in Süddeutschland verwendet werden.

Der Föhrensame von Schweden, Norwegen, Finnland, Rußland und ebenso derjenige aus Frankreich, Tirol und Ungarn muß in Süddeutschland ausgeschlossen werden. Zu ähnlichen Schlüssen kommen auch Schott und Engler; letzterer empfiehlt sogar für die Schweiz die Samen aus Ostpreußen. Ähnlich Schwappach für Norddeutschland.

26. Der Einfluß des Bodens auf die Pflanzen fremder Herkunft ist noch nicht genügend untersucht. Jedenfalls zeigen die französischen Föhren im Versuchsgarten auf Sandboden eine viel ungünstigere Entwicklung als auf dem besseren Lehmboden. Muster von französischen Föhren, die auf Sand in Westfalen, bei Eberswalde und in Schlesien erwachsen waren, hatten ganz andere Formen als die hier auf Lehm erwachsenen Föhren. Nach der Verpflanzung auf Lehm veränderten sie sich in Benadelung, Wuchs und Farbe. Wenn in Norddeutschland die Verwendung französischen Samens so überaus ungünstige Resultate zeitigte, so ist dies ohne Zweifel zum Teil auf den Boden (vielleicht auch auf das Klima) zurückzuführen. Im südlichen Württemberg ist auf den Kulturflächen dann und wann eine französische Föhre eingemischt; wenn sie sich nicht durch die Farbe verriete, würde sie wohl unbeachtet bleiben. In den Versuchsböden von Engler in Zürich verhalten sich die französischen Föhren ebenfalls günstiger als in weiter nördlich gelegenen Gegenden (vergl. Ziffer 23).

27. Die einzeln angeflogenen Föhren nehmen häufig eine kurzschaftige, breitkronige Form an. (In Brandenburg werden solche Föhren „Kusseln“, im württembergischen Allgäu „Kuscheln“ genannt.) Sie finden sich auf Weiden und Ödungen neben dem regelrecht erwachsenen und geschlossenen Bestande, von dessen Samen sie unzweifelhaft herrühren.

Wieweit der freie Stand, wieweit der Boden auf die Entstehung dieser Formen von Einfluß ist, muß durch besondere Untersuchungen klargestellt werden. Ob diese Form sich vererbt, ist ebenfalls nicht genauer nachgewiesen. Nach Englers Untersuchungen müßte dies für Föhren vom trockenen Standort angenommen werden. Daß der freie Stand mitwirkt, ergibt sich daraus, daß die Föhren, die in kleinen Gruppen oder Horsten neben den freistehenden sich ansiedelten, die astige Form nicht aufweisen.

Da von den niedrigen Stämmen der Same leichter zu sammeln ist, befindet sich ohne Zweifel im jährlich ersammelten Quantum der Samenhandlungen manches Korn, das von der kurzschaftigen Form herrührt. Würde die Form sich vererben, so müßten bei den Samenhandlungen alljährlich Beschwerden einlaufen. Dies ist aber bei süddeutschen Samenhandlungen nach eingezogenen Erkundigungen nicht der Fall. Auch ist mir im Laufe von 30 Jahren unter den gesäten und gepflanzten Föhren nie die breitastige Form aufgefallen.

Von den Forstwirten Norddeutschlands — in Süddeutschland tritt diese Form seltener auf — wird die Frage der Vererbung der „Kusselform" bald bejaht, bald verneint. Nur durch besondere Versuche kann sie entschieden werden. Solche habe ich 1918 eingeleitet. Die 1 jährige Pflanze ist allerdings kürzer, gedrungener und hat bereits stark entwickelte Seitenäste. Die weitere Entwickelung muß abgewartet werden.

28. Wenn auch noch manche Punkte in der Provenienzfrage der Aufhellung bedürfen, so läßt sich doch auf Grund der gemachten Erfahrungen, wie der angestellten Versuche ein für praktische Zwecke hinreichend sicherer Schluß ziehen:

1. Fremder Same, der unter abweichenden klimatischen Verhältnissen erwachsen ist, soll nicht verwendet werden.

2. Von einheimischen Bäumen mit ungünstiger Stammform soll der Same nicht gesammelt werden.

Die praktische Durchführung dieser Forderungen stößt freilich auf große Schwierigkeiten; eine vollständige Überwachung der Sammler wird sich nie erreichen lassen.

Der Anbau fremdländischer Holzarten.

§ 218. **Geschichtliches.**

Zeitschriften: Allg. F.J.Z.: 1825, 11; Borchmeyer 1825, 21; 25, 28; 25, 30; Haag 25, 37; 25, 95; 28, 160; Brumhard 28, 161; Desberger 28, 200; 28, 224; v. Wedekind 28, 354; 28, 390; Sintzel 28, 426; Borchmeyer 29, 145; 29, 389; 30, 8; v. d. Borch 30, 269; 30, 620; 31, 297; v. Löffelholz 32, 71; 32, 97; 35, 242; 37, 161; 38, 77; 38, 419; 39, 75; 39, 111; 39, 371; Gümbel 45, 1; Gümbel 46, 41; 46, 133; 58 (Suppl.) 63; Siemani 79, 413,; Vonhausen 81, 297; Brill 82, 260; Wiese 82, 333; Osterheld 83, 37; Mayer 87, 155; Endres 90, 206; Hallbauer 96, 249; Wappes 97, 8; Lorey 97, 14; Lorey 98, 43; Ilse 98, 225; Eberts 99, 168; Rebmann 1903, 215; Booth 05, 329; Booth 07, 5; Booth 08, 202; Walther 11, 11; Walther 11, 154; Rebmann 12, 257; Rebmann 16, 92. Aus d. Walde (Burckhardt): Burckhardt 1865, 136; Burckhardt 76, 275; zu Inn- u. Knyphausen 77, 144. Forstarchiv: 1787, 2, 324; 90, 8, 265; 90, 11, 330; 91, 12; 93, 17, 78; 94, 15, 157; 95, 16, 149; 96, 17, 109; 96, 20, 254; 97, 23, 215. Forstl. Bl.: Wiese 1861, 152; Schier 73, 232; Vonhausen 76, 193; Vogelsang 77, 70; Borggreve 80, 265: v. Vultejus 81, 21; Blume 85, 55; Krüger 88, 248; Forst-Mag.: 1765, 6, 235; 65, 7, 6; 65, 7, 7; 65, 7, 56; 68, 11, 9; 69, 12, 4; 69, 12, 215. Forstw. Centralbl.: 1881, 292; Fischbach 82, 397; Urich 84, 91; Mayr 85, 129; Wappes 97, 26; Mayr 98, 115; v. Sivers 98, 537; Fischer 99, 10; Mayr 1902, 75; Boden 02, 445; Schwappach 02, 498; Walther 04, 205; Thaler 05, 10; Mayr 07, 1; Booth 07, 531; Cuse 09, 84; Schüpfer

13, 337; Harrer 14, 405; 15, 284; 15, 286; Keiper 15, 347. Gött. gel. Anz.: 1762, 67, 72, 74, 83, 85, 88, 92, 93, 98, 1816. Hannov. Mag.: 1763, 68, 70. Journal f. F. u. J.wesen: v. Burgsdorf 1791, 117; 93, 210; 96, 126. Krit. Bl.: Schoch 1835, 67; 35, 174; Uxkull 46, 54; 50, 176; 50, 193; 50, 254; Behrens 55, 211; 55, 251; 55, 253; Koltz 64, 249; Nördlinger 66, 133. Leipz. gel. Z. R.: Weinmann 1742, 301; 55, 165; 57, 87; 69, 771; Du Roi 72, 148; 74, 66; 74, 328; Weiß 75, 346; 75, 366; Käpler 68, 1502. Monatsschrift f. F.wesen: Textor 1853, 130; v. Sturmfeder 64, 261; Biehler 64, 366; 65, 214; Hopfengärtner 66, 251; Schönemann 66, 295; v. Greyerz 67, 294; Duetsch 69, 48; Weidmann 70, 144; Grütter 71, 281; Kaysing 76, 489; 77, 127; Osterheld 77, 273. Münd. Forstl. H.: Weise 1892, 1; Weise 94, 75; Weise 96, 120; Weise 97, 1. Naturw. Zeitschr.: v. Tubeuf 1907, 86; Neger u. Büttner 07, 204; v. Tubeuf 08, 326; Knörzer 09, 315; Neuert 09, 343; Fichtl 09, 425; Abele 09, 477; Neuert 09, 492; Hamm 09, 551; Schwab 10, 281; 10, 550; Holland 13, 300; Neger 14, 1; v. Tubeuf 14, 484; Neger 15, 76. Neue Forstl. Bl.: Borgmann 1902, 265. Ökon. Neuigktn.: Hlawa 1823, 1; Schoch 23, 81; 32, 526; Desberger 33, 281; 35, 432; Opiz 35, 622; 36, 287; Opiz 39, 591; Andre 41, 587; Tuwora 43, 832; Petri 44, 710; 45, 768. Phys.-ök. Bibl.: 1771, 274; du Roi 73, 101; v. Brocke 75, 518; Pietsch 76, 458; v. Burgsdorf 87, 11; v. Wangenheim 87, 1; v. Burgsdorf 90, 446; Walther 90, 459; Schmidt 92, 398; Schmidt 93, 10; Schmidt 94, 302; Schmidt 95, 557; Medicus 95, 596; Schmidt 97, 344; Hildt 99, 208; Hildt 99, 211; Schmidt 99, 613; Michaux 1803, 236; Medicus 06, 518. Thar. J.: 1847, 61; Kunze 1900, 149; Grundner 01, 114; Kunze 1906, 1; 08, 325. Wedekinds J.: 1841, 154. Zeitschr. f. F.- u. J.wesen: v. Rath 1880, 539; Booth 80, 686; Booth 81, 7; v. Bermuth 81, 473; Weise 82, 81; Ramann 83, 90; v. Bernuth 83, 337; Booth 84, 204; Danckelmann 84, 289; Hellwig 85, 37; Reuß 85, 249; Luerssen 86, 121; Schott v. Schottenstein 86, 706; Luerssen u. Aumann 87, 176; Schwappach 88, 14; Booth 90, 32; Dieck 90, 302; Schwappach 90, 321; Schwappach 91, 18; Schwappach 91, 379; Booth 92, 339; Booth 94, 20; Borggreve 94, 312; Danckelmann 94, 451; Schwappach 96, 215; Schwappach 96, 327; Böhm 96, 407; Schwappach 96, 668; Bund 99, 199; Schwappach 1901, 137; Schöpffer 03, 690; Schwappach 05, 282; Schwappach 07, 395; Schwappach 08, 772; Schwappach 09, 27; Schwappach 09, 527; Frothingham 09, 550; Müller 10, 189; v. Wilamowitz-Moellendorff 10, 360; Schwappach 11, 591; 14, 256; Schwappach 15, 423. Zeitschr. f. Bayern: v. Greyerz 1838, N. F. 1. Centralbl. f. ges. F.: Großbauer 1875, 41; 75, 148; 75, 203; 75, 204; 75, 254; Pitasch 75, 483; Oth 75, 532; Janusek 76, 329; Zemlicka 76, 495; 77, 96; Biscup 77, 214; 77, 536; 78, 36; 78, 90; 78, 91; 78, 106; Aichholzer 78, 370; Karbasch 78, 442; 79, 264; 80, 67; v. Guttenberg 80, 126; Baudisch 80, 208; 80, 384; Henschel 80, 526; 81, 79; 81, 230; 81, 429; 82, 93; Nördlinger 82, 497; 83, 61; 83, 661; Beauregard 87, 153; Cieslar 88, 59; 88, 103; Cieslar 88, 472; Stötzer 89, 302; Dommes 89, 449; 92, 89; 92, 266; Raßl 94, 88; Mayr 94, 337; Slavicek 94, 355; 94, 455; 95, 332; Cieslar 1901, 101; Umrin 03, 8; Böhmerle 06, 203; Böhmerle 06, 289; Zederbauer 09, 387. Österr. Viertj.schr.: 1862, 222; 62, 223; 63, 101; 67, 512; 68, 140; 68, 368; v. Petraschek 69, 463; 73, 85; Ploner 73, 156; Schultz 73, 159; 73, 509; 74, 29; Scharnaggl 75, 630; Zikmundowsky 80, 440; 80, 479; 81, 389. Vereinsschrift f. F.kunde: Wohrad 1849, 35; Wohrad 49, 45; Lerch 55, 41; 79, 105; 80, 95; 85, 137; 94, 13; Hyhlik 1904, 72; 10, 317. Berner Sammlg.: 1761, 2, 942; v. Gräffenried 62, 3, 341; 63, 4, 299; v. Gräffenried 64, 5, 1, 149; 64, 5, 3, 105; 65, 6, 4, 133. Schweiz. Zeitschr.: 1850, 42; Kasthofer 51, 63; 52, 139; 54, 76; 54, 90; v. Greyerz 55, 162; Meyer 59, 133; 60, 98; 64, 46; 65, 80; 66, 123; 67, 30; 68, 36; v. Greyerz 69, 12; Kopp 69, 24; Kopp 69, 45; Kopp 74, 231; 75, 30; v. Seutter 95, 201; Coaz 97, 98; Neukomm 99, 273; Engler 1900, 61; Pillichody 01, 138; Fankhauser 04, 1; 06, 46;

07, 23; Litscher 08, 7; 14, 176. — Vereine: Baden 1881, 94; Deutschl. 1883, 90, 1901. Deutschl. Land- u. Fw. 1839, 40, 41, 44, 45, 46, 51, 52, 57, 60, 68, 69. Els. 1876. Harz 1867, 71, 85, 91. Hessen Prov. 1885, 1902. Hessen Großh. 1906. Hils-Soll. 1867, 77, 1900, 08. Mark Brand. 1875, 78, 92, 96, 1900, 01, 12. Meckl. 1879, 80. Nordwestd. 1901, 02, 04; Pfalz 1870, 82, 95. Pommern 1903. Preußen (Ost- u. Westpr.) 1887, 1903. Sachsen 1856, 58, 95, 1900. Schles. 1843, 46, 50, 52, 54, 55, 58, 66, 68, 69, 81, 82, 84. Süddeutschld. 1845. Thür. 1903. Westf. 1886. Wiesb. 1885, 92. Württ. 1896. Krain 1877, 90. Mähren 1851, 57, 59, 63, 65, 74, 81, 84, 89, 1906. Nied.-Österr. 1906. Ober-Österr. 1873, 86, 87. Reichsf. 1872. Steierm. 1886. Tirol 1859, 63. Schweiz 1846, 61, 62, 63, 64, 65, 66, 69, 72, 73, 74, 75, 76.

1. Eine „Liste der seit dem 16. Jahrhundert bis auf die Gegenwart in die Gärten und Parks bezw. Wälder Europas eingeführten Bäume und Sträucher" hat neulich Goeze[1]) aufgestellt. Es sind 2645 Arten verzeichnet, von denen die meisten auf die Sträucher fallen. Die Einführung erreichte Mitte des 18. Jahrhunderts ihren Höhepunkt, „aber erst ein volles Jahrhundert mußte dahingehen, bevor die Übersiedelung vieler von dort stammender Arten perfekt wurde" (S. 197). „Mit Einführung der amerikanischen Eichen, der Hickoryarten, der Schwarzen Walnuß, der Weymouthskiefer, der Eschen, Birken etc. eröffnete sich für die deutsche Dendrologie, speziell die Forstwirtschaft, ein viel versprechendes Zukunftsbild" (S. 198). Bei der Einführung waren hauptsächlich Engländer beteiligt; die meisten Arten wurden daher zuerst in England angebaut.

Für einige, heute im Vordergrund stehende Arten, ist das Jahr der Einführung von großem Interesse. Es folgen daher einige Nachweise hierüber auf Grund der Liste von Goeze. Eingeführt wurden in Europa — nicht auch in Deutschland oder gar in die Wälder Deutschlands —: *Junip. Sabina* 1562, *Thuja occid.* 1566, *Carya alba, Prunus serotina, Jugl. nigra* 1629, *Robinia pseudoac.*, *Platanus occid.* 1636, *Juniperus virg.* 1648, *Acer negundo* 1688, *Quercus rubra* 1691, *Abies bals.* 1697, *Gleditschia triac.* 1700, *P. strobus* 1705, *Frax. americ.* 1723, *Acer sach.* 1735, *Pinus rigida* 1750, *Thuja or.* 1752, *Carya porcina* 1756, *tomentosa* 1766, *Betula lenta* 1759, *P. banksiana* 1785, *P. pungens* 1804, *Cedrus Deodara* 1822, *P. ponderosa* 1826, *Ps. Douglasii* 1827, *P. sitchensis* 1831, Ab. *concolor* 1851, *Sequoia gig.* 1853, *Cupr. Lawsoniana* 1854.

Manche der heute bevorzugten Arten sind seit 300 Jahren, andere seit 200 Jahren eingeführt; viele aber sind auch erst seit 60—90 Jahren in Europa bekannt. Zu den letzteren gehören gerade solche, die in der gegenwärtigen Zeit für den ausgedehnten Anbau empfohlen werden.

Die Zeitdauer, während der die fremden Hölzer in Europa beobachtet werden konnten, ist also ganz verschieden. Sie umfaßt bald 2—300, bald auch nur 50 Jahre. Je länger die einzelnen Arten bei uns angebaut sind, um so sicherer wird man über ihre Eigenschaften unterrichtet sein können.

Die Einführung der fremden Hölzer in die Wälder bildet seit Jahrhunderten eine Streitfrage. Die einen halten sie für verfehlt, die andern erhoffen Vorteile für unsere Waldwirtschaft von ihr und treten oft mit großer Wärme für die Anzucht zahlreicher Arten ein. Wie vor 200 Jahren ist auch heute die Forstwelt gespalten. Wären die strittigen Punkte durch wissenschaftliche Forschung oder durch die Erfahrung geklärt, so müßte die Entscheidung in vielen Fällen möglich sein. Aber

[1]) Mitt. der Deutschen Dendrol. Gesellschaft, 1916, 129, mit zahlreichen Literaturnachweisen, namentlich auch für die früheren Jahrhunderte. Vgl. Kraus, Geschichte der Pflanzeneinführungen in die europäischen botanischen Gärten. 1894.

für die Beobachtung sind 100 und mehr Jahre erforderlich; außerdem müssen diese Bäume auf verschiedenen Standorten angebaut sein. Die wissenschaftlichen Sätze über Akklimatisation allein genügen nicht zur Lösung der Frage.

Über den Erfolg, der dem heute vorgenommenen Anbau in Aussicht steht, kann nur die Erfahrung vergangener Jahrzehnte und Jahrhunderte Aufschluß geben.

Im folgenden sind daher die Erfahrungen, die uns heute zu Gebot stehen, zusammengestellt. Zunächst ist die Literatur in geschichtlicher Folge verzeichnet. Dieser Literaturnachweis legt allerdings zunächst die Beobachtungen und Ansichten der einzelnen Schriftsteller dar. Wir erhalten aber dadurch einen Einblick in die Auffassung der forstlichen Kreise in verschiedenen Zeiten und erfahren auch, wie tatsächlich die Anzucht der fremden Holzarten sich entwickelte. Daran reiht sich (§ 214) der Nachweis der tatsächlichen Erfolge, die für die Entscheidung der Frage ausschlaggebend sein müssen.

Auf Grund des gesamten, wissenschaftlicher Beobachtung und praktischer Erfahrung entstammenden Materials soll an die Lösung einer Frage herangetreten werden, die seit Jahrhunderten großen Aufwand an Geld und Mühe verursacht hat.

2. Der Vorschlag, die fremden Holzarten in die Wälder und Lustgärten Europas zu verpflanzen, ist erst etwa 1550 gemacht worden. In dieser Zeit wurden die ersten botanischen Gärten angelegt: Padua 1545, Pisa 1547, Bologna 1567, Leyden 1577, Heidelberg 1597; später entstanden sind die Gärten von Eichstätt 1612, Paris 1665. Im 17. Jahrhundert enthielten diese Gärten schon „eine große Menge ausländischer Pflanzen" (Jessen). Es waren hauptsächlich englische, französische und niederländische Botaniker, welche durch die Handelsverbindungen mit Amerika, Asien etc. den Samen fremder Holzarten sich verschaffen konnten. Clusius[1]) und Bellonius[2]) machten ausgedehnte Reisen nach Asien und Afrika und brachten von diesen verschiedene Sämereien mit. Später ließ Bellonius den Samen in jenen Ländern durch zwei eigens abgesandte, zuverlässige Männer sammeln.

In Deutschland legte Camerarius in Nürnberg einen botanischen Garten an, in dem er mit großen Kosten auch exotische Pflanzen erzog. In der Vorrede zu seinem Werke[3]) macht er die höchst interessante Bemerkung, daß der strenge Winter 1586/87 seine exotischen Pflanzen, die sich an das rauhe Klima allmählich gewöhnt hätten, mit einem Schlage vernichtet habe. Unter den Exoten werden von Clusius auch die gewöhnlichen Nadelhölzer genannt, die in Nordfrankreich nicht heimisch sind. Außerdem zählt er u. a. verschiedene Arten von Eichen, Hainbuchen, Platanen, Cedern, Eschen auf. Im Register sind über 1400 verschiedene exotische Pflanzen aufgeführt.

Der Plan, exotische Holzarten anzubauen, scheint wenigstens in den an Nordfrankreich grenzenden Gegenden Anklang gefunden zu haben.

Von besonderer Bedeutung ist in dieser Hinsicht Heresbach[4]), der am Niederrhein die Güter des Herzogs von Jülich verwaltete. Er bespricht 1570 alle Nadelhölzer (außer Taxus und Arve) und fast alle wichtigen Laubhölzer (mit Kastanie). Von der Lärche bemerkt er, daß sie in den italienischen und tridentinischen Alpen einheimisch sei. Er schließt seine Ausführungen mit der Bemerkung, daß die genannten (einheimischen) Bäume für die Gegend am Niederrhein die wichtig-

[1]) Exoticorum Libri Decem. 1605.

[2]) De neglecta stirpium cultura. Antverpiae. 1589.

[3]) Hortus Medicus. Frankofurti. 1587.

[4]) Rei Rusticae Libri Quattuor. Coloniae 1570.

sten seien. Denn, fährt er fort, um Zedern, Zypressen und andere exotische Bäume (*aliarum exoticarum arborum*) sollten die Bauern sich nicht kümmern. Diese Bemerkung zeigt, daß 1570 am Niederrhein der Anbau von exotischen Holzarten schon ziemlich verbreitet gewesen sein muß.

Stephan, ein Elsässer, führt 1579 für Frankreich zunächst die einheimischen und fremden Bäume auf.[1]) Bei den Gehölzen nennt er nur diejenigen, die am meisten in den französischen Wäldern erzogen werden; „die fremden aus dem Morgenland gehören nicht hieher" (S. 549).

Heresbach und Stephan sind die einzigen, im praktischen Leben stehenden Autoren, welche uns Nachrichten aus den ersten Zeiten der Einführung fremder Holzarten vermitteln. Colerus, dessen Schriften 1632 und 1665 erschienen, behandelt nur ganz kurz einige fremde Holzarten (Maulbeer, Palmbaum). Bis zum Jahr 1700 sind wir daher vorherrschend auf die Botaniker, die Verfasser der sog. „Kräuterbücher", angewiesen, wenn wir die Verbreitung der fremden Holzarten erfahren wollen. Diese geben vielfach an, ob die betreffenden Holzarten auch im Walde vorkommen. Leonhard Fuchs (Ingolstadt) berichtet 1542 (*Historia Stirpium*), daß die Kastanie an den meisten Orten Deutschlands in Menge, der Kirschbaum manchmal auch in Wäldern vorkomme; auf Ödland werde die Pappel gepflanzt. Er erwähnt außerdem *Cypressus, Ficus, Morus.* Bei Ruellius erscheinen 1543 außerdem *Cedrus, Juglans, Platanus.* Bock (Saarbrücken) nennt in seinem „Kreuterbuch" (1556) Maulbeer, Feige, Palme, Sevenbaum, Kastanie. Sternberg führt 1565 *Thuja occid.* an.

Bellonius frägt 1589, warum man in den Gärten der Bürger und der Fürsten keine exotischen Bäume (Zedern, Kastanien, Maulbeerbäume, Akazien, Pinusarten etc.) treffe? Es sollen Samen von solchen Arten gesammelt werden, die das Klima und den Boden (Galliens) ertragen. Es sollen öffentliche Plätze in der Stadt zur Aufzucht verschiedener Holzarten bestimmt werden.

Clusius kennt 1605 bereits 1440 Arten. Er empfiehlt, Saatschulen im Walde anzulegen. 1613 erschien das „Kräuterbuch" von Tabernomontanus (Churpfalz). Das reichhaltigste Werk sind die 30 Bücher *Stirpium Historiae* von Rembert Dodonaeus in Mecheln 1616. Die *Historia naturalis* von Jonstonus, Frankfurt 1662, nennt bereits zahlreiche Arten (*Abies* 9, *Acacia* 10, *Acer* 6, *Cedrus* 10, *Fraxinus* 9, *Platanus* 2, *Quercus* 5). In *Jacobi Breynii Exoticarum . . plantarum Centuria prima* von 1677 (?) ist von „einer großen Menge ausländischer Pflanzen" die Rede. Sehr reichhaltig ist der *Index nominum plantarum* von Chr. Menzel (Fürstenwald) 1682. In Eichstätt war nach dem *Hortus Eystettensis* (1713) schon 1612 ein Garten angelegt worden. Er wurde im Kriege zerstört und 1713 neu angelegt. Die Pflanzen wurden in verschiedenen Teilen der Erde gesammelt.

Es scheint jedoch der Anbau exotischer Bäume noch nicht überall verbreitet und vorherrschend auf die Gärten beschränkt gewesen zu sein. Vielleicht haben die Schriftsteller aus der Praxis ihnen auch wenig Interesse entgegengebracht. Auffallend ist immerhin, daß die Forstordnungen des 16. und 17. Jahrhunderts die ausländischen Holzarten nicht erwähnen. Diese Auffassung wird durch Carlowitz bestätigt. Er widmet den fremden (ausländischen) Bäumen das 17. Kapitel. Mehr oder weniger ausführlich besprochen werden u. a. Zeder, Zypressen, Ebenholz. Seine Ausführungen werden in mancher Beziehung ergänzt von Bernhard von Rohr.[2])

---

[1]) Sieben Bücher vom Feldbau. 263,.

[2]) Naturgemäße Geschichte der wild wachsenden Bäume und Sträucher in Deutschland. 1732.

3. Carlowitz hebt 1712 und gleichlautend 1732 [1]) hervor, welch große Ausdehnung der Gartenbau und der Anbau fremder Hölzer genommen habe, so daß an vielen Orten der Pflege der wilden Bäume und Gehölze „große Versäumnis zugewachsen" und vom Säen und Pflanzen wilder Bäume fast nichts beschrieben worden sei. Es wäre daher zu wünschen, daß die *Silvicultura* oder der wilde Holzanbau auch so hoch als die Gärtnerei erhoben werden möchte.

Schreber [2]) erwähnt den Anbau von Lärchen und Zedern. Lärchensamen sei bei Blankenburg am Harz 1730, in Höxter 1746 gesät worden. Der Same sollte nicht aus wärmeren Gegenden verschrieben werden. Oberschlesischer und sibirischer Lärchensame verdiene den Vorzug vor solchem aus Tirol. Der Anbau von Kastanien, Akazien, Platanen wird empfohlen und 1758 gefragt, ob die Zeder vom Libanon [3]) jetzt Modebaum sei?

4. Von Dresden ergeht 1744 eine Vorschrift [4]) zum Anbau nutzbarer nordamerikanischer Gewächse. Es sollen 3—5 ha zum Anbau bestimmt werden. Bei jeder Universität sollte ein ökonomischer Pflanzgarten zur Belehrung für angehende Landwirte anzutreffen sein. Der Same könne durch einen deutschen Gärtner Busch in Hackney bei London bezogen werden; auch können Samenkisten direkt in Amerika bestellt werden, von denen alljährlich eine gute Anzahl nach England geschickt werde. In einer Kiste seien über 100 verschiedene Sämereien von Zypressen, Lärchen, Tannen, Fichten, Kiefern, Eichen, Buchen, Eschen, Walnüssen, Ahorn, Tulpenbäumen, Erlen, Birken, Platanen, Pappeln, Akazien enthalten. Der schwedische Professor Kalm bereiste 1747/48 das nördliche Amerika, sammelte dort Samen und schickte ihn sogleich nach Schweden (Reise etc. 1754).

Ein Katalog von 1765 [5]) umfaßt 217 Arten, die von Busch bezogen werden konnten.

In Stahls Forstmagazin werden 1764 von 102 Arten nordamerikanischer Bäume die Preise mitgeteilt, „zu denen die Kasten in London zu haben sind". In derselben Zeitschrift finden sich umfangreiche Abhandlungen über nordamerikanische Bäume 1765, 68, 69.

5. Döbel teilt 1746 die Holzarten ein in 1. ausländische, 2. inländische. Es sei nötig, so zu teilen, weil die inländischen fast vergessen werden! Alljährlich kommen viele Kasten mit Holzsamen aus Ost- und Westindien. Durch Einbürgerung der fremden Holzarten wollen viele bei den Nachkommen ewigen Ruhm erwerben. Es sei der Mühe wert, sich um die fremden Holzarten zu kümmern, z. B. *P. strobus*, einige Eichen, aber man solle nicht ganze Stücke in den Wäldern ziehen.

Diese Sätze wiederholen 1785 Zanthier und Krone [6]); sie fügen hinzu, daß wir mit unseren Holzarten ganz zufrieden sein können.

6. Moser [7]) will 1757 nur diejenigen Holzarten nennen, „welche durch ihre häufige Anpflanzung nunmehr naturalisiert worden sind": Walnuß, Maulbeerbaum, Roßkastanie, Akazie, Zeder vom Libanon („Modebaum"), Zirbelkiefer (aus Amerika bezogen), Lärche, Lebensbaum, Cypresse. Man solle Versuche anstellen.

---

[1]) Sylvicultura oeconomica. Vorbericht 1.

[2]) Vermischte Schriften 1, 149.

[3]) Daselbst 6, 451.

[4]) Forstmagazin 7, 250.

[5]) Das. 7, 229.

[6]) Der wohlgeübte und erfahrene Förster. Anhang zu Döbels Jägerpraktika. 1785. S. 647.

[7]) Forstökonomie. 1757. 1, 32.

Von Amerika wurden außer Samen auch Bäume bezogen. 1757 erschien in Kopenhagen eine Schrift über den Transport der Bäume „über die See"; sie sollten in Moos und Erde verpackt werden. [1])

Geutebrück [2]) erwähnt 1757 die fremden Nadelhölzer, bemerkt aber, es stehe noch nicht fest, wie sie gedeihen; die Ergebnisse des Anbaues müssten abgewartet werden. Ähnlich Cramer 1766. In Württemberg waren 1758 52 ausländische Arten festgestellt worden. [3])

7. Im mittleren und nördlichen Deutschland muß auch die Lärche zu den fremden Holzarten gezählt werden. Es mögen daher einige Angaben über ihre Einführung im Zusammenhang mit den Bestrebungen um die Mitte des 18. Jahrhunderts folgen. [4]) 1753 wird in den Hannoverschen Anzeigen (19. Stück) über ihren Anbau berichtet. Sie sei vorher ein unbekannter Baum gewesen. Besonders gut wachse sie in Braunschweig; bei Blankenburg sei sie 1730 gesät worden. Am Brocken wachse die Lärche besser als jede andere Holzart.

Nach Brocke [5]) ließ man im Braunschweigischen den Lärchensamen aus Tirol kommen; das Pfund kostete 6—7 Reichstaler; „jetzt aber (1777) haben wir von unseren eigenen Bäumen Samen in Menge". 1774 sagte er noch, daß die Lärche sich nicht selbst ansäe, weil der Same nicht aus dem harzigen Zapfen falle. [6]) Brocke ließ auch Lärchenpflanzen aus Tirol kommen, die aber nicht gediehen; er kaufte daher stets Samen von Händlern, die alle Jahre aus Tirol nach Braunschweig kamen. [7]) Ursprünglich wurden die Lärchen in Braunschweig nur in Gärten gepflanzt, seit 1751 geschah dies auch in großen Wäldern mit gutem Erfolg.

„Von anderen Nadelhölzern (Zeder, Zirbel, Tanne) weiß man noch nichts Sicheres; daher muß noch zugewartet werden. Ganz zu verwerfen ist der Anbau nicht; man muß der Zukunft vorarbeiten". [8])

Nach Rössig sind im Harz 1781 ganze Gegenden und Berge mit Lärchen angesät. Am Schloßberg in Wernigerode befinde sich eine Plantage von amerikanischen Gewächsen.

In die Pfalz wurde der Lärchensame 1760 aus Tirol gebracht. Vom Oberforstamt werde damit alljährlich fortgefahren, so daß nun schöne Anpflanzungen in verschiedenen Lagen vorhanden seien. [9]) Die Akazie sei 1767 in die Pfalz gekommen.

Versuche mit Anzucht der Lärche sind nach Müllenkampf [10]) in der Gegend von Mainz günstig ausgefallen.

Die schönsten Lärchenwaldungen befanden sich 1796 in Hessen-Kassel. [11])

8. Über die Naturalisation fremder Bäume in der Schweiz berichtet 1762 und 1764 v. Graffenried in Worb (Bern). Seine Pflanzensammlung sei mit mehr als 200 amerikanischen baumartigen Pflanzen bereichert worden. Der

---

[1]) Leipz. Gel. Zeitg. 87.

[2]) Kurze Anweisung z. Anbau des Holzes, 1757. S. 45.

[3]) Die Holzarten in Württemberg, 1758.

[4]) Näheres in § 23.

[5]) Widerlegung Wedels etc. S. 123.

[6]) Wachstum der Forste, S. 19.

[7]) Wahre Gründe etc. 1768/75. 1788. S. 170.

[8]) Cramer, Anl. z. Forstwesen. 1766. S. 46.

[9]) Petri, Anleitung, allerlei Holzarten zu pflanzen. 1793. S. 40. Es werden 87 Holzarten, darunter auch ausländische, aufgezählt.

[10]) Vermischte Polizeigegenstände des praktischen Forstwesens. 1791, S. 204.

[11]) Horwig, Deutsche Waldgen. 1796. S. 76.

strenge Winter 1763 hatte 90 Arten, die etliche Jahre ausgehalten, gänzlich zugrunde gerichtet.[1])

Ott[2]) führt 1763 bereits 33 ausländische Holzarten an. 1769 zählt er im *Arboretum helveticum* 38 Arten auf, die bereits 1763 in der Schweiz zahm gemacht wurden.

9. Duhamel du Monceau[3]) erwähnt 1763 für Frankreich 33 exotische Holzarten, die angebaut worden seien.

Reinhard übersetzt 1766 aus dem Fransösischen ein Buch (70 S.) über die Akazie. Sie sei seit 100 Jahren in Frankreich gemein; sie eigne sich besonders zu Weinpfählen. Über die Kunst, italienische Pappelbäume aufzuziehen, erschien 1764 eine Schrift von Pelée de Saint-Maurice.

10. Vom Anbau ost- und westindischer Bäume in Dänemark berichtet 1764 Hager.[4])

11. Die Weymouthskiefer säte Grotens[5]) 1764 bei Meissen, ebenso die Lärche. Er bemerkt hiezu: Die Lärche kommt auch auf dem Harz, in Anhalt und Braunschweig, in Schlesien (insbesondere bei Jägerndorf), im Wienerwald, in Franken, im Sebaldiwald bei Nürnberg, in Steiermark, Kärnten, Tirol vor. J. Beckmann bemerkt in seinen „Grundsätzen der teutschen Landwirtschaft" 1769, daß die einheimischen Bäume freilich die wichtigsten seien; „aber gewiß ist es, daß auch einige ausländische, zumal die aus den nördlichen Ländern des Indigenats fähig und würdig sind" (4, 1790, S. 349). Der Anbau ausländischer Holzarten muß schon ziemlich ausgedehnt gewesen sein. Beckmann kann 1769 schon auf die günstigen Erfahrungen hinweisen und den Landwirten die Anzucht amerikanischer Arten empfehlen.[6])

12. J. G. Jacobi sagt 1770 im „Hausvater" (5, 497, Hannover 1765—73), es sei jetzt Mode, auch fremde Bäume anzupflanzen; in etwas größeren Gärten gebe es ganze Pflanzungen von wilden, besonders ausländischen Bäumen zur Beschattung der Spaziergänge. Das Verzeichnis der fremden Holzarten füllt 11 Seiten mit ca. 400 Arten (S. 543—547). „Die seit einigen Jahren in England eingeführte Mode wird auch in Deutschland nachgeahmt und wird vermutlich noch allgemeiner werden; auch in Deutschland wird man (wie in Frankreich) die verdrießlichen einförmigen Hecken wegwerfen". „Was England macht, wird nachgeahmt; der Unterschied des Klimas wird nicht beachtet." Er führt die Holzarten auf, die (1770) bei anhaltendem Frost gelitten haben (darunter *Magnolia, Cupressus, Castanea, Pinus marit., rigida, palustris, Robinia* etc.)

Pflanzschulen mit ausländischen Holzarten werden 1774 erwähnt.[7]) v. Brocke[8]) meint, 1775, manche amerikanische Arten könnten des Anbaus mehr wert sein als einheimische. In der *Onomatologia forestalis* werden in einem Nachtrag 1772 im ganzen 43 fremde Arten, darunter 14 Eichen- und 8 Pappelarten,

---

[1]) Berner Sammlung 1, 1, 162; 3, 3, 41; 5, 1, 149; 5, 4. 135.

[2]) Dendrologia Europae mediae. S. 253. Unter den „Bergbäumen" sind nur Nußbaum und Akazie genannt.

[3]) Oelhafen, Von der Holzsaat etc. S. 23.

[4]) Waldbau, 18.

[5]) Entwurf d. Forstwiss. 1765. S. 352, 354.

[6]) Grundsätze der teutschen Landwirtschaft. 1769. 2, 1790. § 263 u. a. *Quercus rubra; Ulmus hollandica, americana; Acer tataricum; Populus balsamifera; Prunus virginiana; Robinia pseudoacacia, saragana, hispida; Prunus canadensis, rubra; P. strobus; Cedrus* (Libanon); *Thuja occid.*

[7]) Allg. ök. Kalender.

[8]) Wahre Gründe der Forstwissenschaft.

zum Anbau empfohlen. Philoparchus (S. 102) bemerkt 1774, daß Nußbäume an vielen Orten in Deutschland unter den Waldbäumen zu treffen seien.

13. Du Roi berichtet 1772, daß seit 20 Jahren (also seit ca. 1750) nordamerikanische Bäume in Harbke, dem Rittersitz des Hofrats von Veltheim (bei Helmstedt) erzogen werden und daß bei Wolfenbüttel schon starke Exemplare von Weymouthskiefern zu sehen seien.[1]) Nach Hennert konnten in Harbke 253 ausländische Holzarten gekauft werden.[2])

Gleditsch gedenkt 1775[3]) der Maulbeerbäume, Robinien, Walnußbäume, Kastanien, Roßkastanien etc., „die sich in unseren Waldungen (Preußen) noch nicht einheimisch gemacht haben. Versuche mit fremden Holzarten muß man vorzüglich empfehlen; die bloß belustigende und mit vielen Kosten, Zeit und Arbeit verbundene Liebhaberei wird sich zuletzt in eine ernsthaftere Anwendung bei Kennern verwandeln und sicheren Nutzen stiften."

Unter Stahls[4]) Leitung wird 1776 die These verteidigt, „daß man zu den wilden Bäumen gegenwärtig viele amerikanische Bäume zählen könne".

Suckow[5]) will 1777 nur diejenigen ausländischen und bei uns ausdauernden Bäume anführen, von denen sichere Erfahrungen vorliegen (darunter *Strobus, Thuja, Castanea, Q. rubra, Betula lenta, Fraxinus americana, Acer saccharinum*).

Jung[6]) zählt 25 ausländische Holzarten 1781 auf; er spricht sich über ihren Anbau nicht ungünstig, aber vorsichtig aus.

14. Neuen Aufschwung nahm die Anzucht nordamerikanischer Bäume durch v. Wangenheim (1781). Er hatte bei längerem Aufenthalt in Nordamerika die dortigen Holzarten kennen gelernt, auch die dortigen klimatischen Verhältnisse genauer studiert. Er empfiehlt den Anbau verschiedener Arten in Deutschland, die den einheimischen wohl an die Seite gestellt werden könnten.[7]) Vom Anbau anderer (darunter der Roteiche) glaubt er abraten zu sollen. „Die geringeren Forstbedienten in Deutschland," bemerkt v. Wangenheim, „zeigen größtenteils einen eingewurzelten Haß wider den Anbau fremder Holzarten." In England seien schon seit 100 Jahren (seit 1687) nordamerikanische Arten, aber nur gartenmäßig erzogen worden. v. Münchhausen und Veltheim seien die ersten gewesen, die in Deutschland 50 Jahre nach den Engländern nordamerikanische Bäume, aber auch nur gartenmäßig gezogen hätten. Er unterscheidet solche, die in Deutschland nutzbar zu machen seien (5 Nadel-, 15 Laubhölzer; darunter: *P. strobus*; *canadensis*; *Thuja occid.*; *Juniperus virg.*; *Q. rubra*; *Robinia*; *Jugl. nigra*; *Platanus occid.*; *Liriodendron* etc.) und solche, deren Gedeihen zweifelhaft ist (6 Nadel-, 14 Laubhölzer); für Gärten empfiehlt er 21 Arten. Unsere besseren Holzarten sollen aber nicht verdrängt werden. Schon 1787 empfiehlt er Anpflanzungen im großen, wie sie lange nur in Schwöbber und Harbke unternommen worden seien. Bisher sei die größte Schwierigkeit gewesen, guten Samen zu erhalten. Man mußte ihn aus England kommen lassen und bekam alten Samen. Nun könne man über Hamburg und Bremen ihn direkt beziehen. v. Burgsdorf erwähnt, daß der Same in England oft verfälscht und verwechselt werde (vgl. Mayr 225).

---

[1]) Die Harbkesche wilde Baumzucht. 1772. Vorrede.

[2]) Bemerkungen auf einer Reise nach Harbke. 1792. S. 12.

[3]) Einleitung in die Forstwiss. 2. Bd. Vorrede S. V.

[4]) Sätze etc. Nr. 31.

[5]) Ökonom. Botanik. S. 107—72.

[6]) Lehrbuch d. Forstw. 1781. S. 59.

[7]) Beschreibung einiger nordamer. Holzarten mit Anwendung auf teutsche Forsten 1781. Beitrag zur teutschen holzgerechten Forstwissenschaft etc. 1787.

15. Die Akademie in Brüssel[1]) stellte 1782 die Frage auf, welche fremden Gewächse in den Niederlanden mit Vorteil gezogen werden können? In den Antworten wurden 22 fremde Holzarten genannt.

16. Alle bisherigen Züchter übertraf an Einfluß Oberforstmeister v. Burgsdorf, welcher aus seinem Holzsameninstitut zu Tegel bei Berlin seit 1786 amerikanische Samen versandte. Zu deren Einsammeln schickte er eigene Leute hin. 1789 waren es 19, 1799 schon 27 Arten, die er zum Anbau empfehlen konnte (die bekanntesten Arten befinden sich unter diesen). 1790 hatte er in Tegel 600 „dauerhafte Sorten" zusammengebracht. Auch durch seine Schriften und den Unterricht in Berlin wirkte er auf weite Kreise ein. Ihm ist in erster Linie der ausgedehntere Anbau nordamerikanischer Holzarten zu verdanken.[2]) Ausländische Samen konnten 1790 bezogen werden aus Dresden, Hamburg („frisch aus Amerika"), Harbke, Karlsruhe (Verzeichnis der im Freien aushaltenden Arten), 1798 aus Stuttgart, 1799 aus Weimar. Aber schon 1795 erklärt Burgsdorf, daß nur sehr wenige fremde Holzarten Vorzüge vor den unsrigen haben.

Das Interesse am Anbau fremder Holzarten war Ende des 18. Jahrhunderts ein sehr reges, wie die Literatur jener Zeit beweist. 1786 wundert sich ein Rezensent von Käplers Forstkatechismus, daß die neuen nordamerikanischen Pflanzungen nicht erwähnt werden; viele darunter seien nicht nur für Lustanlagen, sondern auch für wilde Baumkultur durch schnelles Wachstum geeignet.[3])

Jeitter[4]) empfiehlt 1789, auch ausländische Bäume zu pflanzen. Fast gleichzeitig warnt Laurop vor ihrem Anbau, da sie fehlschlagen.

Im „Handbuch für praktische Forstkunde" werden 1796 von ausländischen Holzarten diejenigen abgehandelt, die „nationalisiert" sind. Ebenso im „Handwörterbuch" Akazie, Roteiche, Lärche, Weymouthskiefer.

Medicus tritt 1789 in einer besonderen Schrift und 1792 in zahlreichen Abhandlungen für den Anbau der Akazie ein, um dem Brennholzmangel abzuhelfen. Eine Zeitschrift über die Akazie von ihm erschien in 5 Bänden (1796 bis 1801). Außer dieser empfiehlt er noch *Jugl. nigra, A. negundo, Gleditschia.* 1792 bemerkt er, amerikanische Bäume[5]) seien seit 100 Jahren in England, seit 50 in Frankreich und Deutschland eingeführt, sie passen für Gärten, nicht für Wälder. Die Forstleute wollen das Land in einen amerikanischen Wald umwandeln. Unsere Bäume seien wichtiger für die Forstkasse, als die amerikanischen. Diese werden empfohlen, als hätten unsere Schriftsteller in Amerika selbst ihre Erfahrungen gesammelt. 1796/97 erschienen Anleitungen zur Akaziensaat für Nürnberger und fränkische Landwirte.

Hartig bestritt 1799, daß dem Brennholzmangel durch die Akazie abgeholfen werden könne.

Nau[6]) schätzt an den ausländischen Holzarten 1790 die Holzqualität, Schnellwüchsigkeit und Schönheit. Er rühmt insbesondere die Weymouthskiefer; sie liefere die höchsten, geradesten und stärksten Stämme, reinige sich im Schluß.

---

[1]) Gött. gel. Anzeigen 1785. 2, 1233.

[2]) Anleitung zu einer sicheren Erziehung und Anpflanzung der einh. und fremden Holzarten. 1787. 2, 1789. Abhandlung vom ungesäumten ausgedehnten Anbau einiger in den Preuß. Staaten noch ungewöhnl. Holzarten, 1790. Forsthandbuch. 2, 1790. insbes. XVII—XXVI. 3, 1800. XIX—XXII.

[3]) Leipz. neue Gel. Ztg. 1502.

[4]) Forstkatechismus 180.

[5]) Nordamerik. Bäume 12.

[6]) Anleitung. 19.

Müllenkampf begrüßt 1791 die Anordnung als ideal, durch welche fremde, das Klima, namentlich den kalten Winter ertragende und schnell wachsende Holzarten eingeführt werden. Der Same müsse angekauft werden, bis man die Holzarten selbst gezogen habe und die Bestände von Natur gemischt werden. Die Forstbeamten werden dem Vorurteil gegen fremde Holzarten kein Gehör geben. 14 Holzarten werden (nach v. Wangenheim) besonders empfohlen.[1])

Die Nachrichten über den tatsächlichen Anbau aus verschiedenen Gegenden mehren sich.

Nach Scheppach (Holzarten, 1791) hat der Kurfürst von Sachsen einige nordamerikanische Holzarten zuerst nach Sachsen und überhaupt nach Deutschland verpflanzt und einige (*Strobus*, *Robinia* etc.) in kursächsischen Forsten anbauen lassen. Aber Vorzüge vor unseren haben nur wenige fremde Holzarten. Der Same muß aus Nordamerika zwischen 43—45°, was niedriger gesät wird, aus 41—43° bezogen sein.

Ausgedehnterer Anbau von amerikanischen Holzarten fand 1793 statt bei der Burg Friedberg in der Wetterau; „mehr als 200 Holzarten gedeihen dort, selbst solche, deren Wachstum vor 20 Jahren bezweifelt worden war".

Übertroffen wurden diese von den Anpflanzungen in Dessau und Weimar. Seit 20—40 Jahren, so wird 1793 berichtet,[2]) sei der Anbau von exotischen Holzarten nicht auf Hunderte, sondern auf Tausende von Morgen ausgedehnt worden.

Größerer Anbau in Schwarzenberg (Franken) wird 1805 erwähnt,[3]) sowie in Weißenstein (jetzt Wilhelmshöhe) bei Kassel. Berühmt waren die Gärten von Karlsruhe und Schwetzingen. Ein „exotischer Garten" in Hohenheim (bei Stuttgart) wurde 1770—80 angelegt. 1795 waren in Württemberg[4]) schon „ganze Waldstücke" mit ausländischen Holzarten, insbesondere Lärchen, angepflanzt; es wird ein Verdrängen der einheimischen befürchtet.

17. In Österreich waren 1787 ansehnliche Anpflanzungen von nordamerikanischen Bäumen in der dem Grafen v. Rottenhan gehörigen Herrschaft Rottenhaus (Böhmen) vorhanden.[5]) In der Österr. Baumzucht von Schmidt werden 1792 auch die ausländischen Bäume abgehandelt. 1795 werden die ausländischen Bäume zusammengestellt, welche in Österreich ausdauern.[6])

18. Auch Drais[7]) schlägt vor, ausländische Bäume zu pflanzen (Akazie, Weymouthskiefer, Schwarzkiefer, Thuja). Er hält[8]) 1807 für anbauwürdig nur Akazie, Platane, schwarze Nuß und Lärche.

Nach Medicus finden sich bei Pforzheim ansehnliche Mengen von Weymouthskiefern. 1881 waren noch 500 Stück vorhanden, von denen 1906 einige geschlagen und untersucht wurden.[9])

Im „Handbuch für Forstbediente" werden 1799 Akazie und Weymouthskiefer hervorgehoben; letztere sei schnellwachsend, aber der Same noch zu teuer.

---

[1]) Verm. Polizeigegenstände des prakt. Forstwesens. 1791. S. 211.

[2]) Journal f. das Forst- u. Jagdwesen, III, 2, 210.

[3]) Forstarchiv 29, 149.

[4]) Das. 16, 149.

[5]) Nachrichten über die Landw. Böhmens. Gött. gel. Anzeigen 1788. 2, 1550.

[6]) Beckmann, Phys.-ök. Bibliothek. 18, 521.

[7]) Journal f. F. 5, 40.

[8]) Lehrb. 180.

[9]) Wimmer, 18, 39.

Resch stellt 1800 eine Liste von 12 schnellwachsenden amerikanischen Holzarten auf [1]) und empfiehlt, bei Erfurt wegen Holzmangels den Bohnenbaum (*Cytisus Laburnum*) anzupflanzen.

Nach Däzel (1802) soll im Unterricht auch Anleitung zur Erziehung ausländischer Holzarten gegeben werden. Ein angeblicher Vorteil sei ihre Schnellwüchsigkeit, dem aber die hohen Kosten und die Unsicherheit des Gedeihens gegenüberstehen. Zu empfehlen seien: Akazie, kanadische Pappel, Platane, Hickory, Weymouthskiefer, Scharlacheiche, virginische Traubenkirsche, schottische Kiefer, kanadische Fichte.

Zschokke [2]) erwähnt 1806, daß von den Exoten viel Rühmens in Deutschland gemacht werde. Man solle zuerst Versuche anstellen und erst dann im großen sie anbauen, aber nur *Robinia, Strobus, Platanus occidentalis.*

v. Seutter (Ulm) erwähnt 1808 unter 10 ausländischen Holzarten *P. cembra, rigida, strobus.*

In der Baumschule von Rotenbuch im Spessart wurden auf Befehl des Großherzogs Dalberg 100 deutsche nebst einigen ausländischen Holzarten gepflanzt. [3])

Zu Framont bei Paris befand sich 1828 „die größte Anlage der Welt", aus der überall hin Pflanzen abgegeben wurden. [4])

Die Ausdehnung des Anbaus ausländischer Holzarten im praktischen Betriebe ersieht man aus den Nachrichten über die Kultur des trockengelegten Schwansees bei Weimar. Es wurden 1803 teils im Gemenge, teils auf einzelnen Strecken auf 800 Morgen 16 Holzarten nebst verschiedenen ausländischen Holzarten verwendet, die aus dem Park bei Weimar bezogen wurden. Es entstanden bald beträchtliche Lücken. [5])

19. Der Strömung zugunsten der fremden Holzarten, die die meisten forstlichen Kreise ergriffen hatte, traten aber doch einzelne Stimmen entgegen. So bemerkt Andreä (Pfalz) 1790 in der „Charakteristik inländischer Forstbäume" (Vorrede), daß er die ausländischen Pflanzen später behandeln wolle. Unter diesen seien viele nützlich und unseren Gegenden ganz angemessen, aber deren Säen und Pflanzen sei noch ferne.

Über Mißerfolge mit amerikanischen Holzarten äußert sich 1794 v. Witzleben. [6]) 1795 wird über den Anbau ausländischer Holzarten und den Hang zu solchen geklagt. Ganze Waldstücke seien schon, insbesondere auch mit Lärchen bepflanzt; man solle die einheimischen nicht verdrängen. [7])

Laurop rät 1796, in holzarmen Gegenden die Birke [8]) anzubauen. Eine Zeitlang hätte man Versuche über Versuche mit fremden Holzarten gemacht, endlich scheine diese wütende Periode doch nachzulasssen. Man sah, was man verschwendet, man ließ ab, mit Gewalt zu nationalisieren. Einige lassen aber nicht ab, sie fürchten, sich schämen zu müssen. Der vorhandene oder befürchtete Holzmangel führte zu fremden Holzarten und die Vorliebe des Deutschen für alles Fremde.

---

[1]) Der Bohnenbaum. S. 33.

[2]) Gebirgsförster 1, 304.

[3]) Klauprecht. Spessart. 121.

[4]) Allg. F. u. J.Z. 1828, 224.

[5]) Seckendorf, Forstrügen. VIII, 30.

[6]) Forstarchiv 15. 157.

[7]) Daselbst, 1795, 176.

[8]) Birke. Vorrede S. IV—IX.

Sierstorpff führt 1796 die Zedern nicht mehr auf, da sie im Winter 1788/89 größtenteils erfroren seien. [1])

Führer[2]) rät 1797 zu Versuchen mit ausländischen Holzarten; es sei aber keineswegs ausgemacht, ob sie bei den hohen Kosten den Vorzug vor den einheimischen verdienen.

20. G. L. Hartig gedenkt weder in der 1. (1791) noch in der 4. Auflage (1804) seiner „Holzzucht" der ausländischen Holzarten. Das Überhandnehmen der Anzucht fremder Holzarten fand nicht seine Billigung. Er weist 1798 auf den Mangel an Samen, die großen Kosten und die Unsicherheit des Gedeihens hin. Es sei nicht gut, was nicht vom Ausland komme. Die Anzucht ausländischer Holzarten sei ein so allgemein beliebter Modegedanke, daß man Gefahr laufe, für einen nicht aufgeklärten Forstmann gehalten zu werden, wenn man sich von der großen Gesellschaft trenne. Für die Akazie habe Medicus eine eigene Zeitschrift gegründet. Er ziehe selbst auch einige ausländische Bäume an, aber die Übertreibung sei schädlich. [3])

Im Lehrbuch für Förster[4]) erwähnt er 1811 nur die Weymouthskiefer, „die nun schon allenthalben in Deutschland mit glücklichem Erfolg angepflanzt worden ist". „Trotz des schlechten Holzes verdiene sie zur Beobachtung angepflanzt zu werden. Es werde dann leicht Samen zu erhalten sein, um den Anbau mehr ins Große zu treiben."

1834 meint Hartig[5]), daß die amerikanischen Holzarten sich nicht so vorteilhaft (durch rasches Wachstum) auszeichnen, als man gehofft habe. Es sei aber doch ratsam, sie nicht nur in Lustgärten, sondern auf Waldboden im kleinen zu pflanzen, um vielleicht die Anzahl der nützlichen Holzarten dadurch zu vermehren.

Die Autorität Hartigs hat einen Umschwung in der Beurteilung und Wertschätzung der fremden Holzarten herbeigeführt.

Vielleicht hat Hartig auch Veranlassung zu der Preisfrage gegeben, welche die Kgl. Societät der Wissenschaften in Göttingen[6]) für 1818 aufstellte: Gibt es nordamerikanische Waldbäume, die unter gewissen Verhältnissen in Deutschland mit gleichem oder größerem Vorteil als einheimische, im großen kultiviert werden können? Als Erfordernisse wurden aufgestellt: a) Darstellung der Ergebnisse der bisherigen Versuche, b) gründliche Erörterung, welche unter den nordamerikanischen Holzarten bevorzugt werden sollen, c) zuverlässige Ertragsberechnungen. In der Literatur findet sich keine Angabe, ob die Preisfrage gelöst worden ist.

21. Die Waldbauschriftsteller der folgenden Jahrzehnte nennen nur noch wenige fremde Holzarten für den Anbau; manche erwähnen sie überhaupt nicht.

Cotta zählt in seiner Anweisung zum Waldbau[7]) 1817 die ausländischen Holzarten nicht unter denen auf, die des Anbaus im allgemeinen würdig sind. Auch Hundeshagen geht 1821 auf die ausländischen Holzarten nicht näher ein.

---

[1]) Forstrügen S. 85.

[2]) Prakt. Anweisung zum Forstwesen. 2, 1797. S. 9.

[3]) Anzucht der Akazie 1798. S. 11 und ähnlich in Neujahrsgeschenk für Forst- und Jagdliebhaber. 1798. S. 64.

[4]) Daselbst 3, 1, 229.

[5]) Forstl. Konversations-Lexikon 45.

[6]) Gött. gel. Anzeigen, 1816. 2, 1210.

[7]) 2, 95.

Pfeil spricht sich 1829[1]) scharf gegen „die Modesache" aus. Viele hätten sich nur als Zierbäume oder in botanischen Gärten erhalten; nur wenige treffe man noch in einzelnen, gewöhnlich kümmernden Anlagen im Freien „als Denkmal jener Modetorheiten". Nur der Akazie und der Weymouthskiefer sei bedingte Benutzbarkeit nicht ganz abzusprechen (vgl. Ziffer 24).

Im neuangelegten Forstgarten von Neustadt-Eberswalde sind nach Pfeil 1835 die fremden Holzarten: *Fraxinus* 40 Arten, *Juglans* 10, *Populus* 18, *Quercus* 30, *Ulmus* 25, *Tilia* 7, *Pinus* 29 (darunter *Banksiana, ponderosa, rigida*), *Thuja* 6 „mehr aus botanischem Interesse" eingebracht worden.[2])

Gwinner führt 1834 unter den Holzgewächsen, „die für den Forstwirt von Interesse sind", die ausländischen Holzarten nicht auf.[3])

Kasthofer (1828) und Zötl (1831) gedenken der ausländischen Holzarten nicht. Feistmantel (1835) führt Akazie und Nußbaum, sowie die Weymouthskiefer an. Nur letztere nennt auch Grabner (1854).

Ein Bericht aus Österreich[4]) von 1832 lautet dahin: Es seien insbesondere auf der Liechtensteinischen Herrschaft Eisgrub in Mähren etc. viele Millionen nordamerikanischer Holzarten gepflanzt worden; aber über die Erfolge sei nichts bekannt geworden. Man betreibe in Oesterreich die Waldkultur mit Ernst, nicht als Spielerei mit Exoten, welche die einheimischen Bäume nicht ersetzen können. In Österreich herrsche nicht exotische Unwirtschaft.

22. Parade[5]) nennt 1837 nur die Akazie und die Weymouthskiefer unter den ausländischen Holzarten, die in Frankreich akklimatisiert sind. Letztere werde den einheimischen Hölzern beigemischt. Der Anbau der Zeder (Libanon) wird empfohlen.[6])

23. Wie sehr die fremden Holzarten den praktischen Wirtschaftern fern lagen, sehen wir aus einer Bemerkung von G. v. Greyerz (Bayreuth), der 1838 das Interesse wieder wecken will. Viele halten es für eine Spielerei, die nur für Parke passe. Man habe die Anpflanzungen v. Wangenheims vergessen. Zwar habe der Landwirtschaftliche Verein von Bayern 1824 direkt aus Nordamerika durch Michaux in Paris Samen bezogen; aber vom Erfolg hätte man nichts gehört. Die Weymouthskiefer sei am öftesten angepflanzt worden.[7])

Daß mit der Weymouthskiefer im Frankfurter Stadtwald durch Saat und Pflanzung günstige Erfolge, namentlich auch Bodenverbesserung erzielt worden seien, berichtet Beil 1840.

Nach Behlen[8]) haben sich bis 1840 nur die Akazie, einige Pappelarten und die Weymouthskiefer bewährt: „Deutschlands Wälder haben fremde Holzarten nur als Seltenheit und aus Liebhaberei aufzuweisen." Das Verzeichnis der 47 Holzarten (die meisten heute kultivierten befinden sich unter diesen, mit Ausnahme von *Abies Douglasii*) zeige, „wie eine fast roman-

[1]) Forstl. Verhalten der deutschen Waldbäume. 2, 174. Die 1. Aufl. von 1821 liegt mir nicht vor.

[2]) Krit. Blätter 9, 1, 174.

[3]) Waldbau. S. 15. Wer sich mit den ausländischen Holzarten bekannt machen wollte, wird auf seine Schrift über „Pflanzensysteme" verwiesen (S. 19). Ebenso in der 2. Aufl. von 1841. In der 4. Aufl. (1858) erwähnt Dengler die ausländischen Holzarten gar nicht mehr.

[4]) Ökonom. Neuigkeiten, 2, 44, 526.

[5]) Culture des Bois, 2, 58. Gleichlautend in 3, 1855.

[6]) Daselbst 2, 124, 3, 142.

[7]) Zeitschr. f. Bayern, IX, 2, 40.

[8]) Real- und Verbal-Lexikon der Forst- u. Jagdkunde 1, 759.

tische Schwärmerei die Wälder, zum Glücke nur idealische, betroffen hat".

Stumpf[1]) sagt 1849, daß „die wichtigeren exotischen, in Deutschland akklimatisierten Waldbäume dem Forstmann nicht unbekannt bleiben sollen". Auch Fiscali (1856) kann nur Weymouthskiefer und Akazie empfehlen. C. Fischbach[2]) nennt 1856 nur die Akazie und die kanadische Pappel; 1865 fügt er die Weymouthskiefer hinzu; sie sei „eingebürgert"; 1877 und 1886 behandelt er die 3 Arten kurz und zählt im ganzen 9 Arten auf, „deren Akklimatisation gesichert ist".

24. K. Heyer führt im „Waldbau" 1854[3]) die Akazie und die kanadische Pappel, die Platane und Walnuß als „seltener kultiviert, wiewohl in manchen Fällen anbauwürdig" auf; von den Nadelhölzern nennt er die Weymouthskiefer, den virginischen Wacholder. Ähnlich in der 4., von Heß herausgegebenen Auflage 1893. Heß erwähnt und begrüßt die 1880 von den forstlichen Versuchsanstalten aufgestellten Pläne für den Anbau fremder Holzarten, fügt aber bei (S. 13): „Ob hiedurch für die Praxis im großen ganzen Vorteile erwachsen werden, ist schon deshalb zweifelhaft, weil die Anbaukosten außerordentlich hohe sind." Auffallend ist ihm, daß die Industrie von diesen Bestrebungen nicht die geringste Notiz genommen hat. In der 5. Auflage (1906) fehlt die obige Bemerkung; dagegen ist angeführt, daß die seit 1880 gemachten Erfahrungen 18 Holzarten als anbaufähig erscheinen lassen. Ob sie auch anbauwürdig seien, scheint Heß zu bezweifeln. Nur von Pechkiefer und Bankskiefer bemerkt er, daß sie noch auf sehr geringen Bodenarten fortkommen.

Burckhardt[4]) widmet 1855 nur der Weymouthskiefer einige Worte; in der 5. Auflage von 1880 hat er außerdem die Strandkiefer, Schwarzkiefer, Akazie, Platane, Walnuß kurz abgehandelt.

Nach Pfeil[5]) hat sich (1860) „von den, besonders aus Nordamerika eingeführten fremden Holzarten keine als Waldbaum für die deutschen Forsten als nutzbar gezeigt, soviel Erwartungen man von mehreren derselben auch eine Zeitlang hegte". (Vgl. Ziffer 21.)

Nach Landolt[6]) finden sich (1866) in der Schweiz viele exotische Laubholzarten vor; die Mehrzahl ist aber dem Wald ganz oder fast ganz fremd geblieben. Viele kommen als Allee- und Zierbäume vor, dauern auch im Walde aus (Roßkastanie, kanad. Pappel, Akazie, Nußbaum, Zuckerahorn etc.). In größerer Menge ist in den Wäldern nur die Akazie angebaut worden; der Erfolg ist den Erwartungen nicht entsprechend. Empfohlen werde in neuerer Zeit der Nußbaum. Die übrigen genannten Laubholzarten kommen im Walde wohl fort, werden aber den einheimischen den Rang kaum streitig machen. Eine Nadelholzart nennt Landolt nicht. 30 Jahre später führt er unter den akklimatisierten Nadelhölzern die Weymouthskiefer und Schwarzkiefer auf. Über die fremden Laubhölzer urteilt er wie 1866.

25. Diesen aus forstlichen Kreisen stammenden Nachrichten dienen als willkommene Ergänzung die Stimmen der Botaniker und Forstbotaniker. Sie beschreiben die überhaupt oder auch nur in einer bestimmten Gegend vor-

---

[1]) Waldbau, S. 44.

[2]) Lehrb. d. Forstwiss. 1.—4. Auflage.

[3]) S. 15; ebenso 2, 1864. S. 17; in der 3. Aufl. (1878) wird die weiße Hickory hinzugefügt.

[4]) Säen und Pflanzen. S. 233.

[5]) Deutsche Holzzucht. S. 536.

[6]) Der Wald. S. 148, und 1895, 4, 123, 142.

handenen Bäume und Sträucher. Die Darstellung ist in der Regel allgemein gehalten, so daß sich aus dem Buche nicht immer mit Sicherheit entnehmen läßt, ob die Bäume gerade in der Heimat des Autors angebaut waren.

Aus der Tatsache, daß in die forstbotanischen Schriften auch die fremden Bäume aufgenommen sind, geht aber hervor, ob und inwieweit der Autor diesen bereits forstlich-praktische Bedeutung beilegte.

Die erste Beschreibung der einheimischen und ausländischen Pflanzen aus dem Jahre 1742 rührt von Weinmann in Regensburg her.[1]) Dann folgen eine Nürnberger Schrift 1773, die Forstbotanik von Weiß 1775, von Walther 1790, von H. C. Moser 1795. Besondere Schriften erschienen u. a. von Borowsky 1787, Marschall 1788, Walther 1790 und 1813, Scheppach 1791, Medicus 1792, Hildt 1799, Michaux 1803 (über die amerikanischen Eichen).

Käpler[2]) teilt 1803 die exotischen Holzarten in 2 Klassen; in der 1. führt er 39, in der 2. 47 Holzarten auf.

Borkhausen (Darmstadt) nahm 1800 in seine „Forstbotanik" (Vorrede S. XI) auch auf „die vorzüglichsten ausländischen, Versuchen und Erfahrungen zufolge in Deutschland ausdauernden und reife Früchte bringenden Holzarten (Nadelhölzer, Birken, Eichen, Ahorn, Walnuß). Die ausländischen Holzarten sollen nicht vernachlässigt werden. Die Abneigung gegen den Anbau fremder Holzarten bei vielen Forstwirten sei dadurch entstanden, daß ihnen ihre Pflanzungen mißlungen sind. Als Orte, wo er seine Studien gemacht habe, nennt er Dieburg und Crumbach im Odenwald; Schönberg an der Bergstraße, den „schönen Busch" bei Aschaffenburg, „vielleicht einer der reichsten Holzgärten Deutschlands".

Auch im „Botanischen Forsthandbuch" von C. Wagner und Hebig sind 1801 viele exotische Holzarten berücksichtigt; ebenso von Reum 1814 (3, 1837). In Bechsteins Forstbotanik (1821) sind 34 Arten genannt, die „unser deutsches Klima im Freien ertragen". F. König zählt 1820 in Böhmen gegen 80 fremde Holzarten auf.[3])

Dagegen hebt Theodor Hartig 1851 in seiner sehr vollständigen „Naturgeschichte der forstlichen Kulturpflanzen" unter den fremden Holzarten nur Akazie und Weymouthskiefer besonders hervor (S. 9). Von ersterer sagt er (S. 489), sie passe nicht für den Hochwald und im Mittelwald hätte sich der Anbau nirgends lebendig erhalten. Der Nutzen der Weymouthskiefer (S. 84) werde sich auf wenige Einzelfälle beschränken (Erlen- und Moorgrund). Er bespricht kurz Thuja (S. 86, „sie ist sogar schon als Waldbaum empfohlen worden"), Platane, Maulbeer, Roßkastanie. Im Jahre 1861 nahm Theodor Hartig[4]) nur die Weymouthskiefer und die Akazie in das Verzeichnis der wichtigsten Forstkulturpflanzen auf. (In den Jahren 1839—43 hatte er im Forstgarten von Riddagshausen bei Braunschweig verschiedene Holzarten angebaut, die aber zum größten Teil zugrunde gingen. 1869 schaffte er japanische und amerikanische Nadelholzarten für den Garten an.)

Zahlreiche fremde Holzarten, wenn auch mehr im botanisch-wissenschaftlichen Interesse, besprechen Döbner (1858), Koch (1869, 72). Nördlinger (1875) berücksichtigt auch forstlich-praktische Interessen.

Willkomm geht in der 1. Auflage seiner Flora (1875) auf die ausländischen Holzarten nur kurz ein. Dagegen hat er 1887 die fremdländischen ausführlich behandelt; er nimmt hiebei ausdrücklich Bezug auf John Booth und die forst-

---

[1]) Leipz. neue Gel. Zeitungen 301.

[2]) Vorkenntnisse der Forstwiss.

[3]) Sammlung prakt. Erfahrungen. 79.

[4]) Lehrbuch für Förster. 10, 1, 408. 450.

lichen Versuchsanstalten, die 1880 den Anbau fremder Holzarten beschlossen hätten.

Aus neuester Zeit sind besonders Hempel und Wilhelm zu nennen. (Die Bäume und Sträucher des Waldes. 3 Bde. 1889.)

Je ein botanischer Abschnitt für jede fremde Holzart ist auch enthalten in Heß: Die Eigenschaften und das forstl. Verhalten der wichtigeren in Deutschland vorkommenden Holzarten. 1880. 1905.

26. Daß der Anbau der fremden Pflanzen weitere Kreise nicht mehr interessierte, zeigen die Versammlungen der deutschen Forstwirte. Nur selten kam ihr Anbau zur Sprache. Gelegentlich der Versammlung in Doberan (1841) stellte John Booth fast 100 Arten Nadelhölzer in Töpfen aus. Auf der Versammlung in München wurden 1844 nur Akazie, Kastanie, kanadische Pappel, Lärche und Schwarzföhre zum Anbau empfohlen. Dippel (Pfalz) rühmte den Weymouthskiefernbestand bei Trippstadt (54jährig). 1857 wurde der Anbau der Weymouthskiefer ebenfalls befürwortet.

Im Schlesischen Forstverein hat Göppert mehrmals über Versuche berichtet. Seit 1792 waren in Chrzelitz, seit 1815 in Muskau (160 ha) ausgedehnte, bei Falkenberg, Dyhernfurth, Hirschberg, Mallmitz kleinere Anpflanzungen gemacht worden.

Im Sächsischen Verein wurde 1858 die Roteiche, 1895 von Nobbe nur diese und die Douglastanne empfohlen.

Der Schweizerische Forstverein hat 1861 die Fürsorge für den Anbau fremder Holzarten übernommen. Auf der Versammlung in Solothurn (1846) hatte A. v. Greyerz über den Anbau fremder Holzarten im Stadtwald von Biel berichtet. 1861 wurde auf seinen Antrag eine Kommission für das Studium der Frage eingesetzt und vom Verein ein Kredit für Versuche bewilligt. 1863 stellte W. v. Greyerz den Antrag, Versuche in verschiedenen Gegenden anzustellen. Dies wurde erleichtert dadurch, daß der Verein von 1864 an die Samen bestellte und unentgeltlich ablieferte (1869 waren es 31 Nadel- und 20 Laubhölzer). 1868 konnte in Solothurn mitgeteilt werden, daß der Anbau im Hügelland wie im Gebirge eifrig betrieben werde. Bereits 1872 wurden 23 Arten zum Anbau empfohlen. Eine besondere Kommission (Kopp, Coaz, Fankhauser, Meisel, Davall) sollte über die Ergebnisse berichten. Es gingen aber nur spärliche Mitteilungen ein. Welches Schicksal die 51 ausländischen Holzarten hatten, ist nicht bekannt. In den „Forstlichen Verhältnissen der Schweiz" (S. 75, 83) werden nur die Schwarzföhre und Weymouthsföhre, die Akazie und der Nußbaum genannt.

In den Stadtwaldungen von Zürich [1]) wurde in den 1840er Jahren *P. austriaca* angebaut; sie zeigt aber „kein anderes, geschweige denn ein günstigeres Verhalten als *P. silvestris*". Eingepflanzte 40—50jährige *P. strobus* scheinen sich in dem dichten Schluß der Nadelholzbestände nicht ganz wohl zu fühlen. „Weitere Versuche mit dem Einbau exotischer Holzarten," so fährt Meister fort, „wurden grundsätzlich nicht vorgenommen; mit den einheimischen Holzarten werden bei sorgfältiger Zuchtwahl größere Erfolge zu erzielen sein".

Die exotischen Kulturen bei Schaffhausen hat Neukomm [2]) in den 1880er Jahren angelegt.

27. Den Schluß dieser Mitteilungen sollen die aus den amtlichen Quellenwerken stammenden Nachrichten bilden, aus welchen der Standpunkt der staatlichen leitenden Behörden hervorgeht. Es muß auffallen, welch geringe Rolle

---

[1]) Meister, 2, 49.

[2]) Schweiz. Zeitschr. 1899, 273.

die fremdländischen Holzarten in den statistischen Werken spielen. Die meisten gedenken der ausländischen Holzarten überhaupt nicht. In Preußen werden 1894 die Anbauversuche erwähnt. In Baden — so wird 1912 von Hausrath[1]) bemerkt — haben die seit langer Zeit eingeführten Holzarten Lärche, Weymouthskiefer, Akazie, Kastanie nie größere Verbreitung erlangt. Eine bestimmte Stellung nimmt Bayern[2]) 1861 ein. Dort ist der Grundsatz aufgestellt worden, den Anbau nicht einheimischer Holzarten, abgesehen von kleinen Versuchen, zu unterlassen, von jedem Kulturluxus sich entfernt zu halten.

In den französischen Wäldern sind zwar nach der Statistik von 1878 (1, 67) 47 Arten eingeführt worden. Die Wälder haben aber wenig Nutzen von ihnen gehabt. Nur die Akazie empfiehlt sich durch ihre besonderen Eigenschaften; von den übrigen ist nicht zu wünschen, daß sie die einheimischen Holzarten verdrängen.

28. Eine plötzliche Änderung wurde zunächst in Deutschland durch John Booth herbeigeführt.[3]) In der Baumschule Klein-Flottbeck bei Hamburg waren schon von seinem Vater zahlreiche ausländische Arten angepflanzt worden. 1855 waren dort u. a. 84 Arten von *Pinus*, 22 von *Abies*, 52 von *Acer* vorhanden.[4]) Die Beobachtungen erstrecken sich also auf fast 40 Jahre. Im Jahre 1880 reichte Booth eine Denkschrift an die preußische Regierung ein, in der er den Anbau fremder Holzarten befürwortete. Er hoffte, daß wir von den ausländischen Holzarten größere Massen, besseres Holz erhalten und einige Vorteile in waldbaulicher Hinsicht, Genügsamkeit in den Bodenansprüchen, Verwendbarkeit als Mischholz, Widerstandsfähigkeit gegen Gefahren erzielen können.

Die preußische Regierung beschloß[5]) — der Landwirtschaftsminister Lucius wurde von Bismarck unterstützt —, ausgedehnte Anbauversuche zu machen, wünschte aber, daß vor der Einleitung solcher die forstlichen Versuchsanstalten den Gegenstand in den Kreis ihrer Beratungen ziehen sollen. Auf einer Konferenz in Eberswalde, an der Oberlandforstmeister v. Hagen, Danckelmann und Bando in Chorin teilnahmen, wurden die Grundsätze festgestellt und in einer von Danckelmann verfaßten Denkschrift niedergelegt. Der Gegenstand wurde sodann in einer Sitzung der forstl. Versuchsanstalten in Baden-Baden am 7. Sept. 1880 verhandelt. Das Referat darüber, welche Holzarten angebaut werden sollten, war auf Antrag Danckelmanns an John Booth übertragen worden. Es wurden folgende 18 Holzarten zum Anbau vorgeschlagen: 1. *P. rigida*, 2. *P. ponderosa*, 3. *P. Jeffreyii*, 4. *P. Strobus*, 5. *P. Laricio*, 6. *Abies Douglasii*, 7. *A. Nordmanniana*, 8. *Picea sitchensis*, 9. *Cupr. Lawsoniana*, 10. *Thuja gigantea*, 11. *Acer Negundo*, 12. *Acer saccharinum*, 13. *Betula lenta*, 14. *Carya alba*, 15. *Fraxinus americana*, 16. *Jugl. nigra*, 17. *Ulmus americana*, 18. *Quercus alba*. Die Anbauversuche wurden in den meisten deutschen Staaten vorgenommen. Größere Versuche mit *Strobus* sollten nicht mehr ausgeführt werden, „weil bereits eine große Menge von Erfahrungen vorliegen". Zugleich wurde eine statistische Erhebung des Vorkommens ausländischer Waldbäume in Deutschland — nicht nur größerer und kleinerer Bestände, sondern auch einzelner Bäume — beschlossen. Diese Aufnahme fand

[1]) Das Großh. Baden. S. 528.

[2]) Forstverwaltung Bayerns. S. 209.

[3]) Die Douglasfichte und einige andere Nadelhölzer, namentlich aus dem nordwestl. Amerika. 1877. Feststellung der Anbauwürdigkeit ausl. Waldbäume. 1880. Die Naturalisation ausl. Waldbäume in Deutschland. 1882.

[4]) Krit. Blätter 36, 1. 253.

[5]) Nach dem amtl. Protokoll über die Sitzung der Versuchsanstalten in Baden-Baden. Vgl. Weise, Zeitschr. f. Forst- u. Jagdwesen 1882, 81.

1881 statt; sie wurde von Weise verarbeitet (a. a. O. S. 81, 145). „Vielfach lautet das Urteil wenig ermutigend" (S. 82). Nach den eingegangenen Berichten waren in Deutschland vorhanden: 9 Nadel- und 15 Laubhölzer: *P. rigida, ponderosa, Jeffreyii, strobus*; *A. Douglasii*; *P. sitchensis*; *Cupr. Lawsoniana*; *Junip. virginiana*; *Acer dasycarpum, negundo, saccharinum*; *Betula lenta*; *Carya alba, aquatica, tomentosa, amara, porcina*; *Fraxinus americana*; *Jugl. nigra*; *Ulmus americana*; *Quercus alba, rubra*; *Pop. canadensis*.

29. In Österreich haben die früheren Anbauversuche mit fremdländischen Holzarten „im allgemeinen nicht befriedigt". Im Jahre 1886 wurden sie wieder aufgenommen und in den Direktionsbezirken Wien, Gmunden, Lemberg und Görz systematisch durchgeführt. Die angebauten Holzarten waren folgende: *Q. rubra, Jugl. nigra, Carya alba* und *amara, P. sitchensis, Ps. Douglasii, A. Nordmanniana, Ch. Lawsoniana, P. strobus.*[1]) 1891 und 1893 kamen weitere Holzarten hinzu. Die Versuche wurden auf 372 Anbauorte ausgedehnt. Die Versuche im südlichen Teil von Österreich haben nach den Berichten von Salvadori[2]) und Cieslar[3]) im allgemeinen zu günstigeren Ergebnissen geführt. Ein endgültiges Urteil kann aber für die meisten Holzarten, namentlich wegen der vielen Gefahren und Schädigungen nicht gefällt werden.

30. Die neueren Werke über Waldbau sind fast durchweg nach 1880 erschienen. Die mit diesem Jahre eingetretene Wendung im Anbau der ausländischen Holzarten ist deutlich in der Buchliteratur zu erkennen.

Borggreve (Holzzucht 2, 51) bezweifelt (1891), daß die fremden Holzarten unsere einheimischen in der Massenerzeugung übertreffen werden Er verlangt, daß die fremden Holzarten erst in ihrer Heimat gründlich untersucht werden (ähnlich Reuß 1885).

Auch Ney begrüßt (1880) die Vornahme von Versuchen. Die Zuwachsleistungen der fremden Holzarten in ihrer Heimat werden bei uns wohl kaum erreicht werden. Ihre Widerstandskraft gegen harte Winter müsse erst erwiesen werden.

Während Gayer 1880 nur Weymouthskiefer und Schwarzkiefer bespricht und die Akazie zu den untergeordneten Nebenholzarten zählt, erscheinen ihm 1898 (4, 120) Anbauversuche als wünschenswert. Die Douglastanne werde die meiste Aussicht auf Einführung in unsere Wälder haben.

Weise schränkt die in der 1. Auflage (1888) kurz behandelten fremden Holzarten in der 4. Auflage (1911) bedeutend ein. Er hat aber die wichtigeren doch berücksichtigt.

Boppe und Jolyet widmen (S. 427—31) den fremden Holzarten einige Zeilen, raten zum Anbau jedoch nur im kleinen und hoffen, manche unfruchtbare Stelle in Bestockung bringen zu können.

Alle bisherigen Werke überragt nach Umfang und Inhalt das letzte Werk des leider allzu früh gestorbenen Heinrich Mayr[4]). Mayr hat Japan und Nordamerika eingehend durchforscht; auf seiner Reise um die Erde 1904 auch weitere Gebiete kennen gelernt. Dadurch übertreffen die Ausführungen Mayrs alle übrigen an Sicherheit und Unmittelbarkeit. 20 Jahre lang hat er sodann im Forstgarten zu Grafrath bei München die eingehendsten Studien gemacht, zu denen er als ehemaliger Assistent des Botanikers R. Hartig besonders befähigt war.

---

[1]) Jahrb. der Staats- und Fondsgüter-Verwaltung 1893. 1, 80.

[2]) Das. 82—89.

[3]) Centralbl. f. ges. F. 1901, 101 ff.

[4]) Fremdländ. Wald- und Parkbäume für Europa. 1906. 622 S.

In neuerer Zeit hat sich neben R. Hartig, Lorey, v. Tubeuf, Cieslar, Hüffel (Nancy), namentlich Schwappach mit dem Studium der ausländischen Holzarten beschäftigt. Er konnte die ausgedehnten Anbauversuche in Preußen seinen Ausführungen zugrunde legen, ein so reichhaltiges Material, wie es keinem anderen Forscher zu Gebot steht.

Über die belgischen Anbauversuche berichten ausführlich Crahay, Visart und Bommer.[1])

Die Mitteilungen der Deutschen Dendrologischen Gesellschaft enthalten seit 1895 sehr dankenswerte Darstellungen über die Anbauversuche mit fremden Holzarten. Meistens liegen denselben die Versuche zugrunde, die seit 1880 im Gange sind. Die norddeutschen Gebiete herrschen vor. Berichte sind vorhanden über ganz Preußen, sodann aus Vorpommern, Ost- und Westpreußen, Schlesien, Brandenburg, Hannover, Rheinprovinz; Mecklenburg (Sophienhof bei Schwerin); Sachsen, Thüringen, Hessen, Bayern, Baden, Württemberg.

31. Aus der Literatur läßt sich die Bedeutung der Frage zu verschiedenen Zeiten erkennen. Eine große Anzahl von forstlichen Schriftstellern beschäftigt sich seit 200 Jahren mit dem Anbau der fremden Holzarten. Von Dänemark bis zur Schweiz und dem südlichen Österreich, von Böhmen und Schlesien bis zum französischen Meeresufer hat man ihre Anzucht empfohlen. Mag ursprünglich auch das wissenschaftliche Interesse der Botaniker, das Streben nach seltenen und schönen Bäumen durch die Gärtner und Parkbesitzer den Anstoß zur Einführung gegeben haben, bald ist doch die Nützlichkeit der fremden Holzarten gegenüber den einheimischen in Erwägung gezogen worden.

Über die Ausdehnung der mit exotischen Arten bepflanzten Flächen liegen nur vereinzelte Nachrichten vor. Sie müssen immerhin da und dort nicht unbedeutend gewesen sein, wenn Döbel 1746 befürchtet, daß die einheimischen Arten zurückgedrängt werden.

Den höchsten Punkt erreichte der Anbau etwa 1750 bis 1800. Dann kommt seit Hartigs Auftreten ein Stillstand in die Bewegung, der 80 Jahre andauerte. Statt der Hunderte von früher angebauten Holzarten wurden nur noch wenige hiezu empfohlen.

Erst 1880 beginnt durch den Einfluß von Booth eine abermalige Bewegung zugunsten der fremden Hölzer, die bis heute anhielt. Sie ist aber in der Hauptsache von der preußischen Regierung und von den Versuchsanstalten eingeleitet worden, nicht aus der Initiative der Wirtschafter hervorgegangen.

Während der Hochflut der Bewegung traten ganz selten gegenteilige Stimmen hervor und diese verhallten unbeachtet. Erst die Mißerfolge, die um 1800 deutlicher wurden, brachten einen Umschwung hervor.

Daß die Auswahl unter den Holzarten ohne viel Überlegung getroffen wurde, beweist die Tatsache, daß die Zeder einige Zeit „Modebaum" werden konnte.

Die oben genannten Schriftsteller beschränken sich auf die Empfehlung der verschiedenen fremden Holzarten. Über die Erfolge konnten die meisten noch nicht berichten. Um so notwendiger ist es, zu prüfen, was mit dem Anbau der fremden Arten in Wirklichkeit erzielt wurde.

Mit der Einführung der ausländischen Holzarten suchte und sucht man verschiedene Zwecke zu erreichen. Man hoffte, Bäume

a) mit rascherem Wachstum und höheren Erträgen,
b) mit besserer Holzqualität,

---

[1]) Rapport sur l'Introduction des Essences Exotiques en Belgique. 1909. 301 S.

c) mit größerer Widerstandskraft gegen Fröste, Pilze, Insekten etc. zu erhalten. Sodann glaubte man,

d) Holzarten unter ihnen finden zu können, welche auf geringstem Boden die einheimischen an Wuchskraft übertreffen. Endlich sollten

e) die fremdländischen Bäume zur Verschönerung unserer Wälder dienen.

Welche Ergebnisse haben nun die beinahe 400jährigen Anbauversuche aufzuweisen? Zu welchem Urteile berechtigen die Nachrichten, die aus früherer Zeit stammen? Welche Zukunft läßt sich auf Grund der bisherigen Erfahrungen den neuesten Anpflanzungen voraussagen?

Gehen wir bei Beantwortung dieser Fragen von den feststehenden Tatsachen aus.

§ 214. Ergebnis der bisherigen Anbauversuche. Praktische Schlußfolgerung.

1. Das Urteil über den Anbau der fremdländischen Holzarten muß auf die tatsächlich erzielten Erfolge aufgebaut sein. Werden hiebei alle praktischen Fälle, die bis heute bekannt geworden sind, berücksichtigt, so gründen sich die Schlüsse auf ein Beweismaterial, das an Vollständigkeit vorerst nicht übertroffen werden kann. Ob und inwieweit die heute vorliegenden Ergebnisse in der nächsten Zeit durch neue Erfahrungen und Beobachtungen eine Änderung erleiden werden, ist eine offene Frage.

Wie ist das vorhandene Material zu beurteilen?

Die Anbauversuche erstrecken sich über Deutschland, Belgien, Frankreich, die Schweiz und Österreich-Ungarn, also über ganz Mitteleuropa. Die Jahrestemperatur schwankt zwischen 7 und 12°. Die Niederschläge betragen in diesem Gebiete 500—2000 mm. Es sind also alle klimatischen Zonen vertreten. Die klimatischen Besonderheiten der einzelnen Anbaustellen sind meistens nicht genauer bekannt.

Die Anbaustellen liegen auf verschiedenen Bodenarten vom Urgestein bis zum Diluvium und Alluvium. Im allgemeinen werden, jedenfalls in neuerer Zeit, nur günstige Bodenstellen ausgewählt worden sein.

Die seit 1880 angebauten exotischen Holzarten sind auf Grund längerer Beratung ausgewählt und wohl überall bei Saat und Pflanzung mit Sorgfalt behandelt worden. Bei den älteren Anpflanzungen waren die Kenntnisse der Eigenart jeder ausländischen Art noch nicht sicher, so daß mancher Fehlgriff gemacht wurde. Dadurch wurde dann das Urteil über die ausländischen Holzarten im allgemeinen ungünstig beeinflußt. Außerdem wurden früher die ausländischen Holzarten nicht auseinandergehalten; viele Berichte sprechen nur von exotischen Holzarten überhaupt. Erst in neuerer Zeit werden die Arten getrennt, was zu einem bestimmteren Urteil führen muß.

Der Zeitraum der Beobachtung ist sehr ungleich. Bei den ausgedehnten neueren Versuchen umfaßt er 30—40 Jahre. In diesem Alter beginnen manche ausländische Arten abzusterben. Die Beobachtung reicht also vielfach nur in den Anfang der ungünstigen Periode. Auch können extreme Witterungsverhältnisse (Winterfrost), die von Zeit zu Zeit sich einstellen, unter Umständen während des kurzen Zeitraums noch nicht eingewirkt haben.

Das Auftreten von schädlichen äußeren Einwirkungen, wie Gras, Frost, Dürre, Schnee, Pilze, Insekten, wird ohne Zweifel für ausländische Holzarten verderblicher sein, als für die einheimischen. Der Schaden ist vielfach, vielleicht vorherrschend, von der Witterung und vom Alter der Pflanzen abhängig. Der kurze Zeitraum für die Beobachtung könnte also auch in dieser Beziehung noch nicht ausreichend sein.

Ob das in der Literatur niedergelegte Material immer ganz objektiv gesammelt und dargestellt worden ist? Die persönliche Stellungnahme des Wirtschafters, Interesse und Liebhaberei oder Gleichgültigkeit, selbst Abneigung gegen den Anbau fremder Holzarten können die Darstellung im einen oder anderen Sinne beeinflußt haben. Die Berichte stimmen für die verschiedenen Länder oder Zeitperioden oft nicht überein, ohne daß der Grund dafür immer sicher zu erkennen ist.

2. Zunächst werden die Berichte über die von etwa 1780 ab angebauten Arten unten angeführt. Diesen folgen solche aus verschiedenen Ländern über die neueren Anbauversuche. Dann werden die Gründe für den Erfolg oder Mißerfolg angegeben und hiebei die Einwirkung des Winter- und Frühjahrsfrostes wegen seiner entscheidenden Bedeutung ausführlicher erörtert. Daran schließt sich die Begutachtung der Wachstumsleistung der fremden Arten, der Qualität ihres Holzes, ihrer etwaigen besonderen waldbaulichen Vorzüge. Zum Schlusse folgt die Liste der von Schwappach für Norddeutschland empfohlenen Arten. Die Vergleichung der in Belgien, im oberen Rheintal, in Bayern, in der Schweiz erzielten Erfolge bildet eine Ergänzung zu der norddeutschen Liste. Auf Grund dieser Untersuchungen kann das Endurteil über den Anbau vom wissenschaftlichen wie praktischen Standpunkte aus gefällt werden.

3. Die Anbauversuche mit exotischen Holzarten reichen bis ca. 1550 zurück. Über die Ergebnisse dieser ältesten, wie auch der späteren, im 17. und 18. Jahrhundert vorgenommenen Kulturen haben wir nur ganz spärliche Nachrichten.

Einen großen Aufschwung nahm der Anbau der Exoten in den Waldungen etwa um 1750 und namentlich von 1780—1800. Wäre der ausgedehnte Anbau damals gelungen, so müßten die alten, etwa 80—100-jährigen Bestände um 1880—1900 die allgemeine Aufmerksamkeit auf sich gezogen haben. Von einzelnen alten Bäumen in botanischen Gärten, Ziergärten, Parkanlagen, auch Wäldern wird allerdings berichtet. Aber nur wenige Waldbestände oder auch nur Horste sind vorhanden, die in jene Zeit zurückreichen und diese bestehen fast ausschließlich aus Weymouthskiefern (Pfalz, bayer. Franken, Württemberg, Preußen,

Schweiz), zum geringen Teil aus Akazien. In der Literatur wenigstens finden sich keine Nachrichten über sonstige gelungene Anpflanzungen aus älterer Zeit. Dies schließt nicht aus, daß es da oder dort solche gab oder gibt. Es wäre ja möglich, daß mehr über mißlungene als über erfolgreiche Versuche berichtet worden wäre. Aber auch Verteidiger des Anbaus fremdländischer Hölzer, wie Booth, Schwappach, Mayr wissen über die älteren Versuche weiteres Material nicht beizubringen.

4. Welches Schicksal haben also die nach Zanthiêr, Hartig u. a. sehr ausgedehnten Kulturen gehabt? Sie müssen fast alle mißlungen sein. Hören wir zunächst die allgemeinen Urteile über den Wert des Anbaus exotischer Holzarten.

In Philipp Millers „Allgemeinem Gärtnerlexikon" (1750. 2. 1769) überraschen die zahlreichen Arten, die gebaut wurden. (Acer 10 Arten, *Cedrus*, *Cupressus* 6, *Fraxinus* 6, *Juglans* 6, *Pinus* 14, darunter *strobus*, *rigida*, *halepensis*, *palustris*; *Quercus* 17, *Ulmus* 6 etc.). Aber „die große Kälte von 1740 und 1762 hat viele große Bäume getötet".

Die ungünstigen Erfahrungen gibt auch Mayr zu. „Die damaligen (von 1780 ff.) Kulturen größeren Umfangs im Walde selbst waren aber fast sämtlich ein Mißerfolg" (S. 230). Ebenso Booth: „Die bisherigen Versuche sind nicht von wesentlichem Erfolg begleitet gewesen" (Protokoll von Baden-Baden 1880, S. 3). Beißner[1]) bemerkt 1891, daß die Fälle erfolgreicher Einbürgerung zum forstlichen Anbau ganz vereinzelt seien. „Von den vor 125 Jahren (also seit 1766) angepflanzten, auch in forstliche Kultur genommenen Bäumen ist nur ein verhältnismäßig kleiner Bruchteil dauernd eingebürgert".

Harrer[2]) faßt seine Untersuchungen in die Worte zusammen: „Alles, was in zwei Jahrhunderten geschaffen wurde, ist ohne Spur verschwunden".

5. Von einzelnen Gegenden sind auch bestimmtere Nachrichten aus der älteren Zeit vorhanden.

Desberger (Dreißigacker)[3]) urteilt 1833, daß unsere Holzarten von den fremden nicht übertroffen werden. Nach Engelke wurden (1813/15) amerikanische Holzarten auf den Schönborn-Briesnitzschen Gütern erzogen; 1843 waren fast alle abgegangen[4]).

Auf der Liechtensteinischen Herrschaft Eisgrub (Mähren) waren ausgedehnte Pflanzungen von exotischen Holzarten ausgeführt worden. In einem Bericht von 1832[5]) heißt es: viele Millionen nordamerikanischer Holzarten wurden in Österreich gepflanzt, aber nichts ist über sie bekannt geworden.

---

[1]) Handbuch der Nadelholzkunde. S. 539.
[2]) Fwiss. Cbl. 1914, 405.
[3]) Ökonom. Neuigkeiten 1, 45. 281.
[4]) Schles. Forstverein 1843, 39.
[5]) Ökonom. Neuigkeiten 2, 526.

Im böhmischen Forstverein[1]) wird die Frage nach den Erfahrungen im Anbau exotischer Bäume 1847 dahin beantwortet, daß *Jugl. nigra, Q. rubra, P. cembra, Larix,* namentlich *P. strobus* fortkommen, die übrigen der Kälte unterliegen. „Im großen ganzen finden sie wenig Anklang; mit Recht".

6. Über die (ca. 1780 entstandenen) Anlagen bei Berlin (Tegel, Spandau etc.) äußerte sich Kropf[2]) im Jahre 1809: „Es können nun alle diejenigen Forstmänner und Forsteigentümer, welchen es an Erfahrung wegen der ausländischen Holzarten fehlt, sich durch diese Versuche und ihren Erfolg, zur Ersparung unnützer Arbeit und Kosten, warnend überzeugen, daß unter allen ausländischen, bei uns noch nicht naturalisierten Holzarten, auch nicht eine anzutreffen ist, wovon in unserem Klima und Boden ein forstlicher allgemeiner Gebrauch gemacht, oder von welcher in überzeugender Weise gesagt werden kann, sie wachse in unserem Boden geschwinder und gebe ebenso konsistentes Holz als die einheimischen". (Besonders namhaft gemacht werden Lärche, Akazie, Kastanie etc.). Weitere Berichte stammen aus den Jahren 1825 und 1828[3]).

Von *Quercus rubra* waren im 43 jährigen Alter nur noch wenige da. Kastanie, Akazie waren erfroren; die Lärchen bemoost und rückgängig. Am besten hielt sich *P. strobus*, aber das Holz war schlecht. Pfeil faßt das Ergebnis seiner Untersuchungen (1828) dahin zusammen, daß Akazie, Lärche und, wo der Boden nicht locker ist, auch Weymouthskiefern kümmern; „von allen übrigen, auf Anraten Burgsdorfs in großer Menge angebauten nordamerikanischen Holzarten ist keine Spur mehr (1831 sagt er „nur noch krüppelhafte Sträucher") vorhanden. Die Kiefer im norddeutschen Sand ist nicht übertroffen". Ähnlich Baur in seiner Forststatistik 1842, S. 18. Nur kleine Bestände von Akazien, Weymouthskiefern und Lärchen fanden sich noch bei Berlin, in Pommern, Schlesien und Sachsen. Behlen (Real-Lexikon 1, 759) bemerkt 1840, daß der Anbau „keine der in Absicht gelegenen Folgen gehabt habe". Nur Akazie, „einige Pappelarten, die vom eigentlichen Waldbau ausgeschlossen seien", hätten sich bewährt. Unter besonderen Verhältnissen sei die Weymouthskiefer ein Gewinn. „Deutschlands Wälder haben fremde Holzarten nur als Seltenheit und aus Liebhaberei aufzuweisen".

7. Laurop wundert sich 1802, daß man auf einer Reise in Deutschland (Briefe etc. S. 153) noch exotische Holzarten treffen könne. Er hätte geglaubt, daß sie nach den vielen mißlungenen Versuchen aus dem deutschen Walde verbannt seien.

---

[1]) Vereinsschrift 4, 35.

[2]) System und Grundsätze bei Vermessung und Bewirtschaftung der Forsten. S. 423—50.

[3]) Allg. F.- u. J.-Ztg. 1825. N. 28. 29; 1828, 200.

Die Folge dieser mißlungenen Anbauversuche war wohl, wie Brachmeyer[1]) betont (1824), daß sich die Forstwirte wenig mehr mit ausländischen Holzarten beschäftigten.

8. Von den 238 Holzarten, die 1804 bei Greifswald gepflanzt wurden, ist nach Wiese[2]) „sehr wenig auf die Gegenwart (1863) gekommen. Von den amerikanischen Holzarten, außer Weymouthskiefer und Akazie, findet sich keine Spur mehr".

9. In Sachsen[3]) hatte man im milderen Teile 40 Arten angepflanzt (u. a. Kastanie, Nußbaum, Akazie, Schwarzföhre). 1847 heißt es: Früher hätte man von diesen fremden Holzarten alles Heil erwartet; nun werden sie zurückgesetzt, ja gar nicht beachtet.

Über die Ergebnisse des neuerdings (seit ca. 1904) vorgenommenen Anbaus in 21 Revieren berichtet Neger[4]); er bemerkt, daß zahlreiche Mißerfolge zu verzeichnen seien.

Eine Verordnung des Finanzministeriums vom 30. Oktober 1907[5]) verbietet, in den sächsischen Staatswaldungen die fremden Holzarten mit einheimischen zu mischen, weil man nicht wisse, wie sie sich vertragen. Anbauversuche sollen auf wirklich bewährte Arten beschränkt werden: *Douglas, Strobus, Q. rubra, Fraxinus americana.*

10. Walther berichtet 1911[6]) über die Anbauversuche in Hessen. Guten Erfolg zeigten nur *Q. rubra* und *Dougl.* Die übrigen Arten müßten noch weiter beobachtet werden. Ihr Gedeihen war aber zweifelhaft.

11. In Walkenried am Harz waren — wie v. Vultejus[7]) mitteilt — nach kurzer Zeit (1863) fast alle fremden, insbesondere auch die nordamerikanischen Holzarten verschwunden.

12. Auf Grund seiner Beobachtungen (im Osten Deutschlands) sagt über die seit etwa 1880 eingeleiteten Versuche Herrmann[8]) (Danzig): Es sei eine leider nicht wegzuleugnende Tatsache, daß diese Bestrebungen neben manchen schönen Erfolgen auch viele, ja nur zu viele Mißerfolge gehabt haben und immer noch zeitigen. „Wo sind alle die vielen Tausende von Pflanzen, die in den letzten amtlichen Berichten über die staatlicherseits angestellten Anbauversuche noch als freudig gedeihend aufgeführt waren, in dem neuesten aber nicht mehr erwähnt werden, geblieben? Welchen Krankheiten sind sie zum Opfer gefallen?"

---

[1]) Krit. Blätter 2, 1. 43.
[2]) Grunerts Forstl. Bl. 1, 152.
[3]) Thar. Jahrb. 4, 61.
[4]) Naturwiss. Zeitschr. f. Forst- u. Landw. 1914, 1.
[5]) Thar. Jahrb. 58, 325.
[6]) Allg. Forst- u. J.-Ztg. 1911, 154.
[7]) Grunerts Forstl. Bl. 18, 21.
[8]) Mitt. d. Deutschen Dendrol. Gesellschaft 1911, 135.

13. Von den in Baden um 1800 in den sogenannten Plantagen, d. h. ½—1 ha großen Pflanzgärten angebauten Fremdlingen ist nach Siefert[1]) außer Akazie, Roteiche, Pyramiden- und kanadischen Pappeln recht wenig übrig geblieben.

Über den Anbau von 72 Arten exotischer Bäume im Heidelberger Stadtwald, also in einer klimatisch sehr begünstigten Gegend, berichtet Krutina 1909 (Der Heid. Stadtw. S. 30). Die Weymouthskiefer findet weite Verbreitung; sie verjüngt sich auch natürlich von 80 jährigen Samenbäumen. In größerem Umfang wird sie erst seit 1879 angebaut. Von den übrigen ausländischen Holzarten kommt in erster Linie die Douglasie in Betracht (S. 31). „Von wirtschaftlicher Bedeutung ist, mit Ausnahme der Sitkafichte kaum eine der zahlreichen anderen fremdländischen Nadelhölzer". Unter den ausländischen Laubhölzern haben wirtschaftliche Bedeutung die Akazie, vielleicht noch Platane, Tulpenbaum, die spätblühende Traubenkirsche.

Aus dem Berichte Wimmers[2]) über die Anbauversuche aus neuerer Zeit ergibt sich, daß in Baden wegen der Frostgefahr das Gedeihen keiner ausländischen Holzart ganz gesichert ist.

14. Für Württemberg empfiehlt Holland[3]) nur die Douglastanne, allerdings mit einiger Einschränkung. Das Wachstum weiterer 23 Arten ist gering; von vielen ist fast vollständiges Versagen gemeldet.

Im exotischen Garten bei Hohenheim haben sich von den 1770—80 angebauten ca. 300 Holzarten bis 1899 nur etwa 36 erhalten[4]).

Im Versuchsgarten bei Tübingen und im anstoßenden Walde zeigen von 38 seit 1903 angebauten fremden Arten die weitaus meisten trotz des milden Klimas und des vorzüglichen Bodens nur ein mittelmäßiges Wachstum; zum Teil sind bis zu 50 % bereits abgestorben. In den mehr als 30 jährigen größeren Pflanzungen von *Ch. Lawsoniana*, Douglas, Sitkafichte, Jap. Lärche, Roteiche ist das Wachstum bis jetzt gut. Aber die Dürre von 1911, Schneebruch und Wurzelpilz haben bereits Lücken in den Bestand gebrochen.

In einem Verzeichnis derjenigen Bäume und Sträucher, welche 1837 käuflich zu haben sind, werden noch 320 Arten aufgezählt[5]).

15. Bei Lausanne (am Genfer See mit sehr günstigem Klima) hatte Curchod 1898 mehr als 30 ausländische Holzarten in einer Meereshöhe von 600 m, einige auch bei 760 und 900 m gepflanzt. Gute Erfolge zeigten 1913 nach dem Bericht von Buchet[6]) nur die Sitkafichte, Lawsonscypresse und Roteiche; unter gewissen Bedingungen könnten

[1]) Heidelberger Versammlung 1909. Bericht 44.

[2]) Anbauversuche mit fremdl. Holzarten. 1909.

[3]) Mitt. d. Deutschen Dendrol. Gesellschaft 1912, 20.

[4]) Romberg, Der exot. Garten in Hohenheim. 1899. S. 8.

[5]) Gwinners Forstl. Mitt. 3, 129.

[6]) Journal Forestier Suisse 1913, 138.

Weymouthskiefer, japanische Lärche und amerikanische Esche als eingemischte Holzarten empfohlen werden. 1916 besichtigte der waadtländische Forstverein diese Anpflanzungen. Der Schluß, zu dem der Befund führte, lautete, daß man sich fernhalten solle von der Anzucht solcher Holzarten, die nach Wachstum, Holzqualität und Widerstandskraft hinter den einheimischen zurückstehen[1]).

16. Diese, wenn auch von mehreren Seiten bestätigten[2]) Ergebnisse könnten zu summarisch erscheinen. Es soll daher ein genauer beschriebenes Ergebnis aus der neuesten Zeit ihnen an die Seite gestellt werden. Mayr berichtet 1907[3]) über die Anbauversuche in den Staatswaldungen von Bayern. In den 10 Jahren 1881—91 waren zugrundegegangen von Douglastanne 52 %, Sitkafichte der größte Teil, Lawsonscypresse 88 %, Nordmannstanne 100 %, *P rigida* fast alle, *Jugl. nigra* 95 %, *Carya alba* 90 %, *Quercus rubra* 83 %. Von *P. strobus* waren 20—25 % im 2. Jahrzehnt von Blasenrost befallen. *Thuja gig.* war fast ganz verschwunden.

17. Abweichend von diesen Stimmen äußert sich Schwappach 1911 bei der wiederholten Besprechung[4]) der in Preußen seit 1880 eingeleiteten Anbauversuche; es sei gelungen, meinte er, die deutsche Waldflora zu bereichern. Es mag die mildere Wintertemperatur in einem großen Teile von Preußen dem Anbau förderlicher sein als im Binnenlande. Immerhin ist ein sehr kalter Winter seit 1880 nicht eingetreten. Dem Urteil Schwappachs stehen nicht nur die Mißerfolge aus früherer Zeit, sondern auch die Äußerungen Herrmanns entgegen. Die Feinde, welche den ausländischen Holzarten drohen, hat Schwappach 1911 kaum mehr hervorgehoben, während sie in den Berichten von 1891 und 1901 für jede Holzart aufgezählt werden. Er bemerkt, daß die fremden Arten nur in der Jugend gefährdet seien. Wir sahen aber oben wiederholt, daß 40 jährige Bäume noch absterben.

18. Mayr führt die Gründe an, welche nach seiner Ansicht das Mißlingen der früheren Kulturen herbeiführten: unrichtige Auswahl der Holzarten und des Bodens, Planlosigkeit, Unkenntnis der waldbaulichen Eigenschaften, Unkenntnis der Heimat der Pflanzen, Preisgabe der Fremden an die Bäume und Tiere des Waldes. „Sollte die gegenwärtig eingeleitete Bewegung abermals mit einem Fiasko enden, wie es viele erwarten, ja sogar wünschen, so viel ist sicher, daß diesmal den Begründern des Anbaus die Hauptschuld nicht beigemessen werden kann" (a. a. O. 230. 231). Ähnlich äußert sich auch Schwappach. Von beiden, sowie auch von Harrer, wird die Bedeutung der wirtschaftenden

[1]) Daselbst 1916, 188.

[2]) Vgl. Boden, Kritische Betrachtung ausländ. Holzarten. Forstw. Cbl. 1902, 445. 542. 601.

[3]) Forstwiss. Centralbl. 1907, 1. 65. 129. 336.

[4]) Zeitschr. f. Forst- u. Jagdwesen 1891, 18; 1901, 137; 1911, 591.

Persönlichkeit, die Sachkunde und Sorgfalt bei Behandlung der fremden Arten eindringlich hervorgehoben.

Die Einwirkung des Klimas wird von Mayr an dieser Stelle (vgl. dagegen S. 184 ff.) nicht besonders hervorgehoben; sie steht aber außer Zweifel. Neben den Niederschlagsmengen und der Luftfeuchtigkeit ist insbesondere die Lufttemperatur von entscheidendem Einfluß. Die klimatischen Verhältnisse waren aber vor 40 Jahren weder von Europa, noch weniger von Amerika genauer bekannt. Der Vorwurf, daß man früher auf diese Verhältnisse zu wenig Rücksicht genommen habe, ist also nicht durchweg begründet. Heute stehen uns ausreichende meteorologische Daten zu Gebot und doch haben wir viele Mißerfolge zu verzeichnen.

Am augenfälligsten prägen sich die tiefen Wintertemperaturen in ihren Wirkungen aus. Sie sind zugleich diejenigen, welche das Fortkommen fast aller ausländischen Holzarten geradezu bedingen. Es verlohnt sich daher, die über die Frostschäden an ausländischen Holzarten nach sehr kalten Wintern erstatteten Berichte zusammenzustellen.

19. Es sind die strengen Winter 1709, 1740, 1788/89, in denen nach direkten Nachrichten ein großer Teil der ausländischen Holzarten erlag. So berichtet der braunschweigische Oberjägermeister v. Sierstorpff, daß 1788/89 die Zedern, ebenso alte Nußbäume, die die Kälte von 1740 überdauerten, und die Obstbäume größtenteils, selbst einzelne Eichen, Buchen, Dornarten, Weißtannen erfroren seien[1]).

20. In Württemberg[2]) werden 1758 von ausländischen Bäumen 52 Arten aufgezählt. Strobus ist nicht genannt, dagegen z. B. Zypressen, Thuja, Hickory, 5 Arten von Zedern, Ebenholz, Magnolia, Tulpenbaum Gleditschie. Als wildwachsend ist Akazie, Kastanie, Sevenbaum bezeichnet. Es erfroren 1788/89 neben vielen Obstbäumen mehrere amerikanische Holzarten (die Roteiche erholte sich jedoch wieder), die alle aus wärmeren Gegenden geholt worden waren[3]). Von den einheimischen Holzarten litten Hainbuche, Ahorn, Kirschbaum, Nußbaum, Eiche, Tanne[4]).

21. In Beckmanns Bibliothek (II. 274. 543) wird über den Anbau nordamerikanischer Bäume im Schwöbberschen Garten (Hannover) berichtet. Sie wurden weitläufig gepflanzt und mit einheimischen vermischt. 400 Arten haben die Probe ausgehalten; aber keine sei darunter, die den einheimischen vorzuziehen wäre. Viele seien 1770 erfroren, die vorher aushielten.

---

[1]) Über d. forstm. Erziehung d. inländ. Holzarten. 1796, 23. 85.

[2]) Holzarten in Württ. 1758.

[3]) Journal f. F.- und Jagdwesen I, 4. S. 112.

[4]) Forstarchiv 6, 356.

22. In einzelnen Gegenden war auch 1763 die Winterkälte sehr bedeutend; es erfroren Holzarten, die sich 1709 und 1740 erhalten hatten, also 50jährige Bäume, Wallnuß, (Taxus)[1]).

Der kalte Winter 1829/30, der an Obstbäumen großen Schaden anrichtete, hat ohne Zweifel auch zahlreiche exotische Waldbäume vernichtet.

23. Vom strengen Winter 1870/71 fehlen genauere Nachweise. Die Schrift von C. Geyer (Anbau und Pflege fremdländischer Laub- und Nadelhölzer etc. 1872) ist ungleichmäßig und lückenhaft gearbeitet. In Blankenburg sind nach R. Hartig[2]) die 30—32jährigen Kastanien erfroren.

Zahlreicher sind die Mitteilungen über die Winterkälte von 1879/80[3]). In allen Teilen Deutschlands erfroren die Obstbäume und gewöhnliche Waldbäume. Booth konstatiert „die interessante Tatsache, daß er bei genauester Durchsicht aller Berichte aus europäischen Ländern kaum eine Art gefunden habe, welche nicht irgendwo mehr oder weniger gelitten, irgendwo ganz zugrunde gegangen wäre" (S. 15). Der Winter 1879/80 „hat furchtbare Lichtungen vorgenommen"; nur Strobus hat sich erhalten. Die Winter 1828/29, 29/30, 44/45 überstand in Hohenheim nur ein Teil der fremden Pflanzen (Nördlinger).[4])

In Elsaß-Lothringen[5]) litten sehr bedeutend die einheimischen Holzarten und die Obstbäume, sodann Schwarzkiefer, Seekiefer, in geringerem Grade Weymouthskiefer und Arve. Von der Kastanie „sind größere Flächen 10jähriger Stockausschläge vollständig erfroren, auch in größerem Umfange 20- und mehrjährige Stangen und Stämme abgestorben".

Fürst und Prantl[6]) stellten Beobachtungen bei Aschaffenburg an; die Temperatur fiel nicht unter — 21° C. Douglastanne und Seekiefer sind fast alle erfroren. Schlimm mitgenommen wurden u. a. *Cedrus, Sequoia, Ch. Lawsoniana, Thuja gig., Cryptomeria.*

24. Im Kanton Genf brachte der kalte Winter 1838 (15. Jan. — 25,3°) einen großen Teil der zahmen Kastanien zum Absterben[7]). Ebenso hat der Winter 1709 „sie in Frankreich zerstört, wo sie sehr verbreitet war"[8]).

---

[1]) Schreber, Sammlung verschiedener Schriften 1766, 6, 662.

[2]) Harzer Vereinsbericht 1871, 69.

[3]) Fürst und Prantl, Aschaffenburg. F. Cbl. 1880, 476. Aus der Pfalz. F.-Z. 1770, 364. Hellwig, Hannover. Z. f. F. u. Jw. 1884, 273. Booth, das. 1881, 7. Österr. Viertj.schr. 30, 536.

[4]) Centralbl. f. ges. Fw. 1882, 497.

[5]) Forstw. Centralbl. 1881, 292.

[6]) Forstwiss. Centralbl. 1880, 476.

[7]) Erhebungen über d. Verbreitg. d. wildw. Pflanzen in der Schweiz. 1. Lieferung. S. 15.

[8]) Lorentz-Parado 33.

25. Über den Frostschaden des Winters 1879/80 in der Schweiz hat Coaz auf Grund von Nachrichten, die ihm aus dem ganzen Lande zugingen, ausführliche Mitteilungen gemacht[1]). Er faßt diese (S. 112) kurz zusammen: „Der Frost hat unter den ausländischen Zierhölzern arg gehaust und manches seltene und schöne Exemplar, das die Freude und der Stolz des Besitzers war, zugrunde gerichtet oder doch so stark beschädigt, daß es nur geringen Wert mehr hat“ Es litten sehr stark *Sequoia gig.*, *Thuja gig.*, *Cedrus atl.* und *Deodora*, *Abies Nordm.* etc.; als hart erwiesen sich *Chamaec. Lawsoniana*, *Ab. Douglasii*, *P. strobus*; *Quercus rubra*, *Liriod.*, *Carya alba*. Im Kanton St. Gallen wurden von Wild teils übereinstimmende, teils abweichende Beobachtungen gemacht[2]).

In einer größeren Pflanzung von 11 Holzarten aus den Jahren 1905 und 1910 bei Marschlins (in der Nähe von Chur). 600 m ü. M., in milder Weinbaugegend, fand Coaz[3]), daß *Gingko* und *Pinus excelsa* durch Frost eingingen. *Thuja*, *Chamaecyparis*, *L. leptolepis*, *A. cephalonica*, *P Omorica*, *Ps. Douglasii*, *P. pungens*, *Engelmanni*, *Sitkaensis* hielten sich.

26. Über den Winterfrost 1892/93 berichtet ausführlich Danckelmann. Die Temperatur fiel nicht so tief wie 1879/80. Danckelmann schien dieser Winter aber deshalb von großer Wichtigkeit, weil die seit 1881 in Preußen angebauten ausländischen Holzarten auf ihre Widerstandsfähigkeit gegen Winterkälte erprobt werden konnten[4]). Es waren 44 Holzarten auf größeren Flächen (meistens von 10 a) angebaut worden. Von den einheimischen Holzarten, die zum Vergleich herangezogen wurden, litten vom Frost: Tanne, Föhre, Eibe, Wacholder, Kirschbaum, Apfel- und Birnbaum, Eiche. Von den ausländischen Holzarten können 22 als winterhart gelten, u. a. *A. bals.* und *Nordm.*; *Betula lenta*; *Carya alba*. *amara* etc.; *Ch. Lawsoniana*; *Frax. americ.*; *L. leptol.*; *P. sitch.*; *P. banksiana*, *strobus*.

27. In Mähren[5]) richteten die Winter 1860/61, 70/71, 79/80 „kolossale Verheerungen“ an. Für Baudisch war es 1880 ein „trostloser Anblick“; was sonst als winterhart galt, war erfroren.

Aus dem Salzkammergut[6]) wird ebenfalls berichtet, daß 1879/80 Bäume zum Opfer fielen, die als winterhart galten.

---

[1]) Der Frostschaden des Winters 1879/80. 1882. Die ausländischen Nadel- und Laubhölzer sind übersichtlich zusammengestellt. S. 148—173.

[2]) Schweiz. Z. f. F. 1881, 214.

[3]) Daselbst. 1917, 1.

[4]) Z. f. F.- u. Jw. 1894, 451.

[5]) Verhandlungen der Forstwirte von Mähren 1884, 137, 3. Centralbl. f. g. Fw. 1880, 208. Vereinsschrift f. Forst-, Jagd- u. Naturkunde 1880,95; 1910, 317.

[6]) Bericht des Forstvereins f. Oberösterr. und Salzburg 28, 209.

In Tirol[1]) sind 1892/93 viele Arten erfroren, die nach Hochstetter winterhart sein sollten.

Im Verein von Mähren und Schlesien wurde 1889 erklärt, daß außer der Weymouthskiefer keine fremde Holzart tauglich sei.

Der Krainisch-küstenländische Verein will 1890 auf Grund 26—28-jähriger Erfahrungen in Miramar nur harte Exoten angebaut wissen.

28. Bei Crefeld sind 1879/80 *C. deodara* und *Cryptomeria* total erfroren; stark gelitten haben: *Wellingtonie*, *C. Lawsoniana*, *Thuja orient.*; wenig litten: *Nordm.*, *Dougl.* (v. Rath[2]). Dagegen berichtet Borggreve[3]), daß *A. Douglasii* stark gelitten habe.

29. Im mittleren Belgien[4]) (300 m ü. M.) sind durch den Frost von 1879/80 (— 21 und —24°) sogar die Eichen, sowohl die Stockausschläge als die hohen Bäume, vernichtet worden.

Schober berichtet 1900 aus Schovenhorst über die Einwirkung des Winterfrostes von 1879/80 und 1880/81 auf 307 Arten, die in Gelderland seit 30—38 Jahren angepflanzt sind. Stark gelitten haben und zum Teil getötet waren u. a. *Cryptomeria*, *Ch. Lawsoniana*; die übrigen litten nicht oder nur wenig, darunter *Cedrus*, *A. Douglasii*, *A. concolor*, *L. leptolepis*, *P. pungens*, *ponderosa*, *Banksiana*.

30. Mouillefert[5]) (Grignan) zählt 1903 von Exoten, „die gegenwärtig besonders wichtig erscheinen", 28 Arten auf, die in Frankreich angebaut werden können. Bei *A. Douglasii* wird bemerkt, daß sie 1879/80 (bei — 25 bis — 28 °) nicht erfroren sei.

31. Booth[6]) führt 1879/80 die zusammenfassenden Worte Rantzlers über den Winter 1879/80 an: „Bäume und Sträucher, die sich bisher als absolut winterhart bewährt haben und die kalten Winter 1844/45, 59/60, 69/70 vollkommen gesund überstanden, sind im letzten Winter (40 und mehr Jahre alt) verloren gegangen"

32. Neben den Winterfrösten treten die Frühjahrsfröste (Mai, Juni), wie die Herbstfröste schädlich auf. Durch sie leiden auch unsere einheimischen Holzarten. Daß bei ausländischen Holzarten dieser Schaden größer ist als bei den einheimischen, geht aus zahlreichen Berichten hervor, die hier nicht aufgeführt werden können[7]).

[1]) Centralbl. f. g. Fw. 1894, 88.

[2]) Zeitschr. f. F.- u. Jw. 1880, 538.

[3]) Grunert, Forstl. Bl. 1880, 265.

[4]) Visart und Bommer. A. a. O. S. 18.

[5]) Principales Essences Forestières. 466.

[6]) Zeitschr. f. F.- u. Jw. 1881, 18.

[7]) Über die Wirkung einiger Frosttage (13., 14., 15. April 1913) auf die ausländischen Holzarten, berichtet von Forster aus Klingenburg in Bayern; „sie brachten ein ziemlich weitgehendes Verderben". Mitt. der Dendrol. Ges. 1915, 38.

Tritt mehrere Jahre nacheinander Frühjahrsfrost an derselben Stelle ein, so verkrüppeln sogar unsere einheimischen Pflanzen, viele sterben auch ab. Um so gefährlicher wird der Frühlingsfrost für ausländische Pflanzen sein müssen. Weil sodann die fremden Holzarten vielfach bis in den September und Oktober hinein fortwachsen, so sind die neuen Triebe selten genügend verholzt. Frosttage, die im Oktober und November eintreten, müssen daher schädlich einwirken. In manchen Gegenden erfrieren die neuen Triebspitzen der Akazien fast jedes Jahr (der Winterfrost kann hiebei ebenfalls mitwirken).

Da in Norddeutschland, Nordfrankreich, Belgien die Temperatur vom Oktober bis Januar durch den Einfluß des Meeres höher ist als im Binnenlande, wird die Gefahr der Schädigung durch Winterfrost dort geringer sein. Um so stärker tritt bei der langsamen Erwärmung im Frühjahr die Spätfrostgefahr auf.

33. Die Berichte über die Widerstandsfähigkeit der einzelnen Arten lauten ganz verschieden; hier ist eine Art erfroren, die an einem anderen, oft nahe gelegenen Orte sich erhalten hat. Holzarten, die als frosthart gelten, können an irgend einem Orte doch erfroren sein. Überblickt man sämtliche Nachrichten über den Frostschaden an den einzelnen Holzarten, so kommt man zu dem Schlusse, daß keine einzige ausländische Holzart an allen Orten und in allen Jahren als frosthart sich erwiesen hat. Dies gilt insbesondere auch von Weymouthskiefer und Douglastanne.

34. Der Frost ist wohl die größte Gefahr, welche den ausländischen Holzarten droht. Sie sind aber noch weiteren schädlichen Einflüssen der anorganischen und organischen Natur ausgesetzt. Übersichtlich hat die „Krankheiten der ausländischen Gehölze“ Herrmann (Danzig) in einem Vortrage 1911 [1]) besprochen. Er behandelt bei den einzelnen Holzarten die Einwirkung von Frost, Dürre, Hitze, Pilzen, Schütte, Krebs, Wild, Mäusen, Käfern. Eine Ergänzung hiezu bildet eine Abhandlung von Graf von Wilamowitz-Möllendorf [2]) über „das Verhalten unserer Forstschädlinge gegenüber den ausländischen Holzarten“. Herrmann faßt seine Ausführungen dahin zusammen: daß es eine ganze Zahl von Feinden ist, gegen welche auch die ausländischen Holzarten sich erwehren müssen. Geben wir ihnen geeignete Standorte und lassen wir ihnen sorgsamste Pflege von der Jugend bis zum Alter angedeihen, so werden sie — schließt Herrmann (S. 148) — die mannigfachen Krankheiten gut überstehen.

35. Als 1750 die ausländischen Holzarten zur Einführung empfohlen wurden, ist auf ihr rascheres Wachstum und den hohen Holzertrag hingewiesen worden. Man kannte die außerordentlichen

---

[1]) Mitt. der Deutschen Dendrol Ges. 1911, 135. Vgl. v. Tubeuf: Krankheiten der Exoten in Deutschland. Naturw. Zeitschr. f. Forst- u. Landw. 1907, 86.

[2]) Daselbst 1909, 120.

Leistungen in ihrer Heimat und schloß ohne weiteres, daß sie diese auch in unseren Ländern erreichen würden. Hierüber können natürlich nur Messungen entscheiden. Diese dürfen sich aber nicht nur auf das Wachstum in den ersten 20—30 Jahren erstrecken, sondern müssen den Ertrag 100—120jähriger Bestände nachweisen. Die Lärche hat ein sehr rasches Jugendwachstum, bleibt aber mit 30—40 Jahren im Wachstum zurück und stirbt vielfach ab. Auch die einheimische Föhre wächst bis zum 40. Jahre sehr rasch; vom 60. Jahre an aber läßt ihr Zuwachs bedeutend nach. Die mehrfach vorgenommenen Untersuchungen des Zuwachses junger Bestände lassen einen Schluß auf das Wachstum und den Ertrag der ausländischen Holzarten im höheren Alter vorerst nicht zu.

Über den Massenertrag älterer Bestände haben wir nur bezüglich der Weymouthskiefer von Kunze, Lorey etc. nähere Angaben. Die Massenerträge der Weymouthskiefer gehen über diejenigen der gleichalterigen Fichten- und Tannenbestände nicht hinaus.

Schwappach hat neulich eine Ertragstafel für die Douglastanne in Amerika mitgeteilt. Über die Vergleichbarkeit der einzelnen Massenfaktoren, die Methode der amerikanischen Berechnung hat Schwappach einige Bemerkungen beigefügt. Wir wollen aber hier die Vergleichbarkeit der amerikanischen Zahlen nicht weiter erörtern. Die Erträge der Fichte im Gebirge der Schweiz sollen ihnen gegenübergestellt werden; die Vorerträge sind nicht berücksichtigt.

	Alter Jahre	Douglastanne in Nordamerika	Fichte in der Schweiz
		Fm Derbholz	
I. Bonität	100	1216	1171
	120	1430	1260
II. Bonität	100	926	948
	120	1081	1023
III. Bonität	100	715	740
	120	812	806.

Es wird vielfach auf die Höhen hingewiesen, welche die amerikanischen Bäume in ihrer Heimat erreichen. Sie betragen 50—60, selbst 80—100 m; letzteres allerdings bei 300- und 400jährigen Bäumen. Am Bodensee und am Nordrand der Alpen sind im 120—150jährigen Alter ebenfalls 40—50 m hohe Fichten, Tannen und Föhren, im Prättigau 60 m hohe Fichten, bei Langenau im Emmental (Bern) 55 m hohe Tannen zu sehen.

Die in Amerika erwachsene Douglastanne hat nach den vorstehenden Zahlen keinen Vorsprung vor unserer Gebirgsfichte, dagegen vor der Niederungsfichte. Ob die Douglastanne in Europa dieselben Massen im Gebirge bezw. in der Niederung liefern wird, muß dahingestellt bleiben.

In dieser Beziehung ist von hohem Interesse eine Bemerkung von Meister (Stadtw. von Zürich, 2, 135): „Bei den vielen Besuchen speziell amerikanischer und indischer Forstmänner ist uns noch keine einzige Holzart genannt worden, die Aussicht haben könnte, unter unseren Standortsverhältnissen Günstigeres zu liefern als die einheimischen Arten"

Vergleicht man die Massen der 20—30 jährigen Bestände der fremden Arten mit den Massen der Fichte derselben (I.) Bonität, so ergibt sich, daß nur die Douglastanne mit 10—15 Fm Durchschnittszuwachs der Gesamtmasse den Leistungen der Fichte auf I. Bonität gleichkommt, sie in einigen Fällen auch übertrifft. Wo aber die Fichte, wie in der Schweiz, sehr günstige Wachstumsverhältnisse aufweist. ergibt sich vielfach für den Hauptbestand ein Durchschnittszuwachs von 15—19 (für die gesamte Wuchsleistung bis zu 20) Fm. In Preußen, wo die Fichte auch auf I. Bonität sehr zurückbleibt, mag sie allerdings von der Douglastanne übertroffen werden.

Jedenfalls erreicht aber die letztere weitaus nicht die Astreinheit der Fichte.

Inwieweit die fremden Holzarten in Bezug auf die Vollkommenheit der Bestockung sich den einheimischen nähern werden, ist vorläufig nicht festgestellt. Für einen 30 jährigen Weymouthskiefernbestand im Stadtwalde von Rapperswil hatte sich ein Durchschnittszuwachs von 24 Fm ergeben. Die Weymouthskiefer war im Verbande 1,5 1,2 m in Mischung gepflanzt worden und hatte alle anderen Holzarten überwachsen; ringsum war zahlreicher Jungwuchs zu sehen. Schon im 30 jährigen Bestande waren viele Stämme dürr geworden. Von diesem Bestande berichtet nun 20 Jahre später Litscher[1]), daß ein 52 jähriger Stamm eine Höhe von 30 m, einen Durchmesser von 64 cm und eine Holzmasse von 4,30 Fm aufwies. Er fügt aber hinzu, daß dem Hallimasch besonders 20—40 jährige reine Stangenhölzer von scheinbar freudigstem Gedeihen zum Opfer fallen und der Schaden nicht selten höchst empfindlich werde.

Bei dem häufigen Absterben der ausländischen Bäume ist eine Vergleichung des Ertrags größerer Flächen notwendig. Gleichwohl teile ich hier noch einige Zahlen von einzelnen Bäumen mit, weil diese mehr als 100 Jahre alt sind. Im exotischen Garten (I. Bonität) in Hohenheim hat Romberg 1899 Messungen an 36 Arten vorgenommen und Höhe, Durchmesser und Masse einzeln stehender Bäume angegeben. Die entsprechenden Zahlen einheimischer, daneben stehender Bäume sind ihnen gegenübergestellt.

---

[1]) Schweiz. Zeitschr. 1908, 7.

Holzart	Alter Jahre	Ganze Höhe m	Durchmesser in Brusthöhe cm	Derbholzgehalt Fm
Pinus strobus	120	32	84	6,33
Juniperus virginiana .	100	16	47	1,21
Abies Nordmanniana .	100	16	36	0,80
Pinus cembra	100	16	40	0,96
Taxodium distichum . .	80	16	52	1,63
	80	17	48	1,44
Thuja occident. . . .	100	20	56	2,06
Tsuga canad.	100	19	64	2,45
Weißtanne	110	32	58	4,03
Fichte	100	28	64	3,61
Fagus silvatica . . .	100	20	56	2,52
Fraxinus excelsior . . .	110	26	59	3,73
Quercus pedunc. (Stieleiche)	110	23	72	5,25
Tilia grandif.	120	27	80	7,47
„ parvif.	120	22	88	7,90
Ulmus montana . . .	120	28	115	16,19
Aesculus hipp.	80	20	70	3,99
Juglans nigra	110	27	52	2,99
	76	32	89	10,55
Liriodendron tulip. . .	110	25	70	4,86
Platanus occid. . . .	120	39	88	11,40
Populus alba (Silberp.) .	100	36	154	31,01
Quercus rubra	100	21	74	5,22
Robinia pseudoac. . . .	110	17	92	7,15
Ulmus americ.	120	24	76	6,13

Nur die Weymouthskiefer übertrifft die einheimischen Arten im Stärke- und Massenzuwachs; alle anderen fremden Nadelhölzer bleiben hinter ihnen zurück. Ein ähnliches Resultat ergibt sich für die Laubhölzer; nur Platane und Silberpappel ragen über die einheimischen Arten hervor. Im geschlossenen Bestande wären diese Massen nicht erreicht worden und die fremden Arten wären wohl von den einheimischen überholt worden.

Die meisten Untersuchungen über das Wachstum wurden in Weymouthskiefernbeständen angestellt (von Endres, Fischer, Kunze, Schwappach, Wappes etc.). Die Erträge der Fichte auf I. Bonität werden erreicht, auch übertroffen. Die Douglastanne hat wenigstens bis zum 30.—40. Jahre (nach Schüpfer, Schwappach, Holland) ebenfalls sehr hohen Zuwachs.

36. Über die Qualität des Holzes der ausländischen Arten fehlen ausreichende Untersuchungen. Es werden in dieser Hinsicht ganz verschiedene Meinungen geäußert. Mayr sagt ganz allgemein, daß man bezüglich der Holzqualität eine große Enttäuschung erleben werde.

37. Unter den ausländischen Holzarten hoffte man eine Art zu finden, die auf den geringsten Bodenarten unsere einheimische Föhre

ersetzen könnte. Eine Zeitlang glaubte man in *P. Banksiana* eine solche gefunden zu haben. In Norddeutschland wurde sie deshalb da und dort zur Bestockung von Ödflächen verwendet. Die neueren Beobachtungen und Erfahrungen scheinen aber gezeigt zu haben, daß sie die gehegten Erwartungen nicht erfüllt.

38. Endlich hat man von den ausländischen Holzarten bestimmte waldbauliche Eigenschaften erwartet; sie sollten sich besonders zur Einmischung zwischen einheimische Arten eignen. Auch diese Hoffnungen sind nicht in Erfüllung gegangen. So ist die Weymouthskiefer vielfach zu Nachbesserungen in Fichtenkulturen verwendet worden. Nun muß sie an vielen Orten zu Tausenden im 30 jährigen Alter wieder herausgehauen werden, weil sie vom Blasenrost oder vom Wurzelpilz befallen ist und abstirbt.

39. Zur Verschönerung unserer Wälder zieht man da und dort ausländische Holzarten an. Dieser Gesichtspunkt ist ganz untergeordnet und kommt nur für wenige Waldbesitzer in Betracht. Sollen die fremden Holzarten zur Schönheit des Waldes beitragen, so müssen sie vor allem ein gutes Gedeihen zeigen. Mißfarbige, kümmernde oder verkrüppelte Exemplare erfüllen diesen Zweck nicht.

40. Die Mißerfolge, die um 1800 an den älteren Anpflanzungen zu Tage traten, hatten die Folge, daß der Anbau fremder Holzarten an vielen Orten ganz aufgegeben oder auf nur wenige Holzarten (Weymouthskiefer, Akazie) eingeschränkt wurde. Eine ganz ähnliche Erscheinung können wir auch in neuerer Zeit beobachten.

Die üblen Erfahrungen, die man auch seit 1880 machte, führten zunächst zur Verminderung der Zahl der zum Anbau empfohlenen Arten. In Baden-Baden waren 1880 von Booth 18 Arten genannt worden. In Preußen wurden 49 angebaut. 1901 wurden 17 davon überhaupt verworfen. Von 7 wurde erklärt, daß sie keinen Vorzug vor den einheimischen Arten hätten. Als „anbauwürdig" werden 1901 noch 18 Arten von Schwappach[1]) aufgezählt (die nur zur Hälfte mit den 18 von Booth vorgeschlagenen Arten zusammenfallen). Nach weiteren 10 Jahren bespricht Schwappach[2]) 45 in Preußen angebaute Arten.

Die gesamte Fläche, die in Preußen dem Anbau fremder Holzarten gewidmet war, betrug 1890: 574; 1900: 640; 1910 nur noch 417 ha. Der Rückgang beruht hauptsächlich auf dem Ausscheiden von *P. rigida* (123 ha = 55 %). Mit *A. Douglasii* sind bestockt 130 ha, mit *P. sitchensis* 51, *Q. rubra* 36, mit *Carya alba* 34 ha, zusammen 251 ha; auf alle übrigen Holzarten entfallen also 166 ha. Von den 45 Arten werden (Gruppe I) noch 8 als in größerem Maßstabe „anbauwürdig" genannt; 13 andere (Gruppe II) sind „unter beschränkten Voraus-

[1]) Märkischer Forstverein 1901. Abendversammlung S. 7.

[2]) Z. f. F.- u. Jw. 1911, 591. 757.

setzungen oder als Mischhölzer“ forstlich bedeutungsvoll. 18 weitere besitzen keine Vorzüge vor den einheimischen und sind nur für Waldverschönerung geeignet. 8 Arten sind weder forstlich, noch ästhetisch von Bedeutung.

Die 8 anbauwürdigen Arten der Gruppe I sind:

1. *Carya alba* (und *porcina*),
2. *Juglans nigra*,
3. *Magnolia hypoleuca*,
4. *Quercus rubra*,
5. *Chamaecyparis Lawsoniana*,
6. *Picea sitchensis*,
7. *Pseudotsuga Douglasii*.
8. *Thuja gigantea*.

In Gruppe II sind enthalten:

1. *Abies concolor*, raschwüchsige und widerstandsfähige Tannenart.
2. *Betula lutea* (*lenta*), verhältnismäßig anspruchslose Laubholzart mit wertvollem Holze.
3. *Cercidiphyllum japonicum*, wertvolles Holz.
4. *Chamaecyparis obtusa*, vorzügliches Holz.
5. *Cryptomeria japonica*, raschwüchsig im milden Klima.
6. *Fraxinus americana*, widerstandsfähig gegen Überstauungen während der Vegetationszeit.
7. *Larix leptolepis*, widerstandsfähiger gegen Krebs und Motte als *Larix europaea*.
8. *Picea pungens*, empfehlenswert zur Aufforstung anmooriger und bruchiger Stellen, widerstandsfähig gegen Wildverbiß.
9. *Pinus laricio* für die Rheinprovinz.
10. *Pinus rigida*, vorzügliches Mischholz für Kiefernkulturen auf armem Boden, erhebliche Düngerwirkung.
11. *Pinus Banksiana*, geeignet zur Aufforstung der ärmsten Sandböden, gutes Füllholz für Lücken in Kiefernkulturen.
12. *Prunus serotina*, vortreffliches Holz, Füllholz für Buchenverjüngungen und Sterbelücken in Kiefernstangenorten.
13. *Tsuga Mertensiana*, vortreffliches Holz.

In Baden sind seit 1880 (nach Wimmer) 708 ha mit fremden Holzarten bestockt, davon 283 mit *P. strobus*, 112 mit *A. Douglasii*, 177 mit *Q. rubra*. Im ganzen wurden 7 Nadel- und 4 Laubholzarten angebaut.

In Württemberg sind seit 1880 (nach Holland) 180 ha mit Nadel-, 41 mit Laubhölzern bestockt; davon 35 mit *P. austriaca*, 20 mit *P sitchensis*, 37 mit *L. leptolepis*, 38 mit *Q. rubra*.

In Bayern werden 2 Perioden (1881—91; 1891—1904) von Mayr[1]) unterschieden. In der 2. Periode wurden 23 Nadel- und 8 Laubhölzer

[1]) Forstw. Centralbl. 1907, 1. 65. 129. 336.

angebaut. (Es ist je die Zahl der eingesetzten Pflanzen angegeben.) Mayr[1]) stellt Anbaupläne für die verschiedenen von ihm unterschiedenen Klimazonen (*Castanetum*, *Fagetum*, *Abietum* und *Picetum*-Klima) auf und gibt die für die einzelnen Bodenarten passenden Arten in einer Ausdehnung (7 Seiten) an, wie sie sonst nirgends zu treffen ist. Für das *Picetum* sind es deren etwa 40, für das *Fagetum* mehr als 100 Arten.

Für Österreich[2]) hat Cieslar Nadel-, Schwappach Laubhölzer zum Anbau empfohlen; die Listen stimmen mit den deutschen Vorschlägen ziemlich überein.

41. Von diesen Vorschlägen stehen diejenigen von Visart und Bommer für Belgien sehr weit ab. „Man ist erstaunt, wie klein die Zahl der fremden nützlichen Holzarten ist", sagen Visart und Bommer selbst (S. 356). Sie nennen als Holzarten, die „große Bedeutung für Belgien haben", nur 1. *P. strobus* und 2. *Ps. Douglasii* (dazu die europäischen: Fichte, Tanne, Lärche, Schwarzföhre) und von den Laubhölzern: 3. *Pop. canadensis*, 4. *Q. rubra*, 5. *Robinia pseudoac.*, 6. *Juglans nigra*. Ferner werden noch 16 Holzarten aufgeführt, deren versuchsweiser Anbau von Bedeutung werden könnte. Es sind nur nordamerikanische Arten; die Arten aus China und Japan etc. sollen für Belgien weniger sich eignen. Diese geringe Zahl von Holzarten muß um so mehr auffallen, als die klimatischen Verhältnisse Belgiens für die Anzucht fremder Holzarten weit günstiger sind als die deutschen. Als besonders geeignet werden die niederen Lagen von Belgien, Flandern und Brabant (etwa bis 100 m ü. M.) bezeichnet, welche ozeanisches Klima, eine Jahrestemperatur von 9,3° und 9,5°, eine Wintertemperatur von 1,8° und 2,3° haben. Im mittleren Belgien (200—300 m) ist das Klima schon merklich rauher, 8,2° und 8,6°, bezw. 0,4° und 0,3°; die Frühjahrsfröste schaden der Vegetation sehr bedeutend. Diesen Verhältnissen müsse beim Anbau fremder Hölzer durch Schutzmaßregeln Rechnung getragen werden. Die Hochlagen von Belgien (Ardennen) mit 350—500—676 m haben tiefe Wintertemperaturen und reichliche Schneefälle, sowie häufige Frühjahrsfröste. Jahrestemperaturen 7,6° und 7,0°, Wintertemperatur — 0,5° und —1,4°. Es ist eine Region, die „der Vegetation von vielen Arten nicht förderlich" ist.

Man beachte, daß in Belgien Jahrestemperaturen von 8,2 und 8,6° und Wintertemperaturen von 0,4° für die Anzucht fremder Holzarten schon als weniger günstig bezeichnet werden.

42. Das üppigste Gedeihen der fremden Holzarten zeigt in Deutschland das Rheintal (mit einzelnen Nebentälern), etwa von Mainz an

---

[1]) A. a. O. S. 555.

[2]) Silva Tarouca. A. a. O. Nadelh. 85, Laubh. 99. Vgl. Cieslar, Centralbl. f. d. ges. Fw. 1901. 101. 150. 196. Salvadori im Jahrbuch der Staats- und Fondsgüterverwaltung.

aufwärts bis zum Bodensee (Mainau). Die Jahrestemperatur erreicht hier 9—10 und über 10°. Die Januartemperatur beträgt 0 bis + 1 und 0 bis — 1°.

Die südlichen Teile Österreich-Ungarns, in denen die auswärtigen Holzarten vorzügliche Bedingungen für ihre Entwicklung finden, haben eine Jahrestemperatur von 9—14°.

Am Genfersee, wo nach Christ „die exotischen Holzarten in sonst unerreichter Schönheit gedeihen", herrscht eine Jahrestemperatur von 9—10°; im Tessin, in dessen Gärten „der exotische Schmuck geradezu überraschend ist" (Christ) von 10—12°.

Die amerikanischen und ostasiatischen Holzarten stammen fast durchweg aus südlicher gelegenen (30—45° nördlicher Breite) Gegenden mit 10—16° Jahrestemperatur. Die Januartemperaturen sinken selten auf 0°, sie steigen auf 2—6, selbst 8—10° an.

Werden diese Holzarten nach Mitteleuropa verpflanzt, so erhalten sie nur in den Weinbaugegenden noch eine der Temperatur ihrer Heimat gleich oder nahe kommende Jahrestemperatur. Die Januartemperatur von 0° ist in Europa dagegen nur im Süden und Westen (bis gegen den Rhein hin) vorhanden. Außerhalb der Weinbaugebiete (die meistens bis 300, auch 400 m ansteigen) sinkt die Jahrestemperatur auf 7—8, auch 6—7°, die Januartemperatur auf — 3 bis — 4°. Trotz der niedrigen Temperaturen können sich aber verschiedene Arten in unserem Klima Jahrzehnte hindurch in mehr oder weniger gutem Wachstum erhalten; ein unbedingtes Hindernis des Fortkommens sind die niedrigeren Temperaturen an sich nicht. Verderblich sind vielmehr nur die außerordentlich strengen Winter, die, wie wir gesehen haben, 40—50 jährige und vielleicht noch ältere Bäume zum Absterben bringen, selbst in bevorzugten Lagen, wie die Ufer des Genfersees sie darstellen.

In Mitteleuropa sind also die aus warmen Erdteilen stammenden Holzarten stets der Gefahr der völligen Vernichtung ausgesetzt[1]). Seit 1879/80 ist kein sehr strenger Winter mehr zu verzeichnen gewesen. Aus dem Wachstum der seit 1880 neu angebauten Holzarten kann deshalb ein sicherer Schluß auf ihre Ausdauer nicht gezogen werden.

Man hat wohl neuerdings die Heimat des bezogenen Samens genauer ins Auge gefaßt, den Standort für den Anbau sorgfältiger gewählt, die Pflanzen eifriger gepflegt als vor hundert und mehr Jahren. Aber unter sämtlichen fremden Holzarten gibt es nicht eine einzige, über die nicht von Schädigungen durch Fröste berichtet würde.

Welcher Waldbesitzer wird ganze Bestände anbauen wollen mit Holzarten, deren Fortkommen ganz unsicher ist? Wer wird die fremden

[1]) In diesem Zusammenhang darf auch nochmals auf die Provenienz des Samens unserer einheimischen Holzarten hingewiesen werden.

Holzarten auch nur zur Füllung von Lücken verwenden wollen, nachdem man die hiezu eingebrachten Weymouthskiefern, Bankskiefern, Pechkiefern zu Tausenden wieder entfernen mußte?

Die Beurteilung der verschiedenen Holzarten hat seit 1880 immer wieder Wandlungen erfahren und zur Ausscheidung zahlreicher Arten geführt. Da ist doch die Befürchtung, daß noch weitere Arten ihnen folgen könnten, nicht unbegründet.

Daß die ausländischen Holzarten bei der Unsicherheit ihres Gedeihens von schädlichen Einwirkungen mehr leiden, als die einheimischen, ist von vorneherein anzunehmen. Nach Mayr (a. a O. S. 212) haben sie sogar mehr Feinde als die einheimischen (Wild, Mäuse, Insekten). Mayr führt ferner an, daß Weymouthskiefer und Lawsonszypresse so massenhaft vom *Agaricus* befallen werden, daß keine Kultur aufzubringen sei, ebenso daß der Blasenrost ganze Kulturen von Weymouthskiefern vernichtet habe.

Aus den früheren Anbauperioden sind (so von Th. Hartig u. a.) als die einzigen tauglichen Holzarten Weymouthskiefer und die Akazie aufgeführt worden. Heute kann man nicht einmal diese ohne Vorbehalt empfehlen, nachdem die erstere durch Blasenrost und Wurzelpilze zum Absterben gebracht wird [1]) und die Akazie fast überall vom Frost, und in niederschlagsreichen Gegenden durch späte Schneefälle im Frühjahr oder früheintretende im Herbst zusammengebrochen wird. Wenn (nach Vadas) die Akazie in Ungarn so ausgedehnte Verwendung gefunden und so außerordentliche Erfolge aufzuweisen hat, so ist dies in den dortigen günstigen klimatischen Verhältnissen begründet.

43. Auch die neue Periode im Anbau der fremdländischen Holzarten wird für die nicht ganz milden Gegenden Mitteleuropas ähnlich wie in früheren Zeitperioden mit einem Mißerfolg endigen. Für die Wirtschaft im großen können die fremden Holzarten nicht in Betracht kommen. Zu versuchsweiser Anpflanzung oder zur Waldverschönerung, also in geringer Anzahl, mögen sie auch in Zukunft verwendet werden.

Zu diesem Urteil komme ich, nachdem ich 1870/71 und 1879/80 über die Folgen der strengen Winter im Walde Beobachtungen angestellt, seit 1880 fremde Holzarten selbst angebaut, seit 1888 die von der schweizerischen und württembergischen Versuchsanstalt angezogenen Holzarten kontrolliert, sehr viele Kulturen in den verschiedensten Ländern gesehen und die gesamte Literatur verglichen habe.

---

[1]) Ähnlich schon vor 80 Jahren. „Von der Weym. ist wenig mehr die Rede; sie dient nur noch zum Schmucke.“ Sie hat auch von Insekten zu leiden. Allg. F.- u. J.-Z. 1838, 77. Borchmeyer beobachtete allmähliches Absterben in einer Pflanzung. Daselbst 1829, 145.

§ 215. Die Waldverschönerung.

1. Die Wälder wurden bereits im Mittelalter vom ästhetischen und hygienischen Standpunkt aus geschätzt.[1]) Thomas von Aquin bespricht (1250) die Örtlichkeiten, auf denen die Stadt erbaut werden soll und verlangt u. a., daß durch Wälder der Aufenthalt angenehm gemacht sein müsse.[2]) Albertus Magnus (1240) sagt, daß der Park nicht der Früchte, sondern der Annehmlichkeit wegen angelegt sei.[3]) Petrus de Crescentiis (1305) widmet den Parkanlagen (viridariis) einen besonderen Abschnitt (Liber VIII). Sie erheitern das Gemüt und erhalten die körperliche Gesundheit. Es sollen verschiedene Bäume in ihnen gepflanzt werden. Je nach der Größe des Besitzes sollen sie ½—1 ha, von Fürsten 7 und mehr Hektar groß gemacht werden.[4]) Heresbach (1570) berichtet[5]), daß er durch einen Wald gegangen sei, in welchem die Bäume mit Geschmack gepflanzt gewesen seien; es seien teils fruchttragende Bäume gewesen (Eichen, Buchen), teils Ausschlagholz (ein unserem heutigen Mittelwald entsprechendes Waldbild). 1760 wird in Bern die Erhaltung der Buche zur Landesverschönerung empfohlen.

2. In der Mitte des 18. Jahrhunderts beginnen die Rücksichten auf die Schönheit des Waldes die Wirtschaft zu beeinflussen. Duhamel[6]) rät 1763, „auch des Promenierens und der Jagd zu gedenken". In seiner Dendrologie werden die Bäume mit großen Kronen, die eine Zierde der Wege und Plätze seien, ausgeschieden von den eigentlichen Waldbäumen. Aus jener Zeit stammen die geraden Alleen, die mit schattengebenden Bäumen bepflanzt wurden. Sie haben sich an manchen Orten bis heute erhalten.[7]) Wohl auf Duhamels Anregung hin wurde 1765 in Deutschland die Anlegung großer Alleen besprochen.[8]) Für die Rheinpfalz wurde 1802 eine besondere Verordnung hierüber erlassen.[9]) 1786 wurde eine Anweisung zur Anlegung und Wartung guter Hecken verfaßt.[10]) Suckow[11]) will 1776 Forste erziehen, die für das Auge vollkommen seien, ebenso Trunk[12]) 1789 solche, die beim Anblick ergötzen sollen.

In den Lehrplan des Forstinstituts Waltershausen ist 1795 die Ästhetik aufgenommen, „die dem Forstmann oft so nützlich sein kann".[13])

3. Die Baum- und Strauchgewächse zur Verschönerung werden 1823[14]) zusammengestellt. Die Ästhetik im Walde, als der angewandten Lehre des Schönen, handelt Frhr. v. d. Borch 1830 ab, nachdem er schon 1824 sie im Sylvan be-

---

[1]) Vgl. hiezu Biese, Die Entwicklung des Naturgefühls im Mittelalter und in der Neuzeit. 1888. 2, 1892. Gertrud Stockmayer, Über Naturgefühl in Deutschland im 10. und 11. Jahrhundert. 1910. S. 7—18.

[2]) De Regimine Principum. Liber II.

[3]) De Vegetabilibus Cap. XII.

[4]) Commodorum ruralium Libri XII.

[5]) Rei Rusticae Libri Quattuor. 180.

[6]) Holzsaat 177.

[7]) Vgl. Bergius, Polizei- und Kameralmagazin 1767. Art. Forstregal.

[8]) F.-Mag. 6. 1.

[9]) Forstarchiv 27, 39.

[10]) Leipzig neue gel. Zeitungen 1786, 936.

[11]) Einltg. in die Forstw. Vorwort S. 4.

[12]) Forstlehrbuch 130.

[13]) Diana, 1, 453.

[14]) Ökonom. Neuigkeiten 2, 15.

sprochen hatte. Er erntete Beifall und Kritik [1]). Ausführlich geschildert werden 1831 die malerischen Schönheiten der Bäume. [2])

4. Die deutschen Land- und Forstwirte besprachen auf der Versammlung in Stuttgart 1842 die Waldverschönerung. v. Greyerz rühmt in dieser Hinsicht Darmstadt und Eisenach — es hätte auch der Hardtwald bei Karlsruhe genannt werden können [3]) — und empfiehlt schöne Sträucher und Bäume zu erhalten, auch einige ausländische anzupflanzen. [4]) In Hessen war schon 1842 durch eine allgemeine Vorschrift die Erhaltung schöner Bäume anbefohlen. Der Großherzog nahm 1843 die Waldverschönerung unter seinen besonderen Schutz. [5]) Aus Hessen hat in neuerer Zeit Wilbrand [6]) in längerer Ausführung seine Stimme für die Forstästhetik in Wissenschaft und Wirtschaft erhoben.

5. In Österreich haben Grabner (1840 und 1854), ebenso Liebich 1854 die Verschönerung der Gegend durch die Wälder betont. Über die neueren Bestrebungen in Österreich berichten Dimitz [7]) und v. Guttenberg. [8]) 1879 wurde für das gesamte österreich-ungarische Gebiet die Pflanzung von „Hochzeitsbäumen" anläßlich der silbernen Hochzeit des Kaisers Franz Josef empfohlen. [9])

6. In Deutschland war es König, [10]) damals in Eisenach, welcher 1849 der Waldverschönerung besondere Beachtung schenkte und die Sicherstellung des Waldbesuches für jedermann verlangte. In Hannover trat neben Drechsler insbesondere Burckhardt in warmer Weise für die Waldverschönerung ein; in der ersten Auflage von „Säen und Pflanzen" widmet er ihr 1855 ein besonderes Kapitel. (S. 248—252.) [11]) Für Baden bezeichnet Dengler [12]) 1858 die Fehmelwirtschaft als eine waldverschönernde Betriebsart. Die übrigen Waldbauschriftsteller der damaligen Zeit gehen auf die Frage nicht näher ein.

7. Nur Landolt gibt 1866 Mittel zur Waldverschönerung an. [13]) Die Schaffung von „Urwaldreservationen", die in der Schweiz vor kurzem von Badoux, Glutz, Christ eingeleitet wurde, fällt wenigstens zum Teil auch unter die Waldverschönerung. Die Uhrenarbeiter in der Westschweiz suchten schon vor etwa 30 Jahren im Walde Stärkung der geschwächten Augen. [14])

8. In hervorragender Weise sind der Wald und die einzelnen Holzarten vom ästhetischen Standpunkt aus geschildert worden von Roßmäßler, dessen Werk „Der Wald" (1862; 2. 1871 von Willkomm) in die weitesten Kreise gedrungen ist.

---

[1]) Allg. F.Z. 1830, 542.

[2]) Daselbst. 1831, 121 ff.

[3]) Forstl. Zeitschr. f. Baden I, 2. S. 49.

[4]) Bericht 496. Gwinner Forstl. Mitt. 9, 60.

[5]) Neue Jahrb. 14, 38; 27, 86.

[6]) Allg. F.Z. 1893, 73.

[7]) Österr. Viertj.schr. 59, 115 und

[8]) 63, 1.

[9]) Cbl. f. g. Fw. 5, 577.

[10]) Die Waldpflege S. 301.

[11]) In den folgenden Auflagen wird der Gegenstand immer ausführlicher behandelt. „Stets möge die Waldverschönerung den Wald auch Wald bleiben lassen;" in den Forstgärten gehe man vielfach zu weit; so schon 1855, vgl. auch Kraft, Zeitschr. f. Forstw. 1895, 395.

[12]) Waldbau 236.

[13]) Der Wald, 378.

[14]) Vgl. auch Hefti: Wald und Städte in der Schweiz. Z. 1911, 193, sowie W. Sch. daselbst 1905, 117.

9. Unter den Vereinen ist in erster Reihe der schlesische Forstverein zu nennen. Von Göppert ging 1846 der Vorschlag aus, eine Chronik alter Bäume und Sträucher in Schlesien anzulegen. 1855 machte Voßfeldt geltend, daß neben dem Ertrag auch die Schönheit des Waldes in Betracht komme, die freilich noch wenig beachtet werde. 1878 berichtete v. Salisch über die forstästhetischen Ergebnisse einer Reise durch Schlesien; wiederholt (1881, 82) besprach er in den Versammlungen die einzelnen Holzarten. „Die ästhetische und hygienische Bedeutung des Stadtwaldes" wurde 1908 von Oberbürgermeister Dr. Brüning erörtert.

Gegenstand der Verhandlungen war ferner die Waldverschönerung im Verein für Sachsen 1896, 1905, 08, 09, 12; für die Mark 1910; für Mecklenburg 1905, 07; für Norddeutschland 1884; für Hessen 1901; für Oberösterreich 1903, 07; Mähren und Schlesien 1909; im deutschen Forstverein 1905.[1])

10. Die regste Tätigkeit auf dem Gebiete der Waldverschönerung entfaltet in Deutschland seit etwa 40 Jahren v. Salisch. 1885 erschien seine Forstästhetik, die seit 1911 in 3. Auflage vorliegt. Außerdem, verfaßte er zahlreiche Abhandlungen, die meistens in der Zeitschrift für Forstwesen erschienen sind. Neuerdings kam die Sorge für die Erhaltung der Naturdenkmäler im Walde hinzu. Conwentz[2]) hat in dieser Beziehung, namentlich in Preußen[3]), umfangreiche Erhebungen veranstaltet.

11. Einen abweichenden Standpunkt in dieser Frage nimmt G. Heyer[4]) ein. Er will (1876) im Staatswalde malerisch schöne Bäume nur erhalten, wenn sie nicht forstlich überhaubar sind; die Staatswälder sollen möglichst hohe Reinerträge abwerfen.

12. Mit rationeller Forstwirtschaft wollen Felber[5]) und Stötzer[6]) die Pflege der Waldesschönheit verbinden; durch naturgemäße Behandlung des Waldes Gayer,[7]) Ney,[8]) Mayr,[9]) Siefert[10]) die Schönheit des Waldes erhalten.

13. Kleine Urwaldreste, die den Wald in seiner ungestörten Schönheit zeigen, sind in manchen abgelegenen, unzugänglichen Gebirgstälern oder auf einsamen Felsköpfen zu treffen. Am Berge Kubany hat Fürst v. Schwarzenberg seit Jahrzehnten einen Urwald von jeder Nutzung ausgeschlossen. Neuerdings hat der Gedanke, Waldreservationen und Naturschutzgebiete aus dem Walde auszuscheiden, da und dort Verwirklichung gefunden.

14. Der Plan, die Stadt Wien mit einem Wald- und Wiesengürtel zu umgeben, ist von Bürgermeister Lueger und seinen Nachfolgern mit Erfolg durchgeführt worden.

15. Der Staat, die Gemeinden und manche Privatwaldbesitzer verwilligen in neuerer Zeit die Mittel zur Waldverschönerung. Vielfach werden sie hiebei von den Verschönerungsvereinen, Kurvereinen, Wandervereinen, den Vereinen für Heimatschutz und Naturdenkmalpflege durch Beiträge unterstützt.

---

[1]) Referent war v. Salisch; Korreferent Walther.
[2]) Merkbuch.
[3]) Für Bayern vgl. Eigner in Naturw. Z. 1905, 369 ff.
[4]) Allg. F.Z. Suppl. X, 26. Anm.
[5]) Natur und Kunst im Walde, 1906, 2, 191.
[6]) Anhang zu Loreys Waldbau im Handbuch der Forstw. 2, 1903.
[7]) Naturw. Z. 1907, 213.
[8]) Waldbau 490.
[9]) Waldbau 539.
[10]) Der deutsche Wald. Festrede 1905.

16. Die geschichtliche Übersicht zeigt, daß für die Erhaltung des Waldes und der Waldesschönheit in allen Zeitaltern einzelne Naturfreunde eingetreten sind. An Kraft und Nachdruck hat der Gedanke in neuerer Zeit deshalb gewonnen, weil das Anwachsen der Bevölkerung, insbesondere die Zunahme der Industriearbeiter und die ungesunden Wohnungsverhältnisse in den größeren Städten das Bedürfnis nach dem Aufenthalt in frischer, staubfreier, ruhiger Umgebung aufs Höchste gesteigert haben.

Dadurch hat die soziale und ethische Seite der Waldwirtschaft hohe Bedeutung gewonnen, welche allen Kreisen des Volkes zum Bewußtsein kommt und das Interesse am Walde schon in den jugendlichen Herzen wachruft.

17. Über die Schönheit des einen oder andern Waldbildes werden die Urteile stets auseinandergehen[1]). Einige Hauptgesichtspunkte werden sich aber gleichwohl aufstellen lassen.

Vor allem ist darauf hinzuweisen, daß dieselben Waldbilder ganz verschieden wirken, je nachdem sie auf kleine Flächen beschränkt oder über weite Strecken ausgedehnt sind. Hochwaldbilder aller Altersstufen wirken nur günstig auf den Beschauer ein, wenn sie tief sind, also größere Flächen einnehmen. Beim Plenterwald und Mittelwalde ist es umgekehrt; auf größeren Flächen sind sie gleichförmig und ermüdend.

Im Walde sucht man naturwüchsige Bilder aus der Pflanzenwelt, nicht die Erzeugnisse der Gartenbaukunst. Je mehr die letztere sich vordrängt, um so mehr verliert der Wald an seiner eigentümlichen Schönheit. Die Verschönerung muß ganz unauffällig und wie von selbst aus dem Walde herausgewachsen sein (alte Bäume, bizarre Formen etc.). Der überwältigende Eindruck, den der Wald auf ein empfängliches Gemüt macht, beruht auf seiner majestätischen Ruhe und stillen Großartigkeit (alte Buchen oder Eichenbestände, dunkle alte Tannenwälder). Gesuchte und gekünstelte Mannigfaltigkeit der Waldbilder stört die Wirkung des Waldganzen. Andererseits empfindet der Spaziergänger oder Wanderer es angenehm, wenn ihm im Walde eine Vorkehrung begegnet, die gerade um seinetwillen getroffen zu sein scheint (Ruhebank, Fassung einer Quelle, Freilegen eines Aussichtspunktes, Durchhiebe durch den Wald auf einen Kirchturm, ein Schloß, einen Berg).

18. Werden die vorhandenen natürlichen Mittel benützt, so kann die Verschönerung mit geringen Kosten erreicht werden. Verschönerung des Waldes ist oft nichts anderes als Erhalten und Beschützen der Gabe, die die Natur uns darbietet (allerlei Bäume und Sträucher, auch Blütenpflanzen, wie Weidenröschen, Waldmeister, Maiglöckchen, Frauenschuh

---

[1]) Vergl. insbesondere Hartwig, Illustriertes Gehölzbuch. Petzold, Landschaftsgärtnerei. Silva Tarouca. Laub- und Nadelhölzer. 1913.

etc.). Birke und Lärche, die im Frühling als die ersten ergrünen, können im Walde freigestellt oder am Wald- und Wegerand gezogen werden. Ein Kirschbaum im Buchenwalde macht sich weithin durch seine weißen Blüten bemerkbar. Eine alljährlich sich neu belaubende Buche belebt den dunklen Nadelwald durch ihr frisches Grün und die helle Rinde; noch wirksamer ist in dieser Beziehung die Birke. Im Herbste leuchtet der Traubenholunder und die Vogelbeere mit ihren roten Früchten hervor, oder bilden die ganz verschieden gefärbten Blätter des Laubwaldes, insbesondere von Ahorn, Roteiche, Birke, ein unvergleichlich schönes Bild im Sonnenschein. Auch die gelben Nadeln der Lärche treten wirkungsvoll hinzu. Einzelne Bäume oder Baumgruppen, die auf Anhöhen und Bergrücken stehen bleiben, ziehen das Auge auf sich und dienen weithin zur Orientierung; für ihren Ersatz durch natürliche oder künstliche Nachzucht sollte stets Sorge getragen werden. Ungewöhnlich starke oder hohe Bäume erregen stets die Bewunderung des Naturfreundes.

19. Viel zu wenig wird das Wasser zur Verschönerung des Waldes benützt. Das kleinste Bett, durch das es fließt, oder die gefaßte Quelle, die Leitung durch ein Rindenstück, erfreuen den Wanderer, da ja in vielen Wäldern es an Wasser mangelt. Kann ein Bächlein zur Anlage und Bewässerung von Wiesen benützt werden, so entsteht Abwechselung, namentlich in großen zusammenhängenden Waldkomplexen. Weiher, Teiche, kleinere Seen sollten nicht trocken gelegt werden. Die Seerose mit ihren großen Blättern und weißen Blüten veranlaßt den Wanderer, einen Augenblick inne zu halten und sie zu bewundern. Enten und andere Wasservögel beleben den schweigsamen Teich.

20. Das reifende Korn im Waldfelde leuchtet hell und freundlich aus dem dunkeln Tannenwalde hervor. Selbst der blühende Kartoffelacker bringt fremde Farbentöne in das einförmige Grün des Nadelwaldes.

21. Das Wild und die Vogelwelt, an der Jung und Alt sich stets erfreut, darf in keinem Walde fehlen. Nahrung für Wild, Wasser zum Tränken und Baden der Vögel, Nistgelegenheiten können leicht geboten werden. Weithin bekannt sind die Einrichtungen für Vogelschutz des Freiherrn von Berlepsch bei Seebach in Thüringen[1]. Vom forstlichen Standpunkt aus macht in dieser Beziehung Schinzinger ins einzelne gehende Vorschläge[2]. Wo es an Wasser nicht fehlt und das Gebüsch am Waldrande oder im Waldinnern geschont wird, bedarf es keiner besonderen Vorrichtungen.

[1]) Vgl. Allg. F.Z. 1907, 50, wo Kullmann über seinen Besuch in Seebach berichtet.

[2]) Allg. F.Z. 1907, 229. Schinzinger hat in letzter Zeit Vogelschutzgehölze im Forstbezirk Hohenheim angezogen.

22. Brücken und Stege, Schutzgeländer und Stufen an steilen Stellen müssen der naturwüchsigen Umgebung angepaßt sein. Dies gilt auch für Schutz- und Unterkunftshütten. Ist die Umgebung dieser Hütten etwas gärtnerisch gepflegt, mit Blumen und Rasen und seltenen Holzarten geziert, so wird dies niemand als störende Künstelei bezeichnen.

23. Wege und Pfade sollten, namentlich in der Nähe der Städte, gut unterhalten, sorgfältig gepflegt und am Rande beiderseits stets nach der Schnur gezogen sein, weil hauptsächlich durch die Wege der Eindruck der Ordnung, der Aufmerksamkeit und Fürsorge erweckt wird.

24. Ruhebänke, in der einfachsten, aber stets in einer bequemen, nicht zu hohen Form sollten in reichem Maße angebracht sein. Gelegenheit geben schöne, schattige Bäume, Aussichtspunkte, Durchhiebe, die Nähe einer Quelle, eines Teiches, Wegwendungen oder Geländestaffeln am Hange, geschichtlich interessante Punkte (wie Ruinen, Grenz- und Marksteine, Waldkreuze, Waldkapellen, alte Straßen, Heerwege, Waldesstätten mit auffallenden, historisch interessanten Namen). Auf die besondere Farbenwirkung eines schmalen Durchblickes gegenüber einer weiten Öffnung hat Eifert [1]) hingewiesen; er rät daher, die Ruhebänke etwas rückwärts zu stellen, damit rechts und links ein Vordergrund von Bäumen entsteht.

25. Die Waldverschönerung ist nicht allerorts von gleicher Bedeutung. Der holzartenreiche Wald der südlichen Länder bedarf keiner Verschönerung. Wo einförmige Föhren- und Fichtenwälder weithin sich ausdehnen, wird das Einbringen von heiterem und hellem Laubholz den Wegen entlang oder am Waldrande angezeigt sein. In der Nähe von Städten, Bädern, Kurorten, Erholungsheimen, Krankenhäusern, Schulen, Erziehungsanstalten wird die Sorge für kühlen Waldesschatten und würzige Luft stets dankbar anerkannt werden. Das Landvolk, das die Woche über auf freiem Felde arbeitet, wird diesen Vorteil des Waldes geringer schätzen.

Ökonomische und finanzielle Rücksichten bei Anzucht der verschiedenen Holzarten.

§ 216. Allgemeines.

1. Ausschlaggebend für den Anbau verschiedener Holzarten kann der eigene Bedarf des Waldbesitzers sein. Da die meisten Waldbesitzer dem Bauernstande angehören und auch die Gemeinden überwiegend ländlichen Charakter tragen, so besteht der Bedarf, der aus dem eigenen Walde gedeckt werden muß, aus Brennholz, den verschiedenen Nutzhölzern und aus manchen Nebennutzungen (Weide, Streu). Dasselbe ist

[1]) Allg. F.Z. 1907, 14. Ähnlich Silva Tarouca. Nadelhölzer 13, 26.

beim adeligen Waldbesitze, selbst bei Kirchengemeinden, Schulen, Hospitälern der Fall. Der Bedarf des Staates an Holz etc. ist gering, so daß aus den Staatswaldungen in der Regel fast das ganze jährliche Erzeugnis verkauft werden kann, während bei den anderen Waldbesitzern nur der Überschuß über den eigenen Bedarf auf den Markt gebracht wird (§ 2. 11. 178. 179).

2. Jeder Waldbesitzer wird diejenigen Holzarten und Sortimente anziehen, die er für seine Wirtschaft nötig hat und zugleich einen möglichst großen Überschuß über seinen eigenen Bedarf anstreben: er wird den höchsten Materialertrag zu erreichen suchen. Für den Verkauf wird er die Holzarten, die den höchsten Wert und Preis haben, also den höchsten Geldertrag abwerfen, in seinem Walde bevorzugen.

3. Besondere Verhältnisse und Bedürfnisse können für die Anzucht der einen oder anderen Holzart bestimmend sein. Für Gerbrinde ist die Eiche, für Weinpfähle die Kastanie, für Hopfenstangen die Fichte, für Wasserleitungsröhren die Föhre, für Faschinen sind Erle und Weide, für Papierholz Aspe und Fichte, für Streu die Buche die geeignetsten Holzarten. In der Nähe großer Städte ist die Nachfrage nach Deckreisig, Dekorationsreisig, Zierpflanzen, Christbäumen sehr groß; sie kann nur durch die Anzucht von Nadelholz gedeckt werden. Industrielle Anlagen (Spinnereien, Webereien, Färbereien, Drechslereien, Holzstoffschleifereien, Werkzeug-, Bürsten-, Spulenfabriken etc.) können einen lokalen Bedarf an bestimmten Sortimenten hervorrufen.

4. Auch die Kosten der gesamten Wirtschaft, für künstliche Verjüngung, Entwässerung, Aufbereitung und Transport der Hölzer etc. können unter Umständen für die Anzucht der einen oder anderen Holzart bestimmend sein.

5. Je größer die Zahl der standörtlich zulässigen Holzarten ist, um so reiner tritt die Wirksamkeit der ökonomischen und finanziellen Gesichtspunkte zu Tage. Wo nur die Föhre oder nur die Erle gedeibt, müssen finanzielle Erwägungen hinter die waldbaulichen Rücksichten gestellt werden.

§ 217. Die Art und Größe des Materialertrags.

1. Welchen Ertrag liefern die verschiedenen Holzarten? Man sollte meinen, daß über diese Grundfrage jeder Wirtschaft Sicherheit herrschen müßte, da alljährlich in zahlreichen Fällen die Entscheidung darüber getroffen wird, welche Holzart anzubauen, zu begünstigen oder zu beseitigen sei. Und doch ist dies keineswegs der Fall, wie die folgenden Ausführungen ergeben werden. Dies liegt teilweise darin begründet, daß ein sehr verwickeltes, von verschiedenen Faktoren beeinflußtes Problem zu lösen ist.

Beim Ertrag einzelner Holzarten kommt a) der Abtriebsertrag nach Masse, Länge, Stärke, Vollholzigkeit, Astreinheit, sodann b) der Zwischennutzungsertrag mit den verschiedenen Sortimenten (Brennholz, Kleinnutzholz) in Betracht. In besonderen Fällen kann c) der Reisig- und d) der Stockholzertrag von Bedeutung sein.

Es kann ferner e) das rasche oder langsame Wachstum und infolgedessen der frühere oder spätere Eingang des Ertrags, f) auch die Sicherheit des jährlichen Ertrags, endlich g) die Größe des im Walde stockenden und stets als Ertrag nutzbaren Vorrats Gegenstand der Erwägung sein.

Für die Vergleichung verschiedener Holzarten muß die Größe der Erträge an sich mit genügender Genauigkeit festgestellt werden. Sodann dürfen Unterschiede im Ertrag nur durch die Holzart, nicht durch andere Wachstumsbedingungen hervorgerufen sein. Es muß also gleiches Klima, gleicher Boden, gleiche Höhenlage und Exposition für die verschiedenen Holzarten vorausgesetzt werden können. Diese Gleichheit wäre bei gleichen Bodenverhältnissen auf einer Ebene zu erreichen. Endlich dürfen nicht durch die Bewirtschaftung Unterschiede im Wachstum herbeigeführt sein. Diese Voraussetzungen sind schwerer zu erfüllen, als gewöhnlich angenommen wird.

Schon der genaue Nachweis des Ertrags einzelner Holzarten ist schwierig zu führen. Er kann auf doppelte Weise versucht werden: es können die im praktischen Wirtschaftsbetrieb im großen erzielten Erträge ganzer Waldungen der Vergleichung zugrunde gelegt werden oder es werden besondere Untersuchungen an einzelnen Bäumen oder ganzen Beständen einer bestimmten Holzart vorgenommen.

2. Die Massen, die sich aus den jährlichen Nutzungen ergeben, stellen den ganzen, in einem Revier oder einem Waldteil anfallenden Ertrag dar. Er wird zu Vergleichszwecken je auf 1 ha berechnet. Es wird aber kaum ein Revier geben, in dessen Beständen nur eine einzige Holzart vorkäme. Selbst im Osten Preußens sind im Föhrenwald andere Holzarten bis zu 4 % vertreten. Die aus dem jährlichen Schlagergebnis abgeleiteten Zahlen über den Ertrag werden also um so ungenauer werden, je größer der Anteil anderer Holzarten an der Nutzung ist. Man wird also eine gewisse Beimischung anderer Holzarten als unvermeidlichen Fehler betrachten müssen. Pilz[1]) hat für Elsaß-Lothringen neulich eine solche Berechnung versucht; er sah sich aber gezwungen, eine nicht unwesentliche, bis zu 30 % steigende Beimischung von anderen Holzarten zuzulassen. In der württ. Statistik wurden früher Laub- und Nadelholzgebiete (also geographisch ganz verschiedene Landesteile) ausgeschieden, wobei sich für das Nadelholz höhere Erträge (7 gegen 5,6 Fm pro Hektar) berechneten. Eine Vergleichung der Erträge von Sachsen, in dessen Staatswaldungen die Fichte überwiegt,

[1]) Allg. F. u. J.Z. 1906, 361.

mit den Erträgen anderer Länder, ergibt ebenfalls höhere Erträge für dieses Nadelholzgebiet.

Aus solchen Zahlen der praktischen Wirtschaft kann man im allgemeinen ein Überwiegen des Ertrags der Nadelholzbestände ableiten. Genau ist aber der Vergleich noch aus anderen Gründen nicht. In der jährlichen Nutzung — die als eine nachhaltige vorausgesetzt wird — kommen noch andere Faktoren zur Geltung, die einen wesentlichen Einfluß auf die Höhe des Ertrags ausüben: die Beschaffenheit der abgetriebenen Bestände nach Standortsklasse und Vollkommenheit der Bestockung, das bestehende Verhältnis der Altersklassen, der Vorrat an haubarem Holze, die Grade der Durchforstungen und Lichtungen, die Art des Anbaus (ob Saat oder Pflanzung), etwaiger Anfall durch Sturm, Schnee, Insekten, endlich ganz allgemein die Rücksichten, denen bei Aufstellung der Wirtschaftspläne und der jährlichen Hauungspläne Rechnung getragen werden muß. Es ist daher eine längere Reihe von Jahren zur Ableitung von Durchschnittswerten nötig, die dann wenigstens annähernd den Ertrag des Nadel- oder Laubholzes oder auch einzelner Holzarten darstellen. Ein ganz sicheres Resultat ist jedoch nicht zu erwarten.

Hiezu kommt die ungenaue Buchung der wirklichen Erträge im großen Betriebe. Flury hat in Kahlschlägen Untersuchungen hierüber angestellt und in 8 Beständen von Fichte, Tanne, Föhre, Buche nachgewiesen, daß die von der Forstverwaltung ermittelten Derbholzmassen um 7—15, selbst 22 % zu niedrig sind. Die Fehlergrenze kann also größer sein als der Unterschied des Ertrags verschiedener Holzarten.

Es werden also die Erträge der verschiedenen Holzarten sicherer durch Untersuchungen in Beständen der verschiedenen Holzarten bestimmt werden. Die Genauigkeit auch dieses Resultats ist von verschiedenen Bedingungen abhängig.

3. Die wichtigste Voraussetzung der Vergleichbarkeit des Ertrages der einzelnen Holzarten ist die Gleichheit des Standorts. Man kann nicht ohne weiteres die Erträge der Föhre, wie sie sich aus der praktischen Wirtschaft ergeben, mit denjenigen der Fichte oder Tanne der selben Gegend vergleichen. Denn die Föhre stockt (wenigstens in den südlichen Ländern von Deutschland) überwiegend auf den mineralisch ärmeren, trockenen Standorten. Ob sie der Fichte oder Tanne im Ertrage an sich nachsteht, zeigt nur ihre Wachstumsleistung auf dem gleichen, nicht aber auf einem an sich geringeren Standort.

Die weitere Bedingung der Vergleichbarkeit ist die regelmäßige, durch keinerlei Schädigung gestörte Bestockung, d. h. die höchste erreichbare Vollkommenheit des Bestandes, die man mit normaler Beschaffenheit zu bezeichnen pflegt. Dieser Bedingung entsprechen, wie oben (§ 145 f.) näher erörtert wurde, die Aufnahmen der

Versuchsflächen. Wenn also in einem Waldgebiete auf größere Ausdehnung hin sich gleiche oder fast gleiche Standortsverhältnisse finden und diese je von einer einzigen Holzart bestockt sind, so kann für jede Holzart eine besondere Versuchsfläche angelegt und der Holzvorrat beispielsweise für 100 jährige Fichten, Tannen, Föhren, Buchen, Eichen, Erlen aufgenommen werden. Am sichersten wird die Vergleichung sein, wenn die Bestände unzweifelhaft je der I. Bonität angehören, weil die I. Bonität sich von anderen Bonitäten am genauesten abgrenzen läßt. Das Ergebnis der Aufnahme besagt dann, welchen Ertrag die einzelne Holzart unter den allergünstigsten Wachstumsverhältnissen abwirft. Es gelangt also die tatsächliche Wachstumsleistung und wohl auch die Leistungsfähigkeit der einzelnen Holzart zum klaren Ausdruck. Auf den geringeren Bonitäten kommen nicht mehr alle Holzarten vor und die eine oder andere (Buche, Tanne) zeigt ein mit dem Sinken der Bonität stark abnehmendes Wachstum. Im Ertrage bleibt dann allerdings die Buche oder Tanne gegenüber der Föhre zurück. Dies ist aber eine Folge der Bonität. Auf dem geringeren Standort kann die im Ertrage sonst sehr zurückstehende Föhre die Fichte oder Tanne übertreffen; die Föhre liefert in diesem Falle die relativ höchsten Erträge, d. h. auf geringen Bonitäten wird sie vorgezogen werden.

Die Gleichheit des Standorts ist allerdings durch die stammweise Mischung über die ganze Fläche hin am meisten gewährleistet. Dennoch ist eine Vergleichung des Wachstums verschiedener Holzarten (§ 162, 5. 6) nur mit einer gewissen Einschränkung möglich.

Auf das Wachstum im reinen Bestande ist der Nachdruck zu legen, da im gemischten Bestande die eine Holzart von der anderen beeinflußt ist, oder wenigstens beeinflußt sein kann.

Der Anforderung, daß die zu untersuchenden Holzarten unmittelbar nebeneinander stocken sollen, d. h. daß die Gleichheit des Standorts sichergestellt sei, wird jedoch nur in wenigen Fällen entsprochen werden können. Wir werden uns deshalb mit einem annähernd genauen Resultat begnügen müssen.

Dieser Nachteil fällt nicht schwer ins Gewicht, wenn die Holzarten im Ertrag sehr weit (um 200—400 Fm) von einander abstehen, wie die Fichte und Tanne von der Föhre, Lärche und Buche. Aber auch wenn die Erträge ziemlich gleich hoch sind, wie bei Fichte und Tanne, Lärche und Föhre und den Laubholzarten unter sich, wirkt die Unsicherheit in der Bonitierung nicht sehr einschneidend, weil der Ertrag durch die Bevorzugung der einen oder anderen Holzart nur wenig verändert wird, d. h. es ist mit Rücksicht auf den Ertrag an Masse ziemlich gleichgültig, ob die Fichte oder die Tanne etc. bevorzugt wird.

Streng genommen, müßten für die Vergleichungen nicht nur die Abtriebs-, sondern auch die Zwischennutzungserträge zugrunde gelegt werden; in der Reihenfolge der Holzarten nach dem gesamten Ertrage bringen aber die letzteren keine Änderung hervor (§ 160, 2). Die Gruppierung der Holzarten nach dem Abtriebsertrag ist also zulässig; diese ergibt nun folgende Abstufungen:

4. Fichte und Tanne stehen nach den Ertragstafeln (§ 159) im Abtriebsertrag auf I., II. und III. Bonität einander fast gleich; erst auf IV. und V. bleibt die Tanne zurück. Beide übertreffen in der Wachstumsleistung alle anderen Holzarten ganz bedeutend. Buche, Föhre und Eiche stehen um rund 40 %, Erle und Birke um 50 bis 60 % hinter Fichte und Tanne zurück (§ 159, 5)

Legt man statt der Durchschnittswerte der Ertragstafel die Einzelflächen der Vergleichung zugrunde, so ergeben sich einige nicht unwichtige Verschiebungen. Die höchsten Massen im 100. Jahre erreichen die Tanne mit 1130 Fm, die Fichte mit 1045 (im schweiz. Gebirge 1376), die Buche mit 818, die Föhre mit 623, die Eiche mit 625, die Erle mit ca. 590, die Birke mit ca. 410 Fm. Bemerkenswert ist der hohe Massengehalt, den die Buche in Baden, Braunschweig, Württemberg, im Sihlwald bei Zürich in einzelnen Fällen erreichen kann. Von den übrigen Holzarten sind bis jetzt Ertragstafeln nicht aufgestellt. Für das Hochgebirge fehlen also noch Lärche, Arve, Bergföhre. Nach den Aufnahmen der Lärche im Tieflande kommt sie der Föhre ziemlich nahe. Ahorn, Esche, Erle kommen seltener, Hainbuche, Kirschbaum, Linde, Ulme fast nie rein, sondern in Mischung mit der Buche etc. vor. Bei der Berechnung der Masse werden sie gewöhnlich mit den Buchen zusammmengefaßt, daher kann zunächst ihr Massenwachstum nicht gesondert nachgewiesen werden. Ihre Höhe ist selten für sich erhoben, sie kommt jedoch derjenigen der Buche gleich, da sie bei der Durchforstung als herrschende oder mitherrschende Stämme belassen werden. So können also nur die Durchmesser der eingemischten Holzarten mit den Durchmessern der Buche verglichen werden. Aus 41 in Württemberg aufgenommenen Buchenbeständen ergibt sich, daß die Durchmesser der beigemischten Holzarten meistens mit denjenigen der Buche zusammenfallen, sehr selten hinter ihnen zurück bleiben, öfters sie übertreffen. Daraus darf der Schluß gezogen werden, daß die dem Buchenbestand beigemischten Holzarten im Ertrage der Buche ungefähr gleich stehen, sofern sie nicht etwa unterdrückt sind oder bei der Durchforstung durch Freihieb besonders begünstigt werden.

Zu demselben Ergebnis hinsichtlich der Stärkeverhältnisse führt das Studium der badischen Preisstatistik.[1]) Die Stämme sind dort nach der Stärke in je 6 Klassen eingereiht. Die beigemischten Laubhölzer finden sich in der I., II., III. Klasse, also den stärkeren Klassen, wie die Rotbuche.

---

[1]) Stat. Mitt. 1911, 73.

5. Die **Reisigmasse** der Fichte und Tanne überschreitet im 100. Jahre vielfach 100 Fm auf 1 ha; für Föhre, Buche, Eiche, Erle, Esche beträgt sie nur 50—70 Fm. Bei Servituten (Brennreisig, Streureisig, Faschinenholz zu Flußbauten) kann auf die Erzeugung des nötigen Reisigs an bestimmten Orten Bedacht genommen werden müssen.

Ebenso kann das Erzeugnis an **Stockholz** eine bestimmte Höhe erreichen müssen bei Lieferung an Köhlereien, an Hüttenwerke, bei Verpachtung von Waldfeldern. Nach **Burckhardt** fallen auf 1 ha Altholz an Stockholz an von Fichte 114—137 Fm, von Föhre 30—68, von Buche 82, von Eiche 27—41 Fm.

6. Diese Abtriebserträge sind in Beständen gewonnen worden, die im B- oder C-Grade durchforstet worden waren. Wie sich die Abtriebserträge bei verschiedener, insbesondere stärkerer Durchforstung gestalten, ist noch nicht genügend erforscht. Nach den Untersuchungen **Schwappachs** erreicht die Buche I. Bonität im „lockeren Schluß" 440, bei „gewöhnlichem Schluß" dagegen 583 Fm Gesamtmasse in 100 Jahren.

Wie sich die Erträge der einzelnen Holzarten in gemischten Beständen verändern, ist noch nicht festgestellt. Hinreichende Nachweise fehlen auch für die Erträge der einzelnen Holzarten im Nieder-, Mittel- und Plenterbetriebe. Nach **Wimmenauers** Angaben liefert die 100jährige Föhre der Rhein-Mainebene im Lichtungsbetrieb 418, im gewöhnlichen Betriebe 641 Fm Gesamtmasse.

7. Mit Nachdruck ist aber auf die geographischen Unterschiede im Verhältnis des Ertrags einzelner Holzarten aufmerksam zu machen. Aus diesen erklärt sich ohne weiteres das abweichende Urteil, das von verschiedenen Praktikern über die einzelnen Holzarten gefällt wird.

Die Buche bleibt im Materialertrag hinter der Föhre in Preußen um 3, in Süddeutschland um 11 %, dagegen hinter der Fichte in Preußen und Braunschweig um 28—29, in Württemberg und Baden, sowie in der Schweiz um 34—38, im schweizerischen Gebirge um 47 % zurück. Die Erträge der Buche in diesen Ländern weichen unter sich nicht erheblich von einander ab. Dagegen gehen die Erträge der Fichte und Föhre sehr weit auseinander; das bessere Wachstum der Fichte (und Föhre) in Süddeutschland und in der Schweiz ruft den größeren Abstand von der Buche hervor.

Die dem Buchenwalde vielfach beigemischten „edlen" Laubhölzer (Eiche, Esche, Ahorn etc.) kommen (§ 162 und oben Z. 4) im Materialertrage der Buche ungefähr gleich. Hiebei ist der Schluß der Bestände vorausgesetzt. Wie der Ertrag im Lichtwuchsbetriebe sich gestalten wird, ist noch nicht genügend erforscht. Es ist aber darauf hinzuweisen, daß die Laubhölzer nicht im strengen Hochwaldschluß erzogen werden dürfen, daß also bei der Vergleichung etwa mit der Buche zugleich der Einfluß der verschiedenen Behandlung im Materialertrag zum Ausdruck kommt.

8. Diesen in den Ertragstafeln enthaltenen, d. h. auf normal bestockten Flächen erzielten Erträgen müssen diejenigen der großen Wirtschaft gegenübergestellt werden.

Im großen Betriebe sind die Bestände selten ganz geschlossen und regelmäßig; einzelne Holzarten, wie Fichte und Föhre, haben oft geringe Vollkommenheit. Sie beträgt vielfach statt 1,0 nur 0,8—0,7, sogar 0,6 und 0,5, d. h. der wirkliche Abtriebsertrag bleibt hinter den Werten der Ertragstafel um 20, 30, 40, selbst 50 % zurück. Die Laubholzbestände bleiben bis ins höhere Alter geschlossener. Dadurch wird der Vorzug, insbesondere von Fichte und Föhre etwas abgeschwächt. Dazu kommt, daß im höheren Alter die Fichte, Eiche, Birke, Erle oftmals rotfaul werden, und ein Teil des Ertrags manchmal sogar im Walde liegen bleibt.

9. Für die Anzucht von Brennholz ist außer der Masse noch die Brennkraft von entscheidender Bedeutung. Wird diese für die Buche gleich 100 gesetzt, so beträgt sie für Fichte, Tanne und Föhre 65 bis 70 bis 75. Es kommen also 700 Fm Fichtenholz etwa 500 Fm Buchenholz gleich, d. h. die Buche liefert mit 100 Jahren zwar nur 500 Fm Masse; diese stehen aber den 700 Fm Fichtenholz im Brennwerte gleich. Für die Brennholzzucht haben Fichte und Tanne keinen Vorsprung vor der Buche.

10. Bei Aufforstungen von Ödungen oder Weideflächen, bei Umwandlung von Mittel- oder Niederwald werden diejenigen Holzarten vorgezogen, welche einen baldigen Ertrag abwerfen. Zu diesen gehören Föhre und Lärche, sowie fast alle Laubhölzer. Die rasch wachsenden Arten können mit den langsamer wachsenden zugleich angebaut, erstere aber schon mit 20—30 Jahren genutzt werden.

11. Die Sicherheit des Ertrags ist beim Laubholze größer als beim Nadelholze, weil letzteres zahlreichen Schädigungen, ja, wie bei Fichte und Föhre es nicht selten eintrifft, geradezu der Vernichtung (durch Feuer, Schnee, Sturm, Dürre, Insekten) ausgesetzt ist. Bei Versicherung gegen Feuersgefahr, auch bei Beleihungen tritt diese stärkere Gefährdung des Nadelholzes deutlich hervor. Auch Kapitalisten, die einen Teil ihres Vermögens im Walde anlegen wollen, erkundigen sich manchmal, ob das Kapital im Walde überhaupt sicher angelegt sei, und wie in dieser Beziehung die einzelnen Holzarten zu beurteilen seien.

12. Für die Ansammlung von Vermögen eignen sich die Holzarten in ganz verschiedener Weise. Der im Walde vorhandene Holzvorrat wird bei dieser Vergleichung am besten dem Normalvorrat gleichgesetzt; dieser stellt den Holzvorrat unter den günstigsten Verhältnissen dar.

Nach Flurys[1]) Berechnungen beträgt der Normalvorrat in Festmetern Gesamtmasse pro 100 ha (u = 100 Jahre) durchschnittlich.:

Fichte	Schweiz, Gebirge	42 195
Fichte	Schweiz, Hügelland (mit 80 J.)	40 845
Fichte	Preußen	28 046
Tanne	Württemberg	25 212
Tanne	Baden	30 621
Föhre	Norddeutsche Tiefebene	23 159
Föhre	Preußen	20 452.
Buche	Schweiz	23 363
Buche	Preußen	17 733
Eiche	Preußen ca.	15 000

Für solche Forstbetriebe, in denen der Normalvorrat stets erhalten bleiben soll, sind diese Unterschiede von erheblicher praktischer Bedeutung.

13. Flury[2]) hat auch das Nutzungsprozent vom normalen Vorrat berechnet. Dieses zeigt für die einzelnen Holzarten nicht unbedeutende Unterschiede.

Nutzungsprozente der Gesamtmasse.

Bonität		I.	II.	III.	IV.	V.
Fichte Schweiz, Hügelland	u = 80	2,26	2,32	2,39	2,47	2,57.
„ „ Gebirge	u = 80	2,62	2,65	2,70	2,76	2,81.
„ „ „	u = 100	1,91	1,93	1,96	2,00	2,06.
Buche Schweiz	u = 100	2,03	2,09	2,17	2,27	2,42.
Tanne Baden	u = 100	2,15	2,24	2,34	2,49	2,74.
Föhre Preußen	u = 100	1,55	1,56	1,58	1,74	1,96.
Eiche Preußen	u = 100	2,11	2,25	2,34		
„ „	u = 140	1,36	1,43	1,48		
„ „	u = 180	0,98	0,99	1,01.		

14. Zur Schneitel- und Kopfholzwirtschaft eignen sich von den Laubhölzern Weide, Pappel, Birke, Ahorn, Esche, Linde. Im Gebirge werden auch Fichte, Tanne, Lärche geschneitelt; der Ertrag wird als Streu (Grasstreu) verwendet.

15. Der Ertrag an Laub- und Nadelstreu von verschiedenen Holzarten weicht dem Gewichte nach nicht bedeutend voneinander ab. (Ebermayers Untersuchungen oben § 141, 6—9.) Im allgemeinen werden aber die Laubhölzer vorgezogen.

16. Rinde wird gewonnen von Eiche, Kastanie, Fichte, Tanne; auch Weide und Birke, Erle.

17. Für die wichtigsten Holzarten ist (Z. 4) der Unterschied im Ertrage ziemlich genau festgestellt; für alle anderen Holzarten sind zuverlässige Nachweise noch nicht vorhanden.

---

[1]) Mitt. der Schweiz. V.-A. 11, 110.

[2]) Daselbst 11, 146.

Die Unterschiede sind aber geographisch von einander abweichend (Z. 7). Es muß also das Verhältnis für jede einzelne Gegend besonders festgestellt werden.

Bei den zahlreichen Fehlerquellen ist das Ergebnis der Vergleichung nur als wahrscheinlich oder annähernd richtig zu betrachten.

§ 218. Der Geldertrag der verschiedenen Holzarten.

1. Der Geldertrag hängt ab vom Materialertrag und vom Preise, und zwar vom Preise der einzelnen Sortimente. Können die Unterlagen für die Vergleichung der verschiedenen Holzarten mit der nötigen Genauigkeit beschafft werden?

Was den Materialertrag, den wichtigsten Faktor, betrifft, so ist er von der größten Anzahl der Holzarten nur annähernd genau bekannt (§ 217). Der Sortimentsanfall (§ 168) ist vorwiegend nur für Nadelholz, für Buche und Eiche in der Statistik aufgeführt. Die großen Unterschiede in der Nutzholzausbeute treten in § 182, 2 deutlich heraus. In den verschiedenen Ländern sind die Nutzholzprozente um das 3—8fache verschieden.

Auch die Preise der einzelnen Holzarten sind in den statistischen Nachweisen nicht immer ausgeschieden und veröffentlicht; vielfach werden die Preise von Hainbuchen, Eschen etc. mit den Preisen der Buche zusammengefaßt. Nur die badische Statistik macht getrennte Angaben für Fichte, Föhre, Lärche, Tanne, Ahorn, Akazie, Birke, Buche, Eiche, Erle, Esche, Hainbuche, Kirschbaum, Linde, Obstbaum, Pappel, Ulme, Weide; ebenso die bayerische Statistik für Aspe, Birke, Buche, Eiche, Erle, Esche mit Ahorn und Ulme, Hainbuche, Linde, Fichte, Tanne, Föhre (mit Lärche).

Die Preise der seltenen Holzarten hängen von vielerlei Zufälligkeiten des Angebots und der Nachfrage ab.

Das jährliche Steigen und Fallen der Preise erfolgt im allgemeinen bei allen Holzarten in der gleichen Richtung; immerhin gibt es Jahre, in welchen der Preis der einen Holzart steigt, der mehrerer anderer fällt. Das Steigen und Fallen geschieht aber selten im gleichen Grade; der Preis der einen steigt oder fällt stärker als derjenige der anderen Holzarten.

Einigermaßen sichere Vergleichungen — mancherlei Bedenken im einzelnen werden sich unten ergeben — lassen sich auf Grund des heutigen statistischen Materials anstellen nur für Fichte, Föhre, Tanne, Buche, Eiche. Für die übrigen Holzarten kann eine Untersuchung nur zu einem annähernd genauen Resultat führen. Bei Schlußfolgerungen für weite Gebiete ist daher die größte Vorsicht geboten. Einige Gegenüberstellungen sollen dies deutlich machen.

2. In den Untersuchungen Schwappachs über die Rotbuche in Preußen[1]) wird angeführt, „daß für 1 Fm Buchennutzholz 11—12 ℳ, für 1 Fm Brennholz dagegen nur 6—7 ℳ bezahlt werden“ [2]) Ferner heißt es dort, „daß der Preis für 1 Fm Buchenderbholz, im Abtriebsalter genutzt, durchschnittlich immerhin erst 8 ℳ beträgt, während für Kiefern etwa das Doppelte (16—17 ℳ), für Fichte sogar noch mehr (20 ℳ) gezahlt wird. Da dieser Unterschied nicht durch eine Mehrleistung an Masse ausgeglichen werden kann, so steht die Buche hinsichtlich ihrer Rentabilität hinter diesen Nadelhölzern erheblich zurück.“

Stellen wir diesen für die günstigsten Verhältnisse in Preußen ermittelten Zahlen solche aus anderen Gebieten gegenüber. Da, wo in Württemberg die höchsten Buchenholzpreise herrschen, kostet 1 Fm Buchennutzholz (1912) 20—40 ℳ, 1 Fm Brennholz 14 ℳ, 1 Fm Buchenderbholz 22 ℳ, 1 Fm Nadelderbholz (Fichte und Föhre) 15,3 ℳ. Für diese Gegend Württembergs ergibt sich also genau das umgekehrte Verhältnis gegenüber Preußen: die Buche steht im Preise nicht nur nicht hinter dem Nadelholze zurück, sondern sie übertrifft dieses in erheblichem Grade (um rund 50 %). Selbst im Durchschnitt des ganzen Landes berechnet sich der Preis von 1 Fm Buchenderbholz auf 16,5 ℳ, von 1 Fm Nadelderbholz auf 15,5 ℳ.

In Baden werden im Landesdurchschnitt für 1 Fm Buchenderbholz 16,5 ℳ, für 1 Fm Nadelderbholz 13,9 ℳ, in Elsaß-Lothringen dagegen 11,60 bezw. 14,71 ℳ erlöst. In einzelnen elsässischen Oberförstereien übertrifft aber der Buchenpreis ebenfalls den des Nadelholzes (Colmar-Ost 18,4: 10,5).

Im Stadtwalde von Zürich liefert 1 Fm Buchenbrennholz 14,9 ℳ, 1 Fm Nutzholz (nicht durchweg Buche, zum Teil verarbeitet) 53,6 ℳ.

Einige weitere Vergleiche — sie können nur in beschränktem Umfange angestellt werden, weil die statistischen Quellenwerke keine übereinstimmenden Nachweise liefern — werden die geographischen Unterschiede noch deutlicher hervortreten lassen.

In Württemberg wurden 1911 für 1 Fm Buchenreisig im Landesdurchschnitt 11,30 ℳ (also soviel wie in Preußen für Nutzholz), in mehreren Revieren sogar 16 ℳ erlöst; in Preußen beträgt der höchste Preis für Buchenscheiter nur 10,70 ℳ. Die höchsten Erlöse in Preußen stehen nicht einmal den Durchschnittspreisen, sondern vielfach den niedrigsten Preisen in Süddeutschland gleich. In einzelnen Revieren anderer Länder, z. B. Murnau in Oberbayern, stehen die Buchenpreise

---

[1]) 1911. S. 189, 190.

[2]) Diese Preise sind im nordwestdeutschen Buchengebiet Preußens besonders erhoben worden. Hier stehen die Buchenpreise fast durchweg über dem Landesdurchschnitt; es sind also die für die Buchenwirtschaft günstigsten Gegenden Preußens herangezogen.

ebenfalls sehr niedrig. Auch die Preise im Wienerwald kommen denjenigen von Preußen nahe.

Während sodann in Preußen der Erlös für Föhrenholz 15—20 % unter dem Erlös für Fichtenholz steht, sind die Föhrennutzholzpreise in Süddeutschland auf der I., II., III. Bonität bedeutend (20—30 %) höher als diejenigen des Fichtenholzes; nur auf IV. und V. Bonität bleiben die Föhrennutzholzpreise zurück.

Ebenso stehen in Süddeutschland die Buchennutzholzpreise auf der I.—III. Bonität sehr bedeutend, bis zu 40 und 50 %, über denjenigen der Fichte. Nur wo die Buche eine geringe Rolle spielt, mehr nur als Zwischen- und Unterstand im Fichtenbestande auftritt, also kurz und astig ist, bleiben ihre Preise hinter dem Fichtenpreis zurück.

Fast alle Laubhölzer haben durchweg höhere Nutzholzpreise als die Buche und als das Nadelholz.

In Baden wurden im Landesdurchschnitt (1907) erlöst pro Festmeter Buche 23—28 ℳ, Eiche 24—74, Hainbuche 29—31, Esche 20 bis 84, Ahorn 25—47, Ulme 25—38, Linde 31, Pappel 24—27, Weide, Erle 26—48, Nadelholz 17—30 ℳ.[1])

Anläßlich der Düsseldorfer Forstversammlung habe ich die Preise von rund 2000 Oberförstereien in Klassen eingereiht und kartographisch dargestellt. Ein Blick auf diese Karten zeigt, daß nebeneinander liegende Reviere in ganz verschiedene Klassen fallen. Größere Gebiete umfassen oftmals 4—6 Klassen. Andererseits gibt es — namentlich in der nord- und nordostdeutschen Ebene — Gegenden von 10—20 Revieren, die in dieselbe Klasse fallen.

Es können daher keine allgemein gültigen Sätze aufgestellt werden; die Preise der einzelnen Holzarten müssen vielmehr für jedes Revier besonders erhoben werden. Je nach den Ergebnissen lassen sich dann größere oder kleinere Bezirke bilden, in denen die Verhältnisse gleich oder wenigstens annähernd gleich sind. Allgemeine Geldertragstafeln (Ziffer 4) für irgend eine Holzart, sind nur zutreffend für diejenigen Reviere, deren Verhältnisse dem Landesdurchschnitt gleichkommen.[2])

Da die Holzpreise von Jahr zu Jahr regelmäßig um 5—10, selbst um 20—30 % schwanken, muß ein Durchschnittspreis aus einem längeren Zeitraum berechnet werden. Dieser muß wenigstens 10, besser 20 Jahre

[1]) Infolge des Krieges sind die Preise 1914—19 sehr erheblich gestiegen. Mit diesen außerordentlichen Preisen kann die Vergleichung aber nicht durchgeführt werden. Immerhin ist bemerkenswert, daß die Nutzholzpreise des Laubholzes viel mehr gestiegen sind, als die des Nadelholzes. Von letzterem betrug der höchste Preis 70—80 ℳ; für Eichen wurden 500—1000 ℳ, für Eschen 300—400 ℳ, für Buchen 100—150 ℳ erlöst.

[2]) Weiteres über den Unterschied der Preise s. in § 184—189; über die Bewegung der Holzpreise in § 190.

umfassen (§ 190, 4). Hiebei muß eine Fehlergrenze von ± 5—10 % in Rechnung genommen werden.

Eine große Genauigkeit in der Berechnung des Geldertrags der einzelnen Holzarten kann nach den vorstehenden Ausführungen nicht erwartet werden.

Nach diesen Bemerkungen lasse ich die Zahlen einiger Geldertragstafeln, die den Materialertragstafeln beigefügt sind, folgen.

3. Nach diesen berechnet sich — bei normaler Bestockung — der Geldwert für 1 ha 100jährigen Bestandes I. Bonität

für die Fichte in Preußen	1902 auf	20 285 *M*	
„ Föhre in Preußen	1889	8 080 „	(1908 nur 6277)[1]
„ Buche in Preußen	1911	4 350 „	
„ Fichte in Württemberg	1899	14 016 „	
„ Tanne in Württemberg	1897	14 050 „	

Die berechneten Geldwerte beziehen sich nicht genau auf denselben Zeitpunkt; bei den großen Unterschieden der einzelnen Holzarten kann aber die Vergleichung ohne Bedenken durchgeführt werden.

Werden den Vergleichungen, die von Schwappach für Preußen, von Lorey für Württemberg aufgestellten Geldertragstafeln zugrundegelegt, so wird die Fichte oder die Föhre Ostpreußens mit der Buche von Nordwestdeutschland oder der Fichte und Tanne Württembergs verglichen. Ebenso sind die Nadelholzpreise von Ostpreußen oder von Eberswalde, den Buchenpreisen von Nordwestdeutschland oder von Wiesbaden und den Landesdurchschnittspreisen von Württemberg gegenübergestellt. Es fragt sich, ob auf diese Weise ein genaues Bild des Ertrags der einzelnen Holzart entstehen kann. Diese Frage ist nur teilweise zu bejahen. Denn sowohl die natürlichen Wachstumsverhältnisse, als die Faktoren der Preisbildung sind in den genannten Fällen für die einzelnen Holzarten verschieden.

Soll das Verhältnis unter den Holzarten genauer festgestellt werden, so müssen die zum Vergleich herangezogenen Holzarten nebeneinander auf derselben Bonität erwachsen sein, weil die Bonität auf die Länge, Stärke, Astreinheit und damit auch auf den Preis der Stämme, sowie auf die Masse des Bestandes einwirkt. Sodann müssen die Absatzverhältnisse für alle Holzarten und Sortimente gleich, bezw. gleich günstig sein. Dies ist nur in dicht bevölkerten oder auch in industriellen Gegenden der Fall; in dünnbevölkerten oder abgelegenen ist der Preis des Brennholzes gewöhnlich niedrig, der des meist zur Ausfuhr gelangenden Nutzholzes höher. Eine solche Berechnung ist für ein engeres Gebiet Württembergs im folgenden versucht worden.

[1]) Hiebei sind von den Preisen die Werbungskosten abgezogen. (Schwappach Die Kiefer 1908, S. 143.) Da diese pro Hektar etwa 7—800 *M* betragen, wird eine wesentliche Verschiebung unter den Holzarten dadurch nicht bewirkt.

4. Für die Vergleichung des Ertrags von Fichte und Buche ist die I. Bonität der betreffenden Ertragstafeln für Württemberg angewendet. Als Preise sind diejenigen aus der Umgebung von Stuttgart eingesetzt, die sowohl für Nutz-, wie für Brennholz zu den höchsten in Deutschland gehören. Bei Nutzholz und Brennholz ist der Durchschnittspreis aller Sortimente eingesetzt, wie er in den statistischen Mitteilungen angegeben ist. Der Berechnung sind die Preise von 1911 (bezw. 1910) zugrunde gelegt. Für die Eiche ist die Ertragstafel von Preußen herangezogen.

Es ergibt sich ein Geldertrag auf I. Bonität für 1 ha im 100. Jahr:

1. bei Buche:

a)	Reine Brennholzwirtschaft	14 587 ℳ
b)	bei 30 % Nutzholzabsatz	15 264 „
c)	„ 50 % „	15 715 „
	Wenn durch Esche etc. der Wert um 10 % erhöht wird	
	bei b (b¹)	16 800 „
	bei c (c¹)	17 200 „

2. bei Fichte:

a)	Reine Brennholzwirtschaft	14 965 ℳ	
	bei einer Bestockung von 0,9 nur		13 469 ℳ
b)	bei 80 % Nutzholzabsatz	21 925 ℳ	
	bei einer Bestockung von 0,9 nur		19 733 ℳ

3. bei Eiche:

Im 100. Jahre bei 80 % Nutzholzabsatz	15 831 ℳ
bezw. beim Preise von 50 ℳ	17 431 „
Im 120. Jahre bei 80 % Nutzholzabsatz	18 303 „
bezw. beim Preise von 50 ℳ	20 153 „

Wenn von dem Fichtenholze 10 % rotfaul sind (bei der Buche fällt faules Holz selten an) und der Wert des rotfaulen Holzes zur Hälfte des gesunden angesetzt wird, so ist der Wert des vollbestockten Fichtenbestandes 14 235 ℳ bei reiner Brennholzwirtschaft, 20 325 ℳ bei Nutzholzwirtschaft.

Bei reiner Brennholzwirtschaft sind Buche und Fichte ungefähr gleich einträglich. Bei Nutzholzwirtschaft verhält sich die Fichte zur Buche wie 100: b. 70 bezw. b¹. 77; c. 72 bezw. c¹. 79.

Wird für die Fichte eine Bestockung von 0,9 angenommen, so erhalten wir die Zahlen b. 78; c. 80; b¹. 85; c¹. 87. Bei einer Bestockung von nur 0,8 erhöhen sich die Zahlen auf 90—94; werden für die Fichte noch 10 % rotfaules Holz angenommen, so kommen die Erträge der beiden Holzarten einander fast gleich.

Im vorliegenden Fall stehen die Nutzholzpreise der Fichte (23 ℳ) und die der Buche (25 ℳ) einander sehr nahe.

5. Die bei den Durchforstungen anfallende Holzmasse — von der ersten Durchforstung bis zum Abtriebsalter — spielt in vielen Fällen eine nicht unwichtige Rolle. Hier soll nur der Unterschied der einzelnen Holzarten besprochen werden.

Der Durchforstungsanfall beträgt nach den Ertragstafeln auf I. Bonität bei Fichte und Tanne 500—600 Fm, bei Föhre und Buche 300—400—450, bei der Eiche 4—600, bei der Schwarzerle 200 Fm. Der Unterschied ist zu beachten, wenngleich der Anbau der einzelnen Holzart selten vom Durchforstungsanfall wird abhängig gemacht werden. Entscheidend für den Anfall im großen Betriebe ist der Zustand des einzelnen Bestandes; je lichter die Bestockung und der Schluß, um so geringer ist der Durchforstungsanfall.

Über die Gelderträge der Durchforstung im großen Betriebe enthalten nur wenige statistische Quellenwerke die erforderlichen Nachweise; es wird in der Regel nur der Materialertrag besonders aufgeführt. Von diesem fällt ein mehr oder weniger großer Teil auf Reisig und Brennholz überhaupt, wodurch der Geldertrag der Zwischennutzung gegenüber demjenigen der Hauptnutzung sinken muß. Einige wenige Belege können hiefür beigebracht werden.

	Vom Materialanfall lieferte die		Vom Geldertrag lieferte die	
	Hauptnutz.	Zwischennutz.	Hauptnutz.	Zwischennutz.
Kanton Bern [1]) 1913	76 %	24 %	83 %	17 %
Stadt St. Gallen 1913	77 %	23 %	83 %	17 %

Im Stadtwald von Winterthur erlöste man 1914 aus einem Festmeter Reisig und Stecken 9,60 ℳ, dagegen aus Stangen 20 ℳ (aus Bau- und Sägholz 24—32 ℳ).

Für die Beurteilung der einzelnen Holzarten sind die Preise des anfallenden Materials von Wichtigkeit. Die ausführlichste Preisstatistik ist von Baden vorhanden. Unten sind die Preise von 1911 zusammengestellt (die Abweichungen 1902—11 sind unbedeutend). Der Landesdurchschnittspreis betrug 1911 in Baden für 1 Fm Derbstangen

Eichen	23,77 ℳ	Akazie	24,11 ℳ
Buchen	22,70 „	Vogelbeere	10,00 „
Eschen	20,89 „	Ulme (1910).	21,43 „
Hainbuche	19,53 „	Erle (1909)	18,00 „
Ahorn	18,75 „	Nadelholz I. Kl. . . .	15,81 „
Maßholder	11,55 „	Nadelholz II. Kl. . .	12,41 „
Birke	24,43 „		

[1]) Die Preise von 1 Fm Haupt- und 1 Fm Zwischennutzung verhielten sich wie 100 zu 66; in einzelnen Kreisen aber nur wie 100 zu 50.

Für 100 Stück Reisstangen 1911:

Eichen, Buchen . .	28,97 ℳ	Nadelholz	I. Klasse	10,47 ℳ
Eschen	21,61 „	„	II. „	10,03 „
Birken	15,16 „	„	III. „	6,11 „
Haselreifstecken . . .	0,60 „	„	IV. „	5,55 „
		„	V. „	3,56 „

Die Preise der Laubholzstangen sind fast durchweg höher als diejenigen der Nadelholzstangen. Für den Geldertrag fällt aber ins Gewicht, daß vom Laubholz in den meisten Gegenden nur geringe Mengen als Nutzstangen abgesetzt werden können, der größere Teil daher nur als Brennholz abgegeben wird.

6. Die Preise für das Reisig sind vielfach ausschlaggebend für die Ausführung von Durchforstungen in ganz jungen Beständen; man durchforstet mancherorts erst dann, wenn durch den Erlös für das anfallende Holz die Kosten gedeckt werden. Im Laub- und Nadelholz fällt der größte Teil des Reisigs als Brennholz an; ein bald größerer, bald kleinerer Teil kann auch als Nutzholz verwendet werden.

Wo das Reisig ungenutzt im Walde liegen bleibt, von Leseholzsammlern geholt wird oder auch verfault, entgeht dem Waldbesitzer eine nicht unerhebliche Einnahme. Im großen Durchschnitt fallen an im 100jährigen Bestande I. Bonität von Fichten 100 Fm, Tanne 110 Fm, Föhren 50 Fm, Buchen 70—80 Fm.

	Preis[1]) von 1 Fm Reisig		Erlös pro Hektar	
	höchster	niedrigster	höchster	niedrigster
Fichten[2])	6,0	2,5	600	250
Tanne	6,0	2,5	660	275
Föhre	6,0	2,5	300	125
Buche	15,0	4,0	1200	320

In dicht bevölkerten Gegenden Württembergs werden für Nutzreisig sehr hohe Preise erzielt.

Für Besenreis von Birken	100 Wellen	bis zu 100 ℳ	=	von 1 Fm	50 ℳ
Deckreis von Nadelholz	100 „	„ „ 40 „	=	„ 1 „	20 „
Faschinenreisig von Laubholz	100 „	„ „ 20 „	=	„ 1 „	10 „

Hiebei sind 100 Wellen = 2 Fm gerechnet; bei diesen schwachen Sortimenten bleibt der Festgehalt wohl unter 2 Fm und beträgt vielleicht nur 1,8 Fm; obige Preise würden sich dann auf 56, 22, 11 ℳ erhöhen.

---

[1]) In Baden und Württemberg; von den übrigen Ländern fehlen die Angaben. In Winterthur dagegen 13 ℳ.

[2]) Wo es zur Einstreu verwendet wird, bis 12 ℳ.

Es sind vielfach nur geringere Mengen, die als Deckreisig abgesetzt werden, so daß der absolute Betrag der Einnahme nicht hoch ist.[1])

7. Stockholz ist bei Nadelholz mehr begehrt als bei Laubholz. Wird für 1 Fm Nadelstockholz 1 ℳ, für Hartholz 2 ℳ erlöst, so beträgt der Erlös für Stockholz im Fichten- und Tannenwalde 110—140 ℳ, im Föhrenwalde 30—70 ℳ, im Buchenwalde 160 ℳ, im Eichenwalde 60—80 ℳ je Hektar.

8. Die Rinde der einzelnen Holzarten findet eine ganz verschiedene Verwendung. Sie wird mit den Brennholzstücken zu Brennzwecken verwendet. Wenn sie geschält wird, bleibt sie vielfach im Walde liegen oder wird von Leseholzsammlern nach Hause gebracht. Endlich wird die Rinde als „Nutzrinde" gewonnen; dies geschieht vorherrschend zum Gerben, aber nur von einigen Holzarten: Eiche, Birke, Weide, Kastanie, Fichte, Tanne, Lärche.

Flury[2]) gibt auf Grund seiner Untersuchungen folgende Rindenprozente (bezogen auf den ganzen Schaft bis zur Derbholzgrenze) an:

	Mittel	Minimum	Maximum
Fichte	9,8	7,4	14,9
Tanne	10,5	8,3	12,3
Föhre	13,6	10,1	16,8
Lärche	19,3	17,0	21,9
Buche	7,0	5,4	9,9
Eiche, junge[3]) . . .	27,0	—	—
Eiche, ältere	18,0	—	—

Über den tatsächlichen Anfall von Rinde bezw. die gewonnenen Mengen und erzielten Preise haben wir nur vereinzelte Nachweise. (Über die Eiche vgl. § 330.)

Da für 1 Rm Fichtenrinde etwa 15 ℳ bezahlt werden, so berechnet sich für 1 Fm ein Preis von 50 ℳ. Für die Nadelhölzer kommt der Rindenpreis dem höchsten Nutzholzpreise gleich.

9. Die Nutzung von Streu und Gras ist für manchen Besitzer ebenso wichtig, ja sogar wichtiger als die Hauptnutzung an Holz.[4]) Hier handelt es sich nur um den Ertrag, nicht um die Beurteilung dieser Nutzungen.

---

[1]) Die Stadt Winterthur verkauft jährlich 5—6000 Stück Wellen als Deckreisig, die zum großen Teil aus den 6—10jährigen natürlichen Verjüngungen ausgeschnitten werden; im ganzen nimmt die Stadt allein für Deckreisig 2400 bis 3200 ℳ ein. 1912 wurde für 1 Fm Deckreis erlöst 24,8 ℳ. 1 Fm 100 jähriges Bau- und Sägholz kostete gleichzeitig 24—32 ℳ.

[2]) Schweiz. Mitt. 5, 203.

[3]) Nach den Untersuchungen der Württ. V.-A. Monatschr. 1875, 281.

[4]) Streu als Hauptnutzung in Niederösterreich. Österr. Viertj.schr. 1864, 206. Der Streuertrag „übertrifft den Holzertrag". Die Schaffung eigener Streuwaldungen schlägt in neuester Zeit Vill vor. Fw. Cbl. 1916, 38, 308.

Nimmt man den Ertrag an Waldstreu in runden Zahlen,[1]) die für den vorliegenden Zweck ausreichen (vgl. § 113—15; 141, 6—9) und berechnet man den Strohwert[2]) derselben, so ergeben sich, wenn 100 kg Stroh zu 4 M[3]) veranschlagt werden, folgende Werte des Ertrags an Streu pro ha:

4000 kg	Laubstreu	= 1320 kg	Stroh im Werte von	52,8 M
3500 „	Nadelstreu	= 1150 „	„ „ „ „	46,0 „
5000 „	Moosstreu	= 3500 „	„ „ „ „	140,0 „
5000 „	Heidelbeerstreu	= 2940 „	„ „ „ „	117,6 „

Die Erträge der Waldweide können nicht genauer angegeben werden, da die Nachweise aus der praktischen Wirtschaft sich auf die verschiedenartigsten Verhältnisse beziehen. Danckelmann[4]) hat Berechnungen für Gegenden außerhalb des Hochgebirges angestellt, nach denen der Weideertrag von 1 ha auf höchstens 1000 kg sich beziffern würde. Da der Wert des Waldheus nur etwa 50 % des Wiesenheus beträgt, so würden etwa 500 kg im Werte von ca. 50 M in Rechnung zu nehmen sein. Die Beschattung durch die verschiedenen Holzarten, insbesondere Fichte und Tanne, weniger Föhre und Buche, übt einen wesentlichen Einfluß auf den Ertrag nach Quantität und Qualität aus.

Der Ertrag an Gras, das mit der Sichel oder Sense gewonnen wird, kann im günstigsten Falle dem Ertrag mittelguter Wiesen mit 1000 bis 1500 kg pro Hektar gleichkommen. Da das Gras überwiegend auf freien Flächen, an Wegen, in Kulturen erwächst, wird es dem Heu der Wiesen je nach Bodenart nur wenig nachstehen. Der Geldertrag kann etwa zu 50—75 M veranschlagt werden.

10. Der Ertrag an Harz wird von Danckelmann[5]) pro Jahr und Hektar der harzbaren Fläche zu 46 kg berechnet, die einen Wert von 9—10 M haben.

11. Die Beurteilung der verschiedenen Holzarten wäre nicht erschöpfend, wenn nicht auch der Verluste gedacht würde, die mit der Anzucht der verschiedenen Holzarten verbunden sind oder verbunden sein können. Diese Verluste drohen durch die Verminderung

[1]) Über den Ertrag 20 Jahre lang berechter Flächen in Baden vgl. Ganter, Fw. Cbl. 1914, 14.

[2]) Vater teilte mit (Sächs. Forstverein 1903, 124), daß in der preuß. Lausitz pro Raummeter Nadelstreu 3—5 M, bei Moritzburg 1—2 M bezahlt werden (für 100 kg also 2,01—3,57 bezw. 0,71—1,43 M).

[3]) Nach Funke ist ein Gewichtsteil Streustroh gleich 3 Gewichtsteilen Laubstreu und ungefähr auch Nadelstreu, 1,84 Heidestreu, 1,70 Heidelbeerstreu, 1,42 Moosstreu.

[4]) A. a. O. S. 62—68.

[5]) A. a. O. S. 29.

der Qualität und des Wertes des Holzes durch Pilze[1]), Insektenfraß, Dürrwerden, Rauchschaden, Sturm, Schnee oder durch vollständige Vernichtung des Holzes durch Feuer.

Das Laubholz ist im allgemeinen weniger gefährdet als das Nadelholz. Eine statistische Zusammenstellung, aus welcher der Umfang der Schädigungen und ihr Geldbetrag entnommen werden könnte, ist leider nicht vorhanden.

12. Im allgemeinen stehen Fichte und Tanne infolge ihrer hohen Abtriebs- und Durchforstungserträge, sowie der hohen Nutzholzausbeute auch im Geldertrag über den meisten Holzarten, wenn auch das Übergewicht nicht so bedeutend ist, als gemeinhin angenommen wird. Föhre und Lärche haben weit geringeren Materialertrag als Fichte oder Tanne. Sie werden daher dem Geldertrag der Laubhölzer nahe stehen. Wenn die dem Nadelholz drohenden Schädigungen in Betracht gezogen werden, so sinkt der Ertrag des Nadelholzes vielfach auf den des Laubholzes zurück.

Die verschiedenen Laubhölzer haben höhere Preise als das Buchenholz; ihre Einmischung in den Buchenwald wird dessen Geldertrag steigern.

Die Behandlung der Bestände wirkt auf den Material- und den Geldertrag ein und kann eine Verschiebung unter den Holzarten herbeiführen.

Im praktischen Betrieb läßt man sich bei Bestimmung der Holzart mehr vom Wachstum auf der betreffenden Bodenart leiten. Man ist bestrebt, gesunde, vollkommene und holzreiche Bestände zu erziehen. Da der Materialertrag den Geldertrag entscheidend beeinflußt, und der Wirtschafter auf den ersteren mehr einwirken kann als auf die Preise, wird der Standpunkt der Praxis voraussichtlich auch in Zukunft der herrschende bleiben.

§ 219. Die Kosten der Anzucht verschiedener Holzarten.

1. Gewöhnlich werden nur die Fällungs- und Aufbereitungskosten des Holzes ins Auge gefaßt; sie machen allerdings den Hauptteil aller Ausgaben aus. Sie sind aber geographisch sehr verschieden. Innerhalb Deutschlands betragen (1912) die Werbungskosten von 1 Fm 0,97—2,73 ℳ. In einigen Ländern sind sie nach Holzarten ausgeschieden. In Baden stehen sie für Nadel- und Laubholz fast gleich hoch, während in Württemberg der Hauerlohn für Laubholz um 48 % höher ist als derjenige für Nadelholz. Die mit der Aufbereitung verbundene Arbeit des Sortierens ist beim Laubholz, insbesondere bei Eichen, umständ-

[1]) Krankes Holz ist nicht mehr als Nutzholz zu verwenden und auch als Brennholz auf die Hälfte des Wertes herabgesetzt. Vgl. Die Preisangaben für „anbrüchiges Holz" in der bayerischen Statistik.

licher, schwieriger, zeitraubender, daher auch teurer. Laubholz muß der großen Kronen wegen vielfach vor der Fällung entastet werden.

Die Ausgaben für den Transport, das Anrücken aus der Schlagfläche an die Wege, die Abfuhr auf den Wegen selbst sind für das schwere Laubholz höher als für Nadelholz. Für den Transport von Eichen müssen die Wege fester gebaut sein als für Nadelholz; auch die Abnützung der Wege ist durch den Transport von Eichen weit stärker, als von Nadelholz.

2. Die Kosten der Wiederverjüngung sind bei Tanne und Buche gering, da sie sich im allgemeinen leicht natürlich verjüngen lassen. Bei der künstlichen Verjüngung können die Samenpreise der verschiedenen Holzarten und die Erziehungs- und Pflanzkosten (§ 290) sehr große Beträge ausmachen. Dazu kommen die Kosten für den Ersatz abgegangener Pflanzen, für die Beseitigung von Gras, Gestrüpp und angeflogenen Weichhölzern. Auch die Kosten für Entwässerung sind nach den Holzarten verschieden; für die Anzucht von Erle, Esche, Eiche sind vielfach diese Kosten entbehrlich.

3. Der Schutz gegen Wild (Eingatterung, Ankalken, Schutz gegen Fegen und Schälen), der Schutz gegen Feuersgefahr (Feuergestelle, Feuerwache, Wachttürme), gegen Sturm (Sturmgestelle, Loshiebe), gegen Sonnenbrand, gegen Insekten[1]) (Vertilgungs- oder Vorbeugungsmaßregeln, Einsammeln, Auslegen von Fangrinde, Anbringen von Leimringen), gegen die Ausbreitung des Krebses, gegen Schnee (Abschütteln, Aufrichten, Köpfen) sind nach Holzarten sehr verschieden, im allgemeinen beim Nadelholz höher als beim Laubholze.

4. Der Schaden, der durch die Randbäume im anstoßenden landwirtschaftlich bebauten Grunde entsteht, ist nach Holzarten sehr verschieden (Astausbreitung, Beschattung, Wurzelbrut).

5. Durch die viele Arbeit, welche das Nadelholz das ganze Jahr hindurch — auch im Sommer, wegen der Insektenschäden — verursacht, wird die Größe der Verwaltungs- und Schutzbezirke beeinflußt. Die Insektenverheerungen können plötzlich große Ausdehnung annehmen, wenn nicht eine sorgfältige Überwachung der kleinen Herde stattfindet. Die reinen Laubholzbestände erfordern während des Sommers ein geringeres Maß von Tätigkeit. Andererseits ist die wirtschaftliche Behandlung der meistens gemischten Laubholzbestände schwieriger; ein Umstand, der wieder auf die Verkleinerung der Bezirke hinwirkt.

6. Genaue Zahlenangaben lassen sich für alle diese Kosten nicht machen, da vorerst das statistische Material fehlt. Dadurch ist vorläufig eine genauere Besprechung dieses wichtigen, aber sehr vernachlässigten Gegenstandes nicht möglich.

---

[1]) In den preuß. Staatsforsten sind 1892/93 hiefür 545 983 *M* Kosten erwachsen.

Die Erziehung der Holzarten in reinen und in gemischten Beständen.

§ 220. **Allgemeines.**

1. Die in § 209—219 besprochenen Rücksichten sind für den Waldbesitzer maßgebend, wenn die natürliche oder die künstliche Anzucht einer oder mehrerer Holzarten erwogen wird. Hat er sich für mehrere Holzarten entschieden, so handelt es sich um die weitere Frage, ob z. B. bei Aufforstung einer Weidefläche, einer Schutthalde, einer Ödung, eines Kahlschlags jede dieser Holzarten auf einer abgesonderten Fläche für sich oder ob alle Holzarten unter einander auf derselben Fläche angebaut und erzogen werden sollen. Auch bei der natürlichen Verjüngung können sowohl reine, als gemischte Bestände durch besondere Schlagstellung nachgezogen werden.

Werden Fichten, Föhren, Buchen, Eichen je auf besonderer Fläche angebaut, so erhalten wir vier einzelne, verschieden bestockte Flächen oder vier einzelne Bestände, von denen jeder nur eine Holzart, Fichte oder Föhre oder Buche oder Eiche enthält. Bestände, die nur von einer einzigen Holzart gebildet sind, nennt man reine Bestände. Im vorliegenden Falle hätten wir je einen reinen Bestand von Fichten, Föhren, Buchen, Eichen. Der Wald oder Waldteil als ganzes wäre aber aus vier Holzarten zusammengesetzt; wir hätten daher einen gemischten Wald, aber nicht einen gemischten Bestand vor uns. Weil der Unterschied zwischen Bestand und Wald nicht genügend beachtet wird, entstehen viele Unklarheiten in der Frage der gemischten Bestände. So wird als Vorzug der gemischten Bestände u. a. die Mannigfaltigkeit der Erzeugnisse hervorgehoben. Diese Mannigfaltigkeit (von Fichten-, Föhren-, Buchen-, Eichensortimenten) wird durch die einzelnen reinen Bestände des gemischten Waldes ebenfalls erreicht.

Dieselben Erwägungen wie beim Neuanbau eines Bestandes müssen angestellt werden, wenn in einem vorhandenen gemischten Bestande die Reinigungs-, Durchforstungs- und Lichtungshiebe ausgeführt werden. Soll die vorhandene Mischung beibehalten oder die eine oder andere Holzart zurückgedrängt oder ganz entfernt oder der gemischte Bestand sogar in einen reinen umgewandelt werden? Auch die Verjüngungshiebe werden in verschiedener Weise geführt werden, je nachdem nur eine oder mehrere oder alle im bisherigen Bestande vorhandenen Holzarten in den künftigen Bestand übergehen sollen.

2. Rein im strengsten Sinne wird also ein Bestand genannt, wenn er nur von einer einzigen Holzart gebildet wird. Solche reinen Bestände können auf natürlichem oder künstlichem Wege entstanden sein. Reine Bestände werden aber nur ganz ausnahmsweise auf natürliche Weise innerhalb oder in der Nähe des Waldes entstehen; fast immer treten,

wenn auch ganz vereinzelt, noch andere Holzarten im Bestande auf: Eichen, Birken im Föhrenbestande, Eschen, Ahorn, Eichen im Buchenbestande, Föhren, Tannen, Buchen im Fichtenbestande. Selbst im gesäten oder gepflanzten Bestande von Fichten oder Föhren stellen sich andere Holzarten ein: Weichhölzer, Eichen etc., deren Same aus der Umgebung anfliegt oder durch Vögel, Wild, Mäuse herbeigetragen wird. Würden diese Holzarten nicht durch die Reinigungshiebe wieder entfernt, so würde es nur ganz wenige reine Bestände geben.

Die Versuchsanstalten sahen sich gezwungen, als sie die Wachstumsverhältnisse der einzelnen Holzarten im reinen Bestande zu untersuchen begannen, einen Bestand noch als rein gelten zu lassen, auch wenn ihm andere Holzarten bis zu 10 % der Stammzahl beigemischt waren. Hätte man dies nicht zugelassen, so hätten nur ganz wenige Versuchsflächen in reinen Beständen angelegt werden können. Bei der statistischen Aufnahme der reinen Bestände in Württemberg [1]) hat man (1879) eine (durch Schätzung bestimmte) Beimischung sogar von 20 %, in Bayern [2]) (1906) von 5 % zugestanden. Die vorhandene Statistik gibt die Fläche der reinen Bestände jedenfalls zu hoch an.

Die üblichen Bezeichnungen: reiner, fast reiner, ziemlich reiner Bestand deuten an, daß die beigemischten Holzarten so gering an Zahl sind, daß sie die Verfassung und infolge dessen die Entwickelung und die Bewirtschaftung eines Bestandes nicht wesentlich beeinflussen.

3. Die weiteren technischen Ausdrücke: „vereinzelt", „eingesprengt", „beigemischt", sollen den steigenden Grad der Einmischung weiterer Holzarten ausdrücken, wobei aber das Übergewicht einer Hauptholzart vorausgesetzt wird. Diese Bezeichnungen des Grades der Einmischung müssen näher erläutert werden. Scharfe Grenzen zwischen den einzelnen Graden lassen sich allerdings nicht ziehen.

„Vereinzelt" ist das Vorkommen einer Holzart, wenn sie auf 1 ha in 1—2 Stämmen auftritt, die kaum in die Augen fallen und vielfach eigens aufgesucht werden müssen. „Eingesprengt" ist eine Holzart, wenn sie auf 1 ha in etwa 20—50 Stämmen vorkommt. „Beigemischt" ist sie, wenn sie etwa 10—30 % der Stammzahl des ganzen Bestandes ausmacht, die Hauptholzart also noch das entschiedene Übergewicht hat. Erreicht die weitere Holzart gegen 50 % der Stammzahl, so sind beide Holzarten gleichwertig; man drückt dieses Verhältnis durch die freilich doppelsinnige Bezeichnung „vermischt" oder „gemischt" aus

Da mit dem Alter die Stammzahl überhaupt abnimmt, diese Abnahme aber bei den einzelnen Holzarten in verschiedenem Grade eintritt,

---

[1]) Forstl. Verhältnisse Württembergs 1880, S. 177.

[2]) Schneider, Die Bestockungsverhältnisse der Bayer. Staatswaldungen 1906. Vorrede S. XV.

so ist das zahlenmäßige Verhältnis der Holzarten unter sich einem ständigen Wechsel unterworfen.

4. Mit dem Grad der Einmischung hängt vielfach auch die Art und Weise, die Form der Mischung selbst zusammen. Die Mischung

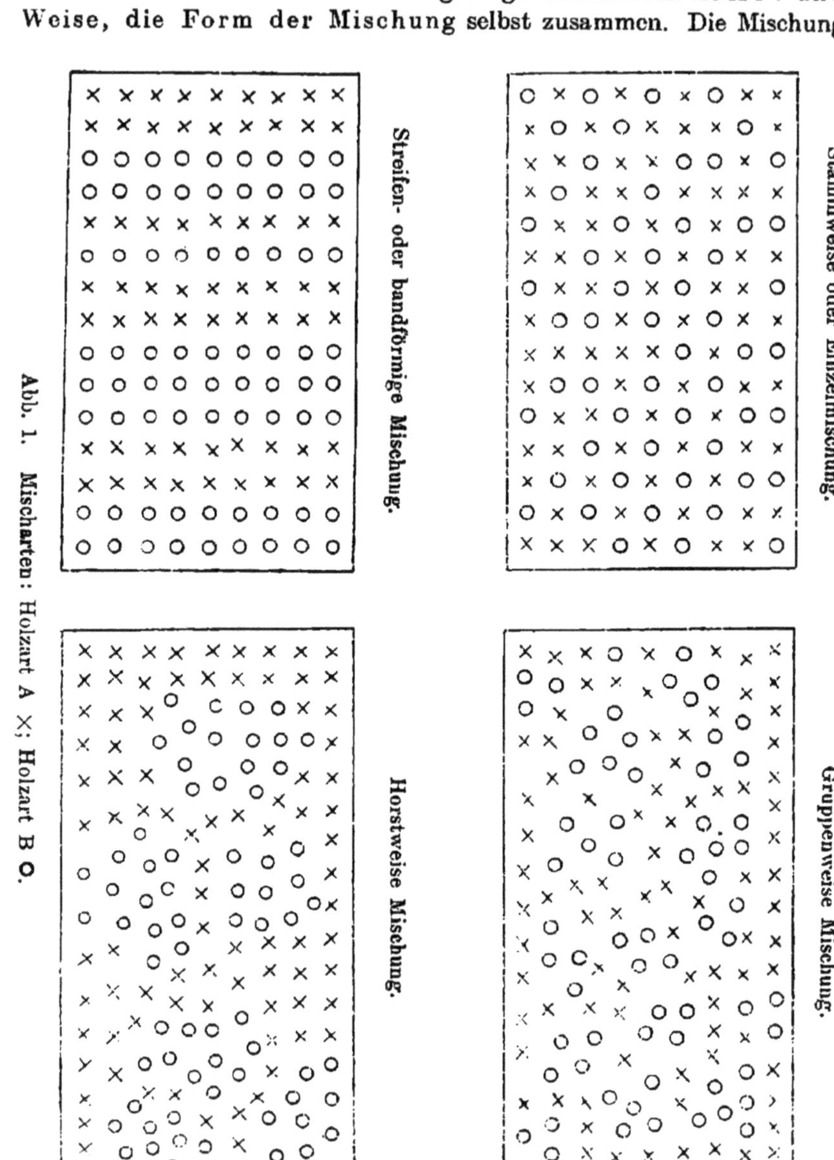

Abb. 1. Mischarten: Holzart A ×; Holzart B O.

der zwei Holzarten A (×) und B (o) kann eine stammweise, gruppenweise, streifen- oder bandweise, endlich eine horstweise sein.

Bei der stammweisen Mischung, auch Einzelmischung genannt, sind die Bäume der Holzarten A und B einzeln durch den Bestand verteilt; im strengsten Sinne aufgefaßt so, daß die Bäume der einen Holzart B stets von solchen der andern Holzart A umgeben sind. Der entscheidende Punkt liegt darin, daß bei der Einzelmischung die Wachstumsbedingungen, insbesondere auch die Kronenausbreitung der einen Holzart B von der Nachbarholzart A beeinflußt werden. Dies ist z. B. der Fall, wenn einzelnstehende Eichen, Eschen, Ahorn, Fichten, Föhren, Lärchen im Buchenbestande (A), einzelnstehende Buchen im Fichtenbestande (A), einzelnstehende Eichen, Birken im Föhrenbestande (A) sich finden.

Stehen mehrere, etwa 3—6 Stücke derselben Holzart B so nahe beieinander, daß ihre Kronen sich berühren, so faßt man diese Stämme als eine Gruppe zusammen und nennt diese Art der Mischung die gruppenweise Mischung. Die außen am Rande der Gruppe stehenden Bäume der Holzart B o grenzen mit der inneren Seite ihrer Kronen an die übrigen Stämme der Gruppe, mit der äußeren Seite dagegen an die Nachbarholzart A ×. Nur der in der Mitte der Gruppe stehende Stamm grenzt ringsum an die Kronen der Gruppenbäume B o. Bei diesem ist die Ausbildung der Krone nicht von der Nachbarholzart A, sondern nur von den Bäumen der Gruppe B selbst beeinflußt. Der Boden im Innern der Gruppe ist von den Bäumen der Gruppe B, im geringen Grad auch noch von der Nachbarholzart A, der Boden am äußeren Rande der Gruppe teils von den Gruppenbäumen B, teils von den Bäumen der Nachbarholzart A beeinflußt. (Übergänge in der Bodenbeschaffenheit nach Wallenböck[1]). Am deutlichsten tritt dieser Einfluß bei den Laubhölzern, insbesondere der Buche, durch die Laubdecke und die Bodenflora, bei der Fichte durch die Nadel- oder Moosdecke und den Mangel einer Bodenflora hervor.

Die streifen- oder bandförmige Mischung kommt zwar auch auf natürlichem, meistens aber auf künstlichem Wege, durch reihenweise Saat oder Pflanzung zustande. Wird die Holzart B o in mehreren nebeneinanderstehenden Reihen der Holzart A × beigemischt, so entsprechen die Bäume der inneren Reihen den inneren Bäumen einer Gruppe, die Bäume der äußeren Reihen den äußeren Bäumen einer Gruppe. Je breiter der Streifen ist, um so geringer ist der Einfluß der Holzart A auf die inneren Bäume des Streifens. Ist die Holzart B nur in einer Reihe angepflanzt, so grenzen die Bäume der Holzart B teils aneinander (innerhalb der Reihe), teils an die Bäume der Nachbarholzart A. Die Wachstumsbedingungen kommen denen der Einzelmischung sehr nahe.

[1]) Cbl. f. Fwesen. 1910, 151.

Stehen innerhalb der Holzart A die Bäume der Holzart B auf einer wenigstens ½ a oder 1 a betragenden Fläche beisammen, so sagt man, daß die Holzart B der Holzart A horstweise beigemischt sei. Die Größe dieser „Horste“ ist verschieden; man spricht von „kleinen“, „größeren“, „großen“ Horsten. Der große Horst kann die Ausdehnung von 1 ha und darüber erreichen; er fällt dann mit Mayrs „Kleinbestand“ zusammen. Entscheidend für den Begriff des Horstes ist, daß auf einer solchen Fläche die Holzart B jedenfalls in den jüngeren und mittleren, vielfach auch in den höheren Altersklassen kleine, reine Bestände bildet, also unter den der Holzart B eigentümlichen Wachstumsbedingungen steht und im Innern des Horstes von der Holzart A nicht wesentlich beeinflußt ist. Auch im Horste kommen Randbäume vor, die unter dem Einfluß der Nachbarholzart A stehen; ihre Anzahl ist aber verhältnismäßig gering. Der Horst der Holzart B ist von der Nachbarholzart A um so weniger beeinflußt, je größer er ist. Beispiele sind die Eichenhorste im Buchen- oder Föhrenbestande, die Tannen- oder die Buchenhorste im Fichtenbestande, die Erlenhorste im Fichten- oder im Eichenbestande.

Im Walde können innerhalb desselben Bestandes alle Mischungsarten sich vorfinden; eine scharfe Grenze kann nicht immer gezogen werden, da Übergänge von der einen zur andern Art häufig sind. Für alle wirtschaftlichen Maßnahmen ist daher ein genaues Studium an Ort und Stelle unerläßlich.

Dazu kommt, daß mit vorschreitendem Alter die Mischungsarten sich verändern. Die Gruppe geht durch den Aushieb des einen oder andern geringerwüchsigen Baumes in die Einzelmischung, die horstweise Mischung in die gruppenweise, ja sogar in die Einzelmischung über. Im 100jährigen Eichenbestande ist auf ½ a noch ein einziger Baum von den vielleicht 50 Stämmchen vorhanden, die den jugendlichen Horst gebildet haben.

5. Die Baumklassen des Hochwaldes, die im reinen Bestande unterschieden werden können (§ 145—47), lassen sich auch im gemischten Bestande auffinden. Um die Stellung der einzelnen Holzarten im Kronenraum des gemischten Bestandes genauer auszudrücken, hat man besondere Bezeichnungen eingeführt. Ist die beigemischte Holzart nach Höhe und Kronenausbildung der Hauptholzart gleichstehend, so fallen einzelne Bäume der beigemischten Holzart in die Klasse der „herrschenden“ Bäume.

Bleibt dagegen die beigemischte Holzart etwas in der Höhe zurück, so wird sie zwar auch als „mitherrschend“, öfters aber als „zwischenständig“ bezeichnet; sie nimmt aber an der Bildung des Kronenschlusses noch teil. Bleibt die beigemischte Holzart gegenüber der Hauptholzart im Höhenwuchs so bedeutend zurück, daß nur einzelne Stämme in den unteren Kronenraum hineinreichen, die meisten aber nur bis an die unteren Äste der Hauptholzart sich erheben, so bezeichnet man solche Stämme auch als unterdrückte, öfters aber als „unterständig". Mit dem Worte „unterständig" ist der Gedanke verbunden, daß der betreffende Stamm nicht, wie der „unterdrückte" und daher geringwüchsige bei der Durchforstung entfernt, sondern daß er in dieser „unterständigen" Stellung gerade belassen werden solle (zum Bodenschutz, zur Reinigung der herrschenden Stämme, als Reserve bei Lückenbildung etc.). In den Lücken eines Bestandes kann ein zwischen- oder selbst ein unterständiger Stamm durch vermehrten Lichtgenuß zu besserem Wachstum angeregt werden und sogar in die Klasse der herrschenden Stämme gelangen.

Die Zahl der herrschenden, zwischen- und unterständigen Bäume und ihr Verhältnis zu der Hauptholzart ist in jedem gemischten Bestande verschieden. Ebenso treten im Laufe der Entwicklung eines Bestandes Verschiebungen ein. Hierin liegt die Hauptschwierigkeit bei der Untersuchung des Wachstumganges gemischter Bestände.

Im allgemeinen ist daran festzuhalten, daß in einem gemischten Bestande von jeder Holzart herrschende Stämme vorhanden, die Bäume also gleich oder annähernd gleich hoch sein und die Kronen aller Holzarten am Bestandesschlusse teilnehmen sollen.

Hat sich unter dem Fichten- oder Föhrenbestande die Buche angesiedelt, so stehen zwar zwei Holzarten auf derselben Fläche. Der Bestand wird aber nicht zu den gemischten gerechnet, weil das Alter beider Holzarten sehr weit auseinander liegt (80 gegen 5 Jahre) und die jungen Buchen nicht in den Kronenraum der Fichten hineinreichen. Ebenso sind unterbaute Bestände zu beurteilen.

Die Mittelwaldungen sind stets aus mehreren Holzarten zusammengesetzt, also stets gemischt. Das Oberholz und das Unterholz bilden je einen gemischten Bestand für sich.

Die Niederwaldungen sind in der Regel ebenfalls gemischt. Nur Eichenschälwaldungen, Kastanienwälder, Weidenanlagen, auch Erlenniederwaldungen bilden vorherrschend reine Bestände.

Die Plenterwaldungen umfassen bald reine, bald gemischte Bestände. Beim Plenterwalde sind außerdem auch die Alters-, bezw. Stärkeklassen wieder unter sich gemischt (nicht wie im Hochwalde flächenweise getrennt).

Das Oberholz des Mittelwaldes und der Plenterwald sind nicht dicht geschlossen; die Einwirkung der verschiedenen Holzarten aufeinander ist daher gering. Sehr stark ist sie dagegen im Hochwalde. Deshalb beziehen sich die vielen Ausführungen über die gemischten Bestände in der Literatur vorherrschend auf die Mischungen im geschlossenen Hochwalde.

6. Über die Flächenausdehnung der reinen und der gemischten Bestände wurden in § 24 einige Nachweise zusammengestellt. Sie geben wenigstens in großen Zügen die Bestockung der mitteleuropäischen Länder an. Manche Angaben beruhen allerdings nur auf Schätzung. Sollen die Zahlen die höchste erreichbare Genauigkeit erhalten, so müssen die Angaben den Wirtschaftsplänen entnommen werden, in denen die Einträge (die sogenannten Bestandesbeschreibungen) für jede Abteilung und Unterabteilung (unter Umständen daher bis auf 0,10 ha genau) gemacht werden. Auf diese Weise ist die Statistik der württembergischen[1]) Staatswaldungen 1879, der bayerischen[2]) Staatswaldungen 1906, der braunschweigischen 1911[3]) und der sämtlichen badischen Waldungen 1906[4]) entstanden.

Wenn auch die Statistik der reinen und der gemischten Bestände noch mancherlei Lücken aufweist, so geht doch aus den vorliegenden Zahlen hervor, daß es zwar in allen Ländern sowohl reine als gemischte Bestände gibt, daß aber die Ausdehnung der beiden Bestandesarten nach Ländern und Landesteilen bedeutende Verschiedenheiten aufweist. Bei ungefähr gleichen natürlichen Wachstumsbedingungen, wie z. B. in den süddeutschen Staaten, sind die heutigen Wälder ganz verschieden zusammengesetzt. Auf welche Einflüsse ist dies nun zurückzuführen?

Die Statistik gibt uns hierüber keine genügende Auskunft, da sie in der Regel nur den gegenwärtigen Zustand darstellt. Dagegen sind in der bayerischen Statistik vier Altersklassen (1—30, 31—60, 61—100. über 100 Jahre) unterschieden. Wir können daher die Bestände nach der Entstehungszeit gruppieren. Das interessante Resultat dieser Untersuchungen ist nach Schneider (Vorwort S. IX), „daß der Reichtum an gemischten Beständen auch in den jüngeren und jüngsten Altersstufen den Verhältnissen der älteren Bestände gegenüber sich kaum verändert hat." Man hat demnach in Bayern vor 100 Jahren die Bestände ungefähr in derselben Weise verjüngt und behandelt wie in den letzten Jahrzehnten.

Der oft zu lesende Satz, daß die reinen Bestände in neuerer Zeit allzu sehr sich vermehrt hätten, muß also für die Staatswaldungen von Bayern verneint werden. Wieweit er für andere Länder zutreffend ist, kann auf Grund der Statistik nicht entschieden werden (§ 24, 1); für einzelne Gegenden kann jedoch der Augenschein genügen. Die Zunahme der Fläche reiner Bestände ist aber nicht gleichbedeutend mit einer Verminderung der Fläche der gemischten Bestände. Denn die reinen Bestände verdanken vielfach der Aufforstung kahler Stellen, der Weiden

---

[1]) Forstl. Verhältnisse Württ. S. 177.

[2]) Schneider a. a. O. S. 161.

[3]) Mitt. über die Wirtschaftsergebnisse der Herzogl. Braunschw. Forstverwaltung 1910/11. S. 51.

[4]) Statist. Nachweisungen aus der Forstverwaltung des Gr. Baden für 1907. S. 13. Die badische Statistik gibt die Nachweise sogar für jede Gemeinde.

und Ödungen ihre Entstehung. Zum Teil hängen sie aber auch mit der Kahlschlagwirtschaft und der künstlichen Verjüngung zusammen.

7. Karl Heyer schrieb 1847 in seiner Abhandlung „über gemischte Holzbestände" (S. 1), daß die Wirtschaft hinter der Wissenschaft in dieser Frage zurückgeblieben sei. Es liegt daher nahe, zunächst die waldbaulichen Schriftsteller zum Worte kommen zu lassen (§ 221). Da die meisten zugleich Lehrer waren, so können wir aus ihren Schriften entnehmen, welchen Standpunkt die Vertreter der Wissenschaft eingenommen haben und einnehmen.

Ob die wissenschaftliche Lehre im Walde zur Anwendung kam, ist bei dem spärlich vorhandenen Tatsachenmaterial schwer zu sagen. Wir müssen unsere Kenntnis teils aus den Vorschriften der Behörden (§ 222), teils aus den in den Zeitschriften (§ 223) und in den Vereinsverhandlungen (§ 224) geäußerten Auffassungen und Erfahrungen schöpfen.

An diese historische Einleitung wird sich die Darstellung der Wirtschaft im reinen und im gemischten Bestande anschliessen (§ 225—248).

§ 221. Die waldbaulichen Schriftsteller über reine und gemischte Bestände.

1. In § 208 ist der Nachweis geliefert, daß während des Mittelalters die Waldungen teils aus gemischten, teils aus reinen Beständen gebildet wurden. In den Weistümern und in den Forstordnungen seit 1524 sind Saaten und Pflanzungen vorgeschrieben; es sollten bald die Samen mehrerer Holzarten, namentlich von Laubholz, bald auch nur von einer einzigen Holzart (Nadelholz) verwendet werden. Es waren also sowohl reine, als gemischte Bestände vorhanden, als die ersten waldbaulichen Schriftsteller sich mit der Begründung und Erziehung der Bestände beschäftigten.

2. Carlowitz wirft 1712 die Frage auf, ob man gemischte Wälder, wie man sie in der Natur finde, ziehen solle? Er spricht sich für gemischte Bestände aus und schlägt bei Saaten riefenweise Abwechslung der Holzarten aus ästhetischen Gründen vor.[1])

3. Hohberg[2]) empfiehlt 1716 zwar bei Neuanlage von Waldungen 16 Laub- und 4 Nadelhölzer zur Anpflanzung, bemerkt aber: „wenn die Baumsorten jede Art besonders beisammen stehen, wachsen sie desto lieber".

4. Döbel will 1746, daß Laubholz aus dem Nadelholz herausgehauen werde, wenn es weniger als die Hälfte des Bestandes ausmacht.[3])

5. J. G. Beckmann rühmt sich 1756, 9 Holzarten — wohl gemischt nach S. 213 — angepflanzt zu haben.[4])

6. Büchting[5]) geht auf die gemischten Bestände nicht näher ein; er beschränkt sich auf die Beschreibung der wichtigsten Holzarten, die ohne Zweifel vermischt vorkamen.

---

[1]) Wilde Baumzucht. S. 117, § 28. „Es wird eine solche Mischung von Eichen, Buchen, Ahorn, Eschen den Augen eine sonderbare Anmut und Prospekt geben."

[2]) Georgica, S. 662.

[3]) Jägerpraktika S. 41.

[4]) Holzsaat S. 5. Es liegt mir nur die 4. Auflage von 1777 vor.

[5]) Entwurf der Jägerei 1756. Grundriß 1762.

7. Moser[1]) empfiehlt 1757 in „melierten" Orten häufige Durchforstungen, „um eine Art auszurotten und nur einerlei Gattung zu erziehen".

8. Nach Geutebrück (1757) können Kiefern und Fichten untereinander gesät werden, da sie die gleiche Reifezeit haben.[2])

9. Bei der Vermessung scheidet Öttelt 1764 Laub- und Nadelholz aus; die dominierende Holzart entscheidet, ob der Bestand „als Laub- oder Nadelholz traktiert" werden soll.[3])

10. Cramer erklärt 1766 die Mischung von Laub- und Nadelholz für schädlich; es sollen Holzarten mit verschiedener Haubarkeit nicht gemischt werden. Er gibt den Grund näher an: Kohlholz, d. h. Laubholz werde im Alter von 40, Baumholz in dem von 70 Jahren geschlagen.[4])

11. Nach dem Polizeimagazin (1767) werden schädliche Mischungen von Laub- und Nadelholz am besten vermieden, um nicht eine von beiden ausrotten zu müssen. Ähnlich unter dem Wort „Holzschlag" die „Onomatologia forestalis" von 1772.

12. J. Beckmann glaubt 1769, daß „gemischte Örter oder solche, wo Laub- und Nadelhölzer untereinander stehen, nicht den Vorteil geben, den sie geben könnten, daher man sie entweder ganz mit Laubholz oder mit Nadelholz besetzen und alle Vermischung zu verhüten suchen muß".[5])

13. Suckow in Jena (1776) läßt nie Laub- und Nadelholz vermischt ausstreuen, weil eine der Holzarten unterdrückt wird; dagegen mischte er das Laubholz unter sich.[6])

14. Auch Jung verwirft 1781 die Mischung von Laub- und Nadelholz, weil sie ungleiches Wachstum haben und nicht untereinander gedeihen.[7])

15. In einer von der schwedischen patriotischen Gesellschaft 1786 gekrönten Preisschrift spricht Brüel sich dahin aus, daß vermischte Holzungen nicht zu wünschen seien.[8])

16. In der Churfürstlich Trierischen Wald- und Forstordnung von 1786 werden zur „Wiederanpflanzung verödeter Walddistrikte oder zum Anbau neuer Waldungen in erster Linie Eichen und Buchen empfohlen. Auch mit Tannen, Fichten, Lärchen sollen Versuche gemacht werden, diese aber nie mit Laubholz gemischt angepflanzt werden.

17. In einer wohl von einem Mainzer Forstwirt geschriebenen kleinen Schrift über Commun- und Privatwälder wird 1789 die Mischung von Laub- und Nadelholz eine „üble Wirtschaft" genannt, weil das Nadelholz rascher als das Laubholz wachse. Man müsse sich für die eine oder andere Holzart entscheiden und entweder das Laub- oder das Nadelholz heraushauen. (S. 42.)

18. Trunk versteht 1789 unter gemischten Orten nur solche, in denen Laub- und Nadelholz unter einander wächst.[9])

19. Gegen die Mischung von Laub- und Nadelholz spricht sich 1790 Nau[10])

---

[1]) Forstökonomie S. 541.

[2]) Anweisung etc. S. 40.

[3]) Prakt. Beweis etc. S. 54.

[4]) Anleitung etc. S. 79, 109.

[5]) Grundsatz der deutschen Landw. 2, 341.

[6]) Einl. in d. Forstw. S. 24.

[7]) Lehrb. d. Fwiss. S. 230.

[8]) Die beste Art, Wälder anzupflanzen. 2, 24.

[9]) Forstlehrbuch S. 10. — Gleichlautend in der „Foretterminologie", Nürnberg 1802.

[10]) Anleitung z. deutschen Fwiss. S. 39.

aus. Er fügt hinzu, daß alle Arten von Nadelholz, außer der Kiefer, untereinander gedeihen; ebenso Eiche, Buche, Hainbuche, Ahorn, Esche, Birke und Aspe.

20. Burgsdorf schreibt 1788 und ebenso 1790 ausdrücklich vor, daß gemischte Bestände in reine umgeschaffen werden sollen.[1])

21. Däzel[2]) nimmt 1788 und 1802 die Schädlichkeit der Mischung als erwiesen an, weil das Laubholz vom Nadelholz unterdrückt werde. Nur Buche und Föhre zeigen in Mischung ein befriedigendes Wachstum, ebenso Birke und Fichte.

22. G. L. Hartig weicht von der herrschenden Auffassung nicht ab, wenn er 1791 die Mischung von Laub- und Nadelholz wegen der Verdrängung des Laubholzes verwirft und rät, „gemischte Laub- und Nadelwälder nie mit Fleiß fortzupflanzen, sondern nach der Abholzung in bloße Laub- oder Nadelwaldungen zu verwandeln“.[3]) Er hebt (S. 58) ausdrücklich hervor, daß „fast alle Forstmänner mit ihm dieser Meinung seien, weil Laub- und Nadelholz in Rücksicht der Behandlung sowohl, als auch in ihren übrigen Eigenschaften zu sehr verschieden seien.“ In seiner „Forsttaxation“ (1795, S. 20. 21) empfiehlt er, die Eichen wo möglich in Vermischung mit Buchen zu erziehen, dagegen „alle vermischten Laub- und Nadelholzdistrikte in puren Bestand von der vorteilhaftesten Holzsorte umzuformen“. Jede Blöße soll mit der Holzart der Umgebung bestockt und „niemals' mit Fleiß die Verschiedenheit des Holzbestandes in einem Distrikt noch mannigfaltiger gemacht werden, als sie es gewöhnlich ohnehin ist“. Später (1808) schreibt er in seiner „Forsttaxation“[4]) vor, „daß jeder Distrikt so einförmig als möglich sein solle, um die Wirtschaft zu erleichtern“. Im allgemeinen behält er diesen Standpunkt auch in der 7. Auflage der Holzzucht (1809) noch bei, macht aber doch eine Einschränkung: diese Mischung könne beibehalten werden, wenn ein reiner Bestand nur mit beträchtlichen Kosten, dagegen durch natürliche Besamung ein recht vollkommener vermischter Bestand erzogen werden könne.[5]) 1832[6]) bespricht er die dauernden Mischungen und meint, „daß mit Vorteil unter einander wachsen: Buchen und Eichen mit Eschen, Ahorn, Ulmen; Buchen und Fichten oder Tannen; Hainbuchen und Buchen; Birken und Erlen; Kiefern und Lärchen; Fichten und Tannen. Die Mischung von Laub- und Nadelholz wird also nicht mehr ganz verworfen; sie ist auf Buchen mit Fichten oder Tannen beschränkt; dagegen wird sowohl die Mischung der Laub-, als der Nadelhölzer je unter sich empfohlen. 1834 rät er nur Holzarten mit gleichem Wachstum und verschieden tiefer Bewurzelung zu mischen; er führt die obigen Mischungen wieder an mit dem Zusatz, daß die Bäume in der Mischung besser als im reinen Bestande wachsen.[7])

Theodor Hartig, der die späteren Auflagen des Lehrbuchs für Förster besorgte, hält 1861[8]) für die Erziehung in reinen Hochwaldbeständen die Nadelhölzer, sowie Buche, Eiche (Birke, Erle) für geeignet; die übrigen Laubhölzer sollen in gemischten Beständen erzogen werden. Als Holzarten für gemischte Hochwaldungen werden die früher aufgeführten. sowie Kiefer und Birke genannt

---

[1]) Forsthandbuch S. 483 und 2, 525.

[2]) Lehrb. f. pfalzbayer. Förster. S. 30.

[3]) Holzzucht, 3, 198.

[4]) Im Lehrbuch für Förster 3, 112.

[5]) 7, 51. Im Lehrbuch für Förster 1808 empfiehlt er (2, 124) die Anzucht gemischter Laubholz- und gemischter Nadelholzbestände.

[6]) Forstw. in ihrem ganzen Umfang. S. 74.

[7]) Forstw. Konversationslexikon S. 886. Instruktion, wonach die Holzkultur in den Kgl. preuß. Forsten betrieben werden soll. 1814. 2, 1834.

[8]) 10, 2, 54.

23. Sierstorpff hat 1796 in Braunschweig-Lüneburg „den allgemeinen forstwissenschaftlichen Grundsatz, jede Holzart für sich zu erziehen, auch bei der Eiche festgehalten“.[1])

24. In den Waldungen der Stadt Ulm fanden sich 1797 teils reine, teils vermischte Waldungen. Bezüglich der letzteren bemerkt Oberforstmeister von Seutter,[2]) „daß in bevölkerten und holzarmen Gegenden sich solche nicht auf einmal in reine umwandeln lassen“. 1804 sagt er, daß gemischte Laub- und Nadelholzbestände zu „purifizieren“ seien.

25. v. Seckendorf (aus Sachsen) betrachtet 1801 als den größten Nachteil falscher Waldbehandlung die Entstehung gemischter Waldungen.[3])

26. In Dänemark werden 1802 „mit Laub- und Nadelholz gemischte Örter wegen des verschiedenen Betriebs nicht für wünschenswert gehalten“.[4])

27. Nach Griesheim (zwischen 1797 und 1802) sind „Mischungen von Laub- und Nadelholz wider die Forstkultur; damit sind alle Forstkundigen einverstanden“.[5])

28. Laurop besuchte 1802 die Waldungen von Frankfurt a. M. „Viele aus Laub- und Nadelholz gemischte Orte wurden in reine Laubwaldungen verwandelt, weil die Nachteile dieser, auch für das Auge unangenehmen Mischung vermieden werden wollten; — nie soll wieder Mischung stattfinden.“[6])

29. Dagegen schlägt Hatzel[7]) (in Franken) 1802 vor, im Nadelholz wegen der Vögel und gegen Insektengefahr streifenweise Laubholz zu pflanzen.

30. Medicus führt 1802 an, daß die Nadelhölzer teils rein, teils gemischt vorkommen; auch gemischte Laub- und Nadelholzbestände (Eiche, Föhre, Buche, Tanne, Fichte) seien häufig genug.[8]) Die meisten Forstleute seien gegen die gemischten Laub- und Nadelholzwälder; sie seien aber doch nicht so unbedingt nachteilig.[9])

31. Ein ausgesprochener Anhänger reiner Bestände ist Zschokke (1806)[10]). Der Grundsatz, alle Laubwaldungen in reine Bestände von einerlei Holzart zu verwandeln, müsse streng durchgeführt werden. Auch vom Nadelholz soll man reine Bestände erziehen und nicht Fichten und Tannen, oder Fichten und Lärchen oder Arven untereinander mischen.

32. Die Anschauung Zschokkes wurde aber in der Schweiz nicht allgemein geteilt. Kasthofer behandelt 1828 die reinen und gemischten Bestände gleichmäßig, ohne sich ausschließlich für die eine oder andere Bestandesart auszusprechen. Im 18. Jahrhundert wurden in der Schweiz die gemischten Bestände sogar als „die besten im Lande“ bezeichnet; so in der Züricher Anweisung von 1765 (S. 26); ähnlich die Berner von 1768 (S. 34).

33. Gleditsch tritt 1775 für Erhaltung der aus Laub- und Nadelholz gemischten Bestände ein;[11]) sie sollen nicht in der gewöhnlichen Weise „ausgeleuchtet“, sondern in dichtem Bestande belassen werden.

---

[1]) Über die forstm. Erziehung der inländ. Holzarten. S. 218.

[2]) Entwurf der Grundsätze etc. S. 11.

[3]) Forstrügen, 3, 24.

[4]) Abhandlung f. Freunde d. prakt. Forstw. S. 110.

[5]) Handbuch der grundsätzlichen Forstwirtschaft. S. 117.

[6]) Briefe eines in Deutschland reisenden Forstmannes. S. 178.

[7]) Grundsätze der Forstpolizei. S. 52.

[8]) Forsthandbuch. S. 11.

[9]) Daselbst S. 342, 44.

[10]) Gebirgsförster 2, 146, 162.

[11]) Forstwiss. S. 323.

34. Zanthier zog am Harze aus Laub- und Nadelholz gemischte Bestände an; von diesen wird 1794 bemerkt, daß sie ein „buntscheckiges" Aussehen hätten. [1])

35. Der badische Oberforstmeister v. Drais berichtet 1807, daß beinahe in allen Ländern Bestände vorkommen, die aus Laub- und Nadelholz gemischt seien und als solche erhalten werden sollen. Trotz zahlreicher Schriftsteller seien sie nicht zu verwerfen. [2])

36. Der damals vielfach herrschenden Auffassung widersprach namentlich Sponck in Heidelberg 1810. In den meisten Schriften werden die reinen Hochwaldungen empfohlen; er habe aber sehr schöne, aus Buchen und Tannen gemischte Bestände im württ. Schwarzwald (bei Neuenbürg) gesehen. [3]) Die dortigen gemischten Bestände werden 1817 ausführlich von ihm besprochen. [4])

37. Noch entschiedener als Sponck in der Beurteilung der reinen und gemischten Bestände trat Cotta 1816 und 17 auf. [5]) Er will Holzarten von verschiedenem Wuchse und verschiedener Behandlung allerdings nicht mischen, sonst aber seien gemischte Bestände oft besser als reine. Das Bestreben, überall reine Bestände zu schaffen, sei geradezu schädlich, namentlich wenn eine Holzart weggenommen und der Schluß unterbrochen werde. Die Behandlung gemischter Holzbestände müsse sich nach der besten Holzart richten; wenn Wachstum, Bewirtschaftung und Wert der Holzarten gleich sei, können alle belassen werden. Die Furcht vor den sogenannten unreinen Waldungen beruhe auf einem Vorurteil. In den meisten und besten Forstschriften werde der Satz aufgestellt, daß die Hochwaldungen immer rein erzogen werden sollen. Die Tannenbestände hätten aber die größte Vollkommenheit, wo sie meliert stehen.

38. Hundeshagen schließt sich 1828 Cotta an und betrachtet sein Auftreten gegenüber Hartig als ein Verdienst. [6])

39. Pfeil bespricht 1821 und 1829 [7]) ausführlich die reinen und die gemischten Bestände. „Wo Boden und Klima die Erziehung gemischter Bestände gestatten, verdienen diese stets den Vorzug vor den reinen." Ähnlich in der Ausgabe von 1860, S. 86: „überall sind die gemischten Bestände den reinen vorzuziehen".

40. Laurop [8]) bemerkt 1822, daß die Mischung nicht so schädlich sei, wie sie meistens angesehen werde; der Wuchs der gemischten Bestände sei freudig.

41. In Österreich schreibt Zötl 1831 den gemischten Beständen eine höhere Massenproduktion zu. [9])

42. Feistmantel gibt 1835 Beispiele zweckmäßiger Mischungen aus Österreich an. Keine Betriebsart begünstige die Mischungen mehr als der Mittelwald. [10]) Grabner (1840, 1856) und Wessely (1853) führen nur die tatsächlich vorhandenen Verhältnisse an.

---

[1]) Journal f. F.- u. Jw. IV., 1. S. 7.

[2]) Lehrbuch der Forstwiss. S. 170.

[3]) Forstl. Aufsätze. S. 32.

[4]) Über den württ. Schwarzwald. S. 178 ff.

[5]) Waldbau, 2, 48 f. — Gleichlautend in den späteren Auflagen; auch in der 5. von 1835.

[6]) Encykl. 2, 48, 275.

[7]) Forstl. Verhalten der Waldbäume, 2, 186. (Es liegt mir nur die 2. Ausgabe von 1829 vor.)

[8]) Waldbau. S. 167.

[9]) Forstw. im Hochgebirge. S. 529.

[10]) Forstw. 2, 13. 81.

43. Gwinner[1]) teilt 1834 die Holzarten in zwei Klassen ein, je nachdem sie sich zur Erziehung in reinen oder gemischten Beständen eignen. Er bespricht dann (S. 95) die gemischten Bestände, fügt aber hinzu, daß „die reinen Bestände im Hochwald als Regel aufgestellt werden können". Es unterliege aber keinem Zweifel, daß einzelne Holzarten in der Vermischung freudiger gedeihen als im reinen Bestande. (In der 2. Auflage von 1841 ändert er diese Sätze etwas ab. Es sei nicht zu leugnen, „daß es Holzarten gibt, welche den reinen Zustand recht gut ertragen und belohnende Resultate liefern, ohne daß jedoch eine entsprechende Mischung von Nachteil und deshalb wirtschaftlich ausgeschlossen wäre".) Er bemerkt 1834 weiter, daß man aus dem tatsächlichen Vorkommen der gemischten Bestände die Regel ableiten könne, daß nur gemischte Waldungen dem Naturzustande entsprechen. Gleichwohl habe es eine Periode gegeben, „in der eine besondere Vorliebe für die Erziehung reiner Bestände erwachte und sich nach und nach zur herrschenden Ansicht gestaltete".

Die Gründe seien vorzüglich darin gelegen, 1. daß durch fehlerhafte Bewirtschaftung und unpassende Mischung die Resultate in gemischten Beständen nicht immer so befriedigend waren, wie bei den aus einerlei Holz gebildeten Waldungen; 2. daß den in reinen Beständen vorkommenden Holzarten, z. B. der Buche, ein besonderer Vorzug gegenüber von anderen Laubholzarten eingeräumt wurde; 3. daß mancher Forstmann eine Ehre dareinsetzte, aus gemischten Beständen nach und nach reine herzustellen.

Boden und Klima lassen manchmal (nasse Stellen, magerer Sandboden, Hochlagen) nur eine Holzart zu. In den meisten Fällen ist aber eine Mischung von Holzarten teils in der Natur des Holzwuchses, teils durch die Zwecke der Waldbesitzer begründet.

Die 4. Auflage von Gwinners Waldbau wurde von Dengler (Karlsruhe in Baden) in „erweitertem Umfang" herausgegeben. Auch Dengler spricht sich für gemischte Bestände aus. Die gemischten Bestände werden S. 130—137 abgehandelt.

44. Nach Schulze (1841) sollen nur die „geselligen" Holzarten rein erzogen, die anderen eingesprengt werden.[2])

45. Die Versammlungen in Freiburg und Aschaffenburg veranlaßten Karl Heyer zu einer gründlichen Erörterung der Frage zunächst in seinen Beiträgen zur Forstwissenschaft[3]) und später (1854) in seinem „Waldbau". „Vorzüge der gemischten Bestände" überschreibt er hier den § 9, der mit dem Satze geschlossen wird, daß die Fälle, in denen reine Bestände rätlich seien, „mehr zu den Ausnahmen gehören" und die gemischten Bestände immerhin als „Regel" sich empfehlen werden." (S. 37.) (Gleichlautend in der 2. (1864) und 3. (1878) Auflage von G. Heyer, sowie in der 4. (1891) und 5. (1906) Auflage von Heß.) Als einen Hauptvorzug der gemischten Bestände hebt Karl Heyer hervor, daß durch sie die Zahl der Betriebsklassen vermindert werden könne. Hierauf hatte er bereits 1840 in seiner Waldertragsregelung[4]) hingewiesen.

46. Gustav Heyer hat 1852 die Lehre von den gemischten Beständen wesentlich vervollkommnet durch die Untersuchung über das Verhalten der Waldbäume zu Licht und Schatten. (Vgl. § 128, 13. 129, 5.)

47. Stumpf (1849) schreibt den gemischten Waldungen entschiedene Vorzüge vor den reinen da zu,[5]) wo die natürlichen Bedingungen vorhanden seien.

[1]) Waldbau. S. 9.

[2]) Walderziehung. S. 25.

[3]) Heft 2. 1847.

[4]) 2, 35. (Ich zitiere nach der 2. fast unveränderten Auflage von 1862.)

[5]) Waldbau. S. 147.

48. Burckhardt (1855) bespricht bei jeder Holzart eingehend ihre Erziehung im reinen und gemischten Bestande. [1])

49. Kürzer abgehandelt sind die Bestandsmischungen bei Fischbach (1856). [2])

50. Landolt hebt 1866 für die Schweiz hervor, [3]) daß in Bezug auf reine und gemischte Bestände die Auffassungen sich geändert hätten. Die Erziehung gemischter Bestände gelte in der neuesten Zeit als Regel, die von reinen als Ausnahme.

51. Rörig war der erste, der den gemischten Beständen eine besondere, aber unreife und wenig befriedigende Schrift widmete (1867). [4])

52. In Frankreich herrschen die gemischten Bestände vor. Duhamel (1763) hat hauptsächlich gemischte Bestände im Auge. Lorentz und Parade (1837) führen bei jeder Holzart die Mischungen auf, in welchen sie sich findet. Ähnlich Broillard (1881)[5]). Boppe zieht die gemischten Bestände unter allen Umständen den reinen vor. [6]) Huffel berichtet (1893), daß in Frankreich die gemischten Bestände das Ideal des Waldbaues seien. [7])

53. Das Anwachsen der reinen Bestände betrachtet Gayer (München) als eine gefährliche Erscheinung. Er trat daher 1880 mit großer Entschiedenheit für die gemischten Bestände ein. [8]) Das freiwillige Vorkommen der reinen Bestände sei im allgemeinen beschränkter als das der gemischten. Die deutsche Forstwirtschaft habe aber dieses Verhältnis so umgestaltet, daß die reinen Bestandesarten vorherrschend, die gemischten nur mehr untergeordnet vertreten seien. Das Maß und die Qualität, in welcher die gemischten Bestände in einer Wirtschaft vertreten seien, müsse in erster Linie als Prüfstein und Wertmesser für die Stufe der Ausbildung und Tüchtigkeit des Wirtschafters betrachtet werden. Mischung sei das naturgemäße Bestockungsverhältnis für die Mehrzahl unserer Standorte. [9]) Die Ursache des Rückganges der gemischten Bestände erblickt er in der Betriebsartenwirtschaft, welche den Sinn für die Arbeit im kleinen erstickt und zur mechanischen Arbeit geführt habe, sodann in den gleichaltrigen Bestandesformen und in der mangelhaften Pflege der Produktionskräfte. [10])

Eingehender als irgend ein anderer Schriftsteller vor ihm bespricht Gayer die Mischung der verschiedenen Holzarten (daselbst S. 297—364). Später (1886) ließ er eine besondere Schrift über „den gemischten Wald" erscheinen. In der 4. Auflage des Waldbaues (1898) stellt er den Satz auf, „daß für die im Herzen Europas gelegenen Wälder die gemischten Bestände die Regel und die reinen Bestände die Ausnahmen zu bilden hätten". [11]) 1905 trat er nochmals für die gemischten Bestände ein. [12])

54. Die waldbaulichen Schriftsteller der späteren Zeit — sie waren, was zu beachten ist, in Süd- und Mitteldeutschland tätig — treten nicht einseitig für die

[1]) Säen und Pflanzen.
[2]) Lehrbuch der Forstwiss.
[3]) Der Wald. S. 178.
[4]) Die gemischten Holzbestände.
[5]) Traitement des Bois. S. 178 ff.
[6]) Boppe et Jolyet. Les Forêts. S. 112; vgl. Boppe, Sylviculture 1889.
[7]) Les arbres et les peuplements forestiers. S. VI.
[8]) Waldbau. S. 250.
[9]) S. 298.
[10]) S. 302.
[11]) 4, 185.
[12]) Vorwort zu Schneider, a. a. O.

eine oder andere Bestandesform ein. So spricht sich Wagener (1884) gegen die gemischten Bestände nur aus, wenn sie den Ertrag vermindern. Lorey, Ney, Mayr heben die mancherlei Vorzüge der gemischten Bestände hervor. Mayr kann aber nur wenige erkennen. Borggreve widmet den reinen und gemischten Beständen nicht einmal ein besonderes Kapitel; gelegentlich spricht er vom Einbringen erwünschter Holzarten.

Nach Weise sind in Deutschland die reinen Bestände auf großen Gebieten zunächst deshalb verbreitet, weil sie die einfachste Wirtschaft ermöglichen und das kleinste Maß von Arbeit bringen. Sehr viele Mischungen können nur durch eine sorgfältige und stete Pflege erhalten werden.[1]) Für Norddeutschland schränkt Weise die Empfehlung gemischter Bestände wesentlich ein; er glaubt sogar, daß die Zukunft den reinen Beständen gehören werde.[2])

Dagegen meint Dittmar (in Brandenburg 1910), daß die gemischten Bestände zu erhalten und, soweit Boden und Klima es irgend gestatten, neue zu erziehen seien, wo sie fehlen.[3])

55. Die vorstehenden geschichtlichen Darstellungen sollen nun kurz und übersichtlich zusammengefaßt werden.

Aus § 181 wissen wir, daß im 18. und im Anfang des 19. Jahrhunderts der Bedarf an Brennholz denjenigen an Nutzholz übertraf. Es wurden daher die Holzarten und Betriebsarten, die Brennholz lieferten, bevorzugt. Das Brennholz wurde mit 30—40—50, auch 60—70 Jahren, das Nutzholz mit 100—120 Jahren geschlagen; letzteres wurde vielfach in besonderen Waldteilen erzogen. Die Waldweide spielte eine große Rolle.

Die von 1700—1800 vorhandenen Bestände waren teils reine, teils aus Nadelhölzern, aus Laubhölzern, aus Nadel- und Laubhölzern gemischte Bestände.

Fast in allen Wäldern war sodann die Weide üblich, die eine lichte Bestockung und zahlreiche Blößen zur Voraussetzung hatte.

Carlowitz und Hohberg wollten die überlieferten gemischten Bestände beibehalten. Mit Döbel beginnt 1746 eine Strömung gegen die gemischten Bestände sich geltend zu machen, der sich bis gegen 1800 die meisten Schriftsteller anschließen. Zunächst wird die Mischung von Laub- und Nadelholz wegen der verschiedenen Hiebszeit und der Unterdrückung des Laubholzes, dann aber die Mischung überhaupt verworfen. Gemischte Bestände sollten nach Hartig und Burgsdorf sogar in reine verwandelt werden. Später (1834) sprach sich Hartig nicht mehr so entschieden gegen die gemischten Bestände aus. Aber sein Streben, die Wirtschaft einfach zu gestalten, fand wohl Billigung und führte zur Verdrängung der gemischten Bestände. Zwar traten Medicus, Gleditsch, Zanthier, Drais, Sponek für die Mischungen ein. Aber erst Cotta rief 1816 einen Umschwung zugunsten der gemischten Bestände hervor. Ihm schlossen sich Hundeshagen, Pfeil, Gwinner, Heyer, Stumpf an. Von 1816 bis 1855 waren die Vertreter der Wissenschaft fast ohne Ausnahme für die gemischten Bestände eingetreten. In der praktischen Wirtschaft aber hielt man, wie Karl Heyer 1847 bemerkt, an den reinen Beständen fest. Der Einfluß Hartigs war noch sehr stark und seine Schüler bildeten noch die überwiegende Zahl der praktischen Wirtschafter. Dazu kam die Bevorzugung des Nadelholzes (Fichte und Föhre), die Berg 1844 beklagt, und die Verwendung desselben bei Aufforstungen und zur Bestockung der Kahlschläge. Als die ausgedehnten reinen Nadelholzbestände herangewachsen waren, und ihre Nachteile deutlich hervortraten, fand Gayer

---

[1]) Waldbau, 4, 20.

[2]) Z. f. F.- u. Jw. 1903, 4.

[3]) Waldbau. S. 93.

1880 bei seinem Auftreten gegen die reinen Bestände weitgehende Zustimmung. Aber Borggreve und Mayr bezweifeln die Überlegenheit der gemischten Bestände, und Weise glaubt, daß in Norddeutschland die reinen Bestände künftig die Herrschaft erlangen werden.

In Österreich haben Zötl und Feistmantel, in Frankreich Parade, Boppe, Huffel für die gemischten Bestände sich ausgesprochen. In der Schweiz hielt man 1765 die gemischten Bestände für die beste Bestandesform. Zur Zeit Hartigs — vielleicht auch unter dem Einfluß von Zschokke — gewannen aber die reinen Bestände an Ausdehnung, bis nach Landolt etwa 1860 man sich wieder von ihnen abwandte.

Die Vertreter der Wissenschaft haben also im Laufe von 200 Jahren bald die gemischten, bald die reinen Bestände befürwortet. Die Begründung ihres Standpunktes ist meist sehr kurz gehalten; im allgemeinen sind aber mehr ökonomische Gesichtspunkte maßgebend gewesen. Das ungleiche Wachstum verschiedener Holzarten, das Zurückbleiben und Verdrängen des Laubholzes, insbesondere der Buche, durch das Nadelholz, das verschiedene Nutzungsalter der einzelnen Holzarten und die Durchlöcherung der Bestände werden hauptsächlich als Gründe gegen die Mischungen angeführt. Nach Griesheim verstoßen die aus Laub- und Nadelholz gemischten Bestände gegen die „Forstkultur". Gwinner glaubt, daß die Natur gemischte Bestände schaffe; auch Gayer hält die gemischten Bestände für naturgemäß. Die verschieden tiefe Bewurzelung will Hartig bei Mischungen berücksichtigt wissen.

Über den Bodenzustand, der namentlich von Gayer betont wird, über Licht- und Schattenholzarten finden sich in den ältesten Schriften nur Andeutungen.

Die seit Cotta und Heyer in der Literatur hervorgehobenen Vorzüge der gemischten Bestände sind in neuerer Zeit (Weise, Mayr) nur noch unter gewissen Einschränkungen anerkannt worden.

Ein klares Bild erhalten wir, wenn wir in der praktischen Wirtschaft die Beweggründe erforschen, welche ausschlaggebend waren.

§ 222.

Die Vorschriften der Behörden.

1. Es stehen fast nur die von den staatlichen Behörden ergangenen Vorschriften zu Gebot; über die Gemeindewaldungen und die Privatwaldungen des Großgrundbesitzes sind leider nur bruchstückweise Nachrichten vorhanden. Die Auffassung der staatlichen Behörden wird sich aber — allerdings mit allerlei Einschränkungen — auch in den übrigen Waldungen der betreffenden Länder geltend machen.

Was uns bekannt ist, sind sodann nur die erlassenen Vorschriften. Ob und inwieweit diese in der Wirtschaft selbst beachtet und in die Tat umgesetzt wurden, darüber fehlen bestimmte Nachweise.[1]) Sie müßten aus den Wirtschaftsakten (Wirtschaftsplänen, Kulturplänen, Nachweisen über ausgeführte Kulturen) entnommen werden. Diese Quelle ersten Ranges ist freilich noch wenig benützt, auch kaum zugänglich gemacht.

Die Vorschriften sind bald ausführlich gehalten und im einzelnen begründet, bald mehr oder weniger kurz gefaßt. Manchmal muß man die an verschiedenen Orten gemachten Bemerkungen erst zusammenstellen, um ein sicheres Bild der herrschenden Auffassung zu gewinnen. Die Vorschriften reichen für manche Länder auf 80 und 100 Jahre zurück.

---

[1]) In der Hartigschen Instruktion für Kulturen in Preußen waren schwere Strafen im Falle der Nichtbeachtung angedroht.

2. Den Einfluß Hartigscher Ideen[1]) ersieht man aus der Instruktion für die württembergischen Revierförster von 1818. Sie schreibt (§ 6) noch vor, daß gemischte Bestände in reine Laub- oder Nadelholzbestände umzuwandeln seien. Aber schon in der „technischen Anweisung" von 1819[2]) wurden die gemischten Bestände in „vereinbarliche" und „nicht vereinbarliche" unterschieden. Zu den letzteren gehören (§ 34) die Mischungen von Nadelholz mit Birken, Erlen, Aspen, weil die letzteren „zu grunde gehen, ehe die Nadelhölzer ihr höchstes Wachstum erreichen könnten". Alle übrigen Holzarten können in gemischten Beständen erzogen werden. Von 1830—50 wurden in den württembergischen Staatswaldungen die Samen von Eichen, Buchen, Fichten, Föhren, Schwarzföhren, Lärchen ausgesät und Pflanzungen mit Laubholz und Nadelholz ausgeführt. Es gingen aus diesen 28 % vorherrschend aus Nadelholz gemischte und 72 % reine Bestände hervor. Von der gesamten in Bestockung gesetzten Fläche fallen 52 % auf reine Fichten-, 16 % auf reine Föhrenbestände. (Forstl. Verh. Württ. 1880. S. 180.)

Die bereits sich geltend machende Einwirkung der Forsttaxation erkennt man aus der Definition der Abteilung in den württ. Einrichtungsvorschriften von 1850.[3]) In derselben Abteilung soll einerlei Holzart oder die gleiche Mischung von Holzarten vorhanden sein. Unterabteilungen, die vorläufig mit einer anderen Holzart bestockt sind als die große Abteilung, sollen verschwinden[4].) In den Wirtschaftsregeln von 1865[5]) wird dagegen für sämtliche Waldgebiete des Landes die Nachzucht gemischter Bestände empfohlen.

3. In Bayern wurden in den Jahren 1830—1855 Vorschriften für die Bewirtschaftung der Waldungen in den einzelnen Regierungsbezirken erlassen. Sie schreiben ohne Ausnahme die Erziehung gemischter Bestände vor. Dasselbe geschieht in der zusammenfassenden Darstellung, welche in der „Forstverwaltung Bayerns" (1861) enthalten ist. (S. 38—40). Nach der Forsteinrichtungsanweisung von 1910[6]) soll der Bestand nach Holzart möglichst einheitlich sein.

4. In Baden sollten nach den Grundsätzen von 1857 die vorhandenen Mischungen so weit möglich beibehalten werden.[7]) Daß dies geschehen ist, wird 1891[8]) und 1907[9]) bestätigt.

5. In Elsaß-Lothringen bestanden besondere Vorschriften für die Anzucht gemischter Bestände nicht. Die vielen Mittelwaldungen und die aus Mittel-

[1]) Hartig war 1806—11 Oberforstrat in Stuttgart und hatte dort ein Forstinstitut gegründet.

[2]) Abgedruckt in von Tessins Forststatistik von Württ. S. 189 ff.

[3]) Monatsschrift f. d. württ. Forstwesen. 1850, 33.

[4]) Dieses Bestreben ist auch in den späteren Vorschriften vorhanden. Es war übrigens allgemein verbreitet. Vergl. Heyer, Waldertragsregelung. 1840. S. 91. Grebe, Betriebs- und Ertragsregulierung 1867. S. 32.

[5]) Allg. Grundsätze und Regeln f. d. Wirtschafts- und Kulturbetrieb in den württ. Staatswaldungen. S. 13, 37, 70, 99, 118.

[6]) Mitteilungen aus der Staatsforstverwaltung Bayerns. 11, 7.

[7]) Forstverwaltung Badens. 1857. S. 24 ff.

[8]) Krutina, Die Badische Forstverwaltung. S. 6 f., 70.

[9]) Stat. Nachweisungen aus der Forstverw. des Großh. Baden für das Jahr 1907. S. 13.

waldungen in Hochwaldungen übergeführten, und auch die sonstigen Bestände enthielten stets eine Mischung mehrerer Holzarten.[1])

6. In Hessen ist 1859 das „Prinzip der Beimengung der edleren Laubhölzer in die Buchenbestände angenommen".[2]) Es ist beibehalten worden bis 1905 (Wirtschaftsgrundsätze S. 8).

7. In Braunschweig wird 1858 die Erhaltung der aus Laub- und Nadelholz gemischten Waldungen auf dem Harze angestrebt. Im übrigen Landesteile ist der Verjüngungsbetrieb auf Erhaltung des Laubholzes eingerichtet;[3]) eingesprengte Nadelhölzer werden beseitigt.

8. In Preußen wird 1867 die Einmischung der Nutzhölzer in den Buchenwald und die Mischung der Nadelhölzer mit Laubholz empfohlen.[4])

9. In Oldenburg[5]) und Mecklenburg[6]) werden reine und gemischte Bestände angezogen, so daß keine der Bestandesformen einen ausgesprochenen Vorzug hat.

In Thüringen[7]) werden die gemischten Bestände (neben reinen) angestrebt.

10. Im Königreich Sachsen sind die Laubholzbestände seit 1834 in stetem Rückgang begriffen. In der sächsischen Statistik werden die gemischten Bestände, mit Ausnahme der Eichenbestände, gar nicht aufgeführt. Dies erklärt sich aus dem Vorherrschen der Nadelholzbestände, die überwiegend aus Fichten, auch Föhren, seltener aus Tannen bestehen. Schon 1834 beträgt der Anteil des Nadelholzes in den Staatswaldungen 86 %.[8]) Als Regel gilt 1865[9]) bei den Kulturen der Anbau der Fichte „in einiger Mischung mit der Tanne". Die neueren Wirtschaftsregeln von 1903[10]) empfehlen die Mischung der Fichte und Föhre, sowie der Fichte und Weymouthskiefer. 1908[11]) wird dagegen vorgeschrieben, daß in Fichtenbeständen die Kiefer nicht mehr eingemischt werden soll; dagegen soll den Kiefernbeständen die Fichte, wenn auch nur als Bodenschutzholz, beigemischt werden. Diese Vorschriften scheinen nicht überall ausgeführt worden zu sein;[12]) an vielen Orten sind die Mischungen mißlungen. Deike schlägt neuerdings (1912) die Erziehung gemischter Bestände vor.[13])

---

[1]) Vgl. Ney, a. a. O. S. 201. Forstl. Verhältnisse von Elsaß-Lothringen. S. 54, 79. Pilz, Allg. Forst- u. Jagdztg. 1906, 361. „Unter dem milden Himmel der Reichslande gedeihen alle Holzarten, infolgedessen der Mischwald bei weitem vorwiegt."

[2]) v. Stockhausen, Beitr. zur Forststatistik des Großh. Hessen. S. 34.

[3]) Geitel, Die Forsten d. Herz. Braunschweig. S. 197.

[4]) v. Hagen, Die forstl. Verhältnisse Preußens. 1867. 2. Abdruck. S. 124. Einzelne Bemerkungen in der Beschreibung der Provinzen. S. 7—27. Ähnlich Donner, 1894. 31, 177 ff.

[5]) Kollmann, Das Herzogtum Oldenburg. 1878. S. 181.

[6]) Versammlungen in Schwerin 1861 und 1899.

[7]) Versammlungen in Eisenach 1876, 1904. Ferner: Baur, Forststatistik der deutschen Bundesstaaten. 1842. Bemerkungen bei den einzelnen Staaten.

[8]) Thar. J. 47, 14.

[9]) Darstellung d. K. Sächs. Staatsforstverwaltung. S. 9, 18, 31.

[10]) Thar. J. 54, 235.

[11]) Daselbst 59, 288.

[12]) Bernhard, Thar. J. 65, 155.

[13]) Daselbst 63, 332.

11. In den österreichischen Staats- und Fondsforsten wird (1885) die Erziehung gemischter Bestände als Ziel der Wirtschaft angegeben.[1])

12. In Ungarn „wird (1878) bei Bewerkstelligung der Kulturen auf die Erziehung gemischter Bestände ein besonderes Augenmerk gerichtet".[2])

13. Die gemischten Bestände der Schweiz[3]) sind während mehrerer Jahrzehnte durch reine Fichtenbestände zurückgedrängt worden. Neuerdings wendet man sich wieder mehr den gemischten Beständen zu.

14. In Frankreich, wo die gemischten Bestände weitaus (70,4 %) vorherrschen, wird diese Tatsache als ein Fingerzeig für die Einrichtung der Wirtschaft betrachtet.[4])

15. Aus älterer Zeit mögen noch einige Vorschriften angeführt werden. Ein landgräflich Hessen-Kasselsches Regulativ[5]) von 1786 schreibt in Ziffer 14 vor, daß aus Laub- und Nadelholz gemischte Waldungen sorgfältig zu erhalten seien. Etwa zu gleicher Zeit wird in einer Vorschrift für die Grafschaft Hanau-Münzenberg gesagt, daß vermischte Waldungen deshalb von keinem Nutzen seien, „weil Nadel- und Laubholz sich nicht recht vertragen können".[6])

16. In allen Ländern, mit Ausnahme von Sachsen, wird seit etwa 1830 bis 1840 die Anzucht gemischter Bestände mit größter Entschiedenheit vorgeschrieben. Diese Vorschriften sind aber, wie man ohne statistische Belege sagen kann, nicht überall beachtet worden. Sind es doch gerade die Staatswaldungen, aus denen die Klagen über das Überhandnehmen der reinen Bestände ertönen. Waren jene Vorschriften aus zum Teil weit zurückliegenden Jahrzehnten in Vergessenheit geraten, oder waren sie praktisch undurchführbar, so daß die leitende Behörde selbst sie nicht mehr zur Anwendung brachte?

Welche Einflüsse haben zum gegenteiligen Resultate geführt? Oder sind vielleicht die Klagen über das Vordringen reiner Bestände gar nicht begründet oder auf Übertreibung einzelner Erscheinungen zurückzuführen?

§ 223. Die Stimmen in den Zeitschriften.

1. Als die ersten forstlichen Zeitschriften erschienen (1763), war die Bewegung gegen die gemischten Bestände bereits im Gange (durch Döbel, Moser, Cramer). Das Hin- und Herwogen des Streites ist auch in den Zeitschriften zu bemerken. Die ältesten Nachrichten stammen vom Harze und aus der Schweiz. Bei Celle wird 1765 die Pflanzung von Hainbuchen zwischen Eichenheistern empfohlen. In Zürich und Bern wird 1765 und 1768 den Landleuten Anleitung zur Erziehung gemischter Bestände gegeben. Vom Harz wird 1788 berichtet, daß die meisten Berge mit „meliertem" Holz bestanden seien: man erziehe, was die Fabriken brauchen und am besten versilbert werden könne. Bei Wernigerode haben nach v. Hagen die Schmelz- und Hammerwerke 1794 den größten Verbrauch an harten Kohlen. Langen wollte harte Holzarten bis auf den Brocken erziehen, Zanthier dagegen Laub- und Nadelholz mischen. In den mittleren Lagen bestehe der Wald aus Fichte, Eiche, Buche, Birke: in den Vorbergen bilde hartes Laubholz als Schlagholz den Bestand. 1792 wird erwogen, wie das weiche, melierte und harte Holz geschlagen werden soll.

[1]) Schindler, a. a. O. S. 134.

[2]) Bedö, Beschreibung der ung. Staatsforste. S. 5.

[3]) Forstl. Verhältnisse der Schweiz. 68, 94.

[4]) Statistique for. 1878, 1, 92.

[5]) Forstarchiv, 7, 195.

[6]) Daselbst 7, 241.

2. Nach einer Pause von 40 Jahren wird die Frage der gemischten Bestände wieder lebhaft besprochen. Unger berichtet 1836 aus Seesen am Harz, daß die Fichte vermehrt und die reinen Buchenbestände zurückgedrängt werden. Daß mehr Wert auf gemischte Bestände gelegt werde, bestätigt 1837 Pfeil; insbesondere werde die Mischung von Kiefer und Birke begünstigt. 1844 rät Pfeil, keinen Buchenwald ohne Eichen zu erziehen. 1855 bemerkt er, daß Burgsdorf und selbst Hartig von dem Vorurteil gegen gemischte Bestände zurückgekommen seien. Seit Pfeil sind die gemischten Bestände zu einem häufigen Gegenstand der Besprechung gemacht worden. Sie zieht sich bis in die Gegenwart hin. Um Wiederholungen zu vermeiden, ist in der folgenden Darstellung die historische Aufeinanderfolge verlassen und eine Einteilung nach den besonders hervortretenden Gesichtspunkten gewählt worden.

3. Die allgemeinen Fragen erörtern namentlich Brumhard, G. Heyer, E. Heyer, v. Bernuth, Schier, Thaler, Weise, in der Schweiz Landolt, W. v. Greyerz, R. Balsiger. Eine „naturgemäße Waldwirtschaft" befürwortet eine Stimme aus München 1853. Vielfach werden reine Bestände, namentlich aus Nadelholz, wegen des höheren Ertrags angezogen; das Laubholz sei darin untergeordnet. Die Erfahrung lehre aber, daß Schädigungen durch Sturm, Schnee, Duft, Käfer sehr bedeutend seien. Um Buche und Tanne zu erhalten, seien Vorhauungen nötig; die Fichte soll zugunsten von Tanne und Buche herausgehauen werden. In Föhren soll die Fichte horstweise oder nur als Unterstand durch Saat eingebracht werden. Verschiedene Holzarten, wie Föhre und Fichte, sollen streifenweise gesät und gepflanzt werden..

Für die Erhaltung von Tanne und Buche im untern württ. Schwarzwald fordert Riegel 1852, daß über der Tanne im ersten Lebensjahr gelichtet werde.

4. Die Einmischung von „Nutzholzarten" in die reinen Buchenbestände beschäftigte lange Jahre, namentlich nach 1880, die praktischen Forstwirte. Es handelt sich zunächst um Einmischung der Laubhölzer, insbesondere der Eiche. Aus Süd-,Mittel und Norddeutschland wurden zahlreiche Beobachtungen und Erfahrungen mitgeteilt: so von Heiß, Urich, Heinemann, E. Heyer, Fricke, Danckelmann, Habenicht, Kißling, Dorl, Lade, Hoffmann-Klütz, Bertog, Schöttle, Söhnlein, Wiener, Emeis, Heyrowsky.

5. Die Form der Mischung (Einzelstämme, Streifen, Gruppen, Horste) wird in Böhmen 1869 und 82 erörtert, sodann von Vonhausen, Heiß, Gayer, v. Baumbach, Tilmann, Borggreve, Frey ausführlicher besprochen.

6. Die einzelnen Holzarten werden sehr ungleich berücksichtigt. Am häufigsten wird die Mischung von Buche und Fichte abgehandelt. Nach Gwinner (1843) wird die Buche überwachsen, und es entstehen reine Fichtenbestände. In Böhmen bemerkte man, daß die Fichten freudiger gedeihen. v. Unger schlägt 1861 vor, die Buche in Fichtensaaten einzupflanzen. Schwarz vergleicht 1869 eine große Anzahl von Beständen auf dem Thüringerwald und weist nach, daß die aus Buchen und Fichten gemischten Bestände den Ertrag vollkommener Fichtenbestände nicht erreichen; bei den vielen Kalamitäten sinke aber der Ertrag der Fichte und nähere sich den Mischungen. Burckhardt zieht als einzumischende Holzarten im Buchenwalde Eiche, Esche, Ahorn der Fichte vor, will aber doch auch diese als Einzelstamm, in Einzelreihen oder Gruppen und Horsten einbringen. Weitere Beiträge zu dieser Frage lieferten Lorey, Gayer, Ranfft, Frömbling.

7. Von den übrigen Holzarten wären zu erwähnen: die Mischung von Tanne und Buche (Riegel, Homburg), von Hainbuche und Buche in Oberhessen, Föhre und Fichte (Schmidt), Föhre, Fichte und Lärche (Reiß), Eiche und Nadelholz (Meyer), Laubholz und Nadelholz in der Heide (Wendeburg).

8. Wachstumsuntersuchungen in gemischten Beständen nahm hauptsächlich Schwappach vor, sodann Wimmenauer, v. Guttenberg, v. Fischbach, Lorey. Über die Methoden der Aufnahme von gemischten Beständen haben v. Lorens, Wappes und Borgmann nähere Vorschläge gemacht.

9. Die aus verschiedenen Gegenden stammenden Abhandlungen stimmen darin überein, daß in ihnen die gemischten Bestände den reinen vorgezogen werden. Im einzelnen aber gehen die Ansichten und Erfahrungen der verschiedenen Wirtschafter, wie bei der Mannigfaltigkeit der Verhältnisse nicht anders zu erwarten ist, weit auseinander.

Eine Ergänzung der Abhandlungen in den Zeitschriften bilden die Verhandlungen der Vereine, die sich meistens auf ein bestimmt abgegrenztes und den einzelnen Rednern genauer bekanntes Gebiet beschränken.

§ 224. Die Vereinsverhandlungen.

1. Als die Versammlung der deutschen Land- und Forstwirte 1837 erstmals abgehalten wurde — die Vereine einzelner Länder oder Landesteile wurden erst später gegründet: Baden 1839, Süddeutschland 1839, Schlesien 1841, Harz 1843 —, war die Frage der gemischten Bestände eben in den Vordergrund des Interesses getreten. Daher wurde schon auf der 3. Versammlung 1839 in Potsdam (Bericht S. 383) die Frage aufgestellt, ob reine oder gemischte Bestände erzogen werden sollen. Raßmann (Halberstadt) macht die Entscheidung vom Boden abhängig (Erlen, Föhren). Hinsichtlich des Ertrags bemerkt er, daß gemischte Buchen- und Fichtenbestände im Ertrage hinter reinen Fichtenbeständen zurückbleiben. 1840 vertritt er eine andere Meinung.[1]) Vorzüge der gemischten Bestände seien der bessere Wuchs und die größere Massenerzeugung. Eichen sollen in Buchen eingemischt werden. Aber viele Forstleute seien noch für reine Bestände. Auf der Versammlung in Brünn[2]) erscheint es 1840 außer Zweifel, daß vermischte Bestände den reinen vorzuziehen sind, daß Fichten mit Buchen ein freudigeres Wachstum zeigen, mehr Dauer haben, den Winden und Insekten besser widerstehen als reine Fichtenbestände. Es handle sich nur um das beste Verfahren; ob hierüber Erfahrungen bekannt seien? Die Versammlung von Brünn ist deshalb von großer Bedeutung, weil sie (1840) zugunsten der gemischten Bestände sich aussprach.

Auf den Versammlungen von 1859, 61, 69, dann 98 und 1902 kam hauptsächlich die Mischung von Eiche und Fichte, Föhre und Fichte zur Verhandlung.

2. Auf der Versammlung süddeutscher Forstwirte 1846 und 47 wurden die gemischten Bestände ausführlich besprochen, 1860 in Kaiserslautern die Mischung der Buche mit Nadelholz empfohlen.

Wie sehr die große Mehrheit der Forstwirte die reinen Bestände bevorzugte, zeigt die Äußerung v. Wedekinds in der Versammlung zu Freiburg (1846), daß man ein günstiges Wort für die Mischungen früher kaum hätte wagen dürfen.[3])

3. Der Harzer Forstverein sprach sich 1847 und 1855 einstimmig für gemischte Bestände von Laub- und Nadelholz (Buche und Fichte) aus, während früher im Harz die reinen Bestände bevorzugt wurden.

4. Im Hils-Solling-Verein kann 1853 über die Zweckmäßigkeit des Einpflanzens von Nadelholz in das Laubholz keine Auskunft gegeben werden, da es

[1]) Wedekinds neue Jahrbücher, 18, 56.

[2]) Daselbst 20, 15.

[3]) Jahrbücher, 30, 53.

an älteren gemischten Beständen fehle. 1858 wird die reine Buchenwirtschaft als einseitig erklärt. 1877 bespricht Ziegenmeyer ausführlich die Einmischung des Nadelholzes in die Buchenverjüngungsschläge.

5. In Thüringen wird 1853, 54, 62 das Verfahren erörtert, durch welches an die Stelle reiner Fichtenbestände ein aus Buchen, Tannen und Fichten gemischter Bestand erzogen werden könne. 1869 dagegen lautet die Frage, ob sich für den Thüringerwald die Erziehung gemischter Bestände empfehle?

6. 1858 wird in Schlesien die Mischung von Fichte und Föhre besprochen.

7. Im pommerschen Forstverein bezweifelt 1893 Frömbling, daß die Föhrenbestände durch Einmischung anderer Holzarten im Ertrag wesentlich gesteigert werden; daher soll die Mischung nur vorgenommen werden, wenn die Föhren sich lichten; sie soll nicht Regel sein. Das Mischholz soll Nebenzweck sein.

8. Im sächsischen Forstverein spielen die Nadelholzmischungen (Fichte, Föhre) die Hauptrolle; nur 1886 wird die Mischung von Föhre und Buche besprochen.

9. Im preußischen Forstverein wird 1884, 85 die Erziehung gemischter Bestände und von Mortzfeldt insbesondere die Vorverjüngung empfohlen.

10. Eine ausführliche Zusammenstellung gibt 1885 Hölzerkopf über die im Regierungsbezirk Wiesbaden vorhandenen zahlreichen Mischungsarten.

11. Über das Verfahren bei den Mischungen werden sehr eingehende Mitteilungen im badischen Forstverein 1882 von Krutina (Freiburg), 1896 von Gutmann, 1912 von Dießlin gemacht.

12. Der Einbau der Nadelhölzer oder Eichen in den Buchenbestand wird von Hofherr 1872 für die Pfalz, 1884, 1900 von Deckert für Nordwestdeutschland besprochen und 1889 in Württemberg von Haag als eine wichtige Tagesfrage wegen des geringen Geldertrages der Buche erklärt.

13. In Mähren und Schlesien wird 1857 die Frage erörtert, wie sich die horstweise Mischung der Einzelmischung gegenüber in bezug auf Massenproduktion, Baumform etc. verhalte. 1868 wird die Erziehung gemischter Bestände besonders empfohlen, da sie aus pekuniären Gründen immer mehr durch reine verdrängt werden. Ähnlich 1877, 82, 83, 1903.

14. In Oberösterreich und in Salzburg werden 1861 Erfahrungen über die Wirtschaft in gemischten Beständen gewünscht. In Niederösterreich kam 1904 die Erziehung der gemischten Bestände zur Verhandlung.

15. In der Schweiz wird 1856 mit der Einzelmischung die reihen- und gruppenweise Mischung verglichen. 1862, 63 werden von Kopp die Grundsätze für die Mischungsverhältnisse, die geeigneten Holzarten und die Pflege der gemischten Bestände aufgeführt. 1889 hebt Müller (Biel) als Vorzüge der gemischten Bestände hervor u. a. die Möglichkeit der früheren Durchforstung, die schnellere Ausbildung der dominierenden Stämme, die frühere Haubarkeit, den Lichtungszuwachs ohne Aushiebe, die Abschwächung von Fehlern im Anhiebe. Bei der Verjüngung seien große Flächen in Angriff zu nehmen. Die Bewirtschaftung gemischter Bestände sei aber schwieriger und teurer. Bourgeois warnt vor Übertreibung und zu bunten Mischungen.

16. Auch die Vereine beschäftigen sich seit 80 Jahren nur mit den gemischten Beständen, worin eine Abkehr von den reinen erblickt werden darf. Wie man früher kaum ein Wort zugunsten der gemischten Bestände wagen durfte, so scheint heute die Verteidigung der reinen Bestände einer verlorenen Sache zu gelten. Fast hundert Jahre war die allgemeine Meinung der Praktiker auf Seiten der reinen Bestände, dann schlug sie um. Ob nicht abermals eine Wandlung eintreten wird?

Ganz verschwunden sind die reinen Bestände trotz der Angriffe in der Literatur und in den Versammlungen nirgends. Welchen Umständen verdanken sie nun ihr Verbleiben? Sehen wir uns zunächst nach den tatsächlichen Verhältnissen im Walde um.

§ 225.

Die reinen Bestände.

Allgemeines.

1. Die **einheimischen Holzarten**, welche teils von Natur aus reine Bestände bilden, teils in reinen Beständen angebaut werden, sind die folgenden:

I. Nadelhölzer:

1. Fichte,
2. Tanne,
3. Föhre,
4. Lärche,
5. Arve,
6. Bergföhre und Legföhre,
7. Sumpfföhre,
8. Schwarzföhre.

II. Laubhölzer:

1. Buche,
2. Eiche,
3. Esche,
4. Schwarzerle,
5. Weißerle,
6. Alpenerle,
7. Kastanie,
8. Birke,
9. Bergahorn,
10. Hainbuche,
11. Weide.

Auch die meisten übrigen Holzarten, namentlich Laubhölzer, kommen in kleinen, reinen Beständen (Horsten) vor. Im Niederwalde, im Schutzwalde, auf Geröllhalden und Rutschflächen, im Auenwalde, im Bruch- und Sumpfgebiete finden sich im reinen Bestande

12. Linde,
13. Aspe,
14. Feldahorn
15. Haselnuß,
16. Ulme,
17. Vogelbeere,
18. Hartriegel,
19. Sanddorn,
20. Schwarzdorn.

Höchst selten tritt die Eibe in kleinen, reinen Beständen auf; ebenfalls selten sind reine Wacholderbestände.

Die reinen Bestände finden sich bei allen Betriebsarten: im Hochwald, Plenterwald, Niederwald und auch im Mittelwald. Ebenso treffen wir reine Bestände auf allen Bonitäten und zwar, wie die aufgenommenen Versuchsflächen beweisen, in normaler Verfassung auch auf V. Bonität.

Die einen Holzarten bilden ausgedehnte Komplexe reiner Bestände (Fichte, Tanne, Föhre, Lärche, Buche, Eiche, Erle), während bei anderen Holzarten die reinen Bestände fast ausschließlich kleinere Flächen bedecken (Esche, Ahorn).

2. Reine Bestände entstanden und entstehen durch natürliche Verjüngung der vorhandenen reinen Bestände, insbesondere von Buchen, Tannen, Föhren, Fichten, Erlen, Eschen. Reine oder fast reine Bestände können selbst aus alten gemischten Beständen hervorgehen, wenn bei der natürlichen Verjüngung eine Holzart (Buche, Tanne) die günstigeren Wachstumsbedingungen findet und andere Holzarten verdrängt. Durch Saat und Pflanzung sind fast in allen Ländern reine Bestände begründet worden, die bald kleinere Ausdehnung haben, bald große, zusammenhängende Flächen einnehmen. Reine Bestände sind sodann vielfach aus künstlichem Anbau gemischter Bestände hervorgegangen, weil von den angebauten Holzarten eine einzige die Herrschaft erlangte und die übrigen zum Absterben brachte.

Endlich sind die gemischten Bestände vielfach absichtlich in reine verwandelt worden (§ 221, Z. 7, 17, 20, 22).

3. Die geschichtliche Darstellung hat ergeben, daß von den Vertretern der Wissenschaft bald die reinen (Hartig), bald die gemischten (Cotta) Bestände befürwortet wurden. Heute spricht sich die Mehrzahl für gemischte Bestände aus. Einige Schriftsteller (Mayr, Weise) stehen den gemischten Beständen auch jetzt zurückhaltend, ja sogar ablehnend gegenüber.

Geschichte und Statistik zeigen sodann übereinstimmend, daß im praktischen Betriebe stets beide Bestandesarten neben einander vorkamen und vorkommen, und daß das Auf- und Abwogen der praktischen Wirtschaft nur eine Bevorzugung der einen oder anderen Art, nicht die Ausschließung bald der reinen, bald der gemischten Bestände bedeutet. Dafür spricht schon die Tatsache, daß wir alte, mittelalte und junge Altersklassen von beiden Bestandesarten überall, oder wenigstens fast überall und zwar innerhalb desselben Besitzes treffen.

Wenn daher vielfach die Fragestellung lautet: reine oder gemischte Bestände?, so ist dies irreführend. Und wenn Heyer in einem besonderen Paragraphen nur die „Vorzüge der gemischten Bestände" hervorhebt, so werden dadurch die reinen Bestände von vornherein in ein ungünstiges Licht gestellt. Auch die reinen Bestände haben ihre Vorzüge. Es müssen also die für die reinen und die für die gemischten Bestände geltend gemachten Gründe kritisch geprüft und gegen einander abgewogen werden. Dies kann für manche Punkte ganz allgemein geschehen. In den meisten Fällen müssen aber die Holzarten streng geschieden werden. Diese Forderung kann nicht eindringlich genug betont werden, soll Klarheit und Sicherheit in der ganzen Frage der reinen und gemischten Bestände erreicht werden.

Das Urteil darf aber nicht, wie es vielfach geschieht, auf theoretische Überlegungen und auf unbewiesene Hypothesen aufgebaut werden. Nur die tatsächlichen Zustände im Walde können entscheidend sein.

Sowohl reine als gemischte Bestände sind in genügender Anzahl von den wichtigsten Holzarten vorhanden. Alle Altersklassen bis zum 200 jährigen Bestande hinauf sind vertreten. Die Beobachtungen können ferner auf allen Bonitäten (Meereshöhen, Bodenarten, Expositionen) gemacht werden. Auch die verschiedenen Besitzesarten und Besitzesgrößen, ebenso die verschiedenen Bedürfnisse der Volkswirtschaft können in Betracht gezogen werden. Zahlreiche Waldbesitzer und Wirtschafter sehen beide Bestandesarten in ihrem Walde vertreten und müssen sich alljährlich nicht allgemein, sondern im bestimmten Falle bald für die eine, bald für die andere Bestandesart entscheiden. Welche Gründe werden nun in jedem Falle ausschlaggebend sein? Wann wird der reine Bestand bevorzugt werden? Die Gründe unparteiisch zu würdigen, wird gerade derjenige am besten im Stande sein, der beide Bestandesarten, z. B. reine Fichtenbestände, reine Buchenbestände und aus Fichte und Buche gemischte Bestände zu bewirtschaften hat.

4. Natürliche Verhältnisse des Standorts oder besondere wirtschaftliche Anforderungen können die Anzucht reiner Bestände nötig machen.

So entstehen auf nassem Boden reine Erlen-, auf trockenem oder magerem reine Föhren-, an der obersten Baumgrenze reine Lärchen- oder Fichtenbestände. Wo starke Schneemassen aufrechtstehende Bäume vernichten, ist der reine Bestand von Bergföhren oder Alpenerlen am Platze. Eichenrinde wird durch die Beschattung geringwertiger, daher wird sie im reinen Bestande erzogen. Ähnliches gilt von der Zucht von Korbweiden oder von Lindenbast.

Servituten, die auf bestimmten Waldteilen ruhen, können zur Anzucht reiner Bestände Veranlassung geben: ständige Abgabe von Buchenstreulaub, von Ahorn- oder Eschenlaub zur Viehfütterung, Lieferung von fichtenen Rebstecken oder Baumpfählen, von Wasserleitungsröhren aus Föhrenholz, von Weidenholz zu Faschinenbauten, von Fichtenreisig zum Decken der Rebstöcke oder Zierpflanzen, von Fichtenstämmchen zur Dekoration oder zu Christbäumen.

Es sind ausgedehnte Flächen von der Baumgrenze bis zur Niederung, auf welchen reine Bestände angezogen werden müssen. Diesen stehen andere Flächen gegenüber, auf denen sowohl reine, als gemischte Bestände erzogen werden können. Tatsächlich haben die reinen Bestände sehr große Ausdehnung, sie übertreffen in manchen Gegenden die der gemischten Bestände. Die Gründe, welche für und gegen die reinen Bestände angeführt werden, sind in § 221—224 zum Teil enthalten und müssen genauer geprüft werden. Sie sind teils waldbaulicher, teils verwaltungstechnischer Natur.

5. Wo an das Verwaltungs- und namentlich das Hilfspersonal nur geringe Anforderungen gestellt werden können, oder wo die Reviere

sehr große Ausdehnung haben, werden die reinen Bestände bevorzugt, weil deren Bewirtschaftung einfach ist. Bei Reinigungshieben, Durchforstungen, Lichtungen, Verjüngungen hat man nur eine Holzart zu berücksichtigen. Beim Fällungsbetrieb, der Sortierung und dem Verkauf ist die Arbeit vereinfacht. Die Aufstellung von Wirtschaftsplänen, die Ausscheidung von Unterabteilungen, die Holzmassenaufnahmen, die ganze Buchführung erfordert weniger Zeit und Sorgfalt als im gemischten Bestande, in dem 5—10—20 Holzarten auseinandergehalten werden müssen. Es ist daher leicht erklärlich, daß Weise glaubt, in Norddeutschland, wo die Reviere 5—8000 ha umfassen, werde die Zukunft den reinen Beständen gehören. Der Streubesitz, der in manchen Gegenden durch die Verhältnisse des Geländes und die Bewaldung, oder durch die Eigentumserwerbungen bedingt ist, ebenso die Abgelegenheit einzelner Waldparzellen drängen ebenfalls zur Vereinfachung des Betriebs, damit der eine Wirtschafter die ganze Aufgabe bewältigen kann.

So trägt der verwaltungstechnische Gesichtspunkt vielleicht mehr zur Verbreitung der reinen Bestände bei, als waldbauliche Erwägungen.

6. Unter diesen steht die Frage des Material-, bezw. Geldertrags der reinen Bestände obenan. Vielfach wird behauptet, daß die reinen Bestände geringere Materialerträge abwerfen als die gemischten. Ist dieser Einwand begründet?

Daß wir hohe, astreine, vollholzige, geschlossene, gesunde, holzmassenreiche und wertvolle Bestände von reinen Buchen, Eichen, Eschen, Fichten, Tannen, Föhren, Lärchen erziehen können und tatsächlich erziehen, ist unbestreitbar. Die Holzmassen reiner Fichten- und Tannenbestände werden von keinem gemischten Bestande übertroffen (vgl. § 242, Z. 12—16). Diese Erhebungen sind allerdings nur auf Versuchsflächen von 0,25—1,00 ha gemacht worden. Sie stellen die für die reinen und die gemischten Bestände günstigsten Verhältnisse dar, wie sie im großen wegen der vielfachen Störungen nur ganz selten erreicht werden. An sich stehen also die reinen Bestände im Materialertrage nicht zurück.

Das aus reinen Beständen der Volkswirtschaft angebotene Material ist allerdings einförmig: nur Fichten-, nur Föhren-, nur Buchenholz. Wenn aber im Walde reine Bestände verschiedener Holzarten erzogen werden, so ist die Wirtschaft dadurch beweglich geworden und kann den Anforderungen des Marktes ebenso leicht angepaßt werden wie im gemischten Bestande. Für den Großhandel sind übrigens größere reinere Bestände zweckentsprechender, weil für diesen nur große Mengen bestimmter Handelswaren begehrt sind.

Die Qualität des im reinen Bestande erzogenen Holzes ist in der Regel eine sehr hohe. Es ist daher gesucht und wird teuer bezahlt. Der

Geldertrag der reinen Bestände z. B. von Fichte oder Tanne wird daher hinter dem Geldertrag der aus Fichte und Tanne gemischten Bestände kaum zurückbleiben (vgl. § 242, 17, 18).

Diese Sätze über den Ertrag der reinen Bestände müßten freilich eingeschränkt werden, wenn ein weiterer Einwurf gegen die reinen Bestände zutreffend wäre. Im reinen Bestande soll die Produktionskraft des Bodens nicht voll ausgenützt werden, weil in einem ganzen Bestande nur eine einzige Holzart und nicht die für die verschiedenen Standorte geeignetsten Holzarten angebaut werden. In diesem Falle handelt es sich aber um den Anbau einer unrichtigen Holzart, nicht um die Wirkung des reinen Bestandes. Man hat ja vielfach, um z. B. eine ganze Abteilung mit Fichten anpflanzen zu können, nasse Stellen nicht mit Erlen bestockt, sondern unvollkommen entwässert. Kränkelnde und absterbende Fichten auf solchen Stellen besagen, daß mit Erlen ein höherer Ertrag hätte erzielt werden können. So wird aber nur ein Wirtschafter vorgehen, der sich von vornherein für eine einzige Holzart entscheidet, ohne die wechselnden Standortsverhältnisse zu beachten. Dem reinen Bestande darf der Mißerfolg nicht zur Last gelegt werden.

7. Gegen die reinen Bestände wird ferner eingewendet, daß sie den Schädigungen durch Sturm, Schnee, Insekten, Feuer, Pilze in höherem Grade ausgesetzt seien als die gemischten. Dieser Einwurf wird bei den gemischten Beständen näher zu prüfen sein (vgl. § 242, 19).

Wenn sodann da und dort die Meinung verbreitet ist, diese Schädigungen hätten seit der stärkeren Verbreitung der reinen Bestände zugenommen, so ist vor allem darauf hinzuweisen, daß uns eine zuverlässige Statistik hierüber noch fehlt. Ob in den letzten 50 Jahren die Stürme, die starken Schneefälle, die Insektenverheerungen, die Waldbrandfälle und die Pilzepidemien an sich zahlreicher und ausgebreiteter geworden sind, wäre vor allem festzustellen. Sodann müßte eine genaue lokale Statistik der reinen Bestände nach Holzarten und Altersklassen, nach horizontaler und vertikaler Ausdehnung, nach natürlichen und künstlichen Verbreitungsgebieten, nach der Entstehung aus Saat, Pflanzung, natürlicher Verjüngung, nach der Art und dem Grade der Durchforstung etc. zu Gebot stehen. Erst auf Grund dieser festen Unterlagen kann an die Lösung der Frage herangetreten werden (vgl. hiezu § 137, 6).

Da diese Schädigungen zu einer Durchlöcherung und dadurch Lichterstellung der Bestände führen, leitet sie zur Besprechung der in reinen Beständen auch im höheren Alter vorhandenen Schlußverhältnisse über.

8. Die genau beobachteten Versuchsflächen, die über einen großen Teil von Europa verbreitet sind, zeigen, daß reine Bestände bis zu einem Alter von 120—150 Jahren sich normal geschlossen halten. Auch auf

größeren Flächen sind gut geschlossene, gleichaltrige oder nahezu gleichaltrige Altbestände da und dort vorhanden; die ungleichaltrigen, geschlossenen Plenterbestände von Fichten oder Tannen sind ebenfalls auf größeren Flächen zu treffen.

Mit zunehmendem Alter nimmt allerdings im geschlossenen Bestande die Stammzahl ab; die Reisigmasse dagegen bleibt sich in der Hauptsache gleich. Im höheren Bestande hat das Licht mehr Eintritt, so daß neben der Laub- und Nadeldecke eine jeder Holzart eigentümliche Bodenflora sich einstellt. Je schwächer die Belaubung einer Holzart ist, um so mehr werden sich die Einwirkungen des Lichtzutritts geltend machen können. Die Reisigmasse, von der die dichtere oder lichtere Beschattung herrührt, ist in § 159 angegeben. Bei Föhre, Birke, Eiche, Erle, Esche überschreitet sie selten 50 Fm; bei Fichte, Tanne, Buche erreicht sie 100—120 Fm. Im gemischten Bestande beträgt die Reisigmasse 80—90 Fm; sie bewegt sich also zwischen den beiden Grenzwerten, übersteigt aber die Reisigmasse der Lichtholzarten.

Fast allgemein ist nun die Auffassung verbreitet, daß mit dem Lichterstellen der reinen Bestände, namentlich wenn sie von Lichtholzarten gebildet sind, ein „Rückgang der Bodenkraft" verbunden sei. Wie ist dieser Einwurf gegen die reinen Bestände zu beurteilen? Was ist unter dem kurzen und scheinbar einfachen Ausdruck „Rückgang der Bodenkraft" zu verstehen?

9. Bodenkraft ist (nach Ramann 3, 278) „die Summe aller physikalischen und chemischen Eigenschaften des Bodens Die wichtigsten Träger der Bodenkraft sind: Gehalt an zugänglichen Nährstoffen, günstige physikalische Verhältnisse, insbesondere Krümelung und Gründigkeit des Bodens, Feuchtigkeit und humose Stoffe" Diese Faktoren sind in § 79—109 ausführlich besprochen worden. Es ist ohne weiteres ersichtlich, daß der Nachweis eines „Rückgangs der Bodenkraft" umständliche chemische und physikalische Untersuchungen voraussetzt, die bis jetzt nur ganz selten ausgeführt wurden. Also auf genauen Nachweisen beruht der Satz vom Rückgang der Bodenkraft nicht. Worauf ist er nun gegründet?

In der Hauptsache auf die Veränderung der Bodenflora. Aus dem Auftreten von Heide oder Heidelbeere, um eine extreme Veränderung des Bodens zu nennen, schließt man — mit Recht — auf eine Verschlechterung des bisher mit Moos, Nadeln oder Laub bedeckten Bodens, auf einen Rückgang der Bodenkraft.

Wenn ein Rückgang der Bodenkraft in den reinen Beständen wirklich stattfindet, müßten in älteren und damit lichteren Beständen weniger lösliche Nährstoffe und weniger humose Bestandteile sich vorfinden; es müßte die Feuchtigkeit geringer und die physikalische Beschaffenheit des Bodens, insbesondere die Krümelung, ungünstiger sein.

Systematische Untersuchungen über die Veränderung des Bodens in älteren Beständen müßten im gleichen Bestande vom etwa 50.—100. Jahre durchgeführt oder zu gleicher Zeit in verschieden alten Beständen unter sonst ganz gleichen Verhältnissen vorgenommen sein.

Solche letzterer Art sind von Cieslar und Hoppe (§ 33, 9) im Wienerwalde angestellt worden. In 18—88jährigen Buchen-, 100jährigen Weißtannen-, 57jährigen Schwarzföhrenbeständen wurden Versuchsflächen mit immer stärkerer Lichtung des Kronenschlusses angelegt, in denen die Bodenflora von Zeit zu Zeit genau aufgenommen wurde. Je lichter die Fläche gestellt wurde, um so größer war die Zahl der Pflanzenarten und um so dichter ihre Bestockung. Hiebei fällt dem Lichte die „erste und wichtigste Rolle" zu (S. 5). Mit der stärkeren Einwirkung des Lichtes gehen auch im äußeren Bodenzustand Veränderungen vor sich („eine komplexe Erscheinung"), welche die Bodenflora beeinflussen (vgl. oben § 34—41).

Eine dieser Veränderungen, den Humusgehalt, hat Hoppe genauer untersucht: in der gelichteten Fläche war der Gehalt von 2,09 auf 1,70 % gefallen, weil die Verwesung im gelichteten Bestande rascher vorschreitet. Die Laubdecke ist im 18jährigen und 88jährigen Buchenbestande zusammenhängend; die Bodenflora steht schütter und vereinzelt, erst bei stärkerer Lichtung tritt sie in Horsten und Gesellschaften auf. Ein wichtiges Resultat der Untersuchungen von Cieslar ist, daß die humusbewohnenden und wenig lichtfordernden Pflanzen, wie Anemone, Asperula, Oxalis, im 18-, wie im 88jährigen Buchen-, 100 jährigen Weißtannen-, dagegen nicht im 57jährigen Schwarzföhrenbestande sich finden. Die Bedingungen des Wachstums von Oxalis sind also im 18jährigen, wie im 88jährigen Buchen- und 100jährigen Weißtannenbestande vorhanden. Wenn auch Veränderungen im Bodenzustande, namentlich im Humusgehalt, eingetreten sind, so sind diese doch nicht so eingreifend, daß jene Pflanzen verschwinden mußten. Ein erheblicher „Rückgang der Bodenkraft" wird also nicht anzunehmen sein. Nur wenn die Lichtstellung so stark ist, daß ein dichter Grasüberzug oder Grasfilz sich bildet, läßt dieser auf „eine ziemlich weitgehende chemische und physikalische Veränderung des Bodens schließen" (S. 72).

Bezüglich der Bodenfeuchtigkeit haben Untersuchungen von Hoppe (S. 4) ergeben, daß der Waldboden der lichter stehenden Fläche im Durchschnitt feuchter war als in jener durch dichteren Kronenschluß beschatteten Fläche. Die Faktoren, welche im dichten Bestande das Anwachsen der Bodenfeuchtigkeit begünstigen (stärkere Beschattung, stärkere Streudecke, Fehlen von Gräsern, größerer Humusgehalt der oberen Bodenschichten), scheinen (nach Hoppe) in ihrer Gesamtwirkung weniger mächtig zu sein als jene Faktoren, welche in der gelichteten Fläche das Anwachsen der Bodenfeuchtigkeit bedingen dürften (gleichmäßigere Verteilung des Regenwassers, da durch die geringere Stammzahl weniger Wasser schaftabwärts läuft; weniger Hängenbleiben an den Kronen und geringere Transpiration der geringeren Anzahl der Kronen, wenn sie auch entwickelter sind).

Die chemischen Veränderungen des Bodens (Humus- und Kohlensäuregehalt, Feuchtigkeit des Bodens, Luftzufuhr) „gehen alle darauf hinaus, daß die Verwesung der organischen Abfallstoffe, der Bodenstreu, mit der Lichtung des Bestandes rascher fortschreitet, und daß der Humusgehalt des Bodens mit der Lockerung der Kronen ein geringerer wird. Damit gehen erklärlicher Weise auch einschneidende Veränderungen der physikalischen Eigenschaften des Bodens einher." (S. 5.)

In diesem Zusammenhang ist ein Satz Cieslars (S. 72) besonders hervorzuheben. Es kommt durch die Tabellen „das Gesetz zum Ausdruck, daß in verschieden lichten Beständen derselben Holzart auf einem und demselben Standorte die Zahl der die Bodenvegetation bildenden Pflanzenspezies mit dem Grade der Lichtung zunimmt." Die dichte Verunkrautung geht auf stark gelichteten Flächen „im Laufe weniger Jahre" vor sich.

Aus diesen Ergebnissen der Untersuchung von Cieslar, die, wie er selbst wiederholt betont, zunächst nur für den Wienerwald gelten, können wir einen für den vorliegenden Zweck dienlichen Schluß ziehen. Wenn in den auch im höheren Alter geschlossen erhaltenen Versuchsflächen sich nur eine spärliche Begrasung, eine „leichte Begrünung" einstellt, so setzt diese Begrasung nicht eine allgemeine Verschlechterung des Bodens voraus, da neben der Begrasung sich auch die humusbewohnenden Arten, wie Anemone, Asperula, Oxalis wenigstens an einzelnen Stellen erhalten konnten. Jedenfalls darf in solchen Beständen nicht auf einen erheblichen „Rückgang der Bodenkraft" geschlossen werden. Erst wenn eine förmliche Verfilzung des Bodens eingetreten ist, wird eine starke Veränderung der chemischen und physikalischen Eigenschaften des Bodens, ein Rückgang der Bodenkraft anzunehmen sein.

An diese von Cieslar auf experimentellem Wege, durch systematisch abgestufte Lichtung, gefundenen Resultate lassen sich nun anderwärtige Beobachtungen anschließen.

10. Mit fortschreitendem Alter tritt im regelmäßigen Bestande von selbst ein Ausscheiden zahlreicher Stämme ein; der Bestand wird, auch wenn er geschlossen erhalten bleibt oder wenigstens zu erhalten gesucht wird, durch die abnehmende Stammzahl immer lichter werden. Ist nun mit diesem natürlichen Lichterwerden eine allgemeine Verschlechterung des Bodens zu beobachten? Dann müßte die Bodenflora in alten Beständen stets eine andere sein als in den jungen und mittelalten Beständen. Sehen wir uns das Ergebnis genauer Untersuchungen näher an.

In § 120, 3 ist das Muster einer Standortsbeschreibung mitgeteilt. Nach Ziffer 6 werden die chemischen, nach Ziffer 7 die physikalischen Eigenschaften des Bodens, nach Ziffer 9 wird der Bodenzustand, die Bodendecke und Bodenflora bei der jedesmaligen Aufnahme einer Versuchsfläche genau beschrieben. Durch wiederholte Aufnahmen läßt sich also die Veränderung der Bodenflora nachweisen, soweit dies durch diese Methode der Untersuchung möglich ist. (Bodenproben, die bis zu 50 cm Tiefe entnommen werden, lassen eine genauere Untersuchung im Laboratorium zu.) Diese eingehenden Aufnahmen sind in Württemberg seit 1902, also seit 17 Jahren, im Gange. Bei der Kürze des Zeitraums können sie noch nicht sehr deutliche Veränderungen des Bodens ergeben. Da sie aber auf allen Versuchsflächen ausgeführt wurden, so kann die Bodenflora der verschieden alten Bestände derselben Gegend, Bonität etc. mit einander verglichen werden. Hier sollen hauptsächlich Oxalis, Asperula, Hypnum ins Auge gefaßt werden, da sie ein sicheres Zeichen für die vorhandene gute Bodenverfassung sind.

Oxalis stellt sich auf normal geschlossenen Versuchsflächen in reinen Fichtenbeständen I., II., III. Bonität im 40.—50. Jahre ein und hält sich bis zum 120. Jahre. Auf IV. und V. Bonität fehlt die Pflanze. In Tannen und Buchenbeständen von 140—160 Jahren ist sie noch vorhanden; sie stellt sich hier erst mit etwa 70 Jahren ein. Selbst in Föhrenbeständen und Buchenbeständen kann sie, wenn auch seltener, vom 70.—120. Jahre beobachtet werden. Sehr selten ist sie in Eichenbeständen zu treffen (von 90 Versuchsflächen nur in 7).

Gras (im weitesten Sinne) teils licht und einzeln stehend, teils in zerstreuten kleinen Büscheln findet sich nur in Fichtenflächen I. Bonität sehr selten; dagegen tritt es regelmäßig in Bonität II—V, ebenso bei Tanne, Föhre, Buche, Eiche in fast allen Flächen auf. Es stellt sich schon in 40jährigen Beständen ein, die noch dicht geschlossen sind.

Moos (meist Hypnum) tritt in den Fichtenflächen aller Altersklassen auf und ist im 27jährigen Bestande bereits vorhanden. Fast ausnahmslos findet es sich in den Tannen- und Föhrenflächen, während nur etwa die Hälfte der Buchen- und Eichenflächen einzelne Moosplatten aufweisen.

Heidelbeere findet sich in den Buchenflächen gar nicht und nur in 3 von 90 Eichenflächen vor; ebenso fehlt sie in den Fichtenflächen I. Bonität; dagegen trifft man sie in den Flächen II.—V. Bonität. Ebenso in fast allen Tannen- und Föhrenflächen, namentlich wenn sie auf Sandboden stocken.

Heide wird nur in 3 Föhren- und 2 Fichtenflächen erwähnt.

Mit diesen Befunden stimmen Nachrichten aus anderen Ländern im wesentlichen überein. Nach den Angaben, die Kunze für die Fichte in Sachsen und Schwappach für die Buche in Preußen machen, ist in diesen trockeneren Gebieten der Graswuchs bedeutend geringer als in

Württemberg. In Sachsen ist eine volle Nadeldecke noch mit 60 und 70 Jahren vorhanden. In den 100—120jährigen Buchenbeständen Preußens wird in der Regel Oxalis unter der Bodenflora erwähnt. In beiden Ländern sind, ähnlich wie in Württemberg, in jungen und alten Beständen vielfach dieselben Pflanzen vorhanden.

Weiteres Material liefern die Untersuchungen von Humusproben (§ 87), die in jüngeren und älteren Beständen entnommen wurden. In den Tabellen ist nämlich das Alter und der Schluß der Bestände angegeben. In den 379 Probekisten läßt sich zwischen jungen und alten (100—160jährigen) Beständen kein Unterschied feststellen; auch in den alten Beständen ist Moder, Mull, Modererde und Mullerde nachgewiesen. Die schwarze Färbung der 30—50 cm tiefen Bodenschichte ist in den alten, geschlossenen und ebenso in den lichten Beständen ungefähr gleich stark, bezw. der Tiefe nach (von 1—30 cm) wechselnd, wie in den jungen; in den reinen, ebenso wie in den gemischten Beständen. Auch hinsichtlich der Lockerheit und Krümelung des Bodens läßt sich ein Unterschied zwischen jungen und alten, geschlossenen und lichten Beständen nicht feststellen.

11. Auf Grund des angeführten, freilich der Ergänzung durch weitere, insbesondere auch chemisch-physikalische Untersuchungen bedürftigen Materials soll die Beantwortung der in Z. 10 gestellten Frage versucht werden. Für die reinen, geschlossen oder annähernd geschlossen bleibenden älteren Bestände ist eine solche Veränderung der Bodenflora nicht nachgewiesen, daß aus ihr auf eine allgemeine Verschlechterung des Bodens, einen Rückgang der Bodenkraft, geschlossen werden müßte. Dagegen ist ein solcher vorhanden in den sog. verlichteten und mit einem dichten Grasfilz überzogenen reinen Beständen jeglicher Holzart. Ein Rückgang der Bodenkraft ist, wie die Flora durch Auftreten von Gras, Heidelbeere etc. zeigt, auch in höherem oder geringerem Grade eingetreten auf den lichteren oder gar lückigen Stellen innerhalb des reinen Bestandes. Je zahlreicher diese kleinen Lücken sind, um so ungünstiger ist der Eindruck, den der reine Bestand macht. Da diese Lücken in reinen Fichten- und Föhrenbeständen am häufigsten auftreten, so hat man daraus den Schluß gezogen, daß die reinen Bestände dieser Holzarten und durch Verallgemeinerung, daß die reinen Bestände überhaupt den Rückgang der Bodenkraft nicht aufzuhalten vermöchten. Dieses Lückigwerden ist im reinen Plenterbestande nicht zu beobachten, es ist eine Folge der Gleichalterigkeit des reinen Bestandes.

Unter den aus Lichtholzarten gebildeten reinen Beständen von Eiche, Esche, Ahorn etc. ist, sofern nicht natürlich oder künstlich ein Unterwuchs sich ansiedelt, allerdings Graswuchs im allgemeinen vorhanden, der aber auf den guten Standorten dieser Holzarten von geringer Bedeutung ist.

Schließlich ist darauf hinzuweisen, daß die Frage des Rückgangs der Bodenkraft nicht allgemein beantwortet werden kann. Auf fruchtbarem Boden können auch nach dem Rückgang der Bodenkraft noch hinreichende Mengen von Nährstoffen, in regenreichem Klima noch genügende Mengen von Feuchtigkeit vorhanden sein.

Eine teilweise Ergänzung der vorstehenden Ausführungen bilden die Untersuchungen über die gemischten Bestände. Sie folgen in § 242 bis 248. Soviel geht aber aus den bisherigen Erörterungen unzweifelhaft hervor, daß es einseitig und verfehlt wäre, die reinen Bestände ganz zu verwerfen.

§ 226. Die Bewirtschaftung der reinen Bestände überhaupt.

1. Wenn aus den oben erörterten Gründen die Entscheidung für die Anzucht reiner Bestände gefallen ist, muß die Bewirtschaftung dieser reinen Bestände überlegt und geregelt werden. Die Art des Neuanbaues und die Behandlung der Bestände bis zur Haubarkeit muß sich nach der Holzart richten. Die Eigentümlichkeiten jeder Holzart sind für ihre Bewirtschaftung entscheidend. Die Methoden der Wirtschaft sind aber unter sonst gleichen Verhältnissen nicht so sehr von einander verschieden, als es scheinen könnte. Saat, Pflanzung, Durchforstung, Lichtung, Abtriebszeit sind bei Fichte und Tanne, selbst Föhre und Lärche nicht wesentlich verschieden. Ob der Same höhere oder geringere Keimkraft hat, tief oder flach gedeckt, ob der Bestand im 20. oder 30. Jahr erstmals, später schwach oder stark durchforstet, im 80. oder 90. Jahr abgetrieben wird, ist für das Vorgehen bei der einzelnen Holzart von Wichtigkeit, bedeutet aber doch nur einen graduellen, nicht wesentlichen Unterschied. Wird aber der Lärchensame zu tief gedeckt, so kommt er überhaupt nicht zur Keimung. Wird der Lärchen- oder Eichenbestand zu spät oder zu schwach durchforstet, so entstehen nur schwach entwickelte, zum Teil verkrüppelte Kronen. Wird der Fichtenbestand zu spät abgetrieben, so kann er durch Rotfäule entwertet sein. Von dem richtigen Maße der Ausführung einer Maßregel hängt also der Erfolg oder der Mißerfolg ab. Die Bedeutung der graduellen Unterschiede in der Waldbehandlung zeigt auch ein Blick auf die gesamte Einwirkung, die wir auf einen bereits vorhandenen Bestand durch unsere Wirtschaft auszuüben vermögen. Den Standort selbst können wir nicht oder nur wenig verändern. Dagegen ist die Dichtigkeit der Bestockung (Stammzahl), die Kronen- und Wurzelausbildung, der Schluß, die Astreinheit, der Zuwachs des Bestandes, auch die Qualität des Holzes von der Behandlung des Bestandes abhängig. Welch große Unterschiede in allen diesen Beziehungen unter den einzelnen Holzarten bestehen, ist oben zahlenmäßig dargelegt worden. Durch einige Angaben über die Stammzahl mag die Eigentümlichkeit der Holzarten deutlich gemacht werden.

Wird ein 20jähriger Bestand mäßig (im B-Grad), also unter Bewahrung des Schlusses, durchforstet, so sind nach der Durchforstung auf 1 ha noch vorhanden: bei Tanne 10000, bei Fichte 7300, bei Föhre 3500, bei Eiche 7600, bei Buche 6300, bei Schwarzerle 1500, bei Birke 1000 Stück, d. h. bei Birke und Erle verschwinden die zurückbleibenden Stämmchen durch Dürrwerden in Bälde aus dem Bestande, während sie bei Buche und Tanne sich am Leben erhalten.

Die Feinheit der Wirtschaft zeigt sich gerade in der jeder Holzart angepaßten Bestandesbehandlung.

2. Die wichtigsten Eigenschaften der Holzarten sind oben an verschiedenen Stellen im Zusammenhang besprochen worden: Die horizontale Verbreitung § 21—25; die vertikale § 68; der Standort § 26 bis 126; der Lichtbedarf und das Schattenertragen § 29—41, 128—130; der Bedarf an Nährstoffen § 83; Wasserbedarf und Transpiration § 131; Bewurzelung §132—135; Lebensdauer §136—137; Fortpflanzung §138 bis 140; die Baumform § 166—168; das Wachstum § 145—165; die Gefahren 137.

Es sind dieselben waldbaulichen Eigenschaften, die auch Gayer oder Weise kurz und ohne nähere Belege aufzählen. Sie können nun bei den einzelnen Holzarten unten ohne nochmalige Begründung und in gedrängter Kürze angeführt werden. Es geschieht allerdings mehr aus dem formellen Grunde, von jeder Holzart ein abgerundetes Bild zu entwerfen. Denn der Schwerpunkt muß auf das Studium des Zusammenhangs, also auf den wissenschaftlichen Nachweis der betreffenden Eigenschaften gelegt werden. Daß die Föhre eine „anspruchslose" Holzart ist, wird aus ihrem Gedeihen auf Sandboden geschlossen. Der Beweis hiefür ergibt sich aber doch erst aus den Analysen des Bodens und der Asche.

Daß bei der Bewirtschaftung verschiedener Holzarten die klimatischen und Bodenverhältnisse eine manchmal entscheidende Rolle spielen, braucht kaum betont zu werden. Die Fichte bei 2000 m ü. d. M. wird anders durchforstet werden als dieselbe Fichte bei 800 m. Wo 2000 bis 2500 mm Niederschlag fallen, ist die flache Bewurzelung der Fichte von geringer Bedeutung; wo nur 5—600 mm fallen, befindet sie sich an der Grenze des Gedeihens.

Faßt man diese Einflüsse auf die Holzarten ins Auge, so wird man der Charakterisierung einer Holzart, wie sie herkömmlich ist, nur mit großer Zurückhaltung sich anschließen (§ 26). Denn gerade in schwierigen praktischen Fällen lassen uns die allgemeinen Angaben über die Eigenschaften oder „Ansprüche" der Holzarten im Stich. Für die einfachen und leichten Verhältnisse bedarf man in der Praxis des Rates nicht. In schwierigen Fällen (auf den geringsten Bodenstellen, den exponiertesten Lagen, den heißesten oder flachgründigen Hängen, den nassen, im Rutschen befindlichen Plätzen, auf sumpfigem oder moorigem Grunde) lauten die Fragen des Praktikers: ist der Fall anderwärts schon vorgekommen? Welche Holzart hat man dort verwendet? Mit welchem Erfolg?

Diese Antwort kann nur auf Grund praktischer Erfahrung gegeben werden. Die Heranziehung und Verwertung der aus der Praxis stammenden Mitteilungen[1]) wird daher eine willkommene Ergänzung der vorherrschenden botanischen Literatur sein.

§ 227.

Der Arvenwald.

In den höchsten Lagen der Alpen und Karpathen bildet die Arve meist mit Lärche und Fichte den obersten Waldgürtel. Sie steigt bis 2400, selbst 2500 m an, wo sie noch hochstämmig wächst; die untere Grenze liegt bei 1400—1600 m. Auf den sonst ertragslosen Hochlagen liefert sie Brenn- und Nutzholz, was ihr eine hohe volkswirtschaftliche Bedeutung verleiht. Da das Holz als Möbelholz, insbesondere zu Vertäferungen, wozu gerade Bretter mit Astknoten gesucht sind, und namentlich zur Schnitzerei verwendet wird, bildet sie in manchen Hochtälern die Grundlage der Hausindustrie. Da die Arve gegen die Unbilden der hohen Lagen, Wind, Schnee, Temperaturwechsel sehr widerstandsfähig ist, wird sie zur Bewaldung von Lawinenzügen, von Berghalden mit hoher Schneelage, auf exponierten Felsen verwendet; mit großer Zähigkeit weiß sie sich hier am Leben zu erhalten.

Mit 200—250 Jahren erreicht sie in günstigen Lagen eine Höhe von 25—30 m bei einem Durchmesser von 60—80 cm; im allgemeinen aber übersteigt sie selten 18 m und 20—40 cm. Durch Schneeschaden wird der Gipfel häufig abgebrochen, so daß der Stamm eine gedrungene, vergabelte Form annimmt (zahlreiche Bilder bei Rikli). Humusboden und feuchter Lehmboden sagen ihr am besten zu; insbesondere ist genügende Feuchtigkeit im Boden eine Bedingung ihres Gedeihens. Da die Pfahlwurzel bald abstirbt, vermag sie auch auf flachgründigem oder steinigem Boden fortzukommen.

Starke Insolation und hohe Sommertemperaturen, wie sie dem kontinentalen Klima eigen sind, müssen ihr gewährt werden. Sie steht in der Regel einzeln oder in lichten Gruppen im reinen Bestande, bildet dann eine lange, kegelförmige Krone, an der bis zu 40 grüne Astquirle gezählt wurden (Hempel und Wilhelm).

Die natürliche Verjüngung vollzieht sich in den licht bestockten und durch reichen Nadelabfall humos erhaltenen Althölzern leicht; in der Jugend erträgt sie den Schatten der alten Arven, Lärchen und selbst Fichten. Sie blüht im 40.—60., meist erst im 70.—80. Jahre.

---

[1]) Burckhardt, auch Ney führen zahlreiche Belege aus der praktischen Erfahrung an.

Die Zapfen reifen erst im zweiten Jahr und fallen im darauffolgenden Frühjahr ab. Der Same, dem von Mensch und Tier [1]) nachgestellt wird, keimt erst nach 1, sogar erst nach 2—3 Jahren.

Vielfach geschieht die Verjüngung künstlich. Die Samen werden der Mäuse wegen in Holzkasten gesät; die 3—5jährigen Pflänzchen werden verschult und nach weiteren 5 Jahren ins Freie versetzt. Das Anwachsen ist ziemlich sicher. Die natürliche und künstliche Verjüngung erfordert demnach sehr lange, meist 20 Jahre überschreitende Zeiträume.

Hochwaldschluß ist selten vorhanden; fast ausschließlich wird die Arve im lichten Plenterbetrieb bewirtschaftet.

Im Tieflande wird sie als Zierbaum, der dichten Krone und der bläulichen Nadeln wegen, manchmal angebaut. Sonniger, freier Stand ist ihr hier besonders nötig.

Waldbaulich und botanisch ist die Arve näher behandelt von Zötl, Wessely, Hempel u. Wilhelm, Zschokke, Kasthofer, Coaz u. Rikli, Christ, Schröter.

§ 228.

Der Fichtenwald.

Die Fichte macht nur geringe Ansprüche an den Boden. Keine andere Holzart ist daher künstlich so weit über das natürliche Verbreitungsgebiet (Hoch- und Mittelgebirge, feuchter Boden, feuchte Luft) hinaus angebaut worden wie die Fichte. Infolgedessen haben die Schädigungen sehr große Bedeutung angenommen: Dürrwerden junger und mittelalter Bestände in Norddeutschland sowie auf Kalkgebirgen, Sonnenbrand, Frost, Schnee, Duft, Wind, Rotfäule, Rüsselkäfer, Borkenkäfer, Nonne. Die Bewirtschaftung muß sich an vielen Orten nach den Gefahren richten. Insbesondere ist es die Windgefahr im Tieflande — im Hochgebirge ist die Fichte windfest — die die Größe und Aneinanderreihung der Schläge, die Anlage von Sicherheitsstreifen, Sturmlinien, die natürliche Verjüngung, die Mischungen, die Durchforstungen und Lichtungshiebe, das Haubarkeitsalter entscheidend beeinflußt. Letzteres schwankt zwischen 50—60 und 120—150 Jahren; für geschützte Lagen wird die Überhaltform empfohlen. Kahlschlag mit künstlicher und natürlicher Verjüngung, Schirmschlag in schmalen Streifen, Femelschlag, Saumfemel- und Ringfemelbetrieb und Plenterwirtschaft, also fast alle Arten von Verjüngung kommen zur Anwendung.

Die Verjüngung wird meist in kurzen Zeiträumen, 6—10 Jahren, zu Ende geführt, im Femelbetrieb auch bis 25 Jahre ausgedehnt. Eine Abstufung der Bestände in der Höhe und der Kronenausbildung wird den

[1]) Die tierischen Feinde der Arve hat C. Keller zusammengestellt. Mitt. der schweiz. V.-A. 10, 3—50.

gleichmäßig geschlossenen Bestandesformen vorgezogen. Wo die natürliche Verjüngung zu dicht steht, ist Reinigung und frühe Durchforstung (im Alter von 15—18 Jahren) nötig. Bis zum 50. Jahre empfiehlt sich bei den Durchforstungen der B- und C-Grad, im späteren Alter die Annäherung an den D-Grad. Die Aufastung muß auf dürre Äste beschränkt werden. Die leichte und sichere Pflanzung hat die natürliche Verjüngung und die Saat verdrängt. Der Holzertrag der Fichte wird nur von der Tanne erreicht, ebenso das hohe Nutzholzprozent. Sie ist im Handel die gesuchteste Holzart für Bauzwecke und die Industrie; daher liefert sie hohen Geldertrag. Die Hochwald-, die Femel- und Plenterwaldform herrschen vor; in Gegenden mit ergiebigen Niederschlägen und reichlichem Sonnenschein trifft man sie auch im Mittelwald, in dem sie vielfach anfliegt.

Unvollkommen bestockte und lückige Fichtenbestände übertreffen manchenorts die geschlossenen Bestände an Ausdehnung. Die Vergrasung und das Weiterschreiten der Unvollkommenheiten lassen sich nicht immer verhindern. Anflug von Fichten und Tannen, auch Buchen in solchen Lücken deckt wenigstens den Boden; da und dort werden Buchen eingepflanzt. Die Altersklassenverhältnisse zwingen öfters zur Beibehaltung auch lückiger Bestände. Durch Unterpflanzung liefert der Bestand einigen Ertrag, während sonst die Lücken 50 Jahre ertraglos sind und mit einem dichten Grasfilz sich überziehen.

§ 229. Die Föhren- oder Kiefernwälder.

A. Die gemeine Föhre (*Pinus silvestris*).

Keine andere Holzart hat eine so reiche literarische Bearbeitung erfahren wie die gemeine Föhre. Dies rührt von ihrer großen Verbreitung in Norddeutschland und der besonderen Art ihrer Verwendung in anderen Ländern her. Bedeckt sie dort ausgedehnte Flächen in der Ebene und alle Expositionen im leicht welligen Hügelland, so ist sie hier fast ganz auf die südlichen und westlichen Hänge der Mittelgebirge beschränkt; nur bei ausgedehnteren Aufforstungen wurde sie auch auf ebene Flächen oder auf die verschiedenen Hänge gebracht. Dieser Ausdehnung entsprechend ist auch die Bedeutung der Föhre verschieden. Im Norden findet sie als Hauptholzart die umfassendste Verwendung als Brenn- und Nutzholz; im Süden stehen Fichte und Tanne an erster Stelle als Brenn-, Bau- und Sägholz, die Föhre dient mehr nur als Ergänzung dieser Holzarten und wird, wo nicht das schwache Holz als Grubenholz Absatz findet, in starken Dimensionen bevorzugt.

Da die Föhre sowohl an den Mineralstoffgehalt des Bodens, als an die Feuchtigkeit geringe Ansprüche macht, eignet sie sich für die armen Sandböden und das trockene Klima von Norddeutschland, wie für die warmen und trockenen Süd- und Westhänge der südlicher gelegenen Landstriche. Ihre Hauptbedeutung liegt darin, daß sie auf Standorten noch gedeiht, auf denen andere Holzarten nicht mehr fortkommen können. Die Bestockung von Ödland aller Art wäre ohne die Föhre unmöglich. Die Entwicklung des Baumes ist auf den verschiedenen Standorten freilich oft sehr gering: kurze, krumme, astige Stämme herrschen im Bestande oft vor. Dagegen zeigt die Föhre auf lockerem, tiefgründigem, humosem Sandboden die höchsten Leistungen (35 und 40 m Höhe), so in der Johannisburger Heide im Nordosten, im Bamberger Hauptsmoor in der Mitte Deutschlands, am Bodensee im Süden Deutschlands.

In der Massenproduktion steht der reine Bestand hinter fast allen Nadelhölzern und den meisten Laubhölzern zurück; nur in der Jugend übertrifft die Föhre durch ihre Raschwüchsigkeit die übrigen Holzarten. Diese Eigenschaft empfiehlt sie zur Anzucht von Grubenholz, das mit 20 bis 30, auch 40 Jahren bereits geschlagen wird. Das rasche Sinken des Zuwachses vom etwa 60. Jahre an führt zur Erzeugung nur schwacher Sortimente beim Abtrieb mit 80—100, selbst 120 Jahren. Daher wird der Lichtwuchsbetrieb mit Zwischen- oder Unterstand von Buchen, Fichten für die Föhre an vielen Orten bevorzugt. Diese Art der Behandlung ist dem Überhaltbetrieb vorzuziehen, da bei diesem eine große Anzahl von Stämmen rückgängig und selbst dürr wird. Die Astreinheit der Stämme wird auch beim Lichtwuchsbetriebe erreicht, wenn die Föhre in der Jugend im engen Schlusse oder Halbschatten erzogen wird.

Inwieweit die Herkunft des Samens auf die Baumform einwirkt, ist neuerdings Gegenstand des Studiums und des Versuches geworden. Bei keiner anderen Holzart hat die Abstammung des Samens eine so große Bedeutung erlangt wie gerade bei der Föhre.

Von Gefahren ist die Föhre mehr bedroht als jede andere Holzart: Schütte, Schnee, Feuer, verschiedene Insekten, Schwamm, Kienzopf schädigen sie in allen Altersstadien. Ganze Bestände gehen auf ehemaligem Ackerlande oder auf trockenem Kalkboden zugrunde. In allen Altersklassen sterben einzelne Stämme — oft sind es gerade die schönsten und wertvollsten — plötzlich ab. Auf diese Weise tritt bei der ohnehin geringen Astmasse eine Verlichtung der Bestände ein, die einen dichten Grasfilz hervorruft, der die natürliche Verjüngung in hohem Grade erschwert. Dies führte namentlich in Norddeutschland zur fast ausschließlichen Anwendung von Saat und Pflanzung und zur Verdrängung der natürlichen Verjüngung. Breite, der Sonne ausgesetzte Schläge sind nötig; die sonst üblichen kleinen schmalen Schläge sind wegen zu starker Beschattung mit vielfachem Mißerfolge verbunden.

Bei freiem Stande wachsen die Föhren zu sehr in die Äste, so daß schon beim Reinigungshiebe ihre Entfernung oder wenigstens Aufastung nötig werden kann. Die Durchforstungen müssen wegen des großen Lichtbedarfs und der Gefahr des Absterbens der Stämme dem C- und D-Grad entsprechend geführt werden.

Unvollkommene und unregelmäßige Bestände können wegen des Lichtbedarfs der Föhre nur selten durch Pflanzung ergänzt und noch zum Kronenschluß gebracht werden. Oft muß man zum Abtrieb und künstlichen Neuanbau greifen.

B. Die Bergföhren (*P. montana*).

Die aufrechte Bergföhre, die Legföhre oder Latsche und die Sumpfföhre können zusammengefaßt werden. Sie bilden dicht bestockte, niedrig bleibende, reichbeastete und daher an manchen Orten gut geschlossene Bestände. Auf Hochmooren sind sie die einzigen bestandbildenden Holzarten; aber hohe Schneelagen durchbrechen vielfach den Schluß. Sie verjüngen sich leicht von selbst. An vielen Orten bilden die Bergföhren den Schutzbestand, so daß die Nutzung hinter diesem Zwecke zurücktritt.

C. Die Schwarzföhre (*P. laricio, P. austriaca*).

In ihrer österreichischen Heimat hat sie keine große Ausdehnung. Wegen ihres überaus reichen Nadelabwurfs ist sie anderwärts zur Aufforstung von warmen trockenen Kalkhängen mit gutem Erfolge verwendet worden. Sie ist sehr anspruchslos an den Mineralgehalt und an die Bodenfeuchtigkeit, verlangt aber mehr Wärme als die übrigen Föhrenarten. Ihre kräftige Bewurzelung macht sie widerstandsfähig gegen Wind und Schnee, auch leidet sie wenig von Insekten. In der Bewirtschaftung besteht kein wesentlicher Unterschied gegenüber der gemeinen Föhre. Der sehr reichliche Harzertrag wird vielfach genutzt.

§ 230. Der Lärchenwald.

1. Im zentralen Hochgebirge der Alpen, auch der Karpathen, bildet die Lärche an der Baumgrenze bei 2400 m neben Arve und Fichte ausgedehnte reine Bestände; in die Täler der Voralpen steigt sie nur selten herab. In diesen ist die untere Grenze bei 450 m erreicht; im milderen Wallis geht sie aber nicht unter 1100 m herab. Eine abgetrennte Insel bildet sie in den Sudeten und den anstoßenden Gebirgszügen in Schlesien und Mähren. Sie verjüngt sich hier so leicht, daß sie in Schlesien geradezu als Unkraut bezeichnet wurde. Die Sudetenlärche hat Cieslar genauer untersucht. Sie erwächst gerade, nicht krumm und ist weniger in die Äste gehend als die Alpenlärche. Die Massenleistung der einzelnen Stämme ist nur unwesentlich verschieden von der Alpenlärche. Im großen erweist sich die Lärche als der Baum des kontinentalen Klimas mit hoher Sommertemperatur, starker Insolation und steter Luftbewe-

gung. Im Engadin überdauert sie ohne Schaden die dortigen strengen Winter (mit — 30°). Unter den Nadelbäumen hat sie die höchste Transpiration, also einen hohen Wasserbedarf; in den Alpen trifft man sie an Bächen, wie sonst die Erle. Aber schon Niederschläge von 600 mm und frischer Boden sichern ihr das nötige Wasser; stockende Nässe erträgt sie nur in hohen Lagen mit starker Einwirkung des Windes und trockener Luft.

Sie kommt auf den verschiedensten Formationen vor. Der Mineralstoffbedarf nähert sich demjenigen der Tanne, ist also bedeutend; sie verlangt mehr Kalk, aber weniger Kali als die Tanne. Sie scheint insbesondere hohen Magnesiabedarf zu haben. Nach Webers Untersuchungen braucht sie in hohen Lagen weniger Mineralstoffe als in niederen (bei Aschaffenburg). Lockerer, grusiger, selbst steiniger, lehmhaltiger, humoser, frischer Boden sagt ihr am besten zu. Auf schwerem, festem oder ausgelaugtem Boden gedeiht sie nicht. Auf festgestampftem (im Gegensatz zu lockerem) Ton bleibt ihre Entwicklung erheblich zurück. Tiefgründigkeit ist wegen des hohen Wasserbedarfs notwendig, wo die Niederschlagsmenge gering ist. So zieht sie sich im Gebirge, wenn die Südlagen, die sie sonst bevorzugt, zu trocken sind, auf die Nord- und Ostlagen zurück. Im Gebirge kommt sie allerdings auch auf trockenen Vorsprüngen noch vor, wo sie kümmerlich wächst; die ausgiebigen Niederschläge scheinen ihre Existenz möglich zu machen.

Das Wurzelsystem besteht aus starken Herzwurzeln, die steil in den Boden abwärts dringen, nur teilweise sich horizontal verteilen; eine Pfahlwurzel fehlt. Der Baum ist aber sturmfest.

Der Nadelabfall ist sehr bedeutend; die Nadeln bedecken die Fläche 6 mal (Kirchner). Da sie auf beiden Seiten Spaltöffnungen haben, ist die 12fache Assimilationsfläche vorhanden. Ihr starkes Wachstum wird so erklärlich. Sie erreicht Höhen von 40—50 m, Stärken von 100 und 150 cm. Die Lebensdauer ist sehr hoch: 550 und selbst 800 Jahre alte Lärchen sind ganz gesund bei Davos und Saas-Fee im Wallis gefällt worden (Flury). Das Holz vom Gebirge ist sehr dauerhaft, von schöner rotbrauner Farbe, sehr gesucht und hoch bezahlt.

Die Lärche blüht freistehend im 15., im Schluß im 20.—30. Jahre. Die Schuppen öffnen sich im Frühling des 2. Jahres und der Same fliegt während des ganzen Sommers, manchmal auch erst im 2. Jahr aus. Die jungen Pflanzen stellen sich an vielen Orten sehr zahlreich ein, wenn der Boden locker ist. Sie ertragen im Hochgebirge den Schatten des licht geschlossenen alten Bestandes.

Das Wachstum der Lärche ist in der Jugend sehr rasch; mit 40—50 Jahren beginnt es nachzulassen. Die künstliche Verjüngung durch Saat ist selten wegen der geringen Keimkraft des Samens. Die Saaten werden daher in der Saatschule ausgeführt, die jungen Pflanzen 1-, auch 2jährig, in hohen Lagen 5—6jährig (meist unverschult) in den Wald versetzt. Absenker und Stecklinge sollen gedeihen (Kirchner).

Im Gebirge ist der Stamm infolge der hohen Schneelagen, auch einseitiger Belichtung der Lärche unten gekrümmt, manchmal legföhrenartig entwickelt. Diese Eigenschaften scheinen sich zu vererben.

2. Die Lärche ist außer ihrer Heimat an zahlreichen Orten bis nach Schottland und Norwegen mit sehr ungleichem Erfolg angebaut worden (§ 213, 7). Die Urteile über sie sind daher sehr wechselnd, im allgemeinen sehr unbestimmt und zurückhaltend. Nur selten tritt, außer in der Heimat, ein Samenjahr mit natürlicher Verjüngung ein; häufig jedoch im Odenwald, früher auch in Braunschweig.

Während sich an manchen Orten in Buchen-, Föhren- und selbst in geschlossenen Fichtenbeständen alte, hohe, gesunde, starke Lärchen vorfinden, stirbt die Lärche außerhalb ihrer Heimat seit mehr als 100 Jahren mit 20—30 Jahren häufig ab.

Man spricht allgemein von der „Lärchenkrankheit", einer Erscheinung, die noch nicht aufgeklärt ist. Die Lärchen kränkeln, überziehen sich mit Flechten und sterben nach einigen Jahren ab. Im Versuchsgarten bei Tübingen habe ich seit 18 Jahren Untersuchungen über diesen Vorgang angestellt. Unterbaute Lärchen und dazwischen stehende, nicht unterbaute überziehen sich dicht mit Flechten. Während sodann 18jährige Lärchen, die vollständig frei stehen und den ganzen Tag der Sonne und dem Winde ausgesetzt sind, von Flechten befallen sind, ist auf entwässertem Grunde — der Untergrund im Garten ist undurchlässig — bei den gleich alten 18jährigen Lärchen nicht einmal eine Spur von Flechten zu finden.

Schon 1775 hat Gleditsch das „Dürrwerden" und den „Schimmel" auf den Nadeln beobachtet. Sehr stark trat die Krankheit nach 1850 zuerst in Süddeutschland, auch in der Schweiz (1858), 1874 am Harz auf. In der Versammlung des Preuß. Vereins wurde 1883 mitgeteilt, daß in Ostpreußen sämtliche Lärchen vernichtet seien; sie starben von oben nach unten ab, selbst die kräftigsten. In Pommern und in der Mark, ebenso in Thüringen, sind die Kulturen häufig mißraten. Aus Baden und der Pfalz dagegen wird von gutem Wachstum berichtet, allerdings auch das Auftreten des Krebses erwähnt. Aus Hessen teilt 1906 Walther mit, daß in zahlreichen Oberförstereien 100jährige Lärchen von tadellosem Wuchs vorhanden seien. 1844 wird auf der Münchener Versammlung die Lärche als „Modebaum" bezeichnet und beklagt, daß auch in Böhmen die „unglückliche Leidenschaft" herrsche. Mit 50 Jahren kümmere sie und werde von Flechten befallen.

Inwieweit die veränderten klimatischen Wachstumsbedingungen an diesem Absterben außerhalb der Heimat beteiligt sind, läßt sich nur mit einiger Wahrscheinlichkeit sagen. In den hohen Gebirgslagen ist der Luftdruck geringer, was auf die Sonnenstrahlung und Verdunstung einwirkt. Die Sonnenstrahlung nimmt nach oben an Wärme und Intensität (bis zu 32 %) zu. Der Baum wird also stärker erwärmt als in der Tiefe, wo das direkte Sonnenlicht hinter dem diffusen zurückbleibt (§ 30). Die Bodentemperatur ist etwa 2,4° höher als die Lufttemperatur; die Wurzeln können leicht Wasser aus dem durchwärmten Boden aufnehmen. Die Luftbewegung bei der verdünnten Luft steigert die Transpiration in sehr hohem Maße. Der Wasserdampfgehalt der Luft ist oben gering, die relative Feuchtigkeit allerdings hoch. Aber selbst bei gleicher Luftfeuchtigkeit, Temperatur und Windstärke ist die Verdunstung wegen der dünneren Luft sehr groß.

Wird die Lärche im Tiefland angebaut, so ändern sich die Bedingungen der Transpiration in ungünstigem Sinne. Ihr Standort muß so gewählt werden, daß die Insolation [1]) und Erwärmung, die Luftbewegung möglichst hoch, dabei aber genügende Feuchtigkeit im Boden vorhanden ist.

Von verschiedenen Seiten wird berichtet, daß die Lärchen von oben her absterben. Im Dürrejahr 1911 war dies plötzlich bei vielen Lärchen (insbesondere auch den japanischen, vorher sehr gut entwickelten) der Fall.

Ein anderer physiologischer Vorgang könnte auch noch von Bedeutung sein. In § 154, 5 ist nachgewiesen, daß das Höhenwachstum der Lärche im Tiefland in der ersten Hälfte des August, und daß es (Ziffer 10) auf Granit 6 Wochen bälder schließt als z. B. auf Muschelkalk. Früh eintretender Frost kann den schwach verholzten Gipfeltrieb und den neuen Holzmantel töten oder wenigstens ein Kränkeln des Baumes herbeiführen. Der Standort wäre auch in diesem Punkte von Wichtigkeit.

Sorauer legt dem Winterfrost ebenfalls große Wichtigkeit bei. Er weist besonders auf die Frostplatten hin, in denen sich *Peziza Willkommii* festsetze und den Krebs hervorrufe. Er meint, daß in den Baumschulen die Pflanze verweichlicht werde.

Die Lärche treibt sodann in den tieferen Lagen bereits Ende März, so daß die frischen Nadeln, vielleicht auch der im Saft sich befindende Holzkörper, leicht von Frühjahrsfrost getroffen werden.

Der Lärchenkrebs (*Peziza Willkommii*) kommt zwar auch in der Heimat der Lärche, doch sehr selten, vor. Im Tieflande, außerhalb ihrer Heimat ist er dagegen sehr verbreitet. Schon 5jährige Lärchen werden im Versuchsgarten bei Tübingen befallen. Mit 10 Jahren hat er sich am Stamm schon so vermehrt (3—4 Krebsstellen können an einem

---

[1]) Ein gut wachsender Lärchenbestand findet sich in Varel (Oldenburg) ganz nahe an der Nordsee. Die Sonnenscheindauer beträgt dort 1700 Stunden (§ 31, 3).

Stamm beobachtet werden), daß der Baum kränkelt und vielfach abstirbt.

Die Lärchenmotte tritt auch im Gebirge in manchen Jahren geradezu verheerend auf.

Durch Weidevieh ist die Lärche sehr gefährdet. Durch Fegen des Rehes werden einzelstehende junge Lärchen beschädigt und zum Absterben gebracht.

3. Untersuchungen über Wachstum und Ertrag normaler, reiner Lärchenbestände aus dem Hochgebirge sind nicht veröffentlicht. Aus einzelnen Angaben (§ 68, 5) ersehen wir, daß Lärche (und Arve) in etwa 2000 m Meereshöhe in 200 Jahren 1 Fm Masse erreichen. Die Lärche übertrifft die Fichte und Arve in der Wachstumsleistung an der Baumgrenze.

Im Tieflande sind reine Lärchenbestände durch Saat oder Pflanzung entstanden, in denen Versuchsflächen angelegt werden konnten. Die Ergebnisse stellen also das Wachstum im normal geschlossenen Bestande dar und können mit den Leistungen der übrigen Holzarten verglichen werden. Eine Ausscheidung von Bonitäten ist allerdings kaum möglich. Da aber die Lärchen auf gutem Boden angebaut wurden, wird ihre Masse als die Höchstleistung angesehen werden dürfen. In Württemberg habe ich 8 Versuchsflächen angelegt. Die Aufnahmen von Varel und Grünheide hat Schwappach mitgeteilt. In den beiden Flächen sind einige Buchen- und Föhren eingemischt.

Bezirk	Alter Jahre	Stammzahl	Kreisfläche qm	Durchmesser cm	Höhe m	Derbholz Fm	Reisholz Fm	Gesamtmasse Fm
Öhringen	63	464	28,2	27,8	27,1	364	26	390
Tettnang (3)	100	264	30,6	38,4	31,9	427	42	469
Tettnang (4)	100	202	31,4	44,5	33,8	424	35	459
Varel (Oldenburg) .	75	344	33,6	35,3	29,5	472	51	523
Grünheide (Schlesien) .	91	259	23,7	34,1	31,6	359	11	370

Aus den württ. Versuchsflächen mögen noch einige waldbaulich verwertbare Angaben beigefügt werden.

Die Stammzahlen sind sehr niedrig; sie bleiben hinter der Föhre (I. Bon.) um 300 Stück zurück. Die Zahl der herrschenden Stämme beträgt 276, 170, 112. Die Bestockung ist also dünn. Die Reisigmasse ist sehr niedrig, so daß die Bestände einen lichten Eindruck machen müssen, der nur durch die Zwischen- und unterständigen Buchen abgeschwächt wird.

Die Kreisfläche steht unter derjenigen der Föhre; die Stärke des mittleren Stammes überschreitet teilweise diejenige der Föhre. Der stärkste 63jährige Lärchenstamm mit 37 cm hält 1,6 Fm Derbholz; ein 100jähriger mit 50 cm 2,7 Fm. Die Länge der Krone beträgt im 65. Jahre 8,4 m, die längste 10 m; im 100. Jahre 9,0 und 11,3 m, die längste 13,7 m. Die Breite der Krone beträgt 4—6 m. Im 63. Jahre wurden 32 grüne Quirle gezählt. Die Krone ist ungefähr so ausgedehnt wie bei der Fichte. Die Zusammensetzung der Bestände weicht von der der übrigen Holzarten ab. Die Stämme, deren Durchmesser den mittleren überschreitet, sind zwar ebenfalls herrschend, aber herrschende Stämme finden sich noch unter den schwächsten Stämmen, was nur durch die geringe Stammzahl und den weiten Abstand der Stämme von einander erklärt werden kann. Die gesamte Holzmasse entspricht derjenigen der II. Bonität der Föhre. Der Durchschnittsstamm im 100jährigen Bestande steigt bis auf 2 Fm, wie bei Fichte und Tanne.

Diese Ergebnisse der Untersuchung weisen auf die Pflege des Einzelstammes durch frühzeitiges Umlichten hin. Die geringe Stammzahl, der weite Abstand der Kronen und die geringe Holzmasse sprechen gegen die Anzucht der Lärche im reinen Bestande.

4. Der licht geschlossene Hochwald oder der Plenterwald (auch als Schutzwald) sind die geeignetsten Betriebsarten für die Lärche. Auf Weiden wird sie im Abstand von etwa 10 m gepflanzt, um Lichtzutritt für das Gras und nadelreiche Kronen wegen der Düngung zu erzielen. Wegen der leicht eintretenden Verkrüppelung der Kronen müssen die Durchforstungen schon im 10. Jahr eingelegt, stark (C-Grad), im späteren Alter sehr stark (D-Grad) geführt werden. Jedes Jahr ist der Bestand nach zurückbleibenden oder kränkelnden Stämmen zu durchsuchen.

Im Hochgebirge führt die Zerrissenheit des Geländes und die überwiegende Hanglage von selbst zu einer lichten Bestockung. Der mineralisch reiche Boden, die ergiebigen Niederschläge, die kräftige Insolation, die hohe Bodentemperatur begünstigen das Wachstum der Lärche, ermöglichen insbesondere ihre hohe Transpiration. Wird sie im Hochgebirge natürlich oder künstlich nachgezogen, so wird sie auch im reinen Bestande selten versagen. Außerhalb ihrer Heimat müssen die Wachstumsbedingungen den Verhältnissen ihres natürlichen Verbreitungsgebiets möglichst nahe gebracht werden. Sie darf rein (oder auch in Mischung) nur auf gutem, frischem, lockerem, etwas tiefgründigem Boden, in freier, sonniger, dem Luftwechsel offener Lage, in weitständigem, oder nur lichtgeschlossenem Bestande erzogen werden. Kalte Lagen sind wegen der geringen Bodenwärme, des Einlagerns der kalten Luft und des Frostes im Herbste, der Nebelbildung, zu vermeiden. Ebenso ist eingeengter Stand der Krone zu vermeiden; auch bei ganz schwacher Beschattung wird sie einseitig, die Stämme werden zu schwach und biegen sich um. Um eine Bodenverschlechterung zu verhindern, wird der Bestand am besten im Lichtwuchsbetrieb behandelt und mit Buchen — nicht mit Fichten — unterbaut.

Über die mit Lärchen gemischten Bestände s. § 246—48.

§ 231. **Der Weißtannenwald.**

1. Vom nördlichen Spanien, den Pyrenäen, durch das südliche Frankreich und die Schweiz verbreitet, tritt die Weißtanne in die Vogesen, den Schwarzwald und die süd- und mitteldeutschen Landstriche über. Der 51. Breitegrad bildet in der Hauptsache vom Rhein bis Polen ihre Nordgrenze; sie wendet sich dann nach Süden, nach Galizien, in die Karpathen, über die Bukowina nach Kleinasien, setzt über nach Nordgriechenland und die Apeninnen bis Sizilien. Es sind also die wärmsten Teile Europas, in denen sie ihre hauptsächlichste Verbreitung hat. Im Schwarzwalde nimmt sie die unteren Lagen der Hänge, unmittelbar über dem Eichengürtel ein, was wiederum auf ihr großes Wärmebedürfnis hindeutet. In der Schweiz steigt sie im Bestande bis etwa 1400 m, einzeln selbst bis 1800 m hinan. Die südlichere Lage und die starke Insolation mögen die Wärme der tieferen Lagen ersetzen.

Innerhalb dieses ganzen Verbreitungsgebietes kommt sie aber nicht überall vor: Vogesen, Schwarzwald, Fichtelgebirge, Thüringerwald, Erzgebirge, schlesisches Gebirge, bayerischer Wald ragen aus dem Gebiete als Tanneninseln hervor. Auf dem Buntsandstein des Pfälzerwaldes ist sie ursprünglich nur bei Bergzabern aufgetreten (ob nicht künstlich eingebracht?). Am Harze soll sie nicht natürlich vorkommen, sondern von Zanthier gepflanzt worden sein. 1862 werden ein 70jähriger Bestand bei Zellerfeld, sowie ein weiterer 118jähriger erwähnt. Im Hils-Solling wurde sie nach einer Mitteilung im Verein von 1865 „in neuester Zeit erst angebaut"; ein 98jähriger Bestand bei Würrigsen wird genannt. 1869 wird berichtet, daß der Anbau nicht befriedigt habe.

Im Thüringerwald hat das Zurückgehen der Tanne schon 1842 und 1845 Besorgnis erregt und zu verschiedenen Vorschlägen geführt. Pfeil hielt es für einen Fehler, die Tanne dort rein zu erziehen. Stötzer befürchtete 1882 einen weiteren Rückgang der Tanne; er schlägt — ähnlich auch Rausch — zu ihrer Erhaltung Randverjüngung, viele Anhiebe und schmale Saumschläge mit schwachen Lichtungen vor. Daß der Tanneneinbau vielfach mißlungen sei, berichtet Renz auf der Versammlung von 1894. Auch im südlichen Bayern und Württemberg kommt sie inselförmig vor. Hier sind es die Niederschlagsverhältnisse, die ihr ein Ziel setzen. Wo diese auf 700 mm sinken, bleibt sie zurück (Oberschwaben und, nach Windischgrätz, Bayerisch Schwaben); wenn sie künstlich in diese trockeneren Gebiete eingebracht wird, stirbt sie jung ab.

Seit einigen Jahrzehnten — über das Absterben der Weißtannen im Jahr 1843 im Revier Windisch-Marchwitz wurde im schlesischen Forstverein 1844 und 1846 berichtet — werden in Bayern, Thüringen, Sachsen, Württemberg, also innerhalb ihres natürlichen Verbreitungsbgebietes alte Stämme plötzlich dürr („Tannensterben"). Neger und Scheidter haben nähere Untersuchungen darüber angestellt; sie sind zu einem sicheren Ergebnis — der Hallimasch scheint zur Wurzelfäule Anlaß zu geben — bis jetzt aber nicht gelangt.

Als nach 1840 der Kahlschlag überhand nahm, verlor die Weißtanne (durch überwucherndes Gras und durch Frost) vielfach an Ausbreitung. In Deutschland, Österreich und in der Schweiz wird ihr Rückgang beklagt. Seit etwa 40—50 Jahren wird ihr wieder mehr Aufmerksamkeit gewidmet.

Durch die natürliche Verbreitung ist die Besprechung der Weißtanne in den Vereinsverhandlungen und in den Zeitschriften begrenzt. Auf den deutschen Versammlungen stand die Weißtannenwirtschaft auf der Tagesordnung in Stuttgart 1842, Koburg 1857, Wildbad 1880. Öfters kam sie zur Sprache in Baden (Gebhard, Gerwig, Roth, Siefert, Schuberg, Schweikhardt, Stephany, Stoll), Elsaß (Bargmann, Dreßler, Kautzsch, Mencke, Ney, Pilz); Württemberg (v. Besserer, Bühler, Eberhard, Fischbach, Lang, v. Uxkull) und Bayern (Abele, Kadner, v. Schilcher).

2. An den Mineralgehalt des Bodens, insbesondere an Kali und Phosphorsäure macht sie unter den Nadelhölzern die höchsten Ansprüche. Kalk bedarf sie wenig. Frischer bis feuchter — nasse und saure Stellen meidet sie — fruchtbarer Lehm- und lehmiger Sandboden, auch Kalkboden (Jura), weisen die höchste Entfaltung des Baumes auf: Höhen von mehr als 50 m und Stärken von 150 cm Durchmesser. Keine andere Holzart kommt der Tanne in der Wachstumsleistung, in der Geradheit und Vollholzigkeit des Stammes gleich.

Die tiefgehenden Pfahl- und Herzwurzeln machen sie gegen Sturm, die kräftige Entwicklung der Krone und des Stammes gegen Schnee widerstandsfähig. Ihre Eigenschaft, den stärksten Schatten zu ertragen, macht sie zu einer waldbaulich sehr wertvollen Holzart. Sie dauert im Schatten 100 und mehr Jahre aus, erwächst zu einem schwachen Stämmchen, das nach der Freistellung zu einem gewaltigen Stamm sich entwickelt. Erlittene Beschädigungen heilt sie sehr gut aus. Wenn durch die Fällung des alten Holzes der 1 m hohe Anflug auch sehr zerschlagen wird, so ist doch nach ein paar Jahren der Schaden kaum mehr zu erkennen. Im Schatten ohne ausgesprochenen Gipfeltrieb bis zu 2 und 3 m Höhe erwachsene 40—50jährige Tannen bilden gleich nach der Freistellung den Gipfeltrieb aus. Diese Vorwüchse liefern die starken, den Durchschnitt des Bestandes weit überragenden Stämme.

3. Das Wachstum der Tanne ist in Baden und Württemberg genauer untersucht und in Ertragstafeln zahlenmäßig dargestellt worden (§ 145 ff). Das langsame Wachstum in der Jugend tritt deutlich hervor. Es ist auch bei Freisaaten zu bemerken. In den natürlichen Verjüngungen ist das Jugendwachstum jedenfalls durch die Beschattung ungünstig beeinflußt. Stark beschattete Tannen bleiben (nach Versuchen in Tübingen) im Wachstum erheblich zurück. Werden sie aus dem Schatten ins Freie versetzt, so sind sie nach 10 Jahren noch niedriger und schwächer als die weniger stark beschatteten. Mit 50—60 Jahren beginnen sich die Bestände zu verjüngen. Der Same fällt mit den Schuppen im September und Oktober ab. Am Keimling entstehen im 1. Jahr gewöhnlich nur die Kotyledonen; auch im 2. ist dessen Wachstum noch gering, im 3. Jahr entwickelt sich der Seitentrieb. Im Schatten bleiben bis zum 30. Jahr die Seitentriebe länger als der Mitteltrieb; nach der Freistellung fängt aber dieser an, sich alsbald kräftig zu entwickeln. Die freigestellten Stämmchen haben bereits ein gut entwickeltes Wurzelsystem, so daß nach der Freistellung ein sehr kräftiges Wachstum beginnt.

Bezüglich der Qualität des Holzes herrschen seit langer Zeit verschiedene Ansichten. Wo die Tanne nur selten vorkommt, wird das Holz weniger geschätzt. Wo sie häufig ist und namentlich starkes Holz liefert, wird der Preis dem des Fichtenholzes nicht oder nur wenig nachstehen.

4. Die Bewirtschaftung der Tanne muß ihren Eigentümlichkeiten entsprechen. Es hat sich auch fast überall ein besonderes System für sie herausgebildet: weitaus überwiegend wird sie im Femelschlag-, auch eigentlichen Femel- oder Plenterbetrieb und nur ganz ausnahmsweise im Hochwaldbetrieb bewirtschaftet.

Die Verjüngung geschieht fast ausschließlich auf natürlichem Wege durch Schirmschläge, Löcherhiebe, auch durch Saumschläge mit Randverjüngung. In größeren Beständen, zumal bei wechselnden Geländeverhältnissen, werden Kombinationen der drei Arten nötig.

Die Blüte tritt vom 50.—60. Jahre ziemlich häufig (alle 3—5 Jahre) ein. Das junge Pflänzchen wird, wenn es an Licht und Feuchtigkeit fehlt, nach dem 1. Jahr dürr; auch später bildet Dürre eine Hauptgefahr für die jungen Pflänzchen. Daher muß auf trockenem Boden sehr bald eine völlige Räumung erfolgen. Die Verjüngungsdauer wechselt von 6—8, bis zu 30 und 40 Jahren. Die Erziehung in Saat- und Pflanzschulen wird nach guten Samenjahren ausgedehnter betrieben. Im Alter von 2—3 Jahren wird sie verschult und 5—6jährig in den Wald verpflanzt.

Bei der Art der Verjüngung, die das Entstehen von Vorwüchsen verschiedenen Alters und verschiedener Höhe und Kronenausbreitung begünstigt, sind die Reinigungshiebe von größter Wichtigkeit. Der Vorwuchs muß gemustert und von untauglichen, verkrüppelten und namentlich von krebsigen Stämmchen gesäubert, auch bei zu dichtem Stande verdünnt werden.

Die Durchforstung kann meistens erst spät, im 50.—60. Jahre, eingelegt werden. Um astreines Holz zu erziehen, ist zunächst der enge Stand beizubehalten. Die vorhandenen Krebstannen müssen aber jederzeit aus dem Bestande entfernt werden, auch wenn sie zu den herrschenden gehören (D-Grad, auch E-Grad mit Belassung des Unterstandes). Die starken Durchforstungen werden durchs ganze Leben des Bestandes hin beibehalten, um die schönsten Stämme für den Lichtstand vorzubereiten. Der Zuwachs im Lichtstande ist größer als bei allen anderen Holzarten, er findet daher bei der Verjüngung besondere Berücksichtigung. In 12 Jahren erreicht ein Stamm die Stärke der nächst höheren Klasse und damit einen um 8—10 *M* höheren Einheitspreis. Da sich in der Regel reichlicher Jungwuchs von selbst einstellt, ist eine besondere Rücksicht auf den Boden nicht nötig. Wo er fehlt, tritt in alten und sehr alten Beständen eine schädliche Bodenverhärtung ein. Jungwuchs ist in solchen nur nach Umhacken des Bodens zu erzielen.

Der Abtrieb wird gewöhnlich auf das 120. Jahr angesetzt; bei Starkholzzucht auf das 150.—160. Jahr hinausgeschoben (badischer Femelbetrieb). Die Tanne erreicht ein Alter von 200 Jahren. In Nidwalden war eine 500 Jahre alte Tanne (1100 m ü. M.) noch ganz gesund (Flury).

Am meisten schadet der Krebs, weil die Stämme zerschnitten werden müssen. In Baden ist der Schaden auf 5 *M* für den Festmeter berechnet worden. Außerdem geht der Zuwachs der Krebsstämme zurück; manche werden an der krebsigen Stelle vom Winde gebrochen. Nur rücksichtsloses Heraushauen aller mit Hexenbesen oder Krebsspuren befallenen Stämme kann den Schaden vermindern.

Junge Pflanzen werden vom Wilde aufgesucht und durch öfteres Abbeißen vernichtet. In manchen Gegenden ist lediglich des Wildes wegen die Aufzucht der Tanne ohne Umzäunung unmöglich gemacht. In frostgefährdeten Lagen ist ein Schutzbestand angezeigt.

§ 232. Der Ahornwald.

Bald einzeln, bald in Gruppen, Horsten und kleinen Beständen tritt der Bergahorn im Hochwalde, in der Niederung, sowie in den oberen Gebirgslagen auf. Lichte Bestände bildet er auf angepflanzten Weiden. Seine Hauptverbreitung hat der Berg- wie der Spitzahorn in der Niederung wie im Mittelgebirge als eingemischte Holzart im Buchenwald, und als Oberholz im Mittelwald. Das Holz erzielt sehr hohe Preise. Der Berg-, in geringerem Grade der Spitzahorn gehören zu den anspruchsvollsten Holzarten. Die Bedingungen ihres Wachstums sind daher nur auf sehr guten Bodenstellen vorhanden. Der Bergahorn stellt sich jedoch auf Geröll- und Schutthalden des Urgebirges wie der Kalkgebirge ein, wenn sie feucht genug sind. Als entschiedene Lichtholzart muß der Ahorn ähnlich wie die Esche behandelt werden. Des starken Laubabwurfs wegen wird er in stroharmen Gegenden (auch im Gebirge) geschätzt. Der Feldahorn erreicht bei langsamem Wuchse nur geringe Höhe und Stärke. Er überzieht manchmal Schutthalden und die schmalen Streifen am Waldsaume hin, wo er niederwaldartig erwächst und ein geschätztes Brenn- und Nutzholz liefert.

Alle Ahornarten bilden reichliche und kräftige Stockausschläge, eignen sich daher zur Erziehung im Niederwald und Unterholz des Mittelwaldes.

§ 233.

Der Aspenwald.

Die Aspe bildet im Hoch- und Mittelwalde manchmal Horste und kleine reine Bestände; größere Bestände dagegen in Ostpreußen, Rußland, Galizien. Vielfach siedelt sie sich auf kahlen Stellen auch auf Ödland an und bildet dort die erste Bestockung. Sie ist sehr raschwüchsig und liefert große Holzmassen, die zur Papierholzfabrikation und zur Zündhölzerindustrie sehr gesucht sind und hoch bezahlt werden. Als etwa 1860 der Bedarf der Papierindustrie an Aspenholz stieg, wurde die Anlegung von Aspenwaldungen empfohlen. Gleichwohl ist die Aspe eine wenig geschätzte und durch die Wurzelbrut lästige Holzart, die planmäßig ausgerottet wird, weil sie in Beständen anderer Holzarten leicht anfliegt und verdämmend wirkt. Da sie frosthart ist, dient sie an manchen Stellen als Schutzholz. Ihre Hauptverbreitung und die höchsten Wachstumsleistungen erreicht sie im Auenwalde, im frischen bis feuchten, tiefgründigen, fruchtbaren Boden Sie paßt sich aber auch trockenem und weniger gutem Standort an und findet sich in steinigen Böden, in Vorhölzern, als erste Holzart ein. Bei der großen Lichtbedürftigkeit muß sie stets frei erzogen werden. Bei künstlicher Vermehrung werden am besten Wurzelschößlinge verpflanzt. Saaten mißlingen meistens, da der Same sehr rasch seine Keimkraft verliert; Bestecken der Saatfläche mit den samentragenden Ästen verhindert die Austrocknung des Samens.

Die übrigen Pappelarten, Weißpappel (*Populus alba*) und Schwarzpappel (*nigra*), bilden im Auenwalde kleine reine Bestände und zeichnen sich durch rasches Wachstum und hohe Massenproduktion aus. Bei Bepflanzung bisheriger Weideflächen finden sie in tieferen Lagen Verwendung als Schneitel- und Kopfholz. In Ungarn werden sie zur Aufforstung des Flugsandes verwendet.

§ 234. Der Birkenwald.

Die ausgedehntesten Birkenwälder sieht man in Rußland und in dem anstoßenden Ostpreußen; in anderen Gebieten nehmen sie nur geringe Flächen ein. Vielfach bildet die Birke auf Moor- und Bruchboden reine Bestände neben der Erle. Im Binnenlande überzieht sie bei ihrem häufigen Samentragen und der leichten Verbreitung des Samens oft Flächen, die für andere Holzarten bestimmt sind. Bei ihrer Raschwüchsigkeit ist sie als baldige und ergiebige Vornutzung (Besenreis) willkommen. Da sie vom Froste nicht leidet, dient sie vielfach als Schutzholz.

Für die waldbauliche Behandlung bieten die beiden Arten *verrucosa* und *pubescens* insofern einen Unterschied, als letztere geringere Ansprüche an den Boden macht, den höheren und rauheren Lagen angehört, ein langsameres Wachstum zeigt und nicht die Größe der *verrucosa* erreicht.

Der Birkenbestand ist sehr licht, so daß der Boden sich mit Gras überzieht und in der Fruchtbarkeit zurückgeht.

Die Birke hat die waldbaulich sehr wichtige Eigenschaft, sowohl auf nassem, selbst saurem, wie auf ganz trockenem und magerem Boden zu gedeihen. Auf Torfmooren bildet sie oft die einzige Bestockung und bringt in lichtem Schlusse noch einigen Ertrag.

Der lichten Beschattung und der hochangesetzten Krone wegen eignet sie sich als Oberholz im Mittelwalde, auch als gutes Ausschlagholz für das Unterholz oder den Niederwald (Birkenberge bei Passau).

Die große Lichtbedürftigkeit der Birke ergibt sich aus der sehr geringen Stammzahl im normalen Bestande (§ 145). Schon im 30. Jahre sind kaum noch 1000 Stämme auf 1 ha vorhanden. Zurückbleibende Stämme müssen genutzt werden, da das Holz rasch fault und der Baum zusammenbricht. Das Haubarkeitsalter ist vielfach auf 40—60 Jahre angesetzt.

Reine Bestände in schmalen Streifen dienen als Feuermäntel. Durch die weiße Rinde, die baldige Belaubung im Frühjahr und die langen hängenden Zweige dient der Birkenbestand und selbst der vereinzelte Baum im Innern oder die einzelne Birkenreihe am Waldrand in hervorragendem Maße der Verschönerung des Waldes und der Landschaft.

§ 235. Der Buchenwald.

Die Fläche, die dem Buchenwalde überlassen ist, hat durch das Vordringen des Nadelholzes seit etwa 1830 stetig an Ausdehnung verloren. Noch Ende des 18. Jahrhunderts war sie eine der hauptsächlichsten Nutzholzarten; im 19. Jahrhundert ist sie die wichtigste Brennholzart geworden. Durch den erleichterten Bezug der Steinkohle ist ihr Preis gesunken oder gleich geblieben, während die übrigen Holzarten im Preise stiegen. So ist ihr Geldertrag da und dort geringer gewesen als der des Nadelholzes, und ihre geringere Rentabilität als zweifellos angesehen worden. Daß dies nicht überall zutrifft, wurde oben nachgewiesen. Während des Krieges ist plötzlich das Buchennutzholz sehr gesucht worden (1 Fm kostete 100—150 ℳ) und auch die Preise des Brennholzes (1 Rm 30—45 ℳ) sind sehr in die Höhe gegangen. Daher haben die Besitzer von Buchenwaldungen sehr hohe Einnahmen erzielt. Vielleicht trägt diese Erfahrung zur richtigen Würdigung des Buchenwaldes bei.

Die Massenerträge übersteigen selten 700 Fm; in besonders günstigen Lagen werden aber 800 Fm und darüber erreicht. Diese Erträge des im Schluß erwachsenen Bestandes können aber wohl durch lichtere Stellung etwas gehoben werden. Die Stärken, die im Mittelwald sowie an Überhältern erzielt werden, zeigen einen sehr bedeutenden Lichtungszuwachs an. Seebachs modifizierter Buchenhochwaldbetrieb ist nichts anderes als ein Lichtungsbetrieb. Es ist noch besonders zu betonen, daß die sogen. reinen Buchenbestände fast immer auch Eichen, Eschen etc. enthalten, die durch ihren hohen Preis die Geldeinnahme aus dem Buchenbestande heben. Auf geringen Bonitäten (IV., V.), namentlich an trockenen Hängen der Kalkgebirge, ist die Buche oftmals die einzige Holzart, welche die Bestockung aufrecht erhält.

Ihre hohen Ansprüche an den Mineralstoffgehalt, die Feuchtigkeit, Tiefgründigkeit des Bodens, die Luft- und Bodenwärme müssen die ihr passenden Standorte erheblich einschränken. Andererseits trägt ihr reichlicher Laubabfall, die Erhaltung der Feuchtigkeit und des Humusgehalts des Bodens, ihr Schattenertragen zu ihrer Verbreitung bei, da sie gerne fast allen anderen Holzarten sich zugesellt oder künstlich ihnen beigemischt wird. Zum Unterbauen ist sie der erwähnten Eigenschaften wegen die beliebteste Holzart des Hochwaldes. Sie bildet so nicht nur eine Hauptholzart des Hochwaldes, sondern findet sich in südlichen Ländern auf ausgedehnten Flächen als Niederwald, ebenso im Plenterwalde, während sie im Mittelwalde wegen ihrer starken Beschattung und ihrer geringen Ausschlagfähigkeit weniger gesucht ist.

Die Buche wird weitaus vorherrschend auf natürlichem Wege verjüngt. Die Technik der Verjüngung ist deshalb bei ihr am feinsten ausgebildet. Die Führung des Vorbereitungsschlags, des Dunkel- oder Samenschlags, der Licht- und Abtriebsschläge ist vorbildlich geworden und vielfach auf andere lichtbedürftigere Holzarten übertragen worden. Die frühere langsame Verjüngung ist noch nicht überall verlassen. So kommt es, daß die Verjüngungszeiträume zwischen 8 und 30—40 Jahren sich bewegen.

In den ungleich hohen, zum Teil sperrigen Nachwuchs greift man im Reinigungshiebe und namentlich bei den ersten Durchforstungen regulierend ein. Da diese bereits im 15.—20. Jahre geführt werden, können in den älteren Beständen kaum mehr so viele gabelige, astige Bäume sich finden, wie wir sie seit den letzten Jahrzehnten vielfach im alten Bestande beobachten konnten. Bei den aus mehreren Ursachen verspäteten, oftmals erst im 50.—60. Jahre eingelegten Durchforstungen konnten die ungünstigen Stammformen aus dem Bestande nicht mehr entfernt werden. Bei frühen Durchforstungen kann der Gesamt-, wie der Nutzholzertrag — er ist an einigen Orten auf 50—70 % gestiegen — gehoben werden.

Das Haubarkeitsalter im Hochwalde schwankt zwischen 80—120, im Niederwalde zwischen 30—40 Jahren. Buchenüberhaltbetrieb ist wegen der Gefahr des Sonnenbrandes selten.

Außer dem Frühjahrsfroste sind als Gefahren nur die Kotyledonenkrankheit, der seltener auftretende Buchenkrebs und der ebenfalls seltene Fraß des Rotschwanzes zu nennen.

Der geringen Schädigungen wegen sind die unvollkommenen und unregelmäßigen oder gar verlichteten Buchenbestände selten.

§ 236.

Der Eichenwald.

Die wertvollste Holzart unserer Wälder, die Eiche, ist seit Jahrzehnten nur noch selten in reinen Beständen zu treffen. Diesen Rückgang beklagt Cotta schon 1828 und selbst in Österreich wird das Verschwinden der Eichenbestände 1853 erwähnt. Diese Erscheinung muß um so mehr auffallen, als keine andere Holzart seit Jahrhunderten sich eines solchen Schutzes erfreute wie die Eiche. Es mag richtig sein, daß die Landwirtschaft die zur Eichenzucht geeigneten Bodenflächen an sich zog. Auch mag, wie Dengler hervorhebt, die hohe Umtriebszeit der Eiche und die dabei eintretende Bodenverschlechterung sowie das gute Wachstum der Eiche im Buchenbestande zum Verschwinden der reinen Bestände beigetragen haben. Sicherlich hat aber auch die Wirtschaft, bezw. die Vernachlässigung der Eichenzucht den Rückgang der Eichenbestände herbeigeführt. Aus der Statistik der Altersklassen des Eichenhochwaldes, die 1900 für Deutschland angefertigt wurde, läßt sich ersehen, daß die 1—40jährigen, also seit 1860 nachgezogenen Altersklassen fast überall überwiegen, und daß in der Altersklasse von 41—80 Jahren, also in den 1820—1860 verjüngten Beständen ein Ausfall an Fläche vorhanden ist. Dieser ist aber nur in den Staats- und Kronforsten eingetreten, in den Gemeinde-, Stiftungs- und Privatforsten ist für denselben Zeitraum eine Zunahme der reinen Eichenbestände nachgewiesen. Die Nutzung von Mast und Weide hat bei der letzteren Art von Besitzern wohl auch zur Beibehaltung der Eiche Anlaß gegeben.

Die Fläche der reinen Eichenbestände ist in den Balkanländern am größten, weil dort die Bodenverhältnisse und das Klima ihr Wachstum begünstigen. Ein tiefgründiger, feuchter, humoser Boden ist dort auf weiten Flächen vorhanden, während dieser im Westen und Norden Europas auf die Flußufer, Talmulden und die unteren Streifen der Hänge und auf muldenförmige Einsenkungen auf den Hochebenen beschränkt ist. Da die Eiche ein warmes Klima und frostfreie Lage verlangt, so muß ihr Verbreitungsgebiet auch aus diesem Grunde eine geringe Ausdehnung haben. Die Lagen von 600—700 m ü. M. grenzen sie in den nördlichen Gebieten nach oben hin ab.

Ob bei dem Anwachsen der Fläche der jungen Eichenbestände die neuerdings empfohlene Anzucht der Eiche in reinen Horsten in Rechnung zu nehmen ist, läßt sich aus den Aufnahmen nicht ersehen.

Die hohen Preise des Eichenholzes — bis 1914 hat 1 Fm bis zu 400, selbst 500 ℳ gekostet, seit 1918 ist der Preis im Spessart auf 800 ℳ, in einzelnen Fällen sogar auf 2—4000 ℳ gestiegen — haben die Anzucht der Eiche wieder lohnender erscheinen lassen.

Die Stiel- und die Traubeneiche scheiden sich im allgemeinen nach der klimatischen Lage ab; die Stieleiche findet sich mehr in den tiefer gelegenen und wärmeren Gegenden. Eine genaue Scheidung ist aber bei den vielfachen Übergängen zwischen beiden Arten nicht durchzuführen. Das Nutzholzprozent ist bei der Traubeneiche, die einen ausgesprochenen Stamm und geringere Astverbreitung hat, höher als bei der Stieleiche. Die Preise beider Arten stehen ziemlich gleich.

Die Eiche verlangt eine sehr sorgfältige Bewirtschaftung, weil sie gegen jeden Lichtentzug äußerst empfindlich ist. In der frühesten Jugend sind die Bestände dicht zu belassen. Aber schon mit 20—30 Jahren sind die Durchforstungen und Lichtungen stark zu führen, damit die Krone sich kräftig entwickeln kann und alle ungünstigen Stammformen entfernt werden können. Ist die Gefahr der Bodenverschlechterung vorhanden, so muß der Unterbau von Buche zu Hilfe genommen werden.

Das Haubarkeitsalter von 120—150, selbst 180 Jahren ist nur bei lichter Stellung hinreichend zur Erziehung der stärkeren Sortimente. Der Überhaltbetrieb, zumal im Einzelstande, ist bei der Gefahr der Wasserreiserbildung und der Gipfeldürre nur auf gutem Boden rätlich.

Die natürliche Verjüngung reiner Eichenbestände ist deshalb schwierig, weil bei den seltenen Samenjahren große Flächen verjüngt und erhebliche Holzmassen gefällt und weggeschafft werden müssen. Der Nachhieb muß 1, höchstens 2 Jahre nach dem Keimen der Samen geführt werden. Die künstliche Verjüngung wird besser durch Saat als durch Pflanzung bewerkstelligt.

Die Eiche wird im Hoch-, Nieder-, Mittel- und Plenterwald erzogen. Von jeher ist die freiere Stellung im Mittelwald vorgezogen worden.

Wenn das Oberholz im Mittel- und im Plenterwald in Gruppen oder Horsten belassen wird, so ist weitgehende Freiheit in der Behandlung der Bestände gegeben, auch wird der Zuwachs, der im geschlossenen Hochwalde niedrig ist, gehoben. Im Niederwald ist die Gewinnung von Rinde für das Nutzungsalter (15 Jahre) entscheidend. Als Ausschlagholz kann sie auch auf flachgründigem Boden erzogen werden.

Gefahren drohen der Eiche durch Frost, manchmal auch durch Schnee, der die Äste zerbricht, durch Mehltau, sowie durch Krebs. Maikäfer können ganze Bestände entlauben; selten schadet der Prozessionsspinner. Das massenhafte Absterben von Eichen in Westfalen ist noch nicht aufgeklärt.

§ 237.

Der Erlenwald.

Die Hauptbedeutung der Erlenwälder liegt in ihrem Vorkommen auf Standorten, auf welche andere Holzarten nicht folgen können. Insbesondere sind es die kleineren nassen Stellen innerhalb des Hochwaldes, die nassen Lagen des Auenwaldes, die Bach- und Flußufer, endlich die am Meere und am Ufer mancher Binnenseen sich hinziehenden mehr oder weniger versumpften Bruchländer, denen nur durch die Schwarzerle noch ein Ertrag abgewonnen werden kann. Die Weißerle mit ihren geringeren Ansprüchen an Klima und Boden dient außerdem zur Bestockung von Rohboden auf Rutschflächen, Böschungen etc. Die Erlen finden sich von Natur nur auf nassen Stellen; ihre Erziehung im Pflanzgarten und die Verwendung auf trockenen Lagen zeigt, daß sie eine gewisse Anpassungsfähigkeit haben. Als stickstoffsammelnde Holzarten eignen sie sich besonders zur Bodenverbesserung.

Die hohe Ausschlagfähigkeit kommt bei niederwaldartigem Betrieb zur Geltung. Zwar erwächst sie in 60—80 Jahren ebenfalls zu ansehnlichen Hochstämmen. Aber selbst im Fichtenhochwalde werden nasse Stellen mit Erlen bestockt und diese in 28—50jährigem Umtrieb behandelt.

Das Holz verfault sehr rasch, weshalb starke Durchforstungen nötig sind. Die oft sehr zahlreichen Stockausschläge müssen stark vermindert werden.

Die Grünerle oder Alpenerle hat ihre Hauptbedeutung im Hochgebirge, wo sie ganze Berghalden überzieht und das Abgleiten des Schnees wie das Abschwemmen des Bodens verhindert. Unter ihrem Schutz siedeln sich die Holzarten des obersten Waldgürtels an.

§ 238.

Der Eschenwald.

Auf feuchtem und, wenn das Wasser nicht stagniert, sogar auf nassem, humosem, lockerem, tiefgründigem, mineralisch reichem, also fruchtbarem Boden, wie er in Auen und manchen Einsenkungen sich findet, bildet die Esche reine Bestände meistens von geringer Ausdehnung. Ihre Standortsansprüche sind sehr hoch; sie sind aber noch nicht hinlänglich erforscht. Sie scheint gegen gewisse Bodenverhältnisse, insbesondere nassen Untergrund, sehr empfindlich zu sein. Nur so erklärt sich, warum sie an manchen Stellen nicht gedeiht, die äußerlich eine abweichende Beschaffenheit nicht erkennen lassen. Mit der Buche gemischt findet sie sich auf natürlichem Wege auf trockenem Kalkboden, selbst am felsigen Kalkhange ein. Der Bodenüberzug, der sich im höheren Alter einstellt, ist licht und nicht verfilzt.

Die Durchforstungen werden schon im jüngeren Alter nach dem D-Grad geführt und dabei die ungünstigen Stammformen, insbesondere die oft zahlreich vorhandenen gabeligen Stämme entfernt.

Die Verjüngung stellt sich in solchen Beständen bei dem häufigen Samentragen leicht und zahlreich, selbst unter Buchen und Fichten ein. Die Freistellung kann nach 2—3 Jahren erst geschehen, da die Esche in der Jugend viel Schatten erträgt. Wo die Frostgefahr droht, wird die Verjüngung am besten löcherweise eingeleitet.

Die hohen Preise (bis 600 ℳ für 1 Fm) machen die Esche zu einer unserer wertvollsten Holzarten und rechtfertigen ihre größere Berücksichtigung auf geeignetem Standort. An manchen Orten ist durch Entwässerung ihr natürlicher Standort ohnehin eingeschränkt worden.

Im Hochwalde kommt sie mehr in Mischung mit der Buche vor als im reinen Bestande. Im Mittelwalde bildet sie in Gruppen und kleinen Horsten das Oberholz. Zur Anzucht im Unterholz oder im reinen Niederwalde eignet sie sich wegen der zahlreichen, rasch und kräftig sich entwickelnden Stockausschläge. Als Schneitelbaum, der Winterfutter liefert, ist sie im Gebirge geschätzt. Weidevieh, namentlich aber das Wild, verursachen durch wiederholtes Abbeißen die Verkrüppelung der jungen Pflanzen. Gegen Frost ist das junge Laub sehr empfindlich.

Die Blumenesche (*Fraxinus Ornus*) bildet in südlichen Ländern kleine reine Bestände, die aber nur unbedeutende Höhen (8—10 m) erreichen. Ihre Bedeutung für jene Gebiete liegt darin, daß sie auf trockenem Kalkboden noch gedeiht. Sie wurde deshalb einige Zeit bei der Karstaufforstung verwendet.

§ 239. Der Hainbuchenwald.

Ihre Hauptbedeutung hat die Hainbuche als Ausschlagholz im Niederwalde und im Unterholz des Mittelwaldes, in denen sie im 20- bis 40jährigen Alter sehr gutes Brennholz liefert. Geschlossene Hochwaldbestände bildet sie selten, weil sie im Schlusse in der Regel keine hohe Lebensdauer (nur etwa 60—80 Jahre) hat. Da sie frosthart ist, trifft man sie an frostgefährdeten Stellen in Horsten und kleinen Beständen im Buchen-, auch Eschenwalde. Sie erträgt, im Gegensatz zur Buche, auch Nässe des Bodens. Ihre Holzproduktion ist im geschlossenen Bestande gering. Da sie keine großen Ansprüche an den Boden macht, häufig Samen trägt und sehr reichlichen Stockausschlag liefert, auch Schatten erträgt, ist sie leicht im Walde zu erhalten. Als Kopf- und Schneitelholzbaum liefert sie reichlichen Ertrag auch an Viehfutter. Starkes Nutzholz erzielt sehr hohe Preise.

§ 240. **Der Kastanienwald.**

Durch das hohe Wärmebedürfnis der Kastanie sind ihrer Verbreitung im mittleren und nördlichen Europa sehr enge Grenzen gezogen. In Italien und auf der Südseite der Alpen ist sie überall zu treffen. Auf der Nordseite der Alpen findet sie sich auch am Genfer-, Vierwaldstädter-, Zuger- und Walensee in der Schweiz und bis zum Wienerwald in Österreich, sodann in Ungarn. In Deutschland bildet sie im Rheintal, in den Vogesen, wie im badischen Schwarzwald bis zum Odenwald im untersten Waldstreifen, der über den Rebgeländen sich hinzieht, ausgedehntere Bestände; auch in Norddeutschland ist sie vereinzelt angebaut worden. Strenge Winterkälte schadet ihr mehr als die Frühjahrsfröste. Nördlich der Alpen wird sie, mit wenigen Ausnahmen, als Ausschlagwald erzogen, der Brennholz und insbesondere Rebpfähle liefert. Im Tessin und in anderen südlichen Alpenländern wird sie ebenfalls als Ausschlagwald bewirtschaftet; ihre Jahrestriebe erreichen dort nach Merz 1,5—3 m. Die Stangen werden größtenteils zu Rebpfählen, selten mehr zu Telegraphenstangen verwendet. Diese Wälder heißen dort Palina (= Pfahlwald). Von ihnen unterschieden werden die Kastanienselven, in denen alte Stämme wegen der Frucht erzogen werden. Mit 12—15 Jahren liefert der Ausschlagwald ansehnliche Erträge (nach Kaysing im Elsaß 7—8 Fm pro Jahr und Hektar). Noch bedeutender sind die Einnahmen aus den Früchten. (Merz gibt bis 480 ℳ von 1 ha als mittleren jährlichen Ertrag an). Dazu kommen in neuerer Zeit die hohen Preise des Holzes zur Gewinnung von Tanninextrakt. In den meisten Gegenden wird das Laub zur Streu genutzt.

Frischer, tiefgründiger, lockerer Boden ist für das Wachstum günstig. Mit den tief gehenden Wurzeln erreicht sie die unteren Schichten, so daß sie nach Ney noch an Orten gedeiht, wo die Föhre versagt. Daß sie auch auf Kalkboden vorkommt, hat Engler für die Schweiz nachgewiesen.

Zur Erneuerung der Stöcke ist die Pflanzung 2—3jahriger Pflanzen (1,5—2 m weit) der Saat vorzuziehen. Es ist zweckmäßig, die Pflanzen nach 10 Jahren auf den Stock zu setzen. Die Durchforstungen müssen auf die Erweiterung des Kronenraumes gerichtet sein. Die Fruchtbäume stehen 10—20 m von einander entfernt.

§ 241. **Der Weidenwald.**

An Flußläufen, Berg- und Wildbächen gewinnen die Weiden hohe Bedeutung, weil sie die ersten Pflanzen sind, die schlammige, zum Teil auch kiesige Stellen, die über das Wasser hervorragen, besiedeln. Durch ihre Verzweigung tragen sie zur Ablagerung weiteren Schlammes und zur allmählichen Erhöhung des Geländes bei. Sie siedeln sich am Fluß- und Bachufer an und dienen zur Befestigung des Uferrandes. Endlich bilden sie lichte Bestände im Auenwalde, soweit das Horizontalwasser genügende Feuchtigkeit liefert. In diesen Lagen erwächst die weiße Weide, *Salix alba*, zu ansehnlichen, 20 m hohen und bis zu 1 m starken Bäumen. Da sie lange Zeit die Überschwemmung erträgt, ist sie oft die einzige Holzart, die in solchen Lagen sicheres Gedeihen verspricht. Die übrigen Weiden *S. fragilis*, *vitellina* etc. haben geringe Bedeutung.

Wo Faschinen oder grobes Flechtmaterial erzogen werden soll, wird sie als Kopfholz behandelt; die reichlichen Ausschläge werden 2—5jährig geerntet. Feineres Flechtmaterial wird von den 1-, auch 2jährigen Stockausschlägen gewonnen. Die Vermehrung aller Weidenarten geschieht wenig durch Samen; die Pflanzung von Stecklingen wird vorgezogen.

Die Weiden sind sehr lichtbedürftig, die nur wenig beschatteten Schosse sterben bald ab. Es empfiehlt sich daher ein regelmäßiger Aushieb der schwächeren Schosse. Über Weidenzucht vergl. § 331.

Die gemischten Bestände.

§ 242. **Allgemeines.**

Zeitschriften: Allg. F.J.Z.: Unger 1836, 105; 37, 455; Schorkopf 39, 425; v. Berg 41, 83; Brumhard 41, 437; 53, 201; Heyer, G. 66, 445; 74, 73; Vonhausen 81, 370; Heyer, E. 84, 207; Heyer, E. 89, 267; Homburg 92, 4; Heyer, E. 93, 221; Heyer, E. 94, 128; Kissling 95, 154; Lorey 96, 9; Thaler 98, 113; Reiß 1900, 189; Lorey 02, 41; Wiener 08, 318; Emeis 08, 417; Wimmenauer 14, 90; Wappes 15, 91. Aus d. Walde (Burckhardt): Burckhardt 1872, 183. Forstarchiv: 1788, 5, 249. Forstl. Bl.: v. Bernuth 1872, 304; Schier 74, 118; 86, 125; Borggreve 86, 209. Forstl. Mitt.: 1843, IX, 46. Forstw. Centralbl.: Heiß 1881, 313; Heiß 82, 94; Heinemann 1887, 17; Urich 88, 87; Geyer 97, 486; Frey 1905, 85; Tiemann 12, 297; Frömbling 13, 296; Eck 16, 341. Gött. gel. Anz. 1765. Journal f. F.J.wesen: 1792, II, 97; v. Hagen 94, IV, 1. Krit. Bl.: Pfeil 1837, 166; Pfeil 44, 166; Pfeil 55, 150; Pfeil 58, 118. Monatschr. f. F.wesen: 1852, 115; 53, 114; Fischbach, H. 57, 233; Wendeburg 69, 244. Münd. Forstl. H.: Habenicht 93, 68; Hoffmann 97, 22. Neue Forstl. Bl.: Söhnlein 1901, 170. Ökon. Neuigktn.: 1843, 65; 48, 76. Thar. J.: v. Unger 1861, 1; Blohmer 70, 275; Rantft 1913, 250. Zeitschr. f. F. u. Jagdwes.: Schwarz 1869, 181; Meyer 75, 475; Fricke 92, 130; Danckelmann 92, 586; Darl 95, 174; Schmidt 95, 286: Lade 97, 152; Bertog 1900, 187; Weise 03, 3; Schwappach 09, 313; Schwappach 16, 615. Centralbl. f. ges. F.: Stöger 89, 3; Rebel 91, 97; v. Lorenz 95, 57; Fischbach 95, 290. Österr. Viertj.schr.: v. Guttenberg 1912, 229. Vereinsschrift f. F.kunde; Beraun 1869, 91; 75, 150; 82, 71: Heyrowsky 1909, 305. Schweiz. Zeitschr.: Landolt 1865, 89; v. Greyerz 74, 45; 99, 334; 99, 125; Müller 1901, 33. — Vereine: Baden 1869, 82, 94, 96, 1912. Deutschl. 1902. Deutschl. Land- u. Fw. 1839, 40, 41, 59, 61, 62, 69. Harz 1847, 55, 62, 79, 85. Hessen Prov. 1899, 1909. Hils.-Soll. 1853, 58, 77. Nordwestd. 1884, 1900. Pfalz 1872. Pommern 1893, 1906. Preußen (Ost- u. Westpr.) 1884, 85. Sachsen 1874, 76, 83, 86, 90, 97. Schles. 1858, 77, 91, 94, 1913. Süddeutschl. 1846, 47, 60. Thür. 1853, 54, 62, 69. Wiesb. 1885. Württ. 1889, 96, 1904. Mähren 1857, 68, 77, 82, 83, 1903. Nied.-Österr. 1904. Ober-Österr. 1861. Schweiz 1856, 62, 63, 89.

1. Karl Heyer stellt 1854 in seinem „Waldbau" (§ 9) die „Vorzüge gemischter Bestände" übersichtlich zusammen. Gemischte Bestände geben 1. Gelegenheit zur allgemeinen Verbreitung besserer Baumholzarten; 2. sie steigern die Massenproduktion; 3. befördern manche Nebennutzungen; 4. unterliegen weniger den Schädigungen; 5. lehren die Tauglichkeit einzelner Standorte für die einzelnen Holzarten kennen; 6. gestatten die Verminderung der Betriebsklassen; 7. verschönern die Landschaft.

Gayer, der 30 Jahre nach Heyer wiederum die gemischten Bestände befürwortet, schreibt denselben noch einige weitere Vorteile zu (Waldbau 1888, 297): 8. Sie ermöglichen vollere Bestockung; 9. liefern mannigfaltigere Produkte und 10. mehr Nutzholz; 11. geben wertvollere Vornutzungen; 12. werfen höhere Gelderträge ab; 13. gestatten leichtere Anpassung an die Marktverhältnisse; 14. erleichtern die natürliche Verjüngung.

Werfen wir zunächst ganz allgemein einen Blick auf die 14 zugunsten der gemischten Bestände angeführten Punkte. Unwichtig und unwesentlich sind die unter 3, 5, 6, 7 genannten Vorzüge. Mannigfaltige Produkte (9) liefern auch die reinen Bestände, wenn sie von mehreren Holzarten vorhanden sind. Auch die reinen Bestände ermöglichen (13) die Anpassung an den Markt. Näherer Prüfung zu unterstellen wären die ökonomischen und finanziellen Vorzüge: (2) die höheren Material- und (10) Nutzholz-, sowie (12) die höheren Gelderträge, (11) die wertvolleren Vornutzungen, (4) die geringeren Schädigungen. Endlich wären noch die waldbaulichen Vorzüge (8) der volleren Bestockung, (14) der leichteren natürlichen Verjüngung und der (1) Erhaltung seltener Holzarten zu würdigen. Diese Vorzüge waren früher auch schon bekannt; sie haben aber den Kampf gegen die gemischten und die Ausbreitung der reinen Bestände nicht verhindern können. Wir wissen (§ 224), daß gerade die Praxis noch lange Zeit nach Cottas Auftreten an den reinen Beständen festgehalten hat. Dieser Widerspruch zwischen Theorie und Praxis bedarf näherer Aufklärung, die uns am besten der Blick in den Wald gewähren wird.

2. Die gemischten Bestände sind überwiegend ein Erzeugnis der Natur; die meisten gingen und gehen aus natürlicher Verjüngung hervor. Manche verdanken auch der Saat oder Pflanzung ihre Entsteh-

ung. In Gebieten aber, wo sich die Mischung mehrerer Holzarten nicht von Natur vorfindet, ist sie in der Regel durch die Kunst auch nicht zu erreichen; die vielen mißlungenen Versuche, auf künstlichem Wege gemischte Bestände zu schaffen, reden eine deutliche Sprache.

Wenn die natürlichen Bedingungen für das gleichzeitige Wachstum mehrerer Holzarten vorhanden sind, bedarf die Nachzucht gemischter Bestände keiner großen Sorgfalt. Wichtiger, aber auch schwieriger ist dagegen die Erhaltung der Mischung überhaupt, die Regulierung des Anteils der verschiedenen Holzarten an der Stammzahl und die Sicherung gleichmäßigen und unverkümmerten Wachstums für jede Holzart. Das Schicksal des Mischbestandes von der Jugend bis zum Abtrieb ruht in der wirtschaftenden Hand.

3. Die 8 Nadelhölzer und 11 Laubhölzer, die reine Bestände bilden (§ 225), finden sich auch in den gemischten Beständen wieder. Die übrigen in § 22 aufgezählten Holzarten kommen nur ausnahmsweise in reinen Beständen vor (§ 225, 1). Sie sind in der Regel in andere Holzarten von der Natur eingemischt (vgl. die Zahl der Holzarten in gemischten Beständen in § 244). Von der praktischen Wirtschaft wird allerdings die Zahl der Holzarten sehr eingeschränkt: in den weitaus meisten Fällen hat man es mit 2—3, schon selten mit 4—6 oder gar mehr Holzarten zu tun. Je anspruchsvoller eine Holzart an die Bodenfruchtbarkeit ist, um so kleiner ist die Fläche, auf welcher sie diese günstigen Wachstumsbedingungen findet. Sie wird von anderen Holzarten ganz verdrängt oder im Wachstum so beeinträchtigt, daß der Wirtschafter keinen Wert auf ihre Erhaltung im Bestande legt (Eichen, Ahorn, Eschen im Buchen-, Lärchen im Fichten-, Eichen im Föhrenbestande).

Die fruchtbaren Bodenstellen sind — abgesehen vom Auenwalde — nur von kleiner Ausdehnung; außerdem sind sie in der Regel im Bestande zerstreut. So kommt es, daß die anspruchsvolleren Holzarten hinter den weniger anspruchsvollen der Zahl nach zurückstehen und den letzteren nur beigemischt sind (Fichte im Föhren-, Eichen, Eschen, Ahorn im Buchenbestand etc.).

4. Während über das Wachstum reiner Bestände umfassende Untersuchungen seit Jahrzehnten im Gange sind, wurden solche über die gemischten Bestände erst in neuerer Zeit eingeleitet. Über die tatsächlichen Wachstumsverhältnisse der gemischten Bestände konnten daher (§ 162) nur spärliche Mitteilungen gemacht werden. Es herrscht auf diesem Gebiete noch große Unsicherheit, die nur durch genaue und lang andauernde Untersuchungen sich beseitigen läßt. Die Vorgänge im gemischten Bestande müssen von der frühesten Jugend bis zum Haubarkeitsalter, also über 60—80—100 Jahre hin beobachtet werden. Ohne stammweise Numerierung und eine auf den Einzelstamm ausgedehnte Buchführung über die Stammzahl jeder Holzart, die Baumklasse

und die Stellung im Bestande, über Höhe, Stärke, Stammform, Kronenausdehnung lassen sich die Veränderungen nicht genau feststellen.

Das Wachstum im gemischten Bestande hängt, wie im reinen Bestande, vom Standort ab. Im gemischten Bestande kommen aber die Eigentümlichkeiten der untereinander stehenden Holzarten hinzu: das Höhenwachstum und die mit demselben zusammenhängende Beschattung, die Kronenbildung und Kronenausbreitung, die Wurzelentwickelung, endlich die Einwirkung auf den Standort.

Wie die einzelnen Bäume derselben Holzart im reinen Bestande sich entwickeln und wie dort die verschiedenen Baumklassen (herrschende, mitherrschende, beherrschte, unterdrückte, absterbende und dürre) sich bilden, ist wenigstens für die wichtigsten Holzarten bekannt. Wie aber die verschiedenen Holzarten im gemischten Bestande gegenseitig auf einander einwirken, ist noch nicht hinreichend genau erforscht. Die Sätze, die hierüber aufgestellt werden, beruhen größtenteils auf Schätzung und allgemeinen Beschreibungen, sowie auf unsicheren Hypothesen und Mutmaßungen.

Greifen wir einen der häufigsten Fälle, die Mischung der Buche mit der Fichte heraus. Ist die Fichte einzeln im Buchenbestande vorhanden, so ragt sie (in Süddeutschland), wie in den verschiedenen Altersperioden leicht beobachtet werden kann, um 1—2, im höheren Alter 3—4 m über die herrschenden Buchen hervor, sie ist vorherrschend. Der obere Teil der Krone der Fichte ist nach allen Seiten hin frei; er befindet sich in der Länge von etwa 3—4 m im Lichtstand. Auf dem Boden liegt auch unter der Fichte eine Decke von Buchenlaub. Der Boden, auf dem die Fichte steht, hat im allgemeinen mehr die Eigenschaften des Buchenbodens. Lufttemperatur, Luftfeuchtigkeit, Insolation, Belichtung, Bodentemperatur, die Verdunstung des Wassers aus dem Boden, die Humusbildung entsprechen einem Buchenbestande. Dies trifft auch für den Niederschlag zu; nur unter der Fichtenkrone selbst wird er geringer sein. Die Wachstumsfaktoren sind für die Fichte günstiger geworden als im reinen Fichtenbestande. Die Buchen, auch wenn sie herrschend sind, werden von der Fichte etwas beschattet. Manche Buchen stehen unter der Krone der Fichte, sie sind also beschattet und beschirmt.

Wird umgekehrt die Buche einem Fichtenbestande einzeln beigemischt, so wird sie niedriger als die Fichten, selten auch nur herrschend, in der Regel mitherrschend oder beherrscht, manchmal sogar unterdrückt sein. Das Laub der Buche wird teilweise verweht werden, nur ein Teil bleibt unter der Buche selbst liegen. Unter der Buche wird mehr Niederschlag zum Boden gelangen als unter den Fichten. Im übrigen aber entsprechen die Wachstumsbedingungen einem Fichtenbestande. Die oben angeführten einzelnen Wachstumsfaktoren sind in einer für die Buche ungünstigen Weise verändert.

Die gruppenweise Mischung wird die Eigentümlichkeiten der eingemischten Fichten, bezw. Buchen in der Gruppe selbst mehr zur Wirkung gelangen lassen. Im eingemischten Horste sind im Innern die Wachstumsbedingungen des reinen Bestandes erreicht.

In ein und demselben Bestande kehren diese Mischungsverhältnisse in zahlreichen Variationen wieder, so daß ein buntes Bestandesbild auf kleiner Fläche entstehen kann.

5. Nun kommt das verschiedene Wachstum der einzelnen Holzarten, die Ausbildung von Baumklassen, also von herrschenden, mitherrschenden, beherrschten Stämmen von Fichte und Buche hinzu. Die Fichte ist allerdings meistens raschwüchsiger als die Buche; allein der mitherrschende oder gar beherrschte Fichtenstamm wird von einem herrschenden Buchenstamm überwachsen werden. Wird die Krone eines herrschenden Fichtenstammes von den benachbarten Buchenstämmen eingeengt, so sinkt das Höhen- und Seitenwachstum der Fichte und der anfangs herrschende oder sogar vorherrschende Fichtenstamm wird in den Zwischen- und Unterstand gedrängt, und schließlich zum Absterben gebracht.

Ähnlich sind die Verschiebungen auch bei andern Holzarten. Je empfindlicher eine Holzart gegen die Beschattung ist (Lärche, Föhre, Eiche), um so bälder verkümmert die Krone, um so rascher scheidet der Baum durch Dürrwerden aus dem Bestande aus. Daher die fortwährenden Veränderungen in der Zusammensetzung der gemischten Bestände. Aus § 146, 12 wissen wir, wie rasch die Zusammensetzung selbst reiner Bestände sich ändern kann. Sind nun mehrere Holzarten gemischt, so wird der Vorgang der Ausscheidung einzelner Stämme aus den verschiedenen Baumklassen sehr verwickelt werden müssen.

6. Um die Wachstumsverhältnisse der gemischten Bestände gegenüber den reinen darzustellen, können verschiedene Wege eingeschlagen werden (vgl. § 162).

Man kann die auf je 1 ha vorhandene Holzmasse eines 100jährigen reinen Buchen- oder reinen Fichtenbestandes mit der Masse eines 100-jährigen aus Buchen und Fichten gemischten Bestandes vergleichen. Die hiebei sich ergebenden Massen weichen mehr oder weniger von einander ab, weil die Holzmasse des gemischten Bestandes wesentlich vom Anteil der einzelnen Holzarten am Bestande abhängig ist. Die Fichte liefert aber eine größere Holzmasse als die Buche.

Wie das Wachstum der einzelnen Holzarten selbst in der Mischung sich gestaltete, erfahren wir erst, wenn wir die einzelnen Stämme untersuchen. Für die wissenschaftliche Klarstellung der Wachstumsverhältnisse muß die Frage lauten: Hat ein Buchen- oder ein Fichtenstamm unter denselben äußeren Verhältnissen und in demselben Zeitraum im reinen oder im gemischten Bestande eine größere Masse, höhere Vollholzigkeit und Astreinheit, bessere Holzqualität erlangt?

7. Um hierüber Aufschluß zu erhalten, wurden die einzelnen Holzarten der mehrfach genannten Bestände aus Württemberg zu Klassen zusammengefaßt. Aus dem Holzgehalt und der Stammzahl der Klasse wird der Holzgehalt des durchschnittlichen Stammes, des sog. Mittelstammes, für jede Holzart berechnet. Diese Mittelstämme der im gemischten Bestande vorhandenen Holzarten werden nun den Mittelstämmen des reinen Bestandes derselben Holzarten gegenüber gestellt.

Der Mittelstamm des reinen Bestandes hat nach der Ertragstafel eine Gesamtmasse (Derbholz + Reisig) in Festmetern:

Bonität		Masse in Fm.					Verhältniszahlen				
		I	II	III	IV	V	I	II	III	IV	V
		im 100. Jahre					im 100. Jahre				
Fichte Württbg.	nach der Ertragstafel	2,01	1,35	0,90	0,58	0,33	100	100	100	100	100
Buche „		1,13	0,89	0,56	0,38	0,21	56	66	62	66	64
Fichte	in einem einzelnen Bestand	1,96	—	—	—	—	100	—	—	—	—
Buche		1,07	—	—	—	—	55	—	—	—	—
		im 120. Jahre					im 120. Jahre				
Fichte Württbg.	nach der Ertragstafel	2,40	1,64	1,11	0,73	0,43	100	100	100	100	100
Buche „		1,75	1,27	0,81	0,58	0,34	73	77	73	80	79
Weißtanne Wttbg.	nach der Ertragstafel	3,13	2,14	1,44	0,75	—	130	130	130	103	—
Fichte „		2,40	1,64	1,11	0,73	0,43	100	100	100	100	100
Buche „		1,75	1,27	0,81	0,58	0,34	73	77	73	79	79

Ein aus Fichten, Tannen, Föhren, Buchen gemischter Bestand im württ. Revier Weissenau ergibt für die Mittelstämme folgende Zahlen:

I. Bonität, 120jährig.

		Verhältniszahlen
Fichte	2,51 Fm	100
Tanne	3,08 „	123
Buche	2,49 „	99
Föhre	1,91 „	76

Die Zahlen der Ertragstafeln sind Durchschnittswerte aus mehreren Einzelflächen, mit denen die konkreten Flächen der gemischten Bestände verglichen werden. Im vorstehenden Falle sind daher auch noch die Zahlen einzelner Bestände von Fichte und Buche I. Bonität aufgeführt, welche mit den Zahlen der Ertragstafel übrigens fast ganz übereinstimmen. Alle Flächen gehören zweifellos der I. Bonität an.

Fichte und Tanne des gemischten Bestandes haben im 120. Jahre fast die gleiche Masse wie im reinen Bestand, dagegen ist die Masse der Buche bedeutend höher als im reinen Bestande. Sie kommt der Fichte (mit 99 %) fast gleich, während sie im reinen Bestande nur 73 % der Fichtenmasse erreicht. Dieses Verhältnis ist aber nicht überall vorhanden. Die entsprechenden Zahlen für die Buche von anderen aus Fichten und Buchen gemischten Beständen sind 67, 54, 48, 73, 29; sie bewegen sich innerhalb sehr weiter Grenzen.

Große Schwankungen ergeben sich ebenfalls, wenn Mischungen aus Fichte und Tanne oder Buche und Esche untersucht werden. Diese Schwankungen hängen mit der Stellung der einzelnen Holzarten im Bestande (ob herrschend, mitherrschend etc.) zusammen.

Die Zahlen aus einzelnen gemischten Beständen sind folgende:
Tanne zu Fichte wie 100 zu 65, 91, 108, 80, 83, 83, 155, 89;
Buche zu Esche wie 100 zu 40, 88, 70, 114.

Nur in 3 gemischten Beständen erhebt sich die Produktion einzelner Holzarten über diejenige des reinen Bestandes.

Das bereits gesammelte Material bedarf noch weiterer Prüfung und Verarbeitung und muß durch umfassende Untersuchungen vermehrt werden. Die vorstehenden Ausführungen zeigen, mit welchen Schwierigkeiten solche verbunden sind und wie wenig zuverlässig sich die Schätzungen erweisen.

8. Daß die Eigentümlichkeit jeder Holzart in der Kronenbildung durch die Mischung bald mehr, bald weniger verändert wird, ergibt sich aus der folgenden Zusammenstellung.

Durchschnittliche Reisigmasse des Mittelstamms auf I. Bonität in Fm:

	Nach den Ertragstafeln	Revier Weißenau Abtl. Vogelsang	Revier Tettnang Abtl. Schmalholz
	im reinen Bestand	im gemischten Bestand	
Fichte	0,20	0,24	0,75
Föhre	0,19	0,12	0,13
Tanne	0,31	0,38	—
Buche	0,26	0,34	0,38

Die Länge der Krone im 120jährigen Bestande (§ 166)

	Durchschnitt	Abtl. Vogelsang	Abtl. Schmalholz
Fichte	11,1 m	13,3 m	20,5 m
Tanne	11,8 „	12,1 „	—
Buche	11,6 „	16,0 „	20,1 „
Föhre	—	—	8,3 „

Die Reisigmassen auf 1 ha sind im reinen und im gemischten Bestande ziemlich gleich hoch.

9. Die Qualität des im gemischten Bestande erwachsenen Holzes ist von Rebel,[1]) Cieslar,[2]) Janka,[3]) untersucht worden.

Rebel hat die im Buchenwald erwachsenen Fichten in mehreren bayerischen Revieren geprüft. Bei der Einzelmischung der Fichte fand er für die Jugendperiode — unter den dortigen Verhältnissen —, „daß die Buchenbelaubung nicht im Stande ist, die Fichte zu reinigen," ferner, daß der enorme Zuwachs der Fichte „von einer ausnahmslos schlechten Qualität ist." (S. 105.) „Ähnliche Beobachtungen lassen sich im Tannenwalde mit eingesprengten Fichten gegenüber Fichtenwald mit eingesprengten Tannen machen." (S. 145.) „Einzelständige Fichten geben niemals Nutzholz und schon aus diesem Grunde ist Einzelmischung zu verwerfen" (daselbst). Im höheren Alter wird die Qualität des Holzes allmählich besser. Günstiger ist die Qualität der in einer Gruppe erwachsenen Fichte. Und für die in einem Horste erwachsene Fichte beantwortet Rebel die Frage nach dem Einfluß der Bucheneinmischung auf die Qualität des Fichtenholzes dahin, daß er „in jeder Beziehung günstig" sei. (S. 203.)

Rebel weist selbst darauf hin, daß anderwärts das Verhalten von Buche und Fichte vielleicht zu andern Ergebnissen führen könnte.

Die Fichten des Wienerwaldes, die im Buchenwalde eingesprengt erwachsen, sind nach Janka (S. 62) wegen zu raschen Wachstums „von geringer Holzgüte, obwohl die Standortsverhältnisse des Wienerwaldes hervorragend günstige sind," (also Holz guter Qualität erwachsen könnte). „Durch lichten Schluß leidet die Qualität des erzeugten Holzes." (S. 64.)

Auch nach Jankas Untersuchungen wäre also die Erziehung der Fichte in Gruppen oder Horsten, bezw. im reinem Bestande vorzuziehen.

Über die weiteren im gemischten Bestande erzogenen Holzarten, insbesondere über die Föhre, Lärche, Eiche, Esche etc. fehlen Untersuchungen. Ob aus der Stellung der Holzarten im Bestande Schlüsse gezogen werden dürfen, muß dahingestellt bleiben. Föhre, Tanne und Lärche haben ähnliche Kronenformen wie die Fichte, während diejenigen von Eiche, Esche, Ahorn etc. nicht oder nur wenig über die Buchen hervorragen.

---

[1]) Centralbl. f. d. ges. Forstw. 1891, 97, 145, 198. Auch als Dissertation besonders erschienen.

[2]) Daselbst 1902, 337.

[3]) Mittlg. aus dem forst. Versuchswesen Österreichs 1909. 35. Heft.

10. Die Astreinheit wird durch die Länge des astreinen Schaftteils ausgedrückt.[1]) Dieser beträgt (§ 166, 4)

	im Durchschnitt im reinen Bestand	Abtl. Vogelsang im gemischten Bestand	Abtl. Schmalholz im gemischten Bestand
Fichte	22,2 m	22,7 m	18,3 m
Tanne	20,6 „	21,9 „	—
Buche	17,3 „	16,7 „	7,6 „
Föhre	10,3 „	23,2 „	28,0 „

Fichte und Tanne erreichen die Astreinheit des reinen Bestandes; bei Föhre und Buche schwanken je nach der Stellung der beiden Holzarten im Bestande die Zahlen in weiten Grenzen.

11. Die Abnahme des Durchmessers als Ausdruck der Vollholzigkeit ist in § 167 für die reinen Bestände nachgewiesen. Für die in der Mischung erwachsenen Fichten, Tannen, Buchen, Föhren weichen die betreffenden Zahlen im allgemeinen nur wenig ab. Nur bei sehr starken Stämmen ist der bei 1 m erhobene Durchmesser abnorm hoch, so daß ein rasches Fallen desselben bis zur Höhe von 3 m stattfindet. Ob dies allgemein der Fall ist, müssen weitere Untersuchungen dartun. Jedenfalls läßt sich auf Grund des bisherigen Materials ein Einfluß der Mischung auf die Vollholzigkeit nicht nachweisen.

12. Der Materialertrag der reinen Bestände ist durch die Ertragstafeln für die wichtigsten Holzarten bekannt. (§ 159, 160.) Diese Ertragstafeln geben mehrfach nur die Masse des Hauptbestandes an. Die Vergleichung mit den Erträgen gemischter Bestände darf sich aber nicht auf den Hauptbestand beschränken, da die Durchforstungserträge gemischter Bestände jedenfalls von denjenigen der reinen abweichen. In den gemischten Beständen werden vielfach herrschende oder vorgewachsene Stämme entfernt, was in reinen Beständen seltener der Fall ist. Da aber für die gemischten Bestände die Nachweise über die Durchforstungserträge fehlen, sind wir bei Beurteilung der Wachstumsleistungen vorerst auf den Hauptbestand angewiesen.

Die Methode, nach welcher die Vergleichung vorgenommen werden soll, ist noch sehr unentwickelt. Schwappach und Wimmenauer wenden verschiedene Methoden an; mancherlei Bedenken in dieser Hinsicht werden von Schwappach selbst geltend gemacht.

Diese Untersuchungen sind viel schwieriger, als es auf den ersten Blick scheinen könnte, weil die Bedingungen der Vergleichbarkeit nur selten vorhanden sind.[2]) Werden in derselben Lage, auf dem-

[1]) Vgl. Janka a. a. O. S. 66. Cieslar a. a. O. S. 378.

[2]) Vgl. hiezu: Schuberg, Die Wuchsverhältnisse der gemischten Hochwaldbestände Badens 1892.

selben Boden, also auf derselben Bonität die Fichte und die Buche je rein und auf einer dritten Fläche beide in Mischung gesät oder gepflanzt, so scheint die Vergleichbarkeit hinsichtlich der äußeren Bedingungen vorhanden zu sein. Ist es nun gleichgiltig, ob die I., III. oder V Bonität hiezu bestimmt wird? Keineswegs. Denn nur auf der I. Bonität sind für beide Holzarten die günstigsten, bezw. gleich günstige Wachstumsbedingungen vorhanden; auf der III. und V. sind diese für die Buche ungünstiger als für die Fichte. Die Massenerzeugung ist dann nicht nur von der Mischung abhängig, sondern sie ist durch das an sich geringere Wachstum der Buche verändert. Dazu kommt der Einfluß der Witterungsverhältnisse, da die höhere oder niedrigere Temperatur, der reichliche oder spärliche Niederschlag auf das Wachstum der Fichte und Buche oder Eiche in verschiedenem Grade einwirken. So erklärt sich die mehrfach bei Untersuchung bereits vorhandener gemischter Bestände gemachte Bemerkung, daß für die Eiche oder Föhre die I., dagegen für die anderen Holzarten die II. oder gar III. Bonität angenommen werden müsse. Als erläuterndes Beispiel kann hier noch angeführt werden, daß auf verschiedenen Bodenarten die Buche bald höher, bald niedriger ist als die Eiche.

Statt auf kleine Einzelflächen könnte die Untersuchung auf ganze Reviere ausgedehnt werden, in der Annahme, daß eine gewisse Ausgleichung der verschiedenen Einflüsse stattfinde. Man könnte die Massenerträge reiner Fichten- oder reiner Buchenreviere etc. vergleichen mit solchen, in denen beide Holzarten gemischt vorkommen. Größere Reviere, in denen nur eine einzige Holzart oder eine einzige Mischungsart vorkäme, gibt es aber nicht. Sodann wird das Resultat sowohl vom Anteil der einzelnen Holzarten als vom Anteil der verschiedenen Bonitäten beeinflußt.

13. Aus den Untersuchungen über das Wachstum der verschiedenen Holzarten lassen sich immerhin einige Richtlinien gewinnen.

Da die Fichte und Tanne die weitaus größte Massenerzeugung haben, so kann ihre Einmischung in die Föhren-, Buchen- und Eichenbestände nur erhöhend auf den Ertrag wirken. Umgekehrt muß die Beimischung der Buche zu Fichte den Ertrag vermindern. Da Buche und Föhre ungefähr dieselben Massen aufweisen, wird, soweit dieser Umstand, nicht etwa eine Bodenverbesserung oder Lichtungszuwachs in Betracht kommt, ihre Mischung keine erhebliche Veränderung im Ertrag bringen können. Da endlich Ahorn, Eschen, auch Eichen ungefähr dasselbe Wachstum in Höhe und Stärke wie die Buche aufweisen, wird ihre Einmischung in den Buchenbestand keine wesentliche Veränderung in der Massenproduktion hervorrufen. Dabei muß der Einfluß der Durchforstung und Lichtung vorerst unberücksichtigt bleiben.

Endlich ist noch auf die geographischen Unterschiede im Massenwachstum der einzelnen Holzarten hinzuweisen (§ 159, 5, 6).

Nach diesen Bemerkungen werden die nun anzuführenden Untersuchungsergebnisse nicht überraschen können.

14. Schwappach hat in 50 gemischten Beständen Preußens Untersuchungen für den Hauptbestand angestellt[1]). Die gemischten Bestände waren aus Föhre und Fichte, auch noch aus Lärche, aus Föhre und Buche, Eiche und Buche. Fichte und Buche zusammengesetzt. Sehr zu beachten ist, daß der Boden Norddeutschlands, der vorherrschend aus Sand besteht, das Wachstum der untereinander gemischten Holzarten anders beeinflußt als ein lehmiger Boden. Deutlich tritt dies bei der Mischung von Fichte und Föhre hervor; die Fichte ist in Preußen vielfach nur nach- und zwischenwüchsig oder auch nur als eigentliches Unterholz vorhanden. Derselbe Standort wird für die Föhre als I., dagegen für die Fichte als II. und III. Bonität bezeichnet. Nach den Untersuchungen in Preußen ist in alten Beständen das Verhältnis der vorhandenen Massen zwischen reinen und gemischten Beständen wechselnd; bald bleiben die gemischten Bestände zurück, bald stehen sie gleich, bald übertreffen sie die reinen Bestände. Die Behandlung dieser Mischbestände von der Jugend bis zur Haubarkeit ist nicht genau bekannt. Welchen Einfluß die Behandlung auf ihren Ertrag hat, wird von Schwappach näher ausgeführt. Auch bei den einzelnen Holzarten ist dieser Wechsel vorhanden. Im gleichen Bestande kann bei der Föhre der Zuwachs gegenüber dem reinen Bestande gesteigert, bei der Fichte verringert sein und umgekehrt. In der Mischung von Eiche und Buche ist im ganzen eine Steigerung des Zuwachses vorhanden, sobald die Eichen umlichtet sind. Die Bonität ist für die Eiche als I. und II., für die Buche als II., III., IV. angegeben. Aus den Untersuchungen zieht auch Schwappach noch keine bestimmten allgemeinen Schlüsse weder zu Gunsten der reinen, noch zu Gunsten der gemischten Bestände, verlangt vielmehr weitere Untersuchungen, namentlich in den aus Fichte und Buche gemischten Beständen.

15. In Hessen hat Wimmenauer[2]) 16 aus Buche und Eiche und 6 aus Buche und Föhre gemischte Bestände untersucht. Das Verhältnis des Materialertrags zwischen reinen und gemischten Beständen von Buche und Eiche ist ebenfalls wechselnd; eine Mehrleistung tritt erst ein, wenn der Anteil der Eiche 20 und mehr % beträgt. Ähnlich lautet der Schluß für die Mischung von Buche und Föhre. Ein allgemeines, zu Gunsten der reinen oder der gemischten Bestände lautendes Ergebnis ist nicht festgestellt. Auch in Hessen

---

[1]) Z. f. Forst- und Jagdwesen 1909, 313; 1914, 472.

[2]) Allg. F. J.Z. 1914, 90.

sind die Bonitäten für die einzelnen Holzarten verschieden; für Föhre und teilweise auch Eiche sind sie besser als für Buche.

16. In Württemberg sind 10 Bestände mit Nadelholz-, 4 Bestände mit Laubholz-, 7 Bestände mit Laub- und Nadelholzmischungen von mir untersucht worden. Da Fichte und Tanne des reinen Bestandes im 100. Jahre fast gleiche, auch im 120. Jahre noch fast gleiche Massen haben, so ist die Vergleichung sehr erleichtert. Für die Laubholzmischungen muß die Masse reiner Buchenbestände unter Vergleichung der preußischen Eichenertragstafel zum Maßstab dienen. Für Fichte und Buche stehen Ertragstafeln aus Württemberg zu Gebot. In den meisten Mischungen bleibt der Materialertrag der gemischten Bestände hinter dem der reinen zurück, selten kommt er letzterem gleich, nur in einer Fläche wird letzterer übertroffen. Bei Einmischung der Esche in die Buche findet keine Steigerung, dagegen bei Einmischung der Fichte in die Buche eine Erhöhung des Ertrages statt.

Nach den Aufnahmen in Preußen, Hessen und Württemberg sind also die Abtriebserträge (der Hauptbestand) der gemischten Bestände vorherrschend niedriger als diejenigen der reinen Bestände. Es muß aber ausdrücklich betont werden, daß die Erträge der Reinigungs- und Durchforstungshiebe nicht berücksichtigt werden konnten. Diese werden ohne Zweifel die Erträge der gemischten Bestände erhöhen, so daß der Abstand von den reinen Beständen etwas verringert wird.

Aus den bisher bekannten Materialerträgen kann jedenfalls kein Grund für die Anzucht gemischter Bestände abgeleitet werden.

17. Hinsichtlich der Gelderträge reiner und gemischter Bestände sind die nötigen Unterlagen für praktische Schlüsse vorerst noch sehr dürftig.

Der Nachweis, daß die gemischten Bestände allgemein höhere Gelderträge abwerfen als die reinen, ist bis jetzt von keiner Seite erbracht worden und kann mit dem heute vorhandenen Beweismaterial auch nicht erbracht werden. Die Holzarten, bezw. das Mischungsverhältnis der Holzarten, geben den Ausschlag, wie eine Vergleichung der Material- und Gelderträge der einzelnen Holzarten gezeigt hat (§ 218). Die Schwierigkeit der Rechnung beruht sodann in der Forderung, daß für die einzelnen Holzarten und ihre Mischungen nicht nur gleiche Bonität, sondern auch gleiche Absatzmöglichkeit vorhanden sein muß.

Immerhin wird durch die Einmischung der seltenen Nutzholzarten (Ahorn, Eiche, Esche) der Geldertrag der Vor- und der Hauptnutzung der Buchenbestände erhöht werden, wenn auch der Materialertrag nur wenig verändert wird. Dasselbe kann durch die Einmischung von

Föhre und Lärche erreicht werden, wenn diese Starkholz im Buchenbestande liefern.

18. Pilz hat für einige Reviere in Elsaß-Lothringen[1]) den Geldertrag von 23 Jahren zusammengestellt und den Ertrag der einzelnen Holzarten aus ihren Mischungen verglichen. Vier Reviere gehören der III., das Eichenrevier der II. Bonität an.

		Pro Jahr und ha:		
		Abnutzung		Geldertrag
		Gesamtmasse	Derbholz	
Tannen-Reviere	(Tanne 73%)	7,13 Fm	6,76 Fm	76,90 M
Buchen-Reviere	(Buche 54%)	3,89 „	3,19 „	34,75 „
Tannen-Buchenreviere	(Tanne 35%) (Buche 37%)	5,22 „	4,56 „	57,50 „
Kiefern-Eichen-Buchenmischwald		4,22 „	3,19 „	49,06 „
Eichenrevier	(Eiche 65%)	6,56 „	5,02 „	101,00 „

Die Tannen-Buchenreviere stehen im Geldertrag 66 % über den (reinen) Buchenrevieren, bleiben dagegen 25 % hinter den (reinen) Tannenrevieren zurück. Die vielerlei Schwierigkeiten und Unsicherheiten bei dieser Gegenüberstellung hat Pilz ausführlich dargelegt. Schon der Umstand, daß die (reinen) Buchenreviere nur aus 54 % Buchen zusammengesetzt sind, zeigt, daß in der großen Wirtschaft die Forderung bezüglich der Bestockung kaum zu erfüllen ist. Die niedrige III. Bonität beeinflußt wesentlich den Geldertrag der Buche, da diese auf der geringeren Bonität wenig Nutzholz abwerfen wird, was bei der Tanne, auch Föhre, nicht der Fall ist. Auf der I. Bonität würden andere Verhältniszahlen sich ergeben.

Die Rechnung auf Grund der praktischen Wirtschaft muß nach Beständen oder Abteilungen durchgeführt werden, da in diesen eher als in ganzen Revieren eine gleichmäßige Bestockung vorhanden ist. Sodann muß die Holzart, auf welche sich die Vergleichung bezieht, scharf herausgehoben sein. Das Tannen-Buchenrevier ergibt höhere Erträge als das (reine) Buchenrevier, dagegen niedrigere als das (reine) Tannenrevier. Im einen Fall (Tanne zu Buche) wird durch die Beimischung einer Holzart der Geldertrag erhöht, im andern dagegen (Buche zu Tanne) durch dieselbe Mischung erniedrigt.

Ergebnisse aus der großen Praxis sind aber höchst wertvoll, weil alle Verhältnisse der praktischen Wirtschaft zum Ausdruck gelangen und große Flächen zum Vergleich benützt werden können.

Daß die gemischten Bestände allgemein höhere Gelderträge abwerfen, ist nach dem heutigen statistischen Material nicht nachweisbar. Durch Einmischung gewisser Holzarten ist aber eine Steigerung derselben, namentlich im Buchenbestande, möglich.

19. Schädigungen durch Naturereignisse führen einen Ausfall im Materialertrag (lückenhafte Bestände), sowie im Gelder-

[1]) Allg. F. J.Z. 1906, 361.

trag (geringwertige Sortimente, Preissturz bei außerordentlichen Anfällen) herbei. Wird der Schaden durch die Anzucht gemischter Bestände verhindert oder verringert, so wird der Ausfall im Ertrage herabgesetzt. Die den gemischten Beständen zugeschriebene Wirkung kann also von erheblicher Tragweite sein.

Daß die einzelnen Holzarten an sich den Gefahren durch Wind, Sturm, Schnee, Insekten, Pilze, Feuer in verschiedenem Grade ausgesetzt sind und tatsächlich in verschiedenem Maße betroffen werden, steht außer Zweifel. Wenn die gemischten Bestände einen günstigen Einfluß haben, so muß dieser in der Verringerung der Gefährdung (wenn windfeste Holzarten mit weniger festen gemischt werden) oder der Erhöhung der Widerstandskraft (gegen Pilze) oder in beiden bestehen. Wie verhalten sich nun gemischte Bestände bei den kleinen, alljährlich auftretenden, wie bei großen Schädigungen gegenüber den reinen Beständen?

Mit Sicherheit läßt sich ein Unterschied nur feststellen, wenn nach einer eingetretenen Kalamität beide Bestandesarten, die neben einander liegen und insbesondere in der Lage übereinstimmen müssen, genauer untersucht werden. Wie oft findet sich hiezu Gelegenheit? Meistens ist man genötigt, Bestände zu vergleichen, die mehr oder weniger entfernt von einander sind. In diesen kann nicht nur ein Unterschied in der Lage, im Boden, in der Bonität bestehen, sondern es kann auch die Belastung durch Schnee oder der Druck des Windes verschieden gewesen sein. Dadurch verliert die Vergleichung an Sicherheit.

Das in solchen Fällen mit genügender Genauigkeit erhobene Material ist dürftig und vielfach widersprechend. Manchmal wird berichtet, daß ein Unterschied des Schadens in reinen und in gemischten Beständen nicht zu bemerken sei. So u. a. von Eifert bezüglich der Sturmgefahr im württ. Schwarzwalde.[1]) Dagegen empfiehlt Bargmann[2]) auf Grund seiner Studien als bestes Schutzmittel gegen die Sturmgefahr die Anzucht gemischter Bestände. Blohmer[3]) hat im sächsischen Forstbezirk Cunnersdorf nach den Stürmen von 1868 und 1869 in reinen Tannen- und in den aus Tannen, Fichten und Buchen gemischten Beständen genaue Auszählungen vorgenommen, d. h. in 16 Beständen den Stand vor dem Bruch erhoben und die geworfene oder gebrochene Stammzahl mit jenem Stande verglichen. Ein bedeutender Unterschied hat sich nicht ergeben. Im Durchschnitt ergab sich, daß von den Tannen 46, den in Mischung stehenden Fichten 40, den Buchen 38, den Föhren 34%

---

1) Allg. F. J.Z. 1903, 414.

2) Das. 1904, 164.

3) Thar. J. 20, 275.

geworfen oder gebrochen wurden. Aus dem Böhmerwalde wird gemeldet[1]), daß 1870 die Fichten geworfen wurden, dagegen Buchen und Tannen stehen blieben. Dem heftigen Sturme vom 15. Februar 1916 sind in Hessen die stärksten eingemischten Eichen zum Opfer gefallen[2]). Die Berichte über starke Stürme aus Deutschland, Österreich und der Schweiz weisen ziemlich übereinstimmend darauf hin, daß alle Holzarten bei Stürmen betroffen worden sind. Weitere Untersuchungen wären sehr erwünscht. Vom Schnee gebrochen werden auch im Buchenbestande die Gipfel der Fichte oder der Föhre, ebenso im Fichtenbestande die Gipfel der Föhre.

Die Insekten- und die Feuersgefahr wird in gemischten Beständen verringert, aber nicht beseitigt.

Daß bei Nonnenfraß im Fichtenbestande auch eingemischte Föhren befallen, die Tannen auch im gemischten Bestande vom Tannenwickler entnadelt, die Weymouthskiefern auch im gemischten Bestande vom Wurzelpilz getötet, vom Feuer schließlich alle Holzarten des gemischten Bestandes ergriffen werden u.s.w., sind allgemein bekannte Tatsachen. Intensiv auftretenden Schädigungen erliegen die reinen wie die gemischten Bestände[3]). Bleiben im letzteren auch einige Holzarten und Stämme verschont, so muß der Bestand vielfach doch abgetrieben werden. Auch im reinen Bestande bleiben größere oder kleinere Teile bei Kalamitäten (Sturm, Schnee, Insekten) verschont. Geschieht dies auch im gemischten Bestande, so darf es also nicht ohne weiteres dem gemischten Bestand als solchem zugeschrieben werden.

Diese heftigen Kalamitäten treten nur in längeren Zwischenräumen auf; die kleinen Schädigungen wiederholen sich fast alle Jahre. Wie verhalten sich nun diesen gegenüber die reinen und die gemischten Bestände? Auch hierüber fehlt es an dem nötigen Beweismaterial.

Tatsache ist, daß es reine Bestände von größerer Ausdehnung gibt, die, wie die gemischten Bestände, bis zur Haubarkeit sich geschlossen erhalten. Dies gilt für Buchen, Eichen, Erlen, Eschen, Tannen; in geringerem Grade für Fichten und Föhren. Andererseits ist richtig, daß im reinen Bestande größere zusammenhängende Flächen vom Wind und Schnee oder von Insekten vernichtet werden können, während im gemischten Bestande der Schaden auf kleinere Teile beschränkt bleibt. Diese Beobachtung hat hauptsächlich das Urteil über die reinen und gemischten Bestände beeinflußt.

[1]) Zentralbl. f. ges. Forstwesen 1875, 34.

[2]) Forstw. Zentralbl. 1916, 38. 535.

[3]) Scheidter bemerkt (Naturw. Zeitschr. 1919. S. 79): Besonders stark scheint im Frankenwalde das Tannensterben in den stammweise mit Fichten und Tannen gemischten Beständen aufzutreten.

Durch Schnee oder Wind entsteht sodann im reinen Bestande eine Lücke, während im gemischten Bestande z. B. die Buche die Lücke ausfüllt und nach kurzer Zeit die Stelle des Schadens verdeckt.

Eine ähnliche Wirkung hat auch der reine Bestand des Plenterwaldes, der in der Höhe abgestuft ist. Es ist also nicht der reine Bestand als solcher, sondern die Erziehung gleich alter, gleich hoher, dicht geschlossener reiner Bestände, welche die Gefahr und den Schaden vergrößert.

Das Vorhandensein reiner Bestände höheren Alters, manchmal von guter, selbst sehr guter Verfassung, spricht dafür, daß unter gewissen Verhältnissen die gemischten Bestände bezüglich der Widerstandsfähigkeit gegen Beschädigungen die reinen Bestände nicht übertreffen.

Bei dem Mangel an sicherem Material müssen wir uns zunächst, und wohl noch für längere Zeit, mit weniger sicheren Beweismitteln begnügen. Einige Anhaltspunkte aus der großen Wirtschaft könnten in dieser Hinsicht die Bestandesbeschreibungen geben, wie sie bei der Aufstellung von Wirtschaftsplänen angefertigt werden. In diesen wird der Grad der Vollkommenheit für jeden Bestand angegeben. Hätten wir diese Zahlen für reine und gemischte Bestände getrennt zur Verfügung, so ließe sich aus großen Durchschnittszahlen der Unterschied der Bestandesarten ableiten. Hätten z. B. die gemischten Bestände eine Vollkommenheit von 0,9 bis 1,0, die reinen nur eine solche von 0,7 bis 0,8, so würde das besagen, daß die reinen Bestände im großen ganzen mehr geschädigt werden als die gemischten.

Die reinen Bestände von Fichte und Föhre sind von Gefahren mehr bedroht als die anderer Holzarten. Für diese beiden Nadelhölzer wird also die Beimischung anderer Holzarten von Nutzen sein. Für alle übrigen Holzarten hat die Anzucht im gemischten Bestande keine erheblichen Vorteile. Die Gefährdung der reinen Bestände ist vielfach überschätzt worden. Werden die im reinen Bestande entstandenen Lücken alsbald ausgepflanzt, so kann auch auf solchen Lücken noch ein Ertrag erzielt oder bei geringem Wachstum der Zwischen- oder unterbauten Holzart der Boden geschützt werden.

20. Es bleiben noch die Vorzüge gemischter Bestände in waldbaulicher Hinsicht zu besprechen. Die wertvollen Nutzholzarten (Eiche, Esche, Ahorn, Lärche) können selten und nur auf kleinen Flächen in reinen Beständen angebaut werden. Sie würden vielfach aus unsern Wäldern verschwinden, wenn sie nicht in stamm-, gruppen- oder horstweiser Mischung mit anderen Holzarten, namentlich mit der Buche, erzogen werden könnten. Für diese

seltenen Arten ist der gemischte Bestand geradezu die Bedingung der Erhaltung. Dieser volks- und auch privatwirtschaftliche Vorteil der gemischten Bestände kann nicht hoch genug angeschlagen werden.

Die vollere Bestockung und damit ein dichterer Schluß wird bei den gemischten Beständen insofern erzielt, als je nach den Holzarten und ihrem Schattenertragen zwischen- und unterständige Stämme in größerer Anzahl sich erhalten können.

Die natürliche Verjüngung vollzieht sich, wie die Beobachtung im Walde zeigt, im gemischten Bestande leichter als in manchen reinen Beständen. Es ist nicht genauer erhoben, aber wahrscheinlich, daß die in der Höhe- und Kronenentwicklung und damit in der Besonnung abgestuften Bäume des gemischten Bestandes reichlicher Samen tragen, daß der Same, namentlich im gemischten Buchenbestande, ein besseres Keimbett findet als im reinen Bestande, endlich daß der Lichtzutritt zu den jungen Pflanzen im gemischten Bestande erleichtert ist. Dies hängt aber auch mit dem Bodenzustand überhaupt zusammen.

Die wertvollen Nutzholzarten gehören zu den Lichtholzarten. Die Reisigmenge ist gering, so daß sie den Boden wenig beschatten. Es tritt leicht eine Austrocknung und Verwilderung des Bodens ein. Durch die Beimischung einer schattenertragenden Holzart werden diese nachteiligen Wirkungen des lichten Bestandes abgeschwächt, sogar ganz aufgehoben. Die beigemischte Holzart kann bei ungefähr gleichem Alter zwischen- oder unterständig sein oder im Wege des Unterbaus als sog. Bodenschutzholz eingebracht werden.

21. Fassen wir die Ergebnisse der vorstehenden Untersuchungen zusammen, so muß in erster Linie der Mangel ausreichenden Materials und die dadurch hervorgerufene Unsicherheit der Schlußfolgerungen hervorgehoben werden.

Von den zur Vergleichung kommenden Beständen ist meistens die frühere Behandlung, daher die frühere Entwickelung gar nicht oder nur ungenau bekannt. Im allgemeinen werden sie nach dem B- oder C-Grad durchforstet, einige vielleicht auch im Lichtwuchsbetriebe behandelt worden sein. Wie der Unterschied im Material- und Geldertrage bei lichterer Stellung der gemischten Bestände sich gestaltet, müssen erst die eingeleiteten Versuche zeigen.

Allgemeine Sätze über die Mischungen sind nur in wenigen Punkten zulässig. Es müssen die Holzarten und die Bonitäten ausgeschieden werden.

Von den in Ziffer 1 aufgezählten 14 Vorzügen der gemischten Bestände sind 4 (Nr. 3, 5, 6, 7) bereits als unwesentlich ausgeschieden worden. Die Steigerung des Materialertrags (Nr. 2 und 11) ist allgemein nicht nachweisbar, im ganzen eher unwahrscheinlich, jedenfalls unbedeutend. Da die Qualität des in der Mischung erwachsenen Holzes teilweise geringer ist, tritt allgemein eine Steigerung der Nutzholzproduktion (Nr. 10) nicht ein; dasselbe gilt (Nr. 12) bezüglich des Geldertrags; dieser wird nur gehoben durch Beimischung wertvoller Nutzholzarten. Daß die gemischten Bestände weniger Schädigungen unterliegen (Nr. 4), kann nur für Fichte und Föhre von Bedeutung sein; für die übrigen Holzarten ist dieser Vorzug nicht erwiesen. Die Mannigfaltigkeit der Produkte (Nr. 9) und die Anpassung an die Marktverhältnisse (Nr. 13) können auch durch kleine reine Bestände (Horste) erreicht werden.

Die ökonomischen und finanziellen Vorzüge der gemischten Bestände sind also teils unwesentlich, teils zweifelhaft, teils geringfügig. Als entschiedene Vorzüge der gemischten Bestände bleiben nur (Nr. 1) die Möglichkeit, die seltenen Holzarten anzuziehen, (Nr. 8) die vollere Bestockung und (Nr. 14) die leichtere natürliche Verjüngung übrig. Da volle Bestockung und natürliche Verjüngung auch im reinen Bestande zu treffen sind, so kann schließlich nur die Anzucht der seltenen und wertvollen Holzarten als unzweifelhafter Vorzug der gemischten Bestände festgestellt werden.

Auf den besseren Bonitäten (I, II, auch III) treten die Vorzüge der gemischten Bestände überhaupt zurück, weil auf diesen vielfach Bodenschutzholz sich von selbst einstellt oder leicht künstlich eingebracht werden kann.

Daß die Lehre über die reinen und die gemischten Bestände auf die Ausdehnung dieser Bestandesarten eingewirkt hat, ist nicht zu bezweifeln. Der Hartigsche Einfluß liegt klar zu Tage. Streng durchgeführt wurde aber weder die Ansicht Hartigs, noch diejenige von Cotta. Sonst hätten wir von 1850—1900 nicht die vielen aus Buchen, Fichten und Tannen gemischten Bestände gesehen; es hätten vielmehr die reinen Bestände weitaus vorherrschen müssen. Wären die Gedanken von Cotta überall zur Geltung gelangt, so müßten wir heute fast nur gemischte Bestände in unseren Wäldern treffen. Daß die Lehren Cottas in Vergessenheit gekommen sein mußten, beweisen uns die Schriften von Karl Heyer und Gayer. Gerade in Sachsen, wo die Schüler Cottas wirkten, sind die gemischten Bestände schon um die Mitte des 19. Jahrhunderts fast verschwunden. Die Vorzüge gemischter Bestände hat man wohl anerkannt und ihre Anzucht empfohlen.[1]) Aber die gewaltige Aufgabe der Forstwirtschaft von 1800 bis etwa 1850 — Aufforstung von Weideflächen, Ödland und Kahlschlägen, Umwandlung des Mittelwaldes in Hochwald, Ausfüllung der Lücken in den Beständen, Steigerung des Ertrags der

[1]) Jäger, Forstkulturwesen 1850. S. 14—26.

Wälder durch den Anbau rasch wachsender Holzarten — war durch die Anzucht reiner Bestände bei dem damals noch unentwickelten Kulturwesen leichter zu bewältigen als bei Mischungen. Die Verhältnisse im Walde haben mehr auf die Ausdehnung der reinen Bestände hingewirkt als die Theorie. Zeiten außerordentlicher Arbeit können für die Anzucht gemischter Bestände, die die Kraft des gesamten Personals in hohem Grade in Anspruch nehmen, nicht günstig sein.

§ 243. Zweck und praktische Fälle der vorübergehenden Mischungen mehrerer Holzarten.

1. Durch die vorübergehende Mischung sucht man ganz verschiedene Zwecke zu erreichen.

Um Tannen, Fichten, Buchen, Eschen etc. vor Frost zu schützen, werden Föhren, Birken, Weißerlen diesen Holzarten bei der ersten Anpflanzung künstlich durch Saat oder Pflanzung beigemischt. Sehr oft siedeln sich diese Holzarten auch mit Aspe, Sahlweide, Erle, Hartriegel etc. von selbst an. Diese beigemischten Holzarten haben ein rascheres Wachstum als die ersteren, so daß die Fichten etc. wenigstens teilweise unter den Schirm der Föhren, Birken zu stehen kommen und gegen starke nächtliche Abkühlung geschützt werden. Sind die Fichten etc. etwa 1,5 m hoch geworden, so werden die Föhren, Birken etc. ganz oder größtenteils entfernt. Birken können je nach den Absatzverhältnissen für Reisig zunächst nur entastet werden. Verspäteter Aushieb dieser schützenden Holzarten muß vermieden werden.

In „Frostlöchern", die erst nach Ausführung der Hauptkultur bemerkt werden, können Föhren und Birken nachträglich (durch Pflanzung) eingebracht werden.

2. Ist das Gedeihen einer Holzart auf bestimmten Örtlichkeiten unsicher, so wird ihr bei der Saat oder Pflanzung zunächst eine gleichwertige Holzart beigemischt, um die Bestockung zu sichern (Föhre zu Fichte, Birke zu Föhre etc.). Wenn die Hauptholzart Gedeihen verspricht, wird die beigemischte Holzart nach und nach entfernt; an einzelnen Stellen kann sie dauernd belassen werden müssen.

3. Um einen baldigen Ertrag zu erzielen, werden der langsam wachsenden Hauptholzart (Fichte, Tanne, Buche) raschwachsende Holzarten (Föhre, Lärche, Weymouthsföhre, Birke, Ahorn, Erle) meistens künstlich beigemischt, die nach 15—20 Jahren teilweise genutzt werden. Von Privatwaldbesitzern, auch Gemeinden, welche für Kulturen erhebliche Ausgaben machen mußten und daher einen baldigen Wiederersatz derselben anstreben, werden solche Mischungen vielfach ausgeführt. Auch bei der Umwandlung von Mittelwald in Hoch-

wald wurde dieses Prinzip angewendet, um für den Ausfall an Nutzungsmasse während der Übergangszeit Ersatz zu schaffen. Unter dem Namen „Vorwaldsystem" hat Gehret im Kanton Aargau diese Mischung um 1850 auf ausgedehnten Flächen durchgeführt.[1] Die Hoffnungen, die Gehret auf sein System setzte, gingen übrigens nicht in Erfüllung. Lärche, Föhre, Birke, Akazie sind nach 47—57 Jahren nicht verschwunden, sondern bilden vielfach den Hauptbestand mit Eichen, Ulmen, Eschen, Ahorn. Buche und Hainbuche sind nur zu niedrigem Bodenschutzholz erwachsen.[2] Der Aushieb der rasch wachsenden „Vorwaldreihen" erfolgte, wie es scheint, erst nach 35 Jahren.

4. In allen diesen Fällen muß die bleibende Hauptholzart die Beschattung durch die vorübergehend beigemischte Holzart ertragen.

Bedingung der richtigen Mischung ist also die Kenntnis der Eigenschaften der Holzarten (ob frosthart, anspruchsvoll, ihr Lichtbedarf, ihr Wachstumsgang in der Jugend, ihr Ertrag).

Solche Mischungen können durch natürliche Verjüngung oder durch Saat und Pflanzung hergestellt werden. Die rasch wachsenden Holzarten werden schon im ersten, noch mehr im zweiten und dritten Jahre einen entschiedenen und bleibenden Vorsprung gewinnen. Es ist aber zu beachten, daß das Höhenwachstum der einzelnen Holzarten auf verschiedenen Bodenarten Verschiebungen erleidet.

Die Erreichung des Zweckes der vorübergehenden Mischung hängt größtenteils von der Sorgfalt der Wirtschaft ab. In der Regel handelt es sich nur um kleinere Flächen, die leicht überwacht werden können. Wird der richtige Zeitpunkt zur Entfernung der beigemischten Holzart versäumt, so wird diese zur herrschenden Holzart werden.

Auf kleineren Lücken und schlechtwüchsigen Stellen wird die beigemischte Holzart zunächst belassen und erst bei der Durchforstung entfernt. Auf größeren Lücken kann sie bis zur Haubarkeit des ganzen Bestandes erhalten werden müssen.

§ 244. Die dauernden Mischungen verschiedener Holzarten.

1. Die dauernden Mischungen unterscheiden sich von den vorübergehenden dadurch, daß bei ihnen die Mischung bis zur Haubarkeit des Bestandes erhalten bleiben soll. In Wirklichkeit wird dieses Ideal nicht immer erreicht, insofern einzelne Holzarten (viel-

[1]) Die Holzarten mit raschem Wachstum sollten gepflanzt und reihenweise gemischt den „Vorwald" bilden und bald genutzt werden. Die langsam wachsenden Holzarten sollten nachher zum eigentlichen Hochwaldbestand heranwachsen.

[2]) Schweiz. Z. f. Fw. 1906, 273.

fach Birken, Eichen, Lärchen) schon vor dem Abtrieb des ganzen Bestandes genutzt werden oder genutzt werden müssen.

Zunächst sollen die am häufigsten vorkommenden Mischungen im geschlossenen Hochwalde zusammengestellt werden. Der Anteil der einzelnen Holzarten an der gesamten Stammzahl eines Bestandes wird hiebei außerachtgelassen. Bei der Mischung von Fichte und Tanne kann also bald die Fichte, bald die Tanne das Übergewicht haben. Ebenso wird dabei das mehr oder weniger gute Wachstum der einen oder anderen Holzart nicht berücksichtigt.

A. Die Mischung von Nadelhölzern im geschlossenen Hochwalde.

2. Vom Tieflande bis zur Baumgrenze treffen wir Bestände, die aus Nadelhölzern teils von Natur, teils künstlich gemischt sind und zwar aus

1. Fichte und Tanne;
2. Fichte „ Föhre;
3. Fichte „ Lärche;
4. Fichte „ Arve;
5. Fichte „ Bergföhre;
6. Fichte „ Schwarzföhre;
7. Tanne und Lärche;
8. Tanne „ Föhre;
9. Föhre „ Lärche;
10. Fichte, Tanne, Föhre;
11. Fichte, Lärche, Föhre, Bergföhre, Arve.

B. Die Mischung von Laubhölzern im geschlossenen Hochwalde.

3. Die aus Laubhölzern gemischten Bestände gehören vorherrschend dem Tieflande und den mittleren Höhenlagen an; in den obersten Lagen treten sie in geringerer Ausdehnung auf. Die wichtigsten Mischungen bestehen aus

12. Buche und Eiche;
13. Buche „ Esche;
14. Buche „ Ahorn;
15. Buche „ Ulme;
16. Buche „ Hainbuche;
17. Buche Linde;
18. Buche „ Birke;
19. Birke „ Aspe;
20. Buche, Eiche, Kastanie;
21. Buche, Esche, Aspe, Sahlweide;
22. Buche, Eiche, Esche, Ahorn, Ulme, Hainbuche, Schwarzerle, Birke, Kirschbaum, Elzbeere, Speierling.

C. Die Mischung von Nadelholz mit Laubholz im geschlossenen Hochwalde.

4. Aus Nadel- und Laubhölzern gemischte Bestände finden sich in allen Höhenlagen; in den obersten Zonen treten die Laubhölzer zurück. Die am meisten verbreiteten Mischungen setzen sich zusammen aus

23. Fichte und Buche;
24. Tanne „ Buche;
25. Föhre „ Buche;
26. Lärche und Buche;
27. Fichte, Tanne, Föhre, Lärche, Buche;
28. Fichte und Eiche;
29. Tanne „ Eiche;
30. Föhre und Eiche;
31. Fichte „ Birke;
32. Föhre „ Birke;
33. Fichte, Tanne, Föhre, Eiche;
34. Fichte, Tanne, Buche, Eiche, Kastanie;
35. Fichte, Lärche, Arve, Bergföhre, Alpenerle, Vogelbeerbaum.

In besonders günstigen Lagen kann die Zahl der unter- und nebeneinander stehenden Holzarten eine sehr große sein. So finden sich am Westhange zwischen Bregenz und dem Pfänder (400—1100 m ü. M.) in bunter Mischung folgende 27 Holzarten[1]): Fichte, Tanne, Föhre, Lärche (künstlich?), Eibe, Wacholder, Arve (künstlich); — Kastanie, Buche, Bergahorn, Feldahorn, Esche, Ulme, Aspe, Kirschbaum, Mehlbeere, Vogelbeere, Birke, Eiche, Linde, Weißerle, Alpenerle, Hainbuche, Traubenkirsche, Sahlweide, Haselnuß, Birnbaum.

5. Die 35 Arten von gemischten Beständen im Hochwalde, von denen einzelne als typisch bezeichnet werden dürfen, könnten durch lokale Mischungen noch vermehrt werden. Erwägt man ferner, daß der Anteil der einzelnen Holzarten an der gesamten Stammzahl ein sehr verschiedener und die Mischungsart ebenfalls eine wechselnde ist, so wird die Schwierigkeit, eine gewisse Ordnung und Übersicht in diese Verhältnisse zu bringen, ohne weiteres klar sein. Erleichtert wird ein Überblick im großen, wenn wir geographisch abgegrenzte Gebiete ins Auge fassen. Denn die Unterschiede in der geographischen Verbreitung der Holzarten sind auch bei den gemischten Beständen von entscheidender Bedeutung. In einer bestimmten Gegend herrscht gewöhnlich eine einzige Holzart vor. In die von ihr gebildeten Bestände, in den sogenannten „Grundbestand", müssen die weiteren Holzarten eingebracht werden.

Im Norden und Nordosten Deutschlands kommen für die Mischungen hauptsächlich die Föhrenbestände, im Nordwesten von Deutschland meistens die Buchenbestände, in Mittel- und Süddeutschland, in Österreich, in der Schweiz vorherrschend die Fichten-, in geringerem Grade die Buchen- und Weißtannen- oder Föhrenbestände in Betracht. Dadurch ist die praktische Aufgabe für große Gebiete wesentlich vereinfacht. Sie besteht in der Hauptsache darin, die besonderen Standortsverhältnisse bei der Einmischung zu beachten, die den Föhren, Buchen oder Fichten beigemischten Holzarten durch

[1]) Einen aus 23 Baum- und 16 Straucharten gemischten Bestand traf ich am Westhange ob Chillon am Genfersee. Näheres Fw. Cbl. 1886, 71. Am Hange des Gebenstorferhorns (Kanton Aargau) zählte ich 28 Baum- und 14 Straucharten.

zweckmäßige Bewirtschaftung zu erhalten und bei der Verjüngung der Bestände nachzuziehen.

6. Im Niederwalde kommen, wenn etwa angeflogenes Nadelholz außer Betracht bleibt, nur Laubholzmischungen vor. Bevorzugt werden solche Arten, welche reichliche und kräftige Stockausschläge liefern (§ 140). Von den rasch in die Höhe gehenden Stockausschlägen können die anderen Arten überwachsen und unterdrückt werden. So muß manchmal die wegen des Bodenschutzes erwünschte Buche oder die wertvolleres Nutz- und Brennholz liefernde Hainbuche besonders begünstigt werden. Eine stete Sorge im Niederwald muß auf das Zurückdrängen weniger ertragsreicher Arten (Hasel, Aspen, Pappeln etc.) gerichtet sein. In der Wertschätzung dieser schwachen Nutzhölzer tritt aber oft ein rascher Wechsel ein, so daß sich eine gewisse Mannigfaltigkeit der Arten empfiehlt. Dies gilt auch für das Unterholz des Mittelwaldes.

Das Oberholz des Mittelwaldes steht in der Regel so licht, daß die vorhandenen Holzarten — meist Eiche, Esche, Ahorn, auch Lärche, Föhre, selbst Fichte, Tanne — sich gegenseitig nicht beeinflussen. Bei dichtem Stand des Oberholzes (2—300 Stück auf 1 ha) muß dieses hochwaldartig behandelt werden; das Unterholz wird dabei nur schwächlich sich entwickeln können.

Der Plenterwald ist bald aus Nadelholz, bald aus Laubholz, bald aus Laub- und Nadelholz zusammengesetzt. Die Fähigkeit Schatten zu ertragen und nach der Lichtstellung sich weiter zu entwickeln, kommt bei den Holzarten des Plenterwaldes in erster Linie in Betracht (vgl. § 340).

7. Die wissenschaftlichen Grundlagen für die Lehre von den gemischten Beständen sind noch sehr lückenhaft; was heute sich darüber sagen läßt, soll gleichwohl angeführt werden.

Die Erhaltung der Holzarten im gemischten Bestande bis zur Haubarkeit ist vom Höhenwachstum, der Kronenausbreitung und dem Schattenertragen der einzelnen Holzarten abhängig. In § 152—157 (vgl. insbesondere Tabelle 106 auf S. 521 und Tabelle 102 auf S. 514) sind die uns heute zu Gebot stehenden Angaben zusammengestellt. Die Ergebnisse stammen aus Versuchsflächen, die in reinen Beständen angelegt sind; diese Zahlen werden auch für gemischte Bestände verwendet. Es wird dabei stillschweigend von der Voraussetzung ausgegangen, daß das Verhältnis des Höhenwachstums sich bei Mischung der betreffenden Holzarten nicht wesentlich ändern werde, eine Annahme, die im allgemeinen zutreffend ist. Ein anderer Teil des Zahlenmaterials stammt aus den Versuchsgärten von Zürich und Tübingen. In diesen wurden 22 verschiedene Holzarten unmittelbar neben einander in Beeten gesät oder gepflanzt, so daß ein streifenweise gemischter Bestand künstlich hergestellt und etwa 18 Jahre beobachtet wurde.

Ausgedehnte Pflanzungen zum Studium der Mischungen hat die Versuchsanstalt von Baden 1874 ausgeführt.[1]) Erhebungen in gemischten Beständen von Preußen hat Schwappach[2]), von Hessen Wimmenauer[3]) veröffentlicht.

Über das Wachstum der Holzarten im gemischten Bestande lassen sich wohl einige allgemeine Sätze aufstellen. Es ist aber mit Nachdruck darauf hinzuweisen, daß für das praktische Vorgehen die Beobachtung im Bestande selbst entscheidend sein muß. Ob die Eiche oder die Buche vorwüchsig ist, entnimmt man nicht einem Buche, sondern stellt das Verhältnis im einzelnen Bestande selbst fest. Aus § 153, 11 ist zu ersehen, daß die Eiche der Buche auf 4 Bodenarten überlegen ist, während auf 6 andern Bodenarten es sich umgekehrt verhält. Für 12 Holzarten hat Badoux (§ 153, 9) nachgewiesen, daß die Reihenfolge im Höhenwachstum auf verschiedenen Bodenarten nicht dieselbe ist. Aus den Ertragstafeln geht hervor, daß die Eiche von Jugend an bis zum 40. oder 50. Jahre höher ist als die Buche, daß aber vom 50.—60. Jahre an sie hinter der Buche zurückbleibt, ein Ergebnis, das Schwappach durch Untersuchungen in gemischten Beständen bestätigt hat. Der Augenschein zeigt ferner, daß in Horsten, noch mehr in größeren Beständen, das Höhenwachstum von Eiche und Buche verschieden ist; innerhalb desselben Bestandes ist bald die Eiche, bald die Buche vorwüchsig. Bodentemperatur, Tiefgründigkeit, Feuchtigkeit, Steinbeimengung, Lockerheit, mineralische Nährstoffe wechseln, wie durch Untersuchungen festgestellt ist, auf kleiner Fläche und verändern die Wachstumsbedingungen für die einzelnen Holzarten.

Noch verwickelter wird das Verhältnis des Höhenwachstums, wenn der gemischte Bestand aus natürlicher Verjüngung hervorgegangen ist. Dadurch kann das Alter der einzelnen Holzarten verschieden sein, die eine oder andere Holzart einen „Altersvorsprung" und dadurch eine größere Höhe erreicht haben. Einen stärkeren Einfluß übt der Grad und die Dauer der Beschattung durch den alten Bestand auf die Entwickelung der Pflanzen sowohl während der Beschattung selbst als auch nach der Freistellung. Stärker und länger beschattete Pflanzen derselben Holzart bleiben im Wachstum nach der Freistellung längere Zeit erheblich zurück. Bei verschiedenen Holzarten tritt dieser Unterschied noch deutlicher hervor; bei Tannen

---

[1]) Siefert und Burger, Die Kulturversuche auf dem Köcherhof im Forstbezirk Ettenheim. 1905.

[2]) Zeitschrift für Forst- und Jagdwesen 1914, 472. 1916, 615.

[3]) Allg. Forst- und Jagdzeitg. 1914, 90.

ist er nicht sehr bedeutend, während er bei Fichte, Föhre, Lärche sehr stark ist.

Die Witterungsverhältnisse (Trockenheit, Frost, Belichtung etc. beeinflussen das Wachstum verschiedener Holzarten an sich, sowie je nach der Bodenart, in ungleicher Weise und ungleichem Grade, so daß in verschiedenen Jahrgängen Verschiebungen in den Höhenverhältnissen eintreten können.

Bewirtschaftung der gemischten Bestände.

§ 245. Allgemeines.

1. Man sollte meinen, daß bei den so verschiedenartigen Verhältnissen der gemischten Bestände eine große Unsicherheit in deren Bewirtschaftung herrschen müsse. Wo aber die Reviere nicht zu groß sind, und der Wirtschafter genügend Zeit zur Beobachtung, zur Überlegung und zur Durchführung seiner gut vorbereiteten Maßregeln hat, treffen wir keineswegs ein tastendes Hin- und Herschwanken, sondern, ebensogut wie im reinen Bestande, ein zielbewußtes Vorgehen im jüngsten wie im älteren Bestande. In der Behandlung gemischter Bestände erfahrene Wirtschafter sind frei von unpraktischen Theorien. Sie wissen, daß man sich damit begnügen muß, den angestrebten Waldzustand im großen ganzen erreicht zu haben. Sie wissen ferner, daß man diesen nicht auf jedem Ar herzustellen vermag und daß man ein im voraus festgesetztes Mischungsverhältnis unter den Holzarten fast nie erzielt. Bei der Bewirtschaftung der gemischten Bestände gehen sie von gewissen Grundsätzen aus. Ältere Bestände, die nach diesen oder auch anderen Grundsätzen bewirtschaftet wurden, stehen ihnen vor Augen. Ihr Handeln im einzelnen Falle ist dadurch auf eine sichere Grundlage gestellt. Dabei haben sie hinreichende Beweglichkeit, um der Verfassung jedes einzelnen Bestandes und Bestandesteils Rechnung tragen zu können.

Eine gute Beobachtungsgabe ist die erste Anforderung an den Wirtschafter im gemischten Bestande. Dazu muß Selbständigkeit und Sicherheit im Handeln und die Unabhängigkeit von jeder Schablone und von der etwa herrschenden Mode kommen.

2. Bei der Bewirtschaftung der gemischten Bestände muß vor allem der Zweck ins Auge gefaßt werden, den man erreichen will. Denn vom Zwecke hängt die Behandlung der vorhandenen Bestände aller Altersklassen und auch ihre Wiederverjüngung ab. Die folgenden Ausführungen beziehen sich auf die stamm- und gruppen-, auch gürtel- oder bandweise gemischten Holzarten. Die Behandlung der horstweise gemischten Bestände nähert sich der der reinen Bestände; nur am äußeren Rande des Horstes grenzen die verschiedenen Holzarten aneinander.

Sind die in Mischung stehenden Holzarten von ungleichem Werte (im Zuwachs, in der Nutzholzerzeugung, im Preise), so wird der wertvolleren Holzart ein möglichst großer Anteil an der gesamten Stammzahl eingeräumt werden: so den Eichen, Eschen, Ahorn im Buchenbestande, der Lärche im Buchen- und Fichtenbestande etc. Sind die Holzarten ungefähr gleichwertig (Fichte und Tanne, Esche und Ahorn), so ist das Mischungsverhältnis von unwesentlicher Bedeutung.

Bei der Reinigung, Durchforstung und Lichtung wird die wertvollere Holzart begünstigt. Es wird deshalb die Ausbildung ihrer Krone durch Freistellung zu befördern und das Verdrängen des Stammes aus der herrschenden Klasse zu verhindern gesucht.

Der wertvolleren Holzart ist die seltene und deshalb zu erhaltende gleichzustellen (*Sorbus*- und *Prunus*-Arten etc.).

Wird durch eine beigemischte Holzart die Einwirkung auf den Bodenzustand beabsichtigt (Buche im Föhren- oder Lärchen- oder Eichenbestand), so muß diese durch den ganzen Bestand hin, sei es in herrschender, mitherrschender, zwischen- oder unterständiger Stellung, sei es in stammweiser oder gruppenweiser Form erhalten werden. In manchen Fällen muß sogar die Hauptholzart zu ihren Gunsten entfernt werden; vielfach sind geringwüchsige oder weniger gut geformte Bäume der Hauptholzart vorhanden, deren Fällung weniger Bedenken hervorruft. Soll der Hauptholzart zum Schutze eine andere beigegeben werden, so muß die letztere in genügender Anzahl und in gleichmäßiger Verteilung vorhanden sein: Föhren im Fichtenbestand oder Eichen im Buchenbestande gegen Sturm, Tannen im Fichten- und Föhrenbestande gegen Schnee, Laubholz im Nadelholz gegen Pilze, Föhren oder Birken gegen Frost.

Niemals dürfen schlechtgeformte und kümmerlich wachsende Stämme erhalten werden, auch wenn sie der wertvolleren Holzart angehören. Eine gut entwickelte Buche ist einer schlechtbekronten Eiche vorzuziehen.

Schlecht gedeihende Holzarten werden nur dann im Bestande belassen, wenn sie etwa zum Schutz des Bodens dienen. (Kümmernde Fichten, selbst Sträucher im Föhrenbestande, kurze, breitastige Buchen im Eichen-, Fichten- und Föhrenbestande.)

3. Das Wachstum der einzelnen Holzarten ist schon im frühesten Jugendstadium (§ 153, 155) genau zu beobachten und schon der Reinigungshieb entsprechend zu gestalten.

Von entscheidendem Einfluß ist der Lichtgenuß der verschiedenen Holzarten. Langsamer wachsenden Holzarten wird durch die rascher wachsenden ein Teil des Lichtes entzogen, wodurch sie im Wachstum noch mehr zurückgesetzt werden. Die Reinigungshiebe im 8—10jährigen Bestande und die ersten Durchforstungen sind in dieser Beziehung von größter Bedeutung, weil durch die späteren Durchforstungen die Begünstigung einzelner Bäume oft nicht mehr möglich ist. Die Durchforstung selbst muß sich ganz nach den Wachstumsverhältnissen der einzelnen Bäume richten; auf kleiner Fläche müssen oft alle Arten und Grade der Durchforstung angewendet werden. Das Hauptaugenmerk ist auf die Ausbildung vollständiger Kronen zu richten. Mit eingeengter Krone vermag sich eine Holzart vielleicht am Leben zu erhalten, aber sie wird nur einen unbedeutenden Zuwachs haben.

Da gerade die wertvolleren Holzarten (fast alle sog. edlen Laubhölzer, ferner die Lärche) ein starkes Lichtbedürfnis haben, so sind sie von der frühesten Jugend an gegen Beschattung durch die Nachbarbäume zu schützen, gleichgültig, ob diese vorwüchsig, gleichwüchsig oder nachwüchsig sind. Das Verkümmern der Krone muß verhindert werden; die spätere Freistellung schlecht entwickelter Kronen hat nur geringen Erfolg. Eine stark schattende Holzart des „Grundbestandes“ schützt allerdings den Boden vor Vergrasung, aber sie entzieht durch ihre ausgebreitete Krone und ihren dichten Baumschlag den beigemischten Holzarten in starkem Grade das Licht. Mit dem zunehmenden Alter wird die Holzart des Grundbestandes immer mehr verringert oder größtenteils unterständig erzogen werden müssen.

Schon im reinen Bestande tritt bei den einzelnen Bäumen ein Wechsel in den Wachstumsverhältnissen ein: bisher herrschende Stämme bleiben zurück und sinken in die Klasse der mitherrschenden oder beherrschten herab, während umgekehrt beherrschte sich zu herrschenden entwickeln können. Um so mehr wird dies im gemischten Bestande der Fall sein. Untersuchungen über die Verschiebungen in gemischten Beständen fehlen aber fast vollständig, so daß wir uns mit diesen Andeutungen begnügen müssen[1]).

4. Sollen bestimmte Holzarten zu stärkeren Stämmen erzogen werden, wie dies bei allen Laubhölzern der Fall ist, so müssen sie bei den mindestens alle 5 Jahre zu wiederholenden Durchforstungen genügenden Wachsraum für Krone und Wurzeln erhalten und etwa vom 60. Jahre an im Lichtwuchsbetrieb behandelt werden.

5. Eine besonders wichtige Aufgabe im gemischten Bestande ist die Erziehung astreinen Holzes. Bei sehr lichtbedürftigen Holzarten (Lärche, Esche, Birke) geht die Reinigung von grünen und dürren Ästen leicht vor sich. Eiche, Fichte, Tanne und auch Föhre müssen dagegen in den ersten Jahrzehnten im engen Stande erzogen werden, um das Absterben der Äste zu bewirken.

---

[1]) Von der Württ. Versuchsanstalt sind solche Flächen seit 7 Jahren angelegt worden.

6. Bei der Wiederverjüngung gemischter Bestände kommt die Verschiedenheit der Holzarten im Samentragen (§ 138), sodann das Lichtbedürfnis in der Jugend in Betracht. Nach diesen beiden Faktoren muß die Verjüngung geleitet werden. Hievon ist unten näher zu handeln. Da die verschiedenen Holzarten selten im gleichen Jahre Samen tragen, wird die Dauer der Verjüngungszeit in der Regel länger, und die der Verjüngung zuzuweisende Fläche größer sein müssen, als im reinen Bestande. An manchen Orten gelingt es nicht, die vorhandenen Holzarten des gemischten Bestandes auf natürlichem Wege nachzuziehen. Diesen mißlungenen Versuchen stehen aber ausgedehnte Flächen vollkommen bestockter gemischter Jungwüchse gegenüber. Der Unterschied mag manchmal durch besondere Verhältnisse der Lage, des Bodens oder des alten Bestandes, auch durch Störungen herbeigeführt sein, öfters wird er aber von der Methode der Verjüngung herrühren.

Die künstliche Anzucht gemischter Bestände durch Saat oder Pflanzung ist an vielen Orten versucht worden. Das ungleiche Wachstum der Holzarten und der Wechsel des Standorts haben aber öfters den gewünschten Erfolg vereitelt. Sehr belehrend sind die oben erwähnten Versuche in Baden. Nur die Mischung von Fichte und Tanne, sowie von Fichte und Eiche soll hier besonders erwähnt werden. Es wurde 3 reihige Gürtelpflanzung angewendet. Eine Besichtigung dieser Versuchsflächen zeigt nun, daß im 30 jährigen Alter bald die Fichte, bald die Eiche herrschend ist. An einer Stelle ist die Tanne ganz gut gewachsen; von einem Zurückbleiben der Tanne gegenüber der Fichte ist nichts zu bemerken. In der gürtelweisen Mischung von Fichte und Tanne ist bei der Fichte die Randreihe, bei der Tanne die mittlere Reihe besser entwickelt; einzelne Tannen stehen hinter den Fichten nicht zurück. Bald ist die Mittelreihe, bald die Randreihe besser entwickelt. Die spätere Behandlung muß also ganz individuell sein. Eine solche ist auch anderwärts notwendig; insbesondere, wenn die Pflanzung zur Ausfüllung der Lücken in der natürlichen Verjüngung angewendet wird und dadurch eine stamm- oder gruppenweise Mischung entsteht.

7. In der praktischen Wirtschaft tritt die Aufgabe, gemischte Bestände neben oder an Stelle der reinen zu erziehen, in dreierlei Formen auf:

a) In den bereits vorhandenen Beständen der verschiedenen Altersklassen soll die bestehende Mischung erhalten werden.

b) Ein junger, aus natürlicher oder auch künstlicher Verjüngung hervorgegangener reiner Bestand soll durch Einbringen weiterer Holzarten in einen gemischten verwandelt werden.

c) Ein gemischter Bestand soll auf natürlichem Wege oder durch Saat und Pflanzung erst geschaffen werden.

Zu a). Die Zusammensetzung eines Hochwaldbestandes kann etwa vom 60. Jahre an nur noch wenig verändert werden. Von den Reinigungshieben und den Durchforstungen in der frühesten Jugend hängt in erster Linie die Zahl der Holzarten, sowie die Art und der Grad der Mischung ab. Für ihre Ausführung treten die in Z. 2 besprochenen Grundsätze in Geltung.

Die Holzarten sind selten zu gleichen Teilen in einem Bestande vertreten; in der Regel herrscht eine Holzart der Zahl nach vor. Sie bildet den sog. „Grundbestand", in den die weiteren Holzarten eingemischt sind. Die Holzart des Grundbestandes verleiht einem Bestande seinen besonderen Charakter und bestimmt seine Bewirtschaftung. An sich kann jede der Hauptholzarten den Grundbestand bilden. Vorherrschend sind es aber Föhre und Fichte, seltener Tanne und Lärche unter den Nadelhölzern, Buche, Eiche, Birke, Erle, selten Esche oder Ahorn unter den Laubhölzern.

Besteht der G undbestand, also die am zahlreichsten vertretene Holzart, aus Fichten oder Tannen oder aus Buchen, so findet durch die starke Reisigmasse dieser Holzarten eine dichte Beschattung des Bodens statt. Ist der Grundbestand dagegen aus Föhren, Lärchen, Birken, Eschen gebildet, also aus Holzarten mit geringer Astmasse und dünner Belaubung, so ist nur eine geringe Beschattung vorhanden. Der Bestand ist „licht", so daß eine Bodenverschlechterung, Vergrasung und Verunkrautung eintreten kann. Die ganze Behandlung des Bestandes muß in diesem Falle auf die Erhaltung der schattengebenden Holzart, sei es Fichte oder Tanne, Buche oder Hainbuche, gerichtet sein. Bei der Reinigung und Durchforstung werden die schattengebenden Holzarten vom Hiebe ganz oder wenigstens zum größeren Teil verschont werden. Sie werden teils herrschend und mitherrschend, vielleicht größtenteils zwischen- und unterständig sein. Der Grad B und C der Durchforstung wird in der Regel angewendet werden. Besteht der Grundbestand aus schattengebenden Holzarten, so ist eine besondere Sorgfalt für die Bewahrung einer guten Bodenverfassung nicht nötig. Die Behandlung kann vorzugsweise auf die gute Entwickelung der eingemischten Holzarten gerichtet sein. Für die schattengebende Holzart wird der Grad B und C, für die übrigen Holzarten der Grad D („Freihauen") sich empfehlen.

Da die stark schattenden Holzarten zu denjenigen gehören, die wenig Licht nötig haben oder „schattenertragend" sind, so werden sie als „Schattholzarten", die übrigen als „Lichtholzarten" bezeichnet. Vielfach wird der Grundastz aufgestellt, daß der Grundbestand von einer Schattholzart gebildet werden soll. Diese Forderung kann aber nicht streng durchgeführt werden, denn auf ausgedehnten Flächen ist die Föhre, auch die Lärche, sowie die Eiche oder die Birke vorherrschend. Der Grundbestand wird in diesen Fällen von der Lichtholzart gebildet.

Zu b). Das Einbringen weiterer Holzarten in den Grundbestand geschieht durch Saat oder Pflanzung, auch durch Anflug in größeren oder kleineren Lücken, wodurch eine stamm- und gruppenweise, selten eine horstweise Mischung entsteht. Je vollkommener die Bestockung durch den Grundbestand ist, um so weniger Raum bleibt für die weiteren Holzarten übrig; im lückigen Grundbestand ist von der Natur der weiteste Spielraum für die Zahl und Verteilung der noch anzuziehenden Holzarten gegeben.

Manchmal werden Löcher oder Gassen in den Grundbestand, namentlich von Buchen, gehauen, um weitere Holzarten einpflanzen zu können. In diesen Fällen ist man in der Auswahl der Bodenstellen für die verschiedenen Holzarten beschränkt. Da die Holzart des Grundbestandes sich vorherrschend auf den günstigeren Stellen ansamt, so bleiben zur Einpflanzung oft nur verhärtete, humuslose, flachgründige Stellen übrig. Die eingepflanzte Holzart hat dann ein geringes Wachstum und die Mischung kann mißlingen.

Zu c). Ein neuer gemischter Bestand kann durch die natürliche Verjüngung des bisherigen gemischten Bestandes entstehen, die in der Regel leicht vor sich geht. Auch auf einer kahlen Fläche kann durch die natürliche Seitenverjüngung ein gemischter Bestand angezogen werden. Diese Verjüngung tritt häufig ein in den Nadelholzgebieten: Fichte und Tanne, Fichte und Föhre, Fichte und Lärche fliegen gleichzeitig oder ungefähr gleichzeitig an. Dasselbe findet statt, wo Laubhölzer mit leichtem oder geflügeltem Samen den Bestand bilden: Birke und Esche oder Erle oder Aspe, Ahorn und Esche, Hainbuche und Esche.

Endlich kann in einem reinen, jungen Bestande der Same einer weiteren Holzart anfliegen, so die Fichte in der Tannen-, die Föhre oder Lärche in der Fichten-, die Esche in der Buchenverjüngung. Die weiteren Holzarten können auch durch Saat oder Pflanzung in den jungen reinen Bestand eingebracht werden. Tanne oder Lärche oder Föhre zur Fichte, Fichte zur Tanne, Eiche oder Esche zur Buche.

8. Die Form der Mischung ist vielfach entscheidend für die Erhaltung einzelner Holzarten. Das verschiedene Höhenwachstum, die ungleiche Kronenentwickelung der einzelnen Holzarten, sowie die oft unsichtbaren Änderungen des Standorts bringen vielfache Verschiebungen in den Höhenverhältnissen der einzelnen Holzarten mit sich. Um Mißerfolgen vorzubeugen, hat man zum Aushilfsmittel der verschiedenen Mischungsformen gegriffen. So sucht man die in der Jugend langsamer wachsende Holzart vor dem Überwachsenwerden dadurch zu schützen, daß man sie — von anderen Maßregeln, wie Aushauen, Köpfen, Voranbau

soll hier abgesehen werden — nicht einzeln, sondern horstweise, also abgesondert von der schneller wachsenden Holzart anzieht usw.

Die Form der Mischung darf übrigens nicht mechanisch gewählt werden; sie muß dem Zwecke des gemischten Bestandes entsprechen.

Soll durch eine weitere Holzart der Boden geschützt oder der Bestand gegen Schädigungen widerstandsfähiger gemacht werden, so ist eine annähernd gleichmäßige Verteilung, also stammweise Mischung, anzustreben. Wenn dagegen der Ertrag gehoben oder seltenere Holzarten in den Bestand eingebracht werden sollen, so werden die besonders geeigneten Stellen im Bestande für jede Holzart ausgesucht. Dadurch entsteht eine teils stamm- und gruppen-, teils horstweise Mischung.

Ob die Mischung einzeln, gruppen-, band- oder horstweise vorkommt oder vorgenommen wird, ist aber nicht von wesentlicher Bedeutung. In jedem Bestande, sei er rein oder gemischt, siedeln sich die jungen Pflanzen in allen diesen Formen an. Da eine scharfe Grenze zwischen ihnen nicht gezogen werden kann, stellt jede natürliche Verjüngung auch des reinen Bestandes, ein buntes Gemisch aller Formen der Ansiedelung dar. Bei den späteren Hieben im Bestande ist die ursprüngliche Art der Ansiedelung am engeren oder weiteren Abstand der einzelnen Bäume noch deutlich zu erkennen. Kommt im gemischten Bestande eine weitere Holzart hinzu, so ändert sich an der Form der Ansiedelung selbst nichts; auch die weitere Holzart siedelt sich in denselben Formen an. Nur dadurch, daß diese weitere Holzart sich bald neben der ersten auf frei gebliebenen Stellen, bald zwischen der dichtstehenden ersten einstellt, wird die Mischung noch mannigfaltiger gestaltet. Die ursprüngliche Form kann sogar vollständig verändert werden. Die unzähligen Kombinationen können hier nicht aufgeführt werden; ein Blick an Ort und Stelle sagt mehr, als die eingehendste Beschreibung es vermag.

Für die Beurteilung der Mischung selbst ist daran zu erinnern, daß im alten Bestande auf 1 a 5—6, auf geringeren Bonitäten 8—10 Stämme noch vorhanden sind, sowie daß durch die erste Durchforstung im 20. Jahre bereits 5—800 Stämme auf 1 a weggehauen werden. Die weitaus größte Zahl der ursprünglich vorhandenen Stämmchen bleibt gleich in den ersten Jahren im Wachstum so zurück, daß die meisten verkümmern und schon in der frühesten Jugend absterben. Das Auge des Wirtschafters muß deshalb bei den Erziehungshieben im gemischten, wie im reinen Bestande auf die weniger gutwüchsigen Stämmchen gerichtet sein. Durch die Reinigungshiebe und die Durchforstungen wird die Form der Mischung stetig verändert.

Im alten Bestande finden sich alle Formen der Mischung noch vor; bald tritt die eine, bald die andere deutlicher heraus. Vorherrschend ist es aber die Einzelmischung, die im höheren Alter bei allen Holzarten eingetreten ist, bezw. sich erhalten hat. Dies ist, um es ausdrücklich hervorzuheben, namentlich auch bei der Einmischung der Eiche in den Buchenbestand der Fall. Es ist möglich, daß die im 80. Jahr einzeln zwischen Buchen stehende Eiche ursprünglich einer Gruppe oder einem kleinen Horste angehörte; in vielen Fällen muß dies aber unter Beachtung der umstehenden Buchen verneint werden. Bei sorgfältiger und aufmerksamer Wirtschaft kann trotz des verschiedenen Höhenwachstums die Eiche, Esche etc. sehr wohl einzeln im Buchenbestande erzogen werden. Wenn sie da und dort in großen, 10, 20, 50, 100 a haltenden reinen „Horsten" angebaut wird, weil sie einzeln zu wenig beachtet werde und unter den vielen Buchen dem Auge verloren gehe, so ist damit der Wirtschaft ein bedenkliches Zeugnis ausgestellt. Daß die Organisation der Verwaltung und die großen Reviere hiebei von Einfluß sind, soll zur Entlastung der Wirtschafter nicht verkannt werden.

9. Aus der praktischen Wirtschaft liegt ein sehr großes Material an Tatsachen vor, das aber einer eingehenden und allseitigen Verarbeitung noch harrt [1]).

Die Angaben über die natürlichen Wachstumsbedingungen sind freilich nicht immer mit der wünschenswerten Genauigkeit und Ausführlichkeit mitgeteilt. Wiederholt wurde schon der Verschiedenheit des Wachstums der einzelnen Holzarten auf verschiedenen Bodenarten (bei gleichem Klima) gedacht; es soll hier nur an das verschiedene Verhalten von Eiche und Buche erinnert sein. Der Wechsel von Temperatur und Niederschlag wird weitere Verschiebungen mit sich bringen. Das Wachstum, das auf diesen Bedingungen beruht, und infolge dessen die Bewirtschaftung der gemischten Bestände, muß nach Boden und Klima verschieden sein.

Eine Darstellung der Wirtschaft in verschiedenen Gegenden (des Harzes, des bayerischen Waldes, des Spessarts, Schwarzwalds, der Alpengegenden, der Vorberge der Alpen, der Ebenen und Flußtäler) ist auf Grund des heute zu Gebot stehenden Materials noch nicht möglich. Eine große Zahl von zuverlässigen Einzelarbeiten muß vorher beschafft werden. Deshalb muß allen allgemeinen Ausführungen die Einschränkung bezüglich der lokalen Abweichungen beigefügt werden.

10. Oben (§ 244, 2—4) ist eine Gruppierung der verschiedenen Mischungen nach Holzarten, Nadelhölzer und Laubhölzer je unter sich und Nadelhölzer mit Laubhölzern, vorgenommen worden. Die Trennung nach Holzarten ist die einfachste und sicherste. Gayer

---

[1]) Ausführlich bespricht Gayer die verschiedenen Mischungen vorherrschend für süddeutsche Verhältnisse. Burckhardt und Weise haben mehr die norddeutschen Gebiete im Auge.

unterscheidet die Mischung der Schattholz- und der Lichtholzarten je unter sich und sodann die Mischung der Schattholzarten mit Lichtholzarten. Er stellt also das Lichtbedürfnis bezw. das Schattenertragen der einzelnen Holzarten als entscheidenden Gesichtspunkt voran. Diese Gruppierung hat ebenfalls eine Berechtigung. Sie ist aber unsicher, weil die Holzarten nicht streng nach dem Lichtbedarf getrennt werden können und weil einige Holzarten, z. B. Esche, Eiche, in der Jugend schattenertragend, im Alter lichtfordernd sind, manche auch im hohen Gebirge (Lärche, Fichte) sich anders verhalten als in tieferen Lagen.

Neben der Anforderung an den Lichtgenuß kommen aber bei der Mischung der verschiedenen Holzarten noch weitere, in § 209—219 zusammengefaßte Rücksichten zur Geltung.

Entscheidend für das Vorgehen im einzelnen Falle ist die Holzart, welche den Grundbestand bildet: welche Holzarten können der Buche, Fichte, Föhre unter Berücksichtigung aller natürlichen und wirtschaftlichen Verhältnisse beigemischt werden?

Bei der Auswahl der einzelnen Holzart kommt allerdings der Lichtbedarf oder das Schattenertragen in Betracht; aber die Feuchtigkeit und der Mineralgehalt, die Lockerheit und Tiefgründigkeit des Bodens spielen eine ebenso wichtige Rolle. Diese Punkte sind jedoch von Gayer nicht übersehen worden.

Unter diesen Gesichtspunkten sollen einige Mischungen nun im einzelnen besprochen werden.

§ 246. Die Buche als Grundbestand.

Buche mit Fichte und Tanne. Sehr verbreitet. Zweck: Erhöhung der Massen- und Nutzholzproduktion. Entstehung: Durch Anflug des Nadelholzes; Einpflanzung der Fichte oder Tanne in den Buchenbestand; Ausfüllung von Lücken in der Buchenverjüngung.

Wachstum und Behandlung: Fichte und Buche haben in der Jugend ungefähr gleiches Wachstum, die Buche wächst eher etwas voraus. Die Tanne bleibt hinter beiden zurück. Verwendung kräftiger, gut beasteter Pflanzen. Ausschneiden oder Zurückschneiden der Buche beim Reinigungshieb nötig. Später wachsen die Nadelhölzer voraus. Bei den Durchforstungen müssen die Nadelhölzer freigehalten werden. Die Astreinheit muß durch anfängliches Dichterhalten und Belassung eines Zwischenstandes befördert werden.

Buche mit Lärche. Erhöhung der Nutzholzproduktion. Einpflanzen kräftiger Lärchen, die dauernd einen Vorsprung in der Höhe haben müssen. Unterbauen reiner Lärchen. Stammreinigung erfolgt leicht im geschlossenen Buchenbestande. Freihauen der Lärchenkrone Außerhalb ihrer Heimat findet die Lärche im Buchenbestande den geeignetsten Standort. Lärchenstarkholzzucht.

Buche mit Föhre. Selten. Erhöhung der Nutzholzproduktion, da astreine Föhren erwachsen. Anflug im Buchenjungwuchs; Auspflanzen der Lücken. Die Föhre ist vorwüchsig. Anfangs dicht zu halten, um den sperrigen Wuchs der Föhren zu verhindern. Die Buche erwächst zwischen- oder auch unterständig. Die Kronen der Föhren sollen im Alter ringsum freistehen.

Buche mit Eiche. Sehr verbreitet; Eiche in allen Altersklassen stamm- und gruppenweise eingemischt. Horste größtenteils künstlich entstanden. Erhöhung der Nutzholzproduktion und des Geldertrags; Erhaltung des Schlusses im Eichenbestand. Ausnutzung feuchterer Stellen. Entstehung: durch natürliche Verjüngung im gemischten Bestande; durch Vorbau (Saat) der Eiche im Buchensamenschlag; durch Einpflanzen in Lücken des Buchenjungwuchses; durch Unterbauen der Eichenbestände; durch Überhalt von Eichen bei der Buchenverjüngung. Die Eiche ist bald vor-, bald gleich-, bald nachwüchsig; sie ist aber stets durch die Buche im Fortkommen bedroht. Ihre Krone muß von frühester Jugend bis zur Haubarkeit stets freigehalten, die Buche daher um die Eiche wiederholt weggehauen werden. Gleichwohl erwächst nur schwaches Eichenholz im geschlossenen Buchenbestande. Daher Lichtwuchsbetrieb mit Buchenzwischen- oder Unterstand. Überhalten der Eichen.

Buche mit Esche, Ahorn, Ulme, Linde, Birke, Erle. Sehr verbreitet, wo feuchte oder nasse Stellen im Buchenbestande häufig sind. Esche und Ahorn finden sich auch im trockenen Buchenbestande. Anzucht wertvoller Nutzhölzer, welche selten reine Bestände bilden. Entstehung vielfach natürlich durch Anflug im noch geschlossenen Buchenbestande oder im Jungwuchs und Einpflanzung im Buchenjungwuchs auf frischen, tiefgründigen Stellen, da das Gedeihen nur auf gutem Boden gesichert ist. Diese Lichthölzer sind der Buche in der Jugend vorwüchsig; später ist ihre Krone freizuhalten, damit starkes Holz erwächst; Lichtungsbetrieb, bei dem sich die Buche leicht als Bodenschutzholz einstellt. Unterbau von Buchen beim doppelhiebigen Hochwald.

§ 247. Die Fichte als Grundbestand.

Fichte und Tanne. Im Verbreitungsgebiet der Tanne häufig. Zweck: die Fichtenbestände bleiben geschlossener, werden sturmfester, leiden weniger von Schnee. Entstehung: die Tanne siedelt sich unter Fichten an, die Fichte fliegt im Tannenjungwuchs an. Künstlich durch Untersaat von Tannen im Fichtenbestande, Auspflanzung von Lücken im Tannenbestande mit Fichten. Pflanzung von gleichalterigen Fichten und Tannen gedeihen selten; wegen des langsamen Wachstums und der größeren Frostgefahr muß die Tanne einen Altersvorsprung haben.

Im späteren Alter ist das Wachstum ziemlich gleich. Die Durchforstung kann daher ziemlich gleichmäßig gehalten werden. Bei der natürlichen Verjüngung stellt sich zuerst die Tanne ein; erst bei weiterer Lichtung fliegt zwischen ihr die Fichte an.

Fichte mit Föhre. Zweck: Größere Sturmfestigkeit der Fichtenbestände. Föhrenstarkholzzucht. Sicherung des Bestandes auf zweifelhaften Fichtenstandorten. Hohe Vorerträge. Entstehung durch Anflug, Saat oder Pflanzung in den Fichtengrundbestand. Die Fichte muß einen bedeutenden Vorsprung haben, da die Föhre rascher wächst, auch stark in die Äste sich verbreitet und die Fichte unterdrückt. Auf besseren Bodenstellen wird die Föhre bald eingeholt. Sorgfältige Reinigung und Durchforstung, da häufiger Wechsel im Wachstumsgang beider Holzarten. Freie Entwickelung der Föhrenkrone nötig; im Fichtenschluß verkümmert die Föhre und stirbt ab.

Fichte mit Lärche. Rasches Wachstum der Lärche; höherer Wert des Lärchenstarkholzes; frühe Vorerträge. Pflanzung der Lärche in den Fichtenjungwuchs, einzeln oder besser in Gruppen und kleinen Horsten. Außerhalb der Heimat der Lärche vielfach frühes Absterben der Lärche. Freistellung der Lärchenkrone und sehr guter Boden die Bedingung des Gelingens. In der Heimat der Lärche häufige Mischung im lichten Plenterwalde.

Fichte mit Lärche und Arve, Bergföhre. Im Hochgebirge häufig bis zur obersten Baumgrenze im Plenterwalde. Natürliche Verjüngung, auch Saat und Pflanzung. Die Bestände sind licht gestellt.

Fichte mit Buche (vergl. § 246). Bodenverbesserung. Der Fichtenbestand bleibt geschlossener. Die Buche ist teils herrschend, teils zwischen- oder auch unterständig. Bei der Durchforstung wird sie grundsätzlich belassen.

Fichte mit Esche, Erle, Birke. Letztere auf feuchten und nassen Stellen in der Regel gruppen- und horstweise. Freihauen der Laubhölzer nötig.

§ 248. Die Föhre als Grundbestand.

Föhre mit Fichte. Auf dem nährstoffarmen und trockenen Sandboden gedeiht die Fichte nicht; dagegen kann sie auf frischeren Stellen der Föhre beigemischt werden. Vielfach bleibt sie im Wuchs zurück und bildet nur Bodenschutzholz. An manchen Stellen erwächst sie zum zwischen- oder wenigstens unterständigen Baum, der den Ertrag des Föhrenbestandes etwas hebt. Saat und Pflanzung, auch natürlicher Anflug. Unterbau. Bei der Durchforstung wird die Erhaltung der Fichte angestrebt; wo sie gutes Wachstum verspricht, wird sie durch Aufasten oder Entfernen der Föhre im Wuchs befördert.

Auf den besseren Föhrenstandorten wird die Fichte bis zu ½ der Stammzahl eingemischt. Durch sorgfältige Durchforstung kann sie zu herrschenden oder mitherrschenden Stämmen herangezogen werden. Vergl. § 247.

Föhre mit Tanne. Im Tannengebiet entsteht diese Mischung durch Anflug oder Unterbauen der Föhrenbestände. Die Tanne bleibt im Wachstum zurück und dient meist als Bodenschutzholz.

Föhre mit Lärche. Auf besseren Stellen im Föhrenbestande wird sie einzeln eingepflanzt. Sie ist meist vorwüchsig.

Föhre mit Birke. Auf anmoorigen, selten auf trockeneren Stellen fliegt die Birke an, erwächst aber nur zum schwachen Brennholzstamme.

Föhre mit Buche. Eine sehr erwünschte Besserung des Bodens und durch Füllholz des Bestandesschlusses, wenn die Buche auch nur zwischen- oder unterständig bleibt. Meist nur astiges Brennholz. Gleichwüchsig kann sie die Föhrenkrone einengen.

Föhre mit Eiche. Auf frischen und nassen Bodenstellen teils stamm-, teils gruppenweise, selten in kleinen Horsten durch Kultur oder Aufschlag. Die Erhöhung des Ertrags kann beachtenswert sein.

4. Abschnitt. Die natürliche und künstliche Verjüngung.

§ 249. Übersicht.

1. Die Wälder werden von den Besitzern in einem bestimmten Alter geschlagen. An die Stelle des geschlagenen Waldes muß ein junger Wald treten: die vorhandenen Wälder und Bestände müssen „verjüngt" werden. Geschieht dies durch Ansamung seitens des alten Bestandes, so spricht man von „natürlicher Verjüngung".

Gelingt diese Ansamung durch den alten Bestand nicht, so wird nach dem Abtrieb des alten Bestandes eine kahle Fläche vorhanden sein. Diese muß nun, wie auch eine durch Wind, Schnee, Insektenfraß entstandene kahle Stelle, auf natürlichem Wege oder durch „künstliche Verjüngung" in Bestockung gebracht werden.

Wir können also im bereits vorhandenen Walde oder Bestande

a) die natürliche,
b) die künstliche Verjüngung unterscheiden.

2. Die natürliche Verjüngung (in den folgenden Paragraphen abgekürzt: n. V.) zerfällt in die Verjüngung

A. durch Samenabfall,
B. durch Stock- und Wurzelausschlag.

Die künstliche Verjüngung (abgekürzt: k. V.) erfolgt

A. durch Saat,

B. durch Pflanzung.

Für Flächen, die bisher Acker, Wiese, Weide, Oedland waren, und in Wald verwandelt werden, ist der Ausdruck künstliche Verjüngung nicht ganz zutreffend, weil dieser sich auf eine bereits mit Wald bestandene Fläche bezieht. Gewöhnlich wird von „Aufforstung" kahler Flächen gesprochen, wobei die künstlichen Methoden der Saat oder Pflanzung im Vordergrund stehen. Manche Bewaldung unbestockter Flächen geschieht aber auch auf natürlichem Wege, so, wenn Samen vom bestehenden Walde anfliegt, wie auf Weiden, Außenfeldern und ertraglosen Gebirgshalden. Auch durch Anschwemmen von Weiden- und Erlensamen etc. kann Bestockung der Uferflächen auf natürlichem Wege erfolgen.

3. Für die Anwendung der verschiedenen Verjüngungsarten im einzelnen Fall sind wirtschaftliche und technische Erwägungen ausschlaggebend.

Wie die Verjüngungsarten im Laufe der Zeit sich gestaltet haben und auf welche Weise unsere älteren Waldungen entstanden sind, wird durch geschichtliche und statistische Untersuchungen nachgewiesen werden (§ 257—259).

Nach der Besprechung der Bedingungen der n. V. (§ 252—255) werden die technischen Verfahren und die Voraussetzungen ihrer Anwendung dargestellt werden (§ 260—269).

§ 250. Geschichtliches über die Anwendung der natürlichen und der künstlichen Verjüngung.

1. In einem St. Galler Formelbuch aus dem 9. Jahrhundert werden in den privaten und den gemeinsamen Waldungen jener Gegend die künstliche und die natürliche Verjüngung mit aller Deutlichkeit unterschieden. Es gab Wälder, die von Hand gepflanzt *(manu consitum nemus)*, die angesät *(semine inspersum)* und solche, die auf Acker- und Weideland, wohl auch Waldland unter Zulassung des Besitzers erwachsen oder zusammengewachsen *(sua permissione concretum)* waren. Die Pflanzung von Waldbäumen wird auch in der lex Bajuvariorum (ca. 743—48) erwähnt. Sie schreibt vor, daß an die Stelle eines gehauenen Fruchtbaums andere ähnliche gepflanzt werden sollen.

In den Urkunden des Mittelalters wird die Verjüngung des Waldes nur selten besonders erwähnt. Das Pflanzen von Weiden und Pappeln, von dem einigemal die Rede ist, wird wohl nicht im Walde, sondern auf Wiesen und Weiden (so 1342 auf der Allmend von Basel), ausgeführt worden sein. Der für den damaligen Bedarf nötige Holzvorrat war im Walde wohl meistens vorhanden, so daß er eine besondere Sorge für die Nachzucht des Waldes nicht hervorrufen konnte. Diese bestand in der Hauptsache nur in der Abhaltung des Viehs aus den verjüngten Waldteilen. Der Weidebetrieb selbst mußte die n. V. erleichtern, andererseits die k. V. hintanhalten. Da vielfach Waldfeldbau üblich war, so kann die öfters wiederkehrende Bemerkung, daß das Land nach 2 oder 3 Jahren wieder zu Wald gemacht worden sei, sich auf die n., wie die k. V. beziehen. Die zahllosen Klagen, daß der Wald verwüstet und verödet sei, deuten auf größere Schläge und das Fehlen der n., wie der k. V. hin.

Die Schriftsteller des Mittelalters gehen im allgemeinen von der n. V. aus. Albertus (1240) hat bemerkt, daß, wenn Eichen und Buchen geschlagen werden, auf derselben Fläche Aspen und Birken sich einstellen. Das Werk von P. de Crescentiis hatte von 1305 bis ins 16. Jahrhundert in Deutschland zahlreiche Auflagen erlebt. In diesem wird die n. V., wie das Säen und Pflanzen der Waldbäume sehr ausführlich abgehandelt. In dem angehängten Kalender ist Säen und Pflanzen für Februar und März, sowie für Oktober und November vorgesehen.

2. Eine entscheidende Änderung trat erst etwa 1450 durch die Zunahme der Bevölkerung ein. Schon 1391 sollte in den Waldungen des Stifts Admont nur an den vom Forstmeister angewiesenen oder an unschädlichen Orten, wie es oft heißt, geschlagen werden, eine Bestimmung, die auch an anderen Orten wiederkehrt. Man wollte an Stelle der willkürlichen und unordentlichen eine geordnete, den Bestand des Waldes sichernde Nutzung herbeiführen. Deutlicher tritt dieses Bestreben in der Einführung der schlagweisen Hiebsart zu Tage, die eine förmliche Umwälzung in der damaligen Waldwirtschaft nach sich ziehen mußte.

Die unter Herzog Eberhard 1495 für Württemberg erlassene Landesordnung bahnte den Weg. Sie berief sich auf den Mangel an Bau- und Brennholz, ordnete Hegung der Wälder und Einführung der schlagweisen Nutzung an. „Daß auch Schläg fürgenommen und denselben nachgegangen wird, damit das Holz gleich mög erwachsen." Nach der 2. württemb. Landesordnung von 1515 und ebenso der 3. von 1521 sollte Anzeige erstattet werden, wenn die Wälder nicht gehegt, sondern verwüstet werden. In der 5. von 1536 werden als Ursachen des schlechten Zustands der Wälder das unordentliche Hauen und der Viehtrieb angeführt. In der 2. Württ. Forstordnung war 1540 der Überhalt von Samenbäumen, von Eichen oder, wenn diese fehlen, Buchen oder Birken und Aspen vorgeschrieben

Nach der Bambergischen Waldordnung von 1568 (für Tarvis in Steiermark) mußten die Äste aus dem Schlag geräumt werden, damit die jungen Pflanzen ankommen könnten. Gemäß der Holzordnung des Königs Ferdinand von 1553 sollte in den Hoch- und Schwarzwäldern für die Versorgung der Bergwerke der „Wald aneinander nachgenommen und nicht hin und wieder darin herumgefahren werden." 1543 durften in Basel 20 Eichen nicht an einem Ort gefällt werden, damit nicht der Wald „gewüst" werde. Ähnlich lautet schon im 15. Jahrhundert eine Vorschrift des Klosters Selz (Elsaß). Es sollte nicht alles Holz „an einer Statt gehauen werden." Die Ordnung für den Wiener Wald von 1511 verbietet das Blößenmachen, erwähnt die k. V. aber nicht.

Nach der Salzburgischen Forstordnung von 1524 sollen die Waldmeister darüber wachen, daß das beste Holz, das Küferholz, nicht besonders aus den Wäldern geklaubt werde; denn es werden dadurch „scharten" gemacht und große Windwürfe verursacht. In den geschlagenen Wäldern sollen die Bauern die „jungen Gressing wiederum wachsen lassen und nit ausziehen." Ebenso sollte nicht das Jungholz durch Ausziehen von Zaunstecken verwüstet werden. Samenbäme sollen erhalten werden, „damit die Jungwäld wieder erwachsen mögen." Auch in den späteren Forstordnungen von Salzburg (bis 1755) ist nirgends von Saat oder Pflanzung, sondern nur von Samenbäumen und Hegung die Rede.

Die Brandenburgische Waldordnung von 1531 schreibt vor, daß ein Schächtlein Holz zur Besamung belassen werde. Es wird auf die großen Schläge (bei Culmbach etc.) hingewiesen, die wegen des Floßholzes gemacht werden müßten und Jahrzehnte lang unbesamt bleiben. Die Pflanzung wird kurz, aber nur hinsichtlich des Ahorns erwähnt.

In Speyer wird 1528 das Kultivieren, in Bruchsal 1530 das Setzen von Eichen, das Säen von Tannen, die Anlage von Eichelgärten angeordnet. Die Hohenlohische Forstordnung von 1579, die Braunschweigische von 1591, die Württembergische von 1614, die Bayerische von 1659 ordnen Pflanzungen und Saaten von Laub- und Nadelhölzern an.

3. Auch die Schriftsteller vom 16. Jahrhundert an schenken der k. V. mehr Aufmerksamkeit als die der früheren Jahrhunderte. Herrera gibt 1513 Regeln für Saat und Pflanzung; Heresbach (1570) empfiehlt die Anwendung von Pflug und Hacke vor der Saat, die Anlage von Pflanzschulen und das Verschulen. Die im 16. Jahrhundert üblich gewordene Anzucht von ausländischen Holzarten führte von selbst zu Saaten und Pflanzungen. Contzen (1620) und Besold (1623) bezeichnen als eine Hauptaufgabe des Staates das Anpflanzen von Wäldern; letzterer will zur Ausführung besondere Organe, die „Feldstützler", geschaffen wissen. Meurer (1618) empfiehlt, die Blößen in den Gemeindewaldungen durch Saat anzubauen und gibt ausführliche Anleitung zum Sammeln, Klengen und Aufbewahren des Samens. Colerus (1632 und 1665) beschäftigt sich zunächst mit der Nachzucht durch Samenbäume und berichtet dann, wie es im Lande Lüneburg und Mecklenburg „mit dem Holzpflanzen gehalten wird." Alle Holzarten können gesät oder gepflanzt werden.

4. So wird die Bemerkung von Carlowitz (1713) verständlich, daß er die Holzarten behandeln wolle, „die man zu säen pflegt." Sämtliche Schriftsteller des 18. Jahrhunderts befassen sich ausführlich mit Saat und Pflanzung, so Hohberg, Döbel, Scharmer, Stahl, Brocken, Succow, Zanthier, Jeitter, Gleditsch, Schreber, Burgsdorf, Drais, Moser, Geutebrück, Justi, Cramer, Büchting, Duhamel („er wolle Lust zum Säen und Pflanzen machen"). Justi (1761) u. a. weisen auf die vielen Blößen in den Wäldern und die öden Plätze hin. 1772 wird ihr Anbau als Sache der Landespolizei erklärt. In Preußen, Braunschweig, Baden, Trier, Erfurt wird das Säen und Pflanzen allgemein vorgeschrieben. Der Forstkalender von 1772 enthält fast für jeden Monat Vormerkungen für das Säen und Pflanzen. Nach Jung (1781) soll jede Lücke angesät oder angepflanzt werden. 1780 wurde „auf preußischen Befehl" eine Anweisung zur Vermehrung einiger inländischen Holzarten (Pappeln, Weiden, Tannen, Fichten, Eichen, Erlen, Ulmen) durch Säen und Pflanzen herausgegeben. In Sachsen wird 1783 ein eigener „Planteur" im Lande herumgeschickt, was Brocke schon 1768 vorgeschlagen hatte. Ende des 18. Jahrhunderts muß die k. V. eine solche Ausdehnung gehabt haben, daß Oettelt 1790 sie als das „wichtigste Geschäft des Forstmanns" bezeichnen konnte. Der Forstkalender von 1794 enthält fast nur Arbeiten für die k. V. vom April bis November und Dezember (Zapfensammeln). Auch nach Witzleben (Kassel 1797) ist Säen und Pflanzen das „angelegentlichste Geschäft." Fiedler empfiehlt in Mecklenburg die Saat, „wie in Brandenburg, Kursachsen, Herzogtum Sachsen alle Nadelholzhaue mit Fichten, Föhren, Tannen besät werden." Späth (Erlangen) schreibt 1797, daß in seiner Gegend „allenthalben kultiviert werde" Im hannoverschen Harz sind nach v. Seckendorf „große Kulturen abgetriebener Nadelgehaue plattenweise angesät worden" mit Samen, der aus Thüringen bezw. Tabarz bezogen wurde.

In Hessen-Kassel waren 1797 (nach Witzleben) bereits 4 Samenmagazine errichtet; der Same von Lärche, Fichte, Föhre mußte sämtlich von auswärts bezogen werden. 1795 wurde in Nassau-Oranien ein Magazin einheimischer Samen, namentlich von Laubholz eröffnet. Trier will 1791 den Nadelholzsamen von den besten Örtern bestellen. In Ilmenau wird 1802 ein Magazin erwähnt.

5. Die k. V. wurde also von den fürstlichen und staatlichen Verwaltungen begünstigt, wie sie von fast allen Schriftstellern befürwortet (in besonderen Schriften von Käpler, Sponek 1802. 3., Laurop 1804) und offenbar in ausgedehntem Maße von den Praktikern gehandhabt wurde.

Dieser allgemeinen Strömung treten aber auch gegenteilige Stimmen entgegen. Schon 1775 hatte Gleditsch von „Forstkünstlern" gesprochen, „welche die n. V. abschaffen wollen." Däzel will 1788, ebenso Brüel 1802 die k. V. nur als Ergänzung der n. V. angewendet wissen. Hartig zieht die n. V. vor, rät aber 1791, gleich die k. V. anzuwenden, wenn kein Anflug erscheine. Der Same hiezu soll in den Magazinen stets vorrätig sein. Diesen Standpunkt behält Hartig auch später bei.

Däzel berichtet 1802, daß die k. V. „noch viele Gegner habe." So erklärte Medicus 1802 die n. V. als die wichtigste Aufgabe. Nach Walther ist 1803 die n. V. im Nadelholz noch gewöhnlich; aber sie sei nicht mehr ausreichend, daher sei Saat nötig. 1808 hat nach Hartig die Pflanzung neuerdings sich sehr ausgedehnt, weil die Saat zu lange Hege (20 bis 25 Jahre) erfordere; die Pflanzung sei oft nicht teurer.

Durch eine allgemeine Verordnung wurde 1814 in Preußen zur strengsten Pficht gemacht, überall die n. V. anzuwenden, was wohl auf Hartig zurückzuführen ist, der 1811 preuß. Oberlandforstmeister geworden war.

6. Für Württemberg erschien 1818 eine „techniche Anweisung" für den Vollzug der Dienst-Instruktion. Sie schreibt (§ 3) eine möglichst schleunige und zweckmäßige Wiederbestockung der Schläge vor. In § 16—23 wird die n. V. der Hochwaldungen abgehandelt. Der „Waldkultur" d. h. der Vervollkommnung und Veredlung bereits vorhandener Waldbestände und der Bestockung neuen Waldbodens auf künstlichem Wege ist der 3. Abschnitt (§ 60—89) gewidmet. Jede Art von „Waldkultur" wird nur dann als zulässig betrachtet (§ 64), wenn voller Ersatz des Aufwands zu hoffen ist. Die Unterhaltung von Holzsamenmagazinen und der Betrieb der Samen- und Baumschulen, sowie der Eichelkämpe sind in besonderen Kapiteln abgehandelt.

7. Cotta (1816) tritt für die k. V. ein, da die hohen Holzpreise die Kulturkosten ersetzten; ebenso Hundeshagen 1823, „wenn die Erlöse für Stockholz die Kosten decken". Pfeil erklärt es 1821 für ein Vorurteil, wenn man nur Besamungsschläge empfehle; wo hohe Preise herrschen, sei Kahlschlag zulässig, da die Kulturkosten ersetzt werden.

8. Die n. V. scheint um 1820 wieder an Boden gewonnen zu haben (nach den langen Kriegsjahren fehlten wohl die Mittel zur k. V.).

Hundeshagen erwähnt 1821, daß in Föhren „neuerdings Besamungsschläge gemacht werden." Schultze bemerkt 1836, die k. V. sei anfangs des 19. Jahrhunderts von der n. V. zurückgedrängt worden, sie müsse aber wieder aufkommen. 1841 zieht Schultze die k. V. bei Nadelholz vor; nur, wo das Holz keinen Wert habe, könne noch die n. V. beibehalten werden. Parade (1837) will dagegen die k. V. nur aushilfsweise angewendet wissen. Zötl spricht 1831 davon, daß im Gebirge die k. V. als Künstelei verrufen sei.

9. Daß 1838 die n. V. noch überwiegend war, zeigt die Frage auf der Karlsruher Versammlung der deutschen Land- und Forstwirte: „ob die k. V.

wohl Regel werden wird?" Die Versammlung von 1840 billigte die n. V. in Gegenden, wo hohe Löhne und niedere Preise herrschen.

1843 werden die Gebiete, in welchen die k. oder die n. V. Regel war, aufgezählt und konstatiert, daß in Norddeutschland fast durchgehends die k. V. herrsche. In Braunschweig kam man 1837 von der n. V. ab, weil nach 30—50 Jahren noch kein Jungwuchs sich eingestellt hatte. 1844 wird der Harz ein Gebiet mit k. V. genannt.

Gwinner schrieb 1841, in ganz Deutschland sei der Preis des Stockholzes so hoch, daß das Roden sich lohne; infolgedessen sei bei der Fichte der kahle Abtrieb mit künslicher Anpflanzung die Regel geworden.

Der Waldfeldbau hatte in den 1830er und 1840er Jahren sehr an Ausdehnung gewonnen, dadurch mußte die k. V. erhöhte Bedeutung erlangen. Die verschiedenen Kulturmethoden fanden feinere Ausbildung. 1846 konnte Beil nicht weniger als 227 Kulturwerkzeuge abbilden. 1846 trat Biermans mit seinem Verfahren hervor. Jägers Werk über das Forstkulturwesen umfaßt 1850 nicht weniger als 583 Seiten.

In Hessen rief 1850 Klipstein aus: „Es gibt keine n. V. mehr, nicht einmal im Eichen- und Buchenwalde; selbst geschlossene Kiefern werden kahl geschlagen." Dies wird, wenn auch nicht in vollem Umfange, in v. Stockhausens hessischer Forststatistik von 1859 bestätigt (S. 34 f.).

10. Um 1850 kam in einem großen Teil Deutschlands die k. V. in neuen Aufschwung. Die statistischen Nachweisungen über die Kulturausgaben in den Staatswaldungen zeigen dies mit aller Deutlichkeit. Ein plötzliches Steigen der Ausgaben für Kulturen trat ein in Preußen 1854, Bayern 1843/49, Sachsen 1858, Württemberg 1857/58, Baden 1852, Braunschweig 1858.

Eine nähere Begründung für diesen Umschwung kann aus Sachsen angeführt werden. Dort ist (1865) für Nadelholz allgemein der Kahlschlag mit Pflanzung üblich, nur die Buche wird noch natürlich verjüngt. 1863 wird in Sachsen auf die schlechten Erfahrungen mit Besamungsschlägen, auf die Nutzholzwirtschaft, die Stockholzgewinnung, die hohen Kosten für das Anrücken hingewiesen und die Folgerung gezogen, daß die n. V. mit der Geldwirtschaft unvereinbar sei. Die seit Ende der 60er Jahre in Sachsen üblich gewordene „Vorverjüngung" geschah größtenteils auf künstlichem Wege.

v. Berg bemerkt 1861, daß in Preußen die n. V. von Föhren „neuerdings aufgegeben worden sei". Das Nadelholz werde kahl abgetrieben und die Aufforstung von Hand bewirkt.

11. Die Österreicher Feistmantel, Fiscali, Grabner, Wessely kennen in den 1850er Jahren nur geringe Flächen mit k. V., namentlich soweit das Gebirge mit den niedrigen Erträgen und den hohen Kosten in Betracht kommt. Dagegen wurde in Böhmen, Mähren, Schlesien etwa seit 1838 die k. V. immer mehr bevorzugt. Jahrzehntelang wird auf den Versammlungen über den Stand der Kulturen Bericht erstattet nnd 1859 der Kulturbetrieb „der wichtigste und interessanteste Teil der forstlichen Tätigkeit" genannt.

12. In den schweizerischen, größtenteils den Gemeinden gehörigen Waldungen hat die n. V. stets vorgeherrscht. Einige Jahrzehnte sind auch Kahlschläge mit Pflanzung in kleinerem Umfange üblich gewesen. Diese Periode gilt jetzt als „überwunden".

Parade sagt 1855, die n. V. sei bei der Fichte fast verlassen, in Frankreich soll sie jedoch bleiben.

13. Auch in den Lehrbüchern über Waldbau ist die Wandlung zu erkennen. Hartig, Cotta, Gwinner, Stumpf lassen die „Holzzucht"

d. h. die n. V. dem „Holzanbau“, d. h. der k. V. vorausgehen. Dagegen bespricht Heyer 1854 den künstlichen Holzanbau vor der „natürlichen Holzbestandsbegründung“; ersterem widmet er 166, letzterer nur 30 Seiten. Fischbach stellt 1856 die n. V., in der 2. Auflage von 1865 dagegen die k. V. „wegen ihrer vermehrten Bedeutung“ voran. Der berühmt gewordene „Beitrag zur Holzerziehung“ von Burckhardt führt 1855 den Titel: Säen und Pflanzen; es wird jedoch auch die n. V. der einzelnen Holzarten kurz besprochen.

Nur Dengler (Baden) hält in der 4. Auflage von Gwinners Waldbau (1858) noch am Vorrang der n. V. fest. Die n. V. fand nämlich in Süddeutschland, im Elsaß, Baden und Württemberg, namentlich aber in Bayern, immer noch rege Pflege. In Bayern diente 1861 die k. V. nur „zur Ergänzung der Lücken, zur Bestockung von Blößen und heruntergekommenen Wäldern“. In Bayern entstand auch der „Waldbau“ von Gayer, der 1880 die n. V. wieder mehr betonte. Er hält „eine teilweise Rückkehr zur n. V. für unabwendbar“ (S. 521). Er handelt sie auf 80, die k. V. auf 104 Seiten ab. Wenn auf der Frankfurter Versammlung 1884 eine „Strömung für die n. V.“ bemerkt wurde, so wird diese teilweise von Gayer hervorgerufen worden sein. Von den neueren Waldbauschriftstellern besprechen Borggreve, Ney, Mayr, Boppe und Jolyet zuerst die n. V., während Weise, Dittmar, Perona sie der k. folgen lassen. Reuß stellt in seinem Lehr- und Handbuch über die Bestandesgründung (1907) die n. V. voran und bespricht sie auf 39 Seiten; der k. V. sind 271 Seiten eingeräumt.

14. Die geschichtliche Untersuchung zeigt, dass die n. und die k. V. jedenfalls seit ca. 750 bekannt waren und angewendet wurden[1]). Während des Mittelalters scheint die k. V., soweit die spärlichen Nachrichten schließen lassen, geringe Ausdehnung gehabt zu haben. Erst ca. 1490 gewann sie mit Einführung der Schlagwirtschaft an Bedeutung, so daß sie in den Forstordnungen Beachtung findet. Etwa 1760 bis 1800 scheint die k. V. ihren Höhepunkt erreicht zu haben. Die Aufforstung ausgedehnter öder Plätze und der Lücken im Walde, die Anpflanzung trocken gelegter Sümpfe und Moore machte die k. V. unentbehrlich. Um 1800 bis etwa 1840 ist sie von der n. V. wieder zurückgedrängt worden. Seit 1850 ist ihre Bedeutung, von kleinen Schwankungen abgesehen, so ziemlich gleichgeblieben oder, wenn aus den Kulturkosten der Staatsforstverwaltungen ein Schluß gezogen werden will, eher gewachsen.

Eine allgemeine Statistik über die auf künstlichem Wege in Bestockung gesetzten Flächen ist nicht vorhanden. In Württemberg[2]) waren 1879 von der ertragsfähigen Fläche in den Staatswaldungen 52936 ha vorhanden, die durch Pflanzung oder Saat in Bestockung gebracht worden waren. Diese betrugen damals 29% der ertragsfähigen Fläche. Da seitdem rund 60000 ha hinzugekommen sind, so bedecken heute die künstlich erzogenen Bestände ungefähr 60% der Staatswaldfläche Württembergs; in einzelnen Revieren stieg schon 1879 die künstlich bestockte Fläche auf 61—89%.

Die Umwandlung von Mittelwaldungen in Hochwald und von heruntergekommenen Laubwäldern in Nadelwald, die Ausdehnung des Nadelholzanbaus überhaupt, die Aufforstung von Weideflächen und Oedungen, die Ausbesserung leerer Stellen in den Beständen führten zur Anwendung von Saat und Pflanzung. Die Sicherheit des Gelingens und das rasche Jugendwachstum der Pflanzungen verdrängte die unsichere und langdauernde n. V. Die Einführung der Kahlschlagwirtschaft hatte die k. V. zur Voraussetzung, wie zur Folge. Die gestie-

[1]) Seidensticker.

[2]) Forstl. Verhältnisse 1880. S. 181.

genen Holzpreise erleichterten die Ausgaben für die k. V. Inwieweit die Methoden der Forsteinrichtung, soweit sie die normale Altersabstufung und die normale Hiebsfolge erstrebten, tatsächlich — nicht nur theoretisch — durch Abtrieb unverjüngter Bestände die k. V. nach sich zogen, bedarf noch näherer Untersuchung. Daß in Norddeutschland die k. V. vorherrschend wurde, hängt hauptsächlich mit der dortigen Hauptholzart, der Föhre zusammen.

So ist nach jahrhundertelanger Entwickelung die k. V. der n. V. ebenbürtig geworden.

Wenn man sich erinnert, daß etwa 1820 die beweideten und öden Flächen in vielen Gebieten $\frac{1}{8}$ der Waldfläche einnahmen, daß seit jener Zeit die Auspflanzung der Lücken große Flächen mit k. V. schuf, endlich, daß ausgedehnte Aufforstungen landwirtschaftlich benützter oder ertragsloser Flächen stattfanden, so kann der auch ohne genauere Statistik gezogene Schluß kaum überraschen, daß auch die älteren, künstlich entstandenen Waldbestände eine weit größere Ausdehnung haben, als gemeinhin angenommen wird. In mancher Gegend, ja in manchen Staaten werden sie die auf natürlichem Wege bestockten an Flächengehalt übertreffen. Jedenfalls ist aller Orten Gelegenheit gegeben, die Erfolge der k. V. vom jungen Bestande bis zum überständigen Altholz zu studieren.

A. Die natürliche Verjüngung durch Samenabfall.

§ 251. Allgemeines.

1. So einfach der natürliche Vorgang des Samentragens und des Samenabfalls, der Keimung der Samen und der Entwickelung der Keimpflanzen erscheinen mag, so verwickelt werden die Verhältnisse, wenn der Betrieb der Waldwirtschaft, insbesondere das Fortschreiten der Hiebe, auf diese natürlichen Vorgänge mit Sicherheit aufgebaut werden soll. Einmal, weil der natürliche Prozeß von den Faktoren des Klimas und des Bodens verschieden beeinflußt wird, sodann weil auf die Einleitung und Durchführung der n. V. im großen Betriebe noch weitere Faktoren wirtschaftlicher Natur einwirken: die Holzart selbst, der Zustand der zu verjüngenden Bestände, das Nutzungsalter der Bestände, die Erhebung der jährlichen Nutzungsmasse, die Brennholz- oder Nutzholzerziehung, die Nebennutzungen an Weide, Streu etc., die Mischung verschiedener Holzarten, die Altersklassenverteilung, die Besitzverhältnisse und die Zwecke der Wirtschaft überhaupt.

2. Die Wälder weisen in Bezug auf die n. V. eine große Mannigfaltigkeit auf, weil die natürlichen Bedingungen vielfach wechseln und die wirtschaftlichen Rücksichten mancherlei Änderungen in die Durchführung der Verjüngung bringen. Die Besprechung dieser Verhältnisse nimmt in der Literatur einen breiten Raum ein. Die waldbaulichen Schriftsteller widmen der n. V. bald mehr, bald weniger ausführliche Darlegungen. Die Abhandlungen in den Zeitschriften erreichen die Zahl 136 und die Referate und Besprechungen in den Vereinsversammlungen die Zahl 54. Es ist von höchstem Werte, die Stimmen

der Vergangenheit und der Gegenwart zu vergleichen und daraus Schlüsse für die künftige praktische Tätigkeit zu ziehen.

Aus diesen Erwägungen ergibt sich die Einteilung des Stoffes für die nachfolgende Darstellung. Zunächst werden

die Bedingungen der n. V. untersucht (§ 252—256), dann

der Betrieb der n. V. auf Grund der waldbaulichen Bücher, der Zeitschriften und Versammlungsberichte geschildert (§ 257 bis 259) und daraus

die Schlußfolgerungen für die Technik und Ökonomik der n. V. oder für die „Schlagstellungen" abgeleitet werden (§ 260—269).

§ 252. Das Samentragen und die Besamung.

1. Tatsache ist, daß häufig ohne jedes menschliche Zutun die n. V. im Walde sich einstellt. Junge Pflanzen siedeln sich bald einzeln und zerstreut, bald in Gruppen und kleinen Horsten in einem größeren Bestande an. Nicht selten, wenigstens in den südlicheren Breiten (etwa vom 50° an), sind sogar größere Flächen in den Beständen mit jungen Pflanzen bedeckt, so daß die V. als vollständig oder nahezu vollständig gelten kann. Buchen- und Tannen- oder aus beiden Holzarten gemischte Bestände sind es hauptsächlich, die hier genannt werden müssen. Es gibt auch Fälle, in denen junge Fichten, sogar Föhren und Lärchen, sodann Eichen, Eschen, Ahorn, Hainbuchen unter dem alten Bestande sich vorfinden. Dieser kann dabei noch vollständig geschlossen sein.

An allen diesen Stellen sind also die Bedingungen der n. V. vorhanden, ohne daß der Wirtschafter sich irgendwie ihre Herbeiführung hätte angelegen sein lassen. „Die Verjüngung kommt von selbst" — ein Vorgang im Bestande, den der Wirtschafter in der Regel gar nicht verhindern kann. Ganz lückenlos ist die Verjüngung aber nur in seltenen Fällen. Innerhalb größerer, vollständig verjüngter Flächen finden sich Stellen von kleinerer oder größerer Ausdehnung, auf denen junge Pflanzen ganz fehlen oder nur in geringer Zahl aufzufinden sind. Man begegnet manchmal ganzen Beständen, die „sich nicht verjüngen wollen". In diesen Fällen sind also die Bedingungen für die n. V. nicht oder nur teilweise erfüllt. Diese Bedingungen sind im allgemeinen schon in früheren Abschnitten (§ 138, 139) besprochen worden. An dieser Stelle handelt es sich um die Frage, ob und in welcher Weise wir auf die Bedingungen der n. V. durch unsere Waldbehandlung einzuwirken imstande sind, und wie die in der Praxis üblichen Verjüngungsmethoden beurteilt werden müssen.

Die Erziehung eines jungen Bestandes an der Stelle eines alten ist nur möglich, wenn

a) im alten Bestande samentragende Bäume vorhanden sind,

b) der abfallende Same einen für die Keimung und das Wachstum der Keimlinge günstigen Bodenzustand findet und
c) der vorhandene alte Bestand die weitere Entwickelung der Keimpflanzen begünstigt oder wenigstens nicht verhindert.

Sind diese Bedingungen in einem Bestande nicht vorhanden, so sucht man sie durch die Behandlung des alten Bestandes herbeizuführen, indem man verschiedene Hiebe oder Schläge in einem Bestande ausführt. In vielen Fällen gelingt es, durch diese Hiebe die n. V. zu erzielen; in anderen dagegen führt das praktische Vorgehen des Wirtschafters zu einem Mißerfolg: statt junger Pflanzen bedeckt Gras und Unkraut den Boden des alten Bestandes.

2. Die erste Voraussetzung der n. V. ist das Vorhandensein eines Bestandes, in welchem samentragende Bäume, sog. Samenbäume, Fruchtbäume, Mutterbäume vorhanden sind. Die Ursachen des Blühens und Samentragens sind in § 139 zusammengestellt.

Durch die Waldbehandlung können wir das Samentragen begünstigen, insofern wir die Belichtung der Baumkronen, die Erwärmung und Wasserversorgung des Bodens und dadurch die Ernährung der alten Bäume durch unsere Hiebe oder Schläge verändern können.

Hiebei ist vor allem an den Einfluß der geographischen Lage auf die Häufigkeit und Ergiebigkeit der Samenjahre, sowie an das häufigere oder seltenere Samentragen der einzelnen wichtigsten Holzarten (§ 138, 3. 4) zu erinnern. Die Aufgabe des Wirtschafters wird also nach Gegenden und nach Holzarten verschieden sein. Wo die Samenjahre häufiger sind, wird sie leichter sein als im umgekehrten Falle. Innerhalb dieses von der Natur gezogenen Rahmens sind aber noch mancherlei Einzelheiten zu beachten, nämlich:

das Bestandesalter, in welchem das Samentragen und die V. eintritt,
die Dauer der Samenfähigkeit der Bäume,
die Ergiebigkeit der Samenjahre,
die Dichtigkeit der Besamung,
der Einfluß der Waldbehandlung auf das Samentragen.

3. In Garten- und Parkanlagen, d. h. im freien Stande, werden die Bäume 10—20 Jahre früher fruchtbar als im geschlossenen Bestande. In letzterem tragen die meisten Holzarten im 20.—30., meist erst 30. bis 40., auch 50. Jahre Samen (§ 139, 7). Über die Keimkraft des von jugendlichen Bäumen stammenden Samens und die Qualität der aus solchem Samen hervorgehenden Pflanzen fehlen noch umfassende Untersuchungen.

Die Zeit des erstmaligen Samentragens ist aber nicht auch die Zeit des erstmals auftretenden Jungwuchses; letzterer findet sich im geschlossenen Bestande in der Regel erst später, im 60.—70. Jahre ein.

Welche Periode des Bestandeslebens ist es nun, in welcher das hinreichende Samentragen und die erste V. erfolgen? Die oben (§ 145 f.) mitgeteilten Ergebnisse der Untersuchungen über das Bestandeswachstum geben die Antwort.

Vom 20. bis zum 50. und 60. Jahre erfolgt (S. 481) auf den besseren Bonitäten eine rasche Abnahme der Stammzahl durch die Ausscheidung der zurückbleibenden (unterdrückten) Stämme. Vom 60. Jahre an gehören 60—90 % der Stämme eines Bestandes zu den herrschenden, d. h. in vollem Lichte stehenden Baumklassen (§ 147, 2). Der Vorrat von Wasser und Nährstoffen im Boden wird daher auf eine geringere Zahl von Stämmen verteilt. Durch die Entnahme der unterdrückten und beherrschten Stämme wird sodann die Beschattung der Baumkronen der herrschenden Stämme vermindert und die Belichtung des Bodens verstärkt. Dadurch wird das Samentragen der herrschenden Stämme und die Erhaltung des Jungwuchses begünstigt. Nach Büsgen sind bei der Samenerzeugung der Buche die Kohlehydrate, daher Licht und Wärme, von besonderer Wichtigkeit.

Das größte Höhenwachstum ist (S. 540) im 20.—30., auf den geringeren Bonitäten im 40.—50. Jahre vorhanden. Der Eintritt der Mannbarkeit findet also nach der Zeit des stärksten Höhenwachstums statt.

Der höchste Massenzuwachs tritt im 30.—40., auch 50. Lebensjahre ein (S. 564). Mit dem Ende der größten Produktion an organischer Substanz beginnt also die Zeit des reichlicheren Samentragens.

Für die Verjüngung, d. h. das Samentragen und die Keimung und die Entwickelung der jungen Pflanzen kommt noch ein weiterer Umstand in Betracht. Je dichter das Astholz, sowie die Nadel- und Laubmenge, je größer also die Reisigmasse ist, um so weniger Licht, Wärme und Niederschlag wird im geschlossenen Bestande zum Boden gelangen. Nun erreicht (S. 553) die Reisigmasse fast bei allen Holzarten im 40. Jahr das Maximum, sinkt rasch bis zum 50., um dann bis zum 100. oder 120. Jahr ziemlich gleich zu bleiben. Der astreine Teil der Stämme wird mit zunehmendem Alter immer länger (§ 166, 4), so daß die Baumkronen, bezw. die ungefähr gleichbleibende Reisigmasse immer weiter vom Boden abstehen und der belichtete Zwischenraum zwischen Krone und Boden immer größer wird. Es wird also (S. 84 f.) vom 50. Jahre an die Lichtstärke im Innern des Bestandes zunehmen.

4. Auf den geringeren Bonitäten (IV., V.) verlaufen diese Wandlungen in der Bestandesverfassung in anderer Weise. Die Stammzahl bleibt auf den geringeren Bonitäten dauernd größer. Dasselbe gilt für die höheren Lagen über dem Meer (§ 145, 7). Die Kulminationszeit des Höhen- und Massenwachstums ist auf den geringeren Bonitäten um 20—30 Jahre hinausgerückt (§ 157, 3. 161). Die Reisigmasse ist

auf den geringeren Bonitäten etwas niedriger als auf den besseren; sie sinkt mit dem Alter nur unbedeutend. Diese ungefähr gleiche Reisigmasse befindet sich auf den geringeren Bonitäten an niedrigeren Stämmen. Der Zwischenraum zwischen Krone und Boden ist um 2—4 m kürzer (§ 166, 7), die Äste sind näher zusammengerückt, die Belichtung ist schwächer. Da der Boden der geringeren Bonitäten nährstoffärmer, vielfach auch trockener ist, sind die Bedingungen für das Samentragen und das Wachstum der Keimpflanzen erheblich ungünstiger als auf den besseren Bonitäten.

Ob auf den geringeren Bonitäten (bei gleichem Klima) weniger und seltener Samen erwächst, ob dieser etwa weniger keimkräftig ist, wie sodann die Verjüngung auf geringeren Bonitäten sich einstellt und entwickelt, ist noch nicht genügend untersucht.

Der Gang der Verjüngung wird also auf den niedrigen Bonitäten ein anderer sein, die verschiedenen Hiebe werden in anderem Grade geführt werden müssen als auf den besseren.

In unregelmäßig geschlossenen Beständen schaffen Austrocknung, Bodenverhärtung, Vergrasung und Verheidung ganz veränderte, für das Samentragen und die Keimung ungünstige Wachstumsbedingungen (§ 115, 116).

5. Wie lange das Samentragen der Bäume in den Beständen andauert, ist systematisch (nach Holzart, Alter, Bonität, Höhenlage) noch nicht genügend beobachtet worden. Daß 80—100-, auch 120 jährige Bestände noch reichlich Samen tragen, steht außer Zweifel. 150—160 jährige Tannenbestände weisen im Schwarzwald vollkommene Verjüngungen auf. Selbst 250—300 jährige Plenterbestände (von Fichten etc.) tragen noch Samen, wie aus dem Böhmerwalde und aus dem schweizerischen und österreichischen Hochgebirge berichtet wird.

Wenn sich „alte" Bestände vielfach nicht verjüngen, so kann dies nicht ohne weiteres auf das Alter der Bäume, bezw. das verminderte Samentragen zurückgeführt werden.

6. Die Samenproduktion der Bäume und Bestände ist bald mehr, bald weniger reichlich, bald lokal beschränkt, bald über weite Gebiete verbreitet (§ 139, 2).

Für den Grad der Ergiebigkeit haben sich aus den Zeiten des Schweineeintriebs die Bezeichnungen Vollmast, halbe Mast, Sprengmast (Vogelmast) für Eiche und Buche eingebürgert.

Bei den anderen Laubhölzern und beim Nadelholz unterscheidet man gute, mittlere, geringe „Samenjahre" Die „Fehljahre", wie sie in den Ankündigungen der Samenhandlungen aufgeführt werden, zeigen so geringen Samenertrag, daß sich die Ernte nicht lohnt („Mißernte"). In geringer, lokal sogar manchmal in nicht unbedeutender Menge erwächst auch in Fehljahren Samen von einzelnen Holzarten. Überhaupt wird der jährlich in nur geringer Menge erwachsene Same gewöhnlich gar nicht beachtet.

Eine Vollmast ist sehr selten. 20 und 30 Jahre können vergehen, bis die Vollmast sich wiederholt. Das Abwarten von Vollmasten und guten „Samenjahren" ist daher stets gewagt und führt bei zu starker Lichtung sehr oft Mißerfolge bei der geplanten n. V. herbei. Die meisten Wälder müssen mit geringer Mast und dem Samenertrag mehrerer Jahre verjüngt werden. Manche gelungene Verjüngung wird auf ein bekanntes Mastjahr zurückgeführt und in den Wirschaftsplänen mit dem entsprechenden Alter gebucht. Die Altersermittelungen in den Versuchsflächen zeigen, daß diese meist auf Überlieferung beruhenden Angaben sehr unsicher sind. Berühmte Buchensamenjahre haben schon große Enttäuschungen gebracht, so namentlich in Norddeutschland die Buchelmasten von 1823, 32, 53, 58, 60, 1909, 11, 13. Gwinner bemerkt zu den württembergischen Buchelmasten: 1823 „ziemlich viel, aber schlecht"; ebenso 1833, 39, 43, 47: „viel, aber schlecht". Von der 1911er Buchelmast ist nach einer Mitteilung im kurhessischen Forstverein die Verjüngung nur auf 47 % der angehauenen Fläche gelungen.

Der Same war überwiegend taub oder war von Mäusen und Vögeln, vom Wild aufgezehrt worden; manchmal wird er als „verschimmelt" angegeben. Vielfach wurden die sehr zahlreich aufgelaufenen Keimlinge von Frost oder Dürre vernichtet.

Der Eintritt von Samenjahren ist bei den meisten Holzarten — mit Ausnahme der Föhre — sehr unregelmäßig. Wir haben Nachweisungen über das Samentragen während längerer Zeiträume für Deutschland, Preußen, Baden, Württemberg, sodann für Worbis, Mühlhausen und Büdingen, also teils für größere Gebiete, teils für kleinere Verwaltungsbezirke. Die ersteren geben allerdings Anhaltspunkte für die Beurteilung der Wahrscheinlichkeit eines Samenjahrs innerhalb eines ganzen Landes (§ 138, 3. 4.). Sie treffen aber nicht für jeden einzelnen Bezirk oder gar den einzelnen Bestand zu. Praktisch kommt aber nur der Bestand in Betracht, in welchem in Erwartung eines Samenjahrs bestimmte Schläge ausgeführt werden.

Sehr belehrend ist in dieser Beziehung eine Untersuchung, die der kurhessische Forstverein über die Verbreitung der Buchelnmast von 1911 angestellt hat. Von 88 Revieren hatten 54 % eine Vollmast, 32 % eine Halbmast, 10 % eine Sprengmast, 4 % keine Mast.

Praktisch wichtig ist sodann die Zahl der aufeinanderfolgenden Jahre, in denen nur wenig Samen erwächst. In einzelnen Regierungsbezirken von Preußen zählt man bei der Eiche 3, bei der Buche 7, bei der Hainbuche 14, bei der Birke 12, bei der Erle 3, bei der Föhre 9, bei der Fichte 11, bei der Tanne 7 unmittelbar aufeinanderfolgende Jahre mit geringem Ertrage, während in Baden nur 2—3 solcher geringen Ernten aufeinander folgen.

Da die Vergrasung des Bodens vielfach schon im 1., in der Regel im 2. und 3. Jahr eintritt, so müssen alle Hiebsflächen, die auf Besamung berechnet sind, der Gefahr der Vergrasung unterliegen. Diese wird stets als Grund angegeben, aus dem die Schläge mit Besamung vom stehenden Bestande her zu verwerfen seien.

7. Das „Anregen zum Samentragen", wie es durch Vorbereitungshiebe (§ 262) erfolgt oder wenigstens bezweckt wird, kann durch die stärkere Beleuchtung und bessere Ernährung der freiergestellten Bäume allerdings erfolgen. Der bestimmte Nachweis, daß durch wirtschaftliche Eingriffe in den Bestand das Samentragen herbeigeführt worden sei, ist bei den vielen zusammenwirkenden Faktoren schwer zu erbringen, zumal die Jahreswitterung von überwiegendem Einfluß ist.

Aber die Richtung, in welcher das praktische Handeln im Bestande, bezw. die Leitung des Verjüngungsganges sich zu bewegen hat, kann auf Grund der wissenschaftlichen Darlegungen und der praktischen Beobachtungen mit aller Sicherheit angegeben werden: Wenn das Blühen und Samentragen der geschlossenen Bestände befördert werden soll, so kann dies nur durch lichtere Stellung der Bäume erreicht werden (starke Durchforstung). Soll umgekehrt aus irgend einem Grunde die Verjüngung hintangehalten werden, so muß der Bestand im dichten Schlusse erhalten bleiben.

Diese erste Bedingung der n. V., das Samentragen, unterliegt nur in geringem Maße der Einwirkung des Wirtschafters. Seine Hauptaufgabe bleibt die Beobachtung des Blühens und Samentragens und die Erhaltung des Garezustandes im Boden, damit die von der Natur ziemlich regellos gespendete Gabe jederzeit ausgenützt werden kann. Je freier und beweglicher seine Wirtschaft in dieser Beziehung ist, je mehr er die Hiebe dem Samenertrag anpassen kann, um so bessere Erfolge wird er mit der n. V. erzielen.

Vielfach führt man auch heute noch die Hiebe da, wo der Bestand sich verjüngt. Die V. ist also maßgebend auch für die Nutzung des Holzes. In manchem Wirtschaftsplan ist dagegen der Bestand einer Periode zur Nutzung und Verjüngung zugewiesen, obgleich wenigstens die n. V ganz unsicher ist Das Streben, in der Anlage von Nutzungshieben unabhängig von den Samenjahren zu werden, hat gerade die Ausbreitung der k. V. gesteigert.

8. Über den Abfall des Samens der Nadelhölzer herrschen noch mancherlei Unklarheiten und Unsicherheiten. Ich habe deshalb im Winter 1914/15 und Frühjahr 1915 mit Zapfen von Fichten, Tannen, Föhren, Bergföhren, Lärchen Untersuchungen über das Öffnen der

Schuppen und das Ausfallen des Samens angestellt. Jeder Zapfen war in einem Drahtnetz teils ganz frei und der Sonne ausgesetzt, teils im Schatten aufgehängt worden. Die Samen fallen nach dem Öffnen der Schuppen nicht sogleich aus; es können 10 Tage und darüber vergehen, bis die ersten Samen erscheinen. Bis der Zapfen ganz entleert ist, verfließen 4—8 Wochen. Die meisten Samen fielen an 2—3 Tagen (26. bis 28. April) aus, nachdem anhaltender Sonnenschein (10—13 Stunden im Tag) geherrscht hatte. Zapfen, die an einem Fichtenast belassen wurden, zeigten kein abweichendes Verhalten. Die auf der Südseite der Hütte aufgehängten Zapfen waren den übrigen etwa 3—4 Wochen voraus. Zapfen der Tanne waren auf der Südseite am 22. Januar schon vollständig zerblättert, auf der Ostseite erst am 12. März, auf der Nordseite am 26. März. Einzelne Körner von Fichten etc. fallen erst Mitte und Ende Mai noch aus. Von Bergföhren fielen die ersten Samen am 12. Januar, größere Mengen am 18. Februar, die meisten am 22. März aus.

Vom 18.—30. April herrschten zu allen Tageszeiten schwache Nord- und Nordostwinde.

Die Früchte von Buchen und Eichen, Kastanien fallen im Oktober und November zur Erde, bevor das Laub fällt; sie werden vom Laube zugedeckt. Die Samen von Esche, Ahorn, Hainbuche, Erle fallen während des Winters, meist infolge von Stürmen, die von Birken, Ulmen, Pappeln, Weiden im Sommer herab.

9. Über die Zahl der von der Natur ausgestreuten Samenkörner liegen einige Untersuchungen vor.

Wickell fand in Kurhessen im Buchelmastjahr 1888 auf 1 qm 350 Bucheln („verschwenderisch viel von der Natur ausgestreut"), Pfitzenmaier im gleichen Samenjahr auf der württ. Alb nur 68. Im Versuchsgarten bei Tübingen keimten von der Mast 1916 auf Ton in einem Kasten mit 1 qm Fläche unter 100 jährigen Buchen 164 Stück, im 100 jährigen Buchenbestand (die Bucheln waren durch Sammeln vermindert) 60 Stück. Im 15 jährigen Aufschlag daneben wurden 41 Pflanzen auf 1 qm gezählt. Im Versuchsgarten waren in einer 2 jährigen Buchenvollsaat vorhanden: auf lockerem Lehm 35, auf festem 39, auf lockerem Neckarsand 98, auf festem 86 Stück. In 9 jährigen Vollsaaten neben einer Zypressenreihe im Versuchsgarten fanden sich auf der Nordseite 103, Südseite 90, Ostseite 35, Westseite 30 Stück; in einer Lücke im Buchenbestande 18—25 Stück.

Es sind also auf 1 ha an 1 jährigen Buchen 600 000 bis 1 640 000 Stück gezählt worden; selbst im 9- und 15 jährigen Alter zählt man unter 100 jährigen Buchen noch 400 000, in der Freisaat 300 000 bis 1 000 000 Pflanzen.

Von großem Interesse sind die Untersuchungen von Wulff in der schleswigschen Oberförsterei Bordesholm, die er nach der Mast von 1894 anstellte. Auf 1 qm waren Keimlinge vorhanden: 146 auf humosem, freigeharktem und geeggtem Boden, 6 m davon auf unbearbeitetem Boden zwischen Anemonen, Sauerklee 10; zwischen Maiblumen auf bearbeitetem Boden 101, auf unbearbeitetem 22; auf geeggtem, zur Rohhumusbildung neigendem Boden 73; 4 m davon auf unbearbeitetem, mit Moos und Schmielengras überzogenem Boden 6 kümmerliche Pflanzen; auf filzigem Rohhumusboden, der abgeschürft und 30 cm tief umgegraben wurde, 146, daneben auf unbearbeitetem und mit Abraum beworfenem Boden 23. Fehlstellen in der Verjüngung werden vielfach auf mangelndes Samentragen zurückgeführt, während in den meisten Fällen der Boden sie verursacht.

Ein Fichtenzapfen enthält 400 Körner. v. Tubeuf zählte an einer Fichte 1042 Zapfen. Von dieser einen Fichte wurden also im ganzen 400 000 Körner ausgestreut; würde dies auf 1 ha geschehen sein, so würden auf 1 qm 40 Körner entfallen. Auf 1 ha 100 jährigen Fichtenbestandes stehen 500—600—800 Stämme. Trägt ein Stamm auch nur 10 Zapfen, so entfallen auf 1 ha 2 400 000, auf 1 qm 240 Körner. Sobolloff berechnet für russische Wälder die höchste Zahl der keimfähigen Körner auf 1 ha zu 25 Millionen. Auf 1 qm entfallen 2500 keimfähige Körner. Jeder Baum hatte durchschnittlich 40 000 keimfähige Körner. In der IV Stammklasse trugen nur noch 50—66 % aller Stämme Samen; die V. Klasse trug keinen Samen mehr. Die Klassen I—III lieferten 98 % der Körner. Die I. Klasse trug 3 mal, die II. Klasse 2 mal soviel Samen als die III. Klasse. Die höchste Menge pro Stamm an reinem und keimfähigem Samen betrug bei der I. Klasse 1042, II. 415, III. 314, IV. 52 g (1 g hält 130 Körner).

Kienitz fand an einer großkronigen, freistehenden 100 jährigen Föhre mit 20 m Höhe 17 Liter oder 1630 Stück Zapfen, an 90 jährigen 1560 bis 2730 Zapfen. Im geschlossenen Bestande sind die Mengen sehr wechselnd; an den meisten Stämmen betragen sie 100 bis 150, aber auch 298, 420, 526 Stück. Da 1 Zapfen etwa 140 Körner hat, so liefert im geschlossenen Bestand 1 Baum rund 17 000 Körner.

Wie diese Samenkörner nun tatsächlich auf größeren Flächen vom Baume ausgestreut werden, ist nicht genauer bekannt. Man schließt von den jungen Pflanzen und ihrer Verteilung auf die Ausstreuung des Samens. Der Schluß, daß auch bei den leichteren und geflügelten Samen der größte Teil des Samens unter dem Samenbaum oder in dessen nächster Nähe zur Erde falle, wird in den meisten Fällen zutreffend sein.

§ 253. Der Zustand des Bodens.

1. Eine weitere Bedingung der n. V. ist ein geeigneter Bodenzustand, damit der Same überwintern, keimen und das Keimpflänzchen sich entwickeln kann.

Die einzelnen Faktoren sind oben im 2. Abschnitt und im 1. Bande ausführlich besprochen worden. Es bedarf hier nur noch einer kurzen Zusammenfassung mit Rücksicht auf die Vorgänge der V. im Bestande.

Im geschlossenen Bestande ist der Boden teils kahl, teils von einer Laub- oder Nadel- oder Moosschicht (§ 113 f.) bedeckt. Bei fortschreitendem Lichterwerden des Bestandes stellt sich eine Begrünung des Bodens (durch *Oxalis*, *Asperula* etc.) ein. Bei höheren Lichtgraden bildet sich stellenweise ein Überzug von Gräsern, Heidelbeere oder Heide aus.

Die jährlich im Oktober und November abfallende Menge von Laub und Nadeln ist großen Schwankungen (von 50—90%) unterworfen, so daß die Tiefe der dem mineralischen Boden aufliegenden Schicht von Jahr zu Jahr verschieden ist. Die im Herbst abfallenden Samen werden daher in verschiedenen Jahren mit einer Laub- oder Nadelschicht von verschiedener Mächtigkeit bedeckt. Sie sind also in verschiedenem Grade vor Austrocknen, Frost, zu früher Keimung und dem Auffinden durch Tiere geschützt. Die erst während des Winters und in den ersten Monaten des Frühjahrs abfallenden Samen der Nadel- und Laubhölzer fallen auf eine verschieden dicke Schicht von Laub oder Nadeln. Zum Teil fallen sie noch auf Schnee oder auf die vom Schnee festgedrückte Laub- und Nadelschicht. Auch die unter dem unverwesten Laube liegende Schicht von verwestem Laube etc. (Moder, Mull) ist von verschiedener Mächtigkeit, weil die Verwesung in den einzelnen Jahren in verschiedenem Grade fortschreitet. Von wechselnder Mächtigkeit ist endlich auch die humose oberste Bodenschicht.

Die Verhältnisse in der Bodendecke wechseln also von Jahr zu Jahr, so daß die Keimungsbedingungen in ein und demselben Bestande nach Jahrgängen verschieden sind.

Da unter den einzelnen Bäumen innerhalb des gleichen Bestandes die Laub- oder Nadelschicht sich ändert, ferner Laub und Nadeln von erhöhten Lagen weggeweht, in vertieften angehäuft sein können, so ist neben dem jährlichen auch ein lokaler Wechsel dieser Schichten vorhanden.

Die unverwesten und die verwesten Schichten sind von besonderer Bedeutung für die Ernährung der Wurzeln der Keimpflanzen; erreichen diese den mineralischen Boden nicht, so sterben sie im Frühling, meist erst im Sommer, durch Vertrocknung ab.

In der Gras-, Moos-, Heidelbeer- und Heidedecke (§ 114—116) bleibt der abfallende Same vielfach in den Verzweigungen hängen und kommt nicht zum Keimen. Der bis zur untersten Schicht fallende Same wird vom Wurzelfilz zurückgehalten; er kommt meistens auch nicht zur Keimung oder die Keimlinge vertrocknen. Es sind daher nur wenige Keimpflanzen, die sich zwischen Heidelbeere und Heide erhalten können.

Es kommt außerdem noch ein klimatischer Faktor, die Höhe und die Dauer der Schneedecke in Betracht. Die Schneemenge (§ 55, 1) nimmt mit der Meereshöhe zu, sie steigt von 6 bis auf 60% der Niederschlagsmenge. Die Dauer der zusammenhängenden Schneedecke (§ 55, 4) schwankt in verschiedenen Gegenden Bayerns zwischen 29 und 222 Tagen.

Die Schneelast preßt die Laub- und Nadeldecke zusammen, drückt den Samen an sie an und teilweise in die Laub- und Moosdecke ein. Mit dem Schmelzwasser sinkt ein Teil des Samens in den Boden ein. Das Zurückhalten der Keimung durch Schnee ist in Gegenden mit starken Kälterückfällen von Wichtigkeit. Die in Norddeutschland oft erwähnte Schädigung der Keimlinge durch Frost wird teilweise mit der geringen Schneemenge des Gebietes zusammenhängen. Die späten Schneefälle im März und April müssen daher beachtet werden.[1])

Eine Laub-, manchmal auch die Nadeldecke, wird von praktischer Seite wiederholt als ein Hindernis der Ansamung bezeichnet und ihre Entfernung von manchen Seiten empfohlen. So bemerkt Burkhardt 1862, daß die V. der Buche im Solling wegen des Laubes schwierig sei; am besten hätte sich das streifenweise Wegschaffen des Rohhumus bis auf den Mineralboden bewährt. Priester nennt 1891 das Laub den schlimmsten Feind der V.; wo es weggenommen werde, erziele man den schönsten Erfolg. Wulff teilt 1899 Beobachtungen über das Verderben des Eckerichs mit: in mineralischem Boden untergebracht waren 12%, auf geringer Grasnarbe 44, auf schwacher Laubdecke im Holz 57, auf starker 73, auf sehr starker 89% der Bucheln (durch Schimmelpilze) verdorben. Mehrfache Beobachtung im Walde zeigt, daß auf gerechten oder durch Holzschleifen bloßgelegten Stellen sich reichlicher Jungwuchs einstellt, während er auf der Laub- und Nadeldecke nebenan fehlt.

Ney bemerkt, daß die Tannenverjüngung am erfolgreichsten sei, wenn der mineralische Boden zwischen den Nadeln noch sichtbar sei.

Im Versuchsgarten — also nicht im Bestandesschatten — wurden seit 1903 wiederholt Saaten auf eine 5 cm tiefe Laub- und Nadellage ausgeführt; sie zeigten stets eine geringere Zahl von Keimlingen als Saaten, die nebenan im Mineralboden gemacht waren. Bei Saaten auf Moos erschienen entweder gar keine oder nur ganz wenige Keimlinge, die in kurzer Zeit abstarben. Böhmerle hat ebenfalls einen sehr ungünstigen Einfluß des Mooses auf die Ansamung nachgewiesen. Wo dagegen reichliche Schneefälle eintreten (wie im badischen Schwarzwald etc.) sieht man auf Moosrasen eine genügende Ansamung.

---

[1]) Vgl. die Untersuchungen von Grisch bei Schröter a. a. O. 663.

Es fehlen genauere Angaben über die Mächtigkeit der Laubdecke. Diese hängt mit dem Gang der Verwesung zusammen. Laub verwest in 2—3, an manchen Orten erst in 4—5, Nadelstreu in 3—4, auch erst in 5—8 Jahren. Eine Laubdecke von 10 cm kann an manchen Stellen beobachtet werden. In der Regel wird sie aber 1—2, auch 3—4, selten 5—7 cm betragen.

Es finden sich im Moose kleinere kahle Stellen, auf denen eine Keimung möglich wird. Wird in einem Fichtenbestande das Moos absichtlich (oder zufällig durch Holzabfuhr) streifenweise entfernt, so siedeln sich auf den bloßgelegten Streifen zahlreiche Fichtenkeimlinge an, während auf den bemoost gebliebenen Zwischenstreifen solche kaum aufzufinden sind.

Diese Verhältnisse sind längst bekannt. Um „ein Setzen der Laub- oder Nadeldecke", d. h. ein Zusammensinken und ein rascheres Verwesen des Laubes etc. und damit eine Verminderung der Höhe der Decke herbeizuführen, hat man Vorbereitungshiebe (§ 262) empfohlen.

2. Diese rufen allerdings vielfach einen Graswuchs hervor (§ 116), so daß der abfallende Baumsame gleichzeitig mit dem Grassamen zur Keimung gelangt oder auf schon vorhandene Grasbüschel oder Rasenstücke fällt. Im ersteren Falle gehen — nach Versuchen im Versuchsgarten bei Tübingen — die Keimlinge zwischen dem früher keimenden und rascher wachsenden Grase größtenteils zu Grunde; nur Buchen-, Eichen-, Ahornkeimlinge erhalten sich in größerer Zahl. Die auf den Rasen fallenden Körner kommen nur in geringer Zahl zur Keimung, entwickeln sich unter dem Grase sehr kümmerlich und vertrocknen nach kurzer Zeit. Ausnahmen bilden Hainbuche und Roterle, auch Birke, deren Samen nach Beobachtungen im Walde auch in starkem Graswuchs noch befriedigend keimen.

Der Einfluß der Bodenart, des Schlußgrades des Bestandes auf den Graswuchs ist auf Grund von Untersuchungen oben (§ 116, 7—10) besprochen worden.

Bei geringer Niederschlagsmenge ist der Graswuchs selbst allerdings etwas vermindert; aber von der an sich geringen Wassermenge im Boden beansprucht er doch einen so großen Teil, daß in trockeneren Gegenden der Schaden gesteigert wird. Auf dem trockenen Sand Norddeutschlands ist der Graswuchs in den zu verjüngenden Beständen, wie aus den Schriften von Borggreve, Pfeil etc. ersichtlich ist, weit mehr gefürchtet als in Süddeutschland oder in der Schweiz.

Das Auftreten von Heidelbeere und Heide, von Trockentorf und Rohhumus (§ 89) wirkt noch ungünstiger auf die Keimpflanzen ein als ein Grasrasen. Doch sieht man auch zwischen Heide und Heidelbeeren manchmal junge Pflanzen stehen (Tannen, Fichten, Föhren, auch Buchen und Eichen).

Die Höhe der Laubschicht in den Beständen beträgt 2—5, manchmal bis zu 10 cm; wo das Laub zusammengeweht ist, steigt sie auf 20—30 cm und darüber. Solche vertiefte Stellen bieten eine besonders günstige Gelegenheit zur Beobachtung: am Rande, wo die Laublage dünner ist, bleiben die Keimlinge am Leben, während sie im Innern der Vertiefung absterben.

Die Würzelchen der Keimpflanzen sind in gutem Boden lang: Buche 10—12, Bergahorn 9—10, Esche, Birke 10—12, Akazie 18—20, Erle 20—23, Eiche 28; dagegen Fichte, Tanne, Lärche 7—10, Föhre 10—15 cm. Die Gefahr der Vertrocknung ist nach Holzarten verschieden und erklärt die Unterschiede in der V. gemischter Bestände.

Die Wirkung der Vergrasung muß unter dem Kronendache noch ungünstiger sein als im freien Lande. Die Würzelchen der Pflanzen sind kürzer. Außerdem hält das Kronendach einen Teil des Regens zurück. Die Bodentemperatur und die Durchlüftung werden durch das Gras noch weiter herabgesetzt, als es schon durch das Kronendach geschieht.

3. Von vielen Seiten wird die Bodenbearbeitung als eine der wichtigsten Vorbereitungen der n. V. hervorgehoben. Frömbling erblickt in ihr sogar den Schwerpunkt bei der n. V der Buche. Bald wird der Waldpflug und die Egge oder die Rollegge, der Wühlgrubber, bald die Hacke, bald Schweineeintrieb zur Anwendung empfohlen. Es sind hauptsächlich die vom Regen festgeschlagenen oder durch Austrocknen verhärteten Stellen, die eine Bearbeitung erfahren; manchmal wird die Beseitigung oder Unterbringung des Laubes mit der Bearbeitung verbunden. Die Bodenbearbeitung ist an den Stellen, die mit Laub und Nadeln bedeckt sind, nicht nötig; in der Regel werden ihrer nur kleinere zerstreute verhärtete Flächen bedürfen, die zwischen den lockeren sich finden. Eine Bearbeitung des Bodens muß der Kosten wegen auf das geringste Maß eingeschränkt werden. Die Anwendung von Maschinen (dänische Rollegge etc.) ist teuer; bei kleinem Besitz verbietet sich der Ankauf von Maschinen von selbst. Mit der Hacke wird der Zweck ebenso gut erreicht, wenn die Arbeit nur auf die der Lockerung bedürftigen Stellen beschränkt wird. Ganze Bestände werden nur verhärtet sein, wenn Streunutzung stattgefunden hat oder das Laub dauernd weggeweht wird.

Wird der Boden grobschollig umgehackt, so fällt der Same zum größeren Teil in die Vertiefungen, in denen er vom Laub und den durch Regen abgeschwemmten oder durch Frost abbröckelnden Bodenteilchen bedeckt wird. Die Bedeckung schützt ihn vor Verzehren durch Eichhörnchen, Mäuse, Vögel. Gelegenheit zur Beobachtung dieser Vorgänge bot das überaus reiche Buchenmastjahr 1916. In der Nähe des Versuchsgartens waren unter 120jährigen Buchen 4 Kasten mit 1 qm Fläche aufgestellt, die mit Lehm, Ton, Neckarsand und buntem Mergel gefüllt waren. Die Oberfläche des Tons war grobschollig, die der übrigen Bodenarten eben. Auf alle 4 Kasten fielen reichlich Bucheln (wohl 300), aber nur im Ton erschienen (164) Keimlinge. Auf den ebenen Oberflächen der übrigen Beete hatte nicht ein Korn gekeimt; die Samen waren alle aufgezehrt worden. Dasselbe war der Fall auf den neben den Kasten einige Jahre früher aufgeschütteten Hügeln mit glatter Oberfläche von Lehm, Sand und Ton.

4. Über den Einfluß der Festigkeit oder Lockerheit des Bodens auf die Keimung sind seit 1903 Untersuchungen im Versuchsgarten bei Tübingen angestellt worden. Bei den Saaten wird die Hälfte des Beetes festgestampft. Auf festgestampftem Ton wurden die Pflanzen seit 1909 beobachtet. Alle Nadelhölzer keimen auf festgestampftem Ton nach Obenaufsaat und bei einer Bedeckung durch Laub noch reichlich, so daß eine genügende Bestockung eintritt; auf dem lockeren Ton ist die Bestockung aber dichter und auch das Wachstum besser. Die Laubhölzer keimen dagegen auf dem festgestampften Ton nur in geringer Zahl, so daß die Saat als mißlungen bezeichnet werden mußte.

Als ein Mittel für die Lockerung des Bodens wird von den älteren Schriftstellern immer wieder die Viehweide hervorgehoben. Bavier[1]) hat in den Waldungen Graubündens hierauf bezügliche Untersuchungen angestellt. Es ist ihm wiederholt gelungen, in dem einzigen Tritt eines Rindes bis zu einem Dutzend Keimlinge (von Fichten) zu zählen, während im Rasen nur wenige zu finden waren.

Ein vollständiges Hindernis für die Ansamung bildet also der feste Boden nicht. Wo er geneigt ist, findet aber leicht ein Abrollen des Samens statt, so daß die festen Stellen dann vielfach kahl bleiben.

Auf umgegrabenem, also lockerem Boden in vollständig freier Lage wurden im Versuchsgarten Obenaufsaaten ausgeführt, d. h. der Same wurde ausgestreut und ohne jede Bedeckung gelassen (wie er im Bestande oder auf Lücken im Bestande auf kahlen Boden fällt oder seitlich anfliegt und auch ohne Bedeckung bleibt). Sie führten bei Nadelhölzern (außer Arve) zu vollständiger Bestockung, während beim Laubholz nur wenige Keimlinge erschienen. Wie ein Versuch im Holzkasten zeigte, wird der kleine Nadelholzsamen in den Boden förmlich eingewaschen.

---

[1]) Schweiz. Z. 1910, 200.

5. Auch die Feuchtigkeit des Waldbodens ist für die Keimung im allgemeinen genügend. Die meisten Samen keimen in den tieferen und mittleren Höhenlagen Ende März oder Anfang April. Die Austrocknung des Samens erreicht im Waldschatten nie einen hohen Grad, namentlich nicht, wenn der Schnee auch noch im Februar oder März auf den Samen liegt. Die Erweichung der Samenschale geschieht im Winter oder in der ersten Frühjahrszeit. Bei Eintritt der in manchen Gegenden sehr schädlichen Trockenheit des Frühjahrs — insbesondere auch durch Ostwinde — ist die Keimung schon vollendet. Genügende Untersuchungen über den Keimungsvorgang des abgefallenen Samens im Waldschatten sind nicht vorhanden. Es muß daher die Keimung von künstlich aufbewahrtem und von künstlich ausgesätem Samen zur Vergleichung herangezogen werden. Der natürlich überwinterte Samen kann zu etwas anderen Ergebnissen führen. Versuche über die Keimung im offenen Lande und unter dem geschlossenen Kronendach habe ich seit 1888 wiederholt angestellt (§ 34 ff.). Die Samen wurden teils im Herbst, teils erst Ende März oder Anfang April, im letzteren Falle also zu einer Zeit ausgesät, zu der die im Walde überwinterten Samen bereits gekeimt hatten.

Die Feuchtigkeit der obersten Bodenschicht, die für die Keimung allein in Betracht kommt, ist in einem alten, geschlossenen Bestande gering, da die Niederschläge zu einem großen Teil und insbesondere die schwachen ganz von der Krone zurückgehalten werden. Nur in Lücken wird der gesamte Niederschlag zum Boden gelangen. In Gegenden, in welchen eine geringe Winterfeuchtigkeit vorhanden ist oder während der Monate April und Mai nur geringe Niederschläge fallen, wird eine starke Austrocknung der obersten Bodenschicht gerade während der Keimzeit stattfinden. Ist während dieser Zeit der Boden zu trocken, so tritt meistens keine oder nur spärliche und verspätete Keimung ein. Auf die Schwierigkeit der V. in dem trockenen und zugleich heißen Wallis (die Menge des Regens bleibt in einzelnen Monaten sogar unter 30 mm zurück) hat Barberini nachdrücklich hingewiesen.

Wird der Boden in der oberen Schicht gelockert, so bleibt er in den unteren Schichten feuchter, während die gelockerte Schichte selbst austrocknet (§ 92, 93). Tritt nun nach der Lockerung eine trockene oder gar dürre Periode ein, so können die Keimlinge trotz der Lockerung absterben, wenn das Würzelchen nur in der obersten ausgetrockneten Schichte sich ausgebreitet hat.

Die Sorge für die Feuchtigkeit des Bodens bildet eine Hauptaufgabe bei der n. V.

6. Lockerheit und Feuchtigkeit werden vom Humusgehalt des Bodens (§ 88) wesentlich beeinflußt. Da ferner im Humus die

Nährstoffe in leicht löslicher Form und in größerer Menge vorhanden sind, so wird die V. im humosen Boden am leichtesten gelingen müssen. Dies bestätigt die Beobachtung im Walde (§ 88, 3) und namentlich das üppige Wachstum von Saatpflanzen auf frisch abgetriebenem Waldboden (Neubrüchen). Für die im Schatten erwachsenden jungen Buchen hat Graf zu Leiningen einen höheren Bedarf an Nährstoffen nachgewiesen; sollte sich dieses Resultat auch für andere Holzarten bei der chemischen Analyse ergeben, so müßte allgemein die Forderung gestellt werden, daß bei der n. V. eine große Menge von Nährstoffen zur Verfügung gestellt sein müsse. Dies wäre mit der Bodenvorbereitung, wie sich der Praktiker ausdrückt, erreicht. Diese Anhäufung findet im Bestande von der Natur durch die verwesenden Abfälle bereits statt, es muß also durch die Wirtschaft auf die Erhaltung und leichte Verwesung von Laub und Nadeln hingewirkt werden; vgl. Vorbereitungs- und Samenschlag (§ 262, 263). Daß dieselbe Humusmenge je nach der Bodenart verschiedene Wirkung haben muß, geht aus der Vergleichung von Ramann hervor (§ 88, 7), die gerade für die V. von großer Tragweite ist.

Nach den Untersuchungen von Heinrich Bauer hängt die Aufnahme der Nährstoffe von der Jahreszeit ab. Sie ist aber für die einzelnen Stoffe und auch nach den Holzarten verschieden. In gemischten Beständen kann also eine Trockenperiode ganz verschieden auf das weitere Gedeihen der Keimpflanzen einwirken.

Den großen Einfluß von Humus auf die Keimung haben Kastensaaten im Versuchsgarten gezeigt. Wird eine 5 cm hohe Humusschicht in den Boden eingehackt und daneben eine Saat auf humuslosen Boden ausgeführt, so zeigt die humose Schicht eine größere Anzahl und eine üppigere Entwicklung der Keimpflanzen.

Nicht das Vorhandensein einer Laub- oder Nadeldecke, sondern die Erhaltung des Produktes der Verwesung, des Humus, ist bei den V.-hieben von wesentlicher Bedeutung.

7. Die Bedeckung mit einer dünnen Schicht Bodens ist für das Keimen nicht notwendig. Wiederholte Versuche mit der Bedeckung von Laub und Nadeln, ja sogar Obenaufsaaten im Freiland ohne jegliche Bedeckung, haben bei Nadelhölzern zu voller Bestockung geführt; beim Laubholze dagegen keimten im letzteren Falle nur wenige Körner. In den Keimapparaten findet die Keimung ebenfalls bei obenaufliegendem Samen statt, wenn für genügende Befeuchtung gesorgt ist.

Herumliegendes Reisig, das bei Unabsetzbarkeit mit hohen Kosten weggeschafft werden müßte, kann licht ausgebreitet ohne Bedenken belassen werden. Von Gegenden, in denen der trockene

Sand herrscht, wird von vorteilhafter Einwirkung auf die Verjüngung (durch Beschattung und Düngung durch die Nadeln) berichtet. Albert hat diesen Einfluß durch besondere Untersuchungen nachgewiesen. Die Belassung des Reisigs ist schon 1769 vorgeschlagen worden.

8. Die zweite Bedingung der n. V., den für das Keimen geeigneten Bodenzustand, kann der Wirtschafter in entscheidender Weise beeinflussen. Das Hauptmittel besteht in der Erhaltung des Bestandesschlusses. Mit dem fortschreitenden Alter der Bestände tritt im Hochwalde eine immer stärkere Verlichtung und damit die Gefahr der Verhärtung und Vergrasung des Bodens ein. Soll diese vermieden werden, so darf die V. nicht über ein bestimmtes Alter hinausgerückt werden. Durch den Eintrieb von Schweinen und Rindvieh kann der Verhärtung und Vergrasung vorgebeugt werden. Im Plenter- und stellenweise im Mittelwalde bleibt der Schluß des Bestandes fortwährend erhalten.

§ 254. Der alte Bestand und das Wachstum der jungen Pflanzen.

1. Die dritte Bedingung der n. V. ist das Gedeihen der jungen Pflanzen. Es wird für die folgenden Ausführungen zunächst angenommen, daß sie ohne Zutun bereits vorhanden seien, wie es in vielen Fällen im Walde vorkommt.

Entweder stehen dann die Keimpflanzen unter den Kronen der alten Bäume oder auf oben offenen Stellen innerhalb des sonst noch geschlossenen Bestandes, d. h. in Lücken oder Löchern, oder endlich sie sind auf einer kahlen Fläche angeflogen, die sich neben dem alten Bestande befindet.

In den beiden letzteren Fällen sind die jungen Pflanzen von den neben ihnen stehenden alten Bäumen beschattet, im ersteren Falle beschattet und beschirmt. Dadurch wird das Licht, die Wärme und die Feuchtigkeit für die Samen und die jungen Pflanzen verändert.

2. Die Beschirmung und Beschattung wird durch die Baumkronen, die Äste, Zweige, Blätter und Nadeln, d. h. durch die Reisigmasse, verursacht, bei der Beschattung kann auch noch der Stamm in Betracht kommen. Wie verschieden der Grad dieser Beschirmung ist, geht aus § 159 hervor, in dem die Reisigmassen nach Holzarten, Alter und Bonitäten für 1 ha aufgeführt sind. Die geringsten Reisigmassen auf 1 ha haben je im 100. Jahre die Föhren und Eichen, Erlen, Eschen mit 40—50 fm (es kommen noch die starken Äste hinzu, die ins Derbholz fallen), dann folgen die Buchen mit 60—80, auch 100, die Fichten mit 60—120, die Tannen mit 90—120 fm. Auf den geringeren Bonitäten sind die Reisigmassen öfters gleich hoch, meist aber geringer als auf den besseren.

Die geographischen Unterschiede sind sehr bemerkenswert. Auf I. Bonität stehen an Reisigmasse bei der Fichte in der Schweiz 110 fm, in Preußen 90; bei der Tanne in Baden 135, in Württemberg 125; bei der Föhre in Baden 70, in Preußen 40; bei der Buche in Württemberg 110, im Sihlwald 50; bei der Eiche in Hessen 55, in Preußen 45 fm. Wird, wie vielfach angegeben ist, beim ersten Hiebe $^1/_3$ der Derbholzmasse, was ungefähr auch $^1/_3$ der Reisigmasse bedeutet, herausgehauen, so bleiben bei der Föhre in Baden 47, dagegen in Preußen nur 27 fm zur weiteren Beschattung zurück; in Baden ist der Grad der Beschattung um 74% stärker als in Preußen. Die Beschattung der Fichte ist in der Schweiz 22% stärker als in Preußen; diejenige der Buche in Württemberg 2mal so stark als im Sihlwald.

Durch die größere oder geringere Reisigmasse ergeben sich auch Unterschiede in der Erwärmung und in den zum Boden gelangenden Niederschlägen. Je größer die Reisigmassen an sich sind, desto größer muß die Masse des Aushiebs sein, wenn der gleiche Grad von Beschirmung oder Beschattung auf verschiedenen Bonitäten hergestellt werden soll. Die Regel, $^1/_3$ oder $^2/_3$ herauszuhauen, muß lokal zu ganz verschiedenen „Schlagstellungen“ führen. In warmen oder niederschlagsreichen Gegenden wird die Belassung von $^1/_3$ oder $^2/_3$ der Reisigmasse eine andere Wirkung haben als in kälteren oder niederschlagsarmen Gebieten. In letzteren muß die Schlagstellung „heller“ sein. Die Westhänge sind die regenreicheren Luvseiten; auch bei dunklerer Stellung können sie mehr Niederschlag erhalten, als die trockeneren Osthänge (Leeseiten). In trockenen Gebieten oder auf trockenem Boden wird fast allgemein lichtere Stellung und baldige Räumung der V.-Schläge verlangt.

Auf die dritte Bedingung der n. V., das Wachstum der jungen Pflanzen, kann der Wirtschafter in weit stärkerem Grade einwirken als auf das Samentragen und den Bodenzustand. Wenn auch nicht für jeden einzelnen Fall sich eine Regel aufstellen läßt, ob der Schlag „dunkler“ oder „heller“ gestellt werden soll, so können wir doch die Richtung angeben, in welcher die Schlagstellungen sich bewegen müssen.

3. Es kommt zunächst die Einwirkung des alten Bestandes auf das Keimen der Samen in Betracht. Im dichtesten Schatten, den es im Walde gibt, unter 20jährigen tief beasteten Tannen keimten bei wiederholten Versuchen allerdings die Samen sämtlicher Holzarten. Verschiedene Versuche haben aber gezeigt, daß die Beschattung durch die alten Bäume und zwar schon der Seitenschatten, die Zahl der Keimlinge bedeutend herabsetzt (§ 39, 3, 5; 33, 10). Auf dieser Wahrnehmung beruht die längst übliche Stellung eines Samenschlags. Da die herrschenden und stärksten Stämme die größten Reisigmassen

haben, muß der Aushieb sich auf diese Klasse erstrecken. Der stärkste Stamm in einem Bestande hat so viel Reisigmasse als 3 Stämme aus den schwächeren Stammklassen. Das Herausnehmen der stärksten Stämme vermindert außerdem auch den Schaden bei den späteren Fällungen. Mit Rücksicht auf die Begünstigung der Keimlinge durch Lichteinwirkung muß die belassene Stammzahl und Holzmasse möglichst niedrig gehalten werden. In Bezug auf die Zeitdauer der Beschattung endlich muß gefordert werden, daß der alte Bestand so rasch als möglich entfernt werde.

Hiernach sind die einzelnen Arten der V. zu beurteilen. Es ist aber ausdrücklich zu betonen, daß hiebei nur die Förderung des Wachstums des jungen Bestandes ins Auge gefaßt ist. Andere Gesichtspunkte, wie Verhinderung des Graswuchses, des Frost- oder des Sturmschadens, des Sonnenbrands, der Wasserreiserbildung, Begünstigung der einen oder andern Holzart in dem anzuziehenden jungen Bestande, Ausnutzung des Lichtungszuwachses können in einzelnen Fällen von so großer Wichtigkeit sein, daß sie die Rücksicht auf den Jungwuchs in den Hintergrund drängen.

4. Was die vielfach betonte Erhaltung der Bodenfeuchtigkeit betrifft, so kann durch die Beschattung der alten Bäume allerdings die Verdunstung des Wassers aus dem Boden vermindert werden (§ 93, 4). Aber die alten Bäume halten auch einen Teil der Niederschläge (20—25%) zurück, der den jungen Pflanzen entgeht (§ 57). Also nur der unter alten Bäumen noch zum Boden gelangende und 50—80% des gesamten Niederschlags betragende Teil desselben wird vor stärkerer Verdunstung geschützt. Außerdem entziehen die alten Bäume selbst dem Boden das zu ihrer Transpiration nötige Wasser.

Die Untersuchungen über diesen wichtigen Teil des Wasserhaushalts im Walde sind noch spärlich. Es liegen außer den oben (§ 93) angeführten Untersuchungen bei Tübingen nur solche von Ebermayer und Ramann vor. Nach Ramann[1]) ergab sich für die Gegend von Eberswalde, „daß auf ebener Fläche die Feuchtigkeit im Boden eines Waldes im Durchschnitt erheblich hinter baumfreien Flächen (in Löcherhieben und Kahlschlägen) zurückbleibt". Dagegen ergab sich, „daß geneigte besonnte Flächen in Waldlichtungen einer tiefgehenden Austrocknung unterliegen und daß der Wassergehalt des Bodens nicht unerheblich unter den des Bodens der Altbestände sinken kann". An Hängen sind daher die Löcherhiebe kleiner zu führen als auf der Ebene.

Nach Ebermayers Untersuchungen[2]) waren die obersten Bodenschichten im Walde, soweit sie außerhalb der Wurzel-

---

[1]) Ueber Lochkahlschläge. Z. f. Forstwesen 1897, 704.

[2]) Einfluß der Wälder auf die Bodenfeuchtigkeit. 1900. S. 18.

verbreitung des umstehenden Bestandes liegen, das ganze Jahr hindurch wesentlich feuchter als dieselben Schichten des Brachfelds (der offenen Stellen) und auch des Jung- und Mittelholzes, die des haubaren (120-jährigen) Bestandes feuchter, als die des Jung- und Mittelholzes. Ganz anders in den tieferen Schichten, in welchen die Wurzeln sich ausbreiten. Schon in 15—20 cm Tiefe ist der Waldboden das ganze Jahr hindurch wesentlich trockener als die Schichten eines Brachfeldes. Im Waldschatten ist das Wurzelwachstum verlangsamt, so daß im ersten und auch zweiten Lebensjahre die Wurzeln eines großen Teils der Pflanzen sich in dieser feuchteren Oberschicht befinden, erst mit 3 und 4 Jahren die trockeneren Schichten erreichen und dann vielfach absterben.

In den alten, zur V. kommenden Beständen sind fast an allen Stellen Wurzeln der alten Bäume vorhanden. Auf diesen Stellen steht nun noch der Jungwuchs, so daß der Wasserentzug aus dem Boden wesentlich gesteigert werden muß. Um so notwendiger ist die Zufuhr des Regens durch die Beseitigung der alten Bäume. Es kommt der weitere Umstand hinzu, daß die schwachen Regen vom Blätter- und Nadeldach zurückgehalten und die Trockenperioden unter dem Bestande vermehrt und verlängert werden (§ 54).

Die von praktischer Seite immer wieder betonte Forderung, daß auf geringem Boden und in trockener Gegend stärker und bälder gelichtet werden müsse, bestätigt im großen das Ergebnis obiger, auf kleiner Fläche angestellten Untersuchungen.

Aus dem Oberwallis haben wir einen sehr interessanten Bericht von Barberini. Bei einer Niederschlagsmenge von nur 5—600 mm und Trockenperioden von 6--10 Wochen, einer Luftfeuchtigkeit von nur 72% und einer Jahrestemperatur bis zu 9° gehört dieses Gebiet zu den trockensten in Mitteleuropa. Man sollte meinen, sagt Barberini, daß die V. des Waldes oft beinahe unmöglich wird. Es ist der Trockenheit zuzuschreiben, daß an exponierten Stellen die Keimlinge unter mäßigem Schirm nicht fortkommen. So kann man beobachten, daß an heißen Hängen, wo im allgemeinen unter der Krone älterer Bäume Keimlinge fehlen, solche sich einstellen und erhalten, wenn durch wiederholte Wasserzufuhr der Boden feucht erhalten bleibt, z. B. durch undichte Wasserleitungen, die sich in der Nähe befinden. So kann man sich auch erklären, warum an sonnigen, trockenen Halden unter einzelstehenden Lärchen oder unter lichten Lärchenbeständen, soweit die vertikale Projektion der Krone reicht, kein Nachwuchs zu finden ist, während außerhalb dieser Projektionsfläche Bäumchen dicht an Bäumchen steht. Dagegen gedeihen an guten Nordhängen Lärchen, Kiefern, Fichten und Tannen unter mäßigem Schirm; bei letzterer Holzart darf er sogar ziemlich stark sein.

Je lichter der alte Bestand steht, um so näher kommt er der baumfreien Fläche. Alte, einzeln stehende Buchen können zeigen, wie weit die Austrocknung vorschreitet; unter ihnen fehlt oft jeglicher Aufschlag, während er in der nächsten Umgebung reichlich vorhanden ist.

5. Die Eigenschaft der verschiedenen Holzarten, den Schatten des alten Bestandes zu ertragen (§ 128f.), macht sich bei der n. V. besonders geltend. Nicht in dem Sinne, als ob die jungen Pflanzen Beschattung oder „Schutz", wie man vielfach lesen kann, nötig hätten. Schon die Tatsache, daß in derselben Gegend der eine Wirtschafter nach 20, der andere nach 5 Jahren die Verjüngung vollendet, muß Zweifel an der Notwendigkeit des längeren „Schutzes" wachrufen. Die in Lücken sich frühzeitig einstellenden und die auf der Kahlfläche angeflogenen Pflanzen genießen keinerlei unmittelbaren Schutz durch überstehende alte Bäume, nur von nebenstehenden kann etwas Seitenschutz gewährt sein. In Saat- und Pflanzschulen können sämtliche Holzarten ohne jeden Schutz erzogen werden; sie übertreffen in der Entwickelung weit alle im Schatten erzogenen Pflanzen.

6. Der Ansicht, daß die jungen Pflanzen des Schutzes bedürfen, liegt eine Verwechslung zu Grunde. Die im Schatten erwachsenen Pflanzen kränkeln oder unterliegen dem Froste, wenn sie plötzlich dem Sonnenlichte ausgesetzt werden. Knospen und Blätter, die im Schatten sich bilden, haben einen anderen Bau als die von Anfang an im vollen Lichte erzogenen. Buchen, die aus dem Schatten ins Freie versetzt werden, behalten nach Englers Versuchen[1]) die Eigenschaft der frühen Blattentfaltung (um 15 Tage) einige Jahre bei und können durch Frost leichter geschädigt werden als die später treibenden Lichtbuchen. Im vollen Sonnenlichte steigert sich die Verdunstung der Blätter sehr bedeutend; die im Schatten erwachsenen Wurzeln sind aber kürzer und weniger dicht, so daß sie bei plötzlicher Freistellung der Pflanze das nötige Wasser aus dem Boden nicht aufnehmen können.

Aus solchen und ähnlichen Tatsachen hat man auf ein Bedürfnis der Pflanzen nach „Schutz" geschlossen, während es sich um die Schädlichkeit der plötzlichen Veränderung der Wachstumsbedingungen der Schattenpflanzen handelt.

Die Hiebe, die bei der n. V. eine immer lichtere Stellung der ursprünglich im Schatten erwachsenen Pflanzen herbeiführen, vermitteln eben den allmählichen Übergang vom diffusen Lichte im dichten Schatten zum direkten Sonnenlicht im Freistand. Während dieser Übergangszeit passen die Schattenpflanzen sich allmählich den neuen Lichtverhältnissen an. Es handelt sich also nicht um das Schutzbedürfnis der jungen Pflanzen bei der n. V., sondern vielmehr um deren Ausdauer unter den Kronen des alten Bestandes. Je weniger die Keimlinge und die jungen Pflanzen unter diesem Schatten sich erhalten können, umso lichter muß der alte Bestand gestellt,

[1]) Mitt. der Schweiz. V. A. 10,105.

umso bälder muß er abgetrieben werden: über Föhren, Fichten, Eichen bälder als über Buchen und Tannen.

7. Da in einem Bestand eine vollständige V. selten auf einmal erzielt werden kann, vergehen oft Jahre, bis diese an allen Stellen eingetreten ist. Dieses Zuwarten ist nur möglich, wenn die zuerst angekommenen Pflanzen den Schatten des alten Bestandes ertragen. Dasselbe ist der Fall, wenn gemischte Bestände verjüngt und Holzarten mit verschiedenen Graden des Schattenertragens angezogen werden sollen. Tannen und Buchen lassen sich unter den Kronen des alten Bestandes erhalten, bis auf den lichteren Stellen Fichten oder Föhren anfliegen.

8. Das Streben bei jeder V. wird dahin gerichtet sein, in möglichst kurzer Zeit einen gut entwickelten, wuchskräftigen jungen Bestand heranzuziehen. Da jede Beschattung das Wachstum herabsetzt, so müssen die alten Bäume in kürzester Zeit über und neben dem Jungwuchs entfernt werden, d. h. die Dauer des Verjüngungszeitraums muß so kurz als möglich angesetzt werden. Es wird sich unten ergeben, daß er tatsächlich zwischen etwa 5 und 30, selbst 40 und 50 Jahren schwankt.

§ 255. **Der Schutz gegen Gefahren.**

1. Mit der direkten Förderung des Wachstums der jungen Pflanzen durch vermehrten Lichtgenuß ist die Aufgabe des Wirtschafters nur teilweise erfüllt. Er muß auch auf die Abwendung der dem Jungwuchse drohenden Gefahren bedacht sein, soweit dies bei der Führung von V.-hieben möglich ist.

Das Wachstum, selbst die Erhaltung des Jungwuchses gefährden: a) Frost, b) Hitze und Dürre, c) Wind und Sturm, d) Graswuchs, e) Schütte bei Föhren, f) Rüsselkäfer, g) Engerlinge, h) Weidevieh, i) Wild. Diese Gefahren betreffen bald weite Gebiete, bald kleinere Flächen. Sie treten bald mehr, bald weniger regelmäßig auf, wiederholen sich fast alle Jahre oder nach längeren Zwischenräumen (a—g). Auf verschiedenen Bodenarten sind sie von verschiedener Stärke und Wichtigkeit (b—d). Bei sorgfältiger Wirtschaft wird die V. so geleitet werden, daß die Gefahren ganz abgewendet oder auf das geringste Maß beschränkt werden. Durch diese Rücksicht kann die Art der V. entscheidend beeinflußt werden.

2. Bei Frostschaden kommen hauptsächlich die Frühjahrsfröste (Spätfröste) in Betracht. Die Herbstfröste (Frühfröste) spielen eine untergeordnete Rolle. Bei den Frühjahrsfrösten sind Kältefröste und Strahlungsfröste zu unterscheiden.

Kältefröste treten ein, wenn im April, Mai und Juni eine allgemeine Erniedrigung der Lufttemperatur durch Nordwinde stattfindet. Durch diese Fröste wird das Laub 18—20 m hoher Buchen getötet, wie dasjenige des Jungwuchses, der unter ihren Kronen steht. Verhindern läßt sich dieser Schaden nicht. Abgeschwächt kann er werden, wenn Schutzmäntel auf der Nordseite der Bestände belassen werden oder von Süden her verjüngt wird, wie es früher bei Laubholz üblich war. Beim Frost vom 3. Mai 1914 — am 1. und 2. wehte Nordwind, am 3. morgens Ostwind — litt eine Weißtannenpflanzung um einen Buchenhorst beim Versuchsgarten Tübingen auf der Nordseite viel stärker als auf der Südseite. Im Versuchsgarten selbst war der Schaden nördlich und südlich, bezw. westlich und östlich von einer Cypressenreihe deutlich abgestuft. Am stärksten war er auf der Nordseite, dann folgten die Süd-West-Ostseite. Eine stärkere Frostbeschädigung am Nordrand beobachtete auch Kirchgeßner in Eberbach im Odenwalde im Mai 1913; er rät deshalb, den Waldtrauf nach Norden nicht zu öffnen.

Die Strahlungsfröste rühren von der nächtlichen Wärmeausstrahlung des Bodens und der Pflanzen her. Die daraus hervorgehende Erkaltung des Bodens teilt sich auch den unteren Luftschichten mit. Da die kältere Luft schwerer ist als die warme, so lagern die kalten Luftschichten dem Erdboden auf, sofern Windstille herrscht und keine Vermischung der Luftschichten stattfindet. In Tälern ist die Ausstrahlung stärker als am Hange und auf Hochebenen (Hann); dazu kommt, daß die erkalteten Luftschichten gegen das Tal hin abfließen, während die Luft des Abhangs durch Zufluß wärmerer Luft beständig erneuert wird. Die Frostschäden sind, wie stets beobachtet werden kann, in Talgründen und schon in leichten Einsenkungen größer als am Hange oder auf der erhöhten Umgebung der Einsenkungen und Mulden. Der Frostschaden nimmt mit der Entfernung vom Boden ab. In der Regel ist er bei 1 oder 1,5 m über dem Boden schon sehr gering; doch kommen ausnahmsweise auch Schädigungen bis zu 4 oder 5 m vor. Vor dem Eintritt von Frostnächten hat der Wind gewöhnlich schon in Nordwind umgeschlagen, der an sich schon eine starke Abkühlung der Blätter und Zweige mit sich bringt und dadurch den Frostschaden begünstigen muß.

Das Erfrieren der Blätter, Nadeln und Triebe tritt erst bei etwa — 2° C ein (sogar Rebenblätter können auf — 3° C erkalten, ohne Schaden zu nehmen).

Soll durch die Schlagstellung bei der n. V. der Frostschaden verhindert werden, so muß die Wärmeausstrahlung des Bodens und der Pflanzen herabgesetzt, der Zutritt nördlicher Winde abgehalten, die Luftbewegung und dadurch die Vermischung der Luftschichten begünstigt werden.

Unter dem geschlossenen Bestande ist nach Beobachtungen in Adlisberg und Haidenhaus die Lufttemperatur morgens um 2—3° höher als auf der Freilandstation. Durch den Bestandesschluß wird also die Ausstrahlung herabgesetzt. In kleinen Lücken innerhalb des Bestandes herrscht nach angestellten Beobachtungen dieselbe Temperatur wie unter dem Kronendache; außerdem sind die Lücken von den wärmeren Luftschichten des geschlossenen Bestandes umgeben. In Lücken tritt daher, wie wiederholt festgestellt werden konnte, kein Frostschaden auf.

In Weinbergen, in denen die Rebstöcke durch übergespannte Matten und Tücher beschützt werden, muß nach Lüstner und Molz[1]) durch seitlichen Schutz das Zuströmen kalter Luftschichten abgehalten werden. Eine ähnliche Wirkung haben im Walde am Nordrand übergehaltene Randmäntel, wie sich in Gassenschlägen mit eingepflanzten Eichen in Eberswalde zeigte (Danckelmann). Wo die Gasse nach Norden offen war, erfroren die Eichen, in der geschützten Gasse nicht.

Die gefürchteten „Frostlöcher" im Walde sind oft ganz unbedeutende Einsenkungen im Gelände, in denen eine Lufterneuerung — das beste Schutzmittel gegen Frost nach Lüstner und Molz — um so mehr gehemmt ist, je höher der umgebende Bestand bereits herangewachsen ist. Diese Vertiefungen sind zugleich feuchter als die erhöhte Umgebung. Dadurch wird die Temperatur des Bodens, der darauf ruhenden Luftschicht und der dort stockenden Pflanzen herabgesetzt. Dazu kommt, daß die auf feuchterem Grunde erwachsenen Pflanzen wasserreichere Gewebe besitzen (Lüstner S. 5, 6), wodurch die Wirkung des Frostes gesteigert werden muß. So erklärt es sich, warum in „Frostlöchern" Pflanzen erfrieren, während ringsum keinerlei Frostschaden zu bemerken ist.

Ganz allgemein, besonders aber in Frostlöchern, muß das Wachstum der Pflanzen bei der n. V. so gesteigert werden, daß die Pflanzen möglichst rasch über die frostgefährdete Zone von 1—1,5 m hervorragen. Diese Höhe wird im geschlossenen Bestande erst mit 20—30, auch 40 Jahren erreicht. So führt die Furcht vor Frostgefahr da und dort zu „dunkler" Schlagstellung und sehr langen V. zeiträumen. Der Frostschaden wird gleichwohl nicht vermieden, da die Pflanzen nach der Freistellung dem Frost noch zum Opfer fallen können.

Das rasche Entwachsen der Pflanzen aus der frostgefährdeten Höhe wird übrigens — mit Ausnahme vielleicht der Tanne — durch

[1]) Schutz der Weinrebe gegen Frühjahrsfröste. 1909. S. 94.

die dunkle Schlagstellung gerade nicht erreicht (vgl. § 34—41). Gelegenheit, dies im großen Betriebe zu beobachten, ist vielfach gegeben. 20—30-jährige Buchen- und Tannenverjüngungen haben oft noch nicht die Höhe von 1 m erreicht. Diesem Ergebnis muß das Wachstum im offenen Lande gegenübergestellt werden, damit der Unterschied deutlich hervortritt.

Um die Höhe von 1 m zu erreichen, genügten im Versuchsgarten bei Zürich nach Flurys[1]) Zusammenstellung im günstigsten Falle bei Föhre, Lärche 6—7, bei Fichte 8—9, bei Tanne 10—12, bei Schwarzerle, Ulme, Birke 2—3, bei Esche, Bergahorn, Spitzahorn, Linde 4—5, bei Eiche, Hainbuche 5—6, bei Buche 6—8 Jahre.

Die Sicherung gegen Frost führt auch zur Einlegung von mehrmaligen Lichthieben, bezw. zum Überhalten einzelner Stämme. Vergleichende Beobachtungen über den Nutzen solcher einzelner „Schutzbäume" gegen Frost lassen sich leicht anstellen. In der Literatur sind merkwürdigerweise nur wenige mitgeteilt. Burckhardt hat 1868 festgestellt, „daß einzelne Schutzbäume wirkungslos waren". 1854 berichtet Metz aus dem Taunus, „daß mehrjähriger Buchenaufschlag unter leichtem Oberstand erfroren sei"; 1858 waren lichte Stellen zwischen den Mutterbäumen nicht von Frost freigeblieben. 1857 werden Untersuchungen gewünscht über die geringste Zahl von Oberbäumen, die nötig sei, um noch Schutz zu geben, da bei dichtem Schutzdach das Wachstum schlecht sei.

Aus den meteorologischen Daten und den Beobachtungen im Walde lassen sich die Richtlinien für die Behandlung der zur V. bestimmten Bestände mit Rücksicht auf die Frostgefahr ableiten. Die jungen Pflanzen müssen unter den Kronen oder in kleinen Lücken erzogen und rasch so licht gestellt werden, daß sie in kürzester Zeit die Höhe von 1—2 m erreichen.

Damit in Frostlöchern nach Abtrieb des alten Bestandes die Luftbewegung möglich wird, müssen die Frostlöcher, in denen wegen des kalten Bodens und der stets kälteren Luftschichten ein langsameres Wachstum stattfindet, vor der nächsten Umgebung verjüngt und freigestellt werden, dadurch erreichen die in der Einsenkung stehenden Pflanzen die gleiche oder noch eine bedeutendere Höhe wie diejenigen in der Umgebung. „Künstliche Frostlöcher" werden dann nicht entstehen. Die Lichtung des Bestandes wegen der Frostgefahr 20—30 Jahre hinauszuschieben, ist verfehlt, weil die Pflanzen zu sehr zurückbleiben und nach der Freistellung um so schwächer wachsen, je dunkler und je länger sie im Schatten erzogen wurden.

[1]) Mitt. d. Schweiz. V-A. 4,189.

Der Schaden eines Frostes ist in den meisten Fällen auf die Seitentriebe beschränkt und führt nur manchmal bei der Buche zu unregelmäßiger Gipfelbildung (nach Hauch). Er wird in der Regel, abgesehen von Frostlöchern, überschätzt. In diesen führt allerdings wiederholtes Erfrieren zur Verkrüppelung und zum Absterben der Pflanzen. Vollständig frei erzogene, von 2 Frühjahrsfrösten (1905, 14) betroffene Pflanzen im Versuchsgarten bei Tübingen zeigen dagegen ganz normale Entwickelung.

Die Frostgefahr ist geographisch sehr verschieden. Im Norden Deutschlands ist sie viel bedeutender als im Süden. Danckelmann berichtet, daß in der Mark Brandenburg fast alljährlich Frostschaden eintrete; von 22 Jahren waren nur 3 ohne Frost. Nach v. Hagen sind der Frostgefahr besonders ausgesetzt: die Provinzen Ost- und Westpreußen, Pommern, Sachsen und die Rheinprovinz. Im Königreich Sachsen kommen in den tieferen Lagen Fröste noch im Juni vor, während auf dem Kamm des Erzgebirges selbst Juli und August nicht frostfrei sind. In besonders hohem Grade bedroht ist die hessische Rhein-Mainebene; in geringerem Grade tritt der Frost in den Tälern des Odenwaldes auf. Für Bayern hat Knörzer[1]) 1905 eine übersichtliche Darstellung geliefert. Im Süden und gegen die Alpen zu ist die Frostgefahr gering. Das Rhein- und Maintal, insbesondere aber die Gegend am Bodensee sind im Mai frostfrei. Von Unterfranken an steigt die Gefahr mit zunehmender Meereshöhe; am höchsten ist sie nordöstlich vom Fichtelgebirge. Diese Darstellung stimmt so ziemlich mit den älteren Angaben überein; in diesen wurden der bayerische und fränkische Wald als gefährdet angegeben. In Württemberg sind die vielen Einsenkungen Oberschwabens und die meist trockenen Mulden der Alb dem Froste besonders ausgesetzt. Aus letzterem Gebiet berichtet (1899) v. Falkenstein in Kapfenburg, daß „die jungen Fichtenpflanzen auf jeder irgendwie größeren Kahlfläche in regelmäßiger Wiederkehr Jahr für Jahr bald stärker, bald weniger stark durch Spätfröste heimgesucht werden". Der Frostschutz des Bodensees wird auch in Baden hervorgehoben; am meisten gefährdet ist die Gegend von Donaueschingen und Villingen (die Baar). Nach Widmann (1891) ist auch das badische Neckartal mit seinen Seitentälern sehr gefährdet; von 28 Jahren waren nur 4 frostfrei. Nach der Klimatographie von Oesterreich haben im Ennsgau und ähnlich in anderen Gegenden von Steiermark die Täler im Mai nur in 6 Jahren von 10 Frost zu gewärtigen, während die Höhen von 800 m an alljährlich bedroht sind. In Kärnten sind Frosttage im Mai ziemlich selten; in Salzburg ist der Mai frostfrei. In Niederösterreich zeichneten sich die Jahre 1851/1900 durch besonders niedrige Maitemperaturen gegenüber der Periode 1801/50 aus. Das Waldviertel hat, das Donautal ausgenommen, sogar im Juni noch vereinzelt Frost aufzuweisen. In Wien kann Reif eintreten, wenn die Luftwärme vor Sonnenaufgang +4° beträgt, bei starker Ausstrahlung in ruhiger Luft sogar noch bei höherer Lufttemperatur (Hann I,39). Die durchschnittliche maximale Temperaturdifferenz zwischen dem Minimum der Lufttemperatur und dem Minimum am Boden, durch ein ungeschütztes Thermometer angezeigt, beträgt zu Wien 3—4°.

3. Gegen Hitze und starke Austrocknung (Dürre) des Bodens schützt ein im Süden, Südwesten oder Westen stehender „Vorstand" besser als die unmittelbare Überschirmung.

[1]) Naturw. Zeitschrift für Forst- und Landw. 3, 385.

Deshalb ist das Dunkelhalten der Schläge zu diesem Zwecke nicht rätlich. Denn durch den Kronenschirm wird der Regen teilweise oder ganz zurückgehalten, also der Boden trockener. Wieweit beim Hitzeschaden die Trockenheit des Bodens beteiligt ist, oder ob nicht diese den Hauptanteil am Hitzeschaden hat, ist noch unentschieden. Im Dürrejahr 1911, das heiß und zugleich trocken war, sind die Fichten in großer Menge, sowohl frei als unter dem Schirm von Laubholz, abgestorben.[1]) Gegen erhitzten Sandboden scheint der Weißtannenkeimling empfindlich zu sein.

4. Die Einwirkung des **Windes** kann in regenarmen Frühjahrsmonaten die Vertrocknung der Keimlinge herbeiführen. Eine konstante Einwirkung des Windes beeinträchtigt überhaupt die Entwickelung der jungen Pflanzen. Im ersteren Fall verursachen den Schaden die Ost-, im letzteren in Mitteleuropa die Westwinde, in beiden Fällen kann in der Hauptsache nur die **Belassung eines Windmantels** Schutz gewähren. Diese waren vor 100 Jahren allgemein üblich und sind ohne genügenden Grund in neuerer Zeit verlassen worden. Die löcherweise V. schützt die jungen Pflanzen in noch höherem Grade und meistens in genügender Weise gegen die Einwirkung des Windes. Allerdings ist gegen diese Art der V. geltend gemacht worden, daß durch die Einlage von Löcherhieben, die im Wesen den alten Plenterhieben gleichkommen, der alte Bestand dem Winde preisgegeben werde. Für manche Waldgegend ist dieser Einwurf ohne Zweifel berechtigt.

Gegen die heftigeren Winde und die Stürme, die in Mitteleuropa fast ausschließlich von Westen kommen, sucht man durch die **Hiebsrichtung** die in V. stehenden Bestände zu schützen. Diese Rücksicht auf den Wind hat das V.-Verfahren in geradezu entscheidender Weise beeinflußt, insofern fast durchweg die Hiebe von Ost nach West oder Nordost nach Südwest geführt werden. In vielen Gegenden ist die Waldeinteilung hierauf gegründet worden, indem die lange Seite der Abteilungen senkrecht zur herrschenden Windrichtung gestellt wurde. Dies hängt zum Teil mit dem vermehrten Fichtenanbau in mittleren und niederen Meereshöhen zusammen. Im Hochgebirge ist die Fichte vollkommen windfest. Bei Föhre, Tanne, Lärche und dem Laubholze tritt die Rücksicht auf den Wind zurück.

Die Deckung gegen den Wind tritt uns schon in den Forstordnungen und namentlich in den Schriften des 18. Jahrh. entgegen.

Die V. in schmalen Streifen ist vorherrschend durch die Rücksicht auf den Windschutz hervorgerufen, der sowohl dem alten Bestande als dem Jungwuchs zu Teil wird.

[1]) Vgl. Bericht über die Vers. in Nürnberg 1912.

5. Zu den schwierigsten Aufgaben im V.-Betriebe gehört die Verhinderung des Graswuchses. Er setzt (§ 116) das Wachstum der jungen Keimpflanzen herab und kann sie sogar zum Absterben („Verschwinden“) bringen. Je nach der Bodenart und der Regenmenge ist der Graswuchs von sehr verschiedener Üppigkeit, findet er sich doch auf manchen Bodenarten in geschlossenen Beständen von 70 Jahren ein. Das Maß des Lichteinfalls und der zum Boden gelangenden Regenmenge, die Hauptbedingungen des Graswuchses, können durch die Art der V. wesentlich beeinflußt werden. Im allgemeinen verlangt nach angestellten Versuchen das Gras einen höheren Lichtgenuß als die Holzpflanzen. Es kann also die Anzucht der Holzpflanzen vor Eintritt des Graswuchses erreicht werden. Dies ist der Fall, wenn die Holzpflanzen den Boden ganz oder fast ganz bedecken, ehe der Graswuchs überhand nehmen kann. Die meisten Mißerfolge bei der n. V. rühren vom starken Graswuchse her. Man „stellte die Fläche in Schlag“, d. h. entnahm einen Teil des alten Holzes, und wartete auf den Eintritt eines Samenjahres. Blieb dieses aus, so vergraste die Fläche und die n. V. wurde fast oder ganz unmöglich. Noch mehr muß die Vergrasung drohen, wenn die V. von der Seite angestrebt und die zu verjüngende Fläche kahl abgetrieben wird, also Licht, Wärme und Regen den dichtesten Graswuchs erzeugen können.

6. Die Schütte der Föhren kann durch keine der bekannten V.-Arten abgewendet werden.

Der Rüsselkäfer befällt die jungen Pflanzen in allen Arten von Schlägen; gegen diesen gibt es nach v. Oppen nur ein Mittel: das Roden der Stöcke.

Gegen den Fraß des Engerlings haben sich verschiedene Arten der V. in Norddeutschland, wo seine Verheerungen am größten sind, ebenfalls als unwirksam erwiesen.

7. Das Wild bevorzugt als Äsungsplätze die kleinen Schlagflächen; es kann daher, wenn die Schläge nicht eingezäunt werden, die V. in kleinen Schlägen unzweckmäßig sein.

8. Die Ausübung der Weide, sei es als freie Nutzung oder als Servitut, beeinflußt die V. in mehrfacher Weise. Nach den älteren Schriften spielten „Trieb und Tratt“ eine geradezu entscheidende Rolle bei der V. Bis in die 1850er Jahre war die Waldweide fast allgemein üblich. In den Gegenden mit Stallfütterung und künstlichem Futterbau tritt sie zwar zurück. Wegen der Gesundheit der Weidetiere wird sie aber wieder mehr empfohlen. Da auf den landwirtschaftlichen Grundstücken bei intensiver Wirtschaft eine Ausdehnung der Weideflächen nur in engen Grenzen zulässig ist, kann

die Waldweide allgemein wieder größere Bedeutung gewinnen. Wo Gemeinden und Private die Gerechtigkeit zu weiden besaßen, durfte in der Regel nur $^1/_6$ des Waldes in Hege gelegt, d. h. für den Zutritt des Viehs verschlossen werden. Man war in der Auswahl der V.-Flächen auch durch den Weidegang selbst beschränkt: die Flächen durften nicht zu zerstreut sein. Man fing die V. an den vom Dorfe entferntesten Stellen des Waldes an, damit das Vieh durch ältere Bestände auf dem Wege zur Weide ziehen mußte, und ließ am Wegrande breite Streifen alten Holzes stehen, um den Jungwuchs vor Abweiden zu schützen. Endlich mußte man das Emporkommen der jungen Pflanzen tunlichst beschleunigen, damit sie in kürzester Zeit dem Vieh entwachsen waren, und die Flächen wieder zur Weide geöffnet werden konnten. Erleichtert wurde die n. V. insofern, als der Boden durch das Vieh gelockert und das Gras durch die Weide zurückgehalten werden konnte. Die Ausübung der Weide verdrängte an vielen Orten die plenterweise V., weil in der Beschattung wenig und geringwertiges Gras erwuchs, die Beaufsichtigung des Viehs erschwert war, und die viele Bewegung des Viehs den Milchertrag schmälerte. Sie begünstigte die großen V.-Schläge und wegen des guten Graswuchses auf der Kahlfläche sogar die künstliche Verjüngung.

Im Mittel- und namentlich im Hochgebirge ist die Waldweide fast überall üblich geblieben. Sie führt dort zum Weideplenterwald mit den besonderen Arten der V. (§ 347).

9. Die Waldbilder, die uns in den V.-Schlägen begegnen, verraten, ob der Wirtschafter ein wachsames Auge auf seinen Jungwuchs hat oder nicht. Die V. ist erst dann „gelungen“, wenn auch die den jungen Pflanzen drohenden Gefahren abgewendet sind. Daß es in dieser Hinsicht vielfach an der nötigen Aufmerksamkeit, Sorgfalt und ausdauernden Arbeit im kleinen fehlt, kann nicht bezweifelt werden.

§ 256. Die Formen der natürlichen Verjüngung durch Samenabfall.

1. Die Grundformen der n. V., genauer: die Grundformen der Bestreuung mit Samen sind im Walde gegeben. Sie stellen sich von selbst ein, sobald die Bedingungen für sie vorhanden sind.

Zwei Grundformen lassen sich hierbei unterscheiden, die aber, was schon hier bemerkt sein mag, im Walde nicht scharf getrennt sind.

a) Der Same fällt von den Bäumen, ob diese geschlossen, licht oder einzeln stehen, bei ruhiger Luft in senkrechter oder etwas schiefer Richtung zur Erde. Die aus ihm hervorgehenden Pflanzen erwachsen unter dem Baum, unter den Ästen oder, wie man es gewöhnlich ausdrückt, unter dem Schirm des samentragenden

Baumes. Diese Art der V. bezeichnet man daher als Schirmverjüngung. Sie ist die regelmäßigste und am weitesten verbreitete Form der n. V.

b) Fällt der Same bei bewegter Luft, bei mehr oder weniger starkem Winde oder gar bei Sturm ab, so kommt ein Teil ebenfalls unter den Samenbaum selbst zu liegen, ein anderer Teil wird dagegen vom Winde weiter weggetragen, er fällt neben oder seitlich vom Baum oder Bestand zur Erde. Diese Art von n. V. nennt man daher Seitenverjüngung. Selbst schwere Samen, wie Eicheln und Bucheln, werden bei starkem Winde etwas seitlich verweht. Bei den leichten und meistens auch geflügelten Samen ist die Seitenverjüngung eine ganz gewöhnliche Erscheinung, so insbesondere bei Aspen, Birken, Weiden und den Nadelhölzern. Am deutlichsten tritt die Seitenverjüngung hervor, wenn seitlich vom Baume oder Bestande eine kahle Fläche besamt wird.

Diese Grundformen der Besamung begegnen uns bei allen Holzarten, auf allen Bonitäten, in allen Meereshöhen, auf der Ebene wie am Hange, in jüngeren, mittelalten, alten und selbst überalten Beständen, im Niederwald, Hochwald, Mittelwald und Plenterwald, bei geschlossener, lichter und lückiger Stellung des Bestandes.

Die im Walde tatsächlich eintretende V. geschieht in der einen oder in der anderen Form, in der Regel durch die Vereinigung beider. Sie geht in vielen Fällen vor sich, ohne daß irgend ein Eingriff des Menschen in den gerade vorhandenen Bestand stattfindet. Die menschliche Tätigkeit besteht dann nur in der Entfernung der alten Bäume, unter oder neben denen die n. V. sich eingestellt hat.

2. Von dieser Form der Bestreuung des Bodens mit Samenkörnern ist die Form der Ansamung wohl zu unterscheiden. Fällt der Same auf Schnee, so ist die verschiedene Dichte und die Ungleichmäßigkeit der Bestreuung leicht zu erkennen; auf dem Boden selbst sind die Körner wegen ihrer Farbe und der Bedeckung mit Laub und Nadeln oder Moos schwer aufzufinden. In welcher Weise stellt sich nun die Ansamung nach der Keimung der Samen dar? Wenn wir in einem ebenen, vollständig gleich bearbeiteten Beete von 1 oder 2 qm im Versuchsgarten eine Vollsaat ausführen und die Bestreuung mit Samen möglichst gleichmäßig vornehmen, erhalten wir nun auch eine gleichmäßige Bestockung dieses Beetes mit Keimpflanzen? Keineswegs. Neben Stellen mit gleichmäßiger Bestockung finden sich lichter oder gruppenweise bestockte und solche, auf denen nur vereinzelte Pflanzen stehen; ja größere oder kleinere Flecke sind überhaupt ohne jede Keimpflanze. Eine gleiche Aussaat können wir auch auf einem Beete unter dem geschlossenen Bestande vornehmen; hier erhalten wir überhaupt viel weniger Keimlinge (§ 39, Tabelle 9a)

und eine mehr oder weniger ungleichmäßige Verteilung der Keimlinge über das Beet hin.

Die Bestreuung beim Samenabfall im Bestande und vollends neben dem Bestande ist eben von Zufälligkeiten beeinflußt und wohl nur höchst selten eine gleichmäßige. Ebenso ist die Keimung eine ungleichmäßige. So kommt es — und das ist der entscheidende Punkt, der hier hervorgehoben werden muß —, daß die Bestockung mit Keimpflanzen im Bestande stets eine sehr ungleichmäßige sein wird. Unbestockte Stellen wechseln mit bestockten; auf den lezteren stehen die Pflanzen bald einzeln, bald in Gruppen von 3—5, 10—20 Pflanzen, bald in Horsten von 1—2 qm Ausdehnung. Durch die spätere Entwickelung der Pflanzen wird diese Ungleichheit etwas verdeckt; sie ist aber bei den ersten Durchforstungen noch deutlich zu erkennen.

Das Wachstum der Keimpflanzen ist selbst in einem gleich beschaffenen Versuchsbeet verschieden; es lassen sich leicht 2 oder 3 Entwicklungsklassen von einander unterscheiden. Noch mehr ist dies unter dem Kronendach eines Bestandes der Fall. Selbst von einem reichen Samenjahr erhalten wir also einen verschieden dicht stehenden und einen verschieden entwickelten Jungwuchs. Noch größer wird diese Ungleichheit, wenn dieser von verschiedenen Samenjahren herrührt. Wir werden sehen, daß diese Ungleichheit entscheidenden Einfluß auf die Ausführung der verschiedenen V.-hiebe, insbesondere die Licht- und Abtriebsschläge ausübt.

3. Die Formen der Ansamung und die verschiedenen Hiebe zur Entfernung des alten Holzes können übersichtlich gruppiert werden. In Zeichnung I—IV ist die Form der Verjüngung, in V—VII die Art des Hiebs im alten Holze dargestellt.

I. Die Schirmverjüngung und die aus ihr hervorgehenden Arten der Ansamung;

II. die Seitenverjüngung;

III. die Vereinigung beider Formen in der Randverjüngung und

IV. in der löcher- oder horstweisen, der femelartigen Verjüngung;

V. die Entfernung des alten Holzes durch Samen-, Licht- und Abtriebsschläge, die sich über den ganzen Bestand oder auch nur einen Teil desselben erstrecken können. Durch diese wird nach eingetretener Besamung das alte Holz entfernt. Ist eine solche noch nicht vorhanden, so dienen sie zugleich zur Herbeiführung der Verjüngung;

VI. der streifenweise, d. h. lange und schmale Schlag, der Streifenschlag (die schmale Absäumung, der Saumschlag), wie er bei der reinen Seitenverjüngung als Kahlschlag oder bei der Randverjüngung ausgeführt wird;

VII. der Femelschlag, d. h. der Streifenschlag, der im horst- oder löcher- d. h. femelweise verjüngten Bestand zur Entfernung des alten Holzes angewendet wird.

I. Schirmverjüngung über die ganze Fläche des Bestandes hin (Schlagweise Schirmverjüngung)

Alter Bestand: Bestockung: ◯

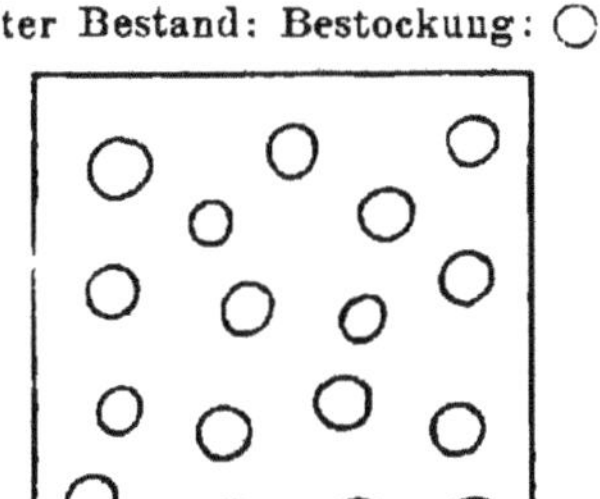

Jungwuchs in der schlagweisen Schirmverjüngung: ⁝⁝⁝

Einzelstand | Gruppenweiser Stand | Horstweiser Stand

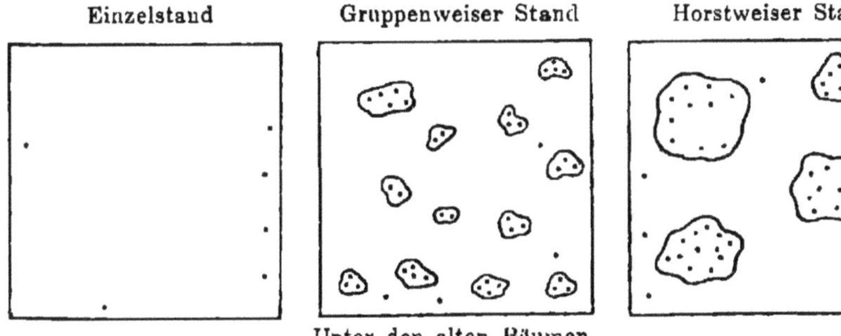

Unter den alten Bäumen.

Abb. 2.

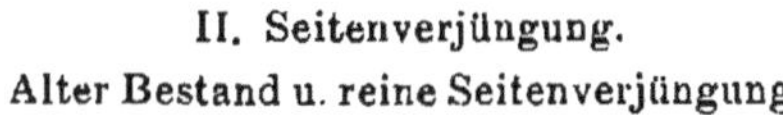

II. Seitenverjüngung.
Alter Bestand u. reine Seitenverjüngung

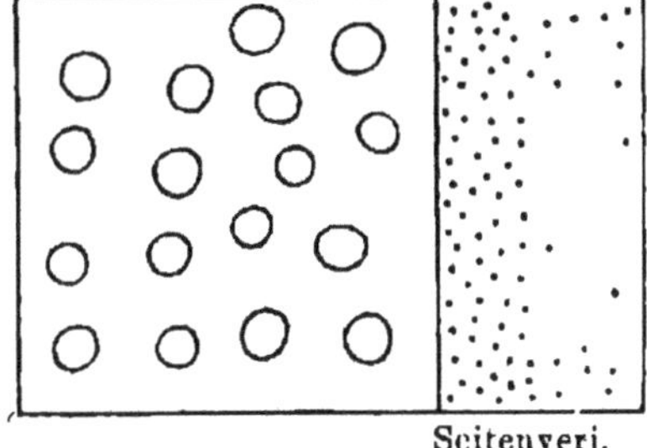

Seitenverj.

Abb. 3.

III. Randverjüngung (Saumschlag).
Streifenweise Schirmverj. | Seitenverj.

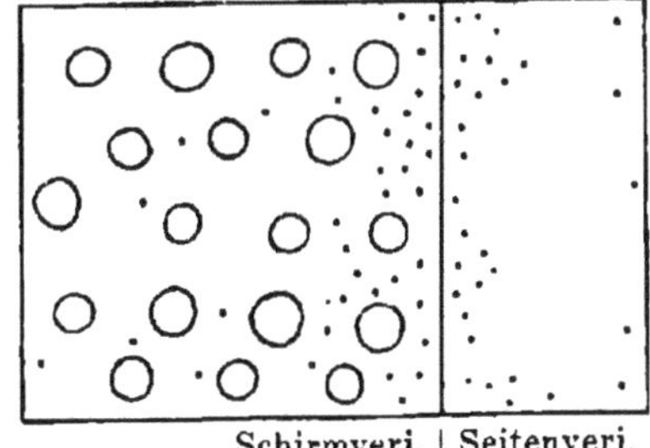

Schirmverj. | Seitenverj.

Abb. 4.

IV. Löcher- oder horstweise Seiten- und Schirmverjüngung.
Femelweise bezw. Femelschlagverjüngung.

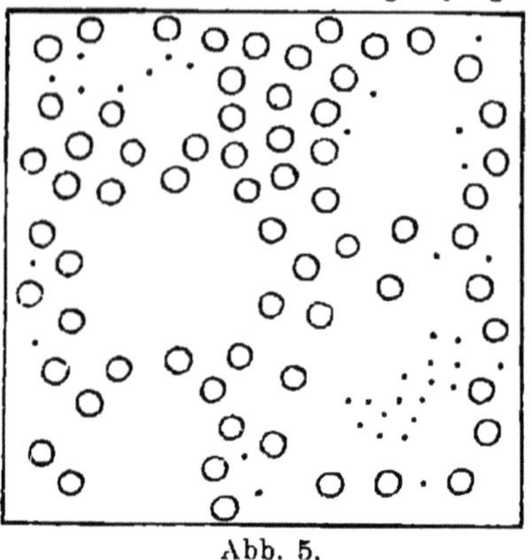

Abb. 5.

V. Die Verjüngungshiebe. | Samenschlag -- Lichtschlag × Abtriebsschlag.

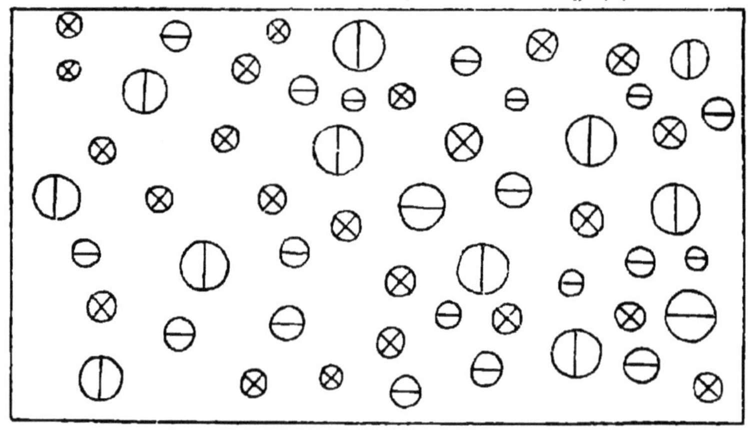

Abb. 6.

VI. Der Streifenschlag (schmale Absäumung, Saumschlag). Der Kahlschlag.

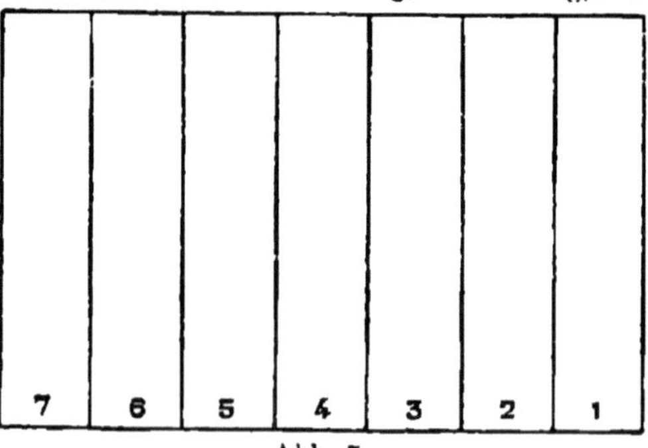

Abb. 7.

VII. Der Femelschlag: horst- oder löcherweise Verjüngnng und streifenweiser Abtrieb des alten Holzes.

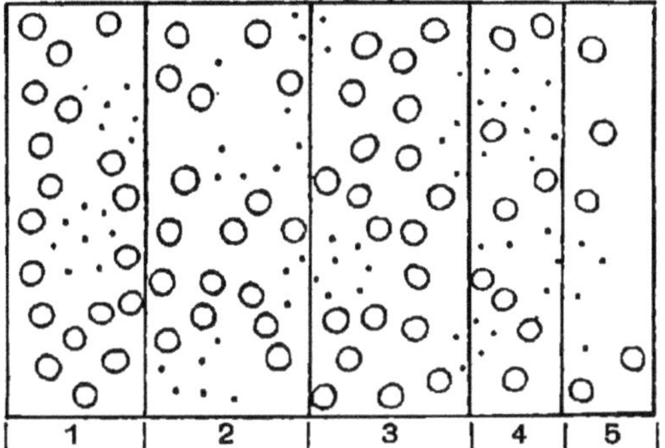

Zugleich streifenweise Verjüngung (Saumschlag) mit „Vorlichtung“ 1 und 2.

Abb. 8.

Im Walde selbst sind sowohl die Formen der Ansamung, als die Arten des Abtriebs des alten Holzes nicht scharf von einander getrennt. In ein und demselben Bestande können alle Formen neben und unter einander vorkommen. Infolgedessen ist die übliche Terminologie unklar und mißverständlich. Einige Erläuterungen mögen deshalb angefügt werden. Weiteres folgt in § 266—268.

4. Die *samentragenden Bäume*, durch welche die V. herbeigeführt wird, stehen bald licht geschlossen im Bestande (nach der letzten Durchforstung), bald gruppenweise, bald einzeln auf der V.-fläche, wenn nur ein Teil der vorhandenen Bäume zum Zweck der Besamung belassen wurde. Im letzteren Falle spricht man von der „*V. durch* (einzeln stehende) *Samenbäume*“ (ungenau, da ja im Schlusse auch solche vorhanden sind). Da diese vielfach vom Winde geworfen werden, hat man da und dort die Samenbäume in schmalen Streifen oder in größeren Horsten, in Besamungsstreifen oder Besamungsschachen beisammen stehen lassen.

5. Die *Ansamung* findet auf größerer Fläche bald gleichmäßig statt, bald nur an einzelnen kleineren oder größeren Stellen. Im ersteren Falle wird der ganze Bestand, die ganze künftige Schlagfläche besamt und verjüngt: *schlagweise Schirmverjüngung*; im letzteren Falle entstehen auf der Fläche einzelne, unregelmäßig verteilte Gruppen und Horste von jungen Pflanzen: *gruppen- und horstweise Schirmverjüngung*.

An Wegen, am Wald- oder am Bestandesrande hin entsteht die V. in schmalen Rändern oder Streifen: *streifenweise Schirm- und streifenweise Seitenverjüngung* (so insbesondere bei der Randverjüngung).

6. Das Weghauen des alten Holzes findet in der Regel zunächst an den Stellen statt, an denen die V bereits vorhanden ist. So werden die Verjüngungshiebe bald über die ganze Schlagfläche hin oder nur über dem gruppen-, horst- und streifenweise vorhandenen Jungwuchs geführt. Es entstehen die Femel- oder Plenterhiebe, die gruppenweisen und horstweisen Hiebe, endlich die Streifenhiebe.

Die Durchforstungshiebe werden in der Regel über den ganzen Bestand ausgedehnt. Da durch die verschiedenen Durchforstungshiebe die V. herbeigeführt werden kann, bestehen dann die späteren Hiebe nur in der Entfernung des alten Holzes. Es sind Licht- und Räumungshiebe, die bald plenter- oder femel-, bald gruppen-, horst- und streifenweise geführt werden.

Da und dort werden diese Hiebe vor Ankommen der n. V. absichtlich eingelegt, um eben eine bald schlag-, bald gruppen-, bald horst-, bald streifenweise V. herbeizuführen. Die Größe, Form und Verteilung dieser Hiebe ist dann nicht durch den vorhandenen Jungwuchs beeinflußt, sondern kann ganz frei gestaltet werden. Diese Hiebe sind näher besprochen in § 266 bis 268.

7. Bei Besprechung der Formen der n. V. ist nur der rein natürliche Vorgang des Samentragens, der Keimung und des Wachstums der Keimpflanzen ins Auge gefaßt.

Im kleinen und mittleren Privat- und Gemeindewalde wird die jährliche Nutzung vielfach mit Rücksicht auf die V. festgesetzt. „Man weicht dem Jungwuchse.“ Ohne daß die Hiebsfläche mit Nachwuchs bestockt ist, wird vielfach kein Hieb geführt. Dies ist da und dort auch bei größerem Besitz der Fall. Der Bestand muß geschlagen werden, „weil er bereits verjüngt ist.“ Bei mittlerem und großem Besitz wirken aber noch andere Rücksichten auf die Festsetzung der jährlichen Hiebsmasse ein: die zulässige Abnutzungsgröße, die Hiebsfolge, die Aneinanderreihung der Schläge, das Verhältnis der Altersklassen, der Überschuß oder Mangel an Altholz, die Absatzmöglichkeit. Dadurch kann der Beginn der V vorgerückt oder hinausgeschoben, die Stärke der Hiebe beeinflußt, die Zeitdauer der V. verkürzt oder verlängert, auch die Form derselben verändert werden. Der ganze V.-betrieb muß diesen Anforderungen entsprechend gestaltet werden, ohne daß der Hauptzweck darunter leidet, also nicht etwa in Folge zu starker Lichtung die Fläche vergrast und die V. mißlingt.

Nach diesen Erläuterungen wird die geschichtliche Entwickelung der V. und die Terminologie der Schriftsteller verständlich sein.

§ 257. Geschichtliches über den Betrieb der natürlichen Verjüngung.

Natürliche Verjüngung: Zeitschriften: Allg. F.J.Z.: Mannert 1826, 8; Oschatz 31, 441; 34, 257; D. 44, 89; Lampe 64/65, 51; 69, 201; Vonhausen 71, 245; Zapf 84, 55; E. Heyer 88, 412; Schmidt 90, 269; Blum 1906, 149; Eulefeld 06, 259; Thaler 08, 8; Eberhard 08, 113; Wagner 08, 153; Eulefeld 08, 353; Jürgens 10, 400; Müller 11, 113; Menzel 12, 78. Aus d. Walde (Burckhardt) 1873. Beitr. z. Fw. 1827 II: 2, 145. Forstarchiv: 1715, 22, 125; 35, 22, 102; 37, 20, 203; 38, 22, 118; 40, 20, 217; 72, 27, 260; 76, 17, 42; 83, 5, 1; 86, 6, 47; 86, 7, 192; 88, 12, 256; 90, 7, 226; 91, 12; 94, 15, 29; 94, 15, 51; 94, 15, 149; 1805, 29, 3. Forst- und J.-Archiv: 1814, 1, 61; 17, 2, 73. Forstl. Bl.: Bölz 1867, 27; Leo 72, N. F. 1, 65; 74, 336; -h... 78, 257; Pressler 78, 376; Zetsche 84, 173; Hornberger 84, 33; Borggreve 86, 177; Frömbling 88, 133; Borggreve 89, 13; Borggreve 90, 138. Forst-Mag.: 1763, II, 5. Forstw. Centralbl.: Roth 1880, 230; Hartwig 82, 1; 83, 93; Roth 85, 151; Hausrath 91, 385; Schuberg 96, 514; Fürst 98, 271; Jankowsky 1904, 259; Wagner 07, 633; Wagner 09, 123; Passler 13, 74; Passler 13, 303; Endres 13, 401; Kirchgeßner 13, 592; Wagner 14, 3; Eberhard 14, 75; Sieber 14, 181; 14, 277. Hannov. Mag. 1763. Journal f. d. Fwesen: 1790, I, 49; 92, II, 117. Krit. Bl.: Schmidt 1823, 1; Hundeshagen 23, 177; 29, 173; Schultze 40, 1; 47, 151; Nördlinger 64, 244. Monatschr. f. d. Fwesen: Otto 1870, 241. Münd. Forstl. H. 1895, 118. Naturw. Zeitschr.: Eberhard 1912, 573; Seeger 13, 529; Rebel 15, 49. Ökon. Nachr. Leipzig: 1751, 3, 815; 57, 9, 205. Ökon. Neuigktn.: Schönberger 1827, 30; E. André 32, 44; 33, 45; André 35, 50; Nußbaumer 35, 50; Feistmantel 46, 72. Thar. J.: Kühn 1870, 241; Rudorf 73, 1; Trübswetter 85, 131; Martin 1908, 121. Wedekinds J.: Schultze 1837, XIII, 49. Zeitschr. f. F.- u. J.-wesen: Staubesand 1878, 549; E. Heyer 86, 609; Volmar 90, 267; Gayer 92, 381; Kraft 93, 324; Kraft 97, 3; Schultz 1913, 92; Eberhard 14, 408. Zeitschr. f. Bayern: 1841 N. F. I, 21; 45 N. F. VI, 42; 46 N. F. VI, 3. Centralbl. f. ges. F.: Brehak 1875, 589; 79, 34; Emeis 82, 37; Cieslar 84, 227; 86, 254; Baudisch 86, 446; Karbasch 95, 470; Böhmerle 1900, 15; Martin 04, 325; Wappes 04, 387; 06, 442; Böhmerle 09, 22; Hauch 11, 148; 11, 408; Zederbauer 12, 201; Micklitz 12, 251; Hufnagel 14, 1; Wessely 15, 179. Österr. Vierteljahrsschr.: Wessely 1851, 7; Geschwind 65, 381; Brettschneider 97, 343; Wagner 1907, 347; Kubelka 12. Vereinsschrift f. F.-kunde: 1868, 71; 71, 101; 80, 139; 1903, 154. Schweiz. Zeitschr.: Manni 1854; v. Greyerz 68, 4; 68, 29; 68, 169; Landolt 78, 13; Landolt 91, 2; Engler 1900, 264; Müller 04, 11; Engler 05, 29; Schwarz 06, 304; v. G. 09, 217; 10. 112; Bavier 10, 145; Ganzoni 11, 40. — Vereine: Baden 1843; 84; 87; Deutschl. 1884; 90; 98; 1901; 09; 13. Deutschl. Land- u. Fw. 1838; 39; 40; 41; 42; 43; 53; 57; 60; 61; 72. Harz 1852; 75; 93. Pommern 1873; 74. Sachsen 1863; 82; 1910. Schles. 1847; 58; 73; 90; 92; 1909; 13. Süddeutschland 1841. Thür. 1911. Württ. 1903; 13. Mähren 1857; 79; 82; 1913. Nied.-Österr. 1904. Ober-Österr. 1874; 88. Reichsf. 1892; 1908. Tirol 1897. Ungarn 1856; 66. Schweiz. 1861; 84; 1900; 06. — Hiebsrichtung: Zeitschriften: Interess. Gegstde.: Bassmann 1830, 91. Ökon. Neuigktn.: Feistmantel 1846, II, 72. Zeitschr. f. F.- u. J.-wesen: Danckelmann 1896, 237; v. Warendorff 1904, 172. Centralbl. f. ges. F.: Baudisch 1883, 191. Berner Sammlg.: 1768, 29. Schweiz. Zeitschr. 1755 (1861, 127). — Vereine: Harz 1843. Mähren 1890. Breite der Hiebe: Vereine: Harz 1863; Nordwestd. 1906. Sachsen 1851; 68. Schles. 1909; 12; 13. Thür. 1853.

Die Schriftsteller.

1. Die geschichtlichen Nachrichten über die Verjüngung müssen an sich das Interesse jedes Forstwirts erregen, insofern sie uns zeigen, wie die Aufgabe

die auch uns obliegt, in früheren Jahrhunderten gelöst wurde oder zu lösen versucht wurde.

Sodann haben sie einen direkten praktischen Nutzen. Sie sagen uns, auf welche Weise die heute schlagreifen und die in den letzten Jahrzehnten geschlagenen Bestände entstanden sind. Ist die Art der natürlichen Verjüngung dieser Bestände bekannt, so können wir die Erfolge der früher angewendeten Methoden beurteilen und so eine auf Tatsachen gegründete Vergleichung verschiedener Methoden anstellen.

Die Quellen, aus denen wir das Material zur geschichtlichen Darstellung schöpfen können, sind mehrfacher Art. In erster Linie sind es die Schriftsteller, die ihre Beobachtungen und Erfahrungen oder auch nur ihre Ansichten über die Verjüngung der Wälder mitteilen. Botaniker und Landwirte sind die ältesten Autoren bis ca. 1500, an die sich Jäger und Förster, namentlich seit etwa 1700, anschließen. Sie sollen unten zunächst angeführt werden. Aus ihren Büchern und Schriften ersehen wir nur teilweise, ob die von den Autoren geschilderte Verjüngungsart auch tatsächlich im Walde angewendet wurde. Eine wesentliche Ergänzung zu ihnen bilden die Abhandlungen in den Zeitschriften, die in der Regel die tatsächliche Wirtschaft einer Gegend schildern. Auch in den Vereinsversammlungen bilden die tatsächlich eingehaltenen Methoden da und dort den Gegenstand der Besprechung. Endlich geben die statistischen Werke über einzelne Länder seit etwa 1800 ein übersichtliches Bild der in einzelnen Ländern vorgeschriebenen oder üblichen Verjüngungsmethoden. Leider sind diese Nachrichten nur von wenigen Ländern mit genügender Ausführlichkeit und Genauigkeit vorhanden.

Diese Nachrichten werden in § 258 unter dem Titel: „Die praktische Wirtschaft“ zusammengefaßt werden. Um Raum zu ersparen, werden zur Kenntnis des Standpunktes der einzelnen Schriftsteller nur kurz die technischen Ausdrücke angegeben werden, wie sie heute üblich sind. Bei besonders einflußreichen Schriftstellern müssen die Ausführungen etwas eingehender sein.

Eine genaue Scheidung dieser Quellen ist jedoch nicht immer möglich. Der Vollständigkeit und Einheitlichkeit der Darstellung halber wird manchmal zu mehreren Quellen gegriffen werden.

2. Isidorus von Sevilla (600) unterscheidet die Entstehung der Bäume aus Samen und Stockausschlag. Die späteren Schriftsteller des Mittelalters gehen auf die Fortpflanzung der Wälder selten näher ein.

Albertus Magnus (1240) fällt es auf, daß nach der Fällung von dichten Buchen- und Eichenbeständen auf der Schlagfläche in allen Wäldern nicht diese Arten, sondern Aspen und Birken sich einstellen, daß also die n. V. mißlungen ist.

P. de Crescentiis (1305) widmet ein besonderes Kapitel den Wäldern, die auf natürlichem Wege entstehen. Ohne Zutun des Menschen gehen sie aus Samen hervor, der von den benachbarten Bäumen zur Erde fällt oder von Vögeln herbeigebracht oder vom Flusse angeschwemmt wird. (Buche, Kastanie, Eiche, Erle, Pappel, Weide, Ulme, Esche etc.). Es sei nicht nötig, bemerkt er ausdrücklich, weitläufig von ihnen zu handeln, da sie an geeigneten Orten von der Natur freiwillig geliefert werden.

Die „Verwüstung“ der Wälder ist an zahlreichen Orten im Mittelalter verboten gewesen. Da diese Verwüstung durch das Weidevieh geschah, wurde allenthalben die Waldweide geregelt. Daß unter „Verwüstung“ auch die Nutzung in größeren (Kahl-) Schlägen begriffen wurde, geht daraus hervor, daß die Äbtissin des Klosters Selz im Elsaß verbietet, daß alles Holz an einer Stelle gehauen werde, damit man nicht sagen könne, der Wald werde verwüstet.

In den Weistümern, in denen die herkömmliche Wirtschaft beschrieben ist, sind Vorschriften über die Nutzung enthalten. Sie lassen einige Schlüsse auf die Verjüngung zu. Die fruchttragenden Bäume waren wegen der Mast für Schweine und Wild durch strenge Vorschriften gegen zu starken Einhieb geschützt. Auf dem durch Schweine und Vieh locker erhaltenen und vor überwucherndem Graswuchs geschützten Boden ging die n. V. von Eichen und Buchen sehr leicht vor sich. Junge Wälder mußten in Bann gelegt werden, bis sie dem Vieh entwachsen waren. Aus dieser Bestimmung läßt sich auf die n. V. schließen, auch wenn direkte Nachrichten fehlen. Das Windfallholz mußte wegen des Jungwuchses und der Weide aus den Wäldern geschafft werden, erst dann durfte weiteres Holz gehauen werden. In diesen Windfalllücken konnten sich junge Pflanzen einstellen. Die oft genannten „Hoch- und Schwarzwälder" waren Nadelholzwaldungen, die im Weide-Plenterbetrieb standen. In Laub- und Nadelwäldern war also für die Verjüngung der Bestände gesorgt, so daß die Verjüngung selbst das Interesse der Schriftsteller nicht erregen konnte.

3. Bei Einführung der schlagweisen Nutzung (1495 ff.) wird wiederholt auf das gleiche Wachstum der Junghölzer hingewiesen; dies setzt die Verjüngung auf größeren Flächen voraus.

In den Forstordnungen (abgekürzt F.O.) wird vielfach die Zahl der Samenbäume oder Laßreiser vorgeschrieben (Salzburg 1524, 29). Die Zahl der gewöhnlich übergehaltenen Samenbäume war wohl zu gering gewesen. Auf Grund der gemachten Erfahrungen wurde die Zahl neu bestimmt. Die Verjüngung durch Samenbäume geht also weit ins Mittelalter zurück. Statt der einzeln stehenden Samenbäume wird das Stehenlassen eines „Schächtleins Holz" angeordnet (Oberpfälz. F.O. 1565). Nicht ein, sondern vier solcher Schächtlein sollten nach der Brandenburgischen F.O. von 1574 im Fichtelgebirge stehen bleiben, damit sicher der Same auf den abgeholzten Platz komme. Heresbach bemerkt 1570, daß manche Waldbäume ohne jegliche Pflege reichlich Samen tragen. Meurer berichtet, daß 1618 in der Pfalz die Wiederbesamung vom umstehenden Holz wohl erfolge, daß aber die Schläge nicht gegen Vieh gehegt werden. Nach Colerus läßt man (1665), wenn man das Holz haut, etliche hohe Tannen, Fichten, Birken stehen, „daß der Ort sich wieder besamen kann".

Die Laubholzwaldungen bestanden während des Mittelalters vorherrschend aus Eichen, Buchen und wilden Obstbäumen; doch werden auch die übrigen Laubhölzer zu einem großen Teil aufgeführt. Das Schlagholz (*silva caedua*, Niederwald) wird vielfach den Hoch- und Schwarzwäldern gegenüber gestellt. Die Ausschlagwaldungen lieferten Brenn- und Kohlholz, sowie Weide, die Hoch- und Schwarzwälder das Bauholz. In den Ausschlagwäldern ließ man einzelne Stämme ebenfalls zu Bauholz heranwachsen. Diese, heute Mittelwald genannte Betriebs- und Verjüngungsform tritt erstmals deutlich in einer Beschreibung des bei Würzburg gelegenen Gramschatzer Waldes 1569, sodann in der Hohenlohischen F.O. von 1579 und, deutlich ausgedrückt, in der Eichstädtischen F.O. von 1592 auf. Die stehen zu lassenden Bannreitel sollten aus den „geradesten und geschlachtesten" Bäumen genommen werden.

4. Von etwa 1700 an läßt sich aus den Schriftstellern die Entwicklung der n. V. ziemlich genau verfolgen. Göchhausen (Weimar, 1710) verlangt, daß Laßreiser im Laubholz stehen bleiben, auf dem Acker 32 Stück (= 60 auf 1 ha). Im Nadelwald soll nicht geplentert werden, sondern, wenn das beste Holz zu Schindeln, Brettern etc. herausgehauen sei, soll alles niedergeschlagen werden, aber auf keinem zu großen Distrikt, damit man mit dem Scheitholzhaufen nachkommen könne. Dann geht der Nachwuchs gleich in die Höhe (S. 171).

Carlowitz, (Sachsen 1713): Zu Samenbäumen sollen im Nadelholz nicht (wie im Laubholz) die ältesten und größten Bäume gewählt werden, sondern namentlich von Tannen, Kiefern, Fichten die kürzeren, dem Winde weniger ausgesetzten Bäume. Die Samenbäume sollen in gewisser Distanz oder strich-, reihen- und buschweise stehen (139). Moos und Gras ist zu entfernen. „Wo das Vieh alle Tage geht, spürt man schleunigen Wiederwachs" (140). Wo Samen selten erwächst, müssen die Gehaue auf mehrere Jahre gestellt werden.

v. Hohberg (Österreich, 1716): wenn bald da, bald dort Holz gefällt wird, kann das junge nicht nachwachsen; wenn man aber einen ganzen Kreis ganz abmaissen und aufräumen läßt, kann das junge Holz aufschießen, sonderlich, wenn man alte Stöcke wegbringen läßt (S. 663). Die Aschenbrenner und Glasmacher sollen jochweise nacheinander abtreiben, damit der Ort wieder gehegt werde. Die Bäume zu Schindeln sollen vorher herausgehauen werden.

Nach Martini (Blaubeuren, Württ., 1731) werden die Schwarzwälder, wenn sie genugsam erwachsen, abgeholzt. Sie werden anders verjüngt als die Laubhölzer; von diesen werden Bannreitel auf dem Morgen belassen, beim Nadelholz kein einziger, da O- und W-Winde sie umwerfen oder abbrechen. Die Wälder sollen von der Süd- oder Nordseite angepackt werden, wegen der starken Ost- und Westwinde.

Genauere Angaben macht Täntzer (Weimar, 1710, 17, 27). Von Eichen und anderem Hartholz sollen Laßreiser stehen bleiben. In Tannen, Fichten, Kiefern dagegen nicht, „da der Same schon in der Erde sein muß". Beim Kienbaum dagegen sollen nicht die besten nach und nach herausgenommen werden, damit die jungen Stämmchen nachwachsen, sondern, wenn die nutzbaren Stämme geschlagen sind, soll das Unartige gleich in Scheite geschlagen werden, und „dem Samen, der in der Erde liegt, Luft gemacht werden"

Döbel (Sachsen) warnt (1746) vor Laßreisern im Föhrenbestand, sie werden vom Winde geworfen. Im Nadelwalde wird alles rein abgehauen. Wo keine Windgefahr droht, können feine glatte Stämme stehen bleiben, die recht starke Hauptbäume werden und Samen ausstreuen. Die Hiebe werden von O nach W oder von SO nach NW geführt, und zwar schmal und lang (bei Laubholz ist dies gleichgültig).

Stisser (Braunschweig, 1746) läßt Samenbäume stehen. Im Allg. Haushaltungslexikon von 1749 wird bezüglich des Nadelholzes hinzugefügt, daß Löcher gegraben werden sollen, die „anfliegen". Flemming (Sachsen, 1749) kennt „herrliche Dickichte" von Fichten. J. G. Beckmann spricht sich 1755 ([4] 1777, S. 213) gegen das Belassen von Samenbäumen aus.

Auch Moser (Harz und Württ.) hält 1757 im Nadelholze die Samenbäume nicht für nötig, da (am Harze) die Besamung „sonst" (d. h. von den umliegenden Beständen) erfolge. Die Winkelhäue (= Plenterschläge) sollen abgestellt werden. In Wernigerode wurden unter Langen und Zanthier etwa 1750 schmale (24 bis 30 m breite) Saumschläge geführt.

Oettelt unterscheidet 1764 Schläge mit und ohne Hoffnung auf Anflug. Alte beraste Schläge, die zum Teil 30 Jahre ohne Verjüngung geblieben seien müssen angesät werden. Zu Laubholzschlägen müsse die Sonne Zutritt haben.

5. Klar auseinandergehalten werden in der Hessen-Kasselschen Verordnung von 1761 die Verjüngungsarten: es werden teils Hegereiser (wie im Laubholz) übergehalten, teils kleine und runde, teils lange und ganz schmale Schläge geführt, teils werden zwischen 2 langen und schmalen Schlägen „Striffel" gelassen. Es sind also die Schirmschläge, die Löcherhiebe, die Schmal- oder Streifenhiebe, die Kulissenhiebe aufgezählt.

6. Im Laubholz war es üblich, Samenschläge zu führen. An einzelnen Orten Mitteldeutschlands war diese Verjüngungsart schon früher bevorzugt worden. So ist sie in der Hanau-Münzenbergischen F.O. von 1736, in derjenigen von Mainz 1744 vorgeschrieben. Vom Büdingischen Forstmeister Hoffmann ist sie für die Waldungen der Deutschordens-Commende Marburg 1768 angeordnet worden.

Die Bedeutung dieser Vorschriften für die Geschichte der n. V. liegt darin, daß sie als die ersten genauer angeben, was bei den verschiedenen Hieben herausgehauen werden soll.

In Hessen-Kassel nimmt man (1761) bei der ersten Ausläuterung das schwacheste und schlechteste Holz weg, läßt etwa alle 6 oder 8 Schritte (4—6 m) einen Baum zum Samentragen und zur Beschattung stehen. Dagegen haut Hoffmann (1768) alle alten Buchen heraus, daß der volle Schluß am Wald einigen Teils benommen und daß bei einer künftigen Mast der Same anfliege.

7. Cramer (Braunschweig) empfiehlt 1766 schmale, lange Hauungen mit Samenbäumen. J. Beckmann (Göttingen) hält 1769 mehrere Anhiebe für erwünscht. Im Forstkalender von 1772 wird die Breite der Besamung auf 160 m angegeben; darnach müßten die Gehaue eingerichtet werden.

Deutlich geschieden sind die verschiedenen Hiebe im Forstlexikon von 1772. Im Nadelholz werden wegen des Windes die Schläge ganz abgetrieben und Streifen und Horste, Riegel, Schuppen übergehalten; im Laubholz werden viele Laßreiser belassen und diese nach und nach weggenommen.

v. Brocke (Braunschweig) tadelt 1774 die zu großen Haue, die außerdem nicht von Osten gehauen werden.

8. Gleditsch (Berlin) befürwortet 1775 die Einteilung des Waldes in ordentliche Gehaue, auf denen das Holz „zugleich abgetrieben wird" (2, 312), die durch Anflug, Aufschlag oder Saat von neuem in Bestand gesetzt werden sollen. Nadel-, Laub- und gemischte Wälder läßt man am besten ohne das geringste Ausleuchten oder Pläntern bis zur rechten Nutzzeit heranwachsen (S. 320). Die Nadelholzgehaue müssen wegen der leichten Besamung von der Abendseite her eine recht bequeme Lage haben, wenn man nicht säen will (S. 329). Jährlich wird jedes Gehaue ganz abgetrieben, wenn es nicht mit starkem Eichenstammholze bestanden und dazu besonders geschonet werden soll, wie die einzelnen Eichen in allen Gehauen.

9. Zanthier (Harz 1778; 3, 1799 unten zitiert) beobachtete, daß die Nadelholzsamen bei Süd- und Westwind ausfallen und nicht leicht über 200 Schritt (= 140 m) ausgestreut werden. Daher müssen die Gehaue von Osten her abgetrieben werden; sie sind so vor dem Wind geschützt. Die Schläge müssen schmal gemacht werden (20 Ruten = ca. 60 m). Auf die Besamung kann man sich nicht sicher verlassen; 2, auch 3 Jahre kann kein Same erwachsen, indessen die Schläge verrasen und angesät und angepflanzt werden müssen. Es kann Baumrodung stattfinden. Auf einem Nadelholzgehau wird alles Holz rein weggenommen und bleiben daselbst keine Bäume wie im Laubholz stehen (1, 178). Samenbäume sind zwar noch an einigen Orten üblich: sie werden aber meist vom Winde geworfen und ihr Schatten ist nachteilig.

Hennert bemerkt zu den schmalen Schlägen, daß sie für Fichten, dagegen nicht für Kiefern passen. „Es ist wohl keine erbärmlichere Einteilungsart, als wenn man Schlägen eine Breite von 100 Schritt (= 70 m) gibt, weil sie dadurch oft eine Länge von ¼ Meile erhalten müssen. Es wäre verfehlt, sich bei Kiefer nicht auf die n. V. zu verlassen (wie bei Fichten). Viel tausend Morgen der schönsten Kienschonungen, die durch natürlichen Anflug hervorgebracht sind, können die Königl. Preußischen Forsten aufweisen." (1, 180.)

Suckow spricht sich 1776 für schmale Gehaue aus.

10. G. Schöttle (Württ.) begründet (1780) das Stehenlassen von Horsten und Streifen damit, daß (neben der Besamung) so noch gutes Bau- und Nutzholz, nicht nur Brennholz erwachse.

11. Genau bezeichnet v. L. 1785 die Stellung der Samenbäume. Die Samenbäume (von Eichen und Buchen) sollen sich nach der „Durchlichtung" mit den oberen Ästen berühren, damit der Graswuchs hintangehalten und der Boden beschattet werde. Nach 1 oder 2 Jahren folgt der Nachhieb (unter Belassung der Eichen); wo kein Nachwuchs sich einstellte, wird nicht nachgehauen. Mit der Auszeichnung fahre man fort, bis das Stück mit jungem Holz „wie mit einem Filz vollkommen überzogen ist".

v. Wedell haut 1788 verbutteten alten Anflug weg.

12. Däzel unterscheidet 1788 Gehaue, auf denen Samenbäume (Tanne, Föhre) und Schläge (in Fichten), neben denen die haubaren Bäume stehen. Die Samenbäume sollen abgetrieben werden, wenn der Schutz gegen Gras und Witterung nicht mehr nötig sei. Zur Ausbringung des Holzes müssen Linien abgesteckt werden, damit dies nicht über die Gehege transportiert werde. Es müssen genügende Wege vorhanden sein. Werden beim Ausbleiben von Samenjahren die Schläge zu breit, so müsse an andern Orten gehauen werden.

13. In seinem Forsthandbuch (1788; [2] 1790) behandelt v. Burgsdorf (Brandenburg) die n. V. nur kurz. In Föhren (2, 489) wäre es gefehlt, den Schlag mit einemmal kahl abzuholzen, da der Wiederanbau kostbar und mißlich ist. Es ist gut, 3 Jahresschläge miteinander anzuhauen, die Samenbäume allmählich herauszuhauen, ehe sie schaden.

Die Fichte (S. 490) unterliegt dem Sturm, wenn sie ausgeleuchtet wird, oder wenn der Bestand von der Abendseite abgetrieben wird. Da der Same mehrere Jahre nacheinander nicht gerät, ist es mißlich, auf den natürlichen Anflug allzu viel zu trauen. Den natürlichen Anflug kann man bei Fichten nur als eine milde Beihilfe der Natur betrachten. Um den natürlichen Anflug erwarten zu können, dürfen die Schläge nie zu breit von Morgen nach Abend werden. Es ist also nötig, lauter Kesselschläge in Fichtenwäldern zu führen.

Weißtannenschläge (S. 492) werden nicht mit einem Male kahl abgetrieben, ebenso werden in Eichen- und Buchenbeständen dunkle Schläge getrieben. Es werden 10 Jahresschläge zusammengenommen und aus ihnen jährlich der Bedarf entnommen.

14. Kregting geht 1788 von der Einteilung des Waldes in Jahresschläge und der Massenausgleichung für die nächsten 10 Jahre aus (S. 59). Wenn die Stämme die Länge eines Baustammes haben und Mast tragen, sollen unterdrückte Stangen und das krüppelhafte Holz nebst allem Buschwerk „herausgebrochen" werden, so daß die Äste 12′ (= 4 m) voneinander abstehen. Dem neuen Anflug muß sogleich Luft gemacht werden durch Auslichten. Es soll die Hälfte herausgehauen werden, samt allen Waldrechtern, das geringste, gipfeldürre, schadhafte Holz muß zuerst genommen werden. Wo der Anwuchs am besten geraten ist, wird mehr gelichtet. Wenn der Anwuchs 4—5′ (= 1—1,5 m) hoch ist, findet völliges „Ausschlagen" statt; 30—40 der schönsten Heister bleiben als Waldrechter stehen. Wo der Anwuchs schlecht ist, sollen die überflüssigen Waldrechter nur stammweise herausgenommen werden, damit noch Samen abfalle und nicht Saat oder Pflanzung nötig werde.

15. Trunk (Freiburg) erklärt 1789 das Auszeichnen der Laßreiser und Samenbäume für eines der wichtigsten Geschäfte (S. 171). Man

habe beim Nadelholze die Samenbäume verworfen, weil das stehende Holz die schmalen daneben geführten Schläge ohne Samenbäume mit Samen bestreue. Samenbäume seien aber sicherer. Sonst könne man auch die Vorsicht gebrauchen, im Nadelholz ganze Horste und schmale Streifen, welche dem Wind eher widerstehen, zu belassen, oder wenigstens den nächsten Schlag nicht eher anhauen, als bis der andere leere Schlag wieder mit Anflug versehen ist. Die beste Vorschrift sei nicht die Zahl der Samenbäume, sondern die Entfernung; auf Bergen soll alle 16—18 Schritt (= 11—13 m), auf der Ebene alle 20—24 Schritt (= 14—17 m) ein Samenbaum stehen bleiben. Im Laubholz werden soviele Samenbäume übergehalten, als zur Besamung erforderlich seien.

Jeitter (Württ.) will 1789 schmale Winkelhäue vermeiden. Das Plätzighauen (= kleine Schläge neben großen) hänge mit dem Verbrauch zusammen: Brennholz werde in Schlägen, Bauholz „plätzig“ gehauen. Wenn die Stärken gemischt seien, kommen beide Schläge nebeneinander vor. Wenn die Besamung ausbleibe, sollen 6—8 Jahresschläge zusammengenommen und „plätzig“ gehauen werden. Die Samenbäume sollen wegen des Windes nicht einzeln, sondern es sollen lange, schmale Streifen stehen bleiben.

Viele kleine, schmale Schläge sind nach Banger (Freiburg 1790) im Laubholz verwerflich, bei Tannen nötig.

16. Über die dichtere oder lichtere Stellung der Samenbäume sind genauere Angaben nur spärlich vorhanden. Die Ansichten gingen in diesem Punkte weit auseinander. Dies veranlaßte wohl die Münchener Akademie 1775 zur Stellung der Preisfrage: „Die vorteilhafteste Stellung der Samenbäume zum Anflug.“ Über den Abstand der Samenbäume mögen den bereits vereinzelt eingestreuten Angaben noch einige im Zusammenhang angereiht werden.

1775 wird in Ostpreußen in Fichten- und Tannenwäldern alle 80—100 Schritte (60—70 m) ein Samenbaum belassen. Bei Mainz werden 1789 zu Besamung und Schutz im Laubholze soviele Bäume belassen, „daß sie sich erreichen“. Genauer beschreibt Nau 1790 dieses Verfahren. Je schmäler die Schläge, um so besser die Besamung; bald werden sie 150 Schritte (= 100 m), bald nur 10 Ruthen (= 30 m) breit gemacht. Die Länge hängt von den Linien der Abteilung ab. Da die schmalen Schläge zu lang werden, wäre es ratsamer, aus jedem Schlage 3 Einteilungen zu machen, also jedes Jahr 3 Schläge anzugreifen und auf diesen Distrikten alles rein abzutreiben, weil der Same aus dem Nachbarschlage anfliegt und weil der Nachhieb oder die Windfälle dem jungen Anflug viel Schaden verursachen. L. v. Hartmann (Pfalz) dagegen hält alle „18—20 Schritt“ (= 12—14 m) einen Samenbaum für nötig; er müsse vor dem Nordwind geschützt sein.

17. Georg Ludwig Hartig.

Aus den vorstehenden Ausführungen geht hervor, welchen Stand die n. V. erreicht hatte, als G. L. Hartig (Hessen 1790, Nassau 1806, Württ 1806, Preußen 1811) 1791 seine „Holzzucht“ erscheinen ließ. „Durchaus geprüfte, auf Erfahrung und Natur gestützte Lehren“ wollte er vortragen und insbesondere die Unbestimmtheit und Undeutlichkeit der bisherigen Lehrbücher vermeiden, durch die sie dem gewöhnlichen Förster verhaßt geworden seien.

Bei Abfassung der Holzzucht war Hartig 27 Jahre alt. Er hatte in Harzburg und Gladenbach (Kreis Biedenkopf) praktischen Unterricht genossen, 1781—83 an der Universität Gießen studiert, war 1785 Akzessist in Darmstadt und 1786 Fürstlich Solmsscher Forstmeister in Hungen in der Wetterau geworden. Das dortige Klima ist bei einer Meereshöhe von 150—200 m sehr mild: Jahrestemperatur 8—9°, Sonnenscheindauer etwa 1600 Stunden. Der Niederschlag ist gering:

600 mm und darunter. Der Boden der Wetterau (Löß, Lehm und Basalt an den Hängen) ist sehr fruchtbar. Die Bestockung mit Laubholz, insbesondere Buchen und Eichen, ist überwiegend. Die Erfahrung Hartigs stammt also aus einem günstigen, teilweise allerdings trockenen Wachstumsgebiete. Dieser Mangel war an vielen Orten durch die Undurchlässigkeit des Untergrunds etwas abgeschwächt.

Die „Holzzucht" fand ungemeinen Anklang; 1796, 1800, 04, 05, 08, 09, 18 erschienen neue — im ganzen 8 — Auflagen. Mir liegt die 3. Aufl. vor. Hartig widmet der n. V. im Laub- und Nadelholz je ein besonderes Kapitel. Er stellt die „Aufgabe", auf gutem Boden und in ebener Lage haubare, sowie aus haubarem und nicht haubarem Holze bestandene Buchenbestände, sodann reine Eichenbestände und aus Eichen und Buchen gemischte Bestände zu verjüngen. Aus diesen Holzarten bestanden die Wälder um Hungen; die praktischen Aufgaben im Walde haben Hartig zu seiner Fragestellung geführt.

Die Zusammensetzung der haubaren Bestände ersieht man aus der Vorschrift, daß „dürre, abständige, auch krumme Stämme" bei Einrichtung eines Schlags zuerst gehauen werden müssen (S. 11) und überdies noch so viele von den stärksten gesunden, daß die belassenen Saatbäume, wozu man die schönsten und wüchsigsten von mittlerer Stärke wählen muß, beinahe sich mit den äußersten Ästen berühren und wo möglich der Ordnung halber in gleich weiter Entfernung bleiben. Eine solche Hauung nennt man einen „dunklen oder Besamungsschlag" (S. 11).

Der Schlag kann lichter oder dunkler gestellt werden, je nachdem es die schattige und feuchte Winterseite ist oder schon wirklich erfolgte Besamung vorhanden oder Unkraut zu befürchten ist.

Es ist schlechterdings nötig, die Hauungen so wenig zerstreut als möglich anzulegen und das erforderliche Holzquantum an einem, zwei oder drei Orten zu hauen, damit man eine bessere Übersicht aufs ganze erhält, daß die jungen Pflanzen besser gehegt (künstliche Zäune) und der Wald in einen teilweis gleichen Holzwuchs gebracht wird (S. 9). Eine solche Hauung wird „Schlag oder Hau" genannt. Wenn noch keine tauglichen Holzpflänzchen von den letzten Jahren da sind, so kann und sollte man immer den dunklen Schlag mit dem Vieh betreiben lassen, um die lockere Oberfläche des frischen Schlags, die leicht austrocknet, festtreten und kein Unkraut oder unerwünschte Holzarten aufkommen zu lassen. Der Schlag muß in der dunklen Stellung bleiben, bis er sich größtenteils besamt hat und der Aufschlag ¾—1½ Schuh (= 25—40 cm) hoch geworden ist.

Dann wird (S. 15) der Dunkelschlag abermals durchhauen. Man nimmt, wo immer möglich, das stärkste Holz weg und so viel, daß alle 15—20 Schritte (= 10—14 m), je nach dem Kronenreichtum und hauptsächlich da, wo weniger Pflanzen kamen, ein Baum zur Nachsaat und zu Schutz bleibt. In dieser Stellung heißt der Schlag ein „Lichtschlag". Wo Unkraut droht, an Sommerseiten, in kalten Tälern oder wo sonst Frost droht, wird der Lichtschlag dunkler gehalten, als an Winterseiten und in mildem Klima.

Hat der Schlag (S. 18) sich überall hinlänglich besamt und das junge Holz, das selten von ganz gleicher Größe sein wird, die Höhe von 2—3—4 Fuß (= 60, 90, 120 cm) erreicht, so müssen alle Stämme weggehauen werden. Diese letzte Hauung heißt „Abtriebsschlag".

Das Holz muß beim Auslichten gleich nach der Fällung entweder auf unschädliche Plätze im Schlag oder besser ganz aus dem Schlag gebracht und die zerschmetterten Gerten 1 Zoll (= 3 cm) hoch abgeschnitten werden, damit sie wieder ausschlagen.

Das Nadelholz kann verjüngt werden (S. 42), wenn man den jährlichen Bedarf so hauen läßt, daß der abgetriebene Teil von dem noch stehenden Teil des Waldes oder durch die auf dem Hau stehen zu lassenden Bäume möglichst geschwind wieder besamt wird.

Erfordert es die Lage oder der Holzbedarf, die Schläge breiter zu machen, oder kommen mehrere Jahre hintereinander, in denen kein Same erwächst. und man kann den Schlag nicht mehr in die Länge dehnen, dann ist es schlechterdings notwendig, entweder ganze Hörste, noch besser aber Streifen, 5—6 Ruten breit (= 15—18 m), der Länge des Haus nach, zur Besamung und zum Schutz der Pflanzen stehen zu lassen und hinter denselben die Hauung fortzusetzen. Noch besser ist es, den Schlag gleich künstlich anzusäen, solange der Boden noch wund ist, weil bei Verunkrautung die Saatkosten beträchtlicher werden (S. 46).

Auf der Ebene oder am nicht sehr erhöhten oder geschützten Ort lasse man ungefähr auf einem Morgen 30—40 Stück (= auf 1 ha 120—160) der kürzesten und rauhesten oder ästigsten Stämme, die der Wind nicht leicht wirft, und die den meisten Samen bringen, gleich verteilt stehen. Ist die Besamung hinlänglich erfolgt, und der Anflug 3—4jährig, so müssen diese Samenbäume abgetrieben, Saathorste und Saatstreifen bald nach dem Abtrieb aus der Hand besamt werden (S. 47).

Im Weißtannenwalde haue man den Besamungsschlag wie im Buchenwalde, und sobald der Anflug 4—6 Jahre alt ist, nehme man die Samenbäume bei Schnee sämtlich weg.

In der 4. Auflage wird bemerkt (S. 49), daß in Föhren die Samenbäume nach 3—4 Jahren abgetrieben werden sollen. In der 7. Aufl. von 1809 (S. 40) heißt es: „Die Kiefernschläge bedürfen gewöhnlich keiner Auslichtung, weil sie weniger dunkel gestellt werden als die Tannen- und Fichtenschläge. Man kann darin alle Samenbäume so lange stehen lassen, bis der Schlag hinlänglich besamt und der Anflug 3—4jährig ist. Alsdann müssen aber alle Samenbäume, wo möglich bei Schnee, gehauen und alsbald weggeschafft werden."

Im Jahre 1808 war Hartigs Lehrbuch für Förster erschienen. In der 3. Aufl. von 1811 — die mit der 1. fast genau übereinstimmt — sind die allgemeinen Ausführungen über die n. V. in 7 Generalregeln zusammengefaßt, „die richtig angewendet" werden müssen. Gegenüber der „Holzzucht" sind wenig Änderungen vorgenommen worden.

Die Lehre vom Besamungsschlag hat Hartig 3, 13 etwas anders gefaßt. Von der Vorschrift, daß die Äste sich noch berühren sollen, dürfe nur dann abgewichen werden, wenn schon hinlänglich viel Samen auf dem Boden liege oder eine beträchtliche Menge junger Buchenpflanzen vorhanden sei. In diesem Fall können die äußersten Spitzen 6—8′ (= 2—3 m) voneinander entfernt sein. In dieser Stellung bleibt der Besamungsschlag, bis der Aufschlag 3—4jährig, also 8—12′ (= 25—35 cm) hoch ist, und es darf unter keinem Vorwande früher gelichtet werden, wenn auch die Besamung noch so lange ausbleiben sollte. Von dieser Generalregel dürfe keinen Finger breit abgewichen werden. Etwaige Lücken werden mit Eichen ausgepflanzt.

In einem aus Buchen und Eichen gemischten Bestande wird (3, 50) stärker gelichtet, wo viele Eichen aufgekeimt sind; wo solche fehlen, werden Eicheln untergehackt.

Ueber dem Jungwuchs von Ahorn, Eschen etc. treibe man ab, wenn er 15—25 cm hoch ist. Bei der Weißtanne wird im allgemeinen daran festgehalten, daß sie wie die Buche verjüngt werden soll. In der Stellung des Besamungsschlags wird aber eine Änderung dahin gemacht, daß die Astspitzen 6—8′ (= 2—3 m) entfernt sein dürfen; in dieser Stellung soll das Samenjahr abgewartet werden.

In der Verjüngung der Fichtenbestände weicht Hartig von seinen früheren Lehren ebenfalls ab. Hatte er früher die Ansamung vom stehenden Bestand bevorzugt und Samenbäume nur in geschützten Lagen angeraten, so empfiehlt er (S. 362) als die sicherste, wenn auch nicht die gewöhnlichste Methode, die Belassung von Samenbäumen. Sobald die Bäume Zapfen haben, lasse man die Stöcke der gefällten Bäume roden und im Frühjahr, wenn der Same abgefallen ist, die Fläche mit der Strauchegge überfahren. Sobald der Anflug genügend erfolgt und 3—4 Jahre alt ist, gebe man eine lichtere Stellung. Ist der Anflug ¾—1′ (= 20—30 cm) hoch, so nehme man alle Bäume weg. Kann die Lichtung nicht wegen des Windes geschehen, so lasse man den Anflug 4—6jährig werden und nehme alle Samenbäume auf einmal weg. Lücken werden mit Fichtenballenpflanzen ergänzt. Nur wo der Wind Samenbäume nicht gestattet, wähle man den streifenweisen kahlen Abtrieb. Man greife den Bestand auf der Ost-, Nordost- oder Südostseite an und entblöße einen höchstens 10 Ruthen (= 30 m) breiten Streifen ganz von Holz. Ist der Streifen bestockt, so lasse man einen weiteren Streifen hauen, bis der ganze Bestand abgeholzt und verjüngt ist. Jedem Streifen muß man 3—4 Jahre Zeit zur Besamung lassen und während dieser Zeit an anderen Orten hauen. Kommt keine Besamung, so ist Saat oder Pflanzung nötig, die ohnehin fast an allen Orten doch zu Hilfe genommen werden muß. Er habe nie einen überall gleichen und vollkommenen jungen Fichtenwald gesehen, der durch streifenweisen kahlen Abtrieb und durch natürliche Besamung entstanden wäre; nur am stehenden Ort hin war ein erträglicher Bestand. Streifen und Horste sind nicht anzuraten, da man an solchen Orten Samenbäume stehen lassen kann. Er rate unter allen Umständen, wo nicht der Wind es verbiete, vorschriftsmäßige Besamungsschläge zu hauen.

Im Kiefernwalde dürfen die Astspitzen 10—12′ (= 3—4 m) voneinander abstehen. Die Stöcke werden weggebracht und nach dem Abflug des Samens der Boden mit der Strauchegge befahren. Wenn der Anflug 6—12″ (= 20—40 cm) hoch ist, werden die Samenbäume auf einmal weggenommen.

In den späteren Werken von 1832 und 1834 weicht Hartig nur wenig von den vorhin dargestellten Lehren ab. Von der Stellung eines Vorbereitungsschlages ist bei Hartig bis 1832 nirgends etwas zu finden. Erst 1834 (Forst-Konversationslexikon S. 904) wird er besprochen. Wenn man das unterdrückte und schlechtwüchsige Holz herausnimmt „und dem Bestand eine solche Stellung gibt, daß bei einem eintretenden Samenjahr durch Wegnahme weniger Bäume ein regelmäßiger Besamungsschlag gestellt werden kann, so nennt man dies einen Vorbereitungsschlag". Er muß aber mit Vieh betrieben oder sehr dunkel gehalten werden (wegen Vergrasung). „In Gegenden, wo nur selten Samenjahre eintreten, sind solche Vorbereitungsschläge nötig, damit man in Samenjahren große Flächen in regelmäßigen Besamungsschlag stellen kann, ohne das Quantum des jährlichen Holzeinschlags zu überschreiten".

Die 8.—11. Aufl. des „Lehrbuchs für Förster" hat Theodor Hartig 1840, 51, 61, 77 herausgegeben und durch Zusätze vermehrt. Die wichtigsten Punkte sollen nach der 10. Aufl. (1861, Band 2) kurz angefügt werden.

„In seltenen Fällen (gedrängter Stand und zum Samentragen ungeeignete Kronen) ist im Buchenbestande eine Vorbereitung nötig (S. 85); in der regelmäßigen Wirtschaft wird sie durch die Durchforstungen vermieden". Der Schluß darf im allgemeinen nicht unterbrochen werden, deshalb gehören die Vorbereitungshiebe mehr den Durchforstungs- als Verjüngungshieben an; von den meisten Schriftstellern werden sie letzteren zugezählt (S. 86). Der Dunkel- und Besamungsschlag wird vor Eintritt des Samenjahrs so gestellt, daß die Äste sich beinahe berühren. Wird er nach dem Samenabfall gehauen, oder enthält er bereits eine beträchtliche Menge junger gesunder Buchenpflänzchen, so können die Äste 6—8′ (= 2—3 m) voneinander abstehen (so schon in der 7. Aufl. 1827).

Für die Verjüngung der Fichtenbestände wird (S. 123) wiederholt, daß sie wie Weißtannenbestände behandelt werden sollen. Es wird aber hinzugefügt, daß bei Windgefahr nur so viele Stämme beim ersten Besamungshieb weggenommen werden sollen, „daß der Schluß nicht bedeutend unterbrochen wird". Dann soll ein Samenjahr abgewartet werden und nach der Besamung „die Samenbäume bei Schnee alle auf einmal weggenommen" werden. Leere Stellen sollen mit kleinen, samt dem Erdballen ausgehobenen Fichtenpflänzchen besetzt werden. Dies sei unfehlbar die sicherste Methode.

Die Lehre über Bewirtschaftung der Kiefernwaldungen (S. 127) ist in einigen Punkten abgeändert. Die Besamungsschläge müssen etwas lichter und so gestellt werden, daß die äußersten Astspitzen 10—15′ (= 3—5 m) voneinander entfernt sind. Nur auf sehr dürrem, sandigem Boden, auch auf sehr fruchtbarem, graswüchsigem Boden soll er dunkler gestellt werden (2—3′ = 60—100 cm). Nach dem Samenabflug soll die Fläche mit eisernen Rechen überkratzt werden. Ist der Anflug 6—12″ (= 20—36 cm) hoch oder 3—4 Jahre alt, sollen womöglich bei Schnee alle Samenbäume auf einmal weggenommen werden. Ist hinlänglicher Anflug da, kann auch schon im 2. Jahr mit der Auslichtung begonnen und diese im 4. und 5. Jahr vollendet werden. In der Nähe nicht besamter Stellen läßt man die Samenbäume stehen, sind die Stellen aber graswüchsig, so werden sie kultiviert.

18. Witzleben (Nassau) empfiehlt 1795 für regelmäßig erzogene Buchenbestände drei Hauungen (S. 18): a) die dunkle Vorhauung (Durchläuterung, Plänterschläge) zur Beförderung des Zuwachses; b) die lichtere Samenhauung zur Beförderung der Fruchtbarkeit und des dadurch erfolgenden Aufschlags; c) die Nachhauung zur Räumung der Schläge und Befreiung des jungen Anwuchses.

Die dunkle Vorhauung (an mehreren Stellen wird sie auch Durchforstung genannt und (S. 79) Hartigs dunklem Besamungsschlag gleichgestellt) soll nicht vor dem 40. oder 50. Jahr eingelegt werden; die 2. und letzte erfolgt im 70. Jahre; sie bereitet den Bestand zur künftigen Fruchtbarkeit vor (S. 30).

Die lichtere Samenhauung, etwa im 90. Jahre, ist (S. 46) der Probierstein forstmäßiger, auf Naturkenntnis gegründeter Erfahrung. Die Äste müssen sich noch beinahe oder etwas berühren. Deshalb sollen 80—100 auf dem Morgen (= etwa 320—400 auf 1 ha) erhalten bleiben. Verrasung darf nicht eintreten oder das Gras muß durch Eintreiben von Schafen, Schweinen, Rindvieh unschädlich gemacht werden. Der Bestand bietet der Keimpflanze Schutz. Die Nachhauung (Nachhieb, Hartigs Lichtschlag) umfaßt alle Hiebe bis zur völligen Räumung, nachdem einiger oder aller Anwuchs erfolgt ist (S. 79). Die junge Pflanze erfordert erst mit 1—1½′ (= 30—45 cm) einen lichteren Stand (S. 82). Die Befreiung muß allmählich vor sich gehen. Beim ersten Nachhieb, etwa im 96. Jahr, kann die Hälfte oder etwas mehr genommen werden (S. 85). Wenn keine leer gebliebenen Stellen mehr vorhanden sind und der Anwuchs dicht ist, kann bei einer Höhe desselben von 2—2½' (= 60—75 cm), in kalten Tälern von 3—3½ (= 90—100 cm), die völlige Räumung im 100. Jahre (also nach 10 Jahren) erfolgen.

19. Die Buchenwirtschaft in der Landschaft Calenberg (südlich von Hannover, teils Ebene, teils Hügelland) schildert 1801 Sarauw. Man haut die Bestände nur in einem Samenjahr an und treibt im Sommer Hornvieh und Schweine ein. Beim Fallen der Mast wird eine Fläche, der „Zuschlag", verhegt von einer Größe, die dem 6—7fachen Jahresetat (die Samenjahre kehren alle 6—7 Jahre wieder) entspricht (S. 14). Dieser Etat wird ununterbrochen alle Jahre herausgenommen, bis der Ort völlig abgeholzt ist. Die Hauung beginnt während des Samenabfalls; die Stämme werden in möglichst gleiche Entfernung gebracht; das rauhe, krüppeliche, kurzschäftige, buschartige Holz wird zuerst gehauen. Auf die Stürme wird keine Rücksicht genommen (S. 23). Die Weideberechtigungen wirken dagegen auf die Anlage der Schläge ein; auch der Abtrieb nach 6—7 Jahren ist durch den Bedarf an Weidefläche veranlaßt (S. 64). Ist der junge Anwuchs im nächsten Frühjahr geschlossen, so wird im kommenden Herbst — also über 2jährigen Pflanzen — abgetrieben.

20. Jeitter (Heidenheim in Württemberg) unterscheidet 1806 im Forstkatechismus (2, 131): a) Besamungs-, b) lichte, c) Abtriebs-, d) Bländerschläge. Im Besamungsschlag berühren sich die Äste bei mäßigem Wind. Im lichten Schlag stehen wenig Samenbäume (40—60 auf 1 ha). Abtriebsschläge werden kahl geführt. In Bländerschlägen wird vorzüglich das haubare Holz herausgenommen, oder es wird der jährliche Bedarf gehauen, wenn man mehrere Jahresschläge in einen zusammenwirft. Die Eiche wird wie die Buche verjüngt; wo sie gemischt stehen, wird der Schlag dunkel gestellt; sobald Aufschlag erfolgt ist, wird lichtgehauen, das Buchenholz herausgenommen und Eichen, sowohl Hauptbäume als Reitel stehen gelassen.

Nadelholz wird vom anstehenden Bestand her oder durch Samenbäume verjüngt. Der Hieb geht von Nordosten nach Südwesten oder von Osten nach Westen. Von Fichten können wegen des Windes keine Samenbäume übergehalten werden, es sind schmale Schläge nötig. Tritt kein Samenjahr ein, so läßt man Streifen stehen. Von Weißtannen nimmt man entsprechend dem Eintritt der Samenjahre 5—6 Jahresschläge zusammen und haut den jährlichen Bedarf heraus; nach 6 Jahren kann der alte Bestand abgetrieben werden. Von Föhren läßt man, wenn Samen zu erwarten ist, Samenbäume stehen, die im 2. und 3. Jahr weggenommen werden.

21. Heinrich Cotta.

Cotta (von 1795 an in Zillbach, Sachsen-Weimar, 1811 in Tharandt, 7—8° Jahrestemperatur, 6—700 mm Niederschlag) hatte schon 1804 (ähnlich wie Hartig) für Buchen verlangt, daß bis zur Besamung „die Bäume sehr nahe beisammen stehen sollen"; bei 30 cm Höhe sollte gelichtet, bei 60—90 abgetrieben werden. Dagegen sollte im Nadelholz eine halbdunkle Samenhauung gemacht, ⅓ der Bäume freigestellt, nach dem Abflug des Samens sogleich gelichtet (bis auf 120 Stämme pro Hektar) und nach 2—3 Jahren abgetrieben werden. Er weicht in der Verjüngung des Nadelholzes von den früheren Autoren ab, die keine Samenbäume belassen wollten.

In seiner „Anweisung zum Waldbau" von 1817 stellt Cotta — damals 54 Jahre alt — allgemeine Regeln für die Schlagführung auf (S. 10, 17). Die Schläge müssen aneinander gereiht werden; bei zerstreuten Schlägen verdämmt das hohe Holz nach einem gewissen Alter das junge und hemmt sein Wachstum. Es seien nun 2 Verfahren im Laubwald hiebei üblich. Am bekanntesten sei die Methode, den zum Abtrieb bestimmten Teil des Waldes so zu durchhauen, daß die Zweige sich kaum berühren. Dieser Schlag heiße „dunkler Besamungsschlag". Er bleibe mit der Axt verschont, bis er besamt sei. Wenn die Besamung zureichend erfolgt und der Nachwuchs 1′ (= 30 cm) hoch ist, so nimmt man die Hälfte des Oberholzes weg: „Lichtschlag". Wenn der Nachwuchs 2—3′ (= 60—90 cm) hoch ist, werden alle Bäume gefällt: „Abtriebsschlag". Leere Stellen werden unverzüglich mit jungen 4—5′ (= 120—150 cm) hohen Buchen ausgepflanzt; der Schlag wird in vollkommene Schonung gelegt.

Die andere, weniger bekannte Methode (S. 109) bestehe darin, daß kein Ort eher angehauen werde als nach erfolgtem Mast- oder Samenjahr. Es werden soviele Schläge zusammengefaßt als Jahre von einem Samenjahr zum andern vorgehen. Wenn alle 8 Jahre ein Samenjahr zu erwarten sei, nimmt man 8 Jahresschläge zusammen und haut jedes Jahr $^1/_8$ des Holzes heraus, bis nach 8 Jahren das Ganze geräumt ist.

Diesen Hieben gehen Durchforstungen im 40., 60., 90. Jahre voraus (S. 114); auf schlechtem Boden fällt die 1., zuweilen auch die 2. Durchforstung aus.

Im Nadelwald wird die erste Durchforstung im 28.—30. Jahr eingelegt und alle 20 Jahre wiederholt (da der Umtrieb 90 Jahre beträgt, also im 30., 50., 70. Jahr); der Schluß darf niemals unterbrochen werden. Gegen das 90. Jahr wird eine halbdunkle Samenhauung geführt, so daß die Bäume ungefähr ⅓ der Fläche beschatten und $^2/_3$ frei bleiben: bei einem zureichenden Samenjahr werden die Besamungsschläge im Sommer und Herbst vor dem Abfliegen des Samens von Gras oder Moos und Nadeln befreit. Nach dem Abfliegen des Samens geschieht sogleich eine Lichthauung, so daß nur noch 10—15 Stämme auf 1 Morgen (= 30—45 auf 1 ha) bleiben, welche erst im Winter bei Schnee weggenommen werden, wenn der Anflug 2 bis 3 Jahre alt ist.

Wie die Schläge geführt werden sollen, wird S. 17—19 erörtert. Schutz und Schatten sind die maßgebenden Gesichtspunkte. Im sog. „dunklen Besamungsschlag" sollen sich die äußersten Zweige fast berühren. In milder Lage, an Orten, wo die Sonne nicht anprallt oder kein Graswuchs droht und der Boden feucht genug ist, können die Äste 15′ (= 5 m) und mehr abstehen.

Man läßt besser anfangs mehr Samenbäume stehen als nötig ist. Wo Sturm zu befürchten ist, führe man die Hauungen zwischen Osten und Norden nach Westen und Süden; in rauhem Klima und bei nicht lockerem Boden lieber umgekehrt, um die Schläge vor rauhen Winden zu schützen. Zu Samenbäumen wähle man nicht die schönsten und besten, wegen des Schadens beim Fällen und Ausbringen des langen Nutzholzes.

Ein solcher Besamungsschlag bleibt (S. 23) in dieser Stellung bis zum nächsten Samenjahr unverändert. Erst wenn der Jungwuchs ungefähr 1′ (= 30 cm) hoch ist, ist (S. 24) eine Auslichtung vorzunehmen: „Lichtschlag"; es wird ungefähr ⅓ des Holzes weggenommen; mehr da, wo die meisten und größten Pflanzen stehen. Wenn nach langem Ausbleiben eines Mastjahrs viele Besamungsschläge zugleich besamt worden sind, müssen die Nachhauungen möglichst bald erfolgen, weil man sonst nicht herumkommen würde. Wenn das junge Holz in mildem Klima 2—3′ (= 60—90 cm), in rauhem 4—5′ (= 120—150 cm) hoch ist, wird der Abtriebsschlag vorgenommen (S. 25).

Ein anderes Verfahren besteht darin, je nach Wiederkehr der Samenjahre, etwa 8 Jahresschläge zusammenzufassen und jedes Jahr $^1/_8$ zu nutzen (S. 26). Außer diesen Verfahren gibt es eine andere Art (S. 29): a) man teilt den Wald nach Bewirtschaftungszeiträumen von 20 zu 20 Jahren ab und bestimmt dadurch in allgemeinem, in welchem Zeitraum jeder Waldort verjüngt werden soll. In den für die ersten 20 Jahre bestimmten Orten macht man Vorbereitungsschläge, daß bei einem Mastjahre zur Stellung des Samenschlags nicht viel mehr wegzunehmen ist. Wenn der Same abgefallen ist, legt man ordentliche Besamungsschläge an. Man bindet sich aber nicht an einzelne Schläge, sondern wirtschaftet frei in den 20 Jahresschlägen, wie es für jede Stelle am zuträglichsten und für das Ganze am vorteilhaftesten ist. Das Ganze wird als eine Hauung im Etat behandelt.

Die Verjüngung der Weißtanne geschieht wie diejenige der Buche (S. 30). Eichenschläge (S. 30) müssen lichter gestellt werden als Buchenschläge; die Zweige dürfen sich beinahe berühren. Der Lichtschlag kann schon im 1. oder 2. Winter nach der Besamung, der Abtriebsschlag nach dem 2. bis 4. Jahr erfolgen. Schon im nächsten Winter nach der Besamung ist eine Auslichtung nützlich.

Bei Ulmen, Eschen, Ahorn, Hainbuchen, Linden wird der Schlag so gestellt, daß das Gras nicht überhand nehmen kann, und ein Samenjahr abgewartet. In diesem nimmt man so viele Bäume heraus, daß die Zweige einige Ellen (= 2—3 m) voneinander abstehen, im 2. Winter wird die Hälfte, im 3. das Ganze geräumt (S. 32).

Bei der Fichte (S. 33) ist hauptsächlich auf den Wind Rücksicht zu nehmen; die Schläge sind zwischen Osten und Norden anzuhauen.

Der kahle Abtrieb (S. 34) bei aneinander gereihten Schlägen wird in schmalen Schlägen (von Baumhöhe) geführt. Bei Fichten muß man mehr Orte im Anhieb unterhalten, als man jährlich Schläge zu führen hat, um bei ausbleibendem Samenjahr abwechseln zu können; die Schläge würden sonst zu breit werden und veröden. Eine vollständige und gleichförmige Besamung ist selten. Es ist daher besser, wo sie eingeführt sind, gar nicht auf natürliche Besamung zu rechnen, sondern den künstlichen Anbau anzuwenden (S. 35). Bei den Coulissenhieben, Kesselhauungen oder Springschlägen bleibt zwischen zwei Schlägen ein Streifen stehen; man kann also viele Jahre hintereinander am selben Orte hauen, ohne daß die Schläge zu breit werden. Es werden die Schläge und die noch bestandenen Streifen besamt. „Man ist daher in den neueren Zeiten wieder auf das Überhalten der Samenbäume zurückgekommen, von welchem man früher deshalb abgegangen war, weil der Wind wegen Unterlassung nötiger Vorsichtsmaßregeln diese Bäume so oft niederwarf" (S. 35). Bei den ordentlichen Besamungsschlägen im Fichtenbestande sind einige Regeln zu beobachten (S. 35). Es muß gegen den Wind gehauen und gewechselt werden. Die Zweige sollen sich fast berühren. Sobald ein Samenjahr eintritt, werden die Schläge bearbeitet. Nach dem Abfall kommen die Schläge in Schonung, und im nächstfolgenden Winter wird der sovielste Teil der Samenbäume weggenommen, als Jahre zur Räumung des Ganzen nötig sind. Auf diese Weise wird der natürliche Nachwuchs „am sichersten, geschwindesten und wohlfeilsten erlangt" (S. 37).

In guten Samenjahren werden gewöhnlich auch die noch unangegriffenen haubaren Bestände von der Natur besamt; diese werden im nächsten Winter durchlichtet. Überhaupt hat man die in einem anzuhauenden Orte vorhandenen Pflanzen sorgfältig zu schonen, wenn sie noch jung und unverdorben sind. Wo das Holz teuer ist und die Anpflanzung nicht so viel kostet als die Stöcke wert sind, werden diese gerodet. Bei Föhren hat man längst ordentliche Besamungsschläge gemacht. Die Samenbäume dürfen 12—15 Schritte (= 8—10 m) voneinander entfernt sein. Sonst wird wie bei den Fichten verfahren.

22. Drais (Baden, 1807). Im Dunkel- oder Samenhieb sollen die Äste sich berühren. Forlenanflug ist nach 2 Jahren licht zu hauen, nach 4 freizustellen. In Fichten wird in langen Schlägen von Osten nach Westen kahl gehauen oder in Kesselschlägen, in geschützter Lage mit Lichtschlägen, in denen sie 3—4 Jahre

gegen Sturm sich hält, verjüngt. In Tannenbeständen werden nicht nur unterdrückte, sondern auch krebsige im 1. Verjüngungshieb entfernt.

23. Pfeil (Nord- und Ostpreußen, 7—8° Jahrestemperatur, 500—600 mm Niederschlag; Sandboden) behandelt (1816 und namentlich 1821) die Verjüngung nicht systematisch, sondern erörtert das Verfahren, das für die einzelnen Holzarten paßt. In Föhrenbeständen soll nicht gelichtet werden, bevor Besamung da ist; gleich nach Samenabfall soll die Hälfte herausgenommen, nach 1—2 Jahren abermals gelichtet, nach 3—4 Jahren abgetrieben werden. Wo der Boden trocken ist, sollen kleine Schläge mit dunklem Rande oder Plenterhiebe gemacht und nach 6—8 Jahren abgetrieben werden. Ueber Eichen soll nach 1—2 Jahren, über Buchen nach 2 Jahren gelichtet, über Eichen nach 3—5, über Buchen nach 4—6 Jahren abgetrieben werden. Im Fichtenwalde werden Kahlschläge, Kessel- und Kulissenhiebe, sowie „schmale Hiebe an der Holzwand hin" erwähnt. Die Verjüngung geht vom „Vorstand aus; die Schläge müssen daher lang und schmal gemacht werden. Die Kulissenhiebe seien als ungeeignet, neuerdings verlassen worden. Wenn Besamungsschläge gemacht werden, sollen die Zweige sich berühren; im Samenjahr soll ¼—⅓ der Stämme gehauen werden, im 2. Jahr soll gelichtet, im 3.—4. abgetrieben werden. Wenn der Abgabesatz Schwierigkeiten mache, sollen Samenschläge und Plenterwirtschaft kombiniert, d. h. fleckweise gehauen und horstweise ausgelichtet werden. Die Nachteile großer zusammenhängender Schläge werden (1823) von Pfeil ausführlich besprochen. In der Ausgabe der Holzzucht von 1860 sind wesentliche Änderungen nicht vorgenommen worden.

Im baldigen Lichten und Abtreiben unterscheiden sich die Erfahrungen Pfeils von den Ansichten anderer Schriftsteller. Pfeil wirkte nur auf dem Sandboden von Norddeutschland.

24. Hundeshagen[1]) (Kurhessen, Tübingen, Fulda, Gießen) schildert 1828 zunächst das Verjüngungsverfahren in reinen und vollkommenen Beständen im allgemeinen, um dann auf die einzelnen Holzarten einzugehen.

Bei der Samen- (Besamungs- oder dunklen) Schlagstellung werden die schadhaften, tief beasteten, wenig Samen versprechenden Stämme weggenommen. Da die Fruchtbildung dadurch befördert wird, nennt man sie auch Vorbereitungsschlag (S. 187). Sehr geringe Grade der Lichtung entstehen durch Wegnahme der schwächsten Stammklassen. Die Samenschlagstellung nimmt man entweder erst unmittelbar nach dem Samenabfalle vor, oder auch schon mehrere Jahre vor dem zu erwartenden Samenjahre (um das Holzbedürfnis zu befriedigen) und wählt nach Holzart, Boden und Lage besondere Lichtgrade. Zwischen der Kreisfläche des unteren Stammteils und der Krone bestehen direkte Verhältnisse; die Auslichtungsgrade sind der entnommenen Holzmasse proportional. Im Verhältnis des ausgehauenen zum belassenen Teile des Bestandes haben wir den einfachsten und richtigsten Maßstab für die erste und alle weiteren Schlagstellungen. Um den Lichtgenuß zu erhöhen, wird der Schatten stufenweise vermindert durch die Lichtschlagstellung; diese Stufen sind nicht auf jedem Standort gleich. Sicherstellung der Lichtschläge gegen Gras bleibt wesentliches Erfordernis. Ist kein Schutz gegen Austrocknung, Sonne und Frost mehr nötig, so wird der Rest gefällt; Abtriebsschlag (S. 191). Unbesamt gebliebene Stellen werden ausgepflanzt.

Im Buchenbestande sollen beim Samenschlag die Äste sich beinahe noch berühren; man nimmt die etwa mehrere Jahre ausgesetzte Durchforstung vor und zugleich nur eine kleine Anzahl der allerschwächsten Stämme vom prädomi-

[1]) Encyklopädie 2. 1, 186.

nierenden Bestande weg. Die Zeit des ersten Lichtschlags hängt vom Boden, Klima und dem Grad der Besamung ab. Auf gutem Boden kann 1/3 der Samenbäume weggenommen werden, wenn die Pflanzen höchstens 1′ (= 30 cm) erreicht haben. Nachdem die Zahl der Samenbäume durch ein- oder mehrmaliges Lichten bis zur Hälfte (und darüber) vermindert wurde, und der Aufschlag die Höhe von 1½—2′—4′ (= 45—60—120 cm) erreicht hat, wird der Abtriebsschlag ausgeführt.

Die Weißtanne wird wie die Buche verjüngt; wo die Lage nicht sehr sonnig oder baldige Besamung zu erwarten ist, können die Zweige mehrere Fuß (= 60—90 cm) voneinander abstehen. Moos ist der Besamung nicht hinderlich. Der Lichtschlag wird in mehreren Abstufungen ausgeführt (215).

Die Fichtenbestände sind nur gegen den Südwestwind zu schützen durch die Hiebsrichtung Nordost nach Südwest. Die Besamung ist selten vollständig. Um das Holzbedürfnis aus so schmalen Schlägen zu befriedigen, sind viele Schläge nötig. Die Wechselschläge werden eingelegt, um in ein und demselben Bestand ungehindert mit den Fällungen vorrücken und beliebige Holzmengen fällen zu können. Sie sind gegen den Wind nicht widerstandsfähig und verrasen nach dem Abtrieb (222). Die Besamungsschläge (S. 223) scheinen in den allermeisten Fällen den Vorzug zu verdienen. Im Samenschlag sollen die Zweigspitzen sich noch beinahe berühren; als Samenbäume werden die stärksten Stammklassen gewählt. Wo weder Wind noch Graswuchs zu befürchten ist, können vor der Besamung die stärksten Hölzer gehauen werden. Die mäßige Auslichtung erfolgt nach 2—3 Jahren stufenweise, bis der Anflug 1′ (= 30 cm) hoch ist und die Samenbäume auf die Hälfte vermindert sind.

Die Föhre (S. 227) wird in neuester Zeit gewöhnlich durch ordentliche Besamungsschläge fortgepflanzt. In der Samenschlagstellung kann in geschützten Lagen und auf nicht graswüchsigem Boden der Kronenabstand 12—15′ (= 4—5 m) betragen, also von der Bestandesmasse 1/3—1/5 zur Besamung übergehalten werden.

25. Gwinner (Württemberg, 1834, 41) macht auf die Extreme aufmerksam: dunkle und langsame auf der einen Seite (Hartig, Witzleben), helle und rasche Verjüngung auf der anderen Seite. Der Vorbereitungshieb sei eine starke Durchforstung, damit in Samenjahren der Schlag gestellt werden könne. Im Dunkelschlage sollen sich die Äste beinahe berühren, im Lichtschlag (bei 30 cm Höhe) soll ⅓—½ der Stämme genommen, nach 12—15—20 Jahren der Rest abgetrieben werden. Im Fichtenwald müsse wegen des Graswuchses der Schluß bis zur Besamung erhalten, dann alsbald gelichtet, in 5—6 Jahren abgetrieben werden. Wenn die Besamung vom angrenzenden Bestand erfolgen solle, müssen schmale Streifen gehauen, die Stöcke gerodet werden; wenn aber kein Same erwachse, verrasen diese Streifen. Wegen des Etats seien die Streifen an vielen Orten anzulegen

26. Schultze (1841, 42, Braunschweig) betont, daß bei dunkler Schlagstellung sehr große Flächen durchhauen werden müßten und das Nachhauen dann gewöhnlich nicht zur rechten Zeit erfolge. Seit man durchforste, seien keine Vorbereitungshiebe mehr nötig. Nadelholz soll dunkel gehalten werden, bis die Besamung da sei; im 1. Jahr soll gelichtet, im 2. streifenweise rein abgetrieben werden.

27. Stumpf (1849, Bayern) schildert den Besamungs-Licht- und -Abtriebsschlag. Im Besamungsschlag sollen sich die Äste „fast noch berühren".

28. Karl Heyer (1854, Hessen) macht die Größe der Schläge davon abhängig, ob „alljährlich ein neuer Schlag (Jahresschlag)" angelegt wird, oder „ob man jedesmal mehrere solcher Jahresschläge zur gleichzeitigen Verjüngung in einen Schlag (Periodenschlag) zusammenfaßt und den Oberstand darauf in einer gleichen Anzahl von Jahren nach und nach abnutzt (S. 218). Er nennt

sodann (S. 220) zwei Methoden der Samenverjüngung: den „Femelschlag“ und den „Kahlschlag“. Bei letzterem wird die Besamung vom umgebenden Bestande her erwartet. Beim Femelschlag wird die Verjüngung dadurch erzielt, „daß man auf der Schlagfläche selbst eine hinreichende Menge von Samenbäumen überhält und solche nach erfolgter Besamung nach und nach abtreibt“. Dieses Abtreiben geschah (S. 221) „erst später allmählig und gleichsam femelweise“. Die Verjüngung geht (S. 223) beim „Femelschlag“ in 3 Fällungsstufen vor sich: im „Vorhiebsschlag“, im „Samenschlag“ und im „allmähligen Abtriebsschlag“. Der allmählige Abtrieb geschieht in zwei Hieben: dem Licht- und Abtriebsschlag (S. 235). Es können auch mehrere Lichtschläge angezeigt sein. Ähnlich in der 2. Aufl. von 1864. Die 3. Aufl. (1878) von Gustav Heyer enthält einige Änderungen. Der Kahlschlagbetrieb „mit Randbesamung“ tritt an die Stelle des einfachen Kahlschlagbetriebs. Diese Einteilung Heyers wird in der 4. (S. 358) und 5. (1, 381), von Heß 1893 und 1906 herausgegebenen Auflage beibehalten.

29. In Heinrich Burckhardts (Hannover) „Säen und Pflanzen“ (5 Auflagen von 1855—80) sind die Verjüngungsarten nicht systematisch aufgeführt, sondern bei der Besprechung der einzelnen Holzarten öfters nur kurz erwähnt. Es sind vorherrschend die in Hannover üblichen Verfahren dargestellt. Es werden (1855, 58) im Buchenwalde Besamungsschläge mit Vorhieb, Samen- oder Dunkelschlag, mehreren Lichtschlägen und dem Abtriebsschlag geschildert. Sodann wird (1855, 58) für Buchen und Tannen die „Randverjüngung im wenig oder nicht gelichteten Bestandessaum der Hiebsfront durch Seitenlicht“ angeführt. In Föhren war 1855 die n. V. beseitigt, im Fichtenwalde zur seltenen Ausnahme geworden. In der 3. Aufl. (1867) wird für die Fichte in rauhen Lagen die Verjüngung „in schmalen Absäumungen“, in „Horsten“ oder plenterweise beschrieben, wie sie in den oberen Lagen am Harz üblich war. In Nord- und Mitteldeutschland herrsche der Kahlschlag mit künstlicher Kultur; in Süddeutschland, auch Thüringen und Schlesien, bei der Fichte der Besamungsschlag mit Ausbesserungen; er sei wohl durch die Mischung der Fichte mit Tanne und Buche hervorgerufen. Wesentliche Änderungen sind in der 5. und 6. Aufl. nicht angebracht worden.

30. C. Fischbachs (Württemberg, Hohenzollern) „Lehrbuch der Forstwissenschaft“ erschien in vier Auflagen: 1856, 65, 77, 86. Es läßt deutlich die Wandlungen erkennen, die in 30 Jahren vor sich gingen. 1856 und ebenso 1865 nennt er: 1. die Methode der Samen-, Licht- und Abtriebsschläge und unterscheidet hiebei die langsame (15—30 Jahre), die rasche (6—12 Jahre), die schnelle Verjüngung (3—6 Jahre); 2. die Absäumungen in schmalen, kahlgehauenen Streifen mit Besamung von der Seite; 3. die Kulissenhiebe, wobei Streifen stehen bleiben. Vorbereitungshiebe seien bei allen Methoden zulässig. 1877 fügt er bei 4. die Methode der großen Kahlhiebe, bemerkt aber, daß diese fast überall verlassen seien. Nun führt er 1886 erstmals (durch Gayer beeinflußt?) die „horstweise Verjüngung“ oder „den Löcher-, auch Kesselhieb“ auf, wobei die Bestände gruppen- und horstweise in Angriff genommen werden und in längeren Zeiträumen von 30—50 Jahren verjüngt werden. Vorbereitungsschläge sind zulässig. Die Verjüngung durch Löcherhiebe nennt F. „die Verjüngungsmethode der Zukunft in allen Fällen, wo ein intensiver Betrieb mit weitgehendster Nutzholzerziehung Platz greifen soll, wie sie denn auch im Badischen Schwarzwald schon längst mit Vorliebe und bestem Erfolg zur Anwendung kommt“ (S. 131).

31. Dengler (1858, Baden) stellt nach der letzten Durchforstung den Vorbereitungshieb (= Dunkelschlag); wenn Samen erwachsen ist, den Samenschlag im Samenjahr; lichtet im 1. oder 2. Jahr. Da der Fichtensame mit dem Süd- und

Ostwind ausfliege, soll von Norden und Westen gehauen werden. Die Erhaltung der Bodenkraft wird betont.

32. Gerwig (1867, Ottenhöfen im Bad. Schwarzwald) will möglichst rasch verjüngen; die Buche in 6—8 Jahren. In Tannen werde 5—20 Jahre vorher der Vorbereitungsschlag, d. h. eine starke Durchforstung eingelegt. Um Lücken von 4—8 qm mit Tannenverjüngung werde ringsum abgesäumt; an Südhängen durch Löcherwirtschaft verjüngt. Zur Verjüngung seien 25—30, selten 40 Jahre nötig.

33. Die Erweiterung von verjüngten Lücken im Tannenbestande der Vogesen empfiehlt auch Dreßler (1880); die Horste sollen nach 8—10 Jahren freigestellt werden. Nach Kahl soll dort die Verjüngung in 12 Jahren vollendet sein.

34. Karl Gayer.

Gayer (Pfalz, Unterfranken, 8—10° Jahrestemp., 5—700 mm Niederschlag; München 7—8° Jahrestemp., 900—1000 mm Niederschlag) unterscheidet (1880, Gayer war 58 Jahre alt) die Naturbesamung durch Schirmstand und durch Seitenstand. Erstere teilt er (S. 475) in die schlagweise, horstweise und in die Schirmbesamung in Saumschlägen. Die Entfernung des alten Bestandes erfolgt bei der schlagweisen Verjüngung in 3 Stadien: dem Vorbereitungs-, Besamungs- und Nachhiebsstadium. Die Dauer der Verjüngung erstreckt sich auf 5—20 und mehr Jahre. Die horstweise Schirmverjüngung (S. 489) vollzieht sich nicht im ganzen Bestand, sondern auf den einzelnen Flächenteilen und zwar ungleichzeitig, so daß alle Stadien der Verjüngung auf der ganzen Fläche gleichzeitig vertreten sind. Auch bei der horstweisen Verjüngung werden die oben genannten drei Stadien eingehalten. Gegenüber der schlagweisen Verjüngung ist bei der horstweisen der Gang der Verjüngung langsamer, aber sicherer. In den Vorwuchshorsten ist der Nachhieb der erste Hieb überhaupt. In kleinen, vom noch unangegriffenen Bestand umgrenzten und im Innern des Bestandes gelegenen Flächen werden die Nachhiebe kräftiger geführt und greift der Hieb als Umsäumungshieb über die Grenze der Samenhorste hinüber. Für den ganzen Bestand ist der Verjüngungsgang immer ein nur sehr allmählig fortschreitender, es können 20, 30, 40 Jahre vergehen, bis der Gesamtbestand verjüngt ist. Man kann die horstweise Verjüngung wegen der Bodenbeschirmung, des Seitenschutzes, der geringen Kalamitäten, der Anpassung an die Boden- und Bestandesverhältnisse als naturgemäßer bezeichnen als die schlagweise Verjüngung.

Die Schirmbesamung in Saumschlägen (S. 496) rückt in bandförmigen Teilschlägen von irgend einer Seite oder vom Saume nach dem Innern des Bestandes vor. Man bezeichnet sie daher zweckmäßig und analog der künstlichen Saumschlagverjüngung als Schirmbesamung in Saumschlägen oder als Randverjüngung. Eine zusammengesetzte Form ergibt sich durch Heranziehung der horstweisen Hiebe, wenn im unangegriffenen Teil des Bestandes brauchbare Vorwuchshorste vorhanden sind. Die Breite dieser Saumschläge sollte 2 Baumlängen nicht überschreiten. Durch Vervielfältigung der Angriffspunkte in demselben Bestande kann man die Dauer der Verjüngung abkürzen.

Die Schirmbesamung durch Saumschläge erzeugt wohl auch ungleichaltrige Bestände, aber die Altersstufen eines Hiebszugs reihen sich bandförmig in regelmäßiger Altersfolge aneinander. Durch diese Aneinanderreihung in sich gleichaltriger Kleinbestände erhält der Gesamtbestand ein charakteristisches Gepräge, das ihn in wirtschaftlicher Beziehung, namentlich bei Mischbeständen, von den durch horstweise Besamung entstandenen Beständen in wohl zu beachtender Weise unterscheidet (S. 499). Die Naturbesamung durch Seitenstand (S. 499) erfolgt durch Samenabwurf der Mutterbäume, die neben der Verjüngungsfläche und zwar in nächster Nähe stehen. Auf größeren Kahlflächen (S. 500) ist diese Art der Besamung ungleichförmig und unsicher. Günstiger liegen die Bedingungen auf dem Saumschlage (S. 501) etwa von der Breite der Bestandeshöhe, wenn der Mutterbestand nach Südwesten vorliegt. Der Hieb darf nur bei Eintritt eines Samenjahres geführt werden, da hiedurch allein der Verwilderung und Verunkrautung des Bodens vorgebeugt werden kann. Um aber die Jahreshiebe nicht ganz aussetzen zu müssen, führt man in den sterilen Jahren mäßige Vorhiebe, deren Ergebnis sich durch Vermehrung der Hiebsangriffspunkte erweitern läßt. Rücken diese Angriffspunkte in einem Bestande sehr nahe zusammen, so ergibt sich der Kulissenhieb. Die dritte Form (S. 502) der Seitenbesamung ist die von mäßig großen Löchern (16—20 a) im Bestande, die sich durch Windbruch etc. oder direkte Hiebe ergeben. Für rechtzeitige Umsäumungshiebe ist Sorge zu tragen.

In den späteren Auflagen hat Gayer noch mancherlei Änderungen vorgenommen. In der 4. Aufl. (1898) sagt er (S. 408), die schlagweise Verjüngung breite sich gleichzeitig und gleichförmig über den ganzen Bestand aus. „Diese gleichförmige Schlagbehandlung" gehört also geradezu zum Charakter dieser Verjüngungsmethode. Bei der gruppen- und horstweisen Schirmbesamung unterscheidet Gayer die Femelschlagform und die Femelform. Den Femelschlagbetrieb hatte er bereits 1895 in einer eigenen Schrift behandelt. Beim Femelschlagbetrieb dehnt sich die Verjüngung auf eine Periode von 15, 30 und 40 Jahren aus, wodurch 15-, 20-, 40jährige Altersdifferenzen entstehen. Umfaßt die Verjüngung die ganze Umtriebszeit, so entsteht die Femelform (S. 423). Bei der Femelschlagform werden Vorhiebe, Angriffshiebe, Nach- und Umsäumungshiebe geführt.

35. Gustav Wagener (Castell bei Würzburg, 1884) erklärt (S. 327) als die leistungsfähigsten Verjüngungsmethoden für die schattenertragenden Holzarten (Buche, Tanne, Fichte) in der Regel Besamungsschläge, überhaupt Schirmschläge, für die lichtbedürftigen Holzarten (Kiefer, Lärche, Eiche) Bepflanzung kleiner, seitlich geschützter Kahlschläge mit kleinen Pflanzen. „Wenn indessen der Samenabwurf des Mutterbestandes — vor allem bei der Rotbuche, zuweilen auch bei der Tanne und Fichte — rechtzeitig aufkeimt, so wird man denselben selbstverständlich benutzen."

36. Borggreve (Mittel- und Südwestdeutschland) behandelt (1885) die n. V. sehr ausführlich (in der 2. Aufl., 1891, seiner „Holzzucht" auf 106 Seiten). Es genügt eine ganz geringe Unterbrechung des Schlusses durch Aushieb von 0,1 bis 0,2 des Vollbestandes, um unter dem Schirm haubarer Bestände Nachwuchs der gleichen Holzart entstehen zu lassen; dieser könne sich 1—5 Jahre sicher erhalten. Der Jungwuchs ertrage die Beschattung von $^2/_3$ des Altbestandes bis zur Kniehöhe (50 cm) und von $^1/_3$ bis zur Manneshöhe (1,50 bis 1,80 m) recht gut; er werde dadurch noch direkt begünstigt oder doch nur wenig zurückgehalten. Daraus leitet er die Folgerung ab, daß diese Beschirmung zu erhalten sei (S. 165). Die Dauer der Verjüngung umfaßt (S. 171) bei Kiefern und Eichen 10—15, Buchen und Fichten 15—25, Tannen 20—30 Jahre; auf ungünstigen Standorten kann sich dieser Zeitraum selbst auf das Doppelte steigern. Kurz besprochen werden der Vorbereitungs-, Dunkel-, Lichtschlag. Er verwirft die schmalen Kahlschläge und die Kulissenschläge wegen der Gefahr der Verödung und Verwilderung des Bodens, wegen der Wuchsstockung des Altholzes, wie dies bereits Hartig getan hatte. Ebenso spricht er sich gegen die Löcherhauungen, die Horst- und Gruppenwirtschaft und für eine gleichmäßige Durchlichtung und gleichmäßige Verjüngung aus (S. 189—195).

37. Ney (Pfalz, Elsaß) behandelt (1885) in der „Lehre vom Waldbau" die Verjüngung durch Vorbereitungshiebe, Samen , Licht- und Abtriebs- oder End-

hiebe. Im Samenschlag werden die Löcher- oder Kesselhiebe vorgenommen. „Man sucht vor allem die im Bereiche der Hiebsfläche vorhandenen brauchbaren Vorwuchshorste auf und sucht ihnen durch Aushieb gerade über ihnen stehender oder mit ihren Kronen über sie hinaushängender Stämme den nötigen Lichtgrad zu geben." Man zieht in der Regel vor, „das Zentrum der Vorwuchspartien ganz frei zu hauen und ihre Ränder relativ dunkel zu halten" (S. 157, 158). Unter den am Rande stehenden Bäumen siedeln sich leicht weitere Keimpflanzen an; die beim ersten Nachhieb gehauenen Löcher werden dann erweitert. Ney unterscheidet den speziellen und den allgemeinen Verjüngungszeitraum; ersterer bezieht sich auf die spezielle Hiebsfläche, letzterer auf den ganzen Bestand (S. 166). „In Beständen von Fichte und Tanne, in denen wegen des Windes der Verjüngungsbetrieb nicht über den ganzen Bestand ausgedehnt werden darf, sondern auf einen mehr oder minder breiten Streifen beschränkt werden muß, darf selbstverständlich keine neue Fläche in Besamungsschlag gestellt werden, ehe nicht ein entsprechender Teil der im Besamungs- und Lichtschlag stehenden Fläche auf der dem Winde abgewendeten Seite durch den Endhieb vom Altholz geräumt ist. Auf diesen Umstand ist bereits beim ersten Angriff die gebührende Rücksicht zu nehmen" (S. 168). Die Nachverjüngung, d. h. die n. V., wenn der Bestand vollständig abgeräumt ist, hält Ney für angebracht, wo tauglicher Boden vorhanden ist und die Holzart des Schutzes von oben (gegen Spätfröste) nicht bedarf. Ein mehr oder minder breiter Streifen wird vollständig abgetrieben oder, wie man sich ausdrückt, abgesäumt. Dem Saumschlag geht ein Vorbereitungshieb voraus; dabei unterbleibt jede in den Hauptbestand eingreifende Lichtung. An den ersten Saumstreifen anschließend führt man den zweiten Saumhieb in gleicher Weise, sowie der erste ausreichend besamt und die Besamung des Seitenschutzes nicht mehr bedürftig ist; man fährt damit fort, bis der ganze Bestand abgeräumt ist. Von dieser Saumschlag- oder besser Saumkahlschlagverjüngung sind die Kulissenhiebe eine Abart (S. 170).

Bei den Plenter- oder Femelwirtschaften unterscheidet Ney u. a. Saumfemelwirtschaft mit streifenweiser Anordnung der Altersklassen und Ringfemelbetrieb, bei welchem sich die Altersklassen ringweise um einander legen (S. 86). Neben dem einfachen Saumfemelbetrieb, der für Schattenhölzer paßt, schlägt Ney für Lichtholzarten eine Kombination mit den Lichtungsbetrieben vor, die er als „Saumfemel-Lichtungsbetrieb" bezeichnet.

38. Weise (Baden, Nord- und Mitteldeutschland), der die n. V. auf 4 Seiten abhandelt (1888), bezeichnet die schlagweise Verjüngung als Breitsamenschlag, der auf größeren Flächen gleichmäßig eingelegt wird. Von räumlich getrennten Angriffspunkten geht die horstweise Verjüngung oder die löcherweise Verjüngung und der Streifen- oder Saumschlag aus. Beim Breitsamenschlag werden Vorbereitungs-, Samen-, Licht- und Abtriebsschlag eingelegt. Von den Saumschlägen hat die Kulissenform „in neuerer Zeit höhere Bedeutung erlangt, weniger durch die Erfolge, als dadurch, daß sie sich vortrefflich eignet zur künstlichen Einbringung von Mischhölzern" (69).

39. Lorey (Hessen, Württemberg) unterscheidet 1888 und 1903[1]) den Kahlschlag mit Randbesamung und den Schirm-Verjüngungsbetrieb. Die bayerische Art des Femelschlagbetriebs trennt er vom Schirmschlagbetrieb ab; „von der unbedingten Rätlichkeit des Femelschlagbetriebes habe er sich noch nicht überzeugen können" (2, 457).

[1]) Handbuch der Forstwiss. 2, 1, 448. Der Abschnitt über Verjüngung ist auch in der 2. Aufl. noch von Lorey bearbeitet.

40. Die Verjüngung bespricht auch Martin[1]) (1894), jedoch vorherrschend mit Rücksicht auf die Waldrente, weniger von technischen Gesichtspunkten aus. Bei der Buche werden (1, 252) Vorbereitungs, Besamungs- und Lichtschlag unterschieden. Diese Schlagführungen können bei der Tanne nicht auseinander gehalten werden (2, 190), weil die Hiebsführung bei der Tanne einen so allmähligen Charakter trägt, daß man diese bestimmten Abstufungen nicht machen kann. Im Tannenbestande absichtlich Horste hervorzurufen, hält er nicht für geboten (2, 215). Nach den Erfahrungen im Föhrenwalde „besteht (3, 150) kein Zweifel, daß die n. V. die Regel der Bestandesbegründung nicht bilden darf“. In Bezug auf Sicherheit und Vollständigkeit steht sie der künstlichen nach. Die Anwendung der n. V. der Eiche ist (4, 124) selten, trotzdem sie an sich leicht von statten geht und treffliche Bestände liefert. Wo die Bedingungen der n. V. vorliegen, kann auch die Saat leicht und billig bewerkstelligt werden. Bezüglich der Fichte „darf man (5, 140) die Ansicht aussprechen, daß die n. V. der Fichte unter allen Begründungsmethoden die unsicherste ist. Das Bestreben (141), der n. V. mehr Geltung zu verschaffen, ist nicht genügend begründet“.

41. Fürst (Bayern) behandelt im Forst- und Jagdlexikon (2, 1904) die Verjüngung in kurzen Einzeldarstellungen. Stichworte: Vorbereitungs-, Besamungsschlag, Lichthieb, Nachhieb, Abtriebsschlag, Saumschlag, Randverjüngung, Femelschlagbetrieb, Plenterbetrieb.

42. Reuß (1907, Böhmen) schließt sich in der Einteilung der Verjüngungsarten an Gayer an (S. 7). Die Schirmverjüngung im Saumschlage, im Horst und in der Gruppe sind Abänderungen der schlagweisen Verjüngung, binden sich an keine Regelmäßigkeit und arbeiten in freier Beweglichkeit mehr sprungweise (S. 25). Die Besamung durch Seitenstand steht in ihrer Bedeutung hinter der Schirmbesamung zurück; in Fichten- und Kiefernforsten ist sie am meisten ausgebildet; sie wird wegen der Unsicherheit „niemals eine solide Grundlage für die moderne Ertragswirtschaft bilden können“. Wo die Besamung auf sich warten läßt, ist sie mit beispiellosen Zuwachsverlusten und Bodenverwilderung verbunden, die ihr jede wirtschaftliche Berechtigung benehmen“ (S. 31). Die schlagweise Randbesamung ist die einzige Form, in welcher die Verjüngung durch Seitenstand wenigstens ortweise zu einer wirtschaftlichen Durchbildung gelangt ist; sie arbeitet in eigentlichen Schlägen oder in schmalen Absäumungen. Die Springschläge oder Kulissenschläge sind schmale Durchhauungen, die in größerer Anzahl ins Innere der Bestände gelegt werden; wegen der Windgefahr muß auf sie in der Regel verzichtet werden. Die Randbesamung in Löcherhieben gewinnt selten jenes Maß von Zuverlässigkeit, daß sie dem praktischen Wirtschaftsbetriebe eine sichere Stütze bieten könnte. Vollständig systemlos und nicht fortbildungsfähig ist die eigentliche „Anflugverjüngung“, wie sie von stehengebliebenen Samenbäumen oder sonst weitab stehenden Bäumen mit leichtem Samen (Birke, Aspe, Nadelhölzer) ausgeht. Man bringt ihr sogar Opfer durch Wundmachung des Bodens. Verlaß ist auf diese Art der Verjüngung nie (S. 36).

43. Nach Heinrich Mayr (Bayern, Japan, 1909) ist (S. 254 ff., 286 ff.) die Entscheidung, ob ein Bestand natürlich verjüngt werden kann, von seiner Erziehung abhängig zu machen. Die n. V. ist um so leichter, je luftfeuchter und regenreicher das Klima ist; eine entscheidende Rolle spielt sodann die Sturmgefahr. Die Empfänglichkeit des Bodens beginnt mit Auflösung des Bestandesschlusses; sie dauert nur kurze Zeit wegen der Verunkrautung und des Wiedereintretens des Schlusses. Die Verjüngung ist um so leichter, je näher ein Bestand dem Eintritt seiner vollen Mannbarkeit steht; das ist stets

[1]) Die Folgerungen der Bodenreinertragstheorie etc. 5 Bde.

die der wirtschaftlichen Reife, bezw. dem Abtriebsalter vorausgehende Altersklasse. Je kleiner die Fläche, um so sicherer, aber auch um so langsamer geht die n. V. vor sich. Lücken zeigen, ob der Bestand auf natürlichem Wege verjüngt werden kann, namentlich, wenn man für die Verjüngung nicht erzogene Bestände vor sich hat; zu diesen gehören heute noch alle haubaren und haubar werdenden Bestände.

Beim jetzigen Großbestandssystem und der jetzigen Erziehungsweise empfiehlt es sich, 20—25 Jahre vor dem eigentlichen Angriff verschieden geformte Schlußdurchbrechungen als „Vorgriffshiebe" einzulegen. Diese Unterbrechungen werden dann erweitert. Verunkrautete Stellen sind auszupflanzen. Die Vorwüchse müssen zunächst auf ihre Brauchbarkeit gemustert und je nach dem Befund behandelt werden. Die n. V. ist tunlichst zu beschleunigen.

Die Verjüngung durch Kahlschläge und seitliche Besamung geschieht meistens in Saumschlagform; auch kahle Löcherhiebe, ringförmige kahle Saumschläge werden geführt. Die Verjüngung unter Schirm geschieht in Dunkelschlägen, die bestands- oder flächenweise, saumweise oder ringförmig geführt werden. Die Verjüngungshiebe sind Vorbereitungs-, Besamungs-, Licht- und Endhiebe oder Nachhiebe. Sie werden verschieden geführt, je nachdem Schattholz- oder Lichtholzarten verjüngt werden sollen.

Es folgen nun die österreichischen und schweizerischen Schriftsteller in besonderem Abschnitte, weil durch sie auch zugleich die Verhältnisse des Hochgebirges zur Darstellung kommen.

44. Zötl (Tirol) bespricht 1831 die Verhältnisse des Hochgebirges. Bei der Verjüngung ist die fortwährende Befriedigung des Holzbedürfnisses zu berücksichtigen, sodann kommt der Schutz gegen Winde, Austrocknung, Lawinen, Muhren in Betracht. Es ist die größtmögliche Sicherheit bei Kostenersparung anzustreben. Man sucht die Waldverjüngung durch die Selbstbesamung der Schläge nach Möglichkeit zu erreichen (S. 157). Die Wälder, die durch Selbstbesamung verjüngt werden, heißen Samenwälder, Baumwälder, auch, und zwar gewöhnlich, Hochwälder (247). Die Fläche, auf welcher der Abtrieb geführt wird, heißt Schlag, Mais.

Von den Hauptregeln für die Schlagführung (237) ist hier hervorzuheben, daß die Auslieferung des Holzes durch die Schlagführung begünstigt werden muß.

Ein besonderer Vorteil des Gebirges ist es (248), daß man von einer Bergseite die gegenüberliegende übersehen und den Plan über die beste Anlage der Schläge nach allen Verhältnissen vorläufig entwerfen kann.

Die heftigsten Winde kommen von Westen, Südwesten und Nordwesten (sturzgefährliche Winde). Die Führung der Schläge ist taleinwärts meistens gefahrloser als talauswärts. Es ist von besonderer Wichtigkeit, zu untersuchen, wo die Gefahr durch Winde groß, zweifelhaft oder gar nicht vorhanden ist.

Die Schläge müssen so gestellt werden, daß die schädlichen Hauptursachen, heftiges Sonnenlicht und Winde, abgeschwächt werden. Je notwendiger der Schutz ist, um so schmäler müssen Kahlschläge gemacht werden, um so näher beisammen müssen bei sonstigen Schlägen die alten Bäume stehen. Besondere Schutzmittel sind außerdem Überhalten von Waldmänteln, Ausstreuen des Astholzes, Eintrieb des Viehs, Bodenbearbeitung (S. 254).

Im Hochgebirge handelt es sich nur um die Fichte. Wegen der Ablieferung muß das hohe Holz auf einmal geschlagen und die Besamung vom unangegriffenen Waldteil erwartet werden. Das längliche Viereck ist die beste Form der Schläge; die Linien müssen gerade sein, damit keine Windfänge entstehen (266). Die normale Breite ist 100 Schritt (= 70 m). Die Richtung der

Schläge wird durch die Rücksichten auf die Winde bestimmt. Der Anhieb erfolgt nur in samenfähigem Holze und so, daß eine der künftigen Regelmäßigkeit des Bestandes entsprechende Anreihung der Schläge stattfinden kann (277). Gegen Windstürme müssen die Bestände noch hinlänglich geschlossen sein. Auf solche Weise haut man alljährlich in regelmäßigen Schlägen, die man gegen den gefährlichen Wind fortführt, die zur Fällung bestimmte Holzmenge heraus bis ein Samenjahr erfolgt und der junge Anflug erschienen ist. Dann macht man entweder eine Durchlichtung und nimmt ungefähr die Hälfte der Stämme heraus, oder man führt, besonders wenn die Winde zu fürchten sein sollten, im Frühjahr vor Abgang des Schnees den Abtriebsschlag in Streifen aus. Der Anflug muß im Alter von 4—5 Jahren schon freigestellt sein. Auch wenn die Durchlichtung vorgenommen wurde, führt man den Abtriebsschlag streifenweise gegen den Wind, wenn die Pflanzen 4—5 Jahre alt geworden sind (316).

Sollte beim Stellen des Samenschlags da und dort schon Nachwuchs vorhanden sein, so lichtet man, wenn er gesund ist, an diesen Stellen den Bestand stärker; kränklichen Anflug reutet man aus.

„Mittelst solcher Samenschläge läßt sich mit großer Sicherheit die Verjüngung des Waldes erzielen; wenn man sie mit Umsicht und an der entsprechenden Örtlichkeit anlegt“ (317). Man hat vermehrten Zuwachs gegenüber dem Kahlhiebe und den Nachwuchs. Die vermehrte Arbeit kommt in den großen Gebirgsrevieren in Betracht.

Die Lärche (318) wird nur auf Bauholz bewirtschaftet; dieses wird also im Bestande herausgehauen. Der Schlag wird auf der West- oder Nordseite begonnen; man hat nicht auf die Sturz-, sondern nur auf die Besamungswinde zu sehen. In den späteren Jahren haut man weiter Bauholz heraus, bis die Entfernung der Samenbäume von 1 bis 2, im Notfall auch 3 bis 4 Klafter (= 2—4, auch 6—8 m) erreicht ist. Wenn der Anflug 2—3 Jahre alt ist, wird streifenweise der kahle Abtrieb geführt. Bei diesem Verfahren wird der Nachwuchs ziemlich sicher erreicht (319).

Die Föhrenbestände (324) müssen vor Bodenverschlechterung bewahrt werden, daher nur mäßig lichte Samenschläge angebracht sind. Sie werden gegen die Besamungs-, kältenden und austrocknenden Winde geführt mit einem Schutzmantel gegen die Sturzwinde (327). Die Breite beträgt 30—40 Schritte (= 21 bis 30 m). Der Abtrieb erfolgt erst, wenn der Schlag vollständig besamt ist (331)

Die Buche (334) wird durch Samenschläge verjüngt. Die schwächsten Stämme werden im Dunkelschlag herausgenommen, so daß sich die stehenbleibenden noch beinahe berühren. So bleibt der Bestand, bis nach etwa 5—10 Jahren ein Samenjahr eintritt. Auf gutem Boden wird der Lichtschlag im 3. Herbst durch Herausnahme der Hälfte der Stämme geführt; wo die meisten und größten Pflanzen stehen, wird mehr genommen. In rauhem Klima wird der Lichtschlag im 4. bis 5. Herbst, auf trockenem Boden dagegen im 2. Herbst vorgenommen.

Die Bannwälder gegen Lawinen (355) werden in 3 Teile geteilt. Im oberen Teil werden einzelne Stämme herausgehauen. Die ältesten und abgängigsten Stämme werden unter Belassung hoher Stöcke gefällt. Der vorhandene Anflug muß meist künstlich ergänzt werden. Im unteren Teile kann durch Samenschläge oder kahlen Abtrieb verjüngt werden. Ungleichheit in Alter und Größe muß in erster Linie angestrebt werden. Gegen Steinschläge (366) muß bei der Trockenheit des Gesteins die Föhre in möglichst dichtem Stande durch Besamungsschläge angezogen werden.

Gegen Muhrbrüche (368) muß der Bestand grundsätzlich von jedem Hieb verschont werden. Wird die Verjüngung nötig, so werden im Winter kahle jedoch sehr schmale Schläge angelegt, die sich besamen sollen, oder beim Ausbleiben des Samens künstlich angebaut werden müssen.

45. Feistmantel unterscheidet 1835 für die österreichischen Waldungen Plenterhiebe, Lichthiebe, Kahlhiebe.

46. Grabner (1854) kennt im Hochwalde Besamungshiebe, Plenterhiebe, Platt- oder Kahlhiebe, sowie Kulissen-, Spring- und Wechselschläge.

47. Fiscali berichtet 1856, daß man von den Dunkelschlägen abgekommen sei; der Schutz gegen Frost und Sonne sei nicht nötig; es werden Kahlhiebe (schmale Schläge) gemacht und die Verjüngung vom vorstehenden Bestand erwartet.

48. In den österreichischen Alpenländern werden, wie Wessely 1853 berichtet, wegen des Abbringens große Flächen kahlgehauen, selbst in Buchenwäldern. Die schönsten Buchenjungbestände seien aus Kahlhieben hervorgegangen. Nur für den Hausbedarf werde im Plenterhieb genutzt. In kleinen Kahlschlägen verjünge sich die Fichte größtenteils nach dem Abtriebe. Bis die kleinen Schläge verjüngt seien, seien 6—12—18, für große 6—7—30 Jahre nötig.

49. Jankowsky (in Österr. Schlesien; 8° Jahrestemp., 6—700 mm Niederschlag) wendet „zur Begründung naturgemäßer Hochwaldbestände" (1903) die Methode der natürlichen Schirm-, Saum- und Löcherverjüngung neben der künstlichen Verjüngung an. Die Vereinigung der verschiedenen Methoden empfiehlt er hauptsächlich für gemischte Bestände. Er erstrebt „naturgemäße" Bestände, die auf bestimmtem Standorte bis zur Haubarkeit sich gedeihlich entwickeln.

50. Kubelka[1]) schlägt für das Hochgebirge 1912 den von ihm angewandten Plenterstreifenschlag vor. Er soll nicht über 50 m breit gemacht werden. Durch Verminderung der Breite auf die halbe Stammhöhe (10—15 m) geht der Plenterstreifenschlag in den Femelsaumschlag über. Im Gebirge muß die Breite nach den Lieferungsverhältnissen sich richten (S. 25, 26). Der Streifen wird durch horstweise Plenterung in die Besamungsstellung gebracht. Ist die Verjüngung gesichert, so erfolgt auf dem Streifen die Nachlichtung. Auf den gegen den geschlossenen Bestand liegenden Streifen werden ein Vorbereitungs-, ein Besamungs- und ein schwacher Lichthieb eingelegt (S. 78). Durch die Löcherhiebe im Femelstreifen entstehen in dem Streifen 0,25 bis 0,50 ha große gleichaltrige Bestände, die mit anderen kleinen Beständen von abweichendem Alter abwechseln. Nach einer größeren Zahl von Jahren ist die ganze Fläche aus Kleinbeständen verschiedenen Alters zusammengesetzt und das Ideal Heinrich Mayrs erreicht (S. I, 4).

51. Im Gebirge will Zschokke (Schweiz, 1804) nicht platzweise hauen, sondern schmale Schläge unter Belassung von Bramen (Schutzstreifen) einlegen.

52. Kasthofer (Bern, 1828), (Lehrer im Walde 2, 40). Es kann schwandsweise oder blutt gehauen werden; der Schwand soll nicht breiter sein als die Bäume hoch sind. Wenn nicht sogleich nach dem Schlag ein Samenjahr folgt, ist die Fläche wegen der Unkrautgefahr anzusäen. Samenbäume halten die oben heruntergestürzten Stämme auf. Es können, um nicht alles abzuschlagen, Wechselschläge mit unangegriffenen Streifen gemacht werden.

In Weißtannen (97) wird wegen Reif und Sonnenhitze nur ½ oder ⅓ genommen, der Rest bei 30 cm Höhe.

---

[1]) Die intensive Bewirtschaftung der Hochgebirgsforste. 1912. Die Ertragsregelung im Hochwalde auf waldbaulicher Grundlage. 1914. S. I, II, 4.

Der Dählenwald (48) kann schwandsweise gehauen werden; gegen starke Fröste werden Schutzbäume belassen; sie sollen wegen des Schneedrucks nicht zu dicht stehen.

Lärchenwälder sind schwandsweise, mit Verschonung einiger Samenbäume zu hauen. Buchenkeimlinge sind gegen Frost und starke Sonnenhitze empfindlich; daher darf nicht kahlgehauen werden; 1 oder 2 Klafter Abstand der Äste ist genügend zur Besamung und gegen Unkraut. Ist die Fläche besamt, werden alle Buchen weggehauen. Die übrigen Laubholzwälder werden wie die Buchen behandelt. Über Eichen werder die alten Bäume nur 2 Jahre belassen.

53. Landolt (Zürich, 1866; 4, 1895) unterscheidet schmalen Kahlschlag und Schirmverjüngung.

54. Fankhauser (d. ältere) bespricht (1866) den Kahlschlag mit Seitenbesamung, den Besamungsschlag mit allmähligem Abtrieb und die Plenterschläge. Bei letzteren sollen die Löcher so groß gemacht werden, daß die Verjüngung gut gedeiht; diese Löcher werden dann vergrößert. Bei Kahlschlag mit Seitenbesamung trete leicht Vergrasung ein, bei Ausbleiben von Samenjahren werden die Schläge zu breit. Wenn 10—12 Jahre vorher durchforstet werde, erscheinen schon junge Pflanzen; die Hiebsrichtung sei Ost-West oder Nordost-Südwest. In der Praxis seien (sagt Fankhauser d. jüngere, 1902) fast alle Verfahren verbunden und ineinander übergeführt. In möglichst schmalen Schlägen, sog. Saumschlägen, seien die Übelstände zu vermeiden. Der Saumschlag sei oft mit Schirmstand verbunden. Die Randbesamung zeige häufig Lücken.

§ 258. Die praktische Wirtschaft.

1. Die meisten Schriftsteller schildern wohl die von ihnen selbst gewählte V.methode (wie Hartig) oder die in ihrem Wirkungskreise übliche V.weise (wie Burckhardt). Aber es läßt sich bei den meisten nicht genau ermitteln, was objektive Darstellung der in der Praxis üblichen Methoden und was subjektive Ansicht des einzelnen Autors ist.

Wollen wir die tatsächlich angewendeten V.arten kennen lernen, so geben uns für frühere Jahrhunderte die Vorschriften der Forstordnungen Aufschluß. Die Anordnungen sind meistens allgemein gehalten, nur die vorderösterreichische F.O von 1788 geht auf die Einzelheiten ein.

In höherem Grade ist dies der Fall bei den Wirtschaftsregeln des 19. Jh. Von diesen sind besonders die ältesten und vorbildlich gewordenen Regeln für Bayern zu erwähnen. Da bei ihrer Abfassung die sämtlichen Wirtschafter der einzelnen Gegenden ihre Erfahrungen mitteilen konnten, darf angenommen werden, daß in den Wirtschaftsregeln die damals übliche Wirtschaft zur Darstellung gekommen ist.

Die Verhandlungen der Forstvereine, die für die Exkursionen verfaßten Führer, auch Abhandlungen in Zeitschriften, sowie die meistens nur die Staatswaldungen umfassenden statistischen Werke enthalten in der Regel kurz gefaßte Mitteilungen.

Aus diesen Quellen ist das Material für die folgenden Ausführungen entnommen. Ein vollständiges Bild der in der Praxis üblichen V.-arten läßt sich aus den bisherigen Mitteilungen nicht zeichnen. Ergänzungen aus den einzelnen Waldgebieten sind sehr zu wünschen. Die Erhebungen sollten aber nicht dem Zufall überlassen bleiben, sondern systematisch überall eingeleitet werden. Die Führer zu den Exkursionen bei den Forstversammlungen enthalten ein reiches Material. Aber diese werden den Berichten nur höchst selten beigegeben. Man ist daher auf die meist ungenügenden, jedenfalls ohne genaue Lokalkenntnis gemachten Bemerkungen der Berichterstatter angewiesen.

2. Die Forststatistik von Baur enthält eine allgemeine Übersicht über den Stand der V. in Deutschland vom Jahr 1842. Bei Buchen und Eichen war die schlagweise Schirmverjüngung im allgemeinen nach Hartig üblich; diese war auch vielfach bei Mischungen von Buche, Fichte, Tanne in Anwendung. Doch bedient man sich gewöhnlich schmaler Hauungen und eines lichten Besamungsschlags, nach welchem in 3—6 Jahren der Abtrieb aller Samenbäume einzutreten pflegt (in Baden, Württemberg, Sigmaringen, Thüringen, Sachsen) (S. 50). Bei der Tanne sind dunkle Hauungen üblich. Im reinen Fichtenwalde ist man von diesen aber abgewichen, weil nur in vereinzelten Fällen vollkommene Bestockung eintritt; Kahlschläge traten an ihre Stelle (S. 51). Auch in reinen Kiefernbeständen finden noch dunkle Hauungen statt, in Mecklenburg und, wie es scheint, auch in Preußen (S. 51).

Der Stand der n. V. kam 1884 auf der deutschen Versammlung in Frankfurt zur Verhandlung. Über die tatsächlich üblichen V.-arten wurden wohl aus einzelnen Gegenden Mitteilungen gemacht. Ein allgemeiner Nachweis über die Ausdehnung der n. V. konnte aber nicht gegeben werden. Mit Recht verlangte daher Gaughofer, daß vor allem weiteres Material gesammelt werden müsse. Soweit solches aus einzelnen Ländern vorliegt, soll dies im Folgenden angeführt werden.

3. In Baden, das in 7 waldbauliche Gebiete eingeteilt wurde, herrschte 1857 im allgemeinen der Hochwaldbetrieb mit den gewöhnlichen V.-arten vor. Im Schwarzwald hatte sich jedoch eine besondere V.-art herausgebildet (S. 33). Längere V.-zeiträume sind bei der Weißtanne und Fichte nötig, weil die dermaligen aus dem Femelbetrieb hervorgegangenen Bestände nicht bloß haubare Stämme, sondern auch geringere Hölzer enthalten, welche in dem freien Stande der Lichtschläge erst zu nutzbaren Sortimenten heranwachsen müssen. Darum ist in solchen Beständen der V.-zeitraum auf wenigstens 30 Jahre zu setzen mit dem Vorbe-

halte, ihn angemessen zu verlängern, z. B. in sehr rauhen Lagen und an steinigen und felsigen Bergwänden. Er kann in günstigen Lagen und, wenn die Bestände gleichförmig erwachsen sind, kürzer sein, wird aber immerhin 25—30 Jahre in Anspruch nehmen. Auch die Buche bedarf in höheren Lagen eines Zeitraums von 20 Jahren und zum Teil darüber. Bei diesen längeren Zeiträumen geht die V. auf natürlichem Wege sicher und vollständig vor sich, so daß vollkommene, dicht geschlossene Jungwüchse erzogen werden. [1])

Nach Krutina[2]) fand 1889 eine besondere Erhebung über die in Baden üblichen Waldbetriebe statt, wobei die Begriffe Schirmschlag und Femelschlag genauer festgestellt wurden. Beim Schirmschlag kommen lediglich waldbauliche Rücksichten — rasche und vollkommene n. V. — in Betracht. Der Femelschlagbetrieb strebt neben der V. auch einen Lichtungszuwachs am alten Holze an, und sucht deshalb den V.-zeitraum weiter auszudehnen, als mit Rücksicht auf die natürliche Besamung nötig wäre. Der Femelschlag ist also nichts anderes als ein etwas unregelmäßiger Schirmschlag mit verlängertem V.-Zeitraum. Die Entstehung der sog. „badischen Femelwirtschaft" ist damit klargelegt.

Ähnlich hat diese Wirtschaft schon 1807 Drais[3]) begründet. Länge und oberer Durchmesser seien bei dem Handelsholze entscheidend. Namentlich an Flüssen, auf denen das Holz nach Holland verflößt werde, werden die Tannenwaldungen „als spekulative und Handelswaldungen" betrachtet. Der reguläre Betrieb finde hier nicht statt. Nicht ganz klar ist diese Wirtschaft von Sponeck[4]) 1817 angedeutet.

Eine eingehende Schilderung des „Schwarzwälder Femelschlagbetriebs" der Gegenwart unter Hervorhebung der ihn beeinflussenden Verhältnisse und des angestrebten Wirtschaftsziels gab Siefert auf der Heidelberger Forstversammlung 1909. (Bericht S. 45—52.) Eine wesentliche Änderung gegen die früheren Jahrzehnte ist nicht eingetreten. Über die im Kinzigtal übliche „femelweise Behandlung der Weißtannenwaldungen" hat Oberförster Schätzle auf der Versammlung des badischen Forstvereins in Wolfach 1884 Bericht erstattet.

Auch die Gemeindewaldungen Badens[5]) wurden 1874 fast ausschließlich durch Samenschläge verjüngt. Mißerfolge zeigt diese Wirt-

---

[1]) Forstverwaltung Badens. 1857. S. 23 f. Vgl. Forstl. Mitteil. aus Baden, 1. Heft 1857, wo für die Domänenwaldungen in den Bezirken Baden, Gernsbach Herrenwies und den Stadtwald von Baden genauere Angaben gemacht sind.

[2]) Die Forstverwaltung Badens. 1878—89. S. 17.

[3]) Forstwiss. S. 144.

[4]) Der Schwarzwald. S. 419.

[5]) Krutina. Die Gemeinde-Forstverwaltung 1874. Über die Schlagführung im Stadtwald von Freiburg. Vgl. Hüetlin 1874. S. 37 f.

schaft nur in windgefährdeten Gegenden, sowie auf dem Buntsandstein der Donaugegend, wo „das Fiasko in den reinen Fichtenbeständen ein vollständiges ist." (S. 10.) Im Schwarzwald führt die Nutzholzerziehung zu V.-zeiträumen von 30—40 Jahren. Im oberen Rheintal mit den Vorbergen sind die Zeiträume kürzer, weil die standörtlichen Verhältnisse besser sind, und die Nutzholzerziehung nicht mehr so in den Vordergrund tritt, wie im Hoch- und Mittelgebirge (S. 14).

Bei der V. auf den Hochebenen des Buntsandsteins ist nach Ganter für Fichten und Tannen die Lichtung im 2., höchstens 3. Jahre nötig. Die Lichtungen erfolgen von innen nach außen; die Räumung geschieht streifenweise. Zu viele Anhiebe sind nicht zweckmäßig.

Im Jahr 1907 [1]) wurden in Baden verjüngt

	im Schirmschlag	im Femelschlag
von der gesamten Waldfläche	26,2 %	31,5 %
von den Domänenwaldungen	29,9 „	48,1 „
von den Gemeindewaldungen	29,5 „	38,5 „
von den Privatwaldungen	19,3 „	11,8 „

4. In Bayern wurden 1841—55 Wirtschaftsregeln erlassen, die im wesentlichen in dem Werke: Die Forstverwaltung Bayerns, 1861, S. 12—112 zusammengefaßt sind. Sie beruhen auf eingehenden Beratungen; die praktischen Wirtschafter waren über ihre Ansichten vorher befragt worden. In diesen Regeln kommt also nicht der Standpunkt eines einzelnen Autors, sondern die langjährige Erfahrung der Praktiker zum Ausdruck. Das Land wurde in 13 natürliche Bezirke abgeteilt. Die Regeln sind den geognostischen Formationen, den klimatischen Zonen, den Absatzverhältnissen, den Holzarten, Bestandes- und Betriebsarten angepaßt. Die technischen Ausdrücke decken sich teilweise mit den seit Hartig eingeführten Bezeichnungen: Vorbereitungs-, Samen-, Licht- und Abtriebsschlag (für diesen wird vielfach auch der Ausdruck Endhieb gebraucht). Aber diese Übereinstimmung ist nur äußerlich vorhanden. Die Ausführung dieser Hiebe gestaltet sich bei den verschiedenartigen Waldzuständen (von 2400 bis zu 100 m herab) ganz abweichend. Daher sollen einige Eigentümlichkeiten der V. in verschiedenen Gebieten Bayerns ausführlicher mitgeteilt werden.

Es werden „Vorhauungen", „Vorhiebe" oder „Dunkelhiebe", oder „Vorbereitungshiebe", und eigentliche „Angriffshiebe" unterschieden.

Im Hochgebirge kommt 6—15 Jahre vor dem Angriffshieb durch den Vorhieb alles Stammholz heraus; der Angriffshieb entnimmt das Brennholz unter Belassung schwacher Stämmchen.

---

[1]) Statist. Nachweisungen. 39, 16.

Auch in den tieferen Lagen des Hochgebirgs werden Vorhiebe geführt; der Abtrieb erfolgt dagegen in „schmalen Absäumungen". Die Schläge werden von N nach S geführt. Daneben kommen noch Plenter- und Kahlhiebe vor.

Im Lande zwischen den Alpen und der Donau werden die V. im reinen Buchen- und reinen Fichtenwalde getrennt dargestellt.

Im Buchenwalde wird ein „Vorbereitungshieb d. h. eine kräftige Durchforstung" eingelegt; hiebei werden „die schwächsten Stammklassen des Hauptbestandes, wo dieser zu dicht steht, mit hinweggenommen." Vorwuchs und krüppelhaftes Gestrüpp soll, wo die Beschattung durch den Hauptbestand vorhanden ist, mit ausgezogen werden. Der Angriffshieb ist nur in einem Mastjahr zu führen, und soll dem Vorbereitungshieb womöglich erst nach 10—15 Jahren folgen. Wo im Vorbereitungshieb schon Jungwuchs vorhanden ist, soll er durch gelinde Lichtstellung oder Entastung des alten Holzes bis zum eigentlichen Angriff gesund erhalten werden. Die Angriffe sind in möglichst großer Ausdehnung über die zur V. in nächster Zeit bestimmten Buchenbestände zu führen, „damit in diesen mit allmähligen Lichtungen und Nachhieben bis zum Eintritt eines weiteren Samenjahrs gewirtschaftet werden könne". Das stärkere Stammholz soll zuerst ausgenutzt werden (wegen des Schadens beim Ausbringen). Verraste Stellen sollen umgehackt, mit Streu bedeckte in Riefen aufgerecht werden. Auf magerem, trockenem Boden sollen die Hiebe rascher geführt werden als auf kräftigem, frischem. Nach Erstarkung des Jungwuchses noch unbesamte Stellen sollen ausgepflanzt werden.

Die V. reiner Fichtenbestände erfolgt „nach vorgäugigem Vorbereitungshiebe in der Regel von NNO gegen SSW mittelst Dunkelhieben und zwar, wenn nicht die Beimischung der Tanne beabsichtigt wird, in möglichst langen, schmalen, nicht zu tief in die Bestände eingreifenden Streifen". Erfolgt in 2—3 Jahren kein Fichtenanflug, so sollen Saaten in Riefen und auf Stockplatten ausgeführt werden. Um der allzu schnellen Aneinanderreihung der Schläge und der zu großen Ausdehnung der Schlagflächen vorzubeugen, ist die Anlage einer gehörigen Anzahl von Schlägen, welche einen öfteren Wechsel der Gehauorte gestatten, nötig. Vor Verrasung und Verunkrautung muß der Boden durch die Schlagstellung — eher dunkle — geschützt werden. Die stärksten Stammklassen nebst dem verkrüppelten Fichtenvorwuchs werden zuerst beseitigt. „Nach vorheriger Lichtung und gehöriger Erstarkung des Anflugs am äußeren Schlagrande wird dort der Kahlhieb geführt und in einem parallel laufenden Streifen in den Bestand hinein gleichmäßig der Dunkelhieb fortgesetzt". Soll die Tanne beigemischt werden, so wird der Vorbereitungshieb über die ganze Ab- oder Unterabteilung ausgedehnt und eine Tannenriefensaat ausgeführt. Nach dem Endhieb verbleibende Schlaglücken werden mit Fichten, Föhren, auch Lärchen ausgepflanzt.

Im bayerischen Walde werden Vorbereitungshiebe (= starke Durchforstungen) und 6—8 Jahre nachher Dunkelschläge geführt. Schon im Vorbereitungsschlag sollen sich die Tanne und Buche einstellen (nach Aushieb der stärksten Nadelholzstämme und des Nadelholz- und Buchenunterstandes und der verkrüppelten Vorwüchse), damit sie einen Vorsprung vor der Fichte gewinnen. Im reinen Fichtenbestande der höchsten Lagen wird geplentert; in den tieferen Lagen die regelmäßige Dunkelschlagstellung mit allmähliger Lichtung angewendet.[1])

In den übrigen Landesteilen sind wesentliche Unterschiede in der natürlichen V. nicht zu bemerken. Dagegen ist die V. der Spessartwaldungen besonders hervorzuheben. Eiche und Buche sind dort „in einem großartigen Kompositionsbetriebe" so gemischt, daß die Eiche das 2—3fache Alter der Buche erreicht. Die Eiche wird in Horsten nachgezogen. In einem Eichenmastjahre wird um die alten Eichen licht gehauen und dem nun erfolgenden Eichenjungwuchs auch später eine lichtere Stellung gewährt. Die Buche wird in Buchensamenjahren ebenfalls natürlich verjüngt.

In der Pfalz wird die Einmischung der Föhre auf natürlichem Wege durch Absäumungen und Springschläge bewirkt. Reine Föhrenbestände werden durch lange, schmale, kahle Absäumungen verjüngt. Um den Pflanzen Seitenschutz zu verschaffen, soll die neue Absäumung erst im 3. Jahre folgen. Wo nicht genügend Schläge zum Wechsel vorhanden sind, sollen Springschläge angelegt werden, und zwar so, daß dieselbe Abteilung in 2, höchstens 3 Wirtschaftsteile getrennt, und jeder derselben allmählig abgesäumt wird. Eichen sollen in Buchenbeständen in Horsten und Gruppen, in Fichtenbeständen in Horsten von mindestens 1 ha erzogen werden. Die Buche wird in Fichtenbeständen nur in Horsten erzogen, da sie einzeln bald überwachsen wird. Die Buchen und der Buchenjungwuchs werden schon im Vorbereitungshieb lichter gestellt, damit sie einen Vorsprung gewinnen. Die Tanne wird im Fichtenbestande wie die Buche behandelt. Wo nur Fichten und Tannen sich finden, wird der Vorbereitungshieb über Tannen kräftiger geführt. —

---

[1]) Über den horstweisen Schlagbetrieb im Bayer. Walde, vgl. Zapf, Allg. F. Z. 1884, 55.

Ganz allgemein wird bemerkt, daß die Hiebe nicht immer regelmäßig geführt werden können, sondern öfters plenterartig gestellt werden müssen. Dies war eine Folge schon des Charakters der Bestände, die aus dem früheren Plenterbetrieb hervorgegangen waren. Wurde in den früheren Plenterwaldungen der schlagweise Betrieb eingeführt, so traf der eingelegte Schmalschlag die vom Plenterbetrieb herrührenden, wohl meist schon besamten Lücken. Die Besamung erfolgte in Gruppen und Horsten. Der Schlag erhielt ganz von selbst die Eigenschaft des Plenterschlags oder Femelschlags. Da er sodann am Rande oder Saum des Bestandes zuerst angelegt und in schmalen Streifen fortgesetzt wurde, so wurde er am Saum zum streifenweisen Plenter- oder Femelschlag, oder wie er später in Bayern genannt wurde, zum Saumfemelschlag. Der Femelschlag, zum Teil in Verbindung mit dem Saumfemelschlag, ist später von Gayer zum förmlichen System gemacht worden. Auf den Forstversammlungen in Kassel wurde er von Braza 1884 und in Regensburg von Esslinger, Wappes, Huber 1902 eingehend besprochen.

Noch einige andere V.-arten verdienen hervorgehoben zu werden. 1853 wurde für die Teilnehmer an der Nürnberger Forstversammlung eine Exkursion in den fränkischen Wald bei Kronach veranstaltet; Bericht S. 512. Die Bestände waren aus Tanne mit Fichte und Buche gebildet. An Stelle der früheren Femelwirtschaft war eine „stufenweise Reihenfolge der Schläge“ eingeführt worden. Die V. erfolgte in der Dunkelschlagwirtschaft. Es wurden aber, nicht wie sonst, große Flächen oder ganze Abteilungen in Angriff genommen, sondern nur lange schmale Streifen vom Bergrücken bis ins Tal. Dies wurde erreicht durch kleine Abteilungen (nicht über 30 ha) und durch viele Angriffslinien, so daß mit dem Hieb gewechselt werden konnte. Die Vorhiebe wurden 12—15 Jahre vor dem eigentlichen Angriff geführt; sie lieferten schon den Tannenanflug. Beim Angriff (wenn die Tannen 5—6 Jahre alt waren) wurde das stärkste Holz zunächst entfernt; war der Nachwuchs schon erstarkt (30—60 cm hoch), so wurde auch gleich abgetrieben.

Über ein ganz ähnliches Verfahren in den Fichtenwaldungen Südbayerns wird gleichzeitig (1853) berichtet[1]). Dort waren Sturm und Graswuchs und dadurch Mißerfolge der n. V. besonders zu fürchten. Wenn die natürliche Besamung nicht bald erfolgte, wurde die Saat aushilfsweise angewendet. Es werden Dunkelhiebe (Aushieb des stärkeren Bau- und Nutzholzes) in schmalen, langen Streifen von NNO—SSW oder N—S geführt. Im 4.—6. Jahr wurde streifenweise nachgehauen; der Abtrieb durfte nicht über das

---

[1]) Allg. F.J.Z. 1853, 203.

6.—8. Jahr hinausgeschoben werden. Vorausgegangene Vorbereitungshiebe hatten schon den Tannenanflug herbeigeführt.

In den Waldungen des Reviers Jachenau (Oberbayern) geben (1883) „kleine Schläge eine Mischung von Fichte, Tanne und Buche, welche sich innerhalb der dunklen Schlagränder ansamen".[1])

Der Femelschlagbetrieb, wie er im Forstrevier Neuessing bei Kehlheim 1885 eingeführt wurde, ist in den Mitteilungen aus der Staatsforstverwaltung Bayerns (1. Heft 1894) beschrieben. Eine ähnliche V.-art wurde im Forstamt Siegsdorf bei Traunstein nach Kast[2]) seit 1876 eingehalten.

5. Im Elsaß bildet (1883) der Hochwaldbetrieb mit n. V. die Regel. Nach Ney[3]) (1902) wird der bei Tanne, Buche, Eiche, Esche erfolgende Anflug und Aufschlag nach Möglichkeit benützt. Die V.-zeiten sind nach Holzart, Bestandesalter und Standort verschieden.

Nach den Wirtschaftsregeln für die Vogesen (1891) sollen die verjüngten Stellen in 5 Jahren abgeräumt werden. Kautzsch (1895) haut um die verjüngten Horste den alten Bestand weg. Die Einzelfläche erfordere 8—15, die ganze Abteilung 20—40 Jahre zur V.

6. In Hessen fand 1859 im Buchenwalde n. V. statt (wohl wie sie in Heyers Waldbau dargestellt ist). Eine Besonderheit liegt darin, daß dort die Stockrodung gleich mit der Fällung verbunden wird, also eine weitgehende Bodenlockerung stattfindet. Nach den „Wirtschaftsgrundsätzen" von 1905 ist „n. V. nur bei der Weißtanne zu empfehlen" (S. 13). Im Laubholz sollen die Hiebe in Kesseln oder Gruppen erfolgen; die Schmalseite einer Gruppe soll nicht größer sein, als die doppelte Höhe des bleibenden Bestandes (ca. 40 m) (S. 11). Die Kessel werden aber vielfach ausgepflanzt.

7. Die V. in Samenschlägen, insbesondere im Laubholz, ebenso in den Weißtannengebieten, war üblich in Braunschweig 1858, Coburg 1882, Hannover 1864, Sachsen 1865. Im Fichten- und Föhrenwalde herrschte Kahlschlag und künstliche Bestockung vor.

8. In Preußen waren 1754, 64, 70, 86 Instruktionen über die V. erlassen worden. 1796 wurden Kulissenhiebe angeordnet. Nach v. Kropff sollte in Kienheiden alle 80—100 Schritte (= 60—70 m) ein Samenbaum belassen werden. In Kiefernschlägen wurden, um n. V. zu erhalten, Durchforstungen und dunkle Schläge ausgeführt, d. h. die Äste sollten sich beinahe berühren. Im 1. Winter sollte licht gehauen, im 3. sollten sämtliche Samenbäume entfernt werden. Zu Samenbäumen sollten kurze, dicke,

---

[1]) Forstw. Cbl. 1883, 93. Über das Versagen der n. V. auf mittlerer Bonität bei Wolfratshausen macht Bauer Mitteilung. Das. 1913, 520.

[2]) Kast. Die horst- und gruppenweise V. im Forstamt Siegsdorf. 1890.

[3]) A. a. O. S. 204.

mit starken Ästen versehene Kronenbäume („Samen-Kusseln"), ohne äußerste Notdurft nicht Bauholz- und Bohlstämme verwendet werden. 1807 will v. Kropff nicht bald hier, bald dort eine Schonung sehen, sondern es sollte Strich an Strich zu liegen kommen. Wegen des Windes ist die Südwestfront einzuhalten. Er schlug vor, vom 70jährigen Umtrieb auf den 140jährigen überzugehen.

Über den Stand der V. in Preußen gibt 1866 v. Hagen Aufschluß. In Buchen herrschte die Schirmverjüngung; auch in Eichen war sie üblich, doch waren die Schirmschläge lichter. In Föhren war der Kahlschlag in schmalen Absäumungen, mit Stockrodung, Saat und Pflanzung herrschend; wegen des Maikäferschadens wurden wieder Samenschläge (wie Donner später sagt, nur vereinzelt mit günstigem Erfolg) versucht. Auch bei der Fichte war kahle Absäumung mit Pflanzung vorherrschend. Dagegen wurde die Tanne natürlich verjüngt.

Die im Jahre 1894 gemachten Angaben[1]) über die n. V. stimmen im wesentlichen mit denen von 1866 überein. Kulissenschläge in Föhrenbeständen von N nach S sind in Ostpreußen versucht, aber so ziemlich verlassen worden. Der Maikäferschaden hat im Bezirk Marienwerder zu gruppen- und horstweiser V. („anscheinend" mit Erfolg) geführt. In den östlichen Provinzen hat die Benutzung vorhandenen Kiefernanflugs und kesselartige Lichtstellung desselben, „vergleichsweise den günstigsten Erfolg gehabt". Bei der Fichte werden die Anhiebsorte wegen der Rüsselkäfergefahr vermehrt. In Ostpreußen hat die n. V der Fichte Vorzüge gezeigt und wird die Regel bleiben müssen. Auch das schlesische Gebirge, Oberschlesien und die höheren Lagen des Thüringerwaldes haben stellenweise gute Erfolge der n. V. aufzuweisen.

9. In Württemberg wurde 1819 eine technische Anweisung für die Holzzucht erlassen[2]). Die V. der wichtigsten Holzarten sollte durch Samenbäume oder Streifen und Schachen geschehen. Der Abstand der Samenbäume richtete sich nach der Holzart; ebenso der Nachhieb des alten Bestandes. Im Buchenbestande sollten sich die Äste berühren, bei Eichen sollten sie 3—4 m, bei Föhren 14—20 cm, bei Tannen 50—60 cm von einander abstehen. Im Fichtenbestande müssen, weil einzelne Samenbäume vom Winde geworfen werden, Wechselschläge (Kulissenhiebe) von 10 m Breite eingelegt oder Besamungsschachen erhalten werden. Im 2. Jahr soll nachgehauen werden. Bei drohendem Graswuchs sind Samenbäume auf 7—10 m Abstand ausnahmsweise auf den Schlägen selbst oder

[1]) Forstl. Verhältnisse Preußens. 31, 181.

[2]) Abgedruckt in Tessin. Forststatistik. 1823 S. 187.

sogar Dunkelschläge zu erhalten, und erst nach 5—6 jähr. Alter der Fichten nachzuhauen. Die Lichtung erfolgt über den 2-, höchstens 3 jährigen, der Abtrieb über den 5—6 jährigen Pflanzen.

Die Vorschriften von 1819 blieben formell und, wie die Berichte in den Oberamtsbeschreibungen zeigen, auch tatsächlich in Kraft, bis 1862 neue Wirtschaftsregeln [1]) zunächst für Oberschwaben und dann auch für die übrigen Waldgebiete von der Forstdirektion erlassen wurden. Sämtliche Wirtschaftsbeamte hatten Gelegenheit sich auszusprechen. Die Wirtschaftsregeln umfassen „die bisher gewonnenen Erfahrungen, soweit sie sich als entschieden zweckmäßig erprobt haben". Aus diesen werden die Grundsätze für die V. entnommen. Die Waldgebiete sind nach Holzarten (Laub- und Nadelholzgebiete) und geologischen Formationen gebildet. Zum Nadelholzgebiete gehört der im Nordosten des Landes gelegene Jagstkreis, der Schwarzwald und Oberschwaben, zum Laubholzgebiete die schwäbische Alb und das im Nordwesten gelegene Unterland.

Im Jagstkreis liegen die ehemals Fürstlich Ellwangenschen Waldungen, die hauptsächlich aus Fichten bestehen. Diese wurden [2]) bis 1803 unter dem Fürstlichen Oberjägermeister von Knöringen in schmalen Streifen kahl abgeholzt und nach Rodung der Stöcke mittelst reichlicher Fichtensaat verjüngt. „Diesem Verfahren verdanken sehr viele, schöne, noch 1880 zum Teil vorhandene Fichtenbestände ihre Entstehung". Nach dem Übergang der Waldungen an Württemberg (1803) wurde die übliche V. durch Dunkel-, Licht- und Abtriebsschläge eingeführt. Diese hatten aber auf den mageren Sandböden nur geringen Erfolg, so daß nach langem Zuwarten zur Pflanzung geschritten werden mußte. Man kehrte dann in den 1860er Jahren zu den schmalen Kahlhieben zurück. Bei — trotz durchgreifender Stockrodung — ausbleibender oder ungenügender Besamung vom stehenden Orte her wurde durch Pflanzung verjüngt. Nach den Wirtschaftsregeln von 1865 bilden streifenweise, möglichst langgestreckte, schmale Kahlhiebe (Absäumungen von NO nach SW) die Regel. Aber in den zum Angriff bestimmten Beständen kann zuvörderst „ein dunkel zu haltender Vorbereitungsschlag" eingelegt werden (S. 17), wenn nicht durch die Durchforstung schon eine räumliche Stellung erreicht worden ist. Brauchbarer natürlicher Anwuchs wird benutzt. Buche und Tanne werden durch Samen-, Licht- und Abtriebsschläge — letztere in langen Streifen von NO nach SW — verjüngt.

---

[1]) Allgemeine Grundsätze und Regeln für den Wirtschafts- und Kulturbetrieb in den Staatswaldungen des Königreichs Württemberg. 1865.

[2]) Nach M. Probst in der Beschreibung des Oberamts Ellwangen. 1888. S. 247 und Pollack, Allg. F.-Z. 1866, 89. Dorrer, Forstverwaltung Württ. 1880, 31.

Diese schmalen Kahlhiebe waren schon auf der süddeutschen Forstversammlung in Ellwangen 1849 zur Sprache gekommen. Brecht erwähnte dort, daß sie unter dem Namen „bayerische Methode“ (vergl. oben Ziffer 4) bekannt seien. Dorrer wies auf der südd. Versammlung in Ravensburg (1865) auf diese Kahlhiebe hin, weil der Sand keine Lichtstellung ertrage und die Überschirmung nachteilig sei. Zimmerle betont (1882) die Benützung vorhandener Anflughorste stärker. Es sollen eigentliche Löcherhiebe geführt, im übrigen der schmale Kahlhieb beibehalten werden. Ähnlich Kober (Gschwend) 1886; er nennt den Wind den größten Feind des Waldes; der Femelschlagbetrieb hätte zu Windfällen geführt und sei auch wegen der rasch eintretenden Verwilderung und Verarmung des Bodens auf Stubensand bei Freilegung verlassen worden. Es bleibe nur streifenweiser Abtrieb von NO nach SW und Pflanzung übrig. Auch Paradeis bespricht 1904 die Vorbeugungsmaßregeln gegen Windschaden in eingehendster Weise. Mit stärkerer Berücksichtigung der n. V. sind diese schmalen Schläge nach Lang in Sulzbach seit 1898 teils auf der Ost- teils auf der Nordseite üblich. Chr. Wagner hat diese Hiebe in dem anstoßenden Bezirk Gaildorf seit 1900 unter fast ausschließlichem Anhieb auf der N-seite angewendet, und mit dem Namen „Blendersaumschlag“ (gleichbedeutend mit dem Saumfemelschlag Gayers und Neys) bezeichnet.

Wenn der Tanne die Fichte und Föhre beigemischt werden will, soll nach den Wirtschaftsregeln erst nach erfolgter Besamung „eine Absäumung des Bestandes in langgedehnten, schmalen Streifen beginnen mit gleichzeitiger angemessener Lichtung des Besamungs- und Schutzbestandes tiefer in den Bestand hinein“ (S. 75).

In Oberschwaben bildete die n. V. der Fichte bis ca. 1855 die Regel. In den Fürstlich Wolfeggischen Waldungen war der schmale Saumschlag 1789 von Parthenschlager angeordnet und im Wirtschaftsplan von 1859 beibehalten worden (Vers. des Württ. Forstvereins 1902). Aber die heftigen Stürme und der bei den reichlichen Niederschlägen und dem guten Boden sich leicht einstellende Graswuchs ließen eine nur ungenügende Besamung aufkommen. Daher wurde der Kahlschlag mit k. V. (Pflanzung) vorherrschend. Er erfolgt ohne vorangehende Dunkel- und Lichtstellung (die „starken“ Durchforstungen machten diese Hiebe entbehrlich) in schmalen Streifen von NO nach SW. Forstmeister W. Probst (Weingarten) legte diesen Umschwung auf der Ravensburger Forstversammlung 1865 näher dar. Bericht S. 25, 36, 37. „Der Kahlhieb bedingt nicht immer k. V. Die vollkommensten und regelmäßig von NO nach SW abgestuften Bestände, wie wir sie in Körperschafts- und Privatwaldungen, namentlich im Allgäu finden, in denen nie eine Pflanze gesetzt und gesät wurde, sind durch die Führung sehr schmaler, meist nur 10—20 Schritte (= 7—15 m) breiter Kahlstreifen entstanden". Dem Graswuchs begegnet man dort dadurch, „daß man die Bestände bis zum Hieb geschlossen und die Schläge sehr kurz beisammenhält". „Entweder erfolgt die V. erst, nachdem der Kahlhieb ausgeführt ist, durch Besamung von der Seite, und man erzielt dabei mit der Weißtanne die gleich guten Erfolge wie mit der Fichte, oder man benützt brauchbaren Vorwuchs, der sich besonders am Schlagrand häufig einfindet".

„Eintretende Samenjahre können sowohl für die V. der noch empfänglichen Kahlschlagflächen, als auch für die Ansamung der in den folgenden Jahren zum Hieb kommenden Bestandesteile benützt werden". Aber „erst nach Eintritt des Samenjahrs soll der Dunkelschlag und zwar in langen, nicht zu tief in den Bestand eingreifenden Streifen eingelegt[1]), der Moos- und Laubüberzug vor dem Anfliegen des Samens entfernt, und der Abtrieb des alten Bestandes nach einmaliger Lichtung innerhalb 3—4 Jahren vorgenommen werden. Der Besamungsschlag ist jedenfalls so dunkel zu halten, daß der Boden vor Verrasung geschützt ist" (S. 123).

Bei Buchen und Tannen haben die gewöhnlichen V.-schläge die Regel zu bilden. „Der Besamungsbestand ist jedoch auf der NO-seite immer rascher nachzuhauen, damit der Nachwuchs hier einen Vorsprung erhält und der Abtrieb von NO nach SW streifenweise vorschreiten kann" (S. 125).

Für die übrigen Landesteile sind in den wesentlichen Punkten gleichlautende Vorschriften gegeben.

Nur der Schwarzwald mag noch besonders erwähnt werden. Zunächst folgen die Angaben aus dem Anfang des 19. Jahrh. Nach Sponeck (1817) wurden die Tannen (S. 100) im dunklen Besamungsschlag verjüngt. Die Äste berühren sich; die Sonne soll nicht auf den Boden scheinen. Die Hiebe werden von NO nach SW oder von O nach W geführt. Die höchsten Stämme, die dem Sturm unterliegen, werden vor der Besamungsstellung herausgehauen; um die Lücke werden alle schwächeren erhalten. Ein Mantel wird in der Breite von ca. 30 m gegen die gefährlichsten Windseiten belassen. Bei der Höhe von $1^1/_2{}'$ (= 45 cm) wird die Hälfte des Altholzes weggenommen. Das Reisig wird ausgebreitet und wirkt günstig. Man trifft aber nur wenig dichten und hoffnungsvollen Nachwuchs vom

---

1) Ähnlich in den im bayer. Allgäu gelegenen Revieren Kimratshofen und Kirnach. Beschreibung 1856. S. 39. „Für den Fall, daß große zusammenhängende Nadelholz-Partien in Angriff genommen werden müssen, soll der erste Angriff in langen, schmalen Streifen geführt werden, an welchen sich dann jedesmal eine gegen den Bestand immer schwächere Vorhauung anreihen könnte".

jüngsten bis 25jährigen Alter. Die Fichte (S. 120) wird meist in langen, schmalen Hieben ohne Winkel von NO nach SW, auch N nach S und O nach W verjüngt; wo geschützter Stand ist, werden mäßig dunkle Besamungshiebe geführt; nach 4 Jahren wird abgetrieben. Ein Mantel wird belassen. Lücken werden ausgepflanzt. Föhren werden in mäßig dunklen Besamungsschlägen verjüngt; im 2. Jahr wird gelichtet, im 3. abgetrieben. Für Buchen eignet sich dunkle Stellung; krumme, dürre, und die stärksten Stämme werden herausgehauen. Im 4. Jahr wird $^1/_3$—$^1/_2$ weggenommen; wenn der Nachwuchs 1 m hoch ist, wird abgetrieben. Im Eichenbestand dürfen sich im dunkeln Schlag die Äste berühren; im 2. Jahr wird gelichtet, im 3. (—4.) abgetrieben.

Die Wirtschaftsregeln von 1865 (sie sind in der Hauptsache von Forstmeister Lang in Neuenbürg verfaßt), schreiben für den Schwarzwald bei der Tanne, aber auch bei der Fichte, jedoch mit Abkürzung der V.-zeit, die schlagweise Schirmverjüngung vor. Wenn Fichte und Föhre der Tanne beigemischt werden sollen, kann dies durch Absäumung in schmalen Streifen mit gleichzeitiger Lichtung des Besamungsbestandes tiefer in den Bestand hinein geschehen. Daß auf diese Weise namentlich in den Gemeindewaldungen schöne Resultate erzielt wurden, wird von Gönner (1908) bestätigt. Der Schutz gegen die Schädigung bei der Abfuhr, die 1865 schon betont wurde, hat Eberhard zu seinem Abrücksaumschlag mit langsamem Hiebsfortschritt (1913) geführt. Ramm verbindet neuerdings den Saumschlag mit den Vorwuchshorsten, wendet außerdem den Femel- und Femelschlagbetrieb an.

Im Laubholz wird allgemein die schlagweise Schirmverjüngung empfohlen. Auf der schwäbischen Alb, wo die Buchenbestände die größte Ausdehnung haben, ist in der Hauptsache die schlagweise Schirmverjüngung herrschend geblieben. Änderungen hat nur die Einmischung anderer Holzarten gebracht, wie von Sigel, Stoll, Hopfengärtner, Werkmann hervorgehoben wurde. Die gruppenweise V. der Buche hat, mit Rücksicht auf die Einmischung der Fichte, v. Falkenstein etwa seit dem Jahre 1890 in Kapfenburg durchgeführt.

In den amtlichen Werken über die Forstverwaltung Württembergs von 1880 und 1910 sind keine wesentlichen Änderungen aufgeführt. Nur eine Abkürzung der V.-zeit bei Buche und Tanne wird (1910) von Graner empfohlen.

10. In den österreichischen Staats- und Fondsforsten[1]) (1885) findet die n. V. durch die Samenschlag- oder Kahlschlagwirt-

[1]) Schindler, S. 1, 134.

schaft statt. Die Samenschlagwirtschaft wird durch den Femelschlag oder den geregelten Plenterbetrieb geübt. Beim Femelschlag werden mehrere Jahresschläge gleichzeitig in einem V.-hieb zusammengefaßt, der Oberstand bei eintretender Besamung ausgelichtet und nach Erfordernis durch Periodenschläge abgeholzt. Es wird somit der Vorbereitungshau, der Besamungshieb (Dunkelschlag) im Samenjahre selbst, der Lichtschlag und der Abtriebshau eingelegt.

Der geregelte Plenterbetrieb (auf 24,8 % der ganzen Fläche eingeführt) wird in Hochlagen, in Schutz- und Bannwäldern in Anwendung gebracht, die andauernd bestockt erhalten, daher vom Kahlhieb und von der schlagweisen Bewirtschaftung überhaupt ausgeschlossen werden müssen; ferner in Waldorten, bei denen die Bestockung mit allen Baumaltersklassen deshalb erforderlich ist, um jederzeit nachhaltig das nötige Bau- und Brennholz liefern zu können. Die Plenterung hat an der dem herrschenden Winde abgewandten Seite zu beginnen. Der Schluß ist sorgfältig zu erhalten, bis die Erziehung von Nachwuchs die Öffnung von Lücken erfordert.

Die Selbstverjüngung durch Kahlschläge findet zumeist bei den Nadelhölzern in schmalen Absäumungsschlägen statt.

11. Nach Wietlisbach (Aargau, Solothurn 1885) werden im schweizerischen Hügelland und im mittleren und oberen Jura gemischte Bestände gewöhnlich durch horstweise Samenschlagstellung und Randbesamung verjüngt. Vorbereitungshiebe im 90.—100. Jahre. Die Fichte wird horstweise verjüngt. Im 70.—80. Jahr geht ein Vorbereitungshieb dem regelrechten Besamungsschlag voraus; dieser wird etliche Jahre belassen, dann wird kesselförmig gelichtet.

12. Steiner (Chur; 1885). In den Hochgebirgswaldungen ist rationelle Hiebsführung Hauptaufgabe. Verjüngung und Schutzaufgabe sind zu vereinigen. Andere Verhältnisse sind oft maßgebend. Die Hiebsart muß so sein, daß reichliche V. ankommt. Fichte, Föhre, Lärche sind lichtfordernd; die Fichte gedeiht nur in Lücken normal und kräftig und im Kern besser als am Rand; sie hat direktes Sonnenlicht nötig.

Im Gebirge unmögliche Formen sind: Kahlschlag und künstliche V., Kahlschlag und seitliche V., ebenso der allmähliche Abtrieb; nur eine modifizierte Kahlschlagwirtschaft mit Seitenbesamung ist möglich: aber nicht groß: 2 ha, 1 ha, nur einzelne Stämme; die Schläge werden durch Absäumung erweitert. So entsteht ein geregelter Plenterbetrieb durch kleine, etwa 4 a große Kahlschläge.

13. Engler (Schweiz) stellte auf der Schweizerischen Forstversammlung zu Stans 1899 Wirtschaftsprinzipien für die V. auf[1]). Sehr wichtig für das Gelingen ist, daß die Holzarten auf ihren natürlichen Standorten sich befinden. Ein regelmäßiger Durchforstungsbetrieb ist das beste Mittel zur Pflege des Bodens. An die Durchforstungen haben sich in allmählichem Übergange die Dunkel-, Licht- und Abtriebsschläge anzureihen. Von der größten praktischen Bedeutung ist, welche Lichtintensität eine bestimmte Unkrautvegetation hervorruft. Die gefürchtetsten Unkräuter sind auf Oberlicht angewiesen, während sie das Seitenlicht nur in geringem Maße ausnutzen können. Die Holzgewächse dagegen, insbesondere die Fichte, haben die Fähigkeit, bei genügendem Seitenlicht selbst unter starkem Schirm zu vegetieren. Die V. schläge sind so lange dunkel zu halten, bis die V. in der Hauptsache sich eingestellt hat. Erst nach der Besamung soll der Kronenschirm eine stärkere, andauernde Unterbrechung erfahren. In der rechtzeitigen Säuberung von Brombeeren liegt an manchen Orten das Geheimnis der n. V. Das Bedürfnis der Jungwüchse an Wärme nimmt mit der Meereshöhe zu; in höheren Lagen ist dafür zu sorgen, daß direktes Sonnenlicht den Boden trifft, ohne daß die wohltätige Wirkung des Seitenschutzes und der Überschirmung verloren geht. Dies läßt sich erreichen, wenn man die Bestände dem östlichen, südöstlichen und südlichen Seitenlicht öffnet und auf schmalen Saumschlägen unter Schirm verjüngt. Vorwuchsgruppen werden bei den vorbereitenden Hieben freigestellt. Auch die gruppenweise V. unter lichtem Schirm ist zu empfehlen. Kulissenschläge geben stets zweifelhafte Resultate. Die Forsteinrichtungsmethoden sind allzu sehr auf den Kahlschlag zugeschnitten. Intakte Abteilungen oder Bestände dürfen nicht einer einzigen Periode oder gar einem Dezennium zur Nutzung zugewiesen werden, ihre Massen sind auf zwei oder sogar auf drei Perioden zu verteilen.

Nach diesen Grundsätzen, die sich auf die praktischen Erfahrungen stützen, wird in vielen öffentlichen Waldungen der Schweiz im Hügelland und im Gebirge seit Jahren mit ausgezeichnetem Erfolg natürlich verjüngt.

14. Wild (St. Gallen 1899). Die Abholzung durch Kahlschläge und Pflanzung mit 5j. Pflanzen hat sich gut bewährt. Einige Jahre vor Schlagbeginn erfolgt eine Lichtung, dann erscheinen genügend junge Tannen und Buchen. In Buchenbeständen wird der Besamungs- und 1 Lichtschlag geführt.

---

[1]) Schweiz. Z. 1900.

15. Barberini (Wallis 1904, Schweiz. Z. 1904, 271, 303). An Südhängen gedeiht der Jungwuchs unter Schirm nicht, daher ist starke Unterbrechung des Schlusses nötig durch Plenterhiebe. Schmälere oder breitere Streifen sind im angrenzenden Bestand zu lichten, gegen W und S an S- und W-hängen, gegen N und W an Nordhängen; sobald junge Pflanzen da sind, wird der Schirm beseitigt. Plenterhiebe ergeben seit vielen Jahren befriedigende Resultate.

16. Meister (Zürich, 1883, 1903). In den Buchenbeständen des Sihlwalds besteht eine Hiebsfolge teils von S nach N, teils von N nach S; die n. V. gelingt sehr gut. Es ist kein Vorbereitungshieb nötig. Der Dunkel- und Lichtschlag wird in drei Jahren durchgeführt; die V. dauert im ganzen 7 Jahre. Das Nadelholz im Femelschlagbetrieb ist in 15 Jahren verjüngt.

17. In den tieferen Lagen der Waldungen von Chur kann nach Henne[1]) (Chur; 1907) schmale Absäumung, selbst Kahlschlag stattfinden. In den höheren Lagen stellen sich nach den immer stärker werdenden Durchforstungen, die schließlich in den Vorbereitungshieb übergehen, in Lücken und auf lichteren Stellen kleine Verjüngungsgruppen ein. Diese werden freigestellt und immer mehr erweitert, bis nur noch schmale Flecken oder Streifen ohne V. dazwischen liegen. Es wird also von V.-zentren ausgegangen und nicht die gewöhnliche Methode eingehalten, nach der der Bestand an bestimmten noch nicht verjüngten Stellen willkürlich angehauen wird.

18. Parade schildert 1837 die in Frankreich üblichen Verjüngungsarten. An Bergen werden lange und schmale Schläge geführt; teilweise geschieht die V. auch in Horsten. Die Schlagführungen entsprechen dem Samen-, Licht- und Abtriebsschlag. Diese V.-art ist im Hochwalde 1878 die herrschende[2]).

Nach Boppe und Jolyet (1901) kann die V. durch einen einzigen oder mehrere Hiebe, den Samenschlag, die Nachhiebe und den Endhieb bewirkt werden. Der V.-zeitraum umfaßt 10—25 Jahre.

19. Perona unterscheidet (Economia forestale 1892. 2, 2—24) Kahlhieb und V. durch allmählichen Abtrieb; ein wesentlicher Unterschied ist in Italien gegenüber den nördlicheren Ländern nicht vorhanden.

§ 259. Ergebnis der geschichtlichen und statistischen Untersuchung.

1. Die in § 257 und 258 im einzelnen dargelegten Ergebnisse lassen sich in folgende Sätze zusammenfassen:

[1]) A. a. O. S. 41.

[2]) Statistique forestière 1, 219.

Die beiden Grundformen der n. V., die Schirmverjüngung, insbesondere in Buchen- und Eichenwäldern, und die für die Holzarten mit leichtem Samen, insbesondere die Nadelhölzer, neben der Schirmverjüngung angewendete Seitenverjüngung sind uns auf 5—600 Jahre zurück bezeugt.

Beide Arten der V. haben sich vom Mittelalter an bis auf unsere Tage nebeneinander erhalten. Die früheren Wälder sind, wie die heutigen, nicht ohne Schädigungen geblieben. Windfalllücken werden fast immer in den Weistümern erwähnt. Vor Aufbereitung des Windfallholzes durfte nicht anderwärts Holz gefällt werden; das Reisig mußte aus den Lücken weggeschafft werden. In diesen Lücken stellte sich, wie heutzutage, Besamung ganz von selbst ein, so daß eine Art Plenter- oder Femel-, vielleicht schon Femelschlagwirtschaft entstehen mußte.

Für die Schonung der „fruchttragenden Bäume" waren strenge Vorschriften erlassen. Samenbäume waren also, jedenfalls im Eichen- und Buchenwalde, jederzeit vorhanden. Im Nadelwalde wurden Bau-, Säg-, Schindelstämme, also starke Bäume erzogen, die reichlich Zapfen tragen konnten. Durch die Schweineweide war der Boden umgewühlt, durch die Viehweide die oberste Bodenschicht durchbrochen, durch beides der Graswuchs zurückgehalten. Die Bedingungen für das Gelingen der V. waren vorhanden. So ist es verständlich, daß die Schriftsteller des Mittelalters auf die Technik der V. nicht näher eingehen. Erst als etwa von 1480 an das haubare und samentragende Holz sehr abgenommen hatte, trat die Sorge für die V. schärfer hervor, und führte zum Teil in den Weistümern, mehr jedoch in den Forstordnungen zu besonderen Vorschriften technischer Art.

2. Die Forstordnungen (von 1524 an) schrieben, wohl an die überlieferte V.-methode anknüpfend, die Belassung von Samenbäumen vor, die teils einzeln, teils in „Schächtlein" beisammen standen.

Die Zahl der Samenbäume ist vielfach vorgeschrieben: nur 60—80 sollten auf 1 ha übergehalten werden. Diese Stellung entspricht der unserer heutigen Lichtschläge.

Seit etwa 1495 waren regelmäßige Schläge vorgeschrieben, die in ihrer Größe ungefähr einem Jahresschlag gleichkamen. Da sie dem Bestand entlang geführt wurden, von dem die Ansamung erwartet wurde, können sie nicht sehr breit gewesen sein; 70—150 m werden einigemal als Breiten angegeben. Daß die Schläge aneinander gereiht wurden, geht schon aus zahlreichen Vorschriften hierüber hervor.

3. Als die ersten systematischen Schriften von Carlowitz, Hohberg etc. anfangs des 18. Jh. erschienen, waren also Schirmschläge und Streifenschläge üblich. Daß diese schmal und lang gemacht und von Ost nach West geführt werden sollen, verlangt 1746 Döbel.

Langen bestimmt ihre Breite am Harz auf 24—30 m. Cramer kennt lange, schmale Haue mit Samenbäumen und hält mehrere Anhiebe für nötig. Alle unsere heutigen Hiebsarten waren 1761 in Hessen-Cassel üblich. Hartig empfiehlt neben der Schirmverjüngung den streifenweisen, 15—18 m breiten kahlen Abtrieb der Länge des Haus nach und Einschränkung der Hiebe auf 2—3 Stellen. Lange, schmale Streifen empfehlen in Süddeutschland Drais und Gwinner, auch Hundeshagen, in der Schweiz Zschokke. Bis etwa 1830 war der Streifenschlag die vorherrschende V.-form geworden. Baur bestätigt dies in seiner Forststatistik 1842 für ganz Deutschland. Die Randverjüngung unter Benützung des Seitenlichts erwähnt erstmals Burckhardt 1855. Gayer, ebenso Ney und Mayr befürworten diese Art der V., „die Schirmbesamung in Saumschlägen", die neben der femel- und femelschlagweisen V. weite Ausdehnung gewonnen hat. Neuere Vorschläge bringen keine wesentlichen Änderungen. Der Streifenschlag, die „schmale Absäumung", ist als Abtriebsschlag üblich auch bei den übrigen V.-arten, der Schirmverjüngung und der femelweisen V. (bei letzterer als sog. Femelschlag). Teilweise ist hiebei die leichtere Fällung, Zurichtung und Abfuhr des Holzes von Einfluß, denn der Streifenschlag gleicht in dieser Hinsicht dem Kahlschlag.

Da fast alle älteren Bestände (namentlich im Nadelwalde) größere oder kleinere Lücken aufweisen, in denen sich femelartig vor dem Abtrieb des Bestandes Jungwuchs ansiedelt, so wird der Streifenschlag in der Regel zugleich zum Femelschlag.

Tatsächlich sind also in Übung die Schirm- und die Seitenverjüngung, die Randverjüngung teils im geschlossenen, teils im vorgelichteten Bestande, die femel- oder plenterweise, endlich die Femelschlagverjüngung.

4. Auf welche Ursachen sind nun die verschiedenen Methoden zurückzuführen? Die geschichtliche und statistische Untersuchung zeigt, daß ökonomische Anforderungen und natürliche Wachstumsverhältnisse nebeneinander auf die V. überhaupt und insbesondere das technische Vorgehen einwirken. Diese beiden Einflüsse sind geographisch und historisch dem Wechsel unterworfen.

Geographisch verschieden sind Boden, Lage, Exposition, Klima. Besonders wichtig ist die Ausformung des Geländes: Ebene, Plateau, große und kleine Schluchten oder Täler, Felsbänder, Abstürze, Rutschflächen, kesselförmige Vertiefungen. Auch der Graswuchs, die Frost-, Wind- und Insektengefahr sind nach Gegenden verschieden. So wird das technische Verfahren bei V. derselben Holzart geographisch verschieden sein müssen.

Nun muß diese ferner mit verschiedenen Holzarten, teils im reinen, teils im gemischten Bestande, auf guter und geringer Bonität, bei regelmäßiger, öfters bei unregelmäßiger und unvollkommener Bestockung eingeleitet und durchgeführt werden.

Geographisch und historisch verschieden sind die allgemeinen wirtschaftlichen Zustände. Es soll nur auf die Bedeutung der Waldweide in früherer und jetziger Zeit, die Streunutzung, den Waldfeldbau, die Köhlerei, den Bedarf an Starkholz oder schwächeren Sortimenten (Grubenholz etc.), die gestiegenen Holzpreise, sodann auf die Art und Größe des Besitzes, die Parzellierung der Waldungen, die Holz-, Streu-, Weide-Servituten hingewiesen werden. Die scheinbar rein technische Maßregel der V. war und ist von diesen ökonomischen Faktoren in verschiedener Richtung beeinflußt. Der Waldfeldbau erleichterte die Seitenverjüngung, die Waldweide die Schirmverjüngung. Einmalige Entfernung der Streu begünstigt die Schirmverjüngung, dauernde führt zur Verhärtung des Bodens und unregelmäßigem Erfolg der V. Schwache Sortimente fallen in einem Alter an, das zum Teil vor das Samentragen fällt. Höhere Holzpreise ermöglichen künstliche Nachhilfe bei der V. (Behacken). Bei kleinem Besitz sind mehrere Anhiebe nicht möglich, bei kleinen Parzellen die verschiedenen Schläge nebeneinander nicht ausführbar.

Neben den allgemeinen ökonomischen Verhältnissen wirken die besonderen Waldverhältnisse, die Wirtschaftsgrundsätze und die Persönlichkeit des Waldbesitzers oder Wirtschafters auf die Technik der V. ein. Geschlossene und verlichtete Bestände, schwach und spät oder früh und stark durchforstete, reine und gemischte Bestände, Hoch-, Plenter-, Mittelwälder, müssen auf verschiedene Arten verjüngt werden. Umwandlung der Betriebs- oder Holzart ändert auch den V.-betrieb. Die Waldeinteilung, der Aufhieb von Abteilungslinien, vermehrt die Randlinien und den Lichtzutritt, führt aber auch zur Zerreißung der Bestände. Die Hiebsfolge (Wind) und Altersabstufung, das Streben, in einer Abteilung nur eine Holzart zu erziehen, nötigt zu Abweichungen von der gewöhnlichen V.-art. Der Wegebau, veränderte Absatzrichtung beeinflußt die Fällung und Abfuhr des Holzes und damit die Art der V. namentlich am Berghang.

Die verschiedenen V.-methoden stellen ganz verschiedene Anforderungen an das Wissen, an die praktische Geschicklichkeit, die Ausdauer und Zähigkeit, sowie an Arbeitskraft und Fleiß des Personals. Dies hat namentlich H u b e r bei Besprechung der Femelschlagwirtschaft in Regensburg betont.

In vielen Fällen vollzieht sich die V. ohne Zutun des Wirtschafters, in anderen wirkt er auf die V. durch verschiedene „Schlagstellungen" ein. Diese sollen nun näher ins Auge gefaßt werden.

§ 260. Die Verjüngungshiebe oder die Schlagstellungen überhaupt.

1. Nehmen wir an, daß 70—100jährige, noch geschlossene Bestände von Buchen, Eichen, Tannen, Fichten, Föhren in der nächsten Zeit für den Bedarf des Waldbesitzers genutzt und zugleich natürlich verjüngt werden sollen.

Die Beobachtung im Walde ergibt nun, daß an manchen Stellen Jungwuchs sich eingestellt hat, auch wenn nur Durchforstungshiebe vorausgegangen waren. Die Durchforstungen im älteren, etwa 60jährigen Bestande können daher ebenfalls zu den V.-hieben gerechnet werden, wie schon G. L. Hartig, Gwinner, Theodor Hartig und andere bemerkt haben.

Für die einzelnen Hiebe sind die Bezeichnungen G. L. Hartigs ziemlich allgemein angenommen und deshalb beibehalten worden. Es würden folgen nach

a) den Durchforstungshieben,
b) der Vorbereitungsschlag,
c) der Samenschlag,
d) der Lichtschlag,
e) der Abtriebs- oder Räumungsschlag.

Vielfach besteht die Auffassung, als ob in jedem Bestande die Hiebsarten b—e oder wenigstens c—e angewendet werden müßten. Die Bezeichnung der Hiebe deutet schon an, daß verschiedene Zwecke durch die einzelnen Hiebsarten erreicht werden sollen. Weniger deutlich ausgedrückt ist, daß die Hiebe an bestimmte Voraussetzungen gebunden sind. Wenn schon nach dem letzten Durchforstungshieb sich V. eingestellt hat, sind die Schläge b und c nicht mehr nötig, und wenn Vorwuchshorste innerhalb des Bestandes sogleich freigehauen werden, so kommt an dieser Stelle auch der Schlag d in Wegfall. Der erste und letzte Hieb ist in diesem Falle der Abtriebs- oder Räumungshieb.

2. Ob der ganze Bestand, der nur 5—10 a, aber auch 1—30 ha und darüber groß sein kann, gleichartig auf der ganzen Fläche oder an einzelnen Stellen verschieden durchlichtet wird, hängt von der Verteilung der verschiedenen Baumklassen über die Fläche hin (z. B. mehrere starkkronige nahe beisammen), mehr noch von dem sich einstellenden Jungwuchs ab. Denn im alten Bestande sind Bäume verschiedener Stärke, Höhe, Masse und, was von besonderer Bedeutung ist, von verschiedener Kronenausbreitung vorhanden. Diese verschiedenen Baumklassen werden in ganz verschiedenem Grade von den einzelnen V.-Hieben getroffen.

Bei der Ausführung der Hiebe selbst wird zunächst die Rücksicht auf den vorhandenen Jungwuchs entscheidend sein. Daneben können aber noch besondere Zwecke für die Behandlung des alten

Bestandes maßgebend sein (Lichtungszuwachs, Überhalt, Deckung des Holzbedarfs, landschaftliche Schönheit).

3. Zu häufigen Mißverständnissen führen die Angaben über die Dauer der n. V. Zweckmäßig ist es daher, mit Ney einen speziellen und einen allgemeinen V.-zeitraum zu unterscheiden. Der spezielle bezieht sich auf die einzelne verjüngte Stelle, der allgemeine auf den ganzen Bestand oder die ganze Abteilung. An einzelnen besamten Stellen kann der alte Bestand nach 5 Jahren entfernt sein. Wartet man, bis die noch leeren Stellen ebenfalls besamt sind, so können weitere 10 oder auch 20 Jahre vergehen. Der V.-zeitraum für den ganzen Bestand oder der allgemeine V.-zeitraum kann also auf 15 oder 25 Jahre sich erstrecken.

Die Angaben, nach wie viel Jahren die einzelnen Hiebe b—e auf einander folgen, beziehen sich auf die bereits verjüngten Stellen, also auf den speziellen V.-zeitraum.

4. Physikalisch und physiologisch bedeuten die Schlagstellungen eine „Lichtung" des alten Bestandes und damit eine Änderung sämtlicher Wachstumsfaktoren (§ 252—54). Daraus ergibt sich, daß der V.-vorgang sehr verwickelt ist, und mit der Schulformel: Samen-, Licht- und Abtriebsschlag nur ganz allgemein ausgedrückt wird. In Folge der Lichtung wird die zuströmende Licht- und Wärmemenge, sowie die zum Boden gelangende Niederschlagsmenge immer größer. Dies gilt für den Jungwuchs wie für die verbleibenden Bäume des alten Bestandes.

§ 261.

Die Durchforstungshiebe.

1. Die Versuchsflächen, die in Württemberg für die Ermittelung des Zuwachses und Ertrags, sowie für die Einwirkung verschiedener Durchforstungen angelegt sind, dienen zugleich zur Beobachtung und Feststellung der n. V

Bei jeder Aufnahme einer Versuchsfläche wird die Bodenflora überhaupt, also insbesondere auch der vorhandene Jungwuchs erhoben und aufgezeichnet. Da die Versuchsflächen bereits im 20. Altersjahr eines Bestandes angelegt werden, so kann das erstmalige Auftreten des Jungwuchses, seine ganze Entwicklung, ebenso sein etwaiges Verschwinden genau verfolgt werden.

Ähnliche Beobachtungen können natürlich überall im praktischen Betriebe ebenfalls gemacht werden. Der Nachdruck ist auf die genaue Buchführung zu legen.

Vom etwa 60. Jahre an werden diese Versuchsflächen im C- oder D-Grad durchforstet, d. h. es sind in dem betreffenden Bestande beim C-Grade nur herrschende und mitherrschende, beim

D-Grad nur herrschende Stämme vorhanden. Auch im 80—100jährigen Alter ist noch vollständiger Schluß erhalten; („die Äste berühren sich"). Einige Flächen sind daneben als besondere Lichtungsflächen angelegt.

In den eigentlichen Durchforstungsflächen sind verschiedene Grade des Aushiebs unmittelbar nebeneinander durchgeführt. Derselbe Bestand ist im A-B-C-D-E-Grad durchforstet. Es läßt sich also das Ankommen der V. bei verschiedenen Graden der Durchforstung feststellen. Die einzelnen Flächen sind 0,25—0,50 ha, selten 1,0 ha groß. Die Bestockung ist regelmäßig; der Boden ebenfalls gleichartig.

Wenn die n. V. sich gar nicht oder in verschiedener Häufigkeit und Dichtigkeit einstellt, wenn ferner die jungen Pflanzen ein verschiedenes Wachstum zeigen, so sind die Unterschiede durch den verschiedenen Lichtgrad hervorgerufen, jedenfalls von ihm in entscheidender Weise mitbeeinflußt.

Die Holzarten, die beobachtet werden, sind Buche, Eiche, Esche, Ahorn, Fichte, Tanne, Föhre.

Im allgemeinen genügt die Beschreibung der vorhandenen Verjüngung in einem besonderen Formular E (§ 120, Ziffer 9). Da die Stämme numeriert sind, läßt sich der Standort der jungen Pflanzen genau nachweisen (bei oder zwischen Nr......). In besonders wichtigen Fällen wird ein Plan der Verteilung der alten Bäume und des Jungwuchses (etwa im Maßstab 1:200) aufgenommen.

Der Wildschaden kann nicht ausgeschaltet werden; es ist also möglich, daß bei der Aufnahme eines Bestandes ein Teil des ursprünglich vorhandenen Jungwuchses nicht mehr vorhanden war.

2. Es ist zu unterscheiden das Erscheinen von Keimlingen, und die Ausdauer und weitere Entwicklung der Keimpflanzen bei den verschiedenen Durchforstungsgraden.[1]) Vom reichen Samenjahr von 1906 war 1907 in den Fichtenversuchsflächen Postwies (Bezirk Weingarten) (I. Bonität) der Boden dicht mit Keimpflanzen von Fichten bedeckt, sowohl beim B- wie beim C- und D-Grade. 1910 waren 4jährige Fichten noch reichlich nur beim D-Grade vorhanden; beim B- und C-Grade waren nur ganz wenige vereinzelte aufzufinden. 1919 (vielleicht schon früher) waren auch alle Pflanzen beim D-Grade verschwunden. Dagegen haben sich auf II. Bonität im 80jährigen Buchenbestande Fleins (Bezirk Geislingen), ebenso im 75jährigen Buchenbestand Hörnle (Bez. Münsingen) auch beim B-Grade junge Pflanzen von Buchen, Eschen, Ahorn eingestellt und bis heute — also rund 20 Jahre — erhalten.

Daß die Verhältnisse nicht etwa besonders günstig für die V. waren, ergibt sich aus der folgenden Tabelle 142. In dieser ist der Stand der natürlichen Verjüngung für die einzelnen Flächen nachgewiesen:

---

[1]) Zwei Beispiele werden den Unterschied unter den Holzarten zeigen.

Stand der natürlichen Verjüngung in den Versuchsflächen.

Tabelle 142.

Bonität	I	II	III	IV	V	Bemerkungen
Fichte						
Alter Jahre	54—123	80—124	64—120	38—125	94—126	Der Anflug ist 1—5 Jahre alt. In mehreren Flächen war der festgestellte Anflug nach 5 Jahren verschwunden.
Zahl der Flächen überhaupt . .	37	34	11	6	7	
Junge Fichten waren vorhanden in . . .	28	25	8	3	7	
Oxalis in . . .	33	23	4	—	—	
Tanne						
Alter Jahre	60—158	77—130	75—139	99—140		
Zahl der Flächen überhaupt . .	21	22	16	6		Anflug meistens 1—5 Jahre alt; einzelne Stellen mit älteren Pflanzen.
Junge Tannen in	19	22	16	5		
Junge Fichten in	6	6	8	4		
Oxalis in . . .	14	10	5	2		
Föhre						
Alter Jahre	47—181	alle Bonitäten zusammengenommen				
Zahl der Flächen überhaupt . .	32					
Junge Föhren in	8					Anflug meistens 1—3, einmal 5 Jahre alt.
Junge Fichten in	16					
Junge Tannen in	18					
Oxalis in . . .	7					
Buche						
Alter Jahre	62—103	69—120	70—154	83—149	80—140	
Zahl der Flächen überhaupt . .	20	41	30	22	7	Aufschlag 1—14 Jahre alt
Junge Buchen in	allen	allen	allen	allen	allen	
Junge Eschen in	5	14	10	5	—	
Junge Ahorn in	—	9	6	3	—	
Junge Fichten in	8	8	5	1	2	
Oxalis in . . .	13	13	14	8	4	
Eiche						
Alter Jahre	28—230					
Von 90 Flächen haben:						
Junge Eichen . .	53					
Junge Buchen . .	74					
Junge Fichten . .	26					
Junge Tannen . .	7					
Oxalis	6					

Dies gilt zunächst nur für Süddeutschland. Der Rat verschiedener, auch norddeutscher Schriftsteller, daß nach 1, auch 2—3 Jahren über dem Jungwuchs gelichtet werden solle, stimmt mit diesen Beobachtungen überein.

Die Tabelle vermittelt die Tatsache, daß zur Erzielung einer V. die Durchforstungshiebe vollständig genügen. Selbst die lichtbedürftigen Holzarten stellen sich unter dem noch geschlossenen Buchenbestande ein. Ebenso ist die Mischung der verschiedenen Holzarten im Jungwuchse festgestellt.

Daß die Lebensdauer des Jungwuchses unter dem geschlossenen Kronendach von Nadelholz eine kurze ist, ersehen wir daraus, daß mehr als 5jährige Fichten und Tannen und mehr als 3jährige Föhren im geschlossenen Fichtenbestande (C-D-Grade) sich nicht auffinden ließen.

Zum Ankommen des Jungwuchses genügen also die Durchforstungshiebe des C- und D-, in Buchen sogar des B-Grades. Vorbereitungs- und Samenschläge sind an vielen Orten entbehrlich. Lichtungshiebe müssen frühzeitig eingelegt werden, wenn der Jungwuchs erhalten bleiben soll. Selbst der Lichtungshieb kann überflüssig werden, wenn genügend starkes Seitenlicht von Süden, Osten und Westen einfällt. Es kann alsbald der streifen- oder löcherweise geführte Abtriebsschlag folgen.

Da im großen Betriebe die Bestände häufig erst 30—40 Jahre nach dem Auftreten der V. gelichtet und abgetrieben werden, so verschwindet der Jungwuchs bis dahin wieder, oder er hat als „Vorwuchs“ eine schwächliche und manchmal verkrüppelte Form angenommen. So kommt es, daß man da und dort schwach durchforstet, damit der Bestand sich nicht zu früh verjünge, eine indirekte Bestätigung des Einflusses der Durchforstungen.

§ 262. Der Vorbereitungsschlag.

1. Der Vorbereitungsschlag hat nach den Lehrbüchern den doppelten Zweck: die Samenproduktion der Bäume zu steigern und für die Samenkörner ein günstiges Keimbett zu schaffen.

Aus dem geschlossen erwachsenen Bestande sollen herausgehauen werden:

a) alle nicht erwünschten Holzarten, damit sie sich nicht ansamen können;

b) alle schlechtbekronten und schlechtwüchsigen oder sehr tief beasteten Stämme. Die ersteren lassen keinen Samenertrag erhoffen, die letzteren halten das Licht und den Regen in zu hohem Grade vom Boden ab.

In älteren Waldbaubüchern sind die zu entnehmenden Stämme noch genauer angegeben. Es sollen in erster Linie die ganz dürren, gipfeldürren und absterbenden, schlechtwüchsigen und schlechtbekronten, unterdrückten, krummen, knorzigen Stämme entfernt, sodann die tiefbeasteten entastet werden.

Da früher vielfach im 60. Jahre erstmals, im 90. Jahre zum zweiten Male durchforstet wurde, mußten die Bestände im Alter der Verjüngung noch eine sehr hohe Zahl von Stämmen und namentlich von schwachen Stangen enthalten. Bei dem dichten Stande konnten auch an den herrschenden Stämmen sich nur kleine, eingeengte, wenig belichtete und daher zum Samentragen weniger geeignete Kronen ausbilden, so daß sich die Erweiterung des Kronenraums nahelegte.

Der Bestandeszustand, wie man ihn durch den Vorbereitungsschlag erreichen wollte, ist heute durch die Durchforstungen bereits hergestellt. Im 70—100jährigen Bestande sind nur herrschende oder mitherrschende Stämme mit guten Kronen vorhanden. In solchen ist ein Vorbereitungsschlag überflüssig

Es wird nun von praktischer Seite, namentlich aus Norddeutschland, dann und wann bemerkt, daß der Vorbereitungsschlag nicht entbehrlich sei, daß man vom geschlossenen Bestande nicht unmittelbar zum Verjüngungsschlage übergehen könne. Ohne die Angabe, welche Stämme im einzelnen Falle noch vorhanden waren, läßt sich diese Forderung nicht beurteilen. Jedenfalls kann es sich nur um schwach durchforstete Bestände handeln, und dieser sog. Vorbereitungsschlag kommt dann tatsächlich einer Durchforstung gleich.

Wenn aus irgend einem Grunde die Durchforstungen gar nicht oder nur schwach ausgeführt werden, ist die Entfernung der oben näher bezeichneten Stämme bei der V. nötig. Ein solcher Hieb wird sich zwar in der Ausführung von einer starken Durchforstung kaum unterscheiden, mit Rücksicht auf den besonderen Zweck mag er immerhin als Vorbereitungshieb bezeichnet werden.

2 In älteren Schriften ist als Grund des Vorbereitungsschlages das „Setzen" der Laub- und Nadeldecke angeführt. Es wird also ein Zusammensinken und eine raschere Verwesung angenommen. Dies mit Recht, weil der Zutritt von Luft und Wärme erleichtert wird. Messungen der Streudecke im geschlossenen Bestande ergeben eine Höhe von 1—4—5, ganz ausnahmsweise, wo sie augenscheinlich am tiefsten liegt, von 6—7 cm.

Aus besonderen Versuchen geht hervor, daß im freien Lande Saaten auf Laub oder Nadeln stets einen bedeutenden Ausfall an Keimlingen mit sich bringen. Dieser Ausfall muß im Schatten noch größer sein, weil die oberste Streuschicht weniger Regen erhält, weil ferner im Schatten die Wurzeln kürzer sind. Aus beiden Ursachen muß leichter ein Vertrocknen der Keimpflanzen stattfinden.

Da tatsächlich die Verjüngung schon im durchforsteten Bestande eintritt, muß die Empfänglichkeit des Bodens ohne den Vorbereitungshieb vorhanden sein. Jedenfalls braucht der etwa für nötig gehaltene

Vorbereitungsschlag in der Stärke der Lichtung über den D-Grad einer Durchforstung (mit lichtem Schlag) nicht hinauszugehen.

3. Der Vorbereitungsschlag soll nach manchen Vorschriften 2, 5, 10—15 Jahre vor dem beabsichtigten Abtrieb eingelegt werden. Die Abtriebszeit ist aber keineswegs sicher vorauszusagen. Noch weniger sicher läßt sich ein Samenjahr vorausbestimmen. Werden die Durchforstungsgrade C oder D eingehalten, so braucht sich der Wirtschafter auf so unsichere Vorausbestimmungen gar nicht einzulassen.

4. Die zu entnehmende Holzmasse wird in der Regel auf 10 bis 15 % angegeben. Tatsächlich wird sie höher sein, da schon bei der Durchforstung 70—100jähriger Bestände 10—20 % der Masse entnommen werden.

§ 263. Der Samenschlag.

1. Im geschlossenen Bestande des Hochwaldes werden die Durchforstungen so ausgeführt, daß im 70.—100. Jahre nur noch herrschende und wenige mitherrschende Stämme vorhanden sind. Die Stellung der Bäume ist (auch beim D-Grade) eine solche, daß die Äste im allgemeinen sich noch berühren, also der Kronenschluß nicht unterbrochen ist. Ein ganz regelmäßiger Abstand der Bäume von einander ist auf größeren Flächen nicht zu erreichen. Sodann ist die Ausbildung der Kronen selten ganz gleichmäßig. So kommt es, daß der Schluß nicht an allen Stellen gleich dicht ist. An einigen Stellen können die Äste sogar noch ineinander übergreifen, an anderen 10, auch 30—50 cm voneinander abstehen.

Setzen wir nun den Fall, daß ein „Samenjahr", d. h. ein Jahr mit reichlichem Samenertrag eintritt. Wie soll bei erfolgter Reife des Samens, also im Herbst dieses Samenjahrs, in diesem geschlossenen Bestande vorgegangen werden? Falls in dem geschlossenen Bestande schon an einigen Stellen aus früheren Samenjahren Pflanzen vorhanden sind, so fällt der Same zwischen die bereits vorhandenen Pflanzen und es entsteht eine zweite Generation unter und zwischen den bisherigen Pflanzen. Dieser neue Samenabfall trägt also wesentlich zur Verdichtung des etwa schon vorhandenen Jungwuchses bei.

Durch den neben den vorhandenen Jungwuchs, auf bisher unbesamte Stellen fallenden Samen werden die noch vorhandenen Lücken ebenfalls besamt, so daß die Fläche schließlich mit Samen mehr oder weniger dicht bedeckt ist.

Die bei dem letzten Durchforstungshiebe vorhandene Stammzahl und Holzmasse, sowie der lichte Schluß des Bestandes sind unverändert geblieben. Ein besonderer Hieb, um die Besamung, d. h. die Bestreuung des Bodens mit Samen, im betreffenden Bestande herbeizuführen, findet also nicht statt.

Und doch unterscheidet man einen besonderen „Samenschlag“ oder „Besamungsschlag“ Begleiten wir nun den Wirtschafter weiter in dem samentragenden Bestande. Ein Teil des Samens ist abgefallen, ein anderer Teil hängt noch auf den Bäumen. Eine Besamung des Bodens im Laufe des Herbstes und Winters wird zweifellos eintreten. Worauf wird nun jetzt der Wirtschafter seine Sorge richten?

Er wird eine reichliche Keimung der Samen und die Erhaltung und Entwicklung der Keimpflanzen sichern wollen. Beide Zwecke erreicht er durch Unterbrechung des Schlusses, also durch die Entnahme einer größeren oder kleineren Anzahl von Stämmen aus dem Bestande.

2. Wenn nun in diesem bisher geschlossenen Bestande vor, während oder nach dem Samenabfall ein Hieb geführt wird, so wird dieser Hieb oder Schlag als „Samenschlag“ bezeichnet. Welche Wirkung hat ein solcher Samenschlag?

Durch das Fällen, Aufbereiten, Wegfahren des Holzes wird der Boden gelockert und mit der oberen Humusschicht vermischt. Der Same wird fest- und teilweise in den Boden eingetreten und dadurch die Keimung begünstigt.

Da im Bestande nur noch herrschende Bäume vorhanden sind, deren Äste sich berühren, so müssen durch die Entnahme solcher Bäume Lücken im Kronenschlusse entstehen, deren Größe dem Kronendurchmesser der herausgehauenen Stämme gleichkommt. Der Bestand ist nach dem Samenschlage „gelichtet“

Der Samenschlag ist also der erste Lichtungshieb oder der erste Lichtschlag in diesem Bestande. Von den weiterhin folgenden Lichtungshieben unterscheidet er sich aber durch seinen unmittelbaren Zusammenhang mit der Ansamung bezw. der Keimung der Samen. So mag also die Bezeichnung als Samenschlag — genauer wäre: Samenlichtschlag — ihre Berechtigung haben. Bezüglich der sonst eintretenden Wirkungen ist aber der Samenschlag seinem Wesen nach ein „Lichtschlag“

An vielen Orten wird eine weitere Lichtung nicht mehr vorgenommen. Die noch vorhandenen Bäume werden vielmehr in einem einzigen Hiebe, dem Abtriebsschlag entfernt. Die jungen Pflanzen wachsen also in einem Lichtgrade heran, der durch den Samenschlag hergestellt wurde. Nur wenn die Stammzahl im alten Bestande noch hoch ist, wie es auf den geringeren Bonitäten, auch in höheren Lagen und bei schwachen Durchforstungen die Regel bildet, werden nach dem Samenschlag noch 1 oder auch 2 Lichthiebe vor dem Abtriebsschlage geführt.

Da von der richtigen und rechtzeitigen Führung des Samenschlags das Gelingen oder Mißlingen der V. überhaupt abhängt, so ist er der wichtigste Hieb unter allen Verjüngungshieben. Er ist entscheidend nicht nur für die Keimung der Samen und die Entwicklung der Keimpflanzen im 1. Jahr, sondern namentlich auch für die Erhaltung und das Wachstum der jungen Pflanzen im 2. Jahr. Die im 2. Jahr am Jungwuchs erzeugte organische Substanz ist 8—10mal so groß als die des ersten Jahres. Aus den Untersuchungen Dulks und v. Schröders wissen wir, daß im 2. Jahr die Aufnahme von mineralischen Nährstoffen im allgemeinen und bei einzelnen Nährstoffen die 8- und 10fache Menge erreicht. Der Wasserverbrauch der 2jährigen Pflanzen ist ebenfalls sehr bedeutend gesteigert. „Die zahlreichen Keimlinge sind im 2. Jahr größtenteils wieder verschwunden“, ist eine oft zu hörende Beobachtung der Praktiker.

Der Samenschlag muß also einen solchen Lichtgrad im Bestande herbeiführen, daß die jungen Pflanzen 2—4 Jahre sich erhalten und zu kräftigem Wachstum gelangen können.

Wenn nun ein „Samenschlag“ gestellt wird, welche Stämme werden aus dem noch geschlossenen Bestande, der dem C-, besser dem D-Grad entsprechend durchforstet sein sollte, herausgehauen? Gehen wir auch hier wieder von den Tatsachen im Walde aus.

3. Die Stammzahl, also die Zahl der herrschenden und der wenigen mitherrschenden Stämme, ist (I. S. 478) auch im gleichen Alter und bei gleicher Bonität um 20—30, selbst 40—50 % verschieden, wenn wir eine Holzart in verschiedenen Gegenden untersuchen. Sogar in ein und demselben Bestande können Unterschiede von 10—20 % vorkommen. Auf verschiedenen Bonitäten sind die Unterschiede noch bedeutender: auf der II. Bonität stehen schon 25—30 %, auf der III. und IV. 50—60—90% mehr Stämme als auf I. Bonität. In größeren Beständen sind aber vielfach 2, auch 3 Bonitäten vertreten, so daß an einzelnen Stellen die Bestockung bald lichter, bald dichter ist.

Diese Stammzahlen sind in regelmäßig bestockten „normalen“ Beständen erhoben worden. Unregelmäßig bestockte, aber gleichwohl geschlossene Bestände werden noch weit größere Unterschiede in der Stammzahl aufweisen. Damit ist ein unregelmäßiger Abstand der Bäume unter sich, eine ungleichmäßige Entwicklung der Baumkronen, auch ein verschiedener Bodenzustand verbunden.

Diese Unregelmäßigkeiten werden sich bei den Verjüngungsschlägen geltend machen. Vielfach wird die herauszuhauende Stammzahl oder Masse in Prozenten der vorhandenen angegeben. Eine Entnahme von 30 % wird in verschiedenen Beständen und auf verschiedenen Bonitäten aber ganz verschiedene Lichtungsgrade hervorrufen. Bei 500 Stämmen werden 150, bei 1000 Stämmen 300 Stämme entnommen; im ersteren Falle bleiben 350, im letzteren 700 Stämme im Bestande stehen.

Die Beschaffenheit der alten Bestände ist es, durch welche bei demselben grundsätzlichen Vorgehen die verschiedensten Bilder in den Verjüngungsschlägen entstehen. Daraus folgt, daß das Verjüngungsverfahren beweglich sein, und den tatsächlichen Bestandesverhältnissen angepaßt werden muß. Dem vorhandenen Bestand und dem Zweck der Hiebe muß die Methode der V. entsprechen. Aus diesen Verhältnissen erklärt sich, warum dem Wirtschafter der Schlag „bald richtig, bald zu hell, bald zu dunkel ausfällt".

Der Standraum, bezw. der von der Krone bedeckte Bodenraum und der im geschlossenen Bestande ausgefüllte Kronenraum eines Stammes beträgt im Durchschnitt bei 200 Stämmen 50 qm, bei 500 St. 20 qm, bei 800 St. 12 qm, bei 1000 St. 10 qm. Die stärkeren Stämme haben größere Kronen, die vielfach 40—60, auch 80—100 und mehr Quadratmeter Bodenraum bedecken können.

Die Breite der Krone der stärksten Stämme beträgt im 80- bis 100jährigen Eichenbestande 14 m, im Buchenbestande 7 m, im Tannen-, Fichten- und Föhrenbestande 6 m.

Die Reisigmasse, durch deren Entfernung das Hindernis für den Lichtzutritt beseitigt wird, beträgt im Durchschnitt bei einer Eiche 0,20, Buche 0,14, Tanne 0,24, Fichte 0,16, Föhre 0,08 fm. Bei den stärksten Stämmen im Bestande erreicht sie in der Regel die doppelte Menge des durchschnittlichen Stamms und sinkt mit Abnahme des Durchmessers sehr rasch. Um denselben Lichtgrad wie durch die Herausnahme des stärksten Stammes herbeizuführen, müssen 2—3 Stämme durchschnittlicher Stärke oder 5—6 schwächere Stämme entfernt werden.

Je größer die durch den Aushieb einzelner Bäume entstandene Lücke ist, um so länger wird an derselben Stelle die Einwirkung der Sonne auf den Boden und die Pflanzen dauern. Die Fläche vieler kleiner Lücken kann der Fläche der großen Lücke gleich sein; die Einwirkung der Sonne ist aber durch den umgebenden Bestand auf den kleinen Lücken sehr bedeutend herabgemindert.

Da in Mitteleuropa Sonnenscheindauer und Regenmenge innerhalb weiter Grenzen schwanken, muß der Aushieb bei geringem Sonnenschein und niedriger Regenmenge stärker gegriffen werden, als im umgekehrten Falle. Ebenso muß an verschiedenen Hängen unserer Höhenzüge oder gar Mittel- und Hochgebirge der Eingriff in den vorhandenen Bestand verschieden stark, am Nordhang stärker als am Südhang werden. Endlich wird auch je nach der Wasserhaltigkeit, infolge dessen auch der Graswüchsigkeit des Bodens, die Lichtung des Bestandes verschieden sein müssen; wo Graswuchs droht, muß der Bestand geschlossener bleiben.

4. Blattentwicklung, Höhe, auch Farbe der jungen Pflanzen müssen an verschiedenen Stellen im Walde beobachtet und verglichen werden, wenn der richtige Lichtungsgrad festgestellt werden soll.

Der Abstand der Äste wird nicht im ganzen Bestande gleich sein können, da die Bäume ungleich verteilt sind. Wird aber ein stärkerer Baum gefällt, so wird der Abstand der Kronen 6—8—10 m und darüber betragen. Wenn nicht unbesamte oder graswüchsige Stellen das Belassen von Samenbäumen rätlich machen, wird der Samenschlag so gestellt werden müssen, daß die Kronen der stehenbleibenden Stämme ringsum frei sind und die Äste 2—3, auch 5—6 m voneinander abstehen. Nach dieser Stellung der einzelnen Bäume, nicht nach der Stammzahl oder Holzmasse, ist die Zahl der zu entnehmenden Stämme zu bemessen.

In erster Linie werden die breitkronigen Stämme herausgenommen, weil sie am meisten Licht, Wärme und Regen zurückhalten und bei späterer Fällung größeren Schaden verursachen würden. Dadurch ist der Lichtgrad im Bestande in der Hauptsache schon gegeben, die schwächeren Stämme spielen eine unwesentliche Rolle in der Beschattung.

Beim Auszeichnen der zu fällenden Stämme müssen die zu belassenden Stämme nach ihrer Kronenform und ihrer Verteilung über die Fläche hin ins Auge gefaßt werden. Die Beschaffenheit einer Baumkrone ist oft deutlich erst zu erkennen, wenn der Nachbarstamm gefällt ist. Die richtige Stellung des Schlags ist nur durch mehrmaliges Anzeichnen zu erreichen.

Die entnommene Holzmasse wird meistens 50 % der Masse des geschlossenen Bestandes ausmachen.

5. Seine größte Bedeutung hat der Samenschlag bei der schlagweisen Schirmverjüngung in einem reichen Samenjahr. Er wird, um den selten wiederkehrenden Samenertrag auszunützen, über ganze Bestände von 20—30 ha ausgedehnt. Da der Abstand der Äste 2—8, selbst 10 m beträgt, bleibt der Jungwuchs erhalten: bis die weiteren Hiebe nachfolgen.

Da die reine Seitenverjüngung selten ist, sie vielmehr mit der Schirmverjüngung am Rande verbunden wird, so kann der Samenschlag sodann auch im Randstreifen des Bestandes, selbst tiefer in den Bestand hinein gestellt werden: „Vorlichten“ bei der Randverjüngung.

Bei der löcherweisen Verjüngung können im Samenjahr kleine Kahlschläge (Ramanns Lochkahlschläge) innerhalb des Bestandes geführt werden, die von der Seite besamt werden.

Da bei Ausführung des Samenschlags jeder Größe nur Same, aber — von den erwähnten Ausnahmen abgesehen — noch keine jungen Pflanzen im Bestande vorhanden sind, kann die Fällung, Aufbereitung und Abfuhr des Holzes ganz nach den Gesichtspunkten der leichteren Arbeit erfolgen. Unverkäufliches Reisig kann licht über die Fläche hin ausgebreitet werden.

6. Bei Hartig begegnet uns statt des Ausdrucks Samenschlag vielfach das Wort „Dunkelschlag"; letzteres ist auch heute noch gebräuchlich. Dieser Sprachgebrauch hat an sich schon zu vielen Mißverständnissen Anlaß gegeben. Dazu kommt, daß Hartig den Dunkelschlag in verschieden starkem Grade geführt wissen wollte. Der Hartig'sche Dunkelschlag, in dem ohne Zweifel noch manche unserer heutigen Althölzer entstanden sind, wird vielfach als schädlich angesehen. Was versteht nun Hartig unter einem Samenschlag oder „Dunkelschlag"? (Vgl. hiezu oben Ziffer 2). Wir werden sehen, daß Hartig mit dem Ausdruck „Dunkelschlag" zwei verschiedene Waldbilder bezeichnet.

7. Nach Hartig soll im Samen- oder im Dunkelschlag der Kronenschluß so bewahrt werden, daß die Äste sich berühren oder beinahe berühren. Um diese Stellung zu erzielen, sollen im Dunkel- oder Besamungsschlag nach Hartig (Holzzucht 12 von 1800) herausgehauen werden: a. dürre, b. absterbende, c. krumme, d. verkrüppelte und e. von den gesunden so viele, daß die Äste sich noch berühren. Hartig entnimmt also, um seinen Samen- oder Dunkelschlag herzustellen, solche Stämme, die heute durch die Durchforstung im B- oder im C-Grad (a—d) bezw. C—D-Grad (a—e) herausgehauen werden. Hartigs Dunkelschlag entspricht also genau einem im B-, C-, oder zutreffender C—D-Grad durchforsteten Bestande. „Die schönsten und stärksten Stämme bleiben stehen, so daß sie sich mit den äußersten Spitzen berühren, und nur, wo Gras droht, ineinandergreifen" (Lehrb. f. F. 1808, II, 12). In dieser Stellung bleibt der Bestand, „bis er ganz oder größtenteils besamt ist." Wegen der Gefahr des Vergrasens, des Sturms und des Eindringens weicher Holzarten darf nach Hartig nicht gelichtet werden, bevor der Aufschlag 3—4jährig, also (8—12" = 20—30 cm) hoch ist. Vom Dunkel- bezw. Besamungsschlag sei der Erfolg abhängig. Es soll daher, fügt Hartig bei, „von der gegebenen Regel kein Finger breit abgewichen werden".

Auf die heutigen Waldverhältnisse, d. h. unsere durchforsteten Bestände angewendet, würde die Hartig'sche Regel vorschreiben, daß zum Zweck der V. die Bestände im C- oder C—D-Grad durchforstet werden sollen. In dieser lichtgeschlossenen Stellung sollen sie belassen werden, bis sie besamt und mit Jungwuchs bestockt sind. Über diesem soll dann nach 3—4 Jahren gelichtet werden.

Das Hartig'sche Dunkelschlagverfahren ist also genau das Verfahren wie es in § 260 dargestellt worden ist; es ist eine stärkere Durchforstung. Nach 3—4 Jahren soll ein Lichtschlag geführt werden. Tatsächlich wird also von Hartig keinerlei Art von Samenschlag" eingelegt.

Die jungen Pflanzen sollen nach Hartig 3—4 Jahre in dem lichtgeschlossenen Bestande, oder in seinem Dunkelschlage stehen bleiben. Es können daher nur Holzarten sein, die in dieser dunkeln Stellung sich 3—4 Jahre erhalten, also schattenertragend sind. Für lichtfordende Pflanzen war dieses Dunkelschlagverfahren ungeeignet. Es paßte insbesondere für Buche, Hainbuche und Tanne. Auf diese Weise konnten keine gemischten Bestände nachgezogen werden, da Föhre, Lärche, auch Fichte, Eiche, Ahorn in diesem Dunkelschlage nicht oder nur kümmerlich wachsen konnten. Wenn dem Dunkelschlagverfahren Hartigs u. a. das Verschwinden der gemischten Bestände zugeschrieben wurde, so ist dieser Vorwurf begründet.

„Um die V. vorzubereiten, ist der Bestand in letzter Zeit etwas kräftig durchforstet worden", lautet oft die Bemerkung des Exkursionsführers für die Versammlungen. Oder: „Der Bestand ist in Schlag gestellt; es wird nun ein Samenjahr abgewartet". Diese „Schlagstellung" entspricht dem D-Grad der Durchforstung oder Hartigs Dunkelschlag. Die Vorschrift oder „Regel" Hartigs wird tatsächlich heute noch durchgeführt.

Kennt nun Hartig unseren heutigen „Samenschlag" überhaupt nicht? Lesen wir weiter in seiner klassischen „Holzzucht." Nachdem er die Forderung, daß die Äste im „Dunkelschlag" sich beinahe berühren sollen, wiederholt aufgestellt hat, fährt er (Holzzucht von 1800 S. 12) fort: „Nur, wenn schon viel Samen auf dem Boden liegt, oder schon junge Pflanzen da sind, darf der Abstand der Kronen 6—8' (= 2—3 m) betragen". „Im Lehrbuch" von 1808 drückt er sich genauer aus. Der „Dunkelschlag" müsse verschieden gestellt werden, je nachdem Aussicht auf ein Samenjahr vorhanden sei oder nicht. Im letzteren Fall müssen die Äste sich berühren, im ersteren Fall, im Samenjahr selbst, können sie 6—8' (= 2—3 m) voneinander abstehen. (Dieser Abstand ist geringer, als oben angegeben wurde, weil zu Hartigs Zeit die Bestände nur zweimal bis zum 90. Jahre durchforstet wurden, also nur schwache Kronen entwickeln konnten.) Diesen bei oder nach dem Samenabfall erfolgten Hieb nannte er „Besamungsschlag", was an sich ganz richtig ist. Da er aber den Ausdruck Dunkelschlag auch für diesen gelichteten Bestand beibehielt, mußten Unklarheiten entstehen. Sein Besamungschlag ist ein etwas lichter gestellter Dunkelschlag und kommt dem Samenschlag in dem Eingangs entwickelten Sinne ziemlich nahe.

Hartig bezeichnet als „Dunkelschlag" einmal den nur durchforsteten, geschlossenen Bestand, unter dem sich die V. einstellt (§ 261), und sodann den unserem heutigen „Samenschlag" entsprechenden Bestand, der ein gelichteter Dunkelschlag ist, von Hartig auch „Besamungsschlag" genannt wird.

§ 264. Der Lichtschlag.

1. Das nach der Durchforstung oder nach dem Samenschlage über den jungen Pflanzen vorhandene Altholz wird selten durch einen einzigen Hieb (Abtriebs- oder Räumungsschlag) entfernt. Je mehr Stämme auf einmal gefällt werden, um so größer ist die Gefahr, daß die jungen Pflanzen beschädigt oder teilweise vernichtet werden. Da sodann die jungen Pflanzen im dunkleren Bestande Schattenblätter entwickelt haben, kann eine plötzliche Freistellung ihr Kränkeln, sogar ihr Absterben herbeiführen. Die Fällung wird daher auf mehrere Hiebe verteilt. Durch die Entnahme je eines Teils des vorhandenen Bestandes wird der Bestand weiter gelichtet; die Hiebe werden daher Lichthiebe oder Lichtschläge genannt.

In Folge dieser Lichtung erhält das Oberlicht vermehrten Zutritt. Die im dunklen Stand erwachsenen Schattenblätter werden durch Sonnenblätter ersetzt.

Die Hiebe, die im verjüngten, aber noch geschlossenen Bestande geführt werden, sind nun folgende: 1. die Lichthiebe, 2. der Abtriebsschlag.

Anders, wenn ein Samenschlag vorausgegangen ist, der etwa die Hälfte der Stammzahl und Masse entnahm. Die noch belassene andere Hälfte steht dann so verteilt, daß ein weiterer Lichtschlag gar nicht notwendig wird. Die nach dem Samenschlag noch vorhandenen Stämme können auf einmal abgetrieben werden. Die Reihenfolge der Hiebe ist in diesem Falle: 1. Durchforstungshieb, 2. Samenschlag, 3. Abtriebsschlag.

2. Ausschlaggebend für die Führung des Lichtschlags ist der Zustand der jungen Pflanzen und die Gefahr von Frost oder Graswuchs, sowie der Schaden am Jungwuchs durch Fällung und Abfuhr des Holzes.

Ist junger Anwuchs im noch vollständig geschlossenen Bestande vorhanden, so erfolgt die Lichtung zunächst so, wie es im Samenschlag der Fall ist, d. h. die stärksten Stämme werden zuerst entnommen.

Je niedriger der Jungwuchs noch ist, um so geringer wird die Beschädigung durch Fällung und Abfuhr sein. Geschieht beides, solange die Pflanzen vom Schnee gedeckt sind, so kann der Schaden fast ganz vermieden werden. In Gegenden, in denen wenig Schnee fällt, spielt dieser Vorteil eine geringe Rolle; um so größer ist er im Mittel- und Hochgebirge. Bei stark bekronten Stämmen, die etwa noch vorhanden sind, kann die Entastung vor der Fällung sich empfehlen.

Je weniger Frost oder Graswuchs zu befürchten ist, um so weniger Stämme können im Lichtschlag belassen werden. Dies ist ohnedies zu wünschen, damit der Jungwuchs sich möglichst rasch entwickeln kann.

Im allgemeinen werden im Lichtschlage nicht mehr als 100 bis 150 Stämme auf 1 ha belassen.

Werden 2 Lichthiebe notwendig, so folgt je nach der Entwicklung der jungen Pflanzen der 2. Hieb etwa 2—3 Jahre, bei längerer Verjüngungsdauer auch erst 4—5 Jahre nach dem 1. Lichthiebe.

3. Die Richtung, in welcher das gefällte Holz abtransportiert werden soll, muß vor der Fällung genau bestimmt sein, damit die Fällung darnach eingerichtet werden kann, und insbesondere das Umdrehen langer und schwerer Stämme vermieden wird. Die Abfuhrrichtung ist durch das Gelände gegeben; auch auf ganz unbedeutend geneigter Fläche wird ein Transport bergaufwärts wo möglich vermieden. Um den Schaden im Jungwuchs auf das geringste Maß und die kleinste Fläche zu beschränken, wird durch den Bestand

eine Gasse gehauen, durch welche das Holz abgeführt werden muß. Da hier der Jungwuchs größtenteils vernichtet wird, muß diese Stelle nachher meist ausgepflanzt werden.

4. Bei der schlagweisen, über eine größere Fläche ausgedehnten Schirmverjüngung erfolgt beim Lichtschlage die Entnahme der einzelnen Stämme, wie es in Figur V, S. 296 angegeben ist. Das Oberlicht erhält dadurch stärkeren Zutritt, auch die Niederschläge gelangen in höherem Maße zum Boden.

Bei der Randverjüngung spielt das Seitenlicht eine Rolle, so daß die Lichtung weniger wegen des Oberlichts als wegen des vermehrten Niederschlags von Wichtigkeit ist. Der Lichtschlag erfolgt nur auf einem schmalen Streifen am Rande (Saum) des Bestandes.

Bei der femelweisen und femelschlagweisen V. wird der Lichtungshieb ringförmig um die vorhandenen Aufwuchshorste geführt; Umhauung, Umrändelung, Ringfemelschlag.

Die Zeit, die vom Samenschlag bis zum Lichtschlag verfließt. ist durch die Entwicklung des Jungwuchses, auch durch die Stellung des Samenschlags bedingt. Bald wird nach 2, bald erst nach 4 Jahren der Lichtschlag geführt. Ein Kümmern des Jungwuchses muß vermieden werden. Wenn die Blätter, Nadeln und Zweige eine blasse Farbe haben, kleine unscheinbare Blätter entstehen, ist der Lichtschlag schon verspätet.

§ 265. Der Abtriebsschlag.

1. Die Fällung der beim Lichtschlag (oder auch beim Samenschlag) noch belassenen alten Bäume, oder der Abtriebsschlag, Räumungsschlag, muß dem Lichtschlag in kürzester Zeit nachfolgen, weil der Schaden durch die Fällung und Abfuhr des Holzes umso größer wird, je höher die jungen Pflanzen sind. Er kann ohne Bedenken erfolgen, da die Pflanzen Lichtblätter haben und der Schutz durch wenige Bäume kaum mehr in Betracht kommen kann.

Wo weder Frost noch Graswuchs droht, kann die Räumung schon erfolgen, wenn die Pflanzen 30—50 cm hoch sind. Freilich spricht Borggreve davon, daß die jungen Pflanzen bis zu 50 cm Höhe den Schatten von $^2/_3$, bis zu 1,80 m Höhe von $^1/_3$ des geschlossenen Bestandes „ertragen". Man kann da und dort solche Waldbilder sehen. Der Lichtungszuwachs an den alten Bäumen mag hiebei ausschlaggebend sein. Für die Entwickelung des Jungwuchses kann diese lange Beschattung nur schädlich sein (vgl. § 40).

Je trockener und mineralisch ärmer der Boden ist, um so bälder muß der Licht- und Abtriebshieb folgen, um die gesamte Regenmenge den jungen Pflanzen zuzuführen und das Absterben der Pflanzen zu verhindern.

2. Die Zeitdauer von der Ansamung bis zum Abtrieb, der sog. Verjüngungszeitraum, ist sehr verschieden; er umfaßt tatsächlich je nach Holzart und Standort 5—10—15—20—30—40 Jahre. Soweit das Wachstum der jungen Pflanzen in Betracht kommt, kann nur der kurze Verjüngungszeitraum befürwortet werden. Dabei ist die einzelne verjüngte größere oder kleinere Fläche ausschlaggebend. Bis eine ganze Abteilung von 20 oder 30 ha verjüngt ist, können allerdings 30 und mehr Jahre vergehen.

3. Die Form des Abtriebs ist verschieden. Man kann die einzelnen noch vorhandenen Stämme über die ganze Fläche (von 1 bis 30 ha) hin weghauen. Oder — was der gewöhnlichere Fall ist — man nimmt die Abräumung streifenweise vom Bestandesrande her vor. Durch den Einfluß des Seitenlichts und teilweise auch des direkten Sonnenlichts ist die Entwickelung des Jungwuchses am Rande gewöhnlich weiter vorgerückt, so daß der Abtrieb dringender ist als im Innern des Bestandes.

Der Schaden durch die Fällung, von dem vielfach die Rede ist, kann bei genügender Sorgfalt der Holzhauer auf ein geringes Maß eingeschränkt werden. Unter dem höheren Jungwuchs, der am meisten leidet, finden sich in der Regel schwächere Pflanzen, die die Lücken ausfüllen. Sodann schließen sich diese infolge der gesteigerten Astentwicklung. Regelmäßig bestockte Flächen von 10 ha und darüber sind ein Beweis, daß auch bei Fällung der alten Bäume über dem Jungwuchs ganz geschlossene Bestände entstehen können.

Im Laubholz können Stockausschläge die Lücken schließen. Im Nadelholz muß durch Pflanzung die Lücke manchmal ergänzt werden.

4. An manchen Orten wird auf den an den alten Stämmen erfolgenden Lichtungszuwachs besonderer Wert gelegt. Einzelne ausgewählte. zur Starkholzerzeugung bestimmte Stämme werden weder beim Lichtungs-, noch beim Abtriebshieb genutzt, sondern noch 10 oder 20 Jahre belassen. Man spricht dann wohl von einem verlängerten V.-zeitraum. Mit der V. selbst steht aber diese Starkholzzucht in keinem unmittelbaren Zusammenhang.

Dem Weg entlang, oder wo sonst eine Fällung ohne Schaden für den jungen Bestand möglich ist, werden vielfach beim Abtrieb einzelne Stämme noch 10, auch 20 Jahre belassen.

Über den eigentlichen Überhaltbetrieb s. § 313 Z. 4.

Die Verbindung der Verjüngungsarten im praktischen Betriebe

§ 266. **Allgemeines.**

1. Die Verschiedenartigkeit der Boden- und Bestandsverhältnisse und die dadurch hervorgerufenen Unterschiede im Erscheinen und in

der weiteren Entwickelung des Jungwuchses bringen es mit sich, daß innerhalb desselben Bestandes alle Verjüngungsverfahren (Schirm- und Seitenverjüngung; schlagweise, plenter- oder femelweise, gruppenweise, horstweise, streifenweise V.) nebeneinander eingehalten werden. Es ist einseitig und verfehlt, eine bestimmte Methode unter allen Verhältnissen zu bevorzugen. Dies führt zur Schablonenwirtschaft und ist ein bedenkliches Zeichen von Unselbständigkeit.

In jedem einzelnen Fall muß vielmehr die gerade an diesem Ort zweckmäßigste Methode der Verjüngung und des Nachhiebs angewendet werden. Deshalb muß bei der V. freie Beweglichkeit im Bestande und im ganzen Walde herrschen. Der Wirtschafter darf sich nicht durch die Schablone der einen oder andern Methode einengen lassen.

2. Um sicher in jedem Fall zwischen den Methoden wählen zu können, muß man einerseits ihre Voraussetzungen und Wirkungen kennen, andererseits den Zustand des Bestandes (Schluß und Graswuchs) und die etwa vorhandene Verjüngung beachten.

Von dem vorhandenen Waldzustande hängt es ab, welche von den in § 260—265 besprochenen Hieben einzulegen, welche entbehrlich, welche besonders wichtig sind.

3. Beim Femel- oder Plenterbetrieb werden einzelne Stämme oder Gruppen von 2—3 Stämmen durch den ganzen Bestand hin genutzt.

Es entstehen daher nur kleine Lücken, in denen das Seitenlicht fast ganz abgeschlossen ist und das direkte Sonnenlicht nur kurze Zeit einwirkt. Dieser Verjüngungsbetrieb eignet sich daher nur für Holzarten, die auf dem betreffenden Standort in der Jugend schattenertragend sind (Buche, Tanne, Fichte, auch Esche). Erfolgen stärkere Eingriffe in den Femelbestand, so geht die Wirtschaft immer mehr in den horstweisen Femelbetrieb, und, wenn schließlich ein Abtrieb in Horsten oder Streifen erfolgt, in den Femelschlagbetrieb über.

Hierbei wird die Austrocknung des Bodens, der Sonnenbrand und der Graswuchs fast vollständig verhindert, auch die Windgefahr vielleicht etwas vermindert.

Der Femelbetrieb darf aber nicht mechanisch angewendet werden. Es muß von sorgfältiger Detailwirtschaft ausgegangen werden; aus dieser ergibt sich der femelartige Betrieb von selbst. Auch der schlagweise Abtrieb darf nicht schablonenhaft erfolgen; jede Stelle muß abgetrieben werden, wenn der Jungwuchs es erfordert.

4. Der Femelschlagbetrieb ergibt sich von selbst, wenn ein Bestand, in welchem durch Wind und Schnee Lücken entstanden sind, streifenweise abgetrieben wird. Solche Lücken können künstlich geschaffen werden, wenn kleine horstweise Kahlschläge, (Ramanns

„Lochkahlschläge“) geführt werden. Die Anwendung des Femelschlagbetriebs ist aber nicht überall rätlich: a) weil durch die vielen Lücken die Windgefahr (besonders im Nadelholz) gesteigert wird; b) weil bei mangelnder Sorgfalt eine Austrocknung des Bodens um die Horste im alten Bestande stattfindet; c) auch Sonnenbrand eintreten kann; d) weil viele Randflächen mit geringem Wachstum entstehen, namentlich wenn kleine Gruppen und Horste vorhanden sind; e) weil Fällung und Transport umständlich und teuer sind; f) weil endlich in zu großen Revieren der Wirtschafter nicht die nötige Zeit zu dieser Detailbehandlung findet.

5. Der Streifenschlag, in der Regel am Rande des Bestandes als Saum- oder Randschlag, als schmale Absäumung, ausnahmsweise im Innern des Bestandes als Kulissenschlag angelegt, wird 10—15 auch 20—30 m breit gemacht und bald von O nach W, von NO nach SW, von N nach S, seltener Süd nach Nord oder von W nach O geführt. Die Streifen werden aneinandergereiht, bis der ganze Bestand verjüngt ist.

Durch das Verlegen des Streifens an den Rand ist der Ort der V. festgelegt und die freie Bewegung in der V. sehr eingeschränkt. fast aufgehoben, auch wenn mehrere Anhiebsorte vorhanden sind. Letzteres ist um so weniger der Fall, je kleiner der Besitz ist.

Bei dieser Art der V. wird

a) das Seitenlicht im stärksten Maße ausgenützt. Bei keiner andern Art der V. kommt das Seitenlicht so zur Wirksamkeit, wie beim Streifenverfahren, zumal wenn das intensive Licht von S, SO oder SW Zutritt erhält.

b) Wird der Streifen der Hauptrichtung der Winde entgegegesetzt geführt, so ist die Windgefahr sehr verringert; immerhin können auch Winde aus anderen Richtungen (O, S, N) am Rande des Bestandes schädlich werden. Wenn aber zahlreiche Anhiebe im Bestande oder im ganzen Walde gemacht werden, kann die Windgefahr erheblich gesteigert werden.

c) Auch die Einwirkung der Sonne auf die Keimpflanzen kann durch einen vorstehenden Bestand abgeschwächt werden. Bei trockenem Boden oder in Dürrejahren kann diese Wirkung von Wichtigkeit werden.

d) Das alte Holz läßt sich bei ebener oder nahezu ebener Lage und nicht zu großer Breite des Streifens leicht ohne Schaden fällen und durch den anstehenden Bestand abtransportieren.

In gebirgigem und von Schluchten durchzogenem Gelände fallen die Punkte a—d weg, auch die Einwirkung des Seitenlichts (a) ist sehr abgeschwächt.

Bei ausbleibendem Samenertrag ist der freie Seitenstreifen und auch der bedeckte Randstreifen der Vergrasung und dadurch dem Mißlingen der V. ausgesetzt.

Der an den Bestand angrenzende freie Streifen ist, wenn der Bestand nach S oder W oder auch O vorliegt, stark beschattet, so daß Licht und Wärme erheblich herabgesetzt werden und das Wachstum des verjüngten Streifens zurückbleibt.

§ 267. ## Die horst- und gruppenweise Verjüngung.

Der Femelschlag.

1. In älteren geschlossenen Beständen entstehen durch Sturm, Schneebruch, Rotfäule, im Tannenwald durch Aushieb von Krebsstämmen größere und kleinere Lücken. In diesen siedeln sich, wenn sie nicht verrast sind, junge Pflanzen vom Samen der einen nebenstehenden Holzart, und, wenn der Bestand gemischt ist, von mehreren Holzarten an.

Im Femelbetrieb werden die stärksten Bäume regelmäßig gehauen, so daß der Femelbestand mehr oder weniger gleichmäßig verteilte Lücken enthält, in denen ebenfalls Jungwuchs sich einstellt.

Wird der übrige, noch geschlossene Teil des Bestandes schirmweise verjüngt, so werden die in einer Lücke vorhandenen Pflanzen im Wachstum vorausgeeilt sein, eine Gruppe oder einen Horst höherer Pflanzen bilden. Wenn der alte Bestand nun streifen- oder schlagweise abgetrieben wird, so werden diese femelartig entstandenen Horste in die Schlagfläche einbezogen. Die femelartige V. und der schlagweise Abtrieb sind verbunden: es entsteht der Femelschlag.

2. Von diesem mehr zufälligen Femelschlag, der aber immerhin große Verbreitung hat, unterscheidet sich der Femelschlag**betrieb** dadurch, daß jene Lücken absichtlich durch besondere Hiebe, die Gruppenhiebe, im Bestand hervorgerufen werden und daß auf diese Art von V. der ganze Betrieb eingerichtet wird.

Durch den Gruppenhieb entsteht zunächst eine kleinere kahle Fläche, die dann durch den ringsum stehenden Bestand von der Seite her besamt wird. Gleichzeitig entsteht Besamung auch unter den Ästen der die Lücke umgebenden Bäume; es kommt also zu der Seitenverjüngung in der Lücke die Schirmverjüngung unter den Randbäumen der Lücke hinzu. Von diesen Horsten im Bestande, dem „Kern" der V., nimmt der ganze V.-betrieb seinen Anfang.

Ist an einer Stelle innerhalb des geschlossenen Bestandes bereits Aufwuchs vorhanden, so werden die alten Bäume über diesem licht gestellt, oder meistens ganz weggenommen. Dieser Jungwuchs ist also unter dem Schirm der alten Bäume erwachsen.

Die Femelschlagverjüngung besteht also aus verschiedenen Hiebs- oder Schlagarten: der schirmweisen V., einem kleinen Kahlschlag, der femelartigen Seitenverjüngung, der femelartigen und streifenweisen Erweiterung der Lücken, also dem femelweisen Lichtschlag und Räumungsschlag, und dem schlagweisen Abtriebe. Findet der schlagweise Abtrieb am Rand oder am Saum des Bestandes statt, so wird der Femelschlag als Saumfemelschlag bezeichnet. „Der Femelschlag ist eine Kombinierung sämtlicher Schlagformen" (v. Huber). Die Wirkung jeder dieser bereits besprochenen Schlag- oder Hiebsarten ist also auf kleiner Fläche vereinigt.

Infolge der Schlußunterbrechung dringt Seitenlicht und auch direktes Sonnenlicht in den um die Lücke stehenden Bestand ein. Hiedurch wird reichlichere Keimung und stärkere Entwickelung des Jungwuchses unter dem noch geschlossenen Bestand hervorgerufen. Wird nun um die anfängliche Gruppe der alte Bestand etwas gelichtet oder gleich ganz entfernt, so entstehen ringförmige Streifen um die Gruppe. Diese Hiebe haben verschiedene Namen: Umrändelung, Umhauung, Umsäumung, Ringfemelhieb. Da bei der benachbarten Gruppe dasselbe eintritt, so rücken die verjüngten Teile immer näher zusammen. Es bleibt zunächst ein unverjüngter oder wenigstens nur spärlich verjüngter, und mit schwach entwickeltem Aufwuchs versehener Streifen alten Holzes zwischen zwei Gruppen übrig, in den die Randstämme gefällt, und durch den das Holz weggeführt wird. Schließlich wird auch dieser Streifen abgetrieben und soweit nötig angepflanzt.

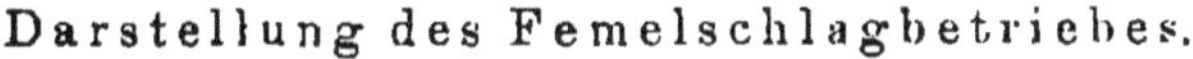
Darstellung des Femelschlagbetriebes.

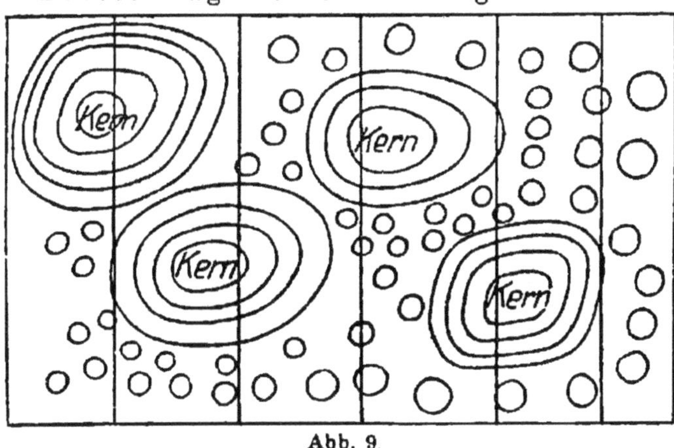

Abb. 9.

Diese Art der V. war wohl von jeher üblich. In Bayern wird sie in den Wirtschaftsregeln von 1844 schon erwähnt. Durch Gayer und seine Schüler, sowie durch v. Huber ist sie in Bayern, insbesondere im Spessart, in der Pfalz und bei Kehlheim weiter ausgebildet und verfeinert worden[1]).

In einzelnen Gebieten ist diese Art der V. im Großen durchgeführt worden[2]). Die Wirtschaftsregeln[3]) für den Neuessinger und Hienheimerforst bei Kehlheim von 1885 und 1893 schreiben dieses Verfahren vor. In Siegsdorf bei Traunstein ist es nach Kast[4]) 1876 schon üblich gewesen. Im württ. Revier Kapfenburg hat v. Falkenstein[5]) 1890 ein ähnliches Verfahren eingehalten, um die Buche in reine Fichtenbestände einzumischen. Für die V. der Tannenbestände im württ. Jagstkreis wird in den Wirtschaftsregeln von 1865 der Sache, nicht dem Namen nach, ein dem Femelschlag nahe kommendes Verfahren empfohlen.[*])

3. Wie ist diese Verjüngungsart nun zu beurteilen?

a) Der Femelschlagbetrieb gestattet freieste Bewegung, weil er alle Verjüngungs- und alle Hiebsformen (die plenterweise, gruppenweise, horstweise, schlagweise, streifenweise Verjüngung) in sich schließt. Dadurch wird es möglich, jede Stelle für sich und zu richtiger Zeit zu behandeln, schlechtwüchsige, flachgründige, trockene oder nasse Stellen, Lücken für sich herauszugreifen und vor dem übrigen Bestand zu verjüngen.

b) Die Begünstigung einzelner Holzarten ist durch horstweise V. ermöglicht.

c) Gutwachsende und vorauseilende Stellen können frühzeitig geräumt, graswüchsige Stellen dunkler gehalten werden.

[1]) Als Gayer sie in seinem „Waldbau“ 1880 S. 489—495 besprach, war sie schon da und dort üblich. Aber eine größere Bedeutung hat sie doch erst durch Gayer gewonnen. Vgl. seine Schrift.

[2]) Bericht über die Regensburger Versammlung des Deutschen Forstvereins von 1901, S. 106—155.

[3]) Mitteilungen aus der Staatsforstverwaltung Bayerns 1. Heft 1894.

[4]) Horst- und gruppenweise V im Forstamt Siegsdorf 1890.

[5]) Allgem. Verhältn. und Wirtschaftsgrundsätze des R. Kapfenburgs. 1899.

[*]) Auch das in neuerer Zeit von Eberhard in Langenbrand (württ. Schwarzwald) geübte, „Schirmkeilschlag“ benannte Verfahren steht dem Femelschlag sehr nahe. An Stelle des unregelmäßigen, gruppenweisen und ringförmigen Vorgehens über den ganzen Bestand hin tritt bei ihm das zonenweise, in der Form der sog. Abrücksaumschläge, sowie der von O nach W gerichteten keilförmigen Vorlichtungen und Räumungshiebe. Hiedurch soll in erster Linie der durch das Abrücken des Holzes entstehende Schaden verringert, außerdem aber auch die Beimischung lichtbedürftiger Holzarten erleichtert werden.

Literatur: Eberhard: Allg. F.J Z.: 1908, 118; Gedanken und Erfahrungen aus dem heimischen Walde 1912, 62; Forstw. Centralbl 1914, 79, 87; 1919, 441; Silva: Eberhard 1919, 265; 1920, 161. Kundmüller 1920, 129. Künkele 1920 193. Clavel 1921, 45. H. Probst.

d) Der Zutritt des Ober-, wie des Seitenlichts kann leicht reguliert werden.
e) An geeigneten Stellen können Bäume zur Erzielung von Lichtungszuwachs belassen werden.
f) Die Anpassung ans Gelände (Schluchten, Kessel, Rücken) ist erleichtert.
g) Es wird ein abgestufter Bestand erzogen.

Daß diese Verjüngungsart in verschiedenen Gebieten Bayerns, überhaupt in Süddeutschland mit gutem Erfolge in reinen und gemischten Beständen von Fichte, Tanne, Buche, Eiche, auch von Föhre angewendet wird, steht außer Zweifel.

Es ist besonders zu betonen, daß die absichtlich eingelegten Gruppenhiebe und daher die entstehenden Horste in Bayern über größere Flächen sich erstrecken, als man bei den von Natur entstehenden Lücken zu sehen gewohnt ist.

So sollen nach den Wirtschaftsregeln von Neuessing (S. 15) die Tannen- und Buchenhorste 10 a, die Fichtenhorste 10—20 a groß gemacht werden. Infolgedessen werden beim ersten Gruppenhieb in einer Abteilung von 30 ha 45 Tannengruppenhiebe und 70—80 bezw. 35—40 Fichtengruppenhiebe nötig, die rund 12 ha, also 40% der gesamten Fläche umfassen. Wer will diese Durchlöcherung des Bestandes in windgefährdeten Gegenden wagen? Hierauf haben auf der Regensburger Versammlung insbesondere Reuss und Borggreve hingewiesen. Vollständig beseitigt wurden diese Bedenken durch v. Huber aber nicht. Er sagte zwar (Bericht S. 151), daß der Wind seit 20 Jahren (1881—1901) nichts geschadet habe; die Gruppenränder festigten sich „auf eine ganz merkwürdige Weise". Der heranwachsende junge Bestand wirke schützend. S. 152 dagegen bemerkt er, daß an außerordentlich windgefährdeten Stellen der Femelschlag nicht geführt werde. v. Falkenstein (der selbst schon 10 Jahre lang ein ähnliches Verfahren angewandt hatte), hat auf den Exkursionen bei Kehlheim diesem Punkte besondere Aufmerksamkeit geschenkt. Er bestätigt in seinem Bericht[1]), daß bei Kehlheim die letzten Stürme in der Tat nicht geschadet hätten. Er führt es auf die Mischung der Fichte mit der Buche, die geringe Krone der Fichte, den vorwiegend trockenen Boden (Jurakalk), die gute Bewurzelung der Fichte auf dem tiefgründigen Boden, die geringe Verbreitung der Rotfäule zurück. Er warnt davor, von diesen Beobachtungen auf andere Verhältnisse zu schließen. Es ist hier noch daran zu erinnern, daß in Süd- und Südostdeutschland (§ 62, Z. 5) die Windgeschwindigkeit die geringste in Deutschland ist. Dazu kommt, daß im größten Teil von Bayern die Niederschlags-

1) Forstl. Blätter. 1901, 123.

menge unter 800 mm beträgt, die Aufweichung des Bodens daher keinen sehr hohen Grad erreichen wird. Es ist ferner bekannt, daß in ein und demselben Waldgebiete je nach der Bodenbeschaffenheit Sturmlöcher sich immer mehr vergrößern, ebenso, daß umgekehrt manchmal einzelne Bestandesteile oder der bloßgestellte Rand allen Stürmen trotzen.

Daß durch die geschilderte Art der V. kleine reine Bestände und nur am Rande stammweise gemischte Bestände entstehen, braucht kaum hervorgehoben zu werden.

Da die Sonne Zutritt auf die Kahlfläche der Gruppe und auch unter den geschlossenen Bestand hat, so ist eine Vertrocknung des Bodens und namentlich des besonnten Randes auf der Nordseite der Lücke zu befürchten. Bei Lehmboden und in regenreichen Gegenden hat dieser Umstand weniger Bedenken; der Jungwuchs in diesem besonnten Ringstreifen entwickelt sich, wie fast überall zu bemerken ist, sogar besser als im beschatteten Ringstreifen auf dem südlichen Teil der Lücke[1]). Dagegen ist auf Sandboden und in regenarmen Gebieten die Austrocknung der besonnten Streifen sehr bedeutend. Auf geneigtem Gelände wird diese Austrocknung noch erheblich gesteigert. Ramann[2]) schildert diese Wirkung in Randlöchern von 7 a bei Eberswalde mit wenigen Worten also: „Vortreffliches Gedeihen der jungen Pflanzen auf den beschatteten, vor direkter Besonnung geschützten Teilen der Fläche, dagegen langsamer, oft jahrelang verzögerter Wuchs auf den besonnten Stellen, deren Pflanzen zunächst zurückbleiben, und erst unter dem Schutz des heranwachsenden Jungbestandes sich kräftigen und diesem allmählig nachkommen". Auch Esslinger[3]) und v. Huber schließen arme Sandböden oder wasserarme Böden, namentlich in sonnseitigen Lagen von der gruppenweisen V. aus. Sie verlangen vielmehr mineralisch kräftigen und jedenfalls frischen Boden.

Wenn sodann Esslinger[4]) als typischen Vorzug des Verfahrens hervorhebt, „daß ein Bestand im Laufe längerer Zeit mit Hilfe mehrerer Samenjahre allmählig verjüngt, die Verjüngungsabsicht also nicht in der Hauptsache auf ein Samenjahr gestützt" werde, so hat er übersehen, daß dies bei anderen V.-arten ebenfalls zutrifft.

Das Wachstum ist in jeder Lücke ungleichmäßig, in der Mitte am besten, gegen den Rand zu geringer. Ein durch gruppenweise V. erwachsener Bestand wird also zunächst ein wellenförmiges und abgestuftes Bild darbieten, wie es sich übrigens in jeder schlagwei-

---

[1]) Ähnlich in künstlich hergestellten Lochkahlschlägen von 1 a Größe im Versuchsgarten.

[2]) Vgl. Ramann. Über Lochkahlschläge. Zeitschr. f. Fw. 1897, 697.

[3]) Regensburger Bericht S. 108. 149.

Daselbst. 108.

sen Schirmverjüngung auf kleinen Flächen auch zeigt. Diese Ungleichheiten verschwinden aber im späteren Alter durch das Nachwachsen der anfangs zurückgebliebenen Stellen. Außerdem werden diese letzteren von den sich in die Äste ausbreitenden Randpflanzen der Gruppe überwachsen und fallen zum Teil der Durchforstung anheim.

Daß durch dieses Verfahren gemischte Bestände erzogen werden können, steht außer Zweifel. Daß dies nur durch die gruppenweise V. möglich sei, ist ebenso zweifellos unrichtig.

Wenn in der ganzen Frage so viele Mißverständnisse entstehen konnten, so rührt dies von der Bezeichnung dieses Verfahrens als „Gruppenverjüngung" her.

Gewöhnlich versteht man unter einer Gruppe eine kleinere Anzahl von Bäumen, die eine Fläche von 0,5, 1, im älteren Bestande auch 2 3 a bedecken. Horste nehmen 5—10 a ein. Die Wirtschaftsregeln von Neuessing nennen jedoch Horste noch Flächen von 10 und 20 a, bei Eichen sogar von 100 a. Hier handelt es sich mehr um kleine Bestände, von denen nur der Rand noch unter dem Einfluß des Nachbarbestandes (Seitenschutz etc.) steht, deren Inneres dagegen die Wachstumsbedingungen des Kahlschlags und des reinen Bestandes hat.

Das Anwendungsgebiet der gruppenweisen V. ist demnach auf die guten Bodenarten und die windgeschützten Lagen oder auf wenig vom Wind gefährdete Holzarten (Ei, Ta, Bu) beschränkt.

Werden die Gruppenhiebe nur 1—2 a groß gemacht, so unterscheidet sich diese Verjüngungsform von der Schirmverjüngung nicht mehr, sobald diese nicht auf eine mechanisch gleiche, sondern eine nach dem Wachstum des Jungwuchses abgestufte Lichtung eingerichtet ist.

Der Kleinbesitz überwiegt (§ 11) in Deutschland und auch in anderen Ländern. Die jährliche Schlagfläche beträgt vielfach nur 1—2 a. In diesen Waldungen ist keine schlagweise, sondern eine femelweise Nutzung üblich, woraus sich die femelweise V. von selbst ergibt. Dadurch entstehen nur kleine Gruppen oder Horste. Beim Kleinbesitz ist also die V. durch die Verhältnisse gegeben. Die eben beschriebene horstweise V. geht in die femelweise V. über.

§ 268. Die streifenweise Verjüngung. Der Saumschlag.

1. Die jährliche Nutzung wurde seit vielleicht fünfhundert Jahren auch im Hochwalde, wie es im Niederwald üblich war, auf kleinen Flächen erhoben, die in der Größe etwa der jährlichen Schlagfläche entsprachen. Die Form dieser Schlagflächen war am Hang und vielfach auch auf der Ebene lang und schmal, also band- oder streifenförmig. Dadurch mußte auch die Form der V.-flächen eine streifen-

förmige werden, was besonders deutlich bei der Seitenverjüngung hervortritt. Da die Nutzung vielfach am Rande oder am Saum des Bestandes begann, nennt man dieses streifenweise Abtreiben des alten Holzes nach bayerischem Vorgang „Absäumen" („schmale Absäumung"). Neuerdings wird die Bezeichnung Saumschlag für einen sehr schmalen Streifenschlag angewendet.

Durch den Wind wird vom stehenden Bestand her der Same auf den kahl abgetriebenen Streifen geweht, also die Kahlfläche besamt. Ein anderer Teil des Samens fällt in den verbleibenden Bestand, kommt dort unter dem Schirm zur Keimung. Man spricht daher von „Saumschlägen unter Schirmbestand". „Der an den Saumschlag unmittelbar anliegende Bestandesteil ist in der Hauptsache geschlossen zu halten; nur der äußere, längs des Saumschlags hinziehende Rand kann etwas vorgelichtet werden"[1]). Der Schirmstand soll den Graswuchs zurückhalten und nach Erstarkung des Jungwuchses mit einem Mal völlig nachgehauen werden.

Es ist also Schirmverjüngung mit sofortiger Räumung des alten Holzes üblich und daneben V. des kahlen oder beim 2. Hieb schon etwas besamten Streifens von der Seite her, d. h. Schirmverjüngung mit Seitenverjüngung verbunden. Auch die horstweise V. kann mit dem Saumschlag verbunden werden.

2. Diese V.-art hat wohl die weiteste Verbreitung erlangt und während Jahrzehnten, ja Jahrhunderten sich erhalten. Der größte Teil der heutigen Wälder ist im Streifenverfahren verjüngt worden. Bei der Bildung der Abteilungen ist auf diese Art der V. Rücksicht genommen worden. Die Abteilungen haben vielfach die Form langer Vierecke erhalten. Da ferner der Abtrieb wegen des Windes meist von NO und O erfolgte, so ist die Längsseite nach O oder NO gerichtet: die Langseite soll senkrecht zur herrschenden Windrichtung stehen. Wird auf der im Winter kahlgeschlagenen Fläche alsbald das Stockholz gerodet, und ist im vorstehenden Bestand Samen auf den Bäumen, so kann die kahlgehauene Fläche im Frühjahr nach dem Hiebe schon besamt werden (wie es bei mangelndem Samen durch eine Saat erreicht werden müßte).

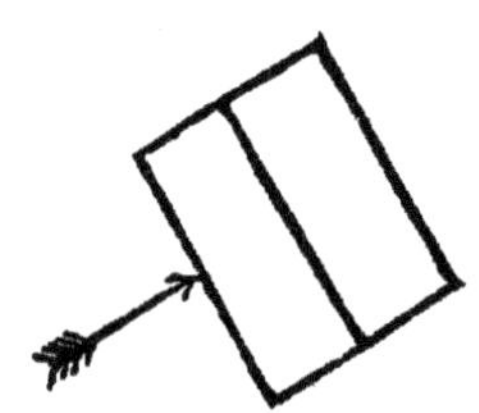

Der Saumschlag ist insbesondere die Form der V. für das Gebirge, wie aus den Berichten von Feistmantel, Zötl, Wessely, Engler, Barberini, Henne, Fankhauser hervorgeht.

Der durch den abgetriebenen Streifen plötzlich ans Licht gestellte zweite Streifen erhält, da er etwas gelichtet ist, Oberlicht

[1]) Mitt. aus der Staatsforstverw. Bayerns 1, 112.

und von der Seite des abgetriebenen Streifens Vorder- oder Seitenlicht von N, O, S, W. Aus § 32 wissen wir, daß die Intensität des Vorderlichtes von S am stärksten ist, dann folgt dasjenige aus O und W endlich das aus N. Außer dem diffusen Seitenlicht erhalten die unter Schirm stehenden Pflanzen auch direktes Sonnenlicht, wenn der Bestand nach O, S, W offen ist. Die Blätter dieser Schirmpflanzen werden also, wenigstens zum Teil, nicht Schatten-, sondern Sonnenblätter sein und außerdem unter dem Einfluß des Lichtes sich kräftig entwickeln. Die Schlagführung muß so gestaltet werden, daß das intensive Licht aus S, bezw. SO und SW in den Bestand eindringen kann. Die Hiebe müssen also, soweit es auf die Belichtung und Erwärmung ankommt, von O, SO und S, SW, auch W geführt sein. Wo genügende Feuchtigkeit im Boden vorhanden ist, kann dies unbedenklich geschehen, wie in regenreichen Gegenden solche Anhiebe oder zufällig entstandene Lücken zeigen. Wo Austrocknung des Bodens zu befürchten ist, müssen sie unterlassen, durch den Anhieb von Osten oder durch stärkere Lichtung, um dem Oberlicht Zutritt zu verschaffen, ersetzt werden. Der Anhieb von N gibt zwar geringere Austrocknung des Bodens, aber auch geringere Licht- und Wärmemengen. Wenn etwa der Gras- und Unkrautwuchs zurückgehalten werden soll, wird sich zunächst der Anhieb von N empfehlen. Auf nassen und kalten Bodenarten ist die Wärme im Minimum vorhanden, also direktes Sonnenlicht nötig. Auf kalkigem und sandigem Boden ist die Feuchtigkeit im Minimum vorhanden, starke Verdunstung ist daher zu vermeiden. An Nordseiten steigt zwar die Feuchtigkeit durch die Beschattung; auf nassem Grunde stellt sich aber Graswuchs, Sumpfmoos und Binsenüberzug ein. Hartig und Cotta stellen den Anhieb von O voran, geben aber ausnahmsweise auch dem Anhieb von N Raum. In Bayern ist der Anhieb von N in mehreren Gegenden üblich. Aber das Licht hat einen so überwiegenden Einfluß auf das Wachstum von jungen Pflanzen, daß selbst auf Sand und bei nur 600 mm Niederschlag die Beschattung von S her (also die Stellung am Nordrand) das Wachstum bedeutend herabsetzt.

Die Keimlinge erscheinen auf der beschatteten und feuchteren Seite zahlreicher; in trockenen Gegenden oder in trockenen Jahrgängen kann also die beschattete Lage von Vorteil sein. Die Bodenfeuchtigkeit spielt beim Laubholz eine weit geringere Rolle als beim Nadelholz. Wir begegnen deshalb bei älteren Schriftstellern dem Vorschlag, die Laubholzbestände von S nach N abzutreiben.

Ausschlaggebend für die Wahl der Anhiebsstelle waren und sind die Windverhältnisse (§ 61—65). Da die Südwest- und Westwinde im allgemeinen in Mitteleuropa die häufigsten und heftigsten sind

(§ 63), sucht man den Angriff des Windes durch den geschlossenen Bestand, der im SW und W vorliegt, zu schwächen. Der Anhieb von W oder SW kann bei Fichten, zumal auf lockerem und nassem Boden, zu ausgedehnten Windwürfen führen. Dagegen hat in geschützten Lagen der Anhieb von S oder W weniger Bedenken. Die Wahrnehmung im Nadelwalde nach heftigeren Winden, Berichte über die großen Stürme, und das seit Jahrhunderten in der Praxis wegen der Windgefahr allgemein eingehaltene Anhauen von NO oder O lassen über diesen Punkt keinen Zweifel bestehen.

Das Anhauen von O und die Erhaltung der samentragenden Bäume im W begründet man außerdem durch die größere Wahrscheinlichkeit der Besamung. Die Zapfen öffnen sich, wie man annimmt, bei den warmen SW- und W-Winden. Der Same werde nun vom Winde auf die im O liegenden kahlen Flächen geführt. Genauere Beobachtungen hierüber fehlen (vgl. § 61, Z. 12). Einzelstehende, z. B im Laubwald stehende Fichtenbestände ergeben, daß ringsum Besamung stattfindet, daß sie aber gegen O und NO am weitesten sich ausbreitet und auch dichter ist.

Die Breite der Streifenschläge hat mit Rücksicht auf die Vollkommenheit der Besamung seit langer Zeit eine große Rolle gespielt. Sie wird ganz verschieden angegeben, 15—20—30—40 m.

Mit der Entfernung vom Stamme nimmt die Dichtigkeit der Besamung rasch ab. Es kommt aber dazu, daß in der beschatteten Zone mehr Samen zur Keimung gelangt, also eine dichtere Bestockung entsteht.

Da aber nicht mehr, wie es früher allgemein der Fall war, die Besamung des abgeschlagenen Streifens vom Nachbarbestand ausschließlich erfolgt, sondern infolge der Vorlichtung eine Ansamung unter dem Schirm des alten Bestandes entsteht. so hat die ganze Frage des Abfliegens des Samens an Bedeutung verloren. Das „Überfliegen" dient mehr nur zur Ausfüllung der Lücken oder zum Einbringen anderer Holzarten.

Die Hauptgefahr bleibt die Vergrasung der angehauenen Flächen. der kahlen sowohl, als der unter Schirm stehenden Fläche, wenn Samenjahre ausbleiben. Da früher das Gras durch das Weidevieh zurückgehalten werden konnte und, wo heute noch Weidebetrieb üblich ist, heute noch zurückgehalten werden kann, war die Vergrasung eine geringere Gefahr als unter entgegengesetzten Verhältnissen. Die Gefahr der Vergrasung kann nur durch dichteren Schirm wenigstens vermindert, selten ganz beseitigt werden.

Die V. mit Saumschlag unter Schirmstand ist eine Schirmverjüngung. Von der schlagweisen unterscheidet sie sich nur dadurch, daß sie auf einen kleinen Streifen am Rand beschränkt bleibt und durch „Vorlichtung" nur wenig in die Tiefe des Bestandes eingreift, endlich darin, daß das Seitenlicht eine Hauptrolle spielt. Es wird also eine Altersabstufung nach W zu entstehen, die nie ganz regelmäßig sein wird. Denn auch ohne Vorlichtung wird im Innern des Bestandes Jungwuchs sich ansiedeln, ebenso werden Lücken sich besamen, die wie bei der gruppenweisen V. in den Saumschlag einbezogen werden.

Wird eine schlagweise V. von O her streifenweise abgetrieben, so wird in der geschlossenen Dickung kaum ein großer Unterschied zu bemerken sein gegenüber einer sonst gleichen Fläche, die im Saumschlag unter Schirm verjüngt wurde.

Auf die Beschaffenheit des jungen Bestandes, nicht diese oder jene Methode der V. ist beim Urteil der Nachdruck zu legen.

§ 269. Die Kosten der natürlichen Verjüngung.

1. Die Fällung der Bäume, zumal der stärksten Stämme im geschlossenen Bestande ist schwieriger als beim Kahlschlag. Um den Schaden zu vermindern, muß eine bestimmte Fallrichtung eingehalten werden. Sodann hindern die umstehenden Bäume das Niederfallen der gefällten Stämme; letztere fallen in die oft gabeligen Kronen der stehen bleibenden Bäume etc. Das Reisig muß auf unschädliche Plätze zusammengetragen werden.

Für diese schwierigere Arbeit muß den Holzhauern ein höherer Lohn bezahlt werden. Die Erhöhung kann auf der Ebene 10 Pf., am Hange bis zu 20 und 30 Pf. für den Fm betragen. Bei den seit 1918 gestiegenen Löhnen kann der Mehrbetrag wohl eine Mark erreichen.

Das Aufklaftern des Holzes kann in der Schlagfläche nicht an jedem beliebigen Orte geschehen. Das Holz muß an die Wege oder auf leere Plätze getragen werden. Die Entschädigung für 1 Rm mag auf 20, 40, 50, auch 80—100 Pf. sich belaufen. Beim Verkauf des Holzes kann durch höheren Erlös dieser Aufwand teilweise oder ganz wieder ersetzt werden.

2. Das Stammholz muß manchmal auf Kosten des Waldbesitzers herausgeschleift werden. Es kann nicht immer an den Wegen gelagert, sondern muß manchmal auf besondere Lagerplätze geschafft werden. Diese erfordern zuweilen besondere Anlagekosten für Weghauen von Gestrüpp, Wegschaffen von Steinen, Erstellung eines Zufahrtweges. Das Ausschleifen kann für den Fm auf 30—50 Pf. sich belaufen.

3. Das Weghauen der beschädigten Pflanzen verursacht ebenfalls einigen Aufwand.

4. Die entstandenen Lücken müssen ausgepflanzt werden.

5. Wo das Stockholz verkäuflich ist, entgehen die Einnahmen für Stockholz, diese können für 1 Rm auf 1 Mark und darüber veranschlagt werden.

6. Diesen Auslagen gegenüber steht der an den Samenbäumen erfolgende Lichtungszuwachs, der bei längerer V.-dauer nicht unbedeutend ist.

Dazu kommt der Wert des Jungwuchses. Die Erhaltung der Bodenkraft muß ebenfalls in Anschlag gebracht werden, wenn sie auch nicht leicht in Geldwert sich ausdrücken läßt.

7. Auf I. Bonität im Fichtenwalde fallen etwa 800 Fm Derbholz, davon 500 Fm als Nutzholz an. Die Kosten berechnen sich, wenn die geringsten obigen Sätze der Rechnung zu Grunde gelegt werden, folgendermaßen: a) Mehrkosten der Fällung 800 × 0,10 = 80 Mk.; b) Anrücken von 400 Rm Brennholz zu 20 Pf. = 80 Mk.; c) Herausschleifen des Stammholzes 500 × 0,20 = 100 Mk., zus.: 260 Mk. Dazu d) entgangene Einnahme für Stockholz 200 Rm × 1,00 Mk. = 200 Mk. Im Ganzen 460 Mk. Die nicht überall notwendigen Auslagen für Entfernen der Laub- oder Moosdecke, für Aufhacken verhärteter Stellen sind hiebei außer Acht gelassen. Hievon geht ab der Wert des Jungwuchses und des Lichtungszuwachses, 3—400 Mk. Da die direkten Ausgaben leicht den doppelten und dreifachen Betrag ausmachen können, so bleibt ein Überschuß der Kosten von 60—100—200 Mk. und darüber.

Die weit verbreitete Vorstellung, als ob die n. V kostenlos erfolge, ist daher unzutreffend. Kostenlos erhält man den Jungwuchs. Die indirekten Kosten der natürlichen Verjüngung können aber die Höhe der Kosten für künstliche Verjüngung erreichen.

§ 270. II. Die natürliche Verjüngung durch Stock- und Wurzel-Ausschlag.

Bedeutung und Ausführung des Betriebs.

1. Die früher sehr verbreitete V. der Bestände durch Stockausschläge hat sich an den Hängen warmer Gegenden (Rheintal und Seitentäler, Belgien, Südhänge der Alpen, Italien, Frankreich, Balkan) fast überall erhalten. Die Bedingungen reichlichen Ausschlages sind in § 140 besprochen worden. Da mildes Klima die Bildung der Ausschläge begünstigt, so ist der Verbreitung dieser Art von V. eine ziemlich enge Grenze gesetzt. Ihre größte Bedeutung erlangt sie im Eichenschälwald und Kastanien-, sowie Auenniederwald.

2. Durch den Abhieb der Stöcke wird das Entstehen von Adventiv-Knospen am Wurzelhals oder auch im Überwallungsring hervorgerufen. Das Einfaulen der Stöcke wird durch schiefen und

glatten (nicht zersplitternden) Hieb, der das Ablaufen des Wassers begünstigt, verzögert, oft bis zur selbständigen Bewurzelung der Ausschläge ganz verhindert.

Der Spätwinter ist die geeignetste Zeit für den Hieb, weil dadurch die Bildung des Überwallungsrings begünstigt wird. Im Eichenschälwald muß die Fällung im April und Mai stattfinden.

Der Wurzelausschlag tritt in der Bedeutung hinter den Stockausschlag zurück. An Böschungen oder bei Bachverbauungen leistet auch er gute Dienste.

3. Die V. durch Stecklinge wird hauptsächlich bei der Weidenzucht (§ 331) angewendet. Auch bei der Befestigung von Flußufern wird sie bevorzugt.

4. Absenker werden durch Umbiegen und Einkerben von Ästen gebildet. Bei der Fichte bilden sie sich von Natur, wenn die auf den Boden reichenden Äste von Nadeln und Erde bedeckt werden. Steile Felshalden, die die Anwendung von Saat und Pflanzung ausschließen, können auf diesem Wege verjüngt werden.

5. Auf der Bildung von Adventivknospen beruhen die Schosse, die an abgehauenen Ästen und Stämmen sich bilden (Schneitelholz, Kopfholz).

6. Geschlossene Laubholzbestände, namentlich solche, die aus dem Mittelwald entstanden sind, enthalten oft zahlreiche, gut entwickelte Stämme, über deren Abstammung von Stockausschlägen kein Zweifel bestehen kann.

Es könnten nur durch die Benützung von Stockausschlägen auch die Kosten für die Ausbesserung kleiner Lücken erspart werden.

Die V. durch Stockausschläge erfolgt kostenlos. Sie ist mit Unrecht ganz aus dem Hochwalde verdrängt worden.

§ 271.

B. Die künstliche Verjüngung.

Geschichtliches.

Künstliche Verjüngung. Zeitschriften: Allgem. F.J.Z.: Thiersch 1832, 313; Klotz 35, 157; Schultze 36, 173; Brumhard 41, 168; Hess 62, 285; Erdmann 66, 327; 73, 152; Jäger 87, 188; Thaler 1906, 145; Schenk von Schmittburg 08, 283. Aus d. Walde (Burckhardt): Quaet-Faslem 1875, 6, 118; Burckhardt 75, 6, 150; Burckhardt 76, 7, 246; Klinger 77, 8, 17; Quaet-Faslem 77, 8, 153; Burckhardt 79, 9. 167. Beitr. z. Fw.: 1825, II, 1, 3; 27, II, 2, 232. Forstarchiv: 1746, 27, 115; 80, 6, 1; 84, 15, 134; 85, 11, 157; 88, 12. 252; 91, 13, 12; 92, 13, 322, 94, 16, 211; Laurop 98, 23, 235; 1804, 28. Forst- u. J.-Archiv: 1817, II, 4. Forstl. Bl.: v. Vultejus 1861, 204. Forstw. Centralbl.: Surauer 1894, 140; Osterheld 1900, 131; Schüllermann 03, 620; Reiß 07, 643; Frömbling 10, 253. Journal f. d. Fwesen.: Oettelt 1790, 3; v. Hobe 92, 196; 92, 217; Oettelt 93, 3, 40 96, 52, 42; Reitter 99, 42. Krit. Bl.: Pfeil 1825, 162; Burckhardt 46, 89; Ziegenhorn 47, 70; Burckhardt 49, 222; 51. 62; 51, 244; v. Alemann 52, 18; 59, 244;

v. Berg 61, 127. Leipz. gel. Z.: 1766, 734. Monatsschr. f. Fwesen: Lang 1851, 190; 57, 72; Burckhardt 62, 225; Cron 64, 365; v. Pannewitz 66, 81; Brecht 68, 19. Ökon. Neuigktn.: Arendt 1835, 50; 36, 51; Opiz 42, 64; v. Pannewitz 46, 71. Phys. Ök. Bibl.: Moser 1800, 123. Thar. J.: 1847, 53; 50, 125; Negelein 57, 86; Koch 66, 55; Ostwald 89, 194; Lommatzsch 90, 36; v. Oppen 93, 110; Schaal 95, 226. Wedekinds J.: 1829, VI, 129. Zeitschr. f. F.- u. Jwesen.: Schimmelpfennig 1873, 161; Eberts 76, 411; Eberts 78, 559; Wagener 81, 486. Centralbl. f. ges. F.: Rausch 1876, 422; Dimitz 85, 103; Cieslar 86, 167; 88, 202; Cieslar 88, 389; Raßl 93, 193. Österr. Viertljschr.: Groß 1855, 1; Schindler 63, 307. Vereinsschrift f. F.-kunde: Kosmanos 1852, 31: Rakonitz 81, 91. Schweiz. Zeitschr.: Rietmann 1852, 1; 53, 125; 53, 153; 54, 24; 54, 77; 55, 4; 55, 134; 60, 99; Landolt 72, 53; Landolt 73, 77; Wild 93, 96; 1909, 325. — Vereine: Baden 1842; 75; 93. Deutschl. Land- u. Fw. 1838; 39; 40; 41; 43; 45; 51; 53; 61. Harz 1852; 1912. Hessen Großh. 1896; 1910. Mark Brand. 1896. Meckl. 1876; 77; 81; Sachsen 1856: 62; 1900. Schles. 1841; 44; 46; 47; 49; 50; 52; 55; 57; 59; 60; 61; 62; 64; 67; 70; 71; 78; 79; 80. Süddeutschld. 1841; 45; 46; Thür. 1860. Galiz. 1853; 89. Mähren 1845; 50; 51; 52: 56; 60; 64; 67; 70; 71; 72; 81; 82; 84. Ober-Österr. 1856; 58; 59; 67; 68; 87. Reichsf. 1886. Steierm. 1891. Tirol 1853; 57; 61; 63; Schweiz 1851; 66; 67; 68. — Unterbau. Zeitschriften: Allg. F.J.Z.: Rebmann 1879, 414; Weise 85, 7; Kraft 85, 12. Wilbrand 85, 253; Kraft 90, 413. v. Salisch 1908, 314. Thaler 10, 389. Aus d. Walde (Burckhardt): Burkhardt 1865, 1, 1. Forstl. Bl.: Heiss 1874, 1; König 84, 195; Michaelis 84, 345; Borggreve 84, 352. Thar. J.: Burkhardt 1850, 1. Zeitschr. f. F.- u. Jwesen: Frömbling 1886, 627; Schwappach 87, 645. Centralbl. f. ges. F.: Kast 1889, 51. Österr. Viertjschr.: Micklitz 1912, 301. Vereinsschr. f. F.-kunde: Pompe 1855, 35. Vereine: Deutschl. Land- u. Fw. 1856; 60; 69. Els. 1879. Harz 1871. Hessen Prov. 1898. Mark Brand. 1878; 80; 1900. Meckl. 1880. Nordwestd. 1905. Pommern 1887. Preußen (Ost- u. Westpr.) 1875; 76. Schles. 1881; 86; 88. Thür. 1881; 94. Ober-Österr. 1872. Reichsf. 1889.

1. Die allgemeinen wirtschaftlichen Verhältnisse und die Waldzustände, die zur Anwendung der künstlichen V. führten, sind in § 250 besprochen worden. An dieser Stelle sollen nur über die technische Seite der Saat und Pflanzung noch einige Bemerkungen folgen.

Von den ältesten Zeiten bis in die Gegenwart werden Saat und Pflanzung (abgekürzt S. und Pfl.) stets nebeneinander genannt. Herrera gibt 1513 Regeln für S. und Pfl., ebenso Heresbach 1570; dieser erwähnt die Saat- und Pflanzschule, in welch letzterer die Pflanzen 2 jährig verschult werden. Vor der Saat soll gepflügt werden. Colerus berichtet (1665), daß alle Holzarten gesät und gepflanzt werden. Am häufigsten kam das Pflanzen bei der Eiche vor. Die Pflanzschulen scheinen nach Heresbach wieder verlassen worden zu sein. Schreber empfiehlt solche 1755 nach dem Vorgang der Engländer; bei jedem Dorf sollte ein Nadelholzkamp angelegt werden. Auch Büchting empfiehlt (1762) Baumschulen und mißbilligt, daß Pflanzen aus dem Schatten genommen werden. Justi erwähnt 1761, daß 2 Jahre Waldfeldbau stattfinde und dann die Fläche angesät werde. 1764 macht Kuhn die wichtige Bemerkung, daß wegen der Weide, die bleiben müsse, 2—3 m hohe Pflanzen in 3—4 m Abstand gepflanzt werden.

Die vielen öden Plätze, die damals in Kultur gesetzt werden sollten, kehren bei den Autoren regelmäßig wieder. Sie gaben wohl Veranlassung zu Saaten und vielleicht mehr noch zu Pflanzungen. Auf die Pflanzungen in Holland weist Duhamel 1763 hin; er empfiehlt zur Förderung des Wachstums das Behacken der Pflanzen. Von Cleve fand 1764 ein lebhafter Pflanzenhandel nach Holland statt. 1767 mußten Pflanzgelder vom Holzkäufer entrichtet werden. Der Forstkalender von 1772 führt das Löchermachen für die Herbstpflanzung im August und September, für die Frühjahrspflanzung im November und Dezember auf. Brocken konnte 1774 bereits auf eine 40 jährige Erfahrung im Kulturwesen sich berufen. 1776 wird in Oldenburg die Hügelpflanzung angewendet. Jung verlangt 1781, daß jede Lücke angesät oder angepflanzt werde. In Sachsen wird 1783 ein „Planteur" im Lande herumgeschickt. Hartig empfiehlt 1791 das Untersäen, wenn kein Anflug im dunklen Lichtschlag komme. Laurop erwähnt 1796 die Deckung der Saat mit Reisig und widerrät, die Pflanzen aus dichten Wäldern zu nehmen. 1796 werden nach Sierstorpff (Lüneburg) die Eichen als starke Heister zwischen Buchen gepflanzt. Ausführlich werden die Baumschulen 1797 von Witzleben abgehandelt. Lärchen, Fichten und Föhren mußten in Kassel von auswärts bezogen werden. Der Kleebau brachte Kulturen in verlassenen Weideflächen. Hartig wendet 1808 gegen Saaten ein, daß sie zu lange Hege brauchen (20 bis 25 J.); die Pflanzung komme oft nicht teurer zu stehen, sie habe sich sehr ausgedehnt. Hundeshagen (1824) beobachtete, daß in Kurhessen ausgeraufte Pflanzen ganz gut gedeihen. 1831 hat Pfeil die Pflanzung 1jähriger Föhren empfohlen, was der Pfl. einen großen Vorsprung vor der S. gab. Andre berichtet 1832, daß zur Pfl. 1 jährige Setzlinge verwendet werden; sonst würde die Saat vorgezogen. Dagegen erwähnt Hartig 1834, daß früher fast überall die S. geherrscht habe; seit 1824 werde Pfl. mit 3—4-jährigen Pflanzen vorgezogen. Pfeil zieht 1829 bei der Fichte ebenfalls die Pfl. vor. Auch Gwinner erwähnt 1834, daß auf Waldfeld die Pfl. Regel geworden sei; sie werde mit Kunstfertigkeit gemacht. Nach ihm kamen 1841 das Tausend Fichtenpflanzen geliefert und gesetzt unter 5 jähriger Garantie auf 1,70—2,50 ℳ zu stehen. Ein Hauptvorzug der Pfl. sei die Unabhängigkeit von Samenjahren, die frühere Möglichkeit der Durchforstung; die Altersabstufung und die Hiebsfolge werde regelmäßiger. Die Vollsaat werde durch die Riefen-, Plätze-, Löchersaat verdrängt.

Auf der Karlsruher Versammlung werden 1838 Versuche mit S. und Pfl. verlangt; in Brünn (1840) wurden Untersuchungen über den Holzertrag gewünscht. Smalian macht die Wahl zwischen S. und Pfl. vom Reinertrag abhängig. Das Behügeln wird 1841 als Kulturmethode empfohlen. In Waldfeldern werden im südlichen Deutschland nur 1 jährige Setzlinge verwendet. 1845 wird in Schlesien über häufiges Mißlingen der Föhrensaaten geklagt. Aus dem Ellwangerwald (Württ.) wird 1851 berichtet, daß vor 1830 wenige Pfl. ausgeführt worden seien bis Ende der 1830er Jahre seien Ballenpflanzen verwendet worden. 1840 seien die Saatschulen aufgekommen, und seitdem sei die Pfl. überwiegend. 1853 wird auf Grund von Durchforstungsversuchen die Pfl. befürwortet.

1855 erschien die Schrift Manteuffels über die Hügelpflanzung. 1859 wird in Norddeutschland der Dampfpflug verwendet.

Wie die Statistik ergibt, sind im Staatswalde die Pfl. gegenüber den S. heutzutage weitaus überwiegend.

§ 272.

I. Die Saat.

Allgemeines über die Saaten.

Zeitschriften: Allg. F.J.Z.: v. Sponeck 1825, 52; Borchmeyer 26, 64: Pfeil 27, 283; 28, 159; 28, 328; Hartig G. L. 28, 373; 29, 113; 29, 189; 29, 352; Hartig 29, 545; 30, 444; 35, 481; 38, 203; 58; Suppl. 132; 62, 333: Roloff 76, 48; Moeller 78, 416; Heyer E. 83, 298. Aus dem Walde (Burckhardt): Ohnesorge 1875, 6, 158. Forstarchiv: 1770, 4, 111; 80, 15, 137; 87, 1, 275; 91, 17, 70; 98, 21, 191. Forstl Bl.: Grunert 1863, 86; Middeldorpf 73, 268; Genth 75, 28; Genth 75, 353: Heß 76, 274; Kienitz 80, 1; Braun 81, 233; 89, 262. Forst-Mag.: 1765, VI, 3. Forstw. Centralbl.: Baur 1880, 15; Eßlinger 90, 535; Bebel 1902, 270; 02, 827; Giersberg 02, 590; Hörmann 03, 622; Fürst 04, 449; Beck 06, 369; Wagner 07, 409. Gött. gel. Anz.: Käpler 1771; 74 (75, 220). Hannov. Mag. 1769, 7, 475. Journal f. d Forstwesen 1799, V, 161. Krit. Bl.: Tielemann 138, 77; 49, 231; 50, 182; 50, 249; 51, 196; 51, 255; Fleischer 52, 1; Nördlinger 67, 101. Leipz. gel. Z.: J. G. Beckmann 1760, 221; 65, 29. Monatsschr. f. Fwesen: 1857, 475; Schreiber 60, 461; 67, 138; v. Mühlen 71, 102; v. Berg 72, 413; Fischbach 74, 87; Baur 75, 337. Naturw. Zeitschr.: Reuss 1904, 180; Clemens 11, 402; Lakon 12, 401; Kinzel 15, 129; Puchner 15, 159; Neger 15, 270; Kinzel 15, 483; Kinzel 16, 449. Neue Forstl. Bl.: 1902, 129. Ökon. Neuigkten.: 1823, 176; 32, 44; Arendt 34, 96; 34, 143; Arndt 35, 336; 35, 574; Kamptner 48, 548. Thar. J.: v. Klotz 1842, 74; Beil 45, 51; 51, 238; 61, 308; 61, 322; Nobbe 70,109. Zeitschr. f. F.- u. Jwesen: Bando 1869, 69; Bando 69, 449; Danckelmann 73, 64; Eberts 75, 271; Bernhardt 75, 286; Bernhardt 75, 458; Weise 76, 415; Weise 79, 531; Kienitz 80, 601; Schlieckmann 82, 165; Engler 91, 729; Schwappach 1903, 29; Titze 03, 140; Schwappach 06, 505; Wiebecke 10, 342; Busse 13, 174; Schwappach 15, 631. Centralbl. f. ges. F.: 1875, 147; 75, 320; Heß 75, 463; Du Roi 76, 580; 77, 49; Hempel 77, 146, 77, 576; 78, 156; 79, 41; 79, 45; Hempel 79, 548; Buberl 81, 111; 81, 430: Vonhausen 82, 78; 82, 130; 82, 167; Möller 83, 155; Marc 83, 348; Cieslar 85, 510: Möller 86, 217; 86, 348; Nikmann 86, 428; 88, 524; Cieslar 90, 253: 91, 135; Cieslar 93, 145; 93, 229; 94, 133; Cieslar 97, 162; 99, 236; 1900, 331; 00, 503; Zederbauer 06, 306; Zederbauer 10, 116; Rittauer 12, 157.- Österr. Viertljschr.: Koderle 1866, 164; Weinzierl 88, 42; Schollmayer 1902, 229. Berner Sammlg. 1760. Schweiz. Zeitschr.. 1859, 95; Kopp 68, 65; Baldinger 69, 177; Knuchel 1913, 39. — Vereine: Baden 1859; 63. Deutschl. 1903. Deutschl. Land- u. Fw. 1840; 41;

43; 45; 47; 53; 60; 61; 62; 65. Hessen Prov. 1878. Pfalz 1889. Schles. 1841; 43; 50; 57; 59; 68; 76; 77. Kärnten 1871. Mähren 1844; 52; 65. Nied.-Österr. 1902; 12. Ober-Österr. 1857. Ungarn 1857. Schweiz. 1864.

1. Saaten zur Anzucht von Beständen werden ausgeführt:

a) im Freien; Freisaaten auf kahlen Flächen, auf bisherigem Acker-, Weide- oder Ödland;

b) im Freien, vermischt mit Getreide im Waldfeld;

c) unter einem bereits vorhandenen Bestande: Untersaat.

d) Mittelbar der Bestandesgründung dienen die Saaten in Saatschulen, aus welchen die jungen Pflanzen zur Ausführung von Pfl. entnommen werden.

Der Hauptunterschied zwischen diesen verschiedenen S. besteht in der Ausdehnung der Saatfläche und in der Vorbereitung des Bodens.

2. Besondere Sorgfalt erfordert der Schutz der Samen gegen Vögel und Mäuse, der Keimpflanzen gegen Vertrocknen, Unkraut, Weidevieh und Wild. Diese Schädigungen machen allgemein die S. unsicherer als die Pfl.

3. Bei der Ausführung von Freisaaten, die zunächst ins Auge gefaßt werden sollen, muß dem so häufigen Mißlingen dieser Saaten durch sorgfältige Ausführung entgegengewirkt werden. Die einzelnen hiebei in Betracht kommenden Maßregeln werden nun besprochen werden. Es handelt sich um die auszusäenden Samen, die Vorbereitung des Bodens, die Methode der Saat, das Saatquantum, die Zeit der Saat; sodann um die Besonderheiten der Saat bei den einzelnen Holzarten.

§ 273. Der Holzsamen.

1. Der Erfolg der Saat ist in erster Linie von der Qualität des Saatguts abhängig.

Die Qualität einer bestimmten Samenmenge beruht:

a) auf der Reinheit des Samens;

b) auf der Keimkraft der Samenkörner.

2. Der eingesammelte Same ist stets durch fremde Bestandteile (Sand, kleine Steinchen, Schuppen, Zweigteile, Samenkapseln etc.) verunreinigt.

Die Reinheit des Samens wird ausgedrückt in Hundertteilen des Gewichtes. Die fremden Beimischungen betragen bei der Fichte, Föhre, Arve 5 %, bei Tanne und Lärche 10—15, bei Ulme, Erle 20—40, Birke 50—70 % des Gewichtes.

Beim Ankauf des Samens empfiehlt es sich, Angaben über die Reinheit des Samens zu verlangen.

3. Die reinen Körner sind nicht alle keimkräftig: a) weil nicht alle Körner befruchtet sind, und b) weil die Keimkraft verschiedener Körner nicht dieselbe ist (Reifegrad, Größe; weil ferner manche Körner verletzt oder von Insekten angegriffen sind); c) weil sie durch die Aufbewahrung des Samens vermindert wird (Austrocknen, Erhitzen, Verschimmeln).

Die Keimkraft muß bei der Verwendung des Samens bekannt sein, weil das Samenquantum (und auch der Preis) nach der Keimkraft bemessen wird.

4. Die Methoden der Prüfung der Keimkraft sind: a) Wasserprobe; b) Schnittprobe; c) Scherbenprobe; d) Lappenprobe; e) Fließpapierprobe; f) Untersuchung in besonderen Keimapparaten (poröse Tonzellen; Apparate von Stainer, Nobbe, Hanamann, Cieslar etc.).

Die Prüfung der Keimkraft wurde früher vom Käufer des Waldsamens nach einer oder mehreren der eben genannten Methoden vorgenommen. Seitdem in den meisten Ländern besondere Samenprüfungsanstalten errichtet sind, wird diesen der Samen zur Prüfung zugestellt. Das Verfahren haben die Anstalten unter sich vereinbart. Festgestellt wird neuerdings der Gebrauchswert des Samens, der sich aus $\frac{\text{Reinheit} \times \text{Keimprozent}}{100}$ berechnet. Zur Prüfung der Keimfähigkeit wird die Zählmethode in der Regel angewendet; es wird festgestellt, wie viele Körner von 100 ausgewählten ganzen Körnern in einer bestimmten Zeit keimen. Die an sich richtigere, aber umständlichere Gewichtsmethode gibt an, wie viele Gewichtsteile keimfähiger Samen in 100 Gewichtsteilen des rohen, nur von fremden Bestandteilen befreiten Samens enthalten sind. Die Auswahl der zur Keimung angesetzten Samen ist stets etwas in das Ermessen des betreffenden Beamten oder Unterbeamten gestellt; bei der Gewichtsmethode fällt diese Unsicherheit weg. Die Keimprüfung ist keineswegs einfach; sie erfordert sehr viel Erfahrung und Sorgfalt, wie die Arbeiten von Haak, Schwappach, Engler u. a. zeigen.

Selbst die Samenprüfungsanstalten gelangen bei demselben Samen manchmal zu nicht unerheblich abweichenden Ergebnissen. Rafn stellt Unterschiede von 20 und 30 Prozenten einander gegenüber (Mitt. der Deutschen Dendrol. Ges. 1904).

In Tabelle 143 sind nach Badoux[1]) die Körnerzahlen nach Kilogramm und Liter (im Walde hat man selten eine Wage zur Hand) aufgeführt.

---

[1]) Mitt. d. Schweiz. VA 4,249. Von anderen Autoren werden etwas andere Zahlen angegeben; der Unterschied kann durch den Jahrgang der Ernte und den Bezugsort des Samens hervorgerufen sein.

Gewicht pro Liter, Körnerzahl pro Kilogramm und pro Liter.

Tabelle 143.

Holzart	Gewicht von 1 Liter g	Körnerzahl in 1 kg	Körnerzahl in 1 Ltr.	Holzart	Gewicht von 1 Liter g	Körnerzahl in 1 kg	Körnerzahl in 1 Ltr.
Arve	490	4400	2160	Haselnuss	425	1170	495
Bergföhre	455	162600	74000	Hollunder	345	84900	29290
Eibe	640	16470	10540	Hopfenbuche	95	138840	13190
Fichte, Rottanne (Gebirge)	575	135080	77700	Kreuzdorn	495	11070	5480
Fichte (Ebene)	595	126390	72200	Linde, grossbl.	360	9860	3550
Föhre (Gebirge)	490	172360	84460	„ kleinbl.	350	24020	8400
„ (Ebene)	515	166500	85750	Mehlbeerbaum	400	2585	1030
Hackenföhre	480	153500	73700	Pimpernuss	90	1190	110
Lärche	490	153500	75200	Platane, abendl.	140	120360	16850
Schwarzföhre	560	51610	28900	„ morgenl.	150	220320	33050
Tanne, Weisstanne	325	22230	7220	Pulverholz	445	18330	8150
Weymouthsföhre	495	57320	28370	Schlingstrauch	425	17080	7260
				Schneeball	375	11820	4430
Akazie	720	46490	33470	Schwarzdorn	595	3090	1840
Alpenerle	200	2500000	500000	Schwarzerle	335	511200	171250
Apfelbaum	585	33750	19640	Spindelbaum	520	26500	13780
Bergahorn	135	9550	1290	Spitzahorn	130	7970	1040
Birke	150	2473000	371050	Traubenhollunder	380	133970	50900
Birnbaum	580	34770	20170	Traubenkirsche	565	8910	5035
Blumenesche	195	15490	3110	Ulme	70	51700	3600
Buche	475	4730	2250	Vogelbeerbaum	395	6025	2380
Edelkastanie	640	125	80	Vogelkirsche	600	4865	2920
Eiche	580	330	190	Wacholder	540	12550	6780
Elsbeerbaum	430	2950	1270	Walnuss	335	200	67
Esche	175	13820	2420	Weichselkirsche	560	9050	5070
Feldahorn	220	11700	2575	Weisserle	260	488800	127090
Geissblatt	490	29740	14570	Zürgelbaum	540	5624	3040
Hainbuche	540	23360	12615	Zwetschgenbaum	475	1520	720
Hartriegel gelber	575	4920	2830				
„ roter	525	14070	7390				

Von einigen Holzarten folgen noch die Nachweise der Körnerzahl von großen, mittleren und kleineren Samen.

Holzart	Körnerzahl 1 kg		
	groß	mittel	klein
Fichte (Gebirge) . . .	110 570	139 700	195 800
„ (Ebene)	101 760	125 100	181 100
Tanne (Ebene)	17 770	22 120	26 170
Lärche	115 430	154 660	221 330
Arve	3 605	4 865	6 630
Föhre	125 860	168 700	215 750
Buche	3 915	—	5 225
Eiche	245	—	450
Hainbuche	17 950	25 000	31 800
Akazie	37 400	45 500	61 800

Aus den Untersuchungen ergibt sich ferner, daß die mittelgroßen Samen prozentisch fast durchweg die Hälfte der ganzen Masse ausmachen, und daß ihre Körnerzahl pro kg der Körnerzahl der gemischten Samen fast genau gleichkommt.

Über die Keimkraft verschieden großer Körner sind Untersuchungen durch die eidg. Samenkontrollstation mit einigen im Frühjahr 1895 bezogenen Samen ausgeführt worden. Das Resultat ist folgendes:

	Keimkraft			
	der gemischten	großen	mittelgroßen	kleinen
	%	%	Körner %	%
Fichte vom Gebirge . .	97	99	95	79
„ aus der Niederung	72	80	84	73
Föhre	46	45	41	30
Lärche	63	75	76	45
Schwarzföhre	54	54	56	55

Die Keimkraft der großen und mittelgroßen Körner ist nicht sehr verschieden, dagegen ist diejenige der kleinen fast durchweg niedriger als diejenige der beiden anderen Sorten.

Als Durchschnittswerte der Keimfähigkeit ergeben sich aus langjährigen Bestimmungen[1]) für:

	%		%
Föhre	65	Birke	19
Fichte	69	Eiche	70
Lärche	46	Schwarzerle	33
Weymouthskiefer	58	Weißerle	24

[1]) Mitt. der eidg. Samenprüfungsanstalt in Zürich.

	%		%
Weißtanne	23	Robinie	74
Bergkiefer	69	Buche	29
Schwarzkiefer	66	Feldulme	31
Douglastanne	51	Arve	86

Für die im Boden liegenden Samen vermindern sich bei rascher Keimung der Samen die Gefahren durch Vögel und Mäuse sowie durch Vertrocknung. Einer diesbezüglichen ausführlichen Tabelle der genannten Anstalt entnehme ich einige Zahlen für den Föhrensamen. Eine Untersuchung der wichtigsten übrigen Sämereien wäre sehr erwünscht. So keimen im Freien Bucheln und Eicheln, auch Bergahornsame, oft erst im Juli.

Verlauf der Keimung bei Föhren.

Endresultat des Keimversuchs	Es keimen in Tagen					
	6	9	12	15	21	30
%	%	%	%	%	%	%
7—10	2	5	7	8	9	9
13—20	4	8	11	12	15	16
21—30	5	11	17	20	23	25
31—40	7	16	23	27	32	34
41—50	13	24	32	37	42	46
52—60	16	30	41	46	52	56
61—70	24	41	51	57	63	66
71—80	31	50	61	67	73	76
81—90	41	60	72	77	83	86
91—96	49	68	79	85	90	92

Der Keimungsversuch der Samenprüfungsanstalten erstreckt sich nur bis zur Entwicklung des Würzelchens und wird mit 30 Tagen abgeschlossen. Man ersieht aus der Tabelle, daß der Keimprozeß selbst bei den günstigsten Bedingungen in Bezug auf Temperatur, Feuchtigkeit, Luftzutritt, Lichteinfluß ganz verschieden rasch vor sich geht, und zwar um so rascher, je besser der Same überhaupt ist. Nach 12 Tagen hatten bei hoher Keimkraft 79, bei mittlerer 51, bei geringer 23, bei sehr geringer nur 7—17 % gekeimt.

In einer durch Pflanzung von Chamaecyparis künstlich hergestellten Lücke von 1 a wurde auf Lehm- und Sandboden die Dauer der Keimung unter verschiedenen Licht-, Wärme- und Feuchtigkeitsverhältnissen im Versuchsgarten bei Tübingen beobachtet. Die Ergebnisse sind in Tabelle 144 zusammengestellt. In der Mitte der Lücke, die am längsten von der Sonne beschienen wird, keimt der Same im allgemeinen am frühesten, wo das Beet vom direkten Sonnenlicht nicht getroffen wird, am spätesten. Der Unterschied beträgt 7—8 Tage. Auch unter günstigsten Bedingungen sinkt die Dauer nicht unter 20 Tage, meistens beträgt sie 30—40 Tage, in den ungünstigsten Lagen 50, sogar 60 Tage.

Die Samenprüfungsanstalten schließen die Untersuchung mit 30 Tagen ab; im Freien beginnen die Samen meistens nach 30 Tagen erst zu keimen.

Tabelle 144.

Dauer der Keimung in einer Lücke Tage:

Holzart	Nordseite mit Südlicht	Ostseite mit Westlicht	Südseite ohne direktes Sonnenlicht	Westseite mit Ostlicht	Mitte der Lücke
			Lehmboden		
Fichte	28	32	32	26	28
Tanne	32	28	32	28	30
Föhre	23	39	39	26	26
Lärche	26	51	39	32	28
Schwarzföhre . .	26	39	39	28	30
Buche	39	43	43	40	30
Eiche	41	47	56	59	47
Bergahorn . . .	39	39	39	32	32
Weißerle	30	30	32	28	28
Birke	46	47	32	—	30
Durchschnitt . .	33,0	39,5	38,3	33,3	30,9
			Sandboden		
Fichte	20	30	32	28	20
Tanne	26	30	32	30	30
Föhre	20	26	30	26	20
Lärche	20	26	39	26	20
Schwarzföhre . .	26	26	39	26	26
Buche	32	39	43	39	30
Eiche	58	58	60	56	51
Bergahorn . . .	39	39	39	39	39
Weißerle	26	26	30	26	26
Birke	32	39	30	43	32
Durchschnitt . .	29,9	33,9	37,4	33,9	29,4
Gesamtdurchschnitt	31,4	34,1	37,8	33,6	30,1
	(2)	(4)	(5)	(3)	(1)

§ 274. **Die Zubereitung des Bodens bei Freisaaten und Untersaaten.**

1. Zur Keimung bedarf der Same a) einer bestimmten Wärme; b) der genügenden Feuchtigkeit; c) des Luftzutritts; d) bei einzelnen Holzarten (Birke, Erlen, Ulme) scheint das Licht eine Rolle zu spielen. Die Durchstrahlung bewirkt nach K i n z e l innere Veränderungen. Die Lichtwirkung wird durch Temperatur-Erhöhung ersetzt. Die einzelnen

Faktoren der Keimung sind übrigens nach den umfassenden Untersuchungen Kinzels schwer zu trennen. c) Über den Einfluß des Frostes hat Kinzel[1]) ebenfalls Untersuchungen angestellt. Pflanzen von durchfrorenem Samen laufen reichlicher auf, sind kräftiger und widerstandsfähiger. Durch den Frost werden mehr Nährstoffe gelöst. Das Bedürfnis der Abkühlung ist je nach der Provenienz des Samens verschieden; die aus kaltem Klima stammenden Samen bedürfen stärkerer Abkühlung, z. T. des Frostes. Die Keimung der Koniferen birgt nach Kinzel noch viele Rätsel.

2. Diese Keimungsbedingungen wechseln mit der Bodenart, dem Bodenzustand und der Art und Tiefe der Bedeckung des Samens.

Vielfach bedarf der Boden keiner besonderen Vorbereitung, sodaß nur für die Bedeckung des Samens gesorgt werden muß. (Gelockerte, aufgewühlte Stellen. Stocklöcher. Waldfeld. Humusschicht.)

In andern Verhältnissen ist a) Entfernen des Rasens, b) Lockerung des Bodens, c) bei Untersaaten Schutz vor zu starker Laubdecke erforderlich.

Dies geschieht durch Hacken, Eggen, Pflügen, Vieheintrieb, Schweineeintrieb.

Wegen der hohen Kosten wird die Vorbereitung nicht auf die ganze Fläche ausgedehnt, sondern auf einen Teil beschränkt.

Dies gibt Anlaß zu verschiedenen Saatmethoden.

§ 275. Die Saatmethoden.

1. Entweder wird die ganze Fläche mit Samen überstreut (Vollsaat) oder nur ein kleiner Teil derselben in Form von Streifen, Bändern, Platten besät.

Die Vollsaat wird nur angewendet, wenn keine Bodenvorbereitung nötig und das Unterbringen des Samens leicht ist (Ackerland, Waldfeld; gelockerter Boden auf Kahlschlägen).

Vielfach wird nur ein Teil der Fläche besät, um Kosten zu ersparen. Je nach der Form der angesäten Teile unterscheidet man:

a) Streifen- oder Bändersaaten; in 10—12 cm breiten, mit dem Pflug gezogenen Furchen; Abstand der Streifen 1 m; auf berastem und verwildertem Boden;

b) Rillen- oder Rinnensaaten; mit der Hacke oder dem Pflug gezogen; 3—8 cm breit; Abstand 0,50—1 m.

c) Plätze- oder Plattensaaten; 30—50 cm Seitenlänge; Abstand 1—1,5 m.

d) Löcher- oder Stecksaaten; Abstand 0,3—0,6 m.

e) Rabatten- oder Hügelsaaten auf Erhöhungen in nassem Grunde.

[1]) Frost und Licht als beeinflussende Kräfte bei der Samenkeimung. 1913. S. 8.

2. In der Regel wird der Same mit der Hand ausgesät. Säemaschinen sind selten anwendbar.

3. Die Bedeckung wird a) mit der Hand durch Überwerfen, b) mit Werkzeugen (Rechen), c) mit Straucheggen, d. h. Eggen mit angebundenem Schleppbusch, d) durch Eintrieb von Vieh oder Schafen bewirkt.

§ 276.

Die Samenmenge.

1. Die ausgesäte Samenmenge ist verschieden
   a) nach der höheren oder geringeren Keimfähigkeit des Samens;
   b) nach dem Zustand des Bodens;
   c) nach dem zu erwartenden Abgang an Pflanzen (Dürre, Frost, Wild);
   d) nach der Holz- und Samenart;
   e) nach der Saatmethode;
   f) nach der zu erwartenden Entwickelung der jungen Pflanzen.

2. In der nachfolgenden Übersicht sind die geringsten und höchsten, sowie die meistens angewendeten mittleren Mengen für 1 ha angegeben. Dieselben beziehen sich auf Vollsaaten.

Bei der Streifensaat bedarf es ca. 66—75 %, bei der Plätzesaat ca. 50 % des Quantums der Vollsaat.

Samenmenge für 1 ha bei Vollsaaten im Freien.

Tabelle 145.

Holzart	kg auf 1 ha			Zahl der Körner pro kg
	Minimum	Maximum	Mittel	
1. Fichte	10	20	15	150000
2. Föhre	5	20	10	150000
3. Lärche	10	30	20	160000
4. Schwarzföhre	10	20	15	53000
5. Tanne	50	200	80	25000
1. Ahorn	25	100	50	11—15000
2. Birke	15	80	50	2—300000
3. Buche	150	350	200	5000
4. Eiche	500	1000	700	300—500
5. Erle	10	40	25	400000
6. Esche	40	90	50	13000
7. Hainbuche	50	150	100	25000
8. Ulme	30	50	40	100000

Kann durch sorgfältige Gewinnung und Behandlung des Samens eine höhere Keimkraft erreicht werden, wie dies neuerdings beim Föhrensamen (bis zu 95 %) der Fall ist, so können die oben angeführten Mengen entsprechend ermäßigt werden.

3. Von den im Freien gesäten Körnern kommt nur ein sehr geringer Teil zum Keimen und zur Entwickelung; im günstigsten Fall wohl 10—20 %, meistens nur 1—2 %, manchnal nur 0,1 %. Ist die Keimkraft des Samens gering, so tritt ein Mißlingen der Saat ein.

§ 277.

Die Saatzeit.

1. Die meisten Holzarten werden im Frühjahr gesät. Die Herbstsaat ist gewöhnlich bei der Tanne. Im Spätwinter werden Erle und Birke, im Juni, alsbald nach der Reife, Ulmen, Weiden gesät.

Für das Gelingen der Saat kommt es hauptsächlich auf die Witterung während des ersten Keimungsstadiums an (Trockenheit, Kälterückfälle, Nässe).

Für das Keimen ist die Bodentemperatur, daher auch die Exposition von Wichtigkeit.

2. Je später die Saat im Frühjahr ausgeführt wird, um so schwächer bleiben im allgemeinen die jungen Pflanzen, um so kürzer die Wurzeln. (Gefahr des Vertrocknens während des Sommers, Auswintern, Schaden der Winterkälte für die nicht verholzten Pflanzen).

3. Praktisch von Bedeutung ist die Frage, bis zu welchem Zeitpunkt des Jahres die Saat hinausgeschoben werden darf. Die Pflanzungen werden gewöhnlich im Frühjahr zuerst ausgeführt, weil das Treiben der Knospen je nach der Holzart einen früheren Termin nötig macht. So sieht man in tiefen und mittleren Höhenlagen Saaten Ende Mai, selbst im Juni erst in Ausführung. Auch über die Frühlings- und Herbstsaaten bestehen verschiedene Meinungen. Um einige Klarheit in diesem Gebiete zu schaffen, sind im Versuchsgarten bei Tübingen von 1903 bis 1917 Versuche über den Einfluß der Saatzeit angestellt worden mit Samen von Fichten, Föhren, Lärchen, Schwarzföhren, Tannen, Weymouthskiefern; Ahorn, Buchen, Eichen, Erlen, Akazien. Die Samen wurden ausgesät: 8., 15., 22., 30. April; 9., 15., 22. Mai; 2., 16. Juni, 1., 15. Juli; 1., 17. August; 1., 17. September; 1., 15. Oktober; 2., 16. November 1903.

Die Nadelhölzer, außer der Tanne, keimen das ganze Jahr hindurch. Die Tanne und die Laubhölzer entwickeln vom Juni ab nur noch wenige Keimlinge.

In den ersten 5 Jahren sind die frühesten Saaten in der Entwickelung bedeutend allen anderen voraus; die späteren Saatzeiten haben nicht nur weniger, sondern auch geringere Pflanzen hervorgebracht.

In Lagen bis zu 1800 m Meereshöhe sollte die Saat nicht über die letzten Tage des April hinaus verschoben werden. Wegen der Kälterückfälle empfehlen sich Saaten schon im März jedoch nicht.

Ende 1917 zeigen die Höhenuntersuchungen noch ein entschiedenes Vorherrschen der Aprilsaaten. Nur bei Lärche und in geringerem Grade bei der Fichte finden sich in jedem Beete einzelne vorwüchsige Pflanzen, die in der Höhe einander gleichkommen.

Die im Oktober und November 1903 gesäten Samen der Nadelhölzer (außer der Tanne) keimten erst im Jahre 1904. Diese 1 Jahr jüngeren Pflanzen kommen aber den im Jahre 1903 gesäten in der Höhe und überhaupt in der ganzen Entwickelung fast vollständig gleich (Einwirkung des Frostes auf den Samen?). Die aus verschiedenen Saatzeiten verpflanzten Fichten entwickelten sich bis zum 7. Jahre ziemlich gleichmäßig. Die aus den Saaten von Oktober und November stammenden Pflanzen behielten bis zum 15. Jahre ihren Vorsprung im Wachstum.

§ 278. Das Verfahren bei den einzelnen Holzarten.

Die im Freien oder unter dem vorhandenen Bestande ausgeführten Saaten unterscheiden sich bei den einzelnen Holzarten

a) nach der Häufigkeit der Anwendung und nach der Größe der Saatfläche, b) nach der Saatmethode; Nadelholzsamen ohne Flügel; c) nach der Art und Tiefe der Bedeckung; d) der Saatzeit; e) nach den Gefahren, gegen welche die Saaten zu schützen sind; Graswuchs schadet allen Holzarten.

A. Laubhölzer.

1. Eiche. a) Nicht häufig und kleinere Flächen. b) Selten Vollsaat, sondern Streifen-, noch häufiger Plätze- und Stecksaat. Saatlöcher mit Hacke oder Stecheisen gemacht. Samen durch Wasserprobe zu prüfen. c) Tiefe der Bedeckung 30—40, sogar 80—90 mm. d) Saat Frühjahr; wegen des Mäuseschadens im Herbst gewagt. e) Frost nicht sehr gefährlich.
2. Kastanie wie Eiche.
3. Buche. a) Nicht selten; wegen Frostgefahr Untersaaten. b) Meist Riefen- und Streifensaaten. c) Bedeckung 30—40 mm. d) Frühjahr. e) Frost.
4. Hainbuche. a) Sehr selten. b) Streifen- oder Plätzesaat. c) Bedeckung 30—40 mm. d) Frühjahr oder Herbst. Keimt erst im 2. Jahr.
5. Birke. a) Selten. b) Meist Vollsaat. c) Nur leicht überstreuen oder bloß festtreten. d) Frühjahr. e) Kann mit Überfrucht gegen Vertrocknen geschützt werden.

6. Erle. a) Selten; auf nassem Grunde. Weißerle auf rohen Boden. b) Rillensaat auf Rabatten und Hügeln. c) Bedeckung ganz leicht. d) Frühjahr oder Spätwinter. e) Gelingt selten bei Trockenheit.
7. Esche. a) Selten. b) Plätze- und Streifensaat. c) Bedeckung 30—40 mm. d) Frühjahr. Keimt erst im 2. Jahr.
8. Ahorn, wie Esche. Selten. Spitzahorn und teilweise auch Bergahorn keimt oft erst im 2. Jahr.
9. Ulme. a) Sehr selten. b) Plätzesaat. c) Bedeckung 3—5 mm. d) Am besten Ende Juni, gleich nach der Reife des Samens.
10. Akazie. a) Selten. Weil der Same sehr tief gelegt werden kann, auf kahlen Stellen, die abgeschwemmt werden oder austrocknen, zu verwenden. b) Streifensaat. c) Bedeckung 20—100 mm. d) Frühjahr.

B. Nadelhölzer.

11. Fichte. a) Sehr verbreitet. Ausgedehnte Flächen von Acker- und Weideland, Kahlschlägen, Waldfeldern aufgeforstet. b) Vollsaat, Streifen-, Plätzesaat. c) Bedeckung 20—30 mm; Eggen, Schafherde. d) Meist Frühjahr. e) Dürre, Frost; Rüsselkäfer, Engerling.
12. Föhre. a) Von allen Holzarten die ausgedehntesten Flächen, namentlich bei Aufforstungen von geringem Boden und bei Mischungen. b) Vollsaat selten wegen des hohen Samenpreises; meist Streifen- oder Plätzesaat. Auch Zapfensaat. c) Bedeckung 15—30 mm. Egge. Schafherde. d) Frühjahr. e) Schütte. Rüsselkäfer. Engerling.
13. Weißtanne. a) Wegen Frostgefahr und langsamen Wachstums nur unter Schutzbestand. Nicht sehr verbreitet. b) Meist Streifen-, selten Vollsaat oder Plätzesaat. c) Bedeckung 30 mm. d) Frühjahr oder auch Herbst. e) Frost. Wild.
14. Schwarzföhre. a) Bestockung öder Flächen, insbesondere auf Kalk. b) Vollsaat selten, meist Streifen- oder Plätzesaat. c) Bedeckung 30—50 mm. d) Frühjahr.
15. Lärche. a) Wegen geringer Keimkraft des Samens selten, meist als Mischung zu anderen Holzarten. b) Plätzesaat. c) Bedeckung 15—20 mm. d) Frühjahr.
16. Arve. a) Wegen Mäusegefahr selten. b) Meist Plätzesaat, weniger gefährdet. c) Bedeckung 30—60 mm. d) Frühjahr oder Herbst. e) Keimt im 2. Jahr.

C. Gemischte Saaten.

Wie die reinen Saaten. Jede Holzart für sich zu säen wegen der gleichmäßigen Verteilung.

Die Tiefe der Bedeckung kann im großen nicht genau eingehalten werden. Sie ist mehr oder weniger vom Zufall abhängig und kann bald zu flach, bald zu tief sein.

§ 279. Schutz und Pflege der Saaten.

1. Schutz der Saaten kann erforderlich werden gegen Beschädigungen durch Weidevieh und Wild. An besonders gefährdeten Stellen wird manchmal Einzäunung notwendig. Wo der Wildstand nicht sehr stark ist, sind Abwehrmittel meist nicht erforderlich, da bei genügender Dichtigkeit der Saaten die Beschädigung durch Wild nicht so bedeutend zu sein pflegt, um Schutzmaßregeln zu rechtfertigen.
2. Bei starkem Graswuchs müssen die Saaten freigeschnitten werden, am leichtesten läßt sich dies bei Streifensaaten durchführen; auch das Abweiden durch Schafe kommt in Betracht.
3. Als Schutz der Saaten gegen Frost und Vertrocknung kann ein leichter Überhalt von Altholz belassen werden. Freihalten der Saaten von Gras und Unkraut, sowie Lockerung des Bodens.
4. Die Lücken in den Saaten können durch Ballenpflanzen ergänzt werden, welche an zu dichten Stellen der Saat ausgehoben werden.
5. Zu dichte Saaten können ausgeschnitten oder durch Ausziehen verdünnt werden, damit die einzelnen Saatpflanzen einen größeren Wachsraum erhalten.

II. Die Pflanzung.

§ 280. Allgemeines.

Zeitschriften: Allg. F.J.Z.: 1830, 555; 34, 109; 38, 533; v. Greyerz 39, 161; Mietel 42, 450; Hartig Th. 49, 201; v. Manteuffel 49, 281; 52, 129; D'Hericoyen 53, 46; Heyer G. 57, 41; Schuberg 57, 334; Schember 58, 265; Heyer 59, 331; Schember 61, 4; v. Manteuffel 61, 85; Preuschen 66, 121; Heyer E. 66, 205: Hess 79, 288; Gieseler 82, 327; Bühler 86, 1; v. Arnswaldt 87, 267; Heyer 88, 414; Reuß 91, 1; Tiemann 1912, 90; Krug 13, 80. Aus dem Walde (Burckhardt): Weßberge 1869, a, 137; 76, 4; 74, 5. Forstarchiv: 1776, 4, 275; 92, 13. Forstl. Bl.: Middeldorpf 1873, 193; Vonhausen 76, 368; Borggreve 78, 306. Forst.-Mag.: 1763, II, 6. Forstw. Centralbl.: Beling 1881, 536; 88, 297; Richter 1901, 626; Heck 03, 310; Schwarz 03, 472; Hauenstein 03, 628; Reuter 04, 550; Schwarz 04, 629; Bernstein 06, 18; Tiemann 10, 84; Roth 15, 358; Tiemann 15, 377. Gött. gel. Anz.: 1763: 73. Hannov. Mag.: 1765, 3, 1282; 68, 6, 348. Journal f. d. Forstwesen: Laurop 1799, V, 11. Krit. Bl.: 1842, 191; v. Manteuffel 46, 59; v. Manteuffel 53, 207; Nördlinger 63, 132; Nördlinger 64, 159; Kropp 65, 125. Monatschr. f. Fwesen.: 1856, 301; Pfost 58, 17; Schünemann 67, 105; Fischbach 75, 145. Naturw. Zeitschr.: Schüllermann 1913, 231; Schüllermann 13, 337; v. Tubeuf 14, 394. Neue Forstl. Bl.: Bühler 1901, 9, 25. Ökon Neuigktn.: Binder 1834, 47; Opiz 34, 521; Schmiedl 36, 377; Schmiedl 36, 473; Eichler 40, 829; Schultze 41, 41; 42, 471; 45, 352. Thar. J.: v. Manteuffel 1845, 1; v. Berg 48, 236; v. Berg 53, 212; Schuster 63, 180;

Hallbauer 89, 132. Wedekinds J.: Heyer 1828, I, 1. Zeitschr. f. F.- u. Jwesen.: v. Alten 1885, 25; Danckelmann 89, 35; Paasch 90, 351; Bötzel 92, 584; Kienitz 94, 265; Ney 1908, 449; Frömbling 05, 329; Dittmar 09, 34; Frömbling 09, 660; Kranold 11, 358; Stolze 12, 26; Schwappach 15, 65. Centralbl. f. ges. F: Hahn 1877, 76; Stephan 77, 208; Alers 77, 327; Pechtold 79, 14; 79, 617; 80, 178; Fahrner 81, 508; Möller 84, 572; 90, 296; Reuß 90, 356; Cieslar 92, 233; Boos 93, 518; Koženšnik 94, 59; Koženšnik 94, 161; Koženšnik 96, 206. Österr. Viertjschr.: Pitasch 1866, 28; Frank 1901, 39. Vereinschr. f. F.-kunde: 1850, 7, 37. Schweiz. Zeitschr.: 1852, 182; 55, 15; 55, 41; 60, 43; Landolt 66, 78; Stöcklin 73, 104; Bühler 94, 86; Wild 89, 17; Landolt 92, 135; Wild 93, 102; Fankhauser 1901, 217; v. Guttenberg 02, 164; 02, 309; 06, 273. — Vereine: Baden 1852. Deutschl. Land- u. Fw. 1841; 44; 47; 56; 60; 72. Harz 1859. Hils-Soll. 1854; 80. Meckl. 1906. Pfalz 1874; 75. Pommern 1905. Sachsen 1847; 51; 52; 60; 73; 85; 1908; 09; 10. Schles. 1841; 54; 55; 56; 59; 60. Süddeutschld. 1860. Württ. 1876. Kärnten 1880. Mähren 1841; 72; 74; 86; 89. Ober-Österr. 1856; 57; 67; 73; Reichsf. 1899. Tirol 1855. Schweiz. 1844, 50.

1. Der Vorgang des Verpflanzens ist zunächst in seinen einzelnen Stadien ins Auge zu fassen. Die sich erhebenden Fragen sind vorherrschend pflanzenphysiologischer Natur (§ 132, 133). An ihre Besprechung schließt sich die Erörterung der praktisch wichtigen Gesichtspunkte an.

Bei der Pflanzung werden die Pflanzen aus ihrer ursprünglichen Stelle weggenommen, der Verband mit dem Boden wird gelöst. Die feinen Wurzeln werden hierbei meist abgerissen und mehr oder weniger beschädigt.

Im Versuchsgarten wurden die in einer Saatrille stehenden Fichtenpflanzen sorgfältig ausgehoben, von Erde befreit und sogleich wieder eingesetzt. Ein Austrocknen der Wurzeln war ausgeschlossen. Es kam also nur der Einfluß der Trennung von den Bodenteilchen zum Ausdruck. Diese Pflanzen blieben neben den Saatrillen, die unberührt waren, im Wachstum erheblich zurück.

Ein weiterer Versuch mit 5 jährigen Fichten von 30 cm Höhe zeigte, daß wenigstens bei dieser Holzart (im Klima von Zürich) der Einfluß des mehr oder weniger sorgfältigen Aushebens nicht von so großer Bedeutung ist, als man gewöhnlich annimmt. Die Fichten, die kurzweg aus dem Boden ausgerissen wurden, zeigten gegenüber den sorgfältig ausgehobenen keinen Unterschied im Wachstum. Das Wurzelwerk war bei beiden Arten gleich dicht und fein verzweigt.

2. Im großen Betriebe läßt sich ein Vertrocknen der Wurzeln beim Ausheben, Einschlagen in den Boden, bei der Verpackung und dem Transport und dem Wiedereinsetzen in den Boden nicht ganz vermeiden.

Ein Versuch sollte über den Einfluß der Insolation Auskunft geben. Die ausgehobenen Pflanzen wurden 2, 3, 4, 6 Stunden auf den Boden gelegt und der Sonne ausgesetzt. Eine Wiederholung führte zu demselben Resultate. Von den 2 und 3 Stunden ausgetrockneten Fichten ging im feuchten Boden keine zu Grunde. Von den 4 und 6 Stunden ausgesetzten wurden 33, bezw. 50% dürr und 17 und 33 % zeigten ein kümmerndes Wachstum; es war also auf einen Abgang von 50 und 83 % zu rechnen.

Im Gebirge müssen die Pflanzen öfters 4—5 Stunden aufwärts getragen werden; die Verwahrung der Wurzeln ist dabei von großer Bedeutung. Zu sehr ausgetrocknete Pflanzen lassen nach kurzer Zeit alle Nadeln fallen; an dieser Erscheinung läßt sich die Ursache sicher erkennen.

3. Im praktischen Betriebe müssen die ausgehobenen Pflanzen wieder in den Boden eingelegt, „eingeschlagen" werden. Werden Pflanzen in größerer Menge von auswärts bezogen, so müssen sie ebenfalls längere Zeit eingeschlagen werden. Im Gebirge werden sodann vielfach die Pflanzen vor Beginn der Vegetation aus den tieferen Gegenden in große Höhen transportiert. Dort können sie wegen der Schneelage oder des gefrorenen Bodens oft erst nach Wochen eingepflanzt werden. Darüber habe ich 1892 in der Umgebung von Zürich besondere Versuche angestellt. Der Boden war lehmiger Tonboden. Die Versuche wurden also unter sehr günstigen Verhältnissen angestellt; auf trockenem Sand- oder Kalkboden würde das Abgangsprozent bedeutend höher sein.

Wie lange ertragen die Pflanzen das Einschlagen ohne Schaden vor dem Beginn oder im Anfang der Vegetationszeit? (Ein Einschlagen zur Zeit der Vegetationsruhe, also während des Winters, findet häufig statt.)

Es wurden folgende 12 Holzarten[1]) verwendet: 1. Buche: 1jährige Pflanzen; 2. Eichen: 1jährige Pflanzen; 3. Bergahorn: 1jährige Pflanzen; 4. Schwarzerlen: 1- und 2jährige Pflanzen; 5. Weißerlen: 2jährige Pflanzen; 6. Akazien: 1jährige Pflanzen; 7. Fichten: 1-, 2- und 9jährige Pflanzen; 8. Weißtannen: 1- und 9jährige Pflanzen; 10. Schwarzföhren: 1jährige Pflanzen; 11. Bergföhren: 1jährige Pflanzen; 12. Lärchen: 1-, 2- und 5jährige Pflanzen.

Das Einschlagen der Pflanzen wurde fast bei allen Holzarten auf doppelte Art vorgenommen: die eine Hälfte derselben kam in trokkenen Boden zu liegen, die andere wurde am Rande eines stets wasserführenden Grabens in feuchten oder vielmehr nassen Grund eingeschlagen. Das Einschlagen wurde selbstverständlich mit aller Vorsicht gemacht; die Einzellagen — nur wenige Holzarten wurden in kleinen Büscheln eingeschlagen — der Pflanzen waren gleichmäßig und die Erdschichte wurde bei allen möglichst dicht angelegt. Der Ort des Einschlagens befand sich im 20jährigen gemischten Buchen- und Fichtenbestande, so daß die Pflanzen vor den Sonnenstrahlen geschützt waren. Der trockene Boden war durch ein Bretterdach vor dem Eindringen der häufigen Niederschläge bewahrt worden.

---

[1]) Mitt. der Schweiz. V-A. 2, 187., vgl. die Tabellen I. II. dort S. 191—195.

Als die Pflanzen eingeschlagen wurden, hatten sie den heurigen Trieb noch nicht zu entwickeln begonnen; ein Anschwellen der Knospen war dagegen bei den meisten Exemplaren eingetreten. In diesem Stadium verblieben die Pflanzen bis zum Versetzen. Das Einschlagen hat den Vegetationsprozeß aufgehalten. Nicht vollständig war dies bei den Lärchen zu erreichen; fast alle Lärchenpflanzen hatten beim Versetzen Triebe von 1—3 cm angesetzt.

Nach dem Plane des ganzen Versuches sollte die Dauer des Einschlagens 1, 3, 8 und 10 Tage betragen. Dieser Plan war aber nicht konsequent durchzuführen, weil die Witterung nicht immer (so insbesondere nicht bei der frühtreibenden Lärche) das Verpflanzen an einem bestimmten Tage gestattete. Auf diese Weise erklären sich die Abweichungen in der Dauer des Einschlagens. Diese wurde bei den Lärchen auf 14 Tage, bei den übrigen Holzarten auf 20 Tage ausgedehnt.

Die Pflanzen wurden an verschiedenen Tagen ausgehoben und eingeschlagen, dagegen am gleichen Tage wieder in die umgegrabenen Beete des Versuchsgartens eingesetzt. Damit wurde erreicht, daß auf das Wachstum je einer Holzart nach dem Verpflanzen derselben die gleichen Witterungsverhältnisse einwirkten.

In einem Vergleichsbeete wurden Pflanzen eingesetzt, die nicht eingeschlagen, sondern nach dem Ausheben unmittelbar verpflanzt wurden.

Bei der Untersuchung der einzelnen Beete am 31. Oktober 1892 wurde festgestellt, wie viele von den in ein Beet eingesetzten Pflanzen dürr, kümmernd oder gutwüchsig waren. Es ergab sich aber im Laufe der Erhebungen, daß die Ausscheidung zwischen den kümmernden und den gutwüchsigen Pflanzen in einzelnen Fällen nicht ohne mancherlei Zweifel durchzuführen war.

Die entscheidenden Gesichtspunkte für die praktische Ausführung von Pflanzungen sind nun die folgenden:

Kann durch das Ausheben und Einschlagen der Pflanzen der Vegetationsprozeß ohne Gefahr für das weitere Wachstum der Pflanzen unterbrochen werden? Wie lange dürfen Pflanzen in den Boden eingeschlagen werden, ohne daß ein zu großer Abgang zu befürchten ist? Wie sind sie einzuschlagen? In trockenen oder feuchten Boden? Verlangen die verschiedenen Holzarten und verschiedenen Altersstufen derselben Holzart verschiedene Rücksichten?

Das Resultat eines solchen Versuches, wie überhaupt einer jeden Pflanzung, ist natürlich von den Witterungsverhältnissen beeinflußt; in regenreichen Sommern wird, unter sonst gleichen Verhältnissen, eine geringere Anzahl von Pflanzen dürr werden als in trockenen. Da aber im April die Witterung der kommenden Monate nicht vorauszusehen ist, so ergibt sich für die Praxis die Regel, dasjenige Verfahren zu wählen, welches auch bei ungünstigen Witterungseinflüssen noch einen Erfolg verspricht. Es sollten also solche Methoden ausgeschlossen werden, welche selbst unter den günstigsten Verhältnissen große Verluste an Pflanzen mit sich bringen.

Das Ergebnis der Versuche ist folgendes: 1) Der Abgang an Pflanzen infolge des Einschlagens ist bei den Nadelholzarten größer als bei den Laubholzarten. Es wurden dürr — von Ausnahmen abgesehen — bei den Nadelhölzern meist 10—20, auch 30 % und darüber, während beim Laubholz in der Regel 4—6 %, höchst selten 10 % der Pflanzen abgingen.

2) Die Laubholzarten können bis zu 10 Tagen, einzelne Arten, nämlich Buchen, Eichen, Weißerlen, ältere Schwarzerlen, in feuchte Erde sogar bis zu 20 Tagen eingeschlagen werden. Der Verlust erreicht nur ausnahmsweise 10 %; eine Verlustziffer, die auch bei frisch versetzten Pflanzen vorkommt. Bei den Nadelholzarten, insbesondere bei 1- und 2 jährigem Alter, ist eine längere Dauer als 5—6 Tage nicht rätlich.

3) Das Einschlagen in feuchten Boden ist vorteilhafter als dasjenige in trockenen Boden.

4) 3- und mehrjährige Nadelholzpflanzen zeigen, die Lärche ausgenommen, eine geringere Empfindlichkeit gegen das Austrocknen der Wurzeln als 1- und 2 jährige.

5) Wenn im Frühling die Temperatur niedrig ist oder niedrig gehalten wird, kann für die meisten Holzarten das Einschlagen auf 2 Monate ausgedehnt werden. Ein Versuch mit 22 Holzarten, die von Zürich (676 m) nach Rigi-Scheidegg (1648 m) verbracht wurden, berechtigt zu diesem Satze.

Sollen an diese Resultate einige Schlußfolgerungen für den praktischen Kulturbetrieb geknüpft werden, so würden sie hauptsächlich für die Reihenfolge der Arbeiten gezogen werden können. Von den eingeschlagenen Pflanzen sollten, sei es im Freien, sei es zum Verschulen im Pflanzgarten, zuerst die Nadelhölzer, dann erst die Laubhölzer verwendet werden, da letztere vom Einschlagen viel weniger leiden. Ältere Lärchen sollten, wenn irgend möglich, vor Entwickelung des neuen Triebes ohne längeres Einschlagen verpflanzt werden, da sie schon bei kurzer Dauer des Einschlagens erheblichen Abgang zeigen (Herbstpflanzung).

4. Der Boden, in den die Pflanze eingesetzt wird, erleidet durch die Bearbeitung mit der Hacke, dem Pflanzbohrer, dem Setzholz Veränderungen in seiner Lockerheit und damit in der Feuchtigkeit, Temperatur und Durchlüftung. Auch werden manchmal die verschiedenen Schichten des Bodens miteinander vermengt. Wird die Pflanze auf den noch festen Boden gesetzt und angedrückt, so erhält sie die Feuchtigkeit aus dem Boden, in dem sie kapillar aufsteigt. Die obenauf gebrachte Erdschicht verhindert die Verdunstung. Dadurch werden der Pflanze

zugleich die Nährstoffe zugeführt, die Beigabe von Füllerde, Humuserde, Rasenasche, Kompost führt leicht lösliche Nährstoffe zu. Ist der Boden locker, so haben die Wurzeln geringeren Widerstand zu überwinden. Die Entfernung des Rasens vermindert wenigstens in der ersten Zeit den nachteiligen Einfluß des Graswuchses.

Daß in dieser Hinsicht Boden und Klima eine sehr einflußreiche Rolle spielen, braucht kaum betont zu werden. Insbesondere ist im trockenen Sand- und Kalkboden, in trockener Südlage, in regenarmem Klima, namentlich bei geringen Frühjahrsniederschlägen und geringer Winterfeuchtigkeit, die Erhaltung der Feuchtigkeit von entscheidendem Einfluß.

5. Beim Einpflanzen in den Boden werden die Wurzeln je nach der Pflanzmethode verkrümmt und untereinander verflochten, so daß die neue Lage und Ausbreitung im Boden von den ursprünglichen Verhältnissen abweicht. Dies kann auch hinsichtlich der Tiefe der Fall sein, in welche die Wurzeln beim Verpflanzen im Gegensatz zum ursprünglichen Stande versetzt werden. Dem zu tiefen Pflanzen wird vielfach der Abgang von Pflanzen zugeschrieben. Daß dies eine unrichtige Anschauung ist, haben angestellte Versuche ergeben.

Ein kleiner Versuch von 1883 ergab, daß von den 4 und 8 cm zu tief gesetzten Fichten keine zugrunde ging. Ein umfangreicher, 1905 und 1910 ausgeführter Versuch mit Fichte, Tanne, Föhre, Lärche, Bergföhre, Buche, Eiche, Ahorn, Esche ergab auf Lehm und Tonboden ebenfalls, daß kein Abgang durch ein 5 und 10 cm zu tiefes Pflanzen erfolgte. Auch ist im Wachstum nach 8 und nach 10 Jahren kein Unterschied vorhanden. (Die unter die Erde gekommenen Zweige der Fichte hatten sich in Wurzeln umgewandelt.) Über die fernere Entwicklung der Pflanzen müssen weitere Untersuchungen Aufschluß geben.

Bei der Lösung der praktischen Fragen handelt es sich meistens um die Anwendung der pflanzenphysiologischen Gesetze. Daneben kommt die Organisation des ganzen Kulturbetriebs nach wirtschaftlichen Gesichtspunkten hinzu.

Die hiebei auftauchenden Fragen lauten: wo entnimmt man das Pflanzenmaterial, wie wird es erzogen, welche Eigenschaften soll es haben; nach welcher Methode, zu welcher Zeit wird die Pflanzung vorgenommen?

§ 281. Die Beschaffung des Pflanzenmaterials.

1. Junge Pflanzen finden sich vielfach in natürlichen Verjüngungen, wo sie kostenlos erwachsen sind: sogen. Schlagpflanzen oder Wildlinge. In den frühesten Zeiten kamen fast ausschließlich Schlagpflanzen zur Verwendung. Sie können in der Nähe der Verbrauchsplätze gewonnen werden, so daß die Transportkosten erspart werden. Das Versetzen der

Pflanzen aus dem Waldschatten ins Freie kann allerdings ein längeres Kränkeln der Pflanzen hervorrufen. Auch haben die Pflanzen vielfach eine geringe Ast- und Wurzelentwickelung, so daß das Wachstum längere Zeit gering sein kann. Kleine Waldbesitzer legen aber den Nachdruck auf die Kostenersparnis.

2. Die Pflanzen können aus größeren Saatflächen entnommen werden. Die Pflanzen sind in diesem Falle im Freien erwachsen, können je nach der Bodenart leicht ausgehoben oder als Ballenpflanzen entnommen werden. Die Saaten sind ohnehin oft zu dicht.

Waldfelder werden vielfach zu diesem Zwecke angelegt. Auch werden besondere Saaten in der Nähe der Kulturplätze ausgeführt. Starke Verrasung solcher Saaten erschwert allerdings oft das Ausheben.

3. Sie werden durch Kauf von anderen Waldbesitzern oder von Pflanzenzuchtanstalten erworben. Allein der Ankauf ist nicht immer zu empfehlen, da man vielfach nur das geringere Material erhält, und das Ausheben und der Transport nicht immer sorgfältig geschehen.

Wegen des Transports müssen meistens große Quantitäten auf einmal bezogen werden, die bei etwaiger ungünstiger Witterung Wochen lang eingeschlagen werden müssen. Werden sie im eigenen Walde erzogen, so kann das Ausheben nach dem Fortgang des Kulturgeschäftes eingerichtet werden. Da die fremden Waldbesitzer zuerst den eigenen Bedarf decken und dieser durch außerordentliche Zufälle während des Winters (Frost, Wild) unvermutet gesteigert werden kann, so ist der Bezug von auswärts stets etwas unsicher.

In neuerer Zeit haben fast in allen Ländern Gärtner und Pflanzenzüchter die Zucht von Waldpflanzen unternommen. Die Nachfrage nach solchen ist in letzter Zeit so groß geworden, daß sie den Bedarf nicht zu decken vermögen. Die größten Pflanzgärten sind in Halstenbeck, in der Nähe von Hamburg Altona entstanden, von denen Pflanzen nicht nur durch ganz Europa, sondern auch nach Amerika versandt werden. Die Technik des Betriebs hat eine hohe Vollkommenheit erreicht.

Es liegt im Interesse solcher Unternehmungen, durch Lieferung guter Ware sich eine sichere Kundschaft zu erwerben. Im allgemeinen haben sie sich ein großes Vertrauen erworben. Es ist jedoch nicht zu vergessen, daß die klimatischen und Bodenverhältnisse des Orts der Verwendung von denen des Erzeugungsorts sehr erheblich abweichen können.

4. Die mittleren und insbesondere die größeren Waldbesitzer suchen die erwähnten Nachteile durch die Zucht der Pflanzen in eigenen Saat- oder Pflanzschulen zu vermeiden.

Durch die in neuerer Zeit gestiegenen Löhne kommen die in den Pflanzschulen erzogenen Pflanzen teurer zu stehen als beim Ankauf von Lieferanten. Daher haben nicht nur Gemeinden, sondern auch große Waldbesitzer die eigene Zucht eingeschränkt, sogar ganz aufgegeben und den Ankauf von Lieferanten vorgezogen.

§ 282. **Die Saat- und Pflanzschulen.**

Zeitschriften: Allg. F.J.Z.: Schultze 1837, 346; Schultze 38, 349; Eutin 45, 405; Hartig 59, 52; Harnickell 63, 365; Hess 66, 165; Vonhausen 80, 41; Eck 85, 197; Petith 1906, 76; Eck 14, 296. Forstl. Bl.: v. Vultejus 1879, 168; Bötzel 84, 377; Hacker 86, 157. Forstl. Mitt. 1845, 11, 67. Forstw. Centralbl.: Sorauer 1897, 81; Scka 1903, 413; Ruhl 06, 627; 10, 168; 10, 388; Krug 14, 459; Krit. Bl.: 1842, 125; Nördlinger 69, 201. Monatschr. f. Fwesen: Kuhmle 1850, 104; 52, 18; 52, 20; 53, 193; 58, 333; Pfost 58, 440; 62, 13; Gebhard 63, 444; v. Sturmfeder 66, 202; Duetsch 68, 343; Roth 72, 321; Duetsch 77, 24; Schmitt 77, 437. Naturw. Zeitschr.: Vill 1908, 280. Ökon. Neuigkten.: 1824, 25. Wedekinds J.: v. Wedekind 1852/53, 325. Zeitschr. f. F.- u. Jwesen: Schaeffer 1874, 255; Meyer 76, 403; Rausch 88, 705; Dittmar 89, 147; Zeising 93, 149; Walther 93, 237; Eberts 1905, 251; Krüger 16, 146. Centralbl. f. ges. F.: Hacker 1883, 433; 84, 452; Hacker 86, 230; Melichar 88, 290; Hacker 91, 373; 92, 458. Vereinschrift f. F.-kunde: Hacker 83, 122, 3. Schweiz. Zeitschr.: 1854, 102; 55, 60; v. Greyerz 55, 205; Landolt 79, 153; Fenk 94, 272; N(igst) 1900, 40; 07, 234; Nigst 08. 142; Decoppet 12, 122. — Forstvereine: Baden 1844; 55; 62. Deutschl. Land- u. Fw. 1838; 40; 60; 69. Harz 1875; 83. Hessen Prov. 1877. Meckl. 1888. Pommern 1898; 1903. Sachsen 1847, 61. Schles. 1841; 44; 53; Thür. 1907. Kärnten 1874. Mähren 1864; 1906. Nied.-Österr. 1906, 10. Ober-Österr. 1878. Tirol 1863. Schweiz. 1864.

1. Saat- und Pflanzschulen (Saatkamp, Pflanzgarten, Forstgarten) sind Flächen im Walde oder in seiner Nähe, welche zum Zweck der Pflanzenzucht wie Gärten behandelt werden. Werden nur Saaten darin ausgeführt, so nennt man sie Saatschulen, werden nur Verschulungen vorgenommen, so heißen sie Pflanzschulen. Gewöhnlich sind Saaten und Verschulungen aber in demselben Garten vereinigt.

2. Man unterscheidet fliegende oder wandernde, und ständige Pflanzschulen. Aus den ersten werden nur 1—2—3 Ernten genommen und die Pflanzschule dann an eine andere Stelle verlegt. Ständige Pflanzschulen bleiben Jahre und Jahrzehnte lang an derselben Stelle, sei es, weil die Lage in der Nähe der Bedarfsplätze hiefür spricht oder weil, wie im Gebirge, geeignete Plätze für Saatschulen selten zu finden sind.

Bei größerem Waldbesitz werden gewöhnlich ständige und fliegende Saatschulen angelegt. Der fälschlich in der Literatur und in Versammlungen aufgeworfene Gegensatz: ständige oder fliegende Saatschulen ist damit von selbst aufgehoben. In jedem einzelnen Fall entscheidet die Rücksicht auf Zweckmäßigkeit und Kostenersparnis.

3. Fliegende Pflanzschulen können a) fast überall angelegt werden, weil sie jeweils nur eine kleine Fläche erfordern. Kleine ebene und fruchtbare Stellen von einigen Ar sind leichter zu finden als solche von 0,50 oder 1 ha. Vielfach können Stocklöcher benützt werden.

b) Diese Stellen werden in der Nähe der künftigen Kulturplätze ausgesucht Dadurch wird der umständliche und teure Transport der Pflanzen auf größere Entfernungen erspart.

c) Die Gefahren, namentlich von Insekten, Vögeln, Mäusen, sind an kleineren Stellen verringert. Da die Benützung zur Pflanzenzucht nur für eine 1- oder 2 malige Ernte stattfindet, ist die Erschöpfung des Bodens an Mineralstoffen weniger zu befürchten. Dieser Punkt kann auf magerem Boden ausschlaggebend sein.

d) Das Wachstum der jungen Pflanzen ist auf Neubrüchen infolge der Humusanhäufung ein ganz ausgezeichnetes, so daß sie 1, sogar 2 Jahre bälder zur Auspflanzung ins Freie sich eignen.

e) Dagegen sind bei fliegenden Saatschulen die Kosten der Anlage (Umgraben, Säubern von Steinen, Wurzeln) und der Umzäunung gegen Wild, Vieh, verhältnismäßig höher als für ständige.

f) Sodann müssen zahlreichere und wegen schädlicher Beschattung verhältnismäßig größere Lücken in die Bestände gehauen werden, was im Nadelwalde bedenklich sein kann.

g) Endlich wird der Betrieb zersplittert und die Leitung der Arbeiten erschwert.

Die Vorteile überwiegen die Nachteile namentlich dann, wenn die Anlage auf die einfachste Weise, nur durch oberflächliches Umgraben und ohne Umzäunung geschehen kann.

4. Die Plätze für die Anlage der fliegenden, in höherem Grade noch für die der ständigen Pflanzschulen müssen nach bestimmten Rücksichten ausgewählt werden.

a) Der Boden muß nährstoffreich, tiefgründig, frisch, leicht bearbeitbar,

b) womöglich eben oder schwach geneigt sein, hauptsächlich um das Abschwemmen des Samens und des Bodens bei Gewitterregen zu verhindern.

c) Die Lage muß sonnig sein. In jeder Pflanzschule, die nicht genügend frei gehauen ist, läßt sich der schädliche Einfluß der Beschattung durch den zu nahe stehenden Bestand beobachten. Das Wachstum ist gering, die Fläche vergrast, ja überzieht sich auf feuchterem Grunde oder in regenreichem Gebiete sogar mit Binsen. Die Kosten für die Reinhaltung der Beete werden außerordentlich erhöht.

d) Frostlagen und windige Stellen müssen vermieden werden. Gegen kalte Nordwinde ist ein Schutzstreifen zu belassen.

e) Die Lage in der Nähe von Wasser ist erwünscht (Begießen, Reinigen des Geschirrs). Wenn der Boden in der Tiefe undurchlassend ist, können Wasserlöcher ausgehoben werden.

f) Eine zentrale Lage und die Nähe von Hauptwegen setzt die Transportkosten herab.

5. Bei der Anlage wird der Boden 30—40 cm tief umgegraben, von Steinen und Wurzeln befreit und verebnet. Die tieferen, unaufgeschlossenen Schichten dürfen hierbei nicht obenauf zu liegen kommen.

6. Die Einteilung in Beete erfolgt in Verbindung mit dem Wegnetz und der Richtung des Wasserablaufs.

7. Der Schutz durch Holz- oder Drahtzaun ist selten zu umgehen.

8. Schutzhütten für die Arbeite und das Geschirr sind unentbehrlich.

9. Die Größe der Pflanzschulfläche hängt ab: a) vom jährlichen Bedarf; b) von der Zahl der anzuziehenden Holzarten, c) von der erforderlichen Größe, bezw. dem nötigen Alter der Pflanzen, d) vom Klima und Boden, weil unter ungünstigen Verhältnissen die Pflanzen bis zur nötigen Größe 2—3 Jahre länger in der Pflanzschule stehen bleiben müssen.

Beim Verband, wie er bei Nadelhölzern üblich ist, von 20 10 cm können 5000 Pflanzen auf 1 a erzogen werden, bei 20 5 cm schon 10 000. Laubholz muß weiter verschult werden: 20 20, 30 20, so daß nur 2500, bezw. 1600 Pflanzen auf 1 a stehen können.

Für grasige Stellen oder für Nachbesserungen müssen stets sehr kräftige, daher in weiterem Verbande erzogene Pflanzen vorhanden sein.

Der nach der Jahresschlagfläche berechnete Bedarf muß wegen des Abgangs an Pflanzen um etwa 30—40 % erhöht werden.

Wo regelmäßig Schaden durch Engerlinge, auch Dürre und Frost droht, muß die Fläche vergrößert werden.

10. Die Unterhaltung der Pflanzschulen besteht

a) im Reinhalten von Unkraut,

b) im Behacken, auch Begießen,

c) in der Verbesserung des Bodens in chemischer und physikalischer Beziehung. Zufuhr von Sand, Torf, Humus, Lehm, Stalldünger, Komposterde (§ 202). Auf die Bereitung von Komposterde ist die größte Sorgfalt zu verwenden, insbesondere der geeignete Raum zu schaffen.

§ 283. Die Saaten in der Saatschule.

1. Leitender Grundsatz muß sein, mit der geringsten Menge von Samen die höchste Zahl von brauchbaren Pflanzen zu erlangen. Diese Zahl ist abhängig von der Menge, Güte und Korngröße, auch der Provenienz des Samens, der Saatzeit (§ 277), der Bodenbeschaffenheit, dem angewendeten Deckmittel bei der Saat, der Höhenlage und Exposition, der Pflege der Saaten und von der jeweiligen Witterung des Frühjahrs. Die Zeit, nach welcher die Saatpflanzen ausgehoben und verwendet werden, spielt insofern eine Rolle, als immer mehr Pflanzen im Wachstum zurückbleiben, je länger sie im Saatbeet belassen werden.

Nicht die Zahl der Pflanzen überhaupt, sondern nur die Zahl der zum Verschulen oder Verpflanzen ins Freie brauchbaren Pflanzen kann in Betracht kommen. Schwächlinge sind als Ausschußware zu behandeln.

Über die Bedeutung dieser Faktoren sind teils in Zürich mit Samen von Fichte, Föhre, Lärche, Tanne; Buche, Eiche, Ahorn, Akazie, teils in Tübingen mit Samen von Fichte, Föhre, Lärche, Tanne, Weymouthskiefer; Ahorn, Buche, Esche, Schwarzerle, Stieleiche, Traubeneiche Versuche angestellt worden. Über erstere habe ich 1891 und 1892[1]), über letztere haben Marstaller und Kern[2]) 1906 berichtet. Hier können nur die Ergebnisse kurz zusammengefaßt werden. Die umfangreichen Belege müssen in den Abhandlungen selbst nachgesehen werden.

Die Keimkraft der verschiedenen Samen ist sehr verschieden (s. S. 378).

2. Als Saatmethoden sind nur die Vollsaat über das ganze Beet hin oder die in langen, schmalen Vertiefungen auszuführende Rillensaat zu nennen. Die Vollsaat erfordert geringere Arbeit als die Rillensaat. Bei einiger Übung ist die Tiefe der Bedeckung unschwer einzuhalten. Wird die Entfernung des zwischen den Pflanzen erscheinenden Grases schon bei dessen erstem Auftreten vorgenommen, so ist auch das Reinhalten des Saatbeetes ohne Lockerung des Wurzelverbandes der Saatpflanzen zu bewerkstelligen. Die Ausbeute an Pflanzen aus der gleichen Samenmenge ist nach angestellten Versuchen mit Fichten-, Föhren-, Lärchensamen bei der Vollsaat nicht höher als bei der Rillensaat.

Dagegen unterscheiden sich beide Arten dadurch, daß bei der Vollsaat die einzelnen Pflanzen kräftiger sind und daß mehr brauchbare Pflanzen erzogen werden.

Aus der Rillensaat verpflanzte schwache Pflanzen bleiben im Wachstum bedeutend zurück, nehmen sogar eine verkrüppelte Form an, während solche aus der Vollsaat nur langsameres Wachstum zeigen. In Halstenbeck sah ich nur Vollsaaten. Durch 5—8 cm breite Rillen kann man eine Annäherung an die Vollsaaten erzielen.

Die Rillen werden mit der gegendüblichen Hacke gezogen, die eine der Beschaffenheit des örtlichen Bodens angepaßte Form hat. Das Eindrücken der Rillen durch Rillenbretter bewirkt zwar eine gleich tiefe Lage der Körner, erfordert aber viel anstrengende Arbeit und ist vom Feuchtigkeitszustand des Bodens, zumal bei stärkerem Tongehalt, in hohem Grade abhängig.

3. Die auf 1 laufenden Meter oder auf 1 qm auszusäende Menge von Samen ist Gegenstand ausführlicher Versuche gewesen. Das praktische Ergebnis ist in Tabelle 146 niedergelegt. Die beste Samenmenge,

---

[1]) Mitt. der Schweiz. V. A. 1, 87. 283; 2, 33.

[2]) Mitt. der Württ. V. A. 1, 38. 57.

das Optimum der Dichtheit der Saat, ist dadurch ermittelt worden, daß die Samenmenge auf 1 Rille oder 1 qm bis zu einem Maximum gesteigert wurde. So wurden von Fichtensamen in eine Rille von 1 m 1—30 g gesät. Die Zahl der Pflanzen überhaupt stieg bei der Bedeckung mit Humus von 195 bis 2999, also auf das 15,3 fache, nicht, wie beim Samen selbst, auf das 30 fache. Die größte absolute Zahl der brauchbaren Pflanzen I. Klasse wurde aber schon mit 10 g erreicht. Bei 1 g in der Rille (= 5 g auf 1 qm) betrug die Zahl der Pflanzen erster Klasse 93, bei 10 g 512, was dem Verhältnis 1 : 5,5, nicht, wie bei der Samenmenge, 1 : 10 entspricht. Bei 1 g auf 1 m fielen in die I. Klasse 60 %, in die II. Klasse 40 %; bei 10 g dagegen nur 27 % in die I. und 73 % in die II. Klasse.

Die Samenmengen, die in der Praxis verwendet werden, erreichen vielfach 20—30 g und darüber. Bei großem Bedarf fällt also die Ersparnis von ½ oder ⅔ der Samenmenge sehr ins Gewicht.

Tabelle 146. Samenquantum auf 1 qm.

Holzart	Samenquantum auf 1 m Rillenlänge Gramm	Tiefe der Bedeckung mm
Fichte	8—10	15—20
Föhre	8—10	15—20
Tanne	40—50	25—30
Lärche	20—30	10—15
Arve	50	40—60
Bergföhre	15	10—15
Schwarzföhre	10	10—15
Weymouthsföhre	30	10—15
Eiche	150	50—60
Buche	20—30	30—40
Hainbuche	60	30—40
Ahorn	50	50—60
Esche	50	30—40
Erle	30	10—15
Akazie	10—20	60—70
Linde	50	30—40
Birke	100—200	1—2

4. Das Deckmittel bei den Saaten übt einen bedeutenden Einfluß auf die Ausbeute an Pflanzen aus, je nachdem Humus, Ton, Lehm. Sand hiezu verwendet wird.

Die höchste Zahl der Pflanzen wird fast durchweg mit der Humusbedeckung erreicht. Diese Pflanzen keimen 7—10 Tage vor den mit anderem Boden bedeckten Pflanzen und zeigen in der ersten Zeit ein entschieden besseres Wachstum.

	Humus	Ton	Sand	Lehm
		Pflanzen überhaupt:		
Zürich.				
Fichte	100	68	87	
Föhre	100	84	58	
		Pflanzen I. Klasse:		
Fichte	100	57	48	
Föhre	100	87	66	
Tübingen.				
Tanne	100	88	68	152
Lärche	100	34	21	67
Stieleiche	100	107	38	70
Bergahorn	100	40	87	95

5. Die zweckmäßigste Tiefe der Bedeckung ist durch Versuche ebenfalls ermittelt worden. Die Tiefe der Bedeckung mit den genannten 4 Deckmitteln war bei den Versuchen in Tübingen wie folgt abgestuft:

Holzart:	Tiefe der Bedeckung ;
Fichte, Weißtanne, Föhre, Lärche, Schwarzerle, Weißerle,	5 10 15 20 25 30 mm
Bergahorn	10 20 30 40 50 mm
Stieleiche, Traubeneiche	20 30 40 50 60 70 80 100 120 150 mm

Ist der Same zu tief bedeckt, so keimen aus Mangel an Sauerstoff nicht alle Körner oder es erreichen nicht alle Keime die Oberfläche. Ist er zu flach bedeckt, so vertrocknet er oder er wird abgeschwemmt. Die Versuche in Tübingen führten zu folgenden Ergebnissen:

1) Die Keimung ging am raschesten vor sich bei Bedeckung mit Humus, dann folgt Sand, hierauf Lehm, zuletzt Ton.

2) Je geringer die Tiefe der Bedeckung war, um so früher erschienen die Keimlinge.

3) Mit Rücksicht auf die Gewinnung einer möglichst hohen Zahl von Pflanzen I. Klasse bei den verschiedenen Deckmitteln und Holzarten wären nach den vorliegenden Versuchen folgende Werte für die Tiefe der Bedeckung zu empfehlen:

Holzart	Bedeckung mit			
	Humus mm	Lehm mm	Ton mm	Sand mm
Fichte	5—15	5—20	5—15	5—15
Weißtanne	20—30	20—30	15—25	15—25
Föhre	5—10	5—10	5—10	5—10
Lärche	5—15	5—15	10—15	5
Stieleiche	50—60	40—120	40—70	40—60
Traubeneiche	60—120	50—70	60—100	40—70
Bergahorn	30—50	20—50	50	20
Schwarzerle	15—20	5	10—15	5
Weißerle	10(—15)	10—15	10	10

Diese Zahlen stimmen mit den schweizerischen Untersuchungen recht wohl überein, bestätigen also im wesentlichen die dort gefundenen Resultate [1]).

4) Bezüglich der Tiefe der Bedeckung zeigte sich ein Rückgang in der Höhe der Pflanzen nur bei der tiefsten angewendeten Bedeckung von 120 bezw. 150 mm, bei Stiel- und Traubeneiche (Akazie).

5) Ein Einfluß der verschiedenen Bedeckung auf die Länge der Wurzeln war nicht zu erkennen.

6. Die Abweichungen in der Zahl der Pflanzen sind innerhalb der angegebenen Tiefen und noch darüber hinaus keine sehr großen, es muß deshalb auch die Tiefe der Bedeckung nicht ängstlich eingehalten werden, und es sind Ungleichheiten, die sich beim Ziehen der Rillen und Bedecken der Samen ergeben, unwesentlich für die Entwicklung der Pflanzen.

Dieses Verhalten der verschiedenen Holzarten gegenüber größerer Tiefe der Bedeckung ist da wesentlich, wo besonderer Schutz der Samen notwendig ist, der durch tiefere Bedeckung gewährt werden kann (z. B. an Steilhängen gegen Abschwemmen des Bodens und Bloßlegen der Samen, gegen Vertrocknen, gegen Vögel).

7. Von wesentlichem Einfluß auf die Entwicklung der Saaten ist die Witterung zur Zeit der Keimung; bei extremen Witterungsverhältnissen mit ihren Folgen (Verdunstung, Aufreißen, Versumpfung, Abschwemmen des Bodens usw.) kann die Wirkung verschiedener Bedeckung ganz verschieden sein, je nachdem Trockenheit oder Regenperiode herrscht, und je nach dem Zeitpunkt, zu welchem während einer solchen Periode die Samen keimen; dieser Zeitpunkt wird aber, wie sich ergab, durch verschiedene Bedeckung geändert.

Der Einfluß der Korngröße ist von mir in Zürich bei Fichte und Föhre untersucht worden (a. a. O. 1, 119). Die Sortierung geschah durch ein Sieb mit verschiedener Maschenweite. Es ergab sich, daß

a) das größere Samenkorn im ganzen kräftigere Pflanzen lieferte,

b) daß man aus den kleinen Samenkörnern weniger Pflanzen erhält; der Unterschied gegenüber den größeren Körnern kann bis auf 20 % steigen;

c) daß große und kleine Samen gleich tief bedeckt werden können.

Die Zusammensetzung bezw. den Anteil der verschiedenen Korngrößen an den Samen und den Wechsel dieses Anteils verschiedener Jahre ergibt die folgende Übersicht.

---

[1]) Die von Baur 1875 gefundenen Zahlen weichen im ganzen wenig, nur bei der Eiche erheblicher ab.

Fichte vom Hochgebirge.

Korngröße:	Körnerzahl in 1 kg	Von nebenstehender Sorte enthält 1 kg %:		
	1888	1888	1889	1890
Groß	117 700	14,3	24,7	35,1
Mittelgroß	144 800	74,8	64,7	50,2
Klein	193 200	10,9	10,6	14,1
Gemischt	154 200			
Föhre:				
Groß	141 400	15,6	—	6,7
Mittelgroß	183 800	69,8	—	49,8
Klein	219 300	14,6	—	43,5
Gemischt	169 300			

Was die Ausbeute an Pflanzen betrifft, so ergab sich zwischen den großen und den mittelgroßen Körnern nur ein geringer Unterschied. Dagegen bleibt, von den wenigen Ausnahmen abgesehen, der Ertrag aus den kleinen Körnern sehr bedeutend hinter denjenigen aus den beiden andern Sorten zurück. Noch größer ist der Ausfall, wenn man nur die Pflanzen I. Klasse in Betracht zieht. Es erreichen also wohl einzelne Pflanzen aus kleineren Samen die Höhe derjenigen aus größeren Körnern. Allein ihre Anzahl ist eine so geringe, daß sie gegenüber den vielen kleinen Pflanzen nur unbedeutend ins Gewicht fällt.

Der Einfluß der Korngröße auf die erwachsenen Pflanzen war zunächst in die Augen fallend. Man konnte deutlich wahrnehmen, daß die Höhe der Pflanzen mit der Größe des Kornes zunahm. Bei der Föhre war aber die Abstufung viel schärfer als bei der Fichte.

Im großen Durchschnitt erwachsen allerdings aus dem kleineren Samen kleinere Pflanzen. Allein dies ist nicht so zu verstehen, als ob aus dem kleinen Samen nur kleine und aus dem großen Samen nur große Pflanzen hervorgehen würden. Der große Samen liefert ebenfalls Pflanzen II. Klasse und aus dem kleinen Korne können ebenso hohe Pflanzen hervorgehen wie aus dem großen Korne.

Die Untersuchungen in Zürich bezogen sich nur auf 3 jährige Pflanzen. In Tübingen konnten die Pflanzen von 1904—17, also 13 Jahre beobachtet werden. Verwendet wurde Fichte, Tanne, Föhre, Lärche, Schwarzföhre; Buche, Ahorn, Erle, Esche, Hainbuche, Akazie, Linde. Schon 1909—11, also bei 5—7 jährigen Pflanzen, waren die Unterschiede zwischen den verschiedenen Beeten fast verschwunden. Die 13 jährigen Pflanzen weisen in Bezug auf die Höhe keine Unterschiede auf.

8. Zur Keimung und Entwicklung gelangen meistens 10—20, selten 30 oder 40, bei Eichen manchmal 50—70 %. Das Keimprozent

im Boden bleibt hinter dem im Zimmer ermittelten Prozent erheblich zurück.

Als Mittel, die Ausbeute zu erhöhen, werden angewendet:

Einweichen des Samens in Wasser;

Bedecken der Saaten mit Moos, Laub, Reisig, Deckgittern.

Diese erhöhen den Wassergehalt des Samens, bezw. des Bodens. Da dieser aber von der Witterung abhängig ist, so kann die Wirkung in regenreichen Sommern ganz ungünstig werden.

Sie setzen aber gleichzeitig die Temperatur herab, was die Keimung verzögert. Im Versuchsgarten (Lehm) werden die Saaten, mit Ausnahme von Pappeln, stets ohne irgend eines dieser Hilfsmittel erzogen. Vergleichende Versuche haben kein günstiges Resultat bezüglich der bedeckten Saaten ergeben.

§ 284. **Die Verschulung in der Pflanzschule.**

1. Die Saatpflanzen werden im Alter von 1 oder 2 Jahren unmittelbar in den Wald verpflanzt, insofern sie die erforderliche Größe haben. 1- und 2jährige Föhren. 2jährige Lärchen. 1- und 2jährige Eichen, Buchen, Ahorn, Kastanien, Akazien, Erlen. Solche Saatpflanzen werden gewählt, wenn kein Graswuchs zu befürchten ist oder Unterpflanzungen gemacht werden.

2. Die meisten Saatpflanzen werden 1- oder 2jährig „verschult“, ausgehoben und in ein Pflanzbeet wieder eingesetzt,

a) um die Ast- und Wurzelentwicklung zu befördern,

b) um aus den Saaten möglichst viele brauchbare Pflanzen zu gewinnen.

Die Pflanzen in den Saat- und Verschulbeeten bedürfen des Schutzes gegen Vertrocknung, Abschwemmung, Vögel, Mäuse, Engerlinge, Pilze, Spätfröste, Auswintern durch Anhäufeln oder eine Laubdecke, Moosdecke, sowie der Pflege durch Reinhalten von Unkraut (Bedecken der Zwischenräume mit Laub oder Moos, Ausjäten auch der kleinsten Graspflanzen), Bodenlockerung, Beschneiden der Pflanzen, Ergänzung der Lücken, Begießen.

Über den Pflanzverband im Verschulbeet s. § 282, Z. 9.

§ 285. **Die Pflanzmethoden.**

Alemann: Vereine: Deutschld. Land- u. Fw. 1852. Schles. 1850. Biermans: Zeitschriften: Allg. F. J. Z.: Mosthaff 1845, 363; v. Butlar 46, 170. Krit. Bl.: v. Nachtrab 1846, 28, 36. Monatsschr. f. Fwesen: 1852, 81; Biermans 55, 20. Ökon. Neuigktn.: Schultze 1846, 72. Wedekinds J.: Biermans 1846. Vereinsschrift f. F.-kunde: Nußbaumer 1848, 1, 50; Wohrad 49, 4, 25; 53, 19, 3. Schweiz. Zeitschr. Reymond 1860, 37. — Vereine: Baden 1847. Deutschl. Land- u. Fw. 1846; 47. Harz 1849. Schles. 1846: 50; 51; 55; 56; 60. Süddeutschld. 1845; 46; 50. Mähren 1851; 68. Ungarn 1852; 54. Schweiz. 1851 Butlar: Zeitschriften: Allg. F.J.Z.: v. Butlar 1847, 81; Brandt 54, 121

Ötzel 55, 41; v. Butlar 59, 289; v. Brandenstein 61. 413. Forstl. Bl.: Wartenberg 1865, 1; Krit. Bl.: v. Butlar 1854, 1. Monatsschr. f. F.wesen.: 1860, 292, 62, 191. Ökon. Neuigkten.: Feistmantel 1848, 76. Thar. J.: Rüling 1861, 75. Wedekinds J.: 1846, 33, 157. Schweiz. Zeitschr.: v. G. 1854, 44. — Vereine: Baden 1858; Sachsen 1853; 55. Schles. 1850; 51; 66; 77. Süddeutschld. 1847. Tirol 1854; 61. — Hügel: Zeitschriften: Monatschr. f. Fwesen: C. Fischbach 1857, 54; Bechtner 65, 212; 66, 378; 74, 178. — Vereine: Baden 1869. Deutschld. Land- u. Fw. 1857. Schles. 1861. Württ. 1876.

1. Die Art der Pfl. ist hauptsächlich durch die Art und durch die Beschaffenheit der Pflänzlinge bestimmt. Hinsichtlich der letzteren kommen in Betracht: a) Höhe, b) Bewurzelung, c) Beastung der Pflanzen. Diese sind abhängig hauptsächlich vom Boden, sowie der Behandlung und Erziehung der Pflanzen.

2. Als Arten des Pflanzmaterials, die selbst wieder von verschiedener Qualität sein können, lassen sich unterscheiden:

a) Wildlinge, Schlagpflanzen;

b) Saatpflanzen; diese werden 1- oder 2 jährig verwendet: Föhren, Lärchen und fast alle Laubhölzer;

c) Verschulte Pflanzen; die gewöhnlichen Verschulpflanzen haben eine Höhe von 20—40 cm;

d) ballenlose und Ballenpflanzen. Bei letzteren werden die Pflanzen mit der von den Wurzeln durchwachsenen Erde ausgehoben. Die Wurzeln werden also von den anhaftenden Erdteilchen nicht befreit. Beim Ausheben ist das Abstechen der Seitenwurzeln kaum zu vermeiden.

e) Heisterpflanzen; in der Höhe von 1—3 m.

f) Stummelpflanzen, an denen die Wurzeln oder das Stämmchen gekürzt sind.

g) Stecklinge; bei Weiden und Pappeln werden die Zweige abgeschnitten und in die Erde gesteckt, in der sie sich bewurzeln.

3. Zur näheren Kennzeichnung des Pflanzmaterials wird gewöhnlich das Alter der Pflänzlinge angegeben. Es kann nur im allgemeinen als Anhaltspunkt dienen, sofern es sich um die Qualität handelt. 5 jährige Pflanzen von Lehm oder Sand sind zwar gleich alt, aber sehr verschieden nach Höhe, Bewurzelung, Beastung.

4. Die Pflanzmethoden richten sich nach dem Pflanzmaterial, sodann nach den Bodenverhältnissen.

Die Sicherheit des Gelingens und das möglichst gute Wachstum der Pfl., sowie die Kostenersparnis bei der Ausführung müssen leitende Gesichtspunkte sein.

5. Die Lochpflanzung ist die gewöhnliche, fast unter allen Verhältnissen anwendbare, daher auch die am meisten verbreitete Art der Pflanzung. Sie ist auch die sicherste und beste Methode, weil die Pflanze in den gelockerten Boden und auf die feuchte Erdschicht zu stehen

kommt und weil ferner die humose oberste Bodenschicht vollständig benutzt und etwaiger Grasrasen abgeschält werden kann, und endlich, weil genügend lockerer Boden für das Einlegen und die Ausbreitung der Wurzeln vorhanden ist.

Zur Herstellung der Löcher benützt man die gegendüblichen Werkzeuge (Haue, Hacke) oder den Pflanzenbohrer, das Setzholz, den Pflanzspaten, das Stieleisen etc. Von einer Beschreibung dieser Werkzeuge sehe ich ab. Ich stimme Borggreve vollständig bei, wenn er meint, die Werkzeuge müßten in der Anwendung, nicht aus Büchern studiert werden.

Das einfachste und billigste Instrument ist das von der Bevölkerung beim Feld- und Gartenbau benützte, da es der Beschaffenheit des Bodens entsprechend gestaltet ist und die Arbeiter in der Handhabung geübt sind. Die lange Reihe der Kulturwerkzeuge, die im Laufe der Jahrzehnte erfunden wurden, ruhen fast alle in den Rumpelkammern der Oberförstereien und in den Sammlungen der Lehranstalten. Im praktischen Betriebe haben sich nur ganz wenige erhalten.

6. Ebenfalls eine Art Lochpflanzung ist die Spalt- oder Klemmpflanzung auf steinfreiem Boden. Mit dem Spaten wird durch Hin- und Herwiegen eine spaltförmige Öffnung im Boden gemacht, in welche die Pflanze eingesenkt und durch einen zweiten Spatenstich festgedrückt wird. Eine Lockerung des Bodens findet hierbei nicht oder in ganz geringem Grade statt; die Erde wird durch das Hin- und Herwiegen des Spatens zusammengedrückt. Die Wurzeln werden fast in eine Ebene zusammengepreßt, so daß der Wurzelstock nach Jahren noch die plattgedrückte Form hat; so besonders bei Fichte, Buche, Kiefer.

7. Den Gegensatz zur Lochpflanzung bildet die Obenaufpflanzung oder Hügelpflanzung, die 1855 von Manteuffel in Sachsen besonders empfohlen wurde. Es wird, hauptsächlich auf nassem Grunde, auch auf ganz flachgründigem Boden ein kleiner Erdhügel auf dem kahlen Boden oder auf dem Grasrasen aufgeschüttet, in den der Pflänzling eingesetzt wird. Es ist also eine Lochpflanzung in aufgeschütteter Erde.

8. Eine ebenfalls auf nassem Grunde angewendete Methode ist die Rabattenpflanzung. Statt in Form eines runden Hügels wird die Erde in einem zusammenhängenden Bande aufgeschüttet.

9. Eine Zwischenform auf zu wenig lockerem Boden bilden die Halbhügel oder Lochhügel. Der Hügel wird durch Aufhacken der Erde gewonnen; diese wird kegelförmig zusammengezogen und in der dadurch entstandenen Vertiefung belassen.

10. Bei jeder dieser Methoden kann eine Beigabe von gutem Boden, Kompost, Rasenasche gemacht werden (sog. Füllerde, Methode von Biermans. Herbeitragen der gesamten Pflanzerde).

11. Nicht durch die Art der Pflanzung, sondern durch die Zahl der Pflanzen, welche in ein Loch gesetzt werden, unterscheidet sich von den übrigen Methoden die Büschelpflanzung. Es wird nicht eine einzelne Pflanze, sondern es werden mehrere (2—5, 10, selbst 20 und darüber) zu einem Büschel zusammengefaßte Pflanzen in ein Loch eingesetzt. Weil früher die Pflanzen nicht in Pflanzschulen erzogen, sondern aus Saaten oder Verjüngungsschlägen ausgestochen wurden, ergab sich in dem ausgestochenen Erdballen von selbst eine Mehrzahl von Pflanzen, die man nicht auseinanderreißen wollte. Die weiteste Verbreitung hat die Büschelpflanzung im Harz gewonnen, wo die Viehweide dazu den Anlaß gab. Die inneren Pflanzen im Büschel bleiben vom Viehbiß verschont. Bis vor kurzem wurde dort die Büschelpflanzung noch viel besprochen.

Wenn die Pflanzen sich geschlossen haben, gewinnt die kräftigste Pflanze die Oberhand. Die schwächeren bleiben zurück und fallen der Durchforstung anheim.

12. Die Ballenpflanzung ist eine Lochpflanzung. Es wird hierbei nicht eine Pflanze mit entblößter Wurzel, sondern eine sog. Ballenpflanze (Ziff. 2, d) eingesetzt. Besondere Sorgfalt ist nötig, damit der Erdballen sich nicht von der umgebenden Erde durch Austrocknen ablösen kann.

13. Bei der Wahl der Pflanzmethode muß zunächst die Sicherheit und Billigkeit der Ausführung maßgebend sein. Die geringsten Kosten, soweit das Einsetzen in den Boden unter sonst gleichen und günstigen Verhältnissen ausschlaggebend ist, verursacht die Klemm- oder Spaltpflanzung und die Pfl. mit dem Pflanzenbohrer. Schon höher zu stehen kommt die Lochpflanzung und die Ballenpflanzung; am teuersten ist die Hügelpflanzung.

Je kleiner das Pflanzenmaterial ist, um so niedriger sind die Kosten des Aushebens, des Transports und des Einsetzens. Auch die Sicherheit des Gelingens ist bei kleinen Pflanzen höher als bei großen (Heister).

Ballenpflanzungen, wobei die Pflanzen bald größer, bald kleiner sein können, sind bei Ausheben und Wiedereinsetzen mit dem Pflanzbohrer billig auszuführen, sofern kein weiter Transport nötig ist.

Im allgemeinen wird die Verwendung kleiner (10—40 cm hoher) Pflanzen vorzuziehen sein. Auf grasigen Stellen, in Frostlöchern, zur Nachbesserung früherer Pflanzungen, zur Ausfüllung in Lücken der n. V. müssen dagegen meist stärkere Pflanzen verwendet werden.

Handelt es sich, wie bei kleinem Besitz, nur um die Bepflanzung kleiner Flächen, so kann einer solchen Pflanzung größere Sorgfalt gewidmet werden, daher die Verwendung großer Pflanzen zweckmäßig sein. Kleine Privatwaldbesitzer wählen deshalb vielfach die Heisterpflanzung (mit mehrmaligem Begießen).

14. Entscheidend für die Wahl der Pflanzmethode sind die Bodenverhältnisse, da von ihnen die Bearbeitbarkeit des Bodens abhängt.

Im leichten, d. h. leicht bearbeitbaren Boden, können die einfachsten und billigsten Methoden gewählt werden: so auf dem Sand-, auch lehmigen Sandboden die Spaltpflanzung etc. Schwerer Lehm- und der Tonboden schließen die Instrumente des Sandbodens aus, weil diese nicht in den Boden eindringen können; auf solchem Boden muß die Lochpflanzung gewählt werden. Noch mehr wirkt die Steinbeimengung auf Wahl des Werkzeugs und der Methode ein.

Die da und dort vorhandenen Angaben über die Kosten sind von diesen Verhältnissen beeinflußt. Genaue vergleichbare Untersuchungen über die Kosten der einzelnen Methoden sind nicht vorhanden. Die nachfolgenden Angaben über die Arbeit des Löchermachens und Einsetzens sollen nur einen ungefähren Anhalt gewähren. Genauere, für die einzelne Gegend oder eine bestimmte Waldfläche gültige Sätze lassen sich aus den fast überall vorhandenen Kostenverzeichnissen entnehmen. In diesen kommt auch die örtliche Lohnhöhe zum Ausdruck. Wie weit die Kosten des Verpflanzens innerhalb eines Landes von einander abstehen, mögen einige Zahlen aus dem Jahre 1910 zeigen.

	pro ha			pro 1000 Pflanzen		
	Durchschnittl. im Lande	höchste	niederste	Durchschnittl. im Lande	höchste	niederste
Baden	138,28	275,70	54,33 ℳ			
Württemberg .	101,26	213,07	53,46 ℳ	13,99	29,96	7,29 ℳ
Preußen . . .	83,60	170,65	49,59 ℳ			

Die Kosten des Verpflanzens in ein und derselben Gegend lassen das Verhältnis der Kosten unter den Methoden ersehen.

Im Jahre 1912 wurden auf Lehmboden die verschiedenen Pflanzmethoden unmittelbar nebeneinander mit Fichten, Föhren, Lärchen, Tannen; Ahorn, Eichen, Erlen ausgeführt. Im Herbst 1917 waren die Pflanzen der Lochpflanzung in Bezug auf das Wachstum entschieden voraus, dann folgte die Klemmpflanzung, die Halbhügel-, die Ballenpflanzung; das geringste Wachstum zeigte die Hügelpflanzung. Bei der Hügelpflanzung hatten Eichen eine ganz abnorme, zum Teil krüppelhafte Verzweigung.

Die Feuchtigkeit ist in einem Hügel um so geringer, je weiter die Schichten vom Boden abstehen; der aufgeschüttete Boden leitet das Wasser nur in geringem Grade. Sodann ist die Erwärmung des Bodens im Hügel stärker als auf der Ebene. Temperaturbestimmungen in einem solchen Hügel lassen diese Steigerung deutlich erkennen.

Messungen vom 1.—22. Juli 1915; Durchschnitt aus dreimaliger Ablesung (8 Uhr, 1 Uhr, 6 Uhr):

Ebene neben dem Fuß des Hügels	21,2 °
Nordseite	21,5 °
Ostseite	21,9 °
Südseite	22,7 °
Westseite	21,8 °.

Was die Sicherheit des Gedeihens einer Pfl. betrifft, so ist im großen auf einen regelmäßigen, also nicht etwa unter besonders ungünstigen Verhältnissen (Dürre) zu erwartenden Abgang von 25—30 % zu rechnen.

Dabei wird vorausgesetzt, daß das Ausheben, Verpacken, Transportieren und Einsetzen der Pflanzen mit Sorgfalt vorgenommen worden ist. Über den Abgang bei den verschiedenen Methoden fehlen vergleichende Untersuchungen. Bezüglich der Hügelpflanzung ist aber zu bemerken, daß auf nassem Boden die Wurzeln manchmal wenig in den festen Boden eindringen, so daß die Standfestigkeit (gegen Schneedruck, Wind) eine geringe ist.

§ 286. Pflanzverband, Pflanzweite und Pflanzenmenge.

1. Auf größeren Flächen werden die Pflanzen nicht regellos eingesetzt, sondern in regelmäßigen Abständen von einander verpflanzt. Diesen Abstand der Pflanzen nennt man den Verband.

Bei Ausfüllung von Lücken in n. V., auf felsigem oder nassem, insbesondere dem Rutschen ausgesetztem Grund, auf Flächen, wo die Stöcke im Boden belassen sind, bei Unterpflanzungen, kann ein regelmäßiger Verband nicht eingehalten werden. Unter solchen Verhältnissen muß jede Pflanze auf die passende Stelle gesetzt werden.

Letzteres ist auch beim regelmäßigen Verbande als Grundsatz beizubehalten. Bei gleichartigem oder nahezu gleichartigem Boden ist diese Rücksicht mit dem regelmäßigen Verbande vereinbar. Eine vollständige Regelmäßigkeit kann auf steinigem Grund oder sehr steilem Gelände nicht eingehalten werden.

2. Die Vorteile des regelmäßigen Verbandes sind:

a) Förderung des Pflanzgeschäfts an der gespannten Pflanzschnur;

b) Erleichterung der Nachbesserung durch schnelleres Auffinden der Lücken;

c) leichtere Fällung und Transportierung des Zwischennutzungsmaterials;

d) Möglichkeit der Gras-, auch der Weidenutzung.

3. Der Quadratverband ist am einfachsten durchzuführen, weil der Abstand der Reihen und der Pflanzen in den Reihen gleich groß ist.

Die Zahl der erforderlichen Pflanzen[1]) ergibt sich aus der Formel

$$= \frac{\text{Fläche}}{\text{Reihenabstand} \times \text{Pflanzenabstand.}}$$

$$\text{Auf 1 ha} = \frac{10\,000 \text{ qm}}{1{,}0 \times 1{,}0 \text{ m}} = \frac{10\,000}{1^2} = 10\,000 \text{ Stück.}$$

Verbreiteter ist der Reihenverband, bei welchem die Reihen einen größeren Abstand haben, als die Pflanzen in den Reihen.

$$\frac{\text{Reihenabstand}}{\text{Pflanzenabstand}} \text{ in m} \quad \frac{1{,}2}{0{,}8} \quad \frac{1{,}2}{1{,}0} \quad \frac{1{,}5}{1{,}0} \quad \frac{1{,}8}{1{,}0} \quad \frac{1{,}8}{1{,}5}$$

Die Zahl der erforderlichen Pflanzen ergibt sich ebenfalls aus der Formel:

$$= \frac{\text{Fläche}}{\text{Reihenabstand} \times \text{Pflanzenabstand.}}$$

$$\text{Pro ha} = \frac{10\,000}{1{,}2 \times 0{,}8} = 10\,417 \text{ Stück.}$$

Der Dreieckverband wird selten angewendet. Die Pflanzenzahl ergibt sich aus der Formel: Zahl beim Quadratverband mal 1,155

Noch seltener ist der Fünfverband.

4. Die Pflanzweite, d. h. der Abstand der Reihen und Pflanzen, wird verschieden gewählt. Sie muß um so enger sein

a) je bälder die Deckung des Bodens oder der Schluß des Bestandes erreicht sein soll. Bei 1 m Abstand sind auf I. Bonität, je nach der Holzart, 4—5 Jahre, auf den geringeren Bonitäten 8—10 Jahre erforderlich (wegen Graswuchs, Abschwemmen des Bodens, Trockenheit);

b) je astreiner das Holz werden soll;

c) je wertvoller die Vornutzung ist.

Mit dem geringeren Abstand wächst die erforderliche Pflanzenzahl (im quadratischen Verhältnis) und der Kostenbetrag für die Ausführung.

Bei welchem Abstand das Maximum des Zuwachses erzielt wird, muß noch festgestellt werden.

Wegen der Kosten wird selten eine Entfernung unter 0,8 m gewählt; in der Regel beträgt sie

1,0; 1,2; 1,5 m beim Quadratverband

$$\text{und } \frac{1{,}2}{1{,}0} \quad \frac{1{,}5}{1{,}0} \quad \frac{1{,}5}{1{,}2} \text{ beim Reihenverband.}$$

Der Pflanzverband wird beim Laubholz im allgemeinen weiter gewählt als beim Nadelholz.

---

[1]) Jeder Forstkalender enthält eine Pflanzentabelle.

Wie die Kulturstatistik zeigt, wird die Pflanzung beim Nadelholz viel häufiger — etwa im Verhältnis von 10 : 1 — angewandt als beim Laubholz.

§ 287.

Pflanzzeit.

1. In den Niederungen (bis ca. 800 m) wird gewöhnlich Ende März, im April und Mai gepflanzt. Frühjahrspflanzung. In höheren Lagen zieht sich die Arbeit in den Juni, selbst Juli hinein.

2. Wenn im Frühjahr Zeit und Arbeitskräfte fehlen, wird auch im Spätsommer (August) oder im Herbste (September, Oktober), in sehr mildem Klima selbst im Winter gepflanzt. Herbstpflanzung.

3. Die Sicherheit der Pflanzungen im Frühjahr und Herbst ist je nach den Verhältnissen nicht gleich groß. Boden. Witterung. Holzarten.

4. Über den Einfluß der Pflanzzeit auf den Abgang an Pflanzen und das spätere Wachstum können nur besondere Untersuchungen Aufschluß geben.

§ 288.

Pflanzung mit Stecklingen, Wurzelloden.

1. Hauptsächlich von Weiden oder Pappeln, Akazien, Ulmen, Aspen werden Stecklinge, Wurzelloden etc. verwendet; bei Weidenanlagen, Bestockung von Rutschflächen, Böschungen und Befestigungen von Flußufern.

2. Triebe von 1—2 Jahren werden 30—40 cm lang abgeschnitten und mit 2—3 Knospen in den Boden gesteckt (Stecklinge, Setzstangen).

3. Absenker werden verwendet, wenn die Bestockung wegen der Flachgründigkeit des Bodens sehr schwierig ist.

§ 289.

Pflanzverfahren bei den wichtigsten Holzarten.

1. Die Nadelhölzer werden weit mehr zur Pflanzung verwendet als die Laubhölzer. Mit ersteren werden ausgedehnte Flächen bestockt, während es sich beim Laubholz meist nur um kleine Mengen handelt.

2. Die Laubhölzer sind im allgemeinen weniger empfindlich gegen Wurzelverletzung, Abschneiden, Vertrocknen der Wurzeln, so daß Laubholzpflanzungen sicherer sind als Nadelholzpflanzungen.

3. Mit Ballen lassen sich alle Pflanzen auch im höheren Alter verpflanzen.

4. Fichte. Vom 2. Jahre an geeignet; gewöhnlich 4—5 jährig, 40—60—80 cm hoch. Meist ballenlos aus Pflanzschulen, mit Ballen aus Saaten oder Waldfeldern, alle Pflanzmethoden. Die am wenigsten empfindliche Nadelholzart.

5. **Föhre.** Vom 1. Jahre an; selten mehr als 3 jährig, weil zu hoch und zu starke Wurzeln. Fast nur ballenlos. Alle Methoden.

6. **Lärche.** Vom 1. Jahre an; auch unverschult; selten mehr als 2 jährig. Frühzeitig zu verpflanzen. Herbstpflanzung.

7. **Tanne.** Selten vor 4.—5. Jahr; 30—50 cm hoch. Anfangs vielfach kränkelnd. Frostgefahr.

8. **Bergföhre.** Selten vor dem 3. Jahre brauchbar; wächst sehr langsam.

9. **Arve.** Oft erst vom 6.—8. Jahre an brauchbar.

10. **Ahorn, Esche, Ulme.** Vom 1. Jahr an brauchbar; leicht auch mit 60—80 cm noch zu versetzen.

11. **Birke.** Spätestens im 2. Jahr zu versetzen; frühzeitig treibend.

12. **Buche.** Vom 1. Jahr an. Wächst langsam und kränkelt leicht. Frost.

13. **Eiche.** Vom 1. Jahr an. Hauptschwierigkeit die lange Pfahlwurzel. Anfangs langsam wachsend.

14. **Erle.** Spätestens im 2. Jahre zu versetzen.

15. **Hainbuche.** Vom 3. Jahre an brauchbar.

16. **Akazie.** Vom 1. Jahr an brauchbar; später zu tief gehende Wurzeln.

§ 290. Die Kosten von Saaten und Pflanzungen.

1. Die Höhe der Kosten ist ganz allgemein abhängig vom Preise des Samens und der Pflanzen, sowie von der Höhe der Arbeits- und Fuhrlöhne.

Die selbst gesammelten Waldsamen und die selbst erzogenen Pflanzen sind nicht immer billiger im Preise als die vom Händler bezogenen.

2. Höhere Kulturkosten entstehen durch ungünstige Boden- und Geländeverhältnisse (Tonboden, verhärteter, steiniger, graswüchsiger Boden; steiler Hang).

3. Die Entfernung des Waldes von der Bahn spielt beim Bezug der Pflanzen von auswärts eine Rolle, die Entfernung des Waldes von den Wohnorten wirkt erhöhend auf die Arbeitslöhne.

4. Die Gewandtheit der Arbeiter kann die Höhe der Saat und Pflanzkosten wesentlich beeinflussen. Die Ausführung der Saaten und Pflanzungen durch erprobte und mit dem Kulturbetrieb vertraute Arbeiter verringert den Kulturaufwand.

5. Die Preise des Samens und der Pflanzen wechseln jedes Jahr. Sie sind aus den von den Händlern alljährlich neu zum Versand kommenden Preislisten zu ersehen.

6. Die Arbeitskostensätze sind örtlich sehr verschieden und werden am besten aus den Kulturrechnungen früherer Jahre erhoben. Außerdem enthalten die Forstkalender jedes Jahr hierüber nähere Angaben.

§ 291. Bestimmungsgründe für die Anwendung von Saat oder Pflanzung.

1. Die Frage, ob die Saat oder die Pflanzung vorzuziehen sei, kann nicht allgemein beantwortet werden. Es muß vielmehr in jedem einzelnen Fall erwogen werden, ob mehr oder wichtigere Gründe für die eine oder andere Art der Bestandesgründung vorhanden sind.

2. Es muß also beurteilt werden, welche Begründungsart für eine bestimmte Holzart überhaupt möglich, welche sicherer, welche billiger und welche demnach zweckentsprechender ist.

3. Unmöglich — technisch oder jedenfalls ökonomisch — ist die Pflanzung auf sehr flachgründigem und auf sehr steilem Boden. Die Saat dagegen ist überall möglich, aber nicht überall sicher.

4. Unsicher ist der Erfolg der Saaten sowohl auf nassem, als auch auf oberflächlich stark ausgetrocknetem Boden, auch wo Abschwemmen des Samens zu befürchten ist, wo Auswintern eintritt, in Frostlagen, bei starkem Gras- und Unkrautwuchs, wo Viehbiß oder Wildschaden nicht abgehalten werden kann. In dieser Hinsicht verhalten sich die Holzarten verschieden (vergl. § 278).

5. Die Pflanzung erfordert meistens mehr Arbeit als die Saat. Letztere muß angewendet werden, wo Mangel an Arbeitskräften herrscht, wo hohe Löhne bezahlt werden, wo große Flächen auf einmal in Bestokkung gebracht werden müssen.

6. Nur die Pflanzung ist zweckentsprechend bei Ausbesserungen und Nachbesserungen, wo in kurzer Zeit ein junger Bestand erwachsen soll (Schutzwald, baldiger Ertrag), wo die Grasnutzung möglich sein soll.

7. In Bezug auf den Holzertrag ist es eine offene Frage, ob die Saat oder die Pflanzung höhere Erträge abwerfe.

§ 292. Bestimmungsgründe für die Anwendung der natürlichen und künstlichen Verjüngung und die Vereinigung der verschiedenen Verjüngungsarten.

1. In vielen Fällen stellt sich die n. V. kostenlos von selbst ein. Es handelt sich dann nur darum, ob die bereits vorhandenen Pflanzen für die künftige Bestockung benützt werden, also bei Fällung und Transport auf sie Rücksicht genommen werden soll. Da dies in der Regel geschieht, so ist die Frage von der Natur bereits entschieden, bevor der alte Bestand zum Abtrieb kommt. Andere Erwägungen müssen angestellt werden, wenn die n. V. erst eingeleitet werden soll.

2. Die n. V. ist nicht anwendbar
 a) in überalten, in stark verlichteten und vergrasten Beständen;
 b) auf größeren (durch Windwurf, Insektenfraß etc. entstandenen) Blößen und auf neu aufzuforstenden Flächen von Weiden, Äckern, Wiesen, Ödland;
 c) auf Flächen, die mit einer anderen Holzart bestockt werden sollen.

3. Die n. V. ist angezeigt, wo die jungen Pflanzen Schutz durch den alten Bestand erhalten müssen: in Frostlagen, auf trockenen Südhängen, in der obersten Waldzone, wo Lawinen, Abschwemmungen und Abrutschungen drohen.

4. Die n. V. ist aber unsicher, da die Samenjahre unregelmäßig eintreten und die Keimlinge vernichtet werden können.

Sie führt selten zu einer vollständigen und gleichmäßigen Bestokkung. Zur Ergänzung muß also die k. V. zu Hilfe genommen werden.

5. Infolge dieser Unsicherheit der Besamung kann die Zeit des Abtriebes des alten Bestandes nicht genau vorausbestimmt werden. Dadurch ist die Einhaltung der jährlichen Nutzungsfläche und Nutzungsmasse und eines bestimmten Abtriebsalters, sowie die Herstellung der Altersabstufung und Hiebsfolge erschwert. Hierin liegt der Hauptgrund, aus dem seit etwa 50 Jahren, zumal im Staatswalde, die k. V überhand genommen hat. Die Erfüllung des jährlichen Hiebssolls führte zu den Kulissenhieben und der Forderung vieler Anhiebsflächen. Dadurch wird eine Zersplitterung des Betriebs und im Nadelholz eine Erhöhung der Sturmgefahr herbeigeführt. Beide Nachteile machen sich in großen Revieren stärker geltend als in kleinen.

6. Man hat vielfach die Kostenlosigkeit der n. V. hervorgehoben. Wie aus § 269 hervorgeht, sind zwar die direkten Kosten gering, während die indirekten die Kosten der Pfl. erreichen können.

In dieser Hinsicht verdient also die n. V nicht unbedingt den Vorzug.

7. Wenn der ganze Betrieb auf eine bestimmte Art der V. gegründet ist, wie im Niederwald und Unterholz und Oberholz des Mittelwaldes, im Plenterwalde, so ist die Beibehaltung der n. V. durch den Betrieb geboten und andere Rücksichten müssen zurücktreten. Im Hochwald sind dagegen beide Arten der V. anwendbar.

8. Die Arten der V. haben ihre eigentümlichen Voraussetzungen der Anwendung. Diese können in ein und demselben Bestande wechseln, so daß beide Arten nebeneinander auf kleiner Fläche in Betracht kommen können.

Beide Arten der V. sind, wie die tatsächlichen Erfolge zeigen, gleichwertig. Eine einseitige Bevorzugung der einen oder anderen Art ist daher zu verwerfen; keine von beiden soll erzwungen werden. Die beiden Arten ergänzen sich und werden zweckmäßig miteinander verbunden. Es ist besser, Lücken in der n. V durch die Pfl. auszufüllen, als lange Jahre auf ihre Besamung zu warten. Ebenso verwerflich ist es, von Natur vorhandene Jungwüchse wieder wegzuhauen, um durch die Pfl. einen ganz gleichmäßigen Jungwuchs zu erhalten. Daß beide Extreme nur allzu oft vorkommen, läßt sich leicht beobachten.

§ 293. Verjüngung und Anzucht gemischter Bestände.

1. Die Methoden sowohl der natürlichen als der künstlichen V. sind dieselben, wie sie für reine Bestände angewendet werden. Bei gemischten Beständen kommt der verschiedene Lichtbedarf der Holzarten und das ungleiche Wachstum in der Jugend hinzu. Diesen Anforderungen muß die im einzelnen Fall gewählte Methode der V. entsprechen.

2. Die schattenertragende Holzart findet sich unter dem geschlossenen Bestande durch n. V. ein; seltener wird sie durch Untersaat oder Unterpflanzung eingebracht. Die lichtfordernden Holzarten werden nach starker Lichtung durch n. V. oder nach dem Abtrieb des alten Bestandes durch S. und Pfl. angezogen. In der Regel nehmen sie die bei der n. V. verbliebenen Lücken ein.

3. Die langsamer wachsende Holzart muß einen Vorsprung im Alter haben. Sie wird im Bestande durch n. V. oder künstlichen Vorbau eingebracht.

Die rascher wachsende kann gesät oder gepflanzt oder durch n. V. nachträglich eingebracht werden.

Die Mischung kann durch die Art der n. V., noch mehr durch S. und Pfl. bald eine stammweise, bald eine gruppen- und horstweise sein.

4. Gerade bei der V. gemischter Bestände wird die Verbindung der n. und der k. V. in den meisten Fällen die Regel sein.

V. Abschnitt. **Die Erziehung und Pflege der Bestände.**

§ 294. Übersicht.

1. An manchen Orten wird der junge Bestand nach seiner Entstehung, sei diese auf natürlichem oder künstlichem Wege erfolgt, sich selbst überlassen. (Viele Privatwälder. Plenterwaldungen des Gebirges). Wo der Entwickelung und dem Wachstum des Bestandes keine Hindernisse entgegenstehen, ist eine weitere Maßregel nicht notwendig. Wo aber einzelnen Stellen oder dem ganzen Bestande Gefahr droht, muß der Bestand von fremden Holzarten, Gras und Gestrüpp befreit werden.

Diese Arbeiten nennt man Kulturreinigungen, auch Reinigungshiebe, oder man faßt sie unter dem Namen Kulturpflege, Schlagpflege zusammen.

2. Ist der Bestand in Schluß getreten, so daß einzelne Stämme unterdrückt werden, so schreitet man zu den Durchforstungen. Diese Hiebe werden bis zur Haubarkeit des Bestandes wiederholt und leiten zu den eigentlichen Verjüngungshieben über.

3. Je wertvoller das Holz ist, um so sorgfältiger kann die Bestandespflege sein. Sie bildet ein Hauptgebiet der forstlichen Tätigkeit. Da sie immer Arbeit und Kosten verursacht, so muß das Bestreben dahin gehen, diese Kosten entweder direkt durch den anfallenden Ertrag zu decken oder indirekt durch die Steigerung des Wachstums des Bestandes zu ersetzen. Auf dieses Verhältnis zwischen Kosten und Ertrag lassen sich die Verschiedenheiten der Ausführung der Bestandespflege nach Besitzern und Gegenden zurückführen.

4. Ohne Rücksicht auf Kosten oder Ertrag müssen in allen Altersstadien herausgehauen werden kranke und dürre Bäume, um die Verbreitung von Insekten oder Pilzen zu verhindern. Sogenannte Dürrholzhiebe.

§ 295. I. Die Pflege der Jungwüchse in der frühesten Jugendperiode (Schlagpflege).

1. Nach Abtrieb der alten Bäume stellen sich in den natürlich verjüngten Beständen, ebenso auf Kulturflächen, da und dort Gräser und Unkräuter ein, welche die Pflanzen im Wachstum zurückhalten, verdämmend wirken. (Verschiedene Gräserarten, Senecio, Epilobium, Brombeeren, Himbeeren, Waldreben, wilde Hopfen.) Diese Unkräuter müssen mit der Sense oder Sichel entfernt, der Jungwuchs muß gereinigt werden (sog. Kulturreinigung), damit nicht Lücken oder schwachwüchsige Stellen entstehen. An die Stelle des Ausschneidens kann in manchen Gegenden die Weide treten. Manchmal kann der Ertrag verkauft oder als Lohn für die Arbeit hingegeben werden. Bis zum Eintritt des Schlusses kann dieses Ausschneiden mehrmals wiederholt werden müssen.

2. Wenn natürliche Verjüngungen oder Saaten wegen zu dichten Standes langsames Wachstum zeigen, werden sie durch Durchrupfen oder Ausschneiden lichter gestellt.

3. Eine Durchmusterung des natürlichen Aufwuchses, auch der künstlich eingebrachten Pflanzen, muß sogleich nach Abtrieb des alten Bestandes vorgenommen werden. In manchen Gegenden geschieht es sogar schon im Lichtschlage. Verletzte und verkrüppelte, gipfellose, sowie breitastige Pflanzen, wuchernde Stockausschläge müssen frühzeitig entfernt werden, damit nicht die besser geformten Pflanzen überwachsen werden.

4. Auf Stellen mit geringem Wuchse (unfruchtbarer Boden etc.) kann das nachträgliche Einbringen einer anderen, genügsameren Holzart angezeigt sein. Diese füllt die Lücken aus, wirkt als Füllholz und verursacht, wie man annimmt, besseres Höhenwachstum der ursprünglichen Holzart, sie wird dann als Treibholz bezeichnet. (Lärchen, Föhren zu Fichten oder Buchen, Birken zu Fichten, Erlen zu Fichten).

5. Wo der Frost öfter zu schaden und den Hauptbestand im Wachstum zu schädigen droht, oder wo die Existenz einer bestimmten Holzart in Frage gestellt ist, kann nachträglich die Anzucht von Schutzholz nötig werden (Föhren, Birken, selten Erlen). Ausnahmsweise kann Schutzholz zum Zweck der Beschattung nötig werden. Das Füll-, Treib- und Schutzholz wird später teilweise oder ganz wieder entfernt.

§ 296. **II. Die Reinigungshiebe (Bestandesreinigung).**

Reinigung: Zeitschriften: Allg. F.J.Z.: 1854, 41; Rebmann 81, 401; Jürgens 1915, 116. Forstl. Bl.: 1878, 160. Forstw. Centralbl.: Keller 1890, 565. Monatschr. f. Fwesen.: v. Sturmfeder 1863, 384; 1868, 59; Fischbach 71, 146. Neue Forstl. Bl.: Bühler 1902, 89. Ökon. Neuigkten.: André 1832, 44. Thar. J.: Panse 1904, 132. Centralbl. f. ges. F.: 1909, 93. Schweiz. Zeitschr.: Landolt 1863, 147; Landolt 84, 212; Schädelin 1907, 265. — Vereine: Els. 1881; Pfalz 1876. Sachsen 1881. Württ. 1899. Ober-Österr. 1886; Tirol 1854. — Ausastung: Zeitschr.: Allg. F.J.Z: Schultze 1835, 445; 47, 408: Bötz 56, 407; Fink und Kalkhof 63, 48; Lauprecht 71, 49; Kienitz 76, 293; Kienitz 77, 58; Heyer 88, 413; Alers 91, 313; Heyer 92, 15; Heyer Th. 93, 200; Weber 95, 298; Heyer 1901, 81; Jürgens 13, 52. Aus dem Walde (Burckhardt): Burckhardt 1865, 1, 25; Elias 72, 3, 175; 74, 5. Forstl. Bl.: Göhler 1874, 199; Schaal 74, 214. Forstw. Centralbl.: Alers 1879, 344; Lampe 80, 32; May 89, 16; Thaler 1914, 434. Hannov. Mag.: 1764, 2, 1483. Krit. Bl.: 1841, 187; Rassmann 45, 90; 47, 136; 48, 221; 58, 95; Nördlinger 61, 239; Nördlinger 64, 73; Nördlinger 66, 40; Knorr 68, 70. Monatsschr. f. Fwesen.: v. Davans 1858, 226; Lelbach 59, 250; 61, 463; Roth 68, 376; Misling 69, 301; Rommel 73, 557; Volmar 73, 559; Heiße 74, 179. Thar. J.: v. Manteuffel 1872, 66; Kunze 75, 97; Hermann 93, 258. Zeitschr. f. F.- u. Jwesen: Neumann 1885, 325; Zederbauer 1910, 450. Centralbl. f. ges. Fwesen.: Alers 1875, 301; Aichholzner 75, 432; Alers 76, 402; Heß 79, 353; Alers 79, 493; 80, 27; Heß 82, 452; v. Pfeifer 83, 262; Martinet 84, 74; Alers 91, 423; 1906, 44; Zederbauer 09, 413. Österr. Viertjschr.: 1867, 485. Vereinsschr. f. Fkunde.: Wohrad 1849, 4, 45; Ratzka 70, 70, 84. Schweiz Zeitschr.: 1860, 125; Amuat 61, 144; Landolt 78, 107; Landolt 81, 130; Engler 1901, 244; Fankhauser 12, 329. — Vereine: Baden 1898; Deutschl. 1872. Deutschld. Land- u. Fw. 1842; 43; 44; 61; 62; 68. Els. 1880. Harz 1843; 47; 52. Mark Brand. 1879. Meckl. 1876; 84. Sachsen 1853; 58; 72; 77; 93. Schles. 1866; 70; 71; 87; 1904. Süddeutschld. 1857. Mähren 1888. Ober-Österr. 1858; Reichsf. 1889. Schweiz. 1860; 61.

1. Die Reinigungshiebe, auch Säuberungshiebe, Ausjätungshiebe, Ausläuterungen, Läuterungshiebe genannt, werden (im Gegensatz zu den Kulturreinigungen) mit der Axt, der Durchforstungsschere, der Hippe, teilweise der Säge ausgeführt.

Sie sind deshalb von großer Wichtigkeit, weil sie auf die nachherige Entwickelung des Bestandes entscheidend einwirken und weil etwaige Versäumnisse später nur sehr schwer gutzumachen sind.

Durch den Reinigungshieb werden alle Holzarten und Stammformen aus dem Bestande (auf einmal oder nach und nach) entfernt, welche keinen dauernden Anteil an der Bildung des Bestandes erhalten sollen.

Entfernt werden alle Holzarten, welche zufällig im reinen Bestande sich neben der einzigen Hauptholzart, im gemischten Bestande neben den gewählten Mischhölzern eingefunden haben und die Hauptholzart in ihrer Entwickelung gefährden oder wenigstens zurückhalten. Zu diesen gehören die sog. Weichhölzer: Aspe, Weiden, Sahlweide, Hasel, Pulverholz, Hartriegel, Weißerle etc., sodann Schwarzdorn und Weißdorn. Unter Umständen müssen auch Birken, Eschen, Ulmen, Erlen, Fichten, Föhren weggehauen werden, wenn sie die Hauptholzart am kräftigen Wachstum hindern.

Auf Lücken müssen ein oder mehrere Exemplare zunächst belassen, nötigenfalls aufgeastet werden. Ebenso kann das Belassen wegen der Frostgefahr sich empfehlen.

Da stärkeres Holz mehr Ertrag gibt, wird das Heraushauen manchmal verschoben, bis das Weichholz stärkere Dimensionen erlangt hat.

Auch des Wildes und der Bienen wegen wird das Weichholz vielfach geschont. Hohen Wert kann auch das Weichholz erlangen, wenn es zu Faschinen und Flechtwerk oder zum Binden des Strohs, des Reisigs verwendet wird.

Ferner werden entfernt, wenn es nicht schon bei der Kulturreinigung geschehen ist, jene Stämme der Hauptholzart, welche wegen ihrer geringen Qualität nicht im Bestande belassen werden sollen. Es sind dies solche Stämme, welche krumm, gabelig, kurzschaftig, struppig, schlecht bekront, oder welche verletzt, kränkelnd, krebsig, dürr oder halbdürr sind.

Diese Stämme müssen so früh als möglich, auch wenn etwa eine kleine Lücke im Schlusse entstehen sollte, herausgehauen werden. In der Jugend ist der angerichtete Schaden noch gering; auch sind die Lücken bald wieder zugewachsen.

Herausgenommen werden sodann alle Stockausschläge, welche nicht zur Herstellung des Schlusses vorübergehend oder gar dauernd nötig sind.

Vorwüchse, welche breitastig und schlechtwüchsig, daher untauglich sind, werden ebenfalls entfernt; die tauglichen werden, soweit es wegen der umstehenden Stämmchen nötig ist, aufgeastet.

In gemischten Beständen wird, namentlich am Rande der Horste, die Mischung reguliert durch Heraushauen, Aufasten, Köpfen der zu astigen Stämme und der nicht erwünschten Holzarten.

2. Die Zeit der Ausführung der Reinigungshiebe ist in der Regel der Sommer, a) weil Trockenheit nötig ist, b) weil die im Sommer abgehauenen Laubhölzer weniger starke Ausschläge treiben, c) endlich weil gewöhnlich diese Zeit nicht durch andere Arbeiten in Anspruch genommen ist.

Arbeitermangel verhindert in neuerer Zeit vielfach die Vornahme der Reinigungshiebe.

§ 297.

III. Die Durchforstungen.

Geschichtliches.

1. Am ausführlichsten ist die geschichtliche Entwickelung des Durchf.-Betriebs von Laschke behandelt. Mit besonderer Rücksicht auf Bayern hat Schüpfer den Durchf.-Betrieb seit 1750 besprochen.

Indem ich im einzelnen insbesondere auf Laschke verweise, lasse ich eine gedrängte Übersicht über die Geschichte der Durchf. folgen. Sie bildet teilweise eine Ergänzung der genannten Schriften, insofern für das Mittelalter weiteres Material aus den Urkundenbüchern herangezogen wurde, sodann, weil neben der von den genannten Autoren besonders benützten Buchliteratur, insbesondere die Zeitschriften und Vereinsverhandlungen verwertet werden.

2. Da im Mittelalter Eichen, Buchen und Obstbäume wegen ihrer Früchte besonders geschont wurden, konnten aus diesen licht stehenden Wäldern keine hohen Zwischennutzungen bezogen werden. Nach den Urkunden ist nur das „dürre, auf dem Boden liegende und weniger wertvolle Holz“, auch das Windfallholz in erster Linie, für die Nutzung bestimmt; erst wenn dieses aus dem Walde entfernt war, durfte grünes Holz gehauen werden. Da die fruchttragenden Bäume mit ihren gut entwickelten Kronen in der Nutzung zurücktraten, mußte sich der Hieb vorherrschend auf die zurückbleibenden Bäume erstrecken. 1210 behaupten die Bauern von Oberzell (bei Ravensburg, Württ.), ein altes Recht zum Sammeln des dürren und Hauen des „unnützen“ Holzes zu haben. Das Kloster Salem, als Waldeigentümer, beschwert sich, daß die Bauern alles hauen und den Wald verwüsten. Im Vergleich wird den Bauern erlaubt, alles „ganz dürre und alles unnütze Holz, wie Erlen, Aspen, Haseln“ als Brennholz zu hauen mit Ausnahme dessen, was zu Zaunholz sich eigne, sowie der Eichen, Buchen, Tannen und aller fruchttragenden Bäume. 1239 durfte in Villingen und bei Salem, ebenso 1281 in Pommern, das dürre Holz und was „ohne Schaden“ genommen werden konnte, 1289 in St. Leon (Baden) das „Unholz“ gehauen werden. 1483 sollte in Waldeck (Odenwald) nicht nach dem besten gegriffen, sondern „ungefährlich“ oder, wie es 1491 in Appenzell heißt, „unschädlich“ gehauen werden.

Petrus de Crescentiis (1305) läßt da hauen, wo die Bäume „allzu dicht“ stehen. Durch Wegnahme des geringen Holzes soll die Zahl der Stämme allmählich vermindert und der Humus ganz zur Verwesung gebracht werden. Kastanien-, Apfel-, Birn- und andere samentragende Bäume sind von Dornen und fremden Holzarten zu reinigen. Wo schöne, zu Bau- und Werkholz taugliche Stämme von anderen Holzarten oder Dornen unterdrückt sind, müssen letztere ausgerottet werden. 1391 sollte aus den Wäldern des Stifts Admont (Steiermark) das schlechte, unnütze Holz, solches von „storren“ an die Berechtigten oder die Köhler abgegeben werden. Für den Wienerwald galt nach einem Weistum 1511 die Vorschrift wo „drei holz auf einem stamm stehen, das klainist abzuslahen“. Zu Säulen sollen 1538 in Stams aus den Lärchenwäldern „nur die krummsten und gröbsten genommen“ werden.

Die Abgabe des Holzes sollte, nach einer Speyerischen Waldordnung von 1470 „an den enden, da es allerunschädlichst ist“ erfolgen. Das Hauen an „unschädlichen“ Orten wird auch anderwärts erwähnt.

3. Vorschriften über die technische Ausführung der Durchf. wurden sehr früh in Österreich gegeben.

Die Salzburger Forstordnung von 1524 gebietet dem Waldmeister, Zaunholz da anzuweisen, wo der Wald „am dicksten steht“, oder wo es sonst am wenigsten schädlich ist, auf daß nicht Scharten in den Wäldern gemacht und das Jungholz verwüstet werde.

4. Im Bistum Speyer wurden (nach Hausrath) 1530 die Durchf. empfohlen.

Nach der Brandenburger Forstordnung von 1531 sollen Hopfenstangen und Latten unschädlich ausgezogen werden. Wo das Holz zu dick wächst, soll es ausgehauen werden, damit den anderen Bäumen Raum gemacht wird und sie desto fröhlicher wachsen. Zu Klafterholz soll das krumme, ungewüchsige oder dürre und liegende Holz genommen, das frische, gerade soll verschont werden; es soll aber kein Platz oder Blöße gemacht werden.

In der 2. württembergischen F.O. von 1540 — die 1., welche zwischen 1514 und 1519 erlassen wurde, ist verloren gegangen; ob sie eine Vorschrift über die Durchf. enthielt, läßt sich also nicht feststellen — lautet die Anordnung bezüglich des Tannenholzes: wo es zu dick aufgewachsen, sollen die überflüssigen Stangen zu Leitern verkauft werden. „Damit werden die Wäld licht und geläutert, und mag das übrige Holz, das ohne das erstickt, desto besser fürschießen und aufwachsen“. Im Walde des Klosters Bebenhausen bei Tübingen sollte 1552 das Oberholz, wo es allzu dicht steht, gelichtet werden.

Heresbach (Jülich) empfiehlt 1574 für Obstbäume in den Wäldern einen weiten Abstand, damit nicht die schwächeren von den kräftigeren unterdrückt werden.

1619 wird in Nassau angeordnet, daß das Holz, welches krumm gewachsen oder sonst untüchtig ist, jährlich herausgenommen werden soll.

In Weimar sollen 1646 die Köhler alle gefallenen, ungesunden, krummen, kurzen, struppigen, dürren, knorrigen Stämme und die Windfälle nehmen.

In Bayern werden 1659 zu Hopfenstangen nur solche Stämme angewiesen, die dick stehen und zu größerem Holz nicht wachsen mögen.

In Eichstädt wird 1666, in der Oberpfalz 1694 verboten, Dürrholz und Windfälle verfaulen zu lassen.

Die übrigen Forstordnungen — Laschke hat bis 1750 in 25 deutschen Ländern Vorschriften über die Durchf. nachgewiesen — enthalten keine wesentlichen neuen Bestimmungen. In Thüringen erscheinen sogar 1646 und später einige Anordnungen, die — sie sind nicht ganz klar ausgedrückt — als Einschränkung der Durchf. aufgefaßt werden können. Die letzte F.O. — diejenige für die österr. Vorlande von 1786 — bestimmt, daß zu Weinstecken dürre und abstehende Stämme jedoch nur „in über halbgewachsenen Wäldern“ genommen werden.

5. Vom Anfang des 18. Jh. bis zur Gegenwart widmen alle waldbaulichen Werke den Durchforstungen ihre Aufmerksamkeit. Von den rund 250 Büchern werden im folgenden nur diejenigen näher berücksichtigt werden, welche neue

Gesichtspunkte in der Frage enthalten. Die Werke über Forsteinrichtung werden nur ausnahmsweise Erwähnung finden (vgl. den Literatur-Nachweis bei Laschke).

Carlowitz (Erzgebirge; 1713) tadelt, daß das krumme, knotige Holz an den meisten Orten nicht gehauen, sondern das gute und beste verkauft werde; Stämme, die kein Wachstum zeigen oder krumm und schadhaft werden, soll man abhauen und den andern Raum machen. Um astreines Bauholz zu ziehen, läßt man die Stämmchen dicht stehen und haut um den gut gewachsenen Stamm die zu nahe stehenden weg.

Hohberg (Österreich) ist der erste, der sich 1716 eingehend mit den Durchf. beschäftigt und überraschende Ansichten äußert. Zum Kohlen werden die ungesunden, krummen, höckerichten und knorrigen Bäume genommen. Schöne, gerade dürfen nicht gehauen werden. Ausgemaißt müssen diejenigen Stämme werden, welche die schönsten im Wachstum verhindern. Die Bäume müssen in rechter Distanz stehen.

Döbel haut 1746 krumme und kropfige zu Brennholz heraus. Auch schon völlig erwachsene Hölzer müssen in gutem Wachstum erhalten werden. Es ist eine irrige Meinung, daß das Auslichten (der stärksten) den Zuwachs befördere. Wenn das Holz die Länge eines Baustamms hat, können die abgestorbenen einzeln herausgehauen werden. In jungen Nadelhölzern werden beim Auslichten oder Durchhauen nur krumme, unterdrückte und ganz dürre weggenommen. Die stärksten herauszunehmen ist im Nadel- und Laubholz schädlich.

Nach Justi (1755) werden diejenigen Eichen geschlagen, die übel gewachsen, krank sind oder sonst Schaden gelitten haben. Scharmer nimmt (1749), wenn junge Buchen zu dick stehen, die ungestalteten weg, die anderen gewinnen an Vollkommenheit und Zuwachs.

J. G. Beckmann spricht sich 1755 sogar gegen die Entnahme der dürren Stämme aus, weil sie verfault als Dünger wirken.

Büchting (1756) meint, daß die Fichten dicht stehen und nur die zurückbleibenden herausgenommen werden sollen. Auch Geutebrück (1757) sagt, daß die Stämme ohne Dickicht sich nicht reinigen; man müsse deshalb auch die dürren Stängelchen stehen lassen.

Moser (1757) geht von der Praxis am Harz (Wernigerode) aus. Er stellt den Satz voran, daß kein Bäumchen das andere im Wachstum hindern soll. Später aber erklärt er das Auslichten für falsch; es stimme nicht, daß die anderen besser wachsen; man solle die Bäume stehen lassen, bis sie selbst absterben. Wegen des Windes soll aber nicht einmal das Dürre herausgenommen werden. Komme das starke Holz heraus, so erwachse das schwache in geringem Maße und werde vom Schnee umgedrückt. In melierten Orten sei das Auslichten noch häufiger, um eine Art auszurotten.

Großkopf (1759) versteht unter Auslichten das Heraushauen der stärksten Bäume zu Nutz-, Bau-, Bloch- und Schindelholz, wodurch das noch stehende Holz dünn, hell und durchsichtig wird. 1760 soll nach einer Berner Vorschrift auf 6—8 m Abstand „erdünnert" werden.

6. Mit dem Erscheinen der ersten forstlichen Zeitschrift, des Forstmagazins von Stahl 1763, beginnt eine lebhafte Bewegung auf dem Gebiete des Durchforstungswesens. Ob sie durch die Schriften von Duhamel du Monceau veranlaßt wurde, muß vorerst unentschieden bleiben. Seine Werke erschienen 1750 bis 67 und wurden 1762—67 von Ölhafen ins Deutsche übersetzt. Sie enthalten (1763) gegenüber der bisherigen Literatur neue Gesichtspunkte, die kurz (nach Ölhafen, 1763, S. 263) mitgeteilt werden sollen. Die Bäume müssen nahe stehen, damit sie gerade in die Höhe gehen und das Gras ersticken. Wenn sie nach 10—12 Jahren zu dick stehen, müssen alle ungestalteten und von zwei

auf einem Stock stehenden der eine Baum ausgehauen werden. Mit 25 Jahren kann ¼ weggehauen werden, wobei man nur die kleinsten, ungestalteten und schmachtenden nimmt. Dieses Aushauen gibt Kohlen und Reisig; das Ausbringen an die Wege ist aber teuer. Dieses Ausputzen wird den übrigen nicht geringen Nutzen bringen. Alle 6—8—10 Jahre müssen die Wälder durchgangen werden. Die Bäume, die zu dick stehen, zu niedrig sind und bald von den andern erstickt werden, sowie die ungestalteten und schmachtenden müssen ausgehauen werden; es bleiben dann muntere und gut wachsende, die mehr Freiheit haben und besser wachsen. Man braucht also nicht zu warten bis zum Abtrieb; man kann nicht glauben, wie viel Holz man bekommt. Es darf aber nicht zu viel genommen werden, daß das andere Holz nicht in die Äste treibt. Die Angaben über Beginn und Wiederholung, über das Maß des Aushiebs, den Materialertrag und dessen Eingang vor dem Abtrieb finden sich in keinem früheren Werke. Sie bedeuten einen entschiedenen Fortschritt gegenüber den deutschen Schriften. Die intensive Wirtschaft um Paris tritt in ihnen deutlich zu Tage.

In Stahls Forstmagazin erschienen in den 3 Jahren 1763—1765 nicht weniger als 9 Abhandlungen über Durchf. Hiezu kommt noch eine Anleitung von Berlepsch 1761 (veröffentlicht erst 1788 im Forstarchiv 3, 10). Nur ein Verfasser nennt 1765 „den großen Lehrer“ Duhamel und übernimmt seine Ausführungen wörtlich nach der Übersetzung von Ölhafen. Die übrigen Autoren geben ihre Beobachtungen im Walde wieder: Berlepsch von Kassel, Reinhard von Baden (Pfalz ?), Zanthier vom Harz etc. Sie zeigen keinerlei Anklang an Duhamel, sondern teilen eigene Erfahrungen mit. v. Berlepsch nimmt „Ausläuterungen“ der unterdrückten, gipfeldürren Stangen erst vor, wenn die gesunden Stangen die unteren und mittleren Äste verloren haben. Dies sei nützlich, „bringe viel Forstgeld ein“ und befördere das Wachstum des gesunden Holzes, „daß man einige Jahre hernach solche Orte kaum mehr kennt“. Ausläuterung von starken Bäumen in Stangenhölzern und hohen Dickungen sei dagegen schädlich an Orten, „wo man hohen Wald ziehen will“. Reinhard dagegen erklärt es für unrichtig, den gesäten, dicht stehenden Stämmen „Luft zu machen“. „Die Natur hilft sich selbst“. Man lasse Laub- und Nadelholzschläge „so dick stehen, als sie nur wollen; man hüte sich einen einzigen Stamm, außer abgestorbenen, daraus zu nehmen“.

Zanthier (in Ilsenburg am Harz) sagt 1764, um nichts im Walde verderben zu lassen, leisten „wirtschaftliche Förster“ eine Arbeit, die man „Durchhauung oder Plenterung“, die „Ausziehung oder Ausläuterung“ des trockenen und unterdrückten Holzes nennt. In Tannenörtern findet man nach 30—40 Jahren viele untergipfelte, unterdrückte oder bereits gänzlich vertrocknete Stämmchen, die ohne den geringsten Schaden als Erbsen- und Bohnenstecken, Hopfenstangen, Reisach zugute gemacht werden können. Die 2. Aushauung kann mit 50 Jahren geschehen. Es darf aber kein grünes, unterdrücktes Holz gehauen werden, damit die Stämme „nicht zu viel Luft erhalten und dem Wind ausgesetzt werden“.

Das zum Ausplentern bestimmte Holz ist 15—20' (= 5—6 m) niedriger, als das gute Holz; es ist keine Wahrscheinlichkeit vorhanden, daß durch seine Entnahme Gelegenheit zu Windbruch gegeben wird. Solche, die vom Schnee gebrochen sind werden belassen, wenn sie noch grüne Äste haben, damit die Nachbarn nicht vom Wind hin und hergetrieben werden können.

Auf harten Revieren, die zu Baumholz angezogen werden sollen, sind die Aushauungen unumgänglich nötig. Im 45.—56. Jahre gibt es viele unterdrückte, die den andern die Nahrung entziehen. Es muß aber nicht nur das trockene, sondern auch dasjenige unterdrückte und krüppelichte Holz genommen werden, woraus kein tüchtiger Baum erfolgen kann. Die 2. Aushauung in Baumhölzern geschieht im 80.—90. Jahr. „Jedoch ist dieses vielmehr eine ordentliche Hauung, als Plenterung zu nennen". Es sollen nur ungefähr 40 Stück auf einem Morgen (= 160 auf 1 ha) soviel möglich in gleicher Weite von einander stehen bleiben.

Um 1760 wurde neuerdings die Einteilung in Gehaue empfohlen. Das bisher übliche regellose Heraushauen der stärksten Stämme sollte verlassen werden. Diesem Betrieb wurde die Entstehung der Schneebrüche und Windfälle zugeschrieben; die vielen kleinen Lücken sollten die Ursachen sein. Es lag nahe, in den Gehauen das Öffnen von Lücken durch die Durchf. zu verbieten und so höchstens die Entnahme des dürren und auch noch des unterdrückten Holzes zu gestatten. Die Erziehung dichter Gehaue brachte die Umwälzung in der Behandlung der Bestände. Die Durchf. mußte sich geradezu aufdrängen, während nach der Entfernung der alten Stämme, die vorher üblich war, die unterdrückten belassen werden mußten.

Eine Verwirrung mußte dadurch entstehen, daß für beiderlei Hiebe dieselbe Bezeichnung: Auslichten, Ausleuchten gebraucht wurde. Das Wort Plenterung kommt erstmals bei Zanthier 1763 vor.

7. Käpler erzieht 1764 die Bestände zunächst dicht und haut nach 20—30 Jahren die krummen Stämme heraus.

Eine sehr sorgfältige Wirtschaft begegnet uns in der Schweiz. Eine Stimme von dort sagt in Stahls Forstmagazin von 1763, daß junge Buchen im 6. und 7. Jahr erdünnert werden müssen. Entweder werde Bau- oder Brennholz gezogen. Im ersteren Falle sollte der Buchenwald wie der Tannwald behandelt werden. Man sollte, nachdem er von Zeit zu Zeit ausgehauen worden, die schönsten Stämme in gehöriger Entfernung aufwachsen lassen und sie fleißig aufschneiteln.

Die Anleitung für die Landleute des Kantons Zürich von 1765 übertrifft alle bisherigen Schriften und verrät eine sehr intensive Wirtschaft. Die Eichen sollen im 15.—20. Jahre 0,6—1,0 m Abstand haben; nur die schönsten, nutzbarsten, die starkes Holz geben, sollen stehen bleiben. Wenn der Aufwuchs zu dicht ist, sollen im Buchenbestande auch Eschen und Ahorn weggenommen werden. Die Tannwälder müssen erdünnert und aufgeschneitelt werden. Zu großen Bäumen können 400 auf 1 ha erwachsen. Der Buchenbestand kann schon im 30., der Föhrenwald im 40. Jahr so erdünnert werden, daß nichts stehen bleibt, als was zu großen Bäumen erwachsen soll.

In der späteren Anleitung von 1775 wird getadelt, daß man das Erdünnern manchmal den Bannwarten überlasse, „die statt überflüssiges ausziehen, die schönsten Bäume abstumpfen".

Die Berner Anleitung von 1768 scheint nach der Zürcher ausgearbeitet worden zu sein. Im Polizei-Magazin werden 1767 (ähnlich in der Onomatologia forestalis von 1772) die Hiebe genauer unterschieden. Mit „verloren durchhauen" dürfe das „Durchhauen"=Auslichten, Ausleuchten, Ausläutern, Ausziehen oder Plentern nicht verwechselt werden. Ausziehen und Plentern besteht im Herausnehmen des unterdrückten und trocken gewordenen Holzes. Beim Ausleuchten und Aushauen werden die stärksten Bäume (Holländerholz) herausgehauen.

Nach v. Brocke (Braunschweig) werden 1774 die Buchenhölzer alle Jahre ausgeplentert und dabei die dicksten Stämme weggehauen. Laubholz oder Lärchen verinteressieren den Platz am besten, weil sie bald haubar werden, zumal wenn der Bestand in der Jugend einigemale durchgehauen wird, daß das Holz 4—5' (= 1,3—1,6 m) weit steht. Dies ist auch bei Fichten und Tannen nötig, „wenn man sie bald groß haben will". Nur was unterdrückt ist, darf genommen werden. „Man muß eine Probe machen in neben einander stehenden Fichten- und Kieferndickungen von einem Alter. Man lasse die eine so aushauen, die andere nicht, so wird man den Unterschied im Wachstum gleich sehen".

Maurer (Sachsen; 1783) läßt struppige Fichten aus dem Anflug hauen. Im Nadelholz durchforstet er nicht vor dem 30. Jahre. „Man ließ die unterdrückten Stämme vielfach stehen, es gab aber nur leere Plätze, da sie dürr wurden".

In den Kommunalwaldungen bei Mainz wird 1789 alle 6—10 Jahre durchf.; nur des Schlusses halber werden alle gesunden stehen gelassen. Im Grundriß von 1789 heißt es, daß Kiefern, Fichten, Tannen mit 50 Jahren den meisten Wuchs in die Höhe gemacht haben; dann sei es Zeit, den geringen Unterwuchs herauszuhauen. Jeitter (1789) empfiehlt, unterdrückte Stangen herauszuhauen; man habe am Ende eine größere Menge schlagbaren Holzes. Prunk (1789) schlägt für Tannenwälder die 1. Aushauung im 30.—40., die 2. im 50. Jahre vor.

Nach Banger (1790) wird im Laubholz die 1. Aushauung im 30.—40., die 2. im 80.—90. Jahr gemacht; bei letzterer läßt man nur die allerbesten Stämme stehen, um sie zu größter Vollkommenheit gelangen zu lassen.

Er war seit 1786 in Hungen (Wetterau) als Forstmeister tätig. Nicht ohne Bedeutung ist seine Mitteilung, daß es dort an Altholz fehlte und nach 15 Jahren der Hieb hätte in 60 jähriges Holz gelegt werden müssen. Buchenbestände mit Eichen herrschten vor. Überwiegend waren II. und III. Bonität vertreten.

8. G. L. Hartig gibt 1791 Anweisung für die Durchf. Er gebraucht das Wort durchforsten neben durchläutern, ausjäten. Wenn das junge Holz 7—8 cm („wie ein starker Mannsarm") stark geworden ist, was im 30.—40. Jahr der Fall ist, wird das ganz oder halb abgestorbene Buchenholz herausgenommen. Der dichte obere Schluß darf nicht unterbrochen werden, weil die Stämme zu der Länge noch zu schwach sind und vom Schnee, Glatteis, Regen und Wind umgebogen werden oder sich zu sehr in die Äste ausbreiten. Wo der Schluß es erfordert, muß im Notfall halb unterdrücktes und krummes Holz belassen werden. Man erhält nur Reisig, Hopfen- und Bohnenstangen; diese tragen aber, wo das Holz im Wert ist, schon genug ein. Wo das Reiserholz nicht anzubringen ist, und der Hauerlohn den Wert übersteigt, kann die Reinigung der Natur und das dürre Holz den Leseholzberechtigten überlassen werden. Mit 50, auf geringem Boden 60—70 Jahren (bei 20 cm Stärke), wird die zweite Durchläuterung vorgenommen und alles unterdrückte, abgestorbene, krüpplichte Holz dergestalt herausgenommen, daß der Wald oben seinen vollkommen dichten Schluß behält.

Wenn bei dieser Hauung, die man Plenterung nennt, alle 2—3 Schritte (= 1,5 bis 2 m) der gesündeste, stärkste und schönste Stamm stehen bleibt, ist der Wald noch geschlossen genug. Im 80—90 jährigen Alter muß der Bestand noch einmal durchhauen und das unterdrückte herausgenommen werden, so daß die besten 200, auf schlechtem Boden 300 Reidel auf dem Morgen (= 800—1200 auf 1 ha) stehen bleiben.

In Nadelwäldern wird im 20.—30. Jahre das abgestorbene und überwachsene Stangengehölze herausgehauen. Dies wird alle 20 bis 30 Jahre wiederholt, so oft sich unterdrücktes Gehölze findet. Wegen der Windgefahr darf mehr als unterdrücktes oder überwachsenes und abgestorbenes Holz schlechterdings nicht gehauen werden. Diese Zwischennutzung ist sehr einträglich. Denen, die alles Holz verfaulen lassen wollen, könne nicht beigestimmt werden. Man wird über den starken Zuwachs nach der Durchpläntorung erstaunen. In 40 jährigen Buchen bleiben etwa 6000—7200, auf schlechtem Boden 7200—8000 Stämme stehen.

In der „Taxation" (1795, S. 21) rät Hartig „in Rücksicht der Zwischennutzungen oder der Plänterungen, wodurch das Wachstum der prädominierenden Stämme außerordentlich befördert und der Holzertrag sehr vergrößert wird", zu durchforsten: Buchenwälder im 30. (40.), 60., 90., Eichenwälder im 40., 80., 120., 160., Nadelholzwälder im 20., 40., 60., 80. Jahr. Die unterdrückten Stämme wachsen fast unmerklich oder gar nicht mehr. Er fügt hinzu: daß es leider viele Forstmänner gebe, welche „keine Durchhauungen der Waldungen statuieren, sondern alle Stämme miteinander aufwachsen lassen". Ertragstafeln für die Zwischennutzungen in Buchen, Eichen und Nadelholz sind beigegeben.

1798 bemerkt Hartig, daß im 100. Jahr die 200 Stämme (800 auf 1 ha) gefällt werden, „welche von Jugend auf die stärksten waren".

Im Lehrbuch für Förster sind diese Grundsätze — namentlich bezüglich der Erhaltung des Schlusses — in Regeln gefaßt. Es soll nichts weggehauen werden, bis Platzregen, Schnee und Duft nichts mehr schaden; dies sei im milden Klima im 40. (bei 15—20 cm unterstem Durchmesser), im rauhen im 60. Jahr (25—30 cm) der Fall. Diesen Standpunkt behielt Hartig bei und sprach ihn noch 1832 und 1834 in seinem letzten Werke aus.

Er fügt 1834 bei: In nicht haubaren Beständen könne solche Durchf. alle 10—20 Jahre vorgenommen werden; in großen Wirtschaften lasse man alle 20 Jahre durchforsten, wenn es nicht alle 10 Jahre geschehen könne. Schädlich sei es, zugleich dominierende oder gar dominierende statt der unterdrückten zu nehmen. Am besten wachsen die Fichtenbestände, wenn sie vom

1.—20. Jahr . .	6000—6400 Stämme (auf 1 ha) zählen, und
diese im 20. auf die kräftigsten	2400—2800,
40.	1600—2000,
„ 60. „	800—1000 vermindert werden.

Die Beobachtung, daß die gepflanzten Bestände stärkere Bäume haben, als die gesäten, veranlaßt Hartig zu der Bemerkung, daß die dichten Saatbestände im 5.-6. Jahre so durchforstet werden sollten, daß alle 3—4 ' (= 1 m) die kräftigste Pflanze stehen bleibt. Da dies schwer durchführbar sei, sollen die Saatbestände so früh wie möglich durchf. werden.

9. Einen von Hartig völlig abweichenden Standpunkt nimmt gleichzeitig (1794) Finger (Wellerode bei Kassel, Buntsandstein) auf Grund 20 jähriger Erfahrung ein. Bei der 1. Durchf. bewahrt auch er den Schluß „im Gipfel" Wenn aber die Baumhölzer (Laub- und Nadelholz) zu gehöriger Reife und völliger Höhe herangewachsen sind, „wird der Schluß dieser Bäume im Gipfel eröffnet", aber nicht größer, „als daß dieser Wald nach 4—6 Jahren sich wieder völlig im Schluß befinde". Mit dieser Behandlung wird so lange fortgefahren, bis die besten zuletzt stehenden Bäume zur besten Schaftstärke herangewachsen sind.

Witzleben (Nassau) setzt (1795) statt Durchf. den Ausdruck „dunkle Vorhauung" zur Steigerung des Zuwachses und legt sie in Buchenwäldern nicht vor dem 30. oder 40. Jahr ein, nach dem hauptsächlichsten Höhenwachstum, damit die Stämme stufig gegen Schnee und Wind werden; das Weichholz darf wegen des Schlusses nicht gehauen werden. Die Vorhauung habe Einfluß auf den Boden; das Laub verwese, die Sonne bekomme Zutritt und erhöhe die Temperatur. Im 50., 70. und 90. Jahr finden weitere Durchf. statt. 1801 rät er, die Bestände 15—20 Jahre vor der Haubarkeit zu verschonen, weil die Stellung des Schlags erschwert werde.

Führer (Lippe) unterscheidet 1796 unterdrückte und „verdrängte" Stämme: in jungen Beständen werden die völlig unterdrückten, bei älteren auch verdrängte herausgenommen. In der „Praktischen Anweisung zum Forstwesen", die sich besonders an die Hannoveraner wendet (von Führer stammt die Vorrede) heißt es (S. 96): „bemerkenswert ist, daß die Zwischennutzung mehr noch als den doppelten Ertrag des Forstgrunds bei der Abholzung aufzubringen vermag". Eine Ertragstafel für Durchf. ist beigegeben.

Heldenberg (Bayern) erwähnt 1797, daß die meisten Forstleute das Auslichten verwerfen, weil die Stämme zu sehr in die Äste wachsen, den geraden und schlanken Wuchs verlieren, zu locker stehen.

Cramer führt 1798 an, daß die Durchf. von einigen Ausschierung genannt werden, in Böhmen „Ausleiten". 1797 werden (Diana [8] 77) Angaben über die Zahl der gesunden, gut wachsenden und der unterdrückten Stämme gemacht.

Nau (Mainz) sieht den Grund des Zurückbleibens einzelner Stämme im Mangel an Nahrung und Raum. Beim Durchf. müssen des Schlusses halber alle gesunden stehen bleiben, die sich den weitern Raum durch Abwerfen der unteren Äste von selbst verschaffen. Das von Samen erwachsene junge Holz bedarf alle 6—10 Jahre einer Ausläuterung. Durch Entnahme des trockenen und unterdrückten Holzes wird der Wald für das Wachstum licht genug und auch geschlossen genug, um hohe und geradschaftige Stämme zu erziehen.

Burgsdorf (1800) legt in Eichenbeständen im 40. Jahr die 1. Durchhauung ein, daß je nach Boden 5200, 4400, 3600 Stämme auf 1 ha bleiben; im 80. Jahr folgt die 2. Durchhauung (noch 1200 Stämme, die schlechtesten kamen heraus); im 120. geschieht die Durchf. (noch 800 Stämme), im 150. die lichte Samenhauung.

Hennert erklärt 1801 das Durchf. jüngerer Föhrenwälder in den weitläufigen Waldungen Preußens, wo kein Absatz sei, für ein undankbares Unternehmen.

Ausführliche Untersuchungen über die Abnahme der Stammzahl hat Späth angestellt. Die Durchf. scheinen ihm ein Gegenstand wichtigster Erwägungen zu werden und der Betrieb der Waldungen eine neue Epoche zu gewinnen. Späth unterscheidet 4 nach Länge und Stärke abgestufte Baumklassen in einem Bestande.

Medicus (Pfalz) tadelt 1802, daß beim Durchf. sehr oft die gesunden weggehauen und schwächliche belassen werden.

Saramo beschreibt 1801 die Wirtschaft in der Herrschaft Calenberg (Hannover). Die Buchenbestände werden nie vor dem 20—25. Jahr durchforstet; es wird nur das unterdrückte und dürre Holz genommen, „aber wo 2—3 gleich schöne Buchen beisammen stehen, blieb selten mehr als eine stehen, so daß kein Schluß mehr da und die Stelle notdürftig besetzt war". Dies geschah nur in Interessentenforsten; „in landesherrlichen wurde solch forstwidriges Verfahren verhindert".

Brüel (Dänemark; 1802) haut nicht, was den Gipfel noch völlig frei hat. In jüngeren Beständen durchf. er alle 5—6, später alle 10 Jahre.

Laurop sah 1802, daß im Herzberger Revier (am Harz) keine Zwischennutzungen, sondern erst im 80. Jahr Durchhauungen stattfinden, weil dann der Ertrag größer sei.

10. Cotta (Zillbach, Weimar) hat seine Grundsätze schon 1804 (Taxation [2] 34. 38), 13 Jahre vor dem Erscheinen seines Waldbaus entwickelt. Bei der Bestandesaufnahme trennt er (1. 138) die gesunden Stämme mit Zuwachs von den unterdrückten und schadhaften ohne Zuwachs und von den abständigen. Er unterscheidet (35) die „gewöhnlichen Durchf." von den Plänterhauungen, bei welch letzteren die ganz alten, anbrüchigen Bäume in allen Teilen des Reviers entnommen werden.

In Buchenwäldern findet die 1. Durchf. gegen das 60. Jahr statt wegen der vielen Leseholzberechtigten. Weiche Hölzer dürfen nur herausgenommen werden, wenn sie schaden; die andern sind zur Erhaltung des Schlusses nötig und können bei der 2. Durchf. vorteilhafter als Bau- und Nutzholz verkauft werden. Bei der 1. Durchf. werden die unterdrückten gehauen, ebenso bei der

2. Durchf., die im 90. Jahr stattfindet. Im Nadelwalde (2, 44) müssen beigemischte Buchen wegen des Schlusses geschont werden. Bei der 1. Durchf. im 23.—30. Jahre und den späteren, alle 20 Jahre zu wiederholenden Durchf. darf kein Stamm weggenommen werden, wodurch der Schluß leiden würde.

Als Cotta 1817 seinen Waldbau schrieb, war er nach Tharandt in Sachsen (seit 1810) übergesiedelt. Beim Durchf. soll nur das Holz weggenommen werden, was „dem herrschen sollenden im Wachstum nachteilig ist" (S. 42), Dieser Grundsatz wird aber nicht streng durchgeführt. Gleich die Regel a) lautet, daß eigentlich nur die unterdrückten Stämme wegzunehmen seien und b) daß der Schluß nicht gestört werden dürfe, weshalb c) sogar schlechte Stämme behalten werden müssen. Wenn aber zwei Stämme ganz nahe aneinander stehen, muß der schlechteste weggenommen werden, wenn er auch nicht unterdrückt ist. d) Magere und trockene Orte dürfen wenig durchforstet werden. e) Bisher geschlossene Orte sind vorsichtig zu durchf., weil die Stämme sich biegen. f) Wo Schneebruch zu besorgen, müssen die Durchf. sehr jung angefangen werden. g) Je öfter man mit den Durchf. kommen kann, um so besser ist es. Den Schluß muß man da am engsten halten, wo man Nutz- und Bauholz ziehen will.

Von Hartig weicht Cotta 1817 im allgemeinen wenig ab; immerhin steht Cottas Regel der öfteren Wiederholung im Gegensatz zu Hartigs langen Zeiträumen. Schon in der 3. Auflage (1821, S. 79 ff.) hat aber Cotta seinen Standpunkt geändert. Er geht vom Zuwachsverlust bei dichtem Stande aus und hebt andererseits die Nachteile allzu lichter Durchf. hervor. Er verwirft die bisherigen Regeln (Beginn nach der Reinigung, nur Unterdrückte nehmen, alle 20—30 Jahre wiederholen), die dem Zweck der Durchf. (Verminderung der Stammzahl, Steigerung des Zuwachses) geradezu entgegenstehen. In der ersten Lebenszeit müsse die Stammzahl vermindert werden. Die dürren schaden nichts mehr. Nach den jetzigen Regeln kommen wir immer zu spät. Es müsse gerade das Gegenteil geschehen von dem, was bisher üblich war: 1. man fange vor der Reinigung der Stämmchen an zu durchf., 2. lasse es gar nicht zum Unterdrücktwerden kommen; 3. wiederhole die Durchf. so oft es möglich ist[1]). Man nehme in jeder Waldsaat nach der gefährlichsten Jugendperiode die geringen Stämmchen und lasse in gehöriger Verteilung so viele stehen, als ohne Nachteil in den nächsten Jahren fortwachsen können; die Zweige sollen sich noch berühren, aber nicht ineinander greifen. Wenn die Stämme größer geworden sind, sich im Wachstum hindern, und einzelne Zweige abzusterben drohen, so muß eine Verminderung zu obigem Grade wieder geschehen. Der Boden muß dabei immer beschattet und von den Ästen bedeckt bleiben und das Holz darf zu keiner Reinigung kommen. So wird fortgefahren, bis das Holz am Stocke 5—6 " (= 15 bis 18 cm) Durchmesser erreicht (in 1,3 m also etwa 13—16 cm; hiezu sind 30 bis 40 Jahre nötig). Alsdann hören alle Durchf. so lange auf, bis die Stämme sich so hoch gereinigt haben, als es der Zweck ihrer Anwendung erfordert. Sobald diese Reinigung geschehen ist, fährt man mit den gewöhnlichen Durchf. nach den alten bekannten Regeln fort bis zur Hauptnutzung. — Als Vorteile dieser Art der Durchf. gibt Cotta an: Kräftigung der Stämme, vollkommene Entwickelung der Zweige und Wurzeln, Beschattung und Feuchterhalten des Bodens, Vermehrung des Zuwachses. Die Einwendungen (daß man kein astreines Holz

---

[1]) Cotta bemerkt, daß er lange, trotz der Tatsachen, seine Ansicht nicht geändert und noch länger gezögert habe, sie öffentlich auszusprechen, um nicht verketzert zu werden.

erziehe, den Boden verschlechtere, keine geringen Stangen liefern könne, hohe Kosten habe, die Arbeit bei der bestehenden Forstverwaltung nicht leisten könne), hält Cotta nicht für stichhaltig. Für die späteren Durchf. wiederholt Cotta seine oben (1—3) angeführten Regeln. In der 5. Auflage von 1835 sind die obigen Sätze vollständig beibehalten mit der Bemerkung (S. 91), daß seine Regeln das Ideal seien, dem man sich zu nähern habe; die vollständige Befolgung sei nicht überall möglich. Zahlen für Beginn und Wiederholung gibt Cotta nicht an, er hält solche für einen großen Fehler. Man müsse wissen, wie es sein solle, die Verhältnisse lehrten dann die Gesetze der Notwendigkeit.

11. Zschokke (1806) nennt die Durchf. eine Durchplänterung (absterbende, auch schlechte werden einzeln herausgenommen), die im 30., 60., 90. Jahr vorgenommen wird.

Pfeil beginnt (1819) in Föhren wegen des Absatzes die Durchf. im Alter von 20—25 Jahren, nimmt unterdrücktes, auf schlechtem Boden auch beherrschtes Holz weg, das dem besseren im Wachstum hinderlich ist. 1820 fordert er, daß kein unterdrücktes Holz entstehen dürfe. Wenn die Äste sich nur berühren, sei die richtige Stammzahl von selbst vorhanden. Ein dominierender Stamm dürfe nicht genommen werden. 1848 betont er die Erhaltung der Bodenkraft; diese sei wichtiger als der Gewinn an Zuwachs.

Hundeshagen spricht sich gegen Cottas Vorschläge aus, fügt aber bei, sie hätten die Wirkung gehabt, daß man früher und öfter durchforste, z. B. in Kurhessen alle 7 Jahre, aber nicht vor dem 25.—30., auf schlechtem Boden 40.—55. Jahre. Wenn 2—3 auf einem Stock stehen, will Hundeshagen nur 1 belassen.

Eine Anregung, Versuche über die Durchf. anzustellen, ging 1828 von Zamminer (Darmstadt) aus. Er schlug 5 Vergleichsflächen vor: in I sollte alles unterdrückte genommen, in II—V die Stammzahl um 10, 20, 30, 40 %, aber unter Erhaltung des Schlusses vermindert werden.

Ziment (Bamberg, Nürnberg) bemerkt 1829, daß die Jagd die Durchf. verhindere. Schon mit 10—20 Jahren könne durchforstet und sogar der Schluß auf kurze Zeit unterbrochen werden. Er will den Ertrag der Durchf. genauer ermittelt wissen.

Kasthofer (Schweiz; 1829) nimmt in 20 jährigen Fichten die erste Durchf. vor und wiederholt sie alle 15 Jahre; nur unterdrücktes Holz wird entnommen.

12. André, der in Böhmen Privatgüter verwaltete und 1826 „die vorzüglichsten Mittel, den Wäldern einen höheren Ertrag abzugewinnen", in einer besonderen Schrift erörterte, hebt hervor, daß Hauptzweck der Durchf. die Veredlung des Bestandes, nicht der Ertrag sei; dominierende dürfen nie, nur unterdrückte genommen werden. Später vertritt er mit einigen Mitarbeitern in den von ihm herausgegebenen „Ökonomischen Neuigkeiten" einen anderen Standpunkt. In der ersten Jugend bedürfen die Bestände keines Schlusses (1830). Es dürfen keine unterdrückten Stämme entstehen. Wer gut durchf., darf weder Wind noch Insekten fürchten (1831). Es sei ein allgemeines Vorurteil, daß der Höhenwuchs durch das Durchf. leide (1835). Der Hauptwert liege in der Abkürzung der Umtriebszeit von 100—150 auf 60—80 Jahre (1834). 1832 verlangt er möglichst gleiche Verteilung, das gesundeste und schönste Holz solle bleiben. Durch Zwischennutzung könne der Ertrag aufs doppelte erhöht werden. Durchforstet soll werden im 16., 32., 48. Jahr, und nun soll der Bestand bis zum Abtrieb (80.) unberührt bleiben. Diese Vorschläge sind ohne Zweifel von Cotta übernommen. André nennt ihn 1826 neben Späth. Die Worliker Durchf. von Bohdanecky erinnert an die Andréschen Vorschläge.

Liebich (Prag; 1834) will lichte Stellung von frühester Jugend an; die erste Durchf. soll vor dem 10. Jahr eingelegt werden; das Reisig werde als Streumaterial gut bezahlt. 1854 schlägt er für Böhmen „ganz freie Durchf." vor, die ⅓ der Hauptnutzung abwerfen. Im 10.—20. Jahr sollen höchstens 1600 Stämme auf 1 ha stehen. Das Oberholz wird licht gehalten und Unterholz erzogen.

Zötl (Tirol; 1831) unterbricht den Schluß nicht, wiederholt die Durchf. alle 10 Jahre; die erste Durchf. habe nur die Erziehung zum Zwecke. Wo nur in langen Zeiträumen durchf. werden könne, solle stärker gegriffen werden. Die Durchf. liefere im Laubholz 30, im Nadelholz 40 % des ganzen Holzertrages, und die Bestände werden 10—20 Jahre bälder haubar.

Feistmantel (Österreich) entnimmt (1835) die unterdrückten Stämme und solche, die es bald werden. Durchf. wird im 8—12 jährigen Alter; der Hieb wird möglichst oft, alle 8—15 Jahre, wiederholt, daß die lichte Stellung erhalten wird. Man erzielt so ein früheres Haubarkeitsalter. Viele durchf. wegen des Ertrags zu stark, zu licht oder nehmen die stärksten Stämme. Dadurch entstehe ein „Plenterhieb"; die übrig bleibenden werden wipfeldürr und sterben ab.

13. Gwinner (1834) will den Schluß nicht unterbrechen, empfiehlt aber im Anschluß an Cotta, der „den neueren Standpunkt sehr gehaltvoll entwickelt hat", aber entgegen der Ansicht der meisten unserer älteren Forstleute frühzeitige Durchf., die „vielleicht mehr kostet, als sie einträgt". In der 4., von Dengler herausgegebenen Auflage (1858) ist auf den frühen Ertrag und die Verzinsung hingewiesen. Der Schluß soll nicht oder nur auf wenige Jahre unterbrochen werden. Die gleiche Verteilung auf dem Boden sei weniger wesentlich.

Schultze (Braunschweig) hält es (1837) für unrichtig, die Äste ineinander wachsen zu lassen. Er ist der erste, der die Länge der Krone ins Verhältnis zur ganzen Höhe setzt. Die Beastung soll einnehmen bei der Buche ⅓, der Eiche ½, der Föhre ⅓, der Fichte ⅓ bis ¼ der Höhe des Baumes.

Lorentz und Parade (1837) erhalten den Schluß, begünstigen in der Jugend das Höhen-, später das Stärkewachstum.

1840 wird hervorgehoben, daß es für den Zuwachs ein Optimum der Stammzahl geben müsse.

14. Von 1830—40 waren die Holzpreise um 40—80, ja 110 % gestiegen, was die Aufmerksamkeit auf die Durchf. und ihre Erträge hinlenkte. Auf den allgemeinen Versammlungen 1838—47 wurden die Durchf. ausführlich besprochen.

Gleich auf der ersten Versammlung deutscher Land- und Forstwirte in Karlsruhe 1838 wurden die Durchf. als Thema der Verhandlungen aufgestellt; sie blieben auf der Tagesordnung auch 1839, 40, 41, 43, 44, 46, 47, 51, 52. Die Grade der Durchf., der Beginn, die Wiederholung, die richtige Verteilung der Stämme, die Werkzeuge, wie das Durchforstungsmesser, wurden besprochen. Bereits 1838 wurden Versuche über Durchf. vorgeschlagen.

Sintzel (Bayern; 1843) hebt hervor, daß die durchf. Bestände bessere Viehweide geben. Leider habe die Durchf. noch viele Gegner.

Brumhard (Hessen; 1841) konstatiert, daß die Durchf. die allgemeine Aufmerksamkeit erregt hätten. Das Material sei bei den gestiegenen Preisen absetzbar. Von der Wiederholung nach 20 Jahren sei man abgegangen; bei Nadelholz würde am besten nach 5, bei Laubholz nach 10 Jahren durchf. Über die Ausdehnung herrschten verschiedene Ansichten. Daß der Schluß nicht unterbrochen werden dürfe, darin seien alle einig. Durch das zu dunkle

Halten sei es gekommen, daß ein großer Teil der jetzt 40-, 50-, 60 jährigen Stangenhölzer noch gar nicht durchf. sei.

Paulsen teilte in Kiel 1847 mit, daß in Dänemark die prädominierenden Stämme freigehauen werden und daß die Zwischennutzungen dieselben Erträge liefern wie die Abtriebsnutzungen.

15. Die Überreichung eines Albums an Cottas 80. Geburtstag gab seinen Schülern Anlaß, auf die Durchf. einzugehen.

v. Seebach (Hannover) schließt sich an Cotta an. Er berichtet 1844 (Cotta-Album S. 231) über Versuche im Buchenhochwalde und unterscheidet zuerst genauer die Stämme in einem geschlossenen Bestande nach Klassen: dominierende, beherrschte (mit kleinen zusammengepreßten Kronen) und unterdrückte. Die Durchf. dürfe sich nicht auf die unterdrückten Stämme beschränken, sondern auch die beherrschten müßten einbezogen werden, um das zu erlangen, was man einen räumlich geschlossenen Baumbestand nennt.

Über günstige Erfolge des Durch- und Aushauens junger, 12—15 jähriger, aus Rinnensaat hervorgegangener Fichtenbestände berichtet v. Holleben (daselbst S. 122).

Stumpf (1849) bemerkt, daß in Bayern die Hartigsche Regel herrsche. Beginn der Durchf.: in Buchen im 30.—40., Eichen selten vor dem 50., Tanne, Fichte im 35.—40., Föhre im 20.—25. Jahre. Wiederholung alle 10—15, auch 20—25 Jahre.

Hoffmann (Grünberg in Hessen) bejaht (1853) die Frage, ob es zulässig sei, durchgewachsene Stangen zugunsten einer anderen Holzart wegzuhauen. Zugunsten der Eiche sollten auch gleichwüchsige und vorgewachsene Buchen weggenommen werden. Er teilt eine Ertragstafel für die Durchf. in Buchen und Föhrenbeständen mit.

C. Heyer (Hessen; Schüler Cottas) stellt (1854) für die Durchf. die Regel auf: früh, oft, mäßig. Sie wird von Heß in der 5. Aufl., 1909 wiederholt. Der mäßige Grad wird aber überschritten. Denn Heyer entnimmt unterdrücktes, auch noch beherrschtes Holz und ausnahmsweise (krumme, geschädigte, in Büscheln stehende, weiche und schädigende eingemischte Hölzer) auch prädominierende Stämme.

Am Harze wird 1855 der Beginn der Durchf. mit der Erhebung über das Meer hinausgerückt. In den Vorbergen bis 400 m beginnen sie im Laubholz nicht vor dem 30., im Nadelholz nicht vor dem 25. Jahre; bei 700 m nicht vor dem 35., auf der Kuppe nicht vor dem 40. Jahre. Alle 20 Jahre sollen sie wiederholt werden.

Im Forstverein für Salzburg wird 1856 von Durchf. 8—12jähriger Fichtenbestände unter Erhaltung des Schlusses berichtet. Im 100jährigen Alter stehen noch 4—500 Stämme auf 1 ha. „Man wollte diese Stammzahl zur Beförderung des Wachstums schon im 40—50 jährigen Alter möglichst regelmäßig verteilen; entnahm aber zu viel Holz, so daß Unkraut sich einstellte".

16. Die Klasseneinteilung v. Seebachs ist (nach Barkhausen, Forstl. Verhältn. im Reg.-Bezirk Lüneburg 1888, 51) von Burckhardt, der einige Zeit unter v. Seebachs Oberleitung stand (etwa 1847), weiter ausgebildet und, was als besonderes Verdienst hervorgehoben werden muß, den Durchf.-Graden zugrunde gelegt worden. Er unterscheidet 6 Klassen: 1. vor-, 2. mit-, 3. mäßig-, 4. gering herrschende, 5. übergipfelte und 6. unterdrückte Stämme. Die dunkle Durchf. entnimmt Klasse 6, die gewöhnliche mäßige 5, 6; die stark vorgreifende 4, 5, 6. Burckhardt geht in seinem Werke „Säen und Pflanzen" (1855) nur kurz auf die Durchf. ein. Er empfiehlt ([5] 1880) folgende Grade: für Eiche frühe, oft wiederholte, kräftige Durchf.; für Buche öftere und schonende, für Föhre schwache, mit kurzen Zwischenräumen unter 10 Jahren zu wiederholende Durchf.;

in Fichten mäßige, auf unterdrückte und der Unterdrückung nahestehende Stämme beschränkte Durchf.

Grabner (Österreich; 1854) will den Kampf der dominierenden Stämme abkürzen. Der Ertrag erreiche 50 % und mehr des Haubarkeitsertrags und übe Einfluß auf die Höhe und Verzinsung des forstlichen Betriebskapitals aus. Die Durchf. verursache größere Kronen- und Blattfülle und dadurch Verbesserung des Bodens. Bei der weitgreifenden Durchf. werden auch angehend unterdrückte, selbst dominierende weggehauen, so daß der Schluß unterbrochen werde, bei der schonenden Durchf. werden nur abgestorbene und unterdrückte genommen; sie passe für rauhes Klima. Der Bestandessaum soll undurchforstet bleiben. Es müsse die größte Menge an Durchf.- und Haubarkeitsertrag erzogen werden, dies müsse durch Versuche von der Jugend bis zur Haubarkeit nachgewiesen werden. Bei Regulierung der Mischung müssen oft die stärksten und vorwüchsigen herausgehauen werden. Gegen Schneedruck sei Durchf. das einzige Mittel.

Fiscali (Mähren) schlägt (1856) vor, schon in der Jugend den künftigen Haubarkeitsbestand auszuzeichnen; die Umgebung soll nur Mittel zum Zweck sein. Die Bestände werden viel zu dicht gehalten.

C. Fischbach läßt die Wandlungen im Durchf.-Betrieb deutlich erkennen. Nach der 1. Auflage 1856 soll der Hieb auf das vollständig oder angehend unterdrückte Holz beschränkt, der Schluß erhalten bleiben. Nach der 3. Auflage (1877) sollen auch die beherrschten, nach der 4. Auflage (1886) außerdem die gering mitherrschenden Stämme entnommen werden.

17. Von einschneidender Bedeutung ist die deutsche Versammlung in Braunschweig 1859, weil auf dieser durch Redner aus Braunschweig (Uhde, v. Veltheim) und Hannover (Burckhardt) die übliche Durchf. in Buchenbeständen einer Kritik unterzogen wurde. Hartig habe die meiste Geltung in der Praxis erlangt, nicht Cotta; man habe aber erkannt, daß seine Regel nicht für alle Holz- und Bodenarten passe. Es werden auf diese Weise keine starken Buchen erzogen. Es müsse daher vom 50.—60. Jahre an stärker durchf. werden. Die frühen Erträge erhöhen die Rente, wenn der Zuwachs gleich bleibe und der Abtriebsertrag nicht kleiner werde. Dabei wird auf Versuchsflächen hingewiesen, die 1856 in Braunschweig angelegt wurden.

Auf der Versammlung von 1860 wurde wiederholt, daß die Eiche früh, Lärche und Fichte stark durchf. werden müsse.

Für Schlesien gibt v. Pannewitz 1861 den Rat, wegen der Schneebruchgefahr früh, aber ohne Unterbrechung des Schlusses, und zwar Eiche nicht vor dem 15.—20., Fichte selten vor 20., Föhre im 25.—30., Buche im 30.—35. Jahre zu durchf.

Auf der Versammlung der deutschen Land- und Forstwirte in Breslau wird es 1869 als ein altes Vorurteil bezeichnet, daß die Bestände sehr dicht erwachsen müssen. Nicht bloß die unterdrückten Stämme müßten genommen werden, sondern auch da, wo sie zu eng stehen, müßten einzelne ausgehauen werden. Die Durchf. müßten nicht alle 20, sondern alle 5 Jahre wiederholt werden. Namentlich müßten auch die gemischten Bestände durchf. werden. Früher habe man nur durchf., wenn der Ertrag die Kosten gedeckt habe, neuerdings geschehe es früher; die Durchf. sei Kulturmaßregel.

18. Der Verein deutscher forstlicher Versuchsanstalten stellte 1872 eine Anleitung zu Durchf.-Versuchen auf. Es werden drei verschiedene Grade der Durchf. vereinbart.

19. Gayer (1880) will den Schluß erhalten. Er legt den Nachdruck auf die Schaftausformung und unterscheidet schwache, mittelstarke und starke

Durchf.; bei letzterer werden auch mitherrschende Stämme entnommen. Die Fichten werden in der Praxis mit 40—60, Buchen selten vor 25—30, Föhren mit 10—12 Jahren durchf.

20. Broilliard (Traitement des Bois en France 1881, 182 ff.) begünstigt die Zukunftsstämme durch Freistellung und Belassung der unterdrückten als Unterholz. Ähnlich Boppe 1889 und Boppe et Jolyet (Les Forêts 1901, S. 165—174).

In der Schweiz trat de Coulon für diese Art der Durchf. ein. v. Salisch wendet sie (1898) in Postel in jungen Föhrenbeständen an, in denen er mitherrschende und beherrschte heraushaut, unterdrückte stehen läßt.

Diese Durchforstung „par le haut", d. h. im herrschenden Bestand, neuerdings Hochdurchforstung genannt, hat ihren Ursprung hauptsächlich in den aus Eichen und Buchen gemischten Laubholzbeständen.

Haugs Methode (1894), die normale Zahl von Hauptstämmen in bestimmtem Abstand zu erziehen, auch Hecks freie Durchf. stimmen in manchen Punkten mit der französischen Durchf. überein. C. v. Fischbach, Schubert, Weinkauff („Abstandsdurchforstung") empfehlen diese Methode ebenfalls.

Speidel geht in einem Vortrag 1892 und in einer besonderen Schrift 1893 bei Begründung der Durchf.-Lehre von den „Wuchsgesetzen des Hochwaldes" aus.

Kraft legt (1884, 93) den Nachdruck auf die Pflege der Stammform; nicht gleichmäßige Entfernung der Stämme könne das Ziel sein, sondern Erhaltung der wuchskräftigsten und wohlgeformten Stämme müsse angestrebt werden. Der Grad der Durchf. werde nicht durch Charakterisierung der Schlußverhältnisse, sondern durch die Unterscheidung der zu nutzenden und der zu schonenden Stammklassen genau angegeben. Er unterscheidet 3 Grade der Durchf.: a) die schwache, b) mäßige und c) starke. Genutzt werden bei a) seine Klassen (§ 146, 5) 5 a, 5 b; bei b) 5 und 4 b; bei c) 5, 4 b, 4 a. Wenn darüber genutzt werde, entstehe die Lichtung.

Heck hat 1896 die „freie Durchf." eingeführt und berichtet (1909) nach 14 Jahren über die Ergebnisse. Das Wesen der Freiheit „ruht darin, daß sie nicht an bestimmte Schablonen gebunden ist", sondern ihr Ziel fest im Auge behält. Dieses Ziel ist: „stufenmäßige, möglichste Begünstigung einer geeigneten Zahl bester Stämme". Bei der Aufnahme werden die Heckschen Schaftformklassen (§ 146, 8) zugrunde gelegt. Die bessere Schaftform erzeugt auch den größeren und zugleich wertvolleren Zuwachs. Die „Wiege der freien Durchf." war ein 49 jähr. Buchenbestand mit sehr vielen Stockausschlägen, Zwieseln und krummen Stämmen. Die Nutzholz versprechenden Buchen wurden kräftig freigehauen; wenn gleichzeitig schlecht geformte Stämme fielen, war es erwünscht; deren Bekämpfung sollte erst in zweiter Linie stehen. Der Nebenbestand wird geschont.

Borggreve (1885, 1891) kehrt die bisherige Art der Durchf. um, will die Bestände in der Jugend dicht halten und vom 60. Jahr an durch die „Plenterdurchforstung" diejenigen Stämme entfernen, die „bei ungünstigen Stammformen von oben her die Kronen ihrer Nachbarn einengen, seitwärts drücken". Die von ihnen bisher beherrschten Stämme haben dann einen sehr bedeutenden Zuwachs. Die dominierenden, also stärksten Stämme haben den größten Nutzwert und „bringen das meiste Geld ein", daher muß der Hieb auf den „vorwachsenden Stamm" gerichtet sein. Die bisher beherrschten vervielfachen den Zuwachs und „können in einem oder wenigen Dezennien ebenso oder noch nutzbarer werden als die vorgewachsenen Stämme". An der Besprechung der „Plenterdurchforstung" beteiligte sich hauptsächlich A. König, Weise, Reiß, Denzin.

Kožešnik stellt 1898 eine Stammzahltafel für die Lichtungen, Durchf. und eine Normallichtungstafel auf.

Ney (1885) empfiehlt starke D. nach dem Abschluß des Längenwachstums, der Schluß soll erhalten oder nach wenigen Jahren wieder hergestellt werden. Es soll entnommen werden, was die Kosten deckt, das übrige möge stehen bleiben.

Martin (Folgerungen der Bodenreinertragstheorie 1899. 1, 134) bezweifelt nicht, daß „durch starke Durchf. die Massen der Enderträge geschmälert werden".

Hauch und Oppermann geben im Handbuch der Forstwirtschaft (1900) als Regel für Dänemark an: nur zu nehmen, was schadet und nichts mehr nützt. Schon 1847 wurde die dänische Durchf. erwähnt. Metzger hat sie 1895 wieder in Erinnerung gebracht und eine lebhafte Erörterung hervorgerufen. (Graser, Eulefeld, Urich etc.). Die unterdrückten und beherrschten Stämme werden belassen; diejenigen, welche die herrschenden Stämme schädigen, werden schon in der Jugend herausgenommen. Also Anklang an die französische Durchf. Die erste Durchf. in Buchenbeständen fällt ins 17.—20. Jahr; wiederholt wird die Durchf. erst alle 3, später alle 6 bis 10 Jahre.

Schiffel (1901, 06) unterscheidet bei den „Erziehungshieben" Schlußgrad und Schlußform (licht und dicht); hebt die Art der Bestockung und Kronenbildung und die Eigentümlichkeit der einzelnen Holzarten hervor.

Weise führt 1902 die Bezeichnung vom schwachen her, vom mittleren her, vom starken her ein, je nachdem die schwachen, mittelstarken, starken Stämme entnommen werden. Nicht nach Stammklassen, sondern nach der Stellung der Stämme zueinander müsse durchf. werden.

Lorey (1903) scheut zeitweilige Unterbrechung des Kronenschlusses nicht.

Siefert (1904) schlägt auf Grund der neuesten Forschung vor, die schlechten Stammformen frühzeitig zu entfernen, bis zum 40., auch 60. Jahre mäßig, dann stärker zu durchf.; in Mischbeständen werde die Hochdurchforstung sich empfehlen.

21. H. Mayr (1909) strebt Schaftschönheit und Astreinheit in der Zeit bis zum 50. Jahr, nach diesem Vermehrung der Masse an. Deshalb sind die Bestände bis zum 30. und 40. Jahr so dicht als möglich zu lassen. Der Schluß kann durchbrochen werden, wenn krumme Bäume, Zwiesel etc. entfernt werden müssen; die unterdrückten werden dann belassen. Um das Massenwachstum zu fördern, werden vom 50. Jahr an dauernde Schlußunterbrechungen und völlige Freistellung der Kronen bei 1—2 m Entfernung derselben durch die „Durchlichtungen" herbeigeführt. Rund 400 Stämme sind im Abtriebsalter dann vorhanden. Die Durchf. ergeben 20 %, die Durchlichtungen 55 % des Haubarkeitsertrags. Nach Durchlichtungen ist Bodenschutz nötig.

Am Hils und Solling hat sich nach Ziegenmeyer (1884) das Loshauen der Eichen bei der ersten und den folgenden Durchf. bewährt.

Den Endwert der Zwischennutzungen berechnet Lommatzsch (1886) fürs 80. Jahr auf 90, fürs 70. auf 70, fürs 60. auf 49, fürs 50. auf 30% des Abtriebsertrags.

22. Bohdanecky (1890, 95) hält eine Änderung des Motivs der Durchf. für nötig; die Jahrringe sollen nicht 1, sondern 2—3 mm breit werden. In der ersten Hälfte des Bestandeslebens muß der Massenzuwachs durch kräftige Durchf. gehoben werden; die Baumkrone muß so groß sein, daß sie Jahrringe von 4—6 mm hervorbringt. Daher ist im 30. Jahre die Stammzahl auf 2000—2500, auf geringem Boden auf 3000—3500 Stück zu verringern. Vom 30. Jahre an ist wegen der Astreinheit und des Schlusses erst zu durchf., wenn sich ein Nebenbestand aus-

geschieden hat. Die künftigen Hauptstämme sind zu begünstigen. Zustimmend äußert sich 1899 Heske, 1905 auch Schwappach für die Fichte.

Einen Rückblick auf den Durchf.-Betrieb im Reg.-Bezirk Wiesbaden wirft (1905) Blau, der um so wertvoller ist, als die Gemeindewaldungen einbezogen werden.

Die in der Praxis einflußreichen Punkte hebt Milani (1914) hervor. Die Jahrringbreite habe keine Bedeutung. Gesundheit, Stärke, Astreinheit, Geradheit entscheide über den Wert (Eiche). Es müsse, was schadet, weggenommen, also im herrschenden Bestand durchf. werden. Ob der Revierverwalter die Arbeit immer bewältigen könne, sei zweifelhaft. Wenn man große Flächen zu durchf. habe, könne man sich nicht lange besinnen. Die schlechtesten Stämme im Bestande seien leichter zu finden, als die besten.

Ölkers untersuchte (1914) den Einfluß des Lichts und der Wärme auf die Jahrringbreite; mit Zunahme des Lichts und der Wärme steigere sich die Zersetzung der Bodendecke und die Breite des Jahrrings. In Buchen dürfe höchstens $^1/_5$—$^1/_4$, in Fichten $^1/_7$—$^1/_6$ der jeweils vorhandenen Masse genutzt werden, wenn die Wärmestrahlung voll ausgenützt werden solle.

23. Die Steigerung der Zwischennutzungen hat vielfach schon Bedenken erregt. Es wird befürchtet, daß die hohen Erträge der Durchf. nicht haltbar seien, daß sie den Hauptertrag schmälern etc. Auch Schwappach (1905) beschäftigt sich mit den Einwürfen gegen die neueren Durchf. Meister lebt der Überzeugung, daß eine intensive Bestandespflege den Gesamtzuwachs und noch mehr die Gesamtwerterzeugung steigern wird und muß. Hierin stimmt Schwappach mit Meister überein, läßt aber offen, ob der Abtriebsertrag nicht etwa geringer werde.

24. In der vorstehenden Zusammenstellung sind einzelne Schriftsteller, sowohl Lehrer als Praktiker, zu Wort gekommen. In vielen, fast den meisten Fällen, läßt sich nicht feststellen, ob die von ihnen dargestellte Art der Durchf. nur persönliche Ansicht ist, oder ob sie auch im Walde zur Anwendung gekommen ist. Auf die Tat aber kommt es an.

Als Ergänzung folgen daher Angaben über die in einzelnen Ländern üblich gewesene Art der Durchf., soweit die leider dürftigen Mitteilungen dies gestatten. Diese beziehen sich in der Hauptsache auf die Staatswaldungen, in denen, wie allgemein bekannt ist, der Durchf.-Betrieb ganz anders gestaltet ist als in den Gemeinde- und den meisten Privatwaldungen. Daß gerade der Durchf. Betrieb oft weit von den amtlichen Vorschriften abweicht und fast in jedem Revier — trotz der allgemeinen Vorschriften — anders eingerichtet ist, darf als unbestrittene Tatsache gelten. Die Vorschriften sind daher mehr ein Ausdruck für die in den leitenden Kreisen herrschende Auffassung, der Geltung verschafft werden sollte. Nur die bayerischen und württembergischen Wirtschaftsregeln enthalten die Anschauung, welche die Praktiker in verschiedenen Landesgegenden auf Grund ihrer Erfahrungen als die richtige bezeichnet haben.

25. In Baden sollen (1891) die waldwirtschaftlichen, nicht die finanziellen Rücksichten maßgebend sein. Sperrige, krebsige, kranke Stämme sollen entnommen, im übrigen der Schluß nicht wesentlich unterbrochen werden.

26. Auf Grund der bayerischen Instruktion von 1831 und der Wirtschaftsregeln von 1841 läßt sich der Betrieb 80—90 Jahre zurückverfolgen. 1831 war die Durchf. an vielen Orten versäumt und kaum dem Namen nach bekannt geworden. Wo Absatz für das Material vorhanden sei, soll auf die Durchf. Bedacht genommen werden. Im Hochgebirge sei Absatz nur möglich, wo Leit- und Ziehwege vorhanden seien, indem wegen des geringen Quantums keine eigenen Bringwerke erbaut werden könnten, beim Triften aber Verlust des schwachen Materials zu be-

sorgen sei. Die Kammer verlange, daß es den Armen überlassen werde. In den Wirtschaftsregeln von 1841 wird für alle Landesgebiete die Erhaltung des Schlusses und im allgemeinen die Entnahme von dürrem und unterdrücktem Holz empfohlen. Hievon werden aber Ausnahmen gemacht; so sollten zwischen Alpen und Donau, in der Pfalz, die Eichen freigehauen werden. Die Buchen sollten im gemischten Bestande, ebenso allerwärts der Unterstand geschont werden. Räumige Stellung des Hauptbestandes wird für die Oberpfalz besonders vorgeschrieben. In Buchenbeständen sollten die Durchf. nicht vor dem 50.—60. Jahre beginnen. Im Hochgebirge sollten nur die beiden ältesten (80—130 jährigen) Klassen durchf. werden. Im fränkischen Wald, wo das geringste Material Absatz finde, sollten 1852 schadhafte und schlechtwüchsige Stämme herausgehauen werden. Wo Duftbruch drohe, müsse der Unterstand geschont werden, damit er in die Lücken einwachsen könne. Nur im schlagweisen Betrieb, nicht in den plenterweise bewirtschafteten Beständen des Bayerischen Waldes, seien Durchf. anwendbar. Überall sollen die Mischungen reguliert werden. 1861 wird bemerkt, daß in Oberbayern, Schwaben, Unterfranken und der Pfalz die Durchforstungen am besten ausgebildet seien und daß die Oberpfalz und die Hochgebirgsforste (wegen der schwierigen Bringung) weit zurückstehen.

27. Im Elsaß gilt (1883) der Grundsatz: wenig, aber oft zu durchf.; aber doch so, daß erst nach 10 Jahren die Wiederholung nötig werde.

28. In Hessen sind 1905 Wirtschaftsregeln erlassen worden. Schon im Reinigungshiebe sind fehlerhafte Stämme zu entfernen. In der Periode der Schaftbildung (lange und astrein) sollen nur die unterdrückten, ferner rücksichtslos mißwüchsige und kranke entnommen und bei der 1., sicher bei der 2. Durchf. die Zukunftsstämme ins Auge gefaßt werden. Ihr Abstand soll nicht unter 10 m betragen. In der Periode der Durchmesserverstärkung könne das Kronendach leicht durchbrochen werden, wobei lebensfähiger Unterstand zu erhalten sei. Wenn die Äste sich berühren, sei die Durchf. zu wiederholen.

29. In Preußen soll (1867 und ähnlich 1893) namentlich auf Sandböden der Schluß sorgfältig erhalten und mäßig und oft durchf. werden. Stärkere Grade seien nicht ausgeschlossen. 1875 wurden Haupt- und Vornutzungen in der Buchung getrennt, so daß das waldwirtschaftliche Bedürfnis mehr gewahrt werden konnte. Es solle aber (1897) womöglich vermieden werden, daß der Erlös hinter den Kosten zurückbleibe.

30. In Sachsen, heißt es 1851, werde die Theorie nicht beachtet. Man müsse sich fragen, ob hier wirklich Cotta gewirkt habe. Es werde meistens gar nicht oder nur ganz schwach (dürre) durchf. Als Gründe werden angegeben: der Boden, geringer Absatz für geringe Sortimente, Mangel an Arbeitern. Es solle nicht gelichtet, aber die Spannung gehoben werden. 1856 lautet in der Sitzung des sächs. Forstvereins das Thema: worin sind die Ursachen der Erscheinung zu suchen, daß in den sächs. Staatsforsten die Durchf. in keinem größeren Umfange zur Ausführung gelangten? Neben den obigen Gründen wurde die Furcht genannt, daß die Wälder zu licht werden könnten; daher dürfe erst mit 30 Jahren begonnen werden. v. Berlepsch teilte mit, daß die Durchf. nur von der 3. Altersklasse (50—60 Jahre) an vorgeschrieben sei. 1865 werden die Durchf. so ausgeführt, daß die Wiederholung unter 5 Jahren nicht nötig sei.

31. In Württemberg sollte nach der Anweisung von 1818 die erste Durchf. in Nadelholzbeständen in milderen Gegenden zwischen dem 30. und 40., in rauhen Gebirgen zwischen dem 40. und 50. Jahr, in Laubholzbeständen aber nie vor dem 50. Jahr eingelegt, dann aber im Nadel- und Laubholz alle 10 Jahre wiederholt werden.

Eine Verordnung von 1838 hatte noch wenig Anwendung gefunden, als (wohl veranlaßt durch die Versammlung deutscher L. u. F. in Stuttgart) neue Vorschriften 1841 erlassen wurden. Als Grund wurde die Wichtigkeit der Durchf. für die Erziehung regelmäßiger und geschlossener Hochwaldungen, sowie das Steigen der Holzpreise angeführt. Durchf. sollte werden in allen Beständen, in welchen unterdrücktes und abständiges Holz sich finde. Im Nadelholz sollten die Durchf. im 20., im Laubholz im 25. Jahr beginnen, dort alle 10, hier alle 20 Jahre wiederholt werden. Wo der Stand allzu dicht ist, können sie, insbesondere in Fichten und Föhren, auch noch früher eingelegt werden, selbst wenn der Ertrag den Aufwand nicht deckt. Astige ältere Bäume müssen ausgeastet oder ganz weggenommen werden. Für die Bemessung der auf einem Morgen überzuhaltenden Stämme „und zwar der vorherrschenden, kräftigsten und wüchsigsten“ werden Erfahrungszahlen mitgeteilt. Wenn die bessere Holzart überwachsen ist, sollen die vorgewachsenen Holzarten weggenommen werden; eine Lücke dürfe aber nicht entstehen, weshalb auch Birken zu belassen seien. Für die Beobachtung des Zuwachses sollen besondere Durchforstungsflächen angelegt werden.

In der Instruktion für die Wirtschaftseinrichtung von 1850 wird betont, daß die Durchf. nicht nur an die Möglichkeit der Verwertung geknüpft werden, sondern vorgenommen werden sollen, wenn der Bestand es entschieden fordert, selbst wenn das Material ohne Vorteil abgegeben werden müsse. 1862 wurde bestimmt, daß die Erträge der Durchf. kein Gegenstand der Ausgleichung seien. Es wurde ein Flächenetat für die Durchf. vorgeschrieben. 1865 wurden die neuen Wirtschaftsregeln aufgestellt und in diesen die Erfahrung aller Praktiker niedergelegt. Die Holzpreise hatten 1865 eine Höhe erreicht, welche die Preise früherer Jahre weit übertrafen. In Oberschwaben wurde wegen der Schneegefahr frühzeitig durchforstet, dabei nicht nur die unterdrückten, sondern, um dem Dürrwerden vorzubeugen, auch die zurückbleibenden entnommen. Im Jagstkreis wurde auch die Buche früh durchf.; in Mischungen mit Nadelholz wurde sie erhalten. Angehend haubare und haubare Bestände wurden stärker durchf. wegen des Stärkezuwachses und höheren Geldwertes. Im Schwarzwalde wurden auch mitherrschende Stämme, sowie alle kranken, fehlerhaften, krebsigen entnommen; das Bodenschutzholz wurde geschont. Bis zur Vollendung des Haupthöhenwuchses wurde schwach durchf. Im Buchengebiet der Alb wurde in der Jugend — wegen Schnee und Wind — schwach durchf., das wertvolle Holz wurde begünstigt. Im Unterland wurde „früh, leicht, oft“, nach dem Haupthöhenwuchs stärker durchf. Eichen wurden von frühester Jugend an freigehauen. Das Bodenschutzholz wurde belassen.

32. In den Staatswaldungen von Österreich werden (1885) die Durchf. eingelegt, wenn der Bestand sich reinigt, dem Schneebruch widersteht und die Kosten gedeckt werden. Der Schluß wird erhalten.

33. Über die Durchf. in der Schweiz teilt Landolt 1854 mit, daß in den Gemeindewaldungen des Kantons Zürich sobald als möglich durchf. werde. Dabei werden die schlechten entnommen und schöne, die zu nahe stehen, in den ersten 10 Jahren verdünnt. Schnellwachsende Holzarten werden (1866) im 12.—15., langsam wachsende im 20.—25. Jahr erstmals durchf. Die Wiederholung findet nach 5—10 Jahren statt.

Im Sihlwald bei Zürich werden von Meister seit 1875 die ersten Durchf. durchschnittlich im 15. Jahr eingelegt und alle 5 Jahre wiederholt; diese frühe Durchf. liefert bereits einen Reinertrag. (Stadtwaldungen von Zürich. [2] 138.)

Flury teilt (1910) mit, daß vielfach noch schwach bis mäßig durchf. werde, daß aber (1914) der Durchf.-Betrieb seit 1884 an Boden gewonnen habe.

In gemischten Beständen und auf flachgründigen warmen Südlagen werde die Hochdurchforstung angewendet.

34. Der doppelte Zweck der Durchf., die Erzielung eines Ertrags und die Einwirkung auf den bleibenden Bestand wird schon sehr früh hervorgehoben. Die Rücksicht auf den Ertrag tritt aber hinter der Verbesserung des bleibenden Bestandes sehr zurück. Die Steigerung des Zuwachses und die Verbesserung der Qualität des Bestandes durch Entfernung der schlechtgeformten Stämme war seit Jahrhunderten das Streben der praktischen Forstwirte.

Auf die technische Ausführung der Durchf. waren mehrere Gesichtspunkte von entscheidendem Einfluß. Das sozialpolitische Streben, die arme Bevölkerung durch unentgeltliche Überlassung des dürren Holzes zu unterstützen, führte zur späten Einlage der Durchf. (oft erst im 60. Jahre). Der wirtschaftliche Grundsatz, daß die Kosten durch den Ertrag gedeckt werden müssen, veranlaßte ebenfalls späte Durchf., weil dann stärkere Stämme dürr und unterdrückt geworden waren. Der vielfach, seit Hartig überwiegend festgehaltene Grundsatz, daß der Schluß nicht unterbrochen werden dürfe, gestattete nur schwache und mäßige Grade der Durchf., wobei die schlechtgeformten Stämme, wenn sie herrschende waren, erhalten blieben. Es fehlt zu keiner Zeit an gegenteiligen Stimmen und an Vorschlägen zur Beförderung des Zuwachses oder der Verbesserung der Zusammensetzung der Bestände. Zur Begründung werden schon seit Jahrhunderten dieselben Motive wirksam; eine wesentliche Änderung in der Begründung einer abweichenden Behandlung der Bestände haben auch die in neuerer Zeit vorgeschlagenen Methoden nicht gebracht.

Für die praktische Tätigkeit im Walde muß aber eine feste Grundlage vorhanden sein. Diese läßt sich nur durch die tatsächlichen Ergebnisse verschiedener Arten von Durchf. gewinnen, wie sie uns teils die Statistik, teils die seit 46 Jahren eingeleiteten systematischen Versuche liefern.

Aus der geschichtlichen und statistischen Darstellung läßt sich folgendes entnehmen:

1. Die Nutzung des dürren, herumliegenden und unnützen, auch des zu dicht stehenden Holzes ist bereits im 13. Jahrhundert bezeugt.

2. Die Einwirkung dieser Nutzung auf den bleibenden Bestand ist im 15. und 16. Jahrhundert schon erkannt worden.

3. Die Entnahme schlechtgeformter und die Schonung gerader, schöner Stämme wird von Carlowitz und Hohberg im Anfang des 18. Jahrhunderts eingehend besprochen;

4. ebenso das Freihauen gut wachsender Stämme, das Belassen eines Unterstandes und die gleichmäßige Verteilung der verbleibenden Stämme.

5. Das Heraushauen der stärksten Stämme wird von Döbel (1746) getadelt.

6. Über Beginn und Wiederholung der Durchf. machen Duhamel und Zanthier (1760) die ersten genauen Angaben.

7. Die Berücksichtigung der Haubarkeitsstämme, das Aufasten derselben ist 1765 in der Umgegend von Zürich üblich gewesen.

8. Das Einlegen der Durchf. nach Vollendung des hauptsächlichsten Höhenwachstums wird ca. 1780 empfohlen.

9. G. L. Hartig will nur 3 Durchf. im Laufe des Umtriebs einlegen; er macht Angaben über die Zahl der nach der Durchf. verbleibenden Stämme und stellt eine Durchf.-Ertragstafel auf.

10. Sehr starke Grade der Durchf. wendet Finger (1794) in der Nähe von Kassel an.

11. Für lichte Durchf. in den jungen Beständen tritt Cotta (1821) und André ein.

12. Soweit die Nachrichten ein Urteil gestatten, haben die Durchf.-Regeln von **Hartig** den meisten Anklang in der Praxis gefunden.

13. Der Grad der Durchf. wird von **Seebach**, **Burckhardt** etc. (ca. 1844 bis 48) auf die im Bestande ausgeschiedenen Baumklassen gegründet.

14. Schon Ende des 18. Jahrhunderts werden Versuchsflächen für Durchf. angelegt, die etwa von 1830 an zahlreicher werden. Diese gehen aus Mangel an Sorgfalt wieder verloren. Systematische Untersuchungen auf dauernden Flächen werden seit 1872 von den Versuchsanstalten vorgenommen.

15. Die Hochdurchforstung — éclaircie par le haut — wird von **Bagneris** 1873, **Broillard** 1881, **Boppe** 1889, 1901 dargestellt.

16. Die verschiedenen Durchf.-Methoden von **Borggreve**, **Wagener**, **Heck**, **Bohdannecky** sind durch lokale, besondere Bestandesverhältnisse hervorgerufen und dann verallgemeinert worden.

17. Bis auf die neueste Zeit sind über keinen einzigen entscheidenden Punkt der Durchf. einheitliche Anschauungen vorhanden; was von der einen Seite als richtig bezeichnet wird, wird von der anderen Seite verworfen und umgekehrt.

18. Der Ertrag der Durchf. wird schon im 18. Jahrhundert auf die Hauptnutzung bezogen und bald zu 20—30, auch 50, bei der dänischen Durchf. auf 100 % derselben angegeben.

19. Neue Gesichtspunkte in der Durchf.-Frage sind auch in der neuesten Zeit gegenüber den früheren Arbeiten nicht geltend gemacht worden.

20. Eine Übereinstimmung in den wichtigsten Punkten — Grad der Ausführung, Beginn und Wiederholung der Durchf. — ist bis heute nicht erzielt worden. Am ehesten läßt sich eine solche noch für die mäßige Durchf. in jüngeren und stärkere in höheren Altersklassen finden, wenn man nicht die allgemeine Formel: früh, mäßig und oft mit ihren unbestimmten Ausdrücken als solche betrachten will.

§ 298. Die Entwickelung der Bestände von der Jugend bis zur Haubarkeit.

1. Wir haben den jungen, etwa 10—20 jährigen Bestand verlassen, nachdem der letzte Reinigungshieb eingelegt wurde und die etwa entstandenen kleinen Lücken wieder zugewachsen waren. Verfolgen wir nun den jungen Bestand in seiner weiteren Entwickelung. Diese beruht auf dem Höhenwachstum, der Ast-, Kronen- und Wurzelausbreitung der jungen Bäume. Erfolgen keine Eingriffe des Menschen in den Bestand, so wird die weitere Entwickelung nur durch die natürlichen Wachstumsfaktoren beeinflußt. Wir haben es also mit einem rein natürlichen Vorgang zu tun. Dieser ist in § 141—147 näher dargestellt worden. Hier muß nur noch auf einige, für die Ausführung der D. wichtige Gesichtspunkte hingewiesen werden.

Im jungen Bestande kann die D. erst vorgenommen werden, wenn man sich im Bestande frei bewegen kann. Die unteren Äste müssen nicht nur dürr geworden, sondern auch abgefallen sein. Jedenfalls sollten sie mit der Axt leicht abgestreift werden können. In Gegenden mit hohen Holzpreisen werden manchmal die dürren Äste abgesägt. Im Laubholz, auch bei Föhre und Lärche sind die Stämmchen nach 10—15

Jahren schon astrein, während bei Fichte und Tanne die Äste zwar auch absterben, aber oft bis zum 40. und 50., selbst 60. Jahre sich am Stamme erhalten.

Die Standortsgüte ist von wesentlichem Einfluß auf die Reinigung von Ästen (§ 166, 7). So erklärt sich die Tatsache, daß im gleichen Waldgebiet die D. auf Lehmboden früher ausgeführt werden, als auf Sand- oder Kalkboden. Die Zeit, die zu der natürlichen Reinigung von Ästen erforderlich ist, kann auf I. Bonität 15—18, auf geringeren Bonitäten 30—50 Jahre dauern.

Dichte, aus natürlicher Verjüngung oder aus Saat hervorgegangene Bestände sind bälder astrein als die Pflanzungen. Bei letzteren ist auch die Pflanzweite von Einfluß; je weiter die Pflanzen von einander abstehen, um so später reinigt sich der Stamm von Ästen (§ 166, 6). Seitdem ausgedehnte Pflanzbestände herangewachsen sind, mußte auch der D.-Betrieb sich ändern.

An lichteren Stellen im Bestande bleiben die Äste länger grün als in gut geschlossenen Teilen. An Hängen sind die Bäume auf der Bergseite bälder gereinigt als auf der stärker beleuchteten Talseite. An Lücken sind die Stämme ebenfalls tiefer beastet als auf der inneren Seite. Im gemischten Bestande geht die Reinigung von Ästen anders vor sich als im reinen Bestande. Die im Buchenbestande eingemischte Fichte oder Tanne ist weniger astrein, als wenn sie in reinem Bestande erwächst. Diese Unterschiede treten in demselben Bestande auf, so daß die D. selten ganz gleichmäßig in einem größeren Bestande ausgeführt werden kann.

2. Im jungen Bestande sterben nicht nur die Äste, sondern auch die ganzen Stämme ab, sobald sie überwachsen und vom Licht abgeschlossen werden.

Von der ursprünglichen Stammzahl ist ein Teil im 10., bezw. den späteren Jahren nicht mehr vorhanden. Die Stämme sind dürr geworden und verfault. Selbst in Pflanzungen fehlen 10 und mehr Prozent, wenn sie in etwa 18 jährigem Alter untersucht werden. Von den noch vorhandenen Stämmen ist sodann ein Teil ganz dürr oder nur gipfeldürr, umgebogen oder abgebrochen; ein anderer Teil ist unterdrückt oder beherrscht. Der Rest, die herrschenden und mitherrschenden Stämme, sind es, welche am Kronenschluß Teil nehmen. Im 100 jährigen Alter sind zur Bildung des Schlusses in der Regel 5—800, auf geringen Bonitäten 1000—1200, ausnahmsweise 1500 herrschende Stämme notwendig. Bis zu 90 und mehr Prozent der Stämme sind also im Laufe der Umtriebszeit aus dem Bestande ausgeschieden und der D. anheimgefallen.

Im Niederwald und Unterholz des Mittelwaldes tritt der natürliche Ausscheidungsprozeß gleichfalls ein. Wegen der zahlreichen Ausschläge und der ungleichen Entwickelung derselben, sowie der unregelmäßigen

Verteilung der Stöcke über die Fläche hin ist die Ausscheidung eine weniger regelmäßige als im geschlossenen Hochwalde. Das Abtriebsalter im Niederwald und Unterholz steigt meist nur auf 15—20, seltener 30 Jahre. Es werden aber bis zum Abtrieb in mancher Gegend 3—5 D. vorgenommen, während im Hochwalde die D. vielfach erst im 20. und 30. Jahre beginnen.

3. Anders verläuft die Entwickelung der licht bestockten Hochwaldbestände, der Plenterwaldungen und der Oberholzbestände des Mittelwaldes. Sie sind entweder gar nicht geschlossen, oder der Schluß ist nur auf kleineren Stellen vorhanden. Auf letzteren tritt ähnlich wie im geschlossenen Hochwalde eine natürliche Ausscheidung in Baumklassen ein; allein sie verläuft nicht so energisch und so rasch wie im Hochwalde. Im Mittelwalde geht die Reinigung der Stämme teils von der beschattenden Krone der Oberholzstämme, teils vom Unterholz aus; öfters muß sie durch künstliche Aufastung unterstützt werden. Im lichten Plenterbestande des Weidewaldes entwickeln sich die meisten Stämme ganz frei oder in kleinen Gruppen; sie bleiben bis ins hohe Alter tief beastet. Im regelmäßigen und gut bestockten Plenterwalde findet die Reinigung von Ästen wie im Hochwalde statt. Auch im geschlossenen Hochwalde gibt es Stellen, die lückig oder unregelmäßig bestockt sind. Diese kleinen Stellen weichen in der Behandlung von den unregelmäßigen Beständen nicht ab.

4. Bei der D. werden die von selbst aus dem Bestande ausscheidenden, dürr oder unterdrückt gewordenen Stämme entnommen. Es ergibt sich daher, daß aus rein natürlichen Gründen sowohl die Zeit des Beginns als der Wiederholung der D. nach Gegenden und nach Beständen verschieden sein muß. Ebenso wird die Zahl der entnommenen Stämme — der Grad der D. — innerhalb weiter Grenzen schwanken, weil sie von der Energie des Ausscheidungsprozesses abhängt.

Soll der D.-Betrieb irgend einer Gegend beurteilt werden, so müssen vor allem die natürlichen Verhältnisse bekannt sein.

Für die Ausführung der D. kommen aber auch wirtschaftliche Umstände in Betracht.

§ 299. Die ökonomischen Voraussetzungen der Durchforstungen.

1. Vielfach begegnet man bei Ausführung der ersten D. einer großen Zahl von dürren Stämmen. Das dürre Holz ist aber als Nutzholz fast nicht mehr zu gebrauchen; auch sein Brennwert ist sehr niedrig. Wenn also in einem Bestande viel dürres Holz anfällt, so erwächst dem Waldbesitzer und der Volkswirtschaft nur ein geringer Nutzen. Außerdem sind die Gewinnungskosten für das Dürrholz höher als für grünes Holz.

Das Dürrwerden von Stämmen läßt sich aber nie ganz vermeiden. Nach trockenen Sommern wird auch im durchforsteten Bestande eine außergewöhnlich hohe Zahl von unterdrückten Stämmen dürr. Werden die D. spät eingelegt, schwach ausgeführt und nur in langen Zwischenräumen wiederholt, so wird sich im geschlossenen Bestande stets eine hohe Zahl von dürren Stämmen vorfinden.

Beim A-Grad der D. fielen in Württemberg in 31—40 jährigen Buchen auf 1 ha durchschnittlich 16 167, im Maximum 21 900 und auch in 51—60 jährigen Buchen noch 9304 Stück dürre und absterbende Stämmchen an. Sogar in einer 19 jährigen Fichtenpflanzung der Stadt Olten im schweizerischen Hügelland wurden 1550 dürre Stängchen auf 1 ha gezählt.

Späte D. (erst im 40.—50. Jahre) und Wiederholungen innerhalb 30 und 40 Jahren wurden von 1800 bis 1850 geradezu empfohlen. Sie sind auch heutzutage da und dort noch üblich. Dies hängt mit den allgemeinen wirtschaftlichen Verhältnissen zusammen.

Wo der Bedarf gering ist, die Holzpreise niedrig, die Transportkosten hoch sind, lohnen sich die Ausgaben für das Gewinnen des schwachen Holzes nicht. Daher rührt die Erscheinung, daß in Gegenden mit niedrigen Holzpreisen, in entlegenen und schwer zugänglichen Waldungen viel Dürrholz in den Wäldern sich findet und teilweise, soweit es nicht von Leseholzsammlern geholt wird, unbenützt verfault.

Dies läßt sich leicht in größeren Waldkomplexen beobachten. In solchen bilden sich, je nach der Entfernung von den Wohnplätzen, verschiedene Preiszonen, Transportkostenzonen und damit auch verschiedene D.-Zonen. Im Innern des Waldes oder in tiefen Schluchten bleiben die schwachen Sortimente ungenutzt liegen — auch der Leseholzsammler scheut den weiten Weg—, während sie in den am Waldrande gelegenen Teilen gewonnen werden. Die D. wird daher im Innern ins höhere Bestandesalter verschoben, weil dann stärkere und wertvollere Sortimente anfallen, die einen weiteren Transport gestatten. Wo dagegen die Bevölkerung zahlreich und der Bedarf an Sortimenten aller Art groß ist, wo hohe Holzpreise herrschen und der Transport, namentlich des schwächeren Holzes, durch Wegbauten erleichtert ist, werden auch die schwächeren, unterdrückten oder beherrschten Stämme frühzeitig genutzt, solange sie noch grün sind. Die Fällungskosten werden durch die hohen Preise wieder ersetzt. Dürres Holz kann daher gar nicht oder nur in geringer Menge entstehen.

2. Wo die Nutzholzausbeute überwiegt, wird von der Bevölkerung der Bedarf an Brennholz vielfach aus den D.-Schlägen gedeckt. Dies führt zur Preiserhöhung auch der geringeren Sortimente und zur intensiveren Gestaltung des D.-Betriebes. Der Waldbesitzer kann mit

Sicherheit auf Absatz des Materials und auf Ersatz der Gewinnungskosten, selbst noch auf einen Überschuß der Erlöse über die Kosten rechnen.

Der Bedarf der Industrie und des Handels an bestimmten Sortimenten, wie Papierholz, Grubenholz, Telegraphen- und Leitungsstangen, Hopfenstangen, Rebstecken, Hölzern für Trockengerüste, für Bach- und Flußverbauungen etc. wird nicht vom Altholze der Abtriebsbestände, sondern fast nur aus den D.-Schlägen entnommen. Mit diesem Bedarf steht im Zusammenhange insbesondere die D. der gemischten Bestände. Es braucht nur an die D. der reinen oder der mit Eichen, Ahorn, Eschen gemischten Buchenbestände erinnert zu werden.

3. Von geradezu entscheidendem Einfluß auf den D.-Betrieb ist die Aufschließung des Waldes durch Wegbauten, Waldeisenbahnen, im Gebirge durch Riesen, Drahtseilbahnen, Bergbahnen. Diese Erleichterung und Verbilligung des Transports fällt bei dem geringwertigeren Material mehr ins Gewicht als beim wertvollen Stamm- und Sägholz. An einfachen Drahtseilen werden schwache Reisigbündel von 2000 m Höhe zu Tal gefördert. Seitdem der Wintersport im Gebirge die heutige Ausdehnung erlangte, sind die Bergbahnen auch im Winter im Betrieb und erleichtern den Taltransport gerade der schwächeren Sortimente. So gewinnt der D.-Betrieb auch im Hochgebirge an Wichtigkeit. Der Stand der Technik des Transportwesens ist also auch von Bedeutung für den D.-Betrieb.

4. Die Art des Besitzes übt ebenfalls einen Einfluß auf die Ausführung der D. aus.

Bei größerem Besitze werden die bei der D. anfallenden Holzmassen verkauft. Der kleinere bäuerliche Waldbesitzer entnimmt das Holz so und so oft, wie es gerade sein Bedarf an den verschiedenen Sortimenten nötig macht. Diese will er in seinem Walde stets vorrätig haben, um im Bezug derselben unabhängig zu sein. Seine Art, die Bestände zu d., wird also von der des größeren Besitzers abweichen. Die D. wird technisch anders geführt werden, weil es wirtschaftlich notwendig ist. Äußerlich tritt der Unterschied u. a. darin hervor, daß bei größerem Besitze ein und derselbe Bestand alle 5, 8, 10 Jahre durchforstet wird, während im Kleinbesitze jedes Jahr oder fast jedes Jahr ein — meist schwacher — Hieb auf der ganzen Fläche stattfindet.

5. Die Servitutsverhältnisse können ebenfalls den Betrieb der D. entscheidend beeinflussen. So darf im Spessart und auch in anderen Gegenden nicht vor dem 60. Jahr d. werden, da bis zu diesem Alter alles anfallende Dürrholz den Berechtigten zusteht.

6. Wo die Jagd eine große Rolle spielt, wird spät und schwach d., um die Deckung für das Wild zu sichern oder bestimmte Holzarten zur Fütterung stets vorrätig zu erhalten

7. Die Beurteilung des D.-Betriebes geschieht vielfach nur vom technischen Gesichtspunkt aus. Ob schwach oder mäßig oder stark, ob frühzeitig oder spät d., welche von verschiedenen Holzarten begünstigt wird etc., läßt sich im Bestande selbst leicht erkennen. Ohne Berücksichtigung der ökonomischen Verhältnisse, welche zu einer bestimmten Art der Technik geführt haben, kann das Urteil leicht unrichtig ausfallen. Diesen Gesichtspunkt hat insbesondere Laschke[1]) hervorgehoben und eingehend dargelegt.

Die theoretischen Sätze über die „richtige“ D. können im praktischen Leben nicht allein entscheidend sein. Man hat nicht im allgemeinen zu d., sondern man muß einen bestimmten Bestand mit seiner Zusammensetzung in einem bestimmten Jahr ins Auge fassen. Der Praktiker fragt sich: soll ich diesen Bestand gerade in diesem oder einem späteren Jahr d.? Wie soll er bei seiner jetzigen Verfassung, bei den augenblicklichen Absatzverhältnissen und Preisen d. werden? Wie wird der Holzanfall in den Abtriebsbeständen auf Absatz und Preis des D.-Anfalls wirken? Wenn nach einem ergiebigen Hopfenertragsjahr die Hopfenstangen, nach einem Weinjahr die Rebstecken, wenn nach starken Verlusten durch Schneebelastung oder Sturm die Leitungsstangen oder für außerordentliche Bauten (Ausstellungen etc.) die Gerüststangen besonders gesucht sind, wird der Waldbesitzer diese günstige Marktlage benützen, und ohne besondere Rücksicht auf die Technik der D. seine Hiebe ausführen und sie unter Zurückstellung mancher anderer „durchforstungsbedürftiger“ Bestände möglichst weit ausdehnen.

Die Technik der D. — der Grad, die Wiederkehr etc. — ist nur Mittel zum Zweck. Dieser Zweck kann im einzelnen ein ganz verschiedener sein, wie der folgende Paragraph zeigen soll.

§ 300. Zwecke und Wirkungen der Durchforstung.

1. Zweck und Wirkung der D., d. h. der Entnahme einzelner Stämme aus dem Bestande sind verschieden, je nachdem man den ausgehauenen Nebenbestand oder den bleibenden Hauptbestand ins Auge faßt. Durch die D. wird ein Ertrag an Material gewonnen. Zugleich werden die Wachstumsbedingungen für den bleibenden Bestand verändert. Beide Wirkungen sind nicht von einander zu trennen.

Die geschichtliche Untersuchung hat aber gezeigt, daß bald der Ertrag des Nebenbestandes, bald die Einwirkung auf den Hauptbestand in den Vordergrund gestellt wurde. Diese verschiedene Auffassung mußte auch auf die Gestaltung der Technik der D. einwirken. Die

---

[1]) Ökonomik des D.-Betriebs. 1901.

schwache oder die mäßige Durchforstung einer- und die Hochdurchforstung andererseits sind Beispiele hiefür. Die Zwecke und Wirkungen der D. sollen zunächst übersichtlich zusammengestellt werden.

2. Der bei der D. herausgehauene Nebenbestand wirft einen Material-, bezw. Geldertrag ab, der zum Abtriebsertrag des Waldes hinzukommt. Dieser Zuschuß kann von erheblicher wirtschaftlicher Bedeutung für den Waldbesitzer werden. Ist der Abtriebsertrag aus irgend welchen Gründen (Mangel an Altholz, lückige Bestände, Vorherrschen der geringeren Bonitäten) vorübergehend niedrig, so kann der Ausfall durch die D. ganz oder teilweise gedeckt, also der unerwünschte Ausfall im Ertrag und der Rückgang der Einnahmen z. T. verhindert werden.

Da die D. in allen Altersklassen ausgeführt werden, liefern sie die mannigfaltigsten Sortimente. Es kann daher der wechselnde Bedarf des Waldbesitzers oder der Bevölkerung und der Industrie an gewissen Sortimenten befriedigt und die Marktlage besser ausgenützt werden als mit den wenigen Sortimenten der alten Bestände.

Durch die Vornutzungen werden im einzelnen Bestande baldige Einnahmen erzielt, so daß z. B. bei Neuanlage von Wald, die Ausgaben für die Kulturkosten schon nach 20—30 Jahren wieder ersetzt werden (30 Fm Ertrag zu 7—10 ℳ = 210—300 ℳ).

3. Die D. vermehren die Arbeitsgelegenheit.

4. Die Gefahren, welche durch Feuer, Insekten, Pilze, Diebstahl entstehen, werden beseitigt oder vermindert.

5. Die Stämme des nach der D. verbleibenden Hauptbestandes erhalten durch ihre regelmäßigere Verteilung einen größeren Bodenraum für die Wurzelausbreitung, die Wasser- und Nahrungsaufnahme eine freiere Entwicklung und stärkere Belichtung der Kronen, infolgedessen ein besseres Wachstum nach Höhe, Stärke und Masse. Durch die Entfernung schlechtgeformter Stämme wird sodann die Qualität des Hauptbestandes verbessert.

6. Die Standfestigkeit der zurückbleibenden Stämme des Hauptbestandes und ihre Widerstandskraft gegen schädliche Einflüsse (Wind, Schneedruck) wird erhöht.

7. Die Mischung der Holzarten im bleibenden Hauptbestande wird reguliert.

8. Die natürliche Verjüngung wird herbeigeführt oder wenigstens erleichtert.

9. Die Einwirkung der D. auf den Bodenzustand ist noch nicht genügend untersucht worden. Allein die Verhärtung des Bodens, das Auftreten von Moos, Gras etc., nach sehr starken Durchforstungen

lassen über diesen Punkt keinen Zweifel bestehen (vgl. insbesondere auch Cieslars Untersuchungen über die Rolle des Lichtes im Walde.[1]) Die übliche Belassung eines Unterstandes weist ebenfalls auf eine ungünstige Veränderung des Bodens durch starke D. hin.

10. Die Aufgabe der wissenschaftlichen Forschung besteht darin, die technischen Verfahren für die einzelnen verschiedenen Zwecke anzugeben und zu prüfen. Dies ist nur möglich, wenn die Wirkungen jedes einzelnen Verfahrens bekannt sind.

Diese Kenntnis gewinnen wir durch Vergleichung der Resultate, welche im Laufe der Jahrhunderte mit den verschiedenen Verfahren erzielt worden sind. In den überlieferten Beständen und in den Erfahrungen früherer Wirtschafter liegen diese uns vor. Die Geschichte des D.-Betriebs muß aufgeschlagen werden (§ 297).

Da die Erfahrung zur Lösung aller Fragen nicht ausreicht, so müssen die heutigen Ergebnisse der Praxis (§ 305) und besondere Untersuchungen und Versuche (§ 307) herangezogen werden.

§ 301. Die Durchforstungsarten und Durchforstungsgrade.

1. Für die folgenden Untersuchungen muß zunächst die D. in einem reinen, regelmäßigen und geschlossenen Bestande zugrunde gelegt werden. Die D. der gemischten, der unregelmäßigen und lückigen Bestände wird eine besondere Darstellung erfahren (Z. 7, 8).

In jedem geschlossenen Bestande läßt sich der Haupt- und der Nebenbestand unterscheiden (§ 147). Hierauf gründen sich die verschiedenen Arten der D., je nachdem diese nur in den Neben- oder auch in den Hauptbestand eingreift. D. im Neben-, D. im Hauptbestande.

Da bei der D. im Hauptbestande mindestens die dürren Stämme des Nebenbestandes zugleich herausgehauen werden, so wird richtiger

I. die D. im Nebenbestande,
II. die D. im Haupt- und Nebenbestande

unterschieden.

Jede dieser D.-Arten kann nun schwächer oder stärker ausgeführt werden. Dadurch entstehen die verschiedenen Grade der D. innerhalb jeder der beiden Arten. Die genaue Unterscheidung der Grade wird dadurch erreicht, daß in demselben Bestande immer weitere Baumklassen (§ 146, 6. 10) herausgehauen werden.

Auf den Nebenbestand erstreckt sich in der Regel der D.-Hieb. Der Hauptbestand, der von den herrschenden und mitherrschenden Stämmen gebildet wird, bleibt meistens vom Hiebe verschont (vgl. jedoch Z. 4).

---

[1]) Mitt. der österr. VA. 30. Heft. 1904.

Je nach der Zahl und der Art der aus dem Nebenbestand herausgehauenen Stämme unterscheidet man verschiedene Grade der D. Die Grade werden gewöhnlich mit den Ausdrücken: schwach, gewöhnlich oder mäßig, stark, sehr stark bezeichnet. Eine genaue Abgrenzung der Grade ist durch diese Ausdrücke nicht gegeben. Das Urteil darüber, ob eine D. schwach oder stark gegriffen sei, ist, wie die tägliche Erfahrung zeigt, allzu sehr dem gutächtlichen Ermessen des einzelnen überlassen, auch von der augenblicklichen Zusammensetzung und Belaubung des Bestandes, sogar von der Witterung, von der hellen oder trüben Atmosphäre beeinflußt.

Eine scharfe Abgrenzung der Grade ist aber nicht nur für rasche und sichere Ausführung der D. sehr förderlich, sondern namentlich dann notwendig, wenn man die Wirkung verschieden starker D. feststellen will.

2. Genauer ausgedrückt wird die Art des Eingriffs, wenn man (nach dem Vorgange von v. Seebach und Burckhardt) (§ 297, 15. 16) die Baumklassen angibt, auf welche sich der Hieb bei den verschiedenen Graden erstrecken soll.

Die Stämme eines normalen reinen Bestandes lassen sich in folgende Klassen gruppieren (§ 146, 6):

I. Entschieden herrschende; in der Höhe hervorragend; gut entwickelte Kronen

II. Mitherrschende; etwas kürzer und weniger vollkommene Kronen.

III. Beherrschte; in der Höhe bedeutend zurückbleibend; Gipfel noch frei; Krone eingeengt, nicht gleichmäßig entwickelt.

IV. Unterdrückte; nur bis an die Kronen der vorgenannten reichend; Gipfel überwachsen; Krone mehr oder weniger verkümmert.

V. Dürre, absterbende.

Diese Baumklassen lassen sich in jedem, auch im regelmäßigen Bestande leicht und sicher unterscheiden.

In Versuchsflächen wird von jedem Stamme eingetragen, welcher Baumklasse er angehört, so daß der zahlenmäßige Anteil einer Klasse am ganzen Bestande festgestellt werden kann. Nähere Angaben hierüber siehe § 146, 12—15.

Bezeichnet man die Durchforstungsgrade (nach der sächsischen Methode von 1867) mit den Buchstaben A, B, C, D, so entsteht folgende Übersicht (vgl. auch Tafel I), in welche des Zusammenhangs wegen auch die D. im Hauptbestande aufgenommen sind.

Übersicht der Durchforstungsarten und Durchforstungsgrade.

Beim Durchforstungsgrade	werden herausgehauen die Klassen:	werden belassen die Klassen:
I. Durchforstung im Nebenbestande:		
A (schwach).	V. dürr und absterbend;	I. II. III. IV.
B (mäßig).	V. dürr und absterbend, IV. unterdrückt;	I. II. III.
C (stark).	V. dürr und absterbend, IV. unterdrückt, III. beherrscht;	I. II.
D (sehr stark).	V. dürr und absterbend, IV. unterdrückt, III. beherrscht, II. ein Teil der mitherrschenden, ausnahmsweise auch einige herrschende;	I. und ein Teil von II
II. Durchforstung im Haupt- und Nebenbestande:		
$\frac{D}{A}$; sehr starke mit Belassung eines Unter- und Zwischenstandes.	V. dürr und absterbend IV. ein Teil der unterdrückten III. ein Teil der beherrschten II. die meisten mitherrschenden, ausnahmsweise einige herrschende	IV. zum Teil III. zum Teil II. ein geringer Teil I. zum überwiegenden Teil
$\frac{C}{A}$; Freistellung einzelner herrschender Stämme unter Belassung eines Unter- und Zwischenstandes. „Freihauen".	V. dürr und absterbend IV. ein Teil der unterdrückten III. ein Teil der beherrschten II. die meisten mitherrschenden I. ein Teil der herrschenden	IV. zum Teil III. zum Teil II. zum geringeren Teil I. zum Teil

Die D. im Nebenbestande (I.) wird auch als Nieder-, die D. im Haupt- und Nebenbestande (II.) als Hochdurchforstung bezeichnet. Präzis und klar sind diese Ausdrücke nicht. Man hat die französischen Unterscheidungen: éclaircie par le haut und par le bas durch ein kurzes Wort verdeutschen wollen. Gebräuchlich ist übrigens fast nur das Wort Hochdurchforstung geworden. Von welchen Gesichtspunkten läßt man sich nun bei diesen verschiedenen Arten und Graden der D. leiten?

3. Bei Ausführung der Grade A, B, C wird der Schluß des Bestandes nicht unterbrochen (Tafel I). Bei Grad D ist aller-

Darstellung verschiedener Durchforstungsgrade.

40jährige Fichten.

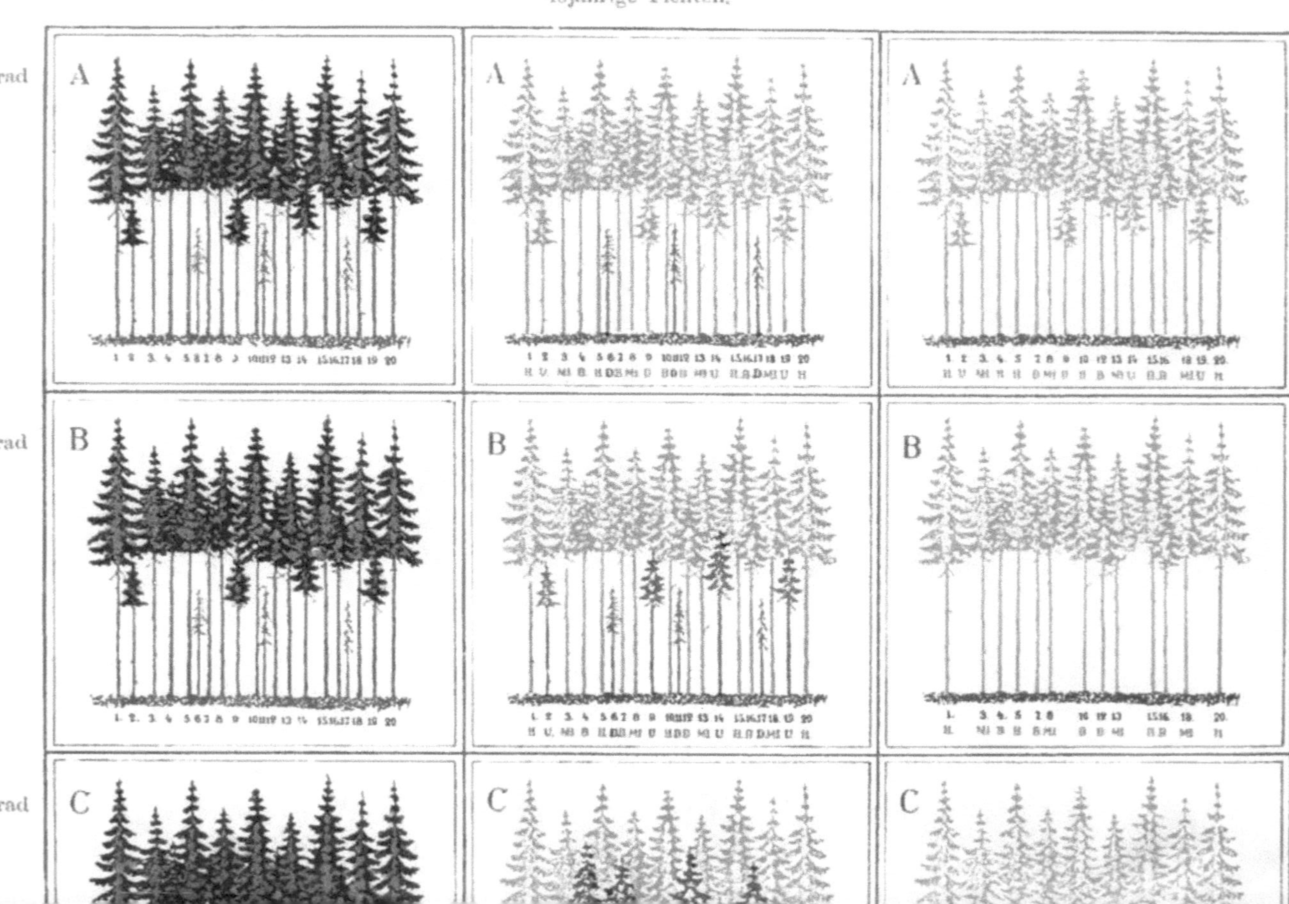

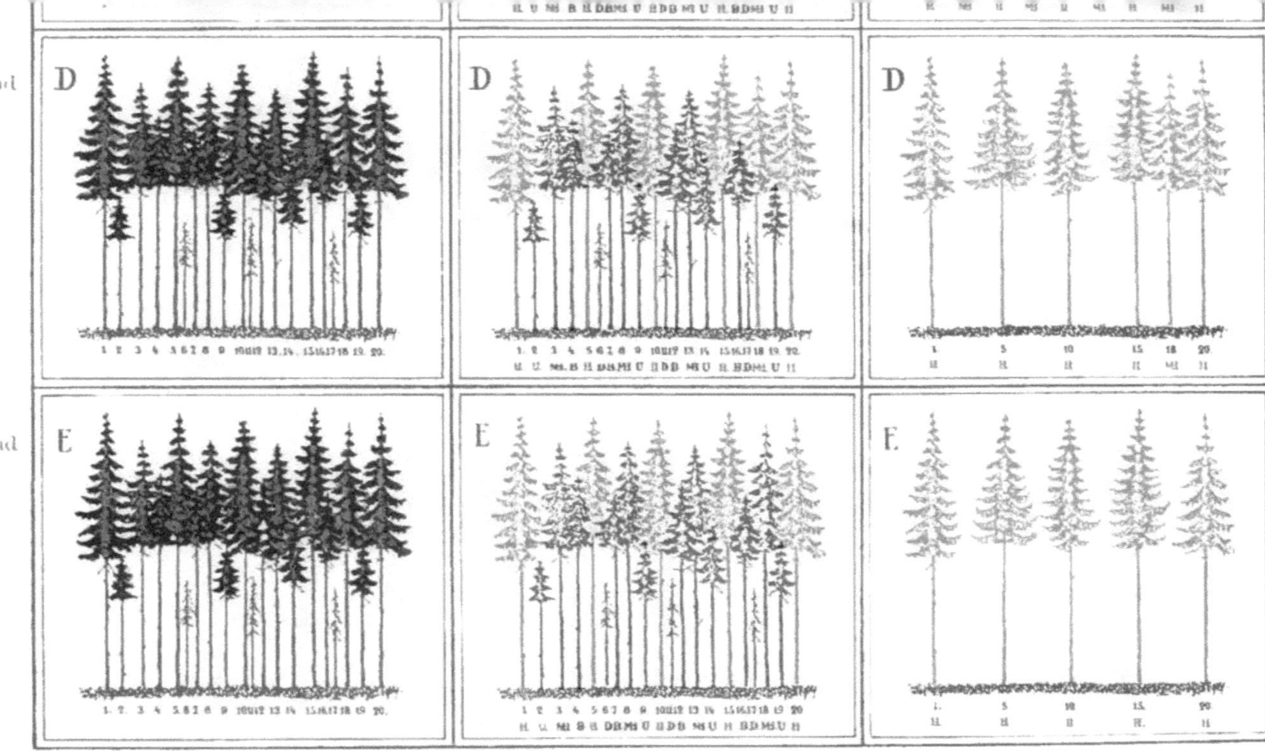

Stand vor der Durchforstung: Haupt- und Nebenbestand.

Ausführung der Durchforstung: Auszuhauender Nebenbestand.

Stand nach der Durchforstung: Bleibender Hauptbestand.

H = Herrschende Fichten. MH = Mitherrschende Fichten. B = Beherrschte Fichten. U = Unterdrückte Fichten. D = Dürre Fichten.

dings unmittelbar nach Ausführung der D. in jungen Beständen der Schluß unterbrochen, soweit an einzelnen Stellen mitherrschende Stämme (Nr. 3, 8, 13 in Tafel I) herausgenommen werden. Allein er ist nach 3—5 Jahren wieder hergestellt.

In älteren, 60—100 jährigen Beständen trifft man freilich öfters noch beherrschte und unterdrückte Stämme an. Bei regelrechtem und intensivem D.-Betrieb werden aber in diesem Alter nur herrschende, höchstens noch einige mitherrschende belassen. Ihre Zahl ist so groß und ihr Abstand so bemessen, daß die Äste selten mehr übereinander greifen, sondern sich nur leicht berühren, an einzelnen Stellen vielleicht sogar 10—30 cm von einander abstehen. Der ältere Bestand ist also beim D.-Grade geschlossen, aber nicht in dem Maße wie der junge oder mittelalte Bestand; der ältere Bestand ist licht geschlossen. Daß aber dieser lichte Schlußgrad gleichwohl die Intensität der Belichtung sehr bedeutend herabsetzt, haben die Messungen von Wiesner, Cieslar und Ramann bewiesen (§ 33, 3—9).

Einige Zahlenangaben[1]) lassen die Unterschiede in den Graden A, B, C, D deutlich hervortreten:

	Ausgehauene Stammzahl				Ausgehauene Holzmasse (Derbholz und Reisig) Fm			
	A	B	C	D	A	B	C	D
Fichte 28 Jahre alte Pflanzung	—	512	1200	2104	—	23,6	65,4	148,1
	In % des Standes vor der Durchforstung:							
	—	14,7	34,2	55,7	—	4,4	12,2	29,1
Buche 28 Jahre nat. Verjüng.	60340	44936	55420	39845	57,2	48,5	60,6	101,1
	In % des Standes vor der Durchforstung:							
	87,4	85,7	90,5	90,0	50,0	44,8	53,2	64,7
	Die herausgehauene Reisigmasse beträgt Fm.:							
Fichte	—	6,26	25,0	35,6 Buche	50,2	44,6	55,7	88,8
	In % des Standes vor der Durchforstung:							
Fichte	—	4,9	19,6	32,0 Buche	46,8	44,5	53,1	66,7

Bleibender Hauptbestand nach der ersten D. auf 1 ha:

	Fichte 28jährige Pflanzung				Buche 28jähr. nat. Verjüngung			
	A	B	C	D	A	B	C	D
Stammzahl	3575	2976	2308	1672	8660	7468	5830	3975
Stammgrundfläche qm	52,9	53,2	47,3	34,9	10,5	10,0	8,9	8,6
Stammstärke cm .	13,7	15,1	16,2	16,3	3,9	4,1	4,4	5,3
Höhe m	13,9	14,5	14,9	15,3	6,1	6,9	7,2	7,8
Holzmasse Derb. Fm	378	400	367	285	—	4	4	11
„ Reisig „	113	120	103	76	57	56	49	44
Gesamtmasse . . .	491	520	470	361	57	60	53	55

[1]) Mitt. der Schweiz. V.A. 3,18; 7,62. Die Stammzahl ist infolge des Dürrholzes und der Entnahme durch Leseholzsammeln nicht immer regelmäßig abgestuft.

Die Ursachen dieser verschiedenen Stufen werden unten besprochen werden. Wir müssen uns noch den D. im Hauptbestande (II.) zuwenden.

4. Werden im jungen, nach dem D-Grad durchforsteten Bestande die unterdrückten und beherrschten Stämme (zum Bodenschutz, zur Beförderung der Astreinheit etc.) unter und neben den herrschenden belassen, so entstehen zwei Bestände übereinander: der Oberbestand, der im D-Grade durchforstet ist und nur aus herrschenden Stämmen besteht, und der Unterbestand, der zwecks Entfernung der dürren und absterbenden Stämme im A.-Grad durchforstet ist, und aus beherrschten und unterdrückten Stämmen gebildet wird.

Er kann abgekürzt mit $\frac{D}{A}$ bezeichnet werden.

Wird der Oberbestand noch lichter als nach dem D-Grad gestellt, so daß der einzelne herrschende Stamm ganz frei steht, (z. B. beim „Freihauen" der Eichen, Eschen, Ahorn) und der Schluß erst nach 10 und mehr Jahren eintritt, so kann man diesen Grad mit E bezeichnen und in Verbindung mit dem Unterstand durch $\frac{E}{A}$ ausdrücken.

Wird der Abstand der herrschenden Stämme noch weiter gewählt, so daß der Schluß nicht oder kaum mehr eintreten kann, so spricht man vom Lichtgrad L.

5. Da es bei den Graden A, B, C Prinzip ist, den Schluß nicht zu unterbrechen, so müssen so viele Stämme belassen werden, als dauernd zur Bildung des Schlusses nötig sind; bei Grad D im jungen Bestande so viele, daß er in kurzer Zeit wieder eintreten kann. Diese Zahl ist verschieden nach der früheren Durchforstungsweise, sodann nach Holzart, Alter, Bonität und Kronenentwicklung der den Schluß bildenden Stämme (vergl. § 141 und 145, die Stammzahl-Tabelle in § 145).

In diesen wechselnden Bestandesverhältnissen ist es begründet, wenn bei der Anlage von Versuchsflächen in jüngeren Beständen herausgehauen werden:

beim D-Grad	50—90 %	der vor der Durchforstung vorhandenen Stammzahl.
C-	30—40 %	
B-	20—30 %	
A-	5—20 %	

Die beherrschten, unterdrückten oder dürren Stämme gehören in der Regel den geringeren Stärkeklassen an (§ 146, 11). Ihr Durchmesser (in 1,3 m) ist schwächer als der Durchmesser des Mittelstamms. Dieser gehört der mitherrschenden Klasse an. Man kann daher den Grad der Durchf. mit Rücksicht auf die Stärke der Stämme auch so ausdrücken: bei den Graden A, B, C fallen der Durchf. die unter dem

Mittelstamm stehenden Stämme anheim. Erst der Grad D entnimmt solche Stämme, deren Durchmesser dem des Mittelstamms gleichkommt oder ihn übertrifft.

6. Wie die geschichtliche Untersuchung gezeigt hat, werden in der großen Wirtschaft die verschiedenen Grade der Durchf. seit längerer Zeit angewendet. An manchen Orten, auch in der Literatur, hat die genauere Bezeichnung A-, B-, C-Grad die ungenauen Ausdrücke schwach, mäßig etc. verdrängt.

Welcher Durchf.- bezw. Schlußgrad für die verschiedenen Holzarten, Altersklassen und Bonitäten, welcher zum Zwecke des höchsten Material- oder Geldertrags, welcher für die Anzucht bestimmter Sortimente (Starkholz) der vorteilhafteste sei, läßt sich auf Grund der Ergebnisse der praktischen Wirtschaft allein nicht entscheiden. Es müssen besondere Untersuchungen und Versuche angestellt werden, die seit 50 Jahren in verschiedenen Ländern im Gange sind (§ 307). Im praktischen Betriebe werden nämlich die Grade selten ganz genau eingehalten. Der Wirtschafter hat um so weniger Zeit zur genauen Anzeichnung der zu hauenden Stämme, je größer sein Revier ist. Bei 2000 ha beträgt die jährliche Durchforstungsfläche 100—120, bei 3000 ha 150—180 ha. Zur Auszeichnung von 1 ha sind 3—5 Stunden erforderlich. In der Regel muß aber nach dem Fällen der Hauptmasse nochmals eine Nachzeichnung stattfinden. Da das Auszeichnen körperlich und geistig sehr ermüdend ist, wird an einem Tage kaum mehr als 6 Stunden gearbeitet werden können. Das untere Personal kann allerdings bei tüchtiger Ausbildung und sicherer Einübung mit dieser Arbeit in den einfacheren und leichteren Fällen, in denen kein Zweifel über das Vorgehen besteht, betraut werden; aber die Hauptarbeit wird doch dem Wirtschafter bleiben. Das Auszeichnen der Durchf. sollte übrigens für jeden Wirtschafter das wichtigste Geschäft bilden. Keine andere Tätigkeit im Walde ist so lohnend und auch so befriedigend, wie gerade die Stellung eines Durchf.-Schlages.

7. In gemischten Beständen, in welchen die Holzarten ungefähr gleichwertig sind, können alle Grade angewendet werden. Ist eine Holzart wertvoller (Eiche, Esche, Ahorn gegenüber Buche), so muß die wertvollere vor den anderen begünstigt, d. h. vor Unterdrückung geschützt und in der Entwickelung der Krone durch Aushieb der beherrschten Stämme (C-Grad) oder auch noch einzelner mitherrschender und herrschender Stämme (D- und E-Grad) gefördert werden. Diese stärkeren Grade sind schon bei der ersten Durchf. nötig, um die lichtfordernden Holzarten zu erhalten.

8. In nicht normalen, ungleichmäßig bestockten, lichten oder lückenhaften Beständen lassen sich die verschiedenen Grade nicht streng durchführen. In den mehr geschlossenen Teilen oder auch nur

in geschlossenen Gruppen besteht ein Unterschied gegenüber den sonstigen regelmäßigen Beständen in der Durchf. nicht. Dagegen müssen am Rande der Lücken alle noch lebensfähigen Stämme, gleichviel welcher Klasse sie angehören, belassen werden. Hat sich nach einiger Zeit der Bestand wieder geschlossen, so kann eher die regelmäßige Durchf. wieder Platz greifen. In der Regel werden auf einzelnen Stellen aber Kombinationen mehrerer Arten und Grade notwendig sein.

9. Wie schon in § 296 hervorgehoben wurde, müssen ungeeignete Holzarten oder schlechte Stammformen bereits im Reinigungshiebe entfernt werden. Dies geschah und geschieht aber vielfach nicht, so daß solche bei den ersten und sogar den späteren Durchf. erst herausgenommen werden müssen.

Holzarten wie Sahlweiden, Aspen, Föhren etc., sind in der Jugend raschwüchsiger als Fichte, Tanne, Buche, Eiche etc., so daß sie in Höhe und Kronenausbreitung diese Holzarten vielfach überragen. Derartige Holzarten müssen, wenn man sie nicht in Mischung mit der Hauptholzart erziehen will, aus dem Bestande entfernt werden, selbst wenn zunächst eine kleine Lücke entstehen sollte. Ist aber die Hauptholzart unter der fremden bereits verkrüppelt oder wenigstens ihre künftige gute Entwickelung zweifelhaft geworden, so muß an einer solchen Stelle die fremde Holzart zunächst, vielleicht sogar bis zur Haubarkeit belassen werden.

10. Krumme, gabelige, sehr astige, struppige, krebsige, kranke und verletzte Stämme müssen unter allen Umständen zu beseitigen gesucht werden, ganz gleichgültig, welche Art und welcher Grad der Durchf. im Bestande durchgeführt wird. Dieses Heraushauen mißgeformter Stämme muß geschehen, auch wenn sie zur herrschenden Klasse gehören. Je jünger der Bestand ist, um so unbedeutender wird die Lücke, um so bälder der Schluß wieder hergestellt sein. Je länger man solche Stämme als mitherrschende oder herrschende im Bestande stehen läßt, um so mehr können sie sich in der Krone ausbreiten. Da die Lücke groß zu werden droht, entschließt man sich immer schwerer zur Herausnahme, so daß der krumme oder gabelige Stamm dann zur Zeit der Haubarkeit noch vorhanden ist. Die allzu ängstliche Beobachtung der Hartigschen Regel, ja nie den Schluß zu unterbrechen, hat uns viele Bestände mit schlechten Stammformen überliefert.

Man kann bei dieser Entfernung schlecht geformter Stämme verschiedene Wege einschlagen. Wird die Lücke zu groß, so kann man den schlechten Stamm etwas entasten, zunächst den einen Ast eines gabeligen Stammes entfernen. Dadurch erhalten die umstehenden Stämme größeren Wachsraum, sie breiten ihre Äste in die Lücke aus, so daß der schlechte Stamm nach 5 Jahren ohne Bedenken entfernt werden kann. Ferner läßt man um den schlechten Stamm alle anderen Stämme stehen, um ihn am Seitenwachstum zu hindern und um die entstehende Lücke ganz oder zum Teil auszufüllen. Endlich läßt man unter ihm alle unterdrückten stehen, damit nach seiner Entfernung der Boden gedeckt bleibt.

Sind die krummen etc. Stämme nur in geringer Zahl in einem Bestande vertreten, so gelingt ihre vollständige Entfernung in den meisten Fällen. Sind sie sehr zahlreich, so müssen einzelne schlechtgeformte Stämme in den Haubarkeitsbestand übernommen werden. (Über die in solchen Beständen angewendeten besonderen Verfahren von Borggreve, Heck vgl. § 302.)

Die schlecht geformten Stämme gehören vielfach der herrschenden Klasse an. Es wird also ein herrschender Stamm herausgehauen, auch wenn sonst der B- oder C-Grad eingehalten wird. Als Aushilfe wird an dieser einen Stelle vorübergehend der D-, $\frac{\text{D-}}{\text{A}}$ oder $\frac{\text{E-}}{\text{A}}$ Grad eingelegt.

§ 302. Die Verbindung der Durchforstungsarten und -Grade im praktischen Betriebe.

1. In § 301 Z. 7 und 8 sind besondere Bestandesverhältnisse erwähnt, die eine Abweichung von den gewöhnlichen Durchf.-Arten nötig machen. Die Begünstigung eingemischter Holzarten und die Entfernung schlechtgeformter Stämme führt in sonst regelmäßigen Beständen zur Entnahme herrschender Stämme und dadurch zu größeren Lücken im Kronenraum, welche die Belassung unterdrückter und beherrschter Stämme rätlich machen.

Ähnliche Zustände haben an verschiedenen Orten zu besonderen Arten der Durchf. Anlaß gegeben. Die wichtigsten derselben sind:

a) die Plenterdurchforstung von Borggreve,
b) die freie Durchf. von Heck,
c) die dänische Durchf.,
d) der Kronenfreihieb von Wagener,
e) die Worliker Durchf.,
f) die Hochdurchforstung (éclaircie par le haut).

Die Durchf.-Arten u. -Grade im Nebenbestande sind in den reinen, geschlossenen und annähernd regelmäßigen Beständen von Nadel- und Laubholz durch die von selbst eintretende Ausscheidung der verschiedenen Baumklassen entstanden. Man brachte die von den herrschenden Klassen deutlich sich abhebenden dürren und unterdrückten Stämme zur Fällung.

Die eben genannten Durchf.-Arten greifen in der Hauptbestand ein. Auch sie erklären sich aus bestimmten Bestandesverhältnissen.

2. Borggreve und Heck trafen in ihren Revieren 50—60—70-jährige Buchenbestände an, die noch gar nicht oder nur sehr schwach durchf. waren. Schlechtgeformte Stämme, die zum Teil herrschend waren, fanden sich in großer Anzahl vor; die gutgeformten dagegen waren mitherrschend oder beherrscht. Um diese letzteren, bessergeformten Stämme noch zu Nutzholzstämmen erziehen zu können, ließ Borggreve die schlechtgewachsenen starken Stämme heraushauen („plentern“). Heck dagegen ließ die schönen Stammformen vollständig freihauen, um dasselbe Ziel des Nutzholzertrags zu erreichen. Die Voraussetzungen für die Plenter- und die freie Durchf. waren also ursprünglich 50—60 jährige, undurchforstete Buchenbestände, die heute zu den Ausnahmen gehören. Die mißgeformten Stämme werden vielfach schon durch den Reinigungshieb und die ersten Durchf. beseitigt.

In Dänemark strebte man starkes Nutzholz im Buchenbestande an; die Stämme, welche das Wachstum der stärksten beeinträchtigten, wurden deshalb herausgehauen. Wagener hatte Mangel an haubarem Holz. Um die Nutzung für die Gegenwart und die Zukunft steigern zu können, griff er zum Kronenfreihieb, d. h. der Wegnahme auch herrschender Stämme. Bohdannecky wollte kümmernde Fichtenbestände in besseres Wachstum versetzen. In Frankreich herrschen die aus Eiche und Buche etc., in den Alpen und Vogesen die aus Tanne, Fichte, Lärche, Föhre gemischten Bestände vor. Für die Industrie sollten starke Stämme geliefert werden. Holzart und Ziel der Wirtschaft führten zum Eingriff in den Hauptbestand, und um diesen unbedenklich zu machen, zur Belassung des Unterstandes.

Solche oder ähnliche Verhältnisse finden sich im kleinen wohl in jedem Revier vor. Kommt in einem Bestande eine schlechtwüchsige, hinter der Umgebung zurückbleibende Stelle oder eine Eiche zwischen Buchen vor, so wird nur ein unselbständig und mechanisch arbeitender Wirtschafter diese Stelle ebenso wie den übrigen Bestand durchforsten. Gabelige, krumme und schlechtgeformte oder gar kranke Stämme wird jeder Wirtschafter aus dem Bestand zu entfernen suchen und, wenn die Lücke zu groß zu werden droht, zunächst unter und neben dem zu entfernenden Stamm alle grünen Stämme, seien sie unterdrückt oder beherrscht, stehen lassen.

Auch die Hartigsche Regel, ja nie den Schluß zu unterbrechen, ist nicht überall starr durchgeführt worden.

Suchen wir zunächst die wesentlichen Merkmale dieser verschiedenen Arten des Eingriffs in den Hauptbestand herauszustellen.

3. Borggreve will einen Teil der vorherrschenden Stämme entfernen und die mitherrschenden und beherrschten Stämme zu herrschenden heranwachsen lassen.

Nach Borggreve

werden herausgehauen:	werden belassen:
ein Teil von Klasse I.	ein Teil von Klasse I,
Klasse V.	Klasse II, III, IV.

Diese ursprüngliche Art der Plenterdurchforstung ist später von Borggreve dahin erweitert worden, daß er überhaupt „den stärksten Stamm" in einem Bestande heraushauen ließ. Der stärkste Stamm gehört in der Regel zu den vorausgewachsenen und weniger astreinen Stämmen. Borggreve nahm ferner an, daß er die Zeit des besten Wachstums bereits überschritten habe.

Da hierdurch eine weitgehende Durchlöcherung geschlossener Bestände entstehen mußte und bei der gewöhnlichen Durchf. im 60- bis 70 jährigen Alter eines Bestandes beherrschte und unterdrückte Stämme fehlten, so kam er zu dem Vorschlage, daß die Bestände überhaupt bis zum 60. Jahr nur ganz schwach durchforstet werden sollen.

4. Heck haut die besten Stämme aus den Klassen I und II frei und läßt den Nebenbestand oder einen Teil desselben, also Klasse IV und III, als Unterholz stehen. Durch das Freihauen werden also einzelne Stämme der Klassen I und II, auch III entfernt.

5. Bei der dänischen Durchf.[1]) werden nach Metzger die mitherrschenden Stämme, welche einen besseren Nachbarstamm im oberen Teil der Krone schädigen, entnommen; es wird also ein Teil der II. Kl. herausgehauen. Es verbleibt die I. Kl., ein Teil der II., sowie, teils als Bodenschutzholz, teils zur Schaftreinigung bis auf 15 m Höhe, die III. und IV. Kl. Ist die Schaftreinheit erreicht, so wird der Unterstand weggehauen.

In Dänemark wird die 1. Durchf. bei 7 m Höhe etwa im 20. Jahr eingelegt und bis zum 40. alle 3 Jahre, später alle 6—10 Jahre wiederholt. Nach Graser sind vom 30.—40. Jahr nur noch herrschende und mitherrschende Stämme (also I. und II. Klasse) vorhanden. Dieser Stand würde dem C-Grad entsprechen. In Dänemark soll schon in den jungen Beständen der Boden begrünt sein. Im 60. Jahr werden die 2—300 Abtriebsstämme ausgesucht und bezeichnet. Die schlechtgeformten Stämme werden stets herausgenommen.

Das Ziel der Wirtschaft ist Starkholzzucht, wozu die Stämme der I. Klasse sich besonders eignen.

Den Stammzahlen der dänischen Buchenbestände kommen diejenigen von Braunschweig, und in Preußen diejenigen für lockeren Schluß sehr nahe. Die Kreisfläche in Dänemark ist aber höher, ebenso

---

[1]) Der Ausdruck „dänische" D. erweckt die Vorstellung, als ob diese Art der D. in Dänemark allgemein üblich sei. Dies ist aber durchaus nicht der Fall; sie ist auf einige Reviere in Seeland beschränkt. Schon 1847 war auf der Forstversammlung in Kiel von ihr die Rede.

die durchschnittliche Stärke. Einzelne Versuchsflächen in Braunschweig (mit 250—260 Stämmen) erreichen auch die dänischen Durchmesserzahlen von 40 cm.

Die Bonität der dänischen Bestände soll der II. deutschen entsprechen. Vergleicht man aber die Höhen, so stehen die dänischen Bestände der I. deutschen Bonität gleich. Für die Gegenüberstellung der Stammzahlen und der Stärke ist die Bonität ein entscheidender Punkt. Auffallend gering ist die Stammzahl der dänischen Bestände bei der 1. Durchf. im 20. Jahre: nur 8292, von denen 2223 (= 27 %) entnommen werden. In Deutschland und der Schweiz werden in diesem Alter bis zu 60, 80 und 100 Tausend Stämmchen herausgehauen.

6. Wagener hatte in seinem Verwaltungsbezirke Castell bei Würzburg Mangel an haubarem Holze, weil er von der Mittelwald- zur Hochwaldwirtschaft überging. Er mußte daher den Ausfall an Ertrag aus den jüngeren Beständen zu decken suchen, auch auf rasches Heranwachsen haubaren Holzes bedacht sein. Dieses Bestreben führte ihn zum „Kronenfreihieb" Der Boden ist nicht sehr fruchtbar; die Niederschläge sind gering (500 mm). Er nahm um die schönsten Stämme schon im 20 jährigen Alter, wie ich dort sah, auf 1—2—3, sogar 4—5 m alle Stämme weg, gleichgültig welcher Klasse sie angehörten. Manchmal beläßt er beherrschte und unterdrückte Stämme als „Reserve"

Er geht von der Annahme aus, daß die Zuwachsleistung der das Haubarkeitsalter nicht erreichenden Stämme nur unbedeutend sei. In Fichten und Buchen wurden 30—43 % des Derbholzes entnommen. Die Bestände, so hoffte er, würden nach 10 Jahren wieder geschlossen sein und könnten abermals durchhauen werden. Über das spätere Schicksal dieser Bestände hat er selbst nicht mehr berichtet.

7. Bohdannecky hat in den Schwarzenbergischen Forsten bei Worlik (Böhmen, zwischen Prag und Pisek) ca. 1880 eine frühzeitige Durchf. in Fichtenbeständen eingeführt, die auch anderwärts in Böhmen Anklang fand. In Saatbeständen, die sehr dicht standen, erzielte man nach Schwappachs Darstellung, der die Bestände 1904 besichtigt hat, am Ende der Umtriebszeit höchstens schwaches Grubenholz und Zelluloseware. Um den Zuwachs zu steigern, werden daher die Bestände im Alter von 15—20 Jahren wiederholt durchschnitten, so daß auf besseren Standorten im 25.—30. Jahr noch etwa 2500 Stück auf 1 ha stehen. Vom 25. Jahre ab wird „stark" durchforstet, um allseitig gut ausgebildete Kronen zu erzielen. Die Baumkronen sollen im 25. Jahr noch bis auf den Boden reichen, bis zum 35. Jahr auf $^2/_3$, bis zum Abtriebsalter auf ½ der Stammlänge grün bleiben; dieses Ideal wird aber nicht erreicht. Die Jahrringe sollen 3 mm breit werden, damit in 80 Jahren 25—36 cm starke Nutzhölzer erwachsen.

Anlaß zu dieser Art der Durchf. gab Bohdannecky der große Bedarf an schwachem Stangenmaterial für Floßwieden und Zaungerten, der ihn nötigte, schon im 20. Jahr in die Dickungen einzugreifen. Er bemerkte, daß nach dem Eingriff der Zuwachs in diesen Beständen sich bedeutend hob. Die Bestände stockten auf Boden III. Klasse und hatten eine „übergroße Anzahl schwacher, im Wachstum nachlassender, durch Flechtenüberzug grau gefärbter Stämmchen" aufzuweisen. Bohdannecky stellt auf Grund seiner Beobachtungen die Forderung „einer reich benadelten Kronenausbildung in allen Altersklassen, die den Boden voll beschirme, den Massenzuwachs fördere und zu keinen Bedenken bezüglich der Astreinheit, sowie hinsichtlich des spezifischen Trockengewichtes Anlaß gebe". Ähnliche Bilder, wie die durchschnittenen Saaten boten Pflanzungen, die im Verband von 1,9 m ausgeführt worden waren.

Bohdannecky und Schiffel geben auf Grund ihrer Untersuchungen die Regel: „Ohne Rücksicht auf die Art der Begründung und auf die Bonität sind in den Jungwüchsen die Eingriffe wiederholt und in dem Maße fortzusetzen, daß die Reinigung (Dürrwerden) der untersten Äste so lange hinausgeschoben wird, bis der Bestand die Höhe von mindestens 5 m (bei besseren Bonitäten mehr) erreicht hat". Die Schaftreinigung ist nun maßgebend für die weiteren Eingriffe: sie darf der halben Schaftlänge erst dann gleichkommen, wenn das Maximum des Höhenzuwachses erreicht ist. Schadhafte und mißgeformte Stämme sind stets zu entfernen. Auf eine möglichst gleichmäßige Verteilung der wuchskräftigen Stämme ist zu achten.

8. Bei der „Hochdurchforstung", so lautet die Übersetzung der französischen Bezeichnung éclaircie par le haut[1]), geht man von folgenden Erwägungen aus. In jedem Bestande sollen die Haubarkeitsstämme, die Elitestämme, worunter die kräftigsten und bestgeformten begriffen sind, begünstigt werden. Um ihre Kronenausbreitung zu fördern, werden die neben ihnen stehenden Stämme mit geringerem Wachstum und weniger guten Wuchsformen, welche den Elitestämmen schaden, weggenommen. Die schadenden Stämme sind herrschende und mitherrschende Stämme, deren Entnahme größere Lücken verursacht. Um den Boden zu bedecken, die Elitestämme vor Sonnenbrand zu schützen, die unteren Äste zum Absterben zu bringen, und so erst Eingriffe in den herrschenden Teil ohne Gefahr für Boden und Bestand möglich zu machen, wird ein Unterstand aus beherrschten und unterdrückten Stämmen belassen.

---

[1]) Broillard hat diese Art der D. am ausführlichsten besprochen (Le Traitement des Bois en France. 1881, S. 182. 198). Vgl. auch Hüffel: Les arbres et les peuplements forestiers. 1893. S. 120, und Bagneris Manuel de Sylviculture 1878. S. 38 ff. Boppe et Jolyet, Les Forêts. 1901. S. 165.

Die „Hochdurchforstung" ist in Frankreich die fast ausschließlich herrschende Durchf.-Art. Es ist nicht ohne Interesse, ihre Geschichte in diesem Lande an Hand der Darstellungen von Bagneris, Boppe, Broillard und Hüffel zu verfolgen. Nach Hüffel war sie bereits ca. 1560 von Tristan de Rostaing eingeführt worden. 1790 und 1791 wurde sie von Varenne de Fenille ausgebaut. Sie blieb die herrschende Durchf.-Art, bis 1830 der Elsässer Parade, der seine Studien ganz in Tharandt unter Cotta gemacht hatte, als Lehrer des Waldbaus an die Forstschule in Nancy kam. Er verbreitete nun — auch sein Lehrbuch ist Zeuge hiefür — die Lehre Cottas im Durchf.-Wesen auch unter der französischen Forstwelt. Es mochte wohl schon zu seinen Lebzeiten gegen die Einführung der in Deutschland entstandenen Durchf.-Art einiger Widerstand geherrscht haben. Dieser trat bald nach seinem Tode (1865) laut hervor. Bagneris war es, der 1873 die Rückkehr zur „nationalen Art" der Durchf. anbahnte. Broillard (1881) und Boppe (1889, 1901) brachten sie wiederum zur Herrschaft. Boppe erwähnt die Durchf. im Nebenbestande gar nicht, obgleich ihm die schweizerischen Versuchsflächen seit 1891 bekannt waren.

Diese Durchf.-Art wird in Frankreich bei Licht- und Schattenholzarten, im Laub- und Nadelholz, in reinen und gemischten Beständen angewendet. Sie beginnt im frühen, ca. 40—50 jährigen Stangenholzalter; nachdem das Haupthöhenwachstum und die Ausbildung des Schafts vollendet ist. Insbesondere wird in künstlichen Beständen die „Einförmigkeit durchbrochen"; man wählt in passenden Abständen die Zukunftsstämme aus, umlichtet sie, um ihnen einen Vorsprung zu verschaffen. Im jüngeren Alter werden die Durchf. alle 6—12, im höheren Alter der Bestände alle 12—20 Jahre wiederholt.

Die Industrie verlangt in Frankreich Hölzer von starken Dimensionen (Boppe). Diese Starkhölzer werden durch die besondere Art der Durchf. schon in frühem Alter des Bestandes als Elitestämme ausgesucht und im Wachstum begünstigt.

Die Bevorzugung der Hochdurchforstung hängt eng mit den französischen Waldverhältnissen zusammen. Die aus Eiche und Buche gemischten Bestände überwiegen; der Mittelwald ist in den tieferen, der Plenterwald in den höheren Lagen vorherrschend.

Aus der geschichtlichen Einleitung ergab sich, daß seit mehr als zweihundert Jahren die Erziehung schöner, gerader Stämme betont, daß schon 1760 die Begünstigung der künftigen Haubarkeitsstämme üblich war, daß das Freihauen guter Stämme, also sehr starke Durchf. und die Belassung eines Unterstandes ebenfalls da und dort eingeführt war, endlich daß das Freihauen ganz junger Stämme von Cotta empfohlen worden war.

Neu sind also die Gesichtspunkte für die Durchf. im Hauptbestande ebenso wenig, wie für die Durchf. im Nebenbestande. Dagegen sind einzelne Arten von Durchf. in der einen oder andern Gegend, vom einen oder andern Wirtschafter mehr betont, mehr angewendet worden, und zwar deshalb, weil die besonderen Waldzustände, auch die Absatzverhältnisse, die Bevorzugung einer bestimmten Art von Durchf. nahelegten. Vielfach sind sie dann ganz allgemein als die zweckmäßigste Art der Durchf. empfohlen worden. Je komplizierter ein Verfahren ist, wie z. B. die Worliker Durchf., um so weniger wird es eine größere Verbreitung erlangen können. Eine solche hat nur die Hochdurchforstung gewonnen, die in gemischten Beständen und bei Nutzholzzucht entschiedene Vorzüge hat.

Über die Zuwachsleistung der unter a—f genannten Durchf.-Arten stehen wenige Zahlen zur Verfügung, so daß ein begründetes Urteil nicht abgegeben werden kann.

Vergleicht man diese lokalen Durchf.-Arten mit der Durchf. der geschlossenen Bestände, so stellen sie sich als eine Verbindung der verschiedenen Grade dar.

Es werden zwei Bestände übereinander erzogen, wie es bei der Hochdurchforstung am deutlichsten heraustritt. Im oberen Bestande stehen in Folge der Entnahme herrschender Stämme die zurückbleibenden in freier Stellung, ohne Kronenschluß; diese Stellung entspricht dem D-Grad der Durchf., bei sehr geringer Stammzahl dem E-Grad. Der Unterstand wird aus beherrschten und unterdrückten Stämmen gebildet, zwischen denen die dürren und absterbenden entfernt sind. Im Unterholz hat eine dem A Grad entsprechende Durchf. stattgefunden. Die Hochdurchforstung ist also die Verbindung des D-Grades mit dem A-Grade, was sich durch die Schreibweise $\frac{D}{A}$ darstellen läßt. Ähnlich verhält es sich bei den übrigen genannten Arten.

§ 303. Beginn und Wiederholung der Durchforstungen.

1. Wenn die Kosten der Durchf. durch den Ertrag gedeckt werden sollen, so wird der Beginn, je nach den Preis- und Lohnverhältnissen, an manchen Orten sehr weit (bis ins 40. und 50. Jahr) hinausgerückt werden. Der Termin muß durch Abwägung der Kosten und der Erträge bestimmt werden.

Ist dagegen die Rücksicht auf den Hauptbestand maßgebend, so kann mit der Durchf. begonnen werden, sobald der Nebenbestand sich deutlich ausgeschieden hat.

Diese Ausscheidung ist von den allgemeinen Wachstumsfaktoren und der Ausführung der Reinigungshiebe abhängig.

Der früheste Beginn der Durchf. fällt bei Buchen ins 12.—15., bei Fichten ins 18.—20., bei Tannen ins 20.—30., bei Lichtholzarten ins 10.—15. Jahr.

Diese Zahlen sind allgemeine Anhaltspunkte. Der sorgfältige Wirtschafter macht Beginn und Wiederholung der Durchf. von der Besichtigung eines jeden Bestandes abhängig.

2. Die Wiederholung wird um so später erfolgen können, je stärker der Durchf.-Grad war. Sie ist abhängig von der Zeitdauer, innerhalb welcher sich wiederum ein Nebenbestand ausgeschieden hat und das unterdrückte Holz dürr zu werden beginnt. Ist die Rücksicht auf das Wachstum einzelner Stämme entscheidend, wie bei den Durchf.-Arten im Hauptbestande, so muß die Durchf. wiederholt werden, sobald die schönsten Stämme von den nebenstehenden überwachsen oder bedrängt werden.

Vielfach sind Wiederholungen schon nach 3—4 Jahren nötig.

In der Jugend, zur Zeit des größten Höhenwachstums, sind die Durchf. öfter zu wiederholen als im späteren Alter; in der Jugend etwa alle 3—5 Jahre, im späteren Alter alle 8—10, auch 12 Jahre. In den Versuchsflächen wird die Durchf. alle 5 Jahre wiederholt. Dieser Zeitraum ist im allgemeinen ausreichend. Doch gibt es Flächen, in denen nach 3 Jahren bereits der Nebenbestand sich wieder ausgeschieden hat, ja sogar einzelne dürre Stämme anfallen.

§ 304. Einwendungen gegen die Durchforstungen.

Sowohl gegen die Durchf. überhaupt, als insbesondere gegen die stärkeren Durchf.-Grade werden vielfache Einwendungen erhoben, die hier zusammengestellt werden mögen.

Die Würdigung derselben kann nur auf Grund von besonderen Untersuchungen geschehen. Auf diese ist daher im folgenden bei den einzelnen Punkten verwiesen.

1. Es wird eingewendet, daß durch die Durchf. der Zuwachs der schwachen Stämme verloren gehe (§ 309 und 310);

2. daß die künftigen Erträge, insbesondere die Abtriebserträge, sinken werden (§ 310);

3. daß das Holz weniger lang und weniger astrein werde (§ 166);

4. daß die Gefahr des Schneedruckes gesteigert werde (§ 300, Z. 6)[1]);

5. daß Wind und Sonne zuviel Zutritt zum Bestande und zum Boden erhalten, das Laub verweht, die Humusbildung gehindert und die Austrocknung des Bodens erhöht werde (§ 300 Z. 9).

---

[1]) Vgl. den Aufsatz des Verfassers im „Praktischen Forstwirt“ 1890 „Schneedruck und Durchforstungsgrad“. Es ist darin der Nachweis erbracht, daß durch stärkere D. der Bestand nicht mehr, sondern weniger durch Schneedruck gefährdet ist.

6. Vom jagdlichen Standpunkt aus wird der begründete Einwurf erhoben, daß das Wild keine Deckung mehr genieße.

§ 305. Der Material- und der Geldertrag der Durchforstungen im praktischen Wirtschaftsbetriebe.

Im Betriebe des kleinen und vielfach auch des mittleren Waldbesitzers wird die Durchf. durch den augenblicklichen, von Jahr zu Jahr wechselnden Bedarf bestimmt: man entnimmt, was man gerade braucht. Im mittleren und großen Betriebe geschieht die Durchf. nach einem Plan, der die Hiebe auf die einzelnen Jahre verteilt. Da der Massenanfall der Durchf. schwer zu schätzen ist, wird im Hochwalde für die Verteilung vielfach ein Flächenplan neben einem Massenvoranschlag aufgestellt.

Die statistischen Mitteilungen über den Durchf.-Betrieb sind nicht sehr ins einzelne gehend, so daß gerade für waldbauliche Untersuchungen das Material lückenhaft ist. Sodann ist die Statistik verschiedener Länder nicht nach gleichen Grundsätzen aufgestellt, was die Vergleichung der Ergebnisse sehr erschwert.

Allein auch dieses nach mancher Richtung ungenügende Material gibt doch wertvolle Aufschlüsse über den Durchf.-Betrieb in der großen Wirtschaft. Dieser soll einmal nach seiner Entwickelung seit 30—50 Jahren, sodann nach den geographischen Unterschieden ins Auge gefaßt werden.

Statistische Nachweisungen über die jährlich zur Durchf. gekommenen Flächen sind nur spärlich vorhanden. Im Durchschnitt von 30 Jahren kommen in den württemb. Staatswaldungen jährlich 5—6, auch 7% der Gesamtfläche zur D. Für den Bezirk Wiesbaden gibt Blau den 7 jährigen Durchschnitt für Staats- und Gemeindewaldungen je auf 5,8 % an. Die Tragweite dieser Zahlen geht aus einer kurzen Überlegung hervor. Manche Bezirke stehen unter dem Durchschnitt mit etwa 3 und 4 %. Dürften 6 % für eine der deutschen ungefähr gleichkommende Waldfläche von 10 Millionen Hektar zugrunde gelegt werden, so würden jährlich 600 000 ha zur Durchf. kommen. Eine Erhöhung oder Erniedrigung um 1 % verändert die Durchf.-Fläche um 100 000 ha. Fallen auf 1 ha 15 Fm an, so steigt oder sinkt der Materialertrag um 1,5 Mill. Fm.

Die zur Durchf. bestimmte Fläche muß also so hoch als möglich angesetzt werden; unter 5 % sollte sie nicht zurückbleiben. Von wesentlichem Einfluß ist die Wiederholung der Durchf. Bald wird berichtet, daß derselbe Bestand in 10 Jahren einmal, bald daß er in dieser Zeit zweimal durchforstet werde.

Bei der Einreihung der einzelnen Bestände in den für ein Jahrzehnt aufgestellten Durchf.-Plan sind die wirtschaftlichen Rücksichten auf den Bestand maßgebend; lassen diese den Bestand als „durchforstungsbedürftig“ erscheinen, so wird er in den Flächenplan eingestellt. In den meisten Fällen wird der Bestand auch wirklich durchforstet werden.

Immerhin kann Mangel an Absatz oder außerordentlicher Anfall durch Schnee oder Sturm etc. die Ausführung der Durchf. hinaus-, außerordentlicher Bedarf sie vorschieben. Die zur Durchf. gelangende Fläche wird also von Jahr zu Jahr verschieden sein. So betrug sie in Württemberg im Durchschnitt der 30 Jahre 1882—1911 jährlich 9484 ha; die einzelnen Jahre zeigen aber Schwankungen von 4—500 ha (= 5 %). Die durchf. Fläche ist in Württemberg seit 1892 — mit unwesentlichen Ausnahmen — gestiegen von 8000 auf 11 000 ha (= um 38 %). Der Derbholzanfall stieg im ganzen von 123 000 auf 230 000 Fm (= um 87 %) und auf 1 ha durchforsteter Fläche von 16 auf 20 Fm (= um 25 %).

Auch in Baden stieg der Anfall an Gesamtmasse auf 1 ha Gesamtfläche in den 35 Jahren von 1878—1913 von 0,9 auf 2,0 Fm.

Der Ertrag der Hauptnutzung stieg 1882/1912 in Württemberg um 47 %, in Baden um 41 %.

Es besteht für die beiden Staaten die Tatsache, daß innerhalb 30, bezw. 35 Jahren der Ertrag sowohl der Hauptnutzung als der Zwischennutzung gestiegen ist. Der Anteil der Zwischennutzung am gesamten Holzertrag betrug in Württemberg 1912 19,5 %, in Baden 1913 28,4 %[1]).

Auf den Betrieb und die Art der Durchf. lassen diese Zahlen, wie oben bemerkt, keine Schlüsse zu.

Die bei den Durchf. anfallende Holzmasse wird von zahlreichen Verwaltungen veröffentlicht. Allerdings ist die Abgrenzung gegen die Reinigungshiebe einer-, und die Verjüngungs- und Abtriebshiebe, sowie die zufälligen Nutzungen andererseits nicht gleichmäßig eingehalten. Auf kleinere Abweichungen der Durchschnittszahlen ist daher kein großer Wert zu legen.

Wenn nur der Anfall an Derbholz mitgeteilt wird, bleiben die ersten Durchf. außer Betracht, die fast nur Reisig liefern.

Für die Vergleichung verschiedener Verwaltungen wird der Durchf.-Ertrag vielfach in Prozent des Abtriebsertrags ausgedrückt. Dieses

---

[1]) Vgl. Dieterich, Elemente der Wertsmehrung 1911. S. 39—42, wo die Zahlen bis 1904 benützt sind. Von 1904—12 sind Fläche und Holzanfall der D weiter gestiegen.

Schüpfer, a. a. O. S. 81. Philipp, Die forstl. Verhältnisse Badens. 1909. S. 7. 14.

Verhältnis ist nicht ohne Interesse, aber zur Vergleichung verschiedener Länder können diese Zahlen nicht verwendet werden.

Hiezu eignet sich am besten der Ertrag der Durchf., wenn er auf 1 ha der produktiven Gesamtfläche berechnet wird, wie es beim Abtriebsertrag allgemein üblich ist.

Je länger die Zeiträume sind, die verglichen werden können, um so eher werden Zufälligkeiten in der Nutzung sich aufheben.

Der Anfall an Durchf.-Masse ist eine sehr schwankende Größe, selbst wenn weite Gebiete zusammengefaßt werden. Um 10—20 %, vielfach aber 40—80 % und darüber steigen oder fallen die Erträge von Jahr zu Jahr.

Im allgemeinen fand in den letzten 20—30 Jahren ein Steigen der Durchf.-Erträge in den einzelnen Ländern statt. Die Gründe für dieses Steigen sind aber nicht im Durchf.-Betrieb allein, in einer höheren Intensität desselben, zu suchen. Die Änderung der Waldverhältnisse kann von größerer Bedeutung sein. Ausgedehnte, meist mit Nadelholz aufgeforstete Flächen sind durchforstungsfähig geworden. Dichter und geschlossener gehaltene Bestände, die Durchf. gemischter Bestände, die Absatzmöglichkeit aus bisher entlegenen Waldteilen vermehrten die anfallende Holzmasse, ohne daß der Betrieb der Durchf. selbst (schwacher oder starker Grad, Beginn und Wiederholung) geändert zu werden brauchte.

Der Durchf.-Anfall erreicht meistens im 50.—70. Jahre das Maximum, bei Föhre schon im 40.—60. Bei der Fichte im Gebirge der Schweiz tritt der höchste Stand im 70.—100. Jahr ein.

Die Hälfte des während der ganzen Umtriebszeit erfolgenden Anfalls wird mit wenigen Ausnahmen im 70.—80. Jahre erreicht. Daraus ergibt sich die Wichtigkeit der älteren Bestände für den Durchf.-Ertrag.

Der Durchforstungsanfall an Derbholz und Reisig beträgt auf 1 ha der gesamten Fläche

in den württ. Staatswaldungen[1]) (30 Jahre, 1882—1911) Fm:

Ganzes Land	1,20
Schwarzwald	1,26
Nordostland	1,19
Oberschwaben	1,56
Alb	1,14
Unterland	1,01.

[1]) Für Württemberg ist nur der Derbholzanfall mitgeteilt. Für Reisig sind 25% zugeschlagen worden (Verhältnis in anderen Ländern).

Auf 1 ha der wirklich durchforsteten Fläche entfallen 19 Fm Derbholz + 5 Fm Reisig = 24 Fm).

In einer für die Forstversammlung in Düsseldorf aufgestellten Statistik konnte ich (1908) nachweisen, daß in den einzelnen Verwaltungsbezirken der Durchf.-Anfall von 0,25—3,50 Fm (und darüber) sich bewegt.

Die Bezirke mit hohen und niedrigen Erträgen liegen bunt untereinander; bei denselben natürlichen Verhältnissen beträgt der Durchf.-Anfall das 5—10 fache des Nachbarreviers.

Dies mag vielfach vom Waldzustande herrühren. Man kann sich aber doch dem Gedanken nicht verschließen, daß der Durchf.-Betrieb selbst ein ganz verschiedener sein müsse.

Ein Licht auf die zu bewältigende Arbeit werfen die Zahlen über die in einem Revier überhaupt geschlagene Durchf.-Masse. Sie steigt vielfach auf 12 000 Fm und darüber; meistens beträgt sie 4—7000 Fm.

Der Geldertrag der Zwischennutzungen ist bis jetzt in den statistischen Veröffentlichungen nicht ausgeschieden.

Wenn die Durchforstungsmassen etwa 20—25 % der Gesamtnutzung betragen, so wird der Geldertrag etwa 15—20 % der Gesamteinnahme aus Holz ausmachen.

§ 306. Grundsätzliches über einzelne Durchforstungsmethoden.

1. Die Arten der Durchf. lassen sich in 2 Hauptgruppen teilen, je nachdem

a) der Kronenschluß des Bestandes, d. h. der herrschenden und mitherrschenden Stämme grundsätzlich stets erhalten oder nur ganz vorübergehend unterbrochen wird, oder

b) der Kronenschluß grundsätzlich — entweder für immer oder wenigstens längere Zeit — unterbrochen wird durch Aushieb von herrschenden oder mitherrschenden Stämmen.

Zufällige Aushiebe, wie Gipfelbruch, Windfall, Dürrholz kommen hiebei nicht in Betracht.

Für die Wirkung der Durchf. ist der herbeigeführte Schluß und Schlußgrad entscheidend.

2. Erhaltung des Kronenschlusses der herrschenden und mitherrschenden Stämme ist Grundsatz beim A-, B-, C-, D-Grad der Niederdurchforstung.

Vorübergehende Unterbrechung des Schlusses auf 4—5 Jahre entsteht beim D-Grad, jedoch nur in jüngeren Altersklassen.

Vom 60.—70. Jahr an soll der Bestand womöglich nur aus herrschenden Stämmen bestehen, was nur durch den D-Grad zu erreichen ist. Es ist also voller Schluß beim D-Grad in älteren Beständen vorhanden.

3. Unterbrechung des Schlusses der Herrschenden und Mitherrschenden ist Grundsatz bei der französischen Durchf., welche einen Teil der Herrschenden und Mitherrschenden entnimmt, teilweise die Beherrschten und fast alle Unterdrückten beläßt.

Unmittelbar nach der Durchf. ist im herrschenden Oberbestand der D-Grad hergestellt, im unteren Bestand von Unterdrückten und einigen Beherrschten der A-Grad festgehalten. Es ist also D/A, wodurch das Belassen von Unterholz ausgedrückt ist.

Da die Herrschenden während der ganzen Dauer isolierte Kronen behalten sollen, so geht der Grad stellenweise noch über D hinaus, kann also mit E/A bezeichnet werden. Hieher gehört die freie Durchf., auch das Posteler Verfahren, teilweise der Mittelwald und der Plenterwald.

4. Der Kronenfreihieb, auch derjenige Wageners, entfernt um die wüchsigsten und kräftigsten Stämme im 25.—35. Jahr ringsum alle Stämme auf 50—70 cm. Diese umstehenden Stämme sind teils beherrschte, meistens aber mitherrschende oder herrschende; es werden also Stämme entfernt, wie es sonst nur beim D-Grad der Fall ist. Aber es werden nicht alle Stämme, sondern nur 400—500 „freigehauen". Der D-Grad wird also nur auf kleiner Fläche angewendet, nicht gleichmäßig im ganzen Bestand; im späteren Alter stehen diese Freistämme stets im D-Schluß.

Da im übrigen Teil nur der A-, höchstens der B-Grad angewendet werden soll, so ist der Kronenfreihieb eine flächenweise bezw. stammweise getrennte Anwendung des D-, auch C-Grades und des A- und B-Grades — es ist D bis C + A bis B.

Hieher gehört die dänische D., welche „schädliche" um die Hauptstämme wegnimmt.

Diese Behandlung will Urich streifenweise anwenden durch Lichtwuchskulissenbetrieb. Borgmann will sie auf Gruppen und Horste von 10 a anwenden, weil so mehr Stämme zur Verfügung stehen; „Lichtwuchsdurchforstung".

5. Die Plenterdurchforstung von Borggreve entfernt einmal — aber erst vom 50. Jahr an in vorher nach A, höchstens B durchforsteten Beständen — die vorwüchsigen, gabeligen etc. Stämme und sodann den „stärksten Stamm". Es werden also in der Regel Herrschende oder Mitherrschende herausgehauen; es ist also bei der Nutzung auf ca. 15—20 % der Stämme angewendet der D-Grad. Der übrige Bestand, mit 80 % der Stammzahl, wird teils nach A, teils nach B durchforstet.

Der Schluß wird vorübergehend unterbrochen, ist aber tatsächlich vielfach C- oder sogar B-Schluß, da die verbleibenden Stämme die Lücke schließen. Später gleicht der nach der Plenterdurchforstung 2—3 mal behandelte Bestand den anderen Beständen mit C—D-Schluß.

6. Die Worliker Durchf. in Fichten besteht im D-, stellenweise C-Grad, da im 20. Jahr ca. 4800 Stämme pro Hektar mit vollen, bis zum Boden reichenden Kronen bleiben, im 30.—35. noch 2250 Stück, im 50. noch 1400. Nachher werden nur noch Elitestämme freigehauen. Also anfangs C—D, dann stellenweise D, sonst A—B—D-Grad, später Kronenfreihieb.

7. Der Unterschied dieser Arten und Grade ist ein doppelter:

a) hinsichtlich der herausgehauenen Stämme und der angefallenen Masse,

b) hinsichtlich des bleibenden Bestandes, welcher aus verschiedenen Baumklassen und einer verschiedenen Anzahl und Kombination der einzelnen Baumklassen zusammengesetzt ist, und dessen Zusammensetzung daher den nach der Durchf. vorhandenen Schluß und den weiterhin erfolgenden Zuwachs bedingt.

8. Der Zuwachs muß je nach Ausführung der verschiedenen Durchforstungen verschieden sein. Er erfolgt an allen Herrschenden oder nur einem Teil, an allen Mitherrschenden oder nur einem Teil; hiezu kommt der Zuwachs der Beherrschten und der Unterdrückten in verschiedenen Kombinationen.

9. Einen genauen Einblick in die Zuwachsverhältnisse gewährt nur eine Untersuchung, bei welcher die Baumklassen und der an ihnen erfolgende Zuwachs auseinandergehalten werden.

Hiebei ist die Numerierung der Stämme unerläßlich.

§ 307. Die Durchforstungsversuche und der Durchforstungsanfall in besonderen Versuchsflächen.

1. Schon vor mehr als 100 Jahren sind da und dort besondere Versuchsflächen angelegt worden, um den Einfluß der Durchf. auf den Ertrag und den Zuwachs des bleibenden Bestandes festzustellen. Sie haben zur Aufstellung der ältesten Durchf.-Ertragstafeln gedient. Diesen liegen frühere, nicht genau bekannte Waldverhältnisse (Hochwald, Plenterwald oder Übergang in Hochwald) zugrunde, sodaß die älteren Tafeln mit den neueren nicht unmittelbar verglichen werden könnnen.

Seit 1860, mehr noch seit 1872, sind die Durchf.-Erträge auf besonderen Versuchsflächen erhoben worden, welche 0,20—1,0 ha groß sind. Vertreten sind die wichtigsten Holzarten (Buche, Eiche, Fichte, Tanne, Föhre), alle Altersstufen und Bonitäten In gemischten Beständen sind bis jetzt nur wenige Flächen angelegt.

Die Bestockung der Flächen und der Schluß der Bestände ist normal.

2. Die D. geschah stets nach rein technischen Rücksichten; Absatzmöglichkeiten oder Geldwert und Geldertrag kamen nicht in Betracht. Es ist fast durchweg ein bestimmter (5 jähriger) Turnus in der Wiederholung der Durchf. festgehalten worden.

Den Tafeln liegen die Erträge beim B- und C-Grad der Durchf. zugrunde.

Von zahlreichen Flächen sind die Erträge von 3—8, auch 9—10 Durchf. bekannt. Es erstrecken sich die meisten Durchf. auf eine Dauer von 35—45 Jahren, so daß die damals jüngsten Flächen mit 20, 25, 30 Jahren jetzt 60—75 jährig geworden sind.

Das Durchf.-Material ist nicht immer mit der gleichen Genauigkeit aufgenommen worden. Neben den Resultaten, welche durch sektionsweise Vermessung oder durch Kubierung nach dem mittleren Durchmesser, durch Ermittelung des Gewichts des Reisigs oder endlich nach den in Raummetern aufbereiteten Sortimenten sich ergaben, sind auch nur die Kreisflächen, manchmal nur die Stammzahlen des herausgehauenen Bestandes bekannt, so daß Erfahrungszahlen für die Berechnung des Inhalts angewendet werden müssen.

Auf den württ. Versuchsflächen wird seit 1902 (auf den schweizerischen seit 1888) jeder Bestand vor der Durchforstung stehend aufgenommen. Der Nebenbestand erfährt die gleich genaue Behandlung wie der Hauptbestand.

3. Da die Versuchsflächen normale Bestockung und normalen Schluß haben, muß die Ausscheidung von Stämmen größer sein als im gewöhnlichen Betrieb. Da ferner keinerlei Verlust durch Dürrwerden, Entwendung eintritt oder angenommen wird, so müssen die Erträge für den B- und C-Grad als maximale bezeichnet werden.

Da die Tafeln für die wichtigsten Holzarten aufgestellt sind, weisen sie nach, welchen Durchf.-Ertrag die verschiedenen Holzarten im günstigsten Falle abwerfen.

Werden diese Erträge graphisch aufgetragen, so läßt sich die mittlere Kurve für die Durchf.-Erträge der einzelnen Bonitäten ziehen. Bis diese endgültigen Werte erreicht sind, müssen zahlreiche Durchf. vom 20.—90. Jahre vorgenommen sein. Was bis jetzt erhoben wurde, sind also nur Teilergebnisse. Man hat daher, um bälder zu einer Durchf.-Ertragstafel zu gelangen, einen anderen Weg beschritten und aus den allgemeinen Ertragstafeln die Durchf.-Ertragstafel abgeleitet (§ 308).

Aus der allgemeinen Ertragstafel für den Hauptbestand ergibt sich die Abnahme der Stammzahl, d. h. die Zahl der der Durchf. anheimfallenden Stämme. Ist die Kreisfläche und Höhe dieser Stämme bekannt, so läßt sich die Masse direkt berechnen. Andernfalls muß die Berechnung der Kreisfläche, Höhe und Masse nach Erfahrungszahlen ausgeführt werden.

Der einzelne Bestand kann von dem in der Tafel stehenden Werte abweichen, da in der Tafel mehrere Bestände zusammengefaßt sind.

Die Ertragstafeln für den Hauptbestand weisen ein ununterbrochenes Steigen der Holzmasse auf, obgleich von 5 zu 5 Jahren ansehnliche Mengen von Durchf.-Masse den Beständen entnommen werden. Dies ist nur möglich, wenn der Zuwachs des Bestandes größer ist als die Durchf.-Masse. Ein Beispiel von einem einzelnen Bestande, der bei der Anlage der Versuchsfläche 30jährig war und bis zum 62. Jahre beobachtet wurde, mag dies deutlich machen.

Fichte Postwies (Bezirk Weingarten). Bleibender Bestand:

im 30. Jahre	358	Fm Gm.	bei 4168	Stämmen
„ 62. „	817	„ „	„ 1042	„
mehr	459	Fm;	weniger 3126	Stämme.

Vom 30.—62. Jahr waren
herausgehauen worden 302 Fm.

Es waren also durch den Zuwachs nicht nur die 302 Fm wieder ersetzt worden, sondern der bleibende Bestand hat um weitere 157 Fm sich vermehrt.

In einzelnen Jahren werden die wirklich anfallenden Durchf.-Massen nicht immer mit den Ansätzen der Tafel stimmen. Bei einem Zwischenraum von 5 Jahren kann die Jahreswitterung sich geltend machen. Dagegen wird bei einer längeren Reihe von Jahren eher eine Übereinstimmung vorhanden sein. Nach der Durchf.-Ertragstafel sollten vom 30.—62. Jahr 296 Fm genutzt werden; die tatsächliche Nutzung betrug 302 Fm.

Wir wenden uns nun den Tafeln selbst zu.

§ 308

Die Durchforstungsertragstafeln.

1. Es sind bis jetzt mit den Ertragstafeln für den Hauptbestand folgende **Durchforstungs**-Ertragstafeln veröffentlicht[1]) (nicht alle Ertragstafeln enthalten auch Durchforstungs-Ertragstafeln):

---

[1]) Eine Zusammenstellung lieferte Dr. Hemmann: Durchforstungs- und Lichtungstafeln. Berlin 1913.

1. Fichte 1890: Mittel- und Norddeutschland (hauptsächlich Preußen, Sachsen); Süddeutschland (hauptsächlich Bayern, Württemberg) (Schwappach),
1902: Preußen (Schwappach),
1899: Württemberg (Lorey),
1904: Deutschland (zusammengestellt von Schiffel),
1907: Schweiz (Flury),
1913: Braunschweig für Schaftholz (Grundner),
1914: Württemberg (Bühler);

2. Weißtanne 1888: Baden (Schuberg),
1902: Baden (Eichhorn),
1897: Württemberg (Lorey),
1914: Württemberg (Bühler);

3. Föhre. 1889: Norddeutsche Tiefebene (Schwappach),
1906: „ „ „
1908: „ „ „
1880: Deutschland (Weise),
1891: Hessen für Derbholz (Wimmenauer);

4. Buche. 1894: Baden (Schuberg),
1904: Braunschweig (Grundner),
1893 und 1911: Preußen (Schwappach),
1907: Schweiz (Flury),
1914: Württemberg (Bühler).

5. Eiche. 1899: Hessen (Wimmenauer),
1905: Preußen (Schwappach);

6. Schwarzerle. 1902: Preußen (Schwappach).

2. Meistens ist die Durchf.-Ertragstafel für Derbholz, für Reisig und für die Gesamtmasse eingerichtet. Die Angabe der Gesamtmasse ist, wenn auch jüngere Bestände verglichen werden sollen, allein brauchbar.

Die Angaben sind in den Tabellen für je 10 Jahre, manchmal aber auch für je 5 Jahre zusammengefaßt.

Die Durchf.-Erträge sind nur ausnahmsweise für das Alter von 11—20, meist erst für das von 21—30 Jahren eingesetzt und in der Regel bis zum 120. Jahr fortgeführt.

3. Zunächst folgt eine Übersicht über die Summe der Vorerträge vom 11. bis zum 120. Jahre (Tabelle 147).

Tabelle 147.

Summe des Durchforstungsanfalls vom 11. bis 120. Jahr.

Fm Gesamtmasse.

1. Fichte.	I	II	III	IV	V	In Prozenten des Hauptbestandes im 120. Jahr. I	II	III	IV	V
				Fm						
1. Mittel- und Norddeutschl. (Sachsen u. Preußen)	532	412	312	(110) 188	(100) 105	44	41	38	32	26
2. Preußen 1902 .	1005	771	630	504	(100) 279	118	109	112	117	93
3. Braunschweig[1]) 1913	991	748	553	432	336	(93)[2])	(80)	(66)	(57)	(51)
4. Süddeutschland (Bay. u. Württ.)	545	460	365	(120) 222	(100) 116	45	45	44	37	29
5. Württbg. 1899 .	574	470	392	322	194	47	47	50	54	46
6. Württbg. 1914	772	622	518	380	242	63	60	62	59	57
7. Deutschland nach Schiffel	540	459	354	256	142	44	46	44	41	32
8. Schweiz. Hügelld. (bis 80. Jahr) .	495	400	320	245	181	48	44	41	37	32
9. Schweiz. Gebirge	680	605	535	472	410	50	54	60	69	84
2. Tanne.										
1. Baden 1888 .	493	400	375	348	272	42	40	45	52	51
2. „ 1902 .	730	605	490	365	255	60	61	60	57	54
3. Württbg. 1897	676	546	423	324	—	51	50	49	50	—
4. „ 1914	597	447	405	—	—	48	46	51	—	—
3. Föhre.										
1. Norddeutsche Tiefebene 1889	330	300	263	205	(100) 99	51	56	61	65	50
2. Norddeutsche Tiefebene 1906	405	334	228	151	(110) 47	63	62	52	45	22
3. Norddeutsche Tiefebene 1908	538	475	381	282	200	110	118	117	109	102
4. Deutschland 1880	457	358	275	(90) 156	—	67	67	65	53	—
4. Buche.										
1. Preußen 1893 mäßig	425	337	254	178	110	51	50	48	46	41
2. Preußen 1893 stark	538	419	304	211	—	73	70	63	59	—
3. Preußen 1911 gewöhnl. Schluß	441	377	312	259	163	67	67	67	73	64
4. Preußen 1911 lockerer Schluß	848	702	550	388	215	176	167	154	131	92

[1]) Die Tabelle enthält nur Derbholz. Reisigzuschlag nach den preußischen Verhältniszahlen.

[2]) Die Prozente gelten nur für Derbholz.

	I	II	III	IV	V	I	II	III	IV	V
						In Prozenten des Hauptbestandes im 120. Jahr.				
			Fm							
5. Braunschweig .	481	386	289	233	169	63	57	49	49	50
6. Baden 1894 . .	317	272	215	180	145	39	40	38	40	42
7. Württbg. 1914	467	405	368	299	204	60	61	64	63	55
8. Schweiz	400	365	332	300	270	54	57	60	64	70
5. Eiche.										
1. Preußen 1905 .	640	501	411	—	—	126	120	135	—	—
2. Hessen 1899 . .	369	301	238	169	—	55	52	51	47	—
6. Schwarzerle[1])										
Preußen 1902 . .	225	157	84	—	—	57	58	51	—	—

Unterschiede nach Ländern sind zwar vorhanden. Sie sind aber nicht so ausgeprägt wie beim Hauptbestande.

Neben den absoluten Erträgen der Durchf. ist ihr Verhältnis zum Hauptbestande von Interesse. Dieses gibt an, um wie viele Prozente durch die Durchf. der Gesamtertrag über den Abtriebsertrag gesteigert werden kann. Im allgemeinen darf angenommen werden, daß die Durchf. im B- und C-Grad ausgeführt wurden.

Die Durchf.-Anfälle sind nach Holzarten und Bonitäten und dem Durchf.-Grade verschieden.

Vom Abtriebsertrage im 120. Jahr machen die Durchf.-Erträge 40—60, selten sogar 60—70 % aus.

Diese Verhältniszahlen sind auf I., II., III. Bonität ziemlich gleich hoch. Auf der IV. und V. Bonität tritt vorherrschend ein Sinken ein. Die Bedeutung der Durchf. für die Erhöhung des Gesamtertrags ist auf den höheren Bonitäten größer als auf den geringeren.

Da ein 120 jähriges Alter, bezw. eine Fläche von 120 ha zugrunde gelegt ist, so würde der Durchf. Anfall in normalen Beständen im Durchschnitt auf 1 ha der höheren Bonitäten 3,3—4,2, auf den geringeren 1,7—2,5 Fm Gesamtmasse betragen. Im großen Betriebe werden wegen der unregelmäßigen Bestockung und der Lückenhaftigkeit der Bestände diese Zahlen nicht erreicht.

4. Wie sich der gesamte Durchf.-Anfall auf die einzelnen Jahrzehnte verteilt, ist aus Tabelle 148 zu ersehen. Sie mußte auf die I. Bonität beschränkt werden.

Über den Eintritt des Maximums des Durchf.-Ertrags gibt Tabelle 149 Aufschluß.

[1]) Bei Erle von 20—80 Jahren.

Tabelle 148.

Durchforstungs-Ertragstafel.

I. Fichte:

Alter Jahr	1. Mittel- und Norddeutschland (1890)	2. Preußen (1902)	3. Süddeutschland (1890)	4. Württemberg (1914)	4. Württemberg (1899)	5. Deutschland (Schiffel) (1904)	6. Schweiz Hügelland (1907)	7. Schweiz. Gebirge (1907)
			I. Bonität.					
			Festmeter pro ha Gesamtmasse (Derbholz + Reisig)					
11—20				9			20	7
21—30	29	38	34	45	43	22	33	34
31—40	48	57	58	73	62	56	59	44
41—50	64	77	69	93	70	68	88	59
51—60	**73**	97	**72**	**104**	**75**	**73**	95	61
61—70	71	116	66	**103**	**74**	71	**100**	73
71—80	64	128	59	88	70	64	**100**	87
81—90	56	**131**	55 ⎫	81	63 ⎫	58		**90**
91—100	48	126	48 ⎬ 187	69	58 ⎬ 180	52		**90**
101—110	42	121	43 ⎪	58	39 ⎪	43		77
111—120	37	114	41 ⎭	49	20 ⎭	33		56
Summe I. Bonität	532	1005	545	772	574	540 (80)	495	678
II. „	412	771	460		470	459 (80)	400	605
III. „	312	630	365		392	354 (80)	320	535
IV. „	(bis 110) 188	504	(do.) 222		322	256	245	472
V. „	(bis 100) 105	(bis 100) 279	(do.) 116		194	142	181	410

II. Weißtanne:

Festmeter pro ha Gm

I. Bonität

Alter	1a. Baden (1888)	1b. Baden (1902)	2a. Württemberg (1897)	2b. Württemberg (1914)
11—20	—	—	—	—
21—30	—	10	—	20
31—40	54	50	20	54
41—50	58	85	45	81
51—60	64	105	55	87
61—70	**70**	**105**	88	82
71—80	66	100	110	73
81—90	59	85	**120**	64
91—100	49	75	110	54
101—110	40	65	70	44
111—120	33	50	58	38
Summe I. Bonität	493	730	676	597
II.	400	565	546	
III.	375	490	423	
IV.	348	365	324	
V.	272	255	—	

III. Föhre:

Festmeter pro ha Gm.

I. Bonität

Alter	1. Deutschland Weise (1880)	2a. Nordd. Tiefebene (1889)	2b. Nordd. Tiefebene (1906)	2c. Nordd. Tiefebene (1908)	3. Hessen (1891)
11—20	25	—	8	—	—
21—30	53	33	39	—	—
31—40	**57**	37	56	—	—
41—50	53	41	**60**	—	—
51—60	51	**44**	52	—	—
61—70	47	42	42	—	—
71—80	45	36	35	—	—
81—90	43	30	32	—	—
91—100	39	25	30	—	—
101—110	31	22	27	—	—
111—120	13	20	24	—	—
Summe I. Bonität	457	330	405	538	—
II.	358	300	334	475	219
III.	275	263	228	381	154
IV.	156	205	151	282(bis 90)	—
V.	—	(bis 100) 99	(bis 110) 47	200	—

IV. Buche:

Festmeter Gm pro ha

I. Bonität

Alter	1. Preussen (1893) a) Mässig durchf.	1. Preussen (1893) b) Stark durchf.	2. Braunschweig (1904)	3. Baden (1894)	4. Württemberg (1914)	5. Schweiz (1907)
11—20	—	—	—	—	1	7
21—30	14	14	16	30	36	35
31—40	36	36	24	28	46	38
41—50	46	46	43	29	49	46
51—60	50	52	51	33	47	41
61—70	50	60	55	35	54	38
71—80	51	67	57	35	54	39
81—90	49	67	57	33	54	38
91—100	45	66	58	33	49	38
101—110	43	66	61	31	40	40
111—120	41	64	59	30	37	40
Summe I. Bon.	425	538	481	317	467	400
II.	337	419	386	272		365
III.	254	304	289	215		332
IV.	178	211	233	180		300
V.	110	—	169	145		270

Buche. Derbholz + Reisig. Preußen. II. 1911.

A. Lockerer Schluß.

Alter	Stz.	I.		II.		III.		IV.		V.	
21—30	6700	—		—		—		—		—	
31—40	4700	45		8		—		—		—	
41—50	2940	87		53		16		3		—	
51—60	1570	102		87		59		21		5	
61—70	820	109		95		76		50		22	
71—80	495	104		94		81		63		32	
81—90	340	101		93		83		64		37	
91—100	275	100		92		81		63		37	
101—110	232	100		90		78		62		41	
111—120	192	100		90		76		62		41	
		848	176 %	702	167 %	550	154 %	388	131 %	215	92 %
$^{M}120$		481		420		358		295		233	

B. Gewöhnlicher Schluß.

Alter	I.		II.		III.		IV.		V.	
21—30	—		—		—		—		—	
31—40	43		8		—		—		—	
41—50	56		39		16		3		—	
51—60	53		51		40		17		5	
61—70	49		50		44		38		18	
71—80	48		49		44		41		25	
81—90	48		47		42		41		28	
91—100	48		45		42		40		28	
101—110	48		44		42		40		30	
111—120	48		44		42		39		29	
	441	67 %	377	67 %	312	67 %	259	72 %	163	64 %
$^{M}120$	655		564		464		354		256	

V. Eiche:

Alter	1. Preussen (1905) Festmeter Gm pro ha	2. Hessen Festmeter Gm pro ha
	I. Bonität	
11—20		
21—30	64	30
31—40	93	34
41—50	88	36
51—60	79	38
61—70	70	38
71—80	62	40
81—90	54	40
91—100	67	38
101—110	44	38
111—120	39	37
121—130	36	36
131—140	36	35
141—150	36	34
151—160	34 — 802	33 — 507
161—170	34	—
171—180	34	—
181—190	33	—
191—200	32	—
Summe I. Bonität	935	507
II.	739	418
III.	594	332
IV.	—	239

VI. Schwarzerle:

Alter	Preussen (1902) Festmeter Gm pro ha
11—20	18
21—30	45
31—40	44
41—50	38
51—60	30
61—70	27
71—80	23
Summe I. Bonität	225
II.	157
III. „ (bis 70)	84

Von Interesse ist der Zeitraum, in welchem die Durchf.-Erträge den höchsten Stand erreichen, was aus Tabelle 149 zu ersehen ist. Die absoluten Differenzen in der Zahl der Festmeter sind — von wenigen Ausnahmen abgesehen — nicht sehr groß. Auch die Zeit der Kulmination weicht nicht sehr bedeutend ab. Da 10 Jahre vor und 10 Jahre nach der Kulmination die Unterschiede noch gering sind, kann der Zeitraum der Kulmination ohne Bedenken um 20 Jahre verlängert werden. Dann fällt bei Fichte, Tanne, Buche die Kulmination in das 70.—100. Jahr, bei Föhre und Eiche in das 50.—70. Altersjahr, d. h. in eine Altersperiode, in welcher die Zahl der herausgehauenen Stämme klein ist.

Noch deutlicher tritt dies in Tabelle 150 hervor. Die Hälfte des Durchf.-Anfalls wird mit dem 60., öfters mit dem 70. und 80. Jahr erreicht. Daraus geht die Wichtigkeit der Behandlung der Bestände im Alter von 80—100 Jahren hervor. Diese muß auf die Steigerung des Zuwachses auch für den Nebenbestand gerichtet sein.

Tabelle 149.

Zeit der höchsten Durchforstungs-Erträge:

Fm Gesamtmasse.

Holzart. Land	I. Bonität		II. Bonität		III. Bonität		IV. Bonität		V. Bonität	
	mit Fm	im Alter von.... Jahren	mit Fm	im Alter von.... Jahren	mit Fm	im Alter von.... Jahren	mit Fm	im Alter von.... Jahren	mit Fm	im Alter von.... Jahren
I. Fichte:										
Preußen 1902 ..	131	81—90	100	91—100	81	91—110	66	81—100	55	91—100
Braunschweig ..										
Württemberg 1914	104	51—60	85	61—70	70	81—90	48	91—100	34	91—100
Schweiz Hügelland 1907	100	71—80	90	61—80	80	71—80	68	71—80	58	71—80
Schweiz Gebirge	90	81—100	86	81—90	76	61—70	65	61—80	60	61—70
II. Weißtanne:										
Baden 1902 ...	105	51—70	85	61—70	70	61—70				
Württemberg 1914	87	51—60	68	71—80	64	71—80				
III. Föhre:										
Deutschland 1880	56	21—30	48	31—50	41	31—40	28	31—40	14	41—50
Norddeutsche Tiefebene 1889	44	51—60	42	51—60	37	51—60	28	51—70	16	41—70
IV. Buche:										
Preußen 1911 .. (Gewöhnl. Schluß)	56	41—50	51	51—60	44	61—80	41	71—90	30	101—110
Braunschweig 1904	61	101—110	52	101—110	41	101—110	35	101—110	21	91—110
Baden 1894....	35	61—80	30	71—90	26	71—80	21	71—80	17	71—80
Württemberg 1914	54	61—90	43	91—100	41	91—100	36	81—90	21	91—100
Schweiz 1907 ..	46	41—50	40	91—100	36	91—120	38	81—90	36	81—90
V. Eiche:										
Preußen 1905 ..	93	31—40								
Hessen	40	71—90								

Tabelle 150.

Von der Durchforstungsmasse ist ½ erreicht für u=120 im Alter von .... Jahren.

	I.	II.	III.	IV.	V.
Fichte:					
Schweiz. Gebirge	70	70	70	70	70
Hügelland nur u=80	55	55	60	60	65
Württemberg	60	60	65	70	80
„ 1914 ...	65	72	70	75	80
Preußen	70	70	75	75	(100) 75
Braunschweig Schafth.	75	80	80	80	85
Tanne:					
Württemberg	80	80	85	85	
Baden 1888	70	70	70	75	85
„ 1902	70	70	75	70	85
Württemberg 1914	67	75	75		
Föhre:					
Norddeutschland 1889	55	65	65	60	
1906	60	60	60	60	
1908	70	70	70	70	
Buche:					
Schweiz	70	70	70	75	75
Baden	70	70	70	70	70
Braunschweig	75	75	75	80	80
Preußen mäßig	70	70	80	80	80
1893 stark	80	75	80	80	
Preußen gewöhnl. ...	75	75	85	85	90
1911 locker	80	80	80	90	90
Württemberg 1914 ...	70	70	70	75	70
Eiche:					
Hessen	85	85	85	95	
u=160					
Preußen	65	75	65		

§ 309. Die Wachstumsleistung der Bestände bei verschiedener Durchforstung.

1. Wie wirken die verschiedenen Durchf.-Grade und Durchf.-Arten auf den Zuwachs der Bestände ein? Wie kann diese Wirkung festgestellt werden? Ein sicherer Nachweis der Wirkung verschiedener Durchf.-Grade ist nur dann möglich, wenn in einem gleichmäßig erwachsenen und gleich bestockten Bestande größere oder kleinere Flächen ausgeschieden und jede dieser Flächen in einem anderen Grade durchf. wird. So entstehen nebeneinander 4 Flächen, die im A-, B-, C- oder D-Grad durchf. wurden. Werden diese Flächen von der 1., vielleicht

im 20. Jahre eingelegten D. bis zur Haubarkeit beobachtet, so läßt sich die Wirkung der einzelnen Grade der Durchf. genau feststellen. Allerdings sind hierzu 80 Jahre erforderlich. Öfters sind jedoch die ersten Durchf. im 40.—50. Jahre erst ausgeführt worden, so daß sich der Beobachtungszeitraum auf 50 Jahre abkürzt. Da das Haubarkeitsalter da und dort im 80. bis 90. Jahr erreicht wird, läßt sich die Zeit der Beobachtung auf 40—60 Jahre herabsetzen.

Diese Flächen mit verschiedenem Durchf.-Grade müssen gewissen Bedingungen entsprechen, wenn die Ergebnisse vergleichbar sein sollen. Sie dürfen sich nur durch den Grad der Durchf. voneinander unterscheiden. Alle sonstigen Wachstumsbedingungen müssen auf allen Flächen gleich sein. Dies ist im strengsten Sinne des Wortes nur höchst selten zu erreichen. Gleiches Klima, auch die gleiche Lage ist in ebener Gegend vielfach auf allen Flächen vorhanden. Dagegen ist der Boden niemals ganz gleich, wenn es sich auch nur um eine Fläche von 1—2 ha handelt. Infolge der Ungleichheit des Bodens und manchmal auch der Einwirkung von Schädigungen (Vorwüchse, Frost, Dürre, Schnee) ist die Entwicklung der Bestände in der Jugend nicht auf jeder Stelle gleichmäßig erfolgt. Den Beweis hiefür liefern die Stammzahlen. Auch im unberührten jungen Bestande, selbst in den gepflanzten Beständen, haben verschiedene Stellen ungleiche Stammzahlen. Die absolute Gleichheit aller Flächen ist ein idealer Zustand, der nur höchst selten anzutreffen ist. Kleine Unterschiede im Zuwachs einzelner Flächen liegen also innerhalb der Fehlergrenze. Je größer die Versuchsfläche ist, um so mehr tritt die Störung in der Bestandesgleichheit in ihrem Einfluß zurück; im mittleren Alter ist sie in der Regel nicht mehr zu bemerken.

2. Dazu kommt eine weitere Schwierigkeit: die Ungenauigkeit der Zuwachsberechnung selbst. Wir wissen, daß auch bei den genauesten Methoden der Bestandesaufnahme mit einem Fehler von ± 2—3% zu rechnen ist. Bei den Durchf.-Flächen werden die Probestämme aber meistens in der Umgebung der Fläche gefällt. Vermessung stehender Probestämme auf der Fläche selbst ist noch ganz selten durchgeführt worden. Es wird zwar neben der Versuchsfläche ein sog. Isolierstreifen angelegt, der, wie die Versuchsfläche selbst durchf. wird, damit auf ihm die Probestämme für die späteren Aufnahmen erwachsen sollen. Der Isolierstreifen wird aber durch die Fällung der Probestämme selbst durchlöchert, so daß die Wachstumsbedingungen für die Kronen verändert werden. Dadurch entsteht eine weitere Ungenauigkeit für die vergleichende Zuwachsuntersuchung.

3. Nicht einmal die Durchmesser der Stämme können mit unbedingter Genauigkeit abgegriffen werden. Infolgedessen weichen die Kreisflächen der Bestände je nach der Durchmesserabnahme um 0,6

bis 1,7 %, in einzelnen Fällen um 3 % ab. Wird die Meßstelle nicht genau bezeichnet, und wird der Durchmesser bei den wiederholten Aufnahmen nicht genau an derselben Stelle abgenommen, so können Fehler bis zu 5 % und darüber entstehen [1]).

Selbst Zuwachsnachweisungen von Durchf.-Flächen, welche diesen Bedingungen der Durchmesserabnahme entsprechen, können also mit einem bedeutenden Fehlerprozent behaftet sein. Der Schluß vom Zuwachs der Kreisfläche auf den Zuwachs der Masse ist bei den A-, B- und C-Graden als zulässig, dagegen bei D-Flächen nicht mehr als sicher zu bezeichnen [2]).

Die Unterschiede im Zuwachs können nur durch Messung und Rechnung sicher nachgewiesen werden. Andere Wirkungen, wie die Astreinheit, die Kronenbildung, der Schluß, die Verteilung der Stämme, die Verbesserung der Qualität des Bestandes, unter Umständen auch die Höhenentwicklung, sodann die Einwirkung auf den Boden und die Bodenflora lassen sich durch den Augenschein öfters mit hinreichender Sicherheit feststellen.

4. Die Art der Berechnung des Zuwachses bei verschiedener Durchf. zeigt nachfolgendes Beispiel:

Abt. Postwies, Fichte:	Alter Jahre	B-Grad			C-Grad		
		Hauptbestand	im Nebenbestand genutzt	Haupt- und Nebenbestand	Hauptbestand	im Nebenbestand genutzt	Haupt- und Nebenbestand
		Fm Derbholz + Reisig = Gesamtmasse.					
1. Durchf. u. Aufnahme 1873	30	358	—	—	372	—	—
9. „ „ „ 1905	62	817	302	1119	767	443	1210
32jähr. Zuwachs 1873—1905:		459	302	761	395	443	838

Der Zuwachs von B verhält sich zu dem von C wie 100 zu 110

5. Die Ergebnisse von Durchf.-Versuchen sind mitgeteilt worden für die Fichte: in Bayern von Behringer und Hefele, in Sachsen von Kunze, für die Schweiz von Flury; für die Föhre: in Preußen von Schwappach, in Sachsen von Kunze; für die Buche: in Sachsen von Kunze, in Preußen von Schwappach, in Österreich von Böh-

[1]) Flury hat die Fichte untersucht. Mitt. der Schweiz. V.-A. 1, 131. — Bei älteren, 70jährigen Buchen sind Unterschiede von 1 und 2 cm bei zwei senkrechten Durchmessern ganz gewöhnlich; da die Stämme etwa 20 cm stark sind, erreicht der Unterschied 5—10 % des ersten Durchmessers.

Grundner (Querflächen-Ermittelung 1882, 12) gibt als durchschnittliche Abweichungen an: für Buche 5,6 %, für Eiche 6,8 %, für Föhre 8,4 %. In einzelnen Beständen stieg der Unterschied auf 12—14 %.

[2]) Flury, a. a. O. 7, 142.

merle, in der Schweiz von Flury. Hiezu kommen die noch nicht veröffentlichten Ergebnisse der in Württemberg seit 1872 angestellten Versuche in Fichten- und Buchenbeständen.

Das sehr umfangreiche Zahlenmaterial kann hier nicht wiedergegeben, es können nur die Hauptergebnisse der Versuche angeführt werden.

	A-Grad	B-Grad	C-Grad	D-Grad
Fichte. Zuwachs:	stets am niedrigsten.	stets höher als in A.	stets höher als in A; bald höher, bald niedriger als in B.	höher als in A und B; teils höher, teils niedriger als in C.
Föhre. Zuwachs:	am niedrigsten (1 Ausnahme)	fast durchweg höher als in A (2 Ausnahmen)	teils höher, teils niedriger als in A und als in B, namentlich in Preußen; in Sachsen höher als in B.	
Buche. Zuwachs:	stets am niedrigsten.	stets höher als in A.	stets höher als in A; teils höher, teils niedriger als in B.	stets höher als in A und B, teils höher, teils niedriger als in C.

Die Steigerung des Zuwachses durch die stärkeren Grade bewegt sich innerhalb sehr weiter Grenzen. Vielfach ist er nur um 2—5, aber ebenso oft um 10, 20, 30, ausnahmsweise um noch höhere Prozente gesteigert. Die Vermehrung des Zuwachses findet bei den Graden B und C sowohl an Derbholz als an Reisig statt; beim D-Grad ist dagegen die Steigerung der Reisigmasse vorherrschend.

§ 310. Die Wachstumsleistung des Hauptbestandes und des Nebenbestandes bei verschiedener Durchforstung.

1. Nebenbestand ist ein relativer Begriff; je nach der Durchforstungsart und dem Durchforstungsgrad gehören ihm verschiedene Baumklassen an: neben den beherrschten (B-Grad) und unterdrückten (A-Grad), auch herrschende und mitherrschende (C-Grad).

2. Die Wachstumsbedingungen für die Baumklassen des jeweiligen Nebenbestandes sind ganz verschiedene, je nach Durchforstungsart und -Grad, so daß das Wachstum derselben Baumklasse ein ganz verschiedenes sein kann.

3. Der unbestimmte Ausdruck Nebenbestand wird für die genauere Erkenntnis der Wachstumsvorgänge besser durch die Baumklassen ersetzt und nur für den Begriff der Nutzung beibehalten. Früher, als nur B üblich war, fiel „Nebenbestand“ mit der Baumklasse „unterdrückt“ zusammen.

4. Nur in numerierten Flächen läßt sich die Ausscheidung verschiedener Baumklassen und das Verdrängen der Stämme aus dem Haupt- in den Nebenbestand verfolgen, um so sicherer, wenn jedesmal ein Ansprechen der Baumklassen stattfindet. Am besten hierüber Flury a. a. O. 46 ff.

Nach den Ertragstafeln nimmt der Hauptbestand ununterbrochen an Kreisfläche, Derbholzmasse und Gesamtmasse zu, obgleich periodisch eine Nutzung der unterdrückten oder beherrschten Stämme stattfindet. Dieses anhaltende Steigen der Masse des Hauptbestandes ist nur möglich, wenn der Zuwachs des Haupt- und Nebenbestandes größer ist als die Durchforstungsmasse.

Ein Beispiel mag dies zeigen.

Fichte Postwies	Alter	Vor der Durchforstung		Bei der Durchforstung herausgeh.		Bleibend. Bestand (Hauptbestand)	
		Stammzahl	Gesamtmasse Fm	Stammzahl	Gesamtmasse Fm	Stammzahl	Gesamtmasse Fm
B-Grad	50					1546	739
	57	1546	917	830	78	1216	839
		Zuwachs	178	Durchf.-Anfall des Nebenbestand.	78	Zuwachs des Hauptbestandes	100

Die 1546 Stämme, die im 50. Jahr im bleibenden Bestand (Hauptbestand) vorhanden waren, blieben bis zum 57. Jahr stehen und hatten dann eine Masse von 917 Fm. Von diesen 917 Fm wurden 78 herausgehauen; der bleibende Bestand (Hauptbestand) hatte dann noch 839 Fm oder 100 Fm mehr als im 50. Jahr. Wären dagegen 200 Fm herausgehauen worden, so wäre der bleibende Bestand auf 917 — 200 = 717 Fm, d. h. unter den Stand im 50. Jahr gesunken. Dasselbe wäre eingetreten, wenn die 1546 Stämme nur auf 800 Fm angewachsen wären; dann wäre der bleibende Bestand auf 800 — 78 = 722 Fm gesunken.

Tatsächlich ist dies auch auf einzelnen Versuchsflächen der Fall; vielfach ist die Derbholz-, wie die Gesamtmasse des Hauptbestandes nach der Durchforstung kleiner als die Masse des Hauptbestandes vor 5 oder 8 Jahren war. Dies hängt mit der Ausführung der Durchf., vielleicht auch mit Witterungsverhältnissen zusammen. Nur auf den schweizerischen Versuchsflächen (die seit 30 Jahren von demselben Beamten ausgezeichnet wurden) ist in der Derbholzmasse niemals, d. h. bei keinem Durchf.-Grad, auch bei den stärkeren nicht, in der Gesamtmasse nur auf 2 Flächen — aber nur um 2—6 % durch die

Reisigmasse — ein Rückgang eingetreten. Man darf also sagen, daß das Ansteigen, auch der Gesamtmasse, die Regel sei.

5. Durch die verschiedenen Grade der Durchf. wird die Stammzahl zur Zeit des Abtriebs beeinflußt; bei schwächeren Graden bleibt sie höher als bei starken. Da die Versuchsflächen erst rund 45 Jahre beobachtet werden, so stehen nur ganz wenige Zahlen aus Abtriebsbeständen zur Verfügung, welche aus den verschieden durchforsteten Beständen selbst hervorgegangen sind.

Ich führe einige Zahlen aus Württemberg an für Fichte und Buche. Die Bestände haben z. T. erst 70, aber doch auch 95 Jahre erreicht. Eine wesentliche Änderung wird bis zur Haubarkeit kaum mehr eintreten.

Tabelle 151.

	Alter	B-Grad		C-Grad		D-Grad	
		Stammzahl	Kreisfläche	Stammzahl	Kreisfläche	Stammzahl	Kreisfläche
Fichte: Postwies	75	662	56,60	528	53,14	392	40,09
Buche: Fleins	85	716	33,26	628	29,17	440	27,80
Rechen	75	876	26,48	616	25,61	—	—
Petershau . . .	70	1030	24,11	724	20,90	—	—
Hörnle	75	1024	29,50	744	24,42	—	—
Sinabronner Hau .	95	772	32,36	516	28,38	—	—
Siebenter Fuß . .	84	1064	28,04	748	25,36	468	26,02
Kalkwald	69	976	27,06	564	19,80	456	16,26

6. Nach Eintritt des Schlusses werden in kurzer Zeit viele Stämme dürr; selbst in Pflanzbeständen fehlen bei der 1. Durchforstung im 18. bis 20. Jahr schon 10—20 % der ursprünglichen Stammzahl. In 20—40 Jahre alten Fichtenbeständen werden bei Anwendung des B-Grades, selbst des C-Grades, in 4—5 Jahren zahlreiche Stämme dürr (bis 300 pro Hektar); in noch höherem Grade ist dies bei Forchen der Fall, während die Buchen sich länger lebend erhalten.

7. In der weiteren Entwicklung der Bestände, etwa vom 20.—50. Jahr, geht die Ausscheidung ebenfalls rasch vor sich. Vom 45.—53. Jahre sind im Fichtenbestande 73 % aus der dominierenden Klasse ausgeschieden, teils mitherrschende, teils beherrschte, teils sogar unterdrückte geworden.

Es findet also nicht in allen Beständen ein allmählicher Übergang aus einer Baumklasse zur andern statt.

Hieraus erklären sich zum Teil die Schwankungen der Durchf.-Erträge.

In welcher Weise die Standortsverhältnisse etc. auf diesen Vorgang im Innern des Bestandes einwirken, ist noch nicht genügend erforscht. Es mangelt an Unterlagen gerade für den wichtigsten Punkt in der ganzen Frage (Flury a. a. O. 46—56).

8. Die Ausscheidung beruht hauptsächlich auf der Veränderung des Höhenwachstums, das manchmal allmählich, manchmal plötzlich abnimmt und fast zum Stillstand kommt bei den unterdrückten und beherrschten Stämmen, während die herrschenden und mitherrschenden weiter wachsen. Es ist noch nicht klar, ob das geringere Höhenwachstum mit dem geringeren Wachstum der Krone oder Wurzeln zusammenhängt. Bei Grad C und D, der französischen Durchforstung, wird das Höhenwachstum des Nebenbestandes mehr begünstigt als beim B- und A-Grad.

9. Vom gesamten Zuwachs einer Periode entfallen auf den Nebenbestand bei Fichte 8—10, bei Buche 25—35 % des Zuwachses, während die Stammzahl des Nebenbestandes 30—50 % der gesamten Stammzahl beträgt.

10. Von der gesamten Holzproduktion während eines Umtriebs entfallen bei Buche in Preußen (Schwappach 93) bei mäßiger Durchf. rund 33, bei starker rund 43 % auf den Nebenbestand.

11. Die schweizerischen Versuchsflächen ergeben, daß

a) bei Fichte Gm (für u = 80)

I. Bon. 32 %
II. „ 31 %
III. „ 29 %
IV. „ 27 %

b) bei Buche Gm (für u = 120)

I. Bon. 35 %
II. „ 36 %
III. „ 37 %
IV. „ 39 %
V. „ 41 % der gesamten Holzerzeugung auf

Vorerträge fallen.

12. Zusammenstellung der Ergebnisse von Versuchsflächen:

Revier	Holzart	Gegenw. Alter	Durchf. Grad	Stamm-zahl	Holzmasse Gm
Weingarten (Wü.)	Fichte	62	B	1042	817
			C	764	767
Hinternah (Preuß.)	„	55	A	1216	398
			B	1160	376
			C	1068	365
Schleusingen (Pr.)	„	77	A	994	482
			B	838	510
			C	693	529

Die Übersicht, sowie Tabelle 151 zeigen, daß der Hauptbestand beim C- und D-Grad dieselbe oder fast dieselbe Holzmasse hat wie beim B-Grad, obgleich die Stammzahl bei den stärkeren Graden der Durchf. niedriger ist. Bei gleichbleibender Abtriebsmasse ist naturgemäß der Durchforstungs-Anfall in den stärkeren Graden höher.

Damit ist erwiesen, daß die Abtriebsmasse beim C-, sogar manchmal beim D-Grad der Durchf. nicht geringer wird als beim B-Grad.

Wir können noch weitere Belege hinzufügen. Aus den Angaben über die Stammzahlen und Holzmassen der Versuchsflächen, die 90 bis 120 Jahre alt sind, habe ich im ganzen 125 Flächen in Fichten-, Tannen-, Föhren Buchen- und Eichenbeständen aus Preußen, Braunschweig, Baden, Bayern, Württemberg, der Schweiz zusammengestellt, in denen bei gleichem oder ungefähr gleichem Alter die Holzmassen auf derselben Bonität gleich oder ungefähr gleich hoch sind, auch wenn die Stammzahlen um 20—50 % niedriger sind. Wir dürfen, obgleich die direkten Nachweise fehlen, daraus schließen, daß die z. Zt. der Haubarkeit stammärmeren Bestände früher stärker durchforstet worden sind.

13. Ist bei gleichem oder ungefähr gleichem Alter die Gesamtmasse verschiedener Bestände gleich hoch, sowohl bei niedriger als bei hoher Stammzahl, so geht daraus hervor, daß die Stammzahl im letzteren Fall hätte vermindert werden können, ohne daß der Abtriebsertrag geschmälert worden wäre.

Daraus darf dann der weitere Schluß abgeleitet werden, daß durch die stärkeren Durchf. nicht eine Verringerung der Abtriebsmasse wird herbeigeführt werden.

Eine teilweise Bestätigung dieser Sätze ist auch aus der Statistik der Massenerträge zu entnehmen. Die Abtriebserträge sind im Laufe der letzten 50 Jahre mit geringen Ausnahmen gestiegen. Man wird auf Grund der Statistik über die Durchf.-Erträge, der Abhandlungen in Zeitschriften, der Versammlungsberichte, der offiziellen Anweisungen und auch auf Grund von Waldbesichtigungen annehmen dürfen, daß die Durchf. in letzter Zeit etwas stärker ausgeführt werden als es früher der Fall war. Ein Teil der Abtriebsbestände kann also unter stärkeren Durchf.-Graden erwachsen sein.

14. Da die Holzmasse gleich oder ungefähr gleich groß ist bei hoher, mittlerer oder geringerer Stammzahl, so sind die Durchmesser und damit die Holzmassen der einzelnen Stämme um so höher, je geringer die Stammzahl ist. Durch die stärkere Durchf. wird stärkeres Holz erzogen. Dies geht direkt hervor aus dem mittleren Durchmesser, noch deutlicher aus der auf die einzelnen Stärkestufen entfallenden Stammzahl. Es geht ferner aus dem Ansteigen des mittleren Durchmessers hervor, dessen Zunahme aber infolge Ausscheidens der schwächeren Stämme z. T. eine rein rechnungsmäßige ist.

15. Der Höhenzuwachs auch mittelalter Bestände ist bei C größer als bei A und B. Der weitere Stand begünstigt das Höhenwachstum.

16. Durch alle Grade der Durchf. werden, wie Flury nachgewiesen hat, insbesondere die unmittelbar über und unter der mittleren Stammstärke liegenden Stämme, also in der Hauptsache die mitherrschenden, im Wachstum begünstigt. Die starken (herrschenden) Stämme zeigen wohl bei C und D einen bedeutenderen Zuwachs als bei B und A, aber nur am Einzelstamm.

Der Zuwachsbetrag dieser obersten Stärkeklassen ist auf 1 ha bei allen Durchf.-Graden ziemlich gleich.

Bei Starkholzzucht, überhaupt der Begünstigung einzelner Stämme, wäre der C- oder D-Grad anzuwenden.

Flury hat ebenfalls nachgewiesen, daß beim A- und B-Grad der überwiegende Teil des Zuwachses auf die herrschenden und mitherrschenden Stämme entfällt, daß in Fichtenbeständen 92 bezw. 90, in Buchenbeständen 63 und 76 % des Zuwachses auf diese Baumklassen entfallen.

Der Stärkezuwachs des Nebenbestandes wird bei der Fichte erst durch Grad C und vor allem durch Grad D gesteigert, während der B- und A-Grad sozusagen keinen meßbaren Zuwachs aufweisen. Bei der Buche ist der Durchmesserzuwachs des Nebenbestandes bei allen Graden höher als bei der Fichte, wird durch C und D mehr begünstigt als durch A und B.

Durch die stärkeren Grade der Durchf. kann also der Zuwachs des Nebenbestandes und damit der Ertrag der Durchf. selbst gesteigert werden.

§ 311. Die Einwirkung der Durchforstungen auf die Form der Stämme.

1. Durch die Durchforstungen wird hauptsächlich der Zuwachs unten am Stamm gesteigert. Diese Steigerung erstreckt sich bis auf die Mitte des Stammes, so daß der Formquotient $\frac{\delta}{d}$ nicht verändert wird. (Flury für Fichte, a. a. O. 206).

2. Zu demselben Resultat für die Fichte kommt Kunze für Sachsen (Thar. Jahrb. 1906).

3. In Württemberg neuere Messungen in Fichten (Vorderfeld).

Dieses stärkere Wachstum der unteren Schaftteile bei stärkerer Durchf. setzt sich nach Flurys Untersuchungen über die Fichte bis zur Derbholzmitte fort.

Für die Sortierung des Starkholzes ist in Süddeutschland ein Mindestdurchmesser am schwachen Ende (noch 30, 22, 17 etc. cm Mindestdurchmesser bei 18, 16 etc. m Länge) maßgebend. Ob die stärkeren

Grade auch auf diesen unmittelbar unter der Krone liegenden Durchmesser günstig einwirken, ist noch nicht genauer untersucht.

§ 312. Schlußfolgerungen für die Praxis.

1. Alljährlich sind im praktischen Betriebe Durchf. vorzunehmen. Bei größerem Besitze kann die Durchf.-Fläche jährlich 100—150, in sehr großen Revieren auch 200—300 ha und darüber erreichen. Alle Holzarten, Altersklassen und Bonitäten, reine und gemischte Bestände, ebene und steile Flächen, verschiedene Bodenarten und Expositionen, aufgeschlossene und leicht zugängliche Waldteile mit hohen, neben abgelegenen und unwegsamen mit niedrigen Preisen können in einem Jahre durchf. werden müssen. Wird der Wirtschafter etwa mit dem Universal-Rezept: „Früh, oft und mäßig" an seine Bestände herantreten? Die Geschichte der Durchf. hat uns gezeigt (§ 297), wieviele Wege eingeschlagen wurden und noch werden, um den Zweck der Durchf. zu erreichen. Wie sind diese zu beurteilen? Welcher ist für den einzelnen konkreten Bestand zu wählen? Sollen nur unterdrückte, — das wäre eine „mäßige" Durchf. — höchstens noch beherrschte, oder auch mitherrschende und selbst herrschende Stämme herausgehauen werden? Soll das Unterholz belassen oder entfernt werden?

Diese Fragen kann man nur beantworten, wenn man über die Voraussetzungen und Wirkungen der einzelnen Arten der Durchf. ein sicheres Urteil hat. Diese Sicherheit sollen die vorstehenden Untersuchungen vermitteln, soweit der heutige Stand unseres Wissens dies erlaubt. Über manchen nicht unwichtigen Punkt müssen weitere Untersuchungen Klarheit verschaffen. Die ökonomischen und finanziellen Verhältnisse, die in der Praxis eine große Rolle spielen, bleiben zunächst außer acht.

Vor allem sind die geschlossenen und regelmäßigen, glattschaftigen, astreinen Bestände und Bestandesteile von den unregelmäßig bestockten, ungleichmäßig geschlossenen und lückigen, astigen und schlechtgeformten zu trennen. Dem Zustand des Bestandes muß die Durchf.-Art angepaßt werden. Nun finden sich selbst in regelmäßigen Beständen einzelne Stellen, die schlecht entwickelt, lückig sind, oder von schlechtgeformten Stämmen bestockt sind. So kommt es, daß in ein und demselben Bestande die verschiedenen Durchf.-Arten angewendet werden müssen.

Fassen wir zunächst die regelmäßigen Bestände ins Auge, um sie vom frühesten Alter bis zur Haubarkeit zu verfolgen und auf Grund der feststehenden Sätze ihre Durchf. unter der Voraussetzung einer hochentwickelten, intensiven Wirtschaft zu bestimmen.

2. Der ersten Durchf. soll der Reinigungshieb vorausgehen (§ 296), durch den die Durchf. selbst sehr erleichtert wird. Ist dies nicht oder nur

ungenügend geschehen, so muß die erste Durchf. das Versäumte nachholen, d. h. die astigen oder schlechtgeformten Stämme entfernen und die Mischung regulieren. Dabei müssen vielfach herrschende Stämmchen entfernt werden, wodurch Lücken von 50, 60, auch 100 cm Durchmesser entstehen können. In diesem Falle wird also im jungen Bestande tatsächlich der D-Grad, durch den eben herrschende Stämme entfernt werden, angewendet. Da die Seitentriebe 20—30 cm lang sind, wächst eine Lücke von 50 cm in einem Jahre, eine solche von 100 cm in 2 Jahren zu, so daß der Bestand in kurzer Zeit sich schließen wird.

Der geschlossene, reine Bestand wird nun bis etwa zum 60. Jahr geschlossen erhalten, was durch den B- und C-Grad erreicht wird. Die genaue Einhaltung des Grades ist im praktischen Betriebe nicht nötig, da, wie wir wissen, das Massenwachstum bei annähernder Einhaltung des Grades C sein Maximum erreicht.

Mit dem 60. Jahre wird das Höhenwachstum geringer, die Ausscheidung von Stämmchen geht nur noch langsam vor sich. Der Bestand ist nur noch aus herrschenden und mitherrschenden Stämmen zusammengesetzt; die mitherrschenden Stämme haben zugleich die geringeren Durchmesser. Das Bestreben muß nun dahin gehen, die mitherrschenden Stämme, von denen noch etwa 100 auf 1 ha vorhanden sein können, immer mehr zu verringern, so daß zur Zeit der Haubarkeit vielleicht noch 8—10 vorhanden sind. Sie ganz zu beseitigen, ist nicht immer möglich. Zur Zeit der Haubarkeit wird dann der Bestand nur oder fast nur von herrschenden Stämmen, 2—400 auf 1 ha, gebildet werden. Auf diese Weise wird die höchste Holzmasse und zugleich das stärkste Holz erzogen. Vom 60. Jahre an wird also der D-Grad angewendet werden.

Ist der Bestand gemischt, und soll die eingemischte Holzart, z. B. Eiche im Buchenbestande, erhalten bleiben, so muß sie „freigehauen" werden, d. h. es müssen herrschende Buchen entfernt werden. An dieser Stelle des Bestandes wird also das ganze Lebensalter hindurch der D-Grad angewendet, während im übrigen Teil des Bestandes der B- oder C-Grad herrscht.

Daß auf diese Weise vollständig geschlossene, regelmäßige Althölzer I. und II. Bonität erzogen werden können, in denen noch 2—300, auch 400 Stämme auf 1 ha stehen, beweisen zahlreiche Versuchsflächen in Fichten-, Tannen- und Buchenbeständen. In Föhrenbeständen ist allerdings die Anzucht von Bodenschutzholz nötig, das sich in der Regel von selbst einstellt. Auf den geringeren Bonitäten wird dasselbe Ziel angestrebt. Da die Kronen auf diesen aber schmäler sind, ist eine größere Stammzahl nötig als auf besseren Bonitäten.

Da die Fläche auch bei 2—3—400 Stämmen normalen Schluß hat, so sind im Bestande gut ausgebildete Kronen vorhanden. Der

C- und D-Grad führen zu kräftigen, auch im Alter noch Zuwachs leistenden Kronen, während bei schwacher Durchf. viele verkümmerte und einseitige Kronen entstehen.

3. Vernachlässigte, d. h. gar nicht oder zu spät oder zu schwach durchforstete Bestände enthalten unerwünschte Holzarten und schlechtgeformte Stämme, welche die Kronenentwicklung der mitherrschenden und herrschenden beeinträchtigen. Es muß also das Kronenwachstum überhaupt und namentlich die gleichmäßige Ausbildung der Kronen herbeigeführt werden. Dies ist nur durch den C- und auch D-Grad zu erreichen. Solche Flächen, die teils im B- teils im C- und D-Grad durchf. wurden, liegen vielfach nebeneinander. Die Vergleichung zeigt, daß die stärkeren und nicht, wie man vielfach annimmt, die schwächeren Grade der Durchf. vorzuziehen sind.

Die schlechtgeformten Stämme, die in jedem Bestande unbedingt entfernt werden müssen, gehören vielfach den mitherrschenden und herrschenden Klassen an. Es müssen also diese entfernt werden, was nur im D-Grade geschehen kann. Der D-Grad hat hier die Bedeutung einer Übergangsmaßregel.

Die Grade werden also nur angewendet, um einen Bestand oder Bestandesteil in einen besseren Zustand überzuleiten. Diesem Bestreben verdanken manche Vorschläge ihre Entstehung.

Die Plenterdurchf. von Borggreve, die freie Durchf. von Heck, der Kronenfreihieb von Wagener und Bohdannecky, die Hochdurchf. sind eben unter bestimmten Verhältnissen im D-Grade ausgeführte Durchf.; die Belassung eines Unterstandes ist unwesentlich.

Da in jüngeren Beständen mit dem D-Grad schon ein Sinken des Zuwachses an Derbholz verbunden ist, so wird eine vorübergehend hohe Zwischennutzung mit diesen Arten der Durchf. erreicht, aber eine Schmälerung des Zuwachses des Hauptbestandes unvermeidlich sein.

Die verschiedenen Holzarten haben eine ganz verschiedene Kronenausbildung, die sich am deutlichsten durch die Reisigmasse ausdrücken läßt. Im A-, B-, auch C-Grad können im jüngeren Alter alle Holzarten durchf. werden. Der D-Grad bringt in Föhren, Lärchen eine zu starke Lichtung mit sich. Dagegen muß er auch in jungen Eichenbeständen vielfach angewendet werden, weil die Kronen zurückbleibender Eichen aller Altersklassen sehr rasch eine verkrüppelte Form annehmen.

Auf allen Bonitäten können A-, B-, C-Grade eingelegt werden, da der Schluß erhalten bleibt. Auf den geringeren Bonitäten kann der lichtere D-Schluß zur Austrocknung des Bodens in regenarmen Gegenden oder bei vorherrschendem Sandboden führen. In regenarmen Gegenden ist der C-, auch D-Grad der Befeuchtung des Bodens günstiger als der dichte Schluß beim A- und B-Grad. Bei letzteren nimmt die hohe

Stammzahl viel Wasser in Anspruch. Die Lichtung dichter Jungwüchse (Bohdannecky) muß daher günstig wirken.

In allen Fällen, in welchen das Wachstum gesteigert werden soll (früher Abtrieb, Mangel an Altholz, Starkholzzucht), ist in der Jugend der C-, später der D-Grad fördernd.

Soll die Standfestigkeit und Widerstandskraft gegen Wind, Schnee, am Wald- oder Bestandesrande, auf nassem Grunde gehoben werden, so wird durch die stärkeren Grade der Zuwachs der unteren Stammteile, sodann das Wurzelwachstum und die gleichmäßige Entwicklung der Krone begünstigt.

Am Hange muß die einseitige Ausbildung der Krone auf der Talseite wegen der Gefahr des Schnee- und Rauhreifs, selbst des Regens durch den C- und D-Grad verhindert werden.

Wo Graswuchs, sowie das Einstellen von Heide- und Heidelbeerkraut oder Bodenverhärtung droht, muß der dichtere Schluß erhalten werden (B-Grad).

Die Himmelslage erfordert Rücksicht auf die vorherrschenden Winde (B- und C-Grad), die Austrocknung des Bodens durch die Sonne (B-C-Grad). Die Luvseite hat höheren Niederschlag als die Leeseite, was die stärkere Durchf. erlaubt.

Im Schutzwalde müssen Reservestämme erhalten werden (A-, B-Grad). Der Niederwald und das Unterholz des Mittelwaldes werden wegen Steigerung des Wachstums stark durchf. (C-, D-Grad).

Im Plenterwalde wird das Unterholz schwach (A, B), das Oberholz stark und sehr stark (C, D) durchf.

Dichte Saaten und dichte natürliche Verjüngungen müssen in den jüngsten Jahren stark (C, D) durchf. werden. Bei Pflanzungen ergibt sich um so weniger Durchf.-Material, je weiter sie gepflanzt sind; aber die stärkeren Grade (C) sind vorzuziehen.

Aus ästhetischen Gründen kann schwach und stark durchf. werden. Das kraftvolle Wachstum und die Freudigkeit des Wachstums tritt in C-Beständen mehr hervor als in B- und A-Beständen.

Soll baldige Verjüngung herbeigeführt werden, so ist nach D, im umgekehrten Falle nach C, selbst B zu durchf.

Bei hohen Holzpreisen und lohnendem Absatze, auch des schwachen Materials, können die Durchf. schon im 8—10 jährigen Bestande begonnen, bei niedrigen Preisen müssen sie, falls die Kosten gedeckt werden sollen, ins 40.—50. Jahr hinausgeschoben werden.

§ 313.

IV. Die Lichtungshiebe.

Allgemeines.

Zeitschriften: Allg. F.J.Z.: Fischbach 1881, 253 v. Schottenstein 82, 408; v. Schottenstein 83, 1 Wagener 85, 257; Fürst 86, 46 v. Schottenstein 86,

346; Fürst 88, 41; Wagener 88, 149; v. Schottenstein 88, 203; Fürst, 88, 268; Wagener 89, 52; Sepp 89, 339; Grasmann 90, 1; Wagener 92, 296; Fürst 92, 413; Wagener 93, 109; Kraft 94, 419; Borgmann 95, 329; Vogl 1902, 270; Hillerich 05, 45; Tiemann 13, 153. Aus dem Walde (Burckhardt): Kraft 76, 7, 40; Burckhardt 77, 8, 88; Burckhardt 79, 9, 57; Kraft 79, 9, 68. Beitr. z. Fw.: Hundeshagen 1827, 2, 184. Forstl. Bl.: Borggreve 1877, 211; v. Schottenstein 83, 145; Borggreve 83, 41; Grunert 83, 115; Michaelis 84, 286; Schuhmacher 90, 104. Forstw. Centralbl.: Urich 1888, 16; Tiemann 1910, 454; Frey 11, 517. Krit. Bl.: Jäger 1857, 237; Nördlinger 66, 46. Monatschr. f. F.-wesen: 1866, 458. Ökon. Neuigkeiten: Opiz 1834, 48; 40, 59. Thar. J.: Preßler 1878, 140. Zeitschr. f. F.- u. J.-wesen: Weise 1885, 20; Wagener 87, 521; Weise 89, 129; Schwappach 90, 21; Borgmann 95, 630; Laspeyres 96, 569; Frömbling 99, 86. Centralbl. f. ges. F.: 1881, 380; Wiesner 97, 247. Österr. Viertj.schr.: Blondein 1854, 288; R. 60, 5; Reuß 85, 126; v. Guttenberg 86, 103; Wagener 86, 262; 87, 118; Wagener 92, 217. Vereinsschrift f. F. kunde: 1882, 45; Zenker 87, 23; 95, 128. Schweiz. Zeitschr.: Landolt 1881, 2; Landolt 83, 172; Hamm 1909, 161. Vereine: Deutschl. 1910. Els. 1888. Hessen Prov. 1887. Hessen Großh. 1889. Thür. 1896. Wiesb. 1889. Krain 1869. Mähren 1852, 89, 91, 94. Nieder-Österr. 1888, 89. Ober-Österr. 1904. Reichsf. 1857, 89. Steierm. 1898, 99. Schweiz. 1883.

1. Die Durchforstungshiebe verringern auch in den stärksten Graden die Stämme nur soweit, daß die Äste sich noch berühren, an einzelnen Stellen vielleicht 20—30 cm abstehen. Der Schluß ist je nach Holzart, Beastung und Belaubung bald dichter, bald lichter; unterbrochen wird er nur vorübergehend.

Bei der Ausführung von Lichtungshieben werden dagegen so viele Stämme in einem bisher geschlossenen Bestande entnommen, daß die Kronen der verbleibenden Stämme ringsum vollständig frei sind und bis zur Haubarkeit frei bleiben oder wenigstens frei bleiben sollen. Um diesen Stand zu erreichen, muß in den mehr als 60jährigen Beständen die Stammzahl unter diejenige der stärksten Durchforstung (D-Grad) vermindert werden. Auf den höheren Bonitäten muß sie auf 200—300, auf den geringeren Bonitäten, auf denen die Kronenentwickelung zurückbleibt, auf 3—400 Stück herabgesetzt werden (vergl. § 145—147).

Diese bisher im Schluß erwachsenen, nun freigestellten Stämme, haben einen von Ästen in der Hauptsache gereinigten Schaft und eine hoch angesetzte Krone (§ 166).

Die Stockscheiben auch 100—150jähriger Stämme zeigen, daß die Stämme nach der Freistellung breitere Jahrringe anlegen, als während der Schlußstellung. Diesen größeren Zuwachs führt man auf die Lichtung zurück und nennt ihn daher Lichtungszuwachs.[1])

Sind die Jahrringe nach der Lichtung breiter geworden, so kann dies aber teilweise von der Jahreswitterung und der auch im geschlossenen Bestande von Jahr zu Jahr wechselnden Laub- und Nadelmenge (§ 141, 9) herrühren.

[1]) Im engeren Sinne versteht Wagener, Der Lichtungshieb 1888, S. 3 unter Lichtungszuwachs die Differenz zwischen dem Zuwachs des gelichteten Bestandes gegenüber dem Zuwachs desselben Bestandes, solange er im Schlusse stand.

Die Größe des Lichtungszuwachses kann man daher genau nur feststellen, wenn während derselben Wachstumsperiode ein Teil des Bestandes im Schlusse erhalten bleibt (B—C—D-Fläche), ein anderer Teil gelichtet wird.

Eine vollständige Vergleichsreihe ist dann vorhanden, wenn der Lichtungsfläche die im B-, C- und D-Grad durchforsteten Flächen gegenüber gestellt werden können. Da ferner im gelichteten Bestandesteil nur noch herrschende, der gleichmäßigen Verteilung wegen vielleicht auch einige mitherrschende Stämme vorhanden sind, müssen diese mit den gleichen, im geschlossenen Bestande stehenden Baumklassen verglichen werden.

Nur Flächen oder Bestände mit freistehenden Stämmen dürfen Lichtungsflächen genannt werden. Von den Durchforstungen müssen sie scharf geschieden werden, was freilich nicht immer geschieht. Es herrscht deshalb eine gewisse Verwirrung auf diesem Gebiete. Mancher sog. Lichtungsbetrieb ist weiter nichts als ein starker Durchforstungsbetrieb.

2. Vollständige oder nahezu vollständige Freistellung der Kronen von bisher im Schlusse erwachsenen Bäumen tritt nicht selten ohne besonderes Zutun der Wirtschaft ein.

Freistehende Kronen haben nämlich:

a) die bei Wind-, Schnee- und Duftbrüchen stehen gebliebenen Stämme;
b) ein Teil der Stämme in lückigen Beständen;
c) vielfach die Eichen, auch Föhren und Lärchen in alten Beständen infolge der von selbst eintretenden Lichtung;
d) manche Stämme an Wegen, am Wald- und Bestandesrande (meistens nicht ringsum frei);
e) viele Stämme auf felsigem, mit Steinblöcken bedecktem Gelände;
f) ein Teil der Stämme an steilen Hängen (sie sind auf der Tal und vielfach auch der Bergseite frei);
g) die Vorwüchse in allen Altersstufen;
h) die sogen. vorherrschenden (prädominierenden), mit ihren Kronen auch die herrschende Klasse überragenden Stämme im geschlossenen Bestande;
i) in gemischten Beständen die vorauswachsenden Holzarten (Lärchen, Föhren, auch Birken und Erlen in Fichten- und Tannen-, Eschen, Ahorn vielfach auch Eichen im Buchenbestande, Aspen, Salweiden zwischen anderen Holzarten).

3. Durch besondere planmäßige Hiebe werden die Kronen der bisher im Schlusse erwachsenen Bäume im Hoch-, Nieder-, Mittel- und Plenterwalde freigestellt.

A. Im Hochwald:

a) im „Lichtschlag“ bei der natürlichen Verjüngung. Daß die Rücksicht auf den Jungwuchs für die Schlagstellung entscheidend ist, ändert die freie Stellung der Stämme bis zu ihrem Abtrieb nicht. Die Dauer der Verjüngung und damit der Lichtstellung schwankt zwischen 5 und 30 Jahren.

b) Der Lichtungshieb von Seebach ist nichts anderes als ein Lichtschlag. In 60—80 jährigen Buchenbeständen wird nach seiner eigenen Angabe ein Teil der Stämme unter gleichzeitiger natürlicher (oder auch künstlicher) Verjüngung weggenommen; die kräftigsten und wüchsigsten werden belassen, so daß nach 30—40 Jahren wieder voller Kronenschluß eintreten kann. Dazu „genügen 50—70 Stämme pro Morgen (= 200—280 pro Hektar) vollkommen“

Der Unterschied gegen den gewöhnlichen Lichtschlag beruht darauf, daß die lichtgestellten Stämme nicht allmählich gefällt werden, sondern erhalten bleiben, daß ihre Kronen allmählich wieder zusammenwachsen, um nach 30—40 Jahren wieder einen geschlossenen Bestand zu bilden.

c) In 60—80 jährigen Fichtenbeständen hat Vogl in Kogl bei Salzburg noch 300—400 Stämme auf dem Hektar belassen; also etwa ⅓— ½ der Stammzahl geschlossener Fichtenbestände I. Bonität. Es stellte sich zwar Anflug von Fichte und Tanne ein; zum großen Teil ist aber der Boden verwildert (nach Endres, der die Waldungen besichtigt hat[1]).

d) Der Eichenlichtungsbetrieb von Burckhardt[2]) geht vom Vorhandensein von Bodenschutzholz aus. Über diesem werden 70—90 jährige Eichen langsam und vorsichtig gelichtet, bis zur Isolierung der Baumkronen. Im späteren Altbestande fanden sich 90 Eichen auf 1 ha mit 51 cm mittlerem Durchmesser.

e) Da und dort werden 60 jährige Eichenbestände, auch 50 jährige Lärchen- und Föhrenbestände „gelichtet“ und mit Buchen etc. unterbaut. Die dabei eingelegten Hiebe gehen nur ausnahmsweise über die sehr starke Durchforstung (D-Grad) hinaus; erst im 80.—100. Jahre werden eigentliche Lichtungshiebe geführt.

Mit der natürlichen Verjüngung im Zusammenhang steht der badische Femelbetrieb (§ 342). Nach eingetretener natürlicher Verjüngung wird das gelichtete Altholz nicht genutzt, wie beim gewöhnlichen Verjüngungsbetrieb, sondern zum Zwecke der Starkholzzucht in der Lichtstellung noch 30—40 Jahre belassen und dann meist auf einmal gefällt.

[1]) Bericht über die 11. Vers. des Deutschen Forstvereins in Ulm 1910, S. 88.

[2]) Säen und Pflanzen 5, 26 und Aus dem Walde 9, 62.

B. Im Niederwald und Mittelwald war der Lichtungshieb schon in ältester Zeit üblich, indem beim Hieb des Ausschlagholzes nicht alle Stämme gefällt, sondern einzelne belassen und zu stärkerem Holz herangezogen wurden.

Aus diesem Betrieb ging der Mittelwald hervor. Auch in diesem werden Kernwüchse beim Abtrieb des Unterholzes oder beim Mangel an solchen einzelne Stockloden des Unterholzes freigestellt, um den Oberholzbestand zu ergänzen.

C. Im Plenterwald werden vielfach die einzeln stehenden, unterdrückten Stämme beim Hieb des alten Holzes freigestellt. Aus diesen oft 60—80 Jahre alten Stängchen mit 5 cm Durchmesser erwachsen die starken und sehr starken alten Bäume, wie zahlreiche Stockscheiben beweisen.

4. Von den eben geschilderten Lichtungsbetrieben, bei denen immer noch 200—300, auch 400 Stämme auf 1 ha stehen, unterscheiden sich die Überhaltbetriebe, bei denen nur 30—50, selten 80—100 Stämme erhalten werden. Beim Hiebe der 60—70—80—100 jährigen Bestände werden einzelne Stämme vom Hiebe verschont und zum Weiterwachsen bestimmt, bis der neu entstehende Bestand wieder zum Hieb kommt. Die Überhaltstämme erreichen also ein Alter von 2 × 60—100 Jahren.

Der Grund liegt in der beabsichtigten Erziehung stärkerer Sortimente, wie sie in 60—100 Jahren nicht erzielt werden.

Auch die Überhaltstämme werden aus dem geschlossenen Bestande plötzlich in die vollständig freie und vereinzelte Stellung versetzt, manchmal werden sie allerdings im geschlossenen Bestande umlichtet, um den Wechsel etwas vorzubereiten.

Der Überhaltbetrieb ist seit Jahrhunderten üblich bei Eichen und Föhren, auch bei Buchen.

Eine Art von Überhaltbetrieb ist auch die Nutzholzwirtschaft von Homburg. Im Buchengrundbestand werden pro Hektar etwa 35 Lichthölzer eingesprengt und diese dann übergehalten. Der Unterwuchs soll später zum Hauptbestand werden.

Die Lichtungshiebe von Michaelis fallen mit den E-Graden der Durchforstung, bezw. der dänischen Durchforstung zusammen.

5. Den Lichtungshieben nahe kommen die Durchforstungen im herrschenden Bestande, wenn die herrschenden Stämme stark vermindert werden (E-Grad).

Daher spricht Michaelis vom „Lichtungszuwachs" bei gelockertem Kronenschluß und mäßigen Schlußunterbrechungen [1]).

6. Die Lichtungshiebe wurden und werden von jeher im kleinen ausgeführt. Erstrecken sich diese Hiebe auf große Flächen und werden

[1]) Gute Bestandespflege mit Starkholzzucht 1907, S. 16. Durchforsten etc. 1913, S. 15.

sie regelmäßig und planmäßig durchgeführt, so entsteht eine besondere Art des ganzen Betriebs, der Lichtungsbetrieb.

Seine Bedingungen sind nun kurz zu besprechen, soweit sie nicht mit den allgemeinen Wachstumsbedingungen zusammenfallen.

§ 314. Die bisherigen Ergebnisse der Lichtungshiebe und des Lichtungsbetriebs.

1. Der Zweck der Lichtungshiebe ist a) die Steigerung des Zuwachses überhaupt, b) die Erziehung von starken Sortimenten.

Diese Zwecke sucht man durch die Freistellung der Baumkronen zu erreichen.

Genaue Untersuchungen von längerer Dauer über die Wirkung dieser Freistellung gegenüber dem Wachstum im geschlossenen Stande sind nur wenige vorhanden.

Die badische Versuchsanstalt hat die Ergebnisse von 10 Tannen-, 5 Fichten-, 6 Buchen-Lichtungsflächen mitgeteilt [1]). Die Bestände waren 113—172, 111—140, 127—166 Jahre alt, hatten also das gewöhnliche Abtriebsalter von 120 Jahren überschritten. Die Dauer des Lichtungszuwachses erstreckte sich auf 11—22 Jahre.

Da Angaben über die Stammzahlen fehlen, kann der Lichtungsgrad nur nach den entnommenen Massen beurteilt werden. Diese betrugen meistens 2—300, auch 400—500 Fm auf 1 ha, was 30—50, auch 60 % der vorhandenen Masse entspricht. Vergleicht man die Zuwachsangaben mit den Ertragstafeln, so ergibt sich, daß der Zuwachs normaler 120-jähriger Bestände erreicht oder auch übertroffen wurde, daß also ein Sinken des Zuwachses nach dem 120. Jahre nicht eingetreten war.

In einer Weißtannenfläche im württ. Revier Oberndorf hat bei 380 Stämmen vom 125.—147. Jahre der Durchschnittszuwachs nicht abgenommen.

Dieselbe Beobachtung machte Schwappach in Lichtungsflächen des Buchenbestandes [2]): „der laufendjährige Zuwachs kann Jahrzehnte lang auf gleicher Höhe verharren, ja sogar noch steigen". Die Stammzahl war auf II. Bonität bis auf 180 vermindert.

Bei der Föhre kommt Schwappach [3]) zu dem etwas abweichenden Resultat, daß die günstige Wirkung der Lichtung nicht in einer Steigerung des Gesamtzuwachses über das Maß der starken Durchforstung hinaus zu suchen ist, sondern in der Erhöhung des Wertzuwachses und der Möglichkeit des Unterbauens.

Für die Ausführung von Untersuchungen muß noch auf einige Punkte hingewiesen werden.

Die Durchforstungs- und Lichtungsflächen müssen derselben Bonität angehören und wegen der Kronenausbildung ungefähr dieselbe

[1]) Statist. Nachweisungen aus der Forstverwaltung Badens für 1907, S. 17.

[2]) Rotbuche 1911, S. 84.

[3]) Kiefer 1908, S. 109.

Behandlung erfahren haben. In dem nach der Lichtung eintretenden Zuwachs kommt allerdings der Einfluß des lichteren Standes der einzelnen Stämme zum Ausdruck. Aber in der lichtgestellten Fläche werden auch sonstige Wachstumsbedingungen geändert (Ziffer 3).

Die Beobachtungen des Lichtungszuwachses müssen sich auf die Dauer von wenigstens 15—20 Jahren erstrecken. In dieser Zeit werden in den zur Vergleichung stehenden Durchforstungsflächen 2—3 Aushiebe, also ebenfalls Verminderungen der Stammzahl, vorgenommen.

Die Probestämme müssen stehend vermessen werden, da die Fällung derselben in den Vergleichsflächen untunlich ist.

Diese Bedingungen können selten ganz genau erfüllt werden, weshalb bei Vergleichungen große Vorsicht geboten ist.

Aus den bisherigen Resultaten der Untersuchungen, so ungenügend sie in mancher Richtung auch sein mögen, kann doch ein vorläufiger Schluß gezogen werden, der praktisch wichtig ist.

Die Untersuchungen in geschlossenen Beständen haben ergeben (§ 161), daß der laufende und der durchschnittliche Zuwachs vom 80. Jahr an sinken.

In Lichtungsflächen, in denen die Stammzahl unter 300, selbst unter 200 Stück vermindert wurde, tritt ein Sinken nicht ein. Durch die Lichtung können wir also einen günstigen Einfluß auf den Zuwachs ausüben. Stärkere Eingriffe in die älteren Bestände unterliegen also, soweit der Zuwachs in Betracht kommt, keinerlei Bedenken.

2. Die Preise der verschiedenen Sortimente sind in vielen Gegenden nach der Stärke des Durchmessers in der Mitte, manchmal auch nach dem Durchmesser am oberen Ende des Stammes abgestuft. Das Streben der Wirtschaft wird auf die Erziehung der stärkeren und wertvolleren Sortimente überhaupt, vielfach auch besonders starken Holzes gerichtet sein.

In § 310 sahen wir, daß dieselbe Holzmasse erzielt wird, wenn die Bestände auch eine um 200—300 Stück geringere Stammzahl haben. Es müssen daher in stammärmeren Beständen die Durchmesser stärker sein. Es fragt sich nun, ob durch die Lichtungshiebe der Durchmesserzuwachs noch mehr gesteigert werden kann als durch die Durchforstungen. Da in der Lichtungsfläche nur noch herrschende und wenige mitherrschende Stämme vorhanden sind, müssen zur Vergleichung ebenfalls die herrschenden und mitherrschenden aus der Durchforstungsfläche gewählt werden.

Für Starkholzzucht können nur herrschende und gutbekronte Stämme in Betracht kommen, die auch im geschlossenen Bestande die stärksten Durchmesser haben. Der Durchmesser der mitherrschenden Stämme im etwa 100 jährigen Bestande ist schon um 10—15, selbst 20 cm schwächer als der Durchmesser der herrschenden Stämme.

Der durchschnittliche Zuwachs des Durchmessers, auch herrschender Stämme, beträgt nach vorläufigen Untersuchungen in württemb. Versuchsflächen in alten Beständen 0,30—0,40, vielleicht auch 0,50 cm. In 10 Jahren würde der Zuwachs also 3—4—5 cm, in 20 Jahren 6—8 bis 10 cm ausmachen.

In badischen Flächen ist nach Schuberg der Zuwachs in 20 Jahren ebenfalls 8—10 cm stark.

An herrschenden Stämmen, deren Krone also gut belichtet ist, findet eine Erhöhung von 0,1 cm statt, was in 10 Jahren erst 1 cm ausmacht.

Schuberg hat an den gleichen Stämmen die Zunahme des Durchmessers in 16, 18, 20 m Höhe höher gefunden; in 20 Jahren nimmt er oben um 10—13 cm zu. Um aus einer Preisklasse in die nächst höhere zu steigen, sind, wenn der Durchmesser am schwachen Ende entscheidend ist, 15—20 Jahre nötig.

Wird der mitherrschende Stamm freigestellt, so braucht er 15 bis 20 Jahre, um die Stärke des herrschenden zu erreichen.

Der Begriff Starkholz ist sehr dehnbar. Im allgemeinen werden unter Starkholz die Stämme mit 70—80—100 cm Brusthöhendurchmesser fallen.

Die nachstehende Übersicht gibt für rund 100 jährige württemb. Bestände die Maxima des Durchmessers an, wie er in geschlossenen Beständen erreicht wird.

Bonität	I	II	III	IV	V
	Durchmesser in 1,3 m Höhe cm				
Buche . . .	68	56	46	40	34
Fichte . . .	63	56	49	36	32
Tanne . . .	60	51	46	42	—

In einem aus 197 Föhren und 59 Fichten gemischten 120 jährigen Bestande I. Bonität, der licht geschlossen war, waren im Revier Tettnang am Bodensee die Föhren in Brusthöhe bis zu 79, die Fichten bis zu 91 cm stark.

In den von Schwappach[1]) aufgeführten Seebachschen Lichtungsflächen waren die Stämme im rund 100. Jahre durchschnittlich stark: II. Bonität 34—35, IV. Bonität 31 cm.

Sie übertreffen den Durchmesser der stark durchforsteten Fläche in der Regel um 2—4 cm. Da die stärksten Stämme den mittleren Durchmesser um 10—15 cm überragen, so würden die Seebachschen stärksten Stämme 50, bezw. 46 cm halten und damit dem Maximum der geschlossenen Bestände Württembergs nahekommen.

Zur Vergleichung mögen noch die Zahlen für den Durchmesserzuwachs in den schweizerischen Versuchsflächen in geschlossenen Be-

[1]) Rotbuche 1911, S. 30 f.

ständen angeführt werden. Der laufende Stärkezuwachs am Hauptbestande beträgt zur Zeit des Maximums in Millimetern:

Bonität	I	II	III	IV	V
Fichte, Hügelland .	6,6	5,4	4,4	3,6	3,0
„ Gebirge . . .	5,7	4,5	3,6	3,0	2,7
Buche	4,6	4,0	3,5	3,1	2,7

Die periodische Zunahme der Stärke des Mittelstamms sinkt allmählich vom 20. bis zum 100. Jahre, während die stärkste Kreisflächen- und Massenmehrung des Mittelstamms erst im Alter von 80—100 Jahren eintritt.[1])

Der Zweck der Starkholzerziehung tritt beim Überhaltbetrieb deutlicher in die Augen. Genauere Aufnahmen über die Zuwachssteigerung übergehaltener Stämme sind nur selten veröffentlicht worden. Da die Überhaltstämme zweimal 70, 80, 90, 100 Jahre alt werden, erreichen sie Brusthöhendurchmesser von 70, 100, auch 120 und 130 cm bei einer Höhe von 30—40 m. In 100 Jahren betragen die Durchmesser bei allen Holzarten auf I. Bonität 40 cm und mehr und die Baummassen rund 2 Fm. 200 jährige Stämme haben dagegen bei 70—90 cm Stärke Massen von 5—7 Fm, d. h. die Masse ist dreimal so groß als bei 100 Jahren; vom 101.—200. Jahre sind nicht nur 2, sondern 3—5 Fm zugewachsen. Die Weißtannen haben bei 70 cm 7 Fm, bei 90 cm 12 Fm, bei 100 cm 14 Fm: Tannen mit 20 Fm kommen da und dort vor.

Wenn einzelne Bäume beim Hieb zurückgestellt werden, bedeutet das für die Gegenwart einen Ausfall im Material- und Geldertrag, der um so empfindlicher ist, je kleiner der Waldbesitz ist. Werden auf 1 ha 50 Stämme übergehalten mit je 2 Fm Massengehalt, so beträgt der Ausfall 100 Fm und ungefähr 2000—2500 *M*. Soll dieser Ausfall durch den Ertrag, den die Überhaltstämme nach 100 Jahren abwerfen, gedeckt werden, so müßte der Ertrag nach 100 Jahren auf die Gegenwart diskontiert dem heutigen Ertrag gleichstehen. Der Massenertrag von 12—15 Fm kann wenigstens mit einiger Sicherheit (vgl. jedoch Ziffer 3) als wahrscheinlich angenommen werden. Unsicher ist der Preis, der nach 100 Jahren wird erlöst werden. Nach den heutigen Preisverhältnissen berechnet, wird der Preis etwa das 5—6 fache ausmachen. Ein Stamm mit 13 Fm würde bei 110 *M* Festmeterpreis 1420 *M* wert sein. Bei einer Diskontierung mit 2 und 3 % würde der Wert höher sein, bei 4 % etwas unter ihn sinken.

Am meisten üblich ist der Überhaltbetrieb bei Föhren und Eichen; auch Weißtannen und Buchen, Eschen und Ahorn werden in einzelnen Gegenden übergehalten. Der Grund liegt darin, daß vom Laubholz hauptsächlich die starken Sortimente, in manchen Gegenden sodann starke Stämme von Föhren oder Weißtannen hoch bezahlt sind.

[1]) Mitt. der Schweiz. V.A. 9, 235.

3. Der finanzielle Vorteil des Überhaltbetriebs wird sehr geschmälert durch die Gefahren, welchen die Überhaltstämme ausgesetzt sind.

An allen nicht gegen den Wind geschützten Orten wird ein Teil der Überhaltstämme vom Winde geworfen. Aus diesem Grunde werden bei Einleitung des Überhaltbetriebs zunächst etwa 100 Stämme auf 1 ha übergehalten, da erfahrungsgemäß etwa die Hälfte vom Wind geworfen wird.

Dem Sonnenbrand ist insbesondere die Rinde der Buche, in geringerem Grade die der übrigen Holzarten ausgesetzt. Die vom Sonnenbrand befallenen Stämme müssen gefällt werden; in der Regel haben sie an Qualität und Wert verloren.

Die plötzlich freigestellten Eichen überziehen sich in der Regel mit Wasserreisern. Es stellt sich Dürrwerden zunächst einzelner Äste, oftmals der ganzen Krone ein. Durch das Einwachsen der Wasserreiser verliert der Stamm an Glattheit und Astreinheit. Werden die Äste abgesägt, so tritt oft Fäulnis ein.

Das plötzliche Freistellen von Stämmen, die bis zum 100. Jahr im Schlusse erwachsen sind, verändert die Wachstumsbedingungen so bedeutend, daß, namentlich bei Föhren, ein Kränkeln eintritt. Die Benadelung der übergehaltenen Föhren wird dünn, „schütter“, mißfarbig; zunächst stirbt der Gipfel ab, nach einiger Zeit ist die ganze Krone dürr und der Baum muß gefällt werden. Dieses Absterben hat vor etwa 20 Jahren im Revier Tettnang am Bodensee einen solchen Umfang angenommen, daß der größte Teil der übergehaltenen Föhren gefällt werden mußte.

Durch das frühzeitige Absterben von Überhaltstämmen entsteht ein erheblicher Verlust. Die Fällung und der Transport verursachen ebenfalls erhöhte Kosten, auch kann Schaden im Jungwuchs angerichtet werden.

Stellt man diese möglichen Verluste dem erhöhten Preise der gesund bleibenden Föhren gegenüber, so sinkt der Vorteil des Überhaltbetriebs sehr bedeutend herab und seine finanziellen Vorteile müssen bezweifelt werden.

Die Laubhölzer, auch die Tannen, sind weniger Gefahren ausgesetzt, als die Föhren.

Die Gefahr für die Föhren hat man abzuwenden oder zu verringern gesucht; allein dies ist nur in geringem Grade möglich.

Der Wind steigert die Transpiration der vorher durch den umstehenden Bestand geschützten Nadeln; seine starke Einwirkung erkennt man daran, daß vorher aufrecht stehende Stämme eine schiefe Lage annehmen. Dadurch muß die Bewurzelung gelockert werden. Der vorher beschattete Boden trocknet an der Sonne aus, verhärtet, überzieht sich mit Gras. Der junge Bestand unter den Überhältern hält den Regen ab, nimmt selbst den Wasservorrat des Bodens in Anspruch, setzt die Temperatur des Bodens herab. Dürrejahre wie 1893 und 1911 machen sich in erhöhtem Maße geltend.

Das Freihauen der künftigen Überhaltstämme im Bestande ist ein Notbehelf, aber kein ausreichender.

§ 315. Anwendung der Lichtungshiebe bei verschiedenen Holzarten.

1. Es sind folgende Holzarten, welche in Betracht kommen, nämlich:

Eiche;	Lärche;
Buche (selten);	Föhre;
	Fichte (selten);
	Tanne (selten).

2. Um Eichenstarkholz zu erziehen, wird die Eiche schon im 40. bis 50. Jahre stärker durchforstet und nachher durch mehrere Hiebe immer lichter gestellt.

Der Bestand wird unterbaut.

3. Lärchenbestände, welche außerhalb ihrer Heimat dicht erzogen werden, liefern viele abgängige, schlecht bekronte und schlecht geformte Stämme, welche im 50.—60. Jahre entfernt werden.

Die zurückbleibenden wachsen stärker zu. Der Bestand wird unterbaut.

4. Geschlossene Föhrenbestände sinken sehr früh im Zuwachse. Um starkes Holz zu erziehen, werden sie mit 40—50 Jahren gelichtet und unterbaut.

5. Selten wird der Lichtungshieb bei Fichten angewendet wegen der Sturmgefahr und weil der Lichtungszuwachs der Fichte gering ist.

6. Weit stärker wächst im Lichtstande die Tanne zu.

7. Bei der Buche wird nur ausnahmsweise der Lichtungsbetrieb nötig, wenn etwa ein Ausfall an altem Holz vorhanden ist. (Seebachscher Lichtungshieb.)

8. Das Oberholz des Mittelwaldes steht von Jugend an im Lichtstande.

Die Überhälter des Hochwaldes dagegen werden in den Lichtstand versetzt, nachdem sie eine ganze Umtriebszeit im geschlossenen Bestande sich befunden haben.

Dem Lichtungshiebe werden geschlossene Bestände unterstellt, wenn sie etwa 40—60 Jahre alt geworden sind. Ihr Abtrieb erfolgt mit den übrigen Beständen im normalen Abtriebsalter (ausnahmsweise früher oder auch später).

9. Die bei der natürlichen Verjüngung angewendeten Lichtungen erfolgen mit Rücksicht auf den jungen Nachwuchs. Der Lichtungszuwachs ist auch an den alten Stämmen manchmal nicht unerheblich.

§ 316. Der Lichtwuchsbetrieb.

1. Das Streben jedes Waldbesitzers ist a) eine möglichst große Holzmasse, b) gerades. glattes, astreines, c) starkes und damit d) möglichst wertvolles Holz in kürzester Zeit zu erziehen. Ob das Holz als Brenn- oder als Nutzholz verwendet wird, ändert an diesem Ziel der Wirtschaft nichts: glattes, astreines, starkes Scheitholz wird höher bezahlt, als krummes, astiges und schwaches. Auch am kleinen Nutzholze werden die erstgenannten Eigenschaften bevorzugt.

Daß es tatsächlich nicht gelingt, alle geringwertigen Hölzer aus einem Bestande zu entfernen, ist oft hervorgehoben worden. Man muß sich oft mit dem weniger guten Stamm begnügen und den noch geringeren entfernen. Der bis zum Abtrieb (100—120 Jahre) geschlossen erhaltene Bestand liefert zwar eine erhebliche Holzmasse, sie verteilt sich aber auf eine große Zahl von Stämmen. Der einzelne Stamm hat infolgedessen eine verhältnismäßig geringe Masse und dementsprechend geringen Durchmesser; es sind damit zwar die Forderungen zu a) und b), nicht aber die zu c) und d) erfüllt.

2. In § 310 ist nachgewiesen, daß die starke Durchforstung (C- und D-Grad) die Abtriebsmasse nicht verringert, daß sie deshalb neben den erhöhten Durchforstungserträgen einen stärkeren Durchschnittsstamm und daher einen größeren Anfall an stärkerem und damit wertvollerem Holz beim Abtrieb zur Folge haben muß. Wird bis zum 60. Jahre der B- und C-Grad eingehalten, so sind auf I. Bonität rund 1000—1200, auf II. rund 1200—2000, auf III. rund 1600—3000, auf IV. 2000—5000, auf V 3000—6000 Stämme vorhanden,

Das Streben wird nun dahin gehen, den bis zum 100. oder 120. Jahre noch eingehenden Durchforstungsertrag und den schließlichen Abtriebsertrag nach Masse und Wert möglichst zu steigern.

3. Aus den §§ 158—163 ist die Tatsache ersichtlich, daß der Zuwachs der in B- und C-Grad durchforsteten Bestände etwa vom 60. Jahre ab stark sinkt. Dagegen lehrt die Beobachtung, daß einzelne freistehende, ebenso später freigestellte Stämme nach kurzer Zeit, bis ins höchste Alter (bis zum 170. Jahre) nicht nur gleichbreite Jahrringe und schon damit einen verstärkten Massenzuwachs zu leisten, sondern daß sie ihre Jahrringe sogar noch erheblich zu verbreitern imstande sind. Selbst an ein und demselben Stamm läßt sich feststellen, daß auf der stärker belichteten und damit stärker bekronten Seite (Randbäume) breitere Jahrringe angelegt werden als auf der entgegengesetzten. Die festgestellte Tatsache der Zuwachsabnahme geschlossener Bestände im höheren Bestandesalter ist also nicht auf ein Nachlassen der Produktionskraft des einzelnen Stammes, sondern auf ungünstige äußere Verhältnisse (Mangel an Blattmasse und Belichtung) zurückzuführen.

Die Aufgabe der Wirtschaft muß es daher sein, das unvermittelte Nachlassen des laufenden Zuwachses vom 60. Jahre an zu verhindern oder wenigstens in ein verzögertes überzuführen.

Auf den Zuwachs des Nebenbestandes wirkt der C-Grad wenig, dagegen der D-Grad sehr stark ein.

Wird deshalb vom etwa 60. Jahre an der D-Grad angewendet, so sind nur noch herrschende und wenige mitherrschende Stämme vorhanden. Von diesen fällt auf der I. Bonität wenigstens ½, auf den geringeren Bonitäten bis zu ²/₃ den Durchforstungen anheim. Diese Durchforstungsstämme haben vom 60. Jahre an zu den herrschenden gezählt, also den möglichst günstigen Zuwachs gehabt. Durch sie wird also der Durchforstungsertrag aufs höchstmögliche Maß gesteigert werden.

Der Abtriebsertrag wird dadurch an Masse nicht verringert, an Wert dagegen erhöht, da die Abtriebsmasse sich im 100. Jahr auf I. und II. Bonität nur noch auf 300—400 Stämme verteilt.

Da der Schluß erhalten werden kann, auch wenn die Stammzahl noch mehr vermindert wird, so bedarf es der Sorge für die Bedeckung des Bodens durch einen Unterstand im Allgemeinen nicht.

Ein dichter Schluß ist aber tatsächlich gar nicht vorhanden. Die Äste können sich an einigen Stellen berühren. Ein Abstand der Kronen von 20—30, selbst 50 cm wird leicht zu erreichen sein.

Es ist also lichter Schluß vorhanden, der Bestand steht im Lichtwuchsbetrieb, und damit sind die Bedingungen für eine möglichst hohe Durchmesserzunahme am Abtriebsbestand gegeben.

Am leichtesten ist der Lichtwuchsbetrieb bei den Schattenhölzern, Tanne, Buche, durchzuführen, da sich bei ihnen, abgesehen von der an sich dichteren Bekronung schon vom 60. Jahre an die Verjüngung einstellt und den Boden deckt; tatsächlich ist er aber auch in 100jährigen Föhren ganz regelmäßig, meist auch in Fichten und Lärchen zu treffen, ohne daß der Bodenzustand nachteilig beeinflußt würde.*)

In gemischten Beständen kann die Entfernung der Kronen von der eingemischten Lichtholzart auch 1 m betragen, ohne daß der Charakter des lichten Schlusses aufgehoben würde.

Wird das Abtriebsalter auf 120, 130 und 140 Jahre erhöht, so kann in diesem lichten Schluß Starkholz erzogen werden. Der Überhaltbetrieb ist dann entbehrlich.

4. Die bis jetzt vorhandenen wenigen Lichtwuchsversuchsflächen bestätigen die starke Zunahme der Durchmesser. In ihnen sind vom 60. Jahre ab bis zu 63 % der Stämme entnommen worden. Doch

*) Das ist auch bei der Wirtschaft v. Kalitschs in Bärenthoren zu beobachten, die eine dem Lichtwuchsbetrieb ähnliche Stellung des Hauptbestandes zur Folge hat. Mang.

bedürfen die einzelnen Entwickelungsvorgänge bei diesem Betrieb noch genauerer Untersuchung. Schon jetzt scheint jedoch nach Beobachtungen in Versuchsflächen festzustehen, daß die plötzliche Überführung eines Stammes in erheblich verstärkten Lichtgenuß zunächst mit einer Stockung in der Entwicklung beantwortet wird. Häufig wiederkehrende schwächere Eingriffe würden daher den einmaligen starken vorzuziehen sein.

V. Die Abtriebshiebe.

§ 317. Allgemeines und Methodisches.

1. Die Reinigungs-, Durchforstungs- und Lichtungshiebe haben den Zweck, den Abtriebsertrag eines Bestandes nach Quantität und Qualität möglichst günstig zu gestalten. Vom gesamten Holzertrag des einzelnen Bestandes wie des ganzen Waldes fallen etwa 80 % auf den Abtriebsertrag. Dieser selbst ist von der Bonität, namentlich aber von der Bewirtschaftung (Durchforstung etc.), beeinflußt.

Im Niederwald, im Unterholz des Mittelwaldes, im schlagweisen Hochwald erstreckt sich der Abtriebshieb in der Regel auf den ganzen Bestand, im Plenterwalde in der Regel auf den einzelnen Baum oder eine Gruppe von Bäumen innerhalb des Bestandes.

Vom Abtriebsschlag bei der natürlichen Verjüngung unterscheiden sich die Abtriebshiebe dadurch, daß sie nicht, wie ersterer, von der Rücksicht auf die jungen Pflanzen bestimmt sind, sondern frei gestaltet werden können. Auch beim Kahlhieb müssen waldbauliche und allgemein wirtschaftliche Erwägungen angestellt werden.

2. Beobachten wir zunächst die verschiedenen Besitzer bei ihren Entscheidungen im Walde selbst.

Beim bäuerlichen Kleinbesitzer ist der eigene Bedarf entscheidend. Er entnimmt in einem Walde, der meist plenterwaldartig genutzt wird, den ihm im einzelnen Fall entsprechenden Baum oder auch eine Mehrzahl von Bäumen. Entscheidend ist für ihn zunächst der Bedarf und die Brauchbarkeit. Bei der Wahl unter verschiedenen Bäumen wird er den Stamm bevorzugen, der keinen Zuwachs mehr verspricht oder gar rückgängig und krank ist. Die leichtere oder schwierigere Fällung und Herausschaffung kann je nach den Verhältnissen ins Gewicht fallen. Das Alter des Stammes kommt für einen solchen Kleinbesitzer nicht weiter in Betracht, außer soweit Brauchbarkeit und Gesundheit mit ihm zusammenhängen. Er richtet die Wirtschaft so ein, daß alle für seinen Bedarf nötigen Sortimente in seinem Walde vorrätig sind. Ob eine Zaunstange 50 Jahre unterdrückt war oder von Jugend an frei erwuchs und dieselbe Stärke in 25 Jahren erreichte, ist für ihn gleichgültig. Daß sein Wald möglichst viel wertvolles Holz enthalte, wird von ihm angestrebt werden.

Ganz dieselben Gesichtspunkte kommen auch beim mittleren und großen Waldbesitzer in Betracht: Bedarf, Zuwachs, Brauchbarkeit, Gesundheit des Holzes, leichtes Fällen und Ausbringen, Erhaltung eines bestimmten Vorrates im Walde.

Von Einfluß sind aber noch Erwägungen, die mit dem größeren Besitze und der veränderten Betriebsart (statt Plenterwald hier Hochwald), auch dem vorhandenen Waldzustand zusammenhängen. Der größere Besitzer hat die Wahl nicht zwischen einzelnen Bäumen, sondern zwischen verschiedenen Beständen oder Bestandesteilen zu treffen. So dann wird nicht nur der eigene Bedarf, sondern der Bedarf der ganzen Bevölkerung in der Umgebung des Waldes, sodann der Industrie, des Handels in Betracht gezogen.

Neben diesen allgemeinen Gesichtspunkten wird die Beschaffenheit der Bestände (ob geschlossen oder lückig, vergrast, verjüngt oder nicht) vielfach ausschlaggebend werden.

Im einzelnen Jahre kann der Absatz oder Preis des Holzes, die Nachfrage nach bestimmten Sortimenten oder nach einzelnen Holzarten für den Abtrieb entscheidend werden.

Besondere Rücksichten erfordert der Abtrieb im Schutzwald.

3. Wenn der Bedarf für den Abtrieb bezw. die Größe der Nutzung entscheidend ist, kann diese während einzelner Jahre gleich oder schwankend, bald größer, bald kleiner sein. Ist nicht alljährlich der Bedarf zu decken, so kann eine Nutzung auch nur alle 2—3 Jahre nötig werden.

Vom mittleren und großen Besitze wird eine jährliche Einnahme und eine auch für die weitere Zukunft gesicherte, eine „nachhaltige“ Nutzung angestrebt.

Diese Sicherung wird dadurch erreicht, daß jährlich eine gleich große Fläche genutzt und wieder bestockt wird. Die Größe dieser Jahresschlagfläche wird durch die Zahl der Jahre bestimmt, welche die Bäume für die Erreichung der geforderten Qualität nötig haben. Eichene Gerbrinde wird gewonnen, bevor die Rinde aufspringt. Dies ist etwa im 16.—18. Jahr der Fall. Das Abtriebsalter des Eichenschälwaldes wird deshalb auf 15 Jahre festgesetzt. Die jährliche Schlagfläche f, ergibt sich für den Gesamtbesitz F aus der Gleichung $\frac{F}{a} = f$, wobei $a = 15$ wäre.

Wird im Eichenniederwald jedes Jahr eine Jahresschlagfläche abgetrieben, so sind in 15 Jahren alle Schläge einmal genutzt worden. Die Zeit, die nötig ist, um mit dem Hieb „im ganzen Walde herumzukommen“, beträgt 15 Jahre. Diese Zeit von 15 Jahren nennt man die Umtriebszeit (u). Im vorliegenden Fall ist die Umtriebszeit gleich dem Alter, in dem der älteste Schlag gehauen wird; oder u ist $= a = 15$.

Das Alter a hängt nur von der Qualität der Rinde ab; eine andere Rücksicht kommt nicht in Betracht.

Wäre aber nicht Gerbrindenzucht, sondern Brennholzzucht im Niederwalde das Ziel der Wirtschaft, so müßte die Frage anders lauten. In welcher Zeit wird das meiste und beste Brennholz erzogen? Ebenfalls in 15 oder vielleicht in 10 oder erst in 25—30 Jahren? Die Bestimmung des vorteilhaftesten Abtriebsalters für Brennholzzucht ist schon weniger einfach als bei Gerbrindezucht. Man kann die Entscheidung auf Grund von Schätzungen oder genauer Untersuchungen treffen. Da im Niederwald die Jahresschlagflächen vielfach versteint, auch die Hiebsjahre meist genau bekannt sind, so kann das Abtriebsalter a mit aller Sicherheit angegeben werden. Es handelt sich dann nur um die Bestimmung der Masse M, die in den verschiedenen Jahren erwachsen ist. Dies würde am genauesten durch die Ermittelung ihres Gewichtes geschehen. Aus der Vergleichung der Werte $\frac{M}{a} = \frac{M}{15}$ oder $\frac{M}{20}$ oder $\frac{M}{25}$ würde sich ergeben, in welchem Abtriebsalter durchschnittlich die höchste Massenerzeugung stattgefunden hat. Da der Preis des 15-, 20- und 25-jährigen Holzes kaum verschieden sein wird, so kann auch die Erzeugung an Geldwert leicht festgestellt werden.

Ganz anders gestalten sich die Verhältnisse, wenn es sich um alte Bestände handelt, von denen weder das Alter genau bekannt ist, noch die Masse und der Wert genau berechnet werden können.

Die hiebei anzuwendenden Methoden erfordern daher noch eine kurze Besprechung.

Die Altersbestimmung in Versuchsflächen zeigt, daß in einem Bestande das Alter der einzelnen Probestämme um 20, 30 und noch mehr Jahre auseinander gehen kann. Die stärksten Stämme sind durchaus nicht immer die ältesten des Bestandes; zu diesen gehören manchmal die mittelstarken und selbst die schwächsten. Es ist also das Durchschnittsalter von dem zufälligen Anteil der einzelnen Probestämme an der Gesamtzahl abhängig. Selbst in einem Pflanzbestande ergeben sich verschiedene Jahrringzahlen, weil an einzelnen Stämmen die Jahrringe auskeilen. Das Zählen an verschiedenen Stellen einer Holzscheibe kann also abweichende Alterszahlen ergeben. Das Zählen schmaler Jahrringe ist öfters sehr schwierig und führt zu ungenauer Altersbestimmung. Zu diesen Unsicherheiten der Jahrringzählung kommt noch eine weitere Schwierigkeit: der gutächtliche Zuschlag von mehreren Jahren für die Stockhöhe kann ebenfalls eine Ungenauigkeit von 3—5 Jahren bewirken.

In jedem Bestande hat ein bald größerer, bald kleinerer, selten die Hälfte der Stammzahl erreichender Teil der Stammscheiben einen engringigen Kern, weil das junge Stämmchen unter dem Schirm des alten

Bestandes nur ganz schmale Jahrringe anlegte. Dieser enge Kern umfaßt im gleichen Bestande 4—6, 10—20, 30—50 Jahre. Bei Berechnung des Alters wird nun für den engen Kern manchmal nicht die wirkliche Zahl der Jahre angerechnet, sondern eine reduzierte Zahl eingesetzt. Für den engen Kern werden nur so viele Jahre angesetzt, als notwendig gewesen wären, um bei ungehindertem Wachstum denselben Durchmesser zu erzeugen. Flury teilt[1]) eine solche Durchschnittstabelle mit. Auf einen engen Kern von 60 mm kämen danach in Anrechnung (statt vielleicht 40 oder 50 Jahren) bei Fichte 12, Tanne 25, Buche 23 Jahre. Flury faßt das Ergebnis seiner Untersuchungen dahin zusammen: „man hat in der Tat nicht zu fürchten, daß durch diese Reduktionen für die einzelnen Stämme ein zu niedriges Alter in Rechnung komme; die gegenteilige Wahrscheinlichkeit ist größer" Er weist darauf hin, daß nur die geringere Zahl der Stämme einen engen Kern besitze und dieser nur berücksichtigt werde, wenn er scharf ausgeprägt sei; endlich daß durch rasche Verjüngung eine bestimmte Höhe in kurzer Zeit erreicht werden könne. Eine Unsicherheit von 5 Jahren in der Altersbestimmung muß auch beim genauesten Verfahren angenommen werden; sie wird aber in ungleichalterigen und gemischten Beständen, namentlich wenn die Zahl der Probestämme gering ist, auch 10, selbst 15 und 20 Jahre erreichen können.

Auch Lorey bemerkt bezüglich der Fichte (1899, S. 58), daß wirtschaftliches und tatsächliches Alter übereinstimmen. Anders bei der Tanne. Vgl. ferner Äußerungen mit Rücksicht auf die Ertragstafeln von Schuberg,[2]) Nördlinger,[3]) Speidel,[4]) Schwappach.[5])

Alle Rechnungen, bei denen das Alter eine Rolle spielt, sind also mit einem gewissen Fehlerprozent behaftet. Ein zum Abtrieb bestimmter Bestand „von 90 Jahren" kann in Wirklichkeit 95, auch 100, selbst 110 Jahre alt sein.

§ 318. Waldbauliche und wirtschaftliche Rücksichten bei den Abtriebshieben.

1. Man spricht vielfach von einem normalen Hiebs- oder Abtriebsalter, als dem Alter, in welchem ein Bestand den höchsten Ertrag abwirft.

Von diesem normalen Hiebsalter werden aber im praktischen Betriebe zahlreiche Abweichungen nötig.

2. Ein Bestand muß abgetrieben werden, wenn der Schluß durch Schädigungen (Schnee, Duft, Sturm, Insekten, Pilze) unterbrochen ist,

---

[1]) Mitteilg. der Schweiz. V.A. 9, 39.

[2]) Forstw. Cbl. 1884, 628.

[3]) Allg. F.J.Z. 1886, 295; 1887, 301.

[4]) Daselbst 1888, 228.

[5]) Rotbuche 1893, S. 29.

die noch vorhandene Stammzahl einen zu geringen Zuwachs liefert oder weitere Schädigung zu befürchten, der Bestand „nicht haltbar" ist. Der Abtrieb trifft sehr oft junge und mittelalte Bestände.

Dasselbe tritt ein, wenn ein Bestand beginnt, durch Absterben einzelner Stämme sich licht zu stellen oder bei gruppenweisem Abgang lückig zu werden, weil auch in diesem Fall der Zuwachs sinkt und außerdem eine Verschlechterung des Bodens durch Gras, Heidelbeere, Heide eintritt.

Oben (§§ 194, 197) ergab sich, daß sehr viele ältere Bestände, namentlich im Nadelwalde, nur zu 0,8 und 0,7 bestockt sind. Sinkt die Vollkommenheit auf 0,6 und 0,5 des Vollbestandes, so wird zum Abtrieb geschritten werden, wenn nicht Rücksichten anderer Art (Ausfall an bestimmten Altersklassen, Hiebsfolge) die Erhaltung des Bestandes empfehlen. Meistens wird im letzteren Falle durch Unterbau dem Rückgang des Bodens vorgebeugt werden können.

3. Die natürliche Verjüngung kann zu frühem Abtrieb führen, wenn sie sich in mittelalten Beständen einfindet, und umgekehrt zum Aufschieben des Hiebes bewegen, wenn sie ganz fehlt oder ungenügend ist.

4. Eine ähnliche Wirkung hat ein gestörtes Altersklassenverhältnis. die Herstellung einer geordneten Hiebsfolge, die Erhaltung eines noch in gutem Schluß und vollem Zuwachs stehenden oder zur Starkholzzucht bestimmten Bestandes. Auch in diesen Fällen tritt bald ein Vorschieben, bald ein Zurückstellen der zum Abtrieb kommenden Flächen ein. Letzteres wird stets notwendig, wenn einzelne Bäume oder Bestände ihrer seltenen Schönheit wegen vom Hiebe verschont werden sollen.

5. Die größere oder geringere Nachfrage, der steigende oder fallende Preis bestimmter Holzarten oder Sortimente führt vielfach zu Änderungen im Hiebsalter. Ein Hinausschieben des Abtriebs findet manchmal beim Mangel an Wegen, bei voraussichtlich eintretenden Änderungen im Absatz durch Straßen-, Eisenbahn- oder Kanalbauten statt. Auch der Anspruch von Servitutberechtigten auf bestimmte Sortimente oder auf den Bezug aus bestimmten Waldorten kann eine Änderung im Abtrieb notwendig machen. Die Sicherung des Holzbezugs für ganze Gemeinden bei Brandfällen führt zu Reservebeständen mit höherem Abtriebsalter oder auch zu Vorgriffen in jüngere Bestände.

6. Die Fläche dieser vom normalen Abtriebsalter abweichenden Bestände wird, von besonders starken Schadenfällen und von Umwandlung der Holz- oder Betriebsart abgesehen, gegenüber den rechtzeitig zum Abtrieb kommenden Flächen zurücktreten.

Ihre Ausdehnung ist aber größer, als man gemeinhin annimmt. Eine Statistik von Württemberg von 1908[1]) ergibt, daß von der planmäßigen Abnutzungsfläche der I. Periode auf die Flächen der zu früh

[1]) Statist. Mitteilungen 1908, 134.

zum Abtrieb kommenden 80—40 jährigen Bestände im Landesdurchschnitt 18 %, im Schwarzwald 4, im Unterland 29, im Nordostland 15, auf der Alb 24, in Oberschwaben 18 % entfallen

In einzelnen Revieren steigt ihr Anteil sogar auf 50 und mehr Prozent.

Weitere Nachweise über die tatsächlichen Abtriebsalter in verschiedenen Verwaltungen wären sehr erwünscht.

In der Regel werden nur die Umtriebszeiten der verschiedenen Verwaltungen mitgeteilt, die aber mit den tatsächlichen Abtriebsaltern nicht zusammenfallen. Die Unterschiede sollen in § 321 näher besprochen werden.

319. Die in der praktischen Wirtschaft üblichen Abtriebsalter.

1. Wohl die älteste zahlenmäßige Angabe über das Abtriebsalter und sogar die Umtriebszeit im Hochwalde stammt aus dem Sihlwald bei Zürich [1]. 1384 fing man den Sihlwald an zu hauen und „hauet man alle Jahre darin" Diese Angabe wird 1536 wiederholt und hinzugefügt: „und kommt man zu hundert Jahren aus oder noch eher" Es läßt sich also, sagt Meister, ein 80—100 jähriger Umtrieb für die damalige Zeit konstatieren. Die 90 jährige Umtriebszeit wurde beibehalten bis 1903.

Für andere Gegenden kann aus den genutzten Sortimenten auf das Abtriebsalter geschlossen werden. Neben Brenn- und Kohlholz wird seit dem Mittelalter überall Bau- oder Zimmer- und Säg- oder Blochholz genannt. Aus den Zollordnungen für den Verkehr auf dem Rhein und seinen Nebenflüssen wissen wir, daß schon im 15. Jahrhundert verschiedene Länge- und Stärkeklassen beim Floßholz üblich waren. Zur Erzielung der stärkeren Sortimente wird etwa die gleiche Zeit wie heutzutage erforderlich gewesen sein.

2. Genauere Angaben machen die Schriftsteller von 1700 an. Nach der Art der Darstellung darf angenommen werden, daß sie weniger ihre eigene Ansicht über die einzuhaltenden Abtriebsalter zum Ausdruck bringen, als vielmehr die in ihrer Gegend üblichen Abtriebsalter namhaft machen wollen. Sie können also neben den statistischen Werken der neueren Zeit als Quelle für die in der Praxis üblichen Abtriebszeiten genannt werden.

In den neueren Schriften über Waldbau wird das Abtriebsalter nur von Heyer (-Heß) eingehender berücksichtigt. Die meisten übrigen Autoren erwähnen es entweder gar nicht, oder berühren es nur in beiläufigen Bemerkungen.

Es folgt nun eine übersichtliche Zusammenstellung der schriftstellerischen Angaben.

[1] Meister a. a. O.² 113.

Abtriebsalter bezw. Umtriebszeit.

Schriftsteller bezw Gegend		Ganz allgemein	Nadelholz überhaupt	Fichte	Tanne	Föhre	Laubholz überhaupt	Buche	Eiche
Carlowitz	1712	60—100							
Döbel	1746	.		60—80	Bauholz in der Ebene				
				80—100	Bauholz im Gebirge				
Zinken	1755		70—100						
Moser	1757		60—80	.	.	.	.	.	100
Entwurf etc. . .	1758	.	.	80	.	.	.	120	200
Cassel	1761	.	.	.	.	.	150 und mehr		
Ölhafen . . .	1763	.	.	.	.	.	.	60—150	
Zürich	1765	.	.	.	140—150	guter Boden 100		100	
Pfalz	1765	60—100							
Polizei Magazin .	1767			100—120	.				2—400
Suckow	1776				70—100 120—130				100—200
Brieel (Dänemark)	1786		60—80 auch 100						
	1802		70—130 —140	.				120	200
Däzel	1802		.	100	80—100	100—120	Esche 70 Birke 40	100—120	200—250
	1788	.	80 u. darüber						
Schlesien	1788	.	nicht unt. 70	wenigstens 90		100	wüchsige Orte absondern		
Nau	1789	70—150	.	.		60—70			
Trunk	1789	60—70 Bauh. 120 Bretter	.	.	70—150				
Banger	1790	.	80		80—100		Birke, Erle 60 Ahorn, Esche 80-100	120	200

Schriftsteller bezw. Gegend		Ganz allgemein	Nadelholz überhaupt	Fichte	Tanne	Föhre	Laubholz überhaupt	Buche	Eiche
Jeitter	1794 Bauholz		60—80					80—90	90—100
	Blochholz		100—130					100—130	200
Wiesenhavern . .	1794	.	120	.	.	70—77	.	.	160—180
Seutter	1797	80	.	.	.	.	.	80	.
100 Holzarten . .	1822	.	.	110	120	140	Erle, Ahorn 50	120	200—250
							Ulme 100		
							Hainbuche 140		
Zanthier . . .	1799		Bauholz 60—70			Brettbäume 120; Klafterholz		80—90—100	
Sarauw	1801		.	.	.	.	.	100—120	
Medicus	1802		Brennholz	60—80	Brennholz	60—80			
			Bau-, Sägholz	120—140	Bau-, Sägholz	120—140		100—120; 140	150—200
Walther	1803		.	100—110	120	140		120	200
Cotta	1804		90	.	.	.		120	120
Zschokke . . .	1806	.	.	100—130	80—120	120—140		100—120	140
Drais	1807	100—120							
Hartig, G. L. . .	1808		100—120		100—120	100—120		120—150	180—200
	1834	.	80—120	.	.	.		100—120	140—180
„ Th. . . .	1861	.	100—120		120	100—120		100—120	150
Cotta	1817	.	60—140		wie	80—140		80—160	150—200
			meist 100		Buche	meist 100		meist 120	meist 180
Sponeck . . .	1817		Brennholz	80—100	90—100	40—50 schlechter Bod.		.	150—180
			geringes Bauh.	90—100	90—100				
			Blochholz	90—110	110—120	100—110			
			Holländerholz	120—130	130—140	120—130			

Schriftsteller bezw. Gegend	Ganz allgemein	Nadelholz überhaupt	Fichte	Tanne	Föhre	Laubholz überhaupt	Buche	Eiche
Preußen 1819	sehr stark	140—160					gut. Bod. 120	
	guter Boden	120					schlechter	
	mittelm Boden	100					Bod. 80—100	
	schlechter Boden	80						
	sehr schlecht. Bod.	60						
Laurop 1822		80—90	110—130	120—150	120—140		120—140	180—190
(stärkste Zuwachs)		120—140						
Klipstein . . . 1823		.	80—140	80—140	60—120		100—140	140—200
Hoßfeld 1824		.	120	120	90		120—150	150—180
André (Böhmen) . 1827		40—60 statt 120 (vollkommen schlagbar)						
Reber . . . 1827		80—140	.	.	.		100—140	150—230
Hundeshagen . . 1828		(70)	100—140	100—150	(60) 80—130		80—120	150—200
Pfeil 1829		.	Kohlh. 80–100	100—140	Brennh. 60—80		90—140	120—160
			Bretth. 120–140	.	Bauh. 80—100		meist 120	160—200
					starkes Bauholz			
					100—120			
					größte Masse			
					40—60			
Liebich . . 1830			Fi. 90—120	90—120	90—120		100—120	180—200
Zötl 1831			100—120	.	60—80		80—140	
					100—120		meist 120	
Baden 1833			70	70	60		70	120
(niedrigstes polizeilich zulässiges Abtr.)								

Schriftsteller bezw. Gegend	Ganz allgemein	Nadelholz überhaupt	Fichte	Tanne	Föhre	Laubholz überhaupt	Buche	Eiche
Gwinner 1834			80—140	80—140	70—140		80—160	100—200
						Süddeutschland	120	
1841			70—140	80—120	70—140		80—120	120—200
			(100)	Schiffsbauh. 150				
Wedekind . . . 1834			90—100	100—120	70—100		100—120	140—180
Grabner 1835		sehr gut	90—120	80—110	70—100		100—140	130—180
(größter Durchschnitts-		gut	80—110	90—120	60—100		100—130	120—180
Zuwachs)		minder gut	70—100	70—120	50—100		90—120	100—170
Parade 1837			90—140	100—140	60—70		80—140	250—300
		meist	100—120	120	80—90		meist 120	
							wo mild	
							90—100	
Thüringerwald . 1838		80—120						
Baden 1839		80—100						
Stumpf . . . 1849			70—140	120—150	70—120		120—140	180—200
		meist	120					
		Blochholz	140					
Mähren u. Schlesien 1851	100—120					120—140		
Heyer 1854			60—90	60—90	50—80		80—140	120—200
1864			höhere Lage	höhere Lage			meist	meist
1876			120—150	120—150			90—110	120—140
1891			60—80	120—140	60—80		80—140	120—140
		Gebirge	90—110	gewöhnliche	90—110		meist 90-110	
		höchste Lagen	120	Sortimente				
				70—90				
1906		60—80; 90—110		80—90	60—80		80—120	120—140
					bis 120		90—110	

Schriftsteller bezw. Gegend	Ganz allgemein	Nadelholz überhaupt	Fichte	Tanne	Föhre	Laubholz überhaupt	Buche	Eiche
Krumau-Schwarzenberg 1855	oben Mitte mild	140 120 100						
Fiskali 1856	.	.	60—120	120—150	40—120	.	80—140	
Dengler 1858		. meist	70—140 100—120	80—120—150	40—120—140	.	70—110 Hochgeb. 110—140 Süddld. 100—120 Norddld. 120	120—200
Lorey . 1888		80—120		100—120	50—60 100—120		100—120	120—160
Richter (Schlesien) 1894		. 100 nicht unter 80 Gebirge 120		.	120 geringe Bonität 80—100 IV. nicht unter 100 V. ,, ,, 80			
de la Grye . . 1899		90—130		90—130	60—80 selten 100	.	.	100—180
Wagner-Kohlfurt 1912 (rechnerisch und gutächtlich)			80		110—120			

3. Aus den statistischen Werken und einzelnen kleineren Schriften stammen die folgenden Zahlen über die Abtriebsalter, wie sie in verschiedenen Verwaltungen in neuerer Zeit üblich sind. Leider sind nur wenige Angaben aus Privatwaldungen vorhanden. Die für das Jahr 1900 aufgestellte Statistik der Altersklassen in Deutschland zeigt aber, daß die 81—100 und über 100 Jahre alten Bestände in allen Nichtstaatswaldungen erheblich hinter den 61—80 Jahre alten zurückstehen, daß also die höheren Abtriebsalter in geringerem Umfange vertreten sind. Dies wird im kleinen Privatwaldbesitz vielleicht in noch stärkerem Grade der Fall sein.

Schriftsteller bezw. Gegend	Ganz allgemein	Nadelholz überhaupt	Fichte	Tanne	Föhre	Laubholz überhaupt	Buche	Eiche
Baden 1857								
Bodenseegegend . .	nicht über 100							
Donaugegend . . .	.		120	120			80—100	
Schwarzwald . . .	.		120	120			nicht unter 100	
Rheintal	80—100							
Niederwald, Faschinen	6—10							
im Mittelwald	15—30							
Odenwald	niedrig							
Bezirk Baden . . .	100—120		.	120		.	100	120
Bezirk Gernsbach .	100—120							
Bezirk Herrenwies .	120							
Stadt Baden . . .	.	.	120	120	60—80	.	100	
einzelne Stämme	.	.	.	.	100—120			
Baden 1862, 1888, 1902, 1907								
Domänenwaldungen .	80 100 120							
Gemeinden	60 80 100 120							
Mittelwald	.					21—25 26—30		
Niederwald						8—15 16—20		
Faschinenwald . .						5—6 7—10		

Schriftsteller bezw. Gegend	Ganz allgemein	Nadelholz überhaupt	Fichte	Tanne	Föhre	Laubholz überhaupt	Buche	Eiche
Gemeindewaldungen 1874 (und 1891)	80 90 100 120							
Bodenseegegend . .	70 80 100							
Donaugegend . . .	100							
Schwarzwald . . .	100 120							
Rheintal	80 90 100							
Unteres Rheintal . .	70 80							
Bauland	60 70 80 100							
Odenwald	70 80 90 100							
Baden 1874								
Niederwald	9—15 16—20							
Mittelwald	16—20 21—25 26—30							
Stadt Freiburg 1874	120							
1912	110		90	100	110		110	140
Stadt Heidelberg 1909	100	80			120		120	120
Domänenwaldung. 1907 (Seit 40 Jahren hat der 120 j. U. um 9,8% zugenommen)	80 90 100 110 120 130							
Gemeinden . . . 1907 (Der 120 j. U. hat zugenommen um 12,1%)	60 80 90 100 110 120 130							

Schriftsteller bezw. Gegend	Ganz allgemein	Nadelholz überhaupt	Fichte	Tanne	Föhre	Laubholz überhaupt	Buche	Eiche
Bayern . . . 1844	60—72	Besonders vertreten in: Fränk. Jura, Oberpfalz, Spessart.						
	84—96	Zwischen Alpen und Donau; Fränkischer Jura, Oberpfalz, Rhön, Fränk. Höhe, Pfälzer Kohlengebirge.						
	108—120	Zwischen Alpen und Donau, Fränk. Jura, Fichtelgebirge, Rhön, Spessart, Fränk. Höhe, Hardtgebirge, Pfälzer Kohlengebirge, Rheinebene.						
	132—144	Alpen, Bayr. Wald, Frankenwald, Spessart, Hardtgebirge.						
1861	.	.	96—144	96—144	60—120	.	96—144	180—300
1869	.	.	96—120	96—120	60—100	.	96—120	
(nach Törring) 1907	118							
Braunschweig . . 1842	90—120							
1858	120	.	90					
Harz	150	.	.			150		
Mittelwald	.	.	.			15 20 30		
Elsaß-Lothringen 1827	100—120							
1883	.	.	.	120	80—120	.	120	240
Niederwald	.	.	.		.	12—40		
Weidenheger	.	.	.	.	.	1		
1902	.	.	80—120	120	120—160	.	80—120	160—200
Hessen 1842	.	.	.	.	80	.	120	160—180
Mecklenburg . . 1842		.	.	.	100	Erlenbrucher: 30	120—150	
Oldenburg . . . 1842	100—120							
Preußen 1867			60—120	.	60 80 100 120	90 100 110 Erle, Birke 40—60	120	140—160
1894			80 100 120		60—140 120	Erle, Birke 60	120	140—160

Schriftsteller bezw. Gegend		Ganz allgemein	Nadelholz überhaupt	Fichte	Tanne	Föhre	Laubholz überhaupt	Buche	Eiche
Hannover . .	1864	.	.	100	.	80	.	120	160
Frankfurt a. M.	1826	.	.	.	.	100	.	120	120
Nassau . . .	1842	100—120	.	.	.	.	Niederw. 20—30		
Hohenzollern .	1842	60—150	30—40 in Gemeindew.	.	.	.	„ 25—30		
Sachsen . . .	1865	.		80—100	80—100	60—80	.	120—140	
	1897	80							
Thüringen									
Anhalt . .	1842	80—160 = 106							
Unterharz		.		80		90—120	Mittelwald 25—30	90—120	90—120
	1907	80—160 = 106							
S.-Coburg . .	1842	80—130	.				Niederw. 20—30		
	1882	.	80—100 = 90						
S.-Meiningen .	1842	100—140	.	.	.	.	Mittelw. 40—45		
Ruhla . . .	1904	.	100	.	.	.	120		
Eisenach . .	1904	.	.	90	.	.	.	120	
Schwarzburg . . .		80—100							
Waldeck		80—90							
Württemberg . .	1818	.	.	70—80	70—80	60—70		70—100	100—200
Schwarzwald . . .		100—120	.	80—100	80—100	90—100			
	1823	120		.	.		Niederw. 40	.	200
	1841	80—120		.	.		„ 30—40		

Schriftsteller bezw. Gegend		Ganz allgemein	Nadelholz überhaupt	Fichte	Tanne	Föhre	Laubholz überhaupt	Buche	Eiche
Jagstkreis . .	1865	.		120	120				
Oberschwaben . . .		.		100					
Staatswaldungen	1884	80 100 120							
Gemeinden .	1894	60 80 100 120							
Österreich .	1885	80 100 120 140 150 200					Mittelw. 10—20 Niederw. 3—50		
Ungarn . .		100 120		.	.				150—180
Mähren und Schlesien .			100—120				120—140		
Schweiz	1914								
Hügelland		80 100							
Jura, Vorberge . .		100 120 140							
Hochgebirge . . .		bis 180							
Baselland .	1898		50 60 80 100				Mittelw. 10—15 25—35 Obh. 50—70 75—105	80	120
Bern .	1867	80 100 120 140							
Hochalpen . . .		120—150							
Stadt Bern	1890	100		80				120—150	

Schriftsteller bezw. Gegend	Ganz allgemein	Nadelholz überhaupt	Fichte	Tanne	Föhre	Laubholz überhaupt	Buche	Eiche
Chur 1865 nach Höhenlagen	100 120 160							
1907	100 120 150							
Schaffhausen . 1899	70—100							
Stadt St. Gallen 1899	100							
Tessin . . . 1903	80—150					Niederw. 5—15	Niederw. 20—25	
Thurgau								
Gemeinde Tägerwilen 1872	80					Mittelw. 30		
Kanton Zürich 1879	60—100					Mittel- und Niederw. 7—30		
Private vielfach	unter 60							
1900	80—100					20—30		
Private höchstens	60							
Stadt Winterthur 1847, 62, 92, 1902	100							
Stadt Zürich . 1850	100							
1860, 70, 82, 1903	90							
Frankreich . . .	100—150 150—200					Niederw. 20—30		
Italien . . .			80—100 130—150	80—100 130—150	80—90		80—120	140—160
Dänemark .		60—80					80—120	120—140

4. Die Statistik weist nur die Umtriebszeiten, nicht die Abtriebsalter der einzelnen Bestände nach. In früherer Zeit wurde für jeden Bestand das wirkliche Abtriebsalter eingetragen; die Zusammenstellung dieser Zahlen würde erst einen Einblick in die tatsächliche Wirtschaft gewähren. Es ist daher zu bedauern, daß in den neueren Wirtschaftsplänen das tatsächliche Abtriebsalter vielfach gar nicht mehr beachtet und nur Wert auf die auf dem Papier stehende Durchschnittszahl der Umtriebszeit gelegt wird. Schon Moser (1757) erwähnt, daß das Laubholz vielfach im 40., Nadelholz im 70. bis 80. Jahr geschlagen werde. Um starkes Holz zu erhalten, lasse man im Laubholz Oberständer oder Laßreiser stehen. Da dies im Nadelholz nicht ratsam sei, bleibe nichts anderes übrig, als die Anzucht starken Nadelholzes an besonderen Orten anzusetzen. Er unterscheidet also die allgemeine Umtriebszeit vom Abtriebsalter einzelner Bestände.

5. Was an den obigen Angaben zunächst ins Auge fällt, ist der Rahmen, innerhalb dessen die Umtriebszeiten derselben Gegend sich bewegen. Die Umtriebszeiten betragen meistens in Niederungen und Mittellagen im Hochwald 60—120 Jahre, im Nieder- und Mittelwald 5—40 Jahre; in Hochlagen: für Hochwald 120—150—160 Jahre, für Fichten 50—60—100—120, für Tannen 100—120, für Föhren 60 bis 80—120, für Buchen 100—120, für Eichen 120—160—200, für Laubholz überh. 100—120 Jahre.

20—30 Jahre ist der gewöhnliche Abstand der niedrigsten und höchsten Umtriebszeiten; er steigt aber vielfach auf 40, selbst 50 und 60 Jahre.

In diesen Zahlen sind die sämtlichen, für den praktischen Betrieb maßgebenden Gesichtspunkte zusammengefaßt und in ihrem Einflusse gewertet. Manche derselben werden besonders hervorgehoben. Entscheidend ist vor allem der Bedarf an bestimmten Sortimenten. Zur Erziehung dieses Bedarfs ist ein, je nach den Wachstumsverhältnissen verschieden langer Zeitraum nötig. Daher sind die Abtriebsalter verschieden festgesetzt worden:

a) nach der Fruchtbarkeit des Bodens;
b) der Erhebung über das Meer;
c) nach geographischen Gebieten in den einzelnen Ländern, wie Württemberg, Baden, Bayern, auch Preußen (im Osten Preußens sind die Alter höher als im Westen).

Der Bedarf an Brennholz ist auch im Niederwald und Unterholz des Mittelwaldes für die Abtriebsalter entscheidend.

Am deutlichsten tritt der Einfluß des Bedarfs auf das Abtriebsalter im Plenterwalde hervor.

Die Verjüngungsfähigkeit der Bestände wird besonders betont, wenn die Abtriebsalter sehr niedrig oder sehr hoch angesetzt werden.

Die Art des Besitzes wirkt insofern ein, als die Abtriebsalter in den Staatswaldungen im allgemeinen höher sind als in den Waldungen sonstiger Besitzer. Für die bayerischen Staatswaldungen wird (1861, S. 204) betont, daß eine Reserve für den Fall von Elementarschäden vorhanden sein müsse. Niedere Umtriebe gewährten nur ein notdürftiges Auskommen und seien für unvermeidliche Wechselfälle jeder Hilfsquelle bar.

6. Seit etwa 100—150 Jahren sind die Umtriebszeiten im großen ganzen ziemlich gleich hoch geblieben.

Die praktische Wirtschaft hat hierin eine sehr große Konstanz bewiesen trotz der Wandlungen, welche auf volkswirtschaftlichem Gebiete eingetreten sind. Der Bedarf hat sich mit der Zunahme der Bevölkerung und der Ausbreitung der Industrie und des Handels zwar quantitativ gesteigert, die Anforderungen an die Qualität der Hölzer sind aber nur unbedeutend verändert worden.

7. Im Anfang des 19. Jahrhunderts wurde die Erziehung der größten Holzmasse als Bestimmungsgrund für die Festsetzung des Abtriebsalters angesehen. Pfeil betonte 1818, daß auch die brauchbarste (= preiswürdigste) Masse anzustreben sei. Zahlreich sind die Abhandlungen von 1830—40 (Hartig, Pfeil, Uslar, Schmidlin, Karl). 1859 wurde durch Preßler die Frage der Umtriebszeit in den Vordergrund gerückt. Eine lange Reihe von Abhandlungen knüpfte sich an seine Ausführungen (Burckhardt, Bose, Baur, v. Pannewitz, Bohdannecky, Walther, Landolt). Für eine Wiederverlängerung der Umtriebszeit trat 1884 Borggreve ein. Von den Vereinen beschäftigte sich in neuerer Zeit der pommersche und der steiermärkische (1893), der schlesische (1894), der böhmische (1896), der märkische (1901) und der sächsische (1909) Forstverein mit der Umtriebsfrage.

Nach der Auffassung im schlesischen Forstverein sollte die Entscheidung für Staats-, Gemeinde- und Privatwaldungen getrennt werden.

8. Die Frage selbst wird sehr kompliziert, sobald die Verhältnisse verschiedener Gegenden einander gegenüber gestellt werden. Die Vergleichung verschiedener Abtriebsalter darf nur so angestellt werden, daß die allgemeinen Verhältnisse gleich bleiben und lediglich die Verschiedenheit des Abtriebsalters in Betracht kommt. Ist einmal bekannt, wie eine Änderung dieses Alters wirkt, so ist die Anwendung auf die einzelnen Verhältnisse leicht zu machen.

Die Beweggründe, aus denen höhere oder niedrigere Abtriebsalter eingehalten werden und wurden, sind selten genauer angegeben, vielfach nur ganz allgemein ausgedrückt. Sie sind aber dieselben, die heute noch ausschlaggebend sind. Es soll

a) die höchste und b) die brauchbarste Holzmasse erzogen und c) bei Geldwirtschaft die höchste Geldeinnahme erzielt werden.

Die Unterlagen für diese Berechnungen sind leichter und sicherer zu beschaffen, seitdem die umfangreichen Zuwachsuntersuchungen der Versuchsanstalten und statistische Nachweise über die Holzpreise vorliegen.

Die folgenden Untersuchungen werden daher ausschließlich auf Grund der Ertragstafeln der Versuchsanstalten und unter Benützung der statistischen Quellenwerke geführt werden. Auf Grund dieses Tatsachenmaterials sollen die besonders wichtigen Einzelfragen zu beantworten versucht und auf festem Grunde die praktischen Schlüsse gezogen werden.

320. Die Erhöhung der Holzmasse in den 80—140 Jahre alten Beständen.

1. Aus § 161 wissen wir, daß der jährlich erfolgende Zuwachs am Bestande in dem ziemlich frühen Alter von etwa 50—60 Jahren sein Maximum erreicht und mit dem Alter fortwährend kleiner wird. Es verlohnt, sich die Größe des im Alter von 80—120, bei der Eiche bis 140 Jahren noch vorhandenen Zuwachses genauer zu betrachten, da von ihm der Abtrieb einzelner Bestände abhängig gemacht wird.

Auf den Stockabschnitten aus alten Beständen läßt sich vielfach — nicht immer — beobachten, daß die einzelnen Jahrringe immer schmäler werden und manchmal mit bloßem Auge nicht mehr zu zählen sind. An ein und derselben Scheibe kommen aber in den hohen Altersklassen Stellen mit schmalen und wieder solche mit breiten Jahrringen vor. Es ist also nicht ein allgemeines Sinken des Zuwachses eingetreten, sondern ein Sinken, das mit der Assimilationstätigkeit der einen oder anderen Seite der Baumkrone zusammenhängt.

Die Stammstärke nimmt bis zum 120. und 140. Jahre und länger zu. Dies ist von Bedeutung für die Nutzholzwirtschaft, bei der die mittleren und oberen Durchmesser für die Sortierung und Preisbildung entscheidend sind.

Die an sich schmalen Jahrringe machen sich doch in der Kreisfläche des Bestandes bemerkbar, wie die alle 5 Jahre in den Versuchsflächen vorgenommenen Messungen beweisen. Selbst 120—140 jährige Tannenbestände zeigen noch einen Zuwachs an Kreisfläche.

Die Holzmasse steigt ebenfalls bis zum 120. und 140. Jahre, am meisten bei der Buche und Eiche, in geringerem Grade bei den Nadelhölzern.

Diese Ergebnisse sind in geschlossenen Beständen festgestellt worden und kehren in allen Bonitäten wieder.

Welche Massenmehrung (in Festmetern, nicht in Prozenten und für I., III., V. Bonität angegeben) durch den an sich geringer werdenden Zuwachs in geschlossenen Beständen bis zum 120. Jahre noch stattfindet, ist aus der folgenden Zusammenstellung (Tabelle 152) ersichtlich. Sie soll insbesondere den Unterschied zeigen, welcher nach Altersklassen, Bonitäten, Holzarten und geographischen Gebieten sich aus den Aufnahmen der Bestände ergibt.

Tabelle 152.

Massenvermehrung an Derbholz: Fm. pro ha.

Holzart	Land	Bonität	vom 81.—90. Jahr a	vom 91.—100. Jahr b	vom 101.—110. Jahr c	vom 111.—120. Jahre d	Verhältniszahlen % a	b	c	d
Fichte	Preußen 1902	I	42	26	13	2	100	62	31	5
		III	40	24	10	2	100	60	25	5
		V	23	14	—	—	100	61	—	—
	Mittel- und Norddeutschland 1890	I	74	66	61	54	100	89	82	73
		III	63	52	47	42	100	83	75	67
		V	43	34	—	—	100	79	—	—
	Süddeutschland 1890	I	74	66	58	53	100	89	78	72
		III	67	63	57	50	100	94	85	75
		V	52	45	—	—	100	87	—	—
	Schweiz: Gebirge 1907	I	88	66	51	38	100	75	58	43
		III	60	50	40	26	100	83	67	43
		V	39	38	26	17	100	97	67	44
	Sachsen 1878	I	52	45	43	42	100	87	83	81
		III	42	28	26	26	100	67	62	62
	Braunschweig 1912	I	30	21	15	14	100	70	50	47
		III	46	26	18	17	100	57	39	37
		V	39	35	23	16	100	90	59	41
	Württemberg 1899	I	83	73	66	52	100	88	80	63
		III	75	62	52	40	100	83	69	53
		V	49	36	25	15	100	74	51	31
Tanne	Württemberg 1897.	I	154	122	104	85	100	79	68	55
		III	109	102	82	65	100	94	75	60
	Baden 1902 Gesamtmasse	I	84	70	58	52	100	83	69	62
		III	71	61	52	44	100	86	73	62
		V	50	44	40	37	100	88	80	74
Föhre	Deutschland 1880	I	37	31	27	20	100	84	73	54
		III	25	20	17	13	100	80	68	52
		V	12	—	—	—	100	—		—
	Nordd. Tiefebene 1896	I	36	29	26	23	100	81	72	64
		III	25	22	20	19	100	88	80	76
		V	14	12	11	—	100	86	79	—
	Sachsen 1884	I	20	18	18	18	100	90	90	90
		III	19	18	16	15	100	95	84	79
		V	18	13	—	—	100	—	—	—
	Baden 1893	I	44	43	36	31	100	98	82	71
		III	27	23	21	17	100	85	78	63
		V	13	9	—	—	100	69	—	
	Hessen 1886 a) Rhein-Main-Ebene	I	36	26	17	11	100	72	47	31
		III	9	—	—	—	100		—	—
	b) Buntsandstein-Gebiet	I	40	25	20	13	100	63	50	33
		II	10	—	—	—	100	—	—	—

Massenvermehrung an Derbholz: Fm. pro ha.

Holzart	Land	Bonität	vom 81.—90. Jahr a	vom 91.—100. Jah b	vom 101.—110. Jahr c	vom 111.—120. Jahr d	121.—130. Jahr	131.—140. Jahr	Verhältniszahlen % a b c d
Buche	Preußen 1902	I	29	25	21	19	—	—	100 86 72 66
	a) Lock. Schluß	III	25	22	20	17	—	—	100 88 80 68
		V	23	21	17	14	—	—	100 91 74 61
	b) Gewöhnl. Schluß	I	43	38	35	31	—	—	100 88 81 72
		III	39	34	30	26	—	—	100 87 77 67
		V	26	24	20	17	—	—	100 92 77 65
	Braunschweig 1904	I	57	57	48	40	—	—	100 100 84 70
		III	46	38	38	32	—	—	100 83 83 70
		V	35	26	23	20	—	—	100 74 66 57
	Baden 1894	I	62	58	51	47	—	—	100 94 82 76
		III	46	43	40	37	—	—	100 94 87 80
		V	33	31	28	25	—	—	100 94 85 76
	Hessen 1880	I	53	42	—	—	—	—	100 79 — —
	(Lich in Hessen)	II	43	35	35	—	—	—	100 81 81 —
	Oberhessen 1893	I	74	66	58	50	—	—	100 89 78 68
		III	48	41	36	32	—	—	100 85 75 67
		V	31	28	25	23	—	—	100 90 81 74
	Württemberg 1881	I	60	60	56	50	—	—	100 100 93 83
		III	50	45	40	37	—	—	100 90 80 74
		V	40	34	25	21	—	—	100 85 63 53
	Schweiz 1907	I	51	44	34	23	—	—	100 86 67 45
		III	47	36	25	18	—	—	100 77 53 38
		V	38	31	18	14	—	—	100 82 47 37
Eiche	Preußen 1905	I	39	36	34	31	26	24	100 92 87 80 67 62
		II	37	33	29	25	22	20	100 89 78 68 60 54
		III	35	30	23	20	18	16	100 86 66 57 51 46
	Hessen 1900	I	48	41	36	33	30	28	100 85 75 69 63 58
		III	40	37	35	33	31	28	100 93 88 83 78 70

2. Bei allen Holzarten findet auch noch vom 110. bis 120. Jahre eine Zunahme der Derbholzmasse und zwar auf allen Bonitäten statt. Stellen wir die Vermehrung vom 101.—110. Jahre für I. und III. Bonität zusammen, so treten die Grenzwerte der Vermehrung deutlich heraus.

Derbholzvermehrung vom 101. bis 110. Jahre. Fm

	I. Bonität:	III. Bonität:
Fichte	13—66	10—57
Tanne	(58)—104	(52)—82
Föhre	17—36	16—21
Buche	34—58	30—40
Eiche	34—36	23—35

Nehmen wir den Wert eines Festmeters auch nur zu 20 ℳ an, so kann der um 10 Jahre älter gewordene Bestand, abgesehen von etwaigen Durchforstungserträgen, im Werte um 200—2000 ℳ auf 1 ha gestiegen sein.

3. Die Tabelle ist auch in anderer Hinsicht sehr lehrreich. Sie zeigt, daß die Vermehrung vom 80. Jahr an allgemein geringer wird, daß aber nach Holzarten und innerhalb der Holzart nach geographischen Gebieten sehr bedeutende Unterschiede bestehen. Die Vermehrung sinkt vom 101.—110. Jahr bald auf 25, bald nur auf 90 % des Zuwachses vom 81.—90. Jahr.

Die Fichte hat im schweizerischen Gebirge im 110.—120. Jahr einen Zuwachs auf I. Bonität, der demjenigen der 80 jährigen Fichte Preußens fast gleichkommt. Ähnliches gilt von der Buche.

Es fragt sich nun noch, ob in diesem Alter auch die brauchbarsten und wertvollsten Sortimente erzogen werden können.

§ 321. Abtriebsalter und Umtriebszeit.

Zeitschriften: Allg. F.J.Z.: 1828, 365: Huber 28, 421; 29, 304. Aus dem Walde (Burckhardt): Burckhardt 1865, 153. Forst- u. J.-Archiv: 1818, III, 3, 1. Forstl. Bl.: Böhm 1873, 270; Guse 78, 193; Borggreve 81, 179; Borggreve 84, 322; Borggreve 84, 386; Walther 88, 65. Forstw. Centralbl.: Kautzsch 1879, 477; Guse 79, 582; Urich 81, 137; v. Fischbach 81. 415; Schnittspahn 82, 559; Bose 86, 433; Schnittspahn 88, 141; Schuberg 89, 145; Ney 1903, 177; Wagner 12, 194; Thaler 14, 140. Interess. Gegenstde.: 1830, 215. Krit. Bl.: 1830, 118; Uslar 31, 20; 33, 41; 34. 179; 46, 223; 49, 135. Monatschr. f. F.-wesen: Roth 1868, 369; Wagener 71, 107; 71, 441; Wagener 72, 92. Ökon. Neuigkeiten: Tei-

nitzer 1838, 56, 825; Schmidlin 39, 57, 345; Teinitzer 40, 60, 589. Thar. J.: Neumeister 1880, 29; Schiffel 81, 108; Martin 1914, 287. Zeitschr. f. F.- u. J.-wesen: Frey 1890, 137; Stoetzer 1900, 699; Hönlinger 14, 538. Centralbl. f. ges. F.: C. 1885, 341. Vereinsschrift f. F.-kunde: 1856, 29, 41; 80, 109, 31; 96, 132. Schweiz. Zeitschr.: 1853, 184; Landolt 88, 10; Landolt 91, 98; Landolt 91, 211. Vereine: Deutschlands Land- u. Fw. 1840, 60, 61. Hils-Soll. 1860. Mark Brand. 1901. Pommern 1893. Sachsen 1909. Schles. 1865, 94. Süddeutschl. 1840, 56. Mähren 1844, 51. Ober-Österr. 1858, 69. Steierm. 1893. Tirol 1861.

1. Das Alter a, in welchem die einzelnen Bestände eines größeren Waldes tatsächlich zum Abtrieb kommen, ist verschieden: 92, 98, 100, 103, 107 etc. Jahre. Man kann nun ein durchschnittliches Abtriebsalter a etwa = 100 von vornherein festsetzen; dieses durchschnittliche Abtriebsalter nennt man die Umtriebszeit u. Innerhalb des Zeitraums u sollen alle Bestände eines Reviers einmal zum Abtrieb kommen. Die jährliche Schlagfläche f ist $= \frac{F}{u}$ sie steht im umgekehrten Verhältnis zu u. Als Umtriebszeit u wird das vorteilhafteste Abtriebsalter gewählt. Wie ist dies nun zu ermitteln? Der Fichtenbestand wird bald im 50., bald im 120. Jahr zum Abtrieb gebracht; welches Alter ist vorzuziehen?

2. Der einfachste Fall, weil keinerlei Rücksichten die Beantwortung der Frage beeinflussen, ist folgender: Eine mitten im Feld liegende ehemalige Ackerfläche ist aufgeforstet worden. In welchem Alter wird diese am vorteilhaftesten abgetrieben? Das vorteilhafteste Abtriebsalter ist dasjenige, in welchem bei reiner Naturalwirtschaft die Materialerträge, bei Geldwirtschaft die Gelderträge des Abtriebshiebs sowie der Durchforstungen ihr Maximum erreichen. Es müssen daher die Erträge für verschiedene Alter a_{50}, a_{60}, a_{70} etc. berechnet und verglichen werden. Ergibt sich bei der Berechnung das Alter a als das vorteilhafteste, so muß in diesem Alter der ganze Bestand geschlagen werden.

Wird in jedem Alter (a_{80}, a_{100}) die ganze aufgeforstete Fläche (F = 1,0 ha) in einem Jahr als abgetrieben gedacht, so ist die Jahresschlagfläche f ihr gleich, d. h.: F = f = 1,0 ha. Die geschlagene Fläche ist also im Jahre a_{80} und a_{100} gleich groß.

Nicht gleich groß ist dagegen die im Jahre a_{80} oder a_{100} auf 1 ha geerntete Holzmasse. Ein Buchenbestand I. Bonität liefert in Preußen im 80. Jahre m = 435, im 100. Jahre m' = 516 Fm Derbholz des Hauptbestandes und 631 bezw. 796 Fm mit Einrechnung der Vornutzungen. Der Ertrag im 100. Jahre ist also 19 bezw. 26 % höher als im 80. Jahre.

Nicht gleich groß ist ferner die Zeit, welche zur Erzeugung der beiden verschieden großen Massen m und m' bei gleicher Bewirtschaftung „im gewöhnlichen Schluß" nötig ist. Die Masse m' erfordert 20 Jahre mehr Zeit, als die Masse m. Im Durchschnitt erwachsen im Jahre bis zum Alter a = 80 Jahre 435 : 80 = 5,4 Fm, bis zum Alter a' = 100 Jahre 516 100 = 5,2 Fm. Unter Berücksichtigung der Zeitdauer des Wachstums steht die absolut größere Masse des Alters a' hinter derjenigen des Alters a zurück. Dies rührt von der im höheren Alter eintretenden Abnahme des jährlichen Zuwachses her: im 80. Jahr wachsen noch 9,1 Fm zu; dieser Zuwachs sinkt anhaltend gegen das 100. Jahr hin und beträgt in diesem nur noch 7,9 Fm Derbholz.

Zur Vergleichung dient die durchschnittliche Massenerzeugung im Jahr, der sog. Durchschnittszuwachs $\left(\frac{\text{Masse}}{\text{Alter}}.\right)$

3. Anders gestalten sich die Verhältnisse, wenn für einen großen Waldbesitz das Alter a oder a' als durchschnittliches Abtriebsalter aller Bestände oder als Umtriebszeit zugrunde gelegt wird. Bei der Einteilung in Jahresschläge, wie sie im Niederwald heute und im Hochwald früher üblich war, entstehen so viele Jahresschläge, als der älteste Bestand bei seinem Abtrieb Jahre zählt. Soll der Niederwald von 100 ha im Alter a = 16 Jahre geschlagen werden, so ist der Jahresschlag $f = \frac{F}{a} = \frac{100}{16} = 6{,}25$ ha. Wird das Holz im Jahre a' = 20 geschlagen, so ist f nur = 5 ha. Im Hochwalde von 100 ha Größe ist die Jahresschlagfläche bei a_{100} = 100 100 = 1,0 ha; bei a'_{120} = 100 120 = 0,83 ha.

Mit dem Steigen von a (oder u) wird f kleiner $\left(\frac{F}{a} = f\right)$ mit dem Fallen von a wird f größer.

Gleichzeitig tritt auch, wie wir sahen, eine Änderung in der auf 1 ha vorhandenen Holzmasse ein. Im Falle a haben wir zwar eine kleinere Schlagfläche, aber zugleich eine größere auf 1 ha stehende Holzmasse. Wie sich die Verhältnisse im einzelnen Fall gestalten, hängt vom Zuwachs in den zwischen a und a liegenden Jahren ab.

4. Auf Grund der Ertragstafeln läßt sich für normal bestockte, geschlossene Bestände die Änderung der anfallenden Holzmasse berechnen, je nachdem eine Umtriebszeit von 80, 90, 100, 110, 120 Jahren eingeführt wird. Die am meisten verbreitete Umtriebszeit von 100 Jahren wird der Vergleichung zugrunde gelegt und gleich 100 gesetzt.

Die Änderung des Anfalls der Masse ist nach Bonitäten prozentisch nur wenig verschieden, so daß die Schlußergebnisse zusammengefaßt werden können. Die Berechnung erstreckte sich auf die Fichte in Preußen, Sachsen, Württemberg, Schweiz; auf die Tanne in Baden und Württemberg; die Föhre in Norddeutschland, Sachsen, Hessen; die Buche in Preußen, Braunschweig, Baden, Württemberg, Schweiz; die Eiche in Preußen und Hessen.

A. Fichte. Preußen 1902. Derbholzmasse. F = 100 ha. Tabelle 153.

u	$\frac{F}{u} = f$	I. Bonität			II. Bonität			III. Bonität			IV. Bonität			V. Bonität		
		Zugehörig. Vd. nach der Ertragst.	Wirkl. V für f Sp2 × Sp3	Verhältniszahl 100 j. u = 100	Zugehörig. Vd. nach der Ertragst.	Wirkl. V für f Sp2 × Sp3	Verhältniszahl 100 j. u = 100	Zugehörig. Vd. nach der Ertragst.	Wirkl. V für f Sp2 × Sp3	Verhältniszahl 100 j. u = 100	Zugehörig. Vd. nach der Ertragst.	Wirkl. V für f Sp2 × Sp3	Verhältniszahl 100 j. u = 100	Zugehörig. Vd. nach der Ertragst.	Wirkl. V für f Sp2 × Sp3	Verhältniszahl 100 j. u = 100
1	2	3	4	5	3	4	5	3	4	5	3	4	5	3	4	5
120	0,833	749	624	85,0	627	522	86,1	492	410	85,4	373	311	86,4	—	—	—
110	0,909	747	679	92,5	620	564	93,1	490	445	92,7	373	339	94,2		—	—
100	1,00	734	734	100,0	606	606	100,0	480	480	100,0	360	360	100,0	245	245	100,0
90	1,11	708	786	107,1	583	647	106,8	456	506	105,4	335	372	103,3	231	256	104,5
80	1,25	666	833	113,5	545	681	112,4	416	520	108,3	304	380	105,6	208	260	106,1
70	1,43	610	872	118,8	488	698	115,2	360	515	107,3	261	373	103,6	170	243	99,2
60	1,67	530	885	120,6	407	680	112,2	288	481	100,0	203	339	94,2	117	195	79,6
50	2,00	410	820	111,7	295	590	97,4	201	402	83,8	129	258	71,7	64	128	52,2

A. Fichte. Sachsen 1878. Derbholzmasse. F = 100 ha.

u	$\frac{F}{u} = f$	I. Bonität			II. Bonität			III. Bonität			IV. Bonität			V. Bonität		
120	0,833	1024	853	90,8	828	690	90,6	662	551	90,3	496	413	91,6			
110	0,909	982	893	95,1	796	724	95,0	636	578	94,8	474	431	95,6			
100	1,00	939	939	100,0	762	762	100,0	610	610	100,0	451	451	100,0			
90	1,11	894	992	105,6	728	808	106,0	582	646	105,9	427	474	105,1			
80	1,25	842	1053	112,1	668	835	109,6	540	675	110,7	390	488	108,2			
70	1,43	756	1081	115,1	600	858	112,6	478	684	112,1	336	480	106,4			
60	1,67	657	1097	116,8	524	875	114,8	404	675	110,7	260	434	96,2			
50	2,00	536	1072	114,2	406	812	106,6	280	560	91,8	132	264	58,5			

A. Fichte. Württemberg 1899. Derbholzmasse. F = 100 ha.

u	$\frac{F}{u} = f$	I. Bonität			II. Bonität			III. Bonität			IV. Bonität			V. Bonität		
		Zugehörig. Vd. nach der Ertragst.	Wirkl. V für f Sp2 × Sp3	Verhältniszahl 100 j. u = 100	Zugehörig. Vd. nach der Ertragst.	Wirkl. V für f Sp2 × Sp3	Verhältniszahl 100 j. u = 100	Zugehörig. Vd. nach der Ertragst.	Wirkl. V für f Sp2 × Sp3	Verhältniszahl 100 j. u = 100	Zugehörig. Vd. nach der Ertragst.	Wirkl. V für f Sp2 × Sp3	Verhältniszahl 100 j. u = 100	Zugehörig. Vd. nach der Ertragst.	Wirkl. V für f Sp2 × Sp3	Verhältniszahl 100 j. u = 100
1	2	3	4	5	3	4	5	3	4	5	3	4	5	3	4	5
120	0,833	1118	931	93,1	920	766	95,8	712	59,3	95,6	520	433	96,2	340	283	94,3
110	0,909	1066	969	96,9	866	787	98,4	672	61,1	98,5	490	445	98,9	325	295	98,3
100	1,00	1000	1000	100,0	800	800	100,0	620	62,0	100,0	450	450	100,0	300	300	100,0
90	1,11	927	1029	102,9	727	807	100,9	558	61,9	99,8	402	446	99,1	264	293	97,7
80	1,25	844	1055	105,5	646	808	101,0	483	60,4	97,4	343	428	95,1	215	269	89,7
70	1,43	750	1073	107,3	554	792	99,0	393	56,2	90,6	270	386	85,8	150	215	71,7
60	1,67	640	1069	106,9	442	738	92,3	282	47,1	76,0	175	292	64,9	83	139	46,3
50	2,00	497	994	99,4	300	600	75,0	162	32,4	52,3	80	160	35,6	30	60	20,0

A. Fichte. Schweiz Gebirge 1907. Derbholzmasse. F = 100 ha.

u	$\frac{F}{u} = f$	I. 3	I. 4	I. 5	II. 3	II. 4	II. 5	III. 3	III. 4	III. 5	IV. 3	IV. 4	IV. 5	V. 3	V. 4	V. 5
120	0,833	1260	1050	89,7	1023	852	89,9	806	671	90,7	600	500	91,4	420	350	92,8
110	0,909	1222	1111	94,9	994	904	95,4	780	709	95,8	576	524	95,8	403	366	97,1
100	1,00	1171	1171	100,0	948	948	100,0	740	740	100,0	547	547	100,0	377	377	100,0
90	1,11	1105	1227	104,8	890	988	104,2	690	766	103,5	506	562	102,7	339	376	99,7
80	1,25	1017	1271	108,5	817	1021	107,7	630	788	106,5	455	569	104,0	300	375	99,5
70	1,43	904	1293	110,4	725	1037	109,4	553	791	106,9	392	561	102,6	254	363	96,3
60	1,67	769	1284	109,6	611	1020	107,6	462	772	104,3	318	531	97,1	200	334	88,6
50	2,00	611	1222	104,4	478	956	100,8	351	702	94,9	227	454	83,0	133	266	70,6

B. Tanne. Württemberg 1907. Derbholzmasse. F = 100 ha.

u	$\frac{F}{u} = f$	I. Bonität			II. Bonität			III. Bonität			IV. Bonität			V. Bonität		
		Zugehörig. Vd. nach der Ertragst.	Wirkl. V für f Sp2 × Sp3	Verhältniszahl 100 j. u = 100	Zugehörig. Vd. nach der Ertragst.	Wirkl. V für f Sp2 × Sp3	Verhältniszahl 100 j. u = 100	Zugehörig. Vd. nach der Ertragst.	Wirkl. V für f Sp2 × Sp3	Verhältniszahl 100 j. u = 100	Zugehörig. Vd. nach der Ertragst.	Wirkl. V für f Sp2 × Sp3	Verhältniszahl 100 j. u = 100	Zugehörig. Vd. nach der Ertragst.	Wirkl. V für f Sp2 × Sp3	Verhältniszahl 100 j. u = 100
1	2	3	4	5	3	4	5	3	4	5	3	4	5	3	4	5
120	0,833	1189	990	99,0	982	818	102,3	767	639	103,1	552	460	102,2			
110	0,909	1104	1004	100,4	903	821	102,6	702	638	102,9	509	463	102,9			
100	1,00	1000	1000	100,0	800	800	100,0	620	620	100,0	450	450	100,0			
90	1,11	878	975	97,5	677	751	93,9	518	575	92,7	376	417	92,7			
80	1,25	724	905	90,5	536	670	83,8	409	511	82,4	293	366	81,3			
70	1,43	557	797	79,7	403	576	72,0	307	439	70,8	214	306	68,0			
60	1,67	399	666	66,6	284	474	59,3	210	351	56,6	139	232	51,6			
50	2,00	257	514	51,4	178	356	44,5	118	236	38,1	70	140	31,1			

B. Tanne. Baden 1902. Gesamtmasse. F = 100 ha.

u	$\frac{F}{u} = f$	I. 3	I. 4	I. 5	II. 3	II. 4	II. 5	III. 3	III. 4	III. 5	IV. 3	IV. 4	IV. 5	V. 3	V. 4	V. 5
120	0,833	1210	100,8	91,6	1000	833	92,6	816	680	94,4	641	534	97,1	477	397	99,3
110	0,909	1158	105,3	95,7	955	868	96,4	772	702	97,5	598	544	98,9	440	400	100,0
100	1,00	1100	1100	100,0	900	900	100,0	720	720	100,0	550	550	100,0	400	400	100,0
90	1,11	1030	1143	103,9	832	924	102,7	659	731	101,5	500	555	100,9	356	395	98,8
80	1,25	946	1183	107,5	751	939	104,3	588	735	102,1	438	548	99,6	306	383	95,8
70	1,43	842	1204	109,5	655	937	104,1	505	722	100,3	363	519	94,4	242	346	86,5
60	1,67	710	1186	107,8	543	907	100,8	410	685	95,1	280	468	85,1	172	287	71,8
50	2,00	542	1084	98,5	410	820	91,1	298	596	82,8	191	382	69,5	108	216	54,0

C. Föhre. Nordd. Tiefebene 1896. Derbholzmasse. F = 100 ha.

u	$\frac{F}{u} = f$	I. Bonität			II. Bonität			III. Bonität			IV. Bonität			V. Bonität		
		Zugehörig. Vd. nach der Ertragst.	Wirkl. V für f Sp2 × Sp3	Verhältniszahl 100 j. u = 100	Zugehörig. Vd. nach der Ertragst.	Wirkl. V für f Sp2 × Sp3	Verhältniszahl 100 j. u = 100	Zugehörig. Vd. nach der Ertragst.	Wirkl. V für f Sp2 × Sp3	Verhältniszahl 100 j. u = 100	Zugehörig. Vd. nach der Ertragst.	Wirkl. V für f Sp2 × Sp3	Verhältniszahl 100 j. u = 100	Zugehörig. Vd. nach der Ertragst.	Wirkl. V für f Sp2 × Sp3	Verhältniszahl 100 j. u = 100
1	2	3	4	5	3	4	5	3	4	5	3	4	5	3	4	5
120	0,833	590	491	90,8	493	411	91,5	393	327	92,4	289	241	92,0	—	—	—
110	0,909	567	515	95,2	472	429	95,5	374	340	96,0	276	251	95,8	175	159	97,0
100	1,00	541	541	100,0	449	449	100,0	354	354	100,0	262	262	100,0	164	164	100,0
90	1,11	512	568	105,0	424	471	104,9	332	369	104,2	245	272	103,8	152	169	103,0
80	1,25	476	595	110,0	394	493	109,8	307	384	108,5	226	283	108,0	138	173	105,5
70	1,43	432	618	114,2	356	509	113,4	278	398	112,4	203	290	110,7	121	173	105,5
60	1,67	380	635	117,4	310	518	115,4	242	404	114,1	175	292	111,5	100	167	101,8
50	2,00	319	638	117,9	256	512	114,0	197	394	111,3	139	278	106,1	74	148	90,2

C. Föhre. Sachsen 1884. Derbholzmasse. F = 100 ha.

u	$\frac{F}{u} = f$	I. Bonität			II. Bonität			III. Bonität			IV. Bonität			V. Bonität		
120	0,833	588	490	88,8	490	408	89,7	390	325	90,5	—	—	—	—	—	—
110	0,909	570	518	93,8	473	430	94,5	375	341	95,0	—	—	—	—	—	—
100	1,00	552	552	100,0	455	455	100,0	359	359	100,0	260	260	100,0	162	162	100,0
90	1,11	534	593	107,4	437	485	106,6	341	379	105,6	244	271	104,2	149	165	101,9
80	1,25	514	643	116,5	417	521	114,5	322	403	112,3	226	283	108,8	131	164	101,2
70	1,43	489	699	126,6	394	563	123,7	298	426	118,7	204	292	112,3	110	157	96,9
60	1,67	458	765	138,6	362	605	133,0	264	441	122,8	170	284	109,2	84	140	86,4
50	2,00	420	840	152,2	314	628	138,0	210	420	117,0	119	238	91,5	55	110	67,9

C. Föhre. Hessen 1886. Derbholzmasse. F = 100 ha.

u	$\frac{F}{u} = f$	I. Bonität			II. Bonität			III. Bonität			IV. Bonität		
		Zugehörig. Vd. nach der Ertragst.	Wirkl. V für f Sp2 × Sp3	Verhältniszahl 100 j. u = 100	Zugehörig. Vd. nach der Ertragst.	Wirkl. V für f Sp2 × Sp3	Verhältniszahl 100 j. u = 100	Zugehörig. Vd. nach der Ertragst.	Wirkl. V für f Sp2 × Sp3	Verhältniszahl 100 j. u = 100	Zugehörig. Vd. nach der Ertragst.	Wirkl. V für f Sp2 × Sp3	Verhältniszahl 100 j. u = 100
1	2	3	4	5	3	4	5	3	4	5	3	4	5
					Hessen, a) Rhein-Main-Ebene.								
120	0,833	611	509	87,3	—	—	—	—	—	—	—	—	—
110	0,909	600	545	93,5	—	—	—	—	—	—	—	—	—
100	1,00	583	583	100,0	444	444	100,0	—	—	—	—	—	—
90	1,11	557	618	106,0	426	473	106,5	301	334	—	—	—	—
80	1,25	521	651	111,7	399	499	112,4	292	365	—	—	—	—
70	1,43	476	681	116,8	361	516	116,2	271	388	—	156	223	—
60	1,67	424	708	121,4	316	528	118,9	235	392	—	145	242	—
50	2,00	361	722	123,8	260	520	117,1	189	378	—	121	242	—
					Hessen, b) Buntsandstein-Gebiet.								
120	0,833	568	473	88,4	—	—	—	—	—	—	—	—	—
110	0,909	555	504	94,2	—	—	—	—	—	—	—	—	—
100	1,00	535	535	100,0	430	430	100,0	—	—	—	—	—	—
90	1,11	510	566	105,8	410	455	105,8	268	297	—	—	—	—
80	1,25	470	588	109,9	377	471	109,5	258	323	—	—	—	—
70	1,43	425	608	113,6	335	479	111,4	240	343	—	166	237	—
60	1,67	375	626	117,0	285	476	110,7	210	351	—	152	254	—
50	2,00	314	628	117,4	230	460	107,0	168	336	—	126	252	—

D. Buche. Preußen, gewöhnl. Schluß, 1902. Derbholzmasse. F = 100 ha.

u	$\frac{F}{u} = f$	I. Bonität			II. Bonität			III. Bonität			IV. Bonität			V Bonität		
		Zugehörig. Vd. nach der Ertragst.	Wirkl. V für f Sp2 × Sp3	Verhältniszahl 100 j. u = 100	Zugehörig. Vd. nach der Ertragst.	Wirkl. V für f Sp2 × Sp3	Verhältniszahl 100 j. u = 100	Zugehörig. Vd. nach der Ertragst.	Wirkl. V für f Sp2 × Sp3	Verhältniszahl 100 j. u = 100	Zugehörig. Vd. nach der Ertragst.	Wirkl. V für f Sp2 × Sp3	Verhältniszahl 100 j. u = 100	Zugehörig. Vd. nach der Ertragst.	Wirkl. V für f Sp2 × Sp3	Verhältniszahl 100 j. u = 100
1	2	3	4	5	3	4	5	3	4	5	3	4	5	3	4	5
120	0,833	582	485	94,0	498	415	95,6	403	336	96,8	298	248	96,5	208	173	101,2
110	0,909	551	501	97,1	468	425	97,9	377	343	98,8	280	255	99,2	191	174	101,8
100	1,00	516	516	100,0	434	434	100,0	347	347	100,0	257	257	100,0	171	171	100,0
90	1,11	478	531	102,9	397	441	101,6	313	347	100,0	231	256	99,6	147	163	95,3
80	1,25	435	544	105,4	356	445	102.5	274	343	98,8	200	250	97,3	121	151	88,3
70	1,43	383	548	106.2	305	436	100,5	230	329	94,8	162	232	90,3	90	129	75,4
60	1,67	316	528	102,3	244	407	93,8	178	297	85,6	115	192	74,7	53	89	52,0
50	2,00	234	468	90.7	174	348	80,2	118	236	68,0	60	120	46,7	12	24	14,0

D. Buche. Braunschweig 1904. Derbholzmasse. F 100 ha.

u	$\frac{F}{u} = f$	I. 3	I. 4	I. 5	II. 3	II. 4	II. 5	III. 3	III. 4	III. 5	IV. 3	IV. 4	IV. 5	V. 3	V. 4	V. 5
120	0,833	684	570	95,6	598	498	96,1	508	423	96,6	404	337	95,2	283	236	98.3
110	0,909	644	585	98,2	561	510	98,5	476	433	98,9	383	348	98,3	263	239	99,6
100	1.00	596	596	100,0	518	518	100.0	438	438	100,0	354	354	100,0	240	240	100,0
90	1,11	539	598	100,3	469	521	100,6	400	444	101,4	313	347	98,0	214	238	99,2
80	1,25	482	603	101.2	413	516	99,6	354	143	101,1	277	346	97,7	179	224	93,3
70	1,43	411	588	98,7	356	509	98,3	300	429	97,9	230	329	92,9	147	210	87,5
60	1,67	336	561	94,1	291	486	93,8	235	392	89,5	174	291	82,2	112	187	77,9
50	2,00	254	508	85,2	212	424	81,9	165	330	75,3	117	231	66,1	67	134	55,8

D. Buche. Baden 1894. Derbholzmasse. F = 100 ha.

u	$\frac{F}{u} = f$	I. Bonität			II. Bonität			III. Bonität			IV. Bonität			V. Bonität		
		Zugehörig. Vd. nach der Ertragst.	Wirkl. V für f Sp2 × Sp3	Verhältniszahl 100 j. u = 100	Zugehörig. Vd. nach der Ertragst.	Wirkl. V für f Sp2 × Sp3	Verhältniszahl 100 j. u = 100	Zugehörig. Vd. nach der Ertragst.	Wirkl. V für f Sp2 × Sp3	Verhältniszahl 100 j. u = 100	Zugehörig. Vd. nach der Ertragst.	Wirkl. V für f Sp2 × Sp3	Verhältniszahl 100 j. u = 100	Zugehörig. Vd. nach der Ertragst.	Wirkl. V für f Sp2 × Sp3	Verhältniszahl 100 j. u = 100
1	2	3	4	5	3	4	5	3	4	5	3	4	5	3	4	5
120	0,833	729	607	96,2	602	501	97,9	477	397	99,3	371	309	100,7	280	233	102,6
110	0,909	682	620	98,3	560	509	99,4	440	400	100,0	340	309	100,7	255	232	102,2
100	1,00	631	631	100,0	512	512	100,0	400	400	100,0	307	307	100,0	227	227	100,0
90	1,11	573	636	100,8	458	508	99,2	357	396	99,0	271	301	98,0	196	218	96,0
80	1,25	511	639	101,3	399	499	97,5	311	389	97,3	232	290	91,5	163	204	89,9
70	1,43	442	632	100,2	339	485	94,7	260	372	93,0	191	273	88,9	129	184	81,1
60	1,67	366	611	96,8	277	463	90,4	207	346	86,5	147	245	79,8	95	159	70,0
50	2,00	283	566	89,7	208	416	81,3	149	298	74,5	99	198	64,5	58	116	51,1

D. Buche. Württemberg 1881. Derbholzmasse. F = 100 ha.

u	$\frac{F}{u} = f$	I. 3	I. 4	I. 5	II. 3	II. 4	II. 5	III. 3	III. 4	III. 5	IV. 3	IV. 4	IV. 5	V. 3	V. 4	V. 5
120	0,833	717	597	97,7	607	506	99,4	493	411	98,8	381	317	103,6	258	215	101,4
110	0,909	667	606	99,2	559	508	99,8	456	415	99,8	346	315	102,9	237	215	101,4
100	1,00	611	611	100,0	509	509	100,0	416	416	100,0	306	306	100,0	212	212	100,0
90	1,11	551	612	100,2	456	506	99,4	371	412	99,0	265	294	96,1	178	198	93,4
80	1,25	491	614	100,5	401	501	98,4	321	401	96,4	220	275	89,9	138	173	81,6
70	1,43	429	613	100,3	339	485	95,3	268	383	92,1	175	250	81,7	100	143	67,5
60	1,67	354	591	96,7	273	456	89,6	209	349	83,9	128	214	69,9	65	109	51,4
50	2,00	248	496	81,2	194	388	76,2	141	282	67 8	78	156	51,0	35	70	33,0

D. Buche. Schweiz 1907. Derbholzmasse. F = 100 ha.

u	$\frac{F}{u} = f$	I. Bonität			II. Bonität			III. Bonität			IV. Bonität			V. Bonität		
		Zugehörig. Vd. nach der Ertragst.	Wirkl. V für f Sp2 × Sp3	Verhältniszahl 100 j. u = 100	Zugehörig. Vd. nach der Ertragst.	Wirkl. V für f Sp2 × Sp3	Verhältniszahl 100 j. u = 100	Zugehörig. Vd. nach der Ertragst.	Wirkl. V für f Sp2 × Sp3	Verhältniszahl 100 j. u = 100	Zugehörig. Vd. nach der Ertragst.	Wirkl. V für f Sp2 × Sp3	Verhältniszahl 100 j. u = 100	Zugehörig. Vd. nach der Ertragst.	Wirkl. V für f Sp2 × Sp3	Verhältniszahl 100 j. u = 100
1	2	3	4	5	3	4	5	3	4	5	3	4	5	3	4	5
120	0,833	666	555	91,1	573	477	91,7	486	405	91,4	402	335	91,8	322	268	92,4
110	0,909	643	584	95,9	550	500	96,2	468	425	95,9	387	352	96,4	308	280	96,6
100	1,00	609	609	100,0	520	520	100,0	443	443	100,0	365	365	100,0	290	290	100,0
90	1,11	565	627	103,0	481	534	102,7	407	452	102,0	332	369	101,1	259	287	99,0
80	1,25	514	643	105,6	433	541	104,0	360	450	101,6	287	359	98,4	221	276	95,2
70	1,43	445	636	104,4	369	528	101,5	300	429	96,8	234	335	91,8	171	245	84,5
60	1,67	364	608	99,8	295	493	94,8	233	389	87,8	176	294	80,5	121	202	69,7
50	2,00	279	558	91,6	217	434	83,5	164	328	74,0	116	232	63,6	74	148	51,0

E. Eiche. Preußen 1905. Derbholzmasse. F = 100 ha.

u	$\frac{F}{u} = f$	I. Bonität			II. Bonität			III. Bonität			IV. Bonität			V. Bonität		
140	0,714	512	366	92,2	407	291	93,6	303	216	95,6						
130	0,769	488	375	94,5	387	297	95,5	287	220	97,3						
120	0,833	462	385	97,0	365	304	97,7	269	224	99,1						
110	0,909	431	392	98,7	340	309	99,4	249	226	100,0						
100	1,00	397	397	100,0	311	311	100,0	226	226	100,0						
90	1,11	361	401	101,0	278	309	99,4	196	218	96,5						
80	1,25	322	403	101,5	241	301	96,8	161	201	88,9						
70	1,43	278	398	100,0	200	286	92,0	122	174	77,0						
60	1,67	230	384	96,7	155	259	83,3	85	142	62,8						
50	2,00	177	354	89,2	109	218	70,1	55	110	48,7						

E. Eiche. Hessen 1900. Derbholzmasse. F = 100 ha.

u	$\frac{F}{u} = f$	I. Bonität			II. Bonität			III. Bonität			IV. Bonität			V Bonität		
		Zugehörig. Vd. nach der Ertragst.	Wirkl. V für f Sp2 × Sp3	Verhältniszahl 100 j. u = 100	Zugehörig. Vd. nach der Ertragst.	Wirkl. V für f Sp2 × Sp3	Verhältniszahl 100 j. u = 100	Zugehörig. Vd. nach der Ertragst.	Wirkl. V für f Sp2 > Sp3	Verhältniszahl 100 j. u = 100	Zugehörig. Vd. nach der Ertragst.	Wirkl. V für f Sp2 × Sp3	Verhältniszahl 100 j. u = 100	Zugehörig. Vd. nach der Ertragst.	Wirkl. V für f Sp2 × Sp3	Verhältniszahl 100 j. u = 100
1	2	3	4	5	3	4	5	3	4	5	3	4	5	3	4	5
140	0,714	673	481	88,1	579	413	91,2	482	344	96,9	376	268	103,9			
130	0,769	645	496	90,8	515	424	93,6	454	349	98,3	349	268	103,9			
120	0,833	615	512	93,8	522	435	96,0	423	352	99,2	320	267	103,5			
110	0,909	582	529	96,9	490	445	98,2	390	355	100,0	290	264	102,3			
100	1,00	546	546	100,0	453	453	100,0	355	355	100,0	258	258	100,0			
90	1,11	505	561	102,7	411	456	100,7	318	353	99,4	224	249	96,5			
80	1,25	457	571	104,6	366	458	101,1	278	348	98,0	187	234	90,7			
70	1,43	405	579	106,4	319	456	100,7	234	335	94,4	148	212	82,2			
60	1,67	347	579	106,4	269	449	99,1	187	312	87,9	108	180	69,8			
50	2,00	280	560	102,6	214	428	94,5	138	276	77,7	69	138	53,5			

Die Zahlenübersichten über das Derbholz — das Reisig hat im höheren Alter einen verschwindenden Einfluß — zeigen

a) daß mit wenigen Ausnahmen durch die Erniedrigung der Umtriebszeit ein Steigen, durch die Erhöhung ein Fallen der zur Nutzung kommenden Holzmasse eintritt.

b) Bei einer Änderung der Umtriebszeit um ± 10 Jahre ändert sich die anfallende Holzmasse um ± 1—3, selten 4—6 %; bei der Änderung um ± 20 Jahre um ± 6—10 %. Am geringsten ist die Änderung bei der Buche.

Die Änderung der Nutzungsmasse ist also innerhalb 20 Jahren unbedeutend. Wird die Umtriebszeit von 100 auf 80 herabgesetzt, so steigt die jährliche Schlagfläche von 100 auf 125, die jährliche Nutzungsmasse aber nur von 100 auf etwa 106. Wird umgekehrt die Umtriebszeit von 100 auf 120 erhöht, so sinkt die jährliche Schlagfläche um 17 %, die Nutzung aber nur um etwa 6 %.

Dieses Rechnungsergebnis zeigt, in welcher Richtung an sich die Änderung der Umtriebszeit im geschlossenen Walde wirkt. Der tatsächliche Holzanfall im großen Betriebe hängt viel mehr von der mehr oder weniger regelmäßigen Bestockung ab; er kann also trotz der Erniedrigung oder Erhöhung gleich bleiben, sinken oder steigen.

5. Das jüngere Holz ist im allgemeinen schwächer und weniger wertvoll als das ältere. Wie die Änderung der Umtriebszeit oder des Abtriebsalters auf den Durchmesser in 1,3 m einwirkt, zeigt die folgende Übersicht.

Die mittlere Stammstärke (in 1,3 m) beträgt cm:

Tabelle 154.

		80	90	100	110	120 Jahre
Fichte:						
Preußen	I	32	36	40	43	46
	III	23	26	28	30	32
	V	15	17	18	—	—
Württemberg	I	34	37	40	41	42
	III	21	26	28	30	30
	V	14	18	20	21	22
Schweiz	I	33	37	40	43	44
Gebirge	III	23	26	29	31	32
	V	15	17	19	21	23
Tanne:						
Baden	I	34	38	41	44	46
	III	23	26	29	32	34
	V	13	16	18	21	23

		80	90	100	110	120 Jahre
Föhre:						
Norddeutschl.	I	30	33	35	37	39
	III	22	25	27	29	30
	V	15	16	18	19	—
Hessen	I	33	38	43	47	49
Rhein-Main-Ebene	III	24	27	—	—	—
Buche:						
Braunschweig	I	29	32	35	38	41
	III	23	26	29	32	35
	V	14	16	18	20	21
Baden	I	25	27	30	32	34
	III	19	21	24	26	27
	V	14	16	18	19	21
Schweiz	I	29	31	34	35	37
	III	21	23	26	28	29
	V	15	17	19	20	22
Eiche:						
Preußen	I	31	36	40	44	47
	III	20	24	27	29	32
Hessen	I	33	36	40	43	47
	III	24	27	30	33	36

Die Änderung des Abtriebsalters um 10 Jahre bewirkt eine Änderung der mittleren Stammstärke um 3—5 cm, was bei der Sortimentswirtschaft schon ins Gewicht fällt.

Die Erniedrigung der Umtriebszeit kann daher ein Sinken des Preises und der Geldeinnahme herbeiführen.

6. In der großen Praxis sind seit Jahrhunderten die verschiedensten Abtriebsalter eingehalten worden. Mitteilungen über diese fehlen aber fast ganz. Nur die Umtriebszeiten sind vielfach mitgeteilt worden. Eine Übersicht soll der folgende § 322 bieten.

§ 322. Der Abtrieb zur Zeit des höchsten Massenzuwachses.

1. In § 159—161 ist die Zeit des höchsten Massenwachstums kurz besprochen worden. Aus der Zusammenstellung des Durchschnittszuwachses für die einzelnen Holzarten nach Ländern (I. S. 565) läßt sich der Unterschied der absoluten Zuwachsbeträge auf I. Bonität ersehen; sie erreichen 20—30 und mehr Prozente. Zugleich ist dort nachgewiesen, daß der Durchschnittszuwachs zur Zeit seiner Kulmination 5—10, auch 20 Jahre hindurch ziemlich gleich bleibt.

Für die in § 319 erwähnten Verschiebungen des Abtriebs ist es nun wichtig zu wissen, ob und in welchem Grade das Vor- und Zurückschieben des Abtriebs auf den Massenzuwachs einwirkt, bezw. ob mit der Rücksichtnahme auf waldbauliche Gesichtspunkte eine Einbuße an Zuwachs verbunden ist oder nicht.

2. Die Zeit des höchsten Massenzuwachses ist in den Ertragstafeln als die Zeit des höchsten Durchschnittszuwachses (Masse Alter) eingetragen. Die älteren Ertragstafeln weisen den Durchschnittszuwachs nur für den bleibenden Hauptbestand nach. Einige neuere Tafeln beziehen auch die Zwischennutzungen ein (Masse des Hauptbestandes + Masse der bereits erfolgten Zwischennutzungen. Alter). Ein weiterer Unterschied besteht in der Berücksichtigung des Reisigs. Einige Ertragstafeln führen nur das Derbholz, andere Derbholz und Reisig auf. Wo das Reisig verwertbar ist, läßt sich seine Vernachlässigung nicht rechtfertigen.

Die nachfolgende Übersicht enthält Auszüge aus den Ertragstafeln verschiedener Länder, um die Zeit des höchsten Durchschnittszuwachses in verschiedenen Wachstumsgebieten darzulegen. Vertreten sind in der Übersicht nur diejenigen Länder, für welche Ertragstafeln mit Einbeziehung des Nebenbestandes vorhanden sind.

Zeit des höchsten Durchschnittszuwachses vom Haupt- und Nebenbestand. Tabelle 155.

Holzart	Land		Das Maximum tritt ein für Derbholz und Reisig in den Jahren:				
			I. Bon.	II. Bon.	III. Bon.	IV. Bon.	V. Bon.
1. Fichte	Preußen	1902	90—100	85—100	85—100	100	95—100
	Mittel- u. Nordd.	1890	70	70—80	80—90	80—100	90—95
	Süddeutschland	1890	60	80—90	100—110	105—110	100
	Schweiz 1907:						
	a) Hügelland		50—60	55—60	60—70	70—80	80
	b) Gebirge		80—85	75—90	75—90	80—95	90—100
2. Föhre	Norddeutsche Tiefebene	1889	50—65	60—70	55—70	65	65—80
	Norddeutsche Tiefebene	1896	55	50—70	55—70	50—70	55—70
3. Tanne	Württemberg	1897	110	110—120	120	120	—
4. Buche	Preußen 1911:						
	a) Lockerer Schluß		120	120	120	120	115—120
	b) Gewöhnl. ,,		80—85	95—115	115—120	115—120	115—120
	Preußen	1893	95—115	105	95—120	80—115	75—100
	Braunschweig	1904	110	110	110—120	110—120	110
	Hessen 1893, Oberhessen		105—110	100—120	105—115	110—120	110—120
	Schweiz	1907	70—85	80—90	85—100	90—110	105
5. Eiche	Preußen	1905	75—85	95—100	95—105	—	—

3. Ein vergleichender Blick auf die Tabelle führt zu folgenden Ergebnissen:

a) Die Zeitdauer des höchsten Durchschnittszuwachses ist nur ganz ausnahmsweise auf 1 oder auch nur 5 Jahre beschränkt. In der Regel erstreckt sie sich über 10—15, auch 20—25 sogar 30 Jahre.

Erwägt man, daß die Genauigkeit der Bestandesaufnahmen ± 2 bis 5 % beträgt und daß daher der Durchschnittszuwachs sich nur auf ± 0,2 Fm genau bestimmen läßt, so können Abweichungen von 0,1 Fm als innerhalb der Fehlergrenze liegend betrachtet werden. Einer Höchstzahl von 8,5 Fm ist also die nächste Stufe von ungefähr 8,4 als gleichwertig zu betrachten. Läßt man nun einen Spielraum von ± 0,1 Fm gelten, so erhöht sich die Dauer der Kulmination um weitere 10—20, sogar 25 Jahre, umfaßt also 20—30, selbst 40 Jahre.

Handelt es sich, was vom volkswirtschaftlichen Standpunkt aus allein in Betracht kommt, um die höchste Produktion an Holzmasse, so müssen die oben angegebenen Umtriebszeiten oder durchschnittlichen Abtriebsalter gewählt werden.

Da dieses Alter einen Spielraum von 10—20 Jahren umfaßt, so wird von den Durchschnittswerten im einzelnen Fall die obere Zahl eingehalten werden, schon deshalb, weil auf diesem Wege die stärkeren und wertvolleren Sortimente erzogen werden können.

b) Die Kulmination tritt auf den geringeren Bonitäten später ein als auf den besseren, und zwar wird bei Einbeziehung des Nebenbestandes von einer Bonität zur andern die Kulmination je um 5, oft auch 10—15 Jahre, bei Buche und Eiche um 20 Jahre hinausgerückt.

In größeren Beständen ist selten nur eine Bonität vertreten; meist muß ein Bestand in 2, sogar 3 Bonitäten eingereiht werden. Für den Abtrieb des ganzen Bestandes wird das Alter der niedrigsten Bonität bestimmend sein.

c) Die geographische Lage bringt, wenn wir von der Fichte im schweizerischen Hügelland absehen, nur unbedeutende Änderungen in der Kulminationszeit mit sich. Sie ist meistens nur um 5, selten um 10 oder mehr Jahre verschieden, d. h. die Massenproduktion in verschiedenen Ländern ist bei derselben Holzart nicht gleich groß, aber der Gang des Zuwachses zeigt keine wesentlichen Abweichungen. In den südlicher gelegenen Ländern scheint die Kulmination etwas bälder einzutreten. Im Gebirge tritt sie, wie die Fichte in der Schweiz zeigt, etwa 20 Jahre später ein. Zu einem ähnlichen Ergebnisse gelangt auf anderem Wege A. v. Guttenberg für die Hochgebirgsfichte[1]).

d) Wird nur der Durchschnittszuwachs an Derbholz berücksichtigt, so tritt die Kulmination etwa 5—10 Jahre später ein. Ein erheblicher Unterschied wird also für praktische Zwecke nicht hervorgerufen.

---

[1]) Wachstum und Ertrag der Fichte im Hochgebirge S. 55, 74.

e) Früher wurde der Durchschnittszuwachs nur für den Hauptbestand berechnet. Welch einschneidende Änderungen die Einbeziehung des Nebenbestandes mit sich bringt, ergibt sich daraus, daß bei Fichte, Föhre, Buche die Kulminationszeit dadurch um 20—30, bei der Tanne um 10—15 Jahre, bei der Erle um 10, der Birke um 20 Jahre hinausgeschoben wird.

Die hergebrachten und lange Zeit als entscheidend angesehenen Zahlen müssen also um 10—20, selbst 30 Jahre erhöht werden.

4. Fassen wir die Ergebnisse für die am häufigsten vorkommenden Bonitäten (II, III) in einige Zahlen zusammen, so sind für Fichte, Tanne, Buche, Eiche Abtriebsalter von 90—100, auch 110—120, für die Föhre von 70 Jahren als die für die höchste Massenproduktion geeigneten zu bezeichnen.

5. Vergleicht man endlich die in Tabelle 155 enthaltenen Altersangaben für die Zeit des höchsten Durchschnittszuwachses mit den in der Praxis üblichen Umtriebszeiten (§ 319), so ergibt sich, daß sie größtenteils zusammenfallen, d. h. die Richtigkeit der praktischen Abtriebsalter ist durch die Wachstumsuntersuchungen bestätigt worden.

Die Holzmasse ist auch bei Berechnung des Geldertrags von ausschlaggebender Bedeutung.

§ 323. Der Abtrieb zur Zeit des höchsten Werts und Preises.

1. Je älter das Holz wird, um so länger und stärker und damit um so wertvoller sind die erwachsenen Stämme.

Im allgemeinen steigt der Preis des gesunden Holzes mit dem Alter. Auch der Wert eines ganzen Bestandes nimmt mit dem Alter zu, nicht nur, weil die stärkeren Stämme höhere Preise erzielen, sondern auch, weil der Anteil der stärkeren Stämme an der gesamten, auf 1 ha stehenden Holzmasse mit dem Alter größer wird. Genauer nachweisen läßt sich dies aus Versuchsflächen, aber nicht aus der großen Wirtschaft, da die Veröffentlichungen der Schlagergebnisse sich noch nicht auf diese Einzelheiten beziehen.

2. Zu den in § 189 angeführten Ergebnissen sollen aus verschiedenen Gegenden noch Belege hinzugefügt werden. Sie sollen insbesondere darlegen, daß die lokalen Unterschiede der Preise bei solchen Berechnungen beachtet werden müssen.

Welch bedeutende Unterschiede sich für die Holzarten ergeben, lehrt ein kurzer Blick auf die Zahlenreihen.

Verhältniszahlen der Preise in den einzelnen Klassen.

Langholz bezw. Sägholz Klasse		I	II	III	IV	V	VI	VII	VIII
Baden 1911.	Eiche	400	333	261	166	100	—	—	—
	Buche	195	169	143	115	100	—	—	—
	Fichte und Tanne	140	134	125	114	100	—	—	—
	Föhre	206	165	132	111	100	—	—	—
Bayern 1912.	Eiche.								
	Pfalz: Elmstein Nord	640	349	263	182	100	—	—	—
	Spessart: Rohrbrunn	1289	774	591	472	372	240	173	100
	Rotenbuch	1338	751	520	357	257	145	100	—
	Buche.								
	Spessart: Rohrbrunn	511	385	323	218	156	100	—	—
	Rotenbuch	476	379	281	184	132	100	—	—
	Nadelholz.								
	Freising: Fichte, Tanne	160	154	133	113	100	—	—	—
	Föhre	207	183	143	116	100	—	—	—
Braunschweig 1912/13.	Eiche (b-Klasse)	305	247	199	136	100	—	—	—
	Wolfenbüttel	359	279	150	138	100	—	—	—
	Buche	211	172	136	112	100	—	—	—
	Nadelholz	203	201	157	119	100	—	—	—
Preußen 1912.	Eiche	—	—	145	100	—	—	—	—
	Buche	—		122	100	—	—	—	—
	Fichte	—	121	100	—	—	—	—	—
	Föhre	—	127	100	—	—	—	—	—

Sachsen 1900/12. (Thar. J. 64, 274)	Nadelholz	über 36 cm	30—36 cm	23—29 cm	16—22 cm	bis 15 cm
	Stämme	169	168	149	121	100
	Klötze	206	203	180	146	100
		Scheiter	Prügel			
	Brennholz	121	100	—	—	—

3. Das Verhältnis der Preise der einzelnen Klassen zueinander ist nicht konstant. Je nach der Nachfrage kann im einzelnen Jahre der Preis eines schwächeren Sortiments über denjenigen des stärkeren steigen und umgekehrt der Preis des stärkeren bedeutend fallen (vgl. z. B. die badische Statistik).

4. Die einzelnen Sortimentsklassen sind nach dem Mittendurchmesser, in Süddeutschland auch nach dem oberen Durchmesser abgestuft. Der Unterschied von 1 cm, ja 0,1 cm bringt die Einreihung in verschiedene Klassen mit sich. Mit 60 cm fällt der Buchenstamm in die I., mit 59,9 cm in die II. Klasse. Der Preis in Rohrbrunn im Spessart betrug 1913 für I. Klasse 48, für II. nur 36 ℳ, also wegen eines um 1 cm schwächeren Durchmessers 12 ℳ = 25 % weniger. Bei sorgfältiger Wirtschaft wird man das stärkere Sortiment erziehen wollen.

5. In alten geschlossenen Beständen beträgt der jährliche Zuwachs des Durchmessers in 1,3 m meist 0,2 auch 0,3 cm. Wird der Abtrieb um 3—4 Jahre hinausgeschoben, so ist die höhere Preisklasse erreicht.

Das geringe Steigen von der II. in die I. Klasse in Sachsen auf der einen Seite, und das starke Ansteigen der Preise bei Buche und namentlich Eiche im Spessart auf der andern mag besonders hervorgehoben werden.

6. Für die frühen Abtriebsalter des Nadelholzes fällt ins Gewicht, daß z. B. 1911 in Baden 1 Fm Nadelholz-Derbstangen bis zu 31 *M* (etwa zum Preise des Langholzes II. Klasse) verwertet wurde.

Noch auffallender gestalten sich die Preise bei der Christbaumzucht. 8—10 jährige Fichten haben, je nach der Fruchtbarkeit des Bodens, eine Höhe von 60—120 cm und einen Preis von 0,60—1,20 *M*. Da auf 1 ha 10 000 Christbäume stehen, so hat der 10 jährige Bestand einen Wert von 6000—12 000 *M*, der dem Werte eines 100 jährigen Bestandes nahe kommen kann.

7. Es muß bezüglich der Preise ausdrücklich darauf hingewiesen werden, daß diese als Sortimentspreise aufzufassen sind, daß das Alter — mit einigen Ausnahmen, wie Kernholz — eine ganz untergeordnete Rolle spielt. Ein Stamm III. Klasse kann 60, 80, 100 oder 120 Jahre alt sein.

Die Verteilung der Stämme eines Bestandes auf die Durchmesserstufen zeigt diese Unterschiede sehr deutlich. Die mittleren Stärkestufen sind am zahlreichsten vertreten, die unteren und oberen Stufen treten zurück.

Wenn beim heutigen Stande der Preisstatistik der Wert eines 60 oder 80jährigen Bestandes berechnet werden muß, so müssen eben diese Sortimentspreise zu Grunde gelegt werden. Da wir für wenige Gegenden Tafeln besitzen, welche den Anteil der Sortimente an der Bestandesmasse nachweisen, so beruhen die durchschnittlichen Preissätze für 80- oder 100jährige Bestände auf unbestimmten Annahmen und Schätzungen. Dadurch muß eine gewisse Unsicherheit in die Berechnung überhaupt kommen.

Kleinnutzholz. Preis pro Fm.

Baindt 1910

a) Derbstangen[1]	100 Stck. = Fm Derb.	+ Fm Reisig	100 Stck. Preis				1 Fm Derbholz			
Baustangen	7	3	120	100	70	50 *M*	17	14	10	7 *M*
Hagstangen	4	3	50	40	30		12	10	8	
Hopfenstangen I—III Kl.	1	3	30	25	20		30	25	20	

[1]) Zu den Preisen für Derbholz kommt bei den Derbstangen noch der Preis für Reisig hinzu = 5 *M* per Fm.

b) Reisstangen	100 Stck. =		
Hopfenstangen	Fm Derb. + Fm Reisig	100 Stck. Preis	1 Fm Reisig
IV, V Kl.	1	15 10 ℳ	15 10 ℳ
Rebstecken	1	6 4	6 4
Bohnenstecken	0,1	3	30

Gegenüber diesen Preisen für Kleinnutzholz betragen die Preise für Langholz:

I.	II.	III.	IV.	V.	VI. Kl.
24	22	20	18	16	14 ℳ.

§ 324. Der Abtrieb zur Zeit des höchsten Geldroh- und höchsten Geldreinertrags.

1. Die tatsächliche Grundlage für die Berechnung des Geldertrags bilden die in einem bestimmten Alter vorhandenen Massenvorräte samt den erfolgten Zwischennutzungen und die Preise.

Hinsichtlich der Genauigkeit aller dieser Berechnungen muß auf die früheren Bemerkungen verwiesen werden.

Da die Holzmassen mit dem Alter steigen und da ferner die Preise des älteren (stärkeren) Holzes fast ausnahmslos höher sind, als die des jüngeren (schwächeren), so muß der Geldwert der Bestände mit dem Alter ebenfalls zunehmen.

Dieser Satz wird durch sämtliche Geldertragstafeln bestätigt. Die so berechneten Bestandswerte lassen sich übersichtlich in sog. Geldertragstafeln zusammenstellen.

Solche Geldertragstafeln hat Schwappach für Fichte, Kiefer, Buche in Preußen, Lorey für Fichte und Tanne in Württemberg aufgestellt. Für mein ehemaliges Revier (Baindt) habe ich eine lokale Geldertragstafel für Fichte und Buche berechnet.

2. Von den Geldeinnahmen werden gewöhnlich die Ausgaben für Kulturen und Verwaltung, sodann für Hauerlöhne (um diese werden die Preise gekürzt) in Abzug gebracht. Die Rechnung kann aber vereinfacht werden. Der kleine Waldbesitzer hat keine Ausgaben für Verwaltung und bei natürlicher Verjüngung auch keine Ausgaben für Kulturen, auch keine direkten Auslagen für Hauerlöhne. Außerdem üben diese Beträge bei der Berechnung des Abtriebsalters einen so geringen Einfluß aus, daß sie vernachlässigt werden können. Es genügt also für waldbauliche Zwecke, zur Vergleichung die Einnahmen in Fm (M_u + ma ...) und in Mark (A_u + Da + ...) zu berücksichtigen.

3. Eine Vergleichung der angeführten Geldertragstafeln zeigt, daß der höchste Geldrohertrag nur ausnahmsweise vor dem 100. Jahre, überwiegend im 110. und 120. Jahr, bei der Buche und Föhre erst im 130. Jahr erreicht wird.

Läßt man bei der Ungenauigkeit dieser Berechnungen einen Spielraum von 5 % zu, so dehnt sich die Kulmination auf einen längeren Zeitraum aus. Dieser umfaßt bei der Fichte: in Preußen die Jahre 90—120, in Württemberg 100—130, in Baindt 70—120; bei der Tanne in Württemberg 110—140; bei der Buche: in Preußen 120—140, in Baindt 100—120; bei der Föhre in Preußen 90—140.

Der Zeitraum der Kulmination erreicht also 20—30, ausnahmsweise sogar 50 Jahre. Der Unterschied in der Kulmination ist nach den Bonitäten nicht sehr verschieden, immerhin tritt sie auf den geringeren Bonitäten (IV, V) etwa 10 Jahre später ein.

4. Werden die Durchforstungserträge zum Abtriebsertrag ins Verhältnis gesetzt, so entfallen etwa 90% auf den Abtriebsertrag und 10% auf die Durchforstungserträge.

In der Summe der Erträge $A_u + Da + Dq$ sind aber die Eingangszeiten der Durchforstungserträge nicht berücksichtigt, sondern die Erträge im 50. und 80. Jahr einander gleichgestellt. Der erstere Ertrag ging 50, der letztere 20 Jahre vor $A_{u\,100}$ ein. Die Durchforstungserträge können 50 bezw. 20 Jahre auf Zinseszinsen angelegt werden. Es muß also der Ertrag der Durchforstungen bis zur Abtriebszeit (nach der Formel D_a 1, op $^{u-a}$ + Dq 1, op $^{u-q}$) prolongiert werden. Von Einfluß auf den berechneten Wert der Durchforstungserträge zur Zeit des Abtriebs ist daher die Zeitdauer des Zinseszinsenertrags und der zugrunde gelegte Zinsfuß p.

Ein Durchforstungsertrag im 30. Jahre von 320 ℳ wächst bis zum 100. Jahre bei 2 % auf 1280 ℳ, bei 3 % auf 2534, bei 4 % auf 4992 ℳ an. Bei einem Abtriebsertrag im 100. Jahre von 16 500 ℳ beträgt der ursprüngliche Betrag von 320 ℳ vom Abtriebsertrag 7,8; 15; 30,3 %.

5. Werden die Gelderträge der sämtlichen Durchforstungen (Da + Dq) prolongiert, so machen sie im 100. Jahre vom Geldertrag des Abtriebsbestandes je nach dem Zinsfuß rund 20—40 % aus. Werden endlich die so berechneten Durchforstungs- und Abtriebserträge auf die Gegenwart diskontiert oder als Bodenerwartungswerte nach der Formel von Faustmann berechnet, so lassen sich die verschiedenen Abtriebsalter hinsichtlich der Erträge vergleichen.

Martin bringt vom Ertrag (Au + Da + Dq) die Zinsen des Normalvorrats (N 0,0 p) und die Kulturkosten in Abzug; er beseitigt die Zinseszinsenanrechnung. Über den Zinsfuß selbst muß auch er eine Entscheidung fällen. Man hat die nach diesen beiden Methoden berechnete Umtriebszeit die finanzielle Umtriebszeit genannt.

Wir beschäftigen uns nur mit den Ergebnissen der Berechnung; die vielen Streitfragen auf diesem ganzen Gebiete zu besprechen, ist hier nicht der Ort.

6. Betont werden muß, daß die tatsächlichen Rechnungsunterlagen auch für die Zinseszinsrechnung ganz die gleichen sind, wie für die Berechnung des Abtriebsalters nach dem Geldrohertrag. Kommen Unter-

schiede zu Tage, so können diese nur von der Methode, nicht von den Grundlagen der Rechnung herrühren.

Die Änderung des der Rechnung zugrunde liegenden Zinsfußes um 1 % bringt Änderungen in der Umtriebszeit von 20 Jahren hervor. Je höher der Zinsfuß ist, um so niedriger ist die berechnete Umtriebszeit. Die Bestimmung der Höhe des Zinsfußes wird stets unsicher und willkürlich bleiben. Die in der folgenden Tabelle berechnete Umtriebszeit ist mit dem niedrigen Zinsfuß von 2—3 % berechnet. Bei einer Rechnung mit 4 % hätte sich eine 40—50 jährige finanzielle Umtriebszeit ergeben.

7. Die finanzielle Umtriebszeit auf Grund von Ertragstafeln ist für Fichte, Tanne, Kiefer, Buche in Tabelle 156 zusammengestellt.

Tabelle 156.

Finanzielle Umtriebszeit: Jahre.

Bonität	I	II	III	IV	V
Fichte:					
Preußen (nach Schwappach)					
(2 %) mäßige Durchforstg.	70	70	80	80	—
starke Durchforstung	70	80	80	90	—
Kiefer:					
Preußen (Schwapp.) 2 %	70	60	60	70	80
Buche:					
Preußen (Schwapp.) 2 %					
gewöhnlicher Schluß	75	80	90	95	110
Fichte:					
Württembg. (Lorey) (2 ½ %)	60	80	80	—	—
Tanne:					
Württembg. (Lorey) (2 ½ %)	—	110	100	—	—
Fichte:					
Baindt (Bühler) (3 %)	50	60	80	—	—
Buche:					
Baindt (Bühler) (3 %)	70	80	80	—	—

8. Auch nach der Rechnung mit Bodenerwartungswerten dauert die Kulmination des Ertrages längere Zeit an. Wenn Abweichungen vom höchsten Stand bis zu 5 % vernachlässigt werden, erstreckt sich ihre Dauer bei der Fichte in Württemberg auf 20—30, bei der Tanne in Württemberg auf 20—30, der Fichte in Preußen auf 20, bei der Föhre in Preußen auf 20—30, der Buche in Preußen auf 30—40 Jahre; bei der Fichte in Baindt auf 20, bei der Buche in Baindt auf 30—40 Jahre.

9. Die auf Ertragstafeln aufgebaute Berechnung der sog. finanziellen Umtriebszeit führt zu dem Ergebnis, daß die 70—80 jährige, auf der III. und IV. Bonität und bei der Tanne überhaupt auch die 90—100-jährige Umtriebszeit die vorteilhafteste sei.

Tatsächlich durchgeführt ist die finanzielle Umtriebszeit bis jetzt nur in den Staatswaldungen von Sachsen. Es waltet nach Pursche (Thar. J. 51, 53) das Streben vor, den Umtrieb gegenüber der Berechnung (nach dem Weiserprozent) zu erhöhen. Es ergäben sich, da jeder Umtrieb für den Hochwald sich nur auf 10 Jahre ab und zu bestimmen lasse, etwa folgende normale Hiebsalter:

		bei 3 %	bei 2,5 %iger Verzinsung
Fichte	I. Bonität . . .	60—70	65—75
	II. „ . . .	65—75	75—85
	III. „ . . .	75—85	80—90
	IV. „ . . .	90 und mehr	90 und mehr

Häufiger werde die 2,5 %ige Verzinsung gewählt. Die Bestimmung der Umtriesbzeit für die II. und III. Bonität sei die wichtigste; die kleinen Flächen der I. (5 % der Waldfläche) und V. (12 %) folgen ohne weiteres der Umgebung. Das wirkliche Hiebsalter der I. Bonität ist also etwa 20 Jahre höher. als das berechnete.

Zu der finanziellen Umtriebszeit der Tanne bemerkt Lorey ([2] 151), daß (statt des 100—110 jährigen) auch noch der 120 jährige Umtrieb gewählt werden könne; denn der Rückgang des Bodenerwartungswerts sei noch kein sehr beträchtlicher (5—6 %). Die Umtriebszeit der Fichte soll sich nach Lorey (S. 120) im Rahmen von 70—100 Jahren halten, in der Mehrzahl der Fälle 80—90, auf den geringeren Bonitäten 100 Jahre betragen.

Nach Schwappach läßt sich für die Kiefer (1908, S. 151) wegen des langsamen Sinkens des Bodenerwartungswerts bei Unterstellung einer 2 %igen Verzinsung eine Umtriebszeit von 100—120 Jahren, auf den besten Standorten eine noch höhere, durchaus rechtfertigen. Aus demselben Grunde sei bei der Fichte (1902, S. 116) das Hinausschieben um 10—20 Jahre, also auf 90—100 Jahre, wohl zulässig und unbedenklich.

Bei der Buche (1911, S. 202) lassen sich (nach Schwappach) bei intensiver Bestandespflege Umtriebszeiten von 120 Jahren auch vom Standpunkt der Bodenreinertragslehre durchaus vertreten.

Die nach der Methode des Bodenerwartungswerts berechneten Umtriebszeiten können also um 10—20, selbst 30 Jahre erhöht werden. Dann ergeben sich nach Schwappach und Lorey Rahmen von 20 bis 30 Jahren und als Umtriebszeiten für die Fichte 80—100, für die Tanne 120, die Föhre 100—120, die Buche 120 Jahre, d. h. Umtriebszeiten, wie sie sich auch nach dem Geldrohertrag berechnen und wie sie tatsächlich zumeist eingehalten werden.

Die verschiedenen Methoden der Berechnung führen also zu Resultaten, die für praktische Zwecke gleichwertig sind.

§ 325. Schlußfolgerungen für die Praxis.

1. Die Haupteinnahmen des Waldbesitzers liefern die Abtriebsschläge. Es ist daher für ihre Durchführung die höchste Sorgfalt und die Beachtung der sie beeinflussenden Verhältnisse nötig. In jedem einzelnen Falle sind allgemeine und besondere Rücksichten zu nehmen. Da sie sich manchmal widersprechen, so ist ein sorgfältiges Abwägen und eine gründliche Wertung der einzelnen Faktoren nötig. In der Anordnung der jährlichen Schläge drückt sich das Wissen und Können des Forstwirts aus.

2. Da die Zeit des höchsten Ertrags in der Regel nur auf 10—20 Jahre genau berechnet werden kann, so ist für die wirtschaftlichen und waldbaulichen Rücksichten ein genügender Spielraum vorhanden. An die Sätze des Wirtschaftsplans kann man sich in der praktischen Wirtschaft nicht binden.

Was waldbaulich in den nächsten 10 oder 20 Jahren in einem Bestande zu geschehen hat, muß die ausschlaggebende Rücksicht sein. Die Entscheidung darüber kann immer nur an Ort und Stelle getroffen werden, da sie vom Zustand des Bestandes abhängig ist.

Dabei müssen stets die sämtlichen Bestände des Reviers im Auge behalten werden, da nicht der einzelne Bestand, sondern das Ganze die Entscheidung geben muß.

3. Der kleine Besitz von 1—10 ha ist (§ 11) weitaus vorherrschend. Selbst ein großer Teil der Gemeinden hat nur eine Waldfläche von 50 ha, und im großen Durchschnitt entfallen auf eine Gemeinde nur 100—120 ha, auch 160—180 ha.

Es beträgt also die jährliche Schlagfläche in den Gemeindewaldungen meist 1 ha und erreicht ausnahmsweise 1,5—2,0 ha. Im Kleinbesitz beträgt sie meistens nur 1—5, auch 10 a.

In diesen Fällen gibt es nur einen einzigen Schlag im ganzen Waldbesitz; auch bei den Gemeinden überschreitet ihre Zahl selten 3—4 Schläge. Diese Schläge werden in der Regel in den ältesten Beständen geführt werden.

4. Ganz anders im Großbesitz, in welchem die jährliche Schlagfläche 10—20—30 ha, wo große Reviere bestehen auch 50—80 ha groß sind. Hier kommen weitere Rücksichten zur Geltung: die Verteilung der Schläge über den ganzen Besitz hin mit Rücksicht auf Bedarf und Nachfrage, Servituten, Absatzmöglichkeit und zu erwartende Preise, die Einlegung in Nadel- und Laubholzbestände, die Rücksicht auf Altersklassenverhältnis und Hiebsfolge, auf die natürliche Verjüngung, die Größe und Form des einzelnen Schlags, die Richtung des Hiebs.

Die für jeden einzelnen Punkt entscheidenden Gesichtspunkte sind im einzelnen bereits besprochen worden. Im praktischen Betriebe handelt es sich um die Entscheidung nach den wichtigsten Gesichtspunkten, um die Abschätzung ihrer Bedeutung, um die Vermeidung des Schadens.

Wir sehen den sorgfältigen Wirtschafter oft mitten in der Fällungszeit den ursprünglichen Plan ändern, während der ängstliche oder unselbständige sich an die Schablone des Wirtschaftsplans hält. Man braucht nur in den statistischen Nachweisungen die jährlichen Einnahmen benachbarter gleichartiger Reviere zu vergleichen, so wird man deutlich diesen Einfluß erkennen.

6. Abschnitt. **Die Betriebsarten.**

§ 326. Allgemeines und Geschichtliches.

1. In § 2 sind die verschiedenen Bedürfnisse aufgeführt, welche durch die wirtschaftliche Tätigkeit im Walde zu befriedigen sind. Daselbst ist (Ziffer 15) bereits darauf hingewiesen worden, daß der Wald je nach dem Zwecke in verschiedener Weise bewirtschaftet werde. Die verschiedenen Bewirtschaftungsarten werden vielfach auch Betriebsarten genannt. Es wird also Wirtschaft und Betrieb als gleichbedeutend angesehen. Auch für die Landwirtschaft hat neuestens Aereboe[1]) die beiden Worte als gleichsinnig angewendet.

Es fragt sich aber, ob nicht gerade in der Forstwirtschaft die beiden Begriffe geschieden werden müssen. Nach dem Sprachgebrauch werden allerdings die beiden Worte vielfach nebeneinander angewendet: intensive W., intensiver B., Hochwald-W., Hochwald-B.; Nadelholz-W. und Nadelholz-B.; dagegen überwiegen nur Durchforstungs-B., Verjüngungs-B., Lichtungs- oder Lichtwuchs-B., Überhalt-B. Worauf beruht nun diese Unterscheidung?

Der Grund wird deutlich hervortreten, wenn wir von den tatsächlichen Verhältnissen im Walde und nicht von dem abstrakten Begriffe der Betriebsart ausgehen.

2. Im ebenen und leicht hügeligen Gelände sind meistens verschiedene Holzarten vertreten: Buchen, Eichen, Erlen, Birken; Fichten, Tannen, Föhren. Die aus den verschiedenen Holzarten oder ihren Mischungen gebildeten Bestände sind aus Samen hervorgegangen, sie sind gleichalterig oder fast gleichalterig; die einzelnen Stämme sind nach Höhe und Stärke nicht sehr verschieden. Die Bestände werden gereinigt, durchforstet und bis gegen das Haubarkeitsalter hin geschlossen erhalten. Der Bestand setzt sich dann aus hochstämmigen

---

[1]) Allg. landw. Betriebslehre 1917. Vorwort S. VI. „Die landw. Betriebslehre, die man auch die Lehre von der Bewirtschaftung von Landgütern und Grundstücken nennen kann.“

Bäumen zusammen. Die früheren Schriftsteller sprechen von „Hochholz“, „hohem Wald“, „Stammholz“, „Baumholz“, „Baumwald“, auch „Samenwald“, während wir heute allgemein den Ausdruck „Hochwald“ anwenden. Diese Bezeichnung ist üblich für die ausgedehnten Bestände von Buche oder Fichte wie für den Erlenbestand, der auf einer kleinen, nassen Fläche zwischen den Buchen oder Fichten sich findet, und mit ihnen gleichfalls das Alter von 100 Jahren erreicht.

Die Bewirtschaftung dieser aus den verschiedenen Holzarten gebildeten Bestände ist im großen ganzen dieselbe. Immerhin lassen sich einige Abweichungen bemerken. Die mit Föhren bestockten Bestände werden früher, vielleicht auch etwas stärker durchforstet. Im Eichen bestande werden die krummen Stämme besonders sorgfältig entfernt. Das Auftreten von jungem Anflug oder Aufschlag kann bei einer Holzart zu früheren Lichtungshieben führen als bei einer anderen.

Der Zweck, hochstämmiges Holz zu erziehen, ist für alle Holzarten geblieben. Die größeren oder kleineren Abweichungen in der Bewirtschaftung sind nur durch die Eigentümlichkeit der Holzarten hervorgerufen. Wir können daher von einer H o l z a r t e n w i r t s c h a f t reden.

3. Würde der kleine Erlenbestand nicht erst im 100. Jahr, sondern, weil die Erle an manchen Stellen sich nicht bis zum 100. Jahre gesund erhält, im 50. Jahre geschlagen und durch Pflanzung ein neuer Bestand begründet, der ebenfalls nach 50 Jahren wieder zu schlagen wäre. so würde der Erlenbestand etwa 20 m hohe Stämme, also Hochwaldstämme liefern. Diese würden sich von den Buchen und Fichten hauptsächlich durch das Alter der Nutzung, dagegen wenig in Höhe und Stärke unterscheiden.

Würden dagegen von den genutzten Erlen Stockausschläge erfolgen und aus diesen der neue Bestand gebildet, so würde dieser auch durch die Art der Entstehung sich von den Buchen und Fichten unterscheiden. Die aus den Ausschlägen hervorgegangenen Stämme würden sodann nicht einzeln stehen und gleichmäßig über die Fläche verteilt sein, sondern dicht beisammen erwachsen und sich in der Entwickelung sehr stark beeinflussen. Der Ausschlagbestand würde vom Samenbestand durch die Höhen-, Stärke- und Schlußverhältnisse sich unterscheiden, woraus sich Änderungen auch in der Durchforstung, also in der Bewirtschaftung ergeben würden.

Neben dem Buchen- und Fichtenbestande hätten wir einen Erlenbestand, der sich durch Entstehung, Zusammensetzung und Nutzungsalter und infolgedessen in der Bewirtschaftung von dem Buchenbestande unterscheiden würde.

Da der Erlenbestand vielleicht nur einige Ar groß ist, so würde seine Bedeutung für den ganzen Besitz, dessen Bewirtschaftung und Nutzung nur ganz gering sein. Man würde nicht von einem besonderen

Betriebe reden, ebenso wenig als wenn auf einer steinigen und felsigen Stelle innerhalb eines Buchenbestandes sich nur Buschwerk entwickeln kann.

4. Ganz andere Bewirtschaftungsarten begegnen uns im Mittel- und Hochgebirge, z. B im oberen Rheintal oder in den Alpentälern.

Am Flußufer hin zieht sich der Laubwald (1). Stockausschläge bedecken die ganze Fläche. Soweit das Ufergelände längerer Überschwemmung regelmäßig ausgesetzt ist, werden die Weiden (2) in der Kopfholzform angezogen. Zwischen den Stockausschlägen finden sich ziemlich regellos verteilt (3) hohe Stämme von Weiden, Pappeln, Eschen, Eichen etc. An diese Uferwälder (Auenwälder) schließt sich in der ebenen Talsohle das Wiesen- und Ackerland an, bis am Hange wieder der Wald beginnt. Ausschlagwälder von (4) Kastanien und (5) Eichen bilden den untersten Waldgürtel, an den sich (6) der hochstämmige Eichenwald anschließt. Über der Eichenzone, teilweise noch in sie hereinragend, folgt die (7) Tannen- und (8) Buchenregion, über diesen erhebt sich (9) der geschlossene Fichtenwald. Am flachgründigen, sonnigen und daher trockenen Süd- oder Westhange kann eine kleine Fläche (10) mit Föhren, auf nassem Grunde eine solche (11) mit Erlen bestockt sein. Bei 1200 und 1400 m Meereshöhe verliert sich der geschlossene Wald, der (12) „aufgelöste“ Wald von Fichten, Lärchen, Ahorn etc. bildet den obersten Gürtel, zwischen dem und über dem sich die Weidefläche ausbreitet, soweit diese nicht durch einen Schutzwald von (13) Fichten und Arven oder (14) Legföhren, (15) Alpenerlen verdrängt ist.

Hier treten uns 15 verschiedene Waldbestände entgegen, die aber nicht nur durch die Holzart allein von einander unterschieden sind, sondern eine ganz verschiedene Entstehung (durch Stockausschlag oder Samen), verschiedenes Alter bei der Nutzung (bald nur 15, bald 50, 80, 100 und 200 Jahre), verschiedene Höhe und Stärke, dadurch verschiedene Holzsortimente, dichteren oder lichteren Schluß und den Einzelstand aufweisen.

In den niederen Lagen können kleinere Flächen vorübergehend landwirtschaftlich benützt, dem (16) Waldfeldbau eingeräumt sein, während daneben in den Reutbergen ganz regelmäßig die abgeholzte Waldfläche zwischen den Stöcken umgehackt und (17) als Hackwald-, Hauberg- oder Reutbergfläche landwirtschaftlich bebaut wird.

Wir haben es zweifellos mit 17 verschiedenen Wirtschaftsarten zu tun. Sind es nun auch 17 Betriebe? Nein.

Man wird von einem Hackwaldbetrieb, dagegen nicht vom Waldfeldbaubetrieb sprechen können, da der Waldfeldbau nur vorübergehend, nicht, wie der Hackwaldbetrieb, dauernd und regelmäßig eingeführt ist. Auch vom (10) Föhren- und (11) Erlenbetrieb kann nicht die Rede sein, da die kleinen Flächen nur einen vorübergehenden, alle 50 oder 100 Jahre wiederkehrenden Ertrag liefern.

Die 17 Bestände sind der Fläche nach getrennt; auf jeder Fläche findet eine besondere Bewirtschaftung statt. So erscheint die Eiche als (3) Oberholz über Unterholz, als (5) Ausschlagholz und (6) als hochstämmiger Baum im geschlossenen Bestande, die Fichte im (9) geschlossenen Bestand, im (12) aufgelösten Walde und (13) im Schutzwalde.

Jeder dieser Waldgürtel wird für sich bewirtschaftet, d. h. Reinigung, Durchforstung, Lichtung, Abtrieb und Nutzung ist dem einzelnen Bestande angepaßt. Jedes Jahr würde in den einzelnen Gürteln eine Nutzung stattfinden und die ganze Bewirtschaftungsart würde auf eine dauernde Nutzung eingerichtet werden. In jedem Gürtel müßte also eine eigene Altersabstufung vorhanden sein oder angestrebt werden. Die Bewirtschaftung jedes Gürtels müßte dem besonderen Zwecke entsprechen. Im Kastanienausschlagwald oder im geschlossenen Fichtenbestande könnten Kahlschläge oder Verjüngungsschläge mit vollständiger Entfernung des alten Holzes stattfinden, so daß Jahrzehnte lang nur junges Holz die Fläche bedecken würde. Im Schutzwalde, der herunterrollende Steine oder Lawinen aufhalten soll, muß stets altes, widerstandsfähiges Holz vorhanden sein; der Kahlhieb ist also ausgeschlossen.

Der jeweilige Zweck wird auf verschiedenem Wege erreicht. Im Schutzwalde muß nicht nur dauernd altes Holz vorhanden, sondern dieses muß auch in besonderer Weise verteilt sein. Das Wort Schutzwald gibt nur den Zweck der Bewirtschaftung an. Wie und durch welche Maßregeln der Zweck erreicht wird, erfahren wir erst durch die genaue Schilderung des „Betriebs".

Der Betrieb ist also die technische Einrichtung, die technische Organisation der auf die Dauer berechneten Wirtschaft.

So kann Starkholzzucht das Ziel der Wirtschaft sein. Starkholz kann aber durch Lichtstellung im geschlossenen Bestande oder durch Überhaltbetrieb oder durch Begünstigung der schon in der frühesten Jugend vorauswachsenden Bäume, oder durch Einsprengung rasch wachsender Holzarten erzogen werden. Die Bewirtschaftung ist demnach technisch ganz verschieden eingerichtet.

Derselbe Zweck der Starkholzzucht kann also technisch auf verschiedenem Wege — durch verschiedene Betriebe — erreicht werden.

I. Der Niederwald.

§ 327. Der natürliche und der wirtschaftliche Standort des Niederwaldes.

1. Das Wesen des Niederwaldes besteht in der geringen Höhe der erwachsenden Stämme — niedere Bäume im Gegensatz zu den

hohen Bäumen des Hochwaldes —, sei es, daß diese infolge des Standorts zu keiner größeren Höhe heranwachsen, wie das Buschholz, oder daß sie schon als niedrige Stämme genutzt werden (Eichenschälwald, Weidenheger, Erlenniederwald). Zum Niederwald wird gewöhnlich nur der Ausschlagwald der Laubhölzer gerechnet; Niederwald und Stockausschlagwald wird als gleichbedeutend betrachtet. Zum niederen Walde gehören aber auch die Legföhrenbestände des Hochgebirges und die Sumpfföhrenbestände auf dem Moorgrunde; auch die mit etwa 20—30 Jahren genutzten Föhren-Grubenholzbestände sind zum niederen Walde zu rechnen.

Der Fläche nach herrschen allerdings die aus Ausschlagholz hervorgegangenen Niederwälder vor. Auf diese wird daher in den folgenden Paragraphen näher eingegangen werden.

Es sind teils natürliche Verhältnisse, teils wirtschaftliche Rücksichten, die zum Niederwaldbetrieb führen.

2. Im Hochgebirge sind es die obersten Waldstreifen, in denen an steilen Stellen fast nur Grünerle und Legföhre bei den hohen Schneelagen sich erhalten. An den flachgründigen, felsigen Stellen der Hänge ist meistens nur Buschholz vorhanden. Ausgedehnte flachgründige und trockene Hänge, namentlich in den südlicheren Ländern (Tessin), sind vielfach mit Ausschlagholz bestanden, das als Brennholz genutzt wird. Auf den im Hoch- und auch im Mittelgebirge sich findenden Steinwällen und den in der Ebene angelegten Erdwällen („Knick" bei Bremen etc.), die meistens an der Grenze des Besitzes stehen, werden nur niedere Laubholzstämme erzogen.

Einen weiteren natürlichen Standort für den Niederwald bilden die Flußufer. Auf den kiesigen, trockenen Ablagerungen, auf entstehenden Inseln gedeiht nur niederes Gebüsch. Die Befestigung des Ufers wird mit niedrigen Weiden eingeleitet. Meistens muß für das Vorhandensein von Faschinenholz gesorgt werden. Auf den lehmigen und tonigen, tiefgründigeren Ablagerungen am Flusse erwachsen die höheren Stämme, die sich im Niederwald finden (siehe § 344 über den Mittelwald).

An Gräben, Bächen, Wassertümpeln, Teichen, Weihern und Seen wird zur Befestigung des Ufers und zur Ausnutzung der nassen oder sumpfigen Umgebung solcher Wasserflächen Weiden- und Erlenzucht getrieben, ohne daß die so bestockten Stellen sich der Fläche nach ausscheiden lassen.

Auf den angeführten Standorten ist aus natürlichen Ursachen die Erziehung hochstämmigen Holzes nicht oder nur ausnahmsweise möglich. Daneben finden sich aber ausgedehnte Flächen, die aus wirtschaftlichen Gründen im Niederwaldbetriebe erhalten werden.

3. Der Bedarf an Gerbrinde ruft den Eichenschälwald, an Flechtmaterial die Weidenzucht, an Rebstecken den Kastanien- und Akazien-

niederwald hervor. Das Brennholz wird seit Jahrhunderten vorherrschend aus den Ausschlagwäldern — teils reinen Niederwäldern, teils solchen mit Oberholz — gewonnen, und das Schlagholz, wie es genannt wurde und am Unterrhein heute noch genannt wird, dehnt sich über weite Flächen hin aus. Man begnügt sich mit dem schwachen, etwa 15—25 jährigen Reisig, das für die vorhandenen Öfen und Herde geeignet ist [1]). Wollte man früher auch Prügel- und Scheitholz erziehen, so wurde das Abtriebsalter auf 60 Jahre erhöht (Stangenhölzer).

Besonderen Zwecken dient der Niederwald, der am Waldrand hin erzogen wird, um die Beschattung des Feldes und das Übergreifen der Wurzeln zu verhindern, den Wald für das Weidevieh zu verschließen, das Verwehen des Laubes und das Austrocknen der Randzone zu verhindern, auch für die Vögel Schutz- und Nistgelegenheit zu schaffen. Niederwald wird nötig den Eisenbahnen entlang, damit nicht deren Betrieb bei Windfällen gefährdet wird. Schmale Streifen Landes, die manchmal zwischen Bach und Weg übrig bleiben, werden am zweckmäßigsten durch den Anbau von Weiden ausgenützt. An Weg- und Flußböschungen verbietet sich die Zucht hochstämmiger Bäume; der Niederwald, der den Boden festhält, ist hier allein am Platze. In der Umgebung von Aussichtspunkten wird durch Niederwaldzucht der freie Blick erhalten. Der große Bedarf der Eisenwerke, Glashütten usw. an Holzkohlen führte in früheren Jahrhunderten zur Zucht niederen Holzes, sei es in reinem Niederwald oder als Unterholz des Mittelwaldes. Niederwald wurde sodann besonders empfohlen: auf Weiden von Sylvander 1752, auch von Gujot 1771, von Däzel 1788 („wo Brenn- und Kohlholz die Hauptsache ist"), von Jägerschmid 1798, Trunk 1802 bei großen Städten, wo man das meiste Holz zum Brennen brauche. Besonders ausgebildet war die Niederwaldzucht in Frankreich. Duhamel will den Geldertrag der Niederwälder bei verschiedener Umtriebszeit untersucht wissen.

4. Der Niederwald bedeckt (§ 24) nur 6,8 % der Waldfläche Deutschlands. Die größte Verbreitung hat er zu beiden Seiten des Rheines und in Westfalen; geringere in Mecklenburg, Sachsen und Schlesien.

Es sind hauptsächlich die Gemeinden und die Privatwaldbesitzer, welche den Niederwald pflegen; in den Staatswaldungen spielt er nur eine unbedeutende Rolle.

Die in der Statistik von 1900 angegebenen Flächen sind insofern zu niedrig, als die vielen kleinen Flächen, auf denen Niederwaldwirtschaft innerhalb des Hochwaldes betrieben wird, nicht ausgeschieden sind.

---

[1]) Kirchgeßner teilt mit, daß die Stadt Eberbach im Odenwald noch in neuester Zeit 2000 ha Niederwald besaß, wovon 1700 ha mit Bürgernutzen belastet sind.

In Frankreich werden von den Staatswaldungen 20 %, von den Gemeindewaldungen 67 % als Niederwald bewirtschaftet.

In den öffentlichen Wäldern der Schweiz bedeckt der Niederwald 5,1 % der Fläche (im Kanton Tessin dagegen 31,1, in Genf 42,3, Waadt 11 %).

In den österreichischen Staats- und Fondsforsten fallen nur 0,8 % der Fläche auf den Niederwald (Salzburg, Tirol, Dalmatien, Galizien); in den ungarischen Staatsforsten 5 % (Temesvár).

Die kleinen Privatwaldbesitzer können auf ihren geringen Flächen oft nur Niederwald erziehen. Sie bevorzugen ihn, weil er baldige Erträge liefert.

5. Die Hauptverbreitung des Niederwaldes erstreckt sich auf die mineralisch kräftigen Bodenarten. Auf armem Boden ist er nicht angebracht. Durch die Form des geplenterten Niederwaldes wird eine ununterbrochene Bedeckung des Bodens erreicht. Da das Holz sehr jung genutzt wird, findet ein starker Verbrauch von Mineralstoffen statt (§ 83, 9. 13).

Mildes Klima ist erforderlich, damit die Triebe vor Eintritt des Herbst- und Winterfrostes gut verholzen. Auch die Frühjahrsfröste können die Ausschlagwirtschaft in Frage stellen. Niederwald findet sich noch bei 700 mm Niederschlag im Rheintal. Das üppigste Gedeihen zeigt er im Tessin[1]) bei hoher Wärme (10° Jahrestemperatur) und hohen Niederschlägen (1000—2000 mm) in der Bestockung von Erlen und Pappeln. Die Ausschlagloden der Kastanie erreichen im ersten Jahre die Höhe von 2—3 m, in 4 Jahren eine Höhe von 8 m.

§ 328. **Die Formen des Niederwaldes.**

1. Der einfache Niederwald mit schlagweisem Kahlhieb hat die größte Verbreitung.

2. Im geplenterten Niederwald wird kein Kahlhieb geführt. Es werden bei jeder Nutzung nur die stärkeren Schosse herausgenommen. Der Hieb kehrt alle 4—6 Jahre wieder. In dieser Zeit sind neue Triebe entstanden, so daß der Boden nie bloß gelegt wird. Zur Nutzung kommen nur die stärkeren und damit wertvolleren Schosse.

Diese Form empfiehlt sich besonders an Hängen, die dem Abschwemmen ausgesetzt sind. Über die Erträge des geplenterten Niederwaldes hat Badoux 1906 aus den Waldungen der Gemeinde Veytaux bei Montreux genauere Mitteilungen gemacht. Diese Waldungen gehören zu den günstigst gelegenen und am sorgfältigsten bewirtschafteten jener Gegend. Sie steigen von 400 bis 1100 m an und werden vorwiegend (80—85%) aus Buchen gebildet. Als haubar werden betrachtet die Loden,

[1]) Merz, Die forstl. Verhältn. des Kantons Tessin. 1903, 10.

die in Brusthöhe 12 cm stark sind. Die Jahresnutzung betrug von 1880—1901 4,8 Fm pro Hektar (wovon die Hälfte Derbholz). Bei Abzug von 5 % unproduktiver Fläche kann man den Ertrag „unbedenklich zu 5 Fm ansprechen, also ebenso hoch oder etwas höher, als diejenigen eines Buchenhochwalds derselben Standortsbonität". Der Geldrohertrag beläuft sich auf 63 ℳ pro Hektar, der Reinertrag auf 34 ℳ.

3. Der Niederwald mit wenigen Oberholzbäumen bildet eine Zwischenstufe zwischen dem Nieder- und Mittelwalde (§ 344). Die Beschattung der Stockausschläge ist gering.

4. Über die Verbindung des Niederwaldes mit Fruchtbau s. § 348.

§ 329. **Bewirtschaftung der Niederwaldungen.**

Allgemeines.

1. Die Holzarten, die wegen ihrer hohen Ausschlagfähigkeit und dem Wert des Holzes im Niederwald erzogen werden, sind: Eiche, Kastanie, Buche, Hainbuche, Ahorn, Esche, Linde, Erle, Ulme, Birke, Pappel, Weide, Akazie. In den südlichen Alpentälern kommen hinzu: Hopfenbuchen, Blumeneschen, Goldregen. Von den Sträuchern werden benützt: die niedrigen Weidenarten, Hasel, Pulverholz, Weißdorn, Schwarzdorn, Spindelbaum, Hartriegel, Geißblatt. Die meisten Holzarten finden sich natürlich ein und werden auf den Stock gesetzt.

2. Neuanlagen von Niederwaldungen werden in der Regel durch Pflanzung gemacht. Entweder werden Stummelpflanzen verwendet, oder die jungen Pflanzen im 1. oder 2. Jahr nach Ausführung der Pflanzung auf den Stock gesetzt. Entfernung der Stöcke 1—2 m. Dies gilt auch für den jährlichen Ersatz abgängig werdender Stöcke, der alsbald nach dem Hiebe notwendig wird, um die jungen Pflanzen vor dem Überwachsenwerden zu schützen.

3. Der Hieb der Stockausschläge wird teils im Herbst, teils im Spätwinter ausgeführt. Erlensümpfe sind oft nur bei Frost zugänglich. Schälholz wird beim Laubausbruch oder kurz nach demselben gehauen, Flechtweiden werden im Juli, Futterlaubwellen Ende August und anfangs September genutzt. Linden können das ganze Jahr gefällt werden, wenn sie zum Zweck der Bastgewinnung in Wasser eingeweicht werden. Die Schlagräumung muß bis zum Ausbruch der jungen Triebe beendigt sein.

4. Die Abtriebsalter bewegen sich je nach der Holzart, dem Klima und der Höhenlage zwischen 5 und 30 Jahren. Das vorteilhafteste Abtriebsalter in Bezug auf die produzierte Masse ist noch nicht genau ermittelt.

5. Durchforstungen, d. h. Entfernung der dürren, absterbenden und schwachen Schosse sind der Kosten wegen allerdings erschwert,

sie werden aber in Gegenden mit hohen Holzpreisen immer mehr üblich. Die Plenterung im Niederwalde ist hauptsächlich in der Schweiz und in Frankreich üblich. Trotz der höheren Erntekosten empfiehlt sie sich besonders an Orten, wo der Kahlschlag den Boden schädigt.

6. Die Viehweide ist in jungen Ausschlagwäldern verderblich, in älteren ist sie ohne Bedenken zulässig. Die Streunutzung kann nur auf sehr kräftigem Boden ausgeübt werden.

§ 330.

Der Eichenschälwald.

Zeitschriften: Allg. F.J.Z.: 1828, 596; Eichhoff 29, 258; Eichhoff 30, 150; Dammerque 30, 421; Kompfe 58, 421; 65, 408; 70, 1; 71, 161; Heyer 89, 86; 92, 148; Neumeister 93, 409; 99, 77; Petith 1907, 272; Walther 15, 1. Forstl. Bl.: Krohm 1861, 1, 143; Wiese 62, 4, 72; Neubrand 68, 16, 1; Grunert 68, 16, 18; Middeldorpf 73, 2, 8; Middeldorpf 73, 2, 180; Middeldorpf 73, 231; Heyer 74, 357; Vonhausen 77, 161; Borggreve 77, 246; Grunert 80, 87; Grunert 84, 142. Forstw. Centralbl.: Schuberg 1879, 30; Bose 86, 373; Fribolin 91, 601; Schuberg 92, 197; 95, 301; v. Fischbach 98, 333; Heyer 1902, 415; v. Uiblagger 08, 637; Esslinger 15, 206; 15, 460; Esslinger 16, 195; Esslinger 16, 327; 16, 539. Krit. Bl.: Pfeil 1826, 52: 46, 258; 53, 236; Nördlinger 60, 211: Brecht 61, 180; Nördlinger 64, 153; Rettstadt 68, 226. Monatschr. f. F.-wesen: 1858, 216; Gebhard 59, 329; v. Hammerstein 62, 382; Roth 62, 474; Neubrand 69, 16; Biehler 75, 121; Schuberg 75, 529; Münd. Forstl. H.: Jentsch 1900, 89. Ökon. Neuigkeiten: 1843, 66; Jäger 46, 71; 49, 78; Thar. J.: v. Hammerstein 1847, 131; Neumeister 86, 28; v. Schröder 90, 203. Wedekinds J.: 1829, VI, 86; 35, XI, 93; Klump 1850, 51, 140. Zeitschr. f. F.- u. J.-wesen: Schütze 1879, 1; Councler 82, 103; Councler 83, 45; Councler 84, 1; Müller 1905, 96. Zeitschr. f. Bayern: 1845, VI, N.F. 53. Centralbl. f. ges. F.: v. Fischbach 1882, 410. Österr. Vierteljschr.: Redl 1852, 14; Großbauer 52, 229; 64, 679; 66, 371; 74, 5; Zikmundovsky 76, 292; Hoffmann 95, 226. Vereinsschrift f. F.-kunde: Kosmanos 1852, 14; Kosmanos 52, 58; Pisek 61, 39; Jiejn 62, 56; 96, 108. Schweiz. Zeitschr.: 1853, 243. Vereine: Baden 1861; 62. Deutschl. 1898. Deutschld. Land -u. Fw. 1841;42;45;60;61. Els. 1877. Harz 1871. Hessen Prov. 1881. Hessen Großh. 1880; 85; 89. Hils-Soll. 1865. Mark Brand. 1877; Meckl. 1879: 80: 92. Pfalz 1872; 73; 80; 85. Pommern 1869. Preußen (Ost- und Westpr.) 1882: 88. Sachsen 1853; 61. Schles. 1843; 46; 47; 50; 55; 56; 70; 81; 96. Süddeutschl. 1845: 50; 63: 68. Ungarn 1852; 53; 54: 55; 61; 63. Schweiz 1844; 45: 60; 61; 67.

1. Der Eichenschälwald unterscheidet sich vom gewöhnlichen Niederwald durch den Zweck der Wirtschaft. Diese ist auf Erzeugung von Rinde in größter Menge und bester Qualität (fleischig, glänzend, gerbstoffreich) gerichtet. Die Bedingungen des Eichenwachstums überhaupt, sodann der Erzeugung guter Rinde müssen erfüllt sein.

Die Eichenschälwaldungen befinden sich überwiegend in der Hand von Privaten, Gemeinden und Genossenschaften. Von den 446 537 ha Eichenschälwald, die 1900 im Deutschen Reich vorhanden waren, gehören 18 803 ha dem Staate, 161 585 den Gemeinden, 59 155 den Genossenschaften, 197 837 den Privaten. Auch in Ungarn, Belgien, Frankreich sind die Schälwaldungen zum größten Teil in der Hand der Privaten. Für den Kleinbesitz ist der Schälwald deshalb von Wichtigkeit, weil er auf der kleinsten Fläche, also bei sehr parzelliertem Besitz noch möglich ist.

An den meisten Orten ist der Eichenschälwald mit landwirtschaftlichen Nutzungen verbunden. Zwischenbau von Roggen, Nutzung des abfallenden Laubes, der Besenpfrieme als Streu, sowie Waldweide fallen bei der Beurteilung des Eichenschälwaldes häufig mehr ins Gewicht, als die Rindenerzeugung.

Die Holznutzung und die landwirtschaftlichen Erträge haben den Eichenschälwald aufrecht erhalten, obgleich die Einnahmen aus der Rinde erheblich gesunken sind.

Während des Krieges von 1914 sind die Rindenpreise wieder bedeutend gestiegen (auf 9 ℳ pro Zentner). Sie haben den höchsten Stand früherer Zeiten nicht nur erreicht, sondern übertroffen. Ob die Preise auf dieser Höhe sich erhalten werden, muß vorerst dahingestellt bleiben. Die Beurteilung der Rentabilität müßte dann auf anderen Grundlagen erfolgen und das Urteil von Jentsch (1906, 319), daß der reine Schälwald keine Berechtigung mehr habe, würde wohl einige Einschränkung erleiden.

Da der Eichenschälwald fast überall mit landwirtschaftlichen Nutzungen verbunden war und ist, kann die Beurteilung seiner Rentabilität, nur unter Mitberücksichtigung dieser Nebenerträge stattfinden. Jentsch hat in verschiedenen Gegenden Erhebungen angestellt, die sehr abweichende Zahlen ergeben. Die Entscheidung kann nur in jedem einzelnen Falle getroffen werden. Auch die Vergleichung mit dem Hochwaldbetriebe führt zu auseinandergehenden Zahlen; immerhin gibt es Fälle, in denen der Eichenschälwald dem Hochwald gleichkommt, oder nur wenig hinter ihm zurückbleibt.

Ob die Schälwaldbonitäten mit den entsprechenden Hochwaldbonitäten unmittelbar vergleichbar sind, ist mindestens zweifelhaft.

Endlich ist noch darauf hinzuweisen, daß an steilen Hängen der Eichenschälwald vielfach zugleich Schutzwald für den (meist schieferigen) Boden ist.

2. Die Literatur über den Eichenschälwald (Abhandlungen in Zeitschriften, Besprechung in den Versammlungen, Bücher) ist in Deutschland, Österreich-Ungarn und der Schweiz ungemein reichhaltig. Die Veranlassung gaben zunächst die wiederholten Klagen (1859, 72, 78) der Gerber über die unzureichende Produktion von Rinde. In Baden ist 1840 die Eichenrindenzucht sehr empfohlen worden; seit 1853 sind nach Gebhard ausgedehnte Reutfeldflächen in Eichenschälwald umgewandelt worden.

In Württemberg wurden 1852 Prämien für die Anlage von Eichenschälwaldungen verwilligt. In Preußen und Sachsen suchte man seit 1842 die Rindenzucht zu heben.

Die deutschen Forstversammlungen befaßten sich wiederholt mit der Eichenschälwaldfrage: 1842, 45, 50, 61, 62, 68, 72.

Von den älteren Werken ist die gründliche Arbeit von Neubrand auch heute noch zu beachten. In neuerer Zeit hat Jentsch genaue Studien über den Eichenschälwald angestellt.

3. Der zur Rindenzucht geeignetste Standort läßt sich am besten aus der tatsächlichen Verbreitung des Eichenschälwaldes ersehen. In Deutschland sind es die Hänge am Rhein hin und in seinen Seitentälern, die das Hauptgebiet des Eichenschälwaldes bilden. Es gibt auch in Schlesien, in Ost- und Westpreußen, Schleswig Holstein, Oldenburg Schälwaldungen; ihre Fläche ist aber ganz unbedeutend. Im Westen schließen sich die Schälwaldgebiete von Belgien, Frankreich, im Süden die Täler jenseits der Alpen, im Osten Ungarn an.

In der Schweiz ist der Schalwald verschwunden.

Die Jahrestemperatur in diesen Gebieten beträgt 8—10, die Julitemperatur 18—20 °. Da der Schälwald selten über 400 m, nur am untern Rhein auf 600 m hinaufgeht, so tritt er bei einer unter 7° bleibenden Jahrestemperatur nicht mehr auf.

Er bedeckt vorherrschend die südlichen, südöstlichen und südwestlichen, auch westlichen Hänge, also Lagen, in denen die Bodentemperatur eine sehr hohe ist (§ 71).

Die Lagen, in denen Frühjahrsfröste drohen, müssen vermieden werden, da diese die Rinde zum Aufspringen bringen und das Schälen erschweren.

Die Insolation ist in allen diesen Gegenden stark (§ 31). Nach Eichhorn ist die Lage zum Meere von Einfluß (a. a. O. S. 22). Die Verbreitung des Eichenschälwaldes in West- und Südwestdeutschland hängt hauptsächlich mit dem Einfluß des Meeres in diesem Gebiete zusammen.

Die Niederschlagsmenge überschreitet nur am badischen Oberrhein 800 mm; in den meisten übrigen Gebieten beträgt sie 600—800 mm. Eichenschälwald ist also in den trockeneren Gebieten noch möglich, obwohl die hohe Temperatur die Verdunstung sehr steigern muß.

Der Boden spielt keine wesentliche Rolle (so schon Neubrand). Auf dem Buntsandstein des Schwarzwaldes, der Vogesen, des Pfälzerwaldes und insbesondere des Odenwaldes bedeckt der Schälwald ausgedehnte Flächen. Die Rinde des Odenwaldes gehört zu den begehrtesten Sorten.

Am Rhein stockt die Eiche auf Grauwacke und dem Schiefergebirge; in Baden und in den Vogesen auf Gneis, Granit, Buntsand; in Württemberg und Bayern auf Muschelkalk und Keuper.

4. Den Nährstoffentzug des Eichenschälwaldes hat Rudolf Weber (Untersuchungen über die agronomische Statik 1877) für den Spessart

(Buntsand) und v. Schröder (Thar. Jahrb. 1890, 40, 203), für Tharand (Gneis) berechnet. Die Zahlen stimmen im allgemeinen gut überein. Für 1 Jahr und 1 ha beträgt der Mineralstoffbedarf in Tharand 35,6, im Spessart 35,7 kg, und zwar Kali 9,1 und 5,8; Kalk 15,6 und 20,9, Magnesia 3,6 und 3,4; Phosphorsäure 3,1 und 3,6. Die Tharandter Zahlen beziehen sich auf hohe Erträge (80 Ztr.). Besonders bemerkenswert ist der hohe Kalkentzug (vgl. oben S. 272, 279). v. Schröder stellt den Mineralstoffbedarf des Eichenschälwaldes in die Mitte zwischen Fichten- und Buchenhochwald (S. 219). Bei hohen Erträgen kommt er dem Buchenhochwald gleich. Bei geringeren Erträgen läßt er sich „auf verhältnismäßig geringem Boden erziehen".

Bei mittlerer Massenproduktion zeigt der Eichenschälwald auch keinen außergewöhnlich hohen Stickstoffbedarf. (S. 222).

Da das feinere Reisig in der Regel im Walde liegen bleibt, so ist die Befürchtung, daß der Boden an Nährstoffen bald erschöpft werden könnte, nicht begründet.

5. Sowohl Trauben- als Stieleiche bilden Schälwälder; die Traubeneiche ist aber in Deutschland etwas mehr verbreitet. Im deutschen Süden machen die Gerber keinen Unterschied zwischen den beiden Rindensorten. Die ungarische und französische Rinde stammt von der Stieleiche.

6. Für die Behandlung des Eichenschälwaldes entscheidend ist der Zutritt der Sonne und des Lichtes zur Rinde. Je lichter bestockt der Bestand ist, um so besser ist die erzeugte Rinde.

Es müssen also fremde, insbesondere stark schattende Holzarten, die sich zwischen den Eichen einstellen, das sog. „Raumholz", entfernt werden; ebenso darf kein Oberholz belassen werden. Für Rinde, die unter Oberholz erwachsen ist, werden um 25 % niedrigere Preise bezahlt.

Die Durchforstungen sind aus dem gleichen Grunde zu empfehlen, selbst wenn für das anfallende Holz nur geringe Erlöse erzielt werden.

Da und dort ist der zweihiebige Schälwald üblich. Beim ersten Hieb wird ein Teil entnommen, nach etwa 10 Jahren der andere Teil nachgeholt. Die lichtere Stellung vermehrt den Rindenanfall und verbessert die Qualität. Der zweihiebige Schälwald ist in Schutzwaldlagen besonders zu empfehlen, da keine Bodenentblößung stattfindet.

7. Das Abtriebsalter ist allein durch den Eintritt der Borkebildung gegeben. Nur glatte, glänzende Rinde wird begehrt und hoch bezahlt. Auf die Borkebildung wirkt die Temperatur und der Boden ein. Der Zeitpunkt des Aufspringens der Rinde muß daher in jedem Bestande für sich beobachtet werden. Die Zahlenangaben schwanken von 2 bis 16 Jahren; selten übersteigen sie 20—24 Jahre. Nach den Erhebungen von Jentsch beträgt das Abtriebsalter:

15—17 Jahre in Koblenz, Trier; 14—19, meist 16 in Baden; 15 im Odenwald;

18 Jahre in Arnsberg, Köln, Düsseldorf, Aachen; Kassel; Rheinhessen;

15—20 Jahre im Dillkreis; 20 in Wiesbaden, bis 25 an rauheren Standorten; in Eltville ist die Rinde im 22—25 jährigen Alter noch glänzend;

24, auch 28—30 Jahre in Unterfranken;

30 Jahre im Elsaß.

Da die Nutzung vor Aufspringen der Rinde geschehen muß, ist der Besitzer in einer gewissen Zwangslage, welche die Käufer sich zu Nutze machen können.

Beim Hiebe ist auf glatten, einflächigen Abhieb zu sehen.

Die Stöcke werden etwa 3—6 cm hoch belassen; die Ausschläge erfolgen aus den untersten Lagen am reichlichsten.

8. Bei Neuanlage von Schälwaldungen ist zu dichter Stand zu vermeiden. Daher ist die Pflanzung, und zwar diejenige von 12—15 cm langen, 3—6 jährigen Stummeln vorzuziehen. Saatpflanzen werden im 2. oder 3. Jahre abgeschnitten und zugleich verdünnt.

3—5000 Pflanzen auf 1 ha sind ausreichend. Wo durchforstet wird, kann auf etwa 8 000 gegangen werden. Der Abstand beträgt also 1,2—1,5, auch 1,8 m.

Auf sorgfältige Ergänzung entstandener Lücken ist besonderer Wert zu legen.

9. Die Erträge an Rinde weichen bei Jentsch sehr von einander ab. Von 27 Ztr. (zu 50 kg) pro Hektar steigen sie auf 100 Ztr. und darüber. Jentsch betrachtet 80 Ztr. als Grenzwert; unter diesem Ertrag soll die Umwandlung in andere Betriebe erwogen werden. Nach seiner Statistik (1906, VII) ist allerdings die durchschnittliche Bonität, gemessen am Rindenertrag, nur IV In die I. und II. Bonität fallen nur 8 % der Eichenschälwaldfläche. Eine allgemeine Bonitierung nach dem Holzertrag oder der Höhe fehlt bei Jentsch, so daß nicht ersichtlich ist, auf welchen Bonitäten überhaupt der Eichenschälwald noch vorkommt. Die nähere Standortsbezeichnung (Ziffer 3) läßt aber jedenfalls erkennen, daß der Eichenschälwald die steilen, trockenen Südhänge, also die durch die Lage ungünstigeren Stellen einnimmt. Dies ist namentlich bei Gegenüberstellung der Hochwalderträge im Auge zu behalten.

10. Über den Ertrag an Rinde und Holz, sowie den Reinerlös aus der Holz- und Rindennutzung hat Jentsch sehr ausführliche Angaben gemacht (1906, S. 136—200). Im Durchschnitt beträgt der Waldreinertrag pro Hektar auf Bonität I 26—49 *M*, II 15—29, III 14—25, IV 6—20, V 6—17 *M*.

Der Hochwald gewährt dem Eigentümer höhere Einnahmen als der Schälwald, „ausgenommen gute Standorte und gute Wirtschaft auf diesen" (S. 136).

Jentsch gibt ferner Nachweise über Roherlös, Werbungskosten und Reinerlös pro Zentner von 1880—1905. Ich führe einige Grenzwerte an:

	Roherlös	Werbungskosten	Reinerlös
1888	5,91 ℳ	1,81 ℳ	4,10 ℳ
1904	3,85 ℳ	2,31 ℳ	1,54 ℳ

Für den Privatbesitzer kommen in der Regel die landwirtschaftlichen Erzeugnisse hinzu. Auch betrachtet er die Gelegenheit zur Arbeit als eine Einkommensquelle.

§ 331. **Die Weidenanlagen.**

1. Zum Anbau der Weiden auf großen Flächen eignen sich die Täler der größeren Flüsse. Im Überschwemmungsgebiet werden sie im Kopfholzbetrieb erzogen; zur Befestigung des Ufers dient ihre Erziehung bei niederem Schnitte.

Zur Anzucht auf kleinen Flächen findet sich an Bächen und Gräben auch im Walde reichliche Gelegenheit, die viel zu wenig benützt wird.

Weidenheger werden in der Statistik von 1900 für Deutschland nachgewiesen im ganzen 35 708 ha. Sie finden sich hauptsächlich in der Rheinprovinz, Schlesien, Westpreußen, Provinz Sachsen, Baden, Bayern.

Die Weide gedeiht nur auf mineralisch kräftigem, lockerem, feuchtem Boden. Bewässerung kann sehr lohnend sein.

2. Angebaut werden mit sicherem Erfolge: die Korbweide, *Salix viminalis*; die Mandelweide, *S. amygdalina*; die Purpurweide, *S. purpurea*; die weiße Weide, *S. alba*; die Kaspische Weide, *S. caspica*.

3. Die meisten Weiden sind gegen Frost empfindlich. Das Austreiben von Nebenknospen, die nach Frostschaden erfolgt, setzt die Qualität herab.

4. Die Pflanzung auf umgegrabenem Boden erfolgt im Frühjahr durch Stecklinge von etwa 30 cm Länge. Mit dem Spaten oder der Hacke wird eine spaltförmige Öffnung gemacht, der Steckling bis auf 10 cm eingelegt und der Spalt durch einen Tritt geschlossen.

$$\text{Verband}\ \frac{40 \quad 40 \quad 50}{10 \quad 15 \quad 10}\ \text{cm.}$$

5. In den ersten Jahren empfiehlt sich Lockerung des Bodens und Anhäufeln.

6. Der Umtrieb ist 1 jährig, selten 2- oder 3 jährig.

§ 332.

II. Der Kopfholzbetrieb.

1. Werden die Stämme nicht unmittelbar am Boden, sondern in größerer Höhe (1—3 m) über dem Boden abgeschnitten, so erfolgen an der Abschnitts- und Überwallungsstelle neue Ausschläge. Diese erreichen die Länge von 1—3 m, bis sie genutzt werden. Die ganze Höhe der Kopfholzbäume übersteigt selten 5—6 m. Die Äste behalten ihre aufrechte Stellung in der Regel bei. Ein breites Auslegen findet fast nie statt. Dadurch wird eine stärkere Beschattung der umliegenden Bodenstellen vermieden. Die reichlich Schosse treibenden Weiden und Pappeln, auch Eschen, werden als Kopfholzstämme angezogen.

2. Kopfholzbetrieb findet statt am Flußufer, das regelmäßig der Überschwemmung ausgesetzt ist, also die Gefahr des Einfaulens der tiefen Stöcke mit sich bringt. Ferner werden auf Gras- und Weideland, um dem Schaden durch Viehbiß vorzubeugen, Kopfholzstämme erzogen. An Gräben und Bächen ist er im Wieslande sehr verbreitet, da er einen ansehnlichen Holzertrag ohne Beeinträchtigung des Graswuchses liefert.

3. Das Abtriebsalter der Schosse ist 1-, auch 4—5 jährig. Da und dort findet eine Art Plenterung statt[1]).

§ 333.

III. Der Schneitelbetrieb.

1. Die Seitenäste, vielfach auch der Gipfel von jungen Birken, Ulmen, Ahorn, Eschen, Linden werden abgeschnitten, um Ausschläge hervorzurufen zum Zweck der Gewinnung von Futterlaub und Futterästen. Das Nutzungsalter ist 1—2—3 jährig.

2. Der Schneitelbetrieb ist namentlich im Gebirge sehr verbreitet, weil er Futterlaub und Futteräste liefert. Er erstreckt sich dort auch auf Weißtannen, Fichten, Lärchen behufs Gewinnung von Aststreu.

In niederen Lagen wird die Birke zur Besenreiszucht geschneitelt. Da diese vielfach anfliegt, kann durch diese Behandlung ein nicht unbedeutender Ertrag erzielt werden.

§ 334.

IV. Der Hochwald.

Geschichtliches.

Isidorus von Sevilla und nach ihm die Schriftsteller des Mittelalters (600) unterschieden Wälder, in denen hohe Bäume erwach-

[1]) Von ausgedehnten Kopfholzwaldungen berichtet Hartig 1816 aus dem ehemaligen Herzogtum Berg (Forstarchiv 1,3): Im gebirgigen Teil treiben Private keine andere Wirtschaft. Alle Holzarten, sogar Eiche und Buche, werden als Kopfholz erzogen. Der Betrieb entstand aus dem Bedürfnis, Waldweide und Streunutzung mit der Holzzucht zu verbinden. Die Streu zur Düngung ist gesichert. Die Ausschläge werden alle 2—3—4 Jahre geplentert.

sen (exiliunt in altum) von solchen, in denen niederes Holz haubar ist (silva caedua, schon bei Varro).

Im Mittelalter waren die fruchttragenden Bäume besonders geschätzt. Dies setzt hochstämmige, gut bekronte Stämme von Eichen, Buchen, Obstbäumen voraus. Diese sind durch Samen und Pflanzung nachgezogen worden. Sie standen teils einzeln, teils in Gruppen und Horsten, wohl auch größeren und kleineren Beständen über die Fläche hin verteilt, so daß wir sie als licht geschlossene Hochwälder bezeichnen können. Sie wurden natürlich verjüngt und blieben der Weide 8—10 Jahre verschlossen, so daß sie in der Jugend zu mehr oder weniger regelmäßig bestockten und geschlossenen Waldungen heranwachsen konnten.

Diese fruchttragenden Waldbäume fanden sich nur in den tiefer gelegenen, wärmeren Gegenden. In den höheren Lagen waren die Wälder aus Nadelholz gebildet: Fichten, Tannen, Föhren, Lärchen, Arven, Bergföhren. Diese erwuchsen aus Samen und waren in den zugleich der Weide dienenden Wäldern teils einzeln, teils in Gruppen und Horsten, teils in kleinen Beständen vorhanden. An den felsigen und namentlich steileren Stellen, auf denen die Rindviehweide wegen des geringen Grasertrags und der Gefahr des Abstürzens nicht möglich war, konnte der Wald, wie heute noch im Gebirge, in dichterem Schlusse erwachsen. Die Nadelwälder erwuchsen zu hohen Stämmen und waren vom niedrigen Laubholz deutlich abgehoben. In der Salzburger Forstordnung von 1524 und in der Tiroler Forstordnung des Königs Ferdinand, in den Bauernkriegsschriften werden daher die „Hoch- und Schwarzwäld" immer wieder aufgeführt.

Die Bezeichnung Hochwald ist aber bis etwa 1790 selten angewendet worden; die heute als Hochwald bezeichneten Wälder werden meistens als Baumhölzer aufgeführt (gegenüber dem niederen Schlagholz).

Da die Waldweide auch außerhalb des Gebirges noch eine große Rolle spielte, so werden die damaligen Hochwälder eine Verfassung gehabt haben, wie die heutigen Weidewälder sie aufweisen.

Die Nutzungen erfolgten an einzelnen Stellen, wo gerade die ältesten, stärksten Stämme standen oder wo sonst ein zum augenblicklichen Gebrauch tauglicher Stamm sich fand. In den Lücken stellte sich Verjüngung ein, so daß die größeren oder kleineren Waldflächen mit ungleich altem Holze bestockt waren. Durch Windfälle, Feuerschaden, Schneebrüche wurden größere Stellen betroffen, so daß sich einzeln kleinere, gleichalterige Bestände bildeten.

Diese Waldverfassung erlitt eine gründliche Änderung durch Einführung der „Gehaue", d. h. durch den vollständigen Abtrieb einer Fläche, wobei nur einzelne Samenbäume belassen wurden. Dadurch mußte ein gleichalteriger oder fast gleichalteriger Bestand sich bilden. Die Einteilung des Waldes in „Gehaue" wurde im Jahre 1495 bereits angeordnet, aber noch 1820 war sie nicht durchgeführt. Es wird berichtet, daß damals noch vielfach der Femel- und Plenterbetrieb auch in den tieferen Lagen geherrscht habe.

Die Größe der Schläge war früher durch den Bedarf bestimmt; man pflegte nur so viel zu schlagen, als der Bedarf der Bevölkerung verlangte. Da dieser jedes Jahr ziemlich gleich hoch war, konnten die Nutzungsmassen und Nutzungsflächen nicht weit von einander verschieden sein. Strenger durchgeführt wurde die Gleichheit der Schläge, als die jährliche Schlagfläche oder -masse ins Verhältnis zur Umtriebszeit gesetzt, sie also nach der Formel $\frac{F}{u}$ gebildet wurde.

§ 335 Das Wesen des Hochwaldes.

1. Der Hochwald entsteht aus Samen. Ausnahmsweise können sich einzelne Stockausschläge auch im Hochwalde finden (Verletzungen durch Fällen oder die Abfuhr; Schneedruck, wenn die gebrochenen Stangen auf den Stock gesetzt werden).

2. Die Altersunterschiede innerhalb eines Bestandes sind gering. Er ist gleichalterig, wenn er aus einem Samenjahr oder aus Saat und Pflanzung hervorgeht, oder nahezu gleichalterig, wenn er von mehreren Samenjahren herrührt. Im letzteren Falle ist entscheidend, daß die Behandlung des Bestandes überall dieselbe sein kann.

3. Die einzelnen Altersklassen — die Klasse umfaßt meist 10 oder 20 Jahre — werden auf abgeteilten Flächen erzogen.

Diese flächenweise Trennung der Altersklassen ist nur bei nicht zu kleinem Besitze möglich. Als unterste Grenze wird der Besitz von etwa 5 ha anzunehmen sein. Für rund 80 % der deutschen Waldbesitzer ist der Hochwaldbetrieb daher ausgeschlossen.

4. Eine regelmäßige Abstufung der Altersklassen wird angestrebt, d. h. es sollen gleich große Flächen je mit 10-, 20-, 30- bis 100 jährigem Holze bestockt sein. In Wirklichkeit wird dieser ideale oder „normale" Zustand höchst selten erreicht, weil die Störungen durch Stürme, Schneedruck, Insekten eine Verschiebung unter den Altersklassen herbeiführen.

5. Wo die Stürme häufig sind, wird eine regelmäßige Hiebsfolge herbeizuführen gesucht. Das älteste Holz soll auf der dem Winde abgekehrten Seite des Waldes — in Mitteleuropa in der Regel auf der Ostseite — stehen und der Hieb von Osten nach Westen fortschreiten.

Altersklassen und Hiebsfolge.

West	1—20	21—40	41—60	61—80	81—100	Ost
	jähriger Bestand					

← Hiebsrichtung

6. Der Schluß der Bestände wird bis ins Haubarkeitsalter zu erhalten gesucht. Durch die eben genannten Störungen entstehen, namentlich im Nadelholze, viele größere und kleinere Lücken, so daß auch dieses Ideal nur auf kleinen Flächen zu treffen ist.

Durch sorgfältige Auswahl und Mischung solcher Holzarten, die sich im Schlusse erhalten (Buchen, Tannen, auch Fichten) läßt sich die Gefahr des Lichtstellens der Bestände vermindern.

Im gemischten Hochwalde lassen sich alle Holzarten erziehen, wenn ihrem Lichtbedürfnis durch die Durchforstung (D-Grad) Rechnung getragen wird.

7. Wo der Schluß erhalten bleibt, findet sich im Buchenwalde auf dem Boden eine Laubdecke, die den Graswuchs fast vollständig verhindert. Im Nadelholze bedeckt bis zum 50. und 60. Jahre eine Nadeldecke den Boden; mit fortschreitendem Alter stellt sich eine Moosdecke ein, die sich an geschlossenen Stellen bis zur Haubarkeit erhält. In Eichen-, Eschen-, Erlenbeständen, ebenso in Föhren- und Lärchenbeständen ist auch bei vollem Schluß die Beschattung nicht dicht; unter diesen Beständen stellt sich daher schon im etwa 40. Jahre ein Überzug von Gras, selbst Stauden und Sträuchern ein.

Dasselbe ist der Fall in allen Lücken, die durch Sturm etc. in einem Bestande entstehen.

8. Im geschlossenen Bestande sind alle Baumklassen (§ 146) vertreten.

Da die Durchforstungen auf alle Altersklassen sich erstrecken, so liefern diese neben den Abtriebserträgen eine große Mannigfaltigkeit von Nutz- und Brennholz-Sortimenten.

9. Die Gleichalterigkeit und der Schluß der Bestände führt zu besonderen Verfassungen der Hochwaldbestände:

a) zum Absterben der unteren Äste und dadurch zur Bildung eines astreinen Schaftes;

b) dadurch zugleich zur Verkürzung und Einengung der Kronen;

c) dadurch zur Verminderung der Äste und Zweige, der Nadeln und der Laubblätter.

10. Der dichte Schluß der Hochwaldbestände verringert den Lichtzutritt zu den Kronen und dadurch die Assimilationstätigkeit der Blätter und Nadeln. Die geschlossenen Bestände erzeugen nur eine geringe Holzmasse am einzelnen Stamme. Die schwachen und mittelstarken Stämme herrschen vor; die stärkeren („das Starkholz“) treten zurück. Der höchste Durchmesser in 1.3 m überschreitet selten 40 cm.

11. Das Haubarkeitsalter wird für den ganzen Bestand gleichmäßig festgesetzt.

Es beträgt tatsächlich bei

Eichen 100, 120, 150, 180, 200 Jahre (und darüber),

Buchen, Eschen, Ahorn und den meisten sonstigen Laubhölzern 80, 100, 120 Jahre,
Fichten 60, 80, 100, 120 Jahre und darüber
Tannen 100, 120, 150 Jahre,
Föhren 40, 60, 80, 100, 120, 140 Jahre,
Lärchen 100, 120, 150 Jahre.

12. Die Vornutzungen, die durch das Ausscheiden der unterdrückten und beherrschten Stämme sich ergeben, liefern eine große Zahl von Sortimenten und betragen 30—50 % der Haubarkeitsnutzung.

13. In tieferen Lagen breitet sich der Mittelwald mit seinen Formen, in höheren Lagen der Plenterwald aus. Dem Hochwalde bleiben also die mittleren Lagen überlassen. 1200—1400 m wird er auch in der Schweiz selten überschreiten.

§ 336. Die Formen des Hochwaldes.

1. Am weitesten verbreitet ist der gewöhnliche oder schlagweise Hochwald. Für diesen treffen die in § 335 geschilderten Eigentümlichkeiten des Hochwaldes am ehesten zu.

2. Um den Stärkezuwachs zu steigern, wird im geschlossenen Hochwalde von Eichen, Föhren, Lärchen ein Teil der Stämme im 50.—60. Jahre durch Hiebe entfernt, die den Durchforstungsgrad überschreiten.

Da durch den starken Aushieb Graswuchs hervorgerufen würde, wird durch den Anbau bezw. „Unterbau" von Buchen und Tannen dies zu verhindern gesucht. Man hat diese Form des Hochwaldes, die „Unterbauform" genannt. Der Unterbau ist aber die Nebensache, die lichtere Stellung die Hauptsache. Die Bezeichnung „Lichtungsform" wäre daher zutreffender.

Die Nutzung dieser gelichteten Bestände kann im normalen Haubarkeitsalter erfolgen. Sie wird aber je nach dem erreichten Stärkezuwachs auch weiter hinausgeschoben.

3. Da im geschlossenen Hochwalde nur geringere Stärken erzielt werden, hat man schon seit 1870 beim Abtriebe einzelne Stämme, namentlich von Eichen, Buchen, Ahorn, Eschen, Föhren, Tannen, Lärchen verschont und sie das doppelte Haubarkeitsalter erreichen lassen. Man hat sie in die zweite Umtriebszeit „übergehalten" und diese Form des Hochwaldes die Überhaltform genannt, die Stämme selbst hat man „Überhälter" oder „Waldrechter" genannt.

4. Doppelhiebigen Hochwald hat man eine von Homburg in der Nähe von Kassel eingeführte Wirtschaft genannt. Im Buchengrundbestand werden Nutzhölzer eingebracht und diese im doppelten Umtrieb der Buche, also in 2 × 60—80 = 120—160 Jahren erzogen.

5. Diese Formen des Hochwaldes sind durch den Bedarf an Starkholz hervorgerufen. Je geringer die Bonität des Hochwaldes ist, um so

weiter muß das Haubarkeitsalter hinausgeschoben werden, um stärkere Sortimente zu erziehen.

Diese verschiedenen Formen des Hochwaldes nähern sich in der Wirklichkeit dem Mittel- und dem Plenterwalde (§ 344 und 340). Der D-Grad und E-Grad der Durchforstung sind ebenfalls Mittel, stärkeres Holz zu erziehen.

§ 337. **Die Bewirtschaftung des Hochwaldes.**

1. Die einzelnen Bestände müssen eine solche Bewirtschaftung erfahren, daß die im Wesen des Hochwaldes liegenden Zwecke erreicht werden. Dabei wird also vorausgesetzt, daß die Anwendung des Hochwaldbetriebes selbst entschieden ist.

2. Die Erhaltung des Schlusses macht die Verwendung der hiezu besonders geeigneten Holzarten nötig: Buche, Erle, Tanne, Fichte. Wo wegen des Bodens nur die Föhre fortkommt, kann der dichte Schluß dauernd nicht erreicht werden.

Die Erziehung der sich weniger geschlossen haltenden Holzarten, wie Eiche, Ahorn, Esche, Lärche und Föhre ist ebenfalls möglich, wenn sie den dichter belaubten Holzarten beigemischt werden. Insofern läßt sich also sagen, daß alle Holzarten, auch die lichtfordernden, im Hochwalde erzogen werden können Die Bewirtschaftung wird sich aber nach der Holzart richten müssen.

3. Der Hochwaldbetrieb ist im Hochgebirge nicht möglich, weil die Schädigungen durch Schnee, Kälte etc., geschlossene Bestände nicht gestatten (§ 69).

4. Die geringeren Bodenarten lassen den Hochwaldbetrieb zu. Überhalt- und Unterbaubetrieb setzen aber guten Boden voraus.

5. An sehr steilen Hängen ist der strenge Hochwaldbetrieb nicht möglich, weil die Bestockung zu unregelmäßig ist.

6. Die Eigentümlichkeiten des Hochwaldes setzen eine gewisse Gleichheit des Bodens, der Lage, auch des Klimas voraus. Das Hauptgebiet des Hochwaldes ist daher die Ebene und das Hügelland der niederen und mittleren Lagen.

7. Da der Hochwald durch Sturm, Schnee, Insekten besonders gefährdet ist, muß die Bewirtschaftung diesen Schädigungen vorzubeugen suchen. Hiebsfolge und Hiebsrichtung müssen den lokalen Windrichtungen angepaßt sein. Die Durchforstungen müssen die Bestände gegen Schneeschaden widerstandsfähig machen. Besondere Sorgfalt im Entfernen kranken (Rotfäulepilz) und dürren Holzes muß die Brutstätten der Insekten vernichten.

8. Bei kleinem Besitz oder parzellierter Lage ist die flächenweise Trennung der Altersklassen auf Horste beschränkt.

9. Die Verjüngung geschieht auf natürlichem und künstlichem Wege. Die Sorge für Altersabstufung und Hiebsfolge verlangte eine gewisse Unabhängigkeit von den Samenjahren und führte zur Begünstigung künstlicher Verjüngung, teils durch Saat, teils durch Pflanzung.

10. Schlagpflege und Reinigungshiebe sind von großer Bedeutung, da durch sie der gleichmäßige Wuchs und Schluß der Bestände erreicht wird.

11. Die Durchforstungen sind die Mittel, um die Sicherheit und Widerstandsfähigkeit der Bestände zu erhöhen. Durch die Anwendung der stärkeren Grade der Durchforstung kann der Zuwachs der geschlossenen Bestände gehoben und das Erhalten der Lichthölzer sichergestellt werden.

12. Letzterem Zwecke dienen sodann die Lichtungshiebe. Durch diese wird außerdem die Erziehung von stärkerem Holz ermöglicht.

13. Das Haubarkeitsalter bezw. die Umtriebszeit wird nach den in § 321 besprochenen Rücksichten festgesetzt.

Wird die Umtriebszeit und die hieraus hervorgehende jährliche oder periodische Schlagfläche mehr als Nachweis einer nachhaltigen Nutzung betrachtet und das Haubarkeitsalter eines jeden Bestandes besonders festgesetzt, so kann auch der Hochwaldwirtschaft die wünschenswerte Beweglichkeit verliehen werden. Allerdings gibt es außer dem Niederwalde keine Betriebsart, welche die bequeme schablonenhafte, durch Vorschriften leicht zu reglementierende Wirtschaft mehr begünstigt als der Hochwald. Es ist daher leicht erklärlich, daß er im Staatswalde so sehr bevorzugt wird und die anderen Betriebsarten verdrängen konnte.

14. Besonderen wirtschaftlichen Bedürfnissen des Besitzers (Weide-, Gras-, Streunutzung, Anbau von Lebens- und Futtermitteln) kann auch im Hochwald Rechnung getragen werden.

§ 338.

V. Der Plenterwald.

Geschichtliches.

1. Die älteste Nachricht, die eine Abkehr von der damals üblichen Plenterwirtschaft meldet, stammt von 1495. In der 1. württ. Landesordnung wird die Anordnung erlassen, jedes Jahr Schläge anzulegen. In der Salzburger Forstordnung von 1524 wurde das „schartenweise" Aushauen verboten (Scharte = Öffnung, Lücke); wörtlich so in der Brandenburgischen F.-O. für das Fichtelgebirge von 1531. Der Zusammenhang der damaligen Wirtschaft mit der Graserzeugung geht besonders deutlich aus der Hessischen F.-O. von 1665 hervor, in welcher empfohlen wird, wegen der Weide für Wild und Vieh „lichtzuhauen" oder „leicht auszuhauen" Ähnlich in Kassel 1683.

Die Vorschriften der Forstordnungen scheinen keine durchgreifende Wirkung gehabt zu haben. Dies wird durch die Wiederholung der Verbote des Auslichtens bis herauf zur F.-O. von 1787 bestätigt. Etwa um 1750 werden die Stimmen, die sich gegen die übliche Waldbehandlung erheben, zahlreicher, und es entsteht nun ein Streit über die beste Wirtschaftsmethode, der bis in die Gegenwart herein andauert. Die Gründe und Gegengründe werden meistens nur ganz im allgemeinen, oft gar nicht näher angegeben. Die historische Aufzählung verdient daher den Vorzug vor der stofflichen Gruppierung. Eine Zusammenfassung wird besser an den Schluß des Paragraphen verschoben.

Es werden zunächst die Verhältnisse der Niederung und des Mittelgebirges, dann die des Hochgebirges besprochen werden. Zum Schluß wird dem badischen Femelschlagbetrieb noch ein besonderer Abschnitt gewidmet werden.

2. Beckmann (1755) und Moser (1757) halten das Ausleuchten für verwerflich, weil Schaden beim Fällen verursacht werde und außerdem Löcher und Windbrüche entstehen, wenn nur die besten Bäume genommen werden. Auch Büchting (1762), Hager (1764) sprechen sich gegen die herrschende Maxime aus, weil die Bestände nicht von der Weide verschont bleiben können, die Samenloden überwachsen werden, Schaden beim Fällen entstehe. Zincken (1755) unterscheidet neben dem Abtrieb ganzer Teile von Flächen das auszugsweise Hauen — „die gemeinste Art im Tangelholz" — oder nur das Ausschneideln des Oberholzes; es müsse nachhaltig und pfleglich geschehen.

Weyland bemerkt für die Pfalz (1765), daß nach Anlage von Gehauen diese ganz zugehängt und die Untertanen an der Weidenutzung geschädigt werden.

3. Sehr entschieden — übrigens unter Aufführung der Gegengründe — tritt 1767 das Polizei-Magazin gegen die „schlechte" Wirtschaft auf; es soll nach Bestockung, aber nicht an vielen und verschiedenen Orten gehauen und Winkelhauungen gemacht werden (Löcherhiebe), noch weniger sei das Auslichten zu gestatten: viel Jungwuchs werde zertreten, von Fuhrleuten beschädigt; junge Bäume wachsen unter älteren nicht; das struppige Holz bleibe stehen; es seien zu viele Wege nötig; Reis und Stöcke werden nicht gewonnen; leere Flecke werden 10—15 Jahre nicht angepflanzt, weil die Bauern die Arbeit scheuen.

Die bisherigen Vorstellungen hätten nichts genützt. Als Vorteile werden zugegeben, daß untaugliche Bäume fortkommen, daß junge Bäume bei Lichthauen rasch wachsen, daß der Wald nie ausgehen könne; der junge Anwuchs sei neben altem Holz schon groß, bälder haubar; es seien bald wieder Samenbäume da; es sei eine Erfahrung, daß auf diese Weise die Wälder erhalten werden.

Die Einwendungen der Gegner der Schlagwirtschaft werden nicht für stichhaltig erklärt; so: daß nicht alle Jahre Samen erwachse und die Schlagflächen vergrasen, daß wüste Stellen entstehen, weil viel Same nicht keime, weil das Vieh die Pflanzen verbeiße, wegen der hohen Kosten könne aber nicht eingezäunt werden, weil die Pflanzen verdorren und das Gras überhand nehme, die Samenbäume vom Sturm ausgerissen würden, weil die Schlagflächen für viele Jahre der Weide verschlossen bleiben.

Der Dorfwald, so wird bemerkt, sei zu klein für Schläge. Die Bauern, die in die Stadt verkaufen, hauen 10—12 Stämme auf einer Fläche.

4. 1771 lautet der Rat, daß Windwürfe, überständige und anbrüchige Stämme zuerst aufgearbeitet werden müssen. (Dies war ein Ausziehen einzelner Bäume, wie beim Plentern).

5. Das Forstlexikon von 1772 verwirft das Heraushauen der stärksten Stämme, weil nur stehen bleibe, was keinen sonderlichen Wuchs habe, der Wald licht und die Bevölkerung holzarm werde.

Weil der Plenterbestand nicht gehegt werden kann, spricht sich Philoparchus 1774 gegen die Plenterwirtschaft aus. Nach Brocken (1774) werden die Buchen alle Jahre ausgeplentert; die dicksten werden genommen, um den jungen Luft zu machen; die Eiche ertrage es nicht.

1775 wird beklagt, daß immer noch ausgepläntert werde, obschon es von allen ordentlichen Verwaltern verworfen sei.

Gleditsch erklärt (1775) das Plentern, wobei alle Jahre das dickste Holz herausgehauen werde, für unwissenschaftlich. Das Brennholz sei Gegenstand des stärksten und beständigsten Handels. Das starke Stamm- und Schiffsbauholz könne man durch längeres Stehenlassen einzelner Schläge auch erziehen; bei allen Gehauen sei auf den jährlichen Zuwachs zu sehen. Aber der Viehzucht und dem Ackerbau dürfe nicht zu nahe getreten, weder die Tränke erschwert, noch die Weide geschmälert werden.

Eine Darmstädter Verordnung von 1776 verbietet, „um die Unordnung abzustellen", das Ausläutern und gestattet nur schlagweise Nutzung; in jedem Forst sollte nur ein Schlag eingelegt werden; zu Waldrechtern könnten die schönsten gelassen werden.

In Nadelholzwäldern müsse kahl gehauen werden, meint Jung 1781, weil sie ausgelichtet vom Wind leiden; ähnlich heißt es 1785 (bei B. in P. Bayern), im Nadelholz sei das Plentern verbannt. Dagegen wird (1783) in Württemberg das Laubholz morgenweise geschlagen, das Nadelholz teils schlagweise genutzt, teils ausgefemelt; 1788 war in Limpurg das Femeln „noch üblich"

Burgsdorf befürwortet dagegen 1783 das Ausplündern, da die Verjüngung von Nadelholz und Eichen sich einstelle.

6. Nach den großen Verheerungen durch den Borkenkäfer („ganze Berge“ wurden dürr) ging man im Harz (1786) von den regelmäßigen Schlägen (die 1740 durch Langer eingeführt wurden) ab und machte fast nur noch Plenterhauungen. 1802 berichtet jedoch Laurop aus der Gegend von Ilsenburg, die Plenterwirtschaft hätte schon lange aufgehört.

1787 wird in Preußen vorgeschrieben, daß Holz von einerlei Alter beisammen stehen solle, damit egaler Wuchs erfolge.

1790 wird betont, der Brennholzbedarf überwiege; wo Bauholz nötig sei, könne ausgelichtet werden. Uslar sah im Schwarzwald 1792, daß man zuerst das Holländerholz, dann durch den Zimmermann das Nutz- und Blochholz, zuletzt das Kohl- und Feuerholz haue. Der Hieb daure 3—4 Jahre.

Jeitter (1789) spricht sich für Einführung der Schlagwirtschaft aus, weil mehr Platz für Weide entstehe.

7. Weitzenbeck (1790, Bayern) verwirft bei der gestiegenen Bevölkerung und den hohen Preisen das Auslichten, weil viele leere und öde Plätze geschaffen werden (ähnlich Kling 1791, Moser 1794, das Thüringische Handbuch von 1796).

Von anderer Seite (Journal 1790) wird dagegen bemerkt, es sei vorzuziehen, wo Bauholz genutzt werde.

8. G. L. Hartig führt in seiner „Holzzucht“ (1791 und später) an, daß in Gemeinde-, Mark- und Privatwaldungen kein Holzbestand gewöhnlicher sei, als die Vermischung der überständigen, haubaren und der mehr oder weniger jungen Buchenstämme, weil bei den Holzzuweisungen die Bauern oder die Förster immer die stärksten Bäume weggeben (326). Er gibt nun an, wie diese Buchenbestände in schlagweisen Hochwald umgewandelt werden könnten. Ebenso erwähnt er solche ähnlich beschaffene Nadelwaldungen, „die folglich nicht zum besten behandelt worden sind“ (356). Er bemerkt wiederholt, daß aus einer lange im Druck gestandenen Stange niemals ein vollkommener Stamm sich erwarten lasse. Außerdem werfe der Wald weniger Ertrag ab, als „wenn alles Gehölze von gleichem Alter auf besonderen Distrikten zusammenstünde“ (328). In seiner „Taxation“ (1795) behandelt er den Plenterwald nicht; er bemerkt (S. 172), daß man seit 40 oder 50 Jahren (also seit 1755 bezw. 1745) angefangen habe, unregelmäßig ausgelichtete Waldungen in Hege zu legen.

9. Für die Gegend von Düsseldorf wird (1794) empfohlen, die Eichen zu plentern, wenn sie abständig oder gebrauchsfähig seien; es sei das am meisten wirtschaftliche Verfahren.

In Mosers Handbuch von 1794 werden geplenterte Niederwälder erwähnt.

10. Laurop führt 1796 die Plenterwirtschaft auf die Weide zurück; sie hätte allgemein bis 1750 gedauert und sei in einigen Gegenden noch-

üblich. Auf sie wäre der kahle Abtrieb gefolgt, teilweise mit Samenbäumen, von denen manchmal einige übergehalten worden seien. Neuerdings werde eine Mittelstraße gegangen, indem die periodischen Hauungen eingeführt worden seien; anfangs bevorzuge man den Schatten, später das Licht. Eichen werden übergehalten, ebenso alte Bäume im Plenterwald.

11. Wegen des Holzmangels sei gelichtet worden, lautet eine Klage von 1799 aus Hildburghausen, nun seien Gras- und Weideflächen entstanden. Früher sei das Brennholz von Windwürfen genommen worden. Es werde Holz nicht mehr an Familien angewiesen, sondern an Wucherer.

12. In der Pfalz sollen 1798 die Schleichwälder in Schläge abgeteilt werden.

13. Seckendorf (1799) berichtet, daß im Nadelholz noch an vielen Orten die Plenterwirtschaft üblich sei; sie führe den Ruin der Waldungen herbei, weil die Plenterwälder nicht gehegt werden. Auch die Accidenzien des Forstpersonals führten zum Plentern: falls die Schläge nicht genug Einkünfte abwerfen, werde anderes als krank gefällt.

14. Trunk erklärt (1799) das Ausplentern für schädlich, weil im Holzhauen keine Ordnung herrsche, keine sicheren Einnahmen anfallen und kein Etat aufgestellt werden könne. Durchlöcherte Wälder seien eine Schande. Unter den Mitteln der Holzkultur erwähnt er das Ausplentern oder die Wegnahme zu hoher schattiger Bäume. Manche wollen aber nur schlagweise hauen und lassen große Bäume verfaulen.

15. Walther verwirft (1801) das Plätzighauen (auf vielen kleinen zerstreuten Plätzen), weil niemals ein egaler Holzbestand für die Zukunft erhalten werde. Diese Methode sei häufig in Wäldern, welche Bau-, Werk- und Brennholz auf verschiedenen Örtern kleiner, sehr zerstreut liegender Distrikte haben oder in solchen, welche mit altem, haubarem und noch jungem Holz bestanden sind. Ähnlich eine Abhandlung in der Diana (1801): in den Privatwäldern sei das Plentern eine Notwendigkeit, weil deren Fläche zum schlagweisen Hieb zu klein sei.

16. Däzel (1802) führt als Vorteil des schlagweisen Hauens an, daß das Holz nicht mehr so zerstreut sei. Daher könne dem Förster ein größeres Revier zugeteilt werden.

17. Cotta bespricht in seiner Taxation (1804) „die Regulierung der plänterweise behandelten Forste“ (S. 95—116), in denen keine ordentlichen Schläge vorkommen und allenthalben zerstreut altes und junges Holz untereinander steht. Er weist auf die Schwierigkeit hin, Masse, Zuwachs und Hauungszeit zu bestimmen und hebt hervor, daß, wenn die Flächeneinteilung irgendwo notwendig sei, dies in den schleichweise behandelten Revieren zutreffe. Er untersucht, was allzusehr unterdrückt und was zum Fortwachsen noch tauglich ist, und behält die Plenterwirtschaft vorläufig bei, will aber doch die Plenter

wälder in reguläre Wälder umwandeln, „so daß der volle Bestand keiner späteren Plenterung bedarf" (S. 101).

1820 waren, wie Cotta mitteilt, die Schläge gänzlich zerstreut. Im Gebirge müsse die Plenterwirtschaft beibehalten werden. Die Waldweide spiele noch eine große Rolle. Plenterwirtschaft sei gegen Mittelwald und gegen Hochwald abzugrenzen. 1828 nennt Cotta die Plenterwirtschaft oder den schleichweisen Betrieb einfach, wenn bloß eine gewisse Stärke festgesetzt werde. Er bespricht die Nachteile und will diese Wirtschaft nur in Schutzwaldungen noch zulassen. Wenn nach einer bestimmten Ordnung alle 20 Jahre der Schlag wiederkehre, sei es keine Plenterwirtschaft mehr, sondern Mittelwald mit viel Oberholz oder Hochwald mit geringem Unterholz, in welchem Bäume mehrere Umtriebe stehen bleiben.

18. Hundeshagen unterscheidet (1821) den regellosen und den geordneten Femel-, Schleich- oder Plenterbetrieb: bei letzterem werden 30—40 Jahresschläge zusammengefaßt. Aus ihm sei der schlagweise Hochwald hervorgegangen. Im Femelwald hätten die Bäume einen lichteren, freieren Stand, infolge dessen widerstehe nach der Erfahrung das Nadelholz besser den Stürmen etc., die Verjüngung finde horstweise statt.

Von den Einwürfen gegen den Femelbetrieb könne nur etwa die geringere Erhaltung der Bodenkraft und der kleinere Massenertrag aufrecht erhalten werden (1828). In kleinen Nadelholzwaldungen könne durch den Femelbetrieb die nachhaltige Wirtschaft bei geringem Materialfonds erhalten werden.

19. Pfeil gibt 1821 zu, die Tanne gedeihe bei der Plenterwirtschaft allerdings besser als in regelmäßig gestellten Schlägen In Kiefern sei diese Wirtschaft nicht anwendbar, da unterdrückter Jungwuchs nach 10—12 Jahren unbrauchbar werde. Er führt Gründe gegen die Plenterwirtschaft an (Beschattung, Fällschaden, Beschränkung der Weide, erschwerte Aufsicht). Er fügt hinzu, daß sie neuerdings (1824) wieder von Hundeshagen und Hoßfeld bevorzugt werde, allerdings in der geregelten Form. 1823 hebt Pfeil (Forsttaxation 341) den geringen Holzertrag des Plenterwaldes hervor. 1849 zieht er die gleichalterigen Bestände vor. Starkholz werde nicht mehr begehrt. An exponierten Stellen will er den Plenterwald belassen.

20. Die Umwandlung der Plenterwälder in schlagweise oder regelmäßige Hochwaldungen empfiehlt Laurop 1822.

21. 1826 wird wegen der Servituten die Plenterwirtschaft für nötig erklärt.

22. Gwinner läßt (1834, S. 32) die Femelwirtschaft im Schutzwalde zu und in Gegenden, wo Holzüberfluß herrscht, wo die kleinen Waldbezirke eine schlagweise Behandlung verbieten, wo unbedeutender

Privatbesitz herrscht, aus welchem der Eigentümer bald diese, bald jene Nutzung zu beziehen wünscht. Sie sei (S. 150) in Gegenden mit vielem absolutem Waldboden und vorzüglich in Nadelwaldungen zu Hause. Die Nutzung richte sich nach dem Absatz; gewöhnlich seien nur die stärkeren Stämme (Schiffsbauholz aus dem Schwarzwald nach Holland) Gegenstand des Verkehrs. Im lichten Femelwalde werden solche Stärken bälder erreicht, dadurch werden die Nachteile des Betriebs etwas gemildert. Die Weißtanne eigne sich am besten, weil sie vom Druck des alten Holzes am wenigsten leide. Auf dem Schwarzwald finden sich gefemelte Weißtannenbestände, die in Hinsicht auf Vollkommenheit nichts zu wünschen übrig lassen; nur die Unregelmäßigkeit halte den Ertrag niedriger. Die Verjüngung sei dem Zufall überlassen. Wo eine nachhaltige Nutzung stattfinden solle, könne vom Femelbetrieb nicht mehr die Rede sein. Seit 1800 sei er durch die Schlagwirtschaft größtenteils, in den Staatswaldungen fast ohne Ausnahme ersetzt. Auf dem Schwarzwalde sei er 1800—1810 allgemein gewesen. „Jetzt (1834) wird er nur noch in einzelnen Gemeinden und Privatwaldungen und hie und da im badischen und fürstenbergischen Anteil getroffen; aber auch hier sind die Übergänge zur Schlagwirtschaft eingeleitet" (S 151).

1833 berichtete Gwinner über eine Reise in den (württ.) Schwarzwald. Seit etwa 10 Jahren (also seit 1820) werden Schläge geführt. Die Plenterwirtschaft hätten nur Private beibehalten, um Holländerholz (sehr starke Stämme) zu ziehen.

„Mehrere Forstwirte sprechen von einer regelmäßigen Femelwirtschaft; es sei diese aber zur regelmäßigen Schlagwirtschaft, wenigstens zum Übergang zu zählen; denn die Regelmäßigkeit vertrage sich mit dem Begriff von Femelbetrieb nicht" (S. 15?).

Über die Behandlung der Femelwaldungen gibt Gwinner 1834. namentlich auch in der 2. Auflage von 1841, S. 166, Ratschläge, die deutlich die verschiedenen Arten von Femelbetrieb erkennen lassen.

23. Tessin hält 1838 die Umwandlung in schlagweisen Hochwald bei den gestiegenen Holzpreisen für angezeigt.

24. Theodor Hartig bespricht 1840 (8. Aufl. des Lehrb. f. Förster) die Femelwirtschaft und hebt hervor, daß sie nur die Hälfte der Masse der Schlagwirtschaft liefere und daß fast immer der ganze Wald in Hege gelegt sein müsse. Bei der Schlagwirtschaft könne ein großer Teil beweidet werden, da die Hege nur 25 Jahre andaure.

Dagegen rühmt Schultze 1845 der Plenterwirtschaft großen Materialertrag nach.

25. Drechsler (1851) weist darauf hin, daß der Bauer zur Plenterwirtschaft komme, weil die Befriedigung des augenblicklichen Bedürfnisses wichtiger sei als der nachhaltig höchste Ertrag.

26. 1857 wird geltend gemacht, daß in wenig bevölkerten Gegenden nur die stärkeren Sortimente absetzbar seien und verflößt werden könnten. Die Plenterwirtschaft sei nur vom ungeordneten Betriebe her bekannt und deshalb bestehe ein Vorurteil gegen sie.

Bei Erziehung von Schiffsbauholz könne nur geplentert werden (1855).

27. Die Schwierigkeiten, den Plenterwald in die Nutzungsperioden einzureihen und seinen künftigen Ertrag zu berechnen, haben wesentlich zur Zurückdrängung des Plenterwaldes auf das Schutzwaldgebiet beigetragen. In den Taxationswerken von Hartig, Cotta, Pfeil, Hundeshagen, Heyer, Grebe, Judeich tritt dieser Gesichtspunkt deutlich hervor. Pfeil[1]) geht (auch noch 1858) davon aus, daß der Zustand des Plenterwaldes geändert, daß diese unregelmäßigen und unvollkommenen Bestände in regelmäßige und gut wüchsige umgewandelt werden müßten.

Seit Heyer (1840) strebte man normale Verhältnisse nach Altersstufen, Zuwachs etc. an. Bezüglich der nach der Fläche abgesonderten Altersstufen werden die Femelwaldungen als Ausnahme bezeichnet (Grebe 1850). In der Waldertragsregelung von Heyer werden (1840 und 1862) nur Hoch-, Nieder- und Mittelwald besprochen; der Plenterwald wird nicht erwähnt. Vom gut behandelten Hochwalde wird angeführt, daß er die höchsten Durchschnittserträge in stärkeren und wertvolleren Sortimenten liefere (1862, 32).

28. Werneburg wendet sich (1868) gegen den uniformen Hochwald und kommt, namentlich in gemischten Beständen, zur Plenterwirtschaft.

Seeger (1870) will dem Wechsel des Bodens entsprechend einen gruppenweisen Hochwald — Femelbetrieb einführen.

Osterheld hält (1879) den Femelbetrieb für die Betriebsart der Zukunft.

Tichy strebt (1884) ungleichalterige Bestände an; es müsse von der Bestandeswirtschaft zur Baumwirtschaft übergegangen werden. Die rationelle Wirtschaft liege zwischen dem Schwarzwälder Femelschlag und dem reinen Plenterwald, wie sie im konservativ gepflegten Plenterwald des oberösterreichischen Bauern betrieben werde.

29. Fürst bespricht 1885 die „Tagesfrage": Plenterwald oder schlagweiser Hochwald. Er wendet sich zum Teil gegen Gayer und Ney, verwirft den echten Femelbetrieb und hält den Femelschlagbetrieb nur für gewisse wirtschaftliche Verhältnisse für anwendbar und meint, daß der schlagweise Hochwald den zu stellenden Anforderungen genüge.

30. Die in Sachsen weit verbreiteten Loshiebe will Gerlach (1887) plenterartig bewirtschaften. Sie sollen 100—140 Jahre alt werden; dadurch werde Starkholzzucht ermöglicht.

---

[1]) Taxation [2] 343.

§ 339. Die Entstehung des Plenterwaldes.

1. Auf Weideflächen und Ödungen, auf kahlen oder licht bestockten Stellen des Waldes siedeln sich ohne Zutun des Menschen Waldbäume an. Der Same gelangt durch Wind und Wasser, Wild, Vögel und Mäuse auf die unbestockten Stellen in den Jahren, in welchen der benachbarte Wald Samen getragen hat. Diese Ansiedelung zieht sich durch 30—50, selbst 80 und 100 Jahre hin, so daß ganz ungleichmäßig verteilt einzelne Bäume, Gruppen und selbst Horste auf der vorher gar nicht oder licht bestockten Fläche sich bilden. Die Unterschiede des Alters der einzelnen Bäume können also 30, 50, 100 Jahre betragen. Neben dem 8, 10, 20 m hohen alten Baum bemerken wir Abstufungen aller Altersklassen bis zum 1 jährigen Pflänzchen herab. Die angeflogenen Pflanzen stehen auf der Fläche regellos umher, haben bald besseren, tiefgründigen, bald geringeren, trockenen, felsigen Standort gefunden; ihre Entwickelung muß daher selbst bei ungefähr gleichem Alter ganz verschieden sein. Durch Weidevieh oder Wild, durch Wind und Schnee, durch herabrollende Steine kann das Wachstum der Pflanzen gestört, jahrzehntelang, z. B. durch Abweiden, hintangehalten werden. 60 cm hohe Pflanzen auf der Weide können 30—50 und mehr Jahre alt sein.

Es wachsen auf einer solchen Fläche Bäume ganz verschiedener Höhe und Stärke, verschiedener Beastung und verschiedener Holzmasse heran. Die Bevölkerung entnimmt für ihre Bedürfnisse die tauglichen Stämme, wo sie sich gerade finden. Die Nutzung erstreckt sich über die ganze Fläche oder auch nur einen Teil derselben; die brauchbaren Stämme werden meist einzeln oder auch gruppenweise gehauen. Insbesondere werden die stärksten Stämme zu Brenn- und Bauholz auf einer um so größeren Fläche zusammengesucht werden, je größer der jährliche oder der zufällige Bedarf ist.

Auf einer solchen Waldfläche stehen also die verschiedensten Höhen- und Stärkeklassen, die aber nicht immer mit den Altersstufen zusammenfallen, durch die ganze Fläche hin bunt untereinander Die zur Nutzung gelangenden Stämme werden in der Regel einzeln gehauen.

Auf den hierdurch entstehenden Lücken wachsen teils bisher zwischenständige oder unterständige Bäume empor, teils erfolgt neue Besamung von der Umgebung, teils wachsen die Nachbarstämme über der Lücke zusammen. Im allgemeinen ist für den Nachwuchs keine besondere Sorge nötig.

Die geschilderte Waldform entsteht auf rein natürlichem Wege ohne Zutun des Menschen. Seine Tätigkeit besteht nur in der Nutzung einzelner Bäume. Durch Jahrhunderte hindurch waren diese Waldverhältnisse und Waldnutzungen über weite Gebiete verbreitet, ohne daß sie mit einem besonderen Namen bezeichnet worden wären.

Durch die Anlegung von Gehauen oder regelmäßigen Schlägen, also etwa seit 1495, ist die Ausdehnung dieser Waldform sehr eingeschränkt worden. Ganz verdrängt konnte sie aber auch in den Tiefländern und den Mittelgebirgen nicht werden.

Es sind die Weidewälder, Holzweiden, Hutweiden, Egarten, Wytweiden, pâturages boisés, Alpweiden, denen wir bei Gemeinden, Genossenschaften und Privaten noch überall begegnen. Buchen, Eichen, Ahorn; Fichten, Lärchen, Arven, seltener Tannen, mit einzelnen Sträuchern bilden den lichten Waldbestand. Mancher heute vollbestockte und geschlossene Bestand verrät durch einzelne Bäume mit dickem Stamm und gewaltiger Krone, daß er aus einem lichtbestandenen Weidewald hervorgegangen ist. Die älteren Waldbaubücher widmen der Behandlung lichter und unregelmäßiger Bestände vielfach besondere Kapitel. Burckhardt gedenkt des Hudewaldes, namentlich des Eichenhudewaldes an zahlreichen Stellen. Kasthofer, Wessely, Jugovitz besprechen ausführlich die Verhältnisse des Hochgebirges.

Das Bestreben der Landwirte, dem Vieh wieder einen gesunden Aufenthalt im Freien zu verschaffen, führt in neuester Zeit zur Anlegung von Weideplätzen, insbesondere auch von solchen im Walde. Dadurch können verlassene Waldformen wieder zu höherer Wertschätzung gelangen.

2. Die alten Quellen haben uns noch eine andere Waldform überliefert. Eichen, Buchen, Wildobstbäume wurden der Nutzung ihrer Früchte wegen durch strenge Vorschriften vor der Fällung geschützt. Es mußten sich daher einzelne sehr alte und sehr starke Stämme herausbilden. Diese waren teils einzeln, teils in Gruppen und Horsten über die Fläche verteilt. Beim Absterben dieser Stämme oder auch bei ihrer Nutzung in grünem Zustande wurden Hiebe einzelner Stämme nötig, wie es im Weidewalde der Fall war. Zwischen und unter diesen alten Eichen etc. standen jüngere Eichen und Buchen, die sich nach dem Hiebe der starken, breitkronigen Stämme freier entwickeln und die Lücken ausfüllen konnten. Auf dem von Schweinen durchwühlten oder vom Weidevieh gelockerten Boden fanden Eicheln und Bucheln ein gutes Keimbett. Die Nachzucht war also sehr erleichtert. In den entstandenen Lücken im Bestande konnte der Nachwuchs sich besser entwickeln als unter den dichten Kronen der alten Stämme. Die jungen Stämme wuchsen zwischen den Kronen der alten Stämme oder zwischen dem Oberbestand empor, sie blieben in der Höhe hinter diesem zurück, sie bildeten den Mittelbestand. Wo der alte Stamm noch dicht belaubt war, blieb der Jungwuchs kurz: es bildete sich ein Unterbestand.

Wir haben eine Waldform vor uns, bei der alte Eichen und Buchen etc. den Ober- oder Hauptbestand, zwischenständige, verschieden alte und verschieden hohe und starke Stämme von Eichen und Buchen den Mittelbestand, schwach entwickelte Stämmchen oder neu entstandener Aufwuchs den Unterbestand bildeten. Die stärksten Stämme werden einzeln herausgehauen, an ihre Stelle traten die stärksten und bestbekronten Stämme des Mittelbestandes. Auf den so entstandenen lichten Stellen, die bei der guten Entwickelung der Kronen der gefällten starken Stämme 1—2 a groß waren, entwickelte sich der bereits vorhandene Unterbestand zu höheren Bäumen; auch siedelten sich leicht junge Eichen und Buchen an.

Diese Waldform hat Ähnlichkeit mit derjenigen des Weidewaldes; es mußte sich jedoch an einzelnen Stellen ein dichter, geschlossener Bestand herausbilden. An solchen dunklen Stellen wurde die Entwickelung des Neben- und des Unterbestandes gehemmt. Diese Form näherte sich daher derjenigen unserer heutigen Mittelwaldformen, bei welchen das Oberholz gruppenweise erzogen wird.

3. Eine weitere Form des Plenterwaldes ergab sich bei kleinem Besitz. Auf den kleinen Waldstücken, die sich je nach der geologischen Formation mehr oder weniger zahlreich zwischen den Feldern finden, auf den schmalen Waldstreifen, die sich an den Bächen und Schluchten hinziehen, in den bandförmigen Wäldchen, die sich da und dort nach der Aufteilung gemeinschaftlicher Waldungen ergaben, zog sich der bäuerliche Besitzer das auf seinem Hofgut erforderliche Holz. Da zur Anlegung von Schlägen die Flächen zu klein waren, mußten die verschiedenen Sortimente auf derselben Fläche untereinander gezogen werden. Altes, mittelaltes, junges Holz stand in bunter Mischung beisammen.

4. Die Plenterwaldform ist die Form des Schutzwaldes. Am steilen Hange des Flußufers, an den von Lawinen und Steinschlägen bedrohten Hängen des Hochgebirges und auch des Mittelgebirges muß eine ununterbrochene Bestockung mit widerstandsfähigen Bäumen erhalten bleiben. Es können also nur einzelne Stämme entnommen werden, für deren Ersatz stets taugliche andere Stämme vorhanden sein müssen. Dies wird durch die Anzucht oder Belassung von verschieden hohen und starken Stämmen auf derselben Fläche erreicht; die Führung von Schlägen ist untunlich.

5. Im Parkwalde sind die Rücksichten auf die Schönheit der Waldbilder ausschlaggebend. Starke, hohe, dichtbekronte alte Bäume werden zwischen und über jungen Gruppen erhalten und die einzelnen Stämme da und dort so entnommen, daß unvermerkt eine neue Generation von Bäumen herangezogen werden kann. Ungleichalterigkeit ist die Bedingung des Parkwaldes.

6. Die ausgedehnten ungleichalterigen und dadurch licht geschlossenen Wälder sind an vielen Orten, namentlich bei größerem Besitze durch die gleichalterigen, dicht geschlossenen Bestände des Hochwaldes verdrängt worden. Da im geschlossenen Bestande nur wenig Starkholz er

wächst, so hat sich bei gewissen Absatzverhältnissen eine Gegenströmung gegen die Erziehung der Bestände im dichten Schluß geltend gemacht und eine besondere Waldform für die Starkholzzucht hervorgerufen: die Erziehung freigestellter, über die ganze Fläche verteilter Stämme.

7. Für diese Waldformen wendet man etwa seit 1760 den Ausdruck Plenterwald, im deutschen Süden auch den Ausdruck Femelwald an.

Der Name rührt nicht, wie bei den anderen Betriebsarten, von der Waldform, sondern von der Art der Nutzung her: die Stämme werden einzeln herausgehauen, sie werden „geplentert" oder „gefemelt"

Die Worte Plentern, Femeln, Plenter-, Femel-, Schleichwirtschaft, haben schon verschiedene Erklärungsversuche hervorgerufen. Mit dem Wort Niederwald oder Hochwald läßt sich ohne weiteres die Vorstellung bestimmter Waldformen verbinden; nicht so mit den Worten Plentern oder Femeln. Die ursprüngliche Bezeichnung „Auslichten" drückt die Hiebsart viel schärfer aus als diese erst spät aufgekommenen Worte. Wir wollen das Auftreten dieser Worte und ihre Bedeutung etwas näher verfolgen.

8. Die älteren Schriftsteller heben die charakteristischen Merkmale der von ihnen beschriebenen Wirtschaft nicht immer scharf hervor. Noch weniger pflegen sie eine genaue Beschreibung der vorhandenen Wälder beizufügen. Nur Carlowitz erwähnt (1713) die Zusammensetzung des Waldes aus alten, mittelalten und jungen Bäumen, sowie den schuppen- oder platzweisen Zuwachs. Weitzenbeck (1790) bemerkt, daß altes und junges Holz unter einander stehen. Nach der badischen Instruktion für Aufstellung von Wirtschaftsplänen von 1808 ist alles alte. im jungen Gehölz zurückgebliebene Holz aufzuzählen. Zu Probemorgen sollen keine Plätze genommen werden, wo das Holz durch Plentern stark ausgehauen sei. Wir müssen daher aus den Angaben über die Nutzungen auf die Waldzustände und die Waldwirtschaft schließen. Wenn Hohberg Gehaue anlegen will, die jochweise ganz abgemaißt werden sollen, so bedeutet dies eine Abkehr von der herrschenden Wirtschaft. Daß aber die einzelnen Schriftsteller in der Regel von den Waldverhältnissen des ihnen bekannten heimatlichen Wirkungskreises ausgingen, kann kaum bezweifelt werden. Im Nadelholzgebiete werden die Nadelholzplenterwälder, im milder und niedriger gelegenen Laubholzgebiete die Laubholzplenterwälder den Ausgangspunkt für die Darlegung ihrer Wirtschaft bilden.

Eine genaue und anschauliche Schilderung der badischen Femelwaldungen hat Schätzle (1884) gegeben. In allen Beständen, jungen, mitteljährigen und alten, werden die mit Krebs oder sonstigen Schäden behafteten Stämme herausgehauen. Dadurch entstehen schon in den jungen Beständen hie und da Lücken, da bis zu 10 % des Hauptbestandes entnommen werden. In den mitteljährigen, 60—80 jährigen

Beständen entstehen größere Lücken — von 10 Stämmen des Hauptbestandes werden 1—2 weggenommen (also auf 1 ha mit 600—800 Stämmen 60—80—120 Stämme) — und auf diesen erscheinen da und dort junge Pflanzen; diesen schenkt man keine besondere Aufmerksamkeit, sucht sie aber auch nicht zu verdrängen. In 80—90 jährigen Beständen sind die jungen Pflanzen erwünscht; die Bestände werden, wenn sie nicht durch Aushieb von krebsigen Stämmen licht stehen, scharf durchforstet. Hiermit ist die Verjüngung eingeleitet; alle 10 Jahre folgt ein Hieb zur Kräftigung des Unterwuchses. Hiebei werden die schlechten Stämme genommen, die schönen geschont. Die letzten Stämme werden 40—50 Jahre nach Erscheinen der ersten Pflanzen entfernt. Der so entstandene Bestand wird Pflanzen von 1—50 Jahren aufweisen und Stellen enthalten, welche zur Zeit der Entfernung des letzten Altholzes schon wieder durchforstungsfähig sind.

9. Charakteristisch für den Plenterwald ist die Hiebsart, die sich vom Abtrieb ganzer Bestände im Hochwalde dadurch unterscheidet, daß die stärksten Stämme einzeln aus dem Bestande herausgehauen werden. Die ältesten Schriftsteller, wie Göchhausen (1716) und Carlowitz (1713) beschreiben diese Hiebsart genau und nennen sie „Aushieb der stärksten Stämme". Später heißt es öfters: „da und dort" und „hin und wieder" werde gehauen Durch diese Bezeichnungen ist zugleich die Sache, die Art des Hiebs angegeben; die stärksten Stämme werden einzeln herausgehauen.

Genauer drückt sich Trunk aus. Das Auslichten besteht nach ihm darin, daß aus dichtem und hochstämmigem Bestande einige Bäume herausgeschlagen werden. Wohl um ein kürzeres Wort zu gewinnen, hat man etwa von 1750 an eine Reihe verschiedener Bezeichnungen angewendet, von denen Ausleutern, Auslichtern, Ausleuchten, Ausziehen zu den ältesten, vor 1758 üblichen gehören (Beckmann, Moser, Großkopf, Zincken).

10. Für die heute üblichen Ausdrücke Plentern, Femeln finden wir in der Literatur die Worte: Ausleutern, Ausleuchten, Auslichten, Ausschneiteln, Ausziehen, Durchziehen, Ausplündern, Plündern, Ausspiegeln, Plentern, Pläntern, Plendern, Ausplentern, Durchpläntern, Ausbländern, Bländerschlag, Lüften, Luftmachen, Verloren durchhauen, Schleichweise hauen, Schleichbetrieb, Schleichwirtschaft, Plätzighauen, Durchhauung, Nachhauen, Femmeln, Fimmeln, Femelwirtschaft.

11. Im Jahre 1758 kommt „Durchhauung", „Ausplünderung" für die Entnahme unterdrückter und dürrer Stämme vor.

1759 heißt es[1]), daß der Ausdruck „Plenterung" unverständlich sei. Das Wort „Plenterung" erscheint hier erstmals in der Literatur; es muß aber schon da und dort üblich gewesen sein.

[1]) Physikalisch-ökonomische Auszüge 2, 323.

Zanthier in Wernigerode[1]) kennt 1764 eine „Ausplenderung" in 80 jährigen Buchen, erwähnt ferner „Durchhauung oder Plenterung, Ausziehung, Ausläuterung des trockenen und unterdrückten Holzes" Hier ist also Plenterung im Sinne von Durchforstung gebraucht. Die zweite Aushauung finde in 80—90 jährigen Beständen statt, dies sei aber mehr eine ordentliche Hauung als Plenterung. Durch Aushauung oder Ausplenterung werden Lücken gehauen.

An anderem Orte heißt es ferner: wirtschaftliche Förster treiben eine Arbeit, welche sie Durchhauung oder Plenterung oder Ausziehung oder Ausläuterung des trockenen und unterdrückten Holzes nennen.

Grotens setzt 1765 Plentern dem Ausleuchten gleich; ähnlich 1765 Weyland (Pfalz), der Ausleuchten auch bei den Verjüngungshieben anwendet.

Der Ausdruck Plentern muß aber doch noch wenig bekannt gewesen sein, denn 1765 wird im Leipziger Intelligenzblatt gefragt, was die Worte „Fimmeln" und „Plenterung" bedeuten.

12. Cramer (1766), das Polizei-Magazin (1767), J. Beckmann (1769) führen die Bezeichnung „Plentern" neben den älteren Bezeichnungen Auslichten etc. auf. J. Beckmann bemerkt, der Ausdruck Plenterhau sei am Harze üblich (= Aushauen, Durchhauen, Verlorenhauen). 1767 wird die Schleichwirtschaft erwähnt. Im Forstlexikon von 1772 wird neben Plentern auch das Wort „Fimmeln" erklärt.

Die Onomatologia forestalis von 1772 kennt nur Plentern = Ausleutern des dürren Holzes.

Uhde (Stiege im Harz) teilt 1872 auf der Braunschweiger Versammlung mit, daß am Harz die erste Durchforstung Ausplänterung genannt werde; ebenso am Hils-Solling (1884). Es bedeutet: „einige Stämme herausnehmen wegen des Unterholzes, wenn das Oberholz zu dicht steht"

Brocken, Gleditsch, Jung, Maurer, Trunk sprechen von Auspläntern, während Burgsdorf (1783), Jeitter (1789) das Wort Ausplündern gebrauchen. Bei Brüel (1786) kommt „Plenkern" vor. In Württemberg wird 1783 und 1789 „Femmeln" „Ausfemmeln" angewendet.

Hartig führt 1791 die Durchplänterung der älteren Bestände an. 1809 spricht er von der unregelmäßigen Plänter- oder Femel- oder Schleichwirtschaft. Uslar berichtet von seinen Reisen 1792, das Ausfemeln sei schwarzwäldisch. Auch Mayer (Hohenlohe) erwähnt, daß man im Nadelholz fimmelte. Das Thüringer Handbuch von 1796 führt neben Plentern noch die älteren Bezeichnungen auf. Heldenberg (Bayern; 1797) versteht unter Plänterhieb oder regulärer Durchforstung

[1]) Forstmagazin. Dort ist er als Verfasser nicht genannt.

das Aushauen der absterbenden, verkümmernden Stämme, unter Fimmeln das Aushauen einzelner Bäume.

Walther (1801—03) sagt, daß Plentern ein plattdeutsches Wort sei und verschleudern bedeute; am Harze bedeute es, einzelne Bäume wegnehmen. Cotta gebraucht 1804 die Ausdrücke schleichweise hauen, plündern; bei der Pläntcrhauung nehme man die alten, anbrüchigen Stämme und die Eichenüberhälter heraus. Jeitter (Württemberg) nennt 1805 den Dunkelschlag auch „Bländerschlag"

Hartig gebraucht 1807, 08 die Worte Femelwirtschaft und Plänterwirtschaft nebeneinander; 1811 bemerkt er, daß sie fast allenthalben verdrängt sei, aber 1834 und 1841 muß er einräumen, daß bei der vormals allgemeinen, nun verpönten Plenter- oder Femelwirtschaft noch viele beharren. Sponeck will 1817 die Femelwirtschaft ebenfalls einstellen. Nach Hundeshagen herrschte 1821 vielfach noch der regellose Femel-, Schleich- oder Plenterbetrieb. Durchforsten ist ihm gleich: dunkles Pläntern. 1824 bemerkt er, daß noch ein Vorurteil gegen die Femelwirtschaft bestehe. Auch Pfeil erwähnt 1821, daß (in Norddeutschland) immer noch die Plenterwirtschaft herrsche.

13. Von 1787 an kommt das Wort Plentern in allen deutschen Gegenden vor; es scheint sich eingebürgert zu haben. Es bedeutet, wie sich ergab, das Aushauen einzelner Bäume wie auch der einzelstehenden, unterdrückten und dürren Stämme. Für letztere Hiebe wurde bald die Bezeichnung Durchforstung allgemein. Femeln wird neben Pläntern, aber nie im Sinne von Durchforsten gebraucht.

Mehr unsere heutigen Löcherhiebe hat von Cramer im Auge (1766), wenn er vom Heraushauen einzelner Stämme oder Plätzighauen (= kleine Plätze oder Striche hauen) spricht. Wo lauter Baumholz sei (d. h. im Hochwalde ohne Unterholz) könne wegen der Verangerung nicht geplentert werden.

Die Urteile über das Plentern (Femeln) und die Plenterwirtschaft (Femelwirtschaft, Schleichwirtschaft) beziehen sich auf das Aushauen der stärksten Stämme und die durch diese Hiebe herbeigeführte Bestandesverfassung.

Die Worte Plentern und Femeln haben verschiedene sprachliche Erklärungen gefunden. In forstlichen Werken kommt das Wort Plenterung erstmals 1759, das Wort Fimmeln 1765 vor. Beide Worte müssen da und dort schon im Gebrauche gewesen sein; sie waren aber in weiteren Kreisen nicht bekannt geworden. So finden sie sich in Heppe (Der wohlredende Jäger 1763) nicht; nur in der 2. Auflage kommt das Wort Plenderkohlen = von allerlei abgefallenem Holz gemachte Kohlen vor (ähnlich bei Krünitz Encyklopädie 1773).

In den zahlreichen seit 1487 erschienenen Wörterbüchern der deutschen Sprache kommt Plentern selten und Femeln noch seltener vor. Erst bei Adelung (1775) kommt Fehm = Haufen gefälltes Holz vor. Jacobson (Technol. Wörterbuch 1781) führt plendern neben auslichten, ausspiegeln, verloren hauen auf. Grimm (1860) schreibt: blendern = hie und da aushauen = blinkern, blenkern und = pläntern, die Licht nehmenden Bäume aushauen. Sandor (1860) setzt blendern = bianken (blänke: eine Waldblöße); plentern = einzelne Bäume heraushauen, lichten; auch plentern, plänkern, blänken; blänkern = licht aushauen. Feim = Getreidehaufen, Schober; er verweist auf das Bremische Wörterbuch, wo Fehm = Klafter, Faden, Holz heißt. Fimmeln = etwas herausklauben (in Bremen, Bayern, Schweiz). Heyne: plentern = blendern = lichtraubende Bäume nehmen; so auch Paul 1908.

Von den Provinzialwörterbüchern nennt das preußische (1882) fimmeln = hin- und herfahren; das bremische fimmeln auch = unordentlich zusammenraffen.

Das Wort Plentern, das nach Beckmann am Harz gebräuchlich war, wird weder im plattdeutschen, noch im niederdeutschen oder altfriesischen Wörterbuch angeführt. Im bremisch-niedersächsischen ist plentern = verschleudern, unnütz vertun.

Beide Worte: plentern und femeln werden im Bayrischen Wörterbuch, von Schmeller, im Schwäbischen von H. Fischer und im Schweizerischen Idiotikon, das Wort pläntern in Bucks Oberdeutschem Flurnamenbuch aufgeführt. Buck nennt Blinde, Blende = Blinke, Blenke einen Ort, wo das Unterholz ausgehauen ist; pläntern ist = Holzaushiebe machen. Nach Schmeller ist Femeln = aus der Frucht das Reife herauslesen. Die schweizerische Mundart gebraucht fimeln vom Hanf; die Bedeutung plentern komme aus Umdeutung; femeln sei ein neuhochdeutscher Ausdruck = herausfangen. Pländern, bländern = den Wald licht durchforsten lasse sich bis in den Anfang des 18. Jahrhunderts zurückverfolgen. Nach Fischer kennt die schwäbische Mundart Blendern = Blender wegnehmen nicht. Femeln = einzelne schlagreife Bäume aushauen = Pläntern.

Im etymologischen Wörterbuch von Kluge kommt Plentern und Femeln gar nicht vor; Blende sei ein neuhochdeutsches Wort. Weigand schließt für Plentern = blendern an Grimm an unter Bezugnahme auf das Forstlexikon von 1774 (1, 1008).

Das Wort Blender ist mir in der forstlichen Literatur nicht begegnet.

§ 340. Das Wesen des Plenterwaldes.

1. Wodurch unterscheidet sich der Plenterwald vom Niederwald, vom Hochwald, vom Mittelwald?

Im Plenterwalde sind nicht, wie im reinen Nieder- oder im reinen Hochwalde, oder im Unterholz des Mittelwaldes die Altersklassen (bezw. Größeklassen) flächenweise getrennt, sondern sie stehen in bunter Mischung manchmal stammweise, meistens aber gruppen- und auch horstweise unter und neben einander.

Der Plenterwald und der einzelne Plenterbestand setzen sich aus drei deutlich unterscheidbaren Teilen zusammen. Diese Teile werden zweckmäßig nicht nach dem Alter, sondern nach Höhe und Stärke oder nach der Größe unterschieden; es entstehen also Größeklassen, nicht Altersklassen.

Die stärksten und höchsten Stämme, einzeln oder in kleineren Gruppen über die Fläche verteilt, überragen die übrigen Teile des Bestandes und heben sich, in einiger Entfernung vom Bestande betrachtet, deutlich von diesem ab. Sie können als Oberbestand bezeichnet werden. Die mittelstarken und mittelhohen Stämme, meist in Gruppen und

Abb. 10. Gruppenweise Mischung der Größeklassen im Plenterwald. Groß-Doppwald bei Konolfingen. (Aus Balsiger. Der Plenterwald.)

Horsten angeordnet, bleiben hinter den Stämmen des Oberbestandes zurück, sie bilden den um die höchsten Bäume, auch neben und unter diesen stehenden Mittelbestand. Unter dem Ober- und unter dem Mittelbestand stehen bald einzeln, bald gruppenweise, in der Regel aber horstweise und geschlossen die niedrigsten und schwächsten Stämmchen; sie bilden einen Bestand, der sich unter den Kronen des Ober- und des

Abb. 11. Profil eines Plenterbestandes. (Aus Balsiger. Der Plenterwald.) Westseite des Hasliwaldes bei Oppligen. Kanton Bern.

Mittelbestandes erhält und können als Unterbestand (im Gegensatz zum Unterstand, der nur zum Schutze des Bodens dient) abgeschieden werden. Aus dem Unterbestand gehen die Stämme des Mittelbestandes, aus denen des Mittelbestandes diejenigen des Oberbestandes hervor.

Die Stämme des Unterbestandes erreichen vielfach nicht die Höhe von 1,3 m. Dazwischen können aber solche von 2—5, selbst 8—10 m Höhe sich finden.

Die Höhen im Unterbestande weichen unter sich sehr stark ab, so daß der Unterbestand aus den verschiedensten Höhenstufen zusammengesetzt ist und ein sehr unregelmäßiges Bild darbietet.

Die Stämme des Mittelbestandes zeigen ebenfalls abweichende Höhenverhältnisse; die Höhen können von 15—25 m schwanken. Hinter den Stämmen des Oberbestandes bleiben sie 6—8—10 m zurück.

Zwischen diesen scharf ausgesprochenen Teilen eines Plenterbestandes stehen einzelne Bäume, die nicht deutlich sich abheben und eine Art Zwischenstufe, teils zwischen Ober- und Mittel-, teils zwischen Mittel- und Unterbestand bilden. Eine besondere Besprechung erfordern sie nicht, da ihre waldbauliche Behandlung keine Besonderheiten zeigt.

Die in Lücken und Löchern sich einstellende Verjüngung muß zum Unterbestande gerechnet werden. Die in der Mitte der Lücke sich besser entwickelnden Stämme können allerdings dem Mittelbestande nahe kommen.

Innerhalb des Ober-, wie des Mittel- und des Unterbestandes sind Verschiedenheiten nach Höhe und Stärke, nach Kronenlänge und -Breite, nach dichterer oder lichterer Beastung, nach dem Wachstum überhaupt, stets zu bemerken; Unterschiede, die sich durch die Beschreibung nicht genau wiedergeben lassen.

Die vorstehenden Ausführungen beziehen sich auf Plenterwälder der I.—III. Bonität. Wesentliche Unterschiede ergeben sich für die geringeren Standorte nicht; auf diesen ist das Wachstum aller Teile geringer.

Einige Zahlen aus Bestandesaufnahmen werden die im Walde deutlich hervortretenden Arten der Bestockung genauer nachweisen. Die Zahl der Plenterwaldaufnahmen ist allerdings vorerst sehr klein.

2. Im Jahre 1908 wurden in einem bäuerlichen Privatwalde des württ. Bezirks Oberndorf zwei Plenterwaldversuchsflächen von 0,50 bezw 0,25 ha angelegt und 1914 wiederholt aufgenommen. Am Bestande, wie er überliefert war, wurde keinerlei Änderung vorgenommen und dem Besitzer auch für die künftige Bewirtschaftung freie Hand gelassen. Probestämme konnten nicht gefällt werden; die Aufnahme erstreckt sich daher nur auf Stammzahl und Kreisfläche. Die Weißtanne zeigt in der betreffenden Gegend ein sehr gutes Wachstum; die in unmittelbarer Nähe gelegenen Hochwald-Versuchsflächen im Staatswalde gehören der I. Bonität an.

Die auf der Fläche vorhandenen schwachen Stämmchen wurden bei der Aufnahme in Klassen geschieden. Die 0,5—1,3 m hohen Stämmchen des Jungwuchses (a) wurden nur gezählt. An den über 1,3 m hohen

Stämmchen wurden die Durchmesser bei 1,3 m ermittelt; sie wurden aber dann nicht numeriert, wenn an den schwachen Stämmchen keine Zahlen aufgedrückt werden konnten (b). Sie waren meist 1—3, selten 4—5 cm stark. Die stärkeren Stämme endlich wurden gemessen und numeriert (c).

Auf 1 ha waren in der Plenterwaldfläche Nr. 1 vorhanden:

a) an Jungwuchs . .	3170 Tannen,	196 Fichten,	zus.	3366 Stück,
b) an schw. Stämmchen	1414 „	76	„	1490 „
c) an numerierten stärkeren Stämmen .	1014 „	324 „		
		8 Buchen	„	1246 „
			zus.	2736 Stück.

Kreisfläche der gemessenen Stämme (b + c) 34,2 qm; mittlerer Durchmesser 12,6 cm; schwächster Durchmesser 1, stärkster 73 cm.

3. Die 2736 gemessenen Stämme wurden nun in Durchmesserklassen eingereiht. Es entfallen auf die

Stärkestufe	Stämme	Kreisfläche qm	Stammzahl %	Kreisfläche %
1—10 cm	2160	2,820	79,0	8,2
11—20 „	282	5,094	10,3	14,9
21—30 „	140	6,760	5,1	19,8
31—40 „	106	9,798	3,9	28,6
41—50 „	28	4,500	1,0	13,2
51 und mehr cm	20	5,224	0,7	15,3

Die 154 über 30 cm starken Stämme machen 5,6 % der Stammzahl aus; auf sie entfallen aber 57,1 % der Kreisfläche.

4. Bei der nach 5 Jahren wiederholten Aufnahme waren noch 1148 numerierte Stämme mit 3—77 cm Durchmesser vorhanden; davon 960 Tannen, 180 Fichten, 8 Buchen. Sie wurden in die bekannten Baumklassen eingeteilt.

Es entfielen auf:

	herrschende	mitherrschende	beherrschte	unterdrückte	absterbende	Zus.
von der Stammzahl	204	196	154	584	10	1148
in %	17,8	17,1	13,4	50,9	0,8	
von der Kreisfläche qm	23,468	6,210	1,882	3,082	0,018	34,656
in %	67,7	17,9	5,4	8,9	0,1	
Mittlerer Durchm. cm	38,3	20,1	12,5	8,2	4,8	19,6

Die über 30 cm starken Stämme waren durchweg herrschend; von den 20—30 cm starken Stämmen waren einige noch herrschend, die meisten mitherrschend; einige mitherrschende waren noch in den

Stufen von 10—15 cm vorhanden; beherrschte finden sich in den Stufen von 6-22 cm; die meisten unterdrückten Stämme fallen in die Stufen 3—10, wenige in die von 11—19 cm.

5. Überblickt man die Verteilung im ganzen, so scheiden sich die herrschenden einer- und die unterdrückten andererseits ziemlich genau nach der Stärke ab; dagegen sind die mitherrschenden und beherrschten weniger scharf getrennt. Aber im wesentlichen ist die Ausscheidung der Baumklassen derjenigen im Hochwalde ganz ähnlich.

Wird der ganze Bestand in die oben Z. 1 beschriebenen Teile zerlegt, so erhalten wir den Oberbestand mit 204 herrschenden, den Mittelbestand mit 196 mitherrschenden und 154 beherrschten (zusammen 350). und den Unterbestand mit 594 unterdrückten Stämmen.

Auf den Oberbestand entfallen von der Stammzahl 17,8 %
von der Kreisfläche 67,7 %,
auf den Mittelbestand entfallen von der Stammzahl 30,5 %
von der Kreisfläche 23,3 %
auf den Unterbestand entfallen von der Stammzahl 51,7 %
von der Kreisfläche 9,0 %.

6. Von der Plenterwaldfläche Nr. 2 daselbst mögen noch einige Zahlen im Auszug folgen.

Es entfielen auf

	herrschende	mitherrschende	beherrschte	unterdrückte	absterbende	Zus.
von der Stammzahl	200	104	80	688	12	1084
%	18,5	9,6	7,3	63,5	1,1	
von der Kreisfläche qm	32,856	6,380	2,684	4,416	0,020	46,344
%	70,9	13,7	5,8	9,5	0,1	
Mittlerer Durchm. cm	45,7	27,9	20,7	9,0	4,6	23,4
Grenzen der Durchmesser von bis cm	21—84	13—41	8—28	3—20	—	—

In der geringen Zahl der mitherrschenden und beherrschten weicht diese Fläche 2 von Nr. 1 ab. Die Stammzahl des herrschenden Hauptbestandes ist dagegen fast gleich; die Kreisfläche von Nr. 2 aber um 41 % höher.

7. Balsiger, dem wir genauere Untersuchungen über den Plenterwald im Kanton Bern verdanken, hat eine Übersicht über die Zusammensetzung einiger Plenterbestände des Hochgebirgs mitgeteilt [1]).

Der ganze Plenterwald war 448, ein Ausschnitt, für den die Zahlenwerte ermittelt wurden, 93 ha groß. 1000—1200 m Meereshöhe; Nordhang; Verwitterung von Molasse-Sandstein und Mergel; über mittlerer Güte (also wohl III. bis II. Bonität). Stämme unter 12 cm, wie das feinere Reisig wurden nicht berücksichtigt.

[1]) Der Plenterwald S. 15 ff. (Als Manuskript gedruckt.) Der größte Teil erschien vorher in der Schweiz. Zeitschrift für Forstwesen.

Durchschnittliche Zusammensetzung von 1 ha Plenterwald des Hochgebirges:

	Stammzahl	Kreisfläche qm	Schaftmasse Fm	Astholz Fm	Baummasse im ganzen Fm	Baummasse pro Stamm Fm	% nach Holzmasse	% nach Stammzahl
Hauptbestand: 36 cm und mehr Durchmesser in 1,3 m								
Weißtannen . . .	60	9.55	124	15	139	2,3		
Fichten	7	0.92	13	1	14	2,0		
	67	10.47	137	16	153		48	12
Nebenbestand: von 22—35 cm Durchm.								
Weißtannen . . .	120	6,96	78	9	87	0,7		
Fichten	25	1,43	14	1	15	0,6		
Buchen	13	0,67	7	1	8	0,6		
	158	9,06	99	11	110	--	34	28
Unterbestand: von 12—21 cm Durchm. Weißtannen mit 15 % Fichten .	330	6,70	52	7	59	0.18	18	60
Zusammen	555	26.23	288	34	322	—		

Wegen der verschiedenen Verfahren bei der Aufnahme ist eine eingehende Vergleichung mit dem Plenterwalde von Oberndorf nicht durchzuführen.

8. **Balsiger** hat Altersermittelungen in diesem Hochgebirgs-Plenterwald vorgenommen, die zu höchst interessanten Ergebnissen führten.

An 103, nach dem **Draudtschen** Verfahren ausgewählten Probestämmen ergaben sich

	Jahre im Freistand	Jahre unter Schirm	enger Kern cm	Durchschnittliche Baummasse eines Stammes
Hauptbestand:				
36 cm und mehr Durchm.				
Weißtannen	90	102	9,5	2,45
Fichten	92	56	5,6	2,15
Nebenbestand:				
22—35 cm Durchm.				
Weißtannen	64	109	7,7	0,82
Fichten	41	109	12,3	0,67
Buchen	75	60	7,7	0,72
Unterbestand:				
12 21 cm Durchm. .	24	109	9,5	0,18

„Bei dem Mangel einer erkennbaren Altersabstufung kann die Bildung von Altersklassen nicht wohl in Betracht kommen“ (S. 27).

9. Sodann hat Balsiger das Überschirmungsverhältnis berechnet, das sich aus den Kronendurchmessern ergibt. Diese wurden ‚als doppelte Länge der stärksten Äste ermittelt“

Dieser Nachweis ist sehr wertvoll, da die Überschirmung selbst und ihre Wirkung auf den Bestand gewöhnlich nur gutächtlich festgestellt und, wie das Resultat Balsigers ergibt, in der Regel überschätzt wird.

„Das Überschirmungsverhältnis ergibt sich aus den Kronendurchmessern, welche als doppelte Länge der stärksten Äste ermittelt wurden. Es fanden sich folgende Maße:

Größe-Klassen und Holzarten	Stammzahl per ha	Kronendurchmesser Maximum m	Minimum m	Mittel m	Schirmfläche per Stamm m²	per ha m²
Hauptbestand: Weißtannen	60	10,5	5,0	7,3	42	2520
Fichten	7	7,0	5.0	5,8	26	182
	67	—	—		—	2702
Nebenbestand: Weißtannen	120	7,2	3,6	5,3	22	2640
Fichten	25	5,2	3,0	4,4	15	375
Buchen	13	10,2	4,8	8.1	52	676
	158				—	3691
Unterbestand: Weißtannen (mit 15 %, Fichten)	330			3.0	7	2310
Total:	555					8703
Für allen Jungwuchs unter 12 cm Brustdurchmesser wurden geschätzt						4500
Die Schirmfläche sämtlicher Kronen beträgt demnach rund						13200

Von der bestockten Fläche ist somit nur ein Drittel doppelt beschattet. Bei gleichmäßiger Verteilung der Größeklassen über den ganzen Hektar würde sich die Überschirmung einzig auf den nicht gemessenen Jungwuchs erstrecken.

Die einzelnen Größeklassen beteiligen sich an der Überschirmung ungefähr im umgekehrten Verhältnis wie an der Bestandesmasse. Bei der jüngsten Klasse ist die Schirmfläche am größten, beim Hauptbestand am geringsten. Dies gilt aber nur für die senkrechte Überdachung. Bei seitlich einfallendem Licht wird die Beschattung durch die hohen Kronen der Hauptbäume wesentlich verbreitert. Neben den eigentlichen Kronen kommen auch die Klebäste in Betracht, die im lichten Plenterbestand vielen Weißtannen und Buchen anhaften“ (Balsiger, S. 27).

10. Am ausgesprochensten und am leichtesten festzustellen ist die Wirkung der Überschirmung beim Stärkewachstum. Während der Dauer der Überschirmung bilden sich sehr schmale Jahrringe, die sich von den im Freistand erwachsenen scharf abheben. Sie werden als enger Kern bezeichnet, dessen Durchmesser zwischen 6 und 12 cm schwankt. Balsiger hat für Weißtannen nachgewiesen, daß die Stämme des Haupt- und des Nebenbestandes vielfach über 100 Jahre (im Maximum 170 bis 187 Jahre) unter Schirm erwachsen sind. Die Masse des engen Kerns beträgt nach Balsigers Berechnung von der ganzen Schaftmasse im Haupt- und Nebenbestand bei Weißtannen 3—7 %, bei Fichten und Buchen 2—4 %.

Die Jahrringsbreiten sind in folgender Übersicht nachgewiesen:

Durchschnittliche Breite der einzelnen Jahrringe.

Größen-Klassen und Holzarten	am einzelnen Stamm		Klassen-Mittel für		Masse des engen Kernes in % der Schaftmasse
	Maximum mm	Minimum mm	Freistand mm	unter Schirm mm	
Hauptbestand: Weißtannen	6,0	0,2	2,1	0,4	3
Fichten	5,1	0,3	2,0	0,5	2
Nebenbestand: Weißtannen	3,9	0,2	1,7	0,3	7
Fichten	4,3	0,3	2,3	0,5	3
Buchen	3,0	0,1	1,4	0,4	4
Unterbestand: Weißtannen mit 15 % Fichten	2,8	0,1	1,5	0,5	25

Balsiger bemerkt, daß dieser enge Kern die Festigkeit und Widerstandsfähigkeit des Stammes erhöhe. Er ist nach seinen Beobachtungen, die durch solche in Württemberg bestätigt werden, selten angefault: er wäre also auch der Einwirkung der Pilze weniger unterworfen.

Wenn die Annahme Balsigers zutrifft — sie wird auch von Barberini ausgesprochen — so würde dieser enge Kern eine andere Beurteilung erfahren müssen, als es gewöhnlich der Fall ist. In den Untersuchungen von Tetmajer und Janka über die Festigkeit des Holzes finden sich noch nicht die genügenden Anhaltspunkte für die Beurteilung dieser Annahme. Weitere aufklärende Untersuchungen wären daher sehr zu begrüßen.

Der enge Kern ist bei den Weißtannen in der Regel fest mit den späteren Jahrringen verwachsen, so daß beim Fällen nicht etwa Ringschäligkeit entsteht; dies ist nur der Fall, wenn eine Verletzung am engringigen Stamme vorkam. Bei Fichten scheint nach einigen Beobachtungen das Verwachsen nicht so eng zu sein. (Nach Untersuchungen in der Gegend von Freudenstadt im Schwarzwald).

11. Noch einige weitere Wirkungen der dem Plenterwalde eigenen Stammverteilung sind zu besprechen, da sie mit dem Wesen des Plenterwaldes unmittelbar zusammenhängen.

Der Schaden, welcher durch Fällung alter Stämme entsteht, wird vielfach überschätzt. Bei natürlicher Verjüngung im Hochwalde müssen die Nachhiebsstämme vielfach auch in dem Jungwuchs gefällt werden. Nach wenigen Jahren ist bei sorgfältiger Aufbereitung und Abfuhr die Lücke kaum mehr zu sehen (Freudenstadt).

Diese Beobachtungen können durch Erfahrungen aus der Schweiz, dem Elsaß und aus Baden ergänzt werden.

Balsiger bemerkt auf Grund langjähriger Erfahrung im Hochgebirge (S. 53), daß Schaden sich durch die weite Verteilung der Schläge nach Zeit und Raum am besten vermeiden lasse. Es komme selten vor, daß von den starken Stämmen zwei oder mehrere übereinander liegen. Außerdem unterlasse man nicht, die größeren Kronen vor der Fällung zu entasten. Starke Stämme werden in kurze Blöcher zersägt und der Transport an die Wege finde in Regie und bei Schneedecke statt. Unter solchen Umständen komme es oft vor, daß nach der Räumung des Schlags nur noch die abgehauenen Stöcke an den geführten Hieb erinnern. Wenn auch die Möglichkeit des größeren Fällungsschadens zugegeben werden müsse, so werde man sich deshalb kaum entschließen, zum Kahlschlag oder zur Absäumung zurückzukehren.

Ähnlich spricht sich auch Schätzle für den badischen Femelbetrieb aus[1]). Für die Fällung werde der Ort ausgewählt, wo der geringste Schaden geschehe. Dies sei nicht immer die Stelle, welche die wenigsten Pflanzen enthält, sondern diejenige, wo die meisten Pflanzen stehen. Erstere müßten sonst durch Pflanzung ersetzt werden. „Von der großen Menge der Pflanzen in einer Dickung läßt sich aber ein gut Teil entbehren Die Lücken, welche durch das Auffallen eines Stammes entstanden sind, wachsen in wenigen Jahren wieder zu. Die beim Ausziehen oder Seilen des Holzes verursachten Beschädigungen des stehenden Holzes sind von geringer Bedeutung, weil die Schleif- und Rieswege nur etwa 90 m von einander entfernt sind und daher die Stämme nur auf kurze Entfernung durch das stehende Holz zu verbringen sind.

Ganter (daselbst S. 32) wagt die Behauptung, daß man auch in Fichtenbeständen ohne merklichen Schaden das alte Holz ausbringen kann, wenn man sorgfältig zu Werke geht (sauberes Ausasten. Beseitigung der Wurzelansätze, Ausschleifen mit Ochsen).

Siefert (a. a. O. 50) bemerkt: wenn keine größere Zahl von Stämmen auf derselben Fläche genutzt und das Holz sorgfältig ausgebracht werde, könne von einer erheblichen Schädigung der Jungwüchse nicht die Rede sein.

---

[1]) A. a. O. S. 13.

12. Durch die Entfernung der älteren Stämme entstehen im zurückbleibenden Bestande Lücken, welche dem Winde den Zugang eröffnen und zu kleineren, aber auch größeren Windfällen Anlaß geben können.

In stark vom Winde bedrohten Gegenden müssen die Aushiebe vorsichtig geführt werden. Die Lücken dürfen nicht größer sein, als daß die Stämme sich noch gegenseitig stützen können.

Für den badischen Schwarzwald hebt aber Schätzle[1]) ausdrücklich hervor, daß die Beschädigungen durch Wind und Schnee unbedeutend seien. „Die starken Stürme, welche in den letzten Jahren (vor 1884) in geschlossenen Waldungen so starke Verheerungen anrichteten, haben in unsern Femelwaldungen nur eine unerhebliche Holzmasse umgeworfen".

Sogar für die Lagen im Hochgebirge kann Balsiger auf geringen Windschaden hinweisen (a. a. O. S. 91).

13. Unter den von Hundeshagen vor 100 Jahren aufgeführten und seitdem oft wiederholten Gründen gegen die Plenterwirtschaft wird die erschwerte Aufsicht bei Fällungen und der mangelnde Überblick über den Gang der Wirtschaft aufgezählt. Selbst wenn man die Richtigkeit dieser Einwendungen zugeben wollte — die im Plenterwald selbst wirtschaftenden Praktiker heben diese Punkte nicht hervor (vergl. Balsiger S. 30 ff.) — könnte man diesen Einwürfen keine beachtenswerte Bedeutung beimessen.

14. An die Stelle des gefällten ältesten Stammes tritt teilweise der umstehende Mittelbestand, teils der unter dem gefällten Stamme vorhandene Unterbestand, teils der durch Besamung erst nach der Fällung sich einstellende, aus Samen hervorgehende Jungwuchs. Die durch Entnahme der starken Stämme entstehende holzleere Stelle ist rings von jüngeren Klassen beschattet und dadurch vor Austrocknen geschützt, aber geringer beleuchtet. Bei ausbleibender Besamung entsteht Graswuchs auf ihr. Im allgemeinen ist, wie jeder Gang durch den Plenterwald zeigt, die Verjüngung sehr begünstigt. Eine Besamung tritt freilich auch im Plenterwalde an mancher Stelle gar nicht oder nur spärlich ein. Nach einiger Zeit erscheinen aber auch solche Stellen bestockt, da jedes Samenjahr ausgenützt werden kann. Neben dem 30—50-jährigen Jungwuchs lassen sich die 1- und 2 jährigen Pflänzchen beobachten.

15. Die Studien im Plenterwalde muß man an einem sonnigen Tage vornehmen. Es gibt oft genug Gelegenheit, von derselben Holzart den geschlossenen Hochwald und den Plenterwald unmittelbar nebeneinander zu beobachten. Im ersteren ist das Licht im Innern des Bestandes nur schwach, indessen im Plenterwalde durch die vielen Lücken Oberlicht und Seitenlicht auch in das Innere des Bestandes gelangt.

---

[1]) A. a. O. S. 17. Ganz ähnlich Ganter (das. S. 44).

Die Kronen der herrschenden Bäume im geschlossenen Hochwalde werden nur in den obersten Teilen beleuchtet, während im Plenterwalde die Kronen des Oberbestandes fast ganz im Lichte stehen. Die Kronen des Plenterwaldes sind außerdem — bei Fichten um 2—4 m — länger, als die des geschlossenen Hochwaldes.

Der Plenterwald ist daher physiologisch und waldbaulich im allgemeinen als ein Lichtwuchsbetrieb[1]) zu bezeichnen (§ 316).

Die überragenden Kronen des Oberbestandes stehen frei und in vollem Lichtgenusse. Teilweise ist dies auch bei den höheren Stämmen des Mittelbestandes der Fall, aus denen die Stämme des Oberbestandes hervorgehen. Durch die Entnahme der stärksten Stämme entstehen Lücken, an deren Rande den Stämmen des Ober-, Mittel- und Unterbestandes eine größere Lichtmenge, und zwar Oberlicht, zuströmt und zugleich eine höhere Erwärmung zu Teil wird.

16. Es handelt sich im Plenterwalde nicht nur um die Ausdauer der jüngeren Pflanzen im Schatten des Ober- und des Mittelbestandes, sondern um die gedeihliche Entwicklung auf dem mehr oder weniger schattigen Standorte.

Es muß daher die Dauer des Sonnenscheins eine wesentliche Rolle im Plenterwalde spielen. Im südlichen Deutschland, in Österreich und der Schweiz, wo der Plenterbetrieb am meisten verbreitet ist, erreicht die Dauer des Sonnenscheins 1600—1800, selbst 2000 Stunden. Im Wallis, dem Gebiete des Lärchenplenterwaldes, beträgt die Bewölkung nur 50 % (§ 31).

17. Durch die zahlreichen Lücken im Plenterwalde gelangt ein größerer Teil der Niederschläge an den Boden, als im Hochwalde.

Je höher die Niederschläge überhaupt sind, um so dichter kann der Stand der starken Bäume sein. Bei geringer Regenmenge muß der Stand licht gehalten werden; dies wird von Barberini für das trockene Wallis besonders hervorgehoben.

18. Je höher die wasserhaltende Kraft und der Gehalt an Nährstoffen im Boden ist, um so besser wird das Wachstum im Plenterwalde sein. Insofern ist es zutreffend, daß Plenterwirtschaft nur auf gutem Boden angezeigt sei. Andererseits kann diese Wirtschaft gerade auf geringeren Böden im Interesse der Bodenpflege angezeigt sein. Der Plenterschutzwald beispielsweise, bei dem der Ertrag eine untergeordnete Rolle spielt, stockt oft auf geringer Bodenklasse.

19. Die Holzarten eignen sich nicht in gleicher Weise für die Plenterwirtschaft. Die Eigenschaft, die Beschattung zu ertragen, gestattet einen dichteren Stand der Hauptbäume. Hiezu muß die Fähigkeit kommen, auch nach langer Beschattung ein kräftiges Wachstum zu entfalten, wenn Freistellung erfolgt. Endlich müssen Schädigungen

[1]) Schweiz. Mittlgn. 2, 226.

durch die Fällungen leicht ausgeheilt, insbesondere verletzte Gipfel leicht ersetzt werden.

In hervorragender Weise vereinigt diese Eigenschaften die Tanne; ihr Verbreitungsgebiet ist zugleich das Hauptgebiet des Plenterwaldes.

Dies wurde schon vor langer Zeit von den verschiedensten Seiten hervorgehoben: von Pfeil für Thüringen, von Gebhard, Roth, Dengler, Schuberg, Krutina, Schätzle u. a. für Baden, von Gayer, Ney für Bayern und Elsaß, von Baudisch für Österreich, von Balsiger für die Schweiz, von Boppe und Jolyet für Frankreich.

Für die Lichtholzarten, wie die Föhre, wird der Plenterbetrieb für ungeeignet erachtet; er hatte aber doch auch im Föhrengebiete Preußens früher große Ausdehnung. In Schweden sieht man ganz regelrechte Plenterbestände auch im Föhrenwalde; das stärkere Holz ist allerdings in geringerer Zahl vertreten und in größerem Abstande gehalten, als es im Tannen- und Fichtenwalde üblich ist. Lärchenplenterbestände trifft man auch im Wallis und Barberini hebt ausdrücklich ihr gutes Gedeihen hervor.

20. Die einzeln oder in Gruppen stehenden stärkeren Stämme haben also einen erhöhten Lichtgenuß: so übertreffen die Stämme des Plenterwaldes im Zuwachs die Stämme des geschlossenen Hochwaldes und erreichen in derselben Zeit stärkeren Durchmesser, höhere Massen, als die gleich alten, im Hochwaldschluß heranwachsenden Stämme (§ 314). In 100 Jahren erwachsen Stämme mit einer Holzmasse von 4, 6, 8, selbst 10 Fm.

Da die Abnutzung nicht schlagweise erfolgt, kann die Fällung jedes einzelnen Stammes für sich bestimmt werden. An die Stelle der Bestandeswirtschaft tritt, ähnlich wie im Oberholz des Mittelwaldes, die Baumwirtschaft. Ein allgemeines Haubarkeitsalter oder eine allgemeine Umtriebszeit wird im Plenterwald nicht festgesetzt. Der Hieb kehrt alle 10, 20, auch 30 und 40 Jahre auf derselben Stelle wieder und erstreckt sich auf den Oberbestand und den Mittelbestand, teilweise auch schon auf den Unterbestand.

21. Wie im Hochwalde finden sich auch im Plenterwalde unregelmäßig bestockte oder lückige Stellen, die eine, von der Behandlung regelmäßiger Plenterbestände abweichende, durch die Unregelmäßigkeit selbst hervorgerufene Behandlung notwendig machen. Von diesen zu unterscheiden sind die verschiedenen Formen des Plenterwaldes, die durch den Zweck der Wirtschaft hervorgerufen werden.[1])

[1]) Unter den Begriff des Plenterwaldes fällt ihrem Wesen nach auch die in neuester Zeit unter dem Namen „Dauerwald“ in die Literatur eingeführte Wirtschaftsform v. Kalitschs in Bärenthoren und der Dauer-Plenterwald Wiebeckes in Eberswalde, wenn auch die derzeitigen Waldbilder infolge ihrer Entstehung aus in der Hauptsache gleichalterigen Hochwaldbeständen die Plenterwaldform noch nicht scharf erkennen lassen. Den Begriff „Dauerwald“ hat

§ 341. Die Formen des Plenterwaldes.

1. Der Plenterwald tritt in verschiedenen Formen auf, je nach dem Zwecke, der durch die Bestockung und Bewirtschaftung erreicht werden soll

---

Moeller geprägt. Er geht von der Tatsache aus, daß im Walde Boden und Bestand, organisch verbunden, sich gegenseitig beeinflussen und ohne Nachteil für jenen nicht trennbar sind, daß sie sich dagegen in dauernder Wechselwirkung aufeinander zu einem Optimum entwickeln. Einen Wald, in dem diese Bedingung erfüllt ist, in dem „die Stetigkeit des Waldwesens“ gewahrt ist. nennt er Dauerwald. Es ist dann aber nicht wohl angängig, diese Bezeichnung auf eine bestimmte Wirtschaftsform (die v. Kalitschs) anzuwenden; denn die von seinem Begriff geforderten Bedingungen sind auch bei andern Wirtschaftsformen gegeben: beim Plenterwald, Mittelwald und bei allen andern Betriebsarten, in denen die natürliche oder künstliche Verjüngung standortsgemäßer Bestände unter Schirm Regel ist, mindestens in solchen mit langen allgemeinen Verjüngungszeiträumen; auch sie sind Dauerwald im Sinne Moellers. —

Ihr eigenartiges Gepräge gibt den Wirtschaftsformen v. Kalitschs und Wiebeckes die bewußt in den Vordergrund gestellte Forderung der Bodenpflege, die sich auf den norddeutschen, mineralisch durchaus zureichend ausgestatteten Sandböden, auf denen diese Wirtschaftsformen entstanden sind, bei den geringen Niederschlagsmengen in erster Linie auf die Erhaltung der Bodenfeuchtigkeit, die Anreicherung mit humosen Stoffen und die Verhinderung der Bodenverödung richten muß. Ihr haben sich alle andern wirtschaftlichen Forderungen unterzuordnen. Ihre zielbewußte Förderung soll bei sachgemäßer Bestandesbehandlung (möglichst hoher Zuwachs an möglichst großem Vorrat) die Höchstleistung an Holzerzeugung zur selbstverständlichen Folge haben. Erreicht wird sie durch dauernde Überschirmung des Bodens, möglichst alljährliche Wiederkehr schwacher Hiebe auf der ganzen Fläche mit Reisigdüngung und — mehr bei Wiebecke als bei v. Kalitsch — Unterbau mit Buche und Traubeneiche auch auf den anscheinend geringsten Sandböden. Die infolge der schonlichen Boden- und Bestandesbehandlung sich einstellende natürliche Verjüngung aller Holzarten — besonders auch der Kiefer — ist, wenigstens bei Kalitsch, mehr eine logische Folge des eingeschlagenen Verfahrens als ursprünglich beabsichtigtes Ziel.

Die Bodenpflege steht ebenfalls im Vordergrund bei der Wirtschaft v. Keudell's in Hohenlübbichow; doch überläßt sie dieser nicht den langsam wirkenden Kräften der Natur, sondern sucht sie durch intensive mechanische Bearbeitung des Bodens zu erreichen.

Alle diese Wirtschaftsformen stellen Ansätze zu einer Abkehr von der gleichalterigen Hochwaldform dar, wie sie bisher im norddeutschen Kieferngebiet ziemlich allgemein üblich war.

Ihren Ausgang haben auch diese Wirtschaftsformen nicht in erster Linie von waldbaulichen, sondern von ökonomischen Gesichtspunkten genommen (vgl. Wiebecke, Dauerwald, S. 2).

Literatur: Zeitschr. f. F.- u. J.-wesen: Moeller, 20, 4; Trebeljahr 20, 289; Müller 20, 296; Oberdieck 20, 478; Eberbach 20, 545; Hausendorf 20, 577; Maerker 20, 595; Busse 21, 157; Silva: Dieterich 20, 45; Eberbach 20, 57; Junack 20, 101; 21, 74; Krug 20, 105; Herter 20, 217; Hiß 21, 97; Busse 21. 57; Schade 21, 81; Wagner 20, 73; Eberbach 20, 113; Menzel 21, 193; Hornschu 21, 249; Albert 21, 261. Forstl. Rundschau: Schwappach 21, Nr. 4, 6; Der deutsche Forstwirt: Zentgraf 21, 101. Vereine: Märk. Forstverein 1920; Landwirtsch. Kammer Prov. Sachsen 1920. Wiebecke „Der Dauerwald.“ O. Mang.

Bei jeder Form kehren die drei Teile des Plenterwaldes wieder: der Ober-, der Mittel- und der Unterbestand.

Die Abweichungen beruhen auf der Dichtigkeit der Bestockung, in der Zahl, Stärke und Verteilung der Bäume des Ober- und des Mittelbestandes, sowie in der Sorge für die Nachzucht.

2. Die am meisten verbreitete Form des Plenterwaldes ist der Weideplenterwald (§ 347). Die Beschattung durch Bäume soll den Graswuchs begünstigen, aber nicht dessen Qualität allzusehr herabsetzen.

3. An manchen Orten tritt die Eigenschaft des Schutzwaldes besonders hervor. Der angezogene Wald muß besonders widerstandsfähig sein.

4. Die Verschönerung der Landschaft wird durch die Anzucht von Parkwaldungen angestrebt. Schöne, stark bekronte Bäume wechseln mit schwächeren Stämmen. Der Unterbestand muß einen frohwüchsigen Eindruck machen.

5. Bei kleinem Waldbesitz sollen im Walde stets die nötigen Sortimente aller Klassen vorhanden sein.

6. Der Aushieb der vom Krebs befallenen Stämme im Weißtannenwalde führt zu einer Durchlichtung und löcherweisen Verjüngung und damit zu einer plenterwaldartigen Verfassung des Bestandes.

7. Die Erziehung von Starkholz setzt die sorgfältige Auswahl und Begünstigung wuchskräftiger Stämme voraus.

8. Der badische Femelschlagbetrieb ist eine Art von Starkholzerziehung, bei welcher die im Verjüngungsschlage noch vorhandenen Stämme vorsichtig ausgewählt, gelichtet und 30—50 Jahre in dieser gelichteten Stellung belassen werden.

9. Der Verfassung des Bestandes und dem Zweck, der erreicht werden soll, muß die Bewirtschaftung des Plenterwaldes angepaßt sein.

§ 342. Die Bewirtschaftung der Plenterwaldungen.

1. Die Bewirtschaftung des Plenterwaldes ist schwieriger, als die des Hochwaldes und auch des Mittelwaldes, weil die Erhaltung des Plenterbestandes in seiner eigentümlichen Verfassung besondere Umsicht und Sorgfalt erfordert.

Im einzelnen Falle kommt der Zweck der Wirtschaft (Starkholzzucht, Schutzwald, Weide) in erster Linie in Betracht.

Die Hiebe im Plenterbestande kehren, ähnlich wie die Durchforstungen im Hochwalde, auf derselben Fläche manchmal alle 10, seltener alle 5 Jahre wieder.

Von den Durchforstungshieben unterscheidet sich der Plenterhieb dadurch, daß er sich auf den Unter- und Mittelbestand, wie auf den Oberbestand zugleich erstreckt. Es werden die stärksten Stämme des Oberbestandes und aus dem Mittel- und dem Unterbestande die geringwüchsigen, schadhaften, im Tannenwalde insbesondere die krebsigen Bäume entfernt.

Im Plenterhiebe ist der Reinigungshieb, der Durchforstungs- und der Lichtungshieb vereinigt.

Um eine dauernde Nutzung sicherzustellen, müssen im Plenterwald dieselben Maßnahmen getroffen werden, wie im Hochwalde. Die vollkommene Bestockung der Fläche, das regelmäßige Verhältnis der Größeklassen, die genügende Anzahl der Hauptbäume und der zu Hauptbäumen bestimmten Bäume des Mittelbestandes, eine dem Zuwachs entsprechende Nutzung müssen als Ziele vor Augen stehen. Wie es im Hochwalde nur ausnahmsweise „normale" Bestände gibt, so werden auch im Plenterwalde die tatsächlichen Waldverhältnisse nur selten dem Idealzustand gleichkommen.

Der Schwerpunkt der Plenterwirtschaft liegt in der waldbaulichen Tätigkeit und der Pflege des einzelnen Baumes.

Die Berechnung des Nutzungssatzes beruht nicht auf der Fläche, sondern nur auf der Masse. Deshalb muß auf die Feststellung von Vorrat und Zuwachs alle Sorgfalt verwendet werden.

2. Für den Plenterbetrieb eignen sich am besten Holzarten, welche schattenertragend sind. Für Höhenlagen unter 1200 m kommt in erster Linie die Tanne in Betracht. Neben und zwischen der Tanne werden Fichte und Buche eingemischt. Plenterwälder aus Fichten oder aus Buchen oder Föhren sind selten geworden. Noch vor 100 Jahren hatten sie große Ausdehnung.

In höheren Lagen ist es die Fichte, welche allein ausgedehnte Plenterwälder bildet; Lärche, Arve und Bergföhre sind ihr vielfach beigemischt. In den Alpen (Wallis, Tessin, Graubünden, österr. Alpen), in denen die Belichtung intensiver ist, treten vielfach Plenterwälder von Lärchen, seltener Arven auf.[1])

Die aus verschiedenen Laubhölzern gemischten Bestände der tieferen Lagen werden plenterartig bewirtschaftet, um starkes Nutzholz zu erziehen.

Gegen Wind, Schneebelastung, Lawinen, Steinschlag im Hochgebirge ist die Arve die am meisten widerstandsfähige Holzart. Lärche und Fichte stehen hinter ihr zurück. In gefährdeten Lagen ist aber jede andere Holzart (Bergföhre, Alpenerle, Vogelbeerbaum) erwünscht.

Im lichten Stande zeigen alle Holzarten stärkeren Zuwachs. Nach langem Unterdrückungszeitraum wächst vor allem die Weißtanne nach der Lichtung weiter.

---

[1]) Barberini, Der Plenterwald in Oberwallis. Schweiz. Z. 1904, 303. Merz, Steiner, Wessely.

Zur Bepflanzung von Weiden eignen sich Ahorn, Eschen, Linden; in höheren Lagen Lärchen und Fichten.

3. Durch Reinigungshiebe werden etwaige unerwünschte Holzarten, sodann aber schlecht geformte oder verletzte, krebsige Stämmchen entfernt. Auch die Regulierung der Mischung kann nötig werden. Besonders wichtig ist die Musterung der vorgewachsenen Stämmchen, von denen nur die zu Nutz- und Starkholz tauglichen belassen, nötigenfalls aufgeastet werden. Da die starken Stämme nicht nur einzeln, sondern in Gruppen stehen können, da außerdem mancher Vorwuchs bei Fällungen beschädigt oder vernichtet wird, so muß die Pflege sich auf die doppelte bis dreifache Zahl der Hauptbäume erstrecken. In den vielfach im Bestande auftretenden Horsten wird den künftigen Hauptbäumen ein freierer Wachsraum verschafft. In der nächsten Umgebung dieser Vorwüchse wird aber ein dichterer Stand belassen, damit eine Astreinigung möglich wird. Im höheren Teile des Unterbestandes geht die Reinigung in die Durchforstung über.

4. Durchforstungen, d. h. Hiebe zur Entfernung dürrer oder absterbender, unterdrückter und beherrschter sowie schadhafter Stämme werden in den geschlossenen Teilen des Plenterbestandes ausgeführt.

Wo die Anzucht von starkem Nutzholz Zweck der Plenterwirtschaft ist, müssen alle schadhaften Stämme bei jedem Hiebe rücksichtslos entnommen werden. Es werden hiebei auch herrschende Stämme entfernt; der Hieb entspricht also im Mittel- und Unterbestande dem Durchforstungsgrade D.

Da einzelne Stämme des Mittelbestandes sich zum Oberbestand entwickeln sollen, so muß bei diesen eine gute Kronenbildung und fehlerlose Stammform frühzeitig ins Auge gefaßt werden.

Auf 1 ha sind etwa 70—100, auch 150—200 dem Oberbestande zugehörige Stämme vorhanden, die mehr oder weniger frei stehen. Ein gleichmäßiger Abstand der Hauptbäume ist selten zu erreichen, am wenigsten an steilen Hängen. Im allgemeinen wird der Abstand nach der Länge der Äste sich richten. Der Oberbestand soll nicht geschlossen sein. Der Abstand der Hauptbäume wird also 10—20, auch 25 m betragen müssen.

Die zur Durchforstung gelangenden Horste des Unterbestandes sind vielfach schon 50—60 Jahre alt, so daß bereits stärkeres Material anfällt und die Kosten gedeckt werden.

Der 60—80 jährige Mittelbestand wird schwach im B- bis C-Grad, der 80—90 jährige stark im C-Grad durchforstet. Die für den Oberbestand bestimmten Stämme des Mittelbestandes werden frei gehauen (D-Grad). Im allgemeinen wird der Schluß im Mittelbestand erhalten.

5. Vom Oberbestande werden, je nach der Bestockung, 10—20 % der Masse entnommen. Die schadhaften, krummen, krebsigen, im Wachstum nachlassenden Stämme werden vor den stärksten entfernt.

Die Hiebe dienen zugleich zur Erhaltung und Kräftigung des Jungwuchses.

6. Durch den Aushieb der stärksten Stämme entsteht eine Unterbrechung des Schlusses. Auch im Mittel- und Unterbestande kann die Wegnahme krebsiger Stämme Lücken verursachen. In den entstandenen Lücken, am Rande derselben siedeln sich horst- und gruppenweise junge Pflanzen an; eigentliche Verjüngungshiebe sind daher nicht notwendig. Selten wird eine Ergänzung durch Pflanzung eintreten müssen.

Meistens werden dann 0,5—1,0 m hohe Pflanzen sich empfehlen, die aus der Umgebung genommen werden können und je wieder frei oder beschattet verwendet werden.

Die Kulturkosten sind bei sorgfältiger Wirtschaft gering (Schätzle, Ganter, Balsiger).

7. Die Ausführung des Plenterhiebs wird in den verschiedenen Formen des Plenterwaldes mit dem Zweck der Wirtschaft sich ändern müssen.

Beim Schutzwalde kommt es auf die dichte und kräftige Bestokkung, die gute Bewurzelung, nicht auf die gute Schaftform oder die Astreinheit an.

Der Fuß des Stammes wird am meisten durch den Druck des Schnees etc. in Anspruch genommen. Um die Pflanzen dagegen widerstandsfähig zu machen, muß ihnen möglichst frühzeitig Licht zugeführt werden. Da die Schutzwaldungen stets am Hange liegen, so werden durch die Form des Geländes und durch bereits eingetretene Schädigungen mancherlei Abänderungen in der Hiebsführung nötig werden.

8. Im Parkwald wird die Verteilung von schwachen und stärkeren Stämmen vom Standpunkt der Verschönerung der Landschaft aus bewirkt, so daß die unregelmäßige Anordnung bevorzugt wird. Die Entfernung des alten Holzes muß oft so geschehen, daß keine merkliche Veränderung im Landschaftsbilde entsteht. Malerische Bäume werden bevorzugt.

9. Im Weißtannenwalde entsteht der Plenterbestand durch den Aushieb der vom Weißtannenkrebs befallenen Stämme, die in der Regel vereinzelt und unregelmäßig verteilt im Bestande sich finden. Dieser Aushieb geschieht in jungen, mittelalten und alten Beständen. Bei den ersten Hieben muß von einem gleichmäßigen Bestandesbild abgesehen werden.

10. Bei kleinem Besitze kann ein beständiger Vorrat von stärkerem Holze nur durch die plenterwaldartige Verteilung erzielt werden. Die

Zahl und die Verteilung der starken Stämme wird durch den augenblicklichen Bedarf bestimmt. Bald ist ihre Zahl hoch, bald sehr herabgesetzt.

11. Die Erziehung von Nutzholz, insbesondere von Starkholz, hat die Astreinheit der Stämme zur Voraussetzung. Diese wird durch die dichtere Stellung im Unter- und Mittelbestande erreicht. Aus diesem gehen die Stämme des Hauptbestandes hervor, die durch die lichtere Stellung stärkeren Zuwachs anlegen.

12. Zu dieser Gruppe ist die badische Femelwirtschaft zu rechnen, die als eine Hochwaldwirtschaft mit verlängertem Verjüngungszeitraum bezeichnet wird. Über dem Jungwuchs wird der im vollen Schlusse erwachsene Altholzbestand etwas gelichtet und 20—30 Jahre zum Zwecke der Starkholzzucht belassen. Folgen wir der Darstellung dieser Femelwirtschaft durch Siefert (a. a. O. S. 46).

Die geschlossenen, wenn auch etwas ungleichwüchsigen Bestände werden zunächst im B-, B/C-Grade, vom 60.—70. Jahre im C-Grad durchforstet. Da mißgeformte kranke und nutzholzuntüchtige Stämme hiebei entfernt werden, fallen auch herrschende Stämme bei der Durchforstung an. Dadurch entstehen kleinere Lücken, in denen die Tanne sich ansiedelt. So wird der Bestand allmählich in das Besamungsstadium übergeleitet. Die Form dieser Verjüngung nähert sich bald mehr der Schirmschlagform, bald mehr der horst- und gruppenweisen Verjüngungsform. Hiebei wird „fortgesetzt eine Musterung der im Wuchs nachlassenden, minderwertigen oder gar schadhaften Stämme vorgenommen, so daß mehr und mehr nur noch auserlesene Stämme übrig bleiben, die tunlichst lange im Lichtstandszuwachs arbeiten sollen". „Im letzten Drittel müssen die Bestände in sich allmählich verstärkendem Lichtstand arbeiten können, während dessen dann auch die Verjüngung von statten geht" (Siefert). Da die Umtriebszeit 120 Jahre beträgt und der Verjüngungszeitraum um 30—50 Jahre verlängert wird, so erreicht der Rest des Bestandes ein Alter von 150—170 Jahren.

13. Mehr als bei anderen Betriebsarten ist der Ertrag im Plenterwalde von der Bewirtschaftung abhängig. Ertragsuntersuchungen im Plenterwalde sind aber erst in geringem Umfange angestellt worden (Balsiger, Fankhauser, Biolley, Schuberg, Schätzle). Zuwachsuntersuchungen sind sodann in der Schweiz, in Baden, auf kleiner Fläche in Württemberg, vielleicht auch anderwärts, im Gange.

Im Plenterwalde der Gemeinde Schömberg bei Freudenstadt ergab die Aufnahme einen Vorrat an 14 cm und mehr starkem Holz von durchschnittlich 310 Fm Derbholz pro ha. Die Reisigmasse wird 100—120, vielleicht 150 Fm betragen. Der Gesamtvorrat steigt also auf 410—430 Fm pro Hektar.

Schätzle berechnet (a. a. O. S. 16) auf Grund 28 jähriger Nachweise die Nutzung und Vorratszunahme auf 1 ha zu 12,3 Fm. Ganter (daselbst S. 42. 83) berichtet aus Fürstenbergischen Waldungen bei Rippoldsau von 16,25 und 12,22 Fm jährlichem Zuwachs auf 1 ha. Siefert[1]) hebt ebenfalls auf Grund der Untersuchungen der badischen Versuchsanstalt die erheblichen Zuwachsleistungen selbst 120—170 jähriger Bestände hervor. Sie betragen[2]) in 120—147 jährigen Tannenbeständen, die im plenterwaldähnlichen Femelschlagbetrieb stehen, 12—16 Fm auf I. Bonität, 9—11 Fm auf II. Bonität.[3])

Von größeren Flächen im Kanton Bern (700—1200 m über Meer) macht Balsiger (S. 37) Angaben. Der Holzvorrat (Derbholz und Reisig) auf 1 ha beträgt 322, 360, 380, 430 Fm; in einem 580 m hoch gelegenen Walde 500 Fm. Der normale Vorrat soll nach Biolley 350 Fm betragen. Der jährliche Zuwachs ist berechnet auf 7,5; 7,6; 7,8 8,8; 8,0 Fm Balsiger macht auf den Wertzuwachs aufmerksam, der mit der Starkholzzucht verbunden ist. „Die einzigartigen Leistungen in der Starkholzerzeugung verdanken wir dem gleichmäßigen, bis ins höchste Alter andauernden Stärkezuwachs einzelner auserlesener Stämme (S. 45).

Die Zuwachsverhältnisse des Plenterwaldes sind noch nicht genügend erforscht. Auf den Stockscheiben läßt sich ein wichtiger Unterschied gegenüber dem geschlossenen Hochwald leicht erkennen: die Breite der Jahrringe erreicht auch bei 150 jährigen Stämmen 2—4, selbst 5 mm. Der bedeutende Zuwachs hält im Plenterwalde bis in ein sehr hohes Alter an. So erklären sich die in § 340 Ziffer 4 und 6 angeführten hohen Zahlen für den Durchmesser der herrschenden Stämme. Für das Hochgebirge kommt Balsiger zu dem gleichen Resultat.

Da das Starkholz erheblich höhere Preise hat, als das schwächere. muß auch der Geldwert erheblich steigen.

Der Satz Balsigers (S. 43), daß der laufende Zuwachs des Plenterwaldes stets ungefähr gleich hoch sei, muß durch weitere Untersuchungen noch bestätigt werden.

Die bis jetzt bekannten Ergebnisse über Massenertrag und Zuwachs des Plenterwaldes sind noch von geringerem Umfange. Diese müssen aber doch über die Schätzung gestellt werden.

Bei Vergleichung der Erträge des Plenterwaldes mit den Hochwalderträgen müssen nicht nur die gleichen Standorts-, sondern auch die gleichen Absatzverhältnisse vorhanden sein.

Soviel geht aus ihnen jedoch unzweifelhaft hervor, daß das nur auf Schätzung beruhende, meist ungünstige Urteil über den Plenterwald durch die genaueren Nachweise keine Stütze findet.

[1]) Heidelberger Versammlung 1909. S. 48.

[2]) Statist. Nachweisungen aus Baden für 1907. S. 16.

[3]) Vgl. auch die Angaben Möllers über die Erträge der von Kalitsch'schen Wirtschaft Bärenthoven, Zeitschr. f. F.- u. J.-wesen 20,4. O. Mang.

§ 343.

VI. Der Mittelwald.

Allgemeines.

1. Aus den Volksrechten des frühesten Mittelalters (ca. 600) wissen wir, daß die fruchttragenden Bäume (Eichen, Buchen, Obstbäume) im Walde erhalten und abgegangene Stämme durch Pflanzung ersetzt werden mußten. Unter diesen, mehr oder weniger dicht stehenden Oberbäumen mußte, da die Weide von Vieh und Schweinen zur Verwundung des Bodens führte, sich eine Anzahl von Kernwüchsen ansiedeln. Unter dem Schlusse der Fruchtbäume konnten diese nur eine kümmerliche Entwickelung finden; sie bildeten nach dem heutigen Sprachgebrauche das Unterholz. Dieses wurde, um die Gras- und Weidenutzung nicht zu schädigen und auch um Holz zum Heizen und Kochen zu gewinnen, von Zeit zu Zeit weggehauen. Aus den verbliebenen Stöcken erfolgten Stockausschläge, die mit den etwa ankommenden Kernwüchsen den Unterbestand bildeten. Diese Art von Wirtschaft hat das ganze Mittelalter hindurch und in einzelnen Gegenden bis auf die neueste Zeit sich erhalten.

In den Forstordnungen war das Belassen von Laßreiteln vorgeschrieben. In den vielfach aus Buchen bestehenden Niederwaldungen wurde fast ausschließlich Brenn- und Kohlholz erzogen. Das nötige Bauholz sollten die Laßreitel erzeugen; zugleich sollten sie Samen für die natürliche Verjüngung liefern.

In den Laubholzwaldungen war also ein Oberbestand von Eichen und Buchen etc. und ein Unterbestand von denselben, sowie sonstigen Holzarten vorhanden, die sich angesiedelt hatten. Das Unterholz nannte man Schlagholz, das Oberholz wurde als Baumholz von ihm unterschieden. Nach Justi (1755) wurde das Unterholz schlagweise, das Oberholz nach Bäumen genutzt. Der Forst wurde in 15—20 Teile, Holzschläge, geteilt, die je nach Boden und Wachstum größer oder kleiner gemacht wurden, um alle Jahre eine soviel als möglich gleich große Nutzung zu erhalten. Im Buschholz wurden Laßreiser nach Vorschrift der Forstordnungen übergehalten. Was schlecht gewachsen war, wurde alsbald geschlagen. In jedem Revier sollte womöglich nur ein Schlag geführt werden. Réaumur[1]) sprach sich gegen das Überhalten einzeln stehender Laßreiser aus, weil sie vom Winde zu sehr litten; es wäre besser, wenn man einen Teil des Unterholzes gar nicht haute, sondern insgesamt zu Oberholz aufwachsen ließe; dies wäre aber nur auf recht gutem Boden nützlich.

Nach Philoparchus[2]) hatte (1774) der Forstherr das Recht, das Baumhauen zu verbieten, weil so große, tragbare Bäume nicht so

---

[1]) Nach Justi, Polizeiwissenschaft 1760. S. 96.

[2]) Kluger Forst- und Jagdbeamte 1774. S. 57.

bald wieder wachsen und für den Brandfall in einer Gemeinde Holz reserviert werden müsse. Gleditsch (1775. 2, 368) nimmt die Laßreiser aus gewissen, rar gewordenen Holzarten oder auch nur von Eichen- und Buchen-, Obst- und Beerholz zur Erhaltung eines beständigen Vorrats von guten Arten des starken Stamm- und Brennholzes, wodurch zugleich die natürliche Besamung von einem Abtreiben bis zum andern besorgt werden soll. Sie sollen bei der 2. Hauung gute Ober- oder Vorständer, nach der 3. angehende Bäume und nach und nach rechte Hauptbäume abgeben. Man könne auf 1 ha 40—120 Stück solcher Bäume erhalten. Wo Brenn- und Kohlholz die Hauptsache sei, soll nach Däzel[3]), Schlagholz erzogen werden. Es sei gut, auf Schlägen auch Stammholz zu erziehen, dadurch, daß Laßreiser bleiben oder eingepflanzt werden. Diese Laßreiser dienten auch dazu, die Lücken im Schlagholz zu besamen. Übrigens könne man auf besonderen Teilen des Forsts Stammholz erziehen.

Burgsdorf nennt (1796) Baumholz die einständig aus Samenkorn erwachsenen Bäume. Schlagholz, Unterbusch, Unterholz, lebendiges Holz stellt er dem Oberholz, den Oberständern, Baumhölzern gegenüber. „Soll nun aber, wie es am vernünftigsten ist, eine solche Wirtschaft umgeändert und das Schlagholz von dem unterdrückenden Oberholz befreit werden, so kann es nur nach und nach geschehen. Das Oberholz wird ohne Schonung geschlagen. In denjenigen Distrikten, die in bloßes Oberholz zu verwandeln sind, wird im Sommer das Unterholz mit gänzlicher Verschonung des Oberholzes gefällt. Die alten Lodenstöcke werden ausgerottet und das Gehau wird zur natürlichen, einständigen Besamung vom Oberholze in Schonung gelegt. So kommt die Sache ins Geleise und es ist besonderes Oberholz und besonderes Schlagholz in einer Forst vorhanden, wo keines von dem anderen im Wachstum gehindert wird.“ (2, 421).

Nach Hartig (Lehrbuch 1816. 2, 100) gibt es große Gebiete, wo man in den Niederwaldbeständen das nötige Bau- und Werkholz erzieht. Man erziehe zwar weniger Holz als im Hochwalde, aber diese Wirtschaft könne man nur nach und nach abändern. Die Anzahl der Bauholzstämme muß so gering als möglich sein, damit das Wachstum der Stockausschläge nicht gehindert wird. Bei jeder Hauung müssen die Bauholzstämme ausgeästet werden.

Hartig spricht von Schlagholz, in dem auch Baumholz vorhanden sei. Die Bezeichnung Mittelwald für diese Waldform hat erstmals Cotta angewandt („bis ein besserer Ausdruck gefunden sei“).

2. Der Mittelwald hat an Fläche seit etwa 1816 sehr bedeutend verloren. Namentlich in den Staatswaldungen ist er fast ganz verschwunden,

---

[3]) Pfalzbair. Förster 1788. S. 18.

während er in den Gemeindewaldungen noch ansehnliche Flächen einnimmt.

Man wandte sich dem Hochwalde zu, da er mehr Holz und bessere Qualitäten liefere. Das Reisig in großen Mittelwäldern sei nicht absetzbar. Wo hohe Reisholzpreise herrschen, sollte er beibehalten werden. Am frühesten wurde in Sachsen mit der Umwandlung begonnen; 1822/23 wurden schon große Flächen in Hochwald übergeführt. Pfeil machte dagegen 1823 geltend, daß im Mittelwald starkes Holz wohlfeiler, weil rascher erzogen werde. Im Hochwalde müsse das Brennholz so alt werden, wie das Nutzholz; das Brennholz komme dadurch zu teuer zu stehen. 1830 wies er auf die Elbforsten im Reg.-Bezirk Magdeburg hin mit den hohen Obsterträgen und der höchst wichtigen Grasnutzung. Der Schwarzdorn werde von den Gradierwerken gesucht und gebe eine so hohe Rente, wie sonst kaum die geachtetsten Holzarten. Es sei viel Oberholz und doch gutes Unterholz vorhanden. 1844 befürwortet er den Mittelwald für kleine Landforsten, sowie für kleine Privatforsten mit bevölkerter Gegend, wo das Holz jeder Art gut absetzbar sei. Wo das Reisig weit transportiert werden müsse, sei er verfehlt.

Nach der Statistik von 1900 beträgt seine Fläche im Deutschen Reich 699 676 ha; von diesen entfallen auf die Staatswaldungen nur 42 234 ha (= 6 %), dagegen auf die Gemeindewaldungen 253 173 ha (= 36 %).

Geographisch verteilt sich die Fläche überwiegend auf West- und Südwestdeutschland. Dies hängt jedenfalls zum Teil mit den Eigentumsverhältnissen zusammen: diese Gegenden sind die Gebiete des vorherrschenden Gemeindebesitzes.

Ansehnliche Flächen nimmt er in den Kantonen Thurgau mit 27 %, Schaffhausen 22, Baselland 31, Zürich 25, Aargau 15, Genf 37 % ein. In der Schweiz entfallen noch 3,5 % der Waldfläche auf Mittelwald. In den ebenfalls zwischen Jura und Alpen liegenden Kantonen Solothurn, Freiburg, Neuenburg, Waadt, Bern ist er fast ganz verschwunden.

Das Hauptgebiet des Mittelwaldes ist Frankreich. 35 % der gesamten Waldfläche sind ihm eingeräumt. In den Vogesen, Alpen, Pyrenäen herrscht der Hochwaldbetrieb vor.

Es sind die warmen Gebiete des Rheintals und die niedrig gelegenen Teile seiner Umgebung, das schweizerische Hügelland, in denen der Mittelwald sich erhalten hat. Er nimmt die Höhenstufen von 2—500 m ein; in geringer Ausdehnung sehen wir ihn auch noch bei 6—700 m auftreten. Die Niederschläge sinken von 1500 mm bis auf 500 mm. Der Boden gehört zum großen Teil dem Diluvium und in den Flußtälern dem Alluvium an, zurück treten die Formationen des Muschelkalks, Keupers und des Jura.

Im großen ganzen sind es die Gebiete mit mildem Klima, einer Sonnenscheindauer von 1600—1800 Stunden (§ 31, 3), hohen Niederschlägen, bis 1500 mm— im Flußtale ersetzt das Grundwasser den oberirdischen Zufluß des Wassers — und einem tiefgründigen, nährstoffreichen Boden; ferner Gebiete mit zahlreicher Bevölkerung und hohem Brennholzbedarf, den die Gemeindewaldungen decken müssen.

3. Im Oberholz treffen wir: Eiche, Esche, Ahorn, Ulme, Linde, Birke. Erle; Elsbeere, Vogelbeere, Aspe; Buche, Hainbuche; Föhre, Lärche, — Tanne, Fichte. Im Unterholze: Buche, Hainbuche, Linde, Ahorn. Esche. Eiche, Ulme, Birke, Aspe, Hasel und verschiedene Sträucher.

Das Oberholz besteht überwiegend aus Kernwüchsen, das Unterholz vorherrschend aus Stockausschlägen.

Die Bestockung des Unterholzes ist ungleichmäßig, wo Sorgfalt in der Ergänzung von abgängigen Stöcken mangelt, sogar lückenhaft. Da die Loden sich etwas auslegen, wird aber doch der Schluß in der Regel vorhanden sein.

Im Oberholz schwankt die Zahl der Stämme auf 1 ha von 50 bis 200 und 300 Stück. Die Änderungen in der Bestandesverfassung werden durch das Oberholz hervorgerufen.

§ 344. Das Wesen des Mittelwaldes.

1. Der Mittelwaldbestand ist aus Unterholz und Oberholz zusammengesetzt.

Das Unterholz geht weit überwiegend aus Stockausschlag hervor. Da das Unterholz der Fläche nach genutzt und kahlgeschlagen wird, so ist der Unterholzbestand derselben Schlagfläche gleichalterig. Die verschiedenen Jahresschläge werden aneinander gereiht. Der Unterholzbestand eines ganzen Reviers setzt sich aus so vielen Jahresschlägen und damit so vielen Altersklassen zusammen, als der Umtrieb des Unterholzes Jahre zählt.

Da dieser meistens zwischen 10 und 30 Jahren sich bewegt, erhält man 10—30 Jahresschläge, die bald von gleicher, bald je nach dem Boden und der Bestockung von ungleicher Größe sind. Die Bestockung ist selten ganz gleichmäßig; je größer die Entfernung der Stöcke von einander ist, um so mehr pflegen sich die Loden auszulegen und so den Schluß herzustellen.

2. Das Oberholz wird fast ausschließlich aus Kernwüchsen (natürliche Verjüngung, Saat, Pflanzung) gebildet; nur wo diese fehlen, werden auch Stockausschläge zu Oberholz herangezogen. Aus Kernwüchsen entsteht meist längeres, astreineres und geradschaftigeres Holz als aus Stockausschlägen.

Die einzelnen Oberholzbäume erwachsen, etwa mit Ausnahme der ersten Jahre, während deren sie zwischen dem Unterholz stehen, in vollständig freiem Stande; im höheren Alter können aber die Kronen so ausgebreitet sein, daß stellenweise lichter Schluß entsteht.

Der Oberholzbestand ist ungleichalterig. Bei jedem Hieb des Unterholzes kommen auf der kahl geschlagenen Fläche Kernwüchse zur Entwickelung. Sie haben sich teilweise zwischen dem eben geschlagenen Unterholze auf lichteren Stellen erhalten, teilweise sind sie erst auf der kahl geschlagenen Fläche durch natürliche Verjüngung, Saat oder Pflanzung entstanden. So entwickeln sich im Oberholze verschiedene Altersklassen, die je um die Umtriebszeit des Unterholzes (also 10, 15, 20, 30 Jahre) im Alter von einander abstehen. Die Zahl der Altersklassen des Oberholzes hängt von der Stärke ab, in welcher die Oberholzbäume genutzt werden. Zur Erlangung der nötigen Stärke kann die 4—7 fache Zahl des Unterholzumtriebs nötig sein. Im regelmäßigen Mittelwaldbestande sind also bei 20 jährigem Umtrieb des Unterholzes bis zu 7 Altersklassen von 1, 20, 40, 60, 80, 100, 120 Jahren vorhanden. Diese Altersklassen sind auf einer Jahresschlagfläche meistens stamm-, auch gruppenweise gemischt.

Beim Hiebe des Unterholzes wird je die älteste Oberholzklasse auf der Schlagfläche genutzt; wo geringwüchsige Stämme jüngerer Altersklassen vorhanden sind, werden auch diese geschlagen.

3. Da die Kronen der Oberholzstämme in der Regel nicht geschlossen sind, so ist nur ein Teil des Unterholzes von den Oberholzbäumen überschirmt, ein anderer Teil ist nur beschattet. Wo die Oberholzbäume sehr weit von einander abstehen, ist die Beschattung gering, so daß das Unterholz sich fast ungehindert entwickeln kann. An manchen Stellen wächst es so in die Höhe, daß es nicht mehr als Unterstand, sondern als Zwischenstand bezeichnet werden kann.

Wo die Oberholzbäume im lichten Schluß stehen, bleibt das Unterholz nach Zahl, Höhe und Stärke der einzelnen Stämme sehr bedeutend zurück; nicht selten wird es fast ganz zum Verschwinden gebracht (Übergang zum Plenterwald).

Die ältesten Oberholzklassen beschatten die jüngeren und jüngsten Altersklassen um so mehr, je zahlreicher die alten und breitkronigen Oberholzbäume sind. Nicht nur die Rücksicht auf das Unterholz, sondern auch auf die Erhaltung der jüngeren Oberholzklassen wirken auf die Zahl der Oberholzstämme und ihre allmähliche Verminderung ein. Die Zahl von 100—150 Oberholzstämmen auf 1 ha wird daher selten überschritten werden können. Eine genaue Begrenzung der Zahl, etwa durch Berechnung der Schirmfläche, läßt sich nicht durchführen.

4. Das Unterholz wird allerdings in einem Zwischenraum von 10 bis 30 Jahren kahl geschlagen und so der Boden bloßgelegt. Eine Kahlschlagfläche, wie im Hochwalde haben wir aber nicht vor uns. Einmal findet eine Beschattung des Bodens durch die verbliebenen Oberholz-

stämme statt. Sodann wird der Boden durch ihren Laubabfall, wenn auch nur in dünneren Lagen, bedeckt und geschützt.

Schon im ersten Sommer entwickeln sich die neuen Stockausschläge, die ebenfalls eine leichte Beschattung geben und die Laubdecke des Oberholzes verstärken. Diese Wirkung des Unterholzes steigert sich von Jahr zu Jahr und erreicht den höchsten Stand, wenn nach 4—5 Jahren die neuen Stockausschläge wieder in Schluß getreten sind.

5. Nach dem Hiebe des Unterholzes tritt Graswuchs ein, der um so dichter wird, je mehr die Niederschläge und Bodenfruchtbarkeit ihn begünstigen. Mit dem Ausbreiten der neuen Ausschläge verschwindet er wieder, soweit nicht unbestockte oder lichtere Stellen sein Verbleiben möglich machen.

Manchem Waldbesitzer ist der Graswuchs erwünscht, da er ihm die Ausübung der Waldweide ermöglicht.

Auch die Gewinnung von Futterlaub und Laubstreu veranlaßt kleine Waldbesitzer zur Einführung des Mittelwaldbetriebes.

6. Da die Oberholzbäume im freien Stande erwachsen, werden sie die Form freistehender Bäume mit tief angesetzter Krone annehmen, d. h. stark abfällig werden. Lauprecht, Endres und Gayer haben auch niedrigere Formzahlen für sie ermittelt. Das Reisigprozent ist höher als im geschlossenen Bestande. Das Höhenwachstum bleibt im allgemeinen zurück; in Lauprechts Massentafel reichen die Höhen für die Eichen bis 25 m, für die Buchen bis 23 m, während die Durchmesser auf 80 cm steigen. Schubergs Untersuchungen über die Esche haben dagegen kein Zurückbleiben des Höhenwuchses ergeben.

Über die Ausgaben bei der Mittelwaldwirtschaft fehlen genügende Nachweise aus der praktischen Tätigkeit. An ihre Stelle müssen daher Erwägungen treten.

7. Das Fällen und Ausbringen des Holzes ist durch die nötige Rücksicht auf das Oberholz erschwert und verteuert. Die Ausführung von Kulturarbeiten ist durch die Wurzeln behindert. Das Schützen der Kernwüchse vor dem Überwachsenwerden durch die Stockausschläge, die Entfernung unerwünschter Holzarten, etwaiges Aufasten der Oberholzstämme vermehren die Arbeit und erhöhen die Kosten der Bewirtschaftung. In Gegenden mit ausgedehnten Mittelwäldern müssen die Reviere kleiner sein als im Hochwaldgebiete.

§ 345. Die Formen des Mittelwaldes.

1. Der Mittelwald tritt in verschiedenen Formen auf, je nach dem Zweck der Wirtschaft, die bald auf das Unterholz, bald auf das Oberholz den Schwerpunkt legt. Äußerlich tritt der Unterschied in der Zahl der Oberholzstämme vor Augen. Sie können hier bis auf 50 Stück pro Hektar vermindert sein, dort 200, selbst 300 Stück überschreiten.

2. In dicht bevölkerten Gegenden werden für 100 Wellen 30—40 ℳ, also für 1 Fm Reisholz 15—16, selbst 18—20 ℳ erlöst (§ 188). Bei so hohen Preisen für das Reisig wird die Produktion von Reisig sehr einträglich, der Oberholzvorrat wird, wie z. B. in der Nähe von Zürich, bis auf 50 Fm verringert. Es ist ein Niederwaldbetrieb mit sehr wenig Oberholz.

Ist umgekehrt der Preis des Reisigs sehr niedrig, so wird die Zahl des Oberholzes vermehrt, so daß die Reisigerträge sehr gering werden. Der Bestand nähert sich dem licht geschlossenen Plenterwald.

Je älter und stärker die Oberholzstämme werden, um so mehr breiten sich die Kronen dieser Oberholzstämme aus. Ist zugleich die Zahl der Oberholzklassen vermehrt, so ergibt sich ein dichter Stand des Oberholzes, eine stärkere Beschattung, was ein geringeres Wachstum des Unterholzes verursacht.

Setzt sich das Oberholz aus stark schattenden Holzarten (Buche, Hainbuche; Tanne, Fichte) zusammen, so wird das Unterholz im Wachstum sehr gehemmt.

In allen diesen Fällen tritt das Unterholz in seiner Bedeutung und in seinem Ertrage sehr zurück. Vielfach werden auch die jüngeren Klassen des Oberholzes im Wachstum gehemmt, so daß der Charakter des Mittelwaldes verschwindet und der Bestand sich dem licht geschlossenen Hochwald nähert.

Die schulgemäße Verteilung des Oberholzes müßte eine ganz gleichmäßige sein; im Walde ist sie aber höchst selten vorhanden.

3. Das Oberholz wird teils im Einzelstande, teils in Gruppen von 3—6 Stämmen oder auch in Horsten von einem und mehreren Aren erzogen. Die Bäume der Gruppe oder des Horstes treten dann in lichteren oder dichteren (Buche) Schluß und bilden eine Art von Hochwald zwischen den Ausschlagstöcken.

Die Gruppen und Horste werden an tiefgründigeren, frischen Bodenstellen sich bilden, während das Ausschlagholz die weniger günstigen Plätze einnimmt. Die Horste zeigen an diesen Stellen besseres Wachstum, höhere Stämme, astreineres Holz als im Freistande. In der vollkommenen Ausnützung der fruchtbaren Teile des Bodens liegt die Berechtigung dieser Mittelwaldform. Wo der Boden gleichmäßig beschaffen ist, fehlen die Voraussetzungen für sie. Es ist daher ganz verfehlt, die Erziehung im Einzelstande oder in der Gruppe in einen prinzipiellen Gegensatz zu stellen, während sie doch von äußerlichen Bedingungen abhängt.

Die genannten Formen des Mittelwaldes sind durch die Begünstigung des Oberholzes hervorgerufen und werden von Däzel schon 1788 vorgeschlagen.

4. Das Unterholz kann statt durch kahlen Abtrieb auch in plenterartigen Hieben genutzt werden (ähnlich dem geplenterten Niederwalde). In Faschinenwaldungen an den Flüssen, an steilen Stellen, die nicht ganz entblößt werden sollen, in Parkwaldungen, auch bei kleinem Besitze, empfiehlt sich diese Art der Nutzung und Bewirtschaftung.

§ 346. Die Bewirtschaftung des Mittelwaldes.

1. Das Ziel der Wirtschaft, der höchste Material- bezw. Geldertrag, weicht von demjenigen anderer Betriebsarten nicht ab. Anders verhält es sich mit dem Weg zu diesem Ziele. Die Erhaltung eines Nieder- oder eines Hochwaldes in seiner Verfassung ist eine leichte Aufgabe. Die Bewirtschaftung des Mittelwaldes muß zu den schwierigsten Obliegenheiten des Forstmanns gerechnet werden. Steter Fleiß, gute Beobachtungsgabe, sorgfältiges und wohlüberlegtes Vorgehen im einzelnen Falle, Berücksichtigung jeder Bodenstelle und jedes einzelnen Baumes, Freiheit von jeder Schablone und jeder Schulmeinung sind die Kennzeichen des guten Wirtschafters im Mittelwalde[1]).

Langjährige Erfahrung ist notwendig, weil die wissenschaftlichen Unterlagen noch vielfach fehlen. Über das zweckmäßigste Verhältnis von Oberholz und Unterholz, über Wachstum und Ertrag, über den Gang des Höhen-, Stärken- und Massenwachstums, über das vorteilhafteste Abtriebsalter des Unter-, wie des Oberholzes sind nur wenige Untersuchungen vorhanden. Bei der geringen Ausdehnung und dem ungemein reichen Wechsel der Bestockung des Mittelwaldes sind geeignete Bestände sehr schwer aufzufinden. Noch schwieriger ist die Anlage von eigentlichen Versuchsflächen, in denen bei sonst gleich bleibenden Verhältnissen die Verschiedenheit der Behandlung zu vergleichbaren Ergebnissen führen soll.

Bei der Lückenhaftigkeit unserer Kenntnisse und der Unsicherheit der Unterlagen ist es erklärlich, daß die Ausführungen über die Bewirtschaftung des Mittelwaldes nur allgemeiner Natur sein, auch nur eine geringe Sicherheit beanspruchen können.

2. Die vorteilhafteste Umtriebszeit für das Unterholz ist noch nicht ermittelt. In sehr günstigen Lagen (Tessin) beträgt sie nur 5 Jahre; an vielen Orten bewegt sie sich zwischen 10 und 20 Jahren, auf ungünstigem Standort werden 30—35 Jahre für nötig erachtet. Zu hoch ist sie angesetzt, sobald viel dürres Holz anfällt oder die Stämme gipfeldürr werden.

---

[1]) Lauprecht, einer der besten Kenner des Mittelwaldes, sagt 1873 (Fz. S. 224) vom Mittelwalde: „wenn man ihn mit einigem Glück regieren will, muß man seinem Gebaren fortwährend lauschen und Revierverwalter, welche dafür keinen Sinn haben sollten, mögen ihm fern bleiben; ungebotener Wechsel tüchtiger Verwalter aber ist im Mittelwalde vorzugsweise Gift."

Werden Laßreiser aus dem Unterholz übergehalten, so biegen sich schwache Stämme leicht bei Regen- und Schneefällen, bei Duftanhang um. Je länger sodann die Umtriebszeit des Unterholzes ist, um so seltener kann eine Auslese unter den Oberholzstämmen getroffen werden. Vielfach entscheidet aber nicht die höchste Massenproduktion über das Abtriebsalter, sondern der Bedarf an bestimmten Sortimenten (Faschinenholz, kleinem Nutzholz, Brennholz).

3. Beim Oberholz wird keine allgemeine Umtriebszeit eingehalten; der Abtrieb wird vielmehr für jeden Stamm besonders festgesetzt. Die vorteilhafteste Stärke und damit ungefähr auch der höchste Erlös entscheiden über den Abtrieb.

Die folgenden Abtriebsalter werden für gute und mittlere Verhältnisse passend sein: Eiche 120—150, Esche, Ahorn, Buche, Hainbuche, Linde 100—120, Birke, Erle, Ulme, Akazie 80—90, Pappeln 50—60 Jahre. Föhre, Lärche 100—140, Fichte, Tanne 80—90 Jahre.

Lauprecht gibt an, daß bei Worbis im Eichsfeld (500 m ü. M.; Buntsandstein, 800 mm Niederschläge, also nicht sehr günstige Verhältnisse) die Eichen von 8—18 cm, die Buchen von 8—22 cm Stärke (in 1,3 m) unter 60 Jahre alt, Eichen von 20—31 cm, Buchen von 24 bis 34 cm zwischen 60 und 90 Jahren alt seien.

Altersermittelungen an gefällten Stämmen, die Mang 1904 im Stadtwald von Mühlhausen i. Th. auf Muschelkalk mit meist I—II Bonität anstellte, ergaben, daß erreicht wurden:

bei Buche

ein Durchmesser in 1,3 m Höhe von:

25—30	cm	mit	80—104	Jahren,	im	Mittel	mit	91	Jahren
31—40	„	„	80—120	„	„	„	„	98	„
41—50	„	„	80—170	„	„	„	„	110	„
51—60	„	„	100—180	„	„	„	„	135	„
61—70	„	„	120—190	„	„	„	„	162	„
71—80	„	„	120—190	„	„	„	„	175	„

bei Eiche

25—30	cm	mit	75—150	Jahren,	im	Mittel	mit	114	Jahren
31—40	„		90—200	„	„	„	„	138	„
41—50	„	„	125—220	„	„	„	„	167	„
51—60	„	„	160—243	„	„	„	„	190	„
61—70	„	„	170—280	„	„	„	„	205	„
71—80	„	„	180—210	„	„	„	„	208	„

Ahorne von 36—54 cm hatten ein Alter von 115—185, Linden von 29—48 cm ein solches von 80—130 Jahren.

In demselben Walde ergaben vergleichende Holzmassenaufnahmen einen Derbholzzuwachs am Oberholz, der sich zwischen 1,1 % und 3,44 % der Masse und zwischen 1,76 und 5,23 Fm für das Jahr und den Hektar bewegte.

4. Die Oberholzvorräte und die Materialerträge hängen mit dem Abtriebsalter und der Zahl der Oberholzstämme zusammen; sie schwanken innerhalb sehr weiter Grenzen. Zwischen 40 und 120 Fm werden in Sachsen, 131 Fm Derbholz in Walkenried am Harz nachgewiesen. In Mühlhausen i. Thür. waren nach Mang 140—250, selbst 380—400 Fm (und bis zu 750 Stück Laßreiteln) auf 1 ha vorhanden. Für Lödderitz (Merseburg) werden 350—450 Fm Derbholz angegeben.

Während Siefert für Ichenheim einen Durchschnittszuwachs von 7,90 Fm angibt, hat Zircher in Durlach einen solchen für Oberholz und Unterholz von 20 Fm ermittelt.

Der Geldertrag in Baden schwankt für 1 ha zwischen 70 und 100, für Kippenheim werden 110 *M* angegeben.

Für den Stadtwald von Mühlhausen i. Th. betrugen die Einnahmen im Durchschnitt der Jahre 1900/04 56,60 *M* für den Hektar.

5. Vielfach wird als ein Vorzug des Mittelwaldes der geringe Holzvorrat auf dem Stocke angegeben. Dies ist nur für geringe Oberholzvorräte richtig. Bei 100—150 Fm Oberholz sind auf 100 ha 10 000 bis 15 000 Fm, bei 300—400 dagegen 30 000—40 000 Fm Vorrat auf dem Stocke vorhanden; letzterer Betrag kommt dem Hochwaldvorrat der I. Bonität gleich.

Über die Bonitäten der Mittelwaldbestände fehlen nähere Angaben. Da aber eine ansehnliche Länge des Oberholzes neben dem guten Wachstum des Unterholzes angestrebt wird, so ist der Betrieb des Mittelwaldes nur auf I. und II. Bonität vorteilhaft.

6. Bei der Pflege des Mittelwaldes ist die Hauptsorge des Wirtschafters dem Oberholz zugewendet.

Da nur im Auenwalde die Sturmgefahr für einzelne Holzarten (Aspe, Birke, seltener Ulme und Esche) zu berücksichtigen bleibt, so ist die Wirtschaft im Mittelwalde durch äußere Verhältnisse wenig beengt.

Die Schläge werden, früher war es ziemlich allgemein der Fall, vielfach von Süden nach Norden geführt, um kalte Nordwinde abzuhalten und den Einfluß des Südlichtes nutzbar zu machen.

Bei der Verjüngung wird hauptsächlich auf die Nachzucht des Oberholzes Bedacht genommen. Die natürliche Verjüngung wird durch Umhacken kleiner Stellen (Stocklöcher) begünstigt und durch Saat oder Pflanzung, insbesondere Heisterpflanzung ergänzt.

Die Schlagpflege muß mit größter Sorgfalt geübt werden. Vor Gras und Unkraut, sowie schädigenden Stockausschlägen müssen die

Kernwüchse beschützt werden. Diese Kulturmaßregel kann mehrmals wiederholt werden müssen. Eine scharfe Grenze gegen die Reinigungshiebe läßt sich nicht ziehen.

Diese können ebenfalls wiederholt eingelegt werden müssen, um geringwertiges Weichholz zu entfernen.

Im Unterholze ist nach jedem Schlage der Ersatz abgegangener Stöcke nötig.

7. Durchforstungen im Unterholz, sofern das Material absetzbar ist, werden vom 10. Jahre an da und dort ausgeführt. Dadurch allein kann dem Dürrwerden eines Teils des Unterholzes vorgebeugt, auch das Wachstum der verbleibenden Loden gefördert werden.

Das Unterlassen dieser Durchforstungen im Unterholz trägt vielfach die Schuld daran, daß die Nachzucht der Lichtholzarten, namentlich der Eiche im Oberholz, so große Schwierigkeiten bietet. Die auf natürlichem Weg sich einfindenden jungen Pflanzen dieser Holzarten halten den Druck des Unterholzes während der langen Unterholzumtriebe nicht aus und sind daher vielfach wieder verschwunden, wenn dieses dann zum Hiebe kommt.

Frühzeitig kann mit den Durchforstungen der Aushieb schlechter Oberholzbäume verbunden werden.

8. Die Ausastung des Oberholzes, so sehr sie zur äußeren Verbesserung der Schaftform dienlich sein mag, ist höchstens für schwache, 3—5 cm starke Äste zu empfehlen. Bei Entfernung stärkerer Äste ist die Gefahr der Fäulnis zu groß.

Fällung und Schlagräumung müssen vor Erscheinen der neuen Stockausschläge beendigt sein.

§ 347. VII. Der Weidebetrieb, die Grasnutzung und die Futterlaubgewinnung im Walde.

1. In den ältesten Gesetzbüchern, den Urkunden, den Weistümern und Forstordnungen wird die Weide von Rindvieh, Pferden, Schafen, Ziegen, sowie Schweinen fast regelmäßig erwähnt. Sie bestand in allen Gebieten während des ganzen Mittelalters bis zur Einführung der Stallfütterung. Auch nachher hat sie sich im Mittel- und Hochgebirge erhalten.

Nicht als zufällige oder vorübergehende, sondern als eine den ganzen Betrieb bestimmende Nutzung kommt sie hier in Betracht.

Justi[1]) weist 1755 auf den Zusammenhang zwischen Brache und Waldweide hin; wo in naheliegenden Waldungen und Heiden genugsam Unterhalt für das Vieh vorhanden sei, könne die Dreiteilung in Winter-,

[1]) Staatswirtschaft 500, 511, 523.

Sommerfruchtfeld und Brache entbehrt werden; auf einem Teil des Brachfeldes könnten Küchengewächse, Futter für Vieh, Handelswaren gebaut werden.

Moser erklärt 1757 die Viehweide neben der Holznutzung für die allerwichtigste Forstnutzung, sie sei einträglich, gemeinnützig und gewähre Unterhalt für viele. Es dürfe keine Einrichtung gemacht werden, wo diese Nutzung nicht bestehen könne. Jeitter befürwortet 1789 das Schlagweishauen, weil sich mehr Platz für die Weide ergebe.

2. 1763 wird gefragt, wie viel Fläche in Zuschlag gelegt werden müsse, um noch die für den Bedarf nötige Holzmasse zu erziehen. Ein Urteil des Reichskammergerichts von 1791 bestimmt, daß bei Einlegung der Schläge auf das Bedürfnis der Weideberechtigten Rücksicht zu nehmen sei.

1794 erklärt v. Hagen es für unwahr, daß man in der Grafschaft Wernigerode nicht auf die Weide Rücksicht nehme. 1796 wird der Einfluß der Weide auf die Hiebsfolge hervorgehoben und als forstwirtschaftliche Regel mitgeteilt, daß man den Triften nicht entgegenhauen, sondern denselben nachfolgen soll. Im Handbuch von 1796 wird betont, daß die Weide der Ruin der Waldungen geworden sei. Man könnte sie wenigstens einschränken, seitdem Klee und andere Futterkräuter Ersatz bieten; im Gebirge sei dies unmöglich, dort sollte sie wenigstens unschädlich gemacht werden. Die württembergischen Stände beschweren sich 1797 über das Weideverbot. 1801 wird auf den Schaden des Weidegangs in der helvetischen Republik hingewiesen, aber abgelehnt, die Loskäuflichkeit auf die Waldungen auszudehnen.

Meyer in Dreißigacker veröffentlicht 1807 ein Werk über die Waldweide von 356 Seiten, in dem er hervorhebt, daß bisher das Interesse der Viehbesitzer zu wenig berücksichtigt worden sei.

Cotta widmet in seinem „Waldbau" 1828 der Schonungszeit ein besonderes Kapitel, was auf die Wichtigkeit der Weide zur damaligen Zeit hinweist. Sie sei gesetzlich oder vertragsmäßig festgestellt. Die Zeit der Schonung (bis die Pflanzen dem Biß entwachsen) gibt er auf 15—25—30 Jahre, die Größe der zu schonenden Fläche auf $^1/_{10}$—$^1/_4$ an.

Hundeshagen widmet der Waldweide und Waldstreu eine besondere Schrift 1830.

Die Versammlung in Brünn erörtert 1840 den Einfluß verschiedener Holzarten und Betriebsmethoden auf die Waldweide. Niederwald und Plenterwald werden als günstig, der schlagweise Hochwald als ungünstig bezeichnet. Pflanzung sei günstiger als Saat. Die neuere Forstwirtschaft sei der Weide weniger günstig wegen der kürzeren Umtriebe; dagegen wirke sie durch die kürzeren Verjüngungsprozesse und die früheren und öfteren Durchforstungen wieder günstig.

Bezüglich des Einflusses auf den Graswuchs wird eine Reihenfolge der Holzarten aufgestellt: Erle, Birke, Föhre, Eiche, Lärche, Fichte, Buche, Hainbuche, Tanne.

Auf der Versammlung in Nürnberg 1853 werden die Nachteile aufgezählt; die Waldweide wird im Flach- und Hügelland für zulässig erklärt, aber für die Landwirtschaft die Nachteile für überwiegend angesehen. Im Mittel- und unteren Hochgebirge seien die Vorteile überwiegend und die Weide bei polizeilicher Ordnung zulässig. Im Hochgebirge bilde die Waldweide eine Existenzfrage für die Bevölkerung; die Ausübung müsse nach Viehgattung, Zahl der Weidetiere, Auftrieb geordnet werden. In den trockenen Jahren 1863 (namentlich in Ungarn), 1893 und 1911 diente der Wald als Retter in der Futternot. Auf seine Bedeutung während des Krieges 1914—18 hat Borgmann hingewiesen.

Große Bedeutung hat die Waldweide immer im Harz gehabt. 1843 wird im Harzer Forstverein ihre Beibehaltung aus nationalökonomischen Gründen befürwortet und die Ablösung der Weidegerechtigkeiten als unzweckmäßig erklärt. Dieser Standpunkt wird 1859 wiederholt vertreten und die Frage aufgeworfen, auf welche Weise die Weide noch mehr als bisher berücksichtigt werden könne.

Die Salzburger Versammlung 1851 betrachtet die Waldweide als einen entscheidenden Punkt für die ganze Wirtschaft. Es wird auf die Büschelpflanzungen in Hannover (4—8 Stück 3—4 jährige Pflanzen in 1,5—2 m Entfernung) hingewiesen. 1852 konnte dort auf der Exkursion das Weidevieh in den Büschelpflanzungen beobachtet werden. 1882 werden zur Begünstigung der Waldweide weite Pflanzungen empfohlen.

Für die österreichischen Alpenländer wird die Waldweide für unentbehrlich erklärt; sie lasse sich bei genauerer Regelung wohl mit der Waldkultur vereinigen.

In der Schweiz wurde 1765 die Abschaffung der Weiderechte empfohlen. Wo in den Wäldern schlagweise gehauen werde, müsse die Weide so lange verboten werden, bis die jungen Pflanzen dem Viehverbiß entwachsen seien; wo geplentert werde, solle Vieh nie eingeweidet werden. Um das Holzkapital in den Gebirgen neben vollständiger Weidebenutzung zu erhalten, schlägt Reymond 1863 gruppenweisen Anbau vor. Auf der Versammlung in Chur 1869 wird die Waldweide als das Haupthindernis der Wiederverjüngung der Gebirgswaldungen besprochen und die Mittel erörtert, durch die die Weide unschädlich gemacht werden könnte. 1881 wird die Trennung von Wald und Weide auf den bestockten Weiden des Hochgebirges (Wytweiden) besprochen. Wo der Standort das Zusammendrängen des Holzwuchses ausschließe, seien die Wytweiden als besondere Betriebsart zu behandeln. In den Weidewäldern der Schutzwaldgebiete sei Nachhaltigkeit anzustreben.

Freuler beklagt 1899, daß in Gemeindewaldungen des Hochgebirges der Wald durch die Weide verdrängt werde. Biolley hebt 1900 hervor, daß auf den Wytweiden die einzeln stehenden Stämme sturmfest seien; wo der Wald geschlossen erwachse, werde er vom Schnee durchbrochen; zur Verjüngung müßte nur die Weide ausgeschlossen werden.

Für die Ausübung der Waldweide sind die volkswirtschaftlichen Verhältnisse entscheidend. Diese können dauernde (Waldgebirge, Mangel an Futter, Ernährung der Bevölkerung durch Viehzucht) oder vorübergehende (Futternot infolge von Dürre, Krieg) sein. Wo Holz in genügender Menge oder gar im Überfluß vorhanden ist, geht die Weide der Holzzucht vor.

Für die waldbauliche Untersuchung wird die Erzeugung von Weide als Ziel angenommen. Dies kann auf freien Flächen im Walde (Blößen, Kahlflächen, Sturm- und Schneedrucklöchern) oder unter und zwischen den Waldbäumen geschehen. Das Vorhandensein von Waldbäumen, bezw. die Beschattung und Feuchterhaltung des Bodens durch solche ist hierbei Bedingung des Graswuchses. Geeignete Beschaffenheit des Bodens (lockerer Boden mit Kieselsäure und Kali) wird vorausgesetzt.

Da die Besonnung die Qualität des Grases hebt, muß die Beschattung durch Bäume gering sein. Dies wird erreicht durch weiten Stand der Bäume und durch den Anbau wenig schattender Holzarten.

Der weite Stand der Bäume wird durch starke Durchforstung oder durch den Plenterbetrieb, bei der Begründung durch weiten Abstand der Reihen oder der Pflanzen, 4—5, selbst 8—10—20 m, erreicht.

Geringe Beschattung gibt von den Nadelhölzern nur die Lärche; überwiegend tritt jedoch aus klimatischen Gründen die Fichte im Weidewalde auf.

Unter den Laubhölzern eignen sich besonders Ahorn, Esche, Ulme, Linde, Eiche, Buche als Weidebäume.

Der Schaden durch Viehbiß ist nicht zu vermeiden. Fichten, Tannen, Lärchen und die Laubhölzer ertragen jahrzehntelanges Abweiden, ohne dürr zu werden. Gruppenweise Anordnung, auch künstliche Bildung von Gruppen durch Büschelpflanzung, schützen die inneren Bäume der Gruppe, des Büschels vor Abweiden, so daß aus diesen in kurzer Zeit höhere Stämme erwachsen.

Der indirekte Nutzen des Weidebetriebs, der waldbaulich in Betracht kommt, besteht in der Lockerung des Bodens. Diese wird durch den Tritt des Viehes, insbesondere aber durch Umwühlen des Bodens bei Schweineeintrieb herbeigeführt. Dadurch kann die natürliche Verjüngung erleichtert werden.

Sodann kann durch das Durchtreiben von Vieh das den Saaten und Pflanzungen schädliche Gras niedergetreten werden.

Endlich wird die Schafweide gegen den Rüsselkäfer angewendet.

Die Gewinnung des Grases durch Rupfen oder Abmähen wird oft notwendig, um den Jungwuchs vor Verdämmung zu schützen, die Frostgefahr zu vermindern und den Entzug von Bodenwasser durch die Gräser herabzusetzen.

Die Grasmenge wird hinter dem Ertrag mittelguter Wiesen (1000 bis 1500 kg Heu von 1 ha) nicht zurückstehen. Es läßt sich daher der Entzug von Nährstoffen annähernd genau berechnen, was bei dem unsicheren Ertrag der Weide nicht möglich war. Nach Wolffs Analysen entziehen 1000 kg Heu dem Boden 72 kg Reinasche, worunter 13 kg Kali und 3 kg Phosphorsäure enthalten sind. In Kulturen wird die Grasnutzung oft auf 5 und mehr Jahre ausgedehnt; schon der Rückgang des Ertrags im dritten Jahr zeigt, daß der Mineralstoffentzug schädlich zu wirken beginnt. Ein Kümmern der Waldbäume tritt nicht immer ein, weil ihre Wurzeln in anderen, von der Grasnutzung nicht betroffenen Schichten sich ausbreiten. Auf geringeren Bonitäten ist die Grasnutzung nicht zu empfehlen; wird sie wegen der Verdämmung notwendig, so wird das Gras besser zwischen den Pflanzen niedergelegt.

Wo neben Gras auch Laub zur Fütterung erzogen wird, geschieht dies in der Regel durch Schneitelbetrieb. Die Holzarten müssen sich durch starke Astbildung und nährstoffreiche Zusammensetzung des Laubes auszeichnen. Aus Schlesien wird 1864 berichtet, daß seit Jahrzehnten dort Futterlaubschläge eingerichtet seien.

Die geeignetsten Holzarten sind: Ahorn, Eschen, Ulmen, Akazien, Eichen, Linden, Pappeln, Hainbuchen, Erlen, Birken, Weiden, Haseln; auch Tanne, Fichte.

Über den Ertrag an Laub fehlen Untersuchungen. Ältere Angaben macht Th. Hartig in der Naturgeschichte der Waldbäume.

Futterlaubwaldungen können nur als Niederwaldungen erzogen werden.

§ 348. VIII. Der Waldfeldbau und der Hackwaldbetrieb.

1. Mit Waldfeldbau bezeichnet man die Verbindung des Hochwaldbetriebs mit landwirtschaftlicher Zwischennutzung, während unter Hackwaldbetrieb eine Verbindung des Niederwaldbetriebs (hauptsächlich Eichenschälwaldbetriebs) mit landwirtschaftlichem Zwischenbau verstanden wird.

Der Anbau von Nahrungsmitteln auf Waldboden war, wie aus den Weistümern hervorgeht, schon in den ältesten Zeiten üblich. Die Fürsten und die Grundherren begünstigten diese Wirtschaft, weil der Rott- und Fruchtzehnten von den Waldfeldern ihnen entrichtet werden mußte.

Vom 16. Jahrhundert an — so schon in einer der ältesten Forstordnungen, der Salzburger von 1524 — wurde die Rodung von Waldfeldern vielfach eingeschränkt und an die Erlaubnis des Grundherrn geknüpft.

Die Hackwaldwirtschaft reicht in einzelnen Gegenden bis ins 15. Jahrhundert zurück.

2. Die Schriftsteller beschäftigen sich wenig mit dem Waldfeldbau. Bei Noe Meurer finden sich jedoch 1618 (vielleicht schon 1561) Angaben über die Erschöpfung des Bodens durch Fruchtbau, „welcher fürter weder Frucht noch Holz trage oder gebe". Döbel spricht sich für zweijährige Feldnutzung im Laubholz aus.

Zahlreiche Nachrichten über den Waldfeldbau in der Schweiz zeigen, daß er im 18. Jahrhundert sehr verbreitet war.

Die einstweilige ökonomische Benutzung durch Korn- und Gartenbau dient nach der Ansicht von Burgsdorf als Vorbereitung zur Holzkultur, welch letztere sukzessive darauf zu veranstalten ist (1796. 2, 458).

Hartig empfiehlt in seiner Holzzucht, verlichtete Bestände umzuackern, einmal mit Frucht zu bestellen und dann anzusäen.

3. Cottas Schrift über die Baumfeldwirtschaft 1819 rief eine reiche Literatur hervor. Liebich in Prag übertrieb die Sätze Cottas. Pfeil, Wedekind, Hundeshagen u. a. standen auf der gegnerischen Seite. Gwinner kommt 1834 ausführlich auf Cottas und Liebichs Vorschläge zu sprechen. Er führt die ganze Bewegung auf 2 Hauptursachen zurück, das Streben, durch freien Stand die Holzproduktion zu vermehren, und die Absicht, die Landwirtschaft zu unterstützen. Das Verfahren teilt er in zwei Gruppen: Bepflanzung der kahl abgetriebenen, durch verbranntes Abfallholz gedüngten und umgebrochenen Fläche mit Birken, Lärchen, Föhren weitläufig in Reihen, und zwischen ihnen Anbau von Kartoffeln und Rüben 2—4 Jahre lang, und dann Grasgewinnung, bis der Schluß eingetreten ist. Im andern Falle wird im Frühjahr mit der Saat der Sommerfrucht die Holzsaat verbunden.

Die steigende Bevölkerung und den erhöhten Bedarf an Lebensmitteln nennt Jäger 1835 als Anlaß zur Waldfeldnutzung.

„Die Reform, welche dadurch in unseren wirtschaftlichen Systemen eintritt, wird gewiß für die Landwirtschaft, wie für die Forstwirtschaft reichliche Früchte tragen" (S. 164). Die Verbindung der Land- und Forstwirtschaft hält Jäger 1835 durch die steigende Bevölkerung für geboten. Die Feldholzzucht in Belgien und im nördlichen Frankreich fand Befürwortung (Beil. 1842).

4. Einen neuen Aufschwung fast in allen Ländern, namentlich in der Schweiz (Aargau), in Frankreich, in Württemberg — nur in Sachsen kennt man ihn nicht — nahm der Waldfeldbau nach den Fehljahren von 1817, 1837, nach dem Auftreten der Kartoffelkrankheit

1844—52, nach der Mißernte von 1847 und 1854. In Hessen untersuchte 1841 v. d. Hoop die Bedingungen des Waldfeldbaus, 1850 trat v. Klippstein für die weitere Ausdehnung des Waldfeldbaus ein, der schon seit 1810 durch v. Dörnburg, später durch Reiß in der Rheinebene eingeführt worden war (Viernheim, Lampertheim, Lorsch, Heppenheim etc.). Wegen Vermehrung der Arbeitsgelegenheit, der Nahrungsmittel und des Holzertrags sei der Waldfeldbau eine hochwichtige Tagesfrage geworden. Im Forst Heppenheim sei Kahlhieb und mehrjährige landwirtschaftliche Zwischennutzung zum Prinzip der Bewirtschaftung erhoben worden. Die großen Blößen und lichten Bestände, in denen die Nachzucht erschwert war, gaben Anlaß zur landwirtschaftlichen Zwischennutzung, sie wurde aber dann für alle Bestände empfohlen. Es gab keine natürliche Verjüngung mehr, nicht einmal in Buchen und Eichen. Vielfaches Mißraten der Saaten führte zur Pflanzung. In Hessen wurde Waldfeldbau vielfach in Regie betrieben.

Als nachteilige Folge des Waldfeldbaus wird in Hessen die „Überfüllung der Gemeinden mit Proletariern" aufgeführt.

5. Die Knappheit an Lebensmitteln während des Krieges 1914—18 gab Veranlassung, auf großen Flächen im Walde Korn und Kartoffeln anzubauen.

6. Seine größte Ausdehnung hat der Waldfeldbau bezw. der Hackwaldbetrieb in Gegenden, in denen bei zahlreicher Bevölkerung eine geringe Ackerfläche vorhanden ist (Schwarzwald, Odenwald, Bergland von Siegen, Birkenberge bei Passau). Hier finden sich auch die nötigen Arbeitskräfte für Rodung und Bestellung der Waldfelder. Geringe Ernten führen zur Ausdehnung oder Neueinführung des Waldfeldbaus.

Wird der Waldfeldbau als Kulturmittel benützt, so muß die Nachfrage nach Waldfeldern und der Bedarf an Arbeitsgelegenheit ebenfalls vorhanden sein. Durch die Beschäftigung in der Industrie und den Zug der Arbeiter an die Stätten der Industrie ist die Nachfrage nach Land und Arbeit vielerorts gesunken.

7. Waldbaulich kommen beim Waldfeldbau wie beim Hackwaldbetrieb in Betracht: Stockrodung, Verbrennen der Holzreste, Umgraben und damit Lockerung des Bodens, Vermischen der Humuslage und der Pflanzenasche mit der obersten Bodenschicht, Anbau der verschiedenen Früchte, Entzug an Nährstoffen durch die landwirtschaftlichen Kulturpflanzen, Wachstum der Waldbäume in der ersten und in der späteren Zeit auf Waldfeld.

8. Durch die Bearbeitung des Bodens wird die Durchlüftung gesteigert — das Porenvolumen stieg nach Ramann im Sandboden von 46,4 auf 53,1 % —, die Oxydation und die Verwitterung vermehrt, durch Vermischung des Humus und der Pflanzenasche die oberste Bodenlage chemisch bereichert, also der Boden in chemischer und phy-

sikalischer Beziehung durch den Waldfeldbau wie durch die Hackwaldwirtschaft günstiger gestaltet.

9. Über die Steigerung der Verwitterung im Waldfeldboden hat Ramann (1890) in Diluvialsand Untersuchungen angestellt. Kali, Kalk, Magnesia, Eisenoxyd, Tonerde ergaben eine Steigerung des Anteils an löslichen Nährstoffen von 20—30, selbst 60 und mehr Prozenten. Nur die Phosphorsäure zeigte in Sand geringere Löslichkeit; für Lehm wird dies nach Ramann kaum der Fall sein.

Auch eine Erhöhung der Wasserkapazität hat Ramann nachgewiesen, die in regenarmen Gegenden von Bedeutung ist.

10. Der Entzug von Nährstoffen berechnet sich für 1 ha Feldfläche (nach Wolffs Tabellen bezw. nach M. Hoffmanns Düngerfibel 15, 1917, S. 127 ff.) etwa auf

durch die Ernte von	Körnern	Stroh u. Spreu	an Stickstoff	an Phosphorsäure	an Kali	an Kalk
	dz	dz	kg	kg	kg	kg
Roggen . .	20	40	50	30	60	15
Weizen . .	24	45	70	30	50	12
Hafer . . .	24	40	60	25	75	15
Gerste . . .	24	32	50	25	50	15
Kartoffeln .	200 Knollen	80 Kraut	90	40	160	50

Der hohe Entzug durch den Kartoffelanbau muß besonders hervorgehoben werden. Die mehrmalige Bearbeitung des Bodens im Kartoffellande während des Sommers wird allerdings die Verwitterung steigern.

11. Im Hackwalde wird nach 30—40, im Hochwalde nach 80—100 Jahren eine landwirtschaftliche Bestellung vorgenommen. Laub und Nadeln sind während dieses Zeitraums unter dem Bestande in Verwesung übergegangen; ein Teil der Nährstoffe ist in die tieferen Schichten eingewaschen worden, der andere Teil — bestehend aus 2—3 erst in der Verwesung begriffenen Laub- und Nadelschichten — ist in den obersten Humuslagen noch vorhanden. Der Vorrat in diesen drei Schichten kommt dem einmaligen Entzuge durch eine Getreideernte sehr nahe oder ihm gleich. Die erstmals angebaute Frucht kann den Bedarf an Mineralstoffen also fast ganz aus diesen Schichten decken. Da diese Mineralstoffe leicht aufnehmbar sind, erklärt sich das gute Wachstum der Saaten im ersten Jahre.

Bei wiederholtem Anbau muß der Bedarf aus den neu aufgeschlossenen Mineralstoffen bezogen werden.

„Ein ganz armer und im landwirtschaftlichen Sinne erschöpfter Boden enthält auf 1 ha oftmals bis zu einer Tiefe von 1 m noch 7 bis 15 000 kg Phosphorsäure, fast ebensoviel Stickstoff, und das Zehn- und Zwanzigfache an Kali“ (Wolff). Für Holzpflanzen, die einen geringeren

Bedarf an mineralischen Nährstoffen haben, kann der Vorrat jedoch noch ausreichend sein.

Je mehr größere oder kleinere Gesteinsbrocken durch die Verwitterung den Entzug ersetzen können, um so unbedenklicher ist auf ihm der Waldfeldbau.

12. Der Wasserentzug durch die landwirtschaftlichen Gewächse kann in regenarmen Gegenden oder in trockenen Jahrgängen so bedeutend sein, daß mitangesäte Holzpflanzen vertrocknen. In niederschlagsreichen Gegenden oder bei hohem Grundwasserstand wird er vernachlässigt werden können. Auf den Einfluß der Jahreswitterung auf die Ernte ist deshalb hinzuweisen, weil die Ergebnisse der Untersuchungen in den einzelnen Jahren erheblich von einander abweichen können. Wenn kein landwirtschaftlicher Anbau stattfindet, überzieht sich der Boden mit Gras, das eine hohe Austrocknung des Bodens und einen Entzug von Nährstoffen herbeiführt.

13. Das spätere Wachstum der Bestände auf ehemaligem Waldfeld ist da und dort untersucht worden. Es fehlen aber Vergleichsflächen von nicht landwirtschaftlich bebauten Lagen derselben Bonität. Dies gilt auch für die hessischen Aufnahmen [1]).

14. Die Angaben über die Gelderträge des Waldfeldbaus schwanken innerhalb sehr weiter Grenzen, weil die Bodenverhältnisse auf den Ertrag und auf die Kosten einwirken. Die Erträge in den einzelnen Gegenden weichen je nach der Fruchtbarkeit des Bodens um 30—80 und mehr Prozente ab. Die Kosten für die Bearbeitung des Bodens und die Auslagen für Saatgut können 200—300 ℳ betragen. So steigen die Reinerträge von unbedeutenden Beträgen (10—20 ℳ) bis zu 200, selbst 300 ℳ von 1 ha.

15. In vielen Fällen sind aber nicht die Erträge des Waldfeldbaus für seine Einführung ausschlaggebend, sondern andere waldbauliche Zwecke, die durch ihn erreicht werden sollen, wie Beseitigung des Graswuchses und Verminderung des Frostes, Entfernung der Stockausschläge bei Umwandlung von Mittelwald in Hochwald, Ausgraben des Stockholzes und Verminderung der Insekten, insbesondere des Rüsselkäfers, Verhinderung der Bodenverwilderung auf ausgedehnten Kahlflächen (Sturmflächen, Bodenverdichtung in lichten Beständen), Beschäftigung der ärmeren Bevölkerung, Zuweisung eines Stückes Land an die in der Fabrik beschäftigten Arbeiter, Erhaltung eines ständigen Arbeiterpersonals in der Nähe des Waldes, Bekämpfung der Landflucht, Unterstützung der Bevölkerung in Notjahren, Möglichkeit der Saat, rasche und billige Erziehung von Pflanzen, Anlage von fliegenden Saatschulen, leichteres und billigeres Arbeiten bei der Pflanzung, Verwendung schwächerer oder jüngerer Pflanzen, geringer Abgang im gelockerten und

[1]) Darmstädter Versammlungs-Bericht S. 100.

grasfreien Boden. Auch soziale Gründe können also zum Waldfeldbau Anlaß geben.

16. Der Zuwachs eines Jahres geht beim Waldfeldbau verloren, vorausgesetzt, daß die Kultur ohne Waldfeldbau im ersten Jahr hätte vorgenommen werden können. Der Wert dieses Zuwachsverlustes hängt von der Zuwachsgröße und dem Preise des Holzes ab; er wird bis auf 80 ℳ auf 1 ha steigen können. Durch das bessere Wachstum der Pflanzen auf dem Waldfeld kann aber jener Verlust mehr als ausgeglichen werden.

Daß das auf Waldfeld erzogene Holz geringere Qualität habe, daß es in hohem Grade von der Rotfäule ergriffen werde, ist nicht erwiesen.

Die Beschädigung der Pflanzen bei der Ernte, ebenso der Stöcke beim Überlandbrennen kann bei der nötigen Sorgfalt sehr eingeschränkt werden.

17. Aus den vorstehenden Angaben lassen sich die praktischen Schlußfolgerungen ableiten. Zu Waldfeld und Hackwald sollten nur Bodenarten der I.—III. Bonität gewählt werden; auf geringeren sinkt der landwirtschaftliche Ertrag und namentlich auch die Sicherheit der Ernte in extremen Jahren. Der landwirtschaftliche Anbau sollte höchstens 2 Jahre dauern.

Um eine Schädigung der Holzpflanze in ihrer Entwicklung möglichst zu vermeiden, muß sie im ersten Jahre mit der landwirtschaftlichen Bestellung durch Saat oder Pflanzung eingebracht werden, dies um so mehr, je geringer der Boden ist. Jedenfalls muß sie aber im zweiten Jahr gesät oder gepflanzt werden. Wenn die landwirtschaftliche Nutzung nur einmal stattfindet, ergibt sich dies von selbst. Sehr zweckmäßig ist der sogenannte Zwischenbau, d. h. daß die Holzpflanzen im ersten Jahr gesät oder gepflanzt und die landwirtschaftlichen Pflanzen zwischen diesen erzogen werden.

Bei der Hackwaldwirtschaft verbleiben die Wurzeln in den tieferen Schichten des Bodens; die landwirtschaftliche Pflanze kommt in einiger Entfernung vom Wurzelstocke zum Keimen, so daß der Entzug an Nährstoffen sogar in den oberen Schichten gering ist, in den tieferen gar nicht stattfindet.

§ 349.

IX. Sonstige Betriebsarten.

1. Der Streuwald.

1. Die Nutzung des dürren Laubes und der dürren Nadeln zur Einstreu in den Ställen ist in Deutschland, Österreich-Ungarn und in der Schweiz fast überall üblich. Vorherrschend sind es die Gemeinde-, Korporations- und Privatwaldungen, aus denen die Bevölkerung die

Streu bezieht; in den Staatswaldungen ist die Nutzung vielfach durch Ablösung beseitigt. Von Preußen berichtet ein amtliches Werk, daß in einigen Landesteilen die Streunutzung eigentlich als Hauptertrag bezeichnet werden müsse[1]). In Nieder-Österreich übertrifft sie (1864) den Holzertrag.

Bei dieser hohen volkswirtschaftlichen Bedeutung muß die Steigerung des Laub- und Nadelertrags ebenso angestrebt werden, wie es bei der Holznutzung der Fall ist. Unter bestimmten Verhältnissen muß die Streunutzung ihr gleichgestellt werden.

In den Alpen ist der Streuwald, insbesondere der Aststreuwald, nach Wessely und auch nach neueren Berichten sehr verbreitet. In den schweizerischen Alpen findet da und dort jährliche Streuentnahme fast regelmäßig statt.

Wir begegnen auch den Vorschlägen, eigentliche Streuwaldungen anzulegen, zu verschiedenen Zeiten. So hat neuerdings (1916) Vill solche wieder empfohlen.

2. Über den Ertrag an Waldstreu sind vielfache Untersuchungen vorhanden. Die älteren hat Beling zusammengestellt.[2]) Planmäßige Untersuchungen hat Krutzsch 1848—50, 1861, 62 bei Tharandt angestellt. Mit diesen Ergebnissen stimmen die Erhebungen Ebermayers in den Staatswaldungen von Bayern mehrfach fast genau überein.

Im Buchenbestande fallen rund 4100, im Fichtenbestande 3500, im Föhrenbestande 3700 kg Streu an. Im 100 jährigen Buchenbestande des Sihlwalds bei Zürich wurden 4400—6900 kg gemessen: Henry hat bis zu 8200 kg im Laubholz, Schwappach in der Oberförsterei Mühlenbeck bis zu 10 700 kg vorgefunden. Dagegen sank er in den viele Jahrzehnte berechten Buchenbeständen I.—V. Bonität Württembergs auf 3000, 2200, 1500, 1100, 600 kg herab. Moos liefert 6000, Moos und Heidelbeere zusammen ergeben 9800 kg.

Der Wert des Rohertrags von 1 ha beläuft sich auf 50—140 *M*, der des Reinertrags — die Gewinnungskosten betragen annähernd 50 % des Werts — auf 25—70 *M*. Es werden jedoch Roherträge von 235 *M* angegeben.

3. Für die Bewirtschaftung der Streuwaldungen und namentlich für die Dauer der Erträge ist der Entzug von Mineralstoffen entscheidend. Die Reinasche beträgt von der Trockensubstanz bei Buchenlaub 5,4, Fichtennadeln 4,6, Föhrennadeln 1,4, Moos 2,7 %. Unter Zugrundelegung von Durchschnittszahlen berechnet sich der Entzug pro Hektar

---

[1]) Hagen-Donner. [2] 59.

[2]) Monatsschrift f. F. u. J. 1874, 385, 433.

	an Reinasche	an Kali	an Kalk	an Phosphorsäure	an Kieselsäure
		auf Kilogramm			
bei Buchenlaub . .	216	10,6	97,8	11,1	66,9
„ Fichtennadeln .	161	5,3	64,0	8,0	72,4
„ Föhrennadeln .	49	5,1	18,4	4,1	7,4
„ Moos	135	22,0	19,3	10,3	35,6

Die Wirkung des Streuentzugs auf den Mineralstoffgehalt im allgemeinen, wie auf den an den einzelnen Mineralstoffen ist also sehr verschieden. Bei dem vielfachen Wechsel in den Bodenverhältnissen und Bestandeszuständen können diese Analysen nur einige, für manche Zwecke allerdings genügende Anhaltspunkte gewähren.

Chemische Analysen von Stöckhardt, Hanamann, Councler und Ramann haben zu dem übereinstimmenden Resultate geführt, daß der berechte Boden ärmer an Mineralstoffen ist als der unberechte. Selbst ganz armer Heidesand enthält — etwa von Kalk abgesehen — so viel an Nährstoffen, daß dieselben für Jahrhunderte als ausreichend gelten können. Es ist jedoch darauf hinzuweisen (§ 83), daß wir nur den Entzug, nicht den Bedarf der Waldbäume an Mineralstoffen kennen.

Der Entzug von Mineralstoffen kann dadurch erheblich abgemindert werden, daß das Laub nicht gleich nach dem Abfall weggenommen wird. Schon wenige Regengüsse laugen einen großen Teil aus dem Laube aus (Councler). Das Laub verliert dadurch an Düngerwert, kann aber als Streumaterial gleichwohl benützt werden.

4. Diesen Ergebnissen chemischer Analysen steht aber die Beobachtung gegenüber, daß in den längere Zeit hindurch berechten Wäldern die Buchen absterben. Auf den in Preußen und Bayern angelegten Streu-Versuchsflächen war bei jährlicher Streuentnahme schon nach 20 Jahren der größte Teil der Buchen abgestorben; der vorhandene Rest zeigte ebenfalls zahlreiche dürre Äste; eine ähnliche Erscheinung hat Hartig 1806 schon mitgeteilt. Es ist eine Erschöpfung des Bodens an Mineralstoffen nicht eingetreten; aber die noch vorhandenen können nur schwer löslich und für die Pflanzen nicht aufnehmbar sein.

Andererseits konnte der schweizerischen Versuchsanstalt auf eine Umfrage hin kein Bestand namhaft gemacht werden, in welchem die Folgen der Streunutzung deutlich sichtbar wären. Die reichlichen Niederschläge und die ununterbrochen fortschreitende Verwitterung der großen und kleinen Gesteinsstücke erhalten dort die günstigen physikalischen und chemischen Eigenschaften des Bodens.

Die ungünstige Wirkung der Streuentnahme, die anderwärts zur Verminderung des Porenvolumens, zur Zerstörung der Krümelstruktur, zur Verdichtung und Verhärtung des Bodens führt, tritt also nicht überall ein. Im Sand findet eine starke Auslaugung statt, die im Lehm nur gering ist. Ramann führt die Veränderung im Boden auf den Mangel an Kali und Kalk zurück.

5. Über den Einfluß der Streuentnahme auf das Holzwachstum sind von Kunze, Schwappach, Laspeyres, v. Schröder, Vogl, Pfeifer, Bleuel Mitteilungen gemacht worden. Sie stimmen darin überein, daß die Holzproduktion infolge der Streunutzung sinke. In einem Buchenbestande von Tronecken bei Trier ergab sich bei jährlichem Entzug ein Ausfall von 50 % (bei 6 jähriger Wiederholung von 10 %), auf dem Lehmboden von Mühlenbeck bei Stettin von 25 %; in anderen Flächen ist der Ausfall geringer und sinkt auf 1 % herab.

6. Der Ertrag an Laub und Nadeln muß beim Kümmern und Absterben der Baumkronen sich ebenfalls vermindern. In feuchten und regenreichen Jahrgängen sind die Erträge um 50—80 % höher als in trockenen. Der Rückgang an Laub wird also nach den Witterungsverhältnissen verschieden, im niederschlagsreichen Klima und an feuchten Orten geringer sein als in regenarmen Gegenden oder auf trockenem Boden.

7. Aus den genannten Untersuchungen ergeben sich die Gesichtspunkte, die bei der Anlage von Streuwaldungen zu beachten sind.

Mineralstoffreicher, feuchter Boden, regenreiche Gegenden eignen sich am besten zu Streuwäldern. Am günstigsten sind die Lagen an Flüssen und Bächen (Auwaldungen), sofern bei Hochwässern eine Zufuhr von Nährstoffen teils durch Feinerde, teils durch Gerölle stattfindet und der Wasservorrat im Boden trotz der stärkeren Verdunstung nach Streuentnahme günstig bleibt. Künstliche Bewässerung kann ebenfalls einen Ersatz von Mineralstoffen liefern.

Vill will schlechte Stellen im Walde, sowie unrentable Felder und Ödungen zur Streuproduktion verwenden.

8. Der Ertrag der verschiedenen Holzarten an Streu ist nur für Buche, Fichte und Föhre näher untersucht. Ältere Angaben über die Erträge der verschiedenen Holzarten finden sich bei Th. Hartig.

Bei Neuanlage von Streuwaldungen ist die weitständige Pflanzung der Saat vorzuziehen. Wegen der stärkeren Laubproduktion des lichteren Bestandes empfehlen sich in Beständen, in denen Streu genutzt wird, die stärkeren Durchforstungsgrade.

Um auf dem Boden eine humose, lockere obere Schicht zu erhalten und ihn für die natürliche Verjüngung vorzubereiten, muß die Streuentnahme wenigstens 10—15 Jahre vorher eingestellt werden. Sollen ihm Nährstoffe durch die verweste Streu zugeführt werden, so muß die Nutzung 3 Jahre unterbleiben, da die Verwesung in der Regel 2 ½ Jahre dauert.

9. Die Gewinnung der Aststreu (Schneitelstreu, Grasstreu, Hackstreu, Schnattstreu) von stehenden Bäumen ist im Mittel-, namentlich

aber im Hochgebirge, seit langer Zeit üblich. Neuerdings findet sie in der Nähe der großen Städte zur Lieferung von Reisig zu Dekorationszwecken, bei Badeorten zur Herstellung von Fichten- und Föhrennadelbädern statt.

Daß der Zuwachs durch die Entnahme grüner Äste geschädigt werden muß, kann nicht bestritten werden. Durch die Wegnahme der unteren und damit längeren Äste des Nadelholzes tritt eine Lichtstellung der Bestände ein. Durch diese wird die Erzeugung von Aststreu gesteigert.

In den eigentlichen Streuwaldungen (Schnatt-, Grasstreuwaldungen in Österreich) muß die höchste Beastung angestrebt werden, die etwa im 50. Jahre das Maximum erreicht. Die Krone sollte wenigstens noch 1—3 m lang sein. Aus den Alpen wird aber berichtet, daß Bäume, denen nur wenige Quirle belassen wurden, 150—200 Jahre alt werden und immer noch einigen Zuwachs zeigen.

§ 350. **2. Der Betrieb im Jagdrevier und im Wildgarten.**

1. Wo die Jagd und die Hege des Wildes in den Vordergrund tritt, muß im ganzen Betriebe die Jagd berücksichtigt werden. Es gibt Fälle, in denen die jagdlichen Interessen die forstwirtschaftlichen Gesichtspunkte in den Hintergrund drängen[1]).

2. Die Ernährung des Wildes macht die Anlage von Grasplätzen, Wiesen für süßes Gras und Wildäckern zum Anbau des Winterfutters, wie Rüben etc., nötig. Durch lichtere Stellung der Bestände wird der Graswuchs begünstigt.

Die Anzucht von Eichen, Buchen, Roßkastanien, wilden Obstbäumen liefert Wildfutter, das aufbewahrt und während des Winters verwendet werden kann.

Die Weide für Vieh oder der Verkauf von Gras, die Abgabe von Heide- und Heidelbeersträuchern wird eingeschränkt oder ganz aufgehoben.

Salweiden, Aspen etc., die sich im Bestande ansiedeln, werden nicht durch Reinigungshiebe entfernt, sondern in strengen Wintern zur Fütterung des Wildes gefällt.

3. Um dem Wilde Deckung zu gewähren, werden dichte junge Bestände erzogen. Die Durchforstungen werden spät und in schwachem Grade ausgeführt. Der sich einstellende Unterstand jeder Art wird erhalten.

4. Der Schaden, den das Wild durch Abäsen, Fegen, Zertreten und Schälen anrichtet, muß auf das mindeste Maß herabgesetzt werden.

---

[1]) Ihrig, Supplemente Forst- und J.-Zeitung. Supplement I, 3, 157. 1870, 338. Neumeister.

Das Höhenwachstum muß gefördert, daher in Verjüngungsschlägen frühzeitig und stark gelichtet werden. Zählebige Holzarten mit kräftiger Ausschlagfähigkeit werden in Mischung angezogen. Junge Bestände werden durch Eingatterung, einzelne Pflanzen durch Pfähle geschützt. Die Pflanzung und Verwendung großer, kräftiger Pflanzen ist der Saat vorzuziehen.

Rauhe Rinde schützt einigermaßen gegen das Schälen des Hochwildes; daher werden die Bestände dicht gehalten und nach Erstarken der Stämme und der Bildung rauher Rinde durchforstet.

§ 351. 3. Der Betrieb im Kriege.

1. Die Erfahrungen während des Krieges 1914—18 rechtfertigen es, den Betrieb im Kriege besonders zu besprechen. Ältere Schriftsteller, wie Carlowitz in Sachsen und Zanthier am Harz, auch solche aus der Pfalz, gedenken ebenfalls des Kriegs und heben die Verwüstung, d. h. das Niederlegen der alten Bestände der Wälder hervor.

So außerordentliche Folgen für die Waldwirtschaft, wie in der neuesten Zeit, sind für den Wald nie hervorgetreten.

Der plötzlich aufgetretene, ungemein große Bedarf des Heeres an Hölzern der verschiedensten Art, insbesondere an Laubholz, mußte mit Sicherheit in kürzester Zeit gedeckt werden. Die Anforderungen an die Holzarten und Holzsorten wechselten sehr rasch, je nachdem günstige oder ungünstige Erfahrungen bei ihrem Gebrauch gemacht worden waren.

Die Fällung und die Beifuhr des Holzes konnte oft nicht mit der nötigen Raschheit vorgenommen werden, weil es an Arbeitskräften und Zugtieren fehlte. So kam es, daß das Holz ohne Rücksicht auf Alter und Hiebsreife an Orten gefällt wurde, von denen der Transport erleichtert war, die in der Nähe von Eisenbahnen, Wegen, Wasserstraßen, bei Sägmühlen etc. gelegen waren. Es wurden Kahlhiebe eingelegt, weil die Arbeiten rascher vor sich gingen als bei Durchforstungs- und Plenterhieben.

Die hohen Preise gaben zu starken Einschlägen, namentlich in Privatwaldungen, Anlaß, so daß lokal Übernutzungen vorkamen. Im großen ganzen ist aber der Einschlag wegen des Mangels an Arbeitskräften hinter demjenigen der Friedensjahre eher zurückgeblieben.

Zu dem hohen Bedarf an Nutzholz kam die gesteigerte Nachfrage nach Brennholz, da die Versorgung der Bevölkerung mit Steinkohlen teils aus Mangel an Arbeitern, teils aus Mangel an Eisenbahnwagen sehr zurückgegangen war. Die Brennholzpreise stiegen auf das Dreifache; Holz jeder Art, gleichgültig ob Laub- oder Nadelholz, ob Brenn- oder Nutzholz, wurde zu den höchsten Preisen gekauft.

Die großen Kahlschläge führten zu kahlen Flächen, die wegen Mangels an Arbeitern, an Samen und Pflanzen zunächst unangebaut bleiben mußten.

2. Zu dem Bedarfe des Heeres kam der Verbrauch der für die Kriegführung wichtigen Industrie hinzu: Holz für die Steinkohlenbergwerke, Zellstoff als Ersatz für Baumwolle, Holz für die Verkohlung und die Gewinnung verschiedener Nebenprodukte, für Eisenbahnschwellen und Eisenbahnwagen, für Flugzeuge, Gewehrschäfte, für Fässer, Schuhsohlen etc.

3. Neben dem Bedarf an Holz hat die Ernährung des Viehs und der Pferde des Heeres die Gewinnung von Gras, Streu und Laubheu in größtem Umfange nötig gemacht. Die Harznutzung, die seit 60 Jahren eingestellt war, mußte wieder eingeführt werden. Die Bucheckern-, Beeren- und Pilzernte wurde zur menschlichen Ernährung in ausgiebigster Weise benutzt. Kurz alle die Nutzungen, von denen uns die Bücher um 1800 berichten, sind wieder aufgenommen worden.

4. Der Wald ist seiner ursprünglichen Bestimmung wiedergegeben worden: er diente zur Befriedigung der verschiedensten menschlichen Bedürfnisse.

Soll, was angestrebt zu werden scheint, das Land von der Einfuhr aus dem Nachbarlande unabhängig werden, so muß der eigene Wald die für den Bedarf nötigen Produkte liefern. Die Einfuhrländer (§ 10) werden ihre ganze Wirtschaft umgestalten müssen, um den Bedarf zu decken. Es wird die Rohstofferzeugung aus dem Walde gesteigert werden müssen.

Welche Wege hiebei einzuschlagen sind, ergibt sich aus den bisherigen Ausführungen über den Anbau verschiedener Holzarten, Durchforstungen, Lichtungsbetrieb, Plenterwirtschaft.

§ 352.

X. Die Verbindung der Betriebsarten.

1. Jede Betriebsart hat ihre Eigentümlichkeiten und ist an gewisse äußere Verhältnisse gebunden.

Je mehr die natürlichen und ökonomischen Zustände wechseln, um so notwendiger ist es, daß der Betrieb ihnen angepaßt wird.

Daraus ergibt sich, daß bald die eine, bald die andere Betriebsart vorherrscht, bald mehrere oder alle Betriebsarten gleichzeitig und auf kleiner Fläche angewendet werden.

2. Nach der Statistik der Betriebsarten für das Deutsche Reich (§ 24) wäre der Hochwald die auf 78,5 % der gesamten Waldfläche herrschende Betriebsart; auf Niederwald würden 6,8, auf Mittelwald 5,0, auf Plenterwald 9,7 % entfallen.

Aus den bei den einzelnen Betriebsarten aufgeführten Formen ist ersichtlich, daß weder der Hochwald, noch der Nieder-, Mittel- und Plenterwald einheitliche Betriebsarten sind, daß vielmehr je nach den natürlichen Verhältnissen und wirtschaftlichen Zwecken die reine Betriebsart abgeändert, d. h. mehr oder weniger anderen Betriebsarten genähert wird. So kommt es, daß selbst bei kleinem Besitze tatsächlich mehrere Betriebsarten vereinigt sind. Ein Gang durch den Wald wird dies zeigen.

3. Am Flusse, am Bache, an einzelnen Gräben, an Wasserflächen werden Stockausschläge teils mit, teils ohne Oberholz erzogen. Am steilen Flußufer, an felsigen, steilen Hängen in der obersten Waldgrenze muß für stete Bestockung gesorgt werden. Diese Flächen können so unbedeutend sein, daß eine Ausscheidung der Fläche nach kaum durchzuführen ist. So wird die ganze Fläche dem Hochwald zugerechnet.

Im Hochwalde selbst ist kein gleichmäßiger Betrieb vorhanden; mittelwald- oder plenterwaldartige Bilder wechseln mit den geschlossenen Beständen des reinen Hochwaldes.

Je mannigfaltiger die Verhältnisse sind, je weniger die Wirtschaft durch die Schablone gebunden ist, um so häufiger treffen wir Abweichungen in der wirtschaftlichen Behandlung. Diese entsteht eben dadurch, daß bald der eine, bald der andere Gedanke aus einer anderen Betriebsart Anwendung findet. Das gruppenweise angeordnete Oberholz ergibt hochwaldartigen Mittelwald. Überhaltbetrieb im Hochwalde ist der Lichtstand des Oberholzes im Mittelwalde oder des Oberbestandes im Plenterwald. Der unterbaute Hochwaldbestand gleicht dem Mittelwalde. Der Mittel- und Unterbestand im Plenterwalde wird im hochwaldartigen Schluß erzogen. Im Niederwalde werden die stärkeren Stämme herausgehauen, es entsteht der geplenterte Niederwald.

§ 353. XI. Die Betriebsarten in ökonomischer Beziehung.

1. Das Ziel der Wirtschaft muß als gegeben betrachtet werden. Der Betrieb oder die Betriebsart ist das technische Verfahren, durch welches das Ziel erreicht werden soll. Wenn die Statistik ausschlaggebend wäre, so müßte der Hochwald als die weitaus geeignetste Betriebsart bezeichnet werden. Es hat sich aber oben ergeben, daß unter Hochwald sehr verschiedenartige Betriebsformen zusammengefaßt werden. Aber auch wenn die statistischen Zahlen zutreffend wären, würde eine vergleichende Betrachtung der Betriebsarten sich als notwendig erweisen.

Bei dieser Gegenüberstellung ist nicht zu vergessen, daß manche Eigentümlichkeiten der Betriebsarten mehr mit der Holzart als mit der Betriebsart als solcher zusammenhängen. Alle Holzarten kommen sowohl im Hoch-, wie im Mittel- und Plenterwald vor. Nur der Niederwald ist, mit Ausnahme der Legföhre, auf das Laubholz beschränkt.

2. Über den Holzertrag verschiedener Betriebsarten liegen aus Baden Durchschnittsergebnisse aus der praktischen Wirtschaft vor.

Aus nachstehender Zusammenstellung geht der Ertrag an Derbholz und Reisig von 1 ha hervor:

Jahr	Domänenwald: Hochwald		Gemeindewald: Hochwald	
	Hochwald	Mittel u. Niederwald	Hochwald	Mittel- u. Niederwald
	Fm	Fm	Fm	Fm
1907	6,50	4,93	5,97	5,47
1908	6,43	5,56	5,91	5,21
1909	7,05	6,08	5,97	5,43
1910	7,58	6,02	6,54	5,60
1911	7,56	5,77	6,79	5,62
1912 .	7,20	5,45	6,88	5,62
1913	6,83	4,75	6,44	5,42
1914	6,72	5,09	6,42	5,40

Nach diesen Zahlen wäre der Unterschied zwischen Hoch- bezw. Mittel- und Niederwald ganz gering. Allein die meisten Mittel- und Niederwaldungen stocken in der Rheinebene oder in den Vorbergen des Schwarzwaldes, auf klimatisch und agronomisch günstigem Standorte, der in der Hauptsache der I. und II. Bonität angehört. Der Hochwald dagegen schließt auch die geringeren und geringsten Standorte ein. Hoch- und Mittelwald auf demselben Standorte unmittelbar nebeneinandergelegen, können selten und nur in den einzelnen Revieren gefunden werden. Wo im Mittelwalde nur Laubholz im Oberholze sich findet, kann der Mittelwald nur mit dem Laubholzhochwald verglichen werden.

Bei dem Mangel an sonstigen Nachweisen können die badischen Zahlen wenigstens als Anhaltspunkt dienen.

Für den Ertrag an bestimmten Sortimenten, ebenso für die Gelderträge fehlen die Nachweise aus der praktischen Verwaltung.

3. Die Sicherheit des Ertrags ist im Hochwald durch Sturm, Schneedruck, auch Insekten und Feuer mehr gefährdet, als im Mittel- und Plenterwalde. Insbesondere sind die bei Kalamitäten verschonten Reste im Mittel- und Plenterwalde leichter zu erhalten als im Hochwalde.

4. Die Größe des auf dem Stocke stehenden Holzvorrates ist im Hoch-, Mittel- und Plenterwalde nicht sehr verschieden. Der Vorrat für letzteren wird vielfach zu 300—350, selbst 400 Fm angegeben. Auf 100 ha sind also 30—40 000 Fm vorhanden, eine Summe, die im Hochwalde nur auf der I. Bonität und nur von Fichte und Tanne übertroffen wird.

5. Die Erhaltung eines Vorrats von altem Holze, die Aufspeicherung von Reserven ist im Hoch- und Plenterwalde leicht durchzuführen, während sie im Mittelwalde eher eine Grenze findet.

6. Die Vollkommenheit der Bestockung wird im Hochwalde, zumal im Nadelholz-Hochwalde, durch die Lücken im Bestande vermindert;

im Mittel- und Plenterwalde sind diese bei der Ungleichalterigkeit des Bestandes ohne Bedeutung.

7. Der Plenterwald ist in allen Höhenlagen, auf allen Bodenarten anwendbar, während der Mittel- und auch der Hochwald nur auf gutem Standorte möglich ist und der Hochwald auf geringem Standort die gleichmäßige Entwickelung verliert, sich licht stellt und dadurch einen plenterwaldartigen Charakter annimmt.

8. Die Kulturkosten sind im Hochwalde im allgemeinen höher als bei den anderen Betriebsarten.

9. Im schlagweisen Hochwalde werden die Wege an vielen Stellen nur über die kurze Dauer des Abtriebsschlages benützt, um dann unter Umständen 30—50 Jahre unbenützt zu bleiben. Im Mittel- und Plenterwalde, auch im Niederwalde, ist eine dauernde Benützung des ganzen Wegenetzes die Regel.

10. Die Bewirtschaftung des Mittel- und insbesondere des Plenterwaldes ist weit schwieriger und zeitraubender als die des Nieder- und Hochwaldes, weil an die Stelle der Bestandeswirtschaft die Baumwirtschaft tritt.

11. Für eine intensive Wirtschaft ist die Freiheit und Beweglichkeit des Betriebes eine Hauptforderung. Die Verlegung der jährlichen Schläge an verschiedene Orte, der langsamere oder raschere Gang der Verjüngung, die Ausdehnung oder Einschränkung der Haupt- und der Zwischennutzung, die Änderung der Wirtschaft bei Überwiegen oder dem Ausfall einzelner Altersklassen oder Größeklassen, die Erhöhung oder Einschränkung der Hiebe, je nach dem Bedarf und Absatz und den Anforderungen des Etats, die Befriedigung plötzlich auftretenden hohen Bedarfs und die Zurückstellung der Hiebe bei Mangel an Nachfrage, die Abnutzung von Vorratsüberschüssen und die Einsparung bei Mangel an haubarem Holze, auch die Zurückstellung zur Starkholzzucht, die Freiheit der Wirtschaft in unregelmäßigen Beständen, im großen und kleinen Besitz, im großen Komplexe und im parzellierten Wäldchen, im Staats-, Gemeinde- und Privatwalde, die Möglichkeit der sogen. Nebennutzungen, die Leichtigkeit, eingetretene Störungen auszugleichen — ist im Hochwalde sehr erschwert durch die Einteilung in Hiebszüge, die Einhaltung der Hiebsfolge, die Abnutzung nach der Fläche.

Die Wirtschaft muß aus dem Zwang der Betriebsarten befreit werden. Die Betriebsart darf nicht die Wirtschaft einengen, diese muß vielmehr aus dem Wirtschaftszweck und dem bestehenden Waldzustand sich ergeben, gleichgültig ob sie der einen oder anderen Betriebsart sich angliedern läßt oder eine Zwischenform darstellt.

Die größte Beweglichkeit gewährt der Plenterwald, die geringste der Hochwald, zumal dort, wo schablonenhafte und einförmige Wirtschaftspläne die Freiheit des Betriebs einschränken.

§ 354.

XII. Die Umwandlung der Betriebsarten.

1. Es sind zwei Fälle zu unterscheiden. Die Umwandlung kann entweder nur auf kleiner Fläche erfolgen, während auf der übrigen Fläche die bisherige Betriebsart beibehalten wird, oder sie erstreckt sich auf die gesamte Fläche des Besitzes. Die Durchführung ist im letzteren Falle schwieriger, weil die jährliche Nutzung eine erhebliche Änderung, in vielen Fällen eine Verminderung für die Gegenwart mit sich bringt.

2. Solche Umwandlungen nur kleiner Flächen geschehen leicht und oft unmerklich. Unter dem Unterholz des Mittelwaldes siedelt sich die Weißtanne an. Das Oberholz des Mittelwaldes schließt sich. Der Hochwald ist durchlöchert und eine Verjüngung in allen Stadien stellt sich ein. Der Plenterwald steht sehr dicht und schließt sich. Das Oberholz über den Stockausschlägen wird vollständig abgeschlagen. Beim Abtrieb des Hochwaldes werden zahlreiche Stämme übergehalten. Die Verjüngung ist in diesen Fällen meistens leicht herbeizuführen.

3. Bei der Umwandlung des Betriebs auf größeren Flächen oder auf dem ganzen Besitze muß ein Plan entworfen werden. In der Regel ändert sich die Holzart, die Umtriebszeit und die Nutzungsgröße. Bei der häufigsten Art der Umwandlung, derjenigen des Mittelwaldes in Hochwald, muß z. B. statt des 25 jährigen Unterholzes 80 jähriges Holz erzogen werden. Damit ist ein Nutzungsausfall für die Gegenwart verbunden, der durch Anzucht rasch wachsender und ertragreicher Holzarten, durch die Durchforstungen ausgeglichen werden muß.

4. Die Umwandlung kann fast nie auf einmal vollzogen werden. Es bilden sich vielmehr in der Regel mehrere Zwischenstufen und Übergangsformen aus: ungleichalterige Teile wechseln mit gleichalterigen, natürlich verjüngte Stellen mit Saat- und Pflanzhorsten; einzelne stärkere Stämme stehen im Jungwuchs etc.

5. Als Grundsatz muß festgehalten werden, abgängige, auch zuwachsarme Stämme stets zu entfernen, wüchsige und gutgeformte dagegen noch längere Zeit zu belassen, die natürliche Verjüngung zu begünstigen, unbestockte Stellen alsbald durch Saat und Pflanzung zu ergänzen, überhaupt den Zuwachs auf der ganzen Fläche zu steigern.

Die stärkeren Durchforstungsgrade (C-, D-Grad), der Lichtwuchsbetrieb kommen in den vorhandenen Beständen zur Anwendung.

Zur künstlichen Verjüngung werden Föhren und Lärchen, Eichen, Eschen, Ahorn, Ulmen, Erlen wegen ihres raschen Wachstums gewählt.

Die Einteilung der ganzen Fläche in 3 Teile, von denen bei 75 jähriger Umwandlungszeit jeder die Fläche für 25 Jahre umfaßt, läßt die Dringlichkeit der einzelnen Hiebe leichter bestimmen.

Daraus ergibt sich eine fast auf jeder Stelle des Bestandes verschiedene Wirtschaft, die Ney nicht unpassend die Wirtschaft der kleinsten Fläche genannt hat.

Nachhiebe und Samenschläge sind die wichtigsten Hiebe im alten Holze. Durchforstungen in den jüngeren, Reinigungshiebe in den jüngsten Altersklassen

6. Die ausgedehntesten Umwandlungen brachte das Verlassen der Mittelwald- und der Plenterwirtschaft. An ihre Stelle sollte der Hochwald treten.

Nachdem der strenge Hochwald durch die verschiedenen Formen an Wichtigkeit verloren hat, hat auch die Frage der Umwandlungen an Bedeutung verloren.

IV. Teil.

Zur Geschichte der Wissenschaft und Praxis des Waldbaues.

§ 355. Zur Geschichte der waldbaulichen Wissenschaft und der waldbaulichen Lehre.

I. Chronologisches Literaturverzeichnis.

1742. Zinke, G. H. Allgem. ökonom. Lexikon. [2] 1820.
1744. Krezschmers, P. Ökonom. Vorschläge das Holz zu vermehren. Halle.
1746. Döbel, H. W. Jäger-Praktika. Leipzig.
1749. Scharmer, Ch. K. Conservation der alten u. Anlegung neuer Holzung. Frankfurt und Leipzig.
1752. Sylvander. Natur u. Fortpflanzung der wilden Bäume. Wolfenbüttel.
1753. Beckmann, J. G. Anweisung zu einer pflegl. Forstwiss. Chemnitz.
Kurzer Unterricht der wilden Baumzucht. Frankfurt und Leipzig.
1756. Beckmann, J. G. Versuche u. Erfahrungen v. d. Holzsaat. [2] 1813. Leipzig.
Büchting, J. J. Entwurf der Jägerei. Halle.
Müller, J. L. Wie dem Brennholzmangel abzuhelfen. Rostock u. Leipzig.
1757. Geutebrück, C. A. Anweisung zum Anbau des Holzes. Erfurt.
Moser, W. G. Grundsätze d. Forst-Ökonomie. Frankfurt u. Leipzig.
1759. Großkopf. Forst- und Jagd-Lexikon. Langensalza.
1760. Buchenblock, v. Auszug aus Beckmanns Holzsaat.
1761. Berlepsch, K. F. v. Leitfaden für Hieb und Kultur.
Kühn, J. M. Anweisung zur Holzkultur. [2] 1764. Nürnberg.
1762. Büchting, J. J. Wirtschaftl. Verwaltung der Waldungen. Halle.
Hirsch, J. C. Wie der Holzwuchs zu befördern. Ansbach.
Jacobi, E. G. Art, die Eichbäume zu säen u. zu pflanzen. Halle.
Lengefeld, Ch. v. Die auf dem Thüring. Walde bekannten Nadelhölzer Tanne, Fichte, Kienbaum. Nürnberg.

1763. Duhamel du Monceau. Von der Holzsaat und Pflanzung der Waldbäume, Übersetzt durch Oelhafen v. Schöllenbach. Nürnberg.
Ott, J. J. Dendrologia Europae mediae Saat-Pflanzungen. Zürich.
1764. Hagers, J. W. F. Unterricht von dem Waldbau. Kopenhagen.
Käpler, M. Ch. Anleitung zur Verbesserung des Forstwesens. Eisenach.
Kühn, J. M. Konservation des Holzes. Nürnberg.
Oettelt. K. Ch. Beweis, daß die Mathesis beim Forstwesen unentbehrliche Dienste tue. Arnstadt.
Pelée de Saint-Maurice. Die Kunst, italien. Pappelb. aufzuzieh. Leipzig.
Wald-, Forst- und Jägerei-Lexikon. Altstadt Prag.
1765. Anleit. f. Landleute zur Ausstockg. u. Anpflanz. der Wälder. Zürich.
Büchting, J. J. Über Beckmanns Schrift von der Holzsaat. Halle.
Grotens, K. G. Entwurf der Forstwissenschaft. Chemnitz.
Huberti, J. C. Von dem allgem. Holzmangel. Frankfurt. Leipzig.
Weyland, G. C. Vom Jagd- und Forstwesen. Frankfurt.
1766. Beckmann, J. G. Forstkalender. Leipzig.
Cramer, J. A. C. Anleitung zum Forstwesen. Braunschweig.
Duhamel du Monceau. Von Fällung der Wälder. Übersetzt von C. Ch. Oelhafen v. Schöllenbach. 1. Teil 1766, 2. Teil 1767. Nürnberg.
Reinhard, M. W. Abhandlung von dem Baum Akazie. Karlsruhe.
1768. Anleit. z. Forstbau zum Gebrauche d. Landw. in der Schweiz. Bern.
1768/75. Brocke, H. Ch. v. Wahre Gründe d. physik. u.exper. allg. Forstw. Leipz.
1769. Beckmann, J. Grundsätze d. teutschen Landwirtsch. Göttingen, Gotha.
Schwabe, J. St. Vorschläge zur Holzverm. und zum Holzbau. Hamburg.
1770. Beckmann, J. G. Über Büchtings Beurteilung d. Werkes v. d. Holzs. Leipz.
1771. Gujot. Forsthandbuch. Aus dem Französischen. Nürnberg.
1772. Lasperg. Forstkalender. Leipzig.
Onomatologia forestalis, Forst-, Fisch- und Jagd-Lexikon. Frankf., Leipzig.
Du Roi, D. Ph. J. Die Harbekesche wilde Baumzucht teils nordamerik., teils einheimischer Bäume. Braunschweig.
1774. Brocke, H. Ch. v. Abhandlung, wie das Wachstum der Forsten beschleunigt werden kann. Berlin.
Germani Philoparchi. Kluger Forst- und Jagdbeamte. Nürnberg.
Gleditsch, J. G. Einleit. in die neuere Forstwissenschaft. Berlin.
1775. Anleitung zur Pflanzung und Wartung des Holzes. Zürich.
Käpler, M. Ch. Beste Abholzungszeit. Meiningen.
Wedel, G. M. L. v. Beurteilung der Schrift des Hr. v. Brocke von Vermehrung des Wachstums. Breslau.
Weiß, F. W. Forstbotanik. Göttingen.
1776. Beneckendorf, C. F. v. Abhandlung von Baumschulen. Berlin.
Dieskau, C. H. J. E. v. Versetzen der Bäume in Wäldern. Leipzig.
Franzmadhes, J. M. J. A. Gegenstände des Forstwesens. 1. Teil. Erfurt.
Hesse, W. G. Holzanbau. Gotha.
Pietsch, J. G. Erziehung und Anpflanzung der Kastanienbäume. Halle.
Suckow, L. J. D. Einleitung in die Forstwissenschaft. Jena.
1777. Brocke, H. Ch v. Widerlegung der Beurteilung des Oberforstmeisters v. Wedel. Leipzig.
Hildebrandt, J. L. Mittel, den Wachstum der Bäume in den Forsten zu verbessern. Frankfurt.
Käpler, M. Ch. Gutachten, wie bei dem An-, Fort- und Ausgang eines Kiefernwaldes zu verfahren. Eisenach.

1778. Griesheim, L. W. v. Cameral. Grundsätze der prakt. Forstwiss. Leipzig.
Zanthier, H. D. v. Theoretisches und praktisches Forstwesen. Berlin.
1779. Käpler, M. Ch. Über a. Beckmannschen Schrift. v. d. Holzsaat. Leipzig.
1780. Hebemaschine zum Ausrotten der Stöcke in den Waldungen. Mannheim.
Kenntnisse, notw. u. Erläuterung. d. Forst- u. Jgdw. in Bayern. München.
Schöttle, J. G. A. Wirtschaftliche Behandlung der Nadelwaldungen.
1781. Jung, J. H. Lehrbuch der Forstwissenschaft. Mannheim.
Pfeiffer, J. F. v. Grundriß der Forstwissenschaft. Mannheim.
Planer, J. J. Holzanbau im Erfurtischen. Erfurt.
Wangenheim, F. A. J. v. Nordamerikanische Holz- und Buscharten mit Anwendung auf deutsche Forsten. Göttingen.
1783. Beneckendorf, C. F. v. Theoret. u. prakt. Anleit. z. neuer. Fortsw. Berl.
Burgsdorf, F. A. L. v. Versuch einer vollständ. Geschichte vorzüglicher Holzarten. Berlin.
Hennert, C. W. Beiträge zur Forstwissenschaft. Leipzig.
Ludwig, Ch. F. Die neuere wilde Baumzucht. Leipzig.
1785. Käpler, W. H. Forstkatechismus. Eisenach.
Vorschläge zur Verbesserung der Kiefern-Holzsaat von B. in P. Berlin.
1786. Brüel, F. Beste Art die Wälder anzupflanzen. München.
1787. Borowsky, G. H. Über die Anpflanzung ausländ. Holzarten. Berlin.
Burgsdorf, F. A. L. v. Anleitung zur sicheren Erziehung und Anpflanzung der einheimischen und fremden Holzarten. Berlin.
Walther, F. L. Handbuch der Forstwissenschaft. Ansbach.
Wangenheim F. A. J. v. Beitrag zur deutsch. Forstwissenschaft. Gött.
1788. Burgsdorf, F. A. L. v. Forsthandbuch. Berlin.
Däzel, G. A. Anleitung zur Forstwissenschaft. München.
Grünberger. Lehrbuch für die pfalzbaier. Förster. München.
Kunze, D. E. Anbau des Nadelholzes. Detmold.
Marshall. Die i. den Ver. Staaten v. Amerika wildwachs. Bäume. Leipz.
Wilke, G. W. C. v. Die i. deutsch. Wald. wildwachsenden Bäume. Halle.
1789. Jeitter, J. M. Handbuch der Forstwissenschaft. Tübingen.
Stoixner, L. v. Abhandlung von Wald- u. Fruchtbäumen. Nürnberg.
Trunk, J. J. Neues vollständiges Forstlehrbuch. Frankfurt.
Walther, F. L. Grundriß der Forstwissenschaft. Gießen.
1790. Anbau der vorzügl. in- und ausländischen Holzarten. Marburg.
Banger, C. Systemat. Forstkatechismus. Stuttgart.
Burgsdorf, F. A. L. v. Abhandlung vom ungesäumten ausgedehnten Anbau einiger i. d. Preuß. Staaten noch ungewöhnl. Holzarten. Berlin.
Nau, B. S. Anleitung zur deutschen Forstwissenschaft.
Ploucquet, D. Über den Holzmangel. Tübingen.
Sierstorpff, C. H. Üb. die i. d. Winter 1788—89 erfror. Bäume. Braunschw.
Walther, F. L. Die vorzügl. in- und ausländ. Holzarten. Leipzig.
— Grundsätze der Forstwissenschaft. Marburg.
Weitzenbeck, C. A. Bemerk. üb. den derm. Holzzust. i. Bayern. Regensb.
1791. Hartig, G. L. Anweisung zur Holzzucht für Förster. [2] 1796, [3] 1800. [4] 1804, [5] 1805, [6] 1808, [7] 1817. Marburg.
Hobe, J. W. v. Anweisung zur Holzkultur. Münster.
Körndörfer, J. P. Der praktische Forstmann. Nürnberg.
Müllenkampf, F. D. F. Vermischte Polizei- und Cameralgegenstände des prakt. Forst- und Jagdwesens. Mainz.
Oppel, F. W. Abteilung d. Gehölze in jährl. Gehaue. Freiburg, Dresden.
Reisigl, F. A. Über die Forstwirtschaft i. Fürstent. Salzburg. Salzburg.

1791. Scheppach, G. A. Verzeichnis der in Deutschland einheimischen und nord-amerik. wildwachsenden Holzarten. Dresden.

Spitz, A. C. Vorschläge zur Aussaat u. Anpflanzung solcher Holzarten, die durch einen geschwinden Wuchs sich auszeichnen. Erfurt.

Unterricht zum Holzanbau. Dresden.

Werneck, L. F. F. Anleitung zur Kenntnis der Holzpflanzungen. Frankf.

1792. Abriß von der Forstbewirtschaftung in den Preuß. Staaten. Leipzig.

Hennert, K. W. Bemerk. auf einer Reise nach Harbke. Berlin.

Medicus, F. K. Über die nordamerik. Bäume u. Sträucher. Mannheim.

Schmidt, F. Österreichische allgemeine Baumzucht. Wien.

Uslar, J. J. v. Forstwiss. Bemerk. auf einer Reise gesammelt. Braunschw.

1793. Mayer, J. A. Encyclopädie der Forstwissenschaft. Stuttgart.

Petri, A. Anleitung, nützl. Waldungen von allerlei Holzarten anzupflanzen. Frankfurt.

Ressel, J. Rettungsmittel bei Obst- und Waldbäumen, die im Winter d. Erfrieren ausgesetzt sind. Leipzig.

1794. Finger, W. Schnadeln und Köpfen der Bäume. Kassel.

Handbuch für Förster und Forstliebhaber. Düsseldorf.

Keyser. Wie ist dem so sehr einreiß. Holzmangel vorzubeugen und Holzkultur auf Leeden und wüsten Bergen zu erzielen. Erfurt.

Moser, H. C. Die Bewirtschaftung eines Waldreviers. Leipzig.

— Die wesentl. Kennzeichen d. deutsch. u. nordam. Holzart. Leipzig.

Uslar, J. J. v. Ist es vorteilhafter, gemischte Buchenwaldungen aus Baum- oder Schlagholz zu bewirtschaften? Göttingen.

Wiesenhaver, L. H. J. Forstflächen, Einteilung in jährl. proport. Schläge. Breslau.

1795. Du Roi, J. Ph. Die Harbkesche wilde Baumzucht teils amerik., teils einheimischer Sträucher u. Bäume. Braunschweig.

Führer. Anweisung zum Forstwesen. Hannover.

Witzleben, F. L. v. Behandlung der Rotbuchen, Hoch- oder Samenwaldungen. Leipzig.

1796. Fiedler, C. W. System. Handbuch der Forstwirtschaft. Eisenach.

Finger, W. Anlegung neuer Eichelgärten. Kassel.

Gotthard, J. Ch. Die Kultur des unechten Akazienbaumes. Mainz.

Handbuch für praktische Forst- und Jagdkunde. Leipzig.

Heß, G. G. Kultur der unechten Akazie. Prag.

Herwig, G. Handwörterbuch für Forst- und Waidmänner. Marburg.

Wie ist die Beschaffenheit der deutsch. Waldungen vorteilhaft und ihre Verstärkung durch Holzanbau von Nutzen? Göttingen.

Hoher Wert des unechten Akazienbaumes. Reutlingen.

Laurop, Ch. P. Über die Forstwirtschaft. Leipzig.

— Über den Anbau der Birke. Leipzig.

Medikus, F. K. Unechter Akazienbaum. Mannheim.

Sierstorpff, C. H. v. Über die forstmäßige Erziehung, Erhaltung und Benutzung d. vorzügl. inländ. Holzarten. Hannover.

Späth, J. L. Wachstumszunahme der Waldbäume. Nürnberg.

Thon, Ch. F. G. Handwörterbuch für Forst- und Waidmänner. Marburg.

Willdenow, C. L. Berlinische wilde Baumzucht. Berlin.

Wucherer, G. Ph. Patriot. Aufruf z. Anpflanz. d. Akazienbaumes. Tüb.

Würnitzer, F. S. Versuche über die Waldkultur. Pilsen.

1797. Anleitung, gründliche, zum Anbau des unechten Akazienbaumes. Nürnbg.

1797. Bemerkungen über die sächs. Forstwirtschaft u. Forstkultur. Von einem durch Sachsen reisenden Forstmann. Halle u. Leipzig.
Heldenberg. Der Förster. Nürnberg.
Höck, J. D. A. Erziehung des Lerchenbaumes. Nürnberg.
Wartung und Pflege der vorzügl. deutschen Holzarten. Erfurt.
Witzleben, F. L. v. Beiträge zur Holzkultur. Marburg.
1798. Anbauung der Birke. Nürnberg.
Finger, W. Abhandlung über Besamung und Anpflanzung der Laubbäume und Nadelhölzer. Leipzig.
Hartig, G. L. Beweis, daß durch die Anzucht der weißblühenden Akazie dem Holzmangel nicht abgeholfen werden kann. Marburg.
Hennert, C. W. Über den Raupenfraß und Windbruch in den K. preuß. Forsten 1791—94. Leipzig.
Jeitter, J. M. Anbau und Erhaltung der Saalweide. Stuttgart.
Käpler, M. Ch. Anbau und Benutzung eines Kiefernwaldes. Leipzig.
Kramer, O. E. Forstkatechismus. Göttingen.
Laurop, C. P. Gedanken über den Holzmangel, insbesondere Brennholzmangel in Schleswig-Holstein. Altona.
Leonhardi, F. G. Erziehung und Fortpflanzung der Pappeln. Leipzig.
Medikus, F. K. Unechter Akazienbaum. Düsseldorf.
Pfitzenmeyer, E. F. Holzpflanzung. Stuttgart.
Sandhoff, C. H. Anbau geschwindwachs. Laub- u. Nadelhölz. Meißen.
Sauerbrunn, K. G. H. Forstrügen. Mannheim.
Späth, J. L. Über die forstl. Zuwachs- u. Gehau-Bestimmung. Ulm.
1799. Finger, W. Über Stock- und Stamm-Reisschläge. Leipzig.
Seckendorf, Ch. A. v. Forstrügen. Halle u. Leipzig.
Seutter, J. G. v. Wachstum, Bewirtschaftung und Behandlung der Buchwaldungen. Ulm.
Seyler, A. Anbau des unechten Akazien- und des Bohnenbaums. Ulm.
Zanthier, H. D. v. Abhandlungen über das theoret. und praktische Forstwesen. Herausgegeben von C. W. Hennert, Berlin.
1800. Borkhausen, M. B. Handbuch der Forstbotanik. Gießen.
Burgsdorf, F. A. L. v. Dendrologie. Berlin.
Lindenthal, L. W. Forstw. Versuche über die Kiefernsaaten. Frankfurt.
Meißner, C. H. Anbau u. Cultivierung der vorzüglichsten Laub- und Nadelhölzer. Leipzig.
Nicol, W. Anpflanzung der Waldbäume. Berlin.
Reiter, J. D. Abbild. von 100 deutsch. Holzarten. Stuttgart.
Resch, F. A. v. Der Bohnenbaum. Erfurt.
Rückert. Anbau und Nutzen der Akazie. Wien.
Schmidt, J. A. Künstl. Holzzucht durch Anpflanzung. Wien.
Seckendorf, Ch. A. v. Von besserer Behandlung der Kopfweiden. Leipzig.
— Über die höchste Benutzung der Birke. Leipzig.
Wilckens, H. D. Anfangsgründe der natürl. Holzzucht. Braunschweig.
— Die forstmänn. Lehre von dem Örtlichen. Braunschweig.
1801. Drais, F. H. G. v. Abhandlung vom Lärchenbaum. Ulm.
Göbel, Ch. C. Anleitg., dem Mangel d. Holzes zu steuern u. dessen Vermehrung zu befördern. Leipzig.
Horget, W. B. Beiträge zur Abwendung des Holzmangels. Hadamar.
Sarauw, G. Bewirtschaftung buchener Hochwaldungen. Göttingen.
Späth, J. L. Handbuch der Forstwissenschaft. Nürnberg.
Wagner, Ch. u. Hebig, G. J. C. Botanisches Forsthandbuch. Gießen.

1802. A—Z. Freimütige Gedanken über Holzmangel, Holzpreise, Holzersparnis, und Holzanbau. Göttingen.

Dieskau, v. Regelmäß. Bewirtsch. d. Privatwald., deren Betr. u. Kultur. Koburg.

Laurop, Ch. P. Briefe eines in Deutschland reisenden Forstmannes. Tübingen und Kopenhagen.

Medikus, F. K. Die in den Jahren 1800—1802 geführten Schläge i. d. kurfürstl. Akazienanlage zu Mannheim. Leipzig.

Medikus, L. W. Forsthandbuch. Stuttgart.

Michaux, A. Geschichte der nordamerik. Eichen. Stuttgart.

Müller, J. Anweisung, wie dem einreißenden Holzmangel zweckmäßig und zum Vorteil der Waldeigentümer abgeholfen werden kann. Hadamar.

Sarauw, G. Über die Holzsaat, besonders die Eichensaat. Kiel.

Slevogt, K. Vollkommene Bewirtschaftung der Waldungen i. Rücksicht auf ihre Kultur. Erlangen

Späth, J. L. Abhandlg. üb. die period. Durchforstungen oder über den regulären Plänterbetrieb i. uns. Hochwaldungen. Nürnberg.

Trunk, J. J. Die vorteilhafteste Art, Laubholzwaldungen anzubauen und zu bewirtschaften. Frankfurt.

Vorschlag z. Umschaffg. aller öd. Waldreviere in nutzb. Waldbestand. Kassel.

Wedell, W. Über Sturmschäden in Gebirgsforsten, ihre Ursachen u. Mittel zu ihrer Verminderung. Halle.

1803. Käpler, W. H. Holzkultur. Leipzig.

Scheurl, J. C. W. v. Forsthandbuch. Nürnberg.

Sponek, K. F. v. Anleitung z. Einsammlung, Aufbewahrung, Kenntnis u. Aussaat des Samens von den vorzügl. deutsch. Waldbäum. Karlsruhe.

1804. Becker, F. H. Über Kultur und künstl. Bildung d. Schiffbauh. Leipzig.

Biörn, S. Übersicht der vorteilhaftesten Behandlung u. Benutzung der preuß. Weidenarten. Danzig.

Führer, G. F. Behandlung der Holzungen. Lemgo.

Laurop, Ch. P. Grundsätze der natürl. u. künstl. Holzzucht. Hildburghaus.

Liebhaber, E. A. W. v. Über den Zuwachs der Waldungen. Helmstädt.

Mittel gegen den Mai- u. Spätfrost u. geg. die Maikäfer. Grätz.

Proff, H. v. Beförderung u. Verbess. d. Landes- u. Forstkultur. Düsseld.

Seutter, J. G. v. Allgem. Grundsätze d. Forstwissenschaft. Ulm.

Wachsbaum, der neue europäische, die schwarze Pappel, durch welche man ein zu Kerzenlichtern taugl. Wachs erhält. Grätz.

Wendt, G. F. K. Deutschlands Baumzucht. Eisenach.

Zschokke, H. Die Alpenwälder. Stuttgart.

1805. Grünberger, J. G. Forstwesen in Bayern. München.

Griesheim, L. W. v. Natürl. grundsätzl. Fortswirtschaft im Staate. Erfurt.

Pauly, J. H. Anweisung zur Benutzung v. Waldungen und einem vorteilh. Anbau in- und ausländischer Holzarten. Leipzig.

Weise, J. Ch. G. Kultur einiger dem Landwirte zum Anbau vorzügl. zu empfehlenden Holzarten. Rudolstadt.

1806. Grundsätze, verbesserte, der Baumzucht u. Forstkultur. Leipzig.

Zschokke, H. Der Gebirgsförster. Aarau.

1807. Abhandlung üb. den ökonom. Nutzen des wilden Kastanienbaums. Wien.

Biörn, S. Über die vorteilhafteste Behandlungsmethode bei Besamung und Bepflanzung der Kiefern. Danzig.

Drais, F. H. G. v. Lehrbuch der Forstwissenschaft. Gießen.

1807. Meyer, Ch. F. Abhandlung über die Waldhut in ökonomischer, forstw. und politischer Hinsicht. Koburg, Leipzig.
Seutter, J. G. v. Behandlung der Samen- und Baumschulen. Ulm.
1808—11. Hartig, F. K. Die Hoch- und Niederwaldbehandlung. Leipzig.
1808. Hartig, G. L. Lehrbuch für Förster. Stuttgart. [11] 1877.
Seutter, J. G. v. Handbuch der Forstwissenschaft. Ulm.
1810. Uslar, J. J. Über die Harzwaldungen u. Waldinsekten. Lüneburg.
Walberg, T. v. Über die Kultur u. Benutzg. des in- und ausländ. Ahornbaums zur Gewinng. d. Saftes z. Rohrzucker i. d. österr. Erbstaat. Wien.
1811. Friedel, J. Lehrbuch der natürl. u. künstl. Holzzucht. Erlangen.
Sponek, C. F. v. Anbau u. forstl. Behandlung des wein- und spitzblättrigen Ahorns. Ulm.
1812. Busch, J. W. Blicke in die Bewirtschaftung der Wälder. Offenbach.
Egerer, J. Ch. J. F. Theoret.-prakt. Forstwissenschaft. Frankfurt.
Hauchecorne, F. W. Forstbewirtschaftung. Berlin.
König, J. G. Die Forstpflege. Prag.
Schmidt, F. Anleitg. z. Erziehg. u. Vermehrung der Ahorne. Wien.
1813. Anleitung zur Kultur und Benutzung des Perückenbaums. Wien.
1814. Hartig, G. L. Instruktion, wonach die Holzkultur i. d. Kgl. Preuß. Forsten betrieben werden soll.
Werneck, L. F. F. Anleitung zur Ahornzucht. Marburg.
1815. Becker, H. F. Über die beste Art d. Pflanzens d. Bäume i. Verb. Rostock.
Martin, F. Kultur der vorzügl. deutsch. Holzbestände. München.
Pfeil, W. Kultur der Waldungen in Schlesien u. in den Marken. Marburg.
Sponek, Über unsere reinen deutschen Nadelhölzer. Marburg.
1816. Cotta, H. Anweisung zum Waldbau. Dresden u. Leipzig. [2] 1817; [3] 1821; [4] 1828; [5] 1835; [6] 1845 (von Aug. Cotta); [7] 1849 (von E. v. Berg); [8] 1856 (von v. Berg); [9] 1865 (von dessen Enkel Heinr. v. Cotta).
Hosemann, J. F. Pflanz. d. weich. oder geschw. wachs. Holzgatt. Mainz.
Kasthofer, K. Über d. Wälder u. Alpen d. Bern. Hochgebirges. Aarau.
Laurop, Ch. P. Hiebs- und Kulturlehre der Waldungen. Karlsruhe.
Pfeil, W. Über die Ursachen d. schlecht. Zustandes der Forsten. Züllichau und Freistadt.
1817. Anlegung, üb. Verbess. von Baumgärt. u. über Verbess. d. Forstk. Leipzig.
Laurop, W. Ch. P. Die künstl. Kultur der Waldungen. Karlsruhe.
Sponek, C. F. v. Über den Schwarzwald. Heidelberg.
1819. Biörn, S. Über die Erlen und deren Behandlung. Leipzig.
Cotta, H. Die Verbindung des Feldbaues mit dem Waldbau oder der Baumfeldwirtschaft. Dresden.
1820. Hundeshagen, J. Ch. Prüfg. d. Cottaischen Baumfeldwirtschaft. Tüb.
Jeitter, J. M. Handbuch der Forstwissenschaft. Stuttgart.
Papius, K. Die verschiedenen Betriebsarten der Holzwirtschaft. Aschaffbg.
Pfeil, W. Anleitung z. Behandlg., Benutzg. u. Schätzg. d. Forst. Züllichau.
Seutter, J. G. v. Hackwaldwirtschaft. Stuttgart.
1821. Guimpel, F. Abbildg. der fremd. in Deutschl. ausd. Holzart. Berlin.
Dippel, C. Abhandlung über ausländ. Holzarten, welche in Deutschland im Freien ausdauern u. reifen Samen bringen. Heidelberg.
Hoffmann, J. Der Turnus d. Forste u. d. Unter-Hauung d. Wäld. Meining.
Holzzucht, die praktische. Leipzig.
Hundeshagen, J. Ch. Encyklopädie der Forstwissenschaft. Tübingen.
— Hackwaldwirtschaft. Tübingen.
1821/22. Pfeil, W. Das forstl Verhalt. d. deutsch. Waldbäume u. ihre Erz. Berl.

1821. Schmidt, J. A. Erziehung der Waldungen. Wien.

1822. Bechstein, J. M. u. Laurop, C. P. Forst- u. Jagdwiss., Waldbau. Gotha.

Kasthofer, K. Bemerkungen auf einer Alpenreise Susten, Gotthard, Bernardin, Oberalp, Furka u. Grimsel. Aarau.

Krebs, Ch. G. Behandlg. der Erdrinde in Abs. auf Frucht- u. Holzerz. Dresd.

Papius, K. Natürliche Verhältnisse einer Holzwirtschaft. Aschaffenbg.

Thomas, J. K. Umschaffung aller öden und unfruchtbar gewordenen Waldreviere in nutzbaren Holzbestand. Kassel.

1823. Steinbeck, C. Forst-Kultur. Wien.

Thiersch, E. Üb. den Waldbau m. vorzügl. Rücks. auf d. Gebirgsf. Leipz.

1824. Fuchs, J. Lehrbuch, die Eiche zu erziehen. Wien.

Klotz, P. A. F. Bewirtschaftung u. Benutzg. der Forsten. Karlsruhe.

Pfeil, W. Behandlg. u. Schätzung des Mittelwaldes. Züllichau.

1825. Bönninghausen, C. v. Anlegung von Lohschlägen. Münster.

Pfeil, W. Bemerkungen zur besseren Kultur der Waldungen. Kassel.

Sponek, C. F. v. Über vermischte Wälder. Heidelberg.

1826. André, E. Vorzügl. Mittel, den Wäldern einen höh. Ertrag abzugew. Prag.

Arends, F. Abhandlg. v. Rasenbrennen u. dem Moorbrennen. Hannover.

Hartig, G. L. Kultur der Waldblößen. Berlin.

Klein, J. J. Handbuch für praktische Forstmänner. Frankfurt.

Papius, K. Der Holzwuchs in der Natur. Mainz.

1827. — Die Holzwirtschaft. Aschaffenburg.

1828. Kasthofer, K. Der Lehrer im Walde. Bern.

Könige, A. A. Von dem nachhaltigen Ertrag der Waldungen bei verschiedenen Betriebsarten. Heidelberg.

1829. Krause, C. G. R. Anleitg. zur Behandlg. des Mittelwaldes. Erfurt.

Lemcke, G. W. Über den Lerchenbaum. Hannover.

1830. Blauel, F. C. A. Über den Lerchenbaum nebst Anweis. z. Holzz. Ilmenau.

Höß, F. Morgenl. Erdgruben zur Aufbewahrung des Samens. Wien.

Hundeshagen, J. Ch. Die Waldweide und Waldstreu. Tübingen.

1831. Bühler, E. E. W. Die Versumpfung der Wälder. Tübingen.

Hartig, Th. Bildung und Befestigung der Dünen und über den Anbau der Landschollen mit Holz. Berlin.

Höß, F. Monographie der Schwarzföhre. Wien.

Pfeil, W. Die Forstwirtschaft nach rein prakt. Ansicht. Leipzig.

Zötl, G. Handbuch der Forstwirtschaft im Hochgebirge. Wien.

1832. André, E. Mittel, einfachste, den höchsten Ertrag und die Nachhaltigkeit ganz sicher zu stellen. Prag.

Reber, G. Handbuch des Waldbaues und der Waldbenutzung. Leipzig.

Löffelholz-Colberg, F. v. Holzanbau durch Pflanzung. Nürnberg.

Pannewitz, J. v. Anbau von Sandflächen im Binnenlande und auf den Stranddünen. Marienwerder.

Gall, K. v. Der Anbau der Weißerle. Gießen.

1833. Hartig, G. L. Gutachten über die Fragen: welche Holzarten belohnen den Anbau am reichlichsten. Berlin.

1834. Diebl, F. Die Feldbaumwirtschaft. Brünn.

Fintelmann, F. W. L. Verbindung der Landwirtschaft mit der Forstwirtschaft. Berlin.

Gwinner, W. H. Der Waldbau in kurzen Umrissen. Stuttgart. ^{2}1841; ^{3}1846; ^{4}1858 (von Dengler).

Liebich, Ch. Waldbau nach neuen Grundsätzen. Prag.

1834. Pernitzsch, H. G. Wie kann das Forstwesen i. Sachsen auf der Befördg. d. Gewerbe einwirk., nameutl durch d. Anbau v. Fabrikhölzern, Ahorn, Buchen? Leipzig.
1835. Feistmantel, R. Die Forstwissenschaft nach ihrem ganzen Umfange und mit besonderer Rücksicht auf die österr. Staaten. Wien.
Jäger, J. P. E. L. Der Hack- und Röderwald. Darmstadt.
1837. Hartig, G. L. Über die Behandlg. u. Kultur des Waldes. Berlin.
Lorentz, M. et Parade. A. Cours élémentaire de Culture des Bois. Nancy.
Paschwitz, J. R. v. Der Zuckerahorn. Erlangen.
1838. Behlen, St. Katechismus von dem Anbau der Hoch-, Nieder- und gemischt. Waldungen. Erfurt.
Hauenstein, G. Anweisung zur Dreipflanzg. und Anfertig. eines dazu pass. Furchenziehers u. einer Dreipflanzungs-Walze. Eisleben.
1839. Schulze, J. C. L. Die Wald-Erziehung. Leipzig.
1840. Bode, A. Handbuch zur Bewirtschaftung der Forsten. Mitau.
Hartig, Th. Naturgeschichte d. forstl. Kulturpfl. Deutschl. Berlin.
Klauprecht, J. L. Die Lehre vom Klima in land- u. forstw. Bez. Karlsr.
Reider, J. E. v. Das einzig richtige Prinzip d. Forstwirtschaft. Augsb.
1841. Fintelmann, G. A. Die Wildbaumzucht. Berlin.
Grabner, L. Walderziehung, Waldschutz und Polizei, Waldbenutzung. Wien. [2] 1854; [3] 1866 (von J. Wessely).
Häußler, C. F. Das forstliche Verhalten der wichtigsten deutschen Waldbäume. Stuttgart und Wildbad.
Schultes, G. F. Ch. Anleitg. zur landw. Holzz. u. Waldbenutzg. Gotha.
1842. Beil, A. Die Feldholzzucht in Belgien, England u. d. nördl. Frankr. Frkf.
Michaux, A. Die Eichen d. Ver. Staat. von Nordam. u. Canada. Wien.
Pannewitz, J. v. Anleitg. zur Anlage leb. Heck. od. Grünzäune. Breslau.
1843. Borchardt. Landwirtschaftl. Holzzucht. Berlin.
Lenz, A. F. Die Wild-Baumzucht oder Anzucht, Kultur und Benutzg. der in- u. ausländ. Holzpflanz. des freien Landes. Stuttgart.
Plock. Der Anbau der Robinie. Nordhausen.
1844. Berg, E. v. Das Verdrängen der Laubwälder im nördl. Deutschland durch die Fichte u. die Kiefer, in forstl. u. nationalök. Hins. beleucht. Darmst.
Liebich, Ch. Die Reformation des Waldbaues im Interesse des Ackerbaues, der Industrie und des Handels. Prag.
1845. Pannewitz, J. v. Kurze Anleitung zum künstl. Holzanbau. Breslau.
Sarauw. Nachtrag zu: Bewirtsch. buch. Hochwaldungen. Kopenhagen.
Uxkull-Gyllenband, K. O. v. Kurze Beschreibung der österr. Schwarzkiefer. Frankfurt.
1846. Kettner, W. F. v. Beiträge zur Nutzholzwirtschaft mit besonderer Rücksicht auf die Nadelhölzer. Frankfurt.
Nachtrab, F. W. v. Anleitung zu dem neuen Waldkultur-Verfahren d. Kgl. Preuß. Oberförsters Biermann. Wiesbaden.
Rudolph, J. F. Erfahrungen und Vorschläge über den Anbau einheim. Gewerb- und Fabrikhölzer. Leipzig.
Smalian, H. L. Buchenhochwaldbetrieb. Stralsund.
Uxkull-Gyllenband, K. O. v. Üb. d. Anleg. von Saat- u. Pflanzsch. Tüb.
1847. Beil, A. Forstwirtschaftl. Kulturwerkzeuge und Geräte. Frankfurt.
Du Breuil, M. A. Theoretische praktische Anleitung zur Baumzucht. Deutsch. von Alb. Dietrich. Berlin.
Frey, J. J. Schweizerische Forstwirtschaft zu Berg u. Tal. Winterthur.

1847. Hartig, Th. Vergleichende Untersuchungen über den Ertrag der Rotbuche im Hoch- u. Pflanzwalde, im Mittel- u. Niederwaldbetriebe. Berlin.

Heyer, C. Beiträge zur Forstwissenschaft. 2. Heft. Gießen.

Kasthofer, K. Unterricht i. d. Naturgesch. der nützl. einheim. Waldb., i. d. Schlagführg. z. Förd. der natürl. Wiederbesam. d. Wäld. Genf.

1848. Bochmann, F. F. E. Benutzg. der Roßkastanien u. Eichen nebst einer Anleitg. zur Anpflanzung dieser Bäume. Bautzen.

Frömbling, F. W. Der Waldanbau von den Alpen u. Gebirgen bis zu den Dünen am Strande der Meere. Potsdam.

— Die Waldfelder als Kulturmaßregel beim Anbau der Forstflächen. Potsd.

Gwinner, W. H. Praktische Anleitung für Ortsvorsteher u. Gutsbesitzer zur Holzzucht außerhalb des Waldes. Ellwangen.

Kannengießer, A. Ein Wort über Streu-Nutzung in den Mecklenb.-Strelitzschen Dominial-Forsten. Neustrelitz.

Zigenhorn, F. Kultur der Waldgründe mit Kiefern, Rottannen, Lerchen. Crefeld.

1849. Gerberverein, der Norddeutsche. Aufforderung an sämtl. deutsche Gerber zur Förderung der Eichenschälwaldungen im Großen. Hamburg.

König, G. Die Waldpflege aus der Natur und Erfahrung neu aufgefaßt. [2] 1859 (von Grebe); [3] 1875 (von Grebe). Gotha.

Nußbaumer, J. G. Anleitung zu Biermans Kulturverfahren. Pilsen.

Schmidt, J. H. Kultur der einheim. Bau- u. Nutzhölzer. Berlin.

1850. Jäger, J. Ph. E. L. Das Forstkulturwesen nach Theorie u. Erfahrung. [2] 1865; [3] 1874. Marburg.

Klipstein, Ph. E. v. Der Waldfeldbau mit besond. Rücksicht auf das Großherzogtum Hessen. Frankfurt.

Krause, G. C. A. Der Dünenbau auf den Ostsee-Küsten. Berlin.

Stumpf, C. Anleitg. zum Waldbau. [2] 1854; [3] 1863; [4] 1870. Aschaffenburg.

Müller, Eichenschälwaldungen. Berlin.

Walz, G. Über die Waldstreu. Stuttgart.

1851. Alemann, F. A. v. Über Forst-Kulturwesen. [2] 1861, Magdeb.; [3] 1884, Leipzig.

Massaloup, J. V. Anleitung zur Anlage v. Eichenschälwaldungen. Bresl.

1852. Hartig, Th. Naturgeschichte d. forstl. Kulturpflanzen Deutschlands. Berlin. [2] 1886.

Heyer, G. Das Verhalten der Waldbäume gegen Licht u. Schatt. Erlang.

Meyer, Ch. F. Die Behandlg. u. Benutzg. der mit Waldholz oder nicht mit Waldholz bestockten (öden) Grundflächen Deutschl. im Interesse der Forst- und Landwirtschaft. Nürnberg.

1853. Buttlar, R. v. Forstkultur-Verfahren. Kassel.

Trommer, C. Die Bonitierung des Bodens vermittelst wildwachsender Pflanzen. Greifswald.

Wessely, J. Die österr. Alpenländer und ihre Forste. Wien.

1854. (Bando u. v. Hagen). Anlage u. Bewirtschaft. v. Eichenschälw. Berlin.

Keel, J. J. Kurze Anleitung zur Behandlung der Wald. St. Gallen.

Liebich, Ch. Kompendium des Waldbaues. [2] 1866. Wien.

Roscher, W. Ein nat.-ök. Hauptprinzip d. Forstwissenschaft. Leipzig.

1855. Burckhardt, H. Säen u. Pflanzen. [2] 1858; [3] 1868; [4] 1870; [5] 1880; [6] 1893 (von A. Burckhardt). Hannover.

Holzzucht, die, außerhalb des Waldes zur landsch. Verschönerung Bayerns. Münch.

1855. Manteuffel, H. E. v. Die Hügelpflanzg. der Laub- und Nadelhölzer. [2] 1858; [3] 1865; [4] 1874. Leipzig.

Pannewitz, J. v. Der Anbau des Lärchenbaumes, der echten Kastanie u. der Akazie. Breslau.

1856. Dietlen, Ch. W. Sicherung eines Eichen-Vorrats und die angemessene Bewirtschaftungsweise. Gmünd.

Fintelmann, G. A. Über Nutzbaumpflanzung. Potsdam.

Fiscali, F. Deutschlands Forstkultur-Pflanzen. Wien.

Fischbach, C. v. Lehrbuch der Forstwissenschaft. Stuttgart.

Gottlieb, A. W. Die Sandebenen Ungarns u. ihre forstl. Kultur. Pest.

Grebe, C. F. A. Der Buchen-Hochwaldbetrieb. Eisenach.

Heyer, G. Lehrbuch der forstl. Bodenk. u. Klimatologie. Erlangen.

1857. Schulze, K. F. Anleitung zur Kultur der Waldblößen. Neurode.

1858. Fischbach, H. Über die Lockerung des Waldbodens. Stuttgart.

Frömbling, F. W. Die naturhistorischen und forstwirtschaftlichen Zustände der Dünen, insbesondere eine zeitgemäße Kultur ders. Stettin.

Preßler, M. R. Der rationelle Waldwirt und sein Waldbau d. höchsten Ertrags. Dresden.

1859. Liebich, Ch. Bodenstatik für Forst- u. Landwirtschaft. Wien.

— Der Maulbeerbaum als Waldbaum. Wien.

Lips, E. v. Die Schule des Waldbaues. Freysing.

1860. Pfeil, W. Die deutsche Holzzucht. Leipzig.

Reuter, F. Die Kultur der Eiche und der Weide in Verbindung mit Feldfrüchten zur Erhöhung des Ertrages der Wälder. Berlin.

1861. Bodungen, F. v. Über Moorwirtschaft und Fehnkolonien. Hannover.

Hohenstein, A. Die Eichenschälwirtschaft. Wien.

Micklitz, R. u. J. Micklitz. Behandlung der Grundsätze und Regeln des rationellen Waldwirts von H. R. Preßler. Höltzel.

Schübler, V. Die Holznot und die Mittel zu ihrer Beseitigung. Stuttgart.

1862. Anleitung zur Anlage, Pflege u. Benützung der Laub- u. Nadelholz-Saatbeete. Herausgeg. v. kgl. bayer. Minist.-Forstbureau. München.

Burckhardt, H. Über Eichenzucht. Hildesheim.

Holleben, B. v. Die Aufforstung verödeter Muschelkalkberge.

1863. Hanstein, H. Über die Bedeutung d. Waldstreu f. d. Wald. Darmstadt.

Knorr, E. A. Studien über die Buchenwirtschaft. Nordhausen.

1864. Alers, G. Das Aufästen der Waldbäume. Frankfurt.

Glauer, St. v. Anleitung z. Anlage, Behandlg. u. Nutzg. d. Eichenschälwälder. Berlin.

Krohn, Fraas u. Hanstein. Der Wert der Waldstreu für den Wald. Berlin.

1865. Braun, E. Der sogen. rationelle Waldwirt, insbes. die Lehre von der Abkürzung des Umtriebes der Wälder. Frankfurt.

Courval, V. de. Das Aufästen der Waldbäume. Aus dem Französischen von C. J. W. Höffler. Berlin.

Girard, H. Grundlagen der Bodenkunde für Land- und Forstwirte. Halle.

Hartig, R. Untersuchungen üb. den Wachstumsgang und Ertrag der Rotbuche u. Eiche im Spessart, der Rotbuche im östl. Wesergebirge, der Kiefer in Pommern u. der Weißtanne im Schwarzwalde. Stuttgart.

Koderle, J. K. Grundsätze der künstl. Düngung im Forstkulturw. Wien.

Löffelholz-Colberg, F. v. Über die Schüttekrankheit der Föhre. Berlin.

Preßler, M. R. Das Gesetz der Stammbildung u. dessen forstwirtsch. Bedeutung. Leipzig.

1865. Sintzel, J. Praktische Anleitung zum rationellen Holzbau in und außer dem Walde. Berlin.

Wolff, E. Die mittlere Zusammensetzung der Asche aller land- und forstwirtschaftl. wichtigen Stoffe. Stuttgart.

Württemberg. Grundsätze und Regeln für den Wirtschafts- und Kulturbetrieb. Stuttgart.

1866. Beck, O. Land- und volkswirtschaftl. Tagesfragen üb. Ent- und Bewässerungsanlagen für den Reg.-Bez. Trier. Trier.

Haag, H. Das Gesetz üb. die Bewässerungs- u. Entwässerungs-Unternehmungen zum Zwecke der Bodenkultur v. 28. 5. 1852. München.

Heiß, L. Die Waldstreufrage vom forsttechn. u. volkswirtsch. Standpunkte. Neustadt.

Landolt, E. Der Wald, seine Verjüng., Pflege u. Benutzg. Zürich.

1867. Lampe, R. Versuch, die Buchenwaldwirtschaft mit den Forderungen etc. der heut. Finanzrechng. in Einklang zu bringen. Leipzig.

Löhe, W. Die Urbarmachungen u. Verbesserungen des Bodens oder Anleitung, Waldheide u. Bruchboden urbar, unfruchtbaren Boden, sumpfige Wiesen etc. nutzbar zu machen. Hamburg.

Rörig, A. Die gemischten Holzbestände. Berlin.

Schumacher, W. Die Physik in ihrer Anwendung auf Agrikultur und Pflanzenphysiologie. Berlin.

Senft, F. Der Steinschutt und Erdboden nach Bildung etc. und nach Verhalten zum Pflanzenleben f. Land- u. Forstwirte. Berlin.

Strohecker, J. R. Die Hackwaldwirtschaft. München.

Vonhausen, W. Die Raubwirtschaft in den Waldungen. Frankfurt.

1868. Alers, G. Über das Aufästen der Nadelhölzer. Braunschweig.

Anleitung üb. das Verfahren beim Schneideln der Eiche in Pflanzkämpen, zur Förderung und Verbesserung ihres Wachstums. Blaubeuren.

Baur, F. Der Wald und seine Bodendecke. Stuttgart.

Des Cars, A. Das Aufästen der Bäume. Nach der 6. Orig.-Auflage ins Deutsche übertragen durch C. Haber. Köln.

Gerwig, F. Die Weißtanne im Schwarzwalde. Berlin.

Grunert, J. Th. Der Eichenschälwald im Reg.-Bez. Trier. Hannover.

Hartig, R. Die Rentabilität der Fichtennutzholz- u. Buchenbrennholzwirtschaft im Harze und im Wesergebirge. Stuttgart.

Prestel, M. A. F. Über das Moorbrennen in Ostfriesland. Göttingen.

Schulz, F. Deutschlands Nutz- und Zierpflanzen. 1. Bd. Deutschl. Wälder und Haine. Berlin.

Wicke, W. Die Haide. Göttingen.

1869. Hahn, M. Prakt. Anleitung zur Bewirtschaftung der Bauern-Waldungen. Prag.

Hartig, Th. Über den Gerbstoff der Eiche. Stuttgart.

Koch, K. Dendrologie, Bäume, Sträucher und Halbsträucher, welche in Mittel- und Nordeuropa im Freien kultiviert werden, kritisch beleuchtet. Erlangen.

Manteuffel, H. E. v. Die Eiche, deren Anzucht, Pflege und Abnutzung. Leipzig.

Neubrand, J. G. Die Gerbrinde mit besonderer Beziehung auf die Eichenschälwaldwirtschaft. Frankfurt.

Ney, E. Die natürl. Bestimmg. d. Waldes u. die Streunutzung. Dürkheim.

Rivoli, J. Über den Einfluß der Wälder auf die Temperatur der untersten Luftschichten. Posen.

1869. Schuster, H. A. Die Hauptlehr. d. rationell. Forstwissensch. Dresden.
1870. Anleitung, kurze, zur Zucht u. Pflege des Maulbeerbaumes. Leipzig.
Geyer, C. W. Die Erziehung der Eiche. Berlin.
Preßler, M. R. Forstl. Ertrags- u. Bonitierungstafeln. Leipzig.
Reuß, L. Die Lärchenkrankheit, Wesen, Ursache u. forstl. Bedeut. Hann.
Schütz, A. v. Die Pflege der Eiche. Berlin.
1871. Heyer, G. Handbuch der forstl. Statik. 1. Abt. Die Methoden der forstl. Rentabilitätsrechnung. Leipzig.
Nolde, v. Vorzüge der Plänterwirtschaft vor der Schlagwirtschaft in den russ. Nadelholz-Hochwaldungen. Berlin.
Reuning. Beiträge zur Frage über die naturgesetzl. und volkswirtschaftlichen Grundprinzipien des Waldbaues. Dresden.
Zeeb, H. Die Waldstreu-Frage. Stuttgart.
1872. Delius, A. Die Bewirtschaftung des geringen Sandbodens. Halle.
Nördlinger. Der Holzring. Stuttgart.
Oberdieck, J. G. C. Beobachtungen über das Erfrieren vieler Gewächse und namentlich unserer Obstbäume in kalten Wintern. Stuttgart.
Preßler, M. R. Die Hauptlehren des Forstbetriebs und seiner Einrichtung im Sinne eines techn. und volkswirtsch. rat. Reinertragswaldb. Leipzig.
Birnbaum, E. Üb. d. Moorbrennen u. d. Wege zu sein. Beseitig. Glogau.
1873. Burckhardt, H. Der Dampfpflug zur Forstkultur auf Heiden. Hannover.
Hanamann, J. 6 jährige Vegetations-Düngungsversuche. Prag.
Mühlen, F. v. Anleitung z. rat. Betrieb d. Aussatg. im Forsthaush. Stuttg.
Rost, B. Anlage v. Einfriedigungen als leb. Hecken, Wälle, Zäune, Gräben etc. Leipzig.
Scharnaggl, S. Die Forstwirtsch. i. österr. Küstenlande mit Rücksicht auf die Karstbewaldung. Wien.
1874. Mechow, L. Die Kultur u. Bewirtschaftung d. Kiefer-Forsten. Osterburg.
Ratzka, V. Das Aufasten der Waldbäume od. die gartenmäßige Behandlung der Forste. Pilsen.
Reuß, L. Entwässerung der Gebirgswaldungen. Prag.
Wiese, E. Ansichten über Bewirtschaftung der Privatforsten. Berlin.
1875. Borgesius, T. Urbarmachung u. Landbau in den Moorkolonien der Prov. Groningen. Aus dem Holl. übertr. von W. Peters. Osnabrück.
Borggreve, B. Heide und Wald. Berlin.
Noethlichs, J. B. Die Korbweiden-Kultur. Weimar.
Schmitt, A. Anlage und Pflege der Fichten-Pflanzschulen. Weinheim.
Uhlig, C. Die wirtschaftliche Bedeutung der Aufastung. Dresden.
Wagener, G. Gedrängte Darstellung der wichtigsten und bewährtesten Waldbau-Regeln. Berlin.
Willkomm, M. Forstliche Flora von Deutschl. u. Österreich. Leipzig.
1876. Bodungen, F. v. Die Verwandlungen der öden Gründe.
Ebermayer, E. Die gesamte Lehre der Waldstreu. Berlin.
Emeis, C. Waldbauliche Forschungen u. Betrachtungen. Berlin.
Fribolin, F. Der Eichenschälwaldbetrieb. Stuttgart.
1877. Baur, F. Die Fichte in Bezug auf Ertrag, Zuwachs u. Form. Stuttgart.
Booth, J. Die Douglas-Fichte und einige andere Nadelhölzer, namentlich aus dem nordwestl. Amerika. Berlin.
Breitenlohner, J. Die Kultur der Korbweide. Prag.
1878. Fischer, R. Die Feldholzzucht. Berlin.
Gayer, K. Der Waldbau. [2] 1882; [3] 1889; [4] 1898. Berlin.

1878. Holzner, G. Die Beobachtungen üb. d. Schütte der Kiefer od. Föhre und die Winterfärbung immergrüner Gewächse. Freising.

Homburg, G. Th. Die Nutzholzwirtschaft im geregelten Hochwald-Überhaltbetriebe und ihre Praxis. Kassel.

Plänterwald, der und dessen Behandlung. Wien.

1879. Krahe, J. A. Lehrbuch der rationellen Korbweidenkultur. Aachen.

Coaz, J. Die Kultur der Weide. Bern.

1880. Booth, J. Feststellung d. Anbauwürdigk. ausländ. Waldbäume. Berlin.

Dreßler, E. Die Weißtanne auf dem Vogesensandstein. Straßburg.

Weise, W. Ertragstafeln für die Kiefer. Berlin.

1881. Baur, F. Die Rotbuche in Bezug auf Ertrag, Zuwachs u. Form. Berlin.

Bodungen, F. v. Die Aufforst. d. öd. Ebenen u. Berge Deutschl. Straßb.

Broillard, Ch. Le Traitement des Bois en France. Paris.

Brünings, K. Der Anbau der Hochmoore. Berlin.

Seckendorff, A. v. Beiträge zur Kenntnis der Schwarzföhre. Wien.

1882. Booth, J. Die Naturalisation ausländ. Waldbäume in Deutschl. Berlin.

Fürst, H. Die Pflanzenzucht im Walde. [2] 1888; [3] 1897; [4] 1907. Berlin.

Noël, A. Essai sur les repeuplements artificiels et la restauration des vides et clairières de forêts. Paris.

1883. Böhm, A. Welche Bahnen wären einzuschlagen und welche Industrie ins Leben zu rufen, um unsere geringen Walderträge zu erhöhen? Czernow.

Kaiser, O. Beiträge zur Pflege der Bodenwirtschaft. Berlin.

Kahl. Der Buchenhochwald auf dem Vogesen-Sandstein in Bannstein. Berlin.

Schröder, J. v. u. Reuß, C. Die Beschädigung der Vegetation durch Rauch und die Oberharzer Hüttenrauchschäden. Berlin.

1884. Alers, G. Der Frost in seiner Einwirkung auf die Waldbäume der nördl. gemäßigten Zone. Wien.

Heimburg, E. v. Zur Frage d. Beforstg. von Sand- u. Moorfläch. Oldenb.

Kraft, G. Zur Lehre von den Durchforstungen, Schlagstellungen und Lichtungshieben. Hannover.

Lorey, T. Ertragstafeln für die Weißtanne. [2] 1896. Frankfurt.

Resch, jr., L. Die Kultur der Band- und Flechtweiden als höchster Ertrag des Bodens. Meerane.

Schulzen, F. M. Korbweiden-Kultur. Trier.

Tichy, A. Die Forsteinrichtung in Eigenregie des auf eine möglichst naturgesetzliche Waldbehandlung bedachten Wirtschafters. Berlin.

Wagener, G. Der Waldbau und seine Fortbildung. Stuttgart.

1885. Borggreve, B. Die Holzzucht. Berlin. [2] 1891.

Fürst, H. Plänterwald oder schlagweiser Hochwald. Berlin.

Guttenberg, A. Die Wachstumsgesetze des Waldes. Wien.

Kraft, G. Beiträge zur forstlichen Zuwachsrechnung. Hannover.

Ney, C. E. Die Lehre vom Waldbau für Anfänger in der Praxis. Berlin.

Salisch, H. Forstästhetik. Berlin.

Schulze, R. Die Korbweide, ihre Kultur, Pflege u. Benutzung. Breslau.

Trübswetter. Bedeutung des Vorwuchses. Dresden.

Urff, C. Über Forstkulturen. Berlin.

1886. Brecher, G. Aus dem Auen-Mittelwalde. Berlin.

Gayer, K. Der gemischte Wald, seine Begründung und Pflege, insbesondere durch Horst- und Gruppenwirtschaft. Berlin.

Heß, R. Eigenschaften und Verhalten der wichtigsten in Deutschland vorkommenden Holzarten. [2] 1895; [3] 1905; Berlin.

1886. König, A. Über den Lichtungszuwachs, insbes. d. Buche. Langensalza.
Mathys, U. Bestimmg. d. Umtriebszeit u. des Haubarkeitsalters der Bestände. Davos.
1887. Jäger, L. Über die Kosten d. künstl. Bestandesgründung. Tübingen.
Riniker, J. Der Zuwachsgang in Fichten- und Buchenbeständen unter dem Einfluß von Lichtungshieben. Davos.
Tragau, K. Die Korbweidenkultur. Prag.
1888. Brinkmeier, E. Anleitg. zur Anzucht u. Kultur d. Korbweiden. Ilmenau.
Hartig, R. u. R. Weber. Das Holz der Rotbuche. Berlin.
Kőzešnik, M. Die neue Pflanzungs-Methode im Walde. Wien.
Schuberg, K. Aus deutschen Forsten. (Die Weißtanne.) Tübingen.
Schumacher, H. Die Buchennutzholz-Verwertung in Preußen. Berlin.
Wanger, K. L. Der Lichtungshieb und dessen Einfluß auf Pflege und Verjüngung der Bestände. Davos.
Weise, W. Leitfaden für den Waldbau. [2] 1894; [3] 1903; [4] 1911. Berlin.
1889. Jäger, L. Vom Mittelwald zum Hochwald. Frankfurt.
Kraft, G. Beiträge zur Durchforstungs- u. Lichtungsfrage. Hannover.
Quaet-Faslem, G. Die Bepflanzung von Chausseen, Landstraßen und Gemeindewegen mit Waldbäumen. Hannover.
Quensell, C. G. L. Ratgeber bei Anpflanzungen nutzbarer Bäume im einzelnen, in Gruppen, Alleen, kleineren Forstanlagen und Parks. Dresden.
Schwappach, A. Wachstum u. Ertrag normaler Kiefernbestände i. d. norddeutschen Tiefebene. Berlin.
Speidel, E. Waldbauliche Forschungen in württ. Fichtenbeständen. Tüb.
1890. Bentheim, O. v. Wie sind reine Buchenhochwaldungen zu bewirtschaften? Leipzig.
Klette, O. Darlegung einfacher Grundsätze für den Privatwaldbetrieb in Sachsen unt. bes. Berücksichtigung des Kleinbesitzes. Dresden.
Kőzešnik, M. Mahnruf dem Forstkultivator. Wien.
Ramann, E. Die Waldstreu und ihre Bedeutung f. Bod. u. Wald. Berlin.
Schirmer, H. Das Wachstum der Laubhölzer auf dem Vogesensandstein der Pfalz. Neustadt.
Schwappach, A. Wachstum und Ertrag norm. Fichtenbestände. Berlin.
1891. Behringer, M. Über den Einfluß wirtsch. Maßregeln auf Zuwachsverhältnisse od. Rentabilität der Waldwirtschaft. Berlin.
Hausrath, H. Beitrag zur Geschichte der natürl. Verjüngung der Schirmschlagform. Langensalza.
Kast, K. Die horst- und gruppenweise Verjüngung im k. b. Forstamte Siegsdorf. München.
Tichý, A. Der qualifizierte Plenterbetrieb. München.
1892. Elsaß-Lothringen. Wirtschaftsregeln für die mit Tannen bestockten oder auf Tanne zu bewirtschaftenden Waldungen der elsaß-lothr. Vogesen und des Jura. Straßburg.
Perona, V. Economia forestale. Firenze.
Ramm, S. Die Frage der Anwendbarkeit von Düngung im forstlichen Betriebe. Stuttgart.
1893. Böhm, C. Über Aufforstungen. Prag.
Homburg, G. Th. Vergleichsberechnung der Rentabilität der beiden Betriebsarten: I. der Nutzholzwirtschaft im Hochwald-Überhaltbetriebe u. II. des gleichalter. Buchen-Hochw. im rein. Bestande. Hann.
Reuß, C. Rauchbeschädigung etc. Goslar.

1893. Schwappach, A. Wachstum und Ertrag normaler Rotbuchenbestände. Berlin.
Speidel, E. Beiträge zu den Wuchsgesetzen des Hochwaldes und zur Durchforstungslehre. Tübingen.
1894. Martin, H. Die Folgerg. der Bodenreinertragstheorie. 3 Bde. 1894—99. Leipzig.
Reitzenstein, A. v. Betrachtungen üb. d. Rentabilität der Waldungen. Bamberg.
Schuberg, K. Aus deutschen Forsten. (Die Rotbuche). Tübingen.
1895. Borggreve, B. Waldschäden im oberschlesischen Industriebezirk nach ihrer Entstehung durch Hüttenrauch. Frankfurt.
Foerster, F. v. Korbweidenkultur. Berlin.
Gayer, K. Über den Femelschlagbetrieb u. seine Ausgestaltung in Bayern. Berlin.
Kautzsch, Beiträge z. Frage d. Weißtannenwirtschaft. Leipzig.
Schroeder, J. v. Üb. die Beschädigung der Vegetation durch Rauch. e. Beleuchtg. der Borggreve'schen Theorien u. Anschauungen über Rauchschäden. Freiberg.
1896. Booth, J. Die nordamerik. Holzarten u. ihre Gegner. Berlin.
Hamm, J. Der Ausschlagwald. Berlin.
Hempel, G. u. Wilhelm, K. Die Bäume u. Sträucher ds. Waldes in botan. u. forstwi. Beziehung. Wien.
Jösting, H. Die Bedeutg., Verwüstg. u. Wiederbegründg. d. Waldes. Lennep.
Reuß, C. Rauchbeschädigg. i. dem gräfl. v. Tiele-Winckler'schen Forstrevier Myslowitz-Kattowitz. Goslar.
Schenk, C. A. Die Rentabilität d. deutsch. Eichenschälwaldes, Darmst.
Schneider, F. Untersuchungen üb. den Zuwachsgang u. den anat. Bau der Esche. München.
Schwappach, A. Neuere Untersuch. üb. Wachstum u. Ertrag norm. Kiefernbestände i. d. norddeutschen Tiefebene. Berlin.
1897. Büsgen, M. Bau und Leben unserer Waldbäume. [2] 1917. Jena.
Goeschke, O. Die rationelle Korbweidenkultur. Bern.
Kottmeier, H. Die Aufforstg. d. Öd- u. Ackerländereien. Neudamm.
Kutsch. Die Stellg. d. Buchen-Hochwaldes im deutschen Nationalvermögen. Gießen.
Schmid, A. Die Anpflanzg. u. Behandlg. d. Korb- u. Bandweiden. Stuttg.
Schüz, E. Wachstum u. Ertrag d. Rotbuche i. Großh. Hessen. Gießen.
Tubeuf, K. v. Die Nadelhölzer m. besond. Berücksichtigung der in Europa winterharten Arten. Stuttgart.
Urich, Dänische und deutsche Buchenhochwaldwirtschaft. Gießen.
Wimmenauer, K. Die Hauptergebnisse 10-jähr. forstl. phänol. Beobachtung in Deutschland, 1885—1894. Berlin.
1898. Alten, P. v. Die Einbürgerg. fremd. Baumarten i. Deutschland. Wiesb.
Goll, W. Die Karstaufforstung in Krain. Bamberg.
Grieb, R. Das europ. Ödland, seine Bedeutg. u. Kultur. Frankfurt.
Közešnik, M. Die Bestandespflege mittelst. d. Lichtg. nach Stammzahltafeln u. ein Vorschlag z. Benützg. einer Normal-Lichtgstafel. Wien.
Schuberg, K. Zur Betriebsstatistik i. Mittelwalde. Berlin.
Spitzenberg, G. K. Die Spitzenberg'schen Kulturgeräte. Berlin.
Thiele, P. Über d. Rentabilität der Fichten- u. Buchen- Hochwaldwirtschaft unt. besond. Berücksichtig. der Verhältnisse i. d. herzogl. Braunschwig. Staatsforsten. Braunschweig.

1898. Urff, C. Forstkulturen u. Behandlg. v. Forstbeständen. [2] 1906. Berlin.
1899. Boden, F. Die Lärche, ihr leichter u. sicherer Anbau in Mittel- u. Norddeutschland d. d. erfolgr. Behandlg. d. Lärchenkrebses. Hameln.
Fischbach, H. Der Wald und dessen Bewirtschaftung. [3] 1908 (von Wörnle). Stuttgart.
Jentsch, F. Der deutsche Eichenschälwald u. seine Zukunft. Berlin.
Lorey, T. Ertragstafeln für die Fichte. Frankfurt.
Padberg, A. v. Holzzucht a. mittl. u. kleinen Landgütern. Paderborn.
Schoepf, M. Kurze Regeln z. Erziehg. u. Bewirtschaftg. v. Privatwaldg. f. Landwirte, m. besond. Berücksichtg. d. bäuerl. Kleinwaldbesitze.. Neudamm.
Schwarz, F. Physiolog. Untersuchungen üb. Dickenwachstum u. Holzqualität von Pinus silvestris. Berlin.
Wolff-Lindenberg, J. v. Forstkulturen u. deren Arbeitsaufwand. Riga.
1900. Ebermayer, E. Einfluß d. Wälder auf d. Bodenfeuchtigkeit auf das Sickerwasser, auf d. Grundwasser, auf die Ergiebigkeit der Quellen. Stuttgart.
Gerhardt, P. Handbuch des deutschen Dünenbaus. Berlin.
Merkbuch, forstbotanisches. Nachweis der beachtenswerten u. zu schütz. urwüchs. Sträucher, Bäume u. Bestände im Königr. Preußen. 5 Hefte 1900—1907. Berlin.
Pucich, J. Die Karstbewaldg. im österr.-illyr. Küstenlande nach dem Stand zu Ende 1899. Triest.
Schollmayer, E. Der bäuerl. Kleinwaldbesitz. Seine Bedeutg., Bewirtschaftung u. Pflege. Wien.
Weeder, A. Der Bauernwald. Seine volkswirtsch. Bedeutg. u. rationellste Bewirtschaftung. Wels. [3] 1911. Linz.
1901. Boppe, L. u. Jolyet, A. Les Forêts. Paris.
Giersberg, F. Künstl. Düngung im forstl. Betriebe. Berlin.
Hufnagl, L. Die Buchenfrage i. der österr. Forstwirtschaft. Wien.
Laschke, C. Ökonomik des Durchforstungsbetriebes. Neudamm.
Reuß, H. Über die nachteiligen Einflüsse naturwidrig-mißhandelnder Pflanzmethoden auf die Bestandeszukunft m. spezieller Bezugnahme auf die Fichte. Wien.
Schwappach, A. Die Ergebnisse der in den preuß. Staatsforsten ausgeführten Anbauversuche mit fremdländ. Holzarten. Berlin.
Tubeuf, K. v. Die Schüttekrankheit d. Kiefer u. deren Bekämpfg. Berlin.
1902. Eichhorn, F. Ertragstafeln für die Weißtanne in Baden. Berlin.
Laschke, C. Geschichtliche Entwicklung d. Durchforstungsbetriebes in Wissenschaft u. Praxis bis zur Gründung der deutschen Versuchsanstalten. Neudamm.
Schneider, F. Die Bestockungsverhältnisse der Staatswaldungen des fränk. Jura. Berlin.
Schwappach, A. I. Untersuchungen üb. Zuwachs u. Form der Schwarzerle. II. Wachstum u. Ertrag normaler Fichten-Bestände in Preußen. Unter besond. Berücksichtigung d. Einflusses verschieden. wirtsch. Behandlungsweise. Neudamm.
1903. Booth, J. Die Einführg. ausl. Holzarten i. d. preuß. Staatsforsten. Berlin.
Dimitz, L. Über Naturschutz u. Pflege des Waldschönen. Wien.
Jankowsky, R. Die Begründung naturgem. Hochwaldbestände. [2] 1903. Haslach. [3] 1904. Berlin.
Schultze u. Pfeil. Die Aufforstung. Rathenow.

1903. Schüpfer, V. Die Entwicklung d. Durchforstungsbetriebs in Theorie u. Praxis seit der 2. Hälfte d. 18. Jahrh., dargestellt unter besond. Berücksichtigung der bayer. Verhältnisse. München.

1904. Dengler, A. Untersuchg. üb. die natürl. u. künstl. Verbreitungsgebiete einiger forstl. u. pflanzengeogr. wichtig. Holzarten. I. Die Horizontalverbreitung der Kiefer. Neudamm.

Dunkelbeck. Was der prakt. Forstmann von der Theorie der künstl. Düngung wissen muß. Hildesheim.

Ebermayer, E. u. Hartmann, O. Untersuchungen üb. den Einfluß d. Waldes auf den Grundwasserstand. Ein Beitrag z. Lösung der Wald- u. Wasserfrage. München.

Erdmann, F. Die Heideaufforstg. u. die weitere Behandlung der aus ihr hervorgegangenen Bestände. Berlin.

Graebner, P. Handbuch der Heidekultur. Leipzig.

Grundner, F. Untersuchungen im Buchenhochwald üb. Wachstumsgang u. Massenertrag in Braunschweig. Berlin.

Heck, K. R. Freie Durchforstung. Berlin.

Hemmann, Schutzholz, Treibholz, Füllholz. Köstritz.

Koześnik, M. Die Ästhetik im Walde, die Bedeutg. der Waldpflege u. die Folge der Waldvernichtung. Wien.

Martin, H. Die ökonom. Grundlagen der Forstwirtschaft. Berlin.

Pentz u. Borgmann. Die Gewinnung des Kiefernsamens in den preuß. Staatsforsten vom forsttechn. u. forstpolit. Standpunkte betr. Berlin.

Schwappach. A. Normalertragstafel f. d. Kiefer i. d. norddeutschen Tiefebene. Berlin.

1905. Borgmann, W. Grundzüge der Geschichte u. Wirtschaft d. königl. Oberförsterei Eberswalde. Berlin.

Hessen, Wirtschaftsgrundsätze f. d. der Staatsforstverwaltung unterstellten Waldungen d. Großh. Hessen. Darmstadt.

List, J. Über naturgem. Verjüngung d. Beskyden-Urwälder. Teschen.

Schubert, J. Wald u. Niederschlag i. Westpreußen u. Posen. Eberswalde.

Schwappach, A. Untersuchungen üb. d. Zuwachsleistungen v. Eichen-Hochwaldbeständen i. Preußen unter besond. Berücksichtigung ds. Einflusses verschied. wirtschaftl. Behandlungsweise. Neudamm.

1906. Böhmerle, E. Waldbaul. Studien üb. d. Nußbaum u. d. Edelkastanie. Wien.

Felber, Th. Natur u. Kunst i. Walde. Vorschläge zur Verbing. d. Forstästhetik u. ration. Forstwirtschaft. Frauenfeld. [2] 1910.

Heering, W. Bäume u. Wälder Schleswig-Holsteins. Kiel.

Helbig, M. Über Düngung im forstlichen Betriebe. Neudamm.

Jentsch, F. Untersuchungen üb. d. Verhältnisse d. deutschen Eichenschälwaldbetriebes. Berlin.

Mayr, H. Fremdländische Wald- u. Parkbäume f. Europa. Berlin.

Metzger, Dänische Geräte z. Bodenbearbeitg. i. Buchensamenschl. Berlin.

Wegener, Ratschläge f. den Anbau v. Laub- u. Nadelholz. Neudamm.

1907. Erdmann, F. Die nordwestdeutsche Heide in forstl. Beziehg. Berlin.

Hausrath, H. Der deutsche Wald. Leipzig.

Junack, C. Die Dürre d. Sommers 1904 i. deutsch. Walde. Neudamm.

Michaelis. Gute Bestandespflege mit Starkholzzucht, eine der wichtigsten Aufgaben unserer Zeit. Neudamm.

— Wie bringt Durchforsten die größere Stärke u. Wertzunahme des Holzes. Nebst der Bramwalder Anleitung zum Auszeichnen der Durchforstung im Herrschenden. Neudamm.

1907. Müller. Kampsaaten, ihre Gefahren u. deren Vorbeug., insbesond. für die Kiefer. Neudamm.
Neger, F. W. Die Nadelhölzer. Leipzig.
Reuß, H. Die forstliche Bestandesgründung. Berlin.
Wagner, M. Pflanzenphysiologische Studien im Walde. Berlin.
Wagner, Ch. Die Grundlagen der räumlichen Ordnung im Walde. Tübingen. [2] 1911; [3] 1914.

1908. Buesgen, M. Der deutsche Wald. Leipzig.
Frömbling, C. Der Buchenhochwaldbetrieb. Berlin.
Jugowiz, R. A. Wald u. Weide in den Alpen. I. Einführ. Teil. Wien.
Junack, C. Durchforstung der Kiefer. [2] 1910. Neudamm.
Kerner, A. v. Der Wald u. d. Alpenwirtsch. i. Österr. u. Tirol. Berlin.
Klein, L. Bemerkenswerte Bäume im Großherz. Baden. Heidelberg.
Moeller, K. J. Die Aufforstg. landw. minderwertig. Bodens. Berlin.
Schwappach, A. Die Kiefer. Wirtsch. u. stat. Untersuchg. Neudamm.
Spitzenberg, G. K. Über Mißgestaltg. des Wurzelsystems der Kiefer und über Kulturmethoden. Neudamm.
Sting, J. Die Berasung u. Bebuschung d. Ödlandes i. Gebirge. Graz.
Zederbauer, E. Variationsrichtungen der Nadelhölzer. Wien.

1909. Beissner, L. Handbuch der Nadelholzkunde. Berlin.
Mayr, H. Waldbau auf naturgesetzlicher Grundlage. Berlin.
Rikki, M. Die Arve in der Schweiz. Zürich.
Vanselow, K. Die ökonom. Entwicklung der bayer. Spessartstaatswaldungen 1814—1905. Leipzig.
Weiß, J. Allgem. Waldbestandestafeln nach R. Feistmantel. Für Eiche, Buche, Tanne, Fichte, Lärche, Weiß- u. Schwarzföhre. Wien.
Wimmer, E. Anbauversuche mit fremdländ. Holzarten in den Waldungen des Großherz. Badens. Berlin.
Bühler, A. Untersuchungen üb. d. Bildung v. Waldhumus. Stuttgart.

1910. Dittmar, Der Waldbau. Neudamm.
Marek, R. Waldgrenzstudien i. den österr. Alpen. Gotha.

1911. Herrmann, Die Bedeutung der Samenprovenienzfrage. Berlin.
Jentsch, J. Fruchtwechsel in der Forstwirtschaft. Berlin.
Kubelka, A. Die intensive Bewirtschaftg. d. Hochgebirgsforste. Wien.
Ramm, S. Die waldbaul. Zukunft d. württ. Schwarzwaldes. Tübingen.
Schwappach, A. Die Rotbuche. Neudamm.

1912. Gayer, E. Sortiments- u. Wertzuwachsuntersuchungen an Tannen- u. Fichtenstämmen (in Baden). Karlsruhe.
Glaser, Th. Die Berechnung des Waldkapitals. Berlin.
Harsch, W. Die Kiefer des württ. Schwarzwaldes. Tübingen.
Hiltl. Die Kleinwaldwirtschaft in Kärnten. Rastenfeld.
Kautz, H. Schutzwald. Forst- u. wasserwirtsch. Gedanken. Berlin.
Rubbia, K. 25 Jahre Karstaufforstung in Krain. Bamberg.
Späth, H. L. Der Johannistrieb. Berlin.
Wagner, Ch. Der Blendersaumschlag u. sein System. Tübingen. [2] 1915.

1913. Hemmann. Durchforstungs- u. Lichtungstafeln. Nach den Normalertragstafeln d. Deutsch. Versuchsanstalten bearb. Berlin.
Kottmeier, H. Die Aufforstung der Öd- u. Ackerländereien. Neudamm.
Silva Tarouca, E. Unsere Freiland-Laubgehölze. Leipzig.

1914. Eckardt, W. R. u. Hauck, E. Deutschlands Holzgewächse m. besond. Berücksichtig. d. bei uns kultiv. Bäume u. Sträucher. Leipzig.
Kubelka, A. Die Ertragsregelg. i. Hochwalde a. waldbaul. Grundl. Wien.

1914. Neger, F. W. Die Laubhölzer. Berlin.
1915. Wimmer, E. Ertrags- u. Sortimentsuntersuchung. im Buchenhochwalde.
1916. Eberhard, J. Tafeln zur Bonitierung u. Ertragsbestimmung nach Mittelhöhe.
1917. Künkele, Th. Aufgaben d. deutsch. Forstwirtsch. nach dem Kriege. Straßburg.
1918. Braun v. u. Daade. Arbeitsziele der deutschen Landwirtschaft. Berlin.
Marchet, J. Die Holzversorgung im Kriege. Wien.

II. Alphabetisches Verzeichnis der waldbaulichen Autoren.

[1]) Die Ziffern hinter dem alphabetisch geordneten Namen bedeuten das Jahr der Herausgabe des Werkes und verweisen gleichzeitig auf das chronologische Literaturverzeichnis (§ 355 I.).

Hebemaschine 1780.
Hebig, G. J. C. u. Wagner, Ch. 1801.
Hennert, C. W. 1783.
Heck, K. R. 1904.
Heering, W. 1906.
Heimburg, E. v. 1884.
Heiss, L. 1866.
Helbig, M. 1906.
Heldenberg 1797.
Hemmann, 1904. 13.
Hempel, G. u. Wilhelm, K. 1896.
Hennert, K. W. 1792. 98.
Herget, W. B. 1801.
Herrmann, 1911.
Herwig, G. 1796.
Hess, G. G. 1796.
Hess, R. 1886.
Hesse, W. G. 1776.
Hessen 1905.
Heyer, C. 1847.
Heyer, G. 1852. 56. 71.
Hildebrand, J. L. 1777.
Hiltl, 1912.
Hirsch, J. C. 1762.
Hobe, J. W. v. 1791.
Höck, J. D. A. 1797.
Hoffmann, J. 1821.
Hohenstein, A. 1861.
Holleben, B. v. 1862.
Holzner, G. 1878.
Holzzucht 1821. 55.
Homburg, G. Th. 1878. 93.
Hosemann, J. F. 1816.
Höss, F. 1830. 31.
Huberti, J. C. 1765.
Hufnagl, L. 1901.
Hundeshagen, J. Ch. 1820. 21. 30.
Jacobi, E. G. 1762.
Jäger, J. P. E. L. 1835. 50.
Jäger, L. 1887. 89.
Jankowsky, R. 1903.
Jeitter, J. M. 1789. 98. 1820.
Jentsch, F. 1899. 1906.
Jentsch, J. 1911.
Jolyet, A. u. Boppe, L. 1901.
Jösting, H. 1896.
Jugoviz, R. A. 1908.
Junack, C. 1907. 08.
Jung, J. H. 1781.
Kahl 1883.
Kaiser, O. 1883.
Kannengiesser, A. 1848.
Käpler, M. Ch. 1764. 75. 77. 79. 98.
Käpler, W. H. 1785. 1803.
Kast, K. 1891.
Kasthofer, K. 1818. 22. 28. 47.
Kautz, H. 1912.
Kautzsch 1895.
Keel, J. J. 1854.
Kenntnisse 1780.
Kerner, A. v. 1908.
Kettner, W. F. v. 1846.
Keyser 1794.
Klauprecht, J. L. 1840.
Klein, J. J. 1826.
Klein, L. 1908.
Klette, O. 1890.
Klipstein, Ph. E. v. 1850.
Klotz, P. A. F. 1824.
Knorr, E. A. 1863.
Koch, K. 1869.
Koderle, J. K. 1865.
König, A. 1886.
König, J. G. 1812.
König, G. 1849.
Könige, A. A. 1828.
Körndörfer, J. P. 1791.
Kottmeier, H. 1897. 1913.
Kōzešnik, M. 1888. 90. 98. 1904.
Kraft, G. 1884. 85. 89.
Krahe, J. A. 1879.
Kramer, O. E. 1798.
Krause, C. G. R. 1829.
Krause, G. C. A. 1850.
Krebs, Ch. G. 1822.
Krezschmers, P. 1744.
Krohn, Fraas u. Hanstein 1864.
Kubelka, A. 1911. 14.
Kühn, J. M. 1761. 64.
Künkele, Th. 1917.
Kunze, D. E. 1788.
Kurzer Unterricht 1753.
Kutsch 1897.
Lampe, R. 1867.
Landolt, E. 1866.
Laschke, C. 1901. 02.
Lasperg, 1772.
Laurop, Ch. P. u. Bechstein, J. M. 1822.
Laurop, Ch. P. 1796. 98. 1802. 04. 16. 17.
Lemcke, G. W. 1829.
Lengefeld, Ch. v. 1762.
Lenz, A. F. 1843.
Leonhardi, F. G. 1798.
Liebhaber, E. A. W. v. 1804.

Liebich, Ch. 1834. 44. 54. 59.
Lindenthal, L. W. 1800.
Lips, E. v. 1859.
List, J. 1905.
Löffelholz-Colberg, F. 1832. 65.
Löhe, W. 1867.
Lorentz, M. et Parade, A. 1837.
Lorey, T. 1884. 99.
Ludwig, Ch. F. 1783.
Manteuffel, H. E. v. 1855. 69.
Marchet, J. 1918.
Marek, R. 1910.
Marshall, H. 1788.
Martin, F. 1815.
Martin, H. 1894. 1904.
Mathys, U. 1886.
Massaloup, J. V. 1851.
Mayer, J. A. 1793.
Mayr, H. 1906. 09.
Mechow, L. 1874.
Medicus, F. K. 1792. 96. 98. 1802.
Medicus, L. W. 1802.
Meissner, C. H. 1800.
Merkbuch, forstbotanisches 1900.
Metzger 1906.
Meyer, Ch. F. 1807. 52.
Michaelis, 1907.
Michaux, A. 1802. 42.
Miklitz, R. u. Micklitz, J. 1861.
Mittel gegen Mai- und Spätfröste 1804.
Moeller, K. J. 1908.
Moser, H. C. 1794.
Moser, W. G. 1757.
Mühlen, F. v. 1873.
Müllenkampf, F. D. F. 1791.
Müller, J. L. 1756.
Müller, J. 1802.
Müller 1850.
Müller 1907.
Nachtrab, F. W. v. 1846.
Nau, B. S. 1790.
Neger, F. W. 1907. 14.
Neubrand, J. G. 1869.
Ney, C. E. 1869. 85.
Nicol, W. 1800.
Noël, A. 1882.
Noethlichs, J. B. 1875.
Nolde, v. 1871.
Nördlinger 72.
Nußbaumer, J. G. 1849.
Oberdieck, J. G. C. 1872.
Öttelt, K. Ch. 1764.
Onomatologia forestalis 1772.
Oppel, F. W. 1791.
Ott, J. J. 1763.
Padberg, A. v. 1899.
Pannewitz, J. v. 1832. 42. 45. 55.
Papius, K. 1820. 22. 26. 27.
Parade, A. et Lorentz, M. 1837.
Paschwitz, J. R. v. 1837.
Pauly, J. H. 1805.
Peleê de Saint-Maurice. 1764.
Pentz u. Borgmann 1904.
Pernitzsch, H. G. 1834.
Perona, V. 1892.
Petri, A. 1793.
Pfeiffer, J. F. v. 1781.
Pfeil, W. 1815. 16. 20. 21—22. 24. 25. 31. 60.
Pfeil u. Schultze 1903.
Pfitzenmeyer, E. F. 1798.
Pietsch, J. G. 1776.
Planer, J. J. 1781.
Plänterwald u. dess. Behandlg. 1878.
Plock 1843.
Ploucquet, D. 1790.
Preßler, M. R. 1858. 70. 72.
Prestel, M. A. F. 1868.
Proff, H. v. 1804.
Pucich, J. 1900.
Quaet-Faslem, G. 1889.
Quensell, C. G. L. 1889.
Ramann, E. 1890.
Ramm, S. 1892. 1911.
Ratzka, V. 1874.
Reber, G. 1832.
Reider, J. E. v. 1840.
Reinhard, M. W. 1766.
Reisigl, F. A. 1791.
Reiter, J. D. 1800.
Reitzenstein, A. v. 1894.
Resch, F. A. v. 1800.
Resch, jr. L. 1884.
Ressel, J. 1793.
Rouning 1871.
Reuß, C. 1893. 96.
Reuß, C. u. Schroeder, J. v. 1883.
Reuß, H. 1901. 07.
Reuß, L. 1870. 74.
Reuter, F. 1860.
Rikli, M. 1909.
Riniker, J. 1887.
Rivoli, J. 1869.
Rörig, A. 1867.

Roscher, W. 1854.
Rost, B. 1873.
Rubbia, K. 1912.
Rückert 1800.
Rudolph, J. F. 1846.
Salisch, H. 1885.
Sandhoff, C. H. 1798.
Sarauw, G. 1801. 02. 45.
Sauerbrunn, K. G. H. 1798.
Scharmer, Ch. K. 1749.
Scharnaggl, S. 1873.
Schenk, C. A. 1896.
Scheppach, G. A. 1791.
Scheurl, J. Ch. W. v. 1803.
Schirmer, H. 1890.
Schmid, A. 1897.
Schmidt, F. 1792. 1812.
Schmidt, J. H. 1849.
Schmitt, A. 1875.
Schmitt, J. A. 1800. 21.
Schneider, F. 1896. 1902.
Schoepf, M. 1899.
Schollmeyer, E. 1900.
Schöttle, J. G. A. 1780.
Schroeder, J. v. u. Reuß, C. 1883.
Schroeder 1895.
Schuberg, K. 1888. 94. 98.
Schubert, J. 1905.
Schübler, V. 1861.
Schultes, G. F. Ch. 1841.
Schultze, J. C. L. 1839.
Schultze u. Pfeil 1903.
Schulz, F. 1868.
Schulze, K. F. 1857.
Schulze, R. 1885.
Schulzen, F. M. 1884.
Schumacher, H. 1888.
Schumacher, W. 1867.
Schüpfer, V. 1903.
Schuster, H. A. 1869.
Schütz, A. v. 1870.
Schüz, E. 1897.
Schwabe, J. St. 1769.
Schwappach, A. 1889. 90. 93. 96. 1901. 02. 04. 05. 08. 11.
Schwarz, F. 1899.
Seckendorf, Ch. A. v. 1799. 1800.
Seckendorff, A. v. 1881.
Senft, F. 1867.
Seutter, J. G. v. 1799. 1804. 07. 08. 20.
Seyler, A. 1799.
Sierstorpff, C. H. 1790. 96.
Silva Tarouca, E. 1913.
Sintzel, J. 1865.
Slevogt, K. 1802.
Smalian, H. L. 1846.
Späth, H. L. 1912.
Späth, J. L. 1796. 98. 1801. 02.
Speidel, E. 1889. 93.
Spitz, A. C. 1791.
Spitzenberg, G. K. 1898. 1908.
Sponek, K. F. v. 1803. 11. 15. 17. 25.
Steinbeck, C. 1823.
Stiny, J. 1908.
Stoïxner, L. v. 1789.
Strohecker, J. R. 1867.
Stumpf, C. 1850.
Suckow, L. J. D. 1776.
Sylvander 1752.
Thiele, P. 1898.
Thiersch, E. 1823.
Thomas, J. K. 1822.
Thon, Ch. F. G. 1796.
Tichy, A. 1884. 91.
Tragau, K. 1887.
Trommer, C. 1853.
Trübswetter 1885.
Trunk, J. J. 1789. 1802.
Tubeuf, K. v. 1897. 1901.
Uhlig, C. 1875.
Unterricht z. Holzanbau. 1791.
Urff, C. 1885. 98.
Urich 1897.
Uslar, J. J. v. 1792. 94. 1810.
Uxkull-Gyllenband, K. O. v. 1845. 46.
Vanselow, K. 1909.
Vonhausen, W. 1867.
Vorschlag 1802.
Vorschläge 1785.
Wachsbaum, europäischer 1804.
Wagener, G. 1875. 84.
Wagner, Ch. u. Hebig, G. J. C. 1801.
Wagner, Ch. 1907. 12.
Wagner, M. 1907.
Walberg, Th. v. 1810.
Wald-, Forst- u. Jägerei-Lexikon 1764.
Walther, F. L. 1787. 89. 90.
Walz, G. 1850.
Wangenheim, F. A. J. v. 1781. 87.
Wanger, K. P. 1888.
Wartung u. Pflege 1797.
Wedel, G. M. L. v. 1775.
Wedell, W. 1802.

Weeder, A. 1900.
Wegener, 1906.
Weise, J. Ch. G. 1805.
Weise, W. 1880. 88.
Weiß, F. W. 1775.
Weiß, J. 1909.
Weitzenbeck, G. A. 1790.
Wendt, G. F. K. 1804.
Werneck, L. F. F. 1791. 1814.
Wessely, J. 1853.
Weyland, G. C. v. 1765.
Wicke, W. 1868.
Wiese, E. 1874.
Wiesenhavern, L. H. J. 1794.
Wilke, G. W. C. v. 1788.
Wilkens, H. D. 1800.
Wilhelm, K. u. Hempel, G. 1896.
Willdenow, C. L. 1796.
Willkomm, M. 1873.
Wimmenauer, K. 1897.
Wimmer, E. 1909. 15.
Witzleben, F. L. v. 1795. 1797.
Wolff, E. 1865.
Wolff-Lindenberg, J. v. 1899.
Wucherer, G. Ph. 1796.
Würnitzer, F. S. 1796.
Württemberg, Grundsätze etc. 1865.
Zanthier, H. D. v. 1778. 1799.
Zederbauer, E. 1908.
Zeeb, H. 1871.
Zigenhorn, F. 1848.
Zinke, G. H. 1742.
Zötl, G. 1831.
Zschokke, H. 1804. 06.

Die ältesten Schriften waldbaulichen Inhalts von Isidorus und Rhabanus Maurus besprechen die einzelnen Holzarten. Ihre botanischen Eigentümlichkeiten, auch die Standortsansprüche werden kurz berührt. Endlich wird ihre Verwendung kurz besprochen.

Die Schriften des 13. und 14. Jahrhunderts von Albertus Magnus, Megenberg u. a. haben die überlieferte Behandlung größtenteils beibehalten. Erst Petrus de Crescentiis fügt seinen Ausführungen einen waldbaulichen Abschnitt bei. — Der Art der Besprechung können wir unsere Anerkennung nicht versagen. Er geht allerdings zunächst von den oberitalienischen Verhältnissen aus, zieht aber das Gebirge (wohl die Alpen) in den Kreis seiner Untersuchungen ein. Aber die zahlreichen Auflagen, die sein Buch in Deutschland erlebte, beweisen, daß seine Lehre auch auf deutschem Boden Anklang fand.

Besonders hervorgehoben zu werden verdient, daß die ältesten Schriftsteller, insbesondere Isidorus, die griechischen, römischen und biblischen Schriftsteller kannten und an vielen Stellen benützten. Vincentius Bellovacensis († 1264) führt mehr als 300 Schriftsteller an.

Das forstliche Wissen der älteren Zeit stellen die Weistümer dar, wie die Forstordnungen des 16. und 17. Jahrh. den Stand im Anfang der Neuzeit zum Ausdruck bringen.

Die botanischen Studien wurden im 16. Jahrhundert eifrig aufgenommen („Kräuterbücher“) und haben, wenn auch der medizinische Standpunkt überwiegt, uns in den Floren einzelner Gebiete (Preußen, Harz, Schlesien, Schweiz etc.) wertvolle Nachweise über die Verbreitung der Holzarten jener Zeit gebracht.

Systematisch wichtig und sehr verbreitet war die „Agricultura“ (1513) des Spaniers Herrera, der die Pflanzung ausführlich behandelt und sich für Frühjahrspflanzung ausspricht.

Heresbach, der rechtsgelehrte Rat des Herzogs von Jülich-Berg schildert 1570 in Rei rusticae Libri IV die Forstwirtschaft am Niederrhein, bespricht sie aber unter Benützung älterer und neuerer Schriften vom allgemeinen Standpunkt aus. Fast alle waldbaulichen Kapitel werden von ihm behandelt.

Von den „Hausvätern" wurde Land-, Forst- und Hauswirtschaft im weitesten Sinne zusammengefaßt. Colerus (1537—1612), Pfarrer in Schlesien, Brandenburg und Mecklenburg, schildert unter Erwähnung früherer Schriftsteller in seiner „Öconomia ruralis et domestica" (1609) die Waldwirtschaft, wie er sie beobachete, auf 7 Seiten. Außer ihm wären u. a. noch zu nennen: Krebs, Friese, Wagenseil, Martin, Etienne. Florinus, der 1700 als erster vom Holzmangel spricht. Von diesem ist aber fast in allen Forstordnungen auch die Rede; er wird als Anlaß ihrer Abfassung bezeichnet.

Das ganze Gebiet des Waldbaus behandelt erstmals Hans von Carlowitz, sächsischer Kammerrat und Oberberghauptmann in Freyberg. Er geht (1713) vom befürchteten Holzmangel und dessen Folgen für den Bergwerksbetrieb aus. Er kennt die ganze frühere Literatur. Das Werk ist mit Sachkunde geschrieben und wird für alle Zeiten beachtenswert bleiben.

Berühmt geworden sind Döbels Jägerpraktika; er stand erst in braunschweigischem, später in sächsischem Dienste; durch ganz Deutschland hatte er Reisen gemacht. Er teilt seine Erfahrungen mit; zu tieferem Eindringen fehlte ihm die nötige Bildung.

Saat und Pflanzung wurden 1749 von Scharmer und dem braunschweigischen Regierungsrat v. Brocke (pseudonym Sylvander) empfohlen.

J. G. Beckmann (Sachsen) trat 1756 in einer besonderen Schrift für die Holzsaat ein; sein Werk enthält aber auch Ausführungen über die Hiebsfolge und die Rücksicht auf den Wind, Altersabstufung (mit einer Zeichnung), über Vorratsaufnahmen und Etat.

Universitätsbildung hatte Büchting genossen. Eine Zeitlang war er Landmesser gewesen und kam wohl dadurch zur Abfassung seines geometricch-ökonomischen Grundrisses, den er als praktischer Verwalter am Harz abfaßte.

Zu den besten Schriften gehört die „Anleitung" (1763) vom Braunschweigischen Kammerrat Cramer. Er erwähnt den Anbau der Lärche am Harz; bespricht den Fällungsplan, die Größe und Richtung der Schläge, den Femelbetrieb für Starkholz etc.

Ebenfalls im braunschweigischen Dienste standen v. Lange und Zanthier; letzterer ist deshalb besonders zu nennen, weil er als erster nach seinem Eintritt als Oberforstmeister in Ilsenburg (1749) eine praktische Forstschule gründete. Am Harze war auch Moser, ein Württemberger, beschäftigt; er schrieb seine „Forstökonomie" erst nach seiner Rückkehr nach Stuttgart.

In ökonomischer und technischer Beziehung überragt die Schriften damaliger und auch späterer Zeit die „Anleitung für die Landleute in Absicht auf das Ausstocken und die Pflanzung der Wälder", eine von der naturforschenden Gesellschaft in Zürich gekrönte Preisschrift des Heinrich Göttschi, Küfers und Forstbediensteten in Oberrieden am Zürchersee 1765. Er empfiehlt Baumrodung im Mittelwalde, Mischung der Holzarten bei der Pflanzung, die Anzucht der Buche, wo nur Brennholz gezogen werden soll, Erlenanbau mit 40 jährigem Umtrieb, Saaten, Reinigungshiebe und Durchforstungen erstmals im 15. oder 20. Jahr, Aufastung im Tannenwald, Einführung der Nutzholzzucht; im 30 jährigen Buchen- und 40 jährigen Föhrenwald ist der Bestand so zu „erdünnern", daß nur noch diejenigen Stämme bleiben, die zu großen Bäumen erwachsen sollen. In der Nähe von Zürich herrschte damals eine so intensive Wirtschaft, wie sie in keiner anderen Gegend getroffen werden konnte.

Den Förstern und Jägern jener Zeit fehlte vielfach die höhere Bildung. An den Universitäten hielten daher die Kameralisten auch Vorlesungen über Forstwirtschaft; der bedeutendste unter ihnen ist J. Beckmann (Göttingen); zu nennen sind ferner Stahl (Stuttgart), Trunk (Freiburg), Pfeifer und Müllenkampf (Mainz), Walther (Gießen) und mehr für die Ökonomik als die Technik des Waldbaus J. H. G. v. Justi.

Hauptsächlich in botanischer Hinsicht beschäftigten sich mit dem Forstwesen: Duhamel du Monceau, dessen Schriften in Deutschland viel benutzt, auch ins Deutsche übersetzt wurden. Wie weit sein Einfluß außer Frankreich sich erstreckte, muß erst durch genauere Studien nachgewiesen werden.

Borkhausen, Enderlin, Gleditsch, Medicus, Suckow wurden durch ihren naturwissenschaftlichen Bildungsgang zur Bearbeitung des forstbotanischen Teils veranlaßt, während Vierenklee, Grünberger, Öttelt, Hennert, Däzel, Späth als Lehrer der Mathematik die geometrische und taxatorische Seite pflegten.

Botanisch und forstlich gebildet war v. Burgsdorf, Oberforstmeister in Brandenburg und Professor an der Universität Berlin. Er verwaltete das Revier Tegel und machte ausgedehnte Anpflanzungen ausländischer Holzarten. Er geht in seinem Forsthandbuch von den Verhältnissen der norddeutschen Ebene aus.

Die Württemberger Jeitter, Reitter, Seutter, ebenso v. Witzleben (Kassel), Wildungen (Marburg), Bechstein waren neben der praktischen Verwaltung z. T. auch als Lehrer an den damaligen

Forstschulen tätig. Sie widmen in ihren Schriften dem Waldbau einen bald größeren, bald geringeren Raum.

Es ist bemerkenswert, daß die ersten forstlichen Schriftsteller fast ausschließlich dem Harz angehören. Dort wurde unter Zanthier die erste Forstschule errichtet. Auch Hartig, Pfeil, Karl Heyer, Cotta sind einige Zeit im Harz zur Ausbildung gewesen.

Die „Anweisung zur Holzzucht für Förster" von G. L. Hartig (1791) fand die weiteste Verbreitung; sie ist in mehreren Ländern unentgeltlich an die Forstbediensteten verteilt worden (Vorwort zur 2. Auflage). Da sie für das niedere Forstpersonal bestimmt war, ist die Schrift in klarer, einfacher Sprache abgefaßt, „Undeutlichkeit und Unbestimmtheit" sind vermieden. Sie enthält „geprüfte, auf Erfahrung (Hartig ist bei der Abfassung 27 Jahre alt und 5 Jahre als Forstmeister in Hungen angestellt gewesen) und Natur gestützte Lehren" für den Förster. „Wegen mangelhafter Nachzucht und wegen Übernutzung werden ganze Gegenden sowohl durch den Holzmangel selbst, diesem fürchterlichen Übel, als auch durch das dann erfolgende Eingehen der Holz oder Kohlen konsumierenden Fabriken, Manufakturen und anderer Gewerbe in die traurigste Lage versetzt" (Einleitung vom April 1791). In der 3. Auflage von 1800 heißt es, daß man über den wichtigen Gegenstand Belehrung wünsche und „daß viele im Walde und am Schreibpult gleich tätige Forstmänner gemeinschaftlich dahin wirken, um die Lehre von der Holzzucht von Irrtümern, Vorurteilen und Pedanterien zu säubern, von welchen sie bisher dominiert wurde". In der Hauptsache enthält die „Holzzucht" die Darstellung der von Hartig in Hungen in der Wetterau eingehaltenen Wirtschaft. Seine Stellung als Nassauischer Landforstmeister in Dillenburg, als Forstrat in Stuttgart, als Oberlandforstmeister in Berlin führten zur Erweiterung der ursprünglichen Sätze. Daraus ergibt sich, daß sie mehr eine klare Zusammenfassung der Grundsätze für die Lösung praktischer Aufgaben als die Mitteilung ganz neuer Erfahrungen oder einer wissenschaftlichen Verarbeitung sein mußte.

Auch sein „Lehrbuch für Förster" (1808) wendet sich an das niedere Personal, enthält aber doch einen naturwissenschaftlichen Teil, der später, insbesondere von Theodor Hartig wissenschaftlich ausgebaut wurde. Seine hervorragende dienstliche Stellung als Oberlandforstmeister gab Hartig Gelegenheit, seinen Grundsätzen im großen Betriebe Eingang zu verschaffen.

Hartig hat, wie kein anderer vor ihm, die praktische Wirtschaft aller Länder beeinflußt. Die meisten seiner Sätze sind als richtig zu bezeichnen; so allein erklärt sich die weite Verbreitung der Hartigschen Schriften. Die mechanische Auffassung und kritiklose Anwendung seiner an sich ganz richtigen Generalregeln hat manchen Mißerfolg gezeitigt und dieser wurde dann seiner Lehre zur Last gelegt.

Die letzte (9.) Auflage der Holzzucht erschien 1818, während das Lehrbuch für Förster zu Lebzeiten Hartigs (bis 1837) 7 Auflagen erlebte.

Cottas „Waldbau", der die Hartigsche Holzzucht an Bedeutung in wissenschaftlicher Beziehung überragt, erschien in erster Auflage i. J. 1817; 1865 wurde die 9. Auflage herausgegeben.

Bei seiner Abfassung war Cotta 54 Jahre alt. Er hatte 20 Jahre im weimarischen Forstdienste, teils als Forstmeister in Zillbach, teils als Mitglied des Forstkollegiums in Eisenach Dienste geleistet und war 1810 nach Tharandt übergesiedelt. Thüringen und Sachsen waren das Gebiet seiner Wirksamkeit.

Pfeil erhielt seine Ausbildung im Harz. Er war 15 Jahre in der praktischen Verwaltung in Ostpreußen gestanden, als er 1821/22 seine Schrift über „Das forstliche Verhalten der deutschen Waldbäume und ihre Erziehung" herausgab. Seine waldbaulichen Anschauungen spiegeln die in den Revieren Nordostdeutschlands mit ihren vielfach ungünstigen Bodenverhältnissen gewonnenen Erfahrungen wider. Er ist der einzige aus der Forstwirtschaft des östlichen Norddeutschland hervorgegangene waldbauliche Schriftsteller, der einen maßgebenden Einfluß auf die Entwickelung der norddeutschen waldbaulichen Praxis ausgeübt hat.

Von Hundeshagen wurde der Waldbau in seiner Enzyklopädie von 1821 behandelt. Mit wissenschaftlicher Gründlichkeit hat Hundeshagen die damaligen naturwissenschaftlichen Kenntnisse verwertet und den Grund zum wissenschaftlichen Aufbau des ganzen Gebietes gelegt.

Vielen Beifall fand (1834) Gwinners „Waldbau in kurzen Umrissen", in dem bei jeder Gelegenheit die Verbindung der Landwirtschaft mit dem Waldbau betont wurde, da dies „in den mächtigen Anforderungen der Zeit gelegen" sei. Gwinner war seit 1826 Professor in Hohenheim, übernahm 1839 die Verwaltung des dortigen Lehrreviers, trat 1849 in die Praxis zurück. Die 3. Auflage (1846) gab er als Kreisforstrat in Ellwangen heraus. Er hebt den Einfluß der Vereinsversammlungen auf einzelne Abschnitte besonders hervor. Die 4. Auflage (1858) wurde von Dengler, Professor und Bezirksförster in Karlsruhe, umgearbeitet. Das Buch hat dadurch eine erhebliche Verbesserung und Erweiterungen erfahren. Sein Hauptzweck ist: den angehenden Forstmann mit dem Stande des wissenschaftlichen Waldbaus bekannt zu machen.

Dazu ist „eine gewisse selbständige Haltung — eine Art Vorschreiben — nötig, weil ein Neuling im Fach sich sonst vor lauter Zweifeln nicht zurecht findet" und „doch soll auf der andern Seite seif Nachdenken geweckt und stets darauf hingewiesen werden, daß alle forstlichen Lehren nach Verhältnissen und Umständen ermäßigt werden müssen". Der gereifte Forstmann dagegen „soll alle Ansichten kennen lernen, daher die Quellen studieren, prüfen, sichten und das Beste behalten". Klarheit, Sicherheit und Bestimmtheit, ruhiges Abwägen in bestrittenen Fragen, wissenschaftliche Gründlichkeit und ein praktischer Blick zeichnen Gwinners und Denglers Darlegungen vor anderen Werken aus.

Stumpf berücksichtigt in seiner „Anleitung zum Waldbau" (1849) in besonderem Maße die bayerischen Verhältnisse.

Der Waldbau Carl Heyers (1854) ist, wie alle Schriften dieses Autors, durch strenge Systematik und übersichtliche Einteilung des Stoffes ausgezeichnet. Dazu kommt, daß Heyer dem damals wichtig gewordenen künstlichen Holzanbau besondere Aufmerksamkeit widmet; von 403 Seiten entfallen nicht weniger als 166 auf die Kulturtätigkeit. Den Definitionen waldbaulicher Begriffe hat Heyer, wie keiner seiner Vorgänger, Sorgfalt zugewendet. Dagegen hat er nur wenig Material für den Praktiker beigebracht. Heyers Waldbau ist — auch in den späteren, von Heß besorgten Auflagen — vorherrschend ein Lehrbuch in der Hand der Schüler geblieben; für den Praktiker ist es unzureichend.

Dieser griff mehr zu Burckhardts „Säen und Pflanzen nach forstlicher Praxis", das fast zu gleicher Zeit (1855) erschien. Den Namen hat es von der künstlichen Kultur entnommen, die danach die praktischen Kreise vor allem interessierte. Das Material haben hauptsächlich die hannoverschen Landesforsten geliefert. Burckhardt war Forstdirektor im ehemaligen Königreich Hannover. Das Buch ist insonderheit den hannoverschen Forstwirten und Forstbesitzern, wie den Freunden und Gönnern des Waldes gewidmet. Der Zweck der Schrift ist ein „rein praktischer".

„Allgemeine Lehren übergehend, wendet sich die Schrift gleich zu den einzelnen Holzarten". In den späteren Auflagen hat Burckhardt auch weitere Gebiete einbezogen, auch auf die Holzerziehung es ausgedehnt, so daß es in der 4. Auflage (1870) als Handbuch der Holzerziehung bezeichnet ist. Der Wunsch des Verfassers, „daß die Schrift dahin wandere, woher sie gekommen ist, zum Walde", ist in Erfüllung gegangen; sie hat „die wichtigste Aufgabe des Forstwirts: unter gegebenen Verhältnissen tunlichst gute Bestände zu erziehen", fördern helfen, wie kaum eine andere Schrift. Zu jedem Lehrbuche bildet „Säen und Pflanzen" durch die Fülle praktischen Materials eine willkommene Ergänzung. Nicht wenig zur Verbreitung der Schrift mag die originelle Schreibweise des Verfassers beigetragen haben. Manche Einzelheiten hat Burckhardt in den zwanglosen Heften („Aus dem Walde") weiter ausgebaut.

Gayer hat in nachdrücklicher Weise auf die Beobachtung im Walde hingewiesen und den Weg einseitiger „Dogmatisierung weniger scharf umgrenzter Lehrbegriffe" verlassen. Bayern, das alle klimatischen Zonen, die meisten geologischen Formationen und eine Fülle von Waldbildern vereinigt, mußte dem forschenden Auge die Notwendigkeit nahelegen, sich an die tatsächlichen Waldzustände und nicht an einzelne Objekte anzulehnen. Gayer hat den Sinn für die Wirklichkeit wieder geweckt, der über dem Streben nach Begriffsbildung und der Konstruktion normaler Waldverhältnisse verloren zu gehen drohte. Er hat die Mischung der Holzarten, die Erhaltung der wertvolleren Laubhölzer und die Wahrung und Hebung der Standortsgüte scharf betont und die hiezu geeigneten Wald- und Verjüngungsformen, „die naturgemäße Wirtschaft", eingehend studiert. Er hat in der Tat „manchen ausgetretenen Pfad verlassen und manchen neuen Weg gesucht" Auf diesem sind ihm zahlreiche praktische Forstwirte gefolgt, so daß der Umschwung der Wirtschaft auf seine Schriften zurückgeführt werden kann.

Ney hat seine „Lehre vom Waldbau" (1885) für Anfänger in der Praxis geschrieben, hofft aber, daß sie auch für Verwaltungsbeamte als Nachschlagebuch nicht ohne Wert sei. Nach Ney's Auffassung stehen die Lehrbücher, mit Ausnahme derjenigen von Gayer und Dengler — auf dem in der Praxis längst überwundenen Standpunkte der reinen Bestandeswirtschaft und der Überschätzung der gleichalterigen Hochwaldbetriebe. Plenterbetrieb und die Wirtschaft der kleinsten Fläche, für sehr viele moderne Praktiker die Ideale einer intensiven und bodenpfleglichen Wirtschaft, seien wie die Bodenpflege selbst mit Stillschweigen übergangen oder sehr nebensächlich behandelt. Ney gehört zu den wenigen Schriftstellern über Waldbau, welche die volkswirtschaftlichen Verhältnisse und ihren Einfluß auf die Wirtschaft betonen, er ist einer der wenigen Praktiker, die sich auch schriftstellerisch mit dem Waldbau beschäftigen.

Einen „Grundriß der Holzzucht" gab 1885 Borggreve vorherrschend für akademische Zwecke heraus. Er betont die Wichtigkeit der naturwissenschaftlichen Unterlagen und will insbesondere im Gebiete der Verjüngung und Durchforstung auch im praktischen Betriebe „reformatorisch" wirken. Das zweifellos Bewährte und allgemein Anerkannte will er tunlichst kurz behandeln, alle streitigen Gebiete aber eingehend erläutern. (Vorwort zur 2. Auflage von 1891). Entschieden tritt er für die Plenterdurchforstung und die langsame natürliche Verjüngung ein.

Weise will nur einen „Leitfaden für den Waldbau", nicht ein Lehrbuch bieten. Die Hauptsätze sind übersichtlich zusammengefaßt und entsprechen dem neuesten Stande der Wissenschaft. Nach der 4. Auflage von 1911 scheint ihm die Praxis „unter dem Zwange zu leiden, der ihr durch die Forderung strengster Nachhaltigkeit auferlegt wird“ Der Gedanke an die Befreiung der Wirtschaft durch Anlage eines Geldreservefonds könne nicht mehr von der Tagesordnung verschwinden“

Heinrich Mayr hat seinen „Waldbau“ (1909) auf naturgesetzlicher Grundlage aufgebaut und ihm durch seine Weltreisen eine sehr breite Basis gegeben. „Der naturgesetzliche Waldbau ist international. Er sucht „den goldenen Mittelweg in einer Wirtschaft, welche das Recht der Lebenden, die höchste Rentabilität wahrt, aber auch den Kommenden gibt, worauf sie berechtigt sind. Nachhaltigkeit in Bodengüte, in Holzarten, in Nutzung“. Diesen Zweck sucht er durch den „Kleinbestandswald“ zu erreichen.

§ 356. Zur Geschichte der waldbaulichen Praxis.

1. Ein Überblick über die geschichtliche Entwickelung der Waldwirtschaft im ganzen wird auch Licht auf die bereits im einzelnen behandelten Teile werfen. Denn diese stehen im engsten Zusammenhang mit der ganzen Wirtschaft. Erst als die Erträge, Preise und Geldeinnahmen gestiegen waren, was etwa von 1857 an der Fall war, konnten mehr Mittel für Kulturen, Wegbauten aufgewendet werden. Als die Eisenbahnen von etwa 1850 an den Bezug der Steinkohlen erleichterten und der emporblühende Gewerbebetrieb einen starken Bedarf an Nutzholz mit sich brachte, wurde die Buche zurückgedrängt und die Fichte bevorzugt. Als durch Wegbauten die schwer zugänglichen Wälder aufgeschlossen waren und der Transport, auch des schwächeren Materials, billiger wurde, konnten die Durchforstungen größere Ausdehnung gewinnen.

Es ist die allgemeine volkswirtschaftliche Lage, welche auf die kleinste Maßregel im Walde ihren Einfluß ausübt. Dies wurde bereits in der Einleitung hervorgehoben. Nachdem nun das waldbauliche Gebiet im einzelnen durchforscht ist, wird die Bedeutung dieses Einflusses noch deutlicher vor Augen stehen.

2. Die Quellen für die geschichtliche Darstellung des Waldbaus im ganzen sind dieselben, die bereits früher angegeben wurden (§§ 16, 193). Der Blick muß aber über die waldbaulichen Werke hinaus auf Forstbenutzung, Betriebs-Einrichtung und Ertragsregelung, selbst Forstpolitik und Verwaltung geworfen werden. Auch hier muß wieder beklagt werden, daß nur von wenigen Gegenden und Gebieten geschichtliche Darstellungen der Wirtschaft vorhanden sind. Für den allgemeinen Überblick müssen die allgemeinen volkswirtschaftlichen Werke, insbesondere von Bücher, Fuchs, May, Mendelsohn, Neuhaus, Pohle, Roscher, Sieveking, Sombart, Tröltsch, Wygodzinski u. a. besonders genannt werden.

Ausdrücklich hervorgehoben werden müssen die Versammlungen der Vereine, bei denen Gelegenheit zum Austausch von Erfahrungen, zur Kenntnis neuer Einrichtungen und Maßregeln gegeben ist. So wurde durch die Bamberger Versammlung von 1877 der Anstoß zur Föhrenstarkholzzucht im Überhaltbetrieb in den weitesten Kreisen gegeben, durch die Versammlung in Frankfurt 1884 zum Anbau der Weymouthskiefer, durch die Versammlung in Darmstadt 1886 zum Waldfeldbau. Freilich war die Einführung fremder Maßregeln vielfach überstürzt und führte zu Mißerfolgen und Enttäuschungen.

Immerhin ist der Gesichtskreis durch die Versammlungen, die bis ins Jahr 1820 (Nassau) und 1837 (deutsche Land- und Forstwirte) zurückreichen, erheblich erweitert worden.

3. Im Laufe der Jahrhunderte hat die Waldwirtschaft und der Waldbau mancherlei Änderungen erfahren. Die deutlich heraustretenden Zeitabschnitte sind a) die Zeit um 1250, b) von 1470 bis etwa 1600, c) um 1760, d) 1790—1800, e) die 1830er, f) die 1850er Jahre, g) seit 1890.

4. Etwa 1250 begannen die Städte sich hervorzutun. Die zahlreiche Bevölkerung der Städte, namentlich auch das in den Städten blühende Handwerk, mußte einen erhöhten Holzbedarf verursachen. Die zunehmende Bedeutung des Waldes erhellt aus zahlreichen Urkunden, in denen die Nutzungsstreitigkeiten von Nachbargemeinden oder Nutzungsberechtigten geschlichtet werden. Die Sammlung und Niederschrift der alten Berechtigungen in den sog. Weistümern zeugt ebenfalls von der gestiegenen Wertschätzung der Waldnutzungen. Die Schriftsteller jener Zeit, Albertus Magnus, Vincentius Bellovacensis, Thomas de Cantiprato, Ulrich Megenberg und namentlich Petrus de Crescentiis verraten nicht nur eine eingehende naturwissenschaftliche Beschäftigung, sondern auch eine sorgfältige waldbauliche Beobachtung.

5. Das starke Anwachsen der Bevölkerung um 1470 veranlaßte eine sorgfältigere Wirtschaft. Der wichtigste Schritt im damaligen Waldbau war die 1495 erfolgte Anordnung, daß an Stelle der bisherigen regellosen Nutzung die Einteilung in Gehaue treten müsse, daß also an Stelle der Plenter- die Hochwaldwirtschaft treten solle. Der Erlaß der zahlreichen Forstordnungen im 16. und 17. Jahrhundert wird mit dem Schwinden der Holzvorräte und der Notwendigkeit sorgfältigen Haushalts begründet. Sachlich stimmen die Forstordnungen in sehr vielen Punkten mit dem Inhalt der Weistümer überein, von denen sie im Grunde genommen nur eine Fortsetzung sind. Die größte Bedeutung hat Heresbach, der eine vollständige Abhandlung über den Waldbau schrieb, neben welchen die sonstigen Schriften jener Zeit, insbesondere die der sog. Hausväter weit zurückstehen.

6. Mit dem Beginn des 18. Jahrhunderts nehmen die Schriften der eigentlichen Forstwirte oder Forstverwalter immer mehr zu, bis sie 1760—70 ihren Höhepunkt erreichen. Die Wirtschaft, die sie darstellen, war in Österreich, Thüringen, am Harz vorhanden, und wenn auch vielfach mit Rücksicht auf die Bergwerke eingerichtet, in Bezug auf nachhaltige Nutzung, Verjüngung und Erziehung sehr sorgfältig, am Harze sogar intensiv zu nennen.

7. Die Wirtschaft in der Wetterau stellt 1791 Hartig, diejenige von Ulm 1797 v. Seutter, diejenige in Thüringen und Sachsen Cotta 1817 dar.

8. Im Anfang des 18. Jahrhunderts fand die Holzabgabe aus den Waldungen vorherrschend auf Grund von Anmeldungen des Bedarfs statt. Mit dem Aufkommen der Staatswaldungen wurden da und dort die Versteigerungen eingeführt. Nach 1830 stiegen die Preise des Holzes in starkem Grade.

Die Wirtschaft wurde einträglicher und die auf den Wäldern ruhenden Servituten lästiger. Das Bestreben, diese durch Ablösung zu beseitigen, trat vielfach hervor. Der Erlaß von Forstgesetzen und allgemeinen Anordnungen über die Betriebseinrichtung deuten auf die gestiegene Bedeutung der Waldwirtschaft hin. Der Waldbau von Gwinner läßt den Stand der damaligen Wirtschaft erkennen.

Die schlechten Ernten und die politischen Unruhen von 1848 führten zum Sinken der Preise,. das bis 1856 andauerte.

Die Brennholzwirtschaft behielt in den meisten Gegenden das Übergewicht. Im Anfang des 18. Jahrhunderts wurden 7—8, auch 10 % des Anfalls als Nutzholz abgesetzt.

Nun trat mit der Ausbreitung des Eisenbahnnetzes, dem Aufschwung von Handel und Gewerbe, der Zufuhr von Steinkohlen auch in die entfernten Gegenden ein entscheidender Umschwung ein. Schon in den 1840er Jahren hat Gebhard für Baden den Einfluß der Eisenbahnen auf den Absatz des Holzes und die Waldwirtschaft untersucht. Die Sicherstellung des Schwellenbezugs wurde vielfach besprochen und schon 1852 die Imprägnierung der Schwellen eingeführt.

Schon 1856 wurde auf der Versammlung in Prag kurz auf die Konkurrenz der Steinkohle und die Schwierigkeit des Absatzes von Brennholz hingewiesen und die Erziehung von Nutzholz empfohlen. Die eingehende Behandlung des Gegenstandes wurde auf die Versammlung von 1857 verschoben, die in Koburg, also im Herzen von Deutschland, stattfand.

Grebe (Eisenach) als Referent warf die Frage auf, ob der Fichte mehr Fläche einzuräumen sei. Man sei zu weit gegangen in der Pietät gegen die Buche und hätte sie auf unpassende Standorte gebracht und dem Nadelholz die geringsten Standorte zugewiesen, wo kein Nutzholz erwachsen könne. Berlepsch aus Sachsen führte an, daß im Fichtenwalde an der Elbe infolge der ausgebreiteten Industrie 70 % Nutzholz erzielt werden könnten. Die Buche fehle im allgemeinen in Sachsen; dies sei nicht zu bedauern, wo Buchen in großen Massen kaum anzubringen seien. (Ähnlich spricht sich 1857 v. Berg aus.) Stiegl (Altenburg) forderte, daß auf kleinstem Raum die größte Holzmasse und die vollkommensten Stämme erzogen werden müßten; dadurch sei man auf das Nadelholz angewiesen. Dies empfehle sich auch aus finanziellen Rücksichten.

Damit war die Fichte plötzlich als die Hauptnutzholzart in den Vordergrund gestellt worden. Das Beispiel Sachsens fand Nachahmer, die Fichte gewann an Boden und wurde auf ausgedehnten Flächen künstlich, teils durch Saat, teils durch Pflanzung herangezogen.

Seit etwa 30 Jahren sind Bedenken gegen die reine Fichtenwirtschaft erhoben worden, die sich immer mehr verstärkten und zur Anzucht gemischter Bestände führten.

Gerade in dem Lande, von dem der Anstoß zur Fichtenwirtschaft ausging, haben üble Erfahrungen zu einer Umkehr Veranlassung gegeben.

In neuester Zeit werden die Laubnutzhölzer in erhöhtem Grade in die Bestände eingebracht und eine Wirtschaft empfohlen, welche dem Plenterwalde nahe kommt oder ihm sogar gleichsteht.

Die ungemein hohen Preise des Laubholzes während des Krieges 1914—18 führen wohl zur weiteren Anzucht des Laubnutzholzes.

§ 357. Die waldbauliche Forschung.

Die Forschung sucht Zustände und Vorgänge festzustellen und ihre Ursachen aufzudecken. Diese doppelte Aufgabe begegnet bei waldbaulichen Forschungen mancherlei Schwierigkeiten, die auf landwirtschaftlichem Gebiete in weit geringerem Grade sich geltend machen.

Diese Schwierigkeiten beziehen sich einmal auf die Feststellung der Tatsachen selbst. In vielen Fällen kann die landwirtschaftliche Forschung die Messungen durch die Gewichtsbestimmung ausführen, von der bei forstlichen Untersuchungen nur ganz selten Gebrauch gemacht werden kann.

Sodann erstreckt sich die Dauer der Untersuchungen bei der Landwirtschaft vielfach auf wenige Monate, selten auf ein oder mehrere Jahre, während forstlich Jahrzehnte in Rechnung genommen werden müssen.

2. Die Pflanzen, welche forstlich untersucht werden, können in einzelnen Fällen allerdings aus der Erde genommen und nach dem Gewicht bestimmt werden. In den weitaus meisten Fällen sollen sie aber fortwachsen. Es muß statt des Gewichtes die Messung der Höhe,

des Durchmessers und die Berechnung der Holzmasse an die Stelle der Gewichtsbestimmung treten. In allen Fällen, in denen die Masse der Äste, der Blätter und Nadeln von Wichtigkeit ist, hängt die Genauigkeit der Untersuchung von der Möglichkeit der Messung dieser Reisigmasse ab, an stehenden Bäumen kann aber nicht gemessen werden; wir sind daher meist auf Erfahrungszahlen angewiesen.

Dadurch muß in allen Fällen, in denen die Reisigmasse eine entscheidende Rolle spielt (Beschattung, Beschirmung, Wachstum etc.), eine Unsicherheit in der Untersuchung, manchmal sogar eine Lücke entstehen.

Die zahlreichen Pflanzen eines Bestandes können nicht alle gemessen werden, um so einen genauen Durchschnittswert zu erhalten. Es muß also eine Auswahl getroffen werden (Probepflanzen, Probestämme, höchste, durchschnittliche, geringste Pflanze), die vom subjektiven Ermessen abhängig ist. Es muß dann ein Schluß vom Kleinen aufs Große gezogen werden, was eine Quelle erheblicher Fehler sein kann. Dies ist um so wichtiger, je geringer die Unterschiede der festzustellenden Zustände oder Vorgänge sind (Einfluß verschiedener Düngung, verschiedener Durchforstungsgrade etc.). Man muß sich daher in manchen Fällen mit Feststellung der qualitativen Wirkung begnügen und auf die quantitative verzichten.

Alle Wachstumsvorgänge sind einer fortwährenden Änderung unterworfen; die Entscheidung, ob ein Prozeß zum Abschluß gelangt sei, ist nicht immer leicht zu treffen.

Endlich ist der individuellen Abweichungen zu gedenken, die der Feststellung bestimmter Resultate Schwierigkeiten bereiten: Aus kleinen Samen entstehen im allgemeinen kleine Pflanzen; aber aus einzelnen kleinen Körnern erreichen die Pflanzen die Höhe der aus mittlerem und großem Korn entstandenen Stämmchen.

Oft sind so kleine Unterschiede im Wachstum eingetreten, daß sie sich nicht messen lassen, so daß man andere Erscheinungen zur Vergleichung benützen muß, wie Farbe und Form der Blätter und Nadeln, schwächliche oder kräftige, magere, üppige Entfaltung.

Die Genauigkeit der Beobachtung, also der mit Aufmerksamkeit und Interesse gemachten Wahrnehmung, hängt von der Schärfe und Übung der Sinnesorgane und vielfach von äußeren Umständen (Helligkeit bei direktem Sonnenlicht, dunkler oder heller Hintergrund etc.) ab.

Die Gründlichkeit und Ausdauer, die Gewandtheit und Schulung bei der Untersuchung, die Ausschaltung von Fehlerquellen, die Genauigkeit der Methode, Unbefangenheit oder Voreingenommenheit (der „Erfinderstolz“), sorgfältige oder mangelhafte Selbstkritik sind weitere

Momente, die bei der Beurteilung von fremden und eigenen Resultaten stets zu beachten sind.

Daraus ergibt sich, daß auch bei den genauesten Untersuchungen mit einer mehr oder weniger großen Fehlergrenze gerechnet werden muß, diese kann aber nicht, wie bei geometrischen Vermessungen, im voraus genau bestimmt werden.

Die genaue Bestimmung von Ursache und Wirkung ist dadurch erschwert, daß das Pflanzenwachstum von mehreren Ursachen beeinflußt wird. Der Nachweis der ausschlaggebenden Ursache ist daher sehr schwer. Der entscheidende Einfluß des Klimas kann mangels meteorologischer Beobachtungen an einem bestimmten Ort nicht ermittelt werden. Der weitere Faktor des Wachstums, der Boden, ist vielfach nicht genau bekannt.

Diese Unsicherheit läßt sich selbst bei besonders eingerichteten Versuchen nicht ganz entfernen. In einem Beet von 2 qm kann man äußerlich die Wachstumsbedingungen gleich gestalten und doch zeigt die ausgeführte Saat Unterschiede in Bestockung und Wachstum.

Der vielfachen sichtbaren Störungen des Wachstums bei Versuchen muß ebenfalls kurz gedacht werden (vgl. § 40).

Nie kommen diese Verhältnisse deutlicher zum Bewußtsein, als wenn der Plan für bestimmte Versuche aufgestellt, also alle Faktoren mit Ausnahme des zu untersuchenden, gleich gemacht werden müssen und wenn dann nach einiger Zeit die Ergebnisse des Versuchs festgestellt werden sollen. Es ist übrigens viel leichter, die Wirkung eines Versuchs, also eines genau bekannten Faktors, festzustellen, als von einer vorhandenen Erscheinung die unbekannten Ursachen nachzuweisen.

Alle Schlüsse gelten zunächst nur für eine geographisch bestimmte Stelle mit den eigentümlichen Verhältnissen des Klimas und des Bodens. Wieweit das Ergebnis für andere Stellen Gültigkeit hat, ist oft schwer zu entscheiden. Die sog. allgemein gültigen Sätze unserer Wissenschaft müssen auf eine geringe Zahl eingeschränkt werden.

Die Dauer forstlicher Untersuchungen erstreckt sich über Jahre und Jahrzehnte. Der scheinbar einfachste Versuch über Saaten (Dichtigkeit, Art und der Tiefe der Bedeckung, Größe des Korns) nimmt 2, meistens 3—5 Jahre in Anspruch. Die weitaus meisten Versuche im Versuchsgarten erfordern 12—15, selbst 20 Jahre. Versuche im großen Walde über natürliche oder künstliche Verjüngung können nach etwa 50, Durchforstungsversuche nach 50, vielfach aber 60—80 Jahren erst abgeschlossen werden. Je geringer das Wachstum infolge des Klimas oder Bodens ist, um so länger währt der Zeitraum der Untersuchung.

Bedenkt man noch, daß die meisten Versuche, um die Sicherheit des Resultats zu erhöhen oder um Störungen auszugleichen, wiederholt werden müssen, so ist leicht einzusehen, daß diese Untersuchungen die Dauer eines Forscherlebens überschreiten und daß eine ständige und dauernde Organisation nötig ist (Versuchsanstalten).

Die lange Dauer der Untersuchungen in Beständen sucht man dadurch abzuschwächen, daß man verschieden alte Bestände gleichzeitig untersucht und die Ergebnisse zu einer Reihe vereinigt. Die genaue Abgrenzung der Bonitäten und die meist unbekannte Entwicklungsgeschichte eines Bestandes bringen aber mancherlei Unsicherheit in die Vergleichung.

Die Versuche im Walde werden stets auf kleine Flächen beschränkt werden müssen, weil nur auf solchen eine annähernde Gleichheit des Bodens vorhanden ist. Dagegen können einzelne Untersuchungen über größere Flächen, ganze Bestände oder Wald-Abteilungen ausgedehnt werden, wenn es sich um Wirkungen im großen, also unter Ausgleichung von Störungen, handelt.

Solche Untersuchungen erfordern aber einen erhöhten Aufwand an Zeit, Arbeit und Kosten, so daß ihre Zahl eine Grenze an der praktischen Durchführbarkeit findet.

Diese Ausführungen werfen auch ein Licht auf die Erfahrung.

Es handelt sich einmal um die Erfahrung im Gegensatz zum Schulwissen. In diesem Sinne ist Erfahrung das unmittelbare und sichere Wissen im Gegensatz zum mitgeteilten, mittelbaren und daher weniger sicheren Wissen. Erfahrung ist das, was man erlebt hat, was wirklich existiert, nicht was nur begrifflich gedacht oder beschrieben ist. Die Erfahrung beruht auf Anschauung, dem klaren und deutlichen Erfassen eines Gegenstandes. Man begibt sich an Ort und Stelle, um die Wirkung einer Maßregel zu sehen, d. h. sich durch Anschauung von ihr zu überzeugen.

Das Wesen der Erfahrung besteht im Beobachten von Zuständen und Vorgängen, in der Erhebung und Feststellung von Tatsachen. In diesem Sinne fällt der Gegenstand der Erfahrung mit dem der Forschung zusammen. Für die Beobachtung gelten dieselben Grundsätze in Bezug auf Richtigkeit, Objektivität und Vollständigkeit, wie für die Forschung.

Das Ziel der Erfahrung ist die Beherrschung der Zukunft. Diese geschieht auf Grund des Urteils, das auf die Erfahrung aufgebaut ist. Die Erfahrung muß aber über den einzelnen Fall hinausgehen; es müssen alle möglichen Fälle herangezogen und aus diesen das Urteil abgeleitet werden.

Forschung und Erfahrung stehen also nicht im Gegensatz, sondern sie ergänzen einander.

Sachregister zum I. u. II. Band.

(I = Band I; II = Band II.)

A.

B.

F.

G.

H.

J.

K.

L.

M.

Q.

R.

S.

T.

U.

V.

W.

Z.